英汉爆破技术词典

An English-Chinese Dictionary of Blasting Technology

汪旭光　编著

北　京
冶 金 工 业 出 版 社
2016

图书在版编目(CIP)数据

英汉爆破技术词典/汪旭光编著.—北京：冶金工业出版社，2016.5

ISBN 978-7-5024-7234-4

Ⅰ.①英… Ⅱ.①汪… Ⅲ.①爆破技术—词典—英、汉 Ⅳ.①TB41-61

中国版本图书馆CIP数据核字(2016)第093731号

出版人 谭学余

地 址 北京市东城区嵩祝院北巷39号 邮编 100009 电话 (010)64027926

网 址 www.cnmip.com.cn 电子信箱 yjcbs@cnmip.com.cn

责任编辑 程志宏 徐银河 美术编辑 彭子赫 版式设计 孙跃红

责任校对 石 静 责任印制 李玉山

ISBN 978-7-5024-7234-4

冶金工业出版社出版发行；各地新华书店经销；三河市双峰印刷装订有限公司印刷

2016年5月第1版，2016年5月第1次印刷

850mm×1168mm 1/32；20.25印张；723千字；631页

188.00元

冶金工业出版社 投稿电话 (010)64027932 投稿信箱 tougao@cnmip.com.cn

冶金工业出版社营销中心 电话 (010)64044283 传真 (010)64027893

冶金书店 地址 北京市东四西大街46号(100010) 电话 (010)65289081(兼传真)

冶金工业出版社天猫旗舰店 yjgycbs.tmall.com

目　　录

前　言

众所周知，爆破既是一门历史悠久的学科，又是一项不断发展进步和充满活力的综合性科学技术。特别是改革开放以来，我国爆破事业发展尤为迅速，不仅在国民经济建设中发挥着重要的不可替代的作用，而且在国际交流舞台上也活跃非凡，国内外专家交往频繁。不言而喻，这种活跃的国际交流和文字阅览需要一本规范的专业性强的英汉爆破技术词典，而目前我国尚没有这样的词典。正因如此，在作者编著的中英文对照的《工程爆破名词术语》出版以后，业内诸多专家、学者曾多次建议作者着手在此基础上编撰一部《英汉爆破技术词典》，以满足国内外爆破同仁们之需。在此期间，作者还曾多次动员鼓励年轻的业内专家，勇敢地承担起此项编撰任务，并交流了编撰思路，但始终未获得积极响应。一直到2009年2月，作者才着手梳理思路，搜集整理中外文资料，于2010年7月完成了“英汉爆破技术词典”初稿。但在随后的整理中，作者又就“词汇”与“词典”捉摸不定，以致作者下决心整理成一本词汇和一本词典加以比较。经过两本成书的细致比较，反复揣摩，并征求了部分专家意见后，于2015年底确定“英汉爆破技术词典”为书名，交冶金工业出版社出版并发行。

本词典共搜集20000多个词条，共700000余字，有关编排已在用法说明中作了阐述。全书词条以炸药、爆破、爆炸加工等学科为主，亦涉及矿山采掘、工程地质、商业经济、机电、计算机和互联网等领域；既有专业的深度，也有一定的广度，以期满足从事爆破及相近学科专业技术人员的需求。本词典在正文前给出了常用专业公式所涉及变量的符号，正文后列出了常用专业缩写词，便于读者查阅。本词典还提供了专业术语中文索引，为撰写英文论文的读者查找专业术语英文的规范表述提供了便利。

在本词典编撰过程中，除了参阅、引用大量的国内外文献，还广泛听取了炸药、爆破界国内外专家学者们的宝贵意见，得到了同行们的鼎力支持与帮助。特别是吴春平博士，从收词、注释、撰写，到后期的编排等都付出了辛勤劳动，做出了相当大的贡献，使作者获益匪浅。在此一并表示衷心的感谢！

作者虽然撰写出版了数百万字中、英、俄文专业著作与论文，但缺乏编撰英汉词典的实践经验。应该说，本词典的编写既是一次尝试，也是一次锻炼，作者非常珍惜这次机会，也尽了全力。但由于作者水平所限和时间紧迫，本词典中的缺点、错误在所难免，恳请专家、读者批评指正。

作　者

2016 年 1 月 18 日

用法说明

1. 本词典条目按照英文字母顺序排列。

2. 以数字、特殊符号、希腊字母等非英语字母开头，或以特殊缩写形式开头的条目放在“其他”类别中。例如：1/4s delay detonator　1/4 秒延时雷管。

3. 为帮助读者查阅和理解，词条均给出中文释义。释义标注原则为：

(1) 词类不同并需要分开释义时，在第二个和以后的词类变换前加“—”符号。例如：absorbefacient *n.* 吸收剂。 – *a.* 有吸收性能的。

(2) 同词类有多项释义时，用①，②，③，……分开。某分义项需要再往下分时，用 a)，b)，c)，……分开。例如：face *n.* ①脸。②表面。③面子。④面容。⑤外观。⑥威信：a) 爆破自由面(它是…端部)；b) 爆破作业面（进行…表面)。

(3) 同一义项用一个以上汉语对等词释义时，先给出常用释义，其他释义依次列在后面，凡意思相近的，用逗号分开，意思较远的，用分号分开，例如：abampere *n.* 【物】绝对安培，电磁安（培）(1 电磁安 =10 安)；电磁系电流单位。

(4) 释义之后所列搭配用词排白斜体，套以圆括号，例如：abut *vi.* 邻接，紧靠，毗连（*against*，*on*，*upon*)。

(5) 可以互相替换用的词，不论英语或汉语，一律用方括号表示。例如：*cubic – meter* [*foot*] *ratio* 每米［英尺］炮孔崩落体积。

(6) 圆括号“( )”用于括注：①缩写形式；②可省略的内容；③解释说明性文字。例如：①surveying and mapping（SM）测绘学。②sustained development（可）持续发展。ampere 安（培)。③*suspended cartridge test* 悬吊药包试验（测冲击起爆性能)。

(7) 当圆括号“( )”内的内容还需要用括号标注时，用尖括号“〈〉”表示。例如：*body force* 整体力，体积力（连续分布在岩土整个体积内的力〈如重力、惯性力〉)。

(8) 同类词有等效词目时，用“=”表示。例如：AN *n.* =ammonium nitrate 硝酸铵。

(9) 释义时所用各种门类词缩略语见“缩略语表”。

4. 部分词条有多个概念相同或相近的英文词组时，以主词条排序，其他词条依次列在主词条后面，以分号间隔。例如：*charge coefficient*；*coefficient of charge*；*explosive-loading factor*；*loading factor* 装药系数。

5. 为帮助读者理解词条的内在含义，一些词条增加了英文例句。例句按不同词类分列，一律排白斜体。例如：*accidental initiation* 意外引爆。*Accidental initiations often involves situations where the explosive is exposed to impact or become squeezed between impacting objects.* 意外引爆经常是由于炸药暴露在环境中受到撞击，或与撞击物体之间发生挤压摩擦所导致的意外爆炸现象。

6. 词典中所用其他符号的用法：

(1) 在词条中使用词目词的分词形式时，若词目词不发生变化，用“~”代替词目词。例如：fill (~*ing*，~*ed*)，fire (~*d*)；若词目词发生变化，用“-”代替词目词，并保留发生变化之前的一个字母，例如：fire (*-ring*)，put (*-tting*)。

(2) 在词条中使用词目词的复数形式时，若词目词不发生变化，用“~”代替词目词，例如：class (*pl.* ~*es*)，book (*pl.* ~*s*)。

(3) 在词条中，词目词首字母需大写时，使用“首字母”加“-”代替，例如：national 词条，*N- Vertical Datum* 国家高程基准。

(4) 在词条中使用词目词的派生词时，使用“-”代替词目词，例如：remote 词条，*-ly initiated blasting* 远距离爆破。

(5) 组合词中，用“~”代替词目词，“-”做连接符，例如：near 词条，~*-surface wave* 近地面波。

7. 英文词条首字母大、小写均可时，一律小写；英文词条除必须用复数外，一般用单数表示。

缩略语表

a. …… adjective（形容词）
abbr. …… abbreviation（缩写词）
ad. …… adverb（副词）
art. …… article（冠词）
c. f. …… confer（参看）
conj. …… conjunction（连接词）
int. …… interjection（感叹词）
n. …… noun（名词）
neg. …… negative（否定词）
nom. …… nominative（主格）
num. …… numeral（数词）
obj. …… objective（宾格）
p. …… past（过去）
pl. …… plural（复数）
poss. …… possessive（所有格）
p. p. …… past participle（过去分词）
pref. …… prefix（前缀）
prep. …… preposition（前置词）
pres. …… present（现在）
pres. p. …… present participle（现在分词）
pro. …… pronoun（代词）
rel. pro. …… relative pronoun（关系代词）
sing. …… singular（单数）
suf. …… suffix（后缀）
v. …… verb（动词）
v. aux. …… auxiliary verb（助动词）
vi. …… intransitive verb（不及物动词）
vt. …… transitive verb（及物动词）

* * * * *

【测】…… 测量；测绘
【地】…… 地质学；地理学
【电】…… 电工；电学
【动】…… 动物；动物学
【法】…… 法律
【工】…… 工业
【光】…… 光学
【化】…… 化学
【环】…… 环境；环保
【机】…… 机械工程
【计】…… 计算机
【建】…… 建筑
【交】…… 交通
【经】…… 经济学
【军】…… 军事
【矿】…… 矿物；采矿
【美】…… 美国
【农】…… 农业

【气】…… 气象学
【商】…… 商业
【生】…… 生物学
【数】…… 数学
【水】…… 水利；水文
【天】…… 天文学
【统】…… 统计学
【无】…… 无线电
【物】…… 物理
【心】…… 心理学
【讯】…… 电讯
【冶】…… 冶金
【医】…… 医学
【英】…… 英国
【原】…… 原子能
【哲】…… 哲学
【植】…… 植物
【自】…… 自动化

常用符号表

a——加速度，m/s^2；
A——面积，m^2；
A——磨蚀性，m 或 mm；
A——进尺，m/d 或 m/月；
A——振幅，m 或 mm；
A_a——质点加速度，m/s^2 或 mm/s^2；
A_d——质点位移，m 或 mm；
A_o——超爆面积，m^2；
A_r——炮眼利用率或循环进尺，钻孔深度的百分比% 或 m/循环；
A_v——质点速度，m/s 或 mm/s；
b——裂隙宽度，m 或 mm；
b_m——裂隙张开距离，m 或 mm；
b_{max}——裂隙最大宽度，m 或 mm；
b_s——比钻孔，1/m；
b_t——t 时刻裂隙张开距离，m/mm；
B_b——爆破负载，m；
B_c——台阶或漏斗爆破的临界抵抗线，m；
B_d——钻孔负载，m；
B_m——最大抵抗线，m；
B_o——最佳抵抗线，m；
B_{ob}——最佳碎裂负载，m；
B_{of}——最佳破碎负载，m；
B_p——实际抵抗线，m；
B_r——减小的抵抗线，m；
c——波传播速度，m/s；
c——岩石常数，kg/m^3；
c_c——裂隙传播速度，m/s；
c_d——爆速，m/s；
c_{dc}——有约束的爆速，m/s；
c_{di}——理想爆速，m/s；
c_{ds}——稳定爆速，m/s；
c_{du}——无约束爆速，m/s；
c_{hc}——流体传导率或渗透率，m/s；
c_l——拉夫波（横波）速度，m/s；
c_p——P 波或纵波传播速度，m/s；
c_{po}——在无预应力、无天然不连续面或爆破诱发裂隙的均质材质中 P 波的传播速度，m/s；
c_r——瑞利波传播速度，m/s；
c_s——S 波或横波传播速度，m/s；
c_{sh}——冲击波传播速度，m/s；
c_{sub}——次声波传播速度，m/s；
c_{sup}——超声波传播速度，m/s；
c_t——瞬时速度，m/s；
C——凝聚力，凝聚应力，Pa 或 MPa；
C_p——定压热容，J/kg；
C_s——材料的 S 波速，m/s；
C_v——定容热容，J/kg；
d——药包离水面的深度，m；
d——钻孔或炮孔直径，m 或 mm；
d——填塞系数，无量纲；
d_c——炸药卷直径，m 或 mm；
d_{cc}——临界直径，m 或 mm；
d_e——炸药包直径，m 或 mm；
d_n——颗粒含量为总质量 $n\%$ 的粒径，mm；
d_o——最佳炮孔直径，m 或 mm；
d_p——允许直径，m 或 mm；

d_r——掏槽爆破中的辅助孔直径，m 或 mm；
d_s——竖井、盲井或天井直径，m；
D——地面振动的比例距离，量纲取决于正在使用的比例距离；
D_a——钻孔偏差，(°)，mm/m 或%；
D_b——钻孔偏斜误差（钻孔角度偏差或孔内偏斜），mm/m 或%；
D_c——孔口偏差（误差），m 或%；
D_i——爆破和岩石应力损伤指数，无量纲；
D_{ib}——爆破损伤指数，无量纲；
D_s——穿孔时的布孔偏差（误差），m；
D_t——炮孔中总偏差或钻孔精度，(°)，mm/m 或%；
e——炸药换算系数，无量纲；
e——膨胀系数或容积应变，无量纲；
E——弹性模量或杨氏模量，Pa 或 GPa；
E_e——有效杨氏模量或弹性模量，Pa 或 GPa；
f——频率，Hz；
f——约束或约束度，无量纲；
f_b——爆破中取决于台阶坡度的约束度，无量纲；
f_{bo}——大块率，块/1000t 或块/1000m^3；
f_c——裂隙频率，条/m；
f_d——不连续面频率，条/m；
f_j——节理频率，条/m；
f_n——结构的自振频率，Hz 或周/s；
F——力或推力，N；
F_n——正向力，N；
F_s——破碎前最大力，N；
F_t——切向力，N；
g——岩石抗力系数；
g——重力加速度，m/s^2；
G——剪切模量，Pa 或 GPa；
G——应变能释放率，J/m^2 或 MJ/m^2；
G_c——临界应变能力释放率，J/m^2 或 MJ/m^2；
G_I——I 型加载裂隙的临界应变释放率，J/m^2 或 MJ/m^2；
G_{Ic}、G_{IIc}、G_{IIIc}——分别表示Ⅰ、Ⅱ、Ⅲ型加载裂隙的临界应变能释放率，J/m^2 或 MJ/m^2；
G_m——应变势能释放率近似值，J/m^2 或 MJ/m^2；
H——高度，m；
H——水域深度，m；
H_a——拱高，m；
H_{ab}——拱脚高度，m；
H_b——台阶高度，m；
H_d——隧道、平巷、横巷、平硐、上山、斜坡道的高度，m；
I——冲量或动量，N · s；
I——电流强度，A；
I_a——各向异性的点载荷；
I_{max}——最大（推荐）的起爆电流，A；
I_{min}——最小（推荐）的起爆电流，A；
I_s——点载荷强度，Pa 或 MPa；
I_{st}——杂散电流强度，A；
J——惯性距，kg/m^2；
J_d——长度密集，m/m^3；
J_v——单位体积内节理条数，条/m^3；
k——岩石与炸药均衡性常数；
k——节理延伸长度，m；
k——刚度，N/m；
k_x——筛下破碎物占总质量百分比为 x 时的方形筛孔尺寸，m；

k_{50}——平均块度；
k_{100}——最大破碎块度；
K——冲击能量指数，无量纲；
K——体积模量（压缩系数的倒数），Pa；
K——电雷管点火冲量，W·ms/Ω 或 A^2·ms；
K——结构达到破坏所需的循环次数，次；
K_N——与炸药性能及材料临界断裂速度有关的系数，无量纲；
K_c——碎片尺寸分布的典型尺寸，m；
K_c——比例应变的截距，无量纲；
$K_{Ⅰ}$、$K_{Ⅱ}$、$K_{Ⅲ}$——分别表示Ⅰ、Ⅱ、Ⅲ型加载裂隙的应力强度系数，$N/m^{3/2}$；
$K_{Ⅰc}$——断裂韧性或Ⅰ型加载裂隙的临界应力强度系数，$N/m^{3/2}$；
l——长度，m；
l_b——底部装药长度，m；
l_c——柱状药包长度，m；
l_{ch}——药包长度，m；
l_{co}——自孔口至柱状药包的长度，m；
l_{cr}——裂隙长度，m；
l_d——钻孔或炮孔长度，m；
l_o——超爆或后冲深度，m；
l_s——填塞长度，m；
l_{sd}——分段装药时药包间的填塞长度，m；
l_{so}——药包至孔壁的距离，m；
l_{sub}——钻孔超深，m；
L——结构或碎块长度，m；
L_e——药包临界深度，m；
L_p——声压级，dB；
L_r——裂缝长度，m；
L_x——形状因子，x 是表示形状因子类型的编号；
m——质量，kg；
m_b——实际的炮孔密集系数，无量纲；
m_d——设计的炮孔密集系数，无量纲；
M——力矩，Nm；
n——转速，1/s 或 r/s；
n——孔隙率，无量纲；
n——R-R-s 块度分布函数中的均匀指数；
N——裂隙条数；
N——序号；
p——测点声压，Pa；
p——压力，Pa；
p_0——基准声压，Pa；
p_a——绝热压力或爆压，Pa 或 MPa；
p_{am}——环境噪声，Pa 或 MPa；
p_{be}——炮孔内准静态压力，Pa 或 MPa；
p_d——爆轰压力，Pa 或 MPa；
p_f——比能压力，Pa 或 MPa；
p_h——水平压力，Pa 或 MPa；
p_i——入射压力，Pa 或 MPa；
p_o——超压，Pa 或 MPa；
p_{oa}——空气压力脉冲，Pa 或 dB；
p_{og}——气体释放脉冲，Pa 或 dB；
p_{ar}——岩石压力脉冲，Pa 或 dB；
p_{os}——填塞物释放脉冲，Pa 或 dB；
p_r——反射压力，Pa；
p_s——声压，Pa；
p_t——透射压力，Pa；
p_v——垂直压力，Pa 或 MPa；
P——周长，m；
P——功率，W；
P——爆破后的合格块度尺寸，m；
P——炮孔装药系数，炮孔中炸药占炮

孔体积的比,%；

q——炸药单耗，kg/m^3 或 kg/t；

q_a——单位面积炸药分布（理论上）或装药量，预裂爆破中使用，kg/m^2；

q_e——比能，单位岩石破碎所需的能量，J/m^3 或 kJ/m^3；

q_l——线装药密度，kg/m；

q_{lb}——孔底线装药密度，kg/m；

q_{lc}——柱状孔内装药部分的线装药密度，kg/m；

q_m——单位时间内的质量流，kg/s；

q_v——体积流速，m^3/s；

Q——热量，J；

Q——（岩体支护中用的）岩石质量系数，无量纲；

Q——岩石质量系数（描述爆破振动波、地震波衰减），无量纲；

Q——药包质量（北美学术界惯用 W 表示），kg；

Q_b——孔底装药量，kg；

Q_c——柱状装药量，kg；

Q_d——分段装药量，kg；

Q_{co}——燃烧热值，MJ/kg；

Q_f——生成热或反应热，kJ；

Q_{max}——最大一段装药量，kg；

Q_t——炸药总消耗量，kg；

r——半径，m；

r_{cr}——破碎半径，m；

r_{ma}——大裂缝半径，m；

r_{mi}——小裂缝半径，m；

r_r——径向裂缝半径，m；

r_p——塑性变形半径，m；

R——相关系数，无量纲；

R——测震点与炮孔或爆源的距离，m；

R——气体常数，Nm/(mol · K)；

R——不连续面的反射系数，无量纲；

R——电阻，Ω；

R——抛掷距离或抛掷长度，m；

R_c——耦合系数，无量纲；

R_{ca}——轴向耦合系数，无量纲；

R_{cr}——径向耦合系数，无量纲；

R_{cra}——裂隙宽长比，无量纲；

R_{cv}——体积耦合系数，无量纲；

R_d——不耦合系数，无量纲；

R_{da}——轴向不耦合系数，无量纲；

R_{dc}——临界不耦合系数，无量纲；

R_{dr}——径向不耦合系数，无量纲；

R_{dv}——体积不耦合系数，无量纲；

R_e——开挖扰动区，m；

R_s——有关碎块抛掷或地面振动的安全距离，m；

R_v——相对振动速度，无量纲；

s——比熵，J/(kg · K)；

s_{bu}——绝对体积威力（ABS），J/m^3 或 MJ/m^3；

s_{br}——相对体积威力（RBS）；

s_{ma}——绝对质量威力（AMS），J/kg 或 MJ/kg；

s_{mr}——相对质量威力（RMS）；

s_{va}——绝对体积威力（AVS），J/m^3 或 MJ/m^3；

s_{vr}——相对体积威力（RVS）；

s_{wa}——绝对重量威力（AWS），J/m^3 或 MJ/m^3；

s_{wr}——相对重量威力（RWS）；

S——炮孔间距，m；

S——松胀比，无量纲；

t——时间，s；

t——厚度，m；

t_r——上升时间，s；

T——绝对温度，K；

T——振动周期，s；

T——穿过闭合的节理或裂隙传播的波能透射系数，无量纲；

T_0——药包半径，m；

u——位移，m 或 mm；

u——松胀系数，无量纲；

U——电压，V；

v——质点振动速度，mm/s 或 m/s；

v_b——爆破层移动速度，m/s；

v_d——钻进速度，m/min 或 m/h；

v_{max}——通常在垂直方向测定的最大（峰值）质点振动速度，m/s 或 mm/s；

v_R——合成地面质点振动速度，m/s 或 mm/s；

v_{Rmax}——地面质点振速互相垂直的两个分量的最大合成速度，m/s 或 mm/s；

v_{Smax}——质点振速分量 S 波的最大值，m/s 或 mm/s；

v_{vmax}——质点振速垂直分量的最大值（峰值），m/d 或 mm/s；

v_{hmax}——质点振速水平分量的最大值（峰值），m/d 或 mm/s；

V——体积，m^3；

V_d——体积密度（相对于线密度、面密度而言），kg/m^3；

V_o——超爆体积，m^3；

V_p——孔隙体积，m^3；

V_Q——装药体积，m^3；

V_s——原岩体积，m^3；

V_t——总体积，m^3；

w——能量密度，J/m^3；

w——含水率,%；

w_f——断裂比能，J/m^3；

w_s——应变能密度，J/m^3；

w_{se}——弹性应变能密度，J/m^3；

W——最小抵抗线，m；

W——功或能量，J；

W——岩块宽度，m；

W——炸药爆破岩石的有效功，kW · h/t；

W_b——鼓泡能，J；

W_k——动能，J；

W_p——势能，J；

W_s——应变能，J；

W_{se}——弹性应变能，J；

W_{sh}——冲击能，J；

Z——声阻抗，$kg/(m^2 \cdot s)$；

Z_i——入射波介质的声阻抗，$kg/(m^2 \cdot s)$；

Z_R——声阻抗比或声阻抗不匹配系数，无量纲；

Z_t——透射波介质的声阻抗，$kg/(m^2 \cdot s)$；

α——矿体或炮孔的倾角，(°)；

α——与装药量有关的爆生波衰减系数，无量纲；

α——质量体积，m^3/kg；

β——单轴受压状态下的剪切角，(°)；

β——与距离有关的爆生波衰减系数，无量纲；

γ——剪切应变，无量纲；

γ——密度，无量纲；

γ_s——（比）表面能，J/m^2；

δ——微小量增，无量纲；

δ——滑动角，(°)；

δ_l——（装卸时的）休止角，(°)；

δ_d——(堆放时) 休止角、安息角或自然边坡角，(°)；

Δ——装药密度，kg/m^3；

Δ_{ko}——结构开始破坏所需的循环次数，次；

ε——应变，无量纲；

ε_r——残余应变，无量纲；

ε_{rmax}—— 最大径向应变，无量纲；

η——爆破效率或其他效率，%；

θ——爆破漏斗张开角，(°)；

κ——压缩系数，即体积模量 K 的倒数，1/Pa；

λ——波长，m；

λ——拉梅常数；

μ——摩擦系数；

ν——泊松比；

π——3.14159；

ρ——密度或真密度，kg/m^3；

ρ_e——装药前炸药（体积）密度，kg/m^3；

ρ_{ec}——装药后的炸药（体积）密度或装药密度，kg/m^3；

ρ_r——岩石密度，kg/m^3；

ρ_s——填塞物密度，kg/m^3；

σ——应力，Pa；

σ_1——主应力，Pa；

σ_2——次应力，Pa；

σ_3——次应力，Pa；

σ_c——抗压强度，Pa；

σ_{cd}——动抗压强度，Pa；

σ_{ctr}——三轴抗压强度，Pa；

σ_h——水平应力，Pa；

σ_n——正应力，Pa；

σ_s——抗剪强度，Pa；

σ_{sd}——动抗剪强度，Pa；

σ_t——抗拉强度，Pa；

σ_{td}——动抗拉强度，Pa；

σ_y——屈服应力，Pa；

τ——剪应力，Pa；

τ_0——药包半径，m；

υ——比容，质量体积，m^3/kg；

υ_b——松比容，质量体积，m^3/kg；

υ_t——真比容，质量体积，m^3/kg；

φ——破裂角，屈服角或崩落脚，(°)；

φ——波位移；

φ——内摩擦角或剪切角，(°)；

ψ——集中系数，无量纲；

ω——角频率，$\omega = 2\pi f$，(°) /s 或 rad/s；

ω_{st}——压痕强度指数，MPa。

A

A = ①ammeter 电流计,安培计。②ampere 安(培)。③atomic weight 原子量。

A. = ①absolute temperature 绝对温度。②【物】angstrom(unit)埃(Å)。③【化】argon 氩。④Academy 专科学校,学院,私立学校,一般的高等教育;学会,学术团体。

a = acceleration 加速度。

a. = ampere 安(培)。

a a = absolute alcohol 无水酒精,纯酒精。

AA = ①acetaldehyde 乙醛。②Australian Academy of Science 澳大利亚科学院。③author's alternations 作者的修正。④(干电池型号)5 号电池。

AAA = ①American Automobile Association 美国汽车协会。②Australian Association of Accountants 澳大利亚会计协会。③Australian Automobile Association 澳大利亚汽车协会。④(干电池型号)7 号电池。

AAAS = ①American Association for the Advancement of Science 美国科学促进会。②American Academy of Arts and Sciences 美国艺术和科学研究院。

AAB = aminoazobenzene 氨基偶氮苯。

AACC = American Association for Contamination Control 美国污染控制协会。

AAE = American Association of Engineers 美国工程师协会。

AAM = acrylamide 丙烯酰胺。

AAPG = American Association of Petroleum Geologists 美国石油地质学家协会。

AAS = American Academy of Science 美国科学院。

AASW = American Association of Scientific Workers 美国科学工作者协会。

AAUP = American Association of University Professors 美国大学教授联合会。

AB = ammonium benzoate 苯甲酸铵。

Abac = nomogram *n.*【英】算图,坐标网,列线图,诺谟图。

abacus *n.* (*pl.* abaci)①算盘;②【建】(圆柱顶部的)顶板,冠板。*learn to use* [*work*] *an* ~ 学打算盘。

abampere *n.*【物】绝对安培,电磁安(培)(1 电磁安 = 10 安);电磁系电流单位。

Abandon *vt.* ①抛弃,遗弃。②放弃。*The Board of Directors is going to* ~ *this blasting engineering project.* 董事会打算放弃这个爆破工程。

abandoned *a.* 被放弃[扔弃、遗弃]了的。~ *heading* 废弃平巷。~ *mine* 废弃矿山,报废矿山。~ *mine plan* 废矿图。~ *site* 废弃场址。~ *stope* 废弃区,采

空场。~ *well* 废井。~ *workings* 采空区,废巷道。

abandonee *n.* ①承保人。②【法】被遗弃的人。

abandonment *n.* ①废弃,报废;放弃,抛弃,遗弃。~ *of a mine* 矿山报废。~ *of a treaty* 废弃一项条约。②放肆。③【法】弃权。~ *of an action* 放弃诉讼。~ *of a right* 弃权。

ABAQUS ABAQUS 软件(一种通用有限元分析软件,主要用于工程模拟,可分析线性和非线性问题,常用于爆破模拟)。

abate *vt.* ①减少,减轻。②【法】取消法令,中止(诉讼);排除(障碍)。③除掉;夺去。~ *a tax* 减税。~ *sb.'s pain* 减轻某人的痛苦。— *vi.* ①(洪水、风暴、病痛等)减少,减轻,减退。*The storm has ~d.* 风暴减弱了。②【法】中止,作废。

abatement *n.* ①【矿】削平(硐室爆破削平山头)。②【环】治理。③减少,减轻,减弱,减退;消除。④【法】废除,终止。~ *method for nitrogen oxide* 氧化氮消除方法。~ *of a stone* 修削石块。~ *of blasting noise* 消除爆破噪声。~ *of noxious gases* 消除有害气体。~ *of pollution* 消除污染。~ *of smoke* 消除烟雾。~ *of the wind* 风力减弱。~ *of water pollution* 消除水污染。~ *technology* 消减技术。*New ~ technologies based on various catalyst systems have been developed to drastically reduce overall GHG emissions of explosive manufacturers.* 针对不同催化剂系统的减量新技术已经开发出来,以大规模减少炸药厂家温室气体的总体排放。

abates *n.* 通风隔墙,风挡;鹿砦,障碍物,拒木;铁丝网。

abbertite *n.* 黑沥青。

abbreviate *vt.* ①节略,省略,缩写。②缩短(行期等)。③【数】约分。*New York is ~d to N. Y.* New York 缩写为 N. Y.

abbreviation *n.* ①省略,缩写。②缩写词,略语。③【数】约分。

ABC *n.* (*pl.* ABC's)字母表;初步,入门;基础知识。~ *book* 初学书,入门书。*as easy as ~* 非常容易。*the ~ (guide)* (按字母顺序编排的)铁路旅行指南。

ABC = Activity Based Classification (全称) ABC 分类库存控制法(ABC 分类法)。

ABC warfare = atomic, biological, chemical warfare 原子、生物、化学战。

abcoulomb *n.*【物】绝对库伦;电磁制库伦。

A-B-C process A-B-C 三级净化过程。

A-B-C scale Rockwell machine A-B-C 标度洛氏硬度机。

ABD = All But Dissertation(已完成课程及考试但尚缺论文的)准博士。

Abel *n.* 阿贝尔(姓氏,男子名)。~ *closed tester* 阿贝尔闭式闪点测定仪。~*'s heat test* 阿贝尔加热试验(阿贝尔于 1875 年提出的一种试验炸药安定性的方法。其基本原理是使硝酸酯受热分解,把产生的过氧化氮气体溶于水中生成亚硝酸,然后用碘化钾淀粉试纸进行检验)。

Abelite *n.* 阿贝立特,阿贝立特炸药,阿比来炸药。

aberrant *a.* ①离开正路的，与正确（或真实情况）相悖的。～ *source* 异常误差来源。②【生】异常的，畸变的。— *n.* ①离开正路的人。②【生】畸变生物（群）；畸变器官；反常。— *ad.* 反常地，异常地。

abichite *n.* 砷铜矿，光线矿。

ability *n.* 能力，资格；能耐，才能。～ *assessment* 能力评定。～ *to deform* 变形性能。～ *to fill openings* 裂缝充填能力。～ *to harden* 硬化性能。～ *to penetrate* 渗透能力。～ *to retain moisture* 含水性能。

abiochemistry *n.*【化】非生物化学，无机化学。

ablation *n.* 消融，切除；冲蚀；消蚀；磨削。～ *form* 消融形态，消融地形。～ *layer* 消融层。～ *material* 烧蚀材料。～ *temperature* 烧蚀温度。

ablative *n.* 离格。—*a.* 离格的。～ *insulating quality* 隔热性。

abnormal *a.* ①反常的，异常的；不规则的。②变态的，畸形的。③邪门儿。～ *alarm lamp* 异常警示灯。～ *anticlinorium* 【地】逆复背斜。～ *climate* 异常气候。～ *coal* 异常煤，特殊煤。～ *combustion* 异常燃烧，不规则燃烧。～ *condition* 异常运行，异常工况，非正常条件。～ *contact* 异常接触，构造接触。～ *creep* 异常蠕变。～ *current* 异常电流。～ *density* 反常密度。～ *descent index* 反常下降指数。～ *dip* 异常倾斜。～ *erosion* 异常侵蚀。～ *exposure* 异常照射。～ *fluid pressure* 异常流体压力。～ *formation pressure* 异常地层压力。～ *frequency protection* 异常频率保护。～ *glow discharge* 反常辉光放电。～ *grain growth* 异常晶粒生长。～ *magnetic variation* 异常磁变。～ *nuclear state* 反常核态。～ *occurrence* 异常现象。～ *operating condition* 异常运行工况。～ *operating transient* 异常运行瞬变。～ *place* 反常采煤区。～ *pressure formation* 异常压力地层。～ *reflection* 异常反射。～ *state* 异常状态。～ *stress* 异常应力。～ *structure* 异常结构。～ *temperature* 异常温度。～ *temperature rise* 过热，异常温升。～ *thinking* 异常思维。～ *voltage* 异常电压。～ *wrought iron* 异常熟铁，异常变形铁。

abnormality *n.* 反常；变态，畸形；不合常规的现象或事件。

abnormally *ad.* 反常地，异常地，不正常地。～ *high pressure* 异常高压。

abode *n.* 住所；公寓；（在某地的）暂住；逗留。— *vt.* 预兆，预示。— *v.* 容忍（abide的过去式和过去分词）；等候；逗留，停留。～ *shot* 裸露药包爆破。

A-bomb *n.* 原子弹；制造原子弹者；— *vt.* 用原子弹轰击或轰炸。

abort *vt.* 使流产；使夭折；使中止。— *vi.* 流产，堕胎；发育不全。— *n.* 流产；中止计划。～ *sensing* 故障测定。

above *prep.* ①（表示程度）超过。②（表示等级）在…之上。③（表示位置）在…正上方。④（表示比较）优于。— *ad.* ①在上面。②以上。③上述。— *n.* 上述。*a.* 上述的。～ *sea-level* 海

A

拔,超出海平面。~ *zero* 零上。~-*critical* 超临界的。~-*critical state* 超临界状态。~-*surface structure* 地面以上结构。~-*thermal* 超热的。~-*water tie-in technique* 水面连接技术。

abradant *a.* 摩擦着的。— *n.* 磨蚀剂,金刚砂。

abrader *n.* 磨光机,磨石;砂轮机,研磨器。

abrasion *n.* 磨损;擦伤处;摩擦;【地】磨蚀(作用),冲蚀。~ *coast* 【地】海蚀岸。~ *drill* 回转钻机。~ *geomorphology* 【地】海蚀地貌。~ *platform*【地】浪蚀台地。~ *resistant material* 耐磨材料。~ *test* 耐磨试验。

abrasive *a.* ①有磨蚀作用的,摩擦的。②粗糙的。③使人厌烦的,伤人感情的。—*n.* ①研磨料,琢料。②金刚砂。~ *action* 磨蚀作用。~ *belt* 磨光砂带。~ *belt grinding* 带式磨光。~ *belt polishing* 带式抛光。~ *blast cleaning* 喷砂清理。~ *brick* 耐磨砖。~ *characteristic* 磨损性,磨蚀性。~ *cutoff* 砂轮切割。~ *cutoff machine* 磨切机,砂轮切割机。~ *cutting wheel* 切割砂轮。~ *damage* 磨损;磨伤。~ *descaling* 磨除氧化皮;磨除铁鳞。~ *disc* 砂轮。~ *disc cutter* 砂轮切割片,砂轮锯。~ *dust* 磨屑,研磨粉。~ *grain* 磨粒。~ *grit* 磨料,铁粒。~ *hardness* 摩擦硬度,磨损硬度。~ *laden* 装上磨料的,含磨料的。~ *material* 磨料,研磨材料。~ *media* 磨料。~ *nature* 磨损性质。~ *ore* 腐蚀性矿石。~ *paper* 砂纸,研磨纸。~ *powder* 研磨粉,磨料粉。~ *power* 研磨力。~ *resistance* 耐磨性,抗磨性。~ *resistant material* 耐磨材料。~ *shot* 研磨用金属丸。~ *slurry* 磨粉浆。~ *stick* 油石,磨条。~ *surface* 研磨面,磨损面。~ *water jet processing* 磨损性流体加工,磨损性射流加工。~ *wear* 磨损,磨耗。~ *wheel* 砂轮,研磨轮。

abrasiveness *n.* 磨耗,磨蚀;磨损性,磨蚀性。

abrator *n.* 抛丸清理机,喷丸清理机,喷丸清理装置。

abreuvage *n.* 机械黏砂;砂型孔隙金属液渗透。

Abreuvoir *n.* 石块间缝隙。

abri *n.* 避难所,防空洞;洞穴;岩洞。

abridge *vt.* 节略;减少;缩短;剥夺(某人的)权利(或特权等)。

abridged *a.* 削减的,删节的。— *v.* 节略(abridge 的过去式和过去分词);减少;缩短;剥夺(某人的)权利(或特权等)。~ *spectrophotometer* 滤色光度计,简易分光光度计。

abrupt *a.* ①突然的,意外的。②无理的,唐突的。③不连贯的。④陡峭的。~ *change* 突变,陡变。~ *cliff* 陡崖。~ *curve* 折线,急弯曲线。~ *fault* 【地】逆断层。~ *slope* 【矿】陡坡。~ *wave* 陡浪,巨浪。

abruption *n.* ①分裂,分离。②突然断裂,戛然终止。

ABS = ①absolute bulk strength 绝对体积威力。②alkyl benzene sulfonate 烷基苯磺酸盐。③ alkyl benzene sulfonic acid 烷基苯磺酸。~ (*ABS*) *is widely* *used in many fields as anionic surfactants.* 作为一种常见的表面活性剂,烷基苯磺酸盐(ABS)被广泛用于许多领域。

abscess *n.* 气孔,砂眼。

abscissa *n.*【数】横坐标;横轴线。

absence *n.* ①缺席,缺勤。②缺乏,缺少,无。③心不在焉,不注意。~ *without leave* 擅离职守。*In the ~ of oxygen, the substance in the container cannot burn well.* 没有氧气,容器里的物质不能充分燃烧。*Due to the ~ of many from the meeting, no resolution was formed over the relevant issues.* 由于很多人缺席会议,有关问题没有形成决议。*The blasting industry has had to rely on empirical approaches in the ~ of a proven mechanistic fragmentation model.* 因为缺乏成熟的机械破碎模型,爆破行业只好依赖经验方法。

absent *a.* ①缺席的,不在场的。②缺少的,缺乏的。③不在意的,茫然的。~ *day* 缺勤日。

absentee *n.* 缺勤者,缺席者;②【讯】空号。

absenteeism *n.* 旷工,缺勤。

absolute *a.* ①绝对的,完全的。②不受任何限制[约束]的;无条件的。③有无上权力或权威的。—*n.* 绝对;绝对事物。~ *abundance* 绝对丰度。~ *accuracy* 绝对精度。~ *activity* 绝对活性。~ *advantage* 绝对优势,绝对利益。~ *advantage theory* 绝对利益论,绝对优势论。~ *age* 绝对年龄。~ *alcohol* 无水酒精,纯酒精。~ *altitude* 绝对高度。~ *Angstrom* 绝对埃。~ *atmosphere* 绝对大气压。~ *boiling point* 绝对沸点。~ *bulk strength (ABS)* (炸药)绝对体积威力;体积做功能力(指单位体积炸药的做功能力,单位为MJ/m^3)。~ *calibration* 绝对标定。~ *capacity* 绝对容量。~ *code* 绝对代码。~ *coil* 绝对线圈。~ *compliance* 绝对柔量。~ *configuration* 绝对构型。~ *constant* 绝对常数。~ *convergence* 绝对收敛。~ *coordinate data* 绝对坐标数据。~ *deflection* 绝对变位;绝对垂度;绝对弯曲度。~ *demand* 绝对需求。~ *density* 绝对密度。~ *deviation* 绝对偏差。~ *dielectric constant* 绝对介电常数。~ *displacement* 绝对位移。~ *draught* 绝对压下量。~ *dry condition* 绝对干燥条件。~ *dry weight* 绝对干量。~ *dynamic modulus* 绝对动态模量。~ *effectiveness* 绝对效益。~ *electrostatic unit* 绝对静电单位。~ *elongation* 绝对伸长率。~ *entropy* 绝对熵。~ *error* 绝对误差(某项试验指标的测定值与其算术平均值之差的绝对值)。~ *expansion* 绝对膨胀。~ *fission rate* 绝对裂变率。~ *fission yield* 绝对裂变产额。~ *frequency* 绝对频率。~ *hardness* 绝对硬度。~ *heating effect* 绝对热效应;绝对供暖效应。~ *humidity* 绝对湿度。~ *index of refraction* 绝对折射率。~ *instability* 绝对不稳定性。~ *intensity* 绝对强度。~ *isotopic abundance measure* 绝对同位素丰度测量。~ *lethal dose* 绝对致死剂量。~ *level*

绝对电平。~ *liability* 绝对责任;无辜(赔偿)责任。~ *luminance threshold* 绝对亮度阈值。~ *magnitude* ①绝对大小,绝对量。②绝对星等(天体光度的一种量度。假定把恒星放在距地球10秒差距的地方测得的恒星的亮度,用以区别于视星等Apparent magnitude。它反映天体的真实发光本领)。~ *manometer* 绝对压力计。~ *maximum fatal temperature* 绝对最高致死温度。~ *maximum value* 绝对最大值。~ *measurement* 绝对测量;绝对测定法。~ *minimum temperature* 绝对最低温度。~ *minimum value* 绝对最小值。~ *mobility* 绝对淌度。~ *modulation* 绝对调制。~ *modulus* 绝对模量。~ *neutron flux* 绝对中子通量。~ *object program* 绝对目标程序。~ *pemeability* 绝对渗透率。~ *permittivity* 绝对介电常数,绝对电容率。~ *plotter control* 全值绘图机控制。~ *pore size* 绝对孔径;最大孔径。~ *pressure* 绝对压力。~ *pressure controller* 绝对压力控制器。~ *pressure gauge* 绝对压力仪表。~ *pressure vaccuum gauge* 绝对真空压力计。~ *price* 绝对价格。~ *programme loader* 绝对程序上传。~ *rate theory* 绝对反应速率理论。~ *readabout* 绝对(示值)读数。~ *reference frame* 绝对参考系。~ *refractive index* 绝对折射指数。~ *retention time* 绝对保留时间。~ *retention volume* 绝对保留体积。~ *rock stress* 绝对岩石应力。~ *sacttering power* 绝对散射能力。~ *scale* 绝对标尺。~ *scale of temperature* 绝对温度表。~ *signal* 绝对信号。~ *similarity* 绝对相似。~ *size value* 绝对粒度值。~ *spead* 绝对展宽;宽展量。~ *specific gravity* 真重比。~ *stability* 绝对稳定性。~ *stability constant* 绝对稳定常数。~ *surface area method* 绝对表面积法。~ *system of units* 绝对单位制。~ *temperature* 绝对温度。~ *temperature scale* 绝对温标。~ *thermal efficiency* 绝对热效应。~ *thermodynamic scale* 热力学绝对温标。~ *thermometer* 绝对温度计。~ *topography* 绝对地形。~ *unit* 绝对单位。~ *vacuum* 绝对真空。~ *valency* 绝对价;最高价。~ *value* 绝对值。~-*value computer* 绝对值计算机。~ *velocity* 绝对(上升)速度。~ *viscosity* 绝对黏度(黏度有绝对黏度、运动黏度、条件黏度和相对黏度之分。绝对黏度也叫动力黏度,它是指液体以1cm/s的流速流动时,在每平方厘米液面上所需切向力的大小)。~ *volt* 绝对电压。~ *volume strength* (*AVS*)(绝对)体积威力(指单位体积炸药的做功能力,单位为MJ/m^3)。~ *water content* 绝对含水量。~ *weight* 绝对重量。~ *weight strength*(*AWS*) 绝对重量威力(与绝对质量威力一致,单位为MJ/kg)。~ *worst state* 绝对最坏状态。~ *yield* 绝对产量。~ *zero* 绝对零度(-273℃)。~ *zero point* 绝对零点。

absoluteness *n.* ①绝对,无限制。②绝对性,绝对化。

absorb *vt.* ①吸收,消减(振动等)。②获得,学到。③耗尽,用完。④吸引

(注意力),专心。⑤承受;收购。

absorbance *n.* 吸光率;消光;吸光度。

absorbancy *n.* 吸收本领;吸光率;吸光度。~ *index* 吸光系数。

absorbate *n.* 吸收剂;被吸收的物质。

absorbed *a.* 被…吸引住,专心致志,全神贯注。—*ad.* 专心致志地,全神贯注地。—*n.* 专心致志,全神贯注。—*v.* ①吸收(液体、气体等)(absorb 的过去式)。②支付。③吞并。④使全神贯注(absorb 的过去分词形式)。~ *dose* 吸收剂量。~ *dose index* 吸收剂量指标。~ *energy* 吸收的能量。~ *energy value* 吸收的能值。~ *heat* 吸收的热量。~ *idle funds* 吸收的闲散资金,吸收游资。~ *ion* 吸收离子。~ *layer* 吸收层,吸附层。~ *material* 被吸收材料。~ *moisture* 吸收的水分。~ *monolater* 吸收单(分子)层。~ *power* 吸收功率。~ *radiation dose* 吸收辐射剂量。~ *rod* 吸收棒。~ *striking energy* 吸收冲击功。~ *wave energy coefficient* 波能吸收系数。~-*infracture energy* 冲击功;冲击韧性。

absorbefacient *n.* 吸收剂。—*a.* 有吸收性能的。

absorbency *n.* 吸收能力;吸墨性。

absorbent *n.* 吸收剂。*a.* 能吸收的。~ *bed* 吸收床,吸收层。~ *capture unit* 吸收剂俘获装置。~ *cotton* 吸收棉,脱脂棉。~ *filter* 吸收过滤器。~ *filtering medium* 吸收过滤介质。~ *finishing* 吸湿整理。~ *oil* 吸收油。~ *power* 吸收本领。~ *quality* 吸收性,吸收本质。~ *solution* 吸收剂溶液。~ *textile fiber* 吸收性纺织纤维。

absorber *n.* ①吸收器;吸热器;吸收塔;吸收体。②减振器,缓冲器。~ *control rod* 吸收控制杆。~ *cooler* 吸收塔冷却器。~ *washer* 吸收洗涤器。

absorbing *a.* ①吸引人的。②非常有趣的。—*v.* ①吸收(absorb 的 ing 形式)。②引人注意。~ *ability* 吸收能力,吸收本领。~ *apparatus* 吸收仪器。~ *capacity* 吸收能力;吸收率。~ *coefficient* 吸收系数。~ *column* 吸收塔。~ *curtain* 吸收屏。~ *joint* 减振缝。~ *liquid* 吸收液。~ *material* 吸收材料,吸收体;吸收剂。~ *matter* 吸收材料,吸收物质。~ *medium* 吸收介质。~ *pipettes* 吸收(量)管。~ *stabilizing system* 吸收稳定系统。~ *surface* 吸收表面。~ *tower* 吸收塔。~ *agent* 吸收剂。

absorptance *n.* ①吸收能力,吸收本领。②吸收比。

absorptiometer *n.* ①吸收计,吸收测定器。②光度计。

absorptiometric *a.* 吸光光度法的。~ *analysis* 吸光分析。~ *turbidity unit* 吸收比色浊度单位。

absorptiometry *n.* 吸收测量学;吸光光度法。

absorption *n.* ①吸收;消减(振动等)。②获得,学到。③耗尽,用完。④吸引(注意力),专心。⑤承受。~ *apparatus* 吸收装置,减振装置,吸收器。~ *band* 吸收带,吸收光(谱)带。~ *bottle* 吸收瓶。~ *bulb* 吸收球管。~ *capacity* 吸收能力,吸收量;吸收率。~ *cell*

吸收匣,吸收池;耗能元件。~ *chiller* 吸收式制冷机。~ *chromatography* 吸收色谱法。~ *coefficient* 吸收系数。~ *color filter* 吸收滤色器。~ *column* 吸收塔,吸收柱。~ *constant* 吸收常数。~ *controlled reactor* 吸收(中子)控制反应堆。~ *control* 吸收控制。~ *cooling* 吸收式冷却。~ *costing* 吸收成本计算法。~ *cross-section* 吸收截面。~ *curve* 吸收曲线。~ *cycle* 吸收式循环。~ *cycle heat pump solar cooling system* 吸收式循环太阳能热泵制冷系统。~ *dynamometer* 吸收式测功器,吸收测力器,制动测功器,吸收功率器。~ *edge* 吸收带边界,吸收限。~ *effect* 吸收效应。~ *efficiency* 吸收效率。~ *enhancement effect* 吸收增强效应。~ *equation* 吸收方程。~ *equilibrium* 吸收平衡。~ *equipment* 吸收设备。~ *error* 吸收误差。~ *factor* 吸收因子,吸收因素。~ *filter* 吸收滤光片。~ *flask* 吸收瓶。~ *flow detector* 吸收式探伤器。~ *frequency* 吸收频率。~ *function* 吸收功能,吸收作用。~ *glass* 吸收玻璃。~ *heat pump* 吸收式热泵。~ *intensity* 吸收强度。~ *index* 吸收指数。~ *installation* 吸收装置。~ *isotherm* 吸收等温线。~ *jump* 吸收突变。~ *kernel* 吸收核。~ *law* 吸收定律。~ *length* 吸收长度。~ *lifetime* 吸收寿命。~ *light filter* 吸收滤光镜。~ *limit* 吸收极限。~ *line* 吸收线。~ *liquid* 吸收液。~ *loss* 吸收损失,漏失,渗漏损失。~ *meter* 吸收计。~ *method* 吸收法。~ *model* 吸收模型。~ *modulation* 吸收调制。~ *of idle funds* 吸收游资,吸收闲散资金。~ *of moisture* 吸湿。~ *of perspiration* 吸汗。~ *of radiant energy* 辐射能吸收。~ *of radiation* 吸收辐射线。~ *of shocks* 减振。~ *of sound* 声音吸收。~ *of thermal energy* 热能吸收。~ *of X-ray* X射线吸收。~ *peak* 吸收峰。~ *phenomenon* 吸附现象。~ *photometry* 吸收光度法。~ *plant* 吸收装置,回收装置。~ *power* 吸收能力,吸收本领。~ *probability* 吸收概率。~ *process of waste water* 废水吸附处理。~ *property* 吸收性能,吸收本领。~ *rate* 吸收速率。~ *ratio* 吸收率。~ *refrigeration process* 吸收冷却过程。~ *refrigeration unit* 吸收冷却装置。~ *silencer* 吸收式消声器。~ *spectral analysis* 吸收光谱分析。~ *spectrograph* 吸收光谱仪。~ *spectrometer* 吸收光谱计,吸收分光计。~ *spectroscopy* 吸收光谱法;吸收光谱学。~ *spectrum* 吸收光谱,吸收频谱。~ *surface* 吸收表面。~ *temperature* 吸收温度。~ *test* 吸收试验。~ *thickness* 吸收厚度。~ *tower* 吸收塔。~ *trap* 吸收陷阱。~ *treatment* 吸收处理。~ *tube* 吸收管。~ *velocity* 吸收速度。~ *vessel* 吸收皿。~ *water* 吸附水。~*-desorption cooling unit* 吸收-解吸制冷装置。

absorptive *a.* 吸收性的,有吸收力的。~ *capacity* 吸收能力。~ *character* 吸

收特性。~ *drying and sweetening* 吸附干燥和除臭。~ *source* 吸收源。~*-type filter* 吸收型过滤器。

absorptivity *n.* 吸收性;吸收率,吸收系数。

abstergent *a.* 去垢的。—*n.* 洗涤剂。

abstract *a.* 抽象的,不实际的;难解的,深奥的;冷漠的。— *vt.* 提取,抽取;转移(注意力);把…抽象出来。— *n.* 摘要,梗概;抽象,抽象物,抽象概念。

abstracted *a.* 分离出来的;心不在焉的。

abstraction *n.* 提取,抽取;抽象,抽象作用。~ *of heat* 热分离,抽热,减热。~ *of pillar* 回采矿柱。~ *reaction* 提取反应。~*-coupling polymerization*【化】提取-偶合聚合。

abstractly *ad.* 抽象地,理论上地。

abs. visc. = absolute viscosity【化】绝对黏度。

abundance *n.* ①丰富;丰度。②【物】数量。③【矿】分布量。~ *of food* 饭菜丰盛;~ *of methane* 瓦斯涌出量。~ *of minerals* 矿藏丰富,矿物丰度。~ *of sunshine* 阳光充足。~ *of feelings* 感情丰富。*a life of* ~ 殷实的生活;*a year of* ~ 丰年。

abundant *a.* 大量的,充足的;富裕的,丰富的(*in*, *with*),富饶的。~ *rainfall* 雨量充沛。~ *with scattered rock* 碎石遍地。~ *in mineral deposits* 矿藏丰富。

abuse *vt.* 滥用;违反操作规程;虐待。—*n.* 滥用;虐待;弊病,陋习。

abut *vi.* 邻接,紧靠,毗连(*against*, *on*, *upon*)。*a building* ~ *ting on the road* 临街的一座建筑物。*cartridges* ~ *ting the front wall* 靠前墙的药卷。— *n.* 端头,拱脚。~ *face of the bench* (爆破)台阶端面。

abutment *n.* ①支点;隧道壁与拱顶交接处的断面位置。②承受压力带,应力集中区。③支座,拱脚,桥墩。④隔墙;邻接,接壤。~ *area* 岩压应力集中区,支壁带。~ *height* 支撑高度(隧道底板到支点的距离)。~ *of corbel* 翅托支座,悬臂支座。~ *pressure* 支撑压力(由于应力重新分布,煤(岩)体、煤柱、充填物或冒落岩石上形成的应力增高区的压力)。~ *ring* 紧靠环。~ *stress* 支承应力,集中应力。*acute peak* ~ 矿柱的锐角应力峰值区。*arch* ~ 拱脚,拱座,拱基;弧形矿柱的应力集中区。*cape* ~ 矩形矿柱的应力集中区。*continent* ~ 大面积矿柱的应力集中区。*forward* ~ 前支承带。*front* ~ 前支座,前支撑点;工作面前方支承压力带。*island* ~ 孤立矿柱的应力集中区。*obtuse* ~ 矿柱的钝角应力集中区。*peak* ~ 应力峰值区。*peninsula* ~ 三面采空矿柱的应力集中区。*pillar* ~ 矿柱的应力集中区。*rear* ~ 后支座,后支承点;工作面后方支承压力带。*remnant* ~ 残留矿柱的应力集中区。*side* ~ 工作面侧面支承压力带。*spring* ~ 弹簧支座。*strip* ~ 带状矿柱的应力集中区。

abysm *n.* 深海(深度在500m以下)。

abysmal *a.* 无底的,深不可测的。—*ad.* 极糟地;可怕地;完全地;极端地。~ *area* 深海区。~ *deep* 深海。~ *deposit* 深海沉积。~ *facies* 深海相;~

sea 深海。

abyssal *a.* ①深海底的;②【地】深成的。~ *plain* 深海平原。~ *zone* 深海底带。~ *benthic zone* 大海深渊地带。~ *deposit* 深海沉积。~ *environment* 深海环境。~ *facies* 深海相。~ *fan* 深海扇,海底扇。~ *fault* 深海断层。~ *floor* 深海底,海床。~ *floor sediment* 深海海底沉积物。~ *oceanic basin* 深海大洋盆地。~ *oceanography* 深海海洋学。~ *pelagic area* 深海海面区域,远洋深海区。~ *pelagic zone* 深海水层区。~ *region* 深海区。~ *sea* 深海。~ *sediment* 深海沉积。~ *zone* 深海区(大陆架以外,海平面以下2000~6000m)。

AC = ①air conditioning 空调。②air controlman 空中交通管制员。③athlete club 体育俱乐部。

Ac = actinium 锕。

academic *a.* ①学术的,学院的。②刻板的。~ *achievement* 学术成就。~ *atmosphere* 学术气氛。~ *authority* 学术权威。

ACC = ①activated calcium carbonate 活性碳酸钙。②automatic combustion control 自然燃烧控制。

accelerated *a.* 加速,促进。~ *aging* 加速老化。~ *aging test* 人工加速老化试验。~ *burn-up test* 加速燃耗试验。~ *combustion* 加速燃烧。~ *construction completion* 加速竣工。~ *corrosion test* 加速腐蚀试验。~ *deterioration test* 加速劣化(老化)试验。~ *effect* 加速效应。~ *exposure test* 加速大气腐蚀试验。~ *fatigue test* 加速疲劳试验。~ *freezing drying* 加速冷冻干燥。~ *ignition rate* 加速燃火率。~ *outdoor exposure test* 加速户外暴晒试验。~ *stock* 含促进剂胶料。~ *oxidation test* 加速氧化试验。~ *testing cabinet* 加速试验箱。

accelerating *n.* 加速。—*a.* 加速的,促进的,催化的。—*v.* ①(使)加快,(使)增速(accelerate 的现在分词)。②促使…早日发生,促进。~ *force* 加速力。~ *stress* 加速应力。~ *year-on-year increase* 逐年加速增长。

acceleration *n.* ①加速,加快。②加速度(指速度相对于时间的变化率,单位为m/s^2。或:表示爆破振动量级的参数,用g表示,$1g=9.81m/s^2$)。~ *of gravity* 重力加速度(由于地球吸引力施加给物体的加速度,随地球纬度和海拔的变化而改变,符号g,单位为m/s^2。重力加速度的国际标准值为$9.80665m/s^2$)。~ *sensitivity* 加速敏化。~ *stress* 加速应力。

accelerator *n.* 加速装置;促进剂。

accelerometer *n.* 加速度计;加速度传感器。

accept *vi.* 承认,同意,承兑。—*vt.* 接受,承认;承担,承兑。

acceptable *a.* 可接受的。~ *defect level* 容许缺陷标准。~ *deviation* 容许偏差。~ *environmental limit* 环境容限值。~ *falure rate* 容许故障率。~ *life* 有效使用寿命。~ *malfunction level* 容许故障等级,容许故障水平,容许事故等级。~ *quality control* 验收质量控制。~

quality level 验收质量标准。~ *setting* 容许沉降。~ *test* 验收试验。~ *tolerance* 验收公差。~ *value* 容许值。~ *variation* [*error*][*discrepancy*] 容许误差。

acceptance *n.* 验收,接受,承兑。~ *and checkout* 验收与测试。~ *certificate* 验收合格证。~ *check* 验收检查。~ *condition* 验收条件。~ *criteria* 验收标准,合格指标。~ *inspection* 验收检验。~ *limit* 验收极限。~ *of the bid* 中标。~ *of a project* 工程验收(为保证施工质量达到设计和技术标准要求而进行的监督、检查、试验和纠正工作)。~ *of materials* 材料验收。~*-rejection standards* 验收—拒收标准。~ *requirements* 验收要求。~ *sampling* 验收抽样。~ *standards* 验收标准,检验标准。~ *test* 验收试验。~ *testing* 验收测试。~ *test procedure* 验收试验程序。~ *tolerance* 验收公差。~ *of work* 工程验收。

accepted *a.* 公认的,可以接受的。—*v.* 接受(accept 的过去式及过去分词)。~ *tolerance* 规定限差,规定容限,接受容许度。

accepting *v.* ①接受(accept 的现在分词)。②领受,承担责任,承兑。~ *behavior* = *receipting behavior* 受爆性能(在殉爆试验时,被发药包承受主发药包的爆轰而起爆的能力,称为受爆性能。它取决于被发药包的感度、主发药包的激爆性能和试验条件)。

acceptor = receptor *n.* ①接受者,接收器;受主;被发药包(殉爆时,被殉爆的炸药或装药)。②受爆药。~ *cartridge* 被发药(卷)。~ *charge* 受爆药。

access *n.* ①入口,出口。②接近,进入。③增长;爆发。—*vt.* ①接近,进入。②使用,获取。~ *control*【计】权限控制,用户访问控制;存取[访问]控制;门禁控制。~ *tunnel* 平硐;进口隧道(由地表到地下工作区域的隧道)。

accessory *n.* 附件。—*a.* 附加的,附属的;辅助的。~ *and tool* 辅助器材和工具(参见 *blasting accessories*)。~ *engineering design* 配套工程设计。~ *power supply* 辅助电源。

accident *n.* ①意外事件;事故。②机遇;偶然。③附属品。~ *potential* 事故隐患(可导致事故发生的物的危险状态、人的不安全行为及管理上的缺陷)。~ *and indemnity* 意外事故赔偿。~ *causing injuries and deaths of staff members* 职工伤亡事故(职业活动过程中发生的职工人身伤亡或急性中毒事件)。~ *cause theory* 事故致因理论(探索事故发生规律,阐明事故为什么会发生,事故是怎样发生的,以及如何防止事故发生的理论。由于这些理论着重解释事故发生的原因,以及针对事故致因因素如何采取措施防止事故,所以被称为事故致因理论。事故致因理论是指导事故预防工作的基本理论)。~ *discrimination technique* 事故判定技术(事故判定技术是一种在事故发生前调查不安全行为及不安全状态的方法,其目的在于找出不安全行为及不安全状态产生的原因,在它们引起事故之前被改正)。~ *due to negligence* 责任事故。~ *frequency*; ~ *rate* 事故率。~ *insurance* 事故保险,爆破事故保险。~ *liability* 事故遭遇倾向(事故遭遇倾向是指某些人员在某些生产作业条件下容易发生事故的倾向)。~ *prevention* 事故预防。~ *prevention instruction* 技术安全规程。~ *proneness* 事故频发倾向(事故频发倾向是指个别人容易发生事故的、稳定的、个人的内在倾向)。~ *record* 事故记录。~ *report* 事故报告书。~ *severity* 事故严重程度。~ *tree* 事故树。~*-cause code* 防止矿山事故规程。~*-prone* 易发生事故的。

accidental *a.* 意外的,偶然(发生)的;附属的。—*n.* 偶然;次要方面。~ *cost* 意外费用。~ *detonation from impact* 偶然撞击爆炸。~ *error* 偶然误差。~ *explosion* 意外爆炸。~ *initiation* 意外引爆。~ *initiations often involves situations where the explosive is exposed to impact or become squeezed between impacting objects.* 意外引爆通常是由于炸药暴露在环境中受到撞击,或与撞击物体之间发生挤压摩擦所导致的。

acclivity *n.*【地】向上的斜坡,上斜;上行坡度。

accommodation *n.* ①住处。②适应;便利。③和解。~ *coefficient* 调节系数,适应系数。

according *ad.* 依照。*v.* 给予(accord 的现在分词);使和谐一致,使符合,使适合。—*a.* 相符的,和谐的,相应的。~ *to schedule* 按照预定计划。

accordion *a.* 可折叠的。~ *fold* Z 形折叠(在抽取电雷管的脚线时,为了防止纠缠,在生产过程中折叠脚线的一种形式。即把每个电雷管的脚线按一定长度折曲成 Z 形后叠在一起,使用时能很方便地打开。相应的另一种折叠形式叫 8 字形折叠)。

account *n.* 账,账目;存款;记述,报告;理由。—*vi.* 解释;导致;报账。—*vt.* 认为;把…视作。~ *current* 往来账户,活期存款账户,流通账。

accretion *n.* ①堆积。②【植】连生;添加生长。③炉瘤(高炉在炼铁过程中,黏附在炉壁上的焦炭、矿石和金属之类的残渣凝结在一起的固态物质。炉瘤通常产生在距炉腰以上 1~3m 的地方。其形状有环状、半环状和单侧块状)。~ *blasting* 炉瘤爆破(消除炉瘤的施工步骤:首先用气焊把爆破部位的高炉铁板炉壁切割开,然后用凿岩机在炉壁和炉瘤中钻孔,最后进行装药爆破)。

accumulation *n.* 积累;堆积物;累积量。~ *area* 堆积区;聚集区。~ *curve* 累计[积]曲线(按粒径大小累计的颗粒百分含量与粒径对数值的关系曲线)。~ *layer*; ~ *formation* 堆积层。~ *of errors* 误差累计。~ *of static electricity* 静电积累(炸药与其接触介质或药剂相互之间因摩擦产生静电电量的过程)。

accumulational *a.* 堆积的。~ *relief*【地】堆积地形。

accumulative *a.* 积聚的,累积的。~ *phase* 堆积相。~ *rock* 堆积岩。

accuracy *n.* 精确(性),准确(性);准确度(在一定测量条件下,对某一量的多次测量中,测量值的估值与其真值的偏离程度)。~ *of measurement*;*measured* ~ 测量精度。~ *of observation*;*observed* ~ 观测精度。~ *of timing and sequential firing* 延时和顺序起爆的精度。*degree of* ~ 精确度。

accurate *a.* 精确的,准确的;正确无误的。~ *blast timing* 精确爆破定时。*Proper breakage and control of muckpile shape and flyrock are dependent on* ~ *blast timing.* 破岩是否得当,是否能控制爆堆形状和飞石,取决于精确爆破定时。

acid *a.* ①酸味的,酸的,酸性的。②尖刻的。—*n.*【化】酸;酸味物质。~ *cure* 拌酸[硫酸化]处理;酸凝;酸固化。~ *depression* 加酸抑制。~ *value* 酸价,酸值。~-*base explosive* 酸基炸药。

acidation *n.*【化】酸化,酸处理。

acidic *a.* ①(味)酸的。②【化】酸的,酸性的。③含有大量硅酸的。~ *rock* 酸性岩(SiO_2 总量为 69%~75% 的一类火成岩,如花岗岩、流纹岩等。特点是 SiO_2 量达到饱和,故矿物中出现大量石英;Fe、Mg、Ca 含量进一步减少而 K、Na 氧化物的含量明显增加,故深色矿物少,浅色矿物可增加到 90%)。

acidification *n.* 使发酸,酸化,成酸性;变酸。

acidity *n.*【化】酸性。~ *coefficient* 酸性系数。

acoustic *a.* ①听觉的,声学的。②原声的。③音响的。~ *approach* 声波方法。~ *borehole television viewer* 钻孔电视成像仪。~ *elasticity constant* 声弹性常数。~ *emission detection* 声发射检测。~ *emission of rock* 岩石声发射(岩石在裂纹扩展时以脉冲波形式释放应变能的现象)。~ *impedance* 声阻抗(平面波声速与材料密度的乘积,单位为 kg/(m^2·s),体现了材料的能量转移特性。声阻抗是表述岩石可爆性〈临界载荷〉和岩石块度〈非均匀性〉的一个重要的量化指标)。~ *impedance mismatch* 声阻抗不匹配。~ *impedance of the medium of the incidence wave* 入射波的介质声阻抗(平面波速度和入射波的介质密度的相乘,单位为 kg/(m^2·s)。声波或地震波在材料特性有变化的不连续面处将发生反射和透射)。~ *impedance ratio* 声阻抗比。~ *intensity* 声强(度)。~ *logging*;*cousticlog*;*soniclogging*;*soniclog*;*sound logging*;*soundlog* 声波测井(研究声波在孔壁岩层中传播速度和其他声学特性变化,以确定岩层性质的测井方法)。~ *picture* 声波图。~ *pressure level*;~ *pressure value*;*sound pressure level*;*sound pressure value* 声压级,声压值,音压级(声音的声压与基准声压之比的常用对数乘以 20:$L_p = 20 \times \lg(p_s/p_0)$,单位为分贝 dB)。~ *principle* 声学原理。~ *property of rock* 岩石声学性质(受载岩石由变形到破坏过程中声发射波在岩石中传播、衰减的特性。根据岩石的声学性质,可以采用声波法及声发射监测技术探测岩石的动弹性参数、岩体的龟裂范围、裂隙深度、岩体破坏的发展过程,预测岩体失稳及岩爆等)。~ *strain gauge* 声应变计。~

surface wave 声表面波。~ *velocity of the confiner* 封闭炮孔的声速。~ *velocity* 声速。~ *wave* 声波(在气体、液体或固体中传播的一种机械〈纵〉波。人耳能听到的声波的频率在20~20000Hz之间。声波可以用来测试岩石的物理力学性能、气体的组成等)。~ *wave detection* 声波检测。~ *wave velocity* 声波速度。~ *wave velocity of rock* 岩石声波速度。

acting *a.* 代理的;活动着的。—*n.* 表演;演技。—*vt.* 扮演;表演。—*vi.* 举止;行动,运作。~ *principle of charge suspended in water* 水中悬挂爆破原理[水下爆破夯实原理](悬挂在水中的药包爆炸后,当水中冲击波到达水底时,一部分被反射,一部分则沿固体颗粒和孔隙水传到土层中,破坏疏松的、稳定性差的土壤结构。随着较长的颗粒移动过程,水逐渐从土的孔隙中挤出,加上爆破时产生的气泡脉动压力,使土体得到进一步夯实)。~ *principle of dynamite break outing pack* 松扣弹作用原理(遇卡管柱经测准卡点后,用电缆连接工具入井至预定接箍深度无误后,引爆雷管、导爆索,爆炸后产生的高速压力波使螺纹牙间的摩擦和自锁性瞬间消失或者大量减弱,迫使接箍处的两连接螺纹在预先施行的反扭矩及上提力作用下松扣、爆炸后即可旋转管柱,继续完成倒扣)。~ *principle of underwater charge* 水下爆破作用原理(一般认为在爆炸的初始阶段,与陆地爆破作用相同,随着传播距离的增加,波阵面压力逐渐减小,冲击波便衰减为应力波。随后,爆生高温高压气体再次对被爆体壁面产生冲击作用,引起应力波的极为复杂的拉、压、剪作用,使被爆体遭到破碎)。

action *n.* ①行动,活动。②功能,作用;手段。③【法】诉讼。~ *center* 行动中心。~ *of shock waves on human bodies* 冲击波对人体的作用。~ *radius;working radius* 作用半径,工作半径;做功半径。~ *theory of multiple charge blasting* 群药包爆破的作用原理(当采用群药包时,改变群药包的布置参数可使抛掷方向、堆积状况等随之改变。根据这种现象,可以按照"定向中心"的原理布置等量对称药包或其他群药包,将大部分土岩抛到一定方向和预定地点。这种布置定向爆破药包的设计方法,称为群药包爆破作用原理)。~-*change and* ~ *chain model* 作用-变化与作用连锁模型(日本佐藤吉信从系统安全的观点出发,提出了一种称为"作用-变化与作用连锁模型"的事故致因理论。该理论认为,系统元素在其他元素或环境因素的作用下发生变化,这种变化主要表现为元素的功能发生变化,其性能降低)。~-*reaction law* 作用与反作用定律。

activated *a.* 有活性的。—*v.* 使活动,起动,触发(activate 的过去式和过去分词)。~ *state* 激活态,活化状态。~ *surface* 激活面。

activating *a.* 活动的,活性的。—*v.* 使活动,起动,触发(activate 的现在分词)。~ *agent* 活化剂。~ *effect* 活化作用,活化效应。~ *energy sensibility* 激

A

活能量灵敏度。~ *radiation* 激活辐射。~ *rate* 激活速率。~ *surface* 活化表面。~ *wavelength* 激活波长。

activation *n.* 活化,激活,【化】活化作用;致活。~ *analysis* 激活分析。~ *center* 激活中心。~ *energy* 活化能,激活能。~ *function* 活化函数。~ *impulse* 发火冲能(表征工业电雷管电感度的特征参数。通常用两倍百毫秒发火电流的平方与在此电流作用下规定发火概率时的通电时间的乘积表示,单位为 $A^2 \cdot ms$;或用达到要求发火概率时单位电阻所需最小能量表示,单位为 mJ/Ω)。~ *impulse energy* 发火冲能。

active *a.* ①积极的,活跃的,有生气的;迅速的,敏捷的。②有效的,起作用的。— *n.* ①主动语态。②积极分子,活跃的人。~ *absorbent* 活性吸收剂。~ *bubble* 活性气泡。~ *data* 实际数据;实际资料。~ *face*; *incisal edge*; *incisal margin* 切缘,刃面。~ *fault* 【地】活断层(形成以后于晚近地质时期有过活动或目前正活动,或者具潜在活动性的断层)。~ *fog* 活性气雾。~ *force*; *applied force* 作用力,活性力。~ *ingredient* 有效成分。~ *investment* 能动投资。~ *mass* 有效质量。~ *matter* 活性物质(在配方中显示规定活性的全部表面活性剂)。~ *medium* 激活媒介。~ *power* 有效功率。~ *reserves* ①【地】有效储量。②【经】活动准备金。~ *stope* 生产回采工作面。

activity *n.* ①活动;活动力。②活跃,敏捷。~ *coefficient*[*quotient*] 活性系数;活度系数。

actual *a.* ①真实的;实际的;现行的;现在的。~ *dip azimuth* 实际倾斜方位。~ *efficiency curve* 实效曲线。~ *example of a fit to bench blasting data* 与台阶爆破数据拟合的实例。~ *field application* 实地应用。~ *loss of reserves* 实际损失储量(开采过程中实际发生的损失储量)。~ *mining roadway*; *gateway*; *gateroad* 回采巷道(形成采煤工作面及为其服务的巷道,如开切孔、工作面运输巷、工作面回风巷等)。~ *performance curve* 实际性能曲线。~ *reserves* 实际储量;可靠储量。~ *shear stress* 实际剪应力。~ *stress*; *applied stress* 实际应力。~ *stress at the fracture point* 破坏点的实际应力。~ *stripping ratio* 实际剥采比。~ *value* 实际值。~ *virgin rock stress* 实际原岩应力。~ *yield stress* 实际屈服应力。

actuating *v.* 使动作(actuate 的现在分词);开动;(通常用于被动语态)驱使;激励。~ *signal ratio* 作用信号比;激励信号比。~ *transfer function* 激励传递函数。

acute *a.* ①尖的,锐的。②敏锐的,敏感的。③严重的,剧烈的。④【医】急性的。~ *poisoning* 急性中毒(职工在短时间内摄入大量有毒物质,发病急,病情变化快,致使暂时或永久丧失工作能力或死亡的事件)。

adaptive *a.* 适应的;有适应能力的。~ *meshing* 【计】自适应网格划分。

adaptor *n.* 接合器;接头;接管;适配器。~-*booster* 传爆药柱。

add *vt*. 增加;补充;附带说明;把…包括在内。【计】添加。—*vi*. 增加;做加法;累积而成;扩大。—*n*. 加法,加法运算;(一篇报道的)补充部分。

added *a*. 更多的;附加的;额外的。—*v*. 加;加入;增加;添加。~ *value* 增加值,附加值。

additional *a*. 额外的,附加的;另外的,追加的;补充;外加。~ *budget* 追加预算。~ *charge* 附加药包,补充药包;附加费。~ *condition* 追加条件。~ *cost* 额外费用;追加成本。~ *expenses* 追加费用;额外费用。~ *extended coverage* 附加保险费。~ *fuel* 附加燃料。~ *investment* 额外投资;追加投资。~ *regulation* 补充规定;额外规定。~ *stress* 附加应力(工程荷载作用于地基所增加的应力)。~ *volume of explosives* 追加药量。

additive *n*. ①添加剂;添加物。②【数】加法。—*a*. ①附加的。②【化】加成的,加和的。③【数】加法的。~ *of propellant powder* 用于推进剂的添加剂。

adequate *a*. 足够的;适当的,恰当的;差强人意的;胜任的。~ *priming* 充足的起爆效应。*An ~ priming ensures that the explosive will reach its maximum velocity as quickly as possible under the condition of use.* 充足的起爆药保证炸药在使用时可尽快达到最大速度。

adherence *n*. ①依附。②坚持。③黏性。~ *regulator* 黏度调节剂。

adhesion *n*. ①支持。②【医】黏连;黏合。③【物】黏附力。~ *power* 黏附功。

adhesive *n*. 黏合剂,黏着剂。—*a*. 可黏着的,黏性的。~ *force of mortar* 砂浆黏结力(砂浆与砖石的黏结力大小,对砌体强度有很大影响,一般情况下,砂浆的抗压强度越高,其黏结力也越大,此外砂浆的黏结力还与砖石表面状态、清洁程度、润湿状况、施工质量、养护条件等有关)。~ *of propellant powder* 推进剂黏合剂。~ *stress* 黏合应力。

adiabatic *a*. 绝热的,隔热的。~ *combustion* 绝热燃烧。~ *compression* 绝热压缩(气体体积在没有热加入或热释放状态的压缩过程,外界作用在气体上的机械功等于气体内能的增加。绝热压缩过程中,在阻止气体体积减小的情况下,温度的增加必然增大容器的压力,因此,在绝热压缩过程中,气体压力的增加要快于体积的减小)。~ *decomposition*;*heat-insulating decomposition* 绝热分解。~ *expansion* 绝热膨胀。~ *exponent*; ~ *index*; *specific heat ratio* 绝热指数(理想气体可逆绝热过程的指数,为定压比热容与定容比热容之比,即 $\gamma = C_p / C_v$。绝热指数在爆轰状态时刻的3.0与气体全面膨胀时的1.3之间变化)。~ *saturation temperature* 绝热饱和温度。~ *strain* 绝热应变。

adit *n*. ①入口,横坑,进入。②坑道;平硐。

adjacent *a*. 邻近的,毗邻的;(时间上)紧接着的;相邻。~ *angle*; *contiguous angle* 邻角。~ *buildings* 邻近建筑物。~ *hole blasting* 相邻孔爆破(相邻两炮孔,若孔距过大则难以崩落岩石,孔距过小会使相邻孔中的未爆炸药提前引爆或相邻未爆孔发生拒爆。因此,为安全起见相邻孔孔底之间的距离最好大于40cm以上)。~ *position* 相邻位置。~ *seam*;*contiguous seam* 邻接矿层。~ *side* 邻边。~ *stratum* 邻接岩层。~ *workings* 邻近工作面;邻近采区。

adjoining *a*. 毗连的,邻近的。—*v*. 邻近,毗连(adjoin 的现在分词)。~ *hole* 邻孔。~ *horizon* 邻接层。~ *position* 邻近位置。

adjusted *a*. 调整过的。—*v*. (改变…以)适应,调整,校正(adjust 的过去式和过去分词)。~ *value* 平差值。

adjustment *n*. ①调解,调整。②调节器。③调停。④(赔偿损失的)清算。~ *of measurement* 测量平差(利用最小二乘法原理合理调整观测误差,评定测量成果精密度的一种计算方法)。

administration *n*. ①管理;实行。②(政府)行政机关。③(法律、处罚等的)施行。~ *and operation cost* 管理运行费(工程或设备在运行中每年所需的管理人员工资、行政费用以及为运转所需的燃料、动力、材料等费用的总称)。

admission *n*. ①准许进入;入场费。②承认;坦白。~ *space* 装填空间。

adobe *n*. ①裸露药包。②风干土坯,风干砖坯。③(制风干砖用的)灰质黏土。④泥砖砌成的房屋。—*a*. 用土坯建造的。~ *blasting*; ~ *charge*; *mudcap blasting* 裸露爆破(炸药包用泥巴覆盖在岩石表面并引爆的无约束药包)。~ *shooting* 外部装药爆破。

adsorbed *a*. 吸附了的。—*v*. 吸附(adsorb 的过去式和过去分词)。~ *air* 吸附气体(在分子力作用下被束缚于矿物颗粒表面的气体)。

adsorption *n*. 吸附(作用)。~ *layer of surface active agent* 表面活性剂吸附层(在溶液中的表面活性剂层,或多或少伸展穿过界面,其厚度由该层中的任何随机位置上被吸附物的浓度大于每个邻近相的浓度所决定)。

adsorptivity *n*.【化】吸附能力,吸附性(分散性土阻截俘获流经其中的部分液体或气体混合物的性能)。

advance *vt*. (使)前进;将…提前;预付;提出。—*vi*. (数量等)增加;向前推(至下一步);上涨。—*a*. 预先的;先行的。—*n*. 增长;借款;(价格、价值的)上涨;预付款;进尺(在立井中向上或向下开挖,或沿隧道、巷道水平掘进时,每一茬炮沿开挖方向爆落岩石的长度)。~ *air wave* 冲击波。~ *angle* 提前角,超前角。~ *average value* 进尺平均值。~ *heading* 超前巷道(参见 *pilot heading*)。~ *of working cycle*; *cyclic* ~; ~ *per attack* 循环进度(采掘工作面完成一个循环后向前推进的距离)。~ *overburden* 超前剥离量。~ *per round* 每组炮孔的爆破进度;循环进尺(每个循环的进尺,单位为m;每一炮孔组的爆破进度)。~ *section* 超前部分。~ *stripping* 超前剥离;初始剥离。~ *stripping cost* 超前剥离成本。~ *wave* 超前波(爆轰波前方)。~ *workings*, ~ *heading* 超前工作面。

advanced *a*. 先进的;高等的,高深的;年老的;晚期的。—*v*. 前进(advance 的过去式和过去分词);增加;上涨。~ *face*

A

超前工作面。~ *device* [*instrument, apparatus*] 先进仪器。~ *igniter* 改进后的引爆装置。~ *level* (*A level*) 先进水平。~ *processing* 深加工。~ *research* 远景研究。~ *science* 前沿科学。~ *technique* 先进技术。~ *technology* 先进工艺。

advancing *n*. 进步;超前;提前;推进。—*v*. (使)前进(advance 的现在分词);(使)发展;促进;提高。~ *angle* 前进角。~ *contact angle* 前进接触角。~ *interface* 前进界面。~ *load stress* 动载应力。~ *mining* 前进式开采(①自井筒或主平筒附近向井田边界方向依次开采各采区的开采顺序;②采煤作业面背向采区运煤上山〈运煤大巷〉方向推进的开采顺序)。~ *wave* 前进波。

adverse *a*. 不利的;有害的;逆的;相反的。~ *benefit*; *negative benefit* 负效益(工程运行期中对社会有害的各种影响)。~ *circumstances* 恶劣环境。~ *effects from underwater confined blasting* 水下约束爆破的不利影响。~ *effects of blasting* 爆破的有害效应(爆破时对爆区附近保护对象可能产生的有害影响。如爆破引起的地震、个别飞散物、空气冲击波、噪声、水中冲击波、动水压力、涌浪、粉尘、有毒气体等)。~ *environmental effect* 环境负面影响。*Included here are a number of measures to mitigate the ~ environmental effects of underwater blasting on marine creatures.* 这里包括减轻水下爆破对海洋生物的负面影响所采取的一些措施。

aerial *a*. 空气的;航空的,空中的;空想的。—*n*.【讯】天线。~ *photograph* 空中拍照。~ *triangular measurement* 空中三角测量。~ *view* 鸟瞰图。

aerodynamic *a*. 空气动力(学)的。~ *coefficient* 空气动力系数。~ *resistance* 气动阻力。

aeroform *n*. 爆炸成形。~ *method* 爆炸成形法。

aerogeophysical *n*. 航空物探。~ *prospecting* 航空地球物理勘探(通过在飞机上装载专用物探仪器,在飞行过程中探测各种地球物理场的变化,以研究地质构造和找矿的物探方法)。

Aerophotogrammetry *n*. 航空摄影测量(利用航空飞行器所拍摄的航空相片进行的摄影测量)。

aerosol *n*.【化】气溶胶;喷雾剂;悬浮微粒;喷雾器。—*a*. 喷雾的;喷雾器的。*This material is recognized as being likely to become airborne and form an ~ and considered to be capable of being inhaled by humans, penetrating the gas exchange region of the lungs.* 人们注意到,这种物质很可能悬浮在空中,称为悬浮微粒。并认为这种物质可由人呼进肺腑,穿透肺部的气体交换区。

affected *a*. 感动的;受到影响的;(人或行为)假装的;倾向于…的。—*v*. 影响(affect 的过去式和过去分词);假装;感动;(疾病)侵袭。~ *area* 波及区;爆破波及区域。

affine *a*. 仿射(几何学)的姻亲。—*n*. 姻亲。~ *deformation* 均匀质变形。

affinity *n*. 亲和力(性);亲和势(能)。

afterblast *n*. 爆后效应(如甲烷和氧气爆炸时空气的涌入,二氧化碳和水蒸气的形成、当蒸汽浓缩成水时出现部分使空气涌入的真空等现象)。

afterbreak *n*. 二次塌落;地面沉陷后的破坏,地面沉陷的后破坏。

afterburning;aftercombustion *n*. 二次燃烧。*In most commercial explosives, only part of the ingredients react immediately at the detonation front, leaving a considerable part to be consumed by ~ during the expansion phase.* 大多数民用炸药在爆炸时,只有部分在爆轰波阵面起反应,尚有很大一部分在膨胀阶段进行二次燃烧时才消耗掉。

afterdamp *n*. ①爆后窒息性气体,爆后的毒气,余留的毒气。②烧尽。③灾后气体。

aftereffect *n*. 余波;后果;事后影响。

aftergas *n*. 爆生气体。

after-implementation *n*. 爆破(实施)后的。~ *data set* 爆后数据集。

aftermath *n*. 后果。

after-treatment *n*.【计】二次处理,补充处理,后处理。

ageing *n*. 成熟,变老;老化;【冶】时效。—*a*. 变老的;老化的。—*v*. 变老(age 的现在分词)。~ [*aging*] *test* 老化试验。

agglomerate *a*. ①成团的,结块的。②【植】群生的,密集的。—*n*. ①【冶】团块。②【地】集块岩。③(杂乱的)堆积。④【化】凝聚物。

aggregate *n*. 合计;聚集体;骨料;集料(可制成混凝土或修路等用的);集粒(集聚体,即由原生的细小矿物颗粒凝聚而形成的较粗大的次生颗粒)。—*a*. 总数的,总计的;聚合的;【地】聚成岩的。—*vt*. 使聚集,使积聚;总计达。~ *index* 综合指数。~ *quota*; *overall quota* 综合指标。~ *strength* 聚集强度。

aggregated *v*. 总计达…(aggregate 的过去式和过去分词);聚集,集合;(使)聚集。~ *momentum* 总动量。~ *structure* 集聚结构(几个片状黏土矿物颗粒呈面-面接触方式积聚的结构模式)。

aggregation *n*. 聚集;集成;集结;聚集体。~ *force* 聚合力。

aging *n*. 老化(工业炸药经长期贮存后变得钝感,爆力下降的现象。对于乳化炸药则是炸药内部的敏化气泡减少所致)。~ [*ageing*] *test* 老化试验。

agitation *n*. 搅动,搅拌。

agreed *a*. 同意的;接受的;经过协议的;双方共同议定的。—*v*. 同意,赞同(agree 的过去式和过去分词)。~ *plan* 议定方案。~ *text* 议定文本。

agricultural *a*. 农业的,耕种的;农艺的,农学的。~ *blasting* 农业爆破(为开挖灌溉用的渠道,挖掘树根,使作物返青的深耕,以及为开垦农田而使用的爆破,统称为农业爆破)。

air *n*. 天空;气氛;空运。—*vt*. & *vi*. 晾晒;烘干;播送;广播。—*vt*. 使房间通风,透气。~ *blast*; ~ *shooting*; *explosion in the* ~ 空中爆炸。~ *blast*; *blast* ~ 爆风(又称爆炸气浪,是爆破时在空气中产生的弱冲击波。爆炸气体膨胀压

缩其周围空气介质,形成空气冲击波,向远处传播后衰减成爆风)。~ *blast*; ~ *overpressure*; ~ *concussion* 空气冲击波(由震源经空气传播到检波器的 P 波;由炸药爆轰引起的空气中的冲击波,它可由岩石运动或爆生气体在空气中释放而产生)。~ *blast focusing* 空气冲击波集中(由于声波从空气返回到地面的折射作用,而在地表小范围内形成的声能量的集中。这常常发生在特定的气象条件下,如逆温现象)。~ *blast range* 空爆带(当炸药埋深很小时,表面岩石得以过渡破碎,并远距离抛掷,这时消耗于空气冲击波的能量大于传给岩石的能量,因此将形成强烈的空气冲击波)。~ *blaster* 艾欠道克斯压气爆破筒,压气爆破筒。~ *blow* 爆炸空气波(参见 ~ *blast*"爆风")。~ *blow pipe* 炮孔吹洗管。~ *breaker*; ~ *breaker shell* 空气爆破筒。~ *breaking*; ~ *shooting*; *compressed* ~ *blasting* 压气爆破。~ *bubble curtain* 气泡帷幕(水下爆破时,可以采用缓冲材料,例如泡沫塑料、发泡混凝土等制成的防护屏障或在水中发射气泡的方法,来抑制或削弱冲击波的传播,后者称为气泡帷幕法)。~ *burst* 空气冲击;气浪。~ *capacity* 排气量(空压机单位时间内排出的、换算为吸气状态下的空气体积)。~ *compressor* 空气压缩机(简称"空压机")。~ *conditioning in mine* 矿山空气调节(控制矿井空气的温度、湿度和风速,使其符合劳动安全和卫生要求的技术)。~ *current*; ~ *drought* 气流。~ *curtain blasting technique* 气幕爆破技术。~ *cylinder* 压气爆破筒。~ *deck blasting* 空气间隔爆破(为了控制周边轮廓,利用空气间隔代替柱状药包的一种爆破方法)。~ *diaphragm pump* 空气隔膜泵,空气膜片泵。~ *drag coefficient* 空气阻力系数。~ *flow resistance* 气流阻力。~ *gap sensitiveness*; *gap sensitiveness* 殉爆感度,气隙感度。~ *input*; ~ *intake* 进风量。~ *intake opening* 进风巷道。~ *leg drill*; *jackleg* 气腿式凿岩机[气动单臂钻机](一般用于小型巷道的掘进及开拓斜坡道钻孔,其最大钻孔直径可达 45mm)。~ *loader* 风力装药机(以压缩空气装填炸药的一种机械。某些风力装药机用于装填 ANFO 和乳化炸药之类的散装炸药,另一类装药机用于装填药卷。参见 *pneumatic charger*; *pneumatic loader*)。~ *motor drilling* 气动凿岩机钻孔。~ *overpressure* 空气超压。~ *characteristics* 空气超压特性。~ *control procedures* 空气超压控制步骤。~ *data* 空气超压数。~ *monitoring* 空气超压监测。~ *test* 空气超压测试。~ *pattern shooting* 空中组合爆破。~ *pick* 风镐(以压缩空气为动力,冲击破落煤及其他矿体或物体的手持机具。参见 *pneumatic pick*)。~ *pollution* 大气污染。~ *pollution control* 空气污染控制。~ *pressure pulse* 空气压力冲击(直接由岩石表面位移或爆破抛出产生的空气冲击压力,单位为 Pa)。~ *receiver* 储气罐(俗称"风包"。储存一部分压缩空气,减缓空压机排出气流脉动的容器。兼有从压缩空气中分出油、水的作用)。~ *regulator* 空气调节器。~ *regulator valve* 空气调节阀。~ *sandwich structure* 空气夹层结构。~ *shaft* 风井(用于矿井通风的井筒,从地面向井下工作面传输新鲜空气时称下风井;从井下工作面向地面排废气时称上风井)。~ *shooting* 空中爆破;压气爆破。~ *shot* 气垫爆破。~ *spacing* 空气间隙。~ *tight cover* 气密盖。~ *vibration* 空气振动。~ *vibration characteristics* 空气振动特性。~ *vibration level* 空气振动能级。~ *vibration limits* 空气振动限度[额]。~ *wave* 空气波(爆)。~*-actuated control* 气动控制。

airblast *n.* 鼓风;喷气。~ *impulse* 爆风冲击。~ *overpressure* 爆风超压,冲击波超压。*The term ~ overpressure means simply a pressure generated during blasting operations above that of atmospheric pressure that is always present.* 冲击波超压这一术语仅指爆破作业时产生的、且超过无所不在的大气压力的一种压力。~ *level* 空气冲击波超压等级。~ *prediction model* 空气冲击波预测模型。~ *wave* 空气冲击波。

airborne *a.* 空运的,飞机载的;航空的;空气所带的;空气传播的。~ *contaminant* 空气污染物。~ *dust* 浮尘,飞尘。~ *dust survey* 浮尘测定。~ *infrared survey* 空中红外测量。~*-void ratio* 气隙比。~*-water blast* 压气喷水爆破。

airburst *n.* 炸弹在空中的爆炸;空炸。~ *fuse* 空中爆炸引信。

aircushion *n.* 气垫。~ *mechanism* 气垫作用机制(认为在滑坡过程中,滑体与滑床面,即剪出口以下与地面间的空气来不及逸出,压缩空气承托滑体而形成以滑翔方式"飞行"的高速滑坡的假说)。

airdox *n.* 压气爆破筒。

airleg *n.* 气腿(由气缸支撑和推进凿岩机的装置)。

air-dried *v.* 晾干,风干(air-dry 的过去式和过去分词)。—*a.* 晾干的,风干的。~ *moisture content* 风干含水率(风干状态下岩土孔[空]隙中所含水分的质量与固体颗粒质量之比,以百分数表示)。~ *sample* 风干样(在常温常压条件下使液态水自由蒸发,晾干的岩土样品)。

air-insulated *a.* 空气绝缘的。

air-powered *a.* 气动的。~ *cartridge loader* 风力装药器。

air-sealed *a.* 密闭的;不透空气的。

Airy 艾里 ~ *stress function* 艾里应力函数。

Ajax *n.* 阿加克斯炸药。~ *powder* 阿加克斯火药。

Al alloy = aluminum alloy 铝合金;铝合金的。

alarm *n.* ①惊恐。②警报。闹铃。③动员令。—*vt.* ①使惊恐。②警告。③给(门等)安装警报器。~ *time* 信号警示时间。

algebraic *a.* 代数的,关于代数学的。~ *analysis* 代数分析。~ *equation* 代数方程。~ *expression* 代数式。~ *function* 代数函数。~ *product* 代数积。~ *solution* 代数解。~ *sum*; ~ *addi-*

A

tion 代数和。

algorithm *n.* 算法(是解题过程的精确描述,由有限条可完全机械执行的、有确定结果的指令或命令、语句构成。算法是用计算机装置能够理解的语言描述的解题过程。设计算法和分析算法是计算机科学的核心问题)。

alidade *n.* = sight alidade;diopter 照准仪(平板仪的组成部分,用以测定地形[物]点并在图上标出其位置和高程)。

alignment *n.* 排成直线;校直,调整;准线。~ *chart* 列解图。~ *deviation or error* 预设偏差(偏离钻孔设计倾角的角度、相对偏离或偏离的百分数,单位为度、m/m 或%)。

Alimak *n.* 阿利马克。~ *method* 阿利马克法。

alkaline *a.* 碱性的,碱的;含碱的。—*n.* 碱度,碱性。~ *rocks* 碱性岩(钾钠氧化物含量大于 Al_2O_3 含量的一类火成岩,如霞石正长岩和响岩等。其特点是碱质高而 SiO_2 不饱和,故生成一些似长石矿物如霞石、白榴石、方钠石、黝方石等。矿物组成主要为钾长石、微斜长石、钠长石和霞石等,不含石英)。

all *a.* 全部的;一切的;各种的;极度的,尽量的;每个人,每件东西;全部情况。—*ad.* 全部地;完全地;每个;非常。—*n.* 全体;[常作 A-]整体。~ *clear*[~-*clear*] 解除警报。~ *clear signal* 解除警报信号。~-*expense operation* 包括一切费用的作业。~-*round price* 全部价格。~-*round property* 全面性能。~-*weather survey* 全天候勘察。~-*weather* 全天候的。~-*weather application* 全天候适用。~-*weather condition* 全天候条件。~-*weather experiment* 全天候实验。~-*weather full-scale operation* 全天候全面生产;全天候全面进行。~-*weather measurement* 全天候测量。~-*weather observation* 全天候观察。~-*weather test* 全天候试验。~-*weather tracing* 全天候跟踪。~-*weather year-round operation* 全天候年循序作业。

allocation *n.* 配给,分配;分配额[量];划拨的款项;拨给的场地。~ *scheme* 分配方案。

allowable *a.* ①允许的,正当的,可承认的。②许用。~ *bearing capacity* 许可负荷量,许可承载能力。~ *bearing capacity of foundation* 地基容许承载力(确保建筑物安全稳定的地基承载能力)。~ *concentration* 容许浓度。~ *deviation*;*permissible variation* 允许偏差。~ *limit*;*tolerance limit* 允许极限。~ *load* 容许负荷(考虑了各种有关因素,在保证地基稳定及建筑物的沉降量不超过容许值的条件下,作用于地基上的最大荷载)。~ *maximum limiting stripping ratio* 最大允许极限剥采比。~ *pressure* 容许压力。~ *strength* 容许强度。~ *stress* 容许应力。~ *stripping ratio* 允许剥采比。

allowance *n.* 公差(指允许尺寸的变动范围,恒为正值)。

alloy *n.* 合金;(合金中的)劣等金属;掺杂品;成色。—*v.* 合铸,熔合(金属);铸成合金;在…中掺以杂质,使(金属)减低成色。*aluminum* ~ 铝合金;铝合金的。

alluvial *a.*(河流、洪水)冲积的,淤积的。—*n.* 冲积土,冲积层。~ *valley* 冲击谷地。

alpine *a.* 阿尔卑斯山的;阿尔卑斯山区居民的;高山的。—*n.* 高山植物。~ *frost period* 高山冰冻期。~ *oxygen deficiency* 高山缺氧。

alternate *a.* 轮流的;交替的;间隔的;代替的。—*vt.* 使交替;使轮流。—*vi.* 交替;轮流。—*n.*【美】(委员)代理人;候补者;替换物。~ *material*; *substitute material* 替换材料,代用材料。~ *method of charging* 间隔装药法,分段装药法。~ *stress* 交变应力,反复应力。

alternating *a.* 交互的;【医】交替的。—*v.* 交替(alternate 的现在分词);(使)交替,(使)轮换。~ *current electric method* (*A. C. electric method*) 交流电法(研究与地质体有关的交变电磁场的分布特点和规律,以进行找矿和解决某些地质问题的物探方法)。~ *strain* 交替应变。~ *wave* 转换波(地震勘探)。

alternative *a.* 替代的;备选的;其他的;另类的。—*n.* 可供选择的事物;代用品;比较方案(为达到指定的经济发展目标,可供决策者比较选择的、具有同等研究深度的各种工程方案)。*Some plants will combust a portion of the gas supply to provide process heat leading to further onsite CO_2 emissions, while others may employ electricity or other sources of energy as an* ~. 一部分煤气被一些工厂燃烧以提供过程热,结果导致现场二氧化碳排放量进一步增加,而其他工厂可能用电或其他能源作为替代。~ *explosive* 代用炸药。~ *fuel* 代用燃料。

altitude *n.* ①【天】地平纬度。②高度,标高。③【数】顶垂线。*The airliner is gaining* [*losing*] ~. 客机在爬升[下降]。*The building to be demolished has an* ~ *of 70 meters*. 将要撤除的建筑物 70 米高。*There is a substantial increase in temperature from 13℃ at an* ~ *of 180 metres to a temperature of 18℃ at an* ~ *of 270 metres*. 温度在 180 米高度时为 13 度,到 270 米高度时为 18 度,增幅很大。

aluminized *v.* 以铝覆盖,以铝处理(aluminize 的过去式和过去分词)。~ *ANFO* 含铝铵油炸药(铵油炸药与铝粉的混合物。铝粉的加入增强了铵油炸药的爆力)。~ *explosive*; *aluminiferous explosive*; *aluminous explosive*; *aluminum-bearing explosive* 含铝炸药。~ *slurry* 含铝粉浆状炸药。~ *water gel explosive* 铝化水胶炸药。

aluminum *n.* 铝。~ *alloy* 铝合金;铝合金的。~ *dent test* 铝块凹痕试验(用测量火帽或轴向输出较小的雷管在规定的铝块上爆炸造成的凹痕深度,根据凹痕深度评定其输出的试验)。~ *detonator* 铝壳雷管(耐热雷管采用叠氮化铅作起爆药,但装在铜壳中会产生一种非常危险的叠氮化铜,所以采用叠氮化铅作起爆药的雷管必须使用铝壳。相反,重氮硝基苯酚和雷汞这类起爆药不会与铜和铝发生反应产生危险物质,可以采用任意种类的管壳。目前,国外大都用铝作雷管的管体)。~ *lead-azide detonator* 叠氮化铅铝壳雷管。~ *oxide* 氧化铝。~ *powder* 铝粉(炸药或爆破剂中经常作为敏化剂的金属,它还可增加炸药的发热值)。~ *shell* 铝壳。~ *slurry explosive* 铝粉浆状炸药。~-*containing explosive* 含铝炸药(加入了粉状、粒状或薄片状铝粉的炸药。由于铝被氧化时要放出大量的热,相应地增强了炸药的威力)。

amatol *n.* 阿马图炸药(一种强力炸药)。~ *cast booster* 阿马图炸药浇铸的中继起爆药柱。

amberite *n.* 阿比里特炸药,琥珀炸药(一种无烟炸药)。

ambient *a.* ①周围的,包围着的。②产生轻松氛围的。③环境。~ *temperature* 周围温度。

ameliorating *v.* (使)改善,改进(ameliorate 的现在分词)。~ *effect* 减缓作用,改善作用。

amending *v.* 改良,修改,修订(amend 的现在分词或第三人称单数,amends 的现在分词)。~ *clause* 修正条款。

amendment *n.* 修正案;修改,修订。~ *of contract* 修订合同。

American *n.* 美国人,美洲人;美国英语。*a.* 美国的,美洲的;地道美国式的。~ *Academy of Engineering* 美国工程院。~ *Academy of Sciences* 美国科学院。~ *Association for the advancement of Sciences* 美国科学促进会。~ *boring system* 美国冲击式钻孔系统。~ *Engineeing Council* 美国工程技术理事会。~ *Engineering Standards Committee* 美国工程标准化委员会。~ *Table of Distances* 美国爆破器材贮藏间距标准。

Amex *n.* 艾麦克斯炸药(露天矿用)。

Ammodyne *n.* 阿莫边因安全炸药。

ammonal *n.* 阿芒拿炸药 (以硝酸铵和梯恩梯为主,加入少量铝粉组成的混合炸药。参见 *AN-TNT-AL containing explosive*)。

ammonia *n.* 氨;氨水;氨气。~ *gelatine dynamite*; ~ *gelatin dynamites*; *ammongelating dynamite* 许用硝铵胶质达纳迈特(以胶质硝基化合物为主剂,含有硝酸铵的非煤矿用胶质达纳迈特。日本的商品名称为桐达纳迈特炸药,有特号、一号和三号等品种,其中三号桐达纳迈特应用最广。参见 *permissible ammonium nitrate dynamite*)。~-*granular dynamite* 粒状硝铵炸药。~-*straight dynamite* 硝铵粒状炸药。

ammonite *n.* 阿莫尼特炸药(以硝酸铵梯恩梯为主,加入可燃剂等组成的粉状混合炸药)。

ammonium *n.* 铵。~ *nitrate* [*AN*] 硝酸铵(应用最广的一种炸药或爆破剂中的化合物氧化剂,分子式为 NH_4NO_3。其特性:分子量为 80.04,无色,温度在 −16.3~32.3℃时呈斜方晶体结构,密度在 25℃时为 1725kg/m^3,熔点为 169.6℃,可溶于水和酒精。硝酸铵在炸药中以晶体或粒状形式存在,还是一种肥料)。~ *nitrate dynamite* 硝铵达纳迈特炸药(以胶质硝基化合物为主剂,含有硝酸铵和消焰剂的粉状或半胶质状的安全炸药)。~ *nitrate emulsified explosive* 硝铵乳化炸药。~ *nitrate explosive* 硝酸铵类炸药(以硝酸铵为主加有可燃剂或再加敏化剂〈硝化甘油除外〉组成的,可用雷管起爆的混合炸药)。~ *nitrate fuel oil mixture*; ~ *nitrate-fuel oil prill*; ~ *nitrate-fuel oil*; *prill and oil mixture*; *prill and oil* 铵油爆破剂;铵油炸药(亦称 ANFO,是由硝酸铵、燃料油和木粉等组成的硝酸铵类炸药。通常随硝酸铵种类不同有粒状铵油炸药和粉状铵油炸药之分。粒状铵油炸药是由多孔粒状硝酸铵〈94.5%〉和柴油〈5.5%〉混合制成的;粉状铵油炸药是由结晶硝酸铵、木粉和柴油经轮辗机或其他粉碎混合机械热混而成,其典型配比是硝酸铵: 木粉: 柴油 =92:4:4)。~ *nitrate gelignite* 硝酸铵葛里那特炸药(与胶状炸药相似,只是主要成分用硝酸铵取代了硝酸钠。在美国又称“胶质氨炸药”)。~ *nitrate porous prill* 多孔粒状硝酸铵。~ *nitrate prill* 粒状硝酸铵。~ *nitrate solution* 硝酸铵溶液。~ *nitrate-based explosives* 硝酸铵基炸药。*A simplified outline of the ~ nitrate-based explosives product life cycle is shown in the figure.* 此图显示的是硝酸基炸药产品生命周期的简单轮廓。~ *nitrate-paraffin mixture* 铵蜡炸药。~*-urea composition* 铵尿炸药。

ammonpulver *n.* 铵炸药,硝铵发射药。

amodyn *n.* 阿莫丁硝铵甘油炸药。

amogel *n.* 阿莫格尔胶质炸药。

amortization *n.* ①阻尼,减振。②分期偿还。

amount *n.* 量,数量;总额;本利之和;全部效果,全部含义。—*vi.* (在意义、价值、效果、程度等方面)等于;等同,接近;合计,总共;发展成为。~ *assured* 保险额。~ *declared* 申报金额。~ *deducted* 扣除金额。~ *imposed* 征收金额。~ *in arrear* 拖欠金额。~ *of creep* 蠕动量。~ *of deflection* 挠度。~ *of deviation* 偏斜量。~ *of dust* 尘土量,飞尘量。~ *of flexibility* 灵活性。~ *of inclination* 倾斜度。~ *of powder per delay* 每段装药量。~ *of pre-production stripping* 投产前剥离量。~ *of shrinkage* 收缩值。~ *purchased* 采购量。

ampholytic *a.*【医】两性的。~ *surface active agent* (*amphoterics*) 两性表面活性剂(具有两个或几个官能团的表面活性剂,它在水溶液中能被电离,由于介质的条件不同,而使该化合物具有阴离子或阳离子表面活性剂的特征。广义上,两性表面活性剂的离子性能与两性化合物的相似)。

amphoteric *a.* 两性的;两性氧化物;酸基两性的;具有两性的。

amplification *n.* 扩大;发挥;【物】振幅;放大率。~ *coefficient* 放大系数。~ *ratio* 放大比,放大率。

amplitude *n.* ①广大,广阔。②波幅,振幅(振动运动中偏离平衡位置的最大值。在直线运动中,振幅是总动程的一半,对于椭圆运动,振幅是椭圆长轴的一半)。~ *balance* 振幅平衡。~ *characteristic* 振幅特性。~ *coefficient* 振幅系数。~ *decay function* 振幅衰减函数。~ *distortion* 振幅畸变。~ *equalization* 振幅均衡。~ *estimates using air overpressure regression* 用空气超压衰退评估振幅。~ *estimates using ground vibration regression* 用地面震动衰减预测幅值。~ *gain function* 振幅增益函数。~ *of stress* 应力振幅。~ *of the multi-hole response* 多炮孔响应振幅。~ *of the single hole response* 单炮孔响应振幅。~ *of wave* 波幅。~ *ratio* 振幅比。~ *residual curve* 振幅剩余曲线。~ *response* 振幅响应。~ *spectrum* 振幅谱。~ *uniformity* 振幅一致性。~ *value* 振动幅值。~ *versus offset* 幅距变化。~ *versus offset analysis* 幅距分析。~ *s at ultra-high frequencies* 超高频振幅。~ *s at ultra-low frequencies* 超低频振幅。

AN *n.* = ammonium nitrate 硝酸铵。~ *explosive* 硝铵炸药。~ *hose* 硝铵炸药软管。~ *oil explosive* 铵油炸药。~ *slurry* 硝铵浆状炸药。~ *TNT* 铵梯炸药。~-*Al mixture* = *ammonium nitrite-aluminum mixture* 硝铵铝粉混合炸药。~-*asphalt-wax explosive* 铵沥蜡炸药(以硝酸铵为主,加入适量木粉和少量沥青、石蜡等组成的混合炸药)。

anaerobic *a.* 厌氧菌的,厌氧菌产生的;(细菌等)能在无空气(或无氧)情况下生活(或成长)的;无氧。~ *biological treatment* 厌氧生物处理。~ *environment* 厌氧环境。~ *sewage treatment* 厌氧污水处理。~ *treatment* 厌氧处理。

analog *n.* 类似物,同源语;【计】模拟。—*a.* (钟表)有长短针的;【计】模拟的。~ *calculator* 模拟计算器。~ *method for rock mechanics* 岩石力学模拟方法(根据相似原理,运用矿山岩石力学的理论与法则,在模型上研究岩体在各种不同受力状态下产生变形和破坏规律的方法。岩石力学模拟方法,包括数学模拟和物理模拟)。~-*to-digital computer*; ~-*digital computer* 模拟数字化计算机。~-*to-digital conversion*; ~-*digital conversion* 模拟-数字变换。~-*to-digital converter*; ~-*digital converter* 模拟-数字转换器。

analysis *n.* ①分析,分解。②梗概,要略。③【数】解析。④验定。~ *of grain composition*; *granularmetric* ~ 颗粒分析;粒度分析(土的颗粒组成的定量测试)。~ *of techno-economic benefits* 技术经济效益分析。~ *of the technical and environmental feasibility of a project* 项目技术及环境条件分析。

analytic *a.* 解析的;分解的;善于分析的。~ *demonstration of the techno-economic and environmental feasibility of a capital construction blasting project.* 基建爆破项目技术、经济及环境条件分析论证。

analytical *a.* ①分析的,分析法的。②善于分析的。~ *and combined finite-discrete element methods* 解析与综合有限离散元法。

anchorage *n.* ①抛锚;停泊处。②锚定。~ *bar* (锚固)定位杆。

ANFO = Ammonium Nitrate and Fuel Oil 铵油炸药。~ *auger trucks* 铵油炸药混

装车。~ *charger or loader* 铵油炸药装药车。

angle *n.* 角度。—*vt.* 使形成(或弯成)角度;把…放置成一角度;调整(或对准)…的角度。—*vi.* 弯曲成一角度。~ *borehole*;*inclined hole*;*oblique hole* 斜炮孔。~ *borehole cuts* 斜眼掏槽。~ *detonation* 角爆术。~ *drilling* 倾斜炮孔钻进,斜孔钻进。~ *of attack* 迎角,冲角;入射角。~ *of bench slope* 台阶坡面角(台阶坡面与水平面的夹角称为台阶坡面角。台阶坡面角又分工作台阶坡面角和最终台阶坡面角。后者小于前者。台阶坡面角对工作帮坡角和最终边坡角有一定影响。中国金属矿山的台阶坡面角一般为65°~70°)。~ *of break*;~ *of draw* 崩落角;崩落角;裂缝角(在充分或接近充分采动条件下,移动盆地主断面上,地表最大的裂缝和采空区边界点连线与水平线在煤壁一侧的夹角)。~ *of breakage* 爆破漏斗张力角。~ *of caving* 切顶角。~ *of contact* 接触角。~ *of critical deformation* 移动角(在充分或接近充分采动条件下,移动盆地主断面上,地表最外的临界变形点和采空区边界连线与水平线在煤壁一侧的夹角)。~ *of deviation* 偏差角;偏斜角;偏向角。~ *of difference* 差角。~ *of dip* 倾角(地层面状构造的产状要素之一。即在垂直地质界面走向的横剖面上所测定的此界面与水平面之间的二面角。也就是倾斜线与其水平投影线之间的夹角。这个倾角又称真倾角)。~ *of displacement* 偏位角。~ *of emergence*;~ *of departure*;*exit* ~ 出射角。~ *of fall*(物体)倒落角。~ *of friction* 摩擦角。~ *of gradient* 坡度角,仰角。~ *of inclination* 倾斜角。~ *of internal friction*;*internal friction* ~ 内摩擦角。~ *of lag* 滞后角。~ *of maximum subsidence* 最大下沉角(在非充分采动条件下,移动盆地倾向主断面上,采空区中点和地表最大下沉点在基岩面上投影点的连线与水平线在下山方向的夹角)。~ *of reflection* 反射角。~ *of refraction* 折射角。~ *of repose*;~ *of rest* 静止角,休止角(物料在自然静止堆的状态时堆面母线与水平线的夹角,也称"自然坡角"或"内摩擦角")。~ *of shear* 切变角,剪切角。~ *of shear dilation* 剪胀角(岩土发生剪胀时,其实际剪位移方向与剪切面总方向间的夹角)。~ *of shock* 冲击角。~ *of sight* 视角。~ *of stress dispersion* 应力扩散角(基脚附近极小附加应力等值线的倾角)。~ *of supercritical mining*;~ *of full subsidence* 充分采动角(在充分采动条件下,地表移动盆地主断面的最大下沉点或盆地平底边缘点和采区边界的连线与煤层底板在采空区内侧的夹角)。~ *of throw* 投掷角。~ *of tilt* 倾角。~ *of total shear resistance* 总剪切阻力角,总抗剪角。~ *of twist*;~ *of torsion* 扭转角。~ *of underlay* 与法线构成的偏角。~ *of winning block*;~ *of coal chock* 采垛角(水力采煤工作面与回采巷道中心线的最终夹角)。~ *reading instrument* 角度测量仪(用于测量角度的仪器。如钻孔、标定孔位或在孔中确定钻杆的角度)。~ *working slope* 工作帮坡角(露天矿工作帮最上一个台阶坡底线和最下一个台阶坡底线所构成的假想坡面与水平的夹角。工作帮坡角的大小,反映在采出矿石量相同条件下,要求剥离岩石量不同。一般工作帮坡角大,剥岩量少,反之便多)。~-*cut blasting* 斜孔掏槽爆破。~-*mortar blasting* 定向臼炮爆破试验。~-*shot method* 斜射臼炮试验法,角臼炮试验法。

angled *a*. 成一定角度放置的;有角度的。~ *borehole* 倾斜孔。~ *borehole cuts* 斜眼掏槽。~ *cut*;*oblique cut*;*wedge cut* 锥形掏槽;斜眼掏槽(在早期的掘进爆破中,最广泛采用的一种掏槽方法,即掏槽孔与工作面成一定的角度)。~ *hole* 倾斜炮孔。~ *pre-shearing* 倾斜预裂爆破。~ *snubbing hole* 倾斜掏槽炮孔。

angling *n*. 角化。~ *hole* 倾斜炮孔。

angular *a*. ①有角的。②用角测量的,用弧度测量的。~ *acceleration* 角加速度。~ *adjustment* 角度平差。~ *bisector* 角平分线。~ *coordinate* 角坐标。~ *correction* 角度校正。~ *correlation* 角度相互关系。~ *deviation in drilling* 钻孔角度差(又称角度偏差,钻孔有效中心线距设计方向的偏差,参见 *bending deviation*)。~ *displacement* 角位移。~ *distribution* 角分布。~ *divergence method* 角发散法,角度不整合法。~ *error* 角度误差。~ *hole* 倾斜炮孔。~ *interface* 角界面。~ *orientation* 角定向。~ *strain* 角应变。~ *test* 弯曲试验。~ *unconformity* 角度不整合。~ *velocity* 角速度。

angulation *n*. 形成角度。

anionic *a*. ①阴离子的。②具有活性阴离子的。~ *surface active agent* [*anionics*] 阴离子表面活性剂(在水溶液中电离产生带负电荷并呈现表面活性的有机离子的表面活性剂)。

anisotropic *a*. 各向异性的。~ *index* 各向异性指数。~ *material*; ~ *substance* 各向异性物质。~ *medium* 各向异性介质。~ *rock* 非均质性岩石。~ *stress* 各向异性应力。

anisotropy *n*. 各向异性(材料各方向上表现出的不同物理特性。几乎所有的岩石都是各向异性体。由于构造应力、沉降、变质等作用以及爆破、采矿活动引起的断裂行为都可能使岩石表现出各向异性。各向异性可能通过测量不同方向上的地震波速度进行量化)。

annual *a*. 每年的。~ *advance* 年进度。~ *capacity* 年生产能力。~ *consumption* 年度消耗(量)。~ *consumption norm calculation* 年消耗定额计算。~ *cost* 年费用(将工程的造价摊算为各年的年均投资额,加上各年平均的管理、运行维修费用所得的总和)。~ *equivalent cost* 年折算费用(工程的固定资产投资及每年的运行管理维修费各换算为每年均等的费用后相加所得之和。当几个等效益工程方案进行经济比较时,年折算费用最小的是最佳方案)。~ *expenditure* 年经费。~ *income* 年收入。~ *inspection* 年度检查。~ *ma-*

intenance; ~ *overhaul* 年度维修。~ *outgo* 年支出。~ *output*; ~ *yield* 年产量。~ *overall plan* 年度综合计划。~ *worth* 年金。

annular *a.* 环状的。~ *clearance* 环形间隙(当切割器处于管材中心位置时,其外壳与被切割管材内壁之间的距离)。

AN-rosin-wax *n.* 铵松蜡(炸药)。~ explosive 铵松蜡炸药(以硝酸铵为主,加入适量木粉和少量松香、石蜡等组成的混合炸药)。

ANSYS ANSYS 软件(是融结构、流体、电场、磁场、声场分析于一体的大型通用有限元分析软件。在核工业、铁道、石油化工、航空航天、机械制造、能源、汽车交通、国防军工、电子、土木工程、造船、生物医学、轻工、地矿、水利、日用家电等领域有着广泛的应用)。~ *Parametric Design Language*【计】APDL 语言。

anthracite *n.* 无烟煤(烟煤经变质作用转变成煤化程度高的煤。其挥发度低、密度大、着火温度高、无黏结性,燃烧时多不冒烟)。

anti-acid *n.* 抗酸。~ *agent* 抗酸剂(能对炸药产生的少量酸性物质起中和作用的物质)。

anticipated *a.* 预先的。~ *blast designs* 爆破预设计。

anticlastic *n.* 抗裂面。

anticline *n.* 背斜(地层中一种上凸的褶曲构造,其核部由老地层组成。地层时代自核部向两翼由老到新排列)。

anticlockwise *ad.* 逆时针方向地。—*a.* 逆时针方向的。

anti-deflagration *n.* 抗爆燃的。~ *property* 抗爆燃性(炸药本身所具备的、对其产生爆燃现象的抵抗能力)。

anti-deformation *n.* 抗变形。~ *buildings* 抗变形建筑物。

anti-detonating *n.* 抗爆。~ *quality* 抗爆性。

anti-detonation *n.* 抗爆。

anti-freezing *n.* 抗冻。~ *agent* 抗冻剂(能提高炸药抗冻性的物质)。~ *property* 抗冻性(炸药在低温下不发生冻结或结构变形的性能)。

antigas *a.* 防毒的。~ *mask* 防毒面具。

anti-icing *n.* 防冰。~ *additive* 防冻添加剂。

anti-jam *n.* 抗干扰。

anti-jolt *n.* 抗震动。~ *property* 抗震性能(民用爆破器材在承受一定的振动冲击作用下,不发生结构损坏、燃烧和爆炸的能力)。

anti-knock *n.*【机】抗爆,抗震。~ *additive* 抗爆添加剂。~ *agent* 抗爆剂。~ *fluid* 抗爆流体。~ *fuel* 抗爆燃料。~ *rating* 抗爆等级。~ *valuation* 抗爆评价。~ *value* 抗爆值。

anti-radiofrequency *a.* 抗射频。~ *electric detonator*; ~ *electric blasting cap* 抗射频电雷管(具有抗射频感应电流起爆性能的电雷管)。

antiscience *n.* 反科学。

anti-setting *n.* 抗凝结。~ *coating* 抗凝结涂层。~ *compound* 抗凝结化合物。

anti-static *a.*【化】抗静电的。~ *electric detonator*; *electrostatic resistant detonator*; ~ *electric blasting cap*; *electrostatic*

A

resistant blasting cap 抗静电电雷管(具有抗静电性能的电雷管,在有静电产生场所应使用抗静电电雷管)。

anti-stray *a.* 抗杂散。~ *current electric detonator* 抗杂散电流电雷管(能用于有杂散电流环境以避免误爆的电雷管。它有无桥丝式抗杂散电流电雷管和低阻桥丝式抗杂散电流电雷管两类)。

anti-thixotropy *n.* 反触变性(在等温可逆条件下,由于剪切作用使黏度或稠度从静止值〈开始剪切的一瞬间〉增大至最终值〈取决于剪切速率的大小〉。当中断剪切时,静止枯度必须于一定时间内恢复,这个时间称为"触变恢复时间")。

anti-vibration *n.* 抗振。~ *property* 抗振性能(民用爆破器材在承受规定的振动冲击作用下,不发生结构损坏、燃烧和爆炸的能力)。

anti-water *a.* 抗水的。~ *electric detonator* 抗水电雷管(具有较高抗水性能的电雷管)。

AN-TNT = Ammonium Nitrate-Trinitrotoluence 硝铵-三硝基甲苯(炸药)。~ *slurry* 浆状铵梯炸药。

AN-TNT-FO = Ammonium Nitrate- Trinitrotoluence-Fuel Oil 铵梯油(炸药)。~ *explosive* 铵梯油炸药(以硝酸铵为主要成分,加入梯恩梯、木粉、复合油相等组成的粉状混合炸药)。

aperture *n.* 缝隙(不同形状的开口。特征化不同宽度节理的常用术语)。~ *ratio* 孔径比,相对孔径。

apical *a.* 顶上的,顶点的。~ *view* 顶面观。

apparent *a.* ①表面的。②显然的。~ *abundance* 表观丰度。~ *cohesion* 表观内聚力。~ *contact* 表观接触。~ *crater* 视在漏斗(由漏斗爆破形成的、爆破碎块未清除前的坑穴)。~ *degree of decarbonation* 表观分解率。~ *density* 假密度,堆积密度(炸药按规定方法自由堆积时,单位体积内所含的药剂质量)。~ *elastic limit* 表观弹性极限。~ *hardness* 表观硬度。~ *particle density* 表观颗粒密度。~ *porosity* 表观孔隙率。~ *reduction ratio* 表观破碎率。~ *resistence* 表观阻力。~ *resolution* 表观分辨率。~ *solid density* 表观固体密度。~ *specific gravity* 表观比重。~ *stress* 表观应力。~ *superposition* 表观地层顺序。~ *thickness* 表观厚度。~ *velocity* 表观速度。~ *viscosity* 表观黏度。~ *volume* 表观体积(实验条件下,在外部界限内所测得的一定量物质的体积,此体积可能包括气泡、细孔和空隙)。~ *weight* 表观重量。~ *width* 表观宽度。

appendage *n.* 备用仪表。

application *n.*【计】应用。~ *module* 应用模块。~ *of remote sensing to geology* 遥感地质应用(利用遥感技术进行工程地质调查、制图、专题研究及动态观测等工作)。~ *point* 作用点。~ *program* 应用程序。~ *range of explosive sizing* 爆炸整形适用井况范围(爆炸整形复位最适应于变形、错断通径小于95mm,机械式整形无法实施的井况,也就是说只要炸药药柱、药盒或装药直径能允许通过的变形、错断井段,均可运用爆炸整形复位、扩径打通道，为下步加固恢复创造必要的条件）。~ *range of supervision* 监理管辖范围（根据《建设工程质量管理条例》规定，下列建设工程必须实行监理：①国家重点建设工程。②大中型公用事业工程。③成片开发建设的住宅小区工程。④利用外国政府或者国际组织贷款、援助资金的工程。⑤国家规定必须实行监理的其他工程）。~ *software* 应用软件（专门为某一应用目的而编制的软件。常见的如：文字处理软件、信息管理软件、辅助设计软件、实时控制软件等）。

applied *a.* 应用的。~ *case* 应用实例。~ *chemistry* 应用化学。~ *forecast* 应用预测。~ *geology* 应用地质学。~ *geophysics* 应用地球物理学。~ *hydrodynamics* 应用水动力学。~ *mechanics* 应用力学。~ *optics* 应用光学。~ *pressure* 外加压力。~ *research* 应用研究。~ *science* 应用科学。~ *seismology* 应用地震学。~ *stress* 外加应力，作用应力。

apply *vt.* ①应用，使用。~ *theory to practice* 把理论应用于实践中去。*Only some rules can be applied to this case.* 只有一些规则可以用于这种情况。*The time to ~ the solar energy technology has come.* 使用太阳能技术的时代已经到来。*He applied most of his savings for support of poor college students.* 他把自己的大部分积蓄用于资助贫困大学生。②实行，实施。*These regions are the first to ~ the cooperative medical system in rural areas.* 这些地区率先实行了农村合作医疗制度。③涂，敷，施用。~ *two coats of white paint to these doors* 这些门涂两道白漆。~ *medicine to wounds* 往伤口上敷药。④专心，致力（于）。~ *one's mind to mathematics, physics and chemistry* 专心学数、理、化。⑤叠置。~ *the small shelf upon the big one* 把小书架放到大书架上。—*vi.* ①适用，应用。*In which case does this grammatical phenomenon ~?* 这种语法现象在哪种情况下适用？*This kind of powder does not ~ to industrial blasting.* 这种炸药不用于工程爆破。*Traffic rules ~ to all vehicles and pedestrians.* 交通规则适用于所有车辆和行人。②申请，请求。*My boss has applied to the authorities concerned for a passport.* 我的老板已向相关部门申请护照。~ *to the State Development and Reform Committee for some subsidy to a milk cow farm.* 向国家发改委申请给奶牛场的一些补贴。~ *for a job as office boy* 请求做办公室杂役的活。③用功，努力。*The more one applies, the more one learns.* 功夫成就学业。

applying *v.* 应用（apply 的现在分词）。~ *condition for explosive welding* 爆炸焊接应用条件（在井下千米的介质〈水、泥浆等〉中实现爆炸焊接，必须创造出与地面相近似的环境条件，即：①焊管与预加固套管之间必须是气体堵塞。②焊接材料表面必须清洁。③焊管外壁和套管内壁间有一定碰撞角度。④焊接速度〈爆速〉应低于被焊材料的声速）。~ *range of underwater chamber blasting* 水下硐室爆破适用范围（①为了争取时间发挥工程效益的重点整治浅滩工程。②处于航道上裸露的大面积礁石区域。③在航道急流险滩水域处。④能利用航道两岸的有利地形,从陆上能开挖通到水底的导硐和药室,以达到能加宽和挖深水域的目的。⑤通过各种爆破疏浚方案的技术经济指标的比较,认为水下硐室爆破有利)。

approach *v.* 接近。—*n.* 方法。~ *coefficient* 邻近系数。

appropriate *a.* 适当的。~ *stripping ratio* 合理剥采比。

approved *a.* 经核准的。~ *apparatus* 防爆设备。~ *blasting plans* 获得准许的爆破计划。~ *cable* 防爆电缆。~ *product* 定型产品。~ *shot-firing apparatus* 防爆发爆器。

approximate *a.* 近似的。~ *method* 近似法。~ *value* 近似值。

aquaseis *n.* 水中爆炸索(一种海上地震震源,引爆拖在船后的爆炸索放炮)。

aqueous *a.* 水的,水成的。~ *gel* 水凝胶。~ *solution* 水溶液。~ *explosive*; *water-based explosive*; *water-containing explosive*; *water-bearing explosive* 含水炸药(配方中含有相当数量水的混合炸药。一般指浆状炸药、水胶炸药和乳化炸药等)。

aquiclude *n.* 隔水层(虽有孔隙且能吸水,但导水速率不足以对井或泉提供明显水量的岩土层)。

aquifer *n.* 含水层(存储地下水并能够提供可开采水量的透水岩土层)。

arbitrary *a.* ①随意的,任性的,随心所欲的。②主观的,武断的。③霸道的,专制的,专横的,独断专行的。④乱。~ *access*【计】随意存取。~ *boundary*【计】任意边界。~ *Lagrange-Euler Method*【计】任意拉格朗日欧拉方法。~ *line*【计】任意参考线。

arc *n.* 弧度。~ *shooting* 扇形爆炸,弧形爆炸法。

arch *n.* 拱暄(用砖、石、混凝土或钢筋混凝土等建筑材料构筑的整体或弧形支架的总称)。~ *borehole spacing* 拱顶炮孔间距。~ *bridge* 拱桥。~ *height* 拱高(隧道支点到其拱顶最高点的垂直高度)。~ *portion* 拱形部分。~ *shoulder trough*; ~ *shoulder slot* 拱肩槽。~ *structure* 拱形结构。~*ing* 桥丝效应(当通过雷管的电流过高时,引火索头上的电阻丝被熔断,而不是加热,形成了破坏爆炸雷管作用的轻桥丝,这就是桥丝效应)。

architectural *a.* 建筑学的。~ *group* 建筑群体。

area *n.* ①区域,范围。②【计】面积。③地区。~ *and volume formula* 剪切破碎公式(拆除爆破中炸药的能量消耗应包括两部分:介质内层面产生流变或塑性变形的能量和破碎介质所消耗的能量。据此所建立的公式称为剪切破碎公式。参见 *shear crush formula*)。~ *blasting*; *multiple row shot* 多排孔爆破(在梯段上,面向自由面钻凿多排炮孔的爆破,也称为面爆破。当采用延时电雷管时,首先起爆离自由面最近的一排炮孔,为下一排炮孔提供新的自由面,因而能爆落较多的岩石)。~ *burst* 大面积岩爆。~ *development* 分区域开拓

(大型井田划分为若干具有独立通风系统的开采区域,并共用主井的开拓方式)。~ *exposed* 暴露面积。~ *of blasting* 爆破面积。~ *of coverage* 覆盖面积。~ *of influence* 作用面积。~ *of responsibility* 责任范围。~-*extraction ratio* 开采面积比;矿床面积与采空面积之比。

argillaceous *a.* 黏土的。~ *limestone* 泥质灰岩(含泥量占50%~75%的石灰岩。是化学和机械两种沉积作用的综合产物)。

arithmetic *n.* 算术。~ *mean value*; *average value* 算术平均值。~ *mean particle diameter* 算术平均粒径。

arm *n.* 臂。~ *of force* 力臂。~ *struct* 加固杆。

armor *n.* 装甲。~ *layer* 护面层。~ *unit* 护面块体。~*ed concrete* 钢筋混凝土。~*ed cable* 铠装电缆。

aromatics *n.* 芳香族环烃,芳香族化合物。

around-the-clock *a.* 昼夜不停的,连续24小时的。

arrangement *n.* 布置,安排;排列。~ *diagram* 布置图。~ *of holes* 炮孔布置(台阶顶面的炮孔布置形状或者台阶底部钻孔后的真实情况。也指井筒或巷道工作面炮孔的布置形状,包括抵抗线、间距和相互间的关系)。

array *n.* 数组;阵列,排列。~ *identifier* 数组标示符。~ *induction imaging* 阵列感应成像。~ *response*; *pattern response* 组合响应。~ *segment* 数组段。

arrest *n.* ①制动装置。②制动,制止。—*vt.* ①逮捕,拘捕。②止住,阻止,抑制。③吸引(注意)。—*vi.* 心跳停止。~*ed anticline* 平缓背斜。~*ed crushing* 有限性破碎。

arrester *n.* 停电装置;制动装置;避雷器。

arrival *n.* 到达。~ *end* 入口端。~ *line* 入口线。~ *time*; *advent time* (震波)到达时间,波至时间。

artifact *n.* 人工制品。*Natural products are usually environment-friendly, while ~s sometimes are not.* 天然产品通常是环保型的,人工制品有时并非如此。*In this regard, recommendations are made to adopt an initial standard approach based on total carbon content, avoiding limitations and ~s of ideal detonation codes.* 关于此事(在这方面),建议采用以总的碳含量为基础的初始标准法,以避免理想爆轰法规的局限性和人为条例。

artificial *a.* 人造的。~ *caving* 人工崩落。~ *consolidation* 人工加固。~ *drainage system* 人工排水系统。~ *earthquake* 人工地震(人工地震则属人为有意制造的地震,震源分为炸药震源和机械震源)。~ *earthquake charge* 震源弹(震源弹是用于地震勘探,形成人工地震波的一种爆破器材。震源弹分为震源药柱和震源枪弹两种形式)。~ *fill* 人工堆填土。~ *intelligence* 人工智能(研究解释和模拟人类智能、智能行为及其规律的一门学科。其主要任务是建立智能信息处理理论,进而设计可以展现某些近似于人类智能行为的计算系统。是计算机科学的一个分支)。~ *neural network* 人工神经网络。

~ *pillar* 人工矿柱。~ *roof* 人工顶板(分层开采时为阻止上分层垮落岩石进入工作空间而铺设的隔离层)。~ *slope* 人工斜坡。~ *ventilation* 人工通风。

artillery *n.* 炮。~ *primer* 底火(点燃发射药装药的火工品。通常由火帽、点火药装药和壳体等组成)。

artisan *n.* 熟练技工。

as-built *n.* 竣工。~ *drawing*; *as-completed drawing* 竣工图。

ascending *a.* 上升的,向上的。~ *grade* 上升坡度。~ *method* 上向采矿法。~ *mining*; *upward mining* 上行式开采(分段、区段、分层或煤层由下向上的开采顺序)。~ *order* 上向开采;上行次序。~ *velocity* 上升速度。~ *workings* 仰斜巷道。

ash *n.* 灰,灰烬。~ *coal ratio* 灰煤比。

asorption *n.* 吸收。~ *tester* 吸收测试仪。

aspect *n.* 方面;方位,方向。~ *ratio* (*length/diameter*) 纵横比(长度与直径比)。

asphalt *n.* 沥青。~ *fuel oil* 沥青燃料油。~ *oil* 沥青油。~*-base oil* 沥青基油。~*-bearing residue* 含沥青的残渣。~*-concrete mixture* 沥青混凝土混合结构。

asphaltic *a.* 柏油的。~ *material* 沥青质材料。~ *rock* 沥青岩。~ *sand* 沥青砂。~ *sandstone* 沥青砂岩。

asphyxiating *n.* 窒息。~ *gas*; *black damp*; *choke damp* 窒息性气体(虽然不至于使人体中毒,但如果吸入过量后会使人窒息的气体,如二氧化碳、氮气等。爆炸后的炮烟含有大量的窒息性气体)。

assay *n.* 化验;试验。~ *grade* 分析品位;分析品级。~ *limit* 分析(矿体)边界。~ *map* 采样平面图。~ *plan factor* 矿样分析修正系数。~ *value* 分析值,试金值。~*ing* 矿物分析,试金。

assemblage *n.* 装配。~ *zone* 组合带。

assessment *n.* 评价,评估。~ *of the feasibility and suitability of a chosen blasting method* 对所选爆破法的可行性与适用对象的评估。*An* ~ *of the degree to which air vibration levels will be affected by the effects of meteorology requires that temperature, wind speed and wind direction be measured or evaluated both at the surface and at levels above the ground.* 评估空气振动能级受气象效应影响的程度,需要测量或评定地面的以及地面上空的温度、风速和风向。~ *of the quality of a blast operation* 爆破施工质量的评估。~ *of the stability of mines* 矿山稳定性的评估。

asset *n.* ①资产,财产。②有价值的人或物,有用的东西。③优点。~ *securement*【经】资产保护。~ *measurement*【经】资产计量。

assigned *n.*【计】指定的,赋值的。~ *area* 指定区域,规定的地带。~ *input value* 规定的输入值。

assistant *n.* 助手。~ *research fellow* 助理研究员。~ *shooter* 爆破助手。~ *survveyor* 助理测量员。

associated *vt.* 联合。~ *equipment* 配套设备。~ *hazards* 伴生的危险,不言而喻的危险。*Storage, handling and trans-*

port of explosives have ~ *hazards and are controlled by legislative and certification requirements.* 贮藏、处理和运输炸药有着不言而喻的危险,而且受法律和资格证要求的制约。~ *layer* 伴生层。~ *mineral* 伴生矿物。~ *mineral resources of coal-bearing series* 含煤岩系共生矿产。~ *stress* 伴生应力;复合应力。

association *n.* 联合,联系。~ *analysis* 关联分析。

associative *a.* 联合的。~ *memory* 联想存储器(根据给定内容的特征而不是根据地址进行存取的存储器,也称关联存储器。这种存储器除了有一般存储器存储信息的功能外,还有对信息进行处理的功能。它由存储单元阵列和一些逻辑电路组成)。

assuered *vt.* 向…保证。~ *mineral* 确定矿量。

assume *vt.* ①假定,设想,想当然。*Furthermore, a blaster should not* ~ *that a fresh shot being fired will behave like other shots previously fired at the same operation.* 况且,爆破人员不可假设在同一作业中新一轮爆破与之前其他轮爆破状态都一样。*Let us* ~ *this shape to be round.* 让我们假定这个形状是圆的。② 承担,担任。*No one seems willing to* ~ *any obligation of eating instead of him.* 似乎没有人愿意承担替他吃东西的义务。~ *the office of a schoolmaster* 担任中学校长职务。③呈,带有,显现。~ *a south-north strike* 呈南北走向。*It* ~*d a round shape then.* 这东西当时是圆形。*This issue begins to* ~ *a new form.* 此问题开始以新的形式出现。④采用。*He* ~*d an old name.* 他使用了一个旧名字。

assumed *a.* 假定的。~ *azimuth* 假定方位角。~ *capacity* 假定容量。~ *elevation* 假定高程(由任意高程基准面起算的高程)。~ *stress* 假定应力。~ *target* 假定目标。~ *value* 假设值。

assurance *n.* 保证,担保。~ *coefficient* 安全系数,保险系数。

astel *n.* 平巷拱顶。

asterisk *n.* 星号;星状物。

Astralite *n.* 星字炸药;奥司脱拉特(硝铵、硝化甘油,三硝甲苯炸药);硝胺。

astrolabe *n.* 等高仪。

astronomical *a.* 天文学的。~ *survey* 天文测量(通过观测太阳或其他恒星位置以确定地面点的经度、纬度和至某点天文方位角的测量工作)。

astillen *n.* ①防水墙。②脉壁,矿脉与围岩的间层。

asymmetric *a.* 不对称的。~ *charge location*[*ACL*] 非对称药包位置(炮孔中圆柱形延长药包偏离中心的位置)。~ *triggering* 非对称触发。

asymmetrical *a.* 不对称的。~ *manner* 不对称排列法。~ *vein* 不对称带状脉。

asymmetry *n.* 不对称。

asymptote *n.* 渐进线。

asymptotic *a.* 渐近会合。~ *point* 渐进点。~ *value* 渐进值。

asynchronous *a.* 异步的。~ *motor* 异步电机。

at-grade *n.* 在同一水平面上。~ *inter-*

section 平面交叉。

athermal *a.* 无热的。

athermanous *n.* 绝热的,不透热的。

atmospheric *a.* 大气的。~ *concentrations of carbon dioxide* 大气二氧化碳浓度。*The measured ~ concentrations of carbon dioxide show an inexorable and accelerating year-on-year increase arising from greenhouse gases emissions.* 通过测量得知,由于温室气体的排放,大气二氧化碳浓度正在不容置疑地逐年加速增加。~ *condition* 大气环境,大气状况,大气状态。~ *GHG concentration* 大气温室气体浓度。*Increased ~ concentrations of so-called greenhouse gases (GHGs) are known to increase global temperatures by absorption of reflected infrared radiation and are believed to be contributing to the recently measured global warming.* 众所周知,所谓温室气体在大气中的浓度增加进而这种气体吸收反射的红外线,导致全球温度上升。据信,大气温室气体浓度的增加,正是近来测到全球气候变暖的原因之一。~ *refraction* 大气折射。*An increase in air temperature causes an increase in the speed of sound, which means that in these conditions airblast emissions can be focused back toward the ground by ~ refraction.* 大气温度的增高,促使声速增加,这是说在这些条件下,大气折射可将冲击波挡回到地面。~ *refraction model* 大气折射模型。*Real-time data from a predictive meteorological model and sounding equipment is input to an ~ refraction model that enables the effect of meteorology on airblast levels in the area surrounding the blast site to be evaluated.* 从预测大气模型和测声设备中获得的数据输入到大气折射模型,从而能评价气象对爆炸现场周边区域内的冲击波能级的影响。~ *pressure* 大气压力。~ *radiation* 大气辐射。~ *temperature* 大气温度。

atomized *v.* 将…喷成雾状。~ *aluminum* 雾化铝。

attack *vt.* ①攻击。②损害。~ *time* 冲击时间。

attenuation *n.* 衰减(波振幅的减小,它是质点到震源距离的函数。地震波的衰减有三个方面的原因:几何衰减,由于距离越来越远而引起的振幅衰减;材料衰减,由于材料黏性阻尼引起的振幅衰减;传播分散衰减,由于传播过程中的反射和折射引起的振幅衰减)。

attenuation *n.* 变薄;稀薄化。~ *law of underwater shockwave* 水下冲击波衰减规律。~ *of air overpressures* 空气超压衰减。~ *of explosive waves energy* 爆炸波能量衰减。~ *ratio* 衰减比。

attitude *n.* ①态度,看法。②姿势。~ *of rock formation* 岩层产状(岩层在地壳中展布的状态。通常用走向、倾向和倾角三个产状要素来确定)。

attle *n.* 矿石废料,废矿屑。

attraction *n.* ①吸引。②【物】引力。~ *force*; *attractive force* 引力。

attractive *a.* 有魅力的。~ *mineral* 磁性矿物。

attribute *vt.* 把…归于。~ *sampling* 按属性抽样。

audible *a.* 听得见的。~ *signals* 发声信号。

auditory *a.* 听觉的。~ *trauma* 听力损害。

auger *n.* 螺旋。~ *system* 螺旋系统。*Prilled AN prill and ANFO can be measured while being loaded with an* ~. 经过造粒的硝铵颗粒和铵油炸药可经过螺旋(泵)计量。~ (*discharge*) *truck* 炸药混装车。~ *trucks are used to mix and load ANFO and blends. Auger blends generally contain less than 50% emulsion. Auger loading trucks are available in any three basic auger discharge configurations* ①*front over-cab discharge*, ②*overhead rear discharge*, ③*side discharge. The most desirable configuration depends on the application and working environment.* 螺旋式装药车通常用来混装铵油及重铵油炸药,其中乳胶基质比例可在0~50%范围进行调节。根据基本装药方式,螺旋式装药车分为三种车型:①前部装药;②后部装药;③侧面装药。应当根据实际应用及现场工作环境选择车型的配置。

auget *n.* 雷管,引爆管。

augment *vt.* 增加,增大。~ *the effect of an engineering blast by raising the proportion of charged explosive* 加大装药的比例,以提高工程爆破的效力。

augmentation *n.* 加大,增加。*The* ~ *of the volume of an explosive means a rise of the strength of a blast.* 炸药用量的增加意味着爆炸威力的提升。*The* ~ *of investment in agriculture is a direct consolidating of the basis of national economy.* 加大对农业的投入就是直接加固国民经济的基础。

austinite *n.* 砷锌钙矿 $CaZn(AsO_4)(OH)$。

authorities *n.* ①当局。②权威。~ *concerned* 有关当局[方面]。

authority *n.* 权威;权力。~ *of sign* 签署权。

authorized *a.* 审定的,经授权的。~ *agent* 指定代理人。~ *capacity* 核准负载,规定容量。~ *pressure* 规定压力,容许压力。

auto *n.* 汽车。~ *acceleration* 自动加速。~ *activation* 自动活化。~ *analyzer* 自动分析仪。~ *loader* 车厢式装运机(正铲后卸式铲斗装载自备车厢运输的轮胎自行式装运机)。~-*abstraction* 自动抽取(样品)。

autochthonous *a.* 土生的。~ *coal* 原地生成煤(植物遗体未经流水搬运,就地堆积,经成煤作用转变成的煤)。

auto-combustion *n.* 点火,自动燃烧。

autocorrelation *n.* 自相关。~ *function* 自相关函数。

autogenous *a.* 自生的。~ *ignition*; *autoignition* 自动引爆;自动着火。

auto-igniter *n.* 自动点火器。

auto-ignition *n.* 自动点火。

auto-induction *n.* 自动感应。

automat *n.* ①自动调节装置,自动控制装置。②自动照相机。③自助餐厅。

automated *a.* 自动化的。~ *signal processing tool* 自动信号处理仪器。

automatic *a.* ①自动的。②不假思索的,无意识的。~ *alarm* 自动报警。~

A

control; *automation*; *cybernation* 自动控制。~ *monitoring* 自动监控。~ *Node to Surface* 自动点面接触。~ *request* 自动检索。~ *routine* 自动例行程序。~ *sequence-controlled calculator* 自动程序控制计算机。~ *Single Surface* 自动单面接触。~ *Surface to Surface* 自动面面接触。~ *titrator* 自动滴定器(利用电位差计、电流计和比色计的电信号测定终点的仪器)。~ *trigger* 自动触发。

automatically *ad.* 自动地。~ *rising platform* 自升式平台(自升式水上作业平台是一种船体四角装有大型立柱的平底船。它由牵引船舶拖送到作业地点后,用自身配备的动力设备把4根立柱沉入水底并柱支承,很少受潮水、风浪等的影响,钻孔作业稳定可靠)。

automation *n.* 自动化。~ *factory* 自动化工厂。

automobile *n.* 汽车。

autoxidation *n.* 自氧化(氧分子与有机或无机化合物快速或慢速地自发偶合的化学反应)。

auxiliary *a.* 辅助的。~ *breaking* 辅助破碎。~ *cartrige* 辅助药卷。~ *construction plant* 施工辅助装置。~ *cross-cut* 辅助横巷。~ *level* 辅助平巷。~ *minerals* 次要矿物。~ *operation* 辅助作业,辅助工序。~ *operation equipment* 辅助作业设备。~ *prop-release device* 支架拆卸辅助装置。~ *support* 辅助支架。

availability *n.* 可用,有效。*The cast booster development was fostered by the ~ of inexpensive military high explosive released to the commercial market.* 利用商业市场上投放的廉价而高效的军用炸药促成了抛掷助爆药的研制。

available *a.* ①可(利)用的,可得到的,手边的,现有的。*available data* (*materials*, *literature*, *tools*, *fund*, *etc*) 现有的数据(材料,文献,工具,基金等)。*all available means* 所有能用的手段。*No servant was ~ at that time when he waned to send a message.* 他想送信时,身边没有仆人可差使。②有效力的,有效的。*A season ticket is ~ over a duration of 3 months.* 季票有效期为3个月。*This material remains ~ to be released to the atmosphere whenever the muckpile is disturbed by excavation*, *transport or subsequent handling.* 一旦爆堆受到开挖、运输或后续处理时扰动,这种物质就随时会释放到大气之中。~ *capacity* 有效容量。~ *distance* 有效距离。~ *fragmentation data* 现有爆破数据。~ *mining infrastructure* 现有采矿基础设施。~ *reserves* 保有储量(探明储量减去动用储量所剩余的储量)。

avalanche *n.* 雪崩。~ *defense* 崩落防护(物);防范崩落。~ *rocket* 崩落岩石火箭。~*ing impulse* 泻落冲击力。

average *a.* ① 平常的。②平均的。③典型的。~ *tensile strength* 平均抗张强度(抗拉强度,张力强度)。~ *ore* 普通矿石。~ *unit pressure* 平均单位压力。~ *ambient temperature* 平均环境温度。~ *annual cost* 平均年费用。~ *burning time* 平均燃烧时间。~ *clause* 平均条款。~ *dip* 平均倾角,平均倾斜度。~

discount factor 平均折扣率。~ *error* 平均误差(一定测量条件下出现的一组独立的偶然误差绝对值的数学期望)。~ *footage* 平均进尺。~ *fragment size* 平均破碎粒度。~ *gradient* 平均坡度。~ *haul* 平均运距。~ *latency* 平均等待时间。~ *life* 平均使用寿命。~ *molecular weight*; *mean molecular weight* 平均分子量。~ *normal stress* 平均正应力,八面体面上的正应力。~ *probable error* 平均概率误差。~ *specific charge* 平均炸药单耗。~ *stripping ratio* 平均剥采比。~ *useful life* 平均使用寿命(为工程施工需要而设置的加工、制造、修配和动力供应等临时生产设施)。~ *velocity approximation method* 平均速度近似法。~ *yield stress* 平均屈服应力。

award *vt.* ①授予,奖给,判给。②判归,判定。~ *for innovation* 创新奖。~ *for invention* 发明奖。~ *for technical breakthrough* 技术突破奖。~ *for technical progress* 技术进步奖。

axial *a.* ①轴的;成轴的。②【机】轴向的,轴周围的。~ *acceleration* 轴向加速度。~ *compression* 轴向压缩;轴向挤压。~ *coupling ratio* 装药耦合率(炮孔装药长度或装药体积对炮孔可利用总长度或总体积的比率)。~ *decoupling coefficient* 轴向不耦合系数。~ *decoupling ratio* 装药不耦合率(炮孔的总长度或总体积对装药部分长度或体积的比率)。~ *deformation* 轴向变形。~ *direction* 轴向。~ *displacement* 轴向位移。~ *distribution* 轴向分布。~ *dynamical pressure of jet*; *dynamic pressure of jet in center* 射流轴心动压力(水枪射流轴线上某一点的轴向动压力)。~ *element* 轴向单元。~ *flow* 轴向流动。~ *fracturing* 轴向破坏。~ *loading* 轴向加载。~ *motion*; ~ *movement*; *end motion* 轴向运动。~ *overload* 轴向过载。~ *pressure of the geared drill* 牙轮钻机的轴向压力。~ *priming* 轴线起爆(沿轴线放置轴心起爆材料的引爆系统,例如沿药包长度放置的导爆索)。~ *principle stress* 轴向主应力。~ *splitting* 轴向劈裂。~ *strain* 轴向应变。~ *strain displacement* 轴向应变位移。~ *strain element* 轴向应变单元。~ *strength* 轴向强度。~ *stress* 轴向应力。~ *stress concentration* 轴向应力集中。~ *symmetry* 轴向对称。~ *tensile strength* 轴向抗拉强度。~ *tension* 轴向张力。~ *through-going hole* 沿轴向的炮孔。~ *thrust* 轴向推力。~ *velocity* 轴向速度。~ *zone* 轴向晶带。

axi-radial *a.* 轴径向。~ *boundary cracks and spalling* 轴径向边界裂缝和破碎。

axisymmetric *a.* 轴对称的。~ *moving pressure band* 轴向对称运动压力带。~ *stationary pressure band* 轴向对称静压带。

azide *n.* 叠氮化物。~ *cap* 叠氮化物雷管。

azimuth *n.* ①方位角。②航向。~ *angle* 方位角(用 α 表示)。~ *bearing* 方位角定位。~ *calibration* 方位校准。~ *circle* 方位刻度盘。~ *compass* 方位罗盘。~ *counter* 方位角测量仪。~ *finder*

方位仪。~ *indicator* 方位角指示器。~ *mark* 方位标号。~ *scale* 方位角度盘;方位角标尺。~ *test* 方位测定。~-*range indicator* 方位-距离指示器。

azotine *n.* 艾若丁炸药。

B

B 英语字母表的第 2 个字母。~ *blasting powder* 煤矿 B 级炸药。~ *delay* 二级延时。

baby *n.* 婴儿。—*a.* 小型的。~ *cut* 空孔掏槽(沿煤层掘进的巷道,俗称顺槽。井下在夹有煤的岩层中开挖的水平巷道,既可作为采掘的巷道,也可作为运煤和通风的巷道。煤的厚度在 1~2m 时,首先用掏槽孔爆破煤层,然后崩落岩石,一次爆破完成)。

back *n.* ① 背面,反面。②后面,后部。—*vi.* 后退;倒退。—*a.* 背部的;后面的。—*ad.* 向后地。~ *azimuth method* 反范围角定位法。~ *blast* 反向爆破。~ *break* ①后裂(最后排炮孔限界之外的岩体破裂)。②超爆,超挖(超出预期崩落区的岩石排放。超爆的岩石量取决于所使用的爆破方法、岩石的结构和强度、地下岩洞开口的大小,参见 overbreak)。~ *canch* 挑顶(参见 backbrushing)。~ *damage* 顶板危害(由于爆破使隧洞顶板的岩石强度降低)。~ *diffusion* 反向扩散。~ *explosive* 退库炸药(携往爆破现场的炸药,没有使用或用剩后需送回炸药库的行为,称作退库。而返回炸药库的炸药则称为退库炸药)。~ *hole* 顶板孔(巷道或回采区中顶部的炮孔)。~ *holes* 后爆炮孔组。~ *off* 后退。~ *resilience*; ~ *reboundin* 反弹。~ *shooting* 逆向爆射。~ *system* 备用系统。~ *timber* 顶梁。~ *view*; ~ *elevation drawing* 后视图。~ *wave*; ~*ward wave* 回波;反射波。

backbreak *n.* 超挖。~ *depth* 超挖深度(最后一排孔限定破裂面以外岩石被破碎的最大深度,单位为 m)。~ *line* 起爆线。

backbrushing *n.* 挑顶(参见 *back canch*)。

backfill *n.* 回填(为了稳定岩石、防止地面沉陷,将某些材料填入地下采空场。回填材料可以是岩石废渣、尾料和沙石等)。

backflash *n.* 逆向爆风(瓦斯、煤尘爆炸产生的首次爆风过后,因爆生气体急剧膨胀容积增大密度变小,而引起的吹向爆源的第二次爆风)。

backflow *n.* 回流。~ *of air* 空气回流。

background *n.* ①背景。②本底。~ *concentration* 本底浓度。~ *correction* 背景校正。~ *noise* 背景噪声。~ *radiation* 背景辐射。~ *ratio* 本底率。~ *re-*

turn 背景回波。~ *velocity* 背景速度。

backhoe = shovel; ditcher; hoe excavator *n.* 反铲(挖掘机,铲斗背向上安装在斗臂前端,主要用于下挖的单斗挖掘机)。

backlash *n.* 反向冲击;反撞。

back-off *n.* 倒转后解松;退下;去锐边;铲背。

backpressure *n.* 反压力,背压。

back-propagation *n.* 反向传播。~ *algorithm* 反向传播算法。

back-radiation *n.* 反向辐射。

backripping *n.* 二次挑顶。

back-scattering *n.* 反散射。~ *angle* 反向散射角。

backshift *n.* 备用换班人员。

back-slabbing *n.* 回挑。~ *hole* 片层爆破挑顶炮孔。

backstoping *n.* 回采,上向梯段回采。

backup *n.* 备用设备,备用方案。— *a.* 备用的,辅助的。~ *detonator* 备用雷管(为保证药包的安全起爆而设的额外雷管。第一个雷管不能起爆时,备用雷管增加了起爆的可靠性)。

backward *a.* 反向的。—*ad.* 相反地。~ *branch of diffraction curve* 绕射波后支。~ *stroke* 后退冲程。~ *collapse* 后坐(建筑物在爆破作用下倒塌时,其底部被保留的部分难以支撑建筑物重量而产生的坍塌现象)。

bad *a.* ①不好的。②低劣的。~ *ground* 不稳定岩层。

bag *n.* 袋,包。—*v.* 装袋。~ *powder* 袋装炸药。~*ged non-sensitised emulsion* 袋装非敏化乳化炸药。

balance *n.* 平衡;均衡。~ *shot* 平行炮孔。~*-pressure perforating* 平衡压力射孔(井内液柱压力等于对应目的层压力时的射孔)。

balanced *a.* ①平稳的,平衡的。②和谐的,有条不紊的。③安定的。~ *explosive* 零氧平衡炸药。~ *hole* 与回采工作面平行的炮孔。~ *polyphase load* 多相平衡载荷。~ *poly-phase load* 多相平衡载荷。~ *stripping ratio of operation*; ~ *stripping operation ratio* 均衡生产剥采比。

ball *n.* 球。~ *powder* 丸状炸药。

ballistic *a.* 弹道学的。~ *method* 射击法(炸药威力试验)。~ *mortar method* 弹道臼炮试验(测定炸药做功能力的一种方法。一定量的炸药在一钢制臼炮内爆炸后,以臼炮摆杆的偏斜量表示做功能力。受试炸药的做功能力以相当于梯恩梯做功能力的百分数表示〈梯恩梯做功能力为100%〉)。~ *pendulum test* 冲击摆炸药爆力试验。~ *projectile method* 弹道抛射法。

ballistite *n.* 无烟火药。

bamboo *n.* 竹子。~ *spacer* 竹制隔离炮塞(分段装药)。~ *tamping rod* 竹炮棍。

banded *a.* 有带的。~ *structure*; *striped structure*【矿】带状构造。

bandwidth *n.* 带宽(频率宽度的简称。传输中的信号能量分布集中于一定的频率范围,在此范围之外的频率能量积分值小于某一指定值,这个频率范围就是带宽。或者以信号幅度不小于某一指定值的频率范围为带宽)。

bank *n.* ①银行。②岸。③斜坡,边坡。

B

~ *blasting*; ~ *shooting*; *bench blasting*; *bench shooting* 阶段爆破,梯段爆破。~ *excavation* 采掘。~ *height* 台阶高度。~ *loan* 银行贷款(向银行借贷工程建设所需资金并按工程盈利性质规定不同的还款期限和利率)。~ *mining* 高低矿床露天开采。~-*run value* 工作面矿物价值。~ *work* 台阶回采。

B

bantam *n.* (金刚石伴生的) 重矿物。

bar *n.* 条,棒。~ *timbering* 顶梁支护。

bare *a.* 裸露的。~ *conductor*; ~ *wire* 裸露导线。

barodynamics *n.* 重量力学。~ *experiment* 重结构力学实验。~ *fragmentation* 重体自落破碎。

basal *a.* 基底的。~ *structure* 基底结构;基底构造。

basalt *n.* 玄武岩(成分上与辉长岩相当的喷出岩,主要由基性斜长石、单斜辉石组成,可含少量斜方辉石、橄榄石及角闪石)。

base *n.* ①基础。②根据。—*vt.* ①基于。②建立在…之上。~ *and increment charge* 基本装药与附加装药。~ *charge*; *bottom charge* 底部装药(①梯段爆破时底部的抵抗线比较大,为改善爆破效果,应加强炮孔底部的装药。装填在炮孔底部的这部分炸药称为底部装药。②炮孔底部用于破碎岩石的装药量,通常孔底装药量的集中度应为孔柱的2.5倍左右)。~ *concentration* 台阶底部集中装药。~ *data* 基本资料。~ *level*; *datum plane*; *datum surface*; *reference surface* 基准面。~ *line*; *datum line*; *straight-line basis* 基线。~ *material*; *matrux*; *substrate*; *groundmass* 基质。~ *mineral* 基矿物。~ *of the bid price* 标底(实行招标工程项目的内部控制价格)。~ *plate* 基板(参见 *cladding plate*)。~ *primer* 底部雷管,底部点火药。~ *reacting force* 支座反力(支座反力指拆除爆破时,建构筑物绕支点转动,在其支座产生的反力)。~ *rock*; *bedding rock*; *bottom rock* 基岩。~ *value* 基值。~-*height ratio* 基-高比。

basement *n.*【建】基地,底部。~ *of coal-bearing series*; ~ *of coal-bearing formation* 含煤岩系基底(伏在含煤岩系之下的岩系)。

basic *a.* 基本的。~ *control survey of open pit* 露天矿基本控制测量[露天矿的首级控制网(点)的测量]。~ *efficiency formula* 基本效率公式。~ *exploratory line* 基本勘探线(为全面揭露地质情况,按勘探规范对勘探线间距的要求布置的勘探线)。~ *explosive* 基(炸)药。~ *finite element representation* 基本有限单元表示法。~ *flowsheet* 基本流程(图)。~ *hole* 基准孔。~ *methods of demolition blasting* 拆除爆破基本方法(根据被拆除物及其环境条件、工程要求的不同,目前主要有钻孔爆破法、水压爆破法和静态破碎法等。钻孔爆破法的应用最为广泛;水压爆破法适用于容器式建〈构〉筑物的拆除;静态破碎法多用于不允许产生飞石、振动以及要求精确切割又不允许保留部分产生"内伤"的场合)。~ *principle of modeless explosive forming* 无模爆炸成型基本原理(有模爆炸成型主要依靠模具来控制零件的形状和尺寸。无模爆炸成型是金属板料在动载作用下造成各质点间的相对运动来实现的)。~ *proposition* 基本命题。~ *rocks* 基性岩(SiO_2 总量约为 45%~53% 的一类火成岩,如辉长岩、辉绿岩和玄武岩等。特点是 SiO_2 量虽比超基性岩高但仍不饱和,Fe、Mg 含量减少而 Ca 含量增加,故岩石中含多量的基性斜长石,不含石英)。~ *stemming material or solution* 碱性炮泥或溶液。~ *terms of surveying and mapping* 测绘基本术语。

batch *n.* 一批。~ *burning time difference* 一批燃烧时间差(同批工业导火索燃烧时间测定数值中最大值与最小值之差)。~ *data processing* 成批数据处理。~ *operation* 批量作业。~ *processing*; ~ *treatment* 分批处理; 分批加工。~ *production* 成批生产,批量生产。~ *test* 批量试验。

batholith *n.* 岩基(指大规模的深层岩体,出露面积在 $100km^2$ 以上,与上覆岩层常不整合,而且底界不清楚)。

BCM model BCM 模型(又称层状裂纹模型。该模型应用 Griffith 的裂纹传播判据,确定裂纹扩展的可能性,并计算出裂纹扩展的临界长度。其基本假设为:①岩石中含有大量的圆盘形裂纹,且裂纹的法线方向平行于 y 轴;②单位体积内的裂纹数量〈裂纹密度〉服从指数分布)。

beak *n.* 喙。~ *gallery* 断裂巷道。

beam *n.* 梁,横梁。

beanhole *n.* 孔口。~ *connector* 孔口联接器(由铝做成、卷在雷管端头的一种连接器,与容易起爆的导爆索相连接)。

bearing *n.* ①轴承(轴承是支承轴及轴上回转零件的部件。根据其工作时摩擦性质的不同,可分为滚动轴承和滑动轴承两类)。② 象限角(某直线与纵坐标轴所夹的锐角)。~ *angle* 象限角。~ *area* 承重面积。~ *force* 承载力。~ *layer* 承载力层(直接承受基础荷载的岩土层)。~ *measurement* 方位测量。~ *ratio* 承载比。~ *strain* 承压应变。~ *stress* 支撑应力。

bearing-in *n.* 底部掏槽深度。

bed *n.* 地层; 河床。~ *response* 地层响应。

bedded *a.* 层状的。~ *deposit* 层状矿床(近水平展开的平坦形矿物沉积,一般平行于被覆盖的岩层。煤层就是一种典型的层积物,其他一些沉积物可能含有工业物质,有些是含金属的)。~ *rock* 层状岩石。~ *structure*; *stratified structure*; *layered structure* 【地】层状构造,层状结构。

bedding *n.* 基底。~ *plane* 层理面。~ *planes* 层理。~ *spacing* 层间距(一个岩层系中各层的厚度)。~ *value* 地基系数;基床系数。~ *lamination* 【地】层理(岩石在沉积过程中形成的沉积面。层理为沉积岩和变质岩所特有。沉积岩的基本地层单位叫岩层,数种岩层相互重叠在一起叫互层。它和节理、劈理等一起影响着爆破的效果)。

bed-loading *n.* 底负载。~ *function* 底负载函数。

bee *n.* 蜜蜂。~ *line* 两点之间的直线,

最短距离。

beehive-shape *n.* 蜂窝型。~ *charge* 聚能装药。

Beethoven *n.* 贝多芬(人名)。~ *exploder* 贝多芬型放炮器。

beginning *n.* 开始。~ *line*; *mining starting line* 始采线(采煤工作面上开始采煤的边界)。

behalf *n.* ① 利益,便利。*You have done much on my* ~你为我做了很多事情。② 方面。*He dares to think,to speak and to act on* ~ *of a healthy tendency in society.* 为了社会正气,他敢想、敢说、敢做。*on* ~ *of* (*on sb's behalf*) = *in behalf of* (*in sb's behalf*) 为了(…的利益),作为…的代表。*This organization has rendered many valuable services on the* ~ *of the disabled.* 本组织为残疾人做了很多有价值的事情。*My colleague accepted the benefit subsidy on my* ~ *when I was absent.* 昨天我不在,有个同事代我领福利津贴。

behavior *n.* 动态;行为。~ *of rock pressure* 矿山压力显现。

belching-burning *n.* 暖气燃烧。~ *test by fuse* 导火索喷燃试验。

bellite *n.* ①贝里特混合炸药。②铬砷铅矿。

belong *vi.* ①属于,是…的。*This book* ~*s to him.* 这本书是他的。*The final victory will inevitably* ~ *to you.* 最后的胜利必然属于你。② 归类。*History* ~*s with humanities.* 历史属于人文学科。*These dictionaries* ~ *on that shelf.* 这些字典是那个书架上的。*Wild animals do not* ~ *in a zoo. They should be allowed to go free.* 野生动物不属于动物园所有,应该放生。*This university* ~*ed under the Ministry of Education a decade ago.* 这所大学十年前隶属教育部。

below *ad.* 在下面。~ *proof* 不合格的。

belt *n.* 传送带。~ *conveyor* 带式输送机(由驱动装置带动胶带或链板循环运转输送物料的机械)。~ *transmission* 带传动(带传动是利用带与带轮之间摩擦力来传递运动和动力的一种摩擦传动,它适用于圆周速度较高和圆周力较小时的工作条件)。

bench = bank; ~ing bank; quarry bank *n.* 工作台,台阶(按剥离、采矿或排土作业的要求,以一定高度划分的阶梯,位于外形垂直或近似垂直的岩石上或岩石顶部的水平表面,可以在这样的表面上钻垂直或倾斜孔并装药。台阶的高度常常在几米到 30m 之间变化、在露天开采中,12~15m 的台阶是比较普遍的。台阶通常用于露天开采,有时也应用于大型的地下矿井)。~ *blast* 台阶爆破。~ *blast delay pattern* 台阶延时爆破。~ *blasting* 台阶爆破(在露天采场台阶上进行爆破的方法)。~ *blasting delay pattern layout* 台阶延时爆破。~ *blasting zone* 台阶爆破带(工作台阶上正在被爆破、采掘的部分称为台阶坡面角爆破带,其宽度为爆破带宽度〈或采区宽度〉,台阶的采掘方向是挖掘机沿采掘带前进的方向,台阶的推进方向是台阶向外扩展的方向)。~ *bottom burden*; ~ *floor burden*; *toe burden* 底盘抵抗线(台阶上,外排炮孔轴线至坡底线的水平距离)。~ *bottom*; *bench floor* 台阶下盘;台阶底。~ *contour plane* 台阶等高值平面。~ *crest*; *rim* 梯段垂直面的顶边。~ *cut blasting* 梯段爆破(在露天台阶状的开挖面上进行钻孔爆破的作业,也叫台阶爆破)。~ *cut*; ~ *cutting*; *notching* 梯段采掘(在一个或数个水平台阶上进行爆破的采掘方法)。~ *dimensions* 台阶维度。~ *drilling* 台阶钻孔。~ *edge*; ~ *crest* 坡顶线(曾称坡肩。台阶上部平盘与坡面的交线)。~ *face*; *stepped face stope*; *stepped stope* 台阶工作面。~ *floor* 梯段底径。~ *geometry* 台阶几何形状。~ *height* 台阶高度。~ *hole* 梯段炮孔(梯段的下向垂直炮孔)。~ *mark* 水准标志(标定水准点高程位置的标石和其他标记的总称)。~ *method* 垂直炮孔爆破法[台阶式开采法,分段开采法]。~ *mining* 阶梯式开采。~ *room* 台阶工作平盘。~ *round* 台阶式掘进工作面的炮孔组,梯段炮孔组。~ *shooting* 梯段爆破。~ *slope angle*; *angle of the bank slope*; *angle of the* ~ *slope*; *high wall angle* 台阶坡面角(台阶坡面与水平面的夹角称为台阶坡面角。台阶坡面角又分工作台阶坡面角和最终台阶坡面角。后者小于前者。台阶坡面角对工作帮坡角和最终边坡角有一定影响。中国金属矿山的台阶坡面角一般为65°~70°)。~ *slope stable angle*; *angle of repose of the bank slope*; *bank slope stable angle* 台阶稳定坡面角。~ *slope*; ~ *face*; *bank slope*; ~ *slope* 台阶坡面(台阶上、下平盘之间的倾斜面)。~ *stoping* 台阶式回采。~ *system* 台阶式开采系统。~ *toe*; ~ *toe rim* 坡底线(曾称坡脚。台阶下部平盘与坡面的交线)。~ *width*; *berme*; *width of* ~ ①平盘宽度(平盘上台阶坡顶线至坡底线的距离)。②台阶宽度(从本台阶的坡顶线〈本台阶外缘〉到上一个台阶的坡底线〈本台阶内缘〉之间的距离称为台阶宽度)。~-*and*-~ 组合台阶开采。~-*face driving method* 台阶工作面掘进法(巷道或硐室掘进工作面呈台阶状推进的方法。有正台阶工作面掘进法〈*heading and* ~ *driving method*〉和倒台阶工作面掘进法〈*heading and overhand driving method*〉之分)。

benching = bench mining; bench working; face-and-slab work; stage working; stepped face mining *n.* 台阶式开采(对露天矿未采区逐台阶开挖的施工方法)。~ *bank* 阶形边坡。~ *bank* 阶形边坡。~ *cut* 阶段式爆破;阶段式凿岩。~ *in open pits* 露天开采。

benchmark *n.* 基准,参照。~ *elevation* 基准点标高。~ *program* 基准程序。

bending *n.* 弯曲(度),挠度。—*v.* (使)弯曲。~ *coefficient* 弯曲系数。~ *compression stress* 弯曲压应力。~ *deformation* 弯曲变形(由于泥岩、页岩在长期水浸作用下,岩体发生膨胀,产生巨大的应力变化,岩层相对滑移剪切套管,使套管按水平应力方向弯曲,并在径向上出现变形。严重弯曲变形的套管,内径已不规则,基本呈椭圆变形,属较多见的复杂套损井况,也是较难修复的高难井况)。~ *deviation* 挠度偏差。~ *failure* 弯曲破坏,弯曲断裂。~ *of the vault* 拱顶曲率。~ *radius* 挠曲半径。~ *resistance* 抗弯刚度。~ *strain* 弯曲应变。~ *strength at high temperatures* 高温抗折强度。~ *stress* 弯曲应力,挠应力。~ *tension stress* 弯曲张应力。~ *test* 耐弯曲试验(按规定的条件和方法,将索类火工品弯曲一定角度和一定次数,考察其耐弯曲性能的试验)。~ *wave* 弯曲波。~-*tensile fracturing of slope* 斜坡弯曲-拉裂(由近于直立或陡倾坡内的层状岩体构成的斜坡,在自重产生的弯矩作用下,由前缘开始向临空方向作悬臂梁弯曲变形,并发生层间错裂和后缘拉裂的斜坡变形破坏形式)。

beneficiation *n.* 选矿。

benefit *n.* 利益。—*vt.* 有益于。~ *of project* 工程效益(一项工程投入运行后,比没有该工程状况时所增加的,对全社会或业主的直接和间接利益,包括经济的、社会的和环境等方面利益的总称)。~-*cost ratio* 效益费用比(在经济评价中,某一方案的历年效益现值之和除以历年费用现值之和所得的比值)。

berm *n.* 平盘,平台;护坡道。

best *n.* 最好的。~ *fit(s)* 最佳拟合。~-*fitting curve* 最佳拟合曲线。

bias *n.* 偏见;倾向。~ *correction* 偏差校正。

biaxial *a.* 二轴的。~ *compression* 双轴压缩(在两个垂直方向上施加压应力和正应力而产生的应力状态)。~ *creep* 双轴蠕变。~ *orientation* 双轴向定向。~ *strain* 双轴向应变。~ *stress* 双轴向应力。

Bickford *n.* 比克福特(人名)。~ *fuse* 比克福特导火索;安全导爆索。

biconcrete = bituminous concrete *n.* 沥青混凝土。

bid *n.* 投标。—*v.* 投标,出价。~ *document* 标书(由发包单位编制或委托设计单位编制,向投标者提供对该工程的主要技术、质量、工期等要求的文件)。~ *evaluation* 评标(开标后对合格的投标书进行分析比较,然后选定中标单位的程序)。~ *inquiry* 询标。~ *negotiation* 议标(由发包单位直接与选定的承包单位就发包项目进行协商的招标方式)。~ *opening* 开标(招标活动中公开宣读各投标者报价的程序)。

bidding *n.* 投标(承包者按照招标要求提出报价,争取获得承包任务的工作)。

bidirectional *a.* 双向的。~ *collapse* 双向倒塌。~ *cutting* 双向采煤(采煤机在采煤工作面往返一次完成全工作面两次割煤深度的采煤方式)。~ *reflectance* 双向反射。

big *a.* 大的,重要的。—*ad.* 大量的。~ *coal D* 煤矿用D炸药。~ *muck*; *large muck*; *rough muck* 大块崩落岩石。~ *open void* 粗大开启空隙(常温常压下水能自由进入的开启空隙)。~ *opened void rate* 粗大开启空隙率(岩石中常温常压下能自由进水的空隙体积与岩石总体积之比,用百分数表示)。~-*grinding machine* 修钎机。

bikarbit *n.* 比卡比特炸药。

bilateral *a.* 双向的。~ *agreement* 双边协

定。~ *extraction* 矿田双面开采。~ *symmetry* 两侧对称。

bilinear *a.* 双线性的。~ *element* 双线性单元。~ *function* 双线性函数。~ *relationship* 双线性关系。

binary *a.* 二进制的,二元的。~ *arithmetic operation* 二进制算术运算(对两个二进制数所进行的加法、减法、乘法和除法运算。当操作数以定点形式表示时,称为二进制定点加、减、乘、除法运算;当操作数以浮点形式表示时,称为二进制浮点加、减、乘、除法运算)。~ *explosive* 复合炸药,二元炸药(以两种成分为基础的炸药,如硝基甲烷和硝酸铵,要分别运输和贮存,在现场混合在一起就可能组成高能炸药)。

binder *n.* 黏合剂;包扎物。~ *soil* 黏性土。

binding *n.* 捆绑;黏合剂。—*a.* 黏合的。~ *agent* 黏结剂。~ *energy* 约束能。~ *force*;*restraining force*; *restricting force* 约束力,黏结力。~ *material* 黏结材料,胶结材料。~ *medium* 黏合剂,颜料结合剂,结合介质。~ *strength* 黏结强度。

biochemical *a.* 生物化学的。~ *process* 生化工艺。~ *sedimentary rocks* 生化沉积岩。~ *treatment* 生化处理。

biofuel *n.* 生物燃料。*It must be noted, however, that the extent of so-called"carbon neutrality"of any ~ varies according to the crop cultivation, fertilization, harvesting, transport and processing methods and energy input requirements.* 然而,必须注意的是,不管什么生物燃料,其所谓的碳中和性的程度,则随着这种植物的种植、施肥、收割、运输和加工方法,以及能量输入要求的变化而变化。

biological *a.* 生物学的。~ *beneficiation* 生物选矿。~ *monitoring* 生物监测。~ *synthesis* 生物合成。

biomass *n.* 生物质。

bird *n.* 鸟。~'*s eye view* 鸟瞰图。

birth *n.* 出生;分娩;起源;出身。~ *Time for Contact* 【计】接触活时间。

birthplace *n.* 发源地;出生地。

bisector *n.* 【数】平分线。

Bishop *n.* 毕晓普(人名)。~'*s method* 毕晓普法(在条分法基础上,毕晓普假定条块间的剪应力为零,而得出的计算斜坡稳定性的方法)。

bit *n.* ①少量。② = drill ~ 钻头(将施加在自身上的旋转和推进能量传递到岩石上的凿岩工具。它可以是一根整体钢钎上的一部分,或者接杆钻进时的可拆下部件。在钻头上可使用硬质合金柱〈片〉或金刚石以延长其使用寿命)。~ *penetration* 钻头吃入深度。~ *seizure*; *jamming in the hole*; *jamming of a drilling tool* 卡钻。~ *shank* 钎尾(插入凿岩机内的钎杆的尾端)。~ *wear and borehole diameter* 耐磨性和孔径。~ *wear index*;*BWI* 钻头磨损指数(磨损阻力的测量,这种磨损取决于材料的磨损硬度。该指标用来预测钻具的使用寿命,是钻速系数和磨损值的函数)。~-*in* 钻头吃入岩层。

bituminous *a.* 含沥青的。~ *coal*;*bitummite* 烟煤(褐煤经变质作用转变成的煤化程度低于无烟煤而高于褐煤的煤。

B

其挥发分产率范围宽,单独炼焦时,从不结焦到强结焦均有,燃烧时有烟)。~ *rock* 沥青岩。~ *sandstone* 沥青砂岩。

B

black *a.* 黑色的。~ *damp*; *choke damp*; *asphyxiating gas* 窒息性气体(爆破后形成的炮烟含有大量窒息性气体,如二氧化碳、氮气等,虽然不至于使人中毒,但如果吸入过量后会使人窒息)。~ *powder* 黑火药(我国古代四大发明之一,它通常指由硝酸钾、硫磺和木炭混合而成的烟火药)。~ *powder train* 黑火药导火线。

blackstix *n.* 筒装黑色炸药。

blank *a.* 空白的;无信息的。~ *hoe*; *barren hole* 裸孔。

blast *n.* ①爆破,爆炸(利用炸药的爆炸能量对介质做功,以达到预定工程目标的作业。参见 blasting;shooting)。*a hydrogen bomb* ~ 氢弹爆炸。*a nuclear facilities* ~ 核设施爆炸。*repeated* ~*s of hand grenades* 手榴弹接连爆炸。~ *hole* 炮孔;风口。~ *shield* 防爆屏障。~*s of gunfire* 枪炮声。②爆炸气浪,冲击波。~ *protection* 冲击波防护。*glass windows broken by intense* ~*s of shells* 炮弹巨大的冲击波振烂了玻璃窗。③一阵(疾风、强气流、雨雪、冰雹等)。*hot* ~ 热气流。*intermittent* ~*s of sleet* 时下时停的雨夹雪。*Dry summer* ~*s bake crops and other life.* 夏日的干热风烘烤着庄稼和其他生灵。*Cold* ~*s on the sea whistle clockwise.* 刺骨的海风昼夜呼啸。④吹奏,轰鸣。*strident* ~*s of the horn* 警报器尖利刺耳的叫声。*loud* ~*s of thunder* 雷声大作。*five minutes' duration of* ~ *on the siren* 鸣笛长达五分钟。~*s of mirth* 阵阵欢声笑语。⑤鼓(吹,通,送)风。~ *heating* 送风预热。~ *volume* 鼓风量。~ *fan* 风扇;鼓风机。~ *furnace* 鼓风炉。⑥抨击,谴责。*the plaintiff's* ~ *at the criminal's confession* 原告对罪犯口供的抨击。*be brought under severe* ~ 遭到严厉谴责。—*vt.* ①使爆炸;炸掉,炸开(与 *down*,*away* 和 *open* 连用,意为:炸掉,炸倒,炸死,炸坏或炸开)。*trees* ~*ed by lightning* 遭到雷击的树。~ *sth. to pieces* 把某物炸得粉碎。~ *granite* (*a hilltop*,*a bridge*,*a fortress*, *etc.*) 炸开花岗岩(炸掉山头,桥梁,碉堡等)。*The gate was* ~*ed down* (*open*). 门炸倒(开)了。~ *open a tunnel 10 meters across through the hill* 在山中炸开一条 10m 宽隧道。~ *away a village* 把村庄炸得荡然无存。②毁坏,使破灭。~ *sb.'s reputation* 毁坏某人的名誉。~ *sb.'s hope* (*dreams*,*belief*, *plan*,*ambition*,*etc*) 使某人的希望(梦想,信仰,计划,雄心等)破灭。③使枯萎(凋零)。*A heavy frost of yesterday* ~*ed vegetation.* 昨天的一场严霜令植被枯萎。*A long-term lack of water has* ~*ed all the trees around here.* 长期缺水令周围的树木全部凋零。*grape seedlings* ~*ed by insect diseases* 因病虫害毁坏的葡萄苗。④抨击,谴责,严厉批评。*sham products* ~*ed by the pubic* 遭到社会谴责的假冒产品。*officials* ~*ed by the media for their wrong doings* 因不法

行为遭到媒体抨击的官员。*Environmentalists often ~ the government for its inaction about water pollution.* 环保人士批评政府对水质污染的不作为。⑤吹奏,鸣响。~ *the car horn nonstop* 不停地按车喇叭。~ *a bugle (flute, saxophone, etc)* 吹小号(长笛,萨克斯管等)。*at full* ~ 大规模地,大力,竭尽全力。*at one* ~ 一气(吹,下子)。~ *off* 发射,(飞行器,火箭等)升空。~ *out* 炸出来。~ *air* 爆风(又称爆炸气浪,是爆破时在空气中产生的弱冲击波。爆炸气体膨胀压缩其周围空气介质,形成空气冲击波,向远处传播后衰减成爆风)。~ *area* 爆破区域(爆破作业地点的周围区域,可以包括飞石和爆破振动影响的范围)。~ *breaking characteristic of masonry structure* 砌体的爆破破坏特征(当砂浆的强度接近或高于砌体材料的强度时,如砖砌体,其破坏主要取决于砌体材料的强度,爆破时的破坏特征与素混凝土及岩石中爆破破坏特征相似。当砂浆的强度远远小于砌体材料的强度时,如石材砌体,由于石材的强度较高,爆破时首先沿着石材的砌缝处破坏形成裂缝,然后爆轰气体从裂缝冲出释放掉,应注意对飞石的防护)。~ *breaking characteristics of reinforced concrete structure* 钢筋混凝土爆破破坏特征(混凝土爆破破坏是一个非常复杂的过程。钢筋混凝土不同于素混凝土,前者属各向异性体。钢筋混凝土的爆炸破坏,一般可认为主要是抗拉破坏,其破坏过程也可以分为与非钢筋混凝土受拉破坏相同的三个阶段。但不同的构件,其破坏形式和程度是不一样的)。~ *calculations results* 爆破计算结果。~ *casting* 抛掷爆破(通过爆破将基岩表层或矿体上面的覆盖岩层爆破松动并抛掷到预定地点)。~ *clearance [exclusion] zone* 爆破拆除区域。~ *compacting with buried charge* 深埋式封闭爆破压密法(将药包埋入饱和砂土内适当的深度引爆,可以获得最优的爆破效果。若采用方阵点群药包爆破,则压密效果更好,一般重复爆破5~6次以后即可完全密实)。~ *compacting with charge suspended in water* 水中悬挂式爆炸压密法(水中悬挂式爆炸压密法也称水下爆夯法。即在水底离土层表面适当高度处,悬挂一组点阵群药包同时起爆,借以产生一平面冲击波拍打土层表面并透射入土层内部,使土中产生强烈的冲击和振动,又不致产生凹坑,以达到压密土的目的)。~ *compacting with contact charge* 表面接触爆炸压密法(该方法的压密效果最差,一方面会形成爆坑,同时表层部分由于爆炸对土层产生剪切破坏,会出现爆破疏松区。炸药的能量利用率低,其压密的有效半径仅为深埋药包爆炸作用半径的0.5~0.6倍,且压密深度尚不及1/3。其优点是施工简单易行)。~ *countdown* 爆破倒计时。~ *counting, recording, and verifying* 爆破计量、记录和核对。~ *crew* 爆破员工。~ *crew security training* 爆破人员安全培训。~ *damage* 爆破危害(由爆破引起的危害,如引起过度的地振动、空气冲击波或飞石)。~ *damage index* 爆破危害指数

B

(爆破产生的应力与岩体的动态抗拉强度的比率,是一个无量纲系数,类似于爆破因数的倒数,在0~3之间变化。用它作为地下工程中围岩爆破危害的量化系数)。~ *damageradius* 爆炸波破坏半径。~ *data* 爆破数据。~ *design challenge* 爆破设计难题。*Since the factor having the greatest influence over ~ing is geology, complex geologic structures can make small fragmentation a true blast design challenge.* 由于对爆破影响最大的因素是地质,所以复杂的地质结构会使小规模的岩石爆破成为真正的爆破设计难题。~ *design factors* 爆破设计原因。~ *design parameter* 爆破设计参数。~ *design principles* 爆破设计原理。~ *design process* 爆破设计过程。~ *design*; ~ *ing scheme*; ~ *ing plan* 爆破设计(爆破作业的设计,其内容包括爆破设计说明书和图纸两部分)。*The risk of damage due to flyrock, however, is so high that it merits serious consideration in ~ design.* 然而,由于飞石造成破坏的危险性很大,爆破设计时值得认真考量。~ *down* 爆落,炸开(掉);击毙。*The top of the hill was ~ed down.* 山头炸掉了。~ *emission criteria* 爆破气体释放标准。~ *emission criteria are recommended for the protection of marine mammals, a preferred method described for the detection of marine mammals in the vicinity of underwater construction blasting, in this paper.* 本文建议使用爆破气体释放标准以保护海洋哺乳动物,并介绍了在水下施工爆破邻近区域探测海洋哺乳动物的优选方法。~ *emission* 爆破释放物。*When combined with inputs that quantify the effects of ~ing specifications, the combined effect of basic ~ emission and meteorological effects can be evaluated.* 结合将爆破规程中列出的效果进行量化的输入数据,就能评估基本的爆破释放物和天气影响的共同作用。~ *evaluation* 爆破评估。~ *event determination* 爆炸事件确定。~ *firing* 放炮。~ *fragmentation behaviour of rock and concrete* 岩石及混凝土爆破时的破碎特性。~ *fragmentation improvement* 改进岩石爆破效果。~ *fragmentation model* 爆破破碎模型。*Current ~ fragmentation models tend to focus on the coarse end of the fragmentation curve because of the impact of poor fragmentation on excavation performance, and hence excavation costs.* 由于岩石破碎不理想,影响到开采计划的实施,进而影响到开采成本,常用的爆破破碎模型只能对破碎曲线进行粗略分析。~ *gas* 爆破后生成的气体。~ *gases can propagate through cracks to the horizontal free surface and cause cratering and associated flyrock. This mechanism of flyrock manifestation is closely related to the gas release pulse (GRP) for airblast.* 爆生气体可经过裂缝传播到水平自由面,并产生漏斗效应及随之而来的飞石。飞石表现的这种机理与冲击波的气体释放脉冲密切有关。~ *hole bit* 爆破孔钻头。~ *hole chambering*; *blast springing* 深孔扩壶。~ *hole charger* 深孔装药

器。~ *hole contourometer* 炮孔测孔仪。~ *hole drilling* 爆破孔钻进。~ *hole machine* 爆破钻孔机。~ *hole on the bias* 偏斜炮孔。~ *hole pattern in open pit* 露天矿爆破孔网布置(露天矿深孔爆破中爆破孔的排列和起爆线路连接的形式。爆破孔排列的基本形式有方形和三角形两种。起爆线路连接的基本形式有直线连接、斜线连接、波形连接及环形连接等多种。斜线和波形连接的应用日益增多)。~ *hole ring* 环形炮孔,扇形炮孔。~ *hole utilization factor* 炮孔利用率(爆破掘进的进尺与炮孔长度之比称为炮孔利用率。爆破效果较好的掘进爆破,其炮孔利用率可以达到95%)。~ *hole work* 深炮孔崩矿作业。~ *induced damage mechanisms that affect final wall blasting* 爆破损伤机理会影响最终爆破效果。~ *induced damage zone* 爆破诱发破碎带(爆破过程中产生新的裂隙和裂隙扩张的炮孔周围岩体。爆破产生的破碎带是岩石主要特性、炸药线密度、约束〈如抵抗线、间距〉、孔间延时和耦合率等因素复杂内部作用的结果。破碎带的程度可以通过振动测量、地震波反射技术、声发射和金刚石钻孔等方法来确定)。~ *initiation and post blast assessment* 起爆和爆后评估。~ *logs* 爆破日志。~ *modeling* 爆破模拟。~ *monitoring* 爆破监测。~ *of the ultimate border* 最终边界爆破。~ *orientation*; *orientation of a blast* 爆破定向。~ *pattern*; ~ *hole pattern*; *drilling hole pattern* 炮孔布置图(在一个工作面或台阶上布置,为了爆破需给出炮孔位置的平面图。最小抵抗线和间距应以米表示)。~ *planning* 爆破计划。~ *pressure* 爆风压(炸药爆炸时,在周围空气中产生的高压波动压力。爆风压的测量方法有静态的铅板爆压测试仪法;把压力转换成电讯号的动态的压电晶体测试法;采用光学的纹影测试法)。~ *result* 爆破结果,爆破效果。~ *safety area* 爆破安全区。~ *seism caused by explosion* 爆破地震(爆炸能量引起爆区周围介质点相继沿其平衡位置发生振动而形成地震波,地震波向外传播途中造成相关介质质点振动过程的总和,称为爆破地震)。~ *sequence* 爆破次序。~ *shelter* 躲炮室。~ *site* 爆破现场;装药区(装药期间处理炸药的地方)。~ *site explosives security* 爆破现场的炸药安全。~ *site procedures* 爆破现场程序。~ *spray* 炮后喷水。~ *timing* 爆破定时。~ *timing contouring algorithm* 爆破定时等高算法。~ *vibration* 爆破振动(爆破地震引起介质特定质点沿其平衡位置作直线的或曲线的往复运动过程)。~ *vibration data*; *data about blast vibrations* 爆破振动数据。~ *vibration monitoring* 爆破振动监测(测试地面周围爆破振动或者爆区附近空气压力的技术)。~ *vibration records* 爆破振动记录。~ *warnings* 爆破警示。~ *wave* 冲击波。~ *wave effect* 爆炸波效应。~ *wave frequency* 冲击波频率。~ *wave propagation in rock mass* 冲击波在岩体中的传播。~ *wave signature* 爆炸波特征。~ *mining technology* 爆破采

B

矿工艺(用爆破方法进行采矿破岩、剥离围岩、出矿的采矿工艺)。~ *with air interval*; *air deck blasting* 空气间隔爆破。

blastability *n.* 可爆性。~ *coefficient* 可爆性系数。~ *coefficient of rock* 岩石可爆性系数。~ *index* 可爆指数。~ *of rock* 岩石可爆性(表征岩石对爆破作用的抵抗或爆破岩石的难易程度的特性,主要用于选用炸药、确定爆破参数和编制爆破工作定额等)。

blasted *a.* 遭到破坏的,破灭的。

blaster *n.* ①导火线,爆裂点,点火器,起爆器。②爆炸点。③爆破人员(负责爆破的技术人员。也是通过考核并得到专家认可,具备了从事爆破工作资质的爆破技术人员。参见 shotfirer)。~ *cap* 雷管。~ *checklists* 爆破员检查清单。~ *safety* 爆破员安全。~ '*s permit* 爆破员许可证(对参加过爆破技术培训考试合格的爆破员,授予可进行装药、连线、起爆、检查残炮以及处理拒爆等作业的许可证)。~-*in-charge responsibility* 爆破人员负责。~ *s' handbook* 爆破手册。~-*fractured zone* 爆破破碎带。

blasthole *n.* 炮孔。~ *burden* 钻孔最小抵抗线。~ *dewatering* 炮孔排水(装药前用空气压力泵或电动压力泵给炮孔排水的过程)。~ *drilling*; *long-hole drilling* 深孔凿岩。~ *inclinometer* 炮孔测斜仪。~ *layout* 炮孔布置。~ *liner* 炮孔衬(用来防止炮孔内非抗水炸药浸水的一层薄塑料膜。当装填铵油炸药时,为了防止静电引爆炸药的危险,不能使用塑料炮孔膜)。~ *mining*; *long-hole mining* 深炮孔崩落开采。~ *pattern*; *blasting pattern* 炮孔布置形式。~ *ratio* 每炮孔负担面积率。~ *spacing* 炮孔间隔。~ *stemming length* 炮孔炮泥长度。~ *stemming machine* 炮孔填塞机(往炮孔中填入充填料的自行式辅助装药机械。用于露天矿装药填塞作业。工作机构为刮板式结构)。~ *stoping* 深孔崩矿回采。~ *water* 炮孔水(炮孔水压爆破是将药包置于有水炮孔中进行爆破作业的一种技术,是水压爆破在炮孔爆破中的具体应用。炮孔水压爆破也具有水压爆破的优点,在构筑物拆除爆破中具有很高的应用价值)。~ *work* 深孔崩矿作业。~ *s of equal charge weights* 装药量相同的炮孔。

blast-induced *a.* 爆炸引起的。~ *vibration signal* 爆破诱发的振动信号。

blastine *n.* 轰炸炸药(高氯酸铵、硝酸钠、三硝基甲苯炸药)。

blasting *n.* 爆破(利用炸药的爆炸能量对介质做功,以达到预定工程目标的作业。参见 blast; shooting)。~ *accessories* 爆破辅助器材(除炸药外,用于爆破的仪器和材料,如雷管、导火索、导爆索、塑料导爆管、中继起爆药柱、堵塞包、起爆器、爆破导通器、打孔器具等)。~ *accident* 爆破事故。~ *action from charge in infinite rock* 爆破的内部作用(对于一定的装药量来说,若最小抵抗线超过某一临界值〈称为临界抵抗线〉时,可以认为药包处在无限介质中。此时当药包爆炸后,在自由面上不会看到爆破迹象。也就是说,爆破作用只发生在岩石内部,未能达到自由面)。~ *action in rock near the free face* 爆破的外部作用(在最小抵抗线的方向上,岩石与另一种介质〈空气或水〉相接触,当最小抵抗线小于临界抵抗线时,炸药爆炸后除发生内部作用外,自由面附近也发生破坏。这种引起自由面附近岩石破坏的作用称为爆破的外部作用)。~ *action index*; *crater index* 爆破作用指数(爆破漏斗半径 R 与最小抵抗线 W 的比值称为爆破作用指数 n。即 $n = R/W$)。~ *agent* 爆破剂(无雷管感度的混合炸药,即由氧化剂和可燃剂等组成的无雷管感度的工业炸药。在我国出于安全考虑没有把爆破剂单独从炸药中划分出来,因此把硝酸铵和柴油组成的爆破剂称为铵油炸药)。~ *and dragline performance* 爆破和运渣能力。~ *and fragmentation studies* 爆破及破岩研究。*This approach to the derivation of rock factors has been used by many field operators in a wide range of ~ and fragmentation studies and has been shown to lead to a reasonable estimate of the required ~ intensity and the resulting mean passing size in a wide range of ~ environments.* 很多实地操作人员把这种求导岩石系数的方法广泛应用于爆破剂破岩研究之中,并证明应用这种方法可以合理地估算所需的爆破强度以及诸多爆破环境下岩石的最终平均过筛粒度。~ *barrel* 爆破炮管,爆破筒。~ *board*; ~ *shield* (放炮时的)防护板;爆破挡板。~ *boss* 爆破工长。~ *bulkhead* 爆破防护墙。~ *burden* 爆破抵抗线(从药包中心或中心线距离先爆炮孔创造的自由面之间的垂直距离,单位为 m。先爆药包的自由面总是不确定的,它取决于延时时间和起爆顺序)。~ *cable* 引爆电缆,爆破电缆。~ *calculation* 爆破计算。~ *cap*; *fuse cap*; *flash detonator*; *plain detonator* 火雷管,火焰雷管,起爆筒(管内含有高感度炸药并用于起爆炸药的元件。用火焰激发的雷管。不可译为:火管)。~ *cartridge* 爆破药卷。~ *center* 爆炸中心。~ *certificate* 爆破执照。~ *chamber* 爆破硐室,二次爆破矿房。~ *charge* 药包。~ *charger* 炮孔装药器。~ *circuit* 起爆电路(用于引爆一个或多个电雷管的电线网路)。~ *circumstances* 爆破作业环境(爆破作业环境泛指爆区周围的自然条件、环境状况及其对爆破安全的影响)。~ *cladding* 爆炸复合。~ *code* 爆破法规。~ *community* 爆破界。*Such consideration also highlights the major targets for the ~ community to reduce GHG emissions through improved blast outcomes.* 这些考虑的事项也突出表明,爆破界通过改进爆破结果来降低温室气体排放量是其主要目标。~ *compound* 爆炸剂,炸药。~ *concussion* 爆炸冲击作用。~ *cone* 爆破锥。~ *connection*; ~ *connecting wire* 爆破连接线,爆破线路。~ *cost* 爆破费用,爆破成本。~ *crater* 爆破漏斗(药包在岩石中爆破后,在自由面形成的凹坑)。~ *crater test* 爆破漏斗试验。~ *crew* 爆破工(又称爆破员,是指

B

在爆破作业中进行装药、连线、起爆的实际操作人员)。~ *curtain*; ~ *mat*; *blast screen* 爆破挡帘。~ *cut* 爆破掏槽(用爆破方法从采掘工作面岩壁先掏出部分岩石以增加自由面的工序。实现掏槽的一组炮孔称为掏槽孔。井巷掘进爆破中,掏槽是决定工作面爆破效果好坏的关键)。~ *damage* 爆破损伤。~ *decision support system*; ~ *auxiliary decision-making system* 爆破辅助决策系统(又称"决策支持系统"。根据事先建立的判定原则或模拟模型,为各级爆破企业的各种请求去寻找最佳答案的联机实时系统)。~ *demolition* 爆破拆除。~ *demolition of urban buildings* 城市建筑物拆除爆破。~ *demolition principle of buildings* 建筑物爆破拆除原理(建筑物爆破拆除的原理在于充分利用了建筑物本身的重力,根据不同的拆除要求,炸毁主要的支撑构件,使建筑物在一瞬间失去稳定性或失去支撑,在"突然施加"的重力作用下倾倒、坍塌、解体、破坏。因此爆破拆除建筑物的实质是重力拆除,爆破只是使建筑物失稳的手段)。~ *design parameter* 爆破参数(爆破工程中表明炮孔规格布置、炸药数量和填装方式的参数。井巷掘进爆破的主要参数包括:单位炸药消耗量、炮孔直径、炮孔深度、炮孔数目、炮孔间距和圈距、掏槽孔、周边孔和辅助孔的装药量等。露天台阶爆破的主要参数包括:单位炸药消耗量、炮孔直径、炮孔深度、底盘抵抗线、炮孔间距和排距、炮孔密集系数、装药长度系数等)。~ *devices and accessories*; ~ *equipment and accessories* 爆破用具,爆破设备。~ *diary* 爆破日志(记录各次爆破情况且存放在作业地点的日志)。~ *dust* 爆破粉尘。~ *effect* 爆破效果。*The* ~ *effect depends to a great extent on the type and amount of both explosives and stemming.* 爆破效果在很大程度上取决于炸药的类型和数量以及炮泥的类型和数量。~ *effect in ice* 冰中爆破作用(装药的最小抵抗线小于临界抵抗线,即爆炸作用只限冰介质内部,不受冰体自由面影响,这种作用称为药包在冰介质爆炸的内部作用。单个球形药包爆炸的内部作用,可在爆源周围形成粉碎区、裂隙区和震动区)。~ *efficiency* 爆破效率(爆破中有效能与释放能的比率)。~ *electric circuit* 电爆网路(电爆网路是给成组的电雷管输送起爆电能的网路。由起爆电源、爆破母线〈连接电雷管脚线与起爆电源的导线〉,连接线和电雷管脚线连接组成)。~ *engineering* 爆破工程。~ *engineering community* 爆破工程界。~ *engineering geological hazard* 爆破工程地质危险。~ *equipment* 爆破设备(用于装药、爆破作业的器具、装备或机械,如雷管探针、炮孔深度测试仪、振动测试仪、贮存箱、阻抗测试仪、炸药装药机〈车〉等)。~ *excavation project* 爆破开挖技术。~ *experiment* 爆破试验。~ *falls of rock* 爆破岩石坠落。~ *field trial* 爆破现场试验。~ *fission of plant cellulos* 炸药爆炸膨化裂解植物纤维(炸药在反应釜中爆炸,使釜中的植物纤维处于复杂的高温、高压状态,然后快速减压,又在反应釜中形成复杂的稀疏波,这一密一疏加上温度的一升一降,促成了纤维素束的断裂,甚至直接破坏纤维素束的结构和长链状分子结构,导致天然纤维素的聚合分子降解)。~ *for crushing and grinding* 爆破对粉碎和研磨的影响。~ *force* 爆破力。~ *formula* 装药量计算公式。~ *fragmentation* 爆炸破碎,爆破块度。~ *frequency* 爆破波频率。~ *fumes test*; *crawshaw Jones* 炮烟试验(将少量炸药在封闭的罐中引爆,对爆炸产物进行分析,确定有毒气体成分的试验)。~ *fundamentals* 爆破基础知识。~ *fuse*; *safety fuse* 导火索(装药为黑火药、连续、均速传递火焰的索类火工品)。~ *galvanometer* 爆破检流计(用来测量爆破网路电阻的仪器。它是用氯化铝或其他材料涂上白粉,内置电流上限的仪器)。~ *gases* 爆破气体。~ *gelatin* 爆胶,胶质炸药(由质量分数为92%的硝化甘油和质量分数为8%的硝化棉并加入少量抗酸剂组成的混合炸药,是一种高能炸药,有良好的抗水性,属高威力炸药之一。炸药威力的评价曾以它为标准)。~ *heat* 爆热。~ *in advance* 超前爆破。~ *in benches* 台阶爆破,梯度爆破。~ *in frozen gravel* 冻砾石爆破(在冻砾石中的爆破技术。开挖方法和岩石中一样可以使用V形掏槽和直线掏槽方法)。~ *in high temperature material* 高温爆破(炮孔孔底温度高于60℃的爆破作业)。~ *in metals* 金属爆破(爆破破碎、切割金属的作业。参见 *metal blasting*)。~ *in water* 水下爆破(在水中、水底或临水介质中进行的爆破作业。参见 *underwater blasting*)。~ *index* 爆破指数。~ *induced rock movement* 爆破岩石抛掷。~ *information processing system* 爆破信息处理系统(在各级爆破单位内、外具有接收、传送、模型识别、过程控制和处理信息功能的系统)。~ *information retrieval system* 爆破信息检索系统(采用数据处理技术和方法、致力于爆破信息的产生、收集、评价、存储、检索和分发的有机整体。由硬件、软件、库系统、管理者和用户五要素组成)。~ *intensity* 爆破强度。~ *intensity curve* 爆破强度曲线。~ *intensity-duration curve* 爆破强度-持续时间曲线。~ *interval* 起爆时差(两相邻光爆炮孔因雷管误差会导致不能同时起爆,即存在起爆时差。专门的试验和光面爆破实践表明,这种时差在10ms内时,光爆孔间应力叠加明显,有利于贯通裂隙的形成,可视为光爆炮孔同时起爆。为减少起爆时差,可采用高精度雷管或导爆索起爆)。~ *layout* 炮孔布置。~ *lead* 爆破导线。~ *line* 爆破线路。~ *loading* 爆破装药。~ *machine*; *exploder*; *initiating machine* 发爆器,起爆器(曾称"放炮器"。供给电爆网路上的电雷管起爆电能的器具)。~ *management information system* 爆破管理信息系统(收集、存储及分析数据,以供各级爆破作业的管理人员使用的数据处理系统)。~ *maps* 爆破地图。~ *mat* 爆破防护层(爆破物上面用来防止飞石的覆盖物,常由废轮胎、木材、绳索或电缆制作)。~ *mat*;

B

~ *curtain* 爆破帘(遮盖爆破体和防护对象的草帘。为了防止爆破飞石,要有正确的爆破设计、可靠的爆破技术、严格的钻孔角度和防护措施以及采用毫秒起爆方法等)。~ *materials and accessories*; ~ *supplies*; *explosive material* 爆破器材(工业炸药、起爆器材的统称)。~ *materials determination for underwater purpose* 水下爆破火工品的选择(由于可用于水下爆破的抗水炸药种类很多,宜根据实际施工条件、水深、爆破目的、对象及采用的爆破方法选择适当的炸药品种)。~ *mechanics* 爆炸力学。~ *meter* 爆力测量仪。~ *method* 爆破方法。~ *monitoring and analysis* 爆破监测与分析。~ *muckpile* 爆堆(爆破后破碎岩块的堆积体。爆堆的形状、松散程度及主要尺寸是衡量爆破质量的重要指标,也是计算爆破方量的前提条件。参见 muckpile)。~ *near the surface of water* 近水面爆炸(当药包离水面的深度 d 与药包半径 τ_0 之比〈即爆源的比例爆深〉$d/\tau_0<5$ 时,属于近水面爆破。不管是在深水域还是在浅水域,在此情况下,由于爆源周围水体的径向运动和爆生气体迅速突出水面以及反射稀疏波的影响,使整个压力场的压力峰值都比在无限水域中爆炸时明显减小,并伴随产生强烈的空气冲击波。参见"深水爆炸"、"浅水爆炸")。~ *notch*; ~ *slot*; ~ *kerf*; ~ *groove* 爆破切口。~ *of profiles* 光面爆破。~ *oil* 爆炸油(硝化甘油和硝化乙二醇〈或硝化二乙二醇〉的混合物)。~ *operation* 爆破作业。*The theory for predicting flyrock from ~ operations in hard rock, such as granite, has been developed and waits to be gradually perfected.* 如花岗岩之类的坚硬岩石爆破作业中的飞石预测理论已经发展起来,并有待于渐次完善。~ *operation chart* 爆破作业图(用于显示爆破条件、爆破参数和预期效果的图和表。它是爆破工程施工的依据)。~ *parameter* 爆破参数。~ *pass* 爆破硐室。~ *pattern* 炮孔布置方式。~ *performance* 爆破性能。~ *personnel* 爆破作业人员(指从事爆破工作的工程技术人员、爆破员、安全员、保管员。参见 *personals engaged in blasting operations*)。~ *physics* 爆炸物理学。~ *plan* 爆破方案(简要说明爆破作业钻孔、装药、起爆和安全测量计划的技术方案)。~ *point* 爆破地点,爆破点。~ *powder* 爆破火药(一种含少量硝酸盐的火药,木炭成分比黑火药多。它含有 65%~75% 的硝酸钾、10%~15% 的硫磺和 15%~20% 的木炭)。~ *power* 爆力。~ *practice* 爆破实践。~ *practice in underground coal mines* 煤矿井下爆破实践。~ *practices* 爆破经历。~ *pressure* 爆压。~ *pressure bomb* 爆压弹。~ *prills* 爆破专用颗粒。~ *procedure*; ~ *process* 爆破过程;爆破方法。~ *products* 爆破用品。~ *ratio* 爆破比(炸药耗量与崩落量之比)。~ *reflection mechanism* 爆破反射机理。~ *resistance* 爆破阻力。~ *result* 爆破结果。*These encouraging ~ results have come about through cooperation between explosives suppliers, mining groups, re-*

search organizations and government departments over more than twenty years. 这些令人振奋的爆破业绩是通过炸药供应商、矿业集团、研究组织和政府部门之间的合作取得的。~ *round* 爆破循环,炮孔组。~ *rule interpretation* 爆破规程的解释。~ *safety* 爆破安全(防止和消除爆破作业可能产生的有害效应和事故所采取的控制方法和防护技术。包括爆破器材的安全使用和对爆破有害效应〈如空气冲击波、爆破振动、飞石、有害气体等〉的控制和防护)。~ *safety rules* 爆破安全规程。~ *schedule and warnings* 爆破计划和警告。~ *screen* 爆破挡帘。~ *seismic wave* 爆破地震波(在爆破远区,其应力波衰减并变成振荡式波形,即称为爆破地震波。表征地震波特点的参数有位移、速度、加速度、持续时间、频率。因爆破地震波有可能对周围建筑物造成一定危害,对大型爆破工程多进行地震波预报和测定)。~ *sequence* 放炮次序,放炮顺序。~ *similarity principle* 爆炸相似律(爆炸相似律是指导爆炸试验研究和整理半理论公式的基本规律。在假定介质中的非定常应力场和应变场只受爆炸能量影响,其介质性质不随加载速度变化而变化的前提下,相似律可以陈述有:两个大小不等但几何相似、爆轰性能〈装药密度、爆速〉相同的药包,在同一种介质中爆炸时,其应力场、应变场在几何上、时间上和强度上是相似的)。~ *site* 爆破场地。~ *situation* 爆破场景。*Experience indicates that this tends to overestimate the top size in most ~ situations.* 经验表明,这种方法往往高估了大多爆破场景的最大粒度。~ *slide* 爆破滑板。~ *slurry* 浆状炸药。~ *smoke* 炮烟。~ *specifications* 爆破规程。~ *stick* 导火线。~ *supply* 爆破器材。~ *survey of open pit mines* 露天矿爆破测量(由经纬仪确定方向,用测链直接测定距离的测量方法)。~ *switch* 爆破开关(将起爆电源联在爆破网路上的开关,一般放置在仪表盘的表面)。~ *technique* 爆破技术。~ *technological research achievements* 爆破技术研究成果。~ *technology* 爆破技术。*Research into ~ technology received a considerable apart of the annual research and development budget.* 对爆破技术的研究占去历年研究开发预算的相当大的份额。~ *timber* 爆破挡木。~ *timer* 爆破定时器。~ *tube* 药筒,药卷。~ *unit* 起爆器。~ *vibration strength* 爆破振动强度(爆破振动强度用介质质点的运动物理量来描述,包括质点位移、速度和加速度。在工程爆破中,多用质点振动速度)。~ *vibration* 爆破振动。~ *vibration complaints from surrounding communities* 周围邻里对爆破振动的怨言(投诉)。~ *vibration damage to the medium* 爆破振动对介质的破坏。~ *vibration effect* 爆破振动效果(爆破振动影响)。~ *warning* 放炮警告。~ *waveforms* 爆破波形。~ *wedge* 爆破漏斗。~ *with air interval* 空气间隔爆破。~ *with cavity charge* 聚能爆破(采用聚能装药方法进行的爆破作业)。~ *with column charge* 柱状药包爆破(用长度与直径之比大于6的药包进行的爆破作业。如不特指,浅孔爆破、中深孔爆破和深孔爆破均为柱状药包爆破。条形硐室爆破也属此类)。~ *with sphirecal charge* 球状药包爆破(用球形或近似球形的药包进行爆破。爆破时,其爆轰波和爆轰气体由爆轰中心向四周以球状传播,能量随传播距离增加而较快衰减。按装药空间的形状和大小,球状药包爆破分为:药壶爆破、硐室爆破〈条形硐室除外〉、下向深孔球状药包爆破)。~*-cap wire* 雷管导线。~*-induced fractures* 爆破造成的裂缝。~*-off of the solid*; *first* ~; *original* ~ 原矿体爆破。~*-power handling* 爆力搬运(开采倾角较大的倾斜矿体时,每次爆破所崩落矿石,借爆炸气体能量和膨胀做功,顺倾斜沿弹道轨迹抛掷,继而借惯性和重力沿采场下溜〈滚〉入受矿堑沟的矿石搬运方法。搬运实际上是在爆力和重力共同作用下完成的)。~*-related accident* 爆破事故。*The uncontrolled flying fragments generated by the effects of a blast are one of the prime causes in* ~*-related accidents.* 由爆破效应引起的且未加控制的碎石飞片是爆破事故的主要原因之一。~*-mining technology* 爆破采煤工艺(用爆破方法进行采矿破岩、剥离围岩及出矿的采矿工艺)。~ *without tamping* 无炮泥爆破。

bleed *v.* ①散开。②流血。~ *of gas*; *blow of gas* 瓦斯喷出(大量瓦斯从煤体的断层、裂隙中持续不断地喷出的现象)。

blend *n.* 混合;混合物。—*vt.* 混合;协调。~ *and pump truck systems* 混装和泵送车系统。~ *auger truck* 螺旋式炸药混装车。~ *control system* 混装控制系统。~ *products* 混合产品。~ *truck* 混装车。~*ing* 掺和,混合,配料。~*ing value* 调和值。~*s* 混合物。

blind *a.* 失明的;盲目的。—*vt.* 蒙蔽;使变暗。~ *borehole* 盲孔。~ *end* 封闭端。~ *galley* 独头巷道。~ *heading* 独头掘进(在很长巷道内的单工作面掘进)。~ *holing method*; ~ *hole method* 盲孔法。~ *road* 封闭巷道。~ *shot* 闷炮(闷炮是指装药量减小到地表不再形成爆破漏斗的爆破。在岩体内装药爆破时,装药适当可以产生一个开口半径和最小抵抗线相等的爆破漏斗。但是当装药不足时,爆破漏斗半径将小于最小抵抗线)。~ *zone*; *hidden layer* 隐蔽层,隐含层。

B-line *n.* B号导火线。

blister *vi.* (使表皮等)涨破,爆裂。~ *shooting*; *cap shot* 覆土爆破,外覆爆破(使用外部装药爆破法时,在炸药的四周用黏土等物覆盖,以提高其爆炸威力的方法。参见 *plaster shooting*; *mudcap blasting*)。

block *n.* 采掘区(划归一台采掘设备开采的区段)。~ *caving* 矿块崩落法(崩落采矿法的一种,采用十字形掏槽。矿石崩落后,因采区不稳,所以要保留部分矿柱予以支撑。采场采空后,再用硐室爆破法清除矿柱。这种方法采矿效率高而且经济,但对矿体的条件要求比较高,适用于开采规模较大的低品位矿床)。~ *cut mining* 分块开采。~ *diagram* 框图,立体结构图。~ *failure* mode 块状破坏模式。~ *flow failure mechanism* 块体流动破坏机理。~ *hole* 岩块孔(在岩块或孤石上钻的一个小孔,孔内可放入锚杆或少量炸药)。~ *hole blasting*;*block holing* 二次爆破。~ *holer* 二次爆破工。~ *holing* 岩块爆破(装入少量炸药并引爆,使孤石破裂)。~ *masonry envelope* 砌块砌体(采用大尺寸的砌块来代替小块砖砌筑砌体,可以减轻劳动量和加快施工进度。砌块一般包括混凝土空心砌块、加气混凝土砌块及硅酸盐实心砌块)。~ *mining*; ~ *caving* 分块崩落采矿。~ *object* 块状体(一般三维尺寸都较大的构筑物称为块状体)。~ *open stoping*; ~ *stoping* 阶段矿房采矿法(块矿沿阶段高度方向只布置一个矿房,矿房用深孔〈中深孔〉落矿,并借重力放矿的空场采矿法。矿房采完后再用适当方法回采矿柱)。~ *plan* 分段图。~ *size* 岩块尺寸,块度(交错节理组走向之间的块体尺寸或体积,也指单组节理的间距。岩块可以按照标准方法量化)。~ *size distribution* 块度分布。~ *size in situ* 现场岩块尺寸(现场用岩体中的节理和弱面确定的岩块尺寸。用于确定现场岩块尺寸的方法有参数法、模拟法和计算法)。~ *size index* 岩块尺寸指数(通过肉眼选择几种典型的岩块尺寸,再取平均尺寸来做估计)。~ *structure* 块状结构。~ *weakening* 矿块削弱(崩落开采)。~*ed-out ore* 备采矿量。

blockhole *n.* 大块二次破碎炮孔(为了放置一个小药包来爆破破碎大块而在其上钻取的炮孔)。~ *blasting*; *blockholing method* 炮孔法大块二次爆破。

blocking-out *n.* 分块开采法。

blocky *a.* 短而结实的,斑驳的。~ *rock* 碎成大块的岩石。~ *structure*【地】块状结构(结构面数量少,延展差,结构体呈块状、菱块状的岩体的结构类型)。

blow *vt.* ①(用炸药或炮火)炸坏,炸毁。~ *a bridge with dynamite* 用炸药炸桥。*The gunfire on the battleground blew his legs off*. 战场上,炮火炸掉了他的双腿。~ *a fortress into pieces* 把碉堡炸得粉碎。②吹,刮,吹动。*A strong draft blew the door open.* 一阵大风把门刮开了。*The wind ~s her hair into disorder.* 风把她的头发吹得蓬乱无序。~ *the cigarette ash off a book* 把书上的烟灰吹掉。*The fishing boat was ~n ashore.* 风把渔船吹到岸上。*Lots of trees were ~n down lat night.* 昨晚刮倒好多树。③鸣响,吹奏,演奏。~ *your horn at the next turn.* 下个转弯处按下喇叭。~ *the bugle for assault* 吹攻击号。④烧断。*A short circuit will ~ the fuse.* 短路会把保险丝烧断。⑤吹气,打气。~ *air to the fire with bellows* 用风箱吹火。*She ~s her coffee to cool it down.* 她吹咖啡,使咖啡凉得快些。~ *air into a tyre* 给轮胎打气。⑥乱花钱。*Tom blew all his savings in a week.* 汤姆一周把所有积蓄都乱花光了。⑦自夸。~ *one′s own trumpet* 自吹自擂。*be ~n with pride* 自高自大,颐指气使。⑧泄漏(秘密),散布(消息,谣言)。*rumors ~n wildly* about 谣言四起。*His coming here has ~n all the operation.* 他的到来泄漏了整个行动计划。—*vi.* ①吹,刮,呼啸。*The wind is ~ing hard.* 风刮得好大。*Vernal breezes ~ pleasantly.* 春风吹得很舒适。*The electric fan was ~ing straightly towards him all night.* 风扇整夜对着他吹。②随风飘动。*Willow and poplar catkins are ~ing.* 柳絮扬花随风而动。*His hat blew off.* 风把他的礼帽刮掉了。*The paper on the desk blew away.* 书桌上的纸刮走了。③鸣响。*Stop work when the bugle ~.* 吹号时停工。*The rain ~s for passage.* 火车鸣笛准备通过。④爆(*up*)。*The plane blew up in its flight after it was hit by a missile.* 那架飞机因被导弹击中而凌空爆炸。⑤喘气。*In nine out of ten cases, old people puff and ~ after a mountain climb.* 老年人爬到山顶后,十之八九气喘吁吁。—*n.* ① 打,打击。*capture that pass without striking a ~* 不动一刀一枪就占领了那个关口。*He gave the robber a heavy ~ on the head.* 他照强盗头上狠打一下。*knock sb unconscious at a single ~* 一下子把人打昏。②损失,精神创伤。*The boy was dismissed from the school. It was a hard ~ to the parents.* 学校开除了这孩子的学籍,这对他父母是个沉重打击。*The father's death is a serious ~ to this family.* 父亲去世对这个家是个严重损失。③反对,攻击 *strike ~s at ignorance* 向愚昧开战。*strike ~s against corruption* 反腐败。④鸣响,吹奏。*The ~ of the horn sounds unpleasant.* 喇叭响的难听。⑤努力争取。*strike a ~ for peace* 为争取和平而努力。*at a single ~* 一下子。*~-by-~* 一五一十的,详细的。*~ down* 吹倒。*~ out* (风)停息。*~ sth sky-high* 挫败;炸毁。*come to ~s* 打架。*without striking a ~* 不费吹灰之力。*~ charging* 风力装药,气吹装药。*~ energy*; *impact energy* 冲击功。*~ frequency* 冲击频率。*~ of gas* 瓦斯喷出(参见 *bleed of gas*)。*~-out hole* 无效炮孔。*~ pipes* 吹风管。*~ stress* 冲击应力。*~ test* 冲击试验。*~-back* 向后吹的气流。

blowing *n.* 吹风,排泄,鼓风。—*v.* 吹气(blow 的现在分词);刮风;吹响;炸开。*~ device* 炮孔吹洗装置。*~ dust* 浮尘。*~ of holes*; *~-out* 吹洗炮孔。*~ power* 冲击力。

blown *v.* 吹气(blow 的过去分词);刮风;吹响;炸开。*~ primer* 炸飞雷管;炮区雷管。*~-out shot*; *~-through shot*; *invalid shot*; *spent shot* 空炮(炮孔爆破时,爆炸气体从孔口和贯通裂缝中喷出,或部分炸药被抛出孔外在空中爆炸的现象称为空炮)。*~-through* 漏气(在底部拉了槽的煤层中和采掘面上进行扩槽爆破时,由于炮孔底部的岩石在前一段爆破的作用下已局部龟裂,造成爆破气体有可能从龟裂的岩缝中喷射泄漏,称为漏气。在这种情况下,爆破时容易产生飞石。在煤矿,爆炸泄漏的高温高速气体有可能诱爆瓦斯和煤尘)。

blowpipe *n.* 风管(连接在空压机或水管上的金属管,用来清理炮孔,吹走堵塞物,以防哑炮。风管可由铜或者与岩石及其他材料接触不发生火花的材料制作,而火花有可能引爆炸药)。

blow-up *n.* 爆炸,爆破。

blunt *a.* 钝的,迟钝的。~ *angle* 钝角。

board *n.* 板;董事会。~ *of directors* 董事会。~ *of experts* 专家委员会。*B-of Trade* 英国贸易部。

body *n.* 身体;团体;物体。~ *force* 整体力,体积力(连续分布在岩土整个体积内的力〈如重力、惯性力〉)。~ *inertia* 整体惯性。~ *stain* 体应变。~ *stress* 体应力。~ *waves* 体波(通过介质体内部进行传播的纵波与横波)。~*-free shaped charge* 无枪身聚能射孔弹(不用枪壳只用长条形弹架固定及导爆索编联由雷管引爆的聚能射孔散弹。其下端加一重锤,使枪弹顺利下井。它适用于长井段射孔,以提高射孔效率,但需井液清洁,以防造成地层损害)。~*-wave motion* 体波运动。~*-wave phase* 体波相位。~*-wave velocity* 体波速度。

boghead *n.* 藻煤。~ *coal*; *algal coal* 藻煤(主要由藻类组成的一种腐泥煤)。

bolt-hole *n.* 藏身处,躲藏处。~ *drilling* 锚杆孔钻凿。

bombardment *n.* 轰击,撞击。

bombing *n.* 裸露药包爆破。

bonanza *n.* 富矿脉。

bond *n.* 纽带;联系。~ *resistance* 粘着抗力。~ *strength* 粘着强度。~ *stress* 粘结应力,附着应力。

Bond *n.* 邦德(人名)。~ *formula* 邦德岩石可磨碎性公式($K_b = \frac{W\sqrt{P}}{10}$,式中,$W$ 为炸药爆破岩石的有效功,kW · h/t;P 为爆破后的合格块度尺寸,m)。~ *work index* 邦德岩石可磨碎性指数(1959 年美国人邦德〈F. C. Bond〉在他所提出的粉碎功指数基础上,提出爆破功指数 K_b 作为岩石可爆性指标)。

boost *vt.* 促进,增加。~ *ratio* 增压比。

booster *n.* ①传爆药柱,助爆药(用于增强起爆冲能,使主装药迅速达到稳定爆轰的猛炸药装药)。②爆管。③助推器。④增压器。⑤升压电阻。~ *products* 传爆药产品。~*s* 起爆药。~ *charge*; *boosting agent*; ~ *explosive*; ~ *pellet*; *detonating charge* 传爆药,助爆药。

boot *n.* ①引线帽。②靴子。

bootleg *n.* 根底(炮孔爆破后残留的部分。即使采用标准装药,爆破产生的漏斗也达不到炮孔底部。参见 butt;socket)。

bordering *n.* 炮孔封泥,炮泥。

borderline *n.* 界线,边界。~ *detonation point* 边界爆震点。

borehole *n.* 炮孔(参见 *blast hole*)。~ *binocular* 炮孔观察镜(专门用来观察孔壁的仪器,观察时孔内用灯泡照明。参见 periscope;*strata scope*)。~ *bottom* 炮孔底部。~ *breakdown* 炮孔击穿。~ *camera* 钻孔摄影仪。~ *charge* 炮孔装药。~ *collar condition* 孔口条件。~ *column*;*bore hole columnar section* 钻孔柱状图(根据钻孔所获资料编制的,表示钻孔通过的地层中,煤层、标志层等的岩性特点和层位关系的地质柱状图)。~ *depth and diameter* 钻孔深度和

B

直径。~ *deviation data* 炮孔偏差数据。~ *deviation instrumentation* 炮孔偏差测试设备。~ *deviation measurement* 炮孔偏差测量(炮孔偏差程度的测量。可以使用不同的测量技术,如加速计〈惯量的变化〉、回转仪、同心环摄影、孔内照明或者观测压入孔的反射差等)。~ *dewatering systems* 炮孔去水系统。~ *diameter* 炮孔直径(通过炮孔圆心,并且两端都在圆周上的直线段,单位为 m 或 mm)。~ *length* 炮孔长度(从孔口轴心到孔底的测量长度)。~ *liners* 装药器。~ *loading* 炮孔装药量。~ *log*; ~ *columnar section* 钻孔柱状图(按一定比例尺和图例表示钻孔的地层岩性、厚度、水文地质试验、各种测井成果和孔内钻进情况的图件)。~ *measurement technique* 炮孔测量技术。~ *plug* 炮孔塞(在一定长度的炮孔内,用于堵塞炮孔以固定药包的材料。孔塞通常由木材、塑料、膨胀轮胎、气袋、沙包等材料制作。多层面气袋是一个自膨胀气袋,适用于 75~400mm 不同尺寸的炮孔,稀释盐酸和重碳酸盐反应生成 CO_2 而使气袋膨胀。它们也可用于分隔药包或产生空气层)。~ *pressure*; *explosion pressure* 爆炸压力,炮孔压力。~ *seal* 炮孔填塞。~ *springing* 炮孔扩底。~ *surveying system* 炮孔测量系统。~ *TV* 炮孔摄影仪(伸入炮孔,用来观察孔壁的电视摄影机)。~ *velocity probe* 炮孔速度探测器。

boring *n.* ①钻孔。②钻屑。—*a.* 无趣的。~ *pattern* 炮孔排列方式。

bottom *n.* 底部。—*a.* 底部的。~ *accretion blasting* 炉底爆破清渣(在进行爆破清渣作业之前,先将炉底爆破部位的铁板护壁用气焊切割掉,切割范围根据清渣作业的要求,在布置炮孔时要尽量利用炉底火口作为爆破的自由面)。~ *anchorage* 底部固定法。~ *bench* 下部台阶(顶部导硐开挖后形成的台阶)。~ *cap* 孔底雷管(采用反向起爆法时装在孔底的引爆雷管)。~ *charge* 孔底药包,底部装药。~ *cushion charge structure* 底部垫层装药结构。~ *cutting* 拉底,下部掏槽。~ *firing*; *indirect priming*; *inverse initiation* 反向起爆(把雷管装在炮孔底部的起爆方法。也叫孔底起爆或底部起爆)。~ *heading tunneling* 下导硐超前掘进(隧道开挖方法之一。掘进大断面的隧道时,首先在隧道底部掘进导硐,然后再开挖上半断面和侧帮)。~ *heading - overhand stoping* 底板导硐-上向回采法(用于平硐、隧道和巷道的爆破方法。分段或者一次全长开挖断面下面的部分,或在底板导硐,上面部分则通过回采或分层开挖使其破碎)。~ *hole* 底板水平炮孔(沿巷道及开挖面底板钻凿的水平炮孔,俗称抬炮。由于在其抵抗线方向上堆积着上一段炮孔爆落的岩块而增加了底板水平炮孔的负荷,所以在设计时,其孔距应小于其他炮孔的间距,并适当增加炸药量)。~ *hole cleaning* 清理孔底。~ *hole orientation* 孔底定向。~ *interval*; ~ *spacing* 底部间隔。~ *line* 最低限度;底线。~ *priming* 反向起爆。~ *ripping*; ~ *ripping shot* 拉底爆破。~

rock 基岩。~ *slicing method* 底部分层崩落法。~ *spacing charge* 底部间隔装药。~ *state of stress* 边界应力状态。~ *structure*;*basal structure* 底部结构。~ *water* 底水。~-*draw cut* 底部炮孔掏槽。~-*hole detonation*; ~ *initiation*; ~ *priming* 孔底起爆。

bottommost *a.* 最底部。

bottom-up *a.* 倒置,底朝上。

boulder *n.* 孤石;大块(爆破产生的大尺寸岩块,可通过机械或其他方法将它再次爆破〈二次爆破〉、破碎为便于铲装的小块。不合格大块尺寸与铲装设备和破碎机入口尺寸有关)。~ *blasting*; ~ *fragmentation* 孤石爆破(一次爆破产生的大岩块一般太大不易于运搬,故需对它进行再爆破。孤石爆破的方法有:①聚能装药,药包放置在待爆破的大岩块附近或相距数米;此法用于地下采矿爆除浮石。② = plaster shooting capping 糊炮爆破。③ = popping 钻孔二次爆破。参见 *secondary blasting*)。~ *buster* ①大块二次爆破药包。②十字钻头。~ *count*; ~ *frequency*; *big lump ratio*; ~ *ratio*; ~ *yield* 大块率(爆破单位质量〈或体积〉岩石中,不合格大块所占的比例,以% 表示)。

bounce *n.* ①弹跳。②弹性。~ *impact elasticity* 冲击回弹性。

bound *n.* ①界限,范围。*One of the greatest challenges, which a blaster faces in mining and contruction blasting, is to accurately determine the ~s of the blast safety area.* 爆破人员在采矿及建筑拆除爆破过程中所面临的一个最大难题,是准确算出爆破安全区的范围。*Blasing experts have to place their operations within the ~s of fine techniques.* 爆破专家必须以精湛的技术从事爆破作业。*Man's activities cannot extend beyond the ~s of time and space.* 人类的活动无法超越时空的限制。*Keep your behavior within ~s, please.* 请自律。*Human desires know no ~.* 人的贪欲无止境。*out of ~s* 禁止入内;在界线之外。*The table tennis bounced out of ~s.* 乒乓球弹出圈外。②跳,跃。*Few people can rise to eminence at one ~.* 一举成名者少。*by leaps and ~s* 迅速,很快。*This new employee has gained much experience in engineering blasting by leaps and ~s.* 这个新职员很快积累了不少工程爆破的经验。—*v.* 限制,约束。*Human thinking is always ~ed by experience as well as natural conditions.* 人的思维总是受经验和自然条件的限制。*China is ~ed by the Pacific on the east.* 中国东邻太平洋。*Japan ~s on four sides by the sea.* 日本四面临海。—*vi.* 跳跃,跳跃式前进。*Groups of deer ~ across this brook every day on their way of southward migration.* 每天成群结队的鹿在向南迁徙的途中跳过这条小溪。*He ~ed to fame by relying on the invention of an explosive.* 他靠发明一种炸药而一举成名。—*a.* ①开往,准备去。*a train ~ for Paris* 开往巴黎的列车。*rural migrant workers ~ homeward* 返乡的农民工。②一定,必然。*A layman is ~ to fail without a specific technical knowledge*

B

of it. 外行处理这事,没有专业知识,肯定会失败。*Any new technical discovery or inventon is bound to be of great service to mankind*. 每项新的技术发现或发明对人类都大有益处。③受约束,羁押。*Any social member is morally* ~. 凡社会成员均受道德约束。~ *prisoners* 羁押囚犯。④有义务,应尽责任。*Armymen are* ~ *in occupation to obey*. 服从是军人的天职。*No one is willing or* ~ *to cooperate with a lazy person*. 谁都不愿意且没有义务与懒人合作。⑤装订好,有封面。*A* ~ *collection of theses looks nicer than an un* ~ *one*. 装订好的论文集比不装订要好看些。⑥喜爱。*Parents are* ~ *to their children*. 当父母的都爱孩子。*be bound up in* (*with*) 专心于,喜爱,对…有浓厚兴趣。*be bound up lifetime in research* 终生潜心研究。*The old grandmother and the grandson have been* ~ *up in each other since then*. 打那以后,老奶奶和小孙子就相依为命。~ *variable* 约束变量。~ *water* 结合水(在矿物颗粒表面作用力〈静电引力和分子力〉的直接影响下形成于颗粒表面的水)。

boundary *n*. ①分界线。②范围。~ *block weakening* 矿块边界削弱。~ *condition* 边界条件(①一个特定的物理问题的解必须满足由研究区域边界上的物理状况所决定的某些附加条件,这些边界上的附加约束条件称为边界条件。②当用一个微分方程描述一个化工设备的特性和各种参数之间的关系时,求解这个方程必须知道这个设备的起始边界和终止边界的状态〈如温度、压力、浓度等〉,这些状态参数称为边界条件。③运筹学的一个术语)。~ *drift* 边界平巷。~ *effect*; *borderline effect* 边界效应。~ *element method* (*BEM*) 边界元法。~ *element method for rock engineering* 岩体工程边界元法(在岩体结构的边界上划分单元求解边值问题的一种数值分析方法)。~ *layer* 边界层。~ *line* 边界线。~ *map* 边界图。~ *of sections* 区段边界。~ *of subsidence trough*; ~ *of subsidence basin* 移动盆地边界(地表受开采影响的边界)。~ *post*; ~ *pile* 界桩。~ *science* 边缘科学。~ *shear force* 边界剪力。~ *stress* 边界应力。~ *stripping ratio* 边界剥采比。~ *survey* 边界测量。~ *value* 边界值。~ *velocity* 界面速度(地震波遇到速度较高的界面后,沿界面滑行,这种在界面上滑行的波〈折射波〉的速度就称界面速度。这个速度可根据折射波的时距曲线求得)。~ *waves* 界面波(沿不同物性介质的交界面传播的一种波形。也称面波、界波)。~ *zone* 边缘地带。

box *n*. 盒;箱状物。~ *cut* 箱形掏槽(在最初没有开口面的岩体上开挖的切口。箱形掏槽使切口两侧产生壁面,岩石将产生垂直方向和水平方面向上的膨胀)。

branch *n*. ①树枝。②分支。~ *line* 支线长度(主线与雷管之间相连接的导爆索或信管的长度)。

breadth *n*. 宽度。~-*length ratio* 长-宽比。

break *n*. ①断路(爆破网路局部被切断

而不能输入电流的状态。电雷管中的桥丝、脚线、辅助母线和爆破母线等都可能发生断路。所以,在爆破前应采用电路检测仪检查电雷管桥丝和爆破网路有无断路的现象)。②削弱面(在岩石形成过程中,泛指断层、破裂、断裂、节理、弱面或其他不连续面的专业术语)。~ *in declivity* 倾角变化。~ *line*; *break-off line*; *caving line*; *rib line* 放顶线;切顶线(参见 *caving line*)。~ *phenomenon* 崩落现象。~ *point* 断点,转折点;转效点。~ *time* 爆炸起始时间。

breakability *n.* 破碎性。

breakage *n.* 破碎程度(爆破使岩石破碎的块度大小,也称块度。爆破块度取决于炸药种类、装药量、爆破方式、孔径、孔距等因素。块度过大装运不便时,需进行二次破碎)。~ *characteristic* 破碎特点。*The ~ characteristics of different rock types are known to vary over a wide range, especially at the fine end of the fragmentation curve where ~ is controlled by the inherent properties of the rock substance itself, rather than being controlled by its larger scale flaws and structure.* 众所周知,不同类型岩石的破碎特点差别很大,尤其在破碎曲线的细端变化大,因为岩石破碎受自身的内在属性控制,而不是受岩石自身的大缺陷和结构的控制。

breakdown *n.* ①倒塌。② 损坏,故障。~ *fluid* 爆破用压力水。~ *of emulsion* 破乳(乳化〈状〉液的稳定性被破坏而产生絮凝和聚结的现象)。~ *point*; *breaking-down point*; *breaking point* 破坏点,断裂点。~ *switch* 紧急开关。~ *test*; *destructive test* 破坏试验;击穿试验。

breaker *n.* 轧碎机,破碎机。~ *prop* 放顶柱(用垮落法时,在工作面与采空区交界线上专为放顶而安设的特种支柱)。

break-even *a.* 收支平衡的。~ *stripping ratio* 无盈亏剥采比;临界剥采比。

breaking *n.* 破坏。~ *angle* 崩落角。~ *behavior* 破碎性能。~ *edge* 崩落线。~ *effect*; *failure effect* 破坏效应。~ *face* 崩矿工作面。~ *factor* 破碎因数。~ *force* 破断力。~ *lag* 起爆时滞。~ *liberation* 破坏解离。~ *limit* 破坏极限。~ *limit circle* 破坏极限应力圈。~ *load* 断裂载荷,破坏载荷。~ *plane* 破裂面,破坏面。~ *point* 破坏点,断折点;强度极限。~ *property*; *crushing property* 破断性;破碎性能。~ *shot*; *blast hole utilization* 炮孔利用率。~ *strain* 破断应变。~ *stress* 断裂应力,致断应力。~ *sub* 崩矿分段巷道。~ *surface* 破坏面。~*-down operation* 破碎作业。~*-even stripping ratio* 经济合理剥采比。~*-in hole*; ~*-shot*; *cut shot*; *opening shot* 掏槽炮孔。~*-in shot* 掏槽爆破。~*-off line* 切顶线。~*-out* 崩落,爆发。~*-out in bulk* 大量崩落。~*-short* 炮孔利用率高的崩落。~*-up cost* 拆除费用。~*-up expense* 拆除费用。~*-up in bulk* 大块崩落。~*-up of boulders* 大块二次爆破。

breakout *n.* 脱逃,越狱。~ *force* 爆发力。~ *pack of dynamite* 爆炸松扣药包(由

B

炸药室、引爆器和连接线组成的爆炸系统，常与测卡仪联合使用，接在测卡仪下面，当测准卡点深度后上提测卡仪使爆炸系统正好对准卡点以上一个接头螺纹处。引爆后接头螺纹受振动而松开）。

breakthrough *n.* 突破。～ *capacity* 突破能力，突破能量。～ *point* 突破点，贯穿点。

breast *n.* 胸部。～ *hole* 水平炮孔，开帮孔。～ *stope round cutting and filling* 全面回采炮孔组开槽及炮泥充填。～ *stoping* 全面回采；全面采矿法（无支护采矿方法的一种形式，也称水平推进回采法，用于呈水平或倾斜不大的厚层矿床。和开挖巷道一样，在直立的工作面上钻凿水平或略微倾斜的炮孔并爆破，使工作面水平向前推进开采）。

breasting *n.* 打水平炮孔。～ *mining method*；全面采矿法（参见 *breast stoping*）。

brick *n.* 砖，砖块。～ *and mortar construction* 灰口砖结构。～ *masonry envelope* 砖砌体（砖砌体使用的材料有实心砖和空心砖两种，实心砖包括烧结普通砖和非烧结硅酸盐砖。承重黏土空心砖〈简称空心砖〉分为 190mm × 190mm × 90mm、240mm × 115mm × 90mm、240mm × 180mm × 115mm 三种型号）。～ *masonry structure* 砖石结构。

bridge *n.* 桥；起到联系作用的东西。～ *bond*；*transition bond* 电桥连接；过渡连接（黏性土在脱水和固结过程中，由扩散层离子与带电颗粒的离子-静电引力所形成的结构联结）。～ *crane* 桥式起重机（简称“桥吊”。可沿轨道行走的具有桥梁式结构的起重机。参见 *overhead crane*）。～ *pier demolition*；*abutment demolition* 桥墩拆除。～ *wire* 桥丝（电雷管点火元件或电点火头中将电能转换为热能的金属电阻丝。电流通过桥丝产生的热点燃引火头，进而由引火头起爆雷管）。

bridging *n.* 封孔性（一个用来表明被破坏炮孔内药柱连续性的术语。对炮泥或起爆药的不适当位置，或其他材料的堵孔等，都可能使炮孔受到破坏）。

brief *n.* 概要。—*a.* 短暂的。～ *stoppage* 临时停工。

Brinell *n.* 布氏（布林南尔）。～（*hardness*）*number* 布氏硬度数（表示材料硬度的一种标准。由瑞典人布林南尔〈J. A. Brinell〉首先提出。用压入法将压力施加于淬火的钢球〈如直径为 10mm 的球〉上，使其压向所测试的材料样品的表面而产生凹痕。用测得的球形凹痕单位面积上的压力来表示材料的硬度。单位为 $1kgf/mm^2$）。

bring-back = bringing-back *n.* 后退式开采。

bringing-down *n.* ①凿岩。②下放（矿石）。③打倒。

briquetting *n.* 压块。～ *ratio* 成型率。

brisance *n.* 猛度（炸药爆轰时，破碎与其接触的介质的能力。也是爆轰速度类似的炸药爆炸特性参数。具有高爆速的炸药其猛度也大。参见 *shattering* ～；*shattering effect*）。～ *test* 铅柱压缩试验（测定炸药猛度的一种试验。将炸药放在规定的铅柱上爆炸，以铅柱的压缩值表示炸药的猛度。参见 *hess cylinder compression test*; *lead cylinder compression test*)。

brisant *n.* 爆炸威力。~ *initiation* 雷管起爆。

Britonite *n.* 草酸铵炸药; 脆通炸药。

brittle *a.* 易碎的。~ *and softer rock formation* 易碎松软岩层。~ *deformation* 脆性变形。~ *failure* 脆性破坏(岩土在外力作用下,极小应变量时即发生的破坏)。~ *fracture* 脆性断裂(在断裂力学中,由于裂隙端没有塑性变形而表现出来的断裂特征)。~ *material* 易碎材料,脆性材料。~ *rupture* 脆性断裂。~ *solid* 易碎固体。~*-fracture initiation* 脆性断裂引爆。

brittleness *n.* 脆性(固体在低应力水平作用下,不经过一定变形阶段而突然破坏的性能称为脆性),脆度。~ (*friability*)*test S20* (*Swedish*) 脆性(柔性)试验 S20(在反复的冲击摩擦作用下,岩石的压碎阻力的测试)。~ *of rock* 岩石(体)脆性(岩石〈体〉在外力作用下残余变形很小,即发生破坏的性质)。

broaching *n.* 拉削(沿需要破裂的轮廓线钻一排密集炮孔,炮孔间的岩石靠拉削作用裂开,并在楔入气体的帮助下移开。在围岩结构重要、不允许被炸药破坏的地方,可使用这种方法开挖岩石)。~ *bit* 扩孔钻头。

broad-face *n.* 宽工作面。~ *driving method* 宽工作面掘进法(在煤或岩巷道掘进中,挖掘煤层的宽度大于巷道设计宽度并将宽出部分用矸石充填的掘进方法)。

broken *a.* 破碎的;断续的。~ *charge* 分段装药(中间用炮泥隔开)。~ *ground* 爆破后的岩面;新开垦的土地;高低不平的地面。~ *pile*; *muck pile*; *muck slope* 爆堆。~ *rock* 碎岩,碎石。

brokerage *n.* 中介费;好处费。

brooch *n.* 混合矿。

brow *n.* 眉毛; 山脊。~ *caving* 眉线崩落。~ *round* 坡顶成组炮孔。~;*bench edge*; *bench crest* 坡顶线。

brushing *a.* 疾驰的。~ *shot*;*buffer shot* 刷帮爆破;挑顶刷帮炮孔。

bubble *n.* 泡。—*v.* 起泡。~ *curtain* 水幕。~ *curtain protection* 气泡帷幕保护。~ *energy* 气泡能(爆生气体膨胀的能量,可由水中试验测得)。~ *energy value* 气泡能值。~ *period* 气泡脉动时间。~ *pulse* 气泡脉动。~ *test* 膨胀试验(用于测试炸药能量〈平面波振幅〉和产生气体体积〈气泡的大小〉的水下试验方法。参见"水下爆炸试验")。~*s of glass* 玻璃微珠。

Bucker *n.* 巴克尔(人名)。~ *Sort Method* 批处理法(桶排序法)。

bucket *n.* 铲斗(以向前推进方式铲取散料或块料进行装载的斗状构件)。~ *loader* 铲斗装载机(用铲斗做工作机构的装载机械。曾称"铲式装载机""翻斗装载机")。

buckle *v.* ①用搭扣扣紧。②(使)变形,弯曲。~ *fold* 弯曲褶皱。

buckling *v.* ①(使)变形,弯曲。②双腿发软。③(被)压垮,压弯。~ *load* 纵弯曲载荷。~ *resistance* 抗弯阻力。~ *stability* 抗弯稳定性。~ *strain* 压曲应

变,抗弯应变。~ *stress* (纵向)弯曲应力。

budget *n.* 预算。~ *of construction drawing* 施工图预算(施工图设计阶段对工程建设所需资金作出较精确计算的设计文件)。~ *quota* 预算定额(预算定额是建筑安装预算定额的简称。预算定额是主管部门颁发的,用于确定一定计量单位分项工程或结构构件的人工、材料、施工机械台班和基价〈货币量〉的数量标准)。

buffer *n.* 缓冲物(上次爆破没有清走、仍覆盖在待爆体上的破碎物)。~ *action* 缓冲作用。~ *blasting* (*towards broken rock*)(向破碎岩体的)缓冲爆破。~ *blasting* 压碴爆破(在露天采场台阶坡面上留有上次的爆堆情况下进行爆破的方法。将已破碎岩体作为一种缓冲物,向破碎岩体抛掷的爆破。实验室和现场爆破试验表明,药量一定时,如果缓冲岩石的膨胀因子为1.5左右,与无丝毫缓冲物的爆破相比,其块度将得到改善)。~ *blasting*; ~ *shooting* (*when used in controlled contour blasting*)(控制周边轮廓的)缓冲爆破(用于预裂爆破的一个术语,在露天矿大直径预裂炮孔中,不但最后的周边孔要减少装药量,靠周边孔的两排〈缓冲排〉孔也要减少药量。缓冲区炮孔直径与爆破破碎区相同,但缓冲区炮孔位置在正常破碎区炮孔的1/2~3/4处)。~ *hole* 缓冲炮孔。~ *method* 缓冲爆破法。~ *row* 缓冲排孔。~ *solution* 缓冲溶液。~ *trench*; *buffering trench* 缓冲沟(为减轻地表变形对建筑的损害,在建筑物基础周围或一侧开挖的槽沟)。~ *unit* 缓冲装置。~ *zone* 缓冲带。

buffeting *n.* 冲击,震动。

building *n.* 建筑物,楼房。~ *demolition blasting* 楼房拆除爆破(专指爆破拆除楼房的工程)。~ *inward folded method* 建筑物向内折叠方案(这个方案是让楼房中间部分首先炸塌,周围部分随后向已倒塌的中间部分合拢而实现全部倒塌。这个方案实际上是原地坍塌与定向倾倒的结合)。~ *structure* 建筑结构(由结构构件如梁、板、墙、柱和基础等组成能承受并传递荷载等作用的建筑物骨架。建筑结构按所用的材料不同,分为混凝土结构、砌体结构、钢结构和土木结构)。~ *vibration* [*shock*] 建筑物振动[冲击](影响人体或为人体所感觉或察觉的建筑物、桥梁或其他固定结构的机械振动〈冲击〉)。

build-up *n.* 积累; 形成; 增强。~ *curve* 组合曲线。~ *of stress* 应力加大,应力积累。~ *pressure* 恢复压力。

built *a.* 建成的。~ *platform* 堆积平台。~ *terrace*; *accumulation terrace*; *Constructional terrace* 堆积阶地。~-*in delay detonator* 嵌入式延时雷管。*Connectors with* ~-*in delay detonators*, *allowing the design of complex delay shots*, *became available as early as the* 1950*s*. 装有嵌入式延时雷管的连接器早在20世纪50年代已付诸使用,借此进行程序复杂的延时爆破设计。

bulk *n.* (大)体积; 大块。—*a.* 散装的。~ *blast*; ~ *blasting* 大爆破。~ *blasted-down* 爆落体。~ *blends* 混装。~ *ca-*

ving 全部陷落法,崩落采矿法。~ *collapsed* 坍塌体(参见“抛体”)。~ *density* 散装密度(散装炸药在装入炮孔前,质量与体积的比值,单位为 kg/m^3)。~ *density of explosives (after charging)* 炸药的装填密度(炮孔内的炸药量与所占炮孔体积的比值)。~ *effect* 体积效应。~ *emulsified explosive* 散装乳化炸药。~ *explosive* 散装炸药(没有包装,可直接使用的炸药。这种炸药装填后充满炮孔的横断面,不耦合系数等于1)。~ *failure* 整体破坏。~ *handling* 散装搬运,散装处理。~ *heaped-up* 堆积体(抛体被抛出爆破漏斗范围后,经松散和堆积作用,即成堆积体。因堆积体来自抛体,所以二者的体积应大致相等)。~ *loading* 散装(将裸散炸药倒入炮孔里的装药方法。优点是装药密实,可提高炮孔单位容积的装药量,比装药卷有利)。*As with ANFO and slurries, emulsions lend themselves readily to bulk loading.* 乳化类炸药与硝铵炸药和浆状炸药一样,也适合随意散装。~ *loading density* 散装(药)密度。~ *loading explosive* 散装炸药。~ *mix* 散装混合物(参见 *bulk explosive*)。~ *modulus* 散装系数(体积膨胀系数,或者指压缩性系数的倒数。来自与材料压缩性相对立的一个量化指标。它是一个表述材料抗弹性体积变形的量)。~ *powder* 散装炸药。~ *production* 散装产品。~ *property* 整体性质。~ *specific volume* 定量体积(单位质量炸药的体积,单位为 m^3/kg)。~ *strain* 体积应变。~ *strength* 体积威力。~ *thrown-out* 抛体(在硐室爆破中,当 $n>1$ 时,部分岩石可被抛出爆破漏斗之外,该范围内的岩石称为抛体。另一范围内〈在抛体范围上部〉的岩土在爆破和重力作用下将产生破碎、坍塌,称为坍塌体。抛体和坍塌体范围内的岩土体统称为爆落体)。~ *trucks* 混装车。~ *truck safety* 混装车安全。~ *truck selection criteria* 混装车选择标准。~ *weight of ground*; *unit weight of ground* 岩土容重(岩土单位体积的重量,单位常以 kN/m^3 表示)。

bulkhead *n.* 隔衬(地下结构中内置的隔墙或用来防水、空气或垃圾的内层结构)。

bulking *n.* 散装,罐装。~ *factor*; *rock bulking factor* 岩石松脱系数。~ *agent* 添加剂;膨胀剂,填充剂;增容剂。

bull *vt.* 推,对…施加压力。~ *hole* 空孔(平行掏槽孔中不装药的中心孔〈属直眼掏槽类〉)。~*ed hole* 扩孔(用机械方法或通过小药卷爆破,将一定长度的炮孔〈通常是炮孔底部〉扩大,以便装更多炸药)。

bulldozer *n.* 推土机(推土机是典型的整地、搬运和装载用施工机械,一般是履带式的,但也有使用四轮驱动的装载机〈牵引式的推土机〉)。

bulldozing *n.* 糊炮爆破。

bullet *n.* 子弹。~ *gun* 子弹式射孔器(利用火药发射金属子弹完成射孔作业的射孔器预算。参见 *hole expansion*)。~ *perforator* 子弹穿孔弹(借助高速运动的子弹头的迅速冲击作用,穿透阻隔物的射孔弹,称为子弹穿孔弹。它是用发

B

射药燃烧产生的高压气体，推动子弹运动，利用弹头携带的动能，穿透油管、套管和目的层，形成出油孔道）。~ *test* 射击试验（一种测试炸药冲击感度的方法。子弹对着炸药样品射击，不断增大子弹速度，直到炸药被引爆）。

bulling *n.* 岩缝装药爆破。

bullying *n.* 扩壶（为了装更多炸药，将炮孔断面〈通常在底部〉扩大成壶状的方法）。

bump *n.* 岩石突出（在开挖岩体深处的岩石时，岩块突然从开挖面或侧壁崩入巷道内的现象。这种现象又称岩爆）。~ *stress* 撞击应力。

bunch *n.* 富矿段。~ *blasting* 成束导火线爆破。~ *connector* 连接束（按两条线路准备的导爆索，通过它可以将 20 多个与炮孔内雷管相连的导爆管连在一起，并由导爆索引爆；连在导爆管上的导爆索由雷管来引爆。这种类型的引爆方式通常在平巷和隧道爆破中使用）。~*ed conductor* 集束导线。~*ed fuses* 成束导火线。~*ing effect* 集束效应。

bundle *n.* 捆。~ *of energy* 能束。

burden *n.* ①（最小）抵抗线。②表土，覆盖层。③崩矿层厚。~ *distance* 抵抗线距离（药包中心或中心线到自由面的最短垂直距离，单位为 m）。~ *for bufferholes* 缓冲炮孔抵抗线。~ *for perimeter holes* (*contour holes*) 周边炮孔抵抗线。~ *gage* 炮孔定向器。~ *in bench blasting* 台阶爆破抵抗线（从药包中心线距破碎面的最短垂直距离，单位为 m）。~ *line on the toe of a hole* 炮孔底部抵抗线。~ *movement* 抵抗线变化。~ *of the borehole* 炮孔最小抵抗线。~ *on the toe of a hole* 炮孔底部负载。~ *per hole* 每个炮孔的平均负载（一般以每个炮孔负担的爆破岩石量表示）。~ *removal* 表土剥离。~ *velocity* 荷载速度（作用在物体上的外力速度。参见 *load velocity*）。~*-to-spacing ratio* 炮孔密集系数。

bureau *n.* ①局。②（提供某方面信息的）办事处。~ *of geology and mineral resources* 地质矿物局。*B – of Mines* 矿业局。

burn *v.* （使）燃烧；烧毁；烧坏。—*n.* 垂直空炮孔掏槽。~ *cut*；*burn-out cut* 线型掏槽，直孔掏槽，平行孔掏槽（掏槽的一种形式，主要特点是在开挖面的中央部位，垂直于开挖面钻凿若干空孔，在其周围平行钻凿一些装药的炮孔。爆破时，装药孔指向附近的空孔〈相当于临空面〉进行爆破掏槽）。~ *hole* 中空孔（在平行空孔直线掏槽中，中空掏槽中不装药的炮孔，也叫导向孔。中空孔和装药炮孔之间的距离，取决于炮孔的直径和岩石性质。参见 *pilot hole*）。~*-cut blasting* 空孔掏槽爆破。~*-cut hole* 直线掏槽孔。~*-out cut* 空孔掏槽；直孔掏槽（掏槽孔均垂直于掘进工作面，彼此间距较小，并有不装药空孔的掏槽方式）。~*-round jumbo* 平行炮孔钻车。

burning *n.* ①空炮孔掏槽。②燃烧。~ *front* 起爆阵面。~ *rate* 燃烧速率（炸药或推进剂的线性燃烧速度，在这里化学燃烧反应通过热传导和热辐射进行传播。燃烧气体沿燃烧传播的反方向流动)。~ *time of safety fuse* 导火索燃烧时间(规定长度的导火索从点燃开始至燃烧完毕的时间)。~ *train* 传火序列,点火序列(按火焰感度递减、火焰强度递增的次序而排列的一系列输出火焰冲能的元件的组合体。其功能是将火帽〈或点火器〉的火焰冲能逐步递增并可靠地引燃火药或烟火主装药。参见 *ignition train*;*low explosive train*)。

burnt *a.* 烧坏的。~ *in the open air* 露天烧毁。~-*cut holes* 间隔炮孔(不装药的炮孔组)。

burr *n.* ①带刺的种子。②磨石。~ *height* 内毛刺高度(射孔后套管内壁上孔眼周围的翻边高度)。

burst *vi.* 爆裂,炸破。—*n.* 爆炸。~ *current* 准爆电流(能使桥丝或箔片断裂的电流值)。~ *disc* 爆炸隔膜。~ *factor* 爆裂系数。~ *of air*;*airblast*; *airblow* 气浪。~ *pressure* 爆破压力。~ *wave* 爆破波。

burster *n.* ①起爆药。②水力爆破筒。~ *barrel* (高压水) 爆破筒。

bursting *n.* ①爆破,破裂。②岩爆。~ *chamber* 爆破药室。~ *energy index* 冲击能量指数(煤样在单向压缩条件下,在全应力、应变曲线峰值前的变形能与峰值后的变形能之比值,以符号 *K* 表示)。~ *proneness of coal seam* 煤层冲击倾向(根据弹性能量指数、动态破坏时间和冲击能量指数对煤层预测发生冲击矿压的可能性)。~ *space* 爆裂空间,炸裂范围。~ *strength* 爆裂强度。~ *stress* 爆发应力。~ *time test* 测时试验(测定雷管延时时间的试验)。~ *time*; *firing time*; *initiation time* 爆发时间或作用时间(在起爆雷管时,从通电开始至雷管爆炸之间的时间)。~-*charge* 爆破装药。~-*on impact* 落地爆炸。

bus *n.*【电】信息转移通路,母线。~ *wires* 母线(又称主线。母线是连接区域线与点源的导线。通常采用断面16~150mm^{2}的铜芯或铝芯电缆线作为母线。其断面大小根据爆破网路设计确定)。

business *n.* 商业,生意。~ *circle* 企业界。~ *ethics* 商业准则。~ *laws and regulations* 企业法规。

butt *n.* ①暴露煤面。②炮根(炮孔爆破后残留的部分。即使采用标准装药,爆破产生的漏斗也达不到炮孔底部)。~ *level* 盘区平巷(盘区平巷是指与煤层走向大致平行掘进的巷道,并以它为中心在其两侧适当的距离内布置开挖上下山的立井。它是采煤时的主巷道。参见 *panel drift*)。~ *or socket*; *unshored toe* 炮窝(爆破后未完全爆炸的炮孔,其中可能尚存炸药,因而具有一定的危险性,也称残炮孔。参见 bootleg;socket)。~*ing face* 抵触面。

button *n.* 按钮。~ *bit* 钨钻头(含有碳化钨铅粒的冲击钻头)。~ *welding*; *point welding*; *spot welding* 点焊。

Buxton *n.* 巴克斯顿(姓氏,人名)。~ *test* 安全炸药测定检验。

by *prep.* ① 在…旁边。②表示方式。~ *sight*; *eye survey* 目测。~-*pass*; ~-*path* 旁路。~-*passed area* 未波及区。~-*product* 副产品。~-*work* 辅助工作。

C

C 英语字母表的第3个字母。~ *scale* 标度C(声音测量仪器的标度,用来识别低频音波)。

cable *n.* ①缆绳。②电缆。③海底电报。—*vt.* 打电报。—*vi.* 打海底电报。~ *bit* 冲击钻头。~ *crane* 缆索起重机(利用在承载缆索上行走的起重小车进行吊运作业的起重机)。~ *free perforation* 无电缆射孔(有/无电缆射孔是按照起爆系统激发方式加以区分的射孔工艺的,而起爆系统的激发方式有:电激发、电磁激发、光激发、机械撞击激发、压力激发等,采用光、机械撞击、压力等非电方式激发,不需要电缆的射孔作业就称为无电缆射孔)。~ *in stock* 备用电缆。~ *perforation* 有电缆射孔(采用电激发、电磁激发方式时,地面必须通过电缆提供电能给电起爆系统使起爆系统作用,这种射孔作业就称为有电缆射孔)。

cadastral *a.* ①地籍的。②(有关)土地清册的。~ *map* 地籍图(描述土地及其附着物的位置、权属、数量和质量的地图)。

cadmium *n.*【化】镉(元素符号Cd)。~ *carbohydrazide perchlorate* 高氯酸三碳酰肼合镉(Ⅱ)GTG起爆药,分子式:$[Cd(NH_2NHCONHNH_2)_3](ClO_4)_2$,用于雷管装药。

cage *n.* ①笼,兽笼。②牢房,监狱。—*vt.* ①把…关进笼子。②把…囚禁起来。~ *shooting* 笼中爆炸法。

caked *a.* 外表结块的。—*v.* 结成块状(cake的过去式和过去分词)。~ *explosive* 黏结炸药。~ *mass*; *coherent mass* 黏结块。

caking *n.* ①结块,结团。②黏结(结块,炸药由松散状结成块状的现象)。

calamity *n.* ①灾难。②不幸事件。

calcium *n.*【化】钙。~ *nitrate* 硝酸钙。

calculation *n.* ①计算。②估计。③计算的结果。④深思熟虑。~ *error* 计算误差。~ *index* 计算指标(直接用于工程设计计算的岩土性质指标)。

calibration *n.* ①校准。②刻度。③标度。~ *coefficient of air velocity* 测速校正系数。~ *factor* 修定因数。~ *parameter* 标定参数,校定参数。

California *n.* 加利福尼亚(美国一个州)。~ *bearing ratio* 加利福尼亚承重比(土壤承重能力的换算指标)。

collapse *vi.* ①倒塌。②瓦解。③暴跌。—*vt.* ①使倒塌,使崩溃。②使萎陷。—*n.* ①倒塌。②失败。③衰竭。~ *load* 破坏载荷,断裂载荷。

collapsing *v.* ①崩溃。②塌陷(collapse的ing形式)。③折叠。④压扁 ~ *strength* 抗破强度。

caloric *a.* ①热量的。②卡的。—*n.* 热量。~ *value* 热值,发热量。

cam *n.* 凸轮。~ *mechanism* 凸轮机构(凸轮机构由凸轮、从动件及机架组成,凸轮机构能将凸轮〈主动件〉的连续转动或移动转换成从动件的移动或摆动)。

camouflet *n.* 扩孔装药,掏壶装药。

canch *n.* 斜壁沟;狭底水沟。~ *hole* 挑顶炮孔,卧底炮孔。

canister *n.* 炸药筒。

cannel *n.* 烛煤。~ *coal* 烛煤(燃点低,因其火焰与蜡烛火焰相似而得名的一种腐殖腐泥煤,主要由小孢子和腐泥基质组成)。

cannon *n.* ①大炮。②加农炮。③榴弹炮。④机关炮。—*vi.* 炮轰,开炮。—*vt.* 炮轰。~ *test* 臼炮试验。

cannoneer *n.* 炮工,炮手。

cannonite *n.*【化】加农奈特,加农炸药(硝化纤维、硝化甘油炸药)。

canvas *n.* 帆布。—*vt.* 用帆布覆盖,用帆布装备。—*a.* 帆布制的。~ *curtain* 帆布屏障。

cap *n.* ①盖。②帽子。—*vi.* 脱帽致意。—*vt.* ①覆盖。②胜过。③给…戴帽。④加盖于。~ *and fuse* 雷管和导火索(雷管导火索)。~ *and fuse blasting*; ~ *and fuse firing* 导火索起爆,雷管导火线爆破(以导火索和火雷管为主要起爆器材,点燃导火索进行爆破的方法)。~ *and fuse method* 雷管导火线爆破法。~ *and fuse system* 雷管导火索起爆系统。~ *crimper* 雷管卡口钳(保证将爆破雷管的金属外壳卡紧在导火索插入部分上的一种机械器件)。~ *insensitivity* 雷管不起爆性(炸药感度低,不能被普通雷管起爆的性能,参见"雷管起爆感度",参见 non-capsensitivity)。~ *inserting* 雷管插入。~ *rock* 盖层,冠岩。~ *sensitivity* 雷管起爆性(炸药可由普通雷管引爆的性能,参见"雷管起爆感度")。~ *sensitivity test* 雷管感度测试(确定炸药由标准雷管转变为爆轰敏感度的测试)。~ *shot* 石面爆破,外覆爆破。~ *wires*; ~ *lead* 雷管脚线(由电雷管引出的两只单独导线或双股导线)。

capabilities *n.* ①能力(capability 的复数)。②功能。③性能。④容量。

capacitor *n.*【电】电容器。~ *discharge*; *CD blasting machine* 电容放电起爆设备。

capacity *n.* ①能力。②容量。③资格,地位。④生产力。~ *of treatment* 处理能力。~ *point* 容量极限,最大生产量。~ *tester of condenser-type blasting machine* 电容式起爆器的起爆能力试验器。~ *to yield* 让压能力。~ *value* 容量值。~ *for work* 工作能力,做功能力。

capillary *n.* 毛细管。—*a.* ①毛细管的。②毛状的。~ *pore* 毛细管孔隙(岩土中直径为0.1μm~1mm,具有毛细管特性的孔隙)。~ *water capacity* 毛细管水容度(毛细管孔隙全部充满水时,土中水分的质量与固体颗粒质量之比,以百分数表示)。

capital *n.* ①首都,省会。②资金。③大写字母。④资本家。—*a.* ①首都的。

②重要的。③大写的。~ *intensive enterprise* 资金密集型企业。~ *recovery factor* 资本回收系数(均等年金系列以现值换算为年金时所乘的系数)。

capped *v.* ①给…戴帽。②去蒂。③覆以…。④除去盖子。⑤胜过(cap 的过去分词形式)。—*a.* ①包过的。②加盖的。③去蒂的。~ *fuse* 雷管导火索(一头带有雷管的安全引火索)。~ *primer* 起爆体(专门设计用于传递爆轰到邻近药包的具有雷管感度的药包或药卷,起爆体内含有雷管)。

capping *n.* 封闭炮孔。

cap-sensitive *a.* 雷管敏感的。~ *mixture* 雷管敏感型混合物。*Modern dynamites can be defined a cap-sensitive mixtures which contain nitroglycerin as a sensitizer or as the principal means for developing energy, and which, when properly initiated, decompose at detonation velocity.* 现代用的硝甘炸药可定义为雷管起爆型混合物。其中所含的硝化甘油敏化剂,或作为拓展能量的主要媒介,若适当起爆,雷管起爆型混合物则在爆轰速度下分解。

carbanite *n.* 卡巴奈特炸药。

carbite *n.* ①金刚石。②卡拜特炸药。

carboazotine *n.* 可布索丁炸药。

carbon *n.*【化】①碳。②碳棒。③复写纸。—*a.* ①碳的。②碳处理的。~ *capture and storage* 碳的捕获和储存。*Alternatively, carbon capture and storage (CCS) technologies may be required to avoid these emissions to atmosphere.* 另外,为避免气体的碳释放到大气中,可能需要碳的捕获和储存技术。~ *dioxide* 二氧化碳。~ *dioxide blasting*; ~ *dioxide breaking* 二氧化碳爆破筒爆破。~ *dioxide system* 二氧化碳爆破系统。~ *monoxide* 一氧化碳(无色无臭的有毒气体,是炸药爆轰的副产物。爆炸过程中氧含量的不足导致爆烟中一氧化碳含量的增加)。

carbonite = grisounite *n.* 硝酸甘油。

card *n.* ①卡片。②纸牌。③明信片。—*vt.* 记于卡片上。~ *gap test* 隔板试验(测定炸药的冲击波感度的一种试验,由主爆药爆轰产生的、经过已知厚度的金属或非金属板衰减的冲击波传给作为受爆药的被测炸药,视其是否发生爆炸,以 50% 引爆率时的隔板厚度表示炸药的冲击波感度)。~-*house structure* 片架结构(片状黏土矿物颗粒以边-面形式接触联结而成的孔隙较大的架空式结构)。

cardinal *a.* ①主要的,基本的。②深红色的。~ *point* 方位基点。

Cardox *n.* 卡尔道克斯爆破筒(一种商品名称,由合金钢制成的中空的筒状物,用液态二氧化碳充填,当使用高氯酸钾炸药和木炭的混合物引爆后产生 70~130MPa 压力)。~ *blast* 二氧化碳爆破筒爆破法。~ *blaster*; ~ *shell* 二氧化碳爆破筒。

Carribel *n.* 卡利比尔。~ *explosive* 卡利比尔炸药。

Carrick *n.* 卡里克。~ *delay detonator* 卡里克雷管(一种特别设计的雷管,其管体由不含杂质的青铜制成,而不是传统雷管使用的铝材,因此排除了由热熔铝颗粒引燃爆后气体的可能性。这种雷管是专为瓦斯煤矿设计的)。

carrier *n.* ①【化】载体。②运送者。③带菌者。④货架。⑤弹架(射孔器中固定射孔弹的专用支架)。

carton *n.* ①纸板箱(一个用来盛装炸药材料,称为容器的轻型内置箱,通常须装入坚固集装箱中)。②靶心白点。—*vt.* 用盒包装。—*vi.* 制作纸箱。

cartridge *n.* 药卷(采用纸筒、包装纸或聚乙烯等材料包装成卷状使用的炸药包。但有时也把卷状的包装弄破,直接将药倒入炮孔中使用,以提高装药的密度)。~ *blasting* 药卷爆破。~ *count*; ~ *amount* 药卷数(参见 *stick count*,通常指装于一只纸箱〈塑料箱〉内的药卷数量)。~ *coupler* 药卷连接筒(地震探矿时,为把若干单个药包连成一体以便往孔内装药所采用的接头,通常有紧固连接和穿线连接两种形式,前者采用螺旋接口,用金属卡环将纸管卡住,逐个连接起来。后者在套筒和药包中间穿线就很容易地把它们连成一体)。~ *density* 药卷密度(炸药质量与药卷容积之比,即药卷单位容积中所含的炸药质量)。~ *diameter* 药卷直径(炸药卷的直径,普通药卷如用纸或塑料包装时,其药径是指连同包装材料在内的药卷直径,无包装材料的药径称为裸露药径,药径必须小于炮孔直径才能进行装药)。~ *for power actuated fastening tool* 射钉枪弹药筒(利用火药的发射力,把一种特殊的钉子射入混凝土或钢中的装置)。~ *length* 药卷长度(单个药卷的长度,通常采用药径×药长〈例如:25mm×100mm〉表示药卷的大小)。~ *loader* 药卷装药机(通过塑料管利用压缩空气将药卷压入钻孔的设备,以达到很高的炸药体积密度)。~ *loaders* 药卷药量。~ *pin* 做纸药卷的圆木。~ *punch* 药卷穿孔。~ *strength* 药卷威力;药卷强度。~*d emulsions* 卷装乳化炸药。*The success of this work paved the way for the change from ~d emulsions to bulk supply.* 这项工作的成功为卷装的乳化炸药向散装供应转变铺平了道路。~*d explosive* 卷装炸药(装入一定直径和长度的薄、厚纸卷或塑料卷的炸药)。~*-type slurry* 卷筒浆状炸药。

cartridging *n.* 包装药卷。~ *machine* 装药机。

cascade *n.* ①层叠。②小瀑布。③喷流。—*vi.* 像瀑布般冲下或倾泻。~ *connection*; *series* ~; *in tandem*; *serial*; *in line* 串联。

case *n.* ①情况。②实例。③箱。④容器(一种能满足我国炸药材料分类运输的外用集装箱)。—*vt.* 包围;把…装于容器中。~ *analysis* 案例分析,个例分析。~ *hardening* 表面硬化。~ *head* 药筒底部。~ *insert* 容器签(在炸药材料容器内装入的一套印刷体使用说明)。~ *line* 容器衬(用于防止爆炸物从容器中丢失的塑料或纸质隔障)。~ *shoulder* 药筒肩部。~ *study* 案例研究,个例研究。~*-bonded internal star grain* 浇注成的星形内腔火药柱。

cased *v.* ①包装。②装入(case 的过去式和过去分词形式)。~ *explosive* 带壳密

封炸药。

cash *n.* 现款,现金。—*vt.* ①将…兑现。②支付现款。~ *flow diagram* 现金流量图(将项目各年的费用或效益以时间〈年〉为横坐标,以金额为纵坐标,所绘制的图形)

C

casing *n.* ①套。②盒。③(香肠的)肠衣。④包装。—*vt.* 把…装入箱内(case 的 ing 形式)。~ *deformation* 套管变形(套管变形一般多为凹陷型变形,是套损井最多见的一种损坏变形。套管爆破整形与加固技术就是针对套管变形的。轻微错断井〈横向位移不超过 30mm,即通径尚在 95mm 以上〉而发展起来的一种综合修复工艺技术。该技术可以使套管变形部位基本恢复到原径向尺寸)。~ *drilling* 双套管钻孔法(当钻爆工作船进入施工地点锚定后,外套管靠自重下沉到水底钻孔位置的覆盖层或岩基上,由船舷固定盘和固定圈两处套住。再把内套管插入外套管内,并固定在上甲板的固定圈处。随着水位涨落,固定在船上的内套管便能在外套管中伸缩,自动适应水位变化。钻杆和钻头则穿过双套管进行钻孔。当孔钻到设计深度后,利用钻机本身的卷扬机将钻具从双套管中取出。打开固定盘和固定圈后,双套管则可用卷扬机取出)。~ *gun* 套管射孔枪(套管射孔用的一种装置,装有聚能药柱或子弹,下至预定井深后发射,在套管、水泥环和地层中造成孔道,便于油气流入井内)。~ *perforating* 套管射孔(将射孔器用测井电缆或管柱输送到井下套管中对目的层进行的射孔)。~ *shaping charge* 套管爆炸整形弹(利用炸药爆炸做功,对变形套管进行修整的装置)。~ *welding charge* 套管爆炸焊接弹(利用炸药爆炸做功,使补贴管焊接在破损管上的装置)。

cast *vt.* ①投,抛。②计算。③浇铸。④投射(光、影、视线等)。—*n.* ①投掷,抛。②铸件。③演员阵容。④脱落物。—*vi.* ①投,抛垂钓鱼钩。②计算,把几个数字加起来。~ *blast process overburden* 抛掷爆破剥离层。~ *blast design* 抛掷爆破设计。~ *blast*;*casting blast* 抛掷爆破。~ *blasting* 抛掷爆破。~ *blasting bench face* 抛掷爆破台阶面。~ *blasting technique* 抛掷爆破技术。~ *booster* 浇铸中继起爆药柱(利用炸药爆炸做功,使补贴管焊接在破损管上的装置)。~ *booster* 抛掷起爆药包。~ *charge* 浇铸药包(用于引爆非敏感爆破材料的铸状高能固体炸药药包,参见"浇铸中继起爆药柱")。~ *explosive* 抛掷药包。~ *primer* 浇铸起爆药包(用于引爆炸药体的高密度炸药包,通常是由一种高爆速炸药制成的。参见"浇铸中继起爆药柱")。~ *primer* 散装起爆剂。~ *volume* 抛掷量,剥采量。~ *weld* 熔铸焊接。~,*extruded or pressed booster* 浇铸,挤压或压制中继起爆药柱(一种用于起爆低感度炸药材料的浇铸、挤压或压制固体高能炸药包)。

casting *n.* ①铸造。②铸件。③投掷。④角色分配。⑤ = pouring 浇注。—*vt.* ①铸造。②投掷。③投向。④选派演员。⑤扔掉(cast 的 ing 形式)。~ *charge* 抛掷药包。~ *direction* 抛掷方

向。~ *of explosives* 炸药的浇铸(在制造过程中通过浇铸增加炸药的密度。浇铸增加了炸药的猛度,因此这种技术不仅应用于军用炸药而且用于工业炸药的起爆药和中继起爆药柱)。

castover *n.* 抛掷量。~ *commonly means either* (1) *total* ~ (*the total amount of overburden cast into the previously mined pit*), *or* (2) *direct* ~ (*the amount of overburden cast into the previously mined pit that is in final location and does not have to be dug by the dragline*). 抛掷量通常是指(1)全部抛掷量(覆盖层抛掷进入先前采空区的全部数量),或(2)直接抛掷量(覆盖层抛掷进入先前采空区最终装载位置不需要吊铲进行挖运的数量)。*controlling the* ~ 抛掷量控制。*Usually cast blast design involves maximizing the* ~. *However, in other situations less than maximum cast may be desired. This can occur for example if the after blast profile from maximum casting would lower the dragline elevation to the point where the machine has inadequate stacking height.* 通常在进行爆破方案设计时希望使抛掷量最大化。但是,在一些情况下并不需要达到最大抛掷量。例如当达到最大抛掷量会使得吊铲达不到最佳的工作高度时,反而造成爆后利润的降低。

cataclasis *n.* ①岩石碎裂。②岩石压裂变形。③【地】碎裂作用。④骨折。~ *structure* 碎裂结构(各类结构面均较发育,结构体呈碎块状的复杂岩层的结构类型)。

catalytic *a.* ①接触反应的。②起催化作用的。—*n.* ①催化剂。②刺激因素。~ *action* 催化作用。~ *activity* 催化活性。~ *agent* 催化剂。

catastrophe *n.* ①大灾难。②大祸。③惨败。~ *theory* 突变论(突变论是由德国数学家 R. Thom 于 1972 年创立的,是为描述形态发生问题中的突变现象提出的数学框架。所谓突变是指自然事物的变化是不连续的、突发的、非光滑的和非定性的,例如岩石破裂就属于该范畴的问题)。

catastrophic *a.* ①灾难的。②悲惨的。③灾难性的。④毁灭性的。~ *failure* (*of a structure*); *destructive failure*(某结构的)毁灭性破坏,大破坏。

cathetometer *n.* ①高差计(也称测高计,用于测量微小高度差〈如两个水银柱高度差〉的仪器)。②【测】测高仪。

cationic *a.* 阳离子的。—*n.* 阳离子。~ *surface active agent*; ~ *surfactant* 阳离子表面活性剂(在水溶液中电离所产生带正电荷并呈现表面活性有机离子的表面活性剂)。

cation *n.* ①【化】阳离子。②【化】正离子。~ *exchange*; *base exchange* 阳离子交换,盐基交换(矿物颗粒表面吸附的阳离子与液相介质中同性离子的相互交换)。

cause *vt.* ①引起,造成,招致(多用于消极意义)。②促使,令。—*n.* ①原因,缘由。②理由,根据。③理想,事业,目标。④利益,好事。⑤诉讼,案件。*Heavy smoking* ~*d his heart failure.* 大规模地吸烟造成他心力衰竭。*Heavy*

C

traffic often ~s long delays. 交通拥挤往往耽误很长时间。*Social injustice is ~d by irrational legislation, social evils by immoral conducts.* 社会不公是不合理的立法造成的,社会弊端是不道德的行为造成的。*This flood has ~d much damage to autumn crops.* 这场洪水给秋粮造成巨大损失。*A dog ran across the road, ~ing the driver to stop in time.* 有条狗横过马路,司机只好急刹车。*Heating causes a substance to expand, while cooling ~s it to contract.* 加热促使物质膨胀,冷却使其收缩。*~ and effect* 因与果。*Carelessness is often the direct ~ of great losses.* 粗心大意往往是蒙受巨大损失的直接原因。*There is no cause to call the work group back.* 没有理由召回工作组。*Nobody has any ~ for complaint (anxiety, alarm, escape, retreat, fear, etc).* 谁也没有理由埋怨(担忧、惊慌、逃逸、撤退、恐惧等)。*World peace is a ~ the organization works for.* 为了世界和平正是该组织工作的目标。*lifelong devotion to the ~ of blasting engineering* 一生致力于爆破工程事业。*They do not mind giving some if it is for a good ~.* 如果是为了好事,他们捐献些财物也不在乎。*bring a ~ to the supreme court of law* 向最高法院提出诉讼。*~-and-effect* 因果关系的。*make common ~ with* 与…合作。*~ and effect diagram* 因果图表。*~-and-effect relationship* 因果关系。*~s of explosive accident* 爆炸事故致因(爆炸事故发生的难易程度,危害程度与下列因素有关:①爆炸物品自身的稳定性。②使用人员的操作正确性。③环境条件的变化性。④劳保护具的防护能力)。*~s of hangfire* 迟爆事故的原因(主要有以下几点:①电雷管受潮变质,起爆力不足,雷管起爆后未能引爆炸药。②炸药感度较低,雷管起爆后炸药燃烧,隔一段时间又转为爆炸。③火雷管起爆发生事故的原因主要是导火索速燃、爆燃而引起早爆及缓燃、阻燃而引起的迟爆)。*~s of human error* 人为失误原因(菲雷尔〈Russel Ferrell〉认为,作为事故原因的人为失误其发生可以归结到下述3个方面的原因:①超过人的能力的过负荷。②与外界刺激的要求不一致的反应。③由于不知道正确方法或故障采取不恰当的行为)。

caution *n.* ①小心,谨慎。②警告,警示。—*vt.* 警告。*~ board* 警告牌。*~s blasting* 谨慎爆破(对爆区周围飞石、振动和空气冲击波进行控制的爆破)。

caved *a.* ①塌陷的。②塌落的。—*vt.* ①塌落。②倒坍(cave 的过去分词)。*~ stopes* 崩落回采法(在金属矿山中,使回采顶板随着回采崩落的一种开采方法,它有下述3种方式:①下行分层崩落法。②分段崩落法。③矿块崩落法)。*~ workings* 崩塌巷道。

caving *n.* 洞穴探险。—*v.* ①屈服(cave 的 ing 形式)。②挖空。③倒塌。*~ angle* 崩落角(参见 *inbreak angle*)。*~ block* 崩落矿块。*~ distance* 放顶距离。*~ hole* 坍塌炮孔。*~ interval; rate of ~* 放顶距(相邻两次放顶的间

隔距）。~ *line* 放顶线（采用垮落法控制顶板时，采煤工作面有支护的空间与采空区的分界线，通常沿该线架设有加强支撑作用的支架）。~ *method* 崩落采矿法；垮落法（使采空区顶板垮落的岩层控制方法）。~ *of the roof* 放顶（通过移架或回柱缩小工作空间宽度使采空区悬露顶板及时垮落的工序）。~ *operation* 崩落作业。~ *pressure* 崩落压力。~ *unit* 崩落区块，放顶区段。~ *zone* ①崩落带。②垮落带（采煤工作面推进后，采空区顶板垮落的岩石沿高度方向形成的分带）。~ *muck* 崩落岩石（由开凿岩洞或爆破而从岩体上崩落下来的岩石块）。~*-height ratio* 垮采比。

cavity *n.* ①腔。②洞。③凹处。~ *charge*; *hollow charge*; *shaped charge* 锥孔装药。~ *effect*; *shaped charge effect*; *Munroe effect*; *Neumann effect* 聚能效应，空心装药效应（在一端有空穴的炸药装药爆轰时，爆轰产物在空穴的轴线方向上会聚，并在这个方向上增强破坏作用的效应）。~ *liner*; ~ *lining* 聚能装药（底端空壳）。

cavitation *n.* ①气穴现象。②空穴作用。③成穴空腔。

CD = Compact Disc *n.* 光盘，激光唱片。~ *writer* 刻录机（是一种既可以读出又可以写入的光盘驱动器，克服了原来光盘驱动器只可读不可写的缺点）。

ceiling *n.* ①天花板。②上限。~ *hole*; *roof hole*; *upward hole* 上向炮孔，上部炮孔，顶板炮孔。

cellular *a.* ①细胞的。②多孔的。③由细胞组成的。④蜂窝状的。—*n.* ①移动电话。②单元。

cellulose *n.* ①纤维素。②（植物的）细胞膜质。~ *nitrate* 硝化棉（同 nitrocellulose；nitrocotton 硝化纤维素，纤维素硝酸酯 NC，是棉纤维素与硝酸酯化后的产物，化学式可用$[C_6H_{10-x}O_5(NO_2)_x]_n$表示，根据硝化度的不同，$x$ 通常为2~3之间，具有最高硝化度，即含氮量为15.14%的硝化棉，其结构式为：

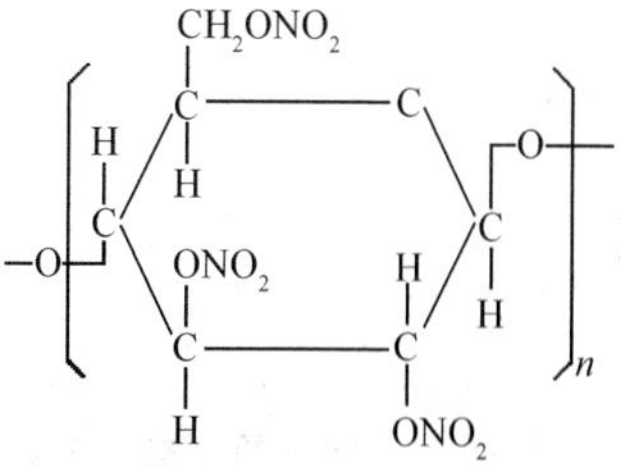

CH_2ONO_2
H C C H —O—
—O— C H ONO_2 H C H
C C
H ONO_2
n

）。

cementation *n.* ①黏结。②水泥接合。③渗碳处理。④烧结（在直眼掏槽时，离空孔最近的掏槽炮孔如装药过多，爆破后破碎的岩石抛向空孔时，将被压紧固结在孔内而影响下一段的掏槽和扩大，这种现象称为烧结，使用高威力的炸药也会增加岩石的烧结程度，参见 sintering）。~ *bond* 胶结联结（在岩土的形成和后期变化过程中，由水溶液中析出的晶质或非晶质胶结物与颗粒间的化学作用力所形成的结构联结）。~ *index* 黏结性指数。~ *round* 灌浆孔组。~ *structure* 胶结结构（矿物颗粒间为胶结联结的结构类型）。~ *material* 胶结材料，黏结材料。~ *medium* 胶结介质，胶结剂。

cement *vt.* ①巩固，加强。②用水泥涂。③接合。—*vi.* 粘牢。—*n.* ①水泥。②

接合剂。~-*space ratio* 水泥空隙比。

center *n.* ①中心,中央。②中锋。③中心点。—*vi.* 居中,被置于中心。—*vt.* ①集中,使聚集在一点。②定中心。—*a.* 中央的,位在正中的。~ *cut* 中心掏槽,中央掏槽(在开挖面中央,钻凿一组较密、深度比开挖面的其他部位炮孔略深的炮孔,尽可能地装填较多炸药,并先于其他炮孔起爆,爆破这组炮孔称为中心掏槽)。~ *distance* 中心距。~ *hole* 中心炮孔,中心钻孔。~ *lifter* 中心拉底炮孔。~ *line*;*horizontal direction of workings*;*medium line*;*intermediate line* 巷道中线(在平面上指示井巷施工的方向线)。~ *mark* 中心标记。~ *of origin* 爆炸面中心。~ *of slip circle* 滑动圆心(土坡呈圆弧滑动破坏时,弧形滑动面的圆心)。~ *of the most dangerous slip circle* 最危险滑动圆心(通过土坡稳定性演算得出的与最小稳定性系数相对应的滑动弧面的圆心)。~ *priming* 中心起爆(中心起爆是在装药时,把带有雷管的起爆药卷大致装在炮孔装药中央的一种起爆方法)。~ *fire* 中心点火。

centerline *n.* 中心线。~ *grade* 中线坡度。

central *a.* ①中心的。②主要的。③中枢的。—*n.* 电话总机。~ *distance* 中心距 (两个毗邻平行炮孔之间的距离)。~ *load* 中心荷载(合力作用点通过荷载作用面积中心〈形心〉的荷载)。~ *meridian* 中央子午线(地图投影中投影带中央的子午线)。~ *processing unit*;CPU 中央处理器(在计算机内部对数据进行处理并对过程进行控制的部件。中央处理器由运算器、控制器和处理器总线组成)。

centralized *a.* ①集中的。②中央集权的。—*v.* 集中(centralize 的过去分词)。~ *charges of chamber* 硐室集中装药。~ *control* 集中控制。~ *main roadway* 集中大巷(为多个煤层服务的大巷)。~ *management* 集中管理。~ *raise* 集中上山(为几个煤层服务的采区上山)。

centralizer *n.* ①扶正器。②定心夹具。③【数】中心化子。④定中心器。⑤定中装置(用于保证钻孔旋转在同一轴心的钻孔附属元件,以减少炮孔的偏差)。

centre *vi.* 以…为中心。—*vt.* ①集中。②将…放在中央。—*n.* 中心。—*a.* 中央的。~ *to centre distance* 两中心间距。

centrifugal *a.* ①离心的。②远中的。—*n.* ①离心机。②转筒。~ *acceleration* 离心加速度。~ *model of rock mass* 岩体离心模型(将按一定几何比,用原型岩石、相似材料或光弹材料制成的模型,放入离心机回转盒中,以均匀旋转时的离心力场来模拟岩体工程结构受力边界条件,使之保证重力相似的研究方法)。~ *stress* 离心应力。

centripetal *a.* ①向心的。②利用向心力的。~ *acceleration* 向心加速度。~ *force* 向心力。

ceramic *a.* ①陶瓷的。②陶器的。③制陶艺术的。—*n.* ①陶瓷。②陶瓷制品。~ *alloy* 陶瓷合金。

certified *a.* ①被证明的。②有保证的。

③具有证明文件的。—*v.* ①证明,证实。②颁发合格证书(certify 的过去分词形式)。~ *blaster* 认证爆破技术人员(通过政府机关认证具有准备、实施和管理爆破作业资格的爆破员)。

cessation *n.* ①停止。②中止。③中断。~ *of blasthole drilling* 炮孔停钻。

chain *n.* ①链。②束缚。③枷锁。④测链(直接用钢卷尺〈测链〉丈量距离,一般精度可达 1∶5000)。—*vt.* ①束缚。②囚禁。③用铁链锁住。~ *excavator* 链斗挖掘机(靠装在链架内的斗链移动,由斗链上的铲斗轮流挖取剥离物或矿产品的一种连续式多斗挖掘机)。~ *mat* 链幕。~ *pillar* 护巷煤柱(为维护巷道而在巷道一侧或两侧留设的煤柱)。~ *reaction* 连锁反应。~ *transmission* 链传动(链传动是利用链轮轮齿与链条的啮合来实现传动的,它适用于圆周速度较低和圆周力较大时的工作环境)。

chamber *n.* ①(身体或器官内的)室,膛。②房间。③会所。④药室(硐室爆破时,为装填炸药而开挖的空间,一般在主巷道的尽头向一侧或两侧开挖横硐,在横硐的硐底设置药室)。—*a.* ①室内的。②私人的,秘密的。—*vt.* ①把…关在室内;②装填(弹药等)。~ *blasting*;*hole blasting*; *heading blasting*; *coyote blasting* 硐室爆破,药室爆破,坑道爆破(采用集中或条形硐室装药,爆破开挖岩土的作业)。~ *blasting design* 硐室爆破设计(硐室爆破设计可分为方案设计和施工设计两个步骤。方案设计是在论证采用硐室爆破技术的可能性、经济合理性及安全可靠性基础上,拟订爆破方案,选择爆破参数,确定工程量及主要技术指标。施工设计是根据已批准的方案设计及审批意见,完善爆破方案,调整爆破参数,准确地确定药包的位置,计算各项工程量和绘制巷道药室掘进、装药、堵塞及起爆网路等施工图以及安全计算和安全措施)。~ *construction* 硐室施工(进行硐室掘进及永久支护的作业)。~ *draw cut*; ~ *kerf*; ~ *kerve* 矿房式拉槽。~ *excavation* 硐室掘进(为生产服务的各种井下硐室的掘进作业)。~ *mining* 矿房式开采。~ *load* 壳底装药量。~ *ing*; ~ *ing of blast hole* 扩大炮孔底,炮孔掏壶(在炮孔底部起爆小药包以扩大炮孔底部装药容积的作业过程)。

change *vt.* 改变,更换。—*n.* ①变化,改变。②零钱。—*vi* 变化,变迁。*No motion,no* ~. 没有运动,就没有变化。~ *water into steam* 把水变为蒸汽。~ *clothes* 更衣。*Could you* ~ *your house with mine*? 你愿意跟我换房子吗? *My teacher has* ~*ed much in recent years as his old age comes.* 随着进入老年,我的老师近几年变化很大。*Water* ~*s to ice below the zero temperature.* 水在零度以下会变成冰。*This is some* ~ *the booking office gave back.* 这是购票找回的零钱。~ *of mechanical properties of a structural plane* 结构面力学性质转变。

channel *vt.* ①引导,开导。②形成河道。—*n.* ①通道。②频道。③海峡。~ *effect* 沟槽效应。*pipe* ~ 径向间隙效应(简称间隙效应。因炮孔直径大于

C

药卷〈包〉直径形成的间隙,炸药爆轰时产生的冲击波使柱状装药压死、传爆中断的现象。在实际的爆破工程中,在药卷和炮孔内壁之间留有空隙,来自起爆一端的爆轰波在炸药中传播的同时,也在空隙中传播着冲击波,当后者的速度高于前者时,孔底方向的炸药尚未被引爆便受到了超前空气冲击波的预压而变得钝感,最后发生拒爆。这种效应称作沟槽效应,也称空隙效应或管道效应)。~ *wave seismic method*; *in-seam seismic method* 槽波地震方法(利用槽波的反射或透射规律,探测断层变化的矿井物探方法了解煤层厚度)。

C

Chapman *n.* 查普曼。~-*Jouguet plane*; *C-J plane* C-J 面(在 C-J 假设的模型中,爆轰化学反应区的末端面)。

characteristic *a.* 特有的,属于本性的。—*n.* 特性,特征,特色,特点。*A pine apple has its ~ shape, garlic its characteristic smell.* 菠萝有其特有的形状,蒜有其特有的气味。*Sympathy, which is a feeling ~ of mankind, is not found in those with marble hearts.* 同情心虽说是人类的特有情感,但铁石心肠的人不具有这种情感。*take the road of development with a Chinese ~* 走有中国特色的发展道路。~ *coefficient* 特性系数。~ *component* 特征组分。~ *curve* 特性曲线。~ *dimension* 基准尺寸。~ *equation* 特征方程。~ *function* 特性函数。~ *impedance* 特性阻抗。~ *pattern* 特征模式。~ *quantity* 特征量。~ *time delay* 特征时间延迟。~ *value* 特征值。~ *vector* 特征矢量。

characteristics *n.* ①特性,特征。②特色(characteristic 的复数)。③特质。~ *of combustion and blasting technology in oil-gas wells* 油、气井燃烧爆破技术的特点(其特点包括:①要求爆破器材设计制造得非常精细,结构严密,施工技术要求十分严格。②油、气井燃烧爆破在复杂的外界环境中进行,施工要求更加严格。③油、气井燃烧爆破器材要有良好的耐温、耐压性能。④油、气井燃烧爆破器材应具有良好的密封、绝缘性能。⑤起爆技术、传爆技术要求特殊)。~ *of demolition blasting* 拆除爆破的特点(其特点包括:①爆破环境一般都比较复杂。②拆除的建筑物种类繁多,结构复杂。③工期紧,一般要求限期完成。④或多或少均有扰民问题)。~ *of explosive* 炸药特性。~ *of information* 信息的特征(信息具有的特殊征象,例如:①可识别性。②可存储性。③可扩充性。④可压缩性。⑤可传递性。⑥可转换性。⑦特定范围有效性)。~ *of water pressure blasting* 水压爆破特点(与其他爆破方法相比,水压控制爆破的特点是:①不需要钻孔。②药包数量少,起爆网路简单。③炸药能量利用率高。④水源丰富,利于广泛应用。⑤安全性好。⑥水压爆破可显著降低爆破粉尘和有毒气体)。

characterization *n.* ①描述。②特性描述。~ *of the detonics of heterogeneous explosives* 均质炸药爆轰学的特点。

charge *vt.* ①装药。②充电。③指示,命令,委以责任。④指控,加罪于,责备。⑤要价。⑥赊账。⑦把费用记在…的账上。⑧进攻,冲锋。⑨加满,充满,使负累。—*vi.* ① 猛攻, 猛冲。② 索价。—*n.* ①装药(爆破作业中,指装入炮孔、硐室或其他容器中,有一定几何形状包装或散装的炸药)。②负载,③负担。④责任,职责。⑤记下当作。⑥攻击,进攻。⑦索价,费用。⑧照顾。⑨受照顾者。⑩应付之款。⑪命令。⑫控诉,指控,归咎。⑬充电,电荷。*carrotless* ~ 不装填炸药。~ *the pistol with bullets* 把手枪装上子弹。*The boiler was fully* ~*d with coal yesterday evening.* 锅炉昨晚加满了煤。~ *your mobile phone by connecting the socket* 接上插头给你的手机充电。*The board of directors is* ~*d with investigating all the alleged breaches of the rules.* 董事会奉命调查所有破坏规章制度的问题。*The mother* ~*s her to look after the flower garden at weekends.* 母亲叫她周末看管花园。*He was arrested for being* ~*d with robbery and murder.* 他因受到抢劫杀人罪的指控而被捕。*The boss* ~*s the workshop with neglecting its duty.* 老板责备这个车间玩忽职守。*The parliament* ~*s that the prime minister acts unlawfully.* 议会指责首相行为不合法。*He* ~*s one dollar for only two eggs.* 两个鸡蛋他就要一美元。*They* ~ *the books they bought to the company's account.* 他们把买书的费用记在公司账上。~ *goods at a shop* 在店铺赊东西。*He drew his sword and* ~ *his opponent.* 他亮剑向对手发动进攻。~ *the invaders with bayonets* 端起刺刀向侵略者进攻。*The courtyard seemed to be* ~*d with sadness that day.* 那天院子里似乎充满着悲哀的气氛。~ *your wine cup and drink a toast to this new couple.* 把酒杯斟满,祝福这对新婚夫妻。*He always looks* ~*d with weighty matters.* 他看上去总是心事重重。*Foot soldiers* ~ *to the front.* 步兵在正面猛攻。~ *too high* (*low*) 要价太高(太低)。*He does not* ~ *for his daily service.* 他每天劳作却不要分文。~ *off* 因亏损而减少。*The circulating capital has* ~*d off considerably.* 流动资金因亏损而锐减。*Serious faults ought to be* ~*d off as unforgettable lessons.* 严重过失应当作终生难忘的教训铭记下来。*Punishing crimes is the* ~ *of the police.* 惩罚犯罪是警察的职责。*Resign one's* ~ *as prime minister* 辞去首相职责。*make a sudden* ~ *on their right wing* 突击其右翼。*free of* ~ 免费。*Doctors have* ~ *of patients.* 医生照顾患者。*Patients are the* ~*s of nurses.* 患者是护士照顾的对象。*Paying taxes is a* ~ *on all citizens.* 纳税是所有国民应付款项。*the judge's* ~ *to the accused* 法官对被告的指控。*The* ~ *against her is intentional arson.* 她被指控故意放火。*Drop the* ~*s as quick as possible!* 赶快撤诉! *make a false* ~ *against somebody* 给某人加以莫须有的罪名。*Leave the battery on* ~ *all night* 给电池充一夜电。*a poem with a strong emotional* ~ 具有强烈感染力的诗篇。*in charge* 管理,主管。*With you in* ~ *I'm at ease.* 你办事,我放心。*in* ~ *of a big family*

主管一大户人家。*in the ~ of* 受人管理。*Small children in the kindergarten are taken in the ~ of their teachers.* 幼儿园的小孩子们由他们的老师负责照顾。*bring a ~ against* 控告。*drop the ~s* 撤诉。*give sb. in ~* 将某人交给警方。*counter a ~* 反诉。*lay/press/prefer ~s (against)* 起诉,控告。*The medical procedure the doctor followed laid him open to ~s of negligence.* 医生采用的治疗程序被指控是玩忽职守。~ *account* 赊账。~ *card* 赊账信用卡。~ *sheet* 犯罪记录。*reverse the ~s* 打电话对方付钱。~ *anchor* 炸药包锚(系在炸药包上,使炸药包保持在炮井中固定位置上的装置)。~ *anchoring* 锚定药包(锚定法是利用浮标与混凝土锚〈或块石锚〉将药包固定在水中平面位置及水底设计高度上的一种方法。该方法能在一定水位变幅及流速情况下固定药包)。~ *calculation* 计算装药量。~ *capacity* 装药容量。~ *carrier*; ~ *strip* 弹架(射孔器中固定射孔弹的专用支架)。~ *coefficient*;*coefficient of ~*; *explosive-loading factor*;*loading factor* 装药系数。~ *concentration linear* 装药线密度(每米钻孔的装药量,单位为kg/m)。~ *concentration*; ~ *density*;*degree of packing*;*loading density*;*powder-loading density*;*packing density*;*packing degree* 装药密度,装药密实程度。~ *confinement* 药包的约束空间。~ *count determination of water blasting* 水压爆破药包数量(水压爆破时,在容器中布置的药包数量,其值主要取决于构筑物的几何形状和对爆破的要求)。~ *determination*; ~ *establishment* 确定装药量。~ *diameter* 药包直径。~ *distance* 装药距离。~ *distribution per area* 单位面积装药(炸药切割单位轮廓面积使用的炸药量,单位为 kg/m^2)。~ *explosives density*; ~ *density* 炸药装填密度(炸药在钻孔中的质量和钻孔装药部分体积的比值,单位为 kg/m^3)。~ *geometry* 装药的几何形状。~ *geometry* 装药几何学。~ *hand*;*chargeman* 装药工。~ *layout of chamber blasting* 硐室爆破药包布置方法(药包布置是用垂直地形剖面法确定爆区内各个药包的空间位置及其相互关系。在爆区地形图上按已确定的爆破标高,首先布置主药包,然后布置辅助药包。布置多排分层群药包时,应使各药包间呈三角形或菱形分布。当整个爆区药包布置完之后,再根据药包布置平面图作出药包间距关系图并进行检查,校核各药包的位置是否合理、布药是否均匀,以便进一步调整)。~ *layout of water* 水压爆破药包位置(水压爆破时,药包在容器中的位置主要取决于构筑物的形状和爆破要求,同时与药包数量也有关)。~ *length*;*loaded length* 装药长度。~ *limit* 装药限度。~ *make-up area* 备料场。~ *mass per delay* 延时装药量(考虑到一个到另一个间隔大于8ms 起爆时炸药的装药量,单位为 kg)。~ *mass per meter* 延米装药量。~ *quantity*; ~ *weight* 装药量(药量有以下3种含义:①药卷重量,亦即一个药卷的重量。②一个炮孔或硐室内的装药重量。③火工品中的装药量,例如雷管中的药量等)。~ *ratio* 炮孔装药系数。~ *shape* 装药形状。~ *size* 装药尺寸。~ *suspending* 水中悬挂药包(悬吊法是利用钢丝绳、麻绳、尼龙绳等将药包悬吊在浮于水面的冰层或浮子上,采用这种定位方法,施工比较简单,但它只适用于水位变幅小的静水区,或对药包悬挂位置要求不严格的工程,同时,要求药包密度大于1.5以上)。~ *volume* 装药体积。~ *with bottom air buffer* 底部空气垫(层装药结构,其特点是空气层在炮孔底岩石表面与药柱下端之间,空气垫层上面是一连续药柱,爆炸时利用底部空气垫层调节爆炸气体压力,延长其作用时间,改善了爆破效果)。~*d height*;*height of* ~ 装药高度。~*d hole* 装药炮孔。~*s identification* 药包编号,药包识别。~*-weight* 装药重量。~*-weight and timing* 装药重量和时间。~*ing* 装药(在爆破位置放置炸药的行为)。~*ing accessory*;*loading apparatus* 装药用具。~*ing construction of a coyote blasting* 硐室装药结构。~*ing construction*; *loaded constitution*; *structure of loading* ~ 装药结构(炸药在药室中堆放的方式、起爆体的构造和安放位置、药包与药室的相对空间关系)。~*ing equipment* 装药设备(参见"装药机")。~ *machine* 炮孔装药机(输送炸药进入炮孔的机械设备。它既可以用于炸药药卷也可用于散装炸药,通常使用不同机器装填粉状炸药、药卷和液体炸药,如浆状炸药和乳化炸药)。~*ing method* 装药方法。*Wastage arising from packaging weakness and from the* ~*ing method was an ongoing problem.* 由于包装不结实和装药方法不当造成的浪费才是眼下的问题。~*ing rate* 炮孔装药率。~*ing stick*;*loading stick* 装药棍。~ *unit* 炸药装置。~ *with the help of a inclined platform* 斜坡滑动投药(在投放大量群药包时,可采用斜坡平台滑动投放药包法。这种方法是在工作船上设斜坡平台,将网状框架放置其上,按照设计孔网参数在框架上将药包捆扎好后,由拖轮将工作船顶推至爆破地点,接好导线,工作船后退,将框架推滑下水,沉放于爆破位置)。~ *with the help of water flow* 水力冲贴投药(水力冲贴法适用于水域流速大于3.0m/s而又无法采用其他方法投放药包的情况。投放时可根据爆破工作船所测量的位置,以提绳控制深度,看准目标方向,对好流向,将药包下沉至一定深度,随船划动下送,利用水力冲贴到药包的投放位置上)。~*ing-up time* ①装药时间。②充电时间。

charter *vt.* ①特许。②包租。③发给特许执照。—*n.* ①宪章。②执照。③特许状。~ *franchise* 特许权。~*ed engineer* 特许工程师。

chassis *n.* 底盘,底架。~ *type* 底盘类型。

chattering *n.* ①颤振,震颤。②颤动。③震裂。④炸碎,破碎。—*v.* ①唠叨。②震颤(chatter 的现在分词)。

check *vt.* ①检查,核对。②制止,抑制。③在…上打钩。—*vi.* ①核实,查核。②中止。③打钩。④将一军。—*n.* ①支票。②制止,抑制。③检验,核对。

~ *and acceptance of a completed blasting project* 爆破项目竣工验收。~ *the tie-in* 检查接头。~*ing shot point* 爆破检查点。~*ing the borehole* 检查炮孔。

checklist *n.* 检查清单。

Cheddite *n.* 谢德炸药。

C

chemical *n.* 化学制品,化学药品。—*a.* 化学的。~ *activity* 化学活性。~ *affinity* 化学亲和力。~ *beneficiation* 化学选矿。化学爆破。~ *contamination* 化学污染。~ *blasting*; ~ *explosion* 化学爆炸(化学爆炸是化学能向机械能的转化,在极短时间内,产生高温并放出大量气体因而在周围介质中造成高压的化学反应,致使物质和状态发生显著的变化)。~ *explosive* 化学炸药。~ *foaming*; ~ *intumescence* 化学发泡。~ *fragmentation* 加化学溶液破碎。~ *gassing agent* 产生化学气体的药剂。~ *pollutant* 化学污染物。~ *sampling technique* 化学抽样技术。~*ly gassed water-based explosive* 化学气泡水基炸药。~ *gassing* 化学气泡法。~ *gassing to control product density and sensitivity when loading wet holes is now common in the industry.* 给湿孔装药时,用以控制炸药密度和感度的化学气泡法是爆破作业一种常见的方法。

chessboard *n.* 棋盘。~ *face* 棋盘式工作面。~ *manner* ①棋盘形排列法。②交错排列法。~ *topography* 棋盘状地形。

chevron *n.* V形臂章(军人佩戴以示军衔和军兵种)。~ *blasting* V形爆破(前排的单个炮孔与后续每排炮孔的一个滞后炮孔相连接,并同时起爆的一种爆破技术)。

chimney *n.* 烟囱。~ *structure* 烟囱的结构(工业与民用烟囱的形状多为圆筒式,少数为正方筒式,按使用材料分为钢筋混凝土结构和砖结构烟囱两种)。

China *n.* 中国。—*a.* ①中国的。②中国制造的。~ *Explosive Material Trade Association*; *CEMTA* 中国爆破器材行业协会。~ *Geo-engineering Corporation* 中国地质工程公司。~ *Society of Engineering Blasting*; *CSEB* 中国工程爆破协会。~ *Society of Mechanics*; *CSM* 中国力学学会。~ *University of Geosiences* 中国地质大学。

Chinese *n.* ①中文,汉语。②中国人。—*a.* ①中国的,中国人的。②中国话的。~ *Academy of Engineering* 中国工程院。~ *Academy of Geological Sciences* 中国地质科学院。~ *Academy of Sciences* 中国科学院。~ *Society for Rock Mechanics and Engineering*;*CSRME* 中国岩石力学与工程学会。

chip *vt.* ①削,凿。②削成碎片。—*vi.* ①剥落。②碎裂。—*n.* ①芯片。②筹码。③碎片。④食物的小片。⑤薄片。~ *blasting* 浅孔爆破。

chipping *n.* ①破片。②碎屑。③表层爆破。~ *action* 切削作用。

chipset *n.* 芯片集,芯片组。

chlorate *n.*【化】氯酸盐。~ *mixture explosive* 氯酸盐混合炸药。~ *powder* 氯酸盐火药。

chock *n.* ①木楔。②楔形木垫。—*vt.* ①收放定盘上。②用楔子垫阻。—*ad.* 满满地。~ *and block* 塞紧。~ *point* 堵

塞点。

choke *vt.* ①呛。②使窒息。③阻塞。④抑制。⑤扑灭。—*vi.* ①窒息。②阻塞。③说不出话来。—*n.* ①窒息。②噎。③阻气门。~ *blasting* 抑制爆破(即膨胀空间不足的爆破。因此抑制爆破被认为是拒爆。对有足够空间的充填或破碎岩石的爆破称为缓冲爆破。在地下开挖工程中,为了避免抑制爆破要求保证30%的膨胀空间。模型和小规模试验表明40%~50%的膨胀空间就可以获得很好的破碎块度)。~ *blasting simulation* 抑制爆破模拟。~ *damp* 窒息性气体(虽然不至于使人体中毒,但如果吸入过量后会使人窒息的气体。如二氧化碳、氮气等,爆炸后的炮烟含有大量的窒息性气体,所以要特别注意)。~ *material of hole*; *fill-in content of hole* 炮孔填塞材料。~ *rock-plug blasting* 岩塞堵塞爆破(堵塞爆破是在进水口闸门井之后的隧洞中设临时堵塞段,防止爆破后的水流及岩渣冲入隧洞,待岩塞爆破后再关闭进水口闸门,清除临时堵塞段。堵塞爆破会在堵塞段前闸门井中产生强烈的井喷,高速气水石流从闸门井冲出,对闸门井结构、闸门埋件及井上结构有破坏作用,应采取妥善措施进行保护)。~*d crushing* 阻塞破碎。

chopping *a.* 波浪汹涌的。—*n.* ①截断②扩帮。

chorismite *n.* 混合岩(外观上像复成岩,即由两种或两种以上的成因不同的物质所组成,实际上是变质岩经混合岩化改造后的产物。参见 migmatite)。

chunk *n.* 大块。~ *reduction*; *breaking-up of boulders* 大块二次破碎。

churn *vi.* ①搅拌。②搅动。—*vt.* ①搅拌。②搅动。—*n.* 搅乳器。~-*drill blasting* 钢绳冲击式爆破。

chute *n.* ①瀑布。②斜槽。③降落伞。④陡坡道。④ ~ *gap*; ~ *raise*; *box hole*; *drop shaft*; *gravity shaft*; *jack pit* 溜井(以自然下落方式运输所采矿石的小立井,也叫漏斗天井,参见 *draw shaft*; *orepass*)。~ *blasting* 溜井爆破(去除溜孔堵塞爆破,矿石或岩块堵塞在溜井或格筛中不能继续下落时,把炸药放在堵塞物的缝隙中进行爆破,使矿石和岩块经二次破碎或在爆破振动作用下继续下溜的作业)。~ *blockage*; ~ *stoppage* 溜井堵塞。~ *blocked with large rocks* 溜井大块岩石堵塞。

cigarette *n.* ①香烟。②纸烟。~-*burning grain* 端面火药燃烧柱。

Cilgel *n.* 西尔杰尔胶质炸药。

circuit *n.* ①电路,回路。②巡回。③一圈。④环道。—*vi.* 环行。—*vt.* 绕回…环行。~ *hole* 周边炮孔。~ *simulation* 电路模拟。~ *test* 电路检测(采用电力起爆时,通常在起爆前要在电爆网路中输入微小的电流,以测定网路电阻值的大小,确定网路有无断路和短路的现象,以及网路的敷设是否符合设计要求。采用电路检测仪检验电爆网路是否处于可爆状态的作业,称为导通试验或网路试验)。~ *tester* 电路检测仪(通常规定电路检测仪应具有绝缘、耐压和防爆性能,两接线柱〈输出端〉之间短路时最大输出电流不得超过10mA。通

C

常禁止在工作面上使用电路检测仪,但是允许采用导通电流小于1mA的光电池导通试验器。此时不用它显示电阻,只根据指针的摆动情况来确定网路是否导通)。

C

circular *a.* ①循环的。②圆形的。③间接的。—*n.* 通知,传单。~ *aperture*;~ *perforation* 圆孔。~ *arch* 圆拱。~ *breakback* 圆孔后冲破裂。~ *cut* 环形掏槽,圆形掏槽。

circulative *a.* ①循环性的。②促进循环的。③(货币、报刊等)具有流通性的。~ *load*;*cyclic load* 循环荷载(大小和方向按随机或周期方式作用的荷载)。

circumferential *a.* 圆周的。~ *stress* 圆周应力。~ *position* 周边位置。

civil *a.* ①公民的。②民间的。③文职的。④有礼貌的。⑤根据民法的。~ *architecture* 民用建筑。~ *aviation* 民航。~ *dispute arising from a blasting project* 因爆破事宜引起的民事纠纷。~ *explosion equipment* 民用爆破器材。~ *explosive manufacturing industry* 民用炸药制造业。

clad *a.* ①穿衣的。②覆盖的。③开挖。—*vt.* ①在金属外覆以另一种金属。②穿衣(clothe的过去式和过去分词)。~ *metal* 复合钢。~ *steel* 复合钢。~*ding plate* 复板(在爆炸焊接技术中,包覆在原金属板材之上且性能不同的金属板材,称为复板。原金属板材则称为基板。基板要比复板厚得多)。

claims *n.* ①要求,请求权。②索赔(claim的复数形式)。③债权。④【法】权利要求。—*v.* ①要求。②主张(claim的第三人称单数形式)。~ *adjuster* 保险理赔调处人。

class *n.* ①阶级。②班级。③种类。—*vt.* ①分类。②把…分等级。—*a.* 极好的。~ *A explosives* A类爆炸物(由美国运输部确定的,具有爆炸性或者是巨大危害的炸药,诸如达纳迈特、叠氮化铅、爆破雷管和起爆药等)。~ *B explosives* B类爆炸物(由美国运输部确定的,具有可燃性灾害的炸药。诸如推进剂、照相用闪光粉和一些特殊的烟火剂等)。~ *B reserves*;*Grade B reserves* B级储量(详查、精查阶段,按勘探规范对本级储量要求的条件,用系统的勘探工程控制勘探程度较高的煤炭储量)。~ *C explosives* C类爆炸物(由美国运输部确定的,含有A类或B类炸药组分或者两类炸药组分都有的炸药,但其中含量有限)。~ *C reserves*;*Grade C reserves* C级储量(普查、详查、精查阶段,按勘探规范对本级储量要求的条件,用稀疏的勘探工程控制,有一定勘探程度的煤炭储量)。~ *D reserves*;*Grade D reserves* D级储量(找煤、普查、详查阶段,按勘探规范对本级储量要求的条件,用少量的勘探工程控制,勘探程度低的煤炭储量)。~ *one hazardous materials* 一级危险品。

classification *n.* ①分类。②分级。③分类法。~ *code of explosives* 爆炸物分类编号(将炸药指定所属类、组和兼容性组的表述方法)。~ *criterion* 分类标准。~ *curve* 分级曲线。~ *of combustion and blasting equipment in oil gas wells* 油、气井燃烧爆破器材分类(油、

气井燃烧器材种类繁多,目前国内使用的油、气井燃烧爆破器材,按使用性能和应用品种可分为三大类:①油、气井用爆破器材;②油、气井用燃烧器材;③起爆、传爆器材)。~ *of demolition blasting* 拆除爆破分类(根据爆破对象的不同,可将拆除爆破分为如下类型:①基础型构筑物拆除爆破。②高耸构筑物拆除爆破。③建筑物拆除爆破。④容器形构筑物拆除爆破。⑤其他特殊建筑物和构筑物的拆除爆破)。~ *of explosives* 爆炸物分类(根据储存和运输中的危害特性,将危险物品进行的分类或分级)。~ *of floor* 底板分类(根据底板允许比压、允许刚度、允许穿透度、允许单向抗压强度将底板分为极软、松软、较软、中硬、坚硬5类)。~ *of quota* 定额的分类(建筑工程定额可以从不同角度进行分类,按定额包含的不同生产要素分类,可分为:①劳动定额。②材料消耗定额。③机械台班定额)。~ *of reserves*;*category of re serves* 储量级别(区分和衡量储量精度的等级标准。我国煤炭储量按精度依次为A,B,C,D四级)。~ *of roof* 顶板分类(在缓倾斜煤层中,根据顶板强度指数将直接顶分为不稳定、中等稳定、稳定和坚硬顶板4类;根据直接顶厚度和采高的比值与老顶初次来压步距将老顶分为Ⅰ、Ⅱ、Ⅲ、Ⅳ共4级)。~ *operation* 分级作业。~ *point* 分类点,分级点。~ *size* 分级粒度。

clastation *n.* ①碎裂作用。②风化。

clastic *a.* ①碎片性的。②碎屑状的。③(模型等)可分解的。~ *block model* 碎块体模型(将被结构面分隔的碎裂岩块形状,理想化为某种规则的几何形状,再按一定的方式排列堆砌起来的模型)。~ *block theory* 碎块体理论(用各种有规律的非连续介质的碎块体模型,代替无规律的不连续介质,探讨其应力、应变规律和稳定性等力学性能的理论)。~ *deformation* 破碎变形。~ *flow mechanism* 碎屑流机制(认为在滑坡过程中形成的碎屑物质与空气混合呈"波状运动",使块体间摩阻力降低,细粒碎屑漂浮,使有效应力降低而形成高速滑坡的假说)。~ *ratio* 碎屑比。~ *rock* 碎屑岩(各种母岩受物理风化后产生的机械碎屑物质经搬运、沉积、固结成岩等作用形成的一大类沉积岩。碎屑颗粒按其大小可分为卵石〈直径10~100mm〉、砾石〈直径2~10mm〉、砂〈0.1~2mm〉、粉砂〈0.01~0.1mm〉)。~ *sedimentary rocks* 碎屑沉积岩。~ *texture* 碎屑结构。

clay *n.* ①黏土。②泥土。③肉体。④似黏土的东西。—*vt.* 用黏土处理。~ *blanket* 黏土覆盖层。~ *materials* 黏土材料。~ *minerals* 黏土矿物(指一些具有层状构造的含水铝硅酸盐矿物。主要有高岭石、蒙脱石、水云母等)。~ *rock* 黏土岩(是沉积岩中分布最广的一类岩石。其中,黏土矿物的含量通常大于50%,粒度在0.005~0.0039mm范围以下。主要由高岭石族、多水高岭石族、蒙脱石族、水云母族和绿泥石族矿物组成)。~ *stemming* 黏土炮泥。

clean *a.* ①清洁的,干净的。②清白的。—*vt.* 使干净。—*vi.* 打扫,清

扫。—*ad.* 完全地。—*n.* 打扫。~ *blasting* 清渣爆破。~ *break*; ~ *blast* 全部炸掉,炸得干净。~ *demolishing blast* 全部拆除爆破(全部拆除爆破要求被爆体全部被破碎,若机械装运,块度可适当大些;若采用人工清渣,则破碎块度不宜过大)。~ *mining* 全采。~*er flotation cell* 精选槽。~*ing*(矿物)精选。~*ing mill* 精选厂。~*-up area* 清除面积。~*-up radius* 清理半径。~*-up work* 清除工作。

clear *a.* ①清楚的。②清澈的。③晴朗的。④无罪的。—*vt.* ①通过。②清除。③使干净。④跳过。—*vi.* ①放晴。②变清澈。—*ad.* ①清晰地。②完全地。—*n.* ①清除。②空隙。~ *opening* 净口面,净断面。~ *section* 净断面(井巷有效使用的横断面,参见 *net section*)。~ *spacing* 净间距。~ *the blast area* 清理爆破现场。

clearance *n.* ①清除。②空隙。③射孔间隙(在射孔方向上射孔器外表面与靶间的距离)。~ *blasting* 空隙爆破。~ *fit* 间隙匹配。~ *height* 净高。~ *radius* 净空半径。~ *space* 净空。~ *volume* 余隙容积(活塞行至终端停止点时气缸剩余的容积。包括活塞端面与气缸盖之间的间隙容积和气缸与气阀连接通道的容积)。~ *zone* 空隙带。~*ing the blast area* 清理爆破现场。

cleat *vt.* ①把…拴住。②加栓于。—*n.* ①楔子。②系缆墩。③栓。④割理(煤层主节理中的解理和纹理统称为割理,也叫煤理,其走向垂直于煤的层面,爆破时易于沿此面破裂,因此充分利用割理,可提高采煤效率)。~ *direction*; *headway* 割理方向。

cleavage *n.* ①劈开,分裂。②解理。③劈理(在断裂构造中,除了节理以外还存在一些细微的易开裂的特殊构造,称为劈理。具有劈理的岩层,极易在外力的作用下沿一组平行面开裂成薄片或大块。花岗岩的劈理十分明显,有经验的石工能很好地利用它开采出条石。但爆破时,却很难利用好这些劈理。煤体中的劈理叫做煤理)。~ *direction* 劈理方向。~ *fan* 劈理扇。~ *plane*; *cleat face* 劈理面。

climatic *a.* ①气候的。②气候上的。③由气候引起的。④受气候影响的。~ *condition in a mine* 矿井气候条件(矿井空气温度、湿度、大气压力和风速等参数反映的综合状态)。

climax *n.* ①高潮。②顶点。③层进法。④极点。⑤最高点。

climbing *a.* 上升的。攀缘而登的。—*n.* 攀登。—*v.* 爬(climb 的 ing 形式)。~ *tram-rail* 爬道(为便于后卸式铲斗装载机紧跟巷道掘进工作面装岩,扣在轨道上可以向前移动的一副槽形轨道)。

clock *n.* ①时钟②计时器。—*vt.* ①记录。②记时。—*vi.* ①打卡。②记录时间。~ *circuit* 同步脉冲线路。~ *cycle* 同步脉冲周期。

clockwork *n.* ①发条装置。②钟表装置。~*-trigger charge* 带有时钟装置的起爆器。

close *a.* ①紧密的。②亲密的。③亲近的。—*v.* ①关。②结束。③使靠近。—*vi.* ①关。②结束。③关闭。—

ad. 紧密地。—*n.* 结束。~ *coefficient* 紧密系数。~ *texture* 致密结构。~ *to zero oxygen balance* 接近零氧平衡。~-*up view* 近景图,近视图。~ *hole spacing* 炮孔密集布置,炮孔间距密集。~-*range photogrammetry* 近景摄影测量(利用对物距不大于300m的目标物摄取的立体像对进行的摄影测量)。

closed *a.* ①关着的。②不公开的。—*v.* ①关。②结束。③接近(close 的过去分词)。~ *air* 密闭气体(与大气隔绝而封闭于土中的气体)。~ *loop system* 闭路循环系统。~ *system*;*enclosed system* 封闭系统,封闭体系。~ *traverse* 闭合导线(形成环形的导线)。~ *void* 封闭空隙。~-*grained structure*;*dense crystalline structure* 密晶结构。~-*jointed* 节理密集的。

closely *ad.* ①紧密地。②接近地。③严密地。④亲近地。~ *drilled area* 密集钻孔区。~-*spaced fracturing* 密集碎裂,短距碎裂。~-*spaced holes* 密集炮孔。

closeness *n.* ①亲密。②接近。③密闭。④严密。~ *of fissures* 裂隙密度。

closure *n.* ①关闭。②终止,结束。—*vt.* 使终止。~ *error of elevation* 高程闭合差。

cloud *n.* ①云。②阴云。③云状物。④一大群。黑斑。—*vt.* ①使混乱。②以云遮蔽。③使忧郁。④玷污。—*vi.* ①阴沉。②乌云密布。~ *detonation* 云雾爆轰。

cluster *n.* ①群。②簇。③丛。④串。—*vi.* ①群聚。②丛生。—*vt.* ①使聚集。②聚集在某人的周围。~ *compound* 群集化合物。

clutch *n.* ①离合器(离合器用于各种机械的主、从动轴之间的接合和分离,并传递运动和动力。除了用于机械的启动,停止换向和变速之外,它还可用于对机械条件的过载保护。常用的离合器有牙嵌式和摩擦式两大类)。②控制。③手。④紧急关。—*vi.* ①攫。②企图抓住。—*vt.* ①抓住。②紧握。—*a.* ①没有手提带或背带的。②紧要关头的。~ *room*;*control room* 控制室。

CO = ①carbon monoxide 一氧化碳。②Colombia 哥伦比亚。③Cash Order 现付票。④Certificate of Origin 货源证书。~ *migration* 一氧化碳流动。

coagulation *n.* ①凝固。②凝结。③凝结物。④ = agglomeration 凝聚作用(一定条件下,细小矿物颗粒在分子力和静电引力作用下相互靠拢结合而形成集粒的作用)。~ *bond* 凝聚联结(黏性土形成过程中,细小颗粒在分子力、静电引力和磁力的作用下发生凝聚所形成的结构联结)。~ *structure* 凝聚结构(矿物颗粒间为凝聚联结的结构类型)。

coal *vi.* ①上煤。②加煤。—*vt.* ①给…加煤。②把…烧成炭。—*n.* ①煤(古代植物遗体经成煤作用,转变成的固体可燃矿产,其灰分一般小于40%)。②煤块。③木炭。~ *accumulating area* 聚煤区(地质历史中有聚煤作用的广大地区)。~ *accumulation processes* 聚煤作用(古代植物在古气候、古地理和古构造等聚煤有利条件下,聚集而成煤

C

炭资源的作用)。~ *and gas bump*;~ *and gas outburst* 煤与瓦斯突出(在煤〈岩〉体内高应力和瓦斯压力的共同作用下,瞬时抛出大量煤和瓦斯的动力现象)。~ *ball* 煤核(煤层中保存有植物化石的结核)。~ *basin* 煤盆地(同一成煤期内形成含煤岩系的盆地)。~ *blasting*;*shot* ~;*blast down* 采煤爆破(国外大都采用滚筒采煤机、刨煤机等机械进行采煤。但煤层的倾斜度大于25°时,宜采用爆破方法采煤。煤层中甲烷的含量较多时,必须采用确能防止瓦斯和煤尘爆炸的爆破材料和爆破方式。禁止采用导火索起爆法)。~ *breakage*;*breakdown* 破煤(用人工、机械、爆破、水力等方式将煤从煤壁分离下来的作业)。~ *burster* 落煤爆破筒。~ *core recovery* 煤心采取率(指某一段孔深内采取的煤心长度与该段煤层进尺之比,或采取的煤心质量与钻进煤层应有的煤心质量之比,用百分数表示)。~ *coring tool*;~ *corer* 煤心采取器(煤田钻探过程中,专门用于采取煤心的一种特殊器具)。~ *district* 煤产地(煤田受后期构造变动的影响而分隔开的一些单独的含煤岩系分布区,或面积和储量都较小的煤田〈面积由几平方公里到几十平方公里〉)。~ *drift* 煤巷(在掘进断面中,煤层面积占全部或绝大部分〈一般大于4/5〉的巷道)。~ *drilling*;~ *boring* 煤田钻探(为探明煤炭资源,研究解决其他地质问题所进行的钻探工作)。~ *dust* 煤尘(采煤时产生的煤粉,它浮游在空气中是造成煤尘爆炸的原因)。~ *dust explosion* 煤尘爆炸(浮游在空气中的煤的微粒发生爆炸的现象。在干燥的煤矿井下,为了防止粉末状的浮游煤尘因爆破或其他火焰而引起爆炸,必须使井下具有良好的通风条件,并充分洒水以防止产生煤尘,在1m^3大气中,若浮游100g的干燥煤尘时最为危险)。~ *dust test* 煤尘试验(煤矿炸药安全度试验的内容之一,一般要进行瓦斯和煤尘两种试验)。~ *electrical prospecting* 煤田电法勘探(根据岩石、煤等的电性差异,确定含煤岩系分布范围、研究地质构造和解决水文地质与工程地质等问题的物探方法)。~ *exploration*;~ *prospecting* 煤田地质勘探(寻找和查明煤炭资源的地质工作。即找煤、普查、详查、精查等地质勘探工作)。~ *face survey* 采煤工作面测量(为填绘采煤工作面动态图和计算产量、损失量而进行的测量工作)。~ *face*;*working face*;*stoping face* 采煤工作面(进行采煤作业的场所)。~ *geophysical logging*;~ *geophysical log*;~ *logging*;~ *log* 煤田地球物理测井(在煤田地质勘探和煤矿生产中,为查明煤炭资源,研究解决其他地质问题,在地质勘探钻孔中所进行的物探工作)。~ *geophysical prospecting*;~ *geophysical exploration* 煤田地球物理勘探(为寻找和查明煤炭资源,研究解决其他地质问题,所进行的物探工作)。~ *gravity prospecting* 煤田重力勘探(根据岩石、煤等的密度差异所引起的重力场局部变化,圈定含煤岩系分布范围,研究地质构造等问题的物探方法)。~ *magnetic prospecting* 煤田磁法勘探(根据岩石、矿体等的磁性差异所引起的磁场局部变化,圈定含煤岩系、岩浆岩、煤层燃烧带等的分布范围,研究地质构造及结晶基底起伏等问题的物探方法)。~ *mine delays* 煤矿专用延时雷管。~ *mine permitted detonator* 煤矿许用雷管。~ *mine permitted explosive* 煤矿许用炸药。~ *mining above aquifer* 承压含水层上采煤(采用专门的技术和安全措施开采邻近承压含水层上的煤层)。~ *mining ammonium nitrate explosive* 煤矿硝铵炸药。~ *mining explosive* 煤矿炸药。~ *mining geology* 煤矿地质工作(煤矿建设和生产过程中所进行的全部地质工作,简称煤矿地质)。~ *mining method*; ~ *winning method*; ~ *mining system* 采煤方法(采煤工艺与回采巷道布置及其在时间、空间上的相互配合)。~ *mining under buildings* 建筑物下采煤(在保障建筑物正常使用条件下,采用专门的技术和安全措施开采建筑物下的煤层)。~ *mining under railways* 铁路下采煤(在保障铁路运输条件下,采用专门的技术和安全措施开采铁路下的煤层)。~ *mining under water-bodies* 水体下采煤(在保障安全条件下,采用专门的技术和安全措施开采湖泊、河流、水库、海洋或富含水冲积层等水体下的煤层)。~ *mining*; ~ *winning*; ~ *extraction*; ~ *getting* 采煤(广义:指煤炭生产过程的全部工作。狭义:指从采煤工作面采出煤炭的工序)。~ *overburden* 煤覆盖层。~ *pillar* 煤柱(煤矿开采中为某一目的而保留不采或暂时不采的煤体)。~ *ploughing* 刨煤(用刨煤机破煤的工序)。~ *preserving structure* 赋煤构造(有利于保存含煤岩系的各种构造部位,如向斜、地堑、逆掩断层下盘等)。~ *province* 含煤区(聚煤区内受同一大地构造条件控制的广大含煤地区,面积在几百平方公里以上,可包括若干个煤田)。~ *rock drift* 煤-岩巷(又称"半煤岩巷",在掘进断面中,岩石或煤所占面积介于岩巷和煤巷之间的巷道)。~ *seam of rock burstprone* 冲击矿压煤层(具有发生冲击矿压危险的煤层)。~ *seismic prospecting* 煤田地震勘探(研究人工激发的地震波在不同地层内的传播规律,探测地质构造、含煤岩系分布,解决水文地质与工程地质等问题的物探方法)。~ *shooting* 煤层爆破。~ *split* 分裂煤层。~ *topographic-geological map* 煤田地形地质图(以地形图为底图,反映地层、构造、岩浆岩、煤层、标志层以及其他矿产等煤田基本地质特征及相互关系的图件)。~/*rock reinforcement* 煤岩固化(通过注浆等手段增强煤体或岩体的自稳能力)。~*-bearing coefficient* 含煤系数(煤层总厚度与含煤岩系总厚度之比,用百分数表示)。~*-bearing cycle*; *depositional cycle in* ~*-bearing series*; *depositional cycle in* ~*-bearing formation*; *sedimentary cycle in* ~*-bearing series*; *sedimentary cycle in* ~*-bearing formation*; *cycle of sedimentation in* ~*-bearing density* 含煤密度(单位面积内的煤炭资源量)。~*-bearing series*; *cycle of sedimentation in* ~*-bearing formation* 含煤岩系旋回结构(含煤岩系剖面中,一套有共生关系的岩性或岩相的有规律组合或交替出现)。~ *bed gas*; ~ *seam gas* 煤层气(赋存于煤层及其围岩中的煤成气)。~*-dust explosion concentration* 煤尘爆炸浓度。~*-dust explosion wave* 煤尘爆炸波。~*-forming material* 成煤物质(形成煤的原始物质,包括高等植物、低等植物和浮游生物)。~*-forming period* 成煤期(地质历史中形成煤炭资源的时期)。~*-forming process*; *action of ~ forming* 成煤作用(植物遗体从堆积到转变成煤的作用,包括泥炭化〈或腐泥化〉作用和煤化作用)。~*-seam floor contour map* 煤层底板等高线图(根据各类探采工程揭穿同一煤层所获煤层底面标高资料,用正投影法投影在水平投影面上连接而成的等值线图,用以表示倾斜、缓倾斜煤层赋存状态、底板起伏情况以及地质构造特征的投影图)。

C

coalescence *n.* ①合并。②联合。③接合。④聚结(两个互相接触的液滴之间或一液滴与体相之间的边界消失,随之形状改变,导致总表面积的减小)。

Coalex *n.* 寇列科斯。~*-type dynamite* 炸药,硝铵炸药。

coalfield *n.* 煤田(同一地质时期形成,并大致连续发育的含煤岩系分布区。面积一般由几十平方公里到几百平方公里)。~ *prediction*; ~ *prognostication* 煤田预测(通过对聚煤规律和赋煤条件的研究,预测可能存在的含煤地区,并估算区内煤炭资源的数量和质量,为找煤指出远景的工作)。

coarse *a.* ①粗糙的。②粗俗的。③下等的。~ *breaking*; ~ *crushing* 粗碎。~ *fragmentation* 粗粒岩爆。~ *size* 粗粒度。

coded *a.* ①编码的。②电码的。③译成电码的。—*v.* 译成密码(code 的过去式和过去分词)。~ *number* 编号。

coefficient *n.* ①【数】系数。②率。③协同因素。—*a.* ①合作的。②共同作用的。~ *for counting charge quantity* 药量计算系数(豪泽药量计算公式为:$L = CW^3$,式中:L 为装药量,kg;W 为最小抵抗线,m;C 为药量计算系数,一般取 $C = 0.3\sim0.5$)。~ *of active earth pressure* 主动土压力系数(挡土结构物后土体处于主动临界状态时的侧压力系数)。~ *of adhesion* 黏附系数。~ *of admission* 充满系数,装满系数。~ *of air leakage* 漏风系数。~ *of bulk increase* 松散系数,碎胀系数。~ *of charge* 装药系数。~ *of charge utilization* 装药利用系数。~ *of cohesion* 内聚系数。~ *of compaction* 压实系数。~ *of compressibility* 压缩系数(岩石在三轴等压条件下,某一方向上的压缩应变与压应力之比,以 MPa^{-1} 表示)。~ *of concentration* 凝聚系数。~ *of conductivity* 传导系数。~ *of consolidation* 固结系数,压实系数。~ *of correction* 校正系数。~ *of correlation* 相关系数。~ *of cubic expansion* 体积膨胀系数。~ *of decoupling*; *decoupling index of charge* 装药不耦合系数(炮孔直径与装药直径的比值)。~ *of deformation* 变形系数。~ *of discharge* 流量系数,卸载系数。~ *of driving*; *drivage ratio* 掘进率(在井田一定

范围内或在一定时间内,掘进巷道的总长度与采出总煤量之比)。~ *of elasticity* 弹性系数。~ *of expansion* 膨胀系数。~ *of explosive* 炸药系数(在豪泽爆破公式 $L=CW^3$ 中,C 为爆破系数,其表达式是:$C=f(n)\cdot g\cdot e\cdot d$,式中:$n$ 为爆破作用指数;g 为岩石抗力系数,表示岩石的抗爆性能;e 为炸药系数,也即炸药〈威力〉换算系数;d 为填塞系数)。~ *of extension* 伸长系数。~ *of freezing resistance* 抗冻系数(冻融试验后岩样的抗压强度与未经冻融试验的干燥岩样抗压强度之比,以百分数表示)。~ *of friction* 摩擦系数(摩擦系数是临界摩擦力 F 和两个界面之间垂直作用力 N 的比值。对于给定的两个物体表面其值是固定的)。~ *of frictional resistance* 摩擦阻力系数(与井巷或管道壁面粗糙程度和空气密度有关的系数)。~ *of hardness* 硬度系数。~ *of heat transfer* 热传导系数。~ *of impact* 碰撞系数,动力系数。~ *of non-uniformity* 不均匀系数。~ *of internal friction*; ~ *of irregularity* 内摩擦系数。~ *of kinetic friction* 动摩擦系数。~ *of lateral pressure* 侧压力系数(岩土体在有侧限条件下垂直受压时所引起的侧向压力〈或其增量〉与垂直压力〈或其增量〉的比值)。~ *of limiting friction* 极限摩擦系数。~ *of linear expansion* 线性膨胀系数。~ *of mineralization* 矿化系数。~ *of mining* 采动系数(衡量采空区在倾向和走向上使地表达到充分采动程度的系数)。~ *of nonuniformity* 不均匀系数。~ *of passive earth pressure* 被动土压力系数(挡土结构物后土体处于被动临界状态时的侧压力系数)。~ *of recovery* 回采率。~ *of restitution* 复原系数。~ *of rigidity* 刚性系数。~ *of rock resistance* 岩石抗力系数(在豪泽爆破公式 $L=CW^3$ 中,C 为爆破系数,其表达式是:$C=f(n)\cdot g\cdot e\cdot d$,式中:$n$ 为爆破作用指数,无量纲;g 为岩石抗力系数,表示岩石的抗爆性能;e 为炸药系数,也即炸药〈威力〉换算系数;d 为填塞系数)。~ *of rock strength* 岩石强度系数。~ *of rolling friction* 滚动摩擦系数。~ *of roof weighting* 顶板受压强度系数(老顶受压时,采煤工作面支架平均载荷与平时支架平均载荷的比值)。~ *of shock resistance*; ~ *of local resistance* 局部阻力系数(与风流方向和速度变化有关的系数)。~ *of static earth pressure* 静止土压力系数(挡土结构物后土体处于主动或被动静止状态时的侧压力系数)。~ *of stress concentration* 应力集中系数(岩土应力集中区升高后的应力与原始应力的比值)。~ *of tamping* 填塞系数(在豪泽爆破公式 $L=CW^3$ 中,C 为爆破系数,其表达式是:$C=f(n)\cdot g\cdot e\cdot d$,式中:$n$ 为爆破作用指数;g 为岩石抗力系数,表示岩石的抗爆性能;e 为炸药系数,也即炸药〈威力〉换算系数;d 为填塞系数)。~ *of thaw settling* 融陷系数(冻土融陷所引起的孔隙比的变化量)。~ *of thermal expansion* 热膨胀系数。~ *of traction* 牵引系数。~ *of variation* 变动率,变差系数。~ *of velocity* 速度系数。~ *of viscosity* 黏性系数。~ *of volume compressibility* 体积压缩系数(岩石在三轴等压条件下,体积应变与压应力之比,以 MPa^{-1} 表示)。~ *of volumetric expansion* (岩石)松散系数。~ *of weathering* 风化系数(声波纵波在完整岩石中与在风化岩体中的波速之差同其在完整岩石中波速的比值)。

co-emulsifier *n.* 副乳化剂。

cofferdam *n.* ①围堰(围堰是一种用于围护修建水工建筑的基坑,保证施工能在干地上顺利进行的临时性挡水建筑物。在完成工程的施工导流任务后,如果对永久性建筑物的运行有妨碍还需进行拆除)。②潜水箱。—*vt.* 修筑围堰。~ *blasting* 围堰爆破(围堰及岩坎爆破施工属于临水爆破作用范畴。其爆破方法有垂直孔爆破、扇形孔爆破、水平孔爆破、垂直孔与水平孔相结合的爆破、硐室爆破、硐室与钻孔相结合的爆破等类型)。~ *demolition* 围堰拆除(当导流任务完成后,围堰应按设计要求进行拆除,以免影响永久建筑物的后期施工或建筑物的运行。混凝土围堰的拆除一般多采用爆破法。草土围堰的水上部分,可用人工拆除,水下部分可以在堰体处开挖缺口让水流冲走)。~ *blasting demolition project* 围堰爆破拆除工程。

coherent *a.* ①连贯的,一致的。②明了的。③清晰的。④凝聚性的。⑤互相偶合的。⑥粘在一起的。~ *emphasis* 相干加强。~ *frequency* 相干频率。~ *material* 黏结剂。~ *radiation* 相干辐射。~ *reflection of blasting wave energy* 爆炸波能的相干反射。~ *scattering* 相干散射。

cohesion *n.* ①凝聚。②结合。③ = cohesive force;force of ~ 内聚力(在零垂直压力作用下的抗剪切力,单位为 MPa,岩石力学里的等同术语为"内在剪切强度,intrinsic shear strength")。~ *of concrete and rock* 混凝土与岩石黏结力。

cohesive *a.* ①有结合力的。②紧密结合的。③有黏着力的。~ *energy* 内聚能量。~ *force* 内聚力。~ *fracture*;*brittle fracture* 内聚力断裂。~ *gel* 黏结凝胶。~ *property* 黏结性,黏合性。~ *semi-gelatinous texture* 黏结半胶质结构。~ *soil* 黏性土(塑性指数大于1〈%〉,颗粒间具一定联结的土)。~ *strength* ①内聚强度。②黏结强度。

cold *a.* ①寒冷的。②冷淡的,不热情的。③失去知觉的。—*n.* ①寒冷。②感冒。—*ad.* 完全地。~ *capacity* 冷却能力。~ *gluing* 冷胶合。~ *treatment* 冷处理。~ *working* 冷加工。

collapse *vi.* ①倒塌。②瓦解。③暴跌。—*vt.* ①使倒塌,使崩溃。②使萎陷。—*n.* ①倒塌。②失败。③衰竭。~ *load* 破坏载荷,断裂载荷。~ *area* 崩落区。~ *feature* 崩落特征。~ *loess* 湿陷性黄土。~ *vibration* 倒塌振动。

collapsed *a.* ①倒塌的。②暴跌的。③收缩的。④倾陷了的。—*v.* ①倒塌。②崩溃(collapse 的过去分词)。③价格暴跌。~ *coal basin*;*karst coal basin* 塌陷煤盆地(地下深处或含煤岩系基底的石灰岩、白云岩受地下水长期的溶蚀作用引起地表塌陷而成的煤盆地)。

collapsible *a.* ①可折叠的。②可拆卸的。*~-type charge* 塑型装药。

collapsing *v.* ①崩溃。②塌陷(collapse 的 ing 形式)。③折叠。④压扁。*~ strength* 抗破强度。

collar *n.* ①衣领。②颈圈。③孔口或井口(钻孔或钻井的开口部位,参见 *shaft mouth*)。—*vt.* ①抓住。②给…上领子。③给…套上颈圈孔。*~ distance*; *~ length* 空孔长度(由炸药顶部到孔口的距离,通常即为堵塞长度)。*~ firing*; *~ priming*; *direct priming*; *top initiation*; *top priming*; *direct initiation* 正向起爆(炸药装入炮孔后,把起爆药卷放在孔口附近使爆轰从孔口传至孔底的起爆方法,也称孔口起爆或顶端起爆)。*~ of a hole* 炮孔外端。*~ region* 炮孔口周边地带。*Blast gases can vent up along the blasthole to launch stemming material and/or fragments from the collar region.* 爆破产生的气体会沿着炮孔将孔口周边的堵塞物和/或碎块抛出。

collaring *n.* ①加轭。②钻孔,打眼。③作凸缘。④开钻。—*v.* ①给…上领子。②拦住。③窃取(collar 的 ing 形式)。*~deviation* 钻孔偏离(钻孔位置与预先标定点位置之间的偏差,单位为 m)。*~ of a hole* 开孔(开始钻孔,用凿岩机在岩石上开口的操作,俗称"开门")。

collect *vt.* ①收集。②募捐。—*vi.* ①收集。②聚集。③募捐。—*ad.* 由收件人付款地。—*a.* 由收件人付款的。*~ing arm* 扒爪(沿封闭曲线运动,扒集散料或块料进行装载的蟹螯状工作机构)。*~ing arm loader* 扒爪装载机(用扒爪作工作机构的装载机械。曾称"集抓装载机"、"蟹爪装载机")。

colliery *n.* 煤。*~ explosion*; *gas explosion* 瓦斯爆炸(由于引燃了瓦斯〈主要是甲烷气体〉、煤尘或者它们的混合物,而在煤矿工作面或道路上发生的爆炸)。

collision *n.* ①碰撞。②冲突;(意见,看法)的抵触。③(政党等的)倾轧。*~ blasting*; *compression blasting* 挤压爆破。

colloid *a.* 胶质的。—*n.* 胶质,胶体。

colloidal *a.* ①胶体的。②胶质的。③胶状的。*~ aggregate* 胶质聚集体。*~ gel* 胶态凝胶。*~ mixture* 胶态混合剂。*~ particle* 胶质颗粒。*~ property* 胶体性质。*~ quality* 胶体质。*~ sol* 溶胶。*~ solution* 胶态溶液,胶体溶液。*~ state* 胶态。

colloidization *n.* 胶化作用。

color *n.* ①颜色。②肤色。③颜料。④脸色。—*vt.* ①粉饰。②给…涂颜色。③歪曲。—*vi.* ①变色。②获得颜色。*~-changeable shock-conducting tube* 变色导爆管(在爆轰波传播后,管体颜色发生明显变化的塑料导爆管)。*~-coded detonator* 彩色标号雷管。

Columbia-gel *n.* 柯仑牌矿用安全炸药。

column *n.* ①纵队,列。②专栏。③圆柱,柱形物。*~ blasting* 柱状装药爆破。*~ charge length* 药柱深度(参见"柱状药包长度")。*~ charge length* 柱状药包长度(炮孔中柱状药包的长度,单位为 m)。*~ charge mass* 柱状药包质量(炮孔中柱状药包的质量,单位为 kg)。

~ *charge*；~ *cartridge* 柱状药包(炮孔中填塞物和底部装药之间的装药,因为炮孔的柱体部分所受约束更小,所以炮孔中这一部分的线装药密度〈kg/m〉比底部装药要小大约40%)。~ *charging* 柱状装药(钻孔中连续药包的装填过程)。~ *loads* 筒形装药。

C

columnar *a*. ①柱状的。②圆柱的。③分纵栏印刷或书写的。~ *structure* 柱状构造。

combination *n*. ①结合。②组合。③联合。④【化】化合。~ *burn* 混合锥楔式空炮孔掏槽,混合式掏槽。~ *priming* 联合起爆。~ *shot* 混合装药爆破。

combined *a*. ①结合的。②【数】组合的。—*v*. ①使结合。②联合(combine的过去分词)。~ *action* 联合作用,共同作用。~ *adjustment* 联合平差(对包括不同等级和不同类型测量数据所进行的测量平差)。~ *blasting* 混合爆破(炮孔装两种炸药);综合开拓。~ *development* 采用立井、斜井、平硐等任何两种或两种以上的井田开拓方式。~ *finite-discrete element analysis* 有限离散元综合分析。~ *modified design parameters* 改进后的设计合成参数。~ *stress* 合成应力,复应力。

combustibility *n*. ①燃烧性(导火索以一定燃速稳定传递火焰而不出现危及使用的现象〈如透火、外壳燃烧、爆炸声响及断火〉之能力)。②可燃性。~ *group* 相容性分组(确认有相容性的爆炸物分类。如果这类物质放在一起运输,既不明显增加事故发生的可能性,在给定的范围内,也不会扩大事故,可认为有相容性。这种物质具有以下类别:①预计遇火时,会迅速引起爆炸的物质。②预计遇火时,会迅速引起爆炸的物品。③易点燃并剧烈燃烧,但不发生必然爆炸的物质或物品。④遇明火能引起爆炸的物品。⑤燃烧时引起爆炸的物品。⑥能发生爆炸并释放烟雾或有毒气体的物质或物品。⑦燃烧时能喷射有害物质或白色浓烟的物品。⑧燃烧时能喷出有害物质和有毒气体的物品。⑨本身具有巨大潜在危险,遇到空气或水被激活的物品。⑩仅含不灵敏的引爆物,并出现很小的事故引燃或蔓延的可能性的物品)。

combustible *a*. ①易燃的。②易激动的。③燃烧性的。—*n*. ①可燃物。②易燃物。~ *component*；~ *agent*；*incendiary agent* 燃烧剂。~ *dope* 可燃(炸药)吸收剂。~ *gas mix* 可燃混合气。~ *liquid* 可燃液体(闪点高于60.5℃而低于93℃的液体,美国法规容许将闪点高于60.5℃易燃液体也归类为可燃液体)。~ *material*；~ *matter* 可燃剂,可燃物质(混合炸药中被氧化的物质)。

combustion *n*. ①燃烧,氧化(物质进行剧烈的氧化还原反应,伴随发热和发光的现象)。②骚动。~ *air* 燃烧空气。~ *behavior* 燃烧行为。~ *catalyst* 助燃剂。~ *efficiency* 燃烧效率。~ *front* 燃烧面。~ *front*；*burning front*，*fire front* 绕射前缘;燃烧面。~ *intensity* 燃烧强度。~ *interval*；*burning time*，*time of firing* 燃烧时间。~ *lag* 燃烧滞后。~ *limit* 燃烧极限。~ *mechanism* 燃烧机理。~ *model* 燃烧模型。~ *of explosives*

炸药燃烧(炸药不仅能爆炸,而且在一定条件下,绝大多数炸药都能够稳定地燃烧而不爆炸。当然,炸药燃烧,经过一段时间后转化为爆炸的现象也是可能的。因起爆条件不良而造成的炸药燃烧,对于有大量可燃气体存在的井下煤矿是很危险的)。~ *product* 燃烧产物。~ *rate*;*burn rate*,*burning rate* 燃烧速率。~ *ratio* 燃烧比。~ *reaction rate* 燃烧反应速率。~ *velocity* 燃烧速度。*velocity of propellant powder* 推进剂燃速。~ *zone* 燃烧带。~*-resistant detonating generatrix* 阻燃爆破母线。

command *vi.* ①命令,指挥。②控制。—*vt.* ①命令,指挥。②控制。③远望。—*n.* ①指挥,控制。②命令。③司令部。~ *against rules* 违章指挥(强迫职工违反国家法律、法规、规章制度或操作规程进行作业的行为)。~ *control program* 命令控制程序。~ *system* 命令系统。

commercial *a.* ①商业的。②盈利的。③靠广告收入的。—*n.* 商业广告。~ *blasting* 工业爆破。~ *depression* 商业萧条。~ *explosive* 工业炸药(用于各种民用或非军事的工程爆破作业的猛炸药,又称民用炸药。过去因其中大部分用于矿山爆破,故常将其称为矿用炸药。参见 *industrial explosive*;*mining explosive*)。~ *reserve* 工业储量。~ *use*;*industrial use* 工业用途。~ *value* 经济价值,商业价值。

commercially *ad.* ①商业上。②通商上。~ *available satellite imagery* 商业应用卫星图像技术。

comminution *n.* ①粉碎。②捣碎。~ *index* 破碎指数。~ *kinetics* 破碎动力学。~ *parameter* 破碎参数。~ *theory* 破碎理论。

commissioned *a.* ①受委任的,受任命的。②服役的,现役的。—*v.* 委任(commission 的过去分词)。~ *technical memorandum* 授权的技术备忘录。~ *technical memorandum* 授权写的技术备忘录。

commitment *n.* ①承诺,保证。②委托。③承担义务。④献身。~ *fee* 承诺费(向世界银行借用的贷款中,对已生效但未支用的部分,借方应交承诺费,费率原规定0~0.75%,现规定软贷款承诺费率为0,硬贷款承诺费率为0.25%)。

commodity *n.* ①商品,货物。②日用品。~ *value* 商品价值。

common *a.* ①共同的。②普通的。③一般的。④通常的。—*n.* ①普通。②平民。③公有地。~ *blasting equation* 常见爆破方程。~ *detonating cord* 工业导爆索(用于一般露天或无瓦斯和煤尘爆炸危险的井下等爆破作业的工业导爆索,分棉线普通导爆索和塑料普通导爆索两种)。~ *electric detonator* 工业电雷管(用于一般工程爆破的工业电雷管)。~ *fuse*;~ *cord* 工业导火索(主要用于引燃工业火雷管的工业导火索)。~ *occurrence* 司空见惯(的事)。~ *ratio* 公比。~ *sense* 常识。~ *shock conducting tube* 普通导爆管(常规条件下使用的塑料导爆管)。~ *types of bulk trucks* 混装车的一般类型。

communicate *vi*. ①通讯,传达。②相通。③感染。—*vt*. ①传达。②感染。③显露。~ *the requirements* 通讯要求。

communication *n*. ①通讯,通信。②交流。③联络。

community *n*. ①社区。②群落。③共同体。④团体。~ *view* 共同意向。

C

compact *n*. ①合同,契约。②小粉盒。—*a*. ①紧凑的,紧密的。②简洁的。—*vt*. ①使简洁。②使紧密结合。~ *disc* 光盘(是以光信息作为存储的载体并用来存储数据的一种物品。分不可擦写光盘,如 CD-ROM、DVD-ROM 等和可擦写光盘,如 CD-RW、DVD-RAM 等)。

compactibility *n*. ①可压实性。②可夯实性。③成形性。④紧密性。⑤可压实性(物体在短暂重复荷载作用下体积变小的性能)。

compacting *n*. ①压缩。②致密化。—*v*. ①压缩。②组成(compact 的 ing 形式)。—*a*. 压实的。~ *factor* 密实系数。~ *curve* 压实曲线。~ *effect* 压实效应。

compactness *n*. ①简洁。②紧密。③密实度(根据天然孔隙比所划分的砂土的结构紧密程度)。④紧密度。~ *of fills*; *compression coefficient of mine fills* 充填沉缩率(充填体经过一定时间压缩后,其沉缩的高度与原充填高度之比)。

companion *n*. ①同伴。②朋友。③指南。④手册。—*vt*. 陪伴。~ *blasting* 联合爆破,共同爆破。

comparable *a*. ①可比较的。②比得上的。~ *properties of the selected explosives* 所选炸药的可比性。

comparative *a*. ①比较的。②相当的。—*n*. ①比较级。②对手。~ (*or relative*) *energy value* 比较能值。~ *analysis* 通过比较进行分析。~ *figure* 比较数字。~ *mineralogy* 比较矿物学。~ *sampling* 比较抽样。~ *statistics* 比较统计学。~ *regular coal seam* 较稳定煤层(厚度有一定变化,但规律性较明显,结构简单至复杂,全区可采或大部分可采,可采范围内厚度变化不大的煤层)。

compare *vt*. ①比较。②比作。—*vi*. 相比,匹敌。—*n*. 比较,匹敌。~ *A with B* 将甲与乙作比较。~*d with last year, the yield of wheat increased by 10% this year*。今年的小麦产量比去年增长百分之十。*They* ~ *quite a few samples of cloth for shirts*. 他们把做衬衫的好几种布样作了比较。*Many westerners* ~ *Jesus Christ to the sun in their hearts*. 很多西方人把耶稣比作他们心中的太阳。*A person's life is often* ~*d to a burning candle or a trip in the stream of time*. 在时间的长河里,人生犹如燃烧的蜡烛或短途旅行。*This foreigner's Chinese cannot* ~ *with yours*. 这个老外的汉语不如你。*Other counties had no inventor to* ~ *with Edison last century*. 20 世纪其他国家就没有可以与爱迪生相比的发明家。*The grandeur of the Great Wall is beyond* ~. 长城的宏伟无与伦比。*The height of the skyscraper is without* ~. 摩天大厦的高度,举世罕比。~ *notes* 交

换意见。*beyond* (*without*) ~ 无与伦比。

comparison *n.* ①比较。②比拟。*He is too selfish in ~ with his colleagues.* 与同事相比,他太自私。*This piece of cloth feels softer and is brighter by ~.* 这块布手感比较柔和,颜色也鲜亮些。*In its ~ of the heart to a pump, modern medicine helps people understand its function.* 现代医学把心脏比作水泵,有助于人们理解心脏的功能。*by ~* 相比之下。*in ~ with* 与…相比。~ *between blasting vibration and seismic vibration* 爆破地震和天然地震的比较(爆破地震和天然地震有相似之处是二者都是急剧释放能量,并以波动的形式向外传播,从而引起介质的质点振动,产生地震效应。不同之处:①爆破地震振动幅值虽大,但衰减快,破坏范围不大。②爆破地震地面加速度频率较高。③爆破地震持续时间很短,而天然地震则相反)。

compatibility *n.* ①兼容性。②相容性(炸药与其他材料〈包括炸药、高聚物、金属或非金属等〉混合或接触时,各组分保持其物理和化学性能不发生超过允许范围变化的能力,混合炸药中各组分之间的相容性称组分相容性〈曾称内相容性〉,炸药与接触材料相接触时,炸药与接触材料之间的相容性称接触相容性〈曾称外相容性〉)。~ *function* 相容性函数。~ *relation* 相容关系。~ *group* 配装组(在爆炸品中,如果两种或两种以上物质或物品在一起能安全积载或运输,而不会明显地增加事故率或在一定量的情况下不会明显地提高事故危害程度的,可视其为同一配装组)。

compensation *n.* ①补偿。②报酬。③赔偿金。~ *cost for land occupation* 占用土地补偿费(为永久性和临时性占用土地所需偿付的费用)。~ *factor* 补偿因子。~ *ratio* 补偿比。~ *space* 补偿空间(在矿块中开凿的用于容纳被爆破矿石破碎胀出的体积的空间)。~ *factor* 压缩因子。~ *among enterprises* 企业竞争。

compiler *n.* ①编译器。②编译程序。③编辑者,汇编者。

complement *n.* ①补语。②余角。③补足物。—*vt.* 补足,补助。~ *of an angle* 余角。

complementary *a.* 补足的,补充的。~ *error function* 余误差函数。~ *function* 余函数。~ *shearing stress* 余剪应力。

complete *a.* ①完整的。②完全的。③彻底的。—*vt.* 完成。~ *detonation* 完全爆轰(炸药或雷管在外力作用下全部被引爆且爆轰完全的状态,相反,不完全爆轰称半爆;全部不爆称拒爆)。~ *equipment* 成套设备。~ *explosion* 全爆(爆炸品爆炸完全,没有残药)。

completion *n.* ①完成,结束。②实现。~ *of drifting at one blow* 一次成巷。

complex *a.* ①复杂的。②合成的。—*n.* ①复合体。②综合设施。③复杂的,复合体,复数。~ *bed* 复合矿层。~ *deposit* 复合矿床。~ *domain*; ~ *field* 复数域。~ *excitation* 复合激发。~ *function*; *function of ~ variables* 复变函数。~ *material*; *composite material* 复合材

料。~ *mechanization* 全盘机械化。~ *mineral*;*compound mineral* 复合矿物。~ *stress* 综合应力。~ *structure* 复杂构造(含煤岩系产状变化很大,断层发育,有时受岩浆侵入影响严重的构造)。~ *variable* 复变数。~ *wave* 复合波。~ *waves and wave interference* 复杂波和波干涉。

C

compliance *n.* ①顺从,服从。②承诺。~ *monitoring* 可塑性监测,柔量监测。

component *a.* 组成的,构成的。—*n.* ①组件。②构件。③分量。④成分。~ *component charge* 附加药包。~ *force* 分力。~ *of initiating device* 火工元件(在火工品中起特定功能的构件。构件是机器中运动的单元体,它由数个零件刚性地连在一起,是一个具有确定运动的整体)。~ *stress* 分应力。

composite *n.* ①复合材料。②合成物。③菊科。—*a.* ①复合的。②合成的。③菊科的。—*vt.* ①使合成。②使混合。~ *charge* 复合装药。~ *conductor* 复合导线。~ *explosive*;*explosive mixture* 混合炸药,复合炸药(两种或两种以上物质组成的炸药)。~ *force* 合力。~ *function* 合成函数。~ *loan* 混合贷款(向国际性银行借贷的一部分属于硬贷款,一部分属于软贷款的一种贷款)。~ *machinery* 组合型机械(卧式铣床等工作机械和汽车、工业用机器人等机械都是动力机械与工作机械组合体形式。近年来的机械大多以组合体的方法扩展其功能,如家用电器的电饭锅、冰箱等都是代表性的组合型机械)。~ *material* 复合材料。~ *mixing* 组合混波。~ *seam* 复煤层(全层厚度较大,夹矸层数多,厚度和岩性变化大,夹矸的分层厚度在一定范围内可能大于所规定的煤层最低可采厚度的煤层)。~ *shaft lining* 复合井壁(分层施工构筑的或用两种以上建筑材料构筑的井壁,包括双层井壁、夹层井壁等)。~ *structure* 组合结构。~ *time-distance curve* 复合时距曲线。~ *wave* 复合波。~ *wax* 复合蜡。

composition *n.* ①作文,作曲。②构成。③合成物。④成分。⑤构成。~ *of explosive* 炸药成分。~ *B* B 炸药。~ *B is a mixture of cyclotrimethylenetrinitramine* (*RDX*),*trinitrotoluene* (*TNT*) *and approximately* 1% *wax*,*used to make cast boosters. The typical explosive formulation contains* 60% *RDX and* 40% *TNT and detonates at speed of* ~ 7800 *mps* (25600 *fps*). B 炸药是由黑索金(RDX)、梯恩梯(TNT)和大约 1% 石蜡组成的混合物,通常用来制造浇铸中继起爆药柱。经典的炸药配比为 60% 黑索金和 40% 梯恩梯,爆速为 7800m/s(25600 英尺/秒)。~ *charge* 混合装药结构(连续装药的一种,特别是在炮孔中同时装入不同品种〈一般为两种〉炸药。例如,露天矿在有水的炮孔装药时,炮孔下部装抗水炸药,上部装非抗水炸药。当炮孔穿过不同性质岩层时,在硬岩部分装高威力炸药,在软岩部分装低威力炸药,使炸药能量得到合理利用)。~ *control and accounting System* 成分控制和计量系统。~ *face*;*composition plane*;*composition surface*; *joint face*;*junction surface*

结合面。~ *for initiating explosive device;loading materials for initiating explosive device* 火工药剂(只用于和主要用于火工品的炸药,主要指起爆药、点火药和延期药等,是起爆药和烟火药的总称)。

compound *vt.* ①合成。②混合。③和解妥协。④掺和。—*vi.* ①和解。②妥协。—*n.* ①【化】化合物。②混合物。③复合词。—*a.* ①复合的。②混合的。~ *function* 复合函数。~ *gear train* 复合轮系(在实际机械中,除了应用单一的定轴轮系和单一的行星轮系外,还用到既含有定轴轮系,又含有行星轮系或者含有多个行星轮系的传动,这种复杂的齿轮系称为复合轮系)。~ *interest factor* 复利系数(各不同时间的资金值按复利方式进行相互折算时所采用的系数)。~ *loading* 总负荷。~ *sensitizer* 合成敏化剂。~ *stainless tube made by explosive swelling* 爆炸胀接不锈钢复合钢管。~ *stress* 复合应力。~ *structure* 复合结构。~ *system* 复合体系。~ *wax* 合成蜡,复合蜡。

comprehensive *a.* ①综合的。②广泛的。③有理解力的。—*n.* ①综合学校。②专业综合测验。~ *consultation* 综合咨询。~ *strata log diagram* 综合地层柱状图(按一定比例尺和图例综合反映测区内地层层序、厚度、岩性特征和区域地质发展史的柱状剖面图)。~ *test; all-round test* 全面试验。

compressed *a.* ①被压缩的。②扁平的。~ *layer* 受压层(附加应力对地基压缩变形具有实际意义的有效影响深度内的岩土层)。~ *area;crushed area* 压缩粉碎区(当炸药爆炸后,形成每秒数千米速度的冲击波,伴之以高压气体在微秒量级的瞬时内作用在紧靠药包的岩壁上,致使近区的坚固岩石被击碎成为微小的粉粒,将原来的药室扩大成空腔,称为粉碎区;如果所爆破的岩石为塑性岩石,则近区岩石被压缩成坚固的硬壳空腔,称为压缩区)。~*-air blasting* 压气爆破(利用高压气体突然释放所产生的爆炸效应破煤的方法。它用于有瓦斯、煤尘爆炸危险的采煤工作面。按产生高压气体的原理有压缩空气爆破筒、二氧化碳爆破筒和水蒸气爆破筒三种)。~*-air shell* 压缩空气爆破筒。

compressibility *n.* ①压缩性。②压缩系数。③压缩率。④可压缩性(土在压力作用下体积缩小的性能)。~ *index* 压缩指数(土在无侧胀条件下受压时,其孔隙比与压力对数值的关系曲线直线段的斜率)。~ *coefficient* 压缩系数(压缩曲线的某压力段割线的斜率,以 MPa^{-1} 表示)。

compressible *a.* ①可压缩的。②可压榨的。~ *support; yieldable support; yieldable set; yield timbering, yielding support; pliable support* 可缩性支架(具有可缩性材料或〈和〉结构,在地压作用下能够适当收缩而不失去支撑能力的支架)。

compression *n.* ①压缩,浓缩。②压榨,压迫。~ (*strain*) *wave* 压缩(应力)波。~ *area* 受压面积。~ *blasting* 压缩爆破。~ *coefficient;compressibility coeffi-*

*cient*压缩系数(压缩曲线的某压力段割线的斜率,以 MPa^{-1}表示)。~ *creep* 压缩蠕变。~ *curve* 压缩曲线(土在无侧胀条件下受压时,其孔隙比与压力的关系曲线)。~ *failure* 受压破坏。~ *knock* 压缩爆燃。~ *law* 压缩定律(土在无侧胀条件下受压时,在压力变化不大的情况下,其孔隙比的变化与压力的变化成正比)。~ *loading* 压缩加载。~ *modulus* 压缩模量。~ *ratio* 压缩比(气缸出口压力〈压强〉与入口压力〈压强〉之比,在两级或多级空压机中每级气缸的压缩比称为"级压缩比 stage compression ratio",而末级出口压力〈压强〉与初级入口压力〈压强〉之比称为"总压缩比 overall compression ratio")。~ *strength* 耐压强度。~ *strength of rock* 岩石抗压强度。~ *stress* 压缩应力。~ *test* 压缩试验(使用压缩仪对黏性土可压缩性指标〈压缩系数、压缩指数、压缩模量等〉的定量测试)。

compressional *a*. ①有压缩性的。②与压缩有关的。~ *component* 纵波分量。~ *diffraction* 压缩波绕射。~ *point source* 压缩波点源。~ *velocity* 压缩波速度。~ *vibration* 纵振动。~ *wave* 压缩波(也称纵波、P 波,一种质点振动方向与波传播方向一致的弹性波,这种波可以在固体、液体或气体中传播)。~ *wave velocity in rock* 岩石纵波速度。

compressive *a*. ①压缩的。②有压缩力的。~ *force* 压缩力。~ *modulus of elasticity* 压缩弹性模量。~ *strain* 压应变。~ *strain wave* 压力应变波。~ *strength for linear contact* 线抗压强度。~ *strength for point contact* 点抗压强度。~ *strength for surface contact* 面抗压强度。~ *strength of frozen soil* 冻土抗压强度(冻土的抗压强度与冻土的负温度、含水量、矿物成分、颗粒组成以及外力作用时间等因素有关)。~ *strength of rock* 岩石抗压强度(指岩石承受压应力时抵抗破坏的能力,单位为 MPa)。~ *strength test* 抗压强度试验。*unconfined* ~ *strength test* 无侧限抗压强度试验。*uniaxial* ~ *strength test* 单轴抗压强度试验(在无侧限条件下使试样于单轴压力作用下发生破坏的测定岩土抗压强度的方法)。~ *stress* 压应力。~ *stress constraint* 压应力约束。~ *stress*;*compressional stress* 压缩应力;压应力(引起岩土产生压缩变形的正应力)。~ *stress-strain data* 压缩应力应变数据。~ *tension failure* 压致拉裂破坏(岩土在压力作用下,满足格里菲斯破裂初始准则而引起的,最初与裂纹长轴方向成一定角度,最后趋于与最大主应力方向平行的拉断破坏)。~ *yield point* 受压屈服点,抗压屈服极限。

compresso-crushed *a*. 挤压破碎的。~ *zone* 挤压破碎带。

compresso-shear *a*. 压扭性的。~ *structural plane* 压扭结构面。~ fracture 压扭破裂面。

computed *v*. 计算(compute 的过去式)。—*a*. 计算的(compute 的过去分词)。~ *charge* 计算装药量。

computer *n*. ①计算机。②电脑。③电子计算机。~ *aided blasting*;*CAB* 计算机辅助爆破(在改善专门技术、爆破模型、数据库和适当的传感控制系统中应用信息技术和数字计量系统,以达到优化爆破效果的作用)。~ *aided design;CAD* 计算机辅助设计(利用计算机及其图形设备帮助设计人员进行设计工作。CAD技术已从单纯代替人工完成设计计算和自动绘图等功能,逐步发展为一种人机交互的综合性系统)。~ *architecture* 计算机体系结构(1964年,Amdahl在介绍IBM 360系统时提出:计算机体系结构是程序员所看到的计算机的属性,即计算机的逻辑结构和功能特征,包括其各个硬部件和软部件之间的相互关系)。~ *blasting simulation* 计算机模拟爆破(计算机模拟爆破就是以计算机为工具对人们根据自己理解建立的爆破力学模型求解)。~ *code* 计算机编码(开发用于荷载计算、爆破几何学、破碎和抛掷等的代码)。~ *control system* 微机控制系统。~ *hardware* 计算机硬件(构成计算机系统的物质元器件、部件、设备,以及它们的工程实现〈包括设计、制造和检测等技术〉。广义的硬件包括硬件本身及其工程技术部分。硬件是计算机的躯体,是计算机的物理体现)。~ *input device/output device* 计算机输入输出设备(由输入设备和输出设备组成)。~ *network* 计算机网络(地理上分散的多台独立自主的计算机通过软、硬件设备互联,以实现资源共享和信息交换的系统。具有访问权限的用户可以通过计算机网络中的任一台计算机去使用网络中的程序、数据和硬件设备。用户还可以选择具有适当处理能力的空闲计算机来分担自己的复杂任务)。~ *operator* 计算机操作人员。~ *security* 计算机安全(防范与保护计算机系统及其信息资源在生存过程中免受蓄意攻击、人为失误与自然危害等引起的损失、扰乱和破坏。已衍生成为一门研究计算机安全防护理论和方法的技术学科。计算机安全是由计算机设备安全和计算数据安全组成)。~ *simulation* 计算机仿真(利用计算机建立、校验、运行实际系统的模型以得到模型的行为特性,从而达到分析、研究该实际系统之目的的一种技术)。~ *simulation of bench blasting with precise delay timing* 计算机模拟精确延时台阶爆破。~ *software* 计算机软件(计算机系统中的程序及其文档。程序是计算任务的处理对象和处理规则的描述;文档是为了便于了解程序所需的阐明性资料。软件是用户与硬件之间的接口界面。要使用计算机,就必须编制程序,必须有软件。用户主要是通过软件与计算机进行交往的。软件是计算机系统设计的重要依据)。~ *virus* 计算机病毒(计算机系统中一类隐藏在存储介质上蓄意破坏的捣乱程序。具有可运行性、复制性、传染性、潜伏性、破坏性、欺骗性、精巧性、隐藏性和顽固性等特点。对计算机系统与网络的安全和正常运行具有极大的危害)。~*-aided mapping system* 计算机辅助绘图系统(通过全站型测距仪取得、存储测算数据,输送给电子计算机进行处理,并以电子绘图桌绘制地形图的组合测量系统)。

computerized *a.* ①电脑的。②电脑化

的。③用电脑处理的。—*v*. 用电子计算机控制(computerize 的过去分词)。~ *control on drilling equipment* 微机控制钻孔设备。~ *process control* 微机过程控制。~ *vibration analysis* 微机记录振动分析。

C

concavity *n*. ①凹面。②凹度。③聚能穴(如果在装药起爆的另一端做成空穴,当爆轰波传至空穴表面时,爆轰产物将改变运动方向〈大体垂直空穴表面〉,就会在装药轴线上汇集、碰撞,产生高压,并在药卷轴线方向上形成向前高速运动的爆炸产物聚能流,这种能形成聚能流的空穴称为聚能穴)。

concealed *a*. 隐蔽的,隐匿的。~ *coalfield* 隐伏煤田(含煤岩系出露极差且大部或全部被掩盖,地面地质填图难以确定其边界的煤田)。~ *structure* ①隐性结构。②隐蔽构造。

concentrate *vi*. ①集中。②浓缩。③全神贯注。④聚集。—*vt*. ①集中。②浓缩。—*n*. ①浓缩,精选。②浓缩液。③精矿。~ *band* 精矿带。~ *bin* 精矿仓。~ *end* 精矿端。~ *grade* 精矿品位。~ *recovery* 精矿回收率。~ *yield* 精矿产率。~*ing operation* 浓缩作业。~*ing ore* 待选原矿。

concentrated *a*. ①集中的。②浓缩的。③全神贯注的。—*v*. 集中(concentrate 的过去分词)。~ *bottom charge* 底部集中装药。~ *cartridge* 集中药包。~ *charge* 集中装药(爆破时,把炸药集中装填在一起的装药方法。一般指长度与直径之比小于4的装药)。~ *charge chamber blasting* 集中药室爆破(集中药室就是将炸药集中在一起,其集中系数 $\psi \geq 0.41$ 的爆破)。~ *force* 集中力。~ *load*;*point load* 集中负荷,集中荷载(作用力接触面极小〈可视为一个点〉的荷载)。~ *mining* 集中采矿,集中开采。~ *stress* 集中应力。

concentration *n*. ①浓度。②集中。③浓缩。④专心。⑤集合。~ *coefficient of side holes* 周边孔密集系数。~ *coefficient of hole* 炮孔密集系数(钻孔间距与钻孔最小抵抗线之比,决定着炸药在岩体中的分布效率。由于炮孔的起爆顺序不同,爆破时炮孔密集系数可能变化很大,参见 *spacing*[*burden*] *ratio at drilling*)。~ *distribution* 集中分布。~ *factor* 药室集中系数(按照药室形状的不同,可将硐室爆破分为集中药室爆破和条形药室爆破两类。工程上多以药室的集中系数来划分,其计算式为 $\psi = \frac{0.62V_Q}{R} = \frac{0.62Q}{R\Delta}$,式中:$V_Q$ 为装药体积,$V_Q = Q/\Delta$,m^3;Q 为装药量,kg;Δ 为装药密度,kg/m^3;R 为药室中心至最远点的距离,m)。~ *of energy* 能量集中。~ *of operation* 集中作业。~ *of stress* 应力集中。~ *ratio* 浓缩比,选矿比。

conceptual *a*. 概念上的。~ *modelling* [*modeling*] 概念模型(用数学方程和逻辑关系的形式代表一种行为或物体智力想象模型的技术)。~ *structure of MIS* 管理信息系统的概念结构(从概念上看,MIS 由4大部分组成,即信息源、信息处理器、信息用户和信息管理者,信息源是 MIS 的数据来源,它是信息的产生地,信息处理器负责信息的传输、加工、存储,为各类管理人员即信息用户提供信息服务,信息管理者负责系统的设计、实现、运行和管理)。

concern *n.* ①关心,关切之事。②顾虑,挂念,关怀。③ 事务,事情。④利害,关系。⑤公司,生意。⑥东西,玩意。⑦股份。—*vt.* ①关系到,与…有关,涉及。②使担心,关心,使忧虑。*Flyrock from surface blasting operations has caused serious injury and death to employees and habitants, and it is always known as one of the major ~s for the blasters.* 露天爆破作业产生的飞石已对工作人员和居民造成严重伤亡,所以这是爆破人员始终关切的重大事情之一。*This problem, which is seemingly important to many others, is likely to be a minor ~ to the new working committee.* 这个问题看上去对很多人异常重要,但对新的工作委员会来说可能是小事一桩。*show much ~ about the people in the affected area* 非常挂念灾区人民。*young people with little ~ for the future* 对未来毫不关心的青年。*Out of ~ for his colleagues in danger, he did it without report in advance.* 出于对遇险同事的挂念之心,他做这事没有预先打报告。*When a family member falls ill, all the others show considerate ~.* 当家中有人生病,家人都显示出关怀体贴。*insignificant ~s of daily life* 冗冗事态中的琐事。*Blasting is not a mere ~ of blasters but of the whole society.* 爆破不只是爆破工作者的事,也是全社会的事。*He says that he has no ~ in this matter.* 他说他与这事无关。*a profit-making ~* 营利的生意。*In the past century the Commercial Press was the biggest publishing ~ in China.* 20 世纪,商务印书馆是中国最大的出版公司。*This is a little odd-looking ~ fitted with blinking lights.* 这是个有闪光装置、样子奇特的小玩意儿。*This enterprise has a considerable ~ in real estate.* 这家企业在房地产行业有大额股份。*Pollution is a problem that ~s all.* 污染问题牵系众生。*This storybook ~s a man who was wrongly imprisoned.* 这部小说讲的是有个人受冤下狱的前前后后。*The tax changes will ~ large corporations rather than small businesses.* 税率变动关系到大公司,而不是小本生意。*To whom it may concern* 敬启者(正式函电或信件开头用语)。*More and more people ~ing themselves with environmental problems.* 越来越多的人关心自身的环境问题。*This king's failing health ~s all the cabinet.* 国王身体欠安,内阁成员忧心忡忡。*As far as …be ~ed* 就…而言。*So far as they themselves are ~ed, they have been out of danger.* 至于他们自身,已脱离危险。*as ~s* 至于。*As ~s demolition blasting in residential areas, safety is an overriding issue.* 至于拆除爆破,安全压倒一切。*As ~s this TV play, all the plots are crazy.* 至于这个电视剧,所有情节都荒唐。*be of ~ to sb (or sth)* 重要的,有利害关系的。*This explanation is of ~ to our understanding of his lifetime story.* 这种解释对我们了解他的生平

C

故事很重要。

concerned *a*. ①有关的。②受到牵连,受牵累。③挂念,忧虑。*the authorities* ~ 有关当局。*the parties* (*persons*) ~ 当事人。*Everyone* ~ *in the accident was questioned by the police*. 受事故牵连的每个人都受到警方的盘问。*People present are all* ~ *about their personal safety*. 在场的人都为他们的人身安全忧虑。*He is* ~ *that he cannot get the money back*. 他担心的是钱要不回来。

concerning *prep*. ①关于。②就…而言。—*v*. ①涉及。②使关心(concern 的 ing 形式)。③忧虑。

concomitant *a*. ①相伴的。②共存的。③附随的。—*n*. 伴随物。*Significant rationalization of the explosives and accessories commodity basket has been achieved with* ~ *savings in costs of stock holding and simplification of packaging, transport and storage requirements*. 重要的是合理地实现了炸药及其辅助商品一揽子计划,相应地节省股票持有费用,致使包装简便,并达到库存要求。

concrete *a*. ①混凝土的。②实在的,具体的。③有形的。—*vi*. 凝结。—*vt*. ①使凝固。②用混凝土修筑。—*n*. ①具体物。②凝结物。③混凝土(混凝土是用水泥、水和骨料〈包括细骨料,例如砂子、粗骨料,例如卵石和碎石〉等原材料经搅拌后入模浇注、并经养护硬化后形成的人工石材)。~ *blasting* 混凝土爆破。~ *cofferdam* 混凝土围堰(由混凝土为主构筑的围堰称为混凝土围堰。混凝土围堰常用于在岩基上修建的水利枢纽工程)。~ *damage model* 混凝土损伤模型。~ *foundation* 混凝土基础。~ *ground* 混凝土地平。~ *overlay* 混凝土被覆。~ *placement*; ~ *spouting* 混凝土浇注。~ *platform* 混凝土平台。~ *ringwall* 混凝土圈座。~ *structural member* 混凝土结构单元。~ *structure* 混凝土结构(以混凝土为主制作的结构称为混凝土结构,它包括素混凝土结构、钢筋混凝土结构和预应力混凝土结构)。~ *topping* 混凝土面层。~*-spraying machine*; *shotcrete machine*; *concrete sprayer* 混凝土喷射机(以压缩空气为动力,将混凝土拌和料喷向岩体表面的机械)。

concurrent *a*. ①并发的。②一致的。③同时发生的。—*n*. ①【数】共点。②同时发生的事件。~ *deformation*; *contemporaneous deformation* 同期变形,同时变形。~ *forces* 共点力。~ *operation*; *operation in parallel* 平行作业(在同一工作面进行几个工序的作业)。

concussion *n*. ①震荡。②脑震荡。③冲击(气流等撞击物体。空气爆炸中的不可见部分,频率在 20Hz 以下)。~ *blasting*; ~ *shot*; *light blasting* 松动爆破。~ *charge*; *mud cap*; *plaster shot* 糊炮药包(用于破碎爆破大块的裸露装药)。~ *fuse* 击波自炸引信。

condensation *n*. ①冷凝。②凝结。③压缩。~ *point* 冷凝点。

condensed *a*. ①浓缩的。②扼要的。—*vt*. 浓缩(condense 的过去分词)。~ *explosive* 凝聚炸药。~ *phase explosive* 凝聚相炸药。~ *phase media* 凝聚相介

质。~ *system* 冷凝系统。

condenser *n*. ①冷凝器。②电容器。③聚光器。~ *type blasting machine* 电容式起爆器(电力起爆时,用直流电源的起爆器要比用照明电、动力电类的交流电源方便得多。目前,大都采用电容式起爆器〈亦称放炮器〉,它把电能储存在电容器中,达到一定的电压后,瞬间对爆破网路放电,所以常常能获得额定的起爆能力,操作也很简便)。~*-discharge blasting machine* 电容放电起爆器(用电池或磁性体对一个或几个电容器充电,其储备的能量可释放到一个爆破网路的一种起爆器上)。

condition *n*. ①条件。②情况。③环境。④身份。—*vt*. ①决定。②使适应。③使健康。④以…为条件。~ *adjustment* 条件平差(由条件方程按最小二乘原理求测量值和参数的最佳估值并进行精度估计的平差方法)。~ *equation* 条件方程。~ *of adaptability* 配合(指基本尺寸相同的、相互结合的孔和轴的公差带之间的关系。孔的尺寸减去相配合的轴的尺寸所得的代数差,其值为正时称为间隙,其值为负时称为过盈)。~*s forming normal cast blasting crater* 形成标准抛掷爆破漏斗的条件(标准爆破漏斗的装药最小抵抗线 W 等于漏斗半径 r,漏斗张开角 $\theta=\pi/2$。在柱状装药条件下,若忽略反射横波的作用,则形成标准爆破漏斗的力学条件可表述为:漏斗边缘处入射波产生的切向拉应力与反射拉伸波产生的径向拉应力之和等于岩石的拉伸强度)。

conduct *vi*. ①导电。②带领。—*vt*. ①管理。②引导。③表现。—*n*. ①进行。②行为。③实施。~ *sheet* 任务分工表。

conductive *a*. ①传导的。②传导性的。③有传导力的。~ *mix detonator* 导电药电雷管(电桥为导电药的电雷管)。

cone *n*. ①圆锥体,圆锥形。②球果。—*vt*. 使成锥形。~ *cut* 锥形掏槽(掏槽孔呈锥形布置的斜孔掏槽方式)。~ *test* 混凝土锥体塌落试验。~*-shaped*;*conical* 锥形的。

confidence *n*. ①信心。②信任。③秘密。—*a*. ①诈骗的。②骗得信任的。~ *coefficient* 置信系数。

confined *a*. ①狭窄的。②幽禁的。③有限制的。④在分娩中的。—*v*. 限制(confine 的过去式和过去分词)。~ (*explosive*) *loading* 约束装药。~ *blast* 密闭爆破。~ *blasting*; ~ *explosion* 约束爆破(用炸药破坏物体时,通常要在物体中钻孔,并把炸药装入其中,然后用炮泥堵塞,这样可使炸药爆炸的能量充分作用到需要破坏的物体上,这种爆破方法叫做约束爆破,也叫内部装药爆破或钻孔爆破,反之则称为裸露爆破或外部装药爆破)。*In ~ blasting, however, the borehole in which the explosive material is placed is capped with material such as crushed rock.* 然而在约束爆破中,装了炸药的炮孔覆盖了诸如破碎岩石那样的炮泥。~ *charge* 内部装药。~ *detonation velocity* 约束爆轰速度(一般来说,炸药在有约束条件下的爆轰速度将增大。当炸药用纸包装时,测得的爆轰速度称为无约束爆速,采用其他容器装填炸药时称为约束爆速。所以表示炸药的爆速时,必须注明是约束爆速还是无约束爆速。前者还应说明约束容器的材料和直径。一般书中提到的炸药爆速,均为无约束爆速)。~ *gap test* 约束殉爆试验(在密封状态下的殉爆试验)。~ *space* 有限空间。~ *underwater blasting* 水下约束爆破。

C

confinement *n.* ①限制。②监禁。③分娩。④封闭,密封。⑤围压,内压。⑥约束。⑦封闭炮孔。⑧炮孔堵塞。~ *or degree of* ~ 约束或约束度(环境对炸药药包的约束效果。药包的约束取决于周围环境的岩石特性;自由面的数量、方位、形状和对重力场的其他特性等等。不同倾角台阶约束度的估算可利用"固定因子 fixation factor"得到,固定因子乘以实际抵抗线就可计算出对应约束度的抵抗线)。

confining *a.* ①受限的,限制的。②狭窄的,偏狭的。③拘束的。~ *stress* 侧限应力,侧向应力。~ *wall* ①围墙。②药室壁。

conflagration *n.* ①大火。②快速燃烧。③突发。④冲突。⑤爆燃。

congelation *n.* ①冻结,凝结。②冻结物。~ *temperature* 冷凝温度。

conglomerate *vi.* 凝聚成团。—*vt.* ①使聚结。②凝聚成团。—*a.* ①成团的。②砾岩性的。—*n.* ①企业集团。②聚合物。③ 砾岩(颗粒直径大于 2mm 的圆形、次圆形砾石经胶结而形成的沉积岩。砾石的成分可为花岗岩、石灰岩、石英岩、硅质岩和各种变质岩等的碎屑,胶结物多为二氧化硅、碳酸盐、黏土和氧化铁等)。

conic *a.* ①圆锥的。②圆锥形的。—*n.* 圆锥截面(等于 conic section)。~ *shaped charge* 锥形药包(因为需要很高的爆轰速度,在外侧包覆一层炸药〈如 PETN〉的金属锥形物。爆轰产生金属射流,对被爆对象产生很强的渗透作用)。~ *strain* 应变圆锥曲线。~ *stress* 应力圆锥曲线。

conical *a.* ①圆锥的。②圆锥形的。~ *wave* 锥面波。

coning *n.* ①锥进。②锥形压力梯度。—*v.* ①使成锥形。②使成斜角(cone 的现在分词)。

connecting *n.* ①连接。②管接头,套管。—*a.* 连接的。—*v.* 连接(connect 的 ing 形式)。~ *survey through raise* 天井联系测量(将水平或阶段巷道导线坐标、方向和高程通过天井传递到另一水平或阶段的测量工作。其目的是为采准巷道和采场测量建立控制基础。天井联系测量的特点是控制范围小、服务时间短、测量条件差和精度要求低,因此尽量采用简便易行的测量方法和仪器)。~ *traverse* 附合导线(在两个已知控制点之间布设的导线)。~ *wire;line* 连接线(①用于连接相邻炮孔和药室的导线。②爆破母线与电雷管脚线之间或电雷管与电雷管脚线之间的连接导线。电力起爆时,当雷管脚线长度不够,不能联结成爆破网路的情况下,尚需加接一些其他导线。这些导线称辅助母线和爆破母线,其中辅助母线是连接雷管脚线和爆破母线的电线。也称为连接线或区域线)。

connection *n.* ①关系。②连接件。③连接(把导火索插入火雷管中并加以固定,或者把火雷管、电雷管与导爆索捆扎在一起的作业。对于后者,捆扎时必须使雷管底部的凹穴与导爆索的传爆方向一致。参见 crimping)。~ *of wire*; *connector* 连线(电力起爆时,把脚线和脚线、脚线和辅助母线以及辅助母线和爆破母线连接起来的作业)。~ *point* (*for orientation*) 定向黏结点。~ *sleeve* 连接套管(刚性管装药的一头,它的外直径比另一头要小,直径较大的那头装药可以推后 20~30mm。因此管装药可以增加连续药包的装药长度)。~ *survey* 联系测量(将地面平面坐标系统和高程系统传递到井下的测量工作)。

consecutive *a.* ①连贯的。②连续不断的。~ *firing*; *sequence blasting*; *series shot firing* 顺序爆破。~ *reaction* 连串反应。~ *equation* 守恒方程。~ *principle* 守恒原理。~ *lower bound* 保守下限。~ *upper bound* 保守上限。

consideration *n.* ①考虑。②原因。③关心。④报酬。*Some ~ is given to the stemming length but no consideration is given to the stemming material and particle size of the rock.* 人们虽然考虑到炮泥长度,但没考虑到炮孔填塞材料和岩石粒度。*An optimum powder factor can satisfy both economic and environmental ~s in blast design.* 在爆破设计时选择最佳单位炸药消耗量,既能消除经济成本方面的顾虑,又能消除环境方面的顾虑。*The likely GHGs from detonation that require ~ are CO_2, CH_4 and possibly N_2O.* 需要考量的是爆破可能产生的温室气体,包括二氧化碳、甲烷,可能还有一氧化二氮。

consist *vi.* ①组成,用…做的。②在于。③符合,相容。*Cake ~s chiefly of flour, sugar and eggs.* 蛋糕主要是用面、糖和蛋做的。*An advanced society ~s of material, spiritual and environmental civilizations.* 先进的社会是由物质文明、精神文明和环境文明构成的。*A person's value ~s in making contributions to society rather the making profits from it.* 人生的价值在于为社会做贡献,而不是从中牟利。*His viewpoint does not ~ with my plan.* 他的观点与我的计划不相容。*Politicians' actions do not ~ with their words.* 政客的言行不符。

consistency *n.* ①联结。②结合。③坚固性。④浓度。⑤一致性,连贯。~ *condition* 相容条件。

consolidated *a.* ①巩固的。②统一的。③整理过的。—*v.* ①合并。②巩固(consolidate 的过去分词形式)。③统一。~-*drained shear test*; *slow shear test* 固结排水剪切试验,慢剪试验(试样在压力作用下排水固结,在剪切过程中完全排除孔隙水影响的剪切试验)。~-*undrained shear test*; ~ *quick shear test* 固结不排水剪切试验,固结快剪试验(试样在压力作用下排水固结,在不排水条件下进行剪切的剪切试验)。

consolidation *n.* ①巩固。②合并。③团结。④ = intensification; strengthening 加固,强化。~ *test* 固结试验(使用固结仪对黏性土固结特性指标〈固结度、

C

固结系数等〉的定量测试）。

constant *a*. ①不变的。②恒定的。③经常的。—*n*. ①【数】常数。②恒量。~ *maintenance* 日常检修。~ *price* 不变价格。~ *temperature* 恒温。~-*area grain* 恒面燃烧火药柱。~-*temperature foaming* 恒温发泡。

C

constituent *n*. ①成分。②选民。③委托人。—*a*. ①构成的。②选举的。~ *equation of rock* 岩石本构方程（表征岩石应力应变之间关系的数学式。亦称物理方程，是反映岩石物理力学性质、表征岩石变形性的最基本的方程式。由于岩石内存在孔隙、微裂隙和受力状态及试验条件的不同，各种岩石有不同的本构方程。坚硬完整的岩块的本构方程可以用广义胡克定律来表示）。

constitutional *a*. ①宪法的。②本质的。③体质上的。④保健的。—*n*. ①保健散步。②保健运动。~ *formula* 结构式。

constitutive *a*. ①基本的。②本质的。③制定的。④构成分子的。—*n*. 要素。~ *relation*；~ *equation* 本构关系，本构方程。

constrained *a*. ①拘泥的。②被强迫的。③不舒服的。—*v*. ①驱使。②强迫。③勉强（constrain 的过去分词）。~ *Lagrange in Solid* 多物质流固偶合。~ *mechanism* 受约机理。

constraint *n*. ①【数】约束。②局促，态度不自然。③强制。~ *condition* 限制条件。~ *effect*；*effect of constraint* 约束效应。

construction *n*. ①建设。②建筑物。③解释。④造句。⑤结构。~ *blasting operations* 建设爆破作业。~ *blasting*；*surface* ~ *blasting* 露天建筑拆除爆破。~ *budget* 建设预算（基本建设预算简称建设预算，是建设项目初步设计概算和施工图预算的统称。它是确定建设项目从前期准备到竣工交付使用全过程所需支出的费用〈投资〉）。~ *contract* 施工合同。~ *general layout* 施工总平面图（对主体工程及其施工辅助企业、交通系统、各类房屋及临时设施等作出全面部署和安排的图纸）。~ *management* 施工管理（工程修建过程中的组织管理和技术管理工作）。~ *of charge* 装药结构（炸药沿炮孔深度的分布状况。它对炸药能量利用和爆破效果有很大影响。矿山炮孔爆破采用的装药结构有：连续装药结构、混合装药结构、间隔装药结构和底部空气垫层装药结构。硐室大爆破采用的条状药包，也有连续装药和间隔装药两种结构。参见 *loaded constitution*）。~ *organization planning* 施工组织设计（根据工程建设任务的要求，研究施工条件、制定施工方案用以指导施工的技术经济文件）。~ *preparation* 施工准备（开工前的准备工作包括施工组织设计，开通道路，场地布置，机械、器材、人员准备，有关证件申领等）。~ *scheduling* 施工进度计划（规定主要施工准备工作和主体工程的开工、竣工和投产发挥效益等工期、施工程序和施工强度的技术文件）。~ *specification* 施工规程规范（对施工的条件、程序、方法、工艺、质量、安全以及机械操作等的技术标准）。~

transportation 施工交通(为运输施工材料、机械设备和人员的工程设施)。~ *of cap and fuse* 导火索起爆雷管结构。~ *of detonating cord system* 导爆索起爆雷管结构。~ *of electronic detonators* 电子雷管结构。~ *of shock tube system* 导爆管雷管结构。~ *strength* 结构强度。~ *cost* 施工成本。

consulting *a.* ①咨询的,商议的。②顾问的,任专职顾问的。—*v.* ①咨询,请教。②商议(consult 的现在分词形式)。~ *company* 咨询公司。

contact *n.* ①接触,联系。②ANSYS 软件中接触类型(ANSYS Workbench 中提供了 5 种接触类型,分别为 a)绑定 Bonded; b)不分离 No Separation; c)无摩擦 Frictionless; d)粗糙的 Rough; e)有摩擦 Frictional)。—*vt.* 使接触,联系。—*vi.* 使接触,联系。~ *angle* 接触角(在至少有两个是凝聚相的三相接触线的一点上,与接触线垂直的平面和三相中每个相相交而得到的曲线的切线所形成的角)。~ *area*; ~ *face*; ~ *plane* 接触面。~ *blasting* 外部装药爆破,裸露爆破,糊炮爆破。~ *coupling* 耦合接触。~ *curve* 接触曲线。~ *force* 触点压力。~ *metamorphic rock* 接触变质岩。~ *metamorphism of coal* 煤接触变质作用(岩浆接触煤层时,在岩浆热和岩浆中的热液与挥发性气体等的影响下,使煤发生变质的作用)。~ *point* 接触点。~ *time* 接触时间。~ *type* 接触类型(按岩土固体矿物颗粒的接触方式划分的类别)。~*-angle measurement method* 接触角测定法。

contained *a.* ①泰然自若的,从容的。②被控制的。—*v.* ①包含。②遏制(contain 的过去分词)。③容纳。~ *explosion* 遏制爆炸,封闭爆炸。

contaminated *a.* ①受污染的。②弄脏的。—*v.* 污染(contaminate 的过去式)。~ *air*; *foul air* 污浊空气(受到井下浮尘、有害气体污染的空气)。

contingency *n.* ①偶然性。②意外事故。③可能性。④意外开支。~ *cost* 不可预见费用(又称预备费,在工程投资概〈估〉算中,预留为支付施工中可能发生的、比预期的更为不利的水文、天气、地质及其他社会、经济条件而需增加的费用,一般以总投资的某一百分数计)。

contingent *a.* ①因情况而异的。②不一定的。③偶然发生的。④可能的。⑤依情况而定的。⑥偶然的。⑦有条件的。—*n.* ①分遣队。②偶然事件。③分得部分。④代表团。~ *expense*; *incident cost* 临时费用。~ *reserve* 应急储备。~ *reserve fund* 临时开支备用金。

continuous *a.* ①连续的,持续的。②继续的。③连绵不断的。~ *liquid phase* 连续液相。

continued *a.* ①继续的。②持久的。—*v.* ①继续。②逗留。③维持原状(continue 的过去分词)。~ *excavation* 连续采掘。

continuity *n.* ①连续性。②一连串。③分镜头剧本。~ *of jointing* 节理连续性。

continuous *a.* ①连续的,持续的。②继续的。③连绵不断的。~ *column charge* 连续装药结构(炸药自孔底向孔口形成一定长〈高〉度的连续药柱,药柱前端孔口为填塞材料。这种装药结构在浅孔、深孔爆破中都得到应用。装药工艺和孔内起爆系统较简单,易于操作,便于机械化装药)。~ *column of powder* 连续柱状装药。~ *control* 连续控制。~ *coring* 连续岩心取样。~ *deformation* 连续变形。~ *discharge* 连续卸载。~ *distribution* 连续分布。~ *emulsifying technology* 连续乳化工艺。~ *emulsion* 连续乳化。~ *excavator* 多斗挖掘机(使用多个铲斗的挖掘机,又称多斗铲,参见 *multi-bucket excavator*)。~ *face*; *straight face*; *uninterrupted face*; *single face* 连续工作面。~ *fuel phase* 连续油相。~ *function* 连续函数。~ *grade*; *steady gradient* 连续坡度。~ *grading* 连续粒度组成。~ *medium* 连续介质(固体颗粒物质在空间呈不间断排列的介质)。~ *medium mechanics* 连续介质力学。~ *mining* 连续开采。~ *permafrost zone* 连续冻土带。~ *phase* 连续相。~ *probe method* 连续探测方法。~ *random variable* 连续随机变量。~ *sampling* 连续取样。~ *seismic profiling* 连续地震剖面法。~ *stress* 持续应力。~ *vein* 连续矿脉。~ *VOD* systems 爆轰速度连续(测试)系统。~ *vs. split* 连续或者间隔装药。~*-flow production* 流水作业,流水线生产。

continuously *ad.* 连续不断地。~ *emulsified explosive* 连续乳化炸药。~ *loaded hole* 连续装药孔。

continuum *n.* ①【数】连续统一。②【经】连续统一体;闭联集。③【物】连续区。~ *structure* 连续介质结构。

contingency *n.* ①偶然性。②意外事故。③可能性。④意外开支。⑤紧急情况。

contour *n.* ①轮廓。②等高线。③周线。④电路。⑤概要。—*vt.* ①画轮廓。②画等高线。~ *blast drilling* 周边孔爆破钻孔。~ *interval* 等高线间距(相邻等高线的高差)。~ *of horizontal stress* 水平应力等值线。~ *plot of stresses* 应力等值线图。~ *Plot* 等值线图。~ *stripping* 等高线剥离。~ (*perimeter*) *blasting* 周边孔爆破(布置在设计断面周边的炮孔爆破。如采用控制方法爆破周边炮孔,则可减少超挖,使开挖断面外形齐整。地下开挖以光面爆破为主,露天开挖以预裂爆破为主)。~ (*perimeter*) *hole* 周边孔(地下爆破时,在开挖断面周边上钻凿的炮孔,又称轮廓炮孔、修边炮孔和外帮炮孔。为了使爆破的轮廓形状完整,近来大多采用控制爆破的方法布置和装填周边炮孔)。~ *line*; *isohypse*; *isocatabase* 等高线(地图上地面高程相等的各相邻点所连成的曲线)。~ *interval* 等高距(地图上相邻等高线的高差)。

contract *vi.* ①收缩。②感染。③订约。—*vt.* ①感染。②订约。③使缩短。—*n.* ①婚约。②承包合同(确定发包与承包双方的权利与义务,并受法律保护的契约性文件)。~ *administration* 合同管理(合同管理是指各级政府工商行政管理机关、建设行政主管机关和金融机构以及工程发包单位、建设监理单位、承包企业依据法律和行政法规、规章制度,采取法律的、行政的手段,对合同关系进行组织、指导、协调及监督,保护合同当事人的合法权益,处理合同纠纷,防止和制裁违法行为,保证合同顺利贯彻实施等一系列活动)。~ *issues due to geology* 地质相关事宜。

contraction *n.* ①收缩,紧缩。②缩写式。~ *coefficient* 收缩系数,收缩率。~ *ratio* 收缩比。

contractor *n.* ①承包人。②立契约者。③承包商(其投标书已为发包人接受,并已正式签署合同负责实施完成合同任务的当事人)。~ *work* 承包工程。

contrast *vi.* ①对比。②形成对照。—*vt.* ①使对比。②使与…对照。—*n.* ①对比。②差别。③对照物。④反差。~ *factor* 反差系数。~ *index* 反差指数。

contribute *vt.* ①贡献,提供。②投稿。③捐献。—*vi.* ①贡献,出力,起作用,促成。②捐钱,出钱。③撰稿,投稿。—*n.* ①捐款人,做出贡献者。②投稿人,撰稿人。③促成因素。*data ~d by well-informed personages* 消息灵通人士提供的资料。~ *good ideas for a conference* 为会议出谋划策。~ *papers about blasting engineering to a magazine* 把几篇爆破工程的论文投给一个杂志。~ *short comments to a paper* 给一家报社斜短评。~ *clothing to poverty-stricken areas* 向贫困地区捐献衣物。~ *one's cultural heritages to a museum* 把自己的文化遗产捐给博物馆。~ *much to spiritual civilization* 为精神文明做出巨大贡献。*A leisurely life ~s to health.* 悠闲的生活有益于身体健康。*Automobiles ~ to air pollution.* 汽车造成了大气污染。*The economic depression ~d to his industrial bankruptcy.* 经济凋敝促成他的企业破产。~ *to a fund* (*the Red Cross, the disabled, charities, etc*) 向某基金(红十字会,残疾人,慈善机构等)捐款。~ *regularly or not to a bimonthly* 定期或不定期地给一家双月刊撰稿。

contributor *n.* ①贡献者。②投稿者。③捐助者。

contribution *n.* ①贡献。②捐献。③投稿。*Paper-making makes great ~s to water contamination.* 造纸业造成水体严重污染。*This invention is much ~ to mankind in utilizing solar energy.* 这项发明是人类利用太阳能的巨大贡献。*Religious persons feel that ~, more or less, to orphans is a generous act and a duty as well.* 信教人士觉得为孤儿捐钱,或多或少,是慷慨大方的行为,同时也是一种乐趣。*TIME published as a serial this doctor's ~s about cancer research in four issues.* 《时代》分四期连载了这位医生关于癌症研究的文稿。*lay under ~* 强迫…捐献,向…征收特别税。

contributive *a.* ①做出贡献的,捐助的。②有促成作用的,有引发作用的。*Smoking without restraint, says the doctor, is ~ to his lung diseases.* 医生说毫无节制的吸烟,引发了他的肺部疾病。

control *n.* ①控制。②管理。③抑制。④操纵装置。—*vt.* ①控制。②管理。③抑制。~ *area* 控制区域。~ *band* 控制地带。~ *center* 控制中心。~ *chart* 控制图表。~ *design* 控制系统设计。

~ *device*; ~ *equipment* 控制装置。~ *Energy* 能量控制。~ *function* 控制函数。控制功能。~ *instrument* 控制仪表。~ *of adverse blast effects* 反向起爆效果。~ *of blast vibration and fragmentation* 对爆破振动和岩体破碎的控制。~ *of collapse vibration* 倒塌振动控制。~ *of construction quality* 施工质量控制(为保证施工质量达到设计和技术标准要求而进行的监督、检查、试验和纠正工作)。~ *of explosion gas propagation* 控制爆破气体传播。~ *of explosive density* 炸药密度控制。~ *of fines by blasting* 控制爆破的大块率。~ *of flying rock* 对爆破飞石的控制(为防止爆破飞石造成对人员、设备或建筑物的危害所采取的一切防护措施)。~ *of public nuisance from blasting in mine* 矿山爆破公害控制(按照技术规范采用工程方法和技术措施,对矿山爆破造成的公害及其影响范围进行的控制和限制。矿山爆破公害控制的内容包括:爆破地震及其效应观测,爆破安全距离以及爆破空气冲击波的控制)。~ *of vibrating speed* 振动速度控制。~ *point* 控制点(以一定的精度测得几何、重力数据,为进一步测量和其他科学技术工作提供依据、控制精度的固定点)。~ *sequence* 控制顺序。~ *signal* 控制信号。~ *size* 控制粒度。~ *survey* 控制测量(在一定区域内,为地形测图和工程测量建立控制网所进行的测量,包括平面控制测量和高程控制测量)。~ *survey of mining area*; ~ *survey of mine district* 矿区控制测量(建立矿区平面控制网和高程控制网的测量工作)。~ *system* 控制系统。~ *transfer instruction* 控制转移指令。~ *word* 控制指令;控制代码。

controllable *a*. ①可控制的。②可管理的。③能操纵的。~ *epicenter* 可控震源。~ *factor* 可控因素。 ~ *factors that affect airblast emission include charge weight, hole diameter, burden, stemming height and blast orientation.* 影响空气冲击波释放的可控因素是装药重量、炮孔直径、抵抗线、堵塞高度和爆炸定向。~ *function* 可控函数。

controlled *a*. ①受控制的。②受约束的。③克制的。—*v*. ①控制。②约束(*control* 的过去式)。③指挥。~ *blasting* 控制爆破(对爆破介质的破坏方向、破坏范围、破坏程度和爆破有害效应进行严格控制的爆破技术。控制爆破技术应用范围包括:光面爆破、预裂爆破、定向爆破、水压爆破、聚能爆破以及拆除爆破等)。~ *blasting operation* 控制爆破作业。~ *caving* 控制放顶。~ *contour blasting* 控制边界爆破(一种特殊的爆破方法,采取特殊的处理方式避免过度粉碎及减小对爆后保留岩壁的破坏。该方法应用于巷道、斜井、天井、露天矿山爆破)。~ *footage* 控制进尺。~ *grain size* 控制粒径(土中比值小的颗粒含量为总质量 60% 的粒径 〈d_{60}〉)。~ *production* 控制开采。~ *range of fall of the fragments in flight* 飞溅碎片下落的控制范围。~ *seismic source* 控制震源。~ *variable* ①控制参数。②控制变量。~*-gravity stowing* 可控重力放顶。~ *trajectory blasting* (*CTB*) 弹道控制爆破(抛掷爆破中控制抛掷轨迹的一种爆破方法)。

controlling *n.* 控制。—*v.* ①控制。②管理(control 的 ing 形式)。③验证。~ *factor* 控制因素。~ *rate* 控制率。~ *the castover* 控制抛掷量。

conventional *a.* ①符合习俗的,传统的。②常见的。③惯例的。~ *drilling pattern* 常规钻孔。模式。~ *explosive* 普通炸药。~ *hole diameter* 普通炮孔直径。~ *loading* 常规装药。~ *mining technique* 常规开采技术。~ *phase* 常规相。~ *representation* 通用表示方法。~ *sign* 常用符号。

conventionally *ad.* 照惯例,照常套。~ *mechanized coal mining technology* 常规机械化采煤工艺(用机械方法破煤和装煤,输送机运煤和单体支柱支护的采煤工艺)。

convergence *n.* ①【数】收敛。②会聚,集合。~ *of a series of bearing angles* 多方位的会聚。*The ~ of a series of bearing angles measured from different underwater locations can help locate a sound source.* 从水下不同地点测到的诸多方位角的会聚有助于给某一声源定位。~ *pressure* 会聚压力。~ *rate* 收敛速度。~ *zone* 会聚区。

convergent *a.* ①【数】收敛的。②会聚性的。③趋集于一点的。~ *angle* 会聚角。辐合角。~ *boundary* 会聚边界。~ *force* 会聚力。

converging *n.* 合并,会聚。—*a.* 会聚的,收敛。—*v.* 聚合,集中于一点(converge 的 ing 形式)。~ *action* 会聚作用。

conversion *n.* ①转换。②变换。③兑换。④改变信仰。~ *coefficient* 换算系数。~ *constant* 热功转换当量。~ *formula* 换算公式。

converted *a.* ①修改的。②改变信仰的。—*v.* ①转变。②改变信仰(convert 的过去式和过去分词形式)。~ *wave* 转换波。

conveyor *n.* ①输送机,传送机。②传送带。③运送者,传播者。~ *belt* 传送带。~ *bridge* (运输)排土桥(在轨道上行驶,上面装有带式输送机,把剥离物从剥离台阶横跨采场运输排卸至内部排土场的露天矿设备)。

convulsion *n.* ①【医】惊厥。②动乱。③震撼。④震动。⑤激变。

coordination *n.* ①协调,调和。②对等,同等。③协调一致。④配位。*the careful ~ of research* 研究项目的精心协调。

cook *vt.* 烹调,煮。—*vi.* 烹调,做菜。—*n.* 厨师,厨子。~*-off test* 烤爆试验(测定火工品和火工品药剂在规定时间内不发火的最高温度的试验)。

cool *a.* ①凉爽的。②冷静的。③出色的。—*vt.* ①使…冷却。②使…平静下来。—*vi.* ①变凉。②平息。—*n.* ①凉爽。②凉爽的空气。—*ad.* 冷静地。~ *explosive* 低爆热炸药。

cooler *n.* ①清凉剂。②冷却器(降低压缩空气温度的换热器。按设置的位置不同可分为中间冷却器〈intercooler〉和后冷却器〈aftercooler〉)。

cooling *a.* 冷却的。—*n.* 冷却。~ *agent*

①冷却剂。②(炸药)消焰剂。~ *differentiation* 冷却分异。~ *mechanism* 冷却机制。~ *strain* 冷却应变。~ *stress* 冷却应力。~ *tower* 冷却塔。

co-operating *v.* ①合作。②协作(co-operate 的 ing 形式)。~ *charge* 齐爆药包(同时起爆的药包或起爆时间间隔小于 8ms 的药包)。

C

cooperative *a.* ①合作的。②合作社的。—*n.* 合作社。~ *research project* 协作研究项目。

coordinate *n.* ①坐标。②同等的人或物。—*a.* ①并列的。②同等的。—*vt.* ①调整。②整合。—*vi.* 协调。~ *angle* 坐标角。~ *axis* 坐标轴。~ *azimuth*; *grid azimuth* 坐标方位角(从纵坐标轴北端顺时针至某直线的水平夹角)。~ *direction* 坐标方向。~ *grid* 坐标网格。~ *plane* 坐标平面。~ *position* 坐标位置。~ *system* 坐标系(在一个国家或一个地区范围内统一规定地图投影的经纬线作为坐标轴,以确定国家或某一地区所有测量成果在平面或空间上的位置的坐标系统)。~ *system of mining area* 矿区平面直角坐标系(以矿区任意子午线作为中央子午线,或〈和〉以任意高程基准面作为矿区投影高程基准面的高斯-克吕格〈Gauss-Kruge〉平面直角坐标系)。

coordinator *n.* ①协调者。②协调器。③同等的人或物。④坐标方位仪。

coplanar *a.*【数】共面的。~ *stress* 共面应力。

copper *n.* ①铜。②铜币。③警察。—*a.* 铜的。—*vt.* 镀铜于。~ *cylinder compression test* 铜柱压缩试验(测定炸药猛度的一种试验,又称卡斯特〈Kast〉猛度试验。将炸药放在卡斯特猛度计上,爆炸后以铜柱压缩值表示炸药的猛度)。~ *detonator* 铜壳雷管。~ *electric detonator* 铜壳电雷管。~ *fulminate detonator* 铜壳雷汞雷管。

coprecipitate *v.* 共沉淀,同时沉淀。~ *d product of lead azide and lead trinitroresorcinate* 叠氮化铅·三硝基间苯二酚铅共沉淀起爆药(D·S 共沉淀起爆药,用于雷管装药)。

coral *n.* ①珊瑚。②珊瑚虫。—*a.* ①珊瑚的。②珊瑚色的。~ *reefs* 珊瑚礁。~ *rock* 珊瑚岩。

cord *n.* ①绳索。②束缚。—*vt.* 用绳子捆绑。~ *propellant* 杆状火药。

cordeau *n.* 爆炸导火索。~-*detonant* 导爆索。

Cordite *n.* 柯达无烟炸药,无烟火药。

cordon *n.* ①警戒线。②绶带。③束带层。—*vt.* ①用警戒线围住。②包围隔离。

cordtex *n.* 高爆线。~ *fuse* 季戊炸药导爆管。~ *relay* 季戊炸药继爆管。

core *n.* ①核心。②要点。③果心。④磁心。⑤岩心。—*vt.* 挖…的核。~ *barrel* 岩心筒(取心器中获取岩心的部件)。~ *barrel shooting ratio* 取心发射率(发射的岩芯筒数占被点火岩心筒总数的百分率)。~ *drill* 岩心钻机(利用管状钻头的回转作用切削、磨碎岩石,并不断向深部钻进以提取岩心的机械)。~ *drilling*; ~ *boring* 取心钻进(钻进时,在孔底保留岩心,并主要以提取出的岩心来研究了解地下地质情况的钻进方法)。~ *of rock* 岩心(钻进过程中,采用取心工具从井下地层取出的岩石样品。它供地质描述和分析、测定地层参数、实验研究用。用于测定参数及实验用的岩心,多为小岩心柱,常用直径为2.54cm)。~ *of whole diameter* 全(直)径岩心(直接由钻进取心工具取出的岩心。多用于非均质油气层〈例如裂缝性储集层或砾石储层〉,所测定的岩性参数比小岩心柱更具代表性)。~ *plug* 炮泥塞。~ *porosity* 岩心孔隙度(对地层岩心进行测量分析得出的孔隙度。通常利用它和测井仪器所测出的孔隙度进行比较,以检验测井仪器的测量精度)。~ *recovery of drilling hole* 钻孔岩心采取率(衡量岩石钻探工程质量的一项重要指标,是钻进采得的岩心长度与相应实际钻进尺之比,以百分率表示)。~ *recovery ratio* 取心收获率(实际取得的岩心数占发射的岩心筒总数的百分率)。~ *value* 岩心价值。~*-drill* 取心钻井(也称构造取心钻井。为获得地质资料,采用取心钻具进行的小直径浅井的钻井,自始至终连续取心,直至完钻。有时也指在原有井眼中,为获取下部地质资料所进行的连续取心钻进)。

cored *a.* ①有心的。②装芯的。—*v.* 挖去…的果心(core 的过去分词)。~ *ammonium nitrate dynamite* 硝甘芯硝铵炸药。

corgel *n.* 胶质炮泥。

corgun *n.* 取心。~ *powder cake* 取心药饼(含有点火桥丝的火药柱)。~ *power cartridge* 取心药盒(用于发射岩心筒的装有取心火药和点火桥丝的盒子)。~ *propellant* 取心火药(在冲击式井壁取心器内发射岩心筒的装药)。

corned *a.* 腌制的。—*v.* ①腌。②使成颗粒(corn 的过去时和过去分词)。~ *powder* 粒状火药。

corner *n.* ①角落,拐角处。②地区,偏僻处。③困境,窘境。—*vi.* ①囤积。②相交成角。—*vt.* ①垄断。②迫至一隅。③使陷入绝境。④把…难住。~ *angle of the ban*; ~ *angle of the bench* 台阶隅角。~ *cut* 拐角掏槽(可以在三维方向膨胀的爆破)。~ *hole* 角部炮孔。~ *iron* 角铁,角钢。~ *lifter* 角边拉底炮孔。~ *stress* 角隅应力。~*-wise collapse* 对角线方向倾倒。

Coromant *n.* 克罗曼特(人名)。~ *cut* 克罗曼特掏槽(克罗曼特掏槽是从直孔掏槽演变而来的一种爆破掏槽形式。直孔掏槽必须钻平行炮孔,但是使用小的轻型凿岩机钻凿平行炮孔非常困难。克罗曼特掏槽是在中心钻凿两个相交的大孔〈直径100mm〉作为自由面,再爆中心孔周围的其他炮孔)。

corporate *a.* ①法人的。②同的,全体的。③社团的。~ *responsibility* 其他人员负责。

correct *vt.* ①改正。②告诫。—*vi.* ①调整。②纠正错误。—*a.* ①正确的。②恰当的。③端正的。~ *timed ignition* 按规定时间点火。

corrected *a.* ①修正的。②校正的。③折算的。—*v.* ①纠正。②改正(correct 的过去分词)。③制止。~ *bearing* 校

正方位。~ *efficiency curve* 校正效率曲线。~ *weight of explosive charge per blasthole* 校正后的单孔装药量。

correction *n.* 改正,修正。~ *of the elevation of the shot* 校正爆破位置高度。

correlation *n.* ①相互关系,相关性。②对比。③国家测量格网(英国)。*Field data are analyzed to determine the ~ between flyrock distances and the blast design parameters.* 对实地数据进行分析,以确定飞石距离和爆破设计参数之间的相互关系。~ *analysis* 相关性分析。~ *coefficient* 相关系数。~ *coefficient* 相关系数。~ *curve* 对比曲线。~ *curve* 相关曲线。~ *data;offset information* 相关数据,对比数据,对比资料。~ *function* 相关函数。~ *of coal seam* 煤层对比(根据煤层本身特征和含煤岩系中各种对比标志,找出见煤点间煤层的层位对应关系的工作)。~ *of energy results with blasting* 能量和爆破效果的关系。~ *shooting* 对比爆破。~ *value* 相关价值。

C

corroded *a.* 侵蚀的,已被腐蚀的。~ *holes of casing* 套管腐蚀孔洞(由于地表浅层水的电化学作用,长期作用在套管某一局部位置,或由于螺纹不密封等长期影响,套管某一局部位置将会因腐蚀而穿孔,或因注采压差及施工压力过程而破损形成孔洞或破裂)。

corrosion *n.* ①腐蚀。②腐蚀产生的物质。③衰败。④腐蚀性(黏性土由化学或电化学作用而表现的对材料的破坏性能)。

corrugated *a.* ①波纹的。②缩成皱纹的。③有瓦楞的。—*v.* (使)起皱纹(corrugate 的过去式)。~ *bedding* 波状层理。~ *grain* 波状面火药柱。

cost *vt.* ①花费。②使付出。③使花许多钱。—*n.* ①费用,代价,成本。②损失。—*vi.* 花费。~ *advantage* 成本优势。~ *allocation* 费用分摊(综合利用工程的总费用,在各目标或各部门、各地区之间进行分摊)。~ *analysis* 成本分析。~ *calculation* 成本计算。~ *chart* 费用图表。~ *data* 费用数据。~ *efficiency trend* 成本效益趋势。~ *elements* 成本要素。~ *estimation* 成本估算。~ *keeping* 成本核算。~ *management of blasting demolition project* 拆除爆破成本管理(成本管理也是施工管理的一项主要内容。拆除爆破成本管理是对拆除爆破工程中与成本有关的项目进行管理。其中一部分是与爆破工程量的多少有关,另一部分是与施工时间有关)。~ *of a project* 工程费用(包括工程的固定资产投资和常年运行的利息、折旧、税金、保险费以及运行管理、维修等项支出的统称)。~ *of rock blasting* 岩石爆破费用。~ *of running meter* 延米成本。~ *of structures of project* 工程土建费用(工程中各种闸、坝、渠、堤、水电站和泵站厂房、通航建筑物、隧洞、道路、房屋及相应设施等建筑物的建设费用)。~ *of temporary works of project* 临时工程费用(为建造工程所支付的临时房屋、道路、电厂等建筑物和设施所需的费用)。~ *of works for common purpose* 共用工程费用(综合利用工程中,同时为多种目标或部门及地区共同服务的设施〈如大坝、溢洪道等〉的费用)。~ *of works for special purpose* 专项工程费用(在综合利用工程中,专为某一目标〈如灌溉、发电〉或某一地区服务的工程或设施的费用)。~ *record* 费用流水账。~ *reduction*;*reduction of* ~*s* 降低成本。~-*consciousness* 费用意识。~-*effect ratio* 成本效益比。~-*effective* 合算的,值得花费的,有成本效益的。~—*volume*—*profit analysis* 本—量—利分析。

coulomb *n.* 库仑(电量单位)。*C-'s earth pressure theory* 库伦土压力理论(库伦假设挡土墙是刚性的,墙后为无黏性填土,且处于主、被动状态下的刚体极限平衡而得出的求解土压力的理论)。*C-'s law* 库仑定律。*C-– Mohr strength theory of rock* 岩石库仑–莫尔强度理论(按照库仑–莫尔强度理论,当代表某一应力状态的最大应力圆与强度曲线相切时,岩石发生剪切破坏,破裂面与最大主应力作用面夹角 $\alpha=45°+\dfrac{\varphi}{2}$,该强度理论没有考虑中间主应力 σ_1 的影响。此强度理论广泛应用于矿山工程稳定性分析)。*C-– Navier strength theory* 库仑–纳维强度理论(库仑与纳维建立的强度理论。该理论认为:岩石破坏时,破坏面上的剪应力达到极限值,该极限强度不仅与岩石抗剪能力有关而且与破坏面上的法向应力有关)。

counter *n.* ①柜台。②对立面。③计数器。④(某些棋盘游戏的)筹码。—*vt.* ①反击,还击。②反向移动,对着干。③反驳,回答。—*vi.* ①逆向移动,对着干。②反驳。—*a.* 相反的。—*ad.* ①反方向地。②背道而驰地。~ *curve* 反向曲线。~ *force* 反力。~ *guarantee* 反担保。~ *magnetic field* 反磁场。~ *side* 背面。~ *stress* 反应力。~ *stress* 反应力,对抗应力。~ *torque* 反扭矩。~-*radiation* 反辐射。

counteract *vt.* ①对抗。②抵消。③阻碍。④中和。

counterbalance *n.* ①平衡力。②自动抵消。③抗衡力。④抵消力。—*vt.* ①使平衡。②抵消。

countercheck *n.* ①阻挡,妨碍。②对抗方法。—*vt.* ①复查。②制止,防止。

counterclockwise *a.* 逆时针方向的。—*ad.* 逆时针方向地。

countermeasure *n.* ①对策。②对抗手段。③反措施。

counterproductive *a.* 起反作用的。产生相反结果的。

countervalue *n.* ①等值。②打击社会财富。—*a.* 打击社会财富的。

country *n.* ①国家,国土。②国民。③乡下,农村。④乡村。⑤故乡。⑤围岩。⑥领域。—*a.* ①国的,故乡的。②方的,乡村的。③家的。④鲁的。⑤村音乐的。~ *rock* 围岩,岩帮。

coupled *a.* ①耦合的。②连接的。③成对的。④共轭的(couple 的过去分词形式)。~［*C*］*waves* 倾斜椭圆波;耦合波;C-波。~ *vs. decoupled* 耦合或者不耦合装药。

coupling *v.* 连接(couple 的 ing 形式)。—*n.* ①结合,联结。②偶合(装药充满炮孔断面的程度)。③(凿岩钻孔) 接头(连接钻杆的金属件)。④(电气)匹配(与传递电能至爆破电路的电源线的电容性或导电性匹配)。⑤(爆破或力学)匹配(在爆破中,匹配指炮孔中或岩石表面上的爆生能量传递到围岩中的效率,理想的匹配意味着由于吸收或缓冲〈炸药与岩石之间〉作用而无能量损失。能量传递的多少取决于阻抗比,详见“阻抗比”)。⑥(炮孔内的炸药)耦合(装填炸药与炮孔体积、孔壁之间的相互作用〈装填〉的程度和质量。它定义为炸药体积与炮孔总体积之比。现行有两种耦合率:轴向耦合率和径向耦合率)。~ *coefficient* 黏附系数,黏着系数。~ *loading explosion* 耦合装药爆破。~ *ratio* 耦合率 ①药卷直径与炮孔装填部分的炮孔直径之比。②炮孔装药百分比。~ *stress* 耦合应力。

C

cover *vt.* ①包括。②采访,报道。③涉及。—*n.* ①封面,封皮。②盖子。③掩蔽物。—*vi.* ①覆盖。②代替。~ *load* 覆盖层压力,覆盖岩层负荷,岩石法向压力。~ *round* 探水或瓦斯孔组。~ *stress* 覆盖层应力;覆岩应力。~ *thickness*; *capping thickness*; *depth of cover*; *overburden thickness* ①覆盖层厚度。②剥离厚度。

coyote *n.* ①美国西部大草原中的草原狼,郊狼。②歹人,恶棍。~ *blasting* 硐室爆破,药室爆破(采用集中或条形硐室装药,爆破开挖岩土的作业)。~ *drift*; ~ *hole* 药室,装药平巷。

crack *vt.* ①使破裂。②打开。③变声。—*vi.* ①破裂。②爆裂。—*a.* ①最好的。②高明的。—*n.* ①声变。②噼啪声。③裂隙(整块岩体中或岩体之间的带有一定距离的间断。用爆破的术语来说,裂隙常用来描述爆破引起的裂隙组的扩展)。~ *aspect ratio* 裂隙纵横比(最大宽度与裂隙长度之比。~ *bifurcation* 裂隙分支裂隙分成两个或若干个裂隙传播的过程。在应力场中存在着另外的裂隙驱动力时会出现这种情况)。~ *coefficient of rock* 岩石裂缝系数。~ *extension force*;*strain energy release rate* 应变能释放率(又称裂缝扩展力。裂缝递增扩展所需每单位面积的弹性表面能:$G=2r_s=\dfrac{\pi\sigma^2 L_r}{E_e}$。式中,$G$ 为应变能释放率,J/m^2;r_s 为比表面能,J/m^2;σ 为应力,Pa;L_r 为裂缝长度,m;E_e 为有效弹性模量,Pa)。~ *formula* 考虑破碎块度的经验公式(对于混凝土试块无夹制爆破,均以径向爆生裂隙的形式破坏。此时,裂隙条数 N 与单耗 q 的关系为:$N=K_N q^{2/3}$,式中:N 为裂隙条数;K_N 为与炸药性能及材料的临界断裂速度有关的系数;q 为单位炸药消耗量)。~ *frequency* 裂隙密度(跨过炮孔内或岩石表面 1m 直线段的裂隙的数量,单位为:个/m)。~ *growth* 裂纹扩展(当固体中应力达到某一临界值时,裂纹尖端或其邻域开始发生裂纹的现象)。~ *hole ratio* 裂孔率。~ *impedance* 裂隙阻抗(又称裂隙阻抗能,单位为:J/m^2,参见“应变能释放率”)。~ *length* 裂隙长度(平面裂隙的〈最大〉延展)。~ *mapping* 裂缝分布图。~ *morphology* 裂隙形态学(研究裂隙表面标记特征的方法。用以确定并分析应力状态〈拉应力、剪应力等〉和导致破裂的条件)。~ *mouth opening displacement* 裂隙口张开距离(播中的裂隙在裂隙口或端部的张开程度,单位为:mm)。~ *opening displacement* 裂隙张开距离(传播中的裂隙在限定时间内的宽度,单位为:mm)。~ *propagation* 裂隙传播(裂隙扩展的过程。裂隙的传播受不规则性、颗粒边界和弱面等因素控制。裂隙的传播过程相当复杂,包括了诸如裂隙产生、亚临界发展、临界不稳定条件、不稳定裂隙传播、裂隙分支、裂隙休止以及裂隙再产生等若干个阶段。裂隙的再产生以及裂隙分支是破碎爆破的常见现象和基本要求)。~ *propagation velocity* 裂隙传播速率(裂隙前端的移动速度,单位为:m/s。裂隙传播速度取决于岩石或岩体的物理、力学和其他特性,在 0 到瑞利波〈*Rayleigh*〉波速之间变动。最高测量值为声速的 38%。特定条件下在石灰岩中测到了更大的传播速度)。~ *range* 裂隙范围(包裹着一条由于裂隙的应力集中效应出现并随着应变增大而发展裂隙的固体材料的体积)。~ *surface* 裂隙表面(裂隙的表面面积在裂隙生成时产生。在某一岩层中,裂隙的表面也许不是平面的,在无足够空隙的情况下,摩擦〈剪切应力〉和交错连接〈正应力〉可能会沿着裂隙出现)。~ *width* 裂隙宽度(裂隙的最大张开值,以 mm 计。它与张性张开应力或内部挤压有关)。~ *zone* 破裂区(又称裂隙区。炸药在岩体中爆炸后,强烈的冲击波和高温、高压爆轰产物将爆源近区岩石破碎成粉碎区〈或压缩区〉后,冲击波衰减为应力波。应力波虽然没有冲击波强烈,剩余爆轰产物的压力和温度也已降低,但是,它们仍有很大的能量,将爆破中区的岩石破坏,形成破裂区)。~*ed and fractured rock* 有裂缝和裂隙的岩石。~*-off* 爆口。~ (*force*) 碰撞(力)(施加到物体或人体的冲击或冲击运动)。

crackle *n.* ①裂纹。②龟裂。③爆裂声。—*vt.* ①使发爆裂声。②使产生碎裂花纹。—*vi.* ①发劈啪声,发出细碎的爆裂声。②表面形成碎裂花纹。

crater *vt.* ①在…上形成坑。②取消。③毁坏。—*vi.* ①形成坑。②消亡。—*n.* ①火山口。②弹坑。③爆破漏斗。~ *blasting* 漏斗爆破(一种爆破方法,炮孔与欲爆破的表面垂直钻凿而成,在孔内靠近表面集中装药,爆破后形成漏斗)。~ *charge test* 爆破漏斗装药试验(爆破漏斗的抵抗线〈装药深度〉可通过单孔漏斗爆破试验,直到得出最佳深度〈最佳破碎抵抗线〉。这一抵抗线定义为能给出最大破碎体积的抵抗线。此后,继续增加装药深度直到没有破碎产生,此值为临界深度或临界抵抗线。选用的抵抗线应总是小于最佳破碎抵抗线)。~ *cut* 漏斗掏槽(掏槽的一种形式。它和中空直孔掏槽一样垂直开挖面钻凿一组平行的炮孔,不同之处是所有的炮孔都装药,而且较一般的掏槽方式炮孔多、装药集中,形成漏斗掏槽)。~ *index* 爆破作用指数(爆破漏斗半径 R 与最小抵抗线为 W 的比值称

C

为爆破作用指数 n。即 $n = R/W$,参见 *index of blasting effect*)。~ *index formula of charge calculation* 考虑爆破作用指数的药量计算(在实践中发现,当装药深度不变时,如果改变装药量的大小,则破碎半径以及破碎顶角的数值也要发生变化。因此把装药量看成爆破作用指数的函数。$Q = f(n) \cdot q \cdot W^3$。式中,$n$ 为爆破作用指数)。~ *lip* 爆破漏斗边缘。~ *radius* 爆破漏斗半径(即爆破漏斗的底圆半径。衡量爆破产生的漏斗大小的参数,以 R 表示)。~ *test* 爆破漏斗试验(根据岩石性质和爆破开挖要求所进行的试验。为了确定豪泽公式中的爆破系数,用小药量进行爆破,根据试验所得爆破漏斗的大小推算出标准装药场合的炸药量,再由该炸药量定出爆破系数)。

cratering *n.* 磨顶槽。—*v.* ①形成弹坑。②成坑(crater 的现在分词)。~ *curve* 爆破漏斗曲线。~ *mechanisms* 爆破漏斗机理。~ *principles* ①爆破漏斗规律。②爆破漏斗原理。

crawler *n.* ①爬行者。②履带牵引装置。~ *hydraulic drill* 履带液压钻机(自行式全液压高效能履带行走的凿岩机械)。~ *crane* 履带式起重机(具有履带行走装置的全回转动臂架式起重机)。

crazing *n.* ①银纹。②破裂。③龟裂。④细裂纹。~ *of top bench* 后冲(又称后冲作用。爆破后,台阶后壁上部岩体新形成的裂缝现象)。

cream *n.* ①奶油,乳脂。②精华。③面霜。④乳酪。~ *emulsified explosive* 膏状乳化炸药。

create *vt.* ①创造,创作。②造成。③生成。

creation *n.* ①创造,创作。②创作物,产物。~ *of seismic waves* 地震波的产生(地震波的产生,一种是自然地震波,一种是人工地震波,它包括以炸药、机械撞击或连续振动为震源的地震波)。

creep *vi.* ①爬行。②蔓延。③慢慢地移动。④起鸡皮疙瘩。—*n.* ①爬行。②毛骨悚然的感觉。③谄媚者。④蠕变(一种与时间有关的由应力引起的固体的位移)。~ *curve* 蠕变曲线(恒定应力下,岩土的变形随时间而增长的关系曲线)。~ *deformation* 蠕变形变。~ *limit* 蠕变极限。挤压极限。~ *rupture strength* 蠕变断裂强度。~ *rupture test* 蠕变断裂试验。~ *rupture*;~ *failure* 蠕变破坏(岩土因蠕变而引起的破坏)。~ *sliding-tensile fracturing of slope* 斜坡蠕滑-拉裂(斜坡岩〈土〉体向临空方向发生剪切蠕变,变形体后缘自地表向深部发生拉裂的斜坡变形破坏形式)。~ *stages* 蠕变阶段(根据蠕变曲线特征对蠕变过程所划分的阶段)。~ *strain* 蠕变应变。~ *strength* 蠕变强度。~ *stress* 蠕变应力。

crest *n.* ①波峰。②冠。③山顶。④顶饰。—*vi.* ①到达绝顶。②形成浪峰。~ *burden* 顶部(最高)抵抗线。~ *height* 波峰高度。~ *of berm* 台阶眉线。~ *value* 峰值,最大值。

cresylite *n.* 甲苯炸药,甲酚盐。

crevice *n.* ①裂缝。②裂隙。~ *blow* 打横炮(炮孔贯穿龟裂的岩石时,爆生气体从岩石缝隙中喷出而出现异常的爆破,参见 *side benching*)。

crib *vi.* 剽窃。—*vt.* ①拘禁,关入栅栏。②抄袭。—*n.* ①婴儿床。②栅栏。③食槽。④支垛(在顶、底板之间垒砌成垛状的、起支撑作用的构筑物)。~ *ring* 井圈(立井掘进时,用以支撑背板,维护围岩稳定的组装式圈形金属骨架)。

crimper *n.* ①摺缝机。②卷缩者。③卷缩机。④夹剪(一种专用的手持式工具或带夹钳的工具,用来将雷管夹到一定长度的安全导火索上)。⑤雷管卡口器。

crimping *v.* 将(金属片等)卷边(crimp 的 ing 形式)。—*n.* ①卷边。②连接(把导火索插入火雷管中并加以固定,或者把火雷管、电雷管与导爆索捆扎在一起的作业。对于后者,捆扎时必须使雷管底部的凹穴与导爆索的传爆方向一致。参见 connection)。③卡口夹装雷管(通过用夹剪夹紧雷管的金属外壳的办法,将一个雷管或导爆索接头安装到一段安全导火索上的动作)。

crippling *a.* 造成严重后果的。—*v.* ①削弱(cripple 的 ing 形式)。②使受损。~ *loading* 临界负载,破坏负载。

crisscross *n.* ①十字形。②矛盾。—*a.* ①十字形的。②交叉的。—*vt.* ①画十字形于…。②使…交叉成十字状。—*vi.* ①交叉。②交叉往来。—*ad.* ①十字形地。②十字交叉地。~ *slabbing* 交叉爆破。

criteria *n.* 标准,条件(criterion 的复数)。~ *for coal prospecting*; *clues for coal prospecting*; *coal guide of prospecting*; *prospecting criteria* 找煤标志(显示有煤层存在或可能有煤层存在的现象和线索)。~ *of Griffith's initial fracturing* 格里菲斯初始破裂准则(由格里菲斯理论导出的,岩体受力后,使裂纹尖端附近应力升高超其抗拉强度,从而满足引起裂纹扩展所需的应力条件)。~ *of rock strength* 岩石破坏强度准则。

critical *a.* ①鉴定的。②临界的。③批评的,爱挑剔的。④危险的。⑤决定性的。⑥评论的。~ *amount* 临界量。~ *angle* 临界角。~ *area* 临界区域。~ *asset protection* 重要资产保护。~ *burden* 临界抵抗线,极限抵抗线(不产生破碎和位移的最小抵抗线)。~ *coefficient* 临界系数。~ *concentration* 临界浓度。~ *condition* 临界状态。~ *coagulation concentration* 临界凝结浓度。~ *constant* 临界常数。~ *criterion* 临界判据。~ *damping* 临界阻尼;临界衰减。~ *damping coefficient* 临界衰减系数。~ *dead-pressed distance* 临界压死距离。~ *decoupling index* 临界不耦合系数(炮孔直径和药卷直径之比叫做不耦合系数,以 R_d 表示。假定该药包爆炸时在炮孔壁面上产生的切向应力 σ_h,等于岩石的抗拉强度 σ_t,则此时的系数叫做临界不耦合系数 R_{dc})。~ *deformation point* 临界变形点。~ *density* 临界密度(炸药呈现“压死”现象的最小密度)。~ *density range* 临界密度范围。~ *depth* 临界深度(一个炸药包的最小抵抗线〈最小埋深〉,在这一深度不会产生到达自由面的弹坑。抵抗线〈埋深〉的少许减小就会产生破碎)。~ *detonation pressure* 临界起爆压力。~ *detonation velocity*; ~ *detonation rate*; ~ *ignition rate* 临界爆速(在临界直径时的爆速)。~ *diameter* 临界直径(在一定装药条件下,能够使爆轰波稳定传播的最小装药直径)。~ *diameter test* 临界直径试验(在可能的最差条件下〈即置于空气中,无约束〉确定能稳定起爆的最小直径。增加约束可使临界直径减小。使用铁管后,由于约束变强,可使炸药以比空气中小的直径起爆)。~ *dimension* ①临界尺寸。②临界直径。~ *dip* 临界倾角。~ *distance* 临界距离。~ *edge load* 临塑荷载(使地基中不致出现塑性变形区的最大荷载)。~ *energy* 临界能量。~ *environmental temperature* 临界环境温度。~ *error* 临界误差。~ *experiment* 临界试验。~ *failure diameter conditions* 临界破坏直径条件。~ *failure point reached during the dynamic loading* 动态载荷时达到的临界破坏点。~ *flow* 临界流量。~ *flowrate* 临界流速。~ *frequency*; *threshold frequency* 临界频率。~ *height of fall* 临界落高。~ *height of slope* 斜坡临界高度(斜坡保持稳定状态所允许具有的最大高度)。~ *initiation criterion* 临界起爆标准。~ *limit of charge* 临界药量。~ *load* 临界载荷(使地基中出现一定塑性变形范围,但又不致危及建筑物安全的荷载)。~ *mass* 临界质量。~ *micellar concentration* 临界胶束浓度。~ *percentage of moisture* 临界含水率。~ *point of explosion* 临界爆点(落锤感度试验时,称爆炸率达50%的落锤高度为临界爆点,也叫冲击感度。在实际应用上,也有把6次试验中有一次发生爆炸的落锤高度叫做临界爆点)。~ *pore ratio*; ~ *void ratio* 临界孔隙比。~ *pressure* 临界压力。~ *pressure gradient* 临界压力梯度。~ *reaction velocity* 临界反应速度。~ *reflection* 临界反射。~ *refraction* 临界折射。~ *sectional area* 临界截面积。~ *separation size* 临界分选粒度。~ *shearing* 临界剪切。~ *shearing stress* 临界剪切应力。~ *size*; ~ *cut point*; ~ *granule* 临界粒度。~ *slope angle* 临界坡度角。~ *speed*; ~ *velocity*; *terminal speed* 临界速度。~ *stress* 临界应力。~ *strain energy release rate corresponding to Mode* Ⅰ, Ⅱ*or* Ⅲ *loaded crack* $G_{ⅠC}$, $G_{ⅡC}$ *or* $G_{ⅢC}$ 对应于爆破裂隙模式Ⅰ、Ⅱ、Ⅲ的临界应变能释放率(与三种基本裂隙模式〈分别为模式Ⅰ、Ⅱ、Ⅲ〉对应的临界应变能释放率,以J/m^2表示)。~ *strain rate* 临界应变速率(使岩土中应力随时间不断增大所需的最小应变速率)。~ *stress* 临界应力。~ *stress intensity factor*(*KIC*) 临界应力强度因数(理论推导和计算的应力强度临界水平,单位为$N/m^{3/2}$。它与脆性裂隙的出现有关)。~ *surface deformation*; ~ *deformation value* 地表临界变形值(受保护的建〈构〉筑物能保持正常使用所允许的最大变形值)。~ *thermal energy density* 临界热能密度。~ *value* 临界值。~ *volume* 临界体积。~ *weight* 临界(装药)重量。~ *zone* 临界区。

cropper *n.* ①种植者。②农作物。③收割机。④修剪机。~ *hole* 辅助炮孔。

cross *n.* ①交叉,十字。②十字架,十字形物。—*vi.* ①交叉。②杂交。③横过。—*vt.* ①杂交。②渡过。③使相交。—*a.* ①交叉的,相反的。②乖戾的。③生气的。~ *contamination* 交叉污染。~ *cut* 石门(与地面不直接相通的水平巷道,其长轴线与所探脉线直交或斜交的岩石平巷)。~ *cutting* 横向掘进。~ *gangway* 交叉平巷。~ *line of shaft center* ①立井十字中线;②立井断面的几何中心(通过立井中心,在水平面上互相垂直的两条方向线,其中一条应垂直于提升绞车的主轴)。~ *linkage*;~-*link* 交联(线型结构分子因本身含有多官能团或与有多官能团的物质作用而形成网状体型结构分子的过程)。~ *linker*;~-*linking agent* 交联剂(使胶凝剂分子进一步键合为网状体型结构,从而形成稳定凝胶的物质)。~ *section of heading* 巷道断面(巷道横截面称为巷道断面。它根据巷道的开挖目的、用途以及开挖作业确定)。~ *shooting* 交叉爆破(地震勘探)。~ *spread* 交叉排列。~ *strut*;~ *brace*;*brace* 撑杆(增加杆件式支架之间的纵向稳定性和整体性的杆件)。~-*association coefficient* 交叉连带系数。~-*bearing* 交叉定位。~-*borehole seismic monitoring* 炮孔间地震波监测。~-*correlation coefficient* 互相关系数。~-*correlation function* 互相关函数。~-*cut outburst seam* 石门突出煤层。~-*heading*;*thirl*;*thirling* 联络巷道(间隔一定距离设置的通向临近进风巷道和排风巷道的贯通联络巷道)。~-*initiation* 交叉起爆。~-*line* 交叉线;立井十字中线。~-*over point* 交汇点。~-*pit system* 横向排运机组(由轮〈链〉斗挖掘机和悬臂排土机〈中间转载机〉组成,挖取和运输、排卸剥离物的连续式综合机组)。~-*section of stripping work* 采剥工程断面图(为计算露天矿储量、采剥量和检查台阶技术规格而测绘的采场断面图)。~-*sectional area* 横断面积。~-*sectional dimension* 横截面尺寸。

crush *vt.* ①压碎。②弄皱,变形。③使…挤入。—*vi.* ①挤。②被压碎。—*n.* ①粉碎。②迷恋。③压榨。④拥挤的人群。~ *burst* 岩石突出,岩爆。~ *zone*;*rupture zone*;*fracture zone*;~ *belt*;~*ing zone*;*zone of fracture* 破碎带(在岩石爆破中通常是指与已经装填、直接接触炸药的炮孔部位相邻的岩石材料带。破碎带中的材料由于应力超过材料的动压强度而破碎。破碎带直径取决于岩石的强度。在完全约束的条件下,硬岩中的破碎带半径约为炮孔直径的2倍)。

crushed *a.* 压碎的,倒碎的。—*v.* 压碎(crush 的过去式和过去分词)。~ *ore* 破碎矿石。~ *region* 破坏范围(炸药在钻孔内爆炸,瞬间释放出巨大能量强烈地冲击周围的岩石,在岩体中形成以药包为中心的由近及远的不同破坏区域,分别称为粉碎区、裂隙区和震动区)。~ *rock* 破碎岩石。~ *zone* 压碎区,粉碎区(参见 compressed)。~ *zone index* 压碎区指数。~ *zone radius* 破碎区半径。

crushing *a.* ①压倒的。②决定性的。③

不能站起来。④支离破碎的。—*v.* 压破,征服,冲入(crush 的 ing 形式)。~ *area* 破碎面积。~ *capacity* 破碎能力。~ *chamber* 破碎腔。~ *characteristic* 破碎特性。~ *coefficient* 破碎系数。~ *effect* 破碎效果。~ *efficiency* 破碎效率。~ *energy*; *fracturing energy* 破碎能量。~ *face* 破碎面。~ *flowsheet* 破碎流程。~ *force* 破碎力。~ *load* 破碎负荷力。~ *operation* 破碎作业。~ *principle* 破碎原理。~ *section* 破碎工段。~ *size* 破碎粒度。~ *strain* 破碎应变。~ *strength* 抗破碎性。~ *strength at high temperatures* 高温耐压强度。~ *stress* 破碎应力,压碎应力。~ *test* 破碎试验。~ *throughput measurement* 破碎矿量测量。

C

crust *vi.* ①结硬皮。②结成外壳。—*vt.* ①盖以硬皮。②在…上结硬皮。—*n.* ①外壳。②面包皮。③坚硬外皮。④地壳(根据地震波速度、密度和组成划分出来的地球最外面的壳层。其下为莫霍不连续面,厚度〈深度〉平均为30km,主要由结晶岩组成。大陆地壳又以康拉德不连续面分出上面的硅铝层和下面的硅镁层;大洋地壳以广泛发育硅镁层为特点。它占有地球总容积的1%弱)。~ *burning* 外壳燃烧(导火索点燃时,外壳发生燃烧的现象)。

crystal *n.* ①结晶,晶体。②水晶。③水晶饰品。—*a.* ①水晶的。②透明的,清澈的。~ *boundary* 晶体界面。~ *modifier* 结晶改性剂(能使结晶或结晶生长过程发生变化的物质)。~ *structure* 结晶结构(矿物颗粒间为结晶联结的结构类型)。

crystalline *a.* ①透明的。②水晶般的。③水晶制的。~ *ammonium nitrate* 结晶硝酸铵。~ *bond* 结晶联结(在矿物结晶或重结晶过程中,由化学作用力所形成的结构联结)。~ *form control* 结晶形状控制。

crystallization *n.* ①结晶化。②具体化。~ *characteristic* 结晶特性。

crystallizing *n.* 结晶,晶体形成。—*v.* ①使…结晶。②具体化(crystallize 的 ing 形式)。~ *point* 结晶点。

critical *a.* ①鉴定的。②临界的。③批评的,爱挑剔的。④危险的。⑤决定性的。⑥评论的。~ *safe temperature* 临界安全温度。

cube *n.* ①立方。②立方体。③骰子。—*vt.* ①使成立方形。②使自乘二次。③量…的体积。~ *compressive strength of concrete* 混凝土立方体抗压强度(混凝土立方体抗压强度是反映混凝土强度等级的重要力学指标。立方体抗压强度标准值是按照标准方法制作养护边长为150mm 的立方体试件在28天龄期,用标准试验方法测得的具有95%保证率的抗压强度)。~ *crushing strength* 立方体抗碎强度。~ *powder* 粗粒状黑火药。~ *type blast specimen* (*fabricated of concrete*) 立体爆破试样(混凝土制的)。

cubic *a.* 立方体的,立方的。~*-foot ratio* 崩落体积与炮孔长度之比。~*-meter* [*foot*] *ratio* 每米[英尺]炮孔崩落体积。

culmination *n.* ①顶点。②高潮。~

point 最高点。

cultural *a.* ①文化的。②教养的。~ *vibration* 人工振动。

cumulate *vt.* ①累积。②堆积。—*vi.* 累积。—*a.* ①累积的。②堆积的。~ *texture* 堆积结构。

cumulative *a.* 累积的。~ *blasting* 聚能爆破(参见 *blasting with cavity charge*)。~ *charge* 聚能药包,聚能装药。~ *charge blasting* 聚能药包爆破。~ *effect* ①聚能效应。②累计效应。~ *energy principle* 聚能原理。~ *error* 累计误差。~ *footage*; ~ *feet drilled* 累计钻探进尺。~ *grading curve* 累计粒度曲线。~ *hollow shell* 聚能空壳。~ *normal distribution curve* 正态分布累计曲线。~ *particle size distribution plot*; ~ *sizing curve* 累计粒度分配曲线。~ *percent passing* ①累计通过百分数。②累计过筛百分数。③累计达标百分数。~ *percentage* 累计百分比。~ *production* 累计开采量。~ *shooting flow* 聚能流(利用爆炸产物运动方向与装药表面垂直或大体垂直的规律,做成特殊形状的装药,就能使爆轰能量聚集起来,提高能流密度,增加爆炸穿透能力,这种现象称为聚能效应。聚集起来朝着一定方向的高密度、高速度运动的爆轰产物称为聚能流)。~ *stress* 累计应力。~ *value* 累计值。~ *yield* ①累计产量。②累计出量。③累计产出。

cumulus *n.* ①积云。②堆积。③堆积物。~ *mineral* 堆积矿物。

curling *n.* ①头发的卷曲。②卷缩。③冰上溜石游戏。—*v.* 卷曲(curl 的 ing 形式)。~ *stress* 弯曲应力。

current *a.* ①现在的。②流通的,通用的。③最近的。④草写的。—*n.* ①(水,气,电)流。②趋势。③涌流。~ *commercial systems' sources of error* 现存商业系统的错误源。~ *energy reporting methods* 现行能量测试方法。~ *leakage* 杂散电流,泄漏电流。~ *leakage* 电流泄漏(绕过起爆电路、通过大地、铁轨、水管等路径无意泄漏的部分起爆电流)。~ *leakage point* 漏电点(起爆电流泄漏进入大地〈水〉而非进入电爆网路的漏电位置)。~ *leakage tester*; *insulation meter* 漏电位置检测仪(测定漏电位置的仪器)。~*-limiting device* 限流装置(通过限制电流流量来防止电雷管被击穿的装置)。~ *load step*; ~ *LS* (求解)当前载荷步。~ *of series firing*; ~ *of series shotfiring* 串联准爆电流(对规定发数、串联的电雷管,通入某一恒定直流电流能使其全部起爆的规定电流值)。~ *wave* 电流波。

curvature *n.* ①弯曲。【数】曲率。~ *coefficient* 曲率系数(土的 d_{30}^2 与 $d_{60} \cdot d_{10}$ 的比值)。~ *effect* 曲率效应。

curve *n.* ①曲线。②弯曲。③曲线球。④曲线图表。—*vt.* ①弯。②使弯曲。—*vi.* 成曲形。—*a.* ①弯曲的。②曲线形的。~ *fit* 曲线拟合。~ *point* 曲线起点。~ *regression* 曲线回归。

curved *a.* ①弯曲的。②弄弯的。—*n.* 倒弧角。—*vt.* 弯曲(curve 的过去式)。~ *portion* 弯曲部分。

cushion *n.* ①垫子。②起缓解作用之物。③(猪等的)臀肉。④银行储蓄。—*vt.*

C

①给…安上垫子。②把…安置在垫子上。③缓和…的冲击。~ *blasting*; ~ *shot*; ~ *shooting*; ~*ed shot firing* 缓冲爆破,气垫爆破(一种控制爆破方法:a)炸药与炮泥之间留有一段空气间隔,或者炮孔钻凿得远远大于所装填的药卷的直径。b)在炮孔底部留有一段空隙,在其上部再装填炸药)。~ *effect of water* 水的缓冲作用。~ *piece* 间隔物(分散装药时,使相邻药包之间留有空隙的物体。它可以用普通铁丝弯曲成弹簧形状做间隔物,或采用中空黏土管、岩粉袋来隔离药包)。~ *principle* 缓冲原理(在优选适合控制爆破的爆破能源及装药结构等的基础上,削弱爆破应力波的峰值压力对介质的冲击作用,使爆破能量得到合理地分配与利用,称为缓冲原理)。~ *stick* 气垫药卷(在小直径钻孔的底部先于起爆药包装入的炸药药卷。气垫药卷的作用是减轻对雷管及其脚线的破坏。由于容易产生炮根,一般不推荐使用气垫药卷)。

custom *n.* ①习惯,惯例。②风俗。③海关,关税。④经常光顾。(经常性的)顾客。—*a.*(衣服等)定做的,定制的。~ *blending* 按规定配料,按规定掺和。~-*designed* 专门设计的。~-*made*; ~-*engineered*; ~-*built* 定做的。

cut *vt.* ①切割。②削减。③缩短。④刺痛。—*vi.* ①切割。②相交。③切牌。④停拍。⑤不出席。—*a.* ①割下的。②雕过的。③缩减的。—*n.* ①伤口。②切口。③削减。④(服装等的)式样。⑤削球。⑥切入。⑦掏槽(为炮孔组剩余炮孔提供新自由面的隧道爆破开口部分)。⑧采掘带(台阶上按顺序开采的条带)。⑨(露天矿)切槽(露天矿开段沟,露天矿中用一定的深度和宽度开挖、并以同样方式继续使之沿着或通过最终境界进行)。⑩(筑路)削帮(用一定的深度和宽度开挖,并以同样方式继续使之沿着或通过山坡进行。在进行一系列的削帮后,需完成爆落材料的清除。任何削帮作业的特定尺寸取决于材料的性质和所需的生产水平)。~ *and fill method*; *filled stopes* 充填回采法(开采一部分矿体后,及时用砂土、废渣等材料把采空区全部或部分充填起来,重复采矿-充填作业直至全部采完为止的一种采矿方法)。~ *blasting* 掏槽爆破(在平硐、平巷掘进,天井上掘和竖井下掘中进行的首茬炮孔爆破,用来为到达掘进深度而提供膨胀空间)。~ *easer holes*; *easer holes*; *relievers* 辅助炮孔(隧道爆破开挖中紧靠掏槽的炮孔,它的作用是使掏槽进一步扩大)。~ *hole* 掏槽炮孔,开门炮孔。~ *pattern* 掏槽炮孔布置。~ *spreader hole*; *cut easer holes* 辅助掏槽炮孔(只用掏槽孔爆不出足够大的新自由面时,可在掏槽孔的近旁钻凿辅助炮孔,并在掏槽孔之后爆破,以扩大掏槽面积,为周边炮孔创造良好的爆破条件)。~ *width* 采宽。~-*and-fill stoping* 上向分层充填采矿法(在采矿中,按分层上向回采矿房、矿块或盘区,每个分层先采出矿石,然后对回采后一分层所需工作空间以外的采空区进行充填的充填采矿法。这种采矿法的工作空间位于矿石顶板下,适用于开采矿石稳固、围岩中等稳固、急倾斜和倾斜的各种厚度和形状的矿体,参见 *overhand ~ and fill stoping*)。~-*away view* 剖视图。~-*off* 切断(爆破时如果相邻炮孔距离很近,上一段爆破的炮孔有可能把相邻的尚未引爆的下一段炮孔中的导火索或延时电雷管炸飞,而使炸药不爆;或者连同炸药炸飞在开敞的空中爆炸的现象)。~-*off diameter* 临界直径(参见 *critical diameter*)。~-*off grade* 边界品位,截止品位。~-*off hole*; *cutoff shot*; *misfire hole*; *misshot hole*; *failed hole* 拒爆炮孔(由于起爆系统或药柱被先响孔或飞石切断造成的瞎炮),切断炮孔。~-*off wall* 防护墙,隔墙。

cutoff *a.* ①截止的。②中断的。—*n.* ①切掉。②中断。③捷径。④切断炮孔(由于起爆系统或药柱被先响孔或飞石切断造成的瞎炮)。

cutting *n.* ①切断。②剪辑。③开凿。④ = drill dust 钻屑(由钻孔产生的岩屑)。—*a.* ①锋利的。②严寒的。③尖酸刻薄的。—*v.* ①削减(cut 的 ing 形式)。②采伐。③切开。~ *capacity* 切削能力。~ *depth*; *depth of* ~ 切削深度,开挖深度。~ *excavation* 切削掘进。~ *force* 切削力,切割力。~ *medium* 切削介质。~ *plane* 破断面。~ *position* 掏槽位置,切割位置。~ *ratio* 切削厚度比。~ *resistance* 切削阻力。~ *shot* 掏槽炮孔。~ *speed* 切削速度。~ *strain* 剪切应变。

cycle *n.* ①循环。②周期。③自行车。④整套。⑤一段时间。—*vt.* ①使循环。②使轮转。—*vi.* ①循环。②骑自行车。③轮转。~ *ratio*; *cycle completion ratio* 循环率(每月实际完成循环个数占计划循环个数的百分数)。~ *time* 循环时间。

cyclic *a.* ①环的。②循环的。③周期的。~ *loading curve* 循环加载曲线(在单轴压缩或拉伸试验中,将恒定荷载反复施加和卸除而得出的岩土应力-应变曲线)。~ *stress* 循环应力。

cyclite *n.* 赛克炸药,二溴苄。

cyclonite *n.* = cyclotrimethylenetrinitramine;hexogen【化】黑索金(环三次甲基三硝胺,RDX,分子式:$(CH_2)_3(NNO_2)_3$,结构式:

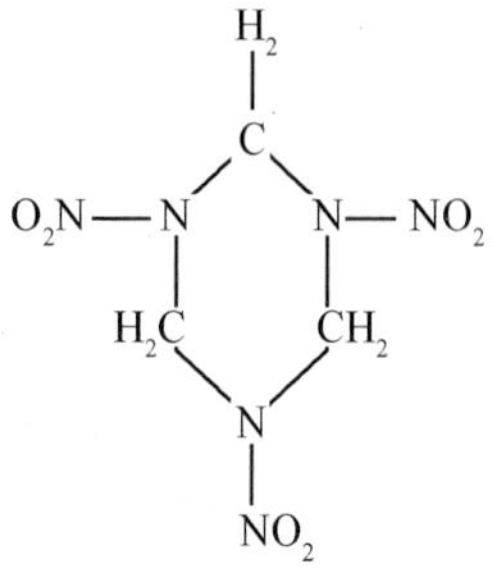

```
            H2
            |
            C
          /   \
O2N—N         N—NO2
     |         |
    H2C       CH2
       \     /
          N
          |
         NO2
```
)。

cyclotetramethylene-tetranitramine *n.*【化】奥克托金(参见 octogen,环四亚甲基四硝胺,HMX,分子式:$(CH_2)_4(NNO_2)_4$,结构式:

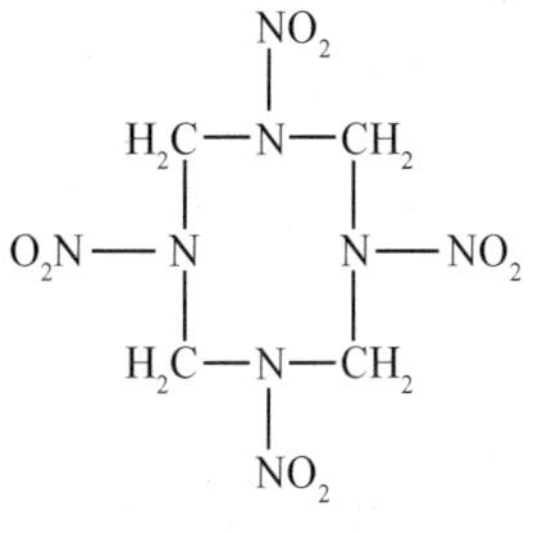

```
            NO2
             |
     H2C — N — CH2
      |          |
O2N — N          N — NO2
      |          |
     H2C — N — CH2
             |
            NO2
```
。有四

种晶型,常用的是 β-HMX)。

cylinder *n.* ①圆筒。②汽缸。③【数】柱面。④圆柱状物。~ *cut* 筒形掏槽(直孔掏槽的一种形式。大都采用大直径中空直孔掏槽的方法,掏出筒形槽孔作为第二自由面)。~ *grain* 圆柱形火药柱。~ *test* 圆筒测试。

cylindrical *a.* ①圆柱形的。②圆柱体的。~ *charge* 圆柱药包。~ *coordinate system* 柱面坐标系。~ *loading* 柱状装药。~ *or block-type specimens* 柱状或块状试样。~ *polar coordinate* 柱面极坐标。~ *spherical charge* 柱形球状药包。~ *structure* 柱状构造。~ *wave* 柱面波。~ *wave* 柱面波(波前为圆柱面的一种波动)。~ *elastic wave* 柱面弹性波。 ~ *shell* 圆柱壳。

D

daily *a.* 每日的,日常的。~ *advance* 日进度。~ *yardage* 日挖掘量,日挖土石方。~ *stripping ratio* 日剥采比。~ *throughput* 日处理量。

damage *v.* 损害,毁坏。~ *action* 损伤作用,破坏作用。~ *analysis* 损伤分析。~ *claim* 损害索赔。*In order to reduce ~ claims, the explosives user is wise to keep complete records of his operations, to monitor vibrations and airblast, to do what he can to inform the public, and to minimize drilling noise, dust, traffic noise, and other perceptible effects.* 为了减少索赔事件的发生,炸药的使用人员保存完整的爆破作业记录是聪明的举措,监测爆破振动和冲击波,尽可能通知公众,尽量降低钻孔和交通噪声,减少粉尘并减小其他可觉察到的影响。~ *criterion(strength)* 破坏判据(强度)(判定爆破破岩的破坏判据应根据材料的动态抗拉和抗压强度、动态抗剪和抗弯强度等动态强度特性。传统的破坏判据是以静态抗拉强度为依据的)。*danger and ~* 人身危险及财产损坏。*Danger and ~ from flyrock in rock blasting has been a serious problem ever since blasting was introduced.* 岩石爆破中由飞石造成的人身危险及财产损失,自采用爆破技术以来,一直是个严重问题。~ *dynamic model* 损伤力学模型。~ *effect* 损伤效应,破坏效果。~ *effect of a blast on the rock mass* 一次爆破对岩体的破坏效果。~ *factor* 损伤因子,损伤系数。~ *index* 破坏指数(爆破后留下岩石的破坏可分为由于爆破力造成的爆破感应〈或采矿感应〉破坏和由于岩体中应力的改变造成的应力感应破坏。破坏指数 D_i 指衡量岩石破坏的指标,例如:平硐和平巷掘进时的破坏指标)。~ *in surrounding rock* 围岩破坏。~ *parameter* (*based on ground vibrations*) 破坏参数(以岩层振动为依据,用于鉴定结构〈岩体、建筑物〉或机械破坏水平的参数。判定爆破对岩体、建筑物和机械的影响取决于结构本身和机械的种类以及外载荷的类型和大小)。~ *potential of airblast overpressure* 冲击波超压的破坏潜力。~ *potential of blasting vibrations* 爆破振动的破坏潜力。~ *potential of ground vibrations* 地震波的潜在危害。~ *potential-air vibrations* 空气冲击波的潜在破坏。~ *theory model for rock blasting* 岩石爆破的损伤理论模型(损伤破坏准则认为,岩石中含有大量的缺陷称为损伤。岩石的破坏是应力作用下损伤增长和不断积累的结果。损伤模型是由裂纹密度、损伤演化规律和用有效模量表达的岩石本构方程的三部分组成的)。~ *threshold* 损伤阈值。~ *threshold of the ground vibration* 地面振动阈值。~*ing stress* 损伤应力。

damp *a.* 微湿的,潮湿的。—*v.*【物】阻尼。~ *heat test* 湿热试验(模拟火工品在实际使用中可能遇到的湿度、温度环境,考核火工品在其作用下性能是否符合规定要求的试验)。~*ed vibration* 阻尼振动。~*ed wave* 阻尼波。~*ing capacity* 减振能力。~*ing characteristic* 减振特性。~*ing constant* 阻力常数。~*ing coefficient* 阻尼系数。~*ing effect* 减振作用,缓冲作用。~*ing factor* 阻力因子。~*ing force* 减振力,阻尼力。~*ing moment* 减振力矩,阻尼力矩。~*ing ratio* 阻尼比,衰减系数,衰减比。

data *n.* ①【计】数据。②日期。—*vt.* ①记。②断定年代。③预约。—*vi.* 追溯,始于。~ *collection*; ~ *acquisition* 数据采集。~ *comparison* 数据比较。~ *conversion* 数据换算。~ *from visual observations* 直观数据。~ *handling*; ~ *processing* 数据处理。~-*in*; ~ *input* 数据输入。~ *population* 数据组。~ *processing of surveying and mapping* 测绘数据处理(测绘数据的检验、分析、平差计算及其质量评估的总称)。~-*shift code* 数据-变换编码(制造商用在发运外包装箱上的编码,在许多场合用在炸药的最直接包装物上,以便识别和追查)。~ *transfer* 数据传输。*bear* ~ 表明日期 *a product without* ~ 没有日期的产品。*Let's decide on the* ~ *to hold a meeting.* 咱们确定一下开会的日期吧。*The factory forgot to* ~ *the explosive.* 厂家忘记注明炸药生产的日期了。*Only experts can* ~ *the rock that was found in the quarry.* 唯有专家才能断定采石场发现的那块岩石的年代。*Who will be responsible for dating our tutor for the dinner?* 有谁来约我们的导师去吃晚饭? *This painting* ~*s from the Chinese Song Dynasty.* 这幅画追溯于中国的宋朝。*of even* ~ 同一时期的。*In the library we have found the relevant literature of even* ~ 我们在图书馆查到同一时期的有关文献。*out of* ~ 过时的。*This is an out of* ~ *document.* 这是一份过时的文件。*up to* ~ (*down to date*) 最新式

D

的，直到最近的。*One must have up to ~ ideas.* 人的思想必须赶上时代。*to ~* 到目前为止，迄今。*from 2000 to ~* 从2000年至今。*Experience to ~ has shown that at distances of up to 20 km from mine sites, it is desirable to know details of temperature and wind velocity at levels up to 900 meters.* 迄今的经验表明，在距矿场20公里的范围内，需要知道900米高空温度和风速的详细情况。

D

database *n.* 数据库（长期储存在计算机内、有组织、可共享的数据集合。整个数据库在建立、运用和维护时由数据库管理系统统一管理、统一控制）。~ *management system* 数据库管理系统（用于建立、使用和维护数据库的软件，简称DBMS。它对数据库进行统一的管理和控制，以保证数据库的安全性和完整性。用户通过DBMS访问数据库中的数据，数据库管理员也是通过DBMS进行数据库维护工作的）。

datalling *n.* 爆落顶板，挑顶。

dating *n.* 年代测定。

datum *n.*【测】基点，基线。~ *correction* 基准面校正。~ *surface* 基准面。

Dautriche *n.* 道特里什（人名）。~ *detonation velocity test method*；~ *test* 道特里什爆速测定法，道氏测爆速试验（是一种古老而又简便的爆速测定方法，又称导爆索法。它以导爆索的爆速作为标准爆速间接测量炸药的爆速）。~ *effect* 爆轰波冲击效应。

day *n.* 一天。~ *box* 临时周转箱（在工作场所存放炸药日常用量的箱子）。

DC = direct current *n.* 直流电。~ *method* 直流电法（研究与地质体有关的直流电场的分布特点和规律，进行找矿和解决某些地质问题的方法。通常的有电测深法、电剖面法）。

deacidification *n.* ①中和酸性。②脱氧（作用）。

dead *a.* ①死去的。②无感觉的。~ *pressing* 压死现象（炸药在适当加压后爆力会提高。但炸药所受的压力超过某一数值时，装填密度增加，起爆感度反而降低，最后导致拒爆〈压死〉。此时的压力称为死点压力。例如：铵油炸药受压后，密度超过1.1～1.15g/cm^{3}时，即使采用传爆药柱引爆，也不会发生爆炸）。~ *man control* 安全控制。~ *weight-to-payload ratio* 静重与有效载重比。~*-hole* 爆破后的残孔。~*-load stress* 静载应力，静重应力。

deadline *n.* 安全界线。

debris = muck pile; muck; refuse; rock pile; rubbish; waste rock *n.*【地】岩屑，弃渣（在掘进或爆破过程中，开挖出来的没有任何使用价值的岩石碎块。在土木工程中称为废渣，在矿山称为废矿，在煤矿称为矸石，参见dirt）。~ *avalanche* 碎屑崩落。~ *fill* 填碎石。

decadent *a.* 衰微的。~ *wave* 减幅波，衰减波。

decay *vi.* 衰败，衰退。~ *coefficient* 衰减系数。~ *curve* 衰减曲线。~ *of vibration intensity* 振动强度衰减。~ *period* 衰变期。~ *time* 衰减时间（某种脉冲从其最大值衰减到某特定值所需的时间间隔）。

decelerated *a.*（使）减速（decelerate 过去

式）。~ *motion* 减速运动。

deceleration *n.* 减速。~ *stress* 减速应力。

decelerator *n.* 减速器（减速器是一种封闭在箱体内的传动装置，它是由齿轮或蜗杆、蜗轮等组成，可以用来改变两轴之间的转速和转矩）。

decibel *n.* 分贝（是量度两个相同单位之数量比例的单位，主要用于度量声音强度，单位常用 dB 表示）。

decimal-second *n.* 秒。~ *delay electric detonator* 秒延时电雷管。

decision *n.* ①决定。②果断。~ *support systems*（*DSS*）；决策支持系统（决策支持系统是 MIS 的更高一层。在管理信息系统的使用中发现它对管理者的决策支持不够，因此提出了决策支持系统。决策支持系统运用了数据库、模型库、知识库、方法库等更新的技术，为高层领导提供决策支持）。~ *tree* 决策树。

decisive *a.* 决定性的。~ *factor* 决定因素。

deck *n.* 甲板。~ *charge*；*decked charge* 分段装药（当炮孔穿过软弱岩层或为提高装药高度时，将炸药用堵塞物隔开，用导爆索串在一起引爆的装药方法叫分段装药。也叫分散装药、间隔装药）。~ *charging construction* 间隔装药结构（装入炮孔中的炸药被分开成两段或三段，各段炸药之间用惰性材料隔开，形成一个非连续药柱，炸药沿炮孔深度的分布较均匀。各段炸药用独立起爆药包同时起爆或毫秒间隔起爆）。~（*charge*） 间隔（药卷）（一种炸药药卷，在爆破孔中被炮泥或气垫相互隔开。间隔药卷之间的炮泥的最小长度应该等于炮孔直径的 6 倍，在有水的孔中则应为炮孔直径的 12 倍。使用效果最好的炮泥材料的颗粒粒径为炮孔直径的 1/10 到 1/20）。~ *charging with sand stemming* 填沙间隔装药。~ *charging with wooden spacers* 木棒间隔装药。~ *ed powder column* 分段药柱。~ *length* 间隔（装药）长度。~ *load* 分段装药的单独部分。~ *s of inert material* 惰性材料隔层。

decking *n.* 间隔装药。

decomposed *a.* 已分解的。~ *explosive* 变质炸药，分解过的炸药。~ *products zone* 分解产物区。

decomposition *n.* 分解（通常使用化学药剂或自然分解方法将物质分解或分离成元素状态）。~ *gas*（爆破时）分解气体（C-J 面后的物质成分已完全变成了炸药的爆轰产物，称为分解产物区）。~ *pressure* 分解压力。

decoupled *v.* ①减弱（核爆炸）震波。②去耦合。（decouple 的过去式和过去分词）。~ *low VOD explosive* 不耦合低爆速炸药。~ *charging*；*decoupling charge* 不耦合装药（炸药药卷表面与孔壁之间保留一定间隙，或炮孔的某些部位不装药的装药方式。不耦合装药分为两种类型：轴向不耦合装药和径向不耦合装药）。

decoupling *v.* ①减弱（核爆炸）震波。②去耦合。（decouple 的现在分词）。~ *form of charge* 不耦合炸药形式。~ *effect* 不耦合效应（装填的药卷直径比

D

炮孔直径小时,因炸药的周围存在着空隙使炮孔装填密度变小,此时炸药爆炸作用在孔壁上的峰值压力要比密实装药时小得多。因此不会使孔壁周围的岩石过分粉碎。由于装药与炮孔壁之间存在空隙而产生的上述效应,叫做不耦合效应,也称缓冲效应)。~ *index*;~ *ratio* 不耦合系数(如果药卷和炮孔内壁之间存在空隙,由于不耦合效应的影响,将使作用在炮孔内壁面上的爆轰压力变低,从而起到缓冲的效果。所谓不耦合系数,是指炮孔直径和药卷直径之比。在密实装药的情况下,不耦合系数为 1)。~ *percentage* 不耦合百分比。

D

decrepitation *n.* 爆裂。

deep *a.* ①深的。②深远的。~ *burial metamorphism of coal* 煤深层变质作用(煤层形成后,在沉降过程中,在地热和上覆岩层静压力的影响下,使煤发生变质的作用。~ *hole blasting* 深孔爆破)。~-*hole blasting of pillar stoping* 矿柱回采深孔爆破。~-*hole blasting in complex surroundings* 复杂环境深孔爆破(在爆区边缘 100m 范围内有居民集中区、大型养殖场或重要设施的环境中,一次使用 1t 以上炸药的深孔爆破作业)。~-*hole method*;*blasthole stoping method*; *longhole method*; *longhole drop raising* 深孔爆破开采法。~-*hole mining*;*long-hole mining* 深炮孔开采。~ *hole shooting*; ~ *hole explosion* 深井爆炸。~-*hole presplit blasting* 深炮孔预裂爆破。~ *landslide* 深层滑坡(滑坡体最大垂直厚度大于 30m 的滑坡)。~-*lying seam* 深部矿层。~ *mining* 深部开采。~ *open pit* 凹陷露天矿。~ *production* 深层开采。~ *set cut*;~ *stripping* 深部露天开采。~-*seated charge* 深部装药。~-*seated deposit* 深部矿床。~-*seated failure* 深部破坏。~ *water blasting* 深水爆破(水下爆炸能量分布及冲击波特性与炸药爆炸威力、药包入水深度、水域范围和深度有关。通常以爆源的比例爆深 d/τ_0〈d 为药包离水面的深度,τ_0 为药包半径〉和水域的比例深度 H/τ_0〈H 为水域深度〉作为衡量标准。H/τ_0 = 10 ~ 20,且 d/τ_0 = 5 ~ 10 时,爆破属于深水爆炸。参见"浅水爆炸"、"近水面爆炸")。~-*water capability* 深水工作能力。~-*water working pressure* 深水工作压力。~-*well pump* 深井泵(用于井田疏干,沉入钻孔中排水的机械。包括"长轴深井泵 deep-well pump with line-shaft"和"潜水深井泵 submersible deep-well pump")。~ *working dive* 深水作业潜水。

default *n.*【计】缺省,默认。~ *value* 隐含值。

define *v.* 定义。~ *loads* 定义荷载。~*d responsibility and relationship* 责任和关系界定,明确责任和关系。

defining *v.* ①规定。②界定。~ *professional ethics* 职业准则。

definite *a.* ①限(一,固,肯)定的。②明确的。③有界限的。*a* ~ *quantity of explosive* 炸药的定量。~ *conditions* 限定条件。~ *input* 确定输入。

definition *n.* ①定义。②限定。③明确。

definitive *a.* ①最后的。②明确的。~ *quantification* 准确量化。*Thus, no ~ quantification of GHGs (Greenhouse Gases) can be done a priority using ideal detonation codes.* 因此,无法用理想的爆轰法则提前明确量化温室气体量。

deflagrating *v.* 爆燃(deflagrate 现在分词)。~ *explosive*;*deflagrating powder* 易燃炸药(火药在一定的外界能量作用下,自身能进行迅速而有规律的燃烧,同时生成大量高温气体的物质)。

deflagration *n.* 爆燃;爆燃作用(爆燃过程是一种迅速的燃烧,有时伴有火焰、火花或燃烧颗粒飞溅的现象。其反应区向未反应物质中推进的速度小于未反应物质中的声速)。~ *mixture* 爆燃混合物。~ *point* 爆燃点。~ *to detonation transition*; *DDT* 爆燃转爆轰(从亚音速向爆轰速度的过渡〈或相反〉)。~ *to detonation transition test*; *DDT-test* 爆燃转爆轰试验(试验物质填入置于试验专用板上的封闭的管子,用一根灼热的导线引燃。这项试验用于确定材料从爆燃向爆轰过渡时的行为倾向)。~ *to detonation mechanism* 爆燃转爆轰机理(*DDT* 机理)。

deflection *n.* 偏向,偏离。~ *coefficient* 偏转系数。~ *moment* 弯曲力矩。~ *of borehole*;*hole deviation* 炮孔偏斜。

deflexion *n.* ①偏斜。②挠度。③偏差。

deformation *n.* 变形(①是岩石的弯曲、切断、剪切、挤压和拉伸等各种作用的通称,也是各种地球营力作用的结果。②当岩石受力后,其内部各点之间位置的改变导致其形状和体积变化的作用。岩石变形的基本方式有:压缩、拉伸、剪切、弯曲和扭转5种。变形的程度以应变来量度)。~ *energy* 变形能,形变能。~ *modulus of rock* 岩石变形模量(指强度极限范围内的岩石应力应变之比。是岩石物理力学性质之一)。~ *monitoring network* 变形监测网(为工程建〈构〉筑物的变形观测布设的专用测量控制网)。~ *observation of structure* 建筑物变形观测(利用观测设备对建筑物在荷载和各种影响因素作用下产生的结构位置和总体形状的变化所进行的长期测量工作)。~ *of coal seam* 煤层形变(地壳构造变动引起煤层形态和厚度的变化)。~ *of model* 模型变形。~ *pattern* 形变图样。~ *resistant structure* 抗变形建筑物(采取专门的结构措施而能抵抗开采沉陷破坏的建筑物)。~ *of rock masses* 岩体变形。~ *stage* 变形阶段(根据应力-应变全过程曲线特征进行划分的阶段)。~ *stage of fissure closing* 裂隙闭合变形阶段(岩石受压初期,主要由微裂纹的闭合而产生变形的阶段)。~ *work* 变形功。

deformational *a.* 变形。~ *behavior* 形变特性。~ *event* 形变事件。~ *stress* 形变应力。~ *tensor* 形变张量。

deformed *a.* 变形的。~ *shape* 变形,形状扭曲。

degenerate *a.* 退化的。—*v.* 退化。

degradation *n.* 毁坏。~ *of energy* 能量递减。

degree *n.* 程度。~ *of breakage*; ~ *of size reduction* 破碎比,破碎度。~ *of com-*

pactness 致密度。~ *of compression* 压缩度。~ *of confinement* 约束度。~ *of demulsification* 破乳程度。~ *of deviation* 偏差度。~ *of dispersion* 色散度。~ *of distortion*; ~ *of deformation* 激变程度。~ *of elevation* 仰角。~ *of flexibility* 灵活程度。~ *of crushing*; *fragmentation* ~; *breakage* 破碎程度。~ *of coal metamorphism*; *metamorphic grade of coal* 煤变质程度(煤在变质作用的影响下,其物理、化学性质变化的程度)。~ *of disturbance in a rock mass* 岩体扰动程度。~ *of exploration*; *exploration intensity* 勘探程度(通过煤田地质勘探,对勘探区的地质条件进行研究和查明的程度)。~ *of fragmentation* 破岩程度。~ *of hardening*; ~ *of cure*; ~ *of solidification* 固化度。~ *of packing* 装填率,装药密度(炮孔中被炸药所占体积的百分率,%)。~ *of impregnation* 嵌布程度。~ *of mineralization* 矿化度。~ *of solidification* 固化程度。~ *of sorting* 分选程度。~ *of sympathetic detonation* 殉爆度(殉爆距离 r 与药卷直径 d 的比值,即殉爆度 $n = r/d$)。

delay *n.* 延迟,拖延。~ *accuracy and timing* 延迟精度和延迟定时。~-*action*; *delayed-action* 定时的,延时的。~-*action fuse* 延时导火线。~-*action detonator* 延时雷管。~ *agent* 延期药。~ *assembly for blasting* 爆破延时装置。~ *between production rows* 炮孔排间延时时间。~ *blasting* 延时爆破(使用延时雷管或继爆管使各个药包按不同时间顺序起爆的爆破。或以预定的时间间隔依次起爆各炮孔或各排炮孔的爆破方法)。~ *charge* 延期药。~ (*blasting*) *cap* 延时雷管。~ *composition* 延期混合炸药(延期药,以等速稳定燃烧,起延时作用的烟火药)。~ *connector* 延时联接管(采用导爆索进行延时爆破时使用的短间隔延时元件)。~ *cord* 延期索(装药为延期药的、起延时作用的索类火工品)。~ *detonation* 延时起爆。~ *detonation system* 延时起爆系统。~ *detonator* 延时雷管(装有延时元件或延期药的工业雷管。即具有一个内装延时元件的电或非电雷管,该延时元件使能量输入至雷管爆炸产生一定的延时)。~*ed blast* 延迟爆破。~*ed combustion* 滞后燃烧。~*ed detonation*; ~ *initiation* 延时起爆。~ *device* 延时装置。~ *electric blasting cap*; *delay-electric detonator* 延时电雷管(装有延时元件或延期药,以电能激发后间隔一定时间爆炸的电雷管。按延时间隔时间不同,分为秒延时电雷管、半秒延时电雷管、1/4 秒延时电雷管、毫秒延时电雷管。〈不可译为:迟发电雷管;段发电雷管〉)。~ *electric fuse* 延时电导火索。~ *element* 缓燃剂,延时元件(装有延期药、起延时作用的火工元件)。~*ed explosion* 延时爆炸。~ *filling* 延时充填。~ *firing* 延时爆破。~ *for perimeter rows* 周边炮孔排延时时间。~ *fuse* 延时引信。~ *ignitor* 延时点火器。~ *impact fuse* 延时着火引信。~ *interval* 延时间隔,延时时间(延时爆破中相邻延滞期之间的名义时间间隔,也可以是一次爆破中的连续引爆之间的名义时间间隔)。~ *interval between blasthole initiations* 各炮孔引爆之间的延时间隔。~ *interval firing times* 延时间隔起爆次数。~ *irregularity* 延时串段(指雷管因延时质量不高、时差紊乱,使成组延时电雷管没有按照事先计划的顺序进行爆炸,而发生下一段雷管提前于上段雷管爆炸的现象)。~ *line* 延时线。~ *number* 段号(延时电雷管的延时时间和爆炸顺序,取决于管中所装缓燃剂的种类和药量。其时间间隔系列通常叫段数。如把瞬发电雷管的段号定为1段,则在其后按规定的时间依次爆炸的雷管段号分别为2段、3段……也有的国家把瞬发电雷管定为0段,以下顺次为1段、2段)。~ *pattern layout* 延时方式分布。~ *pellet* 延期药柱。~ *period* 延时延滞期,延时段别(表明延时电雷管在某延时系列中的相对或绝对延时时间的标记)。~ *powder* 延期药。~ *primer* 延发起爆药包。~ *round* 延时炮孔组。~ *scattering measurement* 延时散射测量。~ *sequence number* 延时序列号。~ *series* 迟发系列(用来满足特定爆破要求的一个延时雷管系列。基本上有两类延时系列:迟发间隔以毫秒计的毫秒延时系列〈MS〉和迟发间隔以秒计的长时延时系列〈LP〉)。~ *shot* 延时爆破。~ *shot firing counter* 延时爆破计时器。~ *tag number* 延时签号。~ *time* 滞后时间,延时时间(延时元件或延时装药自燃烧开始至燃烧完毕的时间;或自向雷管输入激发冲能始至爆炸止的时间)。~ *time intervals* 延时时间间隔。~ *timing* 延时时间。~ *timing strategies* 延时时间。~ *time test* 延时试验(测定雷管延时时间的试验)。

delete *v.* 删除。

deltaic *a.* 三角洲的。~ *front* 三角洲前缘。

deluvium *n.* 坡积物(坡面片状水流沿斜坡形成的堆积物)。

demarcation *n.* 标界。~ *line*; *dividing line* 分界线。

demolishing *v.* 摧毁(demolish 的现在分词)。~ *methods of chimneys* 烟囱拆除方法(国内外通常采用的拆除方法有许多种,大体上可以概括为以下三类①机械拆除法。②人工拆除法。③爆破拆除法)。

demolition *n.* 摧毁。~ *blasting* 拆除爆破(采取控制有害效应的措施,按设计要求用爆破方法拆除建〈构〉筑物的作业)。~ *blasting of high buildings* 高耸构筑物拆除爆破(高耸构筑物一般是指烟囱和水塔等高度和直径的比值很大的构筑物,其特点是重心高而支撑面积小,因此非常容易失稳,在重力作用下倒塌或坍塌从而解体,所以构筑物的破坏是重力作用的结果,爆破只是使构筑物失去稳定性的手段)。~ *blasting of thin wall structure* 薄板结构拆除爆破(由于薄板结构,只能沿最小尺寸方向钻孔,其特点如下:①最小抵抗线与炮孔方向一致或斜交,无侧向自由面可以利用。②炮孔较浅,最小抵抗线小,所以非常容易产生飞石。③炮孔较

D

浅,孔距和排距都较小,因而增加了钻孔和装药工作量,爆破成本增加)。~ *by hydraulic pressure controlled blasting* 水压控制爆破拆除。~ *of a water tank* 水罐拆除。~ *of a water tower* 水塔拆除。

demonstrated *v.* 展示;论证。~ *reserves* 探明储量。

D

Denaby *n.* 登纳比(人名)。~ *powder* 登纳比炸药,铵硝化钾炸药。

dense *a.* 密集的。~ *blasting agent* 浆状爆破剂,致密爆破剂。~ *drilling pattern* 密集钻孔模式。~ *medium* 重介质。~ *structure* 密实结构。

Densite *n.* 登斯炸药;硝胺、硝酸钾;三硝基甲苯炸药。

density *n.*【物】密度。~ *control substance* 控制密度的物质。~ *control system* 密度控制系统。~ *effect* 密度效应。~ *functional theory* 密度泛函理论。~ *index* 密度指数。~ *measurement* 密度测量。~ *modifier* 密度调节剂(能使炸药密度发生变化的物质)。~ *of explosive* 炸药密度。~ *of explosive (after charging)* 装填后的炸药密度。~ *of explosive (bulk)* 炸药散装密度。~ *of ground* 岩土密度。~ *of ground particles* 岩土颗粒密度。~ *of seam* 矿层间隔密度。~ *of the strain work of failure* 破坏应变功密度。~ *ratio* 密度比。~ *reducer* 密度减小剂。~ *test* 密度试验。

department *n.* 部门。*D-of Energy* (美国)能源部。

departure *v.* ①出发,启程。②违反,背离(*from*)。③偏差,偏移。~ *curve* 偏离曲线。

depend *vi.* 依靠,取决于(*on*)。*The accuracy of the assessment ~s on both the accuracy of the meteorological data, and the accuracy of the assessment model used.* 评估是否准确,取决于气象资料和所用的评价模型是否精确。*All the family members ~ only on the meager salary earned by the father for a living.* 一家人仅靠父亲挣来的微薄的工资过活。

dependable *a.* 可靠的。~ *variable* 应变量。

dependence *n.* 依赖。~ *of fragmentation on delay interval* 岩石破碎程度对迟发间隔的依赖性。~ *of launch angles and velocities on blast design* 发射角和发射速度取决于爆破设计。

dependent *a.* 依靠的,倚赖的。*Good crops are ~ to a great extent on weather.* 庄稼长势好坏很大程度上取决于天气。*The magnitude of each of these emissions is ~ on the specific process at each stage, with large variations possible.* 每一次气体释放的量级取决于每一阶段的具体过程,但可能有大的变化。~ *functions* 相关函数组。~ *variable* 应变量。

depolarization *n.* 解聚(合作用)。

depreciation *n.* 折旧(一项固定资产在使用过程中因磨损老化或技术陈旧而逐渐损失其价值的现象。也指估计这种损失的行为)。~ *of construction machinery* 施工机械折旧(施工机械在使用过程中,因磨损而需要分期、分次逐渐转移到工程成本中的那部分价值)。

depressed *a.* 下陷的。~ *coal basin* 坳陷煤盆地(由于地壳坳陷而成。含煤岩系基底呈波状起伏断裂不发育的煤盆地)。~ *open pit* 凹陷露天矿。

depth *n.* ①深度。②深处。~ *charge* 深水药包。~ *correction* 深度校正。~ *displacement* 高程差。~ *location* 深度定位。~ *match* 深度匹配。~ *of a charge in water* 药包入水深度(即药包置于水中的深度)。~ *of advance* 台阶高度。~ *of burial* 埋深。~ *of cut*; *cutting thickness* 切削厚度,切削深度。~ *of overburden* 剥离物厚度,覆盖层厚度。~ *of plugging* 堵孔深度(靶平面的入口处至杵体上端的最小距离)。~ *of compressed layer* 受压层深度(地基受压层底部边界的埋藏深度)。~ *of penetration* 穿透深度,渗入深度。~ *of pull* 一次爆破的深度。~ *of round* 炮孔组深度。~ *range* 深度范围。~ *sampling* 深度采样。~ *scale* 深度比例。~ *survey*; ~ *measurement* 深度测量。

derivative *n.* ①派生物,衍生物。②导数。—*a.* ①模仿他人的。②衍生的,派生的。

derived *vi.* ①起源。②衍生。③导出。~ *function* 导(出)函数,推到函数。

descending *n.* 递减。~ *curve* 下降曲线。~ *mining*; *downward mining* 下行式开采(分段、区段、分层或煤层由上向下的开采顺序)。

description *n.* ①品名。②描述;描写。

desensitively *ad.* 钝感化。~ *modified ammonium nitrate* 钝感改性硝铵。

desensitivity *n.* 倒灵敏度(灵敏度的倒数)。

desensitization *n.* 钝感,减敏(改变炸药的感度,使其不能爆炸。减敏的原因可包括压实过度、时间过长等)。

desensitized *a.* 钝感的。~ *explosive* 钝感炸药。

desensitizing *v.* 使不敏感(desensitize 的现在分词)。~ *agent*; *desensitizer* 钝感剂(能降低炸药感度的物质)。~ *explosive* 钝感炸药。~ *mechanism* 钝感机理。

design *n.* 设计。—*v.* ①设计。② 绘制。~ *content of chamber blasting* 硐室爆破的设计内容。~ *content of demolition blasting* 拆除爆破设计内容。~ *criteria of chamber blasting* 硐室爆破设计原则。(*reasonably*) ~*ed blasting parameter* (合理)设计爆破参数。~*ed capacity* 设计容量,设计能力。~ *data* 设计数据。~ *examination of demolition blasting* 拆除爆破设计审查。~ *faults* 设计的缺陷。~*ed firing times* 设定的点火次数。~ *intensity* 设计强度(根据安全和经济需要,将基本烈度加以适当调整后用于工程设计的地震烈度)。~ *load* 设计载荷。~*ed mine annual output*; ~*ed mine capacity*; ~*ed mine annual production* 矿井设计生产能力(设计中规定的矿井在单位时间〈年或日〉内采出的煤炭或其他矿产的数量)。~*ed mine reserves* 矿井设计储量。~ *of blasting operations* 爆破作业设计。*In addition to factors that are related to geology and distance are those*

D

factors that are related directly to the ~ of blasting operations. The most important of these is the maximum charge weight per delay: that is, the maximum quantity of explosive that detonates at one time (sometimes specified as being that which detonates within any eight millisecond period of time). 除了与地质和距离有关的因素外,还有一些因素与爆破作业设计直接相关。其中最重要的是每次延迟的最大装药量,即每次要爆炸的炸药最大量(有时标明为每8毫秒间隔爆炸的炸药量)。~ *safety margin* 设计安全限度。~ *philosophy* 设计思路。~ *principles of cofferdam and rock-step blasting* 围堰及岩坎爆破的设计原理(围堰及岩坎爆破设计的遵循原则:①设计时应充分论证爆破地震波、水击波、涌浪及动水压力、个别飞石等爆破效应对邻近建筑物的影响程度。②设计时要因地制宜地合理制定爆破总体方案。③设计时应确保爆破一次成功)。~ *procedure of water pressure blasting* 水压爆破设计程序:①了解有无水压爆破的条件。②掌握被爆破物的形状、尺寸、材质、强度、配筋情况、爆破要求。③进行药量计算。④根据实际情况和计算药量,参照成功的有可比性的工程,确定药包个数,药量、布置位置、入水深度和起爆顺序。⑤安全防护,炸药防水及网路设计。~ *specification* 设计规格。~*ed surface mine reserves* 露天矿山设计储量。~ *the blasts* 爆破设计。~*ed weight of explosive charge per blasthole* 单孔设计装药量。

designation *n.* ①定名。②编号。~ *of graphic documentations* 矿图编号。

desired *a.* 渴望的。~ *fragmentation* 理想破碎,理想爆破。

desktop *n.* 桌面(在电脑应用领域,桌面一般指包括显示器、电脑主机、键盘和其他所有外接设备,但通常更多的是作为Windows操作系统启动界面的称谓。Windows存放“桌面”文件的目录名就是Desktop。Windows启动后,首先看到的就是桌面)。

destability *n.* 失稳。~ *principle* 失稳原理(在认真分析和研究建筑物或结构物的受力状态、荷载分布和实际承载能力的基础上,运用控制爆破将承重结构的某些关键部件爆松,使之失去承载能力,同时破坏结构的刚度,建筑物或结构物在整体失去稳定性的情况下,由其自重作用原地坍塌或定向倾倒,这一原理称为失稳原理)。

destabilization *n.* 扰动,不稳定。~ *condition of bearing reinforced concrete props* 钢筋混凝土承重立柱的失稳条件(用控制爆破法将立柱基础以上一定高度的混凝土充分破碎,使之脱离钢筋骨架,则孤立的钢筋骨架便不能组成整体抗弯截面,当钢筋骨架顶部承受的静压载荷超过其抗压强度极限或达到失稳的临界载荷时,钢筋发生塑性变形,立柱随之失稳垮塌)。

destruction *n.* 破坏作用。~ *of explosives; explosives ~* 销毁炸药。~ *technology* 销毁技术。

destructive *a.* 破坏性的。~ *effect* 破坏效果,破坏效应。*Concerns around the ~*

effects on the integrity of excavations progressively increased. 人们日益担心的是爆破对所采矿物的完整性造成破坏效果。~ *tension test* 张力破坏性试验。~ *test* 破坏性试验。

detached *a.* 分离的。~ *coefficient* 分离系数。~ *rock* 脱落岩石。

detail *n.* ①详述。②(照片、绘画等的)细部。~ *shooting* 详细爆破(地震勘探)。~ *survey* 碎部测量(确定地物、地貌、井巷等目标物特征点位置的测量)。~ *survey for mine workings* 巷道碎部测量(为绘制大比例尺巷道图和硐室图所进行的测量工作)。~ *of construction* 结构详图。~ *of design* 设计详图。~ *shooting* 局部爆破。

detailed *a.* 详细的。~ *computer vibration analysis software* 电脑振动详细分析软件。~ *exploration;detailed prospecting* 详查(为矿山初步设计提供地质资料所进行的详细勘探工作,又称"详细勘探")。~ *map* 明细图。

deteriorated *v.* 恶化,变坏(deteriorate 的过去式和过去分词)。~ *explosive* 变质炸药(长时间贮存中受潮、水泡或极大热量侵害的炸药。变质炸药材料有时会变得对摩擦更加敏感,因而在使用时比那些状态良好的炸药会更加危险)。

determination *n.*【物】测定,计算。~ *of delay time* 延时时间测定(延时电雷管通入规定的电流后,对其延时时间的测定)。~ *of detonation velocity by Dautriche method* 导爆索法爆速测定,道特里升法爆速测定(用已知爆速的导爆索求得受测炸药爆速的测定)。~ *of detonation velocity by chronographic method* 计时法爆速测定(利用爆轰波阵面上离子的导电特性或压力突跃,用测时仪和测针传感器测定爆轰波在药柱中传播一定距离的时间求得爆速)。~ *of field factors* 场地系数测定。~ *of friction sensitivity* 摩擦感度测定(定量的炸药,受一定的摩擦作用,观察其是否发生爆炸的测定)。~ *of impact sensitivity* 撞击感度测定(定量的炸药,受一定质量的落锤自某一高度自由落下的撞击作用,观察其是否发生爆炸的测定)。~ *of the amount of toxic gases* 有毒气体含量的测定(将炸药置于特制的钢弹内爆炸,测定爆炸后气体产物中一氧化碳和氮氧化物等的含量,以每千克炸药爆炸生成的一氧化碳和氮氧化物等的体积量表示。或按各种有毒气体对一氧化碳的毒性系数换算成标准的一氧化碳体积来表示总的有毒气体含量)。~ *of the stress in rock unaffected by boreholes* 未受炮孔影响的岩石应力测定。

determined *a.* 确定的。~ *safety zone* 划定的安全区。

deterrence *n.* ①威慑,制止。②制止物,制止因素。~ *signage* 警示标志。

detonate *vt.*,*vi.* ①(使)爆炸,(使)爆发。②出发(一连串事件)。*The blasting engineer ~d the dynamite with the help of a detonator.* 爆破工程师借助雷管引爆了炸药。*The hand grenade ~d at a place only ten meters from the depot.* 手榴弹在离仓库只有 10 米远的地方爆

D

炸了。

detonatics *n.* 爆震学。

detonating *v.* (使)爆炸,引爆(detonate 的现在分词)。~ *agent* 起爆剂,发爆剂。~ *area* 爆轰区。~ *cap* 雷管。~ *capacity*;*initiating ability* 起爆能力。~ *charge*; ~ *primer*; *capped cartridge*; *capped primer*; *igniting primer*; *igniting charge*; *ignitor*; *primary charge*; *primed cartridge*; *priming powder*; *priming charge*; *priming stick*; *live primer*; *primer cartridge* 起爆装药;起爆药包,雷管装药。~ *composition*; ~ *compound* 起爆剂成分。~ *compound* 起爆药。~ *cord*; ~ *fuse*;*prima-cord* 导爆索,起爆信管(装药为猛炸药,传递爆轰波的索状起爆材料。〈不可译为:导爆线〉)。~ *cord blasting system* 导爆索起爆网路(导爆索起爆网路由主干索、支干索和引入每个深孔或硐室的引爆索组成。导爆索网路有开口网路〈又称分段并联网路〉和环形网路〈又称双向并联网路〉两种。导爆索之间的连接采用搭接或扭接)。~ *cord downline* 导爆索下行线(导爆索在爆破孔中向下从地表延伸到装填炸药的线段)。~ *cord initiation methods* 导爆索起爆方法。~ *cord initiation system* 导爆索起爆系统。~ *cord millisecond* (*MS*) *connector*; *delay connector*; *millisecond connector*; ~ *cord MS connector*;*connector* 导爆索毫秒继爆管,毫秒继爆管,延时继爆管,继爆管(简称)(用于由一根导爆索起爆的延时爆破非电〈毫秒〉延时装置)。~ *cord systems* 导爆索系统。~ *cord trunklines*; *MS connectors*; *and in-hole shock tube detonators* 毫秒继爆管和孔内导爆管雷管。~ *cord test* 导爆索试验(通过目测进行导爆索均匀度、柔韧性和表面缺陷检验的方法。其他检验项目还包括:直径控制、柔韧性和变折后的敏感性、防水性和浸水后的敏感性、确定爆轰速度、传爆试验,以及传爆中的导爆索的切断力的确定,等等)。~ *cord trunkline* 导爆索主干线(布设于地表的导爆索线路,用于连接并起爆其他进入炮孔的导爆索线路)。~ *cord used in oil and gas wells* 油气井用导爆索(以耐热炸药为药芯、以耐温材料作包覆外壳的耐温、耐压高能导爆索。即用于油气井开采作业的工业导爆索)。~ *cord with cotton fiber covering* 棉线导爆索(以棉线为主要包覆材料,沥青作防潮层的工业导爆索)。~ *cord with plastic sheath* 塑料导爆索(以化学纤维等为包覆材料,塑料为外壳、具有较强抗水性能的工业导爆索)。~ *driving zone* 爆轰驱动带。~ *equipment* 起爆装置,爆破设备。~ *explosive*;*high explosive* 爆轰炸药,高速炸药,猛炸药(以极快的反应速度、成长压力高且其中存在爆轰波为其特征的炸药,系猛炸药和起爆药的总称)。~ *explosive waste water* 爆轰炸药污水。~ *fuse blasting* 导爆索起爆(导爆索起爆是利用导爆索爆炸能量引爆炸药的一种方法)。~ *fuse with dual core* 双芯导爆索(具有两个炸药芯的工业导爆索)。~ *fuse*; ~ *cord* 导爆索(以泰安或黑索金等猛炸药作药芯,用纤维、塑料和金属等材料作被覆层制成的索状传递爆轰的索状火工品。经雷管起爆后,导爆索可以直接引爆炸药,也可以作为独立的爆破源)。~ *gas* 爆炸性气体。~ *mixture* 混合炸药,爆炸性混合物。~ *net* 火药导线网。~ *primer* 传爆起爆药包(出于运输考虑而使用的一个专用名词,指一种以一发雷管和一个附加炸药包为构成单元,并组装为一体的装置)。~ *rate* 引爆速率。~ *relay* 继爆管(两端插入导爆索并使导爆索输入与引出端之间产生一定延迟的元件)。

detonation *n.* 爆轰(爆炸波在炸药中自行传播的现象。其特征是冲击波以大大超过音速的速度传播,伴随着冲击波传播所依赖的释放能量的化学反应。与爆轰同时出现的是一种释放大量高温、高压气体的化学反应)。~ *categories* 爆轰种类。~ *gases* 爆轰气体。~ *by influence*;*explosive coupling* 殉爆,感应爆炸(当炸药〈主发药包〉发生爆炸时,由于爆轰波的作用引起相隔一定距离的另一炸药〈被发药包〉爆炸的现象)。~ *calorimeter* 爆热。~ *calorimeter* 爆温。~ *cavity* 爆炸空穴。~ *code* 爆轰程序(一种计算机程序,利用已知的炸药成分的化学性质预测一种炸药所释放的能量。这种程序的三个基本组成部分是:成分表、产物表和一个状态方程式)。~ *distance*;*distance of coupling* 殉爆距离。~ *emission* 爆破气体释放。~ *emissions are the most obvious to explosive users, though they represent one of the smallest emissions in the life cycle.* 尽管爆破气体释放对于炸药用户来说感觉最为明显,但只是炸药生命周期中最少的一次气体释放。~ *energy* 起爆能量,爆破能量。~ *front* 爆震正面,冲击波扩散正面,激波面,爆炸波前锋,爆轰波前。~ *front pressure* 爆震正面压力。*The ~ velocity and detonation front pressure are essentially determined by the amount of energy released by the initial fraction of the ingredients that react immediately at the detonation front.* 爆速和爆震正面压力基本上是由在爆震正面立即产生反应的炸药的初始部分释放的能量决定的。~ *gas* 爆生气体。*The exact final composition of ~ gases emitted to atmosphere is actually difficult to determine with certainty.* 正是涌入大气的爆生气体,其最后的合成,其实难以准确定论。~ *hazard* 爆震危险。~ *head* 爆轰波头,起爆波头。~ *heat* 爆热。~ *hopper* 爆破漏斗(参见 *explosion funnels*)。~ *impact* 爆轰冲击(爆炸炸药的爆炸区波阵面密度的增加和爆炸生成物对周围物体的冲击)。~ *impedance* 爆震阻抗。~ *indicator* 导爆指示器。~*-induced distance* 导爆距离。~ *interval* 炮孔起爆间隔。~ *parameter* 爆破参数。~ *performance* 爆破性能。~ *power* 爆力。~ *pressure* 爆轰压力。~ *process* 爆轰过程。*Since this fundamental reaction drives the ~ process it cannot be avoided.* 由于这种带有根本性的反应驱动爆轰过程,所以是不可避免的。*The number and type of delays in the blast tell us how long the ~*

process itself will last. 爆破时延时爆破的次数和类型表明爆轰过程本身持续时间的长短。~ *pressure* 爆轰压力(炸药爆轰时爆轰波阵面中C-J面中所测得的压力)。~ *product* 爆轰产物。~ *product-rock interface* 爆轰岩石产物界面。~ *property* 爆轰特性,起爆性。~ *rate* 起爆速度。*Since at least the 1900s, explosives manufacturers have routinely measured time to one millionth of a second for determining the ~ rate of explosives.* 至少从19世纪初开始,炸药制造商业已例行测量到炸药起爆速度所用时间为百万分之一秒。~ *ratio* 起爆率(起爆弹数占装弹总数的百分率)。~ *reaction (zone)* 爆炸反应(区),起爆反应(区),爆轰反应带。~ *sensitivity* 爆轰感度(炸药的一种性质,使炸药产生爆轰所需的最低水平的引爆冲击力)。~ *shock dynamics* 爆震力学。~ *speed of the explosive* 炸药爆速。~ *stability* 爆轰稳定性(炸药的性质,在限定条件下使炸药爆轰顺利发展)。~ *state* 爆轰态,起爆态。~ *stability test* 爆轰稳定性试验(包括炸药的爆轰传播速度和临界直径的测定。在研发期间和生产管理中需要坚持测定爆轰稳定性。爆轰稳定性试验也可用于过期炸药性能测定)。~ *temperature* 爆轰温度(炸药爆轰时,爆轰波C-J面上的温度)。~ *theory of rock blasting* 岩石爆破的爆轰理论(该理论着眼于炸药化学反应期间反应生成物膨胀的计算。各种计算方法的主要特征都是推导出一个炸药的岩石爆破性能的公式。首先进行这样尝试的是Wood & Kirkwood〈1954〉)。~ *transmission distance* 爆轰波传播距离。~ *tube* 起爆管。~ *velocity* 爆速(爆轰波沿炸药装药传播的速度,单位通常以km/s或m/s表示之。一种炸药的爆速取决于其类型、密度、粒度、直径、包装、约束条件和起爆性能。爆速可在约束或非约束条件下测出。低威力炸药的爆速介于1500~2500m/s,高威力炸药的爆速介于2500~7000m/s)。~ *velocity calculating* 爆速计算。~ *velocity reduction* 爆速降低。~ *velocity test* 爆速试验(测定炸药爆轰速度的试验)。~ *wave* 爆轰波,爆震波,传爆波(由爆轰产生的、伴有快速化学反应的冲击波)。~ *wave front* 爆轰波阵面。~ *wave parameter* 爆轰波参数。~ *wave propagation* 爆轰波传播。~ *wave synthesis* 爆轰波合成。

detonator *n.* = cap; blasting cap; fuse blasting cap 雷管(传爆序列中的一个组件,它由外界能激发并能可靠地引起其后的起爆材料或猛炸药爆轰的起爆材料。按管壳材质,分为铜壳雷管,铁壳雷管,覆铜壳雷管,纸壳雷管和铝壳雷管)。~ *charge weight to initiate an explosive* 雷管起爆炸药的装药重量。~ *case* 雷管箱。~ *categories* 雷管类别。~ *delay time* 雷管延迟时间。~ *fuse* 导爆线,导爆索。~ *fuse bridge* 雷管电桥线。~ *lead* 雷管导线。~*-safe* 起爆保险。~*-sensitive high explosive* 高威力雷管起爆炸药。~ *sensitivity* 雷管感度。~ *timing scatter*

雷管定时散射。~ *sensitivity test* 雷管感度测试。~ *timing scatter* 爆破时间差。~ *tube* 雷管壳。~ *wire* 雷管脚线。~ *with shock conducting tube* 导爆管雷管(由塑料导爆管的冲击波冲能激发的工业雷管)。~ *without primary explosive* 无起爆药雷管(不含常规起爆药装药的工业雷管。参见 *non-primary explosive* ~)。

detonics *n.* 爆轰学(研究各种爆炸的发生、传播、爆炸效应及其应用与防护的学科)。

detrimental *a.* 有害的。~ *effect* 破坏效果。

developing *a.* 发展中的。~ *butt* 掘进工作面。

development *n.* 开拓(为开展系统的矿物开采而向已探明的矿体或煤层或在其中掘进井巷的工程)。~ *blast* 开拓爆破(为开拓工程而进行的爆破作业)。~ *blasting*; *exploitation blasting* 井巷掘进爆破(所谓井巷掘进,是指为开采矿体或煤层而进行的开挖立井、斜井或平巷的作业,为此而采用的爆破称为井巷掘进爆破)。~ *blasting*; *heading blast* 掘进爆破,开拓爆破(井巷、隧道等掘进工程中的爆破作业)。~ *blast drilling* 钻爆法开采。~ *environment* 开发环境,发展环境。~ *heading*; ~ *opening*; ~ *road*; ~ *way* 开拓巷道。~ *method with adit* 平硐开拓法(用平硐对矿体进行开拓的一种方法。通常只要地形允许,利用平硐开拓矿床的全部、大部或局部,多是合理的,因此使用广泛)。~ *operation* 开拓(工程)作业。~ *planning* 发展规划。~ *rate* 发展速度。~ *ratio* 开发比,采掘比。~ *reserves* 开发储量。~ *roadway* 开拓巷道(为井田开拓而开掘的基本巷道,如井筒、井底车场、运输大巷、总回风巷、主石门等)。~ *space* 发展空间,拓展空间。~ *stage* 开发阶段,发展阶段。

deviation *n.* ①偏转(建筑物倒塌方向偏离预定方向)。② = declination; deflection; divergence; departuture 偏差。~ *compensation* 偏差补偿。~ *factor* 偏差系数。~ *of inflection point* 拐点偏移距(自下沉曲线拐点按影响传播角作直线与煤层相交,该交点与采空区边界沿煤层方向的距离)。~ *stress*; *deviator stress* 偏斜应力。

deviations *n.*【数】绝对偏差。~ *in implementation* 执行的偏差。

deviator *n.* 偏差器。~ *stress/strain* 偏离应力/应变(通过从各法向应力/应变分量减去一个应力/应变张量的平均法向应力/应变分量而得到的应力/应变张量)。

deviatoric *a.* 偏的。~ *component* 偏(量)分量。~ *state of stress* 偏应力状态。~ *stress* 偏应力。

devolution *n.* 崩塌。

dewatering *n.* ①脱水,抽水。②降低地下水位,泄水。~ *charge* 除水药包。~ *equipment* 疏干排水设。~ *technique* 去水技术。~ *the borehole* 炮孔疏干排水。

diabase *n.* 辉绿岩(主要指由基性斜长石和普通辉石组成的浅成基性岩,有时也用来称呼主要由斜长石、普通辉石和绿

D

泥石组成的古老的基性火山岩)。

diaclase *n.* 节理裂隙。

diagonal *n.* ①【数】对角线。②斜线。~ *face* 对角工作面,斜工作面。~ *layout* 对角布置。

diagram *n.* ①图表。②示意图。③【数】线图。~ *of work* 示功图(由示功器记录下来的,表示在压力〈压强〉-容积坐标上的循环线图。该线图所围成的面积即为空压机-循环的全功)。

diameter *n.* 直径。~ *clearance* 径向间隙。~ *of blasthole(or borehole)* 炮孔直径,参见 *borehole diameter*。~ *of relief hole* 辅助孔直径(辅助炮孔的直径)。~*-to-length ratio* 直径—长度比。

diamino-2,4,6-trinitrobenzene *n.*【化】二氨基三硝基苯,三硝基间苯二胺,DATB(分子式:$C_6H_6N_5O_6$,结构式:

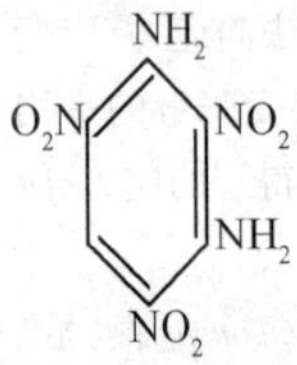

NH2; O2N; NO2; NH2; NO2

)。

diamond *n.* 金刚石,钻石。~ *cut*; *pyramid cut* 菱形掏槽(对称角柱掏槽,掏槽孔呈菱形布置的掏槽方式)。~*-cut-*~ *way* 硬对硬的办法。~ *drilling* 金刚石钻孔(一般勘探用、从岩体中提取柱状岩心的钻孔方法)。~ *field* 金刚石产地。~ *round* 角锥形掏槽炮孔组。~*-shape pattern* 菱形布置。~ *wire cutting technique* 钻石线切割技术。~ *workings* 金刚石开采区。

diaphragm *n.* 薄膜。

diazodinitrophenol *n.*【化】二硝基重氮酚,DDNP(分子式:$C_6H_2(NO_2)_2N_2O$,用于雷管装药和作为点火药组分)。

diced *v.* 将…切成丁(dice 的过去式和过去分词)。~ *spacing of boreholes* 碎成细粒的炮孔间距。

diesel *n.* 柴油机。~ *drill* 内燃凿岩机(以燃油为动力的凿岩机。适用于山区和无电源、无压气设备地区,以及流动性的少量石方工程钻孔。参见 *petrol-driven rock drill*)。~ *fuel* 柴油燃料。*CO_2 emissions are found from the extraction, refining and transport of* ~ *fuel.* 柴油燃料在开采、提炼和运输过程中会产生二氧化碳。~*-powered load haul dump unit* 柴油铲运机(由柴油机驱动,机动灵活,适应性强,可在坡度小于25%的联络道内行驶,在同一水平或不同水平的几个采场间迅速调动,特别适于采场高强度出矿)。

difference *n.* 差别。~ *between water pressure blast and underwater blast* 水压爆破与水下爆破的区别(水压爆破所涉及的是有限水域,而水下爆炸则是无限的水域。前者对气团的形状及其运动的特性则起到制约作用,而后者不存在气团往复脉动的条件)。~ *in numerical magnitude* 数量差。~ *of elevation* 高差(两点间高程之差)。

differential *a.* ①差别的。②【数】微分的。~ *crushing* 有选择的破坏。~ *equation of consolidation* 固结微分方程(描述饱水土体渗透固结过程中,固结变形随时间变化的微分方程式)。~

blasting between holes 孔间差分爆破。~ deformation 不均匀形变。~ *stress* 差动应力。~ *weathering* 差异风化(由地质结构和岩性差异造成的风化程度不一致的现象)。

diffracted *a.* 衍射的。~ *reflection* 绕射反射。~ *multiple reflection* 绕射多次反射。~ *wave* 衍射波,绕射波。

diffraction *n.* 衍射。~ *amplitude* 绕射波振幅。~ *angle* 绕射角。~ *beam* 绕射束。~ *curve* 绕射曲线。~ *diagram*; ~ *pattern* 绕射图。~ *knot* 绕射结。~ *optics* 绕射光学。~ *propagation* 绕射传播。~ *ray* 绕射线。~ *ring* 绕射环。~ *scattering* 绕射散射。~ *stack* 绕射叠加。~ *stack migration* 绕射叠加偏移。~ *theory* 绕射理论。~ *traveling-time curve* 绕射旅行时曲线。~ *wavefront* 绕射波阵面。

diffused *a.* 扩散的。~ *reflection* 扩散反射。

diffusion *n.* 扩散。~ *blasting* 扩散爆破。~ *coefficient* 扩散系数。

diffusive *a.* 散布性的,扩及的。~ *layer* 扩散层(离子活动性较强的反离子层的外层)。

diffusivity *n.* 扩散率,扩散系数。

diggability *n.* 可掘性。~ *and excavator performance* 开挖性能。~ *of rock* 岩石的可掘性(可掘性是挖掘能力的一个量度标准。岩石的可掘性取决于许多参数:挖掘机的类型、操作工熟练程度、岩石块度分布、岩块形状和爆堆高度)。~ *index*;*DI* 挖掘指数(通过以微处理器为主体的装载设备的操作监视器,根据电机扭矩、速度和挖掘轨迹计算挖掘指数,可以使挖掘指数定量化。人们可按此方法得出与块度和松散度有关的挖掘指数。Mohanty 推荐一种挖掘指数计算法,即:挖掘指数 = 抛掷距离 × 膨胀指数/爆堆高度 × 块度〈80% 过筛〉)。

digging *v.* 挖,掘(dig 的现在分词)。~ *angle* 切削角,切入角。~ *blasting* 掘土爆破(为了深耕农田,开挖电杆、围墙基坑和植树造林而进行的土壤爆破)。~ *resistance* 挖掘阻力(材料对铲臂的阻力。挖掘阻力主要取决于硬度、块度、摩擦力、附着力、内聚力和材料体积)。

digital *a.* 数字的,数据的。~ *blasting seismograph* 数字化爆破地震记录仪。~ *computer* 数字计算机(对用离散符号表示的数据或信息自动进行处理〈包括运算〉的电子装置。其全名应是电子数字计算机。人们习惯称它为计算机。计算机主要由中央处理器、主存储器和输入输出设备三大部件组成)。~ *data* 电子数据。~ *electronic detonator ignition* 数字电子雷管引爆。~ *image correlation* 数字图像相关。~ *image analysis technique* 数字图像分析技术。~ *image processing technique* 数字图像处理技术。~ *processing of images* 图像的数字化处理(应用计算机技术将图像、视频或电视图像由模拟态转化成二进制状态进行进一步处理和块度及形状评估。现有的程序按以下步骤进行:①图像输入。②确定比

D

例。③图像改善。④图像分割。⑤二进制图像处理。⑥测量。⑦立体化处理)。

dike = dyke *n.* 岩墙。

dilatancy *n.* 膨胀;膨胀性。~ *and shear strength* 扩容与抗剪强度。~ *of rock mass* 岩体扩容(岩石在偏应力作用下由于内部产生微裂隙而出现的非弹性体积应变)。

dilatation *n.* 扩张,扩张过程。~ *or volumetric strain* 膨胀或体应变(在应力作用下相对于材料的一个单元的初始体积的体积变化比率,无量纲)。~ *wave* 膨胀波。

dilation *n.* 膨胀。~ *stress* 膨胀应力。

dimension *n.* ①尺寸。②维(数),度(数)。③量纲。④范围,方面。~ *deviation* 尺寸偏差(某一尺寸减其基本尺寸所得的代数差。其值可以是正、负或零。偏差包括实际偏差和极限偏差)。

dimensional *a.* ①尺寸的。②【物】量纲的。~ *constant* 量纲常数。~ *drawing* 尺寸图。~ *equation* 量纲方程。~ *orientation* 空间方位。

dimensionless *a.* 无量纲的。~ *maximum shear stress* 最大无量纲剪切应力。~ *parameter* 无量纲参数,无因次参数。~ *resistance function* 无因次阻力函数。

dinitroglycol *n.* = ethylene glycol dinitrate【化】硝化乙二醇(乙二醇二硝酸酯分子式:$(CH_2ONO_2)_2$ 结构式:
$$\begin{array}{l} CH_2—ONO_2 \\ | \\ CH_2—ONO_2 \end{array}$$
)。

diorite *n.* 闪长岩(主要由中性斜长石、普通角闪石、黑云母和少量辉石组成的中性深成岩)。~ *porphyrite* 闪长玢岩(一种基质为全晶质的喷出或脉状的普通角闪石玢岩,相当于闪长岩的脉岩)。

dip *n.* 倾向(地层中面状构造的产状要素之一。垂直于走向线,沿地质界面倾斜向下的方向所引的直线称为倾斜线,倾斜线在水平面上的投影线所指的界面倾斜方向称为倾向。在数值上与走向相差 90°)。~ *of hole* 炮孔倾角。~ *separation* 倾向间隔。~ *shooting* 倾向爆破,倾斜爆破。~ *test* 倾角测定。~ *throw* 倾向落差。

direct *a.* 直接的。~ *benefit* 直接效益(工程项目为指定目标所提供的产品或服务的价值。如水电工程的发电量或防洪工程可减少的洪灾损失)。~ *current electric method* 直流电法(研究与地质体有关的直流电场的分布特点和规律,以进行找矿和解决某些地质问题的物探方法)。~ *current pulse* 直流电脉冲。~ *explosive working of metals* 金属爆炸加工(接触爆炸加工,在进行爆炸加工时炸药是直接与被加工的金属表面相接触的,如金属爆炸焊接、金属爆炸切割等)。~ *flushing*; ~ *circulation flushing* 正循环冲洗(冲洗液从钻具内孔输入孔底,然后携带岩屑〈粉〉从钻具与孔壁之间的环形空隙返回地表的冲洗方法)。~ *priming*; ~ *initiation*; *collar priming* 正向起爆(起爆药卷〈包〉靠近炮孔口,雷管底部朝向眼〈孔〉底的起爆方法)。~ *ratio* 正比。~ *shear test* 直(接)剪(切)试验(使用直剪仪预定剪切面,分别对同一岩土的若干试样施加不同的垂直压力并使之剪切破坏,作抗剪强度曲线,以确定岩土内聚力和内摩擦角的测试方法)。~ *similarity principle* 相似正定理(如果两现象相似,它们应具有的性质是:都为完全相同的方程组〈包括现象方程组和单值条件方程组〉所描述。用来描述现象的一切物理量在空间中相对应的所有点及在时间上相对应的各瞬间各量具有同一比例。相似现象必然发生在几何相似的对象里)。~ *stress* 直接应力,法向应力,正应力。~ *tensile method* 直接拉伸法(在长柱形岩样两端施加轴向拉力使之破坏的测定岩石抗拉强度的方法)。~ *wave* 直达波。

direction *n.* ①方向。②趋势。~ *at right angles to the strike* 与走向呈直角的方向。~ *finder* 定向仪。~*-finding* 方位测定。~ *of antistress* 反应力方向。~ *of digging* 采掘方向。~ *of dip* 倾斜方向。~ *of drill* 钻孔方向。~ *of excavation* 采掘方向。~ *of extraction* 回采方向。~ *of impact waves*;~ *of shock waves* 冲击波方向。~ *of the least burden* 最小抵抗线方向。~ *of reactive forces* 反作用力方向。~ *of recoil angle* 反冲角方向。~ *of rock fissures* 岩石裂缝方向。~ *of a stratum* 地层走向。

directional *a.* ①方向的。②定向。~ *action* 定向作用。~ *bit* 定向钻头。~ *blasting* 定向爆破(采用硐室或深孔装药,使爆破岩土按预定方向运动并堆积在设定范围之内的爆破作业)。~ *blasting demolition of buildings* 建筑物定向拆除方案(当被拆除楼房的周围场地在一个方向上有较为开阔的场地,其楼房边界至场地边界的水平距离大于楼房 2/3 ~ 3/4 高度时,就可采用定向倾倒方案,即使建筑物沿着预定的方向倒塌)。~ *blasting demolition of slim and high buildings* 高耸建筑定向拆除(定向倒塌设计的主要原理是在其倾倒一侧的底部,炸开一个大于底部周长 1/2 的爆破缺口,从而破坏其结构的稳定性,导致整体结构失稳和重心点外移,在本身重量作用下形成倾覆力矩,迫使其按预定的方向倒塌在一定范围内)。~ *collapse* 定向倒塌。~ *drill hole* 定向斜孔(采用定向钻进技术钻成的钻孔,简称定向孔)。~ *drilling*; *directed drilling*; *controlled drilling* 定向钻进(利用钻孔自然弯曲规律或用人工造斜工具,使钻孔在不同的孔段,能按设计的方位和倾角延伸的钻进技术定向钻进,这是一种更精确地向目标方位钻进的技术)。~ *effects* 方向效应。~ *explosive ranging test* 定向爆炸回声测距。~ *folded collapse* (*of a high building*) (建筑物)定向折叠倒塌。~ *frequency recording sensor* 定向频率记录传感仪。~ *hole* 定向炮孔。~ *mining*; ~ *excavation* 定向采掘。~ *pin-point blasting* 定向抛掷爆破(能将大量岩土按预定方向抛掷到要求位置,并堆积成一定形状的爆破技术)。~ *rupture blasting* 定向断裂爆破。~ *shooting* 定向爆炸。~ *throw* 定向抛

D

掷。~ *vibration* (*shock*) 方向性振动。~ *well* 定向井。

director *n.* ①主管,主任。②董事,理事。③负责人,监督者。

dirt *n.* 弃渣(在掘进或爆破过程中,开挖出来的没有任何使用价值的岩石碎块。在土木工程中称为废渣,在矿山称为废矿,在煤矿称为矸石。参见 debris; *muck pile*; muck; refuse; *rock pile*; rubbish; *waste rock*)。

D

disaster *n.* 灾难。

disastrous *a.* 灾难性的,损失惨重的。~ *accident* 恶性事故。

disc *n.* ①圆盘。②唱片。~ *fracture* 盘状破裂(通常为平面的盘状破裂。在平巷和平硐掘进中,可以用专门形状的药包于钻孔底部形成与钻孔轴线垂直的盘状破裂。钻孔底部存在的这种破裂可以减小约束)。

discharge *v.* ①放出,流出。②发射。—*n.* (气体、液体如水从管子里)流出,排放出的物体。~ *coefficient* 流量系数,卸料系数。~ *hose* 输药软管。~ *pressure* 排气压力(空压机最末一级排出的空气压力压强)。

discharger *n.* 发射装置。

discharging *a.* 卸载的,放电的。~ *cartridge in mining operation* 矿山排漏弹(又称矿用火箭弹,能发射出爆破弹,用于迅速排除井下矿采场在生产中发生的堵塞现象的一种器材,参见 *mining rocket*)。

discontinuity *n.* 不连续性(一个结构或位形物理状态的中断,可以由节理、裂隙、层理面、断层、折叠面、岩层面、包体或孔洞造成。不连续性可能影响、也可能不影响岩体某一部位的使用。广义来看,岩石的不连续性对内聚力和岩石界面之间应力的传递有着显著的影响,从而影响岩石的强度和变形特征)。~-*controlled instability problems* 受非连续面控制的不稳定性问题。~ *of joints* 节理非连续性。~ *of rock* 岩石非连续性(指岩石内的缺陷影响应力和声波传播的性质。岩石的缺陷是指岩石的孔隙、节理、裂隙和层面等。岩石的非连续性对其物理力学性质及渗透性影响很大)。~ *spacing* 不连续面间隔(岩体中不连续面之间的间距)。~ *stress* 间断性应力。

discontinuous *a.* 不连续的。~ *deformation* 非连续形变。~ *distribution* 不连续分布。~ *exposure* 非连续性暴露(具有特定时间过程〈发生次数与持续时间〉的无振动期中断的人体的准稳态或连续性振动暴露〈通常出现在职业性手传性振动场合〉)。~ *interface* 不连续界面。~ *load* 间歇载荷。~ *motion* 不连续运动。~ *phase* 非连续相。~ *reflection* 不连续反射。~ (*start-stop*) *systems* 不连续的(启停)系统。~ *wave* 断续波。

discount *n.* 折现(将未到期的一笔资金折算为现在即付的资金数额的行为。也有泛指不同时间的资金数值之间的相互换算)。~ *rate* 折现率(以资金本金的百分数计的资金每年的盈利能力,也指1年后到期的资金折算为现值时所损失的数值,以百分数计)。

discovery *n.* 发现。~ *claim* 申请开

采权。

discrepancy *n.* 矛盾。~ *between observation sets* 测回差(同一量各测回值之差)。

discrete *a.* 分离的。~ *charge* 不连续药包,间断药包。~ *detonation* 离散爆轰。~ *distribution* 离散分布。~ *element method* 离散元法。~ *element method for rock engineering* 岩体工程离散元法(以分离的岩块为单元,依牛顿第二定律,以块体动力平衡分析法求解岩体结构中各岩块每一瞬间的加速度、速度和位移,并由计算机作图记述结构中岩块的分布状态)。~ *frequency* 离散频率。~ *random process* 离散随机过程。~ *variable* 离散变量。

discretized *a.* 离散的。~ *block model* 离散岩块模型。

discriminatory *a.* 可识别的,可选择的。

disequilibrium *n.* 失去平衡。

disintegrated *a.* 碎解(岩石风化成土,但材料原来的结构保持不变的现象。岩石碎解了,但矿物颗粒没有分解)。

disintegrating *v.* 破裂(disintegrate 的现在分词)。~ *force* 破碎力。

disk *n.* 磁盘,唱片。~ *driver* 磁盘驱动器(磁盘驱动器和磁盘控制器构成了磁盘存储器。磁盘驱动器的功能是驱动盘片按一定转速稳速旋转,驱动载有磁头的头臂到达且稳定在指定的半径位置上,控制磁头在盘面磁层上按一定的记录格式和编码方式进行写入和读出。包括硬盘驱动器〈又分固定磁头和可动磁头〉和软盘驱动器)。

dislocation *n.*【物】①位错。②混乱,紊乱。~ *deformation of casing* 套管错断型(油水井的泥岩、页岩层由于长期受注入水浸入形成浸水域,泥岩、页岩经长期水浸,膨胀而发生岩体滑移。当这种地壳升降、滑移速度超过 30mm/a 时,将导致套管被剪断,发生横向〈水平〉错位,这种错位类型称套管错断型)。

dispersant = disperser; dispersing agent *n.* 分散剂(用以分散黏性土悬液中集粒的弱碱性钠盐和铵盐)。

dispersate *n.* 分散质。

disperse *n.* 分散。~ *system* 分散系;分散物系。

dispersed *a.* 分散的。~ *element* 分散元素。~ *mineralization halo* 分散矿化晕。~ *phase;discrete phase* 分散相(分散体中的不连续相)。~ *state* 乳化态,分散态。~ *structure* 分散结构(黏土矿物颗粒之间不存在面—面接触的结构模式)。~ *system* 分散系统。~ *unconformity* 分散不整合。

dispersion *n.* 分散作用(一定条件下,使集粒解体还原为原生颗粒的作用)。~ *efficient* 扩散系数。~ *of additional stress* 附加应力扩散(地基中的附加应力,随其与荷载作用点的距离的增加而减小,而影响范围则有规律地扩大的现象)。~ *medium* 分散介质(分散体中的连续相)。~ *pattern* 分散模式。~ *rate* 分散率。~ *wave* 分散波。~*s* 分散体。

dispersive *a.* 分散的。~ *pressure* 分散压力。~ *stress* 分散应力。

dispersivity *n.* 分散性。

displaced *v.* 移动(displace 的过去式和过去分词)。~ *outcrop* 位移露头。

displacement *n.* ①位移(不考虑移动路径长度的情况下,一个物体或颗粒整体从起始位置至终了位置的线性距离,以 mm 或 m 表示)。②排量。③置换。④罢免。⑤代替。*a southward ~ of the foundation of a house by the earth pressure* 由于地压原因,房子地基向南位移。*It is not recommended, however, to reduce the powder factor significantly because it will adversely affect the fragmentation and ~.* 然而,大规模减少单位炸药消耗量是不可取的,因为这样反倒影响破碎作用和排石量。*A nuclear power-driven cargo ship with a ~ of* 10,000 *tons* 排水量为一万吨的核动力货轮。~ *of the hydrogen in dilute acids by zinc* 锌置换了稀酸中的氢。*His ~ from office was caused by corruption.* 他因腐败而免职。~ *of human power by machinery* 用机器代替人力。~ *angle* 位移角。~ *back analysis for rock engineering* 岩体工程位移反分析法(用开挖过程中实测的围岩位移推算围岩的力学参数或岩体中的原始应力场的方法。在分析开挖体稳定性问题时,位移和变形通常是作为待求量出现的,因此,测位移、求参数的分析称为反分析)。~ *boundary condition* 位移边界条件。~ *compatibility* 位移相容性。~ *component* 位移分量。~ *curve* 位移曲线。~ *element* 位移单元。~ *factor* 水平移动系数(在充分采动条件下,开采水平或近水平煤层时地表最大水平移动值与地表最大下沉值之比)。~ *field* 位移场。~ *function* 位移函数。~ *function element* 位移函数单元。~ *line* 位移线。~ *gradient* 位移梯度。~ *of a rock mass* 岩体位移。~ *sensitivity* 位移敏感度。~ *of surrounding rock* 巷道围岩移动量。~ *stress* 位移应力。~ *vector* 位移矢量。

displacement *n.* 位移。~ *rate of surrounding rock* 巷道围岩移动速度。

displacing *v.* 移动(displace 的现在分词)。~ *stroke* 位移冲程。

display *vt.*,*vi.* 显示。*n.* 显示器。

disposal *a.* 处理(或置放)废品的。—*n.* (事情的)处置。~ *cap* 废弃雷管。~ *of explosives* 炸药销毁(指炸药经处理后丧失其原有性能的作业。安定性变差的炸药,应及时进行销毁处理。在使用过程中因受潮等原因而不能继续使用的炸药,应向有关部门递交申请销毁许可批准。经批准后,按规定的技术标准进行销毁)。~ *procedure* 处理程序。

disquisition *n.* 专题论文。

disruption *n.* ①分裂,瓦解。②破裂。~ *force* 破裂力。~ *of combustion* 断火(导火索或延期元件在燃烧过程中燃烧中断的现象)。

disruptive *a.* 破坏的。~ *explosive* 爆裂性炸药,烈性炸药。~ *strength* 击穿强度。~ *test* 破坏性试验,击穿试验。

disseminated *v.* 散布,传播。~ *ore* 嵌布矿石。

dissemination *n.* 散播。~ *characteristic* 嵌布特性。~ *size*; *embedded size* 嵌布粒度。

dissertation *n.* 专题论文。

dissipated *a.* ①分散的。②浪费掉的。 ~ *wave* 耗散波。

dissipation *n.* ①(物质、感觉或精力逐渐的)消失。②浪费。~ *of pore-water pressure* 孔隙水压力消散(饱水岩土中孔隙水压力随着水的从中排出而不断减小的现象)。

dissolution *n.* 分解,解散。

dissolve *v.* 溶解。*When the prills ~, the air entrapped inside the porous prills is released and is no longer available to sensitize the composition. Also, the dissolved ammonium nitrate stays in solution with water and is no longer available to react in the detonation.* 这些颗粒溶解后,多孔颗粒中封闭的空气得以释放,且不再有使炸药敏化的效力。此外,溶解后的硝铵与水一起处于液态,在爆轰时不再具有起反应的效力。

dissymmetrical *a.* 非对称的。~ *structure* 不对称结构。

distance *n.* ①距离,路程。②远处。~ *measuring equipment* 测距装置。~ *of back stroke* 后冲距离。~ *of coupling* 殉爆距离。~ *of damage* 破坏距离。~ *of first roof fall* 初次垮落步距(初次垮落时,自开切眼到支架后排放顶线的距离)。~ *of first weighting* 老顶初次来压步距(老顶初次来压时,自开切眼到煤壁的距离)。~ *of forward stroke* 前冲距离。~ *of throw* 抛掷距离(一个物体或其中的一部分的动态位移距离,单位为m。在爆破工程中,抛掷距离有三种含义:①单个块体的最大抛掷距离。②爆破主体的最大抛掷距离〈爆堆所在位置〉。③岩体从台阶初始位置到起爆后的爆堆中心位置重心移动距离。上述距离都是沿水平面量测的)。~ *of rows of boreholes* 炮孔排距。

distant *a.* 遥远的。~ *earthquake* 远震(按测点与震中的距离,地震可分为以下三种情况:远震、近震、地方震。远震—震中距离大于1000km)。

distorting *v.* 歪曲(distort 的现在分词)。 ~ *stress* 扭转应力,激变应力。

distortion *n.* ①失真。②畸形。③扭曲。 ~ *bending* 弯曲变形。~ *of the element* 单元畸变。

distortional *a.* 畸变。~ *wave* 激变波。

distress *n.* ①悲痛。②危难。~ *blasting*; *pressure-relief blasting* 卸压爆破(在地下硐室周围应力降低处使用的一种爆破方法。在计划开挖地下硐室的附近钻孔、装药并引爆。由此造成的对岩体的破坏将引起应力的重新分布)。

distressed *a.* 卸压。~ *area*; ~ *zone* 解除应力区。

distributed *a.* 分布式的。~ *load* 分布载荷,均布载荷。~ *mass* 分布质量。

distributing *v.* 分配(distribute 的现在分词)。~ *magazine* 临时炸药库。

distribution *n.* 分布,配给。~ *angle* 分布角(相邻碎块体形心间的连线与垂线之间的夹角)。~ *curve* 分布曲线(粒组与其百分含量的关系曲线)。~ *factor* 分配指标。~ *graph* 分布图。 ~ *law* 分布规律。~ *of boreholes*; *boring pattern* 炮孔布置。~ *of charge*

D

装药分布。~ *of fines* 细粒分布。~ *of fragments* 破片分布。~ *parameter* 分布参数。~ *pattern* 分布形态。~ *province* 分布区。~ *ratio* 分布比,分配率。

district *n.* 采区(阶段或开采水平内沿走向划分为具有独立生产系统的开采块段。近水平煤层采区称盘区,倾斜长壁分带开采的采区称带区)。~ *return airway* 分区回风巷(为几个采区服务的回风巷道)。

disturbed *a.* 被扰乱的。~ *fractured zone* 受扰破裂(区)带。~ *sample* 扰动样(天然结构和含水量受到扰动破坏的岩土样品)。~ *zone* 扰动带(开挖地点周围以应力重新分布为特征的区域〈由于开挖,应力的大小和方向发生了变化〉)。

disturbing *a.* 烦扰的。~ *force* 干扰力,扰动力。~ *mass* 干扰体,干扰质量。~ *moment* 扰动力矩。

ditch *vt.* ①在…上掘沟。②把…开入沟里。~ *blasting*; *trenching shot* 挖沟爆破,开沟爆破(在开阔地域,沿渠道开挖线埋设一排或数排炸药包,以开挖应急水沟的爆破方法。一般采用齐发爆破,若需把土壤抛出水沟时,可采取过量装药。附近有需要保护的设施时,应严格控制爆破的破坏作用和做好相应的防护措施)。

ditcher *n.* (挖掘机)反铲(铲斗背向上安装在斗臂前端,主要用于下挖的单斗挖掘机)。

diver *n.* 潜水员。~ *charging* 潜水投药(潜水员安放药包法适用于水域流速小于1.5m/s且无漩涡的情况。此时,潜水员潜入水中,将药包紧贴于礁石上)。

divergence *n.* 分叉。~ *angle* 发散角。~ *point* 发散点。~ *rate* 分散速度。

divergent *a.* 发散的,扩散的。~ *flow* 扩散流。~ *wave* 发散波。

diversity *n.* 多样化。~ *factor* 差异系数。

diverted *v.* 使转移(divert 的过去式和过去分词)。~ *hole* 定向孔。

divided *a.* 分离的。~ *charge* 分段装药。

diving *n.* 潜水。~ *operation* 潜水作业。~ *wave* 潜水波。

division *n.* 分开,分隔。~ *surface* 分界面。

dobie *n.* ①裸露药包,裸露爆破。②二次爆破。~ *blasting* 糊炮二次爆破。~ *shot* 裸露药包爆破。

dobieman *n.* 爆破工。

documented *a.* 有记录的。~ *case studies* 记录在案的个案研究。~ *project plan* 记录在案的项目计划。

do-it-yourself *a.* 自制的。~ *explosive*; *do-it-yourself mixture* 现场配制炸药。

dolomite *n.* 白云岩(主要由白云石组成的碳酸盐类沉积岩,除主含白云石外尚可见少量方解石、黏土、石膏等,多在浅海及泻湖中由化学沉积作用形成,亦可由碳酸镁交代碳酸钙形成)。

Dolomites *n.* 多罗麦特炸药。

domain *n.* 范围,领域。~ *in the limit* 极限域。~ *structure* 磁畴结构(粘粒以面-面接触凝聚而成的较大微集粒呈无序排列的残积黏土结构类型)。

dome *n.* 圆屋顶。~ *structure* 穹隆构造。

domestic *a.* 家庭的。~ *water fee*;*domestic water price* 生活水费(为家庭生活供水所收取的水费)。

dominant *a.* 占优势的。~ *wave* 主波。~ *donor*;*donor cartridge*;*donor charge* 主动药包,主药包,又称主发药包。爆炸的炸药包产生冲击波引爆另一个被“殉爆”的炸药包。

dope *n.* (硝化甘油炸药)防爆剂。

doped *a.* 掺杂质的。~ *fuel* 防爆燃料。

dosing *n.* 定药量配剂。~ *pump* 计量泵。

dot *n.* 小圆点。~ *chart* 布点图。~ *matrix printer* 点阵打印机。

double *a.* 双的。~-*base powder* 双基火药。~ *blasting* 二次爆破。~-*chisel bit* 二字形钻头。~ *clover leaf cut* 双苜蓿叶式掏槽(主要用于开挖断面较大的巷道,参见“三角掏槽”)。~ *cut* 双掏槽。~ *diaphragm air assisted pumps* 两相气压泵。~ *effect* 双重效果。~-*ended charge* 双端装药爆破筒。~ *firing system* 电-非电复式起爆网路(电爆网路和非电起爆网路同时使用的复式起爆网路多用在重要的爆破工程上,以保证起爆的万无一失。有电爆与导爆管网路或双重电爆、双重导爆管网路。由于电爆网路可在起爆前检测网路连接质量,常用的是电爆与导爆管的复式网路)。~-*front structure of detonation waves* 爆轰波的两面结构。~ *load or* ~ *charge* 双重装药或双重装填(一个钻孔中被一定量的惰性材料〈钻屑、黏土、砂〉隔开的装填炸药,目的是合理分配炸药能量,或防止部分炸药在某一层面或裂隙被吹出来,为防止后一种情况,需用惰性材料将层面覆盖起来)。~-*loaded bore-hole* 两端装药炮孔。~ *packing* 两侧充填。~-*primed detonating cord* 双雷管导爆索。~ *priming* 双发起爆(单个炮孔药包带有两个雷管的起爆技术,通常一个雷管靠近孔口安装,另一个靠近孔底,很多情况下被同时引爆)。~ *priming line* 复式起爆电路。~-*pyramid cut* 双锥形掏槽。~-*row spacing* 双排炮孔布置。~-*row spacing holes* 双排炮孔。~ *salt of basic lead picrate and lead azide* 碱式苦味酸铅·叠氮化铅复盐,K·D复盐起爆药。分子式:$C_6H_2(NO_2)_3OPbOH \cdot Pb(N_3)OH \cdot 2Pb(N_3)_2$,用于雷管装药。~ *spiral cut* 双螺旋掏槽(属于螺旋掏槽的一种,主要用于掘进循环进尺较高、开挖断面较大的巷道)。~ *stroke* 冲程,双行程。~ *V cut* 双V形掏槽(平硐掘进的掏槽法,炮孔以一定的角度相向钻进,呈V字形,但彼此的高度不一样。“双”是指两个相邻的V一前一后地排列)。~-*side ditch* 双侧沟(开挖时具有两个侧帮的沟道)。~-*stage braking* 二级制动。~-*unit face*; ~ *face* 双工作面(同一煤层〈分层〉内同时生产并共用工作面运输巷的两个相邻长壁工作面。两工作面相向运煤的双工作面又称“对拉工作面”)。

Douglas *n.* 道格拉斯(人名)。~ *powder* 道格拉斯炸药。

D

down *ad.* ①(坐、倒、躺)下。②向下。③(表示范围或顺序的限度)下至。～*-cut round* 底部掏槽炮孔组。～ *digging* 下挖(挖掘设备对其站立水平以下的矿岩进行的挖掘)。～*-hill*;*dip*;*dip entry*;*dip head*;*dip heading* 下山(位于开采水平以下,为本水平或采区服务的倾斜巷道)。～*-hole electric delay* 孔内电爆迟发。～*-hole hammer* 潜孔冲击器(和钻头一起在孔内工作,产生冲击作用的装置)。～*-hole millisecond blasting* 孔内毫秒爆破(是指在同一炮孔内进行分段装药,并在各分段装药间实行延时间隔的起爆方法。孔内毫秒起爆具有毫秒爆破和分段装药的双重优点)。～*stroke* 向下冲程。～*-the-hole bulk loading equipment* 潜孔炸药散装设备。～*-the-hole drill*;*down-the-hole hammer* 潜孔钻机(以冲击器潜入孔内直接冲击钻头破岩的钻孔机械。它的特点是钻杆传递冲击能的过程没有能量损失,钻孔深度对钻速的影响小,工作噪声低)。～*-the-hole drilling* 潜孔凿岩(冲击机构潜入炮孔内部的凿岩方法。回转机构的扭矩通过钻杆使冲击器和钻头转动。岩渣靠冲击器的废气排出孔)。

downcut *n.* 下部掏槽,底槽。

downhole *n.* 向下打眼,向下钻进。～ *hammers* 潜孔锤。

downline *n.* 支线(一个炮孔内由孔外主线引入孔内以起爆药包的导爆索或塑料导爆管)。

downstream *a.* 在下游方向的。—*ad.* 在下游地。*in the* ～ *of the Yangtze River* 在长江下游。*Typical emission profiles from blasting and related* ～ *mining operations are also examined in this work.* 典型的爆破气体释放剖面及相关下游采矿作业也在本文的研究之列。*A dam ought to be built* ～ *instead of midstream from the mouth of the gorge.* 拦水坝应建在峡口的下游,而不是中游。

downward *a.* 向下的。—*ad.* 向下地。～ *blasting* 向下爆破(当被爆岩石的下部有自由面时,在炮孔中装填炸药,使爆落岩石向下飞散崩落的爆破,也称崩落爆破)。～ *hole* 向下孔。～ *shaft deepening method* 下向井筒延深法(由原生产水平向下延深原生产井筒的方法)。～ *traveling wave* 下行波。

drag *vt.* 拖拽。—*n.* 阻力。～ *bit* 多刃旋转钻头(既有切削动作,又有硬金属片沿刃部的插入的旋转扩孔器式钻头)。～ *calculation* 阻力计算。～ *coefficient* 阻力系数。～ *direction* 阻力方向。～ *landslide*;*retrogressive landslide* 牵引式滑坡(由斜坡下部坡体失稳滑动,引起上部坡体失稳而产生的由下而上依次下滑的滑坡)。

dragline *n.* = excavator(挖掘机)铲(铲斗靠前方钢丝绳牵线沿地〈坡〉面滑行,铲装剥离物或矿产品,靠后方钢丝绳牵引返回,并吊起来卸载的单斗挖掘机。曾称"索斗铲"、"吊斗铲"、"吊铲")。

drainage *n.* 排水。～ *corridor* 排水走廊,排水通道。

draining *n.* 排水,泄水。～ *tunnel*;*diversion tunnel* 导流隧洞。

draw *v.* ①绘画。②拖,拉。③吸引。~ *cut* 拉槽(在巷道掘进中使用的一种变相的楔形掏槽,从巷道顶板开始的拉槽,叫拉顶槽〈*top cut*〉;从底板开始的拉槽,叫拉底槽〈*toe cut*〉和分步)。~ *point* 放矿口(在岩体中人工形成的、将爆落矿石装车的放矿通道。它可以是竖井的底部结构,或是通向崩落区的一条平巷)。~ *shaft* 溜井(以自然下落方式运输所采矿石的小立井,也叫漏斗天井,参见 chute;orepass)。~ *stress* 拉拔应力。

drawdown *n.* ①(抽水后)水位降低,水位降低量。②垂伸,牵伸。~ *ratio* 缩小比。

drawing *v.* 拖,拉(draw 的现在分词)。~ *ratio* 放采比(用放顶煤采煤法时,上部放顶煤高度与下部工作面高度之比)。~ *stress* 拉拔应力。

drift *n.* ①漂移,偏移。②趋势。③巷道(服务于地下采矿,在岩体或矿层中开凿的不直通地面的水平或倾斜通道)。④= *horizontal working* 平巷(矿井中沿深度方向相隔一定距离所开拓的水平通道。平巷通常由竖井开始开拓,其编号通常从表面开始顺序进行,也可由其实际低于竖井顶部或矿化层顶部的高度来编号)。—*vi.* 流动。~ *angle* 偏斜角。~ *curve* 重力值变异曲线,重力异常变化曲线。~ *development* 平硐开拓(用主平硐的开拓方式)。~ *or drive* 平巷或进路(一条水平的或微倾斜〈排水所必需〉的地下通道。它与穿过矿脉的"穿脉"的区别在于,平巷与矿脉平行地布置,也与主平巷平行或相交)。~ *round*;*drifting blasting* 巷道掘进爆破(开挖巷道所进行的爆破)。

drifting *n.* 平巷掘进(进行平巷开挖及临时支护的作业)。—*a.* 缓缓流动。~ *and tunneling methods* 巷道和隧道开挖方法。

drill *v.* 钻(孔),打(眼)。~ *bit* 钻头。~ *carrier*; *drilling carrier*; *drill wagon*; *drill jumb*; *jumbo* 凿岩台车。~*ed burden* 炮孔抵抗线(在孔口所在的平面内量测的前排炮孔与自由面之间〈假定自由面未破坏〉或一排炮孔与相邻另一排炮孔之间的抵抗线距离。当炮孔是倾斜的时候,沿孔深方向炮孔抵抗线相等,当炮孔是垂直的时候,由于几何上的原因,炮孔抵抗线沿孔深方向逐渐增大)。~ *carriage of jumbo* 钻机底盘或钻车,参见 ~ *carriage*; ~ *jumbo*。~*-cuttings* 钻屑。~ *data acquisition and computer simulation technology* 获取钻孔数据及计算机模拟技术。~ *dust*;*drilling breaks* 钻屑(钻凿炮孔时产生的岩石碎屑)。~ *hole* 钻孔(在岩石和其他材料中钻凿的用来装填爆破炸药的孔;也叫炮孔。地质工作中,用钻机向地下钻凿成直径较小并具有一定深度的圆孔)。~ *hole burden* 炮孔负载(等于最小抵抗线的长度)。~*-hole ratio*; ~ *ratio* 钻孔比(每个炮孔分担的工作面面积)。~ *jumbo*; ~ *carriage* 凿岩台车(又称"钻车"。支承、推进和移动一台或多台凿岩机的车辆)。~ *hole burden* 炮孔最小抵抗线(炮孔内炸药与自由表面的间距)。~ *hole deflection*; ~*-hole deviation* 孔斜(指在

D

钻进过程中,已经钻成的孔段轴线同原设计的孔段轴线之间所产生的偏移)。~ *hole inclination survey*; *deviational survey* 测斜(在钻探过程中,利用孔内的仪器,测量各孔段的顶角和方位角的工作)。~-*hole pattern*; *drill*(*ing*) *pattern* 炮孔排列方式。~-*hole springing* 扩底孔。~ *log* 钻孔日志。~ *mounting*; ~ *rig* 钻架(半机械化操作的移动式凿岩支架。按结构形式分为锚柱式、立柱式、圆盘式钻架和竖井凿岩钻架)。~ *rod* 钻杆(把凿岩机的冲击力和回转力矩传递给钻头的器件。根据使用条件、凿岩机种类、爆破方法的不同,除了可以选用锥形接头钻杆、接续钻杆外,还可选用螺旋钻杆、麻花钻杆等)。~ *series* 钻杆组(一套完整的不同长度的一组钻杆。钻杆的长度每增加0.8m,钻头的直径减小1mm)。

drillability *n.* 可钻性(表征在岩石上钻孔的难易程度的特性。主要用于选择凿岩机械、钻具、凿岩工艺和编制凿岩工作定额等)。~ *of rock* 岩石可钻性(指岩石抵抗钻凿破碎的能力,它反映钻凿眼孔的难易程度。准确的岩石可钻性,是预估凿岩速度和制定凿岩生产定额的科学依据,也是正确选择钻凿岩石方法与设计凿岩工具的理论基础)。

driller *n.* ①钻工,司钻。②钻机。~ *and blaster communication* 钻工和爆破员联系。~ *communication* 钻工联络。

drilling *n.* 凿岩(又称“钻孔”、“穿孔”。在岩石中钻凿出特定要求炮孔的工程技术。或者说,钻头钻入地下岩层形成钻孔的过程)。~ *accuracy* 钻孔精度。~ *accuracy total*; *total* ~ *accuracy* 凿岩总精度(一般定义为与预定位置的最大偏斜量除以钻孔长度,以百分数计。在实际操作中,凿岩精度的标准偏斜量常常不是最大凿岩精度。总的炮孔〈打钻〉偏斜量由4个偏差构成:测定偏差 D_s,开孔偏差 D_c,钻孔偏差 D_a,弯曲或孔内偏差 D_b)。~ *and blasting* 凿岩爆破,打孔放炮。~ *and blasting for downstream benefit* 钻孔和爆破对下游工序的影响。~ *and blasting method* 钻孔爆破法(用打眼装药爆破的工艺进行采掘的方法)。~ *and blasting operation* 打孔放炮作业。~ *blasting by diver operation* 潜水钻孔爆破(潜水员操作水下钻孔设备的爆破法,通常只在有限的范围内使用。因为在钻孔作业时水下的能见度很差,必须要有专门的测量方法来帮助潜水员定位,以便能在正确的位置上钻孔。例如可以用标有孔位的钢栅架子来定位)。~ *blasting on floating platforms* 水上作业平台钻孔爆破(采用这种方法进行岩石的钻爆作业,需要有专门的设备。一般使用活动平台,它靠能伸展到水底的立柱支撑在水面上。在平台上进行钻孔和装药作业。在平台上,正常情况下可装配几部冲击型钻机或回转型钻机,它们可以在4个方向上沿轨道移动,机动性能较高)。~ *blasting on piled stone* 堆石钻孔爆破(在水不太深的地方,可在爆破体上堆石,然后通过堆石钻孔装药,这在经济上是有利的)。~ *challenges* 钻孔难点。~ *coefficient* 钻进系数。~ *control* 钻孔控制。*Good* ~

control also helps to reduce the subgrade drilling and may make it possible to make some reduction in the total charge per hole。钻孔控制得当一则能减少不合格的炮孔，二则有可能减少每个炮孔的装药量。~ *deviation* 钻孔偏离(差)。~ *deviation in total*；*total* ~ *deviation* 凿岩总偏差(在某一工程地质段的凿岩结束后的钻孔轴向总偏差或斜度，单位为"°")。~ *equipment* 钻探设备(钻探施工时，所使用的钻探机、动力机、泥浆泵、钻塔等的总称)。~ *error* 布孔偏差(由于孔网布置造成的偏差)。~ *fluid*；*drillfluid*；*flush fluid*；*flush liquid* 钻孔冲洗液(钻探过程中使用的循环冲洗介质)。~ *for surface blasting operations* 露天爆破钻孔。~ *for underground blasting operations* 地下爆破钻孔。~ *hole pattern* 炮孔布置图(参见 ~ *pattern*；~ *plan*；*blast hole pattern*)。~ *machine* 凿岩机，钻孔机械(简称"钻机"，矿山钻孔作业用的机械)。~ *measurements* 钻孔测试。~ *on the blast site* 爆破现场钻孔。~ *parameter* 凿岩参数。~ *pattern*；~ *plan* 凿岩布置图，炮孔布置图(为爆破而在台阶或隧道作业面上拟定的炮孔设计并标明井巷掘进工作面炮孔彼此关系的平面、剖面图。包含自由面在内的爆破炮孔布置几何图，注明了各孔的长度、直径、方向和钻杆的数量)。~ *rate* 凿岩速率(在给定的岩石类型、钻机、钻头直径，以及风压和水压等条件下每个单位时间内达到的穿孔深度，单位为 m/min)。~ *rate index*；*DRI* 凿岩速率指数(凿岩速率指数是钻头穿孔速度的一个相对参考标准，所以并不是现场的绝对凿岩速率值)。~ *rate measured*；*DRM* 量测得到的凿岩速度(在现场测得的凿岩速率，单位为 m/min)。~ *tool* 凿岩工具。~*-and-blasting* 钻孔爆破(采用炮孔装填炸药破碎介质的方法)。

drip-proof *n.* 防水，不透水。

drivage *n.* (巷道)掘进。~ *ratio* 掘进率。

drive *v.* 驾驶。—*n.* = excavation 掘进工程(指为进行采矿和其他工程目的，在地下开凿的各类通道和硐室的总称)。~ *direction* 掘进方向。

drop *v.* ①(使)落下；投下。②(使)降低，减少。~ *analysis* 跌落分析。~ *ball* 坠锤，落锤(吊在钢丝绳上的一个铁块或钢块，从一定的高度〈起重机上〉坠落到大石块上，利用冲击能量将其破碎成较小的块度。坠落高度为 8~10m。通过这种方法，可以避免二次爆破。这种方法只适用于露天采矿)。~*ped coverage* 未激发段。~ *hammer sensibility* 落锤感度。~ *hammer test* 落锤试验。~ *height* 落锤高度。~ *raising* 天井深孔爆破法掘进(采用深孔钻机，在天井断面范围内，沿天井全高钻完全部平行炮孔，然后进行分段或一次爆破成井的天井掘进方法。该法虽是采用凿岩爆破掘进天井，但其特点是工人不需进入天井内作业，工作条件好且安全)。~ *test*；~ *weight test*；*impact test* 跌落试验，坠碎试验，冲击试验(将火工品或装有火工品的模拟载

D

体以规定高度和姿态跌落在规定目标上,模拟火工品在勤务处理中的偶然跌落,考核火工品性能是否符合规定要求的试验)。~ *test for dynamite* 达纳迈特炸药冲击试验。

dropballing *n.* 落锤破岩法。

dropline *n.* 分支线。~ *primacord* 分支导爆索。

drowned *v.* ①(使)溺死(drown 的过去式和过去分词)。②浸透。~ *pump* 深井泵(用于井田疏干,沉入钻孔中排水的机械。包括"长轴深井泵"和"潜水深井泵")。

dry *a.* 干燥的。~ *blasting agent* 干爆破剂。~ *bulk weight*;~ *unit weight* 干容重(岩土单位体积的固体颗粒的重量,常以 kN/m^3 表示)。~ *collaring* 干法开炮孔,干法开孔。~ *density* 干密度(岩土单位体积的固体颗粒的质量,常以 g/cm^3 或 t/m^3 表示)。~ *intensity* 干态强度。~ *hole* 干炮孔。

dual *a.* 双的。~*-primed electronic delay blasthole* 两端起爆的电子延时炮孔。

dualin *n.* 杜阿林炸药,双硝炸药(炸药的一种,由硝化甘油、硝石及锯末配制而成)。

ductile *a.* 可延展的,有韧性的。~ *alloy* 塑性合金。~ *failure* 延性破坏(岩土在外力作用下,出现明显的较大塑性变形后才发生的破坏)。~ *material* 塑性物质,塑性材料。

ductility *n.* 塑性,柔韧性,延展性(一种材料塑性变形而又无脆性带或破裂产生的能力。材料可以维持永久变形而又未失去承受载荷能力)。

dud *n.* 瞎火(火工品受到预定发火的初始冲能作用而未能发生燃烧或爆炸的现象)。

dummy *a.* ①假的。②摆样子的,做样品的。~ *primer* 硬壳起爆药包。

dump *vt.* ①倾倒。②卸下。—*n.* 垃圾场,排土场。~ *truck* 自卸汽车(车厢配有自动倾卸装置的汽车)。*waste* ~, *waste pile*;*waste disposal site* 排土场(又称废石场,是指矿山采矿排弃物集中排放的场所)。~*ing plough* 排土机(通过回转排料臂上的带式输送机排弃废石的自行式设备。它是露天矿连续或半连续运输开采工艺的配套辅助设备,位于排土运输系统的终端。参见 *over burden spreader*)。

dunite *n.* 纯橄榄岩(一种绝大部分〈95%以上〉由橄榄石组成的深成超基性岩,一般均发生不同程度的蛇纹石化。参见 *olivine rock*)。

Duobel *n.* 多贝尔安全炸药。

duplex *a.* ①二倍的,双重的。②由两部分组成的,二联式的。

duplicate *v.* 复制,复印。~ *observation* 两次观测。~*d record* 备份记录。

duplication *n.* 加倍。

durability *n.* 耐久性。

durable *a.* 耐久的。

duration *n.* ①持续。②期间。~ *of shock pulse* 冲击脉冲持续时间。

during *prep.* 在…期间。~ *blast monitoring* 爆破监测。

dust *n.* 灰尘。~ *collector* 集尘器(一种在干式凿岩时用真空滤清器收集尘埃的装置。通常它从一个套紧在孔口上的橡胶袋中收集钻屑和含尘空气)。~ *concentration* 粉尘浓度。~ *contamination*;*dust pollution* 粉尘污染。~ *control* 粉尘控制。~ *control in mine* 矿山防尘(采矿生产过程中防止矿尘危害的技术措施。矿尘的主要危害是引起尘肺病和矿尘爆炸)。~ *dispersal*;~ *dispersion* 粉尘扩散。~ *estimation* 含尘量测定。~ *explosion* ①粉尘爆炸(一些呈颗粒或粉尘状态的物质有可能在外界因素的作用下发生爆炸。其中,煤的粉末发生的爆炸称为煤尘爆炸,是与井下瓦斯爆炸一样必须严加防范的)。②尘爆(与气载尘埃快速燃烧造成的压力突增有关的一种爆炸。可燃尘埃的引燃方式可有以下几种:明火或火花,瓦斯爆炸,自发燃烧)。~ *generation from blasting* 爆尘产生,爆破产生飞尘。~ *laying* 抑制飞尘,防尘。~ *menace* 粉尘危害。~ *meter* 量尘计。~*-proof* 防尘。~ *raising* 粉尘飞扬。~ *removal by wet drilling* 湿式凿岩除尘(在凿岩过程中连续向钻孔底部供水,以润湿和捕获矿尘的除尘方法)。~ *suppression method* 抑尘法。~ *sized material* 粉尘状物质。

dusty *a.* 布满灰尘的。~ *work* 有尘作业(作业场所空气中粉尘含量超过国家卫生标准中粉尘的最高容许浓度的作业)。~ *environment* 高粉尘环境。~ *mine* 多尘煤矿,多尘矿山。~ *operation*;*dust-producing operation* 高粉尘作业。

duties *n.* ①关税。②职责(duty 的名词复数)。~ *of safety engineers* 安全工程师的职责。~ *of safety supervision* 安全监理的任务。

Dygel *n.* 戴格尔矿用炸药。

Dynamex *n.* 达纳麦克斯炸药。

dynamic *a.* ①动态的。②动力的,动力学的。~ *free surfaces* 动态自由面。~ *angle of draw* 动力极限角。~ *array* 动态数组。~ *balance*;*force balance* 动态平衡,力平衡。~ *characteristic*;*dynamic property* 动态特性。~ *characteristics of a measuring system* 测试系统的动态特性(测试系统的响应与动态激励之间的函数关系。一般来说,大部分模拟式仪表的动态特性都可用微分方程或传递函数来描述)。~ *coefficient of viscosity* 动力年度系数。~ *compressive strength of the rock* 岩石动态抗张强度。~ *contact angle* 动态接触角。~ *creep* 蠕变。~ *crystallization* 动态结晶。~ *deflection* 冲击挠度。~ *deformation* 动态变形。~ *deviation* 动力偏差。~ *effect* 动效应(炸药的爆炸效应有动效应和静效应之分。动效应又叫冲击效应或破坏效应,系指炸药爆炸时产生的冲击波对周围介质作用的程度。在实验室里,可用猛度试验或爆速试验确定)。~ *elastic constant* 动力弹性常数。~ *elastic limit* 动(力)弹性极限。~ *elastic modulus of rock* 岩石动态弹性模量(岩石动态力学性质之一。指岩石在动载荷作用下,显示出的弹性模量。它是岩石重要的力学性质之一。测定岩石动态弹性模量通常用共振法、声脉冲法和霍普金森〈Hopkinson〉杆法)。~ *failure duratio*

D

动态破坏时间(煤样在单向压缩条件下,从极限载荷到完全破坏所经历的时间,以符号 *DT* 表示)。~ *failure theory* 爆炸应力波作用理论(该理论认为岩石的破坏主要是由于岩体中爆炸应力波在自由面反射后形成反射拉伸波的作用。当拉应力超过岩石的抗拉强度时,岩石就被拉断破坏。这种理论从爆轰动力学观点出发,又称为动作用理论。参见 shock wave failure theory)。~ *finite element* 动力有限元。~ *finite element simulation* 动力有限元模拟。~ *finite unit method* 动力有限单元法。~ *flexural tensile strength* 动态挠曲抗张强度。~ *fracture mechanics* 动态破裂力学。~ *fracture strength* 动力断裂强度。~ *fracturing*; ~ *breakage* 动力破碎。~ *friction coefficient* 动摩擦系数。~ *high-pressure technology* 动高压技术。~ *impact experiment* 动态冲击实验。~ *impedance* 动态阻抗。~ *interaction between blasted holes* 爆炸炮孔之间动态的互相作用。~ *kinetic behavior* 动态力学行为。~ *laser scattering method* 动态激光散射法。~ *load coefficient* 动载系数。~-*load stress*; *live load stress*; *advancing load stress* 动载应力。~ *loading* 动力负载。~ *maximum flexural strength* 最大动态挠曲强度。~ *metamorphism of coal* 煤动力变质作用(褶皱或断裂所产生的构造应力和伴随的热效应,使煤发生变质的作用)。~ *modulus of elasticity* 动弹性模量。~ *on-screen visualization of the progression of a blast* 爆破进展情况动态屏幕可视化。~ *parameter* 动态参数。~ *positioning* 动态定位。~ *pressure desensitization* 动压减敏(使炸药在动压下提高密度、降低感度的技术)。~ *pressure method* 动压法。~ *pressure stowing* 动压充填(利用砂浆泵将砂浆输送到充填地点的充填方式)。~ *process simulation* 动态模拟。~ *property* 动态性质。*The parameters that are generally used in blast design and fragmentation modeling are the static rather than the ~ properties, but empirical factors used in the models compensate for this anomaly.* 通常用于爆破设计和破碎模型中的这些参数,都是静态的,而非动态性质,只不过在用于模型时经验因素弥补了这种反常。~ *property of rock* 岩石动态力学性质(岩石在变动载荷的作用下,发生变形和破坏等的力学特性。常用应变速率来表示载荷变化的剧烈程度)。~ *proximity coefficient* 动态邻近系数。~ *resistance* 动阻力。~ *response* 动态响应。~ *toughness* 动态韧性。~ *strain* 动应变。~ *strength of rock* 岩石动态强度(在同等的试验条件下,岩石的单向抗压强度随岩石试样尺寸的增大而减小的现象)。~ *stress* (*field*) 动应力(场)。~ *stress parameters in the model* 模型内动态应力参数。~ *succession* 动态连续性。~ *surface tension* 动表面张力。~ *test* 动力试验,冲击试验。~ *tensile test* 动拉力试验(测定火工品抗拉性能的一种试验。用所能承受的动载荷量表示)。~ *thrust* 动

态推力。~ *similitude* 动力学相似(力学现象中所有的相似概念都来源于几何相似概念。如果两个力学现象之间的几何参数、运动学参数、动力学参数都满足一定的相似关系,这两个力学现象称为动力学相似)。~ *viscosity* 动力黏度。~ *yield strength* 动(态)屈服强度。~ *Young's modulus* 动弹性模数,动力杨氏模数。

dynamics *n.* 动力学,力学。~ *model*; *model of* ~ 动力学模型。~ *simulation*; *simulation of* ~ 动力学仿真。

dynamite *n.* ①达纳迈特炸药,硝化甘油类炸药(由阿尔弗雷德·诺贝尔发明的烈性炸药,任何以硝化甘油作敏化剂的烈性炸药都被认为是达纳迈特炸药。硝化甘油被硝化棉吸收后,与氧化剂和可燃物混合而成的炸药。有粉状和胶质两种。其国外商品名称为达纳迈特,参见 *nitroglycerine explosive*)。~ *cartridge*; ~ *stick* 达纳迈特炸药卷。~ *gelation* 胶质达纳迈特炸药。~ *product types* 达纳迈特产品种类。②炸药。~ *strength reporting* 炸药能量测试结果。③具有爆炸性的事物,有潜在危险的人。④引起轰动的人或物。—*vt.* 破坏,炸毁;装炸药。—*a.* 极好的。

dynamiting *v.* (尤指用于采矿的)甘油炸药(dynamite 的现在分词);—*n.* 达纳迈特炸药爆破。

dynamo *n.*【物】发电机。~ *exploder* 发电机式放炮器。

Dynamon *n.* 达纳蒙炸药。

E

E

early *a.* ①早期的。②早熟的。—*ad.* ①提早。②在初期。~ *burst*; *premature blast* 早爆。~-*warning system* 预警系统。~ *detonation* 过早爆燃。

earth *n.* ①地球。②地表,陆地。③土地,土壤。④尘事,俗事。⑤兽穴。—*vt.* ①【电】把(电线)接地。②盖(土)。③追赶入洞穴。—*vi.* 躲进地洞。~ *arrester* 接地避雷针。~ *and stone blasting project* 土石方爆破工程。~ *and stone cofferdam* 土石混合围堰(由黏土和碎石为主构筑的围堰称为混合围堰。这种围堰适用于施工期较长的大、中型水利工程。土石混合围堰在拆除时需要用较大型的挖掘机械和专用的水平挖掘机械)。~ *core* 接地芯线。~ *excavation* 开挖爆破。~*ed circuit* 接地电路。~*ed conductor*; ~*ed wire* 接地导线。~ *fault* 漏电点(起爆电流泄漏进入大地〈水〉而非进入电爆网路的漏电位置)。~ *fill* 填土。~*ing device* 接地装置。~ *lead* 接地导线。~ *leakage* 通地漏电(通过意外途径从任何电路流失到大地中的电流)。~ *quantity*

土方工程量。~-*reflected wave* 地面反射波。~ *resistance* 接地电阻。~-*return circuit* 接地回线。~ *wave*; ~ *quake wave* 地震波。~ *wire* 接地线。~ *work*; ~-*moving job* 土方工程,土方工作。

earthquake *n*. ①大动荡。②地震(在内、外应力作用下缓慢集聚于地壳中的应力突然释放产生的弹性波从震源向四周传播导致的地面震动)。~ *acceleration* 地震加速度(地震时地表岩土质点单位时间内的位移速度,单位以 cm/s^2 表示)。~ *coefficient* 地震系数(地震时地面〈或建筑物〉最大加速度与重力加速度的比值)。~ *force* 地震力(在地震波作用下,岩土质点加速运动所产生的惯性力)。~ *intensity* 地震烈度(衡量地震对某特定居民区域或构造区域影响大小的标度,不仅取决于地震的强度、震级,也与震区和震源〈震中〉的距离及区域地质有关)。~ *magnitude* 震级(衡量地震强度或据地震释放出来的能量大小划分的等级)。~ *prediction* 地震预报(通过地震规律的研究和地震前兆观测等,对地震发生的时间、地点和震级的预先报告)。~-*proof construction* 抗震结构,防震结构。

easer *n*. ①辅助炮眼。②松经运动。~ *hole* 辅助炮孔(该词有多种意义。如在平巷掘进中,最靠近掏槽孔的、用于刷大掏槽所形成的空间的炮孔;为主爆破起爆的药包减少或排除部分覆土而装药和引爆的炮孔;在紧靠拒爆炮孔钻出的炮孔,起爆时可能诱发或移去拒爆炮孔内的炸药。参见 *relief hole*; satellite)。~ *shot* 扩槽(巷道掘进爆破中,从掏槽孔响炮到周边孔爆破形成巷道轮廓为止,为一个爆破循环。位于掏槽孔和周边孔之间的一些炮孔,其主要作用是扩槽。即为扩大掏槽,逐步形成巷道开挖断面而实施的中间爆破)。

easy *a*. ①容易的。②舒适的。—*ad*. 不费力地,从容地。—*vi*. 停止划桨。—*vt*. 发出停划命令。~ *access* 缓沟(适用于铁道和公路运输,坡度小的沟道)。

eccentric *a*. 古怪的,反常的。—*n*. 古怪的人。~ *force* 偏心力。~ *load* 偏心负载(合力作用点未通过荷载作用面积形心的荷载)。~ *pattern* 偏心布置。

eccentricity *n*. ①古怪。②怪癖。③【数】离心率。④偏心距(圆周振动运动中,偏离平衡位置的最大值,一般为圆的半径)。~ *ratio* 偏心率。

echelons *v*. 使列成梯队(echelon 的第三人称单数)。—*n*. ①梯次编队。②阶层(echelon 的复数)。③分段起爆网路。

echo *vt*. ①反射。②重复。—*vi*. ①随声附和。②发出回声。—*n*. ①回音。②效仿。~ *arrival* 回波波至。~ *impulse* 回波脉冲。~ *locator* 回声定位仪。~ *ranger* 回波测距仪。~ *ranging* 回波测距。~ *ranging sonar* 回波测距声呐。~ *signal* 回波信号。~ *sounding* 反射波测深。~-*strength indicator* 回波强度指示器。~ *time* 回波时间。~ *wave* 回波。

echoing *n*. ①呼应。②回音。③反照现

象。—*v.* 回响，呼应（echo 的现在分词）。~ *characteristic* 回波特性。

ecological *a.* 生态的，生态学的。~ *control* 生态控制。~ *effect* 生态影响。

economic *a.* ①经济的，经济上的。②经济学的。~ *benefit*; ~ *profit* 经济效益（一项工程比没有该工程所增加的各种物质财富，尤其指可以用货币计量的财富的总称）。~ *competitiveness* 经济上的竞争力。~ *cost* 经济费用（在国民经济评价中，按影子价格所计算的工程费用）。~ *evaluation* 经济评价（对工程项目或其中某一方案，计算其所需投入的费用和可能取得的效益，并分析其经济可行性的工作。包括国民经济评价和财务评价两项）。~ *feasibility study* 经济可行性研究。~ *importance* 经济上举足轻重，举足轻重的经济价值。~ *internal rate of return* 经济内部回收率（在经济评价中，能使某一方案的净现值为零的折现率）。~ *life of a project* 工程经济寿命（一个工程投产后，由于效率降低或技术落后，以致继续使用不如重新建造更为经济时，就到了其经济寿命期）。

economical *a.* ①经济的。②节约的。③合算的。~ *stripping ratio* 经济合理剥采比。

economy *n.* ①经济。②节约。③理财。~ *of manpower*; *labor-saving* 节约劳动力。

ecosystem *n.* 生态系统。

edge *n.* ①边缘。②优势。③刀刃。④锋利。—*vt.* ①使锐利。②将…开刃。③给…加上边。—*vi.* ①缓缓移动。②侧着移动。~-*edge contact*【计】边-边接触，棱-棱接触（黏土矿物颗粒断面对断面式的接触）。~-*face contact*【计】边-面接触，棱-面接触（黏土矿物颗粒基面对断面式的接触）。~ *reflection* 边界反射。~ *stress* 边缘应力。~ *value* 边值。~ *wave* 边缘波。

edit *vt.* ①编辑。②校订。—*n.* 编辑工作。

effective *a.* ①有效的，起作用的。②实际的，实在的。③给人深刻印象。~ *actuation time* 有效激励时间。~ *area* 有效面积。~ *fragmentation* 有效破岩。~ *grain size* 有效粒度（土中比之小的颗粒含量为总质量 10% 的粒径〈d_{10}〉）。~ *hole* 有效炮孔。~ *liquid chromatogram* 高效液相色谱。~ *plastic strain* 有效塑性应变。~ *pressure*; ~ *stress* 有效压力，有效应力（岩土体受压时，其骨架所承担的压力）。~ *radius* 有效半径。~ *ratio* 有效比。~ *section* 有效截面；有效区段。~ *stress* 有效应力。~ *stress circle* 有效应力圆（表示岩土中任一点有效应力状态的应力圆）。~ *stress path* 有效应力路线（用有效应力表示的应力路线）。~ *value* 有效值。~ *weight* 有效重量。~ *working time* 有效工作时间。~ *Young's modulus*; ~ *modulus of elasticity* 有效杨氏模量，有效弹性模量（一种假想的弹性模量，因为各种材料都不存在应力与应变之间的完全理想的线形关系。总应变能，即应变曲线以下的面积，可用来计算有效杨氏模量，单位为GPa 或 Pa）。

E

effect *n.* ①影响。②效果。③作用。—*vt.* ①产生。②达到目的。~*s of cast blasting on dragline operations* 抛掷爆破对装铲工序的影响。~*s of geology* 地质的影响。 ~ *of blasting vibration* 爆破振动效应,爆破地震效应(炸药在岩土等介质中爆炸时,部分能量以弹性波的形式在地壳中传播而引起爆区附近的地层振动的现象)。~ *of errors* 误差影响。~ *of fragmentation*; *crushing* ~ 破碎效果。~ *of looseness* 松动效应。~ *of powder factor and timing on the impact breakage of rocks* 火药系数与定时对岩石冲击破碎的影响。~ *of priming* 起爆效应。~ *of rock structure characteristics on blasting results* 岩石结构特点对爆破效果的影响。~ *of shock wave* 冲击波效应。~ *transference angle* 影响传播角(在移动盆地倾向主断面上,按拐点偏移距求得的计算开采边界和地表下沉曲线拐点的连线与水平线在下山方向的夹角)。

efficiency *n.* ①效率。②效能。③功效。~ *of borehole* 炮孔利用率(爆破掘进的进尺与炮孔长度之比称为炮孔利用率。爆破效果较好的掘进爆破,其炮孔利用率可以达到95%)。~ *of hole blasting* 炮孔爆破率(单位炮孔长度所爆破的矿岩量)。~ *of subgrade soil* 底土的承载能力。

efficient *a.* ①有效率的。②有能力的。③生效的。~ *blast performance* 有效爆破性能。

effluence *n.* ①流出。②流出物。③发射物。~ *of gas* 瓦斯溢流(采掘面滞留的瓦斯溢往巷道内的现象)。

efflux *n.* ①流出。②消逝。③流出物。④结束。~ *coefficient* 流速系数,流出系数。

ejector *n.* ①喷射器。②驱逐者。③推出器。④排出器。~ *loading system* 喷射装药系统。

elastic *a.* ①有弹性的。②灵活的。③易伸缩的。—*n.* ①松紧带。②橡皮圈。~ *bending stress* 弹性弯曲应力。~ *body* 弹性物体。~ *compaction* 弹性挤压作用。~ *constant* 弹性常数。~ *deformation* 弹性变形(岩土体受外力后产生并在外力卸除后能够恢复的那一部分变形)。~ *drift* 弹性后效(岩土受载产生变形,卸载后,其弹性变形不能立即恢复的现象)。~ *energy index* 弹性能量指数(煤样在单向压缩条件下,达到破坏载荷时所释放的变形能与产生塑性变形所消耗的能量之比值)。~ *force* 弹力。~ *lag* 弹性惯性。~ *limit* 弹性极限(某种材料的应力-应变行为曲线弹性部分的上部极限。脆性岩石的破裂出现在弹性极限点)。~ *material* 弹性材料。~ *mechanics* 弹性力学。~ *medium* 弹性介质(在使其变形的力消失后能恢复其原状的介质。在地震勘探中,除震源附近外的介质,均为弹性介质)。~ *modulus* 弹性模数(参见 *modulus of elasticity*,表征材料弹性性质的模量,例如,弹性模量 E_e,GPa 或 Pa;剪切模量 G,GPa;体积模量 K,Pa)。~ *modulus of concrete* 混凝土的弹性模量(混凝土的应力应变关系并非是线性关系,只有

E

在应力很小时,才接近于直线。因此,混凝土的弹性模量并非是一个常数。为了简化计算,通常取应力-应变曲线图中过原点的曲线的斜率为混凝土的弹性模量,也称原点弹性模量)。~ *modulus of rock* 岩石弹性模量(指岩石在弹性范围内应力与应变之比)。~ *range* 弹性范围。~ *rebound theory* 回弹理论。~ *recoil* 弹性反冲。~ *restitution* 弹性恢复,弹性复原。~ *strain* 弹性应变。~ *strain energy* 弹性应变能(发生了应变的弹性体的线性部分所储存的潜能。在能量平衡方程式中,它等于使该物体从其未发生应变状态变形到最终变形状态所做的功减去非弹性变形和破裂过程所耗散的能量)。~ *strength* 弹性强度。 ~ *stress* 弹性应力。~ *theory* 弹性理论。 ~ *wave* 弹性波(弹性介质中,物质粒子间相互有弹性作用。当某处物质粒子离开平衡位置,即发生应变时,该粒子在弹性力的作用下发生振动,同时又引起周围粒子的应变和振动。这样形成的振动在弹性介质中的传播过程,称为弹性波)。~ *wave exploration* 弹性波勘探(用炸药爆炸和其他人工方法在地层中产生弹性波,使它经过地下岩层的不连续面的反射和折射,传到地表。然后采用专用设备进行检测以便分析地层的构造和产状,从而探明该地层有否矿藏或油层的一种方法)。~ *wave propagation* 弹性波传播。~ *wave radiation* 弹性波辐射。~*-plastic body* 弹塑性体。~*-plastic deformation* 弹塑性变形。~*-plasticity of rock* 岩石弹塑性(指岩石的一种变形特性。这一特性常与受力状态和所处的环境有关。岩石受载后,应变相应地增长,可获得岩石的应力-应变曲线。如果对岩石加载到一定值时卸载,卸载曲线不沿加载曲线返回原点。实际上,这类岩石的卸载曲线表示弹性变形和一部分不可恢复的残余变形)。~ *strain energy density* 弹性应变能密度(单位体积中的应变能,一个与物体弹性变形有关的特定能量密度。它包括两部分:表征体积变化的体积能量密度〈J/m^3〉和考虑形状变化的扭变能量密度〈J/m^3〉)。~ *uniaxial stress wave propagation theory* 单轴弹性应力波传播理论。~ *vibration* 弹性振动。~ *zone* 弹性变形区(巷道围岩介于塑性变形区与原岩应力区之间的区域)。

elasticity *n.* ①弹力。②灵活性。③弹性(某种材料在变形后完全卸载时重新恢复原有体积和形状的性质。参见"地震探矿")。~ *modulus* 弹性模量(某种特指压力增量与某种特指的拉力增量之比,如弹性模量 E、体积模量 K 和剪力模量 G。参见 *modulus of* ~)。~ *ratio* 弹性比。~ *theory model for rock blasting* 岩石爆破的弹性理论模型(基于岩石弹性破坏准则建立的模型。弹性破坏准则认为岩石是均质的,岩石的破坏是其中的应力超过应力极限所致,在此之前岩石是弹性的)。

electric *a.* ①电的。②电动的。③发电的。④导电的。⑤令人震惊的。—*n.* ①电。②电气车辆。③带电体。~ *blasting* 电起爆。~ *blasting cap wire*

电雷管脚线。~ *blasting circuit calculations* 起爆电路电阻计算。~ *blasting circuit*; ~ *priming circuit*; ~ *firing circuit* 电气爆破网路,电气爆破回路(简称电爆网路。给成组的电雷管输送起爆电能的网路。通常由起爆电源、爆破母线、连接线和电雷管脚线连接组成)。~ *blasting circuit design, calculations and hazard evaluation* 起爆电路设计、电阻计算和危险评价。~ *blasting circuit hazards* 电起爆网路危险性。~ *blasting conductor* 电爆炸导体。~ *blasting house* 爆破开关闸。~ *calculator* 电子计算器。~ *circuit properties* 电起爆网路特性。~ *coal drill* 煤电钻(曾称"电煤钻",用于煤体钻孔的电动机具)。~ *computation* 电子计算。~ *detonator*; ~ *blasting cap* 电雷管,工业电雷管(通过桥丝的电冲能激发的工业雷管)。~ *excavator* 电铲(由电缆供电的电动挖掘机的简称。一般泛指机械式单斗挖掘机。参见 shovel)。~ *firing element* 电点火元件。~ *firing lock* 电点火开关。~ *firing machine* 电起爆器。~ *firing network* 电爆网路。~ *firing technique* 电爆技术。~ *firing* 电点火(利用电能〈如交流电、直流电、电容式起爆器〉引爆电雷管的方法)。~ *fuse head*; *fuse head*; ~ *fuse head* 电雷管电桥,电点火头,电引火头(在金属桥丝周围涂有点火药,由通电的桥丝使其灼热、燃烧的滴状点火元件)。~ *generator* 发电机(参见 dynamo)。~ *igniter* 电点火具(以电能激发的点火具)。~ *initiating (explosive) device* 电火工品(电引火元件。以电能激发的火工品,又称电爆装置 ~ *explosive device*)。~ *initiation parameter*; ~ *ignition parameter* 电发火参数。~ *initiator* 电起爆器(以电能激发的起爆器)。~ *match* 电点火头(具有少许点火药的,输出火焰很小的电起爆器)。~ *or nonelectric MS delay detonators* 电子或非电子毫秒延时雷管。~ *powered load-haul-dump unit* 电动铲运机(由交流电动机驱动的地下铲运机。它具有能耗低、噪声低、无污染、运转平稳、作业条件好等优点,但运行范围受电缆长度和架线的限制,基本投资比同级柴油铲运机大,电缆损耗大)。~ *primer* 电火帽(以电能激发的火帽)。~ *rock drill* 岩石电钻(用于岩石钻孔的电动机具)。~ *scanning system* 电子扫描系统。~ *sequential timer* 电引爆序列定时器。~ *spark ignition* 电火花点火。~ *squib* 电点火管(薄壁壳体内有少量点火药装药,起点燃作用的电火工品)。~ *storm* 雷爆(雷爆就是日常生活中最常见的一种电爆现象。它是由于带电云体〈雷云〉活动强烈,并伴随闪电和强电、产生强磁场为特征的一种大气扰动。雷爆对所有爆破作业都构成危害,也称电爆)。~ *stress* 电介质应力,静电应力。~ *system* 电起爆网路系统。~ *system checks* 电起爆网路检查。~ *time meter* 电子毫秒表。~ *timer* 电子计时器。~ *warning system* 电信号报警系统。~ *wave* 电波。~-*nonelectric initiation system* 电-非电复式起爆网路(电爆网路和非

E

电起爆网路同时使用的复式起爆网路，多用在重要的爆破工程上，以保证起爆的万无一失。有电爆与导爆管网路或双重电爆、双重导爆管网路。由于电爆网路可在起爆前检测网路连接质量，常用的是电爆与导爆管的复式网路）。~ -*percussion primer* 电-撞两用底火（既能以电能激发也能以撞击激发的底火）。

electrical *a.* ①有关电的。②电气科学的。~ *apparatus for explosive atmospheres* 防爆电气设备（又称"爆炸性环境用电气设备"。按规定标准设计制造不会引起周围爆炸性混合物爆炸的电气设备）。~ *double layer* 双电层（由矿物表面电荷〈结构电荷〉与其所吸附的异电离子〈反离子〉构成的颗粒表面双层电性结构）。~ *energy pulse* 电能脉冲。~ *initiation* 电力起爆（利用电雷管通电起爆产生的爆炸能量引爆炸药的方法）。~ *prospecting* 电法勘探（根据不同岩土体之间电磁性质的差异，利用仪器探测人工产生的或自然界本身存在的电场与电磁场，并对其特点和变化规律进行分析研究的地球物理勘探方法之一）。~ *logging*; ~ *log* 电测井（以研究钻孔中岩、煤层的电性差异为基础的测井方法）。

electricity *n.* ①电力。②电流。③强烈的紧张情绪。~ *induced by radio frequency* 射频电（由广播电台、电视台、中继台、无线电通讯台、转播台、雷达等发射的强大射频能，可在电起爆网路中产生感应电流。当感应电流超过某一数值时，也会引起早爆事故。这一点在城市拆除爆破采用电爆网路时，更应引起足够重视）。~ *price* 电价（单位电能价值的货币表现）。~ *price for domestic uses* 家用电价（电业部门向家庭及商店、机关供照明及家用电器等所需电能的电价）。~ *price for industrial uses* 工业电价（电业部门向工矿企业及运输业、建筑业提供电能时所采用的电价）。~ *price for rural uses* 农业电价（电业部门向农村提供用于排灌、耕作、收获等所需电能的一种较优惠的电价）。~ *sensitivity* 电感度（在发火冲能作用下，电火工品发火的难易程度，用发火冲能的倒数表示。分为普通型、钝感型、高钝感型、特钝感型四种）。~-*delay detonator*(*EDD*) 电子雷管（电子延时雷管，时间延迟和逻辑功能都是通过一个可从内部电容输出主引爆电流的内置的芯片〈集成电路〉实施电子控制的雷管。延迟时间设定精度可达1ms。这种类型雷管的优点在于延迟时间可平滑地减少，允许在较大范围内选择间隔。电子雷管的引爆需要特殊的起爆装置）。

electro *n.* 电镀物品。—*vt.* 电镀。~-*chemical oxidation* 电化学氧化。~-*explosive* 电起爆炸药。

electrokinetic *a.* ①动电的。②动电学的。~ *potential*; ζ-*potential* 动电电位，ζ-电位（热力电位于固定层外缘所剩余的为扩散层反离子所平衡的电位）。~ *property* 电动性，动电性（饱水黏土在直流电场作用下产生电动现象〈电渗和电泳〉的性能）。~-*optical distance measurement* 光电测距（利用波

E

长为400～1000nm 的光波作为载波的电磁波测距)。～*-static attraction force* 静电引力。～*-static field* 静电场。～*-static force* 静电力。～*-static induction* 静电感应。

electrostatic *a.* 静电的。～ *sensitivity test* 静电感度试验(使一定容量的电容器充电至一定的电压,通过一个一定阻值的电阻对工业电雷管的脚—壳放电,测定其是否发火的试验)。

electromagnetic *a.* 电磁的。～ *initiation* ①电磁起爆(使用电磁能起爆雷管。该项技术与无线电通讯所使用的技术是一样的,通常使用的为超低频系统)。②电磁起爆法(采用电磁起爆仪,引爆磁电雷管发生爆炸的方法,参见 magneto-～initiation)。～ *wave distance measuring; electro-magnetic distance measurement(EDM)* 电磁波测距(以直接或间接方式测量电磁波在待侧距离两端点间一次往返的传播时间来求得距离的测量方法。电磁波测距又称"物理测距"。利用电磁波作为载波,运载测距信号,进行精密测距的技术。其基本原理是根据电磁波的传导波速和往返于发射器与反射器之间的时间,计算发射器与反射器之间的距离)。

electron *n.* 电子。～ *bombardment* 电子轰击,电子冲击。～*-delay detonator* 电子雷管,电子延时雷管(用电子模块实现延时的工业电雷管)。

electroosmosis *n.* ①电渗透。②电渗(饱水黏土在直流电场作用下,孔隙水由正极向负极的运动)。

electrophoresis *n.* 电泳(饱水黏土在直流电场作用下,悬浮的固体分散颗粒由负极向正极的运动)。

electrostatic *a.* ①静电的。②静电学的。～ *energy release* 静电能释放。

electronic *a.* 电子的。～ *system checks* 电起爆网路检查。～ *systems* 电路系统。～ *commerce* 电子商务(电子商务就是利用现在先进的电子技术从事各种商业活动的方式,是在互联网 Internet 环境下,实现消费者的网上购物、商户之间的网上交易和在线电子支付的一种新型的商业运营模式。电子商务可提供网上交易和管理等全过程的服务)。～ *data processing systems (EDPS)* 电子数据处理系统(在电子数据处理系统阶段,计算机主要用于对具体业务的简单处理,如产量统计、成本计算等。目标是能迅速、及时、正确地处理大量数据,提高数据处理的效率,实现手工作业的自动化,从而提高工作效率。具体又分为单项业务数据处理阶段和综合业务数据处理阶段)。～ *delay sequence* 电子延时序列。～ *delay-timed explosive decking* 电子定时延时分层装药。～ *detonator* 电子雷管。～ *detonator blasting system* 电子雷管爆破系统。～ *detonator delay sequences* 电子雷管延时序列。～ *detonator's reception of the detonation signals* 电子雷管接收引爆信号。～ *dictionary* 电子词典(内容存储在诸如半导体存储器、磁盘、光盘等非纸介质上,可通过计算机加以利用的词典。一类供人使用;另一类是供机器翻译、人机会话等自然语言处理系统使用的,具有严格的形式化的表述方式,所记载的信息、知识都是代码化的)。~ *equipment* 电子设备。~ *initiation system* 电子起爆系统。~ *measuring system of nonelectric quantity* 非电量电测系统(非电量电测系统的基本组成为传感器、中间交换器〈放大器〉及记录装置三个部分。此外,随着测试技术的发展和测量目的的不同,在三个基本环节的基础上还可以增添数据采集的自动控制、测量结果的自动分析等)。~ *monitoring* 电子监控。~*s* 电子学。~ *servo* 电子跟踪系统。~ *tachometer* 电子速测仪(自动显示、记录角度和距离,并自动计算坐标和高差等的电子测量仪器)。

element *n.* ①元素。②要素。③原理。④成分。⑤自然环境。⑥单元体(由连续弹性体离散而成的具一定形状且性质均匀相同的力学小块体)。~ *formulation* 单元库。~ *type* 单元类型。~ *of loading* 装药过程。~ *brick element* 单元失效。~ *strain matrix* 单元应变矩阵(有限单元法中,联系单元体节点位移与单元体应变之间关系的矩阵)。~ *stress matrix* 单元应力矩阵(有限单元法中,用以表示节点位移变形在其他节点上所引起的节点力的联系单元节点位移与节点力关系的矩阵)。

elementary *a.* ①基本的。②初级的。③【化】元素的。~ *project* 分项工程(分项工程一般是按分部工程划分,也是形成建筑产品基本构件的施工过程,例如,钢筋工程、模板工程、混凝土工程、砌砖工程、木门窗制作等。分项工程是建筑施工生产活动的基础,也是计量工程用料和机械台班消耗的基本单元;是工程质量形成的直接过程。分项工程既有其作业活动的独立性,又有相互联系、相互制约的整体性)。

elevating *a.* 引入向上的。—*n.* 升降机构。—*v.* ①使升高(elevate 的现在分词形式)。②提起。~ *force* 提升力,起重力。

elevation *n.* ①高地。②海拔。③提高。④崇高。⑤正面图。⑥标高(地面点至高程基准面的垂直距离)。⑦扬程。~ *angle*; *angle of* ~; *degree of* ~; *ascending vertical angle*; *up angle* 仰角。~ *bearing* 仰角方位。~ *of the slope angle* 边坡角标高。~ *point*; *height point*; *altimetric point* 高程点。~ *transfer survey* 导入高程测量(确定作业区水准基点高程的测量工作)。

eliminating *a.* 排除的。—*v.* 消除(eliminate 的 ing 形式)。

elliptic *a.* ①椭圆的。②省略的。

embedded *a.* ①嵌入式的。②植入的。③内含的。—*v.* 嵌入(embed 的过去式和过去分词形式)。~ *size*; *disseminated size* 嵌布粒度。

embedding *v.* ①【医】植入。②埋藏(embed 的 ing 形式)。

emergency *n.* ①紧急情况。②突发事件。③非常时刻。—*a.* ①紧急的。②备用的。~ *action plans* ①突发情况应。②对措施。~ *response* 紧急响应。~ *case* 紧急情况,急救药箱。~ *circuit breaker* 紧急断电器。~ *power supply* 安全备用电源。~ *procedure card*

E

应急程序卡片(张贴在运送炸药产品的卡车上的指示,给出紧急情况下专门程序。该指示存放在司机驾驶室中)。~ *opening* 备用巷道。~ *power shutoff* 紧急停电。~ *power source* 应急电源,备用电源。~ *pump* 备用泵。~ *reserve* 备用储量。~ *shaft* 备用井。~ *signal* 紧急信号。~ *stop device* 紧急制动装置(在正常状态下已经运行的、用于启动紧急制动功能的控制装置)。~ *stop function* 紧急制动功能(指能防止或减小对人员造成危害,以及对机械装置或正在进行的工作造成损害的功能)。~ *store* 备用仓库。~ *unit* 备用元件。

E

emergent *a.* ①紧急的。②浮现的。③意外的。④自然发生的。~ *wave* 出射波。

emission *n.* ①(光、热等的)发射,散发。②喷射。③发行。~s *factor* 排放系数。*The ~ factors are intended to estimate the amount of dust liberated into the atmosphere by the blast, whereas the modeling reported here estimates the total proportion of the muck pile broken to dust sized particles.* 排放系数用来估算因爆破释放到大气中的飞尘量,而这里所报道的模型则估算爆堆碎为尘粒后的整个比例。~*s intensity* 排放强度。*Examples are given of improved blast outcomes below that lead to overall reductions in ~s intensity.* 案例证明,改进后爆破的结果可使排放强度整体来讲有所削减。~ *of gas* 瓦斯散出(瓦斯从煤层表面均匀而缓慢地排出的现象)。

emit *vt.* ①发射,喷射(光,热,气等)。②坦露,表白(思想,意见等)。③发出(声响)。④发布(命令),发行(货币)。*The type and adequacy of the stemming material used and the management of progressive relief during detonation have a strong influence on the amount of material thrown into the air and hence the proportion of dust likely to be ~ted from a blast.* 爆破中所用的炮泥类型和分量以及对阶梯地形的处理,会大大地影响抛向空中的物质的多寡,因此也大大地影响一次爆破中可能喷出的飞尘比例。

empiric *n.* ①经验主义者。②江湖医生。—*a.* 经验主义的。~ *value* 经验值。

employed *vt.* 雇佣(employ 的过去分词)。—*a.* 被雇用的。~ *reserves* 已动用储量。

employee *n.* ①雇员。②从业员工。

employer *n.* 雇主,老板。

empty *a.* ①空的。②无意义的。③无知的。④徒劳的。—*vt.* ①使失去。②使…成为空的。—*vi.* ①成为空的。②流空。—*n.* ①空车。②空的东西。~ *hole* 空孔。

emulsifiable *a.* ①可成乳状的。②能乳化的。~ *liquid* 乳化液体(适于构成乳状液分散相的液体)。

emulsification *n.* ①【化】乳化作用。②乳化剂。③乳化(使一种液体或细小液滴均匀地分散在另一种与其不互溶的液体,形成稳定的乳状液的过程)。

emulsified *a.* 乳化的。~ *acid* 乳化酸。~ *explosive* 乳化炸药。~ *explosive* *substrate* 乳化炸药基质。~ *powdery explosive* 乳化粉状炸药。

emulsifying *a.* 乳化的。—*v.*【化】乳化(emulsify 的 ing 形式)。~ *ability* 乳化力。~ *agent* 乳化剂(能使两种互不相溶的溶液形成稳定乳胶〈或乳状液〉的物质)。~ *liquid* 乳化液体(适于构成乳状液连续相的液体)。

emulsion *n.* ①乳剂。②乳状液。③感光乳剂。④乳化炸药(通过乳化剂的作用使氧化剂的水溶液的微细液滴均匀地分散在含有空气泡或空心微球等多性物质的油相连续介质中而成的一种油包水型的含水炸药)。⑤乳胶液(又称乳浊液、乳状液。以液体为分散相的溶液。即由两种〈或两种以上〉不互溶〈或不完全互溶〉的液体所形成的分散体系)。~ *or water gel pumps* 乳化炸药或者水胶炸药泵。~ *products* 乳化炸药产品。~ *bases* 乳胶基质。~ *breakdown* 破乳(在乳化炸药中,由于热力学自发过程,已形成的胶粒〈油包水微滴〉大量聚结,使比表面减少,由于界面膜破裂,初期水相从油相中渗出,最终水相与油相分层并晶析的现象)。~ *detonation pressure* 乳化炸药爆轰压力。~ *explosive* 乳化炸药(通过乳化剂作用使氧化剂水溶液的微细液滴均匀地分散在含有空气泡或空心微球等多性物质的油相连续介质中而形成的一种油包水型含水炸药)。~ *flooding* 乳液驱。~ *inhibitor* 乳化抑制剂。~ *inverse* 乳状液反向。~ *matrix* 乳胶基质(在乳化炸药制造过程中,氧化剂水溶液和油相材料在乳化剂作用下形成的均匀物质)。~ *polymerization* 乳液聚合。~ *stability* 乳化稳定性。~ *stabilizer* 乳状液稳定剂。~ *tester* 乳化测定仪。

enactment *n.* ①制定,颁布。②通过。③法令,法规(条例)。

encapsulated *a.* ①密封的。②包在荚膜内的。—*v.* ①压缩(encapsulate 的过去分词)。②封进内部。③装入胶囊。~ *electrical apparatus* 浇封型电气设备(将电气设备或其部件浇封在浇封剂中,使它在正常运行和认可的过载或认可的故障下不能点燃周围的爆炸性混合物的防爆电气设备)。

enclosed *a.* ①被附上的。②与世隔绝的。—*v.* 附上(enclose 的过去式和过去分词)。~ *environment* 封闭环境。~ *type* 封闭式。

end *n.* ①结束。②目标。③尽头。④末端。⑤死亡。—*vi.* ①结束,终止。②终结。—*vt.* ①结束,终止。②终结。~*-burning charge* 端面燃烧火药柱(参见 *cigarette-burning grain*)。~ *effect* 端头效应。~ *face* 端面。~ *friction effect* 端面摩擦效应。~ *hole* 边孔(隧道或平巷炮孔组的侧边孔,它决定着硐口的宽度。参见 *side hole*; *flank hole*; *rib hole*)。~*-on spread* 端点放炮排列。~ *point* 端点。~ *pressure* 最终压力。~ *section* 端截面。~ *slope*; ~ *wall*; *side wall* 端帮(位于露天采场端部的边帮)。~*-to-end arrangement* 纵向排列。~*-to-end distance* 两端之间的距离。~*-to-end joint* 对接(试样受压时,两端面受其与试验机承压板间摩

擦力的束缚,不能自由侧向膨胀而产生的对强度试验值的影响)。~-use 最终用途。*Upstream raw material supply and ammonium nitrate manufacture are considered, together with the ~-use of explosives on mine sites.* 上游原材料供应和硝酸铵生产,以及炸药在矿区的最终用途,是考虑的内容。

en-echelon *a.* ①雁列式的。②梯形。③布置的两个变体分别为"V 形布置"和"露天矿 V 形布置"。~ *cut*; *en chelon* 掏槽(按照阶段性炮孔位置设计,炮孔是按台阶状而不是逐排地予以引爆)。~ *pattern*; *en echelon* 布置图(一种雷管延时布置,它造成起爆时的爆破抵抗线〈实际抵抗线〉与初始自由面形成一定的夹角)。

energetic *a.* ①精力充沛的。②积极的。③有力的。~ *collision* 高能碰撞。~ *material* 含能材料(能够释放出大量热能的放热化学反应的材料。用这一定义形容炸药是最恰当的。更广义的定义还包括了能够在高温高压下储存大量能量的惰性材料)。

energy *n.* ①【物】能量。②精力。③活力。④精神。~ *confinement* 能量限制。~ *consumption* 能量消耗。~ *distribution* 能量分布。~ *input and distribution* 能量输入和分布。~ *level* 能量级别。~ *absorbing material* 吸能材料。~ *absorption* 能量吸收。~ *absorption coefficient* 能量吸收系数。~ *absorption section* 能量吸收截面。~ *accumulation* 能量聚集。~ *amplification* 能量放大。~ *and environment balance* 能量与环境平衡。~ *attenuation* 能量衰减。~ *balance* 能量平衡。~ *calculation* 能量公式计算,能量计算法。~ *conversion* 能量转换。~ *consuming giant* 耗能大户。~ *consuming process* 耗能过程。~-*consuming product* 能耗产品。~ *consumption pattern* 能源消耗模式。~ *consumption per ton kilometer* 吨公里能耗。~ *constraint* 能源限制。~ *contention* 能源争夺。~ *converter* 能量转换装置。~ *conversion engineering* 能源转换工程。~ *conversion loss* 能源转换损失。~ *cost* 能源费用。~ *crisis* 能源危机。~ *deconcentrating principle* 微分原理(控制爆破的微分原理是将爆破某一目标所需的总装药量进行分散化与微量化处理,故也称为分散化与微量化原理。换言之,它是将总装药量"化整为零",把炸药合理地装在分散的炮孔中,通过分批延时多段起爆,既达到爆破质量的要求,又达到显著地降低爆破危害的目的)。~ *deficiency* 能源不足,能源短缺。~ *density* 能量密度(单位体积炸药爆炸时所释放的能量)。~-*density distribution* 能量密度分布。~ *development* 能源开发。~ *dissipation* 能量逸散。~ *distribution* 能量分布。~ *distribution calculation* 能量分布计算。~ *distribution of an explosive charge* 药包能量分布。~ *distribution valuation function* 能量分布评价函数。~ *dwindling* 能源日趋减少。~ *ecology and economy* 能源、生态与经济(3E)。~ *emission* 能量发射。~ *equivalent* 能量

当量。~ *exchange* 能量交换。~ *expenditure* 耗能开支。~ *extraction* 能量提取,获取能量。~ *factor* 能量系数,能量因子。~ *flow density* 能流密度。~ *flow rate* 能流速率。~ *fluency of particles* 粒子流能量。~ *flux density* 能通量密度。~ *flux density value* 能通量密度值。~ *form* 能源形态。~ *from biomass* 生物质能。~ *from ocean surface waves* 海面波能。~ *from organic waste* 有机废物能。~ *from photosynthesis* 光合作用能。~ *from refuse* 垃圾能。~ *from the earth's interior* 地球内部能量。~ *from the sea* 海洋能。~ *from the sun* 太阳能。~ *from the wave* 波浪能。~ *future* 能源前景。~ *gain* 能量增益。~ *generation* 能量出产。~ *grade* 能量等级。~ *gradient* 能量梯度。~ *index* 能量指数。~ *intensity* 能量强度。~ *intensiveness* 能量密集度。~ *level* 能级,能量水平(比能〈比压〉和炸药密度的乘积)。~ *level diagram* 能级图。~ *level transition* 能级跃迁。~ *level width* 能级宽度。~ *liberation* 能量释放。~ *line* 能量线。~-*loss distribution* 能量损失分布。~ *loss factor* 能量损失系数。~ *margin* 备用能量。~ *mass equivalent* 能量质量当量。~ *metabolism* 能量代谢。~ *mobilization* 能源调用,能量动用。~ *of activation* 活化能。~ *of electromagnetic field* 电磁场能。~ *of flow* 流动能。~ *of ocean current* 洋流能。~ *of position* 位能。~ *of rock fragmentation* 岩石破碎能量。~ *of wind and wave* 风浪能。~ *on wave crest* 波峰能。~ *optimization during rock comminution* 岩石粉碎过程中的能量优化。~ *output* 能源输出,能量输出。~ *partitioning* 能量分割(炸药总能量可分成"冲击"〈应力波〉和"气体"〈抛掷〉等分量。不同的爆破机理都受这些分量的控制。能量分割对岩石性质和炸药性质的依赖程度是一样的。较高的爆轰速度和较低的岩石强度会带来较高的冲击能)。~ *pathway* 能量转换途径,能量传输途径。~ *plunder* 能源掠夺。~ *possession* 能源占有。~ *possession power* 能源占有大国。~ *policy* 能源政策。~ *potential* 能源潜力。~ *price trend* 能源价格趋势。~ *principle of explosive working* 爆炸加工能量准则(在金属爆炸加工实践中,常常遇到一些几何上大体相似,但在尺寸上又不成比例的零件。这时就希望有一个既简单而又实用的模型律。因此从生产实际需要出发提出能量准则的概念)。~ *problem* 能源问题。~-*producing fuel* 生能燃料。~ *production* 能源生产,能量生成。~ *profile* 能源分布曲线。~ *quality* 能量品质。~ *rating* 能量标定。~ *ratio* 能量比(即 a/f。其中,a 为加速度,m/s^2;f 为频率,Hz。用来与爆破振动损害比较的振动水平尺度)。~ *recovery* 能量回收。~ *release* 能量释放。~ *release model* 能量释放模型。~ *reliance* 能源依赖。~ *requirement* 能源需求量。~ *research and development* 能源研究与开发。~ *Research and De-*

velopment Administration (美国)能源研究开发署。~ *resolution* 能量分解。~ *response* 能量响应。~ *resource availability* 能源可利用量,能源获取量。~ *resource intact* 原封未动的能源。~ *revolution* 能源革命。~-*rich compound* 高能化合物。~-*rich chemical fuel* 高能化学燃料。~-*robbing annular space* 抢夺能量的环形空间。~-*saving campaign* 全民节能。~-*saving common knowledge* 节能常识。~-*saving consciousness* 节能意识。~-*saving and environment-friendly hydraulic pressure blasting*; ~ *efficient and environment-friendly water pressure shooting* 节能环保水压爆破。~-*saving option* 节能选择。~-*saving device* 节能装置。~-*saving investment* 节能投资。~-*saving scheme* 节能计划。~-*saving scope* 节能范围。~-*saving technique* 节能技术。~ *scarcity* 能源匮乏。~ *shortage* 能源短缺。~ *search* 能源探索。~ *self-sufficiency* 能源自给。~ *share* 能源共享。~ *source*; ~ *resource* 能源。~ *spoilage of charge* 炸药能量损坏。~ *spread* 能量分布。能量散开。~ *step diagram* 能级图。~ *storage medium* 储能介质。~ *straggling* 能量离散。~ *strategy* 能源战略。~ *stream* 能流;能通量。~ *substitution program* 能源替代计划。~ *supply* 能量供给,供能。~ *supply curve* 供能曲线。~ *supply facilities* 供能设施。~ *supply market* 供能市场。~ *supply spectrum* 供能前景。~ *supply system* 供能系统。~ *system* 能源系统。~ *technology* 能源技术。~ *technology power* 能源技术大国。~ *threshold* 能量极限,能量阈。~ *tracking chart* 能量流程图。~ *transfer* 能量传递;能量转移。~ *transfer coefficient* 能量传递系数。~ *transfer process* 能量传递过程。~ *transformation system* 能量转换系统。~ *transmission* 能量传递。~ *transport*(*action*) 能源输送,能量传输。~ *unit* 能量单位。~-*using appliances*; ~-*consuming appliances* 能耗装置。~-*using product*; ~-*consuming product* 能耗产品。~ *utilization calculation* 能量利用计算公式;能量利用算法。~ *utilization effect* 能源利用效果。~ *use* 能源利用。~ *value* 能量值。~ *vector* 能矢量。~ *without pollution* 清洁能源,无污染能源。~ *yield* 能的产出;能产量。

engineer *n.* ①工程师。②工兵。③火车司机。—*vt.* ①设计。②策划。③精明地处理。—*vi.* ①设计。②建造。~-*in-chief* 总工程师。~-*in-training* 见习工程师。

engineered *a.* 设计的,工程。—*v.* 设计。指导(engineer 的过去分词)。~ *shooting* 工程爆破。

engineering *n.* 工程,工程学。—*v.* ①设计。②管理(engineer 的 ing 形式)。③建造。~ *characteristic* 工程特征。~ *classification of rock mass* 岩体工程分类法(把工程岩体质量的优劣分为有限和有序类别的方法。作为评价岩体工程稳定性,进行工程设计和施工管理的基础的工程岩体分类,一般包含三个方面的工作:①依据研究对象确定分类因素,构成分级指标作为分级的判据;②合理选择用分级指标组成的分级模型,得到划分档次的标准;③根据工程需要确定分级数目。分类的结果要经过实践检验)。~ *classification of rocks* 岩石工程分类(从岩石工程的角度据岩石强度、裂隙率、风化程度和其他特征指标将其划分成各种类别或等级,如完整岩石、新鲜岩石、风化岩石、蚀变岩石、块状岩体、层状岩体、软弱夹层等)。~ *coefficient of drag* 工程阻力系数。~ *design standards* 工程设计标准。~ *design standards document* 工程设计标准文本。~ *evaluation* 工程评价。~ *geodynamics* 工程动力地质学(研究与人类工程活动有关的动力地质作用的科学)。~ *geological analogy* 工程地质类比法(根据工程地质条件类似地区的已有研究成果和建筑经验,对研究区的同类工程地质问题进行定性评价和预测的方法)。~ *geological condition* 工程地质条件(与人类工程活动有关的地质条件,包括地貌、地质结构、岩土物理力学性质、水文地质、地质作用和现象、天然建筑材料等要素)。~ *geological drilling* 工程地质钻探(利用钻探机械设备,探明工程区域地下一定深度内的工程地质情况,以补充、验证地面测绘资料的勘探工作)。~ *geological environment* 工程地质环境(与人类工程活动有关的地质环境)。~ *geological exploration* 工程地质勘探(综合运用各种勘探手段,对工程区进行工程地质调查和研究的工作)。~ *geological evaluation (assessment)* 工程地质评价(根据工程建筑的要求和勘测成果,通过分析和计算,对研究区工程地质条件和问题进行的定性和定量的论述)。~ *geological map* 工程地质图(反映工程区各种地质体和工程地质现象的空间分布及其特征的图)。~ *geological modeling (simulation)* 工程地质模拟(根据工程要求和现场勘测资料,按物理力学原理对研究对象的工程地质条件进行的模型化研究)。~ *geological problems* 工程地质问题(与人类工程活动有关的地质问题)。~ *geological process* 工程地质作用(由人类工程活动而引起的地质作用)。~ *geological testing* 工程地质试验(为查明工程地质条件,评价工程地质问题及工程处理措施和提供设计参数而进行的试验研究工作)。~ *geology* 工程地质学(应用地质学及其他相关科学的知识和经验来解决工程建筑中提出的地质问题的学科)。~ *geology for underground works (constructions)* 地下工程工程地质(研究与地下工程建设有关的地质问题的学科)。~ *geology for water conservancy and hydro electric construction* 水利水电工程地质(研究与水利水电工程建设有关的地质问题的学科)。~ *geology in shafting and drifting* 井巷工程地质(研究井巷、硐室、采场等岩体工程地质条件,为设计和施工提供地质资料所进行的地质工作,简称井巷工程)。~ *petrology* 工程岩土学(研究与人类工程活动有关的岩土特性的科学)。~ *report* 技术报告,工程报告。~ *surveying* 工程测量学(研究工程建设和自然资源开发中各个阶段进行的控制测量、地形测绘、施工放样、变形监测及建立相应信息系统的理论和技术的学科)。~ *thought*; ~ *philosophy* 工程思维。

enlarger *n.* ①放大机。②扩大者。③增补者。~ *hole* 开帮炮孔。

enriched *a.* ①浓缩的。②强化的。—*v.* ①使丰富。②充实。③浓缩(enrich 的过去分词)。~ *deposit* 富集矿床。~ *material* 富集物。~ *mixture* 富集混合物。~ *ore* 富集矿。~ *oxidation zone* 富集氧化带。

enrichment *n.* ①丰富。②改进。③肥沃。④发财致富。~ *center of coal*; *coal-rich enter* 富煤中心(富煤带内煤层总厚度最大的地区)。~ *coefficient*; *concentration factor* 富集系数。~ *product* 富集产品。~ *zone of coal*; *coal-rich zone* 富煤带(煤田或煤产地内煤层相对富集的地带)。

ensemble *n.* ①全体。②总效果。③全套服装。④全套家具。⑤合奏组。—*ad.* 同时。~ *correlation function* 总体相关函数。

enterprise *n.* ①企业。②事业。③进取心。④事业心。~ *diversification* 企业多种经营。~ *of joint investment* 合资企业。

entire *a.* ①全部的,整个的。②全体的。~ *blasting design* 爆破整体设计。

entrapment *n.* ①诱捕。②圈套。③截留。~ *of air* 圈闭空气。*Gas bubbles generated by ~ of air or by chemical gassing are compressed by the head of water and /or fluid product loaded in the borehole.* 由圈闭空气或由化学充气产生的气泡受到水压头的挤压,而且(或)受到装进炮孔中的液态炸药的挤压。

entropy *n.* 熵(热力学函数)。~ *value* 熵值。

entry *n.* ①进入。②入口。③条目。④登记。⑤报关手续。⑥对土地的侵占。~ *hole size* 入口孔径(靶平面上孔眼入口直径)。

envelope *n.* ①信封,封皮。②包膜。③包层。④包迹。⑤ = *strength curve* 包络线,强度曲线(各种不同应力状态下极限应力圆的公切线)。

environmental *a.* ①环境的,周围的。②有关环境的。~ *adaptability* 环境适应性能。~ *components* 环境组成(指构成自然环境、社会环境总体的下一个基本层次。如大气、水、生物、土壤等)。~ *background* 环境本底(兴建工程前的环境状况)。~ *benefit and cost analysis* 环境损益分析(权衡工程建设对环境改善的效益与环境破坏引起的经济损失及其治理所需要的投资,用价值的规律计量分析环境效应)。~ *control* 环境防治。~ *disruption* 环境破坏。~ *effect* 对环境的影响。*Recent research has provided more accurate meteorological data that may be used for the prediction and assessment of ~ effects such as noise, dust control, and gaseous emission as well as airblast overpressure.* 近来的研究提供了更为准确的气象数

据,可以用来预测和评价诸如噪声、飞尘抑制、气体排放以及冲击波超压等对环境的影响。~ *engineering geology* 环境工程地质(研究与地质环境的合理利用、保护和综合治理有关的工程地质问题的科学)。~ *evaluation* 环境评价。~ *factor* 环境因子(构成环境组成的下一个层次的基本单元。如属于气候要素的气温、降水、湿度、风等)。~*-friendly*, ~ *ly friendly* 环保型的。~ *geology work of mine* 矿山环境地质工作(调查矿山环境污染状况及其与地质背景、现代地质作用和矿山生产排放物质之间关系的工作。它是全球性环境保护工作的重要基础工作)。~ *hazard* 环境危害。~ *impact assessment* 环境影响评价(对人类活动所引起的环境改变及其影响的评价)。~ *impact of construction* 工程施工环境影响(由于工程施工而引起工区和周围地区的环境改变及其影响,也包括工区移民造成的环境影响)。~ *impact of engineering* 工程环境影响(兴建工程对自然环境和社会环境造成的有利与不利的影响)。~ *impact statement* 环境影响报告书(预测和评价建设项目对环境造成的影响,提出相应对策措施的文件)。~ *friendliness* 环保。~ *pressure* 环境压力。*Global warming is increasingly becoming a major ~ pressure on the mining industry, in particular the coal sector.* 全球变暖正日益成为对采矿业的重大环境压力,对采煤尤其是如此。~ *requirement* 环保要求。~ *resources information system* 环境资源信息系统(在计算机软硬件支持下,把资源环境信息按照空间分布及属性,以一定的格式输入、处理、管理、空间分析、输出的技术系统)。~ *risk analysis* 环境风险分析(由于工程的兴建、运转和管理在各种非常情况下,对环境可能引起风险的类型、危害及发生概率等进行识别、预测和评价)。~ *science & engineering impact assessment* 环境科学及工程影响评价。~ *sensitivity* 环境敏感性。~ *suitability* 环境适合。~ *tests* 环境试验(考核火工品在储存、运输和使用过程中可能遇到的各种环境条件对其性能影响的试验)。

environmentalist *n.* ①环境论者。②研究环境问题的专家。③环保人士,环保工作者。

epicenter *n.* ①震中。②中心。③ = epifocus; epicentrum; seismic center 震源。~ *location*; *location of the ~* 震源定位。

epicentral *a.* ①震中的。②椎体上的。~ *area* 震中区。~ *distance* 震中距。

equal *a.* ①平等的。②相等的。③胜任的。—*vt.* ①等于。②比得上。—*n.* ①对手。②匹敌。③同辈。④相等的事物。~*-payment series* 均等年金系列(每年年末存取等额资金的现金流量)。~*-payment series compound amount factor* 均等年金系列终值系数(均等年金系列以各年年金换算为终值时所乘的系数)。~*-payment series present worth factor* 均等年金系列现值系数(均等年金系列以各年年金换算为现值时所乘的系数)。~ *section charge* 等分装药。~*-strength explosives* 等效炸药,当量炸药。~ *velocity ratio* 等速比。

equation *n.* ①方程式,等式。②相等。③【化】反应式。~ *of State* 状态方程。~*s of motion under the influence of air drag* 受空气阻力影响的动态方程。~ *of the reaction rate* 反应速率方程。~ *of the flyrock motion under the influence of air drag* 受空气阻力影响的飞石运动方程。~ *of the state of detonation gases* 爆轰气体状态方程(反应产物状态方程是一个关于压力、密度和温度的复合函数。在低密度情况下,理想的气体方程为一个适用的近似公式。在高密度的情况下,当分子体积,即质量体积 *a* 为总体积 *V* 的重要部分时,压力几乎与自由体积〈*V* 和 *a* 的乘积〉成反比地增加)。

equidistant *a.* ①等距的。②距离相等的。~ *array of blastholes* 炮孔等距布置。~ *boreholes* 等距炮孔。~ *monitoring point* (*station*) 等距监测点(站)。

equilibrium *n.* ①均衡。②平静。③保持平衡的能力。~ *borehole pressure* 平衡钻孔压力(钻孔直径扩张到最大程度时的钻孔压力)。~ *concentration* 平衡浓度。~ *constant* 平衡常数。~ *condition* 平衡条件。~ *data* 平衡数据。~ *equation* 平衡方程。~ *value* 平衡值。

equipment *n.* ①设备,装备。②器材。~ *monitoring* 设备监测。~ *on the blast site* 爆破现场设备。

equivalent *a.* ①等价的,相等的。②同意义的。—*n.* 等价物,相等物。~ *amount* 同样当量。*However, the use of biofuels instead of fossil fuels in explosives would result in lower overall* CO_2 *emissions, as the biofuel growth phase removes an ~ amount of* CO_2 *from the atmosphere.* 然而,制造炸药使用生物燃料代替化石燃料的结果,会使二氧化碳的整体排量降低,因为生物燃料在生长期从大气中消除同样当量的二氧化碳。~ *area* 当量面积。~ *bunch hole* 等效束状孔。~ *charge column* *effect of water in blasthole during water pressure blasting.* 水压爆破炮孔中水的等效药柱作用(炸药在有水炮孔中爆炸时,冲击波经孔壁多次反射后,沿炮孔轴线方向传播的冲击波压力和所携带能量的衰减速度大大降低,波形拉宽,作用时间延长。这时可认为水的压力为准静态压力,各方面压力相等。沿炮孔轴线作用孔壁的水压力是均匀的,相当于等效药柱的作用)。~ *unconfined charge* 等值无约束药包。~ *diameter of volume* 体积当量直径。~ *electric delay sequence* 当量电子延迟序列。~ *energy principle* 等能原理(根据爆破对象、条件和控爆要求,优选控爆参数,即选取最优的孔径、孔深、孔数、孔距、排距和炸药单耗等,采用合适的装药结构、起爆方式及炸药品种,以期达到每个炮孔所产生的爆炸能量与破碎该孔周围介质所需的最低能量相等。也就是说,使介质只产生一定宽度的裂缝或原地松动破碎,而无造成危害的剩余能量,这就是等能原理)。~ *homogenous fluid* 当量均质流体。~ *mixture* 当量混合物。~ *nodal load* 等效节点荷载(将作用在单元体上的体力与面力按照静力等效原则,移置到单元节点上的荷载)。~ *position* 等效位置。~ *radius* 等效半径。~ *sheathed explosive*; *Eq. S. explosive*; ~ *to sheathed explosive* 当量炸药,当量型炸药(不带被筒但安全度同被筒炸药相当的煤矿许用炸药;将被筒用的惰性盐适量地混入硝化甘油炸药中而制成的安全性等级与被筒炸药相当的煤矿许用炸药)。~ *specific gravity* 当量比重。~ *surcharge*; *equal-strength surcharge* 等效子药包。~ *surface diameter* 当量表面直径(粒度)。~ *volume diameter* 当量体积直径(粒度)。~ *weight* 当量。

erection *n*. ①勃起。②建造。③建筑物。④直立。~ *stress* 安装应力,架设应力。

ergonomics *n*. ①工效学。②人类工程学。③人机工程学(人机工程学是研究如何使机械设备、工作环境适应人的生理、心理特征,使人员操作简便、准确、失误少、工作效率高的学问)。

erosion *n*. 侵蚀,腐蚀。~*al coal basin* 侵蚀煤盆地(受河流、冰川的剥蚀等作用而成的煤盆地)。

eroding *v*. ①侵蚀。②磨损(erode 的 ing 形式)。—*a*. 侵蚀的。~ *contact* 侵蚀接触。

error *n*. ①误差。②错误。③过失。~ *analysis* 误差分析。~ *band* 误差带。~ *bar* 误差范围。~ *coefficient* 误差系数。~ *compensation* 误差补偿。~-*curve method* 误差曲线法。~ *equation* 误差方程。~ *function* 误差函数。~ *of closure* 闭合差(一系列测量值函数的计算值与其已知值之差)。~ *signal* 误差信号。~ *term* 误差项。~ *test* 误差检验(检查测量值列误差性质和分布情况的过程)。

erupt *vi*. ①爆发。②喷出。③发疹。④长牙。—*vt*. ①爆发。②喷出。~ *ing wave* 突发波。

escape *vt*. ①逃避,避免。②被忘掉。—*vi*. ①逃脱。②避开。③溜走。—*n*. ①逃跑。②逃亡。~ *of explosives gas* 炸药气体逃逸。~ *ing gas* 逃逸气体。

essential *a*. ①基本的。②必要的。③本质的。④精华的。—*n*. ①本质。②要素。③要点。④必需品。~ *component*; *main constituent*; *principal ingredient* 主要成分。~ *mineral* 主要矿物。

established *a*. ①确定的。②已制定的,已建立的。~ *principles of industrial safety* 工业安全公理(美国的安全工程师海因里希在《工业事故预防 Industrial Accident Prevention》一书中,阐述了根据当时的工业安全实践总结出来的所谓工业安全公理。该工业安全公理又被称做“海因里希十条”)。~ *procedure* 规定程序。~ *standard* 规定标准。

establishing *v*. ①建立。②确立(establish 的 ing 形式)。~ *a safe blast area* 建立安全爆破区。~ *maximum projection* *distance* 建立最大保护距离。~ *trajectories of motion* 建立爆破抛掷轨迹。

estimate *vi.* 估计,估价。—*n.* ①估计,估价。②判断,看法。—*vt.* ①估计,估量。②判断,评价。*A blaster must make an ~ of the maximum possible distance flyrock could travel from a shot.* 爆破人员务必要估计出飞石自爆炸点可能行走的最大距离。

estimated *a.* ①估计的。②预计的。③估算的。~ *amount(quantity)* 估计量。~ *cost* 估计成本。~ *reserves* 估计储量。~ *value* 估计值。

estimating *n.* ①估算。②评估。③预算能力。—*v.* 估计(estimate 的 ing 形式)。~ *charge-weight* 预估装药量。

estimation *n.* ①估计。②尊重。~ *of through error* 贯通误差预计(由测量误差引起的巷道贯通偏差范围的估计)。

ethylene *n.* 乙烯。~ *glycol dinitrate* 硝化乙二醇(同 *dinitroglycol*,乙二醇二硝酸酯,分子式:$(CH_2ONO_2)_2$,结构式:

$$\begin{matrix} CH_2—ONO_2 \\ | \\ CH_2—ONO_2 \end{matrix}$$

)。

ethical *a.* ①伦理的。②道德的。③凭处方出售的。—*n.* 处方药。

ethics *n.* ①伦理学。②伦理观。③道德标准。*business* ~ 商业道德,商业伦理,经济伦理,企业伦理。

Euler *n.* 欧拉。~ *method* 欧拉方法。

European *a.* ①欧洲的。②欧洲人的。—*n.* 欧洲人。~ *Community* 欧共体。~ *Federation of Explosive Engineers;EFEE* 欧洲炸药工程师联谊会(1988 年 10 月成立于德国阿亨的一个欧洲炸药制造商组织。联合会理事会已经制定了关于欧洲爆破工作者立法和教育的统一计划)。

evaluation *n.* ①评价。②评估。③估价。④求值。~ *of risks* 危险性评价,风险评价。~ *of the green products making process* 绿色制造过程评价。

evanescent *a.* ①容易消散的。②逐渐消失的。③会凋零的。~ *waves* 短暂波,瞬息波。~ *non-propagating waves* 非传播的瞬息波。

even *a.* ①【数】偶数的。②平坦的。③相等的。—*ad.* ①甚至。②即使。③还。④实际上。—*vt.* ①使平坦。②使相等。—*vi.* ①变平。②变得可比较。③成为相等。~ *distribution* 均匀分布。~ *release of energy* 能量均匀释放。

evenly *ad.* ①均匀地。②平衡地。③平坦地。④平等地。~ *distributed* 均匀分布的。

everfrozen formation 永冻层。

evolutionary *a.* ①进化的。②发展的。③渐进的。~ *operation* 演进作业。

evaporites *n.* 蒸发岩。

exacting *a.* ①严格的。②苛求的。③吃力的。—*v.* ①逼取。②急需(exact 的 ing 形式)。~ *control of blasting for optimum results* 为了最优结果对爆破的严格控制。

excavate *vt.* ①挖掘。②开凿。—*vi.* ①发掘。②细查。~*ed section* 掘进断面(曾称"毛断面"。井巷掘进时开挖的符合设计要求的横断面)。~*ing face* 掘进工作面(掘进巷道的尽头工作面,又称超前工作面)。

excavation *n.* ①挖掘,发掘。②开挖。③掘进(为进行采矿和其他工程目的,在地下开凿的各类通道和硐室的总称。井巷掘进包括:平巷掘进、井筒掘进、隧道掘进和硐室开挖。它们广泛用于矿山、交通、水利水电、大型油库等工程)。~ *blasting* 掘进爆破;开挖爆破。~ *cost* 开采成本。~ *method* 开挖方法(地下开挖时所采用的方法,因岩石性质、地质条件和巷道断面形状不同,在矿山开挖法和隧道开挖法中都有不同的采矿方法和掘进方法)。~ *zone of disturbance* 开挖扰动区(受到与应力、变形化学环境、疏干等因素的变化有关的地下开挖影响的地带。这一区域的面积通常要大于计算爆破感应破坏区。岩石性质方面的变化是因为开挖造成了岩体中应力的重新分布)。

excavator *n.* 挖掘机(用铲斗从工作面铲装剥离物或矿产品并将其运至排卸地点卸载的自行式采掘机械)。

excess *n.* ①超过,超额。②过度,过量。③无节制。—*a.* ①额外的,过量的。②附加的。~ *drilling* 钻孔超深(又称超钻。在分段爆破底板计划崩落水平以下钻出的炮孔长度。由于分段底的约束较大,有必要在分段底板下钻孔以装填较多炸药作为底部装药。参见 *over-drilling depth*;subdrill;subgrade)。

excessive *a.* ①过多的,极度的。②过分的。~ *burden* 炮孔超负载(最小抵抗线过长、负担过重造成的闷炮)。~ *ground vibration induced by blasting operations* 爆破作业引起的剧烈地面振动。~ *strain* 附加应变,过度张力,过度劳损。

excess *n.* ①超过,超额。②过度,过量。③无节制。—*a.* ①额外的,过量的。②附加的。~ *charge* 装药过量。~ *load capability* 超载能力。~ *oxygen balance* (炸药)正氧平衡。

exchange *n.* ①交换。②交流。③交易所。④兑换。—*vt.* ①交换。②交易。③兑换。—*vi.* ①交换。②交易。③兑换。~ *capacity* 交换容量(一定条件下,土中参与离子交换作用的离子总量,常以毫克当量每百克土〈meq/100g〉表示)。~ *ions* 交换离子(反离子层中参与离子交换作用的离子)。

excitant *n.* ①兴奋剂。②刺激物。—*a.* ①刺激性的。②使兴奋的。③激发剂。~ *condition* 激发条件。

excitation *n.* ①激发,刺激。②激励。③激动。④ = induction 激发,激励。~ *band* 激励带。~ *earthquake* 激发地震。~ *time* 激发时间(在起爆电雷管时,从通电开始至电引火头发火的时间)。

excited *a.* 受刺激的。~ *energy level* 受激能级;激发能级。~ *nucleus* 受激核。~ *state* 受激态。

exciting *a.* ①令人兴奋的。②使人激动的。—*v.* ①激动。②刺激(excite 的 ing 形式)。③唤起。~ *behavior* 激爆性能(指第一个主发药包爆炸激发第二个被发药包使之殉爆的能力。通常以主发药包的爆炸威力〈如爆轰能量或爆轰压力〉表示主发药包的激爆性能。参见"受爆性能")。~ *current* 激发电流。~ *energy* 点火能量(①激励能量在一定时间内给电雷管输以恒定的电流，然后切断电流还能使引火头发火的能量;②点火能量使爆炸临界范围内的可燃性混合气体，发生爆炸所必需的能量。参见 *ignition energy*)。~ *factor*; *inducing factor* 激发因素。~ *field* 激磁场。~ *force* 激发力，激励力。~ *power* 激发功率。

exclusion *n.* ①排除。②排斥。③驱逐。④被排除在外的事物。~ *area* 禁戒区。

E

executive *a.* ①行政的。②经营的。③执行的，经营管理的。—*n.* ①经理。②执行委员会。③执行者。④经理主管人员。~ *project of chamber blasting* 硐室爆破施工设计。~ *system control* 执行系统控制。~-*system function* 执行控制功能。

existing *a.* ①目前的。②现存的。—*v.* 存在(exist 的现在分词)。~ (*running*) *equipment and facilities* 现有的(正在运行的)设备和设施。~ *literature* 现有文献。~ *practice of blasting* 现有爆破方法。

exit *n.* ①出口，通道。②退场。—*vi.* ①退出。②离去。

exogenetic *a.* ①外生的。②外因的。③外源性的。~ *force*; *exogenic force* 外力，外加力。

exophilicity *n.* 疏远性(分子全部或部分离开或不渗透至一个相内的结构倾向，用分子中的官能团表征。当物质分子从理想气体状态变至考察相时，在分子中引入这种基团会引起化学势变化的增大)。

exothermic *a.* ①发热的。②放出热量的。③放热的。~ *reaction* 放热反应，发热反应(伴随着热量释放的一种化学反应)。*A detonation is a specific type of explosion consisting of an ~ reaction which is set off and propagated by a shock wave.* 爆轰过程是爆炸的具体形态，表现为放热反应，放热反应开始后，由冲击波向外传播。

expanded *a.* ①扩充的。②展开的。—*vt.* 扩大(expand 的过去式)。~ *AN explosive* 膨化硝铵炸药(由膨化硝酸铵、燃料油和木粉等组成的粉状混合炸药)。~ *pearlite* 膨胀珍珠岩。~ *polystyrene pearls* 发泡聚苯乙烯珍珠。~ *view* 展开图。

expanding *a.* ①扩大的。②扩展的。—*v.* ①扩大，扩展(expand 的现在分词形式)。②使膨胀，详述。~ *agent* 静态破碎剂(参见 *non-explosive demolition agent*)。~ *reamer*; *hole reamer*; *expansion reamer*; *bit reamer* 扩孔钻头(以硅酸盐和氧化钙为主要成分的混合物。利用水化反应产生的膨胀力传递到物体上，实现无声响、无振动地破碎混凝土和建筑物等)。~ *technology* 膨化技术。

expansion *n.* ①膨胀。②阐述。③扩张物。~ *work* 扩展工作。~ *and shock wave coexisting failure theory* 爆生气体和应力波综合作用理论(该理论认为岩石的破坏是由于爆生气体膨胀和爆炸应力波共同作用的结果。由应力波引起的反射拉伸波加强了径向裂隙的扩展,爆生气体的膨胀,促进了裂隙的发展)。~ *coefficient* 膨胀系数。~ *limit* 膨胀极限。~ *mechanism* 膨化机理。~ *of rock* 岩石(体)膨胀性(岩石〈体〉在矿山压力和水的作用下具有膨胀的特性)。~ *rupture* 膨胀断裂。~ *tamping* 缓冲炮泥。~ *work* 膨胀功。 *The ~ work, however, also must include the energy of the energy released by afterburning.* 然而,膨胀功也要包括二次燃烧时释放的能量效应。

expatriate *vt.* ①使移居国外。②流放,放逐。③使放弃国籍。—*vi.* ①移居国外。②放弃原国籍。—*n.* ①被流放者。②移居国外者。—*a.* ①移居国外的。②被流放的。~ *personnel* 派出人员。

expected *a.* ①预期的。②预料的。—*v.* ①预期。②盼望(expect 的过去分词)。~ *stress condition* 预期的应力状态。~ *value* 期望值。

experimental *a.* ①实验的。②根据实验的。③试验性的。~ *calibration of stress intensity factors* 实验标定应力强度系数。 ~ *design and test system* 实验设计及测试系统。~ *determination of dynamic tensile properties of a granite* 实验确定花岗岩的动态抗张性能。~ *well* 试验井(用于考核射孔综合效果的油、气井)。

experimentally *ad.* ①实验上。②用实验方法。③实验式地。~ *measured detonation characteristics* 实验测到的爆轰特点。

expert *a.* ①熟练的。②内行的。③老练的。—*n.* ①专家。②行家。③能手。—*vt.* ①当专家。②在…中当行家。~ *multi-variable control* 专家多变量控制。

explicit *a.* ①明确的。②清楚的。③直率的。④详述的。~ *analysis* 显式分析。~ *code* 显式求解器。~ *function* 显函数。~ *warning against inherent danger* 明确警示内在的危险。

explode *vt.* ①使爆炸,使爆发,炸毁。②破除,驳倒,使声誉扫地。—*vi.* ①爆炸,突然破裂,爆裂。②(数量)剧增,迅速扩大。③爆发,迸发,突然行动,(事态)变得严重。④(疾病)发作,(突然)发怒。 ~ *a detonator* 引爆雷管。~ *a sneeze* 大声打个喷嚏。 ~ *fireworks and firecrackers during the spring festival* 春节期间燃放烟花爆竹。*Many houses were ~d in the air raid*。空袭炸毁很多房屋。~ *feudal ideas and superstitions* 破除封建迷信。*Columbus hoped to ~ the theory that the ~ is flat by sailing round the globe.* 哥伦布希望通过环球航行以推翻地球是平的理论。*The Water Gate Incident ~d Nickson's repute.* 水门事件使尼克松声名扫地。*Nitroglycerin ~s on impact.* 硝化甘油一碰就炸。*Bombers swarmed in, air defense shells exploding in resistance.* 轰炸机蜂拥而至,防空炮火轰鸣抵抗。*Humors make the audience ~ with laughter.* 诙谐的话语令听众哄然大笑。*The child's balloon ~d due to compression.* 孩子的气球挤炸了。 *The population of the earth ~d to 6.5 billion in*

E

2005. 2005年地球人口猛增到65亿。*The 21st century is an era of exploding knowledge of science.* 21世纪是科技知识激增的时代。*The demonstration yesterday ~d into a riot.* 昨天的游行示威很快转为暴乱。*She appears on her wedding ceremony, her eyes ~ding with delight.* 她出席自己的婚庆,灰色的两眼流露出喜悦的光芒。*The minor issue ~d due to the military invention.* 由于军方的干预,本来是小事,却闹大了。*The hawthorn over the wild ridges ~s white and pink.* 野岭上的山楂花,红白相间,竞相开放。*At the sight of danger, special agents ~d out of the courtyard.* 特工人员发现危险情况后从院子里冲出去。*I felt a sharp stomachache exploding that day.* 那天我胃病突然发作,撕裂地疼痛。*These guys tend to ~ at any moment over the least thing.* 这些人往往会因为微不足道的琐事而大发雷霆。

E

exploder *n.* ①爆炸者。②爆炸物。③爆炸装置。④雷管。⑤起爆器(起爆器这一术语有两个含义:a)一个可移动的、激发引爆雷管能量的装置〈起爆装置〉,主要在现场使用;b)安装在火药药包或其他炸药中用电流或导火索引爆的雷管、起爆火帽或雷汞爆管)。⑥发爆器(又称"起爆器";曾称"放炮器"。供给电爆网路上的电雷管起爆电能的器具)。

exploding *n.* ①爆炸,爆发。②水热炸裂。—*v.* 爆炸(explode 的 ing 形式)。~ *bridge wire* 起爆桥线(通过电流起爆的导线。它取代了电雷管中的发火药)。~ *bridge wire detonator*;*EBW* ①起爆桥丝雷管(一种使用起爆桥丝而不是发火药的电雷管。起爆桥丝雷管可以做到一触即发)。②爆炸桥丝电雷管(电桥为能在高功率强脉冲电流作用下迅速气化而产生物理爆炸效应的金属丝的电雷管)。~ *film detonator* 爆炸薄膜电雷管(电桥为能在高功率强脉冲电流作用下迅速气化而产生物理爆炸效应的导电薄膜的电雷管)。~ *foil initiator*;*EFI* 起爆箔片雷管(通过电流起爆的箔片构成的电雷管)。~ *of reef in deep water*; ~ *reef underwater*; *reef demolition in deep water*; *underwater reef explosion* 深水炸礁。~ *reflector* 爆炸反射面(在地震勘测中指一种正演模拟方式。其中,假定模型内的各个界面在零时间时爆炸〈激发地震波〉爆炸强度与界面的反射率〈反射系数〉成正比,同时速度均用真速度的一半,那么对法线反射〈在自激自收情况下〉到界面上的单程旅行时间,实际上等于双程旅行时间)。~ *wire* 爆炸导线(一种海洋地震能源,即将一根导线置于电极之间,由电弧放电〈放电过程中导线汽化〉形成的震源)。

exploitation *n.* ①开发,开采。②利用。③广告推销。~ *blasting* 井巷掘进爆破(所谓井巷掘进,是指为开采矿体或煤层而进行的开挖立井、斜井或平巷的作业,为此而采用的爆破称为井巷掘进爆破)。~ *engineering* 勘探工程(地质勘探所采用的钻探、物探、坑探等各种工程的总称)。~ *means* 勘探手段

(地质勘探所采用的技术手段。包括地质填图、钻探、坑探、物探、化探、遥感等)。

exploratory *a.* ①勘探的。②探究的。③考察的。~ *grid*; *prospecting network* 勘探网(勘探工程布置在两组不同方向勘探线的交点上,构成的网状布置形式)。~ *line* 勘探线(勘探工程排成的直线。一般按与煤层走向或主要构造线基本垂直的方向布置)。

explored *v.* ①开发。②探寻(explore 的过去分词)。③冒险。—*a.* 勘探过的。~ *reserves*; *demonstrated reserves* 探明储量(通过煤田地质勘探所获得的储量,即 A,B,C,D 级储量之和)。

explosibility *n.* ①可爆炸。②容易爆炸。③爆炸性能。~ *curve* 爆炸性曲线。~ *limit* 爆炸性极限。

explosion *n.* ①爆发。②激增。③爆炸(在有限空间和极短时间内,大量能量迅速释放或急骤转化的物理、化学过程。通常可分为三类:化学爆炸、核爆炸和物理爆炸,包括电爆炸、激光和其他强粒子束照射以及物体高速碰撞等引起的爆炸)。~ *cavity* 爆破空穴。~ *chamber* 爆发室。~ *cloud* 爆发云。~ *crater* 爆炸坑。~ *ditching method* 爆炸开沟法。~ *door* 防护门(发生瓦斯、煤尘爆炸等意外事故时,为保护鼓风机等设备而采取的防护设施。也叫防爆门,爆炸安全门)。~ *effect* 爆炸效应(炸药爆炸施于物体荷载使之破坏的效果。包括爆炸冲击波的作用效果和爆生气体在高温下的膨胀效果。前者称为炸药的动效应,后者称为炸药的静效应。两者构成了炸药的爆炸威力)。~ *equipment* 爆炸设备。~ *flame emission* 爆炸火焰辐射。~*-formed crater* 爆破漏斗(参见 ~ *funnels*; ~ *pit*)。~ *forming* 爆炸成形。~ *funnel*; *blasting cone*;*crater*; ~ *pit* 爆破漏斗(装药在介质内爆破后于自由面处形成的漏斗形爆坑)。~ *gas* 爆生气体(炸药爆炸时产生的气体,以水蒸气、二氧化碳、氮等气体为主,以及少量的氢、一氧化碳、氧化氮等气体。一些特殊炸药的爆生气体还含有硫化氢、二氧化硫、氯化氢。1kg 工业炸药的气体生成总量为 600~800L,其中二氧化碳 50~250L,水蒸气 200~500L,氮气 50~250L)。~*-generated tsunami* 爆炸海啸。~ *in boundless water* 无限水域中的爆破作用(炸药在足够深的水域中爆炸时,水面和水底对爆炸压力场参数的影响可以忽略,此时的爆破作用可近似地称为无限水域中的爆破作用)。~ *heat*; *heat of* ~ 爆(炸)热(在规定条件下,单位质量炸药爆炸时释放出的热量)。~ *in finite water* 有限水域中的爆破作用(有限水域中的爆破是指爆破具有自由面的水质。此时的爆破作用称为有限水域中的爆破作用)。~ *lag* 爆炸延滞期。~ *limit* 爆炸极限(指一种可燃气体或蒸汽与空气的混合物能发生爆炸的浓度〈或压力〉范围。空气中含有可燃性气体〈如 H_2、CO、CH_4 等〉或蒸汽〈如乙醇、苯、汽油等挥发性物质的蒸汽〉时,在一定的浓度范围内,遇到火花会引起爆炸。其最低浓度称作低限〈或下限〉;最高浓度称作高限〈或上限〉。浓度低于或高于此范围都不会发生爆炸)。~ *mechanics* 爆炸力学。~ *parameter* 爆破参数。~ *pit* 爆破漏斗(同 ~ *funnel* 或 ~*-formed crater*)。~ *point*; ~ *temperature* 爆炸点,爆发点(在规定试验条件下,经过一定的爆炸延滞期〈通常为5s〉炸药发生爆炸时加热介质的温度)。~ *pressure* 爆炸压力(又称"炮孔压力",爆轰气体产物膨胀作用在孔壁上的压力)。~ *print* 爆炸痕迹(参见 ~ *track*)。~ *product* 爆炸产品(同 *detonation product*)。~ *products* 爆炸产物。~*-proof casing* 防爆外壳。~*-proof fuse box* 防爆保险丝盒。~*-proof motor* 防爆发电机。~*-proof stopping* 防爆隔墙。~*-proof switch* 防爆开关。~ *protection* 防爆措施。~ *reflector* 爆炸反射面。~ *releasing method* 爆炸解卡法。~ *relief venting* 爆炸排气装置。~ *residuum* 爆炸残留物。~ *sampling method* 爆破采样法。~ *seismic effect* 爆炸地震效应。~ *seismology* 爆破地震学。~*'s flame* 爆炸火焰。~ *shock theory for unconfined (open-water) charges* 无约束药包爆震理论。~ *site* 爆炸现场。~ *spread* 爆破范围。~ *stability* 耐爆性。~ *state* 爆炸状态(爆炸时爆轰区后面与压力和温度有关的物理条件)。~ *stroke* 爆发冲程。~ *technique availability* 爆破技术到位。~ *temperature* 爆温(炸药爆炸时放出的热量使爆炸产物定容加热所达到的最高温度)。~ *track* 爆炸痕迹(同 ~ *print*)。~ *vent* 爆炸泄力孔。~ *venting* 爆炸排气(系统)。~ *wave* 爆破冲击波,爆炸波。~ *working* 爆炸加工(利用炸药爆炸的瞬态高温和高压,使物料高速变形、切断、相互复合〈焊接〉或物质结构相变的加工方法。包括爆炸成型、焊接、复合、合成金刚石、硬化与强化、烧结、消除焊件残余应力、爆炸切割金属等)。

explosive *a.* ①爆炸的。②爆炸性的。③爆发性的。④暴躁的,火爆的,充满火药味的。⑤迅速的,陡然的。⑥有争议的,一触即发的,非常危急的。—*n.* ①爆炸物。②炸药(在一定条件下,能够发生快速化学反应,放出能量,生成大量气体产物,显示爆炸效应的化合物或混合物。这里所谓的"炸药"指"广义炸药",即起爆药、猛炸药、火药及烟火药的总称)。③易爆物质,爆破器材。~ *classification* 炸药种类。~ *density* 炸药密度。~ *energy tests* 炸药性能测试。~ *malfunction* 炸药失效。~ *materials* 爆破器材。*Gunpowder is a low* ~ 黑火药是一种低爆速炸药。~ *selection criteria* 爆炸的选择标准。~*-laden vehicle position* 装药车位置。~*s* 炸药。~*s as sources of energy* 炸药作为能量源。~*s loading* 爆破装药。~*s loading and stemming* 爆破装药和堵塞。~*s product factors* 爆破器材原因。~*s products* 爆破器材。~*s properties and performance characteristics* 炸药的物理性质和爆炸性能。~*s quality* 炸药适量。~*s ratio* 炸药量比。~*s selection* 炸药选择。~*s sensitivity* 炸药感度。~s *storage and security* 炸药的存储和安全。~s *water resistance* 炸药抗水能力。~ *bonding* 爆炸焊接 ~ *bullet* 炸子。~ *echo ranging* 爆炸回波测距。 ~ *energy converted into heat* 转化为热能的爆炸能。~ *gelatin* 爆炸性硝酸甘油化合物。~ *material* (*substance*) 易爆物质。 ~ *compound* 爆炸化合物。*Some gases are ~ if not properly managed.* 有些气体如果管理不当,会引起爆炸。~ *rise of the water level* 水位陡然上升。~ *growth of the national economy* 国民经济迅猛发展。 ~ *evolution* 迅速进化。~ *resurgence of literature and art* 文艺迅速复兴。*an* ~ *temper* 火爆脾气,暴躁性子。*an* ~ *person* 脾气暴躁的人。*an* ~ *situation* 非常危急的形势。*an* ~ *issue* 一触即发的问题。*Different kinds of costs to be shared by the two parties are an* ~ *matter.* 应由双方分担的各种费用是个有争议的事项。~:*primary, secondary and tertiary* 炸药:第一类、第二类、第三类(一种炸药分级法,其中,炸药按起爆感度〈使用一种特殊刺激物的结果〉递减排序。现在已经得出了一个几乎连续的级别排列顺序。起爆炸药被称作第一类炸药,高威力炸药为第二类炸药。第三类炸药中包括了硝酸铵这样的接近感度表低端的材料)。~ *accident* 爆炸事故。~ *act* 炸药法。~-*actuated device* 爆炸启动装置。~ *anchored rockbolt* 爆炸锚定锚杆。~ *atmosphere* 爆炸性环境(在大气条件下,以气体、蒸汽、薄雾、粉尘或纤维状的可燃性物质与空气形成的混合物,点燃后,燃烧传至全部未燃混合物的环境)。~ *base* 炸药基。~ *bonding* 爆炸结合。~ *box* 炸药箱。~ *burst* 爆炸性破裂(利用炸药爆炸的能量使两块异性金属板熔接在一起的加工工艺。有点焊和线焊两种形式,也称爆炸压焊。主要用于内部压力和温度变化不大的反应槽和储槽复合板材的焊接)。~ *casting* 爆炸铸造(爆炸加工的一种方法。其工艺过程是在铸模盖板的内侧放置爆炸铸造用炸药,用模内熔融金属的辐射热使炸药发火,其爆炸压力可使熔融金属均匀流到铸模内)。~ *chain* 爆破作业电路。~ *characterization* 炸药特征,炸药品行(用于爆破的炸药由诸如密度、爆速、爆热、威力、临界直径、抗水性等参数表征)。~ *characterization data* 炸药特征数据。~ *charge concentration* 炸药装药集中。~ *charge* (*mass*) ①炸药量(装填到炮孔或装药平硐中的炸药的数量)。②炸药费。~ *charge for buffer holes* 缓冲炮孔炸药装填(量)。~ *charge production technology* 药卷生产工艺。~ *charge weight design* 炸药装填量设计。~ *cladding* 爆炸复合(爆炸复合是利用炸药爆轰作为能源,在所选择的金属板或管材的表面包裹上不同性能的金属材料的工艺方法。爆炸复合有两种基本形式:爆炸焊接和爆炸压接)。~ *cladding ratio* 爆炸复合比(复板厚度相对基板厚度的比值,称为爆炸复合比)。~ *column* 药柱,柱状炸药。~ *column diameter* 药柱直径。

~ *compaction* 爆炸压缩(爆炸加工的一种方法。主要用途是利用炸药的爆炸力把金属粉末压缩成型,生产超硬度合金和轴承,也可以将石墨压密成人造金刚石。把石墨压缩成金刚石时,要求爆炸压力达到〈3~5〉×10^4MPa,持续时间1μs,并保持在3000℃以上高温)。~ *compound* 单质炸药(单一化合物的炸药,参见 *single-compound* ~)。~ *consumption total* 炸药消耗总量(用于具体任务的炸药总量)。~ *cooling agent* 炸药冷却剂。~ *core* 药芯。~ *coupling* 殉爆。~ *cutting* 爆炸切割(用炸药的爆炸力切断金属的作业。其特点是省时并且简单易行。目前,多级火箭就是利用这种爆炸切割装置将其切断分离的)。~ *demolition* 拆除爆破(采取控制有害效应的措施,按设计要求用爆破方法拆除建〈构〉筑物的作业)。~ *density* 炸药密度。~ *detection* 爆炸探测。~ *device* 火工品(以一定的装药形式,可用预定的刺激能量激发并以爆炸或燃烧产生的效应完成规定功能,如点燃、起爆及作为某种特定动力能源等的元件及装置。参见 pyrotechnics)。~ *disintegration* 爆炸性衰变。~ *distance* 爆炸距离。~ *distribution* 炸药分布。*An important fundamental principle of blast design is ~ distribution. This is normally achieved by hole placement.* 爆破设计的一个重要的基本原理是炸药分布。这一原理一般是通过炮孔布置来实现的。~ *drill* 爆炸钻机具(①在旋转式钻机上加配炸药存放和输送装置及使用爆炸钻具,以便进行爆炸钻井处于实验阶段的钻机;②输送炸弹或液体炸药到井底,并促使其爆炸的钻柱底端装置)。~ *drilling* 爆炸钻井(利用炸药的爆炸力破碎岩石的一种钻井方法。有将固体炸弹由钻井液循环送至井底,在钻头水眼处用压力引爆的;有边爆炸边用钻头钻进的;也有在井底进行液体爆炸的。实验表明,在硬地层中,爆炸钻井法明显优于普通的钻井方法,有可能用于石油钻井中)。~ *dust* 爆炸尘沫。~ *energy* 爆炸能量。~ *energy concentration*; ~ *energy concentrated*; *concentration of* ~ *energy* 爆炸能量集中。~ *energy pulse* 爆炸能量脉冲。~ *energy release* 爆炸能量释放。~ *engraving* 爆炸雕版(借助炸药将图片雕刻到金属板上的方法。在成型过程中,要在成型的金属板与基底之间的空间形成真空,排空空气阻力。有时可采用水为介质,将炸药冲击力传递到金属板上。多数情况下,爆炸成型作业是在水下完成的:使用厚金属基底,在水槽或水池中进行)。~ *expanding* 爆炸胀形(常规筒形件的胀形多是在大型压力设备上,利用特制的橡皮囊进行胀形,或者利用液压设备进行液压胀形。对于大型筒形件的胀形往往受到压力设备吨位和工作行程高度的限制而无法进行压力胀形,而需要采用爆炸胀形的方法来进行加工)。~ *factor* 炸药消耗率,炸药爆炸系数。~*-field per-delay period* 每段分爆的炸药量。~ *fission reaction* 爆炸裂变反应。~ *flame indicator* 爆炸火焰指示器。~ *force*

E

爆破力,爆炸力。~ *for open-pit operation* 露天炸药(用于露天爆破作业的炸药)。~ *forming*; ~ *shaping* 爆炸成型(爆炸加工的一种方法。利用火药、炸药爆炸将金属加工成所需的形状)。~ *fracturing* ①爆炸压裂(一种压裂方法。在井底使用炸药爆炸,炸裂地层,增加油气流动通道,达到压裂效果,以增加气〈油〉产量的一种气〈油〉井增产方法)。②爆破震裂。~*s-free mining environment* 不用炸药的采矿环境。~ *fringe* 爆炸态区域。~ *fuel* 爆炸燃料。~ *gas* 爆炸气体。~ *grading* 猛度测定,炸药分级。~ *hardening* 爆炸硬化(爆炸硬化是利用直接敷贴在金属表面板状炸药的爆炸所产生的冲击波,猛烈冲击金属表面使其增加表面硬度的加工方法)。~ *isostatic pressing* 爆炸等静压成型。~ *jointing* 爆炸压接,爆炸聚合(爆炸压接是利用炸药爆炸所产生的强大压力,将两种金属材料压合、包裹和接合在一起的工艺。爆炸压接与爆炸焊接的不同之处是在结合部位的两种金属组织没有发生熔化焊接的现象)。~ *lens* 装药透镜。~ *life cycle* 炸药生命周期。*It is shown that the largest impacts in the* ~ *life cycle occur in the processes of manufacture of ammonium nitrate.* 可见,炸药生命周期的最大影响出现在硝酸铵的生产过程中。~ *limit*; *explosion limit* 爆炸极限。~ *limit of methane* 甲烷的爆炸极限。~ *limit of mixture* 混合物爆炸极限。~ *lining* 爆炸镶衬(爆炸加工的一种方法。在进行这类作业时,不需要阴模,可直接按容器内衬的形状将板材爆炸成型并镶衬在容器内壁上。工艺过程是事先焊好与容器形状相适应的衬套,放入容器中,并在衬套里面注水作为传压介质,爆炸时利用水压力将衬套贴紧在容器内壁上,成为该容器的内衬)。~ *loading* 爆炸装药。~ *loading equipment* 装药机械(在爆破现场向炮孔内装填成品炸药或者运输炸药原料,在爆破现场混制成炸药并装入炮孔的采掘机械。主要用于露天和地下采矿、井巷掘进及其他各种爆破工程中的炮孔装药)。~ *loading truck* 装药车(往爆破现场运输成品炸药或原料,就地混制成炸药装入炮孔的自行式装药机械)。~ *magazine* 炸药库。~ *material* 爆炸材料,爆炸物,爆炸品(①广义:炸药和火工品爆炸物;爆破材料的总称;②狭义:炸药和起爆材器材料的总称)。~ *mechanics* 爆炸力学。~ *mixed-loading vehicle* 炸药混装车。~ *mixture* 混合炸药(由两种或两种以上物质经物理混合而成的炸药)。~ *of high temperature blasting* 高温爆破炸药(在高于100℃的材料中才能发生爆炸的炸药)。~ *oils* 爆炸油(用于制备混合炸药的硝化甘油、乙基二硝基乙二醇、三硝酸酯等液体爆炸敏化剂)。~ *performance term*; *EPT* 炸药性能参数(一个经验性的参数,用以比较相同体积的不同炸药在同样抵抗线距离和钻孔直径条件下的相对破碎性能。*EPT* 参数是根据三种不同岩石类型条件下的半工业规模试验结果计算得来的)。~ *power* 爆炸威力。*Even considering the uncertainties in determining a correct equation of state for the reaction products, the expansion work is one of the most realistic measures of ~ power as it approximates the amount of work the gaseous products of the explosion can do on the rock surrounding the charge as they expand from the initial detonation conditions to atmospheric conditions.* 即便考虑到确定爆后产物的正确状态方程时有诸多不定因素,膨胀功却是衡量爆炸威力的最为现实的因素之一,因为在爆炸后的气体物质由初始爆轰状态向大气状态膨胀时,膨胀功接近爆炸后的气体物质对药包周边的岩石所做的功。~ *powerload* 爆炸力载体。~ *preparation* 炸药备制。~ *pressing* 爆炸压接。~ *pressing cartridge for connecting power lines* 电力线路爆炸压接弹(利用爆炸压接法连接电力导线的一种器材)。~ *pressure cracking*; ~ *pressure burst*; ~ *pressure parting*; ~ *fracturing* 爆炸压裂。~ *pressurization* 爆破加压,爆破增压。~ *primer* 起爆炸药,起爆药包。~ *production chain* 炸药生产链。~ *pulse* 爆炸冲量。~ *punching* 爆炸冲孔(爆炸冲孔是以高能炸药为能源,其爆轰后所产生的高温、高压爆轰产物迅速膨胀并通过传压介质,对放在阴模上的坯料进行加载冲孔的工艺)。~ *qualification for underwater use* 水下爆破对工业炸药性能的要求(为了保证获得良好的水下爆破效果,所用炸药应具有一定的特殊性能。其要求是:①密度大;②有一定耐水性;③有一定耐水压性;④有一定安全度;⑤有合适的殉爆距离)。~ *range* 爆炸范围,爆燃范围。~ *range of methane* 沼气的爆燃范围。~ *ratio* 炸药消耗比,爆破单位岩石体积的炸药消耗量。~ *removal of offshore structures* 近海建筑物爆破拆除。~ *reserve station* 炸药存放站(在使用炸药的工地,为了保管炸药和做好爆破准备工作,可根据需要设置一定规格的炸药存放站。工地的炸药存放站,其位置、结构、定员和炸药存放数量应符合法规的规定)。~ *rivet* 爆炸铆钉。~ *rockbolt anchor* 爆炸性岩石锚杆锚定器。~*s consultancy* 炸药咨询。~*s energy release* 炸药能量释放。~*s manufacturer* 炸药厂家,炸药制造商。~*s performance* 炸药性能。~*s property* 炸药特性。~*s sensitiveness*; *sensitivity of* ~ 炸药感度。~ *setting* 安放炸药。~ *shock wave* 爆炸冲击波。~ *shower* 爆炸镞射。~ *smoke pollution* 炮烟污染。~ *sound* 爆炸声波。~ *sound source* 爆炸声源。~ *source*; ~ *seismic origin* 爆炸震源(爆炸震源利用爆破器材瞬时爆轰〈从引爆到爆炸时间很短〉来激发震源,这种爆破器材一般采用震源弹或震源导爆索)。~ *stimulation* 爆炸激发。~ *strength*; *power of* ~ 炸药威力(表示爆轰时单位体积炸药释放的能量数值,炸药威力经常以标准炸药取值,单位为 MJ/kg)。~ *strengthening* 爆炸强化(有些金属材料在受到冷却变形时将使材料的强度得到相应提高,变形程度越大强化程度越明显。爆炸强化就是依此原

E

理,应用炸药的爆炸威力代替机械的锻造加工。以发电机上的护环为例,用爆炸方法来强化50Mn18Cr4钢,用以制造发电机上的护环,可有效提高护环的强度)。~ *stretching* 爆炸拉深(以炸药为能源,将炸药爆炸冲击载荷,通过水、细砂等传压介质,传递给各种金属板料,使之被加工成各类凸凹形、碟形、球冠形、椭球封头、半球形封头、反应器底等曲面拉深零部件。按加工方法分,有自由成形和有模成形两种)。~ *stripping* 爆破剥离。~ *substance* 爆炸物(在外界作用下,如热、冲击等的影响下能发生高速化学反应,瞬时产生大量的热和气体,使周围的压力急剧上升而导致爆炸、对四周环境造成破坏的物质。能为工业和军事等所用的爆炸物称为火药或炸药)。~ *substitutes* 炸药替代品(代替炸药进行岩石破碎的手段,比如,压缩空气、膨胀剂、机械的办法、水射流和射流穿孔等)。~ *test* 炸药试验(鉴定或确定炸药性能的方法或技术。现有多种不同的方法:①阿贝尔Abel热度试验;②冰冻和解冻试验;③液化试验;④冲击敏感试验;⑤摩擦冲击感度试验;⑥火焰感度试验;⑦爆速试验;⑧抗水性试验;⑨炸药威力试验等。联合国已经为炸药试验制定了一套国际标准)。~*s supplier* 炸药供应商。~ *train* 传爆系统。~ *welding and strengthening* 爆炸焊接加固(爆炸焊接加固技术是针对油、气井错断井的修复而研制的。它首先采用爆炸整形技术将错断井整形,使错断的上套管和下套管通过爆炸整形使之达到在一条轴线上。然后将爆炸焊接弹输送到井下套管错断处,点燃发动机装药进行排空,引爆环焊药进行焊接。扩径药将衬管扩径,脱扣药爆炸将加固管和管柱脱扣,完成焊接加固这一过程)。~ *working* 爆炸加工。~*s for geophysical exploration* 物探用炸药器材(专为物理探矿使用的炸药和电雷管等爆炸物品的总称)。~*s for underwater blasting* 水下爆破用炸药(在浅水中使用的炸药应具有一定的抗水性能,在深水中则需要有相当高的耐水压性)。~ *grinding* 爆发粉末。~ *index* 爆发指数。~ *isostatic pressing* 爆炸等静压成形。~ *joining* 爆炸接续,爆炸聚合。~ *mixture* 炸药混合物。~ *pipe* 爆发岩筒。~ *pulse* 爆炸冲量。~ *punching* 爆炸穿孔。~ *ratio* 炸药消耗比。~ '*s actual performance in the field* 炸药的实际现场性能。~*s allowance* 炸药限额。~*s energy* 炸药能量。~*s engineer* 炸药工程师。~*s making engineering* 炸药制造工程。~ *shearing* 爆炸切割(参见 ~ cutting)。~ *shock wave* 爆炸冲击波。~ *shower* 爆炸簇射。~*s staff* 炸药保管员(负责管理和保卫炸药库及炸药加工房的管理人员)。~ *stimulation* 爆炸激发。~ *storage*; *powder storage* 炸药储藏。~ *technique* 爆炸技术。~ *train* 爆炸序列(为完成起爆、点燃等功能而按感度递减、能量输出递增顺序排列的一组爆炸材料的组合)。~ *volcanism* 爆发火山作用。~ *welding* 爆炸焊接。~ *wave*; *blast wave*; *explosion shock* 爆轰

E

波。~ *working* 爆炸加工。~*ly compacting powder* 粉末爆炸压制(爆炸压制粉末成型,也称粉末爆炸压制。它是利用炸药爆炸所产生的高压对粉状物质进行高速挤压成形的一种加工方法)。~*ly induced detonation wave propagation*;*detonation wave propagation induced by explosion* 爆炸引起的爆轰波传播。~*s control law* 炸药管理法规(对炸药以及其他爆破器材的生产、销售、转让、进口、运输、使用、销毁、预防炸药灾害和确保社会公共安全为目的,而作出的有关规定,并作为法律来实施的规则。当然,炸药管理法规,要随着社会和科学技术的发展加以修订)。~*s' prolonged exposure to water or moisture* 炸药长期遇水或潮气。~*s relative weight strength* 炸药相对重量威力。~*s' inherent ability to withstand water* 炸药固有的抗水性能。~*s' susceptibility to initiation* 炸药对起爆的敏感性。

exponent *n*. ①【数】指数。②典型。③说明者,说明物。~ *of pressure*;*index of pressure* 压强指数。

exponential *a*. 指数的。—*n*. 指数。~ *function method* 幂函数法(以指数函数作为剖面函数表达下沉曲线的地表移动预计方法)。

exposed *a*. 暴露的,无掩蔽的。—*v*. 暴露,揭露(expose 的过去分词)。~ *coalfield* 暴露煤田(含煤岩系出露良好,或根据其基底的露头,可以圈出边界的煤田)。~ *deposit* 浮露矿床。

exposure *n*. ①暴露。②曝光。③揭露。④陈列。~ *age* 暴露年龄。~ *time* 暴露时间(人体暴露于在性质上视为连续的机械振动〈或重复性冲击运动〉的实际或名义持续时间〈按规定的标准计算方法得出〉)。

express *vt*. ①表达。②快递。—*a*. ①明确的。②迅速的。③专门的。—*n*. ①快车,快递,专使。②捷运公司。~ *analysis*;*quick analysis* 快速分析。~ *determination* 快速测定。

extemporaneous *a*. ①即席的,临时的。②无准备的。③不用讲稿的。④善于即席讲话的。~ *explosive* 瞬爆炸药。

extensometers *n*. ①变形测量计。②引伸计。③引伸仪应变规。

external *a*. ①外部的。②表面的。③外用的。④外国的。⑤外面的。—*n*. ①外部。②外观。③外面。~ *charges* 外部费用。

extended *a*. ①延伸的。②扩大的。③长期的。④广大的。—*v*. ①延长。②扩充(extend 的过去分词)。~ *charge* 延长药包(向炮孔中装填炸药时,因为炮孔又细又长,无论采取什么方法把炸药装入炮孔中后,都呈长条状。这种装药称为延长药包,或称条状药包、柱状药包。相应地,把炸药集中装成球状的药包,称为集中药包。延长药包是一种均布的连续装药)。~ *charge blasting* 条形药室爆破(当集中系数 $\psi<0.41$ 时药室称为条形药室。条形药室中炸药呈条形分散装药。与集中药室相比,它爆破时在岩体中的炸药爆炸能分布比较均匀,因而岩石破碎效果优于集中药室)。~ *blockage*; ~ *choking-up*; ~

stoppage 延长堵塞。~ *shaped charge* 延长型聚能药包。

extensible *a.* ①可延长的。②可扩张的。~ *long arm* 可伸缩长臂。

extension *n.* 延伸，延长。*The ~ of the small stream to the deep of the forest is a tortuous course.* 小溪延伸到森林深处是一个曲流拐弯的过程。*Blasting involves both the creation of new fractures and the ~ of existing cracks and joints to loosen and liberate "in-situ" blocks within the rock mass structure.* 爆破既产生了新的裂缝，又延展了固有的裂隙和节理，这样可松动并取出岩体结构中的"原位"岩块。~ *of blast-hole cracks* 炮孔裂缝延长。~ *piece* 加长件。

extensional *a.* ①外延的。②具体的。③事实的。~ *vibration* 纵向振动。~ *fracture* 张裂（也称拉伸断裂。在外力作用下，当张应力达到或超过岩石抗张强度时，在垂直于主张应力轴〈或平行于主压应力轴〉方向上产生的断裂）。

extent *n.* ①程度。②范围。③长度。~ *of a building damaged* 建筑物破坏程度。~ *of reaction* 反应程度，反应范围。~ *of the finished crushing* 最终破坏程度。

external *a.* ①外部的。②表面的。③外用的。④外国的。⑤外面的。—*n.* ①外部。②外观。③外面。~ *access* 外部沟（露天采场以外的出入沟）。~ *charge blasting* 外部装药爆破（在爆破体表面装药进行爆破的方法，也叫裸露爆破，俗称糊炮）。~ *detonation test* 外部爆轰试验（炸药在低约束〈空气〉条件下的爆轰）。~ *dump* 外部排土场（建在露天采场以外的排土场）。~ *fire test* 外部火烧试验（确定火对运输包装内的炸药的影响以及炸药面临火焰时是否会爆炸的试验。这项试验是联合国灾害章 1.5 所要求的）。~ *stemming* 外封炮泥。~ *surface* 外表面（矿物颗粒的外部表面）。

extinguish *vt.* ①熄灭。②压制。③偿清。④熄火（导火索引爆时，点火后导火索燃烧中断的现象）。

extinguishments *n.* ①熄灭。②消灭。③失效。④偿清。~ *in detonation* 熄爆（爆轰波不能继续传播而中断的现象）。

extra *ad.* ①特别地，非常。②另外。—*n.* ①临时演员。②号外。③额外的事物。④上等产品。—*a.* ①额外的，另外收费的。②特大的。~ *cap* 附加雷管，补充雷管。~ *cost* 额外费用。~ *expense* 额外开支。~ *hole* 补充炮孔，附加炮孔。~ *service* 额外服务。~ *size* 特大尺寸。

extraneous *a.* ①外来的。②没有关联的。③来自体外的。~ *electricity*；~ *current* 外来电流（一切与专用起爆电流无关意外进入电爆网路〈电雷管〉的电流统称为外来电流。除起爆电流以外的电能，它对使用电雷管的爆破构成威胁，其中包括杂散电流、静电、雷电、射频电、电感电荷电容电）。

extraction *n.* ①取出。②抽出。③拔出。④抽出物。⑤出身。~ *front* 采掘正面。

E

extrapolating *v.* 推断,推知。~ *vibrations with only one data point* 仅用一个点的数据推测振动。

extreme *a.* ①极端的,偏激的。②极度的,最大的。③最严厉的。—*n.* 极端。*an ~ case* 极端的例子。~ *points of view* 偏激的观点。~ *poverty still exists in many rural areas.* 在不少的农村地区,极端贫困的现象依然存在。*That is the ~ southern border of China.* 那是中国南部最远的边界。~ *patience* (*kindness, love, hatred*) 极度的耐心(慈悲,爱心,仇恨)。*Death is the ~ penalty of law.* 法律上的极刑是死刑。*go from one ~ to another* 从一个极端走向另一个极端。*experience the ~s of heat and cold* 非常热非常冷的时候都经历过。*Between these two ~s, a maximum throw distance may be expected.* 在这两个极端之间,我们可以找到最大抛掷距离。~ *development* 极度发育。~ *point* 极值点。~ *value* 极值。

extremely *ad.* ①非常,极其。②极端地。~ *complex structure* 极复杂构造(含煤岩系产状变化极大,断层极发育,有时受岩浆侵入严重破坏的构造)。~ *irregular coal seam* 极不稳定煤层(厚度变化极大,呈透镜状、鸡窝状,一般不连续,很难找出规律,可采块段分布零星的煤层)。

extrude *vt.* ①挤出,压出。②使突出。③逐出。—*vi.* ①突出,喷出。②切割。

extrusion *n.* ①挤出。②推出。③赶出。④喷出。~ *effect* 挤压效应。~ *stress* 挤压应力。~ *igneous rock* 喷出岩。

exudation *n.* ①渗出,渗出物。②分泌,分泌物。③ = *sweating* 渗油(炸药中某些组分以液态形式从炸药中渗出的现象。以硝化甘油为主的卷装炸药可以见到游离硝化甘油的痕迹,这种现象是非常危险的)。

eye *n.* ①眼睛。②视力。③眼光。④见解,观点。—*vt.* 注视,看。~ *assay* 目视检验,肉眼鉴定。~ *distance* 目测距离。~ *survey* 目测。

F

fabric *n.* ①织物。②布。③组织。④建筑物。⑤结构,构造(岩土的固体颗粒及其间隙的空间排列特征)。~ *reinforcement* 网状钢筋。

face *vi.* ①向。②朝。—*vt.* ①面对。②面向。③承认。④抹盖。—*n.* ①脸。②表面。③面子。④面容。⑤外观。⑥威信。⑦临空面:a)爆破自由面(它是爆破中暴露于空气、水或岩石垫层的岩石表面。在爆破中,自由面为岩石提供了膨胀空间。这一名词也用于工程推进时的挖掘端部);b)爆破作业面

(进行爆破工作的岩体表面)。~ *advance* 工作面进度,工作面推进。~ *angle* 面角。~ *break* 放顶线,工作面断裂。~ *bursting* 自由面破裂。*F-bursting occurs when explosive charges intersect or are in close proximity to major geological structures or zones of weakness in the ~ region.* 当药包与自由面区域内的主要地质结构交叉或接近软弱面时,发生自由面破裂现象。*F-bursting can also occur when the front row has insufficient burden or drilling deviations from design.* 当前排炮孔抵抗线不足或钻孔偏离了设计的方向时,也会发生自由面破裂现象。~ *capacity* (回采)工作面生产能力。~ *end* 工作面端头(长壁工作面与两端巷道交接的地段)。~-*face contact* 面-面接触(黏土矿物颗粒或其他物体的基面对基面式的接触)。~ *firing* 工作面放炮。~ *height* 工作面高度。~ *of hole* 孔底。~ *sampling* 暴露面取样。~ *width* 控顶距(采煤工作面支架切顶线到煤壁的距离)。~ *shovel* 正铲挖掘机(铲斗背向下安装在斗臂前端,主要用于上挖的单斗挖掘机。参见 *forward excavator*)。~ *blast* 工作面爆破。~ *factorization of algebraic equations* 代数方程因式分解。

factor *n.* ①因素。②要素。③【物】因数。④代理人。—*vi.* 做代理商。—*vt.* ①把…作为因素计入。②代理经营。③把…分解成。~ *of assurance* 保险系数。~ *of safety* 安全系数(为保证斜坡稳定而采用的具有一定安全储备的稳定性系数)。~ *of stability* 稳定性系数(滑动面上抗滑力〈或力矩〉与滑动力〈或力矩〉的比值)。~ *of utilization* 利用系数。~*s determining charge* 影响装药量的因素(影响装药量的因素很多,主要有:①炸药的性能;②被爆体材料性质;③爆破条件;④爆破类型以及爆破的要求。参见 *influence factors of charge quantity*)。~*s affecting drill operation on the blast site* 爆破现场影响钻孔施工的因素。~*s affecting maximum protection range* 影响最大保护距离的因素。~*s influencing air overpressure* 影响气体超压的因素。~*s influencing drill choice* 影响钻孔选择的因素。~*s influencing drill performance* 影响钻孔质量的因素。~*s influencing ground vibrations* 影响地面震动因素。

factual *a.* ①事实的。②真实的。~ *data* 属实资料,可靠资料。

Fagersta *n.* 法哥斯塔(人名)。~ *cut* 法哥斯塔掏槽。

failed *a.* 已失败的,不成功的。—*v.* 失败,不成功(fail 的过去式和过去分词)。~ *hole* 失效炮孔,拒爆炮孔。

failure *n.* ①失败。②故障。③失败者。④破产。~ *crack* 破坏性裂缝。~ *creep* 破坏型蠕变(蠕变不断发展,最后出现加速蠕变,以致岩土破坏的蠕变类型)。~ *criterion* 破坏判据。~-*critical height* 断裂临界高度。~ *load* 破坏负载,破坏载荷。~ *mechanism* 破坏机理。~ *of shot*;*misfire*;*miss-fire shot* 拒爆,哑炮。~ *plane* 破坏平面。~ *probability* 失效概率。~ *stress* 破坏应力。~ *theory of principal tensile stress* 主拉应力破

F

坏理论(这一理论认为,岩体的破坏是由弹性体的塑性变形引起的。并从理论上阐明了爆破时,爆炸气体作用于孔壁所产生的主应力场,以及主应力和岩体破坏的关系)。~ *types of foundation* 地基破坏类型(根据地基土破坏时的特征及力学成因所划分的类别)。

fall *vi.* ①落下。②变成。③来临。④减弱。—*n.* ①下降。②秋天。③瀑布。—*vt.* ①砍倒。②击倒。—*a.* 秋天的。~ *highness* 塌落高度。

falling *a.* ①下降的。②落下的。—*n.* ①下降。②落下。③陷落。④崩塌,崩落(陡崖前缘的不确定部分,主要在重力作用下,突然下坠滚落的现象)。~ *body* 下落物体。~ *rock* 落石(在露天开挖边坡和地下巷道顶板上,一些被爆破振松、处于十分危险的悬挂状态、随时可能滚落下来的岩石。因此,在爆破后应及时予以处理以确保施工现场的安全)。

false *a.* ①错误的。②虚伪的。③伪造的。—*ad.* 欺诈地。~ *dynamite* 低硝甘炸药。~ *roof* 伪顶(位于煤层之上随采随落的极不稳定的薄岩层,厚度一般在0.5m以下)。

family *n.* ①家庭。②亲属。③家族。④子女。⑤【生】科。⑥语族。⑦【化】族。—*a.* ①家庭的。②家族的。③适合于全家的。~ *curve* 特性曲线。

fan *vt.* ①煽动。②刺激。③吹拂。—*vi.* ①成扇形散开。②飘动。—*n.* ①迷。②风扇。③爱好者。~ *burden* 扇形炮孔间距,扇形孔最小抵抗线,扇形孔岩石爆破量。~ *cut* 扇形掏槽(一种掏槽法。掘进中,平巷的部分断面被那些与自由面的斜度越来越大的炮孔所揭露,形成扇面状掏槽)。~ *drilling* 扇形炮孔凿岩。~ *holes*; ~ *round* 扇形炮孔组。~ *layout* 扇形炮孔布置。~ *pattern* 扇形(炮孔)排列,扇形布置。~*-shaped round* 扇形掏槽炮孔组。~ *shooting* 扇形炮孔爆破。~ *structure* 扇形结构。

far *ad.* ①很。②遥远地。③久远地。④到很远的距离。⑤到很深的程度。—*a.* ①远的。②久远的。—*n.* 远方。~ *field* 远点范围(与某一几何尺寸〈例如,钻孔直径或平巷或平硐的水力直径〉有关的距某一关注点的距离。远点、中近点和近点之间的界限是根据每一具体使用场合确定的。例如,在地表大直径孔爆破中,影响超过了距爆源100m范围;而在地下爆破中,远点约为掘进平巷或平硐的水力直径的2倍)。

Fason *n.* 法逊(人名)。~ *powder* 法逊炸药。

fast *a.* ①快速的,迅速的。②紧的,稳固的。—*ad.* ①迅速地。②紧紧地。③彻底地。—*vi.* 禁食,斋戒。—*n.* ①斋戒。②绝食。③装药不足的拉底炮孔。④超前巷道。⑤整体硬岩层。~*-burning powder* 速燃火药。~ *cap* 快速雷管,地震勘探电雷管。~ *compression test* 快速压缩法(使用压缩仪,每级压力作用1h,仅最后一级压力下使试样压缩变形达到稳定的测定黏性土可压缩性指标的方法)。~ *cord*; ~ *igniter cord*; *quick-burning fuse*; *running fuse* 速燃导火索。~*-delay detonation* 毫秒延时起爆。~ *extraction* 快速回采。~ *firing* 快速点燃。~ *footage* 快速进尺,快速推进。~ *-moving gas* 快速运动的气体。~ *-moving water* 快速流动的水。~ *place* 超前巷道,超前工作面。~ *plastic igniter cord* 速燃软导火索。~ *powder* 快速起爆炸药。~ *shot* 空炮。

fatal *a.* ①致命的。②重大的。③毁灭性的。④命中注定的。~ *disaster* 致命灾难。~ *accident* 死亡事故(指事故发生后造成死亡,或伤后一个月内死亡的)。

fatigue *vt.* ①使疲劳。②使心智衰弱。—*vi.* 疲劳。—*a.* 疲劳的。—*n.* ①杂役。②疲劳(材料在重复应力作用下的破坏。材料在重复载荷作用下会出现小裂隙,随之小裂隙逐步扩展至材料破裂)。~ *effect* 疲劳效应。~ *failure* 疲劳破坏(岩土因循环荷载作用而引起的破坏)。~ *life* 疲劳寿命(在某种试验条件下出现破坏之前所承受的应力循环次数)。~ *limit* 疲劳极限(通常有两个疲劳极限:用下限值 ΔK_0〈1个载荷循环〉表示的低极限和用 K〈无限次数的载荷循环〉表示的高极限〈上限〉)。~ *loading* 疲劳载荷。~ *ratio* 疲劳强度比。~ *resistance* 疲劳抗力。~ *strength* 疲劳强度(岩土抵抗循环荷载破坏作用的能力)。~ *strength of steel* 钢材疲劳强度(钢材承受交换荷载的反复作用时,可能在远低于屈服强度时发生破坏,这种破坏成为疲劳破坏。钢材疲劳破坏的指标即疲劳强度,或称疲劳极限)。

fault *vi.* ①弄错。②产生断层。—*vt.* (通常用于疑问句或否定句)挑剔。—*n.* ①故障。②错误。③缺点。④毛病。⑤(网球等)发球失误。⑥断层(岩石在构造应力的作用下发生破裂,沿破裂面两侧的岩石发生显著的位移〈可为上下、左右和倾斜方向的移动〉或失去联系而形成的一种构造形迹)。~ *coal basin* 断陷煤盆地(盆地边缘由断裂控制,含煤岩系基底被断裂切成块状的煤盆地)。~ *diagnosis* 故障检查,故障诊断。~ *-proof* 防事故的。~ *rate*; *failure rate* 故障率。~ *ed deposit* 断错矿床。~ *plane* 断层面(即断层的破裂面,其两侧岩块的相对位置可用走向、倾向和倾角来描述,它可以是平直的、弯曲的和起伏不平的。断层面上、下方的岩块各称为上、下盘,而依岩块的位移形式可对断层进一步划分)。~ *strike* 断层走向(断层面与水平面交线的方向)。

Favier *n.* 法维尔(人名)。~ *explosive* 法维尔炸药。

Faversham *n.* 法佛斯哈姆(人名)。~ *powder* 法佛斯哈姆炸药。

Favreau *n.* 法夫罗(人名)。*R. F.* ~ *model* 法夫罗模型(以应力波理论为基础,其计算模型代码为 BLASPA。在岩石各向同性弹性体的假设下,1969 年 R. F. Favreau 得出了球状药包周围应力波解析解。爆轰使爆炸压力突然加载到药室壁上,而随后因药室膨胀引起的压力下降可用一个简单的多元回归状态方程来描述)。

feasibility *n.* ①可行性。②可能性。~

F

study 可行性研究。

feathered *a*. ①有羽毛的。②羽状的。③飞速的。④薄边的。~ *plastic collar* 带固定片的塑料套管(光面爆破装药时使管状药包位于中心的塑料制成的装置。在安装管状药包时,固定片启动,直径变得比孔径稍大。当药包被推入炮孔后,药包自动锁定在推到的位置)。

federation *n*. ①联合。②联邦。③联盟。④联邦政府。*F-of European Explosive Manufacturers*; *FEEM* 欧洲炸药制造商联合会(欧洲炸药制造商的一个组织,1975 年成立,始为化工产品制造商联合会欧洲委员会的一个分支机构。后者设立在布鲁塞尔。联合会的目标是改善和开发炸药制造技术,改善炸药制造和炸药运输、操作、储存和使用的安全、治安和工作条件)。

feed *vt*. ①喂养。②供给。③放牧。④抚养(家庭等)。⑤靠…为生。—*vi*. ①吃东西。②流入。—*n*. ①饲料。②饲养。③(动物或婴儿的)一餐。④推进器(使回转式或冲击式凿岩机的气动或液压锤得以往复运动,并提供必需的前进推力的功能部件)。~ *preparation* 备料。

feedback *n*. ①反馈。②成果,资料。③回复。~ *ratio* 反馈率,反馈系数。~ *signal* 反馈信号。

fell *a*. ①凶猛的。②毁灭性的。—*vt*. ①砍伐。②打倒。③击倒。—*n*. ①一季所伐的木材。②折缝。③兽皮。—*v*. ①掉下。②摔倒。③下垂。④变坏(fall 的过去式)。~*-burst* 一次放炮崩落的岩石。

F

fenced *n*. 围墙。~*-off area* 禁区。

Fermat *n*. 费马(法国数学家)。~ *path* 费马射线路径。~*'s principle* 费马原理(地震波在两点间传播的射线路径是其传播时间对其所有邻近路径的一阶变分为零的那条路径。即传播时间是最小时〈在某些情况下是稳定值或最大值〉的射线路径)。

fertilizer *n*. ①肥料。②受精媒介物。③促进发展者。~*-grade ammonium nitrate* 肥料粒级硝酸铵(硝酸铵的一个等级,专指没有爆炸性能、用作农作物肥料的硝酸铵,又称农用硝酸铵)。~ *mineral* 肥料矿物。~*-type explosive* 肥料型炸药。

fiber *n*. = fibre ①纤维。②光纤。~ *optic system*; *optical* ~ *system* 光纤系统。~ *optic cable* 光纤电缆。~ *optic velocity meter* 光纤测速仪。~ *strength* 纤维强度。~ *stress* 纤维应力。

field *n*. ①领域。②牧场。③旷野。④战场。⑤运动场。—*vi*. 担任场外队员。—*a*. ①扫描场。②田赛的。③野生的。—*vt*. ①把暴晒于场上。②使上场。~ *cratering studies* 野外爆破漏斗测试。~ *use considerations* 现场使用注意事项。~ *blaster* 现场爆破人员。~ *blasting operation* 实地爆破作业,野外爆破作业。~ *condition* 现场条件。~ *data* 现场数据。~ *deformation* 现场形变。~ *detonation conditions* 现场爆轰条件。*The gas composition is strongly dependent on many factors such as actual* ~ *detonation conditions*, *rock* *type, hole diameter, water presence, product homogeneity in the hole.* 气体的形成在很大程度上取决于诸多因素,如现场实际爆轰条件、岩石类型、炮孔直径、有没有水以及炸药在炮孔中是否均匀等。~ *effect* 场效应。~ *formula* 实用公式,装药量计算公式。~ *identification* 野外鉴定,现场鉴定。~ *investigation* 现场考察,实地考察。*Keeping this in view*, ~ *investigations were conducted at a phosphate mine to study the flyrock from blasting.* 鉴于这一点,为了研究爆破飞石,我们在挨着居民区的磷矿作了实地考察。~ *measurement* 现场测量,野外测量。~ *mixed loading (explosive) vehicle* 现场混装炸药车。~ *note* 现场记录。~ *of load* 受力范围。~ *performance* 现场表现,野外表演,实地演练,实地性能。~ *test*; ~ *trial*; *site test* 现场试验。~ *time break* 现场起爆信号。~ *use* 现场使用。~ *work* 野外作业。

figure *n.* ①数字。②人物。③图形。④价格。⑤(人的)体形。⑥画像。—*vi.* ①计算。②出现。③扮演角色。—*vt.* ①计算。②认为。③描绘。④象征。~ *8 fold* 8字形折叠(电雷管脚线的一种折叠形式。即把脚线折叠后拧成8字形。与其相对应的另一种形式是Z形折叠。参见"Z形折叠"; *accordion fold*)。

file *n.* ①文件。②档案。③文件夹。④锉刀。—*vt.* ①提出。②锉。③琢磨。④把…归档。—*vi.* ①列队行进。②用锉刀锉。~ *sharing* 文件共享(不同用户共同使用某些文字的技术。文件共享是文件系统所提供的一项重要功能)。

fill *vt.* ①装满,使充满。②满足。③堵塞。④任职。—*vi.* 被充满,膨胀。—*n.* ①满足。②填满的量。③装填物。~ *factor* 充填系数。~ *ed stopes* 充填回采法(开采一部分矿体后,及时用砂土、废渣等材料把采空区全部或部分充填起来,重复采矿—充填作业直至全部采完为止的一种采矿方法,参见 *cut and fill method*)。~ *ing body* 充填体(留在采空区内充填材料的沉积体)。~ *ing capacity* 充填能力(充填系统单位时间内能向采空区输送充填材料的体积)。~ *ing-extraction ratio* 充采比(每采出1t煤所需充填材料的立方米数)。~ *ing interval* 充填步距(沿工作面推进方向一次充填采空区的距离)。~ *ing material* 充填料。~ *ing method*; *stowing method* 全部充填法(用充填材料全部充填采空区的岩层控制方法)。~ *ing percentage* 充填百分比,装满系数。~ *ing ratio* 充填率。

film *n.* ①电影。②薄膜。③胶卷。④轻烟。—*vt.* ①在…上覆以薄膜。②把…拍成电影。—*vi.* ①摄制电影。②生薄膜。③变得朦胧。~ *bridge detonator* 薄膜电雷管(电桥为通电发热薄膜的电雷管)。

final *a.* ①最终的。②决定性的。③不可更改的。—*n.* ①决赛。②期末考试。③当日报纸的末版。~ *testing* 最终测试。~ *wall blast design* 爆破区最后一排炮孔爆破设计。~ *wall*

F

blasting 爆破区最后一排炮孔爆破。～ *wall failure due to blasting stresses* 爆破压力导致的保护区受损。～ *wall failure due to crack extension* 裂缝延伸导致的保护区受损。～ *wall failure due to cratering* 爆破漏斗导致的保护区受损。～ *acceptance*；～ *check and acceptance*；*check and acceptance upon completion* 竣工验收（工程全部建成，具备投产运行条件，正式办理固定资产交付使用手续时进行的工程验收）。～ *account of project* 竣工决算（工程项目从筹建、建设到竣工验收的实际投资及造价的最终计算文件）。～ *cost* 最终成本。～ *drawing* 最终图纸。～ *exploration* 最终勘探。～ *pit boundary* 最终露天矿边界。～ *pit slope* 最终边帮（露天采场开采结束时的边帮）。

financial *a.* ①金融的。②财政的，财务的。～ *benefit* 财务效益（按现行市场价格和财税制度计算的效益）。～ *cost* 财务费用（在财务评价中，按现行市场价格和财税制度所计算的工程费用）。～ *evaluation* 财务评价（从经营单位的角度，以现行市场价格、实际工资、官方汇率及各项财税制度，计算工程实际支付的费用和取得的效益，并分析其财务可行性的工作）。～ *internal rate of return* 财务内部回收率（在财务评价中，能使某一方案的财务净现值为零的折现率）。

financing *n.* ①融资。②财务。③筹措资金。～ *fund of project* 建设资金筹集（筹集工程所需的建设投资、流动资金及常年运行维修费的渠道和方式）。

fine *a.* ①好的。②优良的。③细小的，精美的。④健康的。⑤晴朗的。—*n.* 罚款。—*vt.* ①罚款。②澄清。—*ad.* ①很好地。②精巧地。～ *adjustment*；～ *tuning* 微调。～ *dust* 粉尘。～ *grain* 细粒（小于规定尺寸的颗粒）。～ *grained powder* 细粒火药。～ *texture* 细密结构。～*s* 粉煤，粉矿，细粒，细粉，筛屑，细屑，细粒物料，细颗粒土。

fineness *n.* ①美好。②纯度。③细微。④优雅。～ *ratio* 细度比。

finite *a.* ①有限的。②限定的。—*n.* 有限之物。～ *difference approximation* 有限差近似法。～ *element analysis* 有限单元分析。～ *element approach* 有限单元逼近。～ *element domain* 有限单元域。～ *element force method* 有限单元力法。～ *element framework* 有限单元结构。～ *element method* 有限单元法（以变分原理为基础，将连续弹性体离散为由有限个力学单元构成的单元集合体，以节点位移为基本未知量，建立弹性体节点力与节点位移的总体平衡方程求解节点位移，进而通过一定的位移模式求得单元应变，最后由物理方程求得单元体应力的求解弹性问题的数值方法）。～ *element of irregular shape* 不规则形状有限单元。～ *strain* 有限应变。～ *element method for rock engineering* 岩体工程有限元法（依据变分原理求解边值问题的一种离散化数值方法。有限元法把研究的对象划分为有限数量的子域，称作单元。单元之间由节点连接，由节点传力。各单元可以有不同的形状、尺寸、材料性质和不同的受力

F

变形规律。整个结构是许多单元的集合体)。

finished *a.* ①完结的,完成的。②精巧的。—*v.* ①完成。②结束。③毁掉(finish 的过去分词形式)。~ *cross-section* 最终断面。~ *diameter* 最终直径。~ *drilling of hole*;*finishing drilling of hole*;*final hole* 终孔(指钻孔达到了设计的预定深度和施工的预期目的而结束钻进)。~ *product* 成品。

finishing *a.* ①最后的。②终点的。—*n.* ①完成,结束。②最后的修整。—*v.* 完成(finish 的 ing 形式)。

fire *vt.* ①引爆。②开(枪、炮)。③发射,射出。④解雇,辞退。⑤点燃,放火烧。⑥激起,唤起。⑦投,掷,抛。⑧烧制(砖瓦、陶瓷等),焙烤。⑨加燃料,成为…的燃料。⑩使发红,使发亮。—*vi.* ①燃烧,起火。②开火,射击。③(因愤怒而)激动。—*n.* ①火。②火灾,失火。③炉火。④疼痛,发炎。⑤热情,活力。⑥炮火,火力。⑦苦难,磨难,严峻考验。⑧火光,光芒。⑨发火(火工品受到一定的初始冲能作用发生燃烧或爆炸的现象)。~ *a primer* 引爆雷管。~ *a row of charges of explosive* 引爆一排炸药包。~ *a volley of shells* 打连发炮弹。~ *rubber bullets at the demonstrating crowd* 向示威的人群发射橡皮子弹。*The fighter* ~*d two missiles at the target.* 战斗机向目标发两枚导弹。*Who* ~*d the bullet that killed two congressmen that day?* 那天是谁开枪打死了两议员? ~ *a salute in token of sadness* 鸣枪致哀。~ *a shot* 打一枪。~ *a pistol in succession* 手枪打连发。~ *poisonous arrows at one's foe* 向仇敌射毒箭。*The boss intends to* ~ *some of his employees,for he has the right to hire and* ~. 老板有意辞退一些雇员,因为他有雇佣权和解雇权。~ *an engine* 给发电机点火。*The enemy troops* ~*d houses of the conquered.* 敌军放火烧占领区的房屋。*Mythology often* ~*s children's curiosity,stories of adventure their imagination.* 神话往往唤起小孩子的好奇心,而惊险故事激起他们的想象力。*Reading history books,he is sometimes* ~*d with a desire to visit the Egyptian pyramids.* 读起史书,他时常有去参观埃及的金字塔群的想往。*Do not* ~ *stones into the pond!* 不要往池塘里扔石头! ~ *tobacco* 烤烟叶。~ *the leaves of green tea* 焙炒绿茶。*Bricks have to be* ~*d in a kiln for at least two days.* 砖在窑里至少要烧两天。~ *the tricycle (boiler, power system, dynamo, stove, furnace,etc)* 给三轮(锅炉、动力系统、发电机、火炉、熔炉等)加燃料。*At present,natural gas has* ~*d the heating system in some big cities.* 现在,有些大城市的供暖系统是天然气烧的。*The maple leaves are* ~*d after a severe frost.* 严霜染红了枫叶。*The rising sun* ~*s the eastern sky.* 旭日东升,映红了东方的天幕。*Wet gunpowder will not* ~. 湿火药不会起爆。*His plane* ~*d at a height of 5000 m in the sky.* 他的飞机在 5000m 的高空起火了。*Guns and cannons are heard -ring beyond the*

F

hill. 听见从山那边传来枪炮的声响。~ *at the target* 打靶。~ *back in self-defence* 自卫反击。~ *inwardly at an irrational accusation* 对无理的指控感到愤愤不平。*F-can be produced by friction.* 摩擦可以生火。*All living things are afraid of* ~. 生物都怕火。*F-is a natural product that occurs when something buns.* 火是物体燃烧时产生的一种自然物质。*Where there is smoke, there is* ~. 有烟就有火。*lots of people died in a big* ~. 一场大火烧死很多人。*put out a forest* ~ 扑灭森林火灾。*fight a* ~ 救火。*A single sparkle can start a prairie* ~. 星星之火,可以燎原。*There is no* ~ *in the kitchen for cooking.* 厨房里没有炉子,没法做饭。*light* (*make, build*) *a* ~ *to keep warm* 生火取暖。*Due to the severe* ~ *in his throat, the prime minister will not be able to give a speech at tomorrow's conference.* 首相喉咙发炎,明天的会上他不能讲话。*Westerners are full of religious* ~. 不少西方人满腹宗教热情。*the* ~ *of youth* 青春的活力。*cease* ~ 停火,停战。*open* ~ 开火。*provide covering* ~ 提供火力掩护。*artillery* ~ *linking to the sky* 连天的炮火。*between two* ~*s* 两面受敌。*For your sweet sake he is ready to walk through* ~. 他愿为你赴汤蹈火。*the sot* ~ *of green jade* 碧玉柔和的光辉。*the strong* ~ *of lightning* 闪电的强光。*build* (*put*) *a* ~ *under* 催某人做某事。*catch* (*take*) ~ 着火。(*go*) *through* ~ *and water* 赴汤蹈火。*hang* ~ 不发火,延迟发射。*hold one's* ~ 先不表态。*set* ~ *to* 火烧。*no smoke without* ~ 无风不起浪。*set the Thames on* ~ 有惊人之举。*under* ~ 在敌人炮火下;遭受严厉批评。~ *off* 发射(火箭、航天器等)。~ *damp* 瓦斯(井下煤层释放的沼气〈甲烷,CH_4〉和一定量空气混合之后,具有一定的爆炸性。这种混合气体叫做瓦斯或井下爆炸气体,参见 gas)。~ *hazard* 火险。~ *wire* 火线。~ *man's certificate* 放炮工合格证。~-*resistance* 火阻抗(阻燃或提供合理防火措施的能力)。~-*resistant* 耐火的。~ *runner* 放炮检查员。~-*transmitting through the outer sheath of the fuse* 透火(导火索燃烧时,外壳有火花喷出的现象)。~ *tube* 点火筒,点火管。~*d platform* 固定式平台(这种类型的作业平台稳定性较好,受水流影响小,因此定位准确、方便,但架设支架平台的工作量大,也不够机动灵活,材料耗量大,钻孔爆破周期长,在爆破前还需拆除可能被损坏部分,所以只适宜于工程规模小、爆破点集中或水情复杂的近岸爆破区)。

firecracker *n.* 鞭炮,爆竹(又称爆仗。我国古时以火烧竹,爆裂发声,称爆竹。后人以纸裹火药,点火爆炸,发出巨声,称爆仗或炮仗。有单响和双响两种。将许多小型爆仗或炮仗,用药线串连在一起,则得鞭炮)。

fireworks *n.* 烟花(设计并制作用来产生声响或视觉效果的可燃物或炸药成分或制成品)。

F

firing *n.* ①开火。②烧制。③解雇。④生火。—*v.* ①开火。②烧制。③解雇(fire 的 ing 形式)。④点燃。⑤激励。~ *by power current* 电力起爆。~ *by radio* 遥控起爆,无线电感应起爆。~ *by pressure difference* 压差起爆法(对压差起爆器进行加压并使其爆炸的方法)。~ *cable*;*ignition cable*;*lead wire* 起爆电缆,放炮母线(起爆器与爆区之间的连接主线)。~ *capability* 发爆能力(发爆器能够一次起爆的电雷管数)。~ *circuit* 爆破网路(由起爆电源、爆破母线、辅助母线及雷管脚线连接组成的回路。又称点火网路。爆破网路的连接方法有串联、并联及串-并混合联 3 种)。~ *cost* 爆破成本,爆破费用。~ *current* 发火电流(根据电雷管的最小发火电流和设计要求,在规定的通电时间内发火的额定电流)。~ *element* 点火元件。~ *end* 点火端。~ *expense* 爆破费用。~ *head* 点火头。~ *impulse* 发火冲能,点火脉冲(发火电流的平方与激发时间的乘积)。~ *interval* 放炮间隔。~ *order* 点火次序,爆破顺序(参见 *ignition order*)。~ *pattern* 炮孔布置。~ *reliability test* 发火可靠性试验(对雷管施加规定的初始冲能,考核其是否可靠发火的试验)。~ *round* 爆破点火组。~ *sequence* 爆炸序列(为完成起爆、点燃等功能按顺序排列的一组火工品的组合。按其功能可分为①传爆序列:完成起爆功能的爆炸序列;②传火序列:完成点燃功能的爆炸序列)。~ *sequence* 起爆顺序,点火次序。~ *stick* 点火棒。~ *switch* 引爆开关(参见 *blasting switch*)。~ *temperature* 点火温度。~ *threshold level*;~ *threshold value* 起爆阈值。~ *time*;*bursting time*;*initiation time* 起爆时间。~ *time range* 起爆时间范围。~ *transformer* 爆破变压器。

firm *a.* ①坚定的。②牢固的。③严格的。④结实的。—*vt.* ①使坚定。②使牢固。—*vi.* ①变坚实。②变稳固。—*ad.* 稳固地。—*n.* ①公司。②商号。~ *ground* 坚实地层,基岩。

firmness *n.* ①坚定。②坚固。③坚度。~ *of rock* 岩石坚固性(指在采矿工程中岩石难于或易于破碎或维护的性质。人们在采矿实践中认识到有的岩石容易破碎,有的则难;有的易于维护;有的则容易冒落,于是产生岩石坚固性的概念)。

F

first *ad.* ①第一。②首先。③优先。④宁愿。—*n.* ①第一。②开始。③冠军。—*a.* ①第一的。②基本的。③最早的。~ *blasting* 初次爆破,原体爆破。~ *break*;~ *arrival*;*primary wave* 初至波。~ *caving* 初次放顶(在长壁工作面,从开切眼开始向前推进,通过爆破或其他方法,使直接顶板第一次垮落)。~ *caving distance* 初次放顶距(初次放顶时,自开切眼到支架后排放顶线的距离)。~ *fire mix* 速燃点火药。~-*hand data* 第一手资料。~-*hand experience* 直接经验。~ *invariant of stress* 应力的第一不变量。~ *meridian* 本初子午线(参见 *initial meridian*;*prime meridian*)。~-*order angulation* 一阶三角测量。~-*order model* 一

阶模型。~-*order relationship* 第一序列关系。~ *ripping* 初次挑顶。~ *roof fall* 初次垮落(在长壁工作面,从开切眼开始向前推进,直接顶板的第一次自然垮落)。~ *weighting* 老顶初次来压(老顶初次垮落前后在采煤工作面引起的矿山压力显现)。~ *working* 一次回采,采矿开拓工作。

fission *n*. ①裂变。②分裂。③分体。④分裂生殖法。~ *ratio* 裂变强度比。

fissuration *n*. 破裂,碎裂,形成裂隙。

fissure *vi*. ①裂开。②分裂。—*n*. ①裂缝,裂隙。②裂沟(尤指岩石上的)。—*vt*. ①裂开。②分裂。~ *displacement* 缝隙位移。~*d clay* 裂隙黏土(裂隙很发育的黏土)。

fixed *a*. ①固执的。②处境…的。③准备好的。④确定的。~ *site blending* 混装固定场所。~ *assets rate of project* 工程固定资产形成率(将工程固定资产原值除以工程造价所得的比值)。~ *bottom* 炮孔底部有紧装炸药,固定底。~ *charge* 固定装药。~ *charges*; ~ *cost*; ~ *expense* 固定费用。~ *composition ratio* 固定配比。~ *error* 固定误差(与测量值大小无关而有固定数值的误差)。~ *form* 定形。~ *layer* 固定层(为颗粒表面结构电荷牢固吸附而不能与之分离的反离子层的内层)。~ *point* (固)定点。~-*time delay* 定时延期。

flake *vi*. ①剥落。②成片状剥落。—*vt*. ①使…成薄片。②将…剥落。—*n*. ①小薄片。②火花。~ *powder* 片状炸药。~ *propellant* 片状发射药。

flaky *a*. ①薄片的。②薄而易剥落的。③古里古怪的。~ *texture*; *bladed structure* 片状结构。

flame *n*. ①火焰。②热情。③光辉。—*v*. ①焚烧。②泛红。~ *cooling agent*; ~ *coolant*; *cooling agent*; *cooling salt*; ~-*depressant* 消焰剂,阻化剂(能缩短煤矿许用炸药爆炸时产生的火焰长度和火焰持续时间,降低其爆热和爆温,并能对可燃气和煤尘的氧化反应起负催化作用的物质。常用的有氯化钾、氯化钠和氟化钙等)。~-*depressant additive* 火焰抑制添加剂。~ *igniter* 点火具。-*less explosive* 无焰炸药。~ *mining* 热力开采。~ *of shot* 爆破火焰。~ *retardant*; *retardant* 阻燃剂。~ *sensitivity test* 火焰感度试验(按一定的试验设计,以规定的火焰作用于火焰雷管或火工品药剂,确定刺激量与发火概率关系的试验)。~ *pickup* 火花接续。*The ignition powder insures ~ pickup from the safety fuse, while the primer charge converts the burning into detonation and initiates the base charge.* 引爆药保证安全导火索火花接续,而主药包将燃烧转化为爆炸,并引爆底部药包。

flameproof *a*. ①防火性(对火焰的抵抗能力,在英国用于描述具有爆炸性矿山中合法使用的电气设备、开关及其各项零件对火焰抵抗性能的术语。这些设备一般由装配精确的大法兰密封在箱子里)。② = flamedamp-proof; flame-resistant; explosion-proof 隔爆。~ *apparatus* 防爆装置。~ *circuit breaker* 防爆断路器。~ *electrical apparatus*

隔爆型电气设备(具有隔爆外壳的防爆电气设备)。~ *enclosure*; ~ *casing* 隔爆外壳(在正常运行条件下,不会点燃周围爆炸性混合物,且一般不会发生有点燃作用的故障的防爆电气设备)。~ *test* 防爆试验。

flammability *n.* 可燃性,易燃性(炸药由热或明火点燃的难易程度)。~ *of explosives* 炸药可燃性。~ *limit* 可燃界限。*However, under actual detonation conditions the hot* CH_4 *is likely to combust on contact with atmospheric oxygen provided it is above the lower ~ limit.* 然而,在实际爆轰条件下,热甲烷只要高于较低的可燃界限,一旦与大气的氧接触就会燃烧。

flammable *a.* ①易燃的。②可燃的。③可燃性的。—*n.* 易燃物。~ *dissolvent*; *combustible dissolvent* 可燃性溶剂。~ *material*; ~ *substance* 可燃物质。

flank *n.* ①侧面。②侧翼。③侧腹。—*vt.* ①守侧面。②位于…的侧面。③攻击侧面。—*vi.* 侧面与…相接。—*ad.* 在左右两边。~ *hole* 边孔(隧道或平巷炮孔组的侧边孔,它决定着硐口的宽度。参见 *rib hole*; *side hole*; *end hole*)。

flare *n.* 闪光信号(一种能产生强光的单一光源,用来发出信号的装置)。

flash *vt.* ①使闪耀。②使张开。③用发光信号发出。④使外倾。—*vi.* ①闪耀,闪光。②燃烧。③突然发怒。—*n.* ①闪光,闪耀。②耀斑。③爆发。④照明弹。~ *detonator* 工业火雷管(用导火索的火焰冲能激发的工业雷管,参见 *plain detonator*; *fuse detonator*)。~-*electric detonator* 火-电两用雷管(既能以火焰激发也能以电能激发的雷管)。~ *over*; *propagation*; *sympathetic propagation* 殉爆(药包间或装药炮孔间的感应爆轰现象)。~-*over tendency* 殉爆性,诱爆性。~ *point* 闪点(可燃挥发物质在空气中遇到火焰而燃烧的最低温度,该温度是在特制的容器中通过试验确定的)。

flashing *n.* ①闪光。②防水板。③遮雨板。—*ad.* ①闪烁的。②闪光的。~ *pill* 电雷管起爆剂。

flashless *a.* 无闪光的。~ *charges* 消焰炸药。~ *non-hygroscopic powder* 无烟防潮火药。

flat *a.* ①平的。②单调的。③不景气的。④干脆的。⑤平坦的。⑥扁平的。⑦浅的。—*ad.* ①(尤指贴着另一表面)平直地。②断然地。③水平地。④直接地,完全地。—*n.* ①平地。②公寓。③平面。—*vt.* ①使变平。②使(音调)下降,尤指降半音。—*vi.* ①逐渐变平。②以降调唱(或奏)。~ *cut* 底部楔形掏槽。~ *dip* 缓倾斜,微倾斜。~ *open ground* 平坦开阔的地面。~ *site* 平坦地段。~ *topography* 平坦地形。

flaw *n.* ①瑕疵,缺点。②一阵狂风。③短暂的风暴。④裂缝,裂纹。⑤缺陷(在物体内部的轻微缺陷,当受力后会发展成裂缝)。—*v.* ①使生裂缝,使有裂纹。②使无效。③使有缺陷。—*vi.* ①生裂缝。②变得有缺陷。

fleet *a.* 快速的,敏捷的。—*n.* ①舰队。②港湾。③小河。—*vi.* ①飞逝。②疾

驰。③掠过。—*vt.* 消磨。~ *angle* 偏离角。

flexibility *n.* ①灵活性。②弹性。③适应性。④挠性,柔韧性。~ *factor* 挠曲系数,挠度系数。~ *of fracture* 断裂韧性(平面应变的标准试件中,裂纹在临界荷载作用下出现不稳定扩展时的应力强度因子)。

flexible *a.* ①灵活的。②柔韧的。③易弯曲的。~ *dimension* 挠性尺寸。~ *explosive* 挠性炸药(具有弹性、柔性和挠曲性的炸药)。~ *shield mining in the false dip* 伪倾斜性掩护支架采煤法(在急斜煤层中,沿伪倾斜布置采煤工作面,用柔性掩护支架将采空区和工作空间隔开,沿走向推进的采煤方法)。~ *shield support* 柔性掩护支架(用钢绳将钢梁或木梁连接在一起,在急斜采煤工作面中用以掩护工作空间和隔离采空区的帘式柔性支护结构物)。

flexural *a.* ①弯曲的。②曲折的。~ *rigidity*; ~ *stiffness* 挠曲刚度,抗挠刚度,抗弯刚度。~ *strain* 挠曲应变。~ *strength* 挠曲强度。~ *stress* 挠曲应力。

flexure *n.* ①屈曲。②折褶。③弯曲部分。④挠曲,弯曲,弯度。~ *moment* 弯曲力矩,偏转力矩。~ *of the rock mass* 岩体挠曲。

flip *vt.* ①掷。②轻击。—*vi.* ①用指轻弹。②蹦跳。—*a.* ①无礼的。②轻率的。—*n.* ①弹。②筋斗。~-*flop* 触发电路。

flitching *n.* ①腌的猪肋肉。②咸肉细片。③大比目鱼的肉片。④料板。—*vt.* ①切成鱼块。②裁成板。③扩帮,刷帮。

floatation *n.* ①浮选。②漂浮性。~ *weighing method* 浮称法(根据阿基米德原理,通过水中称重求颗粒体积,以测定卵砾石颗粒密度的方法)。~ *platform* 浮式平台(浮式作业平台浮在水面上,依靠锚缆定位。它比固定支架作业平台灵活机动,故能缩短爆破周期,提高工效,适于在水深较大、爆区范围广的条件下作业,是目前国内外采用最广泛的一种水下爆破作业平台)。

flocculated *a.* 絮凝的。—*v.* ①使絮凝。②凝聚(flocculate 的过去分词)。~ *structure* 絮凝结构(黏土矿物颗粒及其集粒以边-面或边-边接触联结而成的结构模式)。

Flo-Dyn *n.* 费洛丁炸药。

floor *vt.* ①铺地板。②打倒,击倒。③(被困难)难倒。—*n.* ①地板,地面。②楼层。③基底。④议员席。⑤底板(开掘出为运输和行走而设置的水平底面。也指台阶、平硐、巷道和地下硐室的较低位置的表面)。~ *arch*; *inverted arch*; *invert* 底拱(在巷道底板设置的连接两侧墙〈岩〉体、拱矢向下的拱楦)。~ *boundary line*; *open-pit* ~ *edge* 底部境界线(曾称下部境界,露天采场最终边帮与底面的交线)。~ *burst* 底盘岩爆。~ *cut* 掏底槽,底部掏槽。~ *dinting*; *dinting* 挖底(必要时在巷道中挖去部分底板岩石的作业)。~ *heave* 底鼓(由于矿山压力或水的影响底板呈现隆起的现象)。~ *holes* 拉底炮孔(沿底部等高线所钻的孔,参见 *lifters*)。~ *load intensity* 底板载荷强度

F

(支架底座对单位面积底板上所造成的压力)。~ *ripping blasting* 落底爆破(炸去地面上隆起的部位,使其变为平整的爆破。例如:在隧道掘进中,开挖面底板因爆破不充分而残留根底时,可用落底爆破予以平整。参见 *rip blasting*)。

floppy *a.* ①松软的。②吧嗒吧嗒响的。③懒散的,邋遢的。—*n.* 软磁碟。~ *disk* 软盘(在圆形聚酯膜的软基底上涂敷磁性层作为记录媒体的盘片。软盘主要由磁盘与外套两部分组成。由于结构简单、价格低廉、便于脱机存储与携带、互换性好、寿命长而被广泛采用)。~ *disk drive* 软盘驱动器(使用软盘作记录媒体的存储设备,也用作数据输入设备。它可用作辅助存储器,可用于数据输入,对计算机和办公自动化系统特别有用,成为计算机和其他电子产品不可缺少的重要设备)。

flow *vi.* ①流动,涌流。②川流不息。③飘扬。—*vt.* 淹没,溢过。—*n.* ①流动。②流量。③涨潮,泛滥。~ *measurement system* 流量测试系统。~ *control* 流量控制。~ *direction* 流向。~ *line*; ~ *scheme*; ~ *chart* 流程图。~ *process chart* 工艺流程图。~ *sheet* 作业图。~ *stress* 流动应力。~*ing water pressure* 流水的压力。~ *phenomenon* 蠕变现象,蠕变过程。

fluctuating *v.* 波动(fluctuate 的 ing 形式)。—*a.* ①波动的。②变动的。~ *load* 波动性载荷。~ *stress* 脉动应力。~ *value* 波动值。~ *of the numerical values desired* 所需数值的波动。~ *ratio* 波动率。

flue *n.* ①烟道。②暖气管。③蓬松的东西。④钩爪。⑤渔网(等于 flew)。~ *coat dust* 浮游煤尘(指巷道内浮游状态的煤尘,遇火焰可能发生爆炸。在这种情况下,应采用高压注水爆破等特殊爆破法。参见 *suspended coal dust*)。

fluid *a.* ①流动的。②流畅的。③不固定的。—*n.* ①流体。②液体。~ *fracturing* 液力碎裂。~ *stress* 流体应力。

flume *n.* ①水道。②笕槽。③引水槽。—*vt.* ①用引水槽输送。②用引水槽引。~ *hydrotransport*; *hydraulic* ~ *transport* 明槽水力运输(在具有一定坡度的溜槽或沟渠内,煤浆自溜的输送方式)。

flush *n.* ①激动,洋溢。②面红。③萌芽。④旺盛。⑤奔流。—*vt.* ①使齐平。②发红,使发亮。③用水冲洗。④使激动。—*vi.* ①发红,脸红。②奔涌。③被冲洗。—*a.* ①大量的。②齐平的。③丰足的,洋溢的。④挥霍的。~ *of the hole* 冲洗钻孔(在钻探工程中,利用水泵或空气压缩机将冲洗液输入孔内,形成循环流动,以冷却钻头、保护孔壁和将岩屑〈粉〉携带出孔口的作业)。~*ing the borehole* 冲洗炮孔。

flying *a.* 飞行的。—*n.* 飞行。—*v.* 飞(fly 的 ing 形式)。~ *chip* 飞屑。~ *dust* 飞尘。~ *plate detonator* 飞片雷管(以一种装药爆炸驱动的金属片撞击另一种装药激发的雷管)。

flyrock *n.* 飞石(爆破抛掷出的岩石)。~ *risk for equipment* 设备的飞石危险。*F-is produced by excess gas energy.*

飞石是由过多的气体能产生的。~ *accident* 飞石事故。*Investigations of ~ accidents have revealed one or more of the following contributing factors*: (Ⅰ) *discontinuity in the geology and rock structure*, (Ⅱ) *improper blast hole layout and loading*, (Ⅲ) *insufficient burden*, (Ⅳ) *very high explosive concentration*, *and* (Ⅴ) *inadequate stemming*. 调查结果表明,飞石事故是由以下一个以上的因素促成的:①地质及岩石结构的非连续性;②炮孔布置和装药量不适当;③抵抗线不足;④炸药能量高度集中。⑤填塞不足。~ *risk analysis method* 飞石危险分析法。~ *control* 控制飞石。*F-control is crucial in blasting operations because of safety considerations*, *damage to nearby infrastructure and a "social licence to operate"*. 出于安全目的之考虑、不损毁临近设施、又要让社会满意,控制飞石对表皮作业至关重要。~ *generation and impact zones* 飞石产生区域及影响区域。~ *phenomena* 飞石现象。*Much experimental and theoretical work about ~ phenomena has been performed in the past decades*. 在过去的几十年里,人们对飞石现象进行了大量的实验研究和理论研究。~ *range* 飞石覆盖范围。~ *risk* 飞石引发的危险。~ *travel distance* 飞石飞出距离。

foamed *a*. 泡沫状的。—*v*. 起泡沫(foam 的过去式)。~ *explosive* 发泡炸药(一种加入发泡剂以降低线性装药密度的炸药。用于控制边界爆破或在生产中为降低细颗粒碎片产生的爆破)。

focal *a*. ①焦点的,在焦点上的。②灶的,病灶的。~ *length* 震源距。~ *length of cumulative shooting flow* 聚能流的焦距(聚能流在运动过程中,其截面最初缩小,然后扩大。在截面最小处,聚能流的运动速度和能流密度最大。最小截面距装药端面的距离称为聚能流的焦距。在焦距处,聚能流的破坏作用和穿透能力最大)。

fold *vt*. ①折叠。②合拢。③抱住。④笼罩。—*vi*. ①折叠起来。②彻底失败。—*n*. ①折痕。②信徒。③羊栏。④褶皱(岩层经地质构造作用挤压后改变了原始产状,但未破坏其连续性而形成弯曲的或波状起伏的构造形态。它对炮孔排列、药室布置、爆破范围、爆落方量以及飞石距离和方向等有一定的影响)。~ *ed blasting demolition of slim and high buildings* 高耸建筑折叠式倒塌(对高耸建筑物先折叠后倒塌触地。折叠式倒塌可分为单向折叠倒塌和双向折叠倒塌两种方式。根据周围场地的大小择优选用)。

foliated *a*. ①页片状的。②叶片状的。③有叶形装饰的。~ *metamorphic rock* 层状变质岩。

follow *vt*. ①跟随。②遵循。③追求。④密切注意,注视。⑤注意。⑥倾听。—*vi*. ①跟随。②接着。—*n*. ①跟随。②追随。~-*up survey* 跟踪测量。~-*up unit* 随动装置。

foot *n*. ①脚。②英尺。③步调。④末尾。—*vi*. ①步行。②跳舞。③总计。—*vt*. ①支付。②给…换底。~ *slope*; *bottom wall*; ~ *wall*; *flat wall*; *un-*

F

der wall; *lower wall*; *lying wall*; *bottom slope*; *floor wall* 底帮(位于露天采场矿体底板侧的边帮)。~*-of-hole* 炮孔进尺。

footage *n*. ①英尺长度。②连续镜头。③以尺计算长度。~ *measurement of roadway* 巷道验收测量(丈量巷道进度、检查巷道规格的测量工作)。

footing *n*. ①基础。②立足处。③社会关系。④合计。—*v*. ①步行。②在…上行走。③总计(foot 的 ing 形式)。~ *base additional stress* 基底附加应力(基础与地基接触面上,由建筑物荷载所产生的应力增量,数值上等于基底压力与基础埋置深度处岩土自重压力之差)。~ *base pressure*; *contact pressure* 基底压力,接触压力(建筑物基础底面单位面积上的作用力)。

footwall *n*. ①下盘。②底帮,底壁。~ *blasting* 底帮爆破。

forbidden *a*. ①被禁止的。②严禁的,禁用的。~ *region* 禁区。~ *explosives* 禁止使用的炸药(又称不被接受的炸药。指那些根据美国运输部法规禁止通过个人、合同购买或私人携带运输以及那些禁止通过铁路货运、铁路专递、高速路、航空及海上运输的炸药。参见 *unacceptable explosives*)。

force *n*. ①力量。②武力。③军队。④魄力。—*vt*. ①促使,推动。②强迫。③强加。~ *majeure* 不可抗拒力。~ *majeure clause* 对不可抗拒力规定的条款。~ *of explosion* 爆炸力。*Flyrock is defined as any rock fragments thrown unpredictable from a blasting site by the ~ of explosion.* 飞石的定义是,由爆炸现场的爆炸力掀起的且不可预测的岩石碎片。~ *of explosives* 炸药力(将 1kg 炸药爆炸时所生成的爆炸气体收集在 1L 的容器内,其对器壁的压力称为炸药力。参见 *specific energy*)。~ *of surplus bond* 剩余黏结力。

forced *a*. ①被迫的。②强迫的。③用力的。④不自然的。—*v*. 强迫(force 的过去式)。~ *block caving method* 阶段强制崩落采矿法(回采单元〈矿块、区〉中按阶段全高用凿岩爆破落矿,并在崩落岩覆盖下放矿的阶段崩落采矿法。该采矿法主要用中深孔或深孔爆破落矿,在缺少中深孔和深孔凿岩设备或矿石十分坚固而又破碎,使凿岩困难等特殊条件下用药室爆破落矿)。~ *caving*; *positive caving* 强制崩落,强制放顶(在顶板不能自行垮落时,采用爆破等手段使顶板垮落的方法)。~ *centering*; *positive centering* 强制居中。~ *contact* 强迫接触。~ *damped vibration* 强制减震。~ *directional collapse* 强迫定向倒塌。~ *flexural wave* 强迫弯曲波。~ *folding* 强制折叠。~ *production*; *enhanced production* 强化开采。~ *injection* 强行注入。~ *vibration* 强迫振动。~ *wave* 强制波。

fore *a*. ①以前的。②在前部的。—*n*. ①部。②船头。—*ad*. ①在前面。②在船头。—*prep*. 在前。~ *effect angle* 超前影响角(在工作面前方开始移动的地表点和工作面位置的连线与水平线在煤壁一侧的夹角)。

forepoling *n*. ①超前支架。②隧道矢板。

F

③超前伸梁掘进法。④ = advance timbering 超前支护(在松软或破碎带,为了防止岩石冒落,超前于掘进工作面进行的支护)。

forking *a.* ①该死的。②讨厌的。—*ad.* 极度,非常。~ *charge with a rod* 叉送药包(叉送药包法多用于水域平均流速为1.5~3.0m/s的险滩上,将爆破工作船驶抵爆区水面上,并按照导标所示范围,测出预投放药包的位置,然后用竹竿叉送药包的提绳,逆流送至礁石面上)。

form *n.* ①形式,形状。②形态,外形。③方式。④表格。—*vt.* ①构成,组成。②排列,组织。③产生,塑造。—*vi.* ①形成,构成。②排列。~ *of coalseam* 煤层形态(煤层在空间的展布特征。根据煤层在剖面上的连续程度,可分为层状、似层状、不规则状和马尾状等多种形态)。

formaldehyde *n.* 甲醛,蚁醛。

formation *n.* ①形成。②构造。③编队。~ *compaction* 地层压实。~ *damage* 地层损害。~ *dip*;*stratigraphic dip* 地层倾角。~ *factor* 地层因数。~ *lithology* 地层岩性。~ *of blast-hole cracks* 炮孔裂缝的形成。~ *pressure* 地层压力。~ *temperature* 地层温度。~ *testing* 地层测试。

forming *n.* 形成。—*v.* 形成(form 的 ing 形式)。~ *property* 成型性能。

formula *n.* ①【数】准则,原则,公式,方程式。②配方,处方,药方。③分子式。④方案。~ *based on filled water volume* 注水容积法药量公式(装药量 $Q=CV$。式中,V 为注水容积,m^3;C 为容积装药系数,对钢筋混凝土容器,即 $C=0.06\sim0.1kg/m^3$,对混凝土容器,取 $C=0.05\sim0.07kg/m^3$)。~ *based on needed impulse* 冲量准则药量公式(按冲量破坏标准导出的药量计算经验公式)。~ *design*; *formulation design* 配方设计。~ *of the burning speed*; ~ *of the combustion velocity*; ~ *of the burning rate* 燃烧速度公式。~ *optimization* 配方优化。

forum *n.* ①论坛,讨论会。②法庭。③公开讨论的广场。

formulation *n.* ①构想,规划。②简洁陈述。③公式化(的表述)。④编制。⑤形成。⑥列式,表达。

forward *a.* ①向前的。②早的。③迅速的。—*ad.* ①向前地。②向将来。—*vt.* ①促进。②转寄。③运送。—*n.* 前锋。~ *angle*; ~ *azimuth* 前方位角。~ *branch of diffraction curve* 绕射波前支。~ *excavator* 正铲(挖掘机)(铲斗背向下安装在斗臂前端,主要用于上挖的单斗挖掘机上。参见 *face shovel*)。~ *impedance* 正向阻抗。~ *intersection* 前方交会(在两个已知点和一个待定点组成的三角形中,分别观测两个已知点的内角,以计算待定点坐标的测量方法)。~ *calculation* 正演计算。~ *motion* 前向运动。~ *model* 正演模型。~ *modeling* 正演模拟。~ *problem* 正演问题。~ *reasoning* 正向推理。~ *scatter* 正向散射,前向散射。~ *stroke* 前进冲程,前冲。~ *stroke width* 前冲宽度。~ *thrust force* 前向推力。

fossil *n.* ①化石。②僵化的事物。③顽固不化的人。—*a.* ①化石的。②陈腐的,守旧的。~ *fuel* 化石燃料,矿物燃料。

foundation *n.* ①基础。②地基。③基金会。④根据。⑤创立。~ *blasting* 基础爆破。~ *bed* 基底岩层。~ *coefficient* 基础系数。~ *ditch*;~ *pit*;~ *trench* 基坑。~ *drawing* 基础图。~ *engineering* 基础工程。~ *for works* 建设基金(由国家贷给或由各种渠道筹集的有偿资金,用作工程基建投资周转)。~ *level* 基础水平。~ *material* 基础材料。~ *plan* 基础平面图。~ *sampling* 基岩取样。~ *subsidence* 基础沉陷。~ *testing* 基岩测试。

Fourier *n.* 傅里叶。~ *cosine transform* 傅里叶余弦变换。~ *integral transform* 傅里叶积分变换。~ *transformed boundary conditions* 傅里叶变换边界条件。

four *num.* ①四。②四个。—*a.* ①四的。②四个的。~ *section cut* 四面打孔(一种在竖井或巷道钻孔的方式。指在距离一个大的中心孔等距离处钻四个孔,四个孔可连接成一个正方形,此后再旋转45°,在上面的四个孔以外较大的距离处再同样钻四个孔)。

fractal *n.* 不规则碎片形。~ *geometric method* 分形几何方法(分形几何主要研究一些具有自相似性,或自反演性的不规则图形,以及具有自平方性的分形变换和自仿射分形集,等等。这里的不规则图形在传统的几何〈欧氏几何〉里被认为是病态的,不予研究。实际上传统的几何学也无法对这些不规则图形进行研究)。

fractional *a.* ①部分的。②【数】分数的,小数的。~ *charge* 分装药。~ *delay periods* (*such as* $a^1/_4$,$^1/_2$,$^3/_4$) 分级延时期限。~ *load* 部分负荷。~ *make-up* 颗粒组成,馏分组成。~ *solution* 分级溶解。

fracture *vi.* ①破裂。②折断。—*vt.* ①使破裂。②破裂面。③断口。④断裂。—*n.* ①破裂,断裂。②骨折。③a)破裂面(也称断裂,指岩石在应力作用下形成的一切机械破裂,不论有无位移,在构造地质学中,由于瞬间内聚力的丧失,或是差异应力抵抗力的丧失以及储集的弹性能的丧失对岩石引起的变形);b)断口(指当矿物受外力打击时,不沿一定结晶方位裂开,而成凹凸不平的断开面);c)断裂(岩体的破碎现象。是由于应力作用下的机械破坏,使岩体丧失其连续性和完整性,不涉及其破碎部分是否发生位移。断裂包括裂隙、节理和断层等,参见 rupture)。~ *mapping* 破碎全貌。~ *angle*;*angle of rupture* 破裂角。~ *attitude* 裂隙形态。~ *bifurcation* 裂缝分叉。~ *control blasting* 断裂控制爆破(一种控制边界的爆破方法,即在爆破之前沿炮孔开凿2个相对的V形槽,大幅度降低炮孔压力的爆破方法。V形槽可由机械工具或高压水喷枪开凿)。~ *density* 裂隙密度。~ *doming* 爆裂成穹。~ *energy*;*energy of* ~ 断裂能。~ *energy release rate* 裂缝能释放速率。~ *front* 破裂波前峰。~ *dynamics of rock* 岩石断裂动力学。~ *initiation toughness* 断裂起始韧性。~ *intensity index* 破裂强度指数。~ *load* 断裂载荷。~*d load of support* 支架破坏载荷(支架破坏时所承受的最小载荷)。~ *mechanism* 破裂机理。~ *mechanics* 断裂力学(研究含缺陷〈微裂纹〉材料的力学特性及其运用的科学)。~ *method of expansion admixture* 膨胀剂迫裂法(在不许使用炸药爆破或用爆破方法不经济、不安全的情况下,可以用钻孔灌膨胀剂的办法进行开挖和破碎作业。膨胀剂灌入孔中,发生水化反应,放热、固结、体积膨胀,对孔壁施加压力,将孔壁外的岩石、混凝土破裂)。~ *pattern* 破裂模式,破裂类型。~ *pattern disturbance* 断裂型错动。~ *plane* 断裂面。~ *porosity* 破裂空隙度。~ *population characteristic* 裂隙分布特性。~ *propagation toughness* 断裂延伸韧性。~ *radius* 破裂半径。~*d roof* 破碎顶板(节理裂隙十分发育、整体强度差、自稳能力低的顶板)。~ *stage* 破裂阶段(应力—应变曲线斜率逐渐变小,岩土中微破裂不断产生和发展,最终导致破坏的岩土变形阶段)。~ *strength* 破裂强度。~ *stress* 破裂应力。~*d structure* 破裂结构。~ *surface energy* 裂缝表面能。~ *theory model for rock blasting* 岩石爆破的断裂理论模型(断裂力学理论认为:岩石可视为含有微裂纹的脆性材料,岩石的爆破破碎过程可用裂纹扩展的理论来解释。由此,发展了岩石爆破的断裂理论模型,其中有代表性的是 BCM 模型和 NAG-FRAG 模型)。~ *toughness* 断裂韧性(物料对断裂的阻力。断裂韧性是由实验室通过对样本进行标准试验测试确定的,样本可以是有凹槽的圆柱形或蝶形的样本。军队试验使用 V 形作为最初的裂缝)。~ *toughness of rock* 岩石断裂韧性(指岩石抵抗裂纹扩展的能力。在平面裂纹应力分析中,裂纹面分为三种基本位移模式〈张开型、错动型、撕开型〉。张开型裂纹最适合于脆性固体中裂纹传播)。~ *velocity* 断裂速度。~ *zone*;*crushing zone*;*rupture zone*;*crush belt*;*cracked zone* 破碎带。

fracturing *v.* ①使破裂。②粉碎(fracture 的 ing 形式)。—*n.* ①水力压裂。②破碎。③龟裂。④断裂过程(岩石断裂成固体块状岩石的过程)。~ *energy* 破碎能。

fragblast *n.* 爆破破岩。~ *proceedings* 爆破破岩程序。*To date, the issue of GHGs from explosives and blasting has not been given wide consideration in the literature and has not been a subject of the ~ proceedings.* 直到今天,炸药和爆破温室气体问题尚未在文献中予以充分考虑,而且尚未成为爆破破岩程序的主题。

fragile *a.* ①脆的。②易碎的。~ *rock formation* 脆弱岩层。

fragility *n.* ①脆弱。②易碎性。③虚弱。

fragment *n.* ①碎片。②片断或不完整部分。—*vt.* 使成碎片。—*vi.* 破碎或裂开。~ *scattering* 碎片散落。~ *size distribution curve* 碎岩粒度分布曲线。*The fine end of the ~ size distribution curve is controlled by the rock's inherent breakage characteristics and the nature of* *the stresses imposed by the detonation of the explosive.* 碎岩粒度分布曲线的细端受岩石固有破碎特点的控制,而且受炸药爆轰施加的应力性质的控制。~ *size distribution of blasted rock* (被炸岩石的)破碎粒度分配。~ *top size* 碎岩最大粒度。*The coarse end of the predicted fragmentation size distribution is often over-estimated because the ~ top size is not influenced by the structure of the rock mass in the model.* 对所预测的碎岩粒度分布的粗端往往给以过高估计,这是因为碎岩最大粒度不受模型中岩体结构的影响。

fragmented *a.* ①片断的。②成碎片的。—*v.* ①分裂(fragment 的过去分词)。②使成碎片。~ *rock* 浮石(在井下或露天采场中,因爆破参数选择不当或地质构造的影响,爆破区部分已被爆破松动但未崩落下来的岩石。参见 *loose part of rock*)。~ *rock 3D-size-distribution* 破碎岩石的三维粒度分布。

fragmentation *n.* ①分裂。②存储残片。③破碎,破碎作用(目前主要有两种破碎方法:a)借助爆破使岩石碎裂的作业,称为爆破破碎;b)用混凝土破碎器破碎矿岩,是一种非爆破的破碎)。~ *analysis* 断裂分析。~ *and heave process* 破碎和凸起抛掷过程。*After repeated field experiments, they drew a conclusion that as the charge increases, the ~ and the velocity of the broken material increases as well.* 经过多次实地测试,他们的结论是,如果药量的增加,破碎量和飞石的速度也随之剧增。~ *capacity* 破碎能力。~ *curve* 破碎曲线。~ *data from visual observations* 直观破碎数据。~ *experiment* 破碎试验。*F- Guides* 爆破指导手册(加拿大)。~ *mechanism* 破碎机理。~ *model* 破碎模型。~ *optimization project* 破岩优化项目。~ *prediction* 破碎预测。~ *sizemeasurement*(岩石)破碎粒度测量。

frame *n.* ①框架。②结构。③画面。—*vt.* ①设计。②建造。③陷害。④使…适合。—*vi.* 有成功希望。—*a.* ①有木架的。②有构架的。~ *building* 框架楼房。

free *a.* ①免费的。②自由的,不受约束的。③【化】游离的。—*vt.* ①使自由,解放。②释放。—*ad.* ①自由地。②免费。~ *acid test* 游离酸试验(在炸药安定性试验中,以观察非过敏性试纸的变色时间来确定炸药安定性的一种试验方法)。~ *air-out explosive expanding* 自由界面自然排气爆炸胀形(这种胀形的特点是,水介质的界面与毛料端面平齐,毛料的端面是一个自由面。自由界面附近的冲击波受到很大削弱,由于气团离水面很近,很快就冲出水面。零件成型后的上部端口极易形成收口状,即使增大药量这种现象也是不可避免的。这种方法在实际中应用较少)。~ *air-out explosive expanding with a reflection plate* 反射板自然排气爆炸胀形(加工时在毛料上方安放一块具有一定质量和一定几何尺寸的金属板,它与毛料之间的间隙可用木质垫片调整,此板即称反射板。反射板可以重复使用,它与毛料之间的间隙又可把气体

F

排出。而水帽则不能重复使用)。~ *angle of breakage* 无挤压爆破漏斗张开角。~ *asphalt*;*native asphalt* 天然沥青。~ *body diagram* 自由体受力图。~ *bottom* 炮孔底部无紧装药,活动底。~ *breakage* 无挤压崩落,自由崩落。~ *burden* ①自由面抵抗线。②自由面崩落岩石层。~ *burning mixture* 自燃混合物。~-*caving* 容易塌落的。~ *end* 自由面,自由端。~ *energy change* 自由能变化。~ *crushing* 自由破碎。~ *face*; ~ *surface*;*open face* 自由面(指不受约束的几乎不受力的面。在采矿工程中,岩〈矿〉体暴露在空气或水中的表面。自由面有时也称为开放表面)。~-*fall boring* 钢绳冲击式钻孔。~ *field stress* 自由场应力。~-*field velocity* 自由场速度。~-*flowing ammonium nitrate explosive* 流质硝铵炸药。~-*flowing dynamite* 流体炸药。~-*flowing property* 流散性(炸药在倒药、装药时自由分散、流动的性能)。~ *from error* 不受误差影响的。~ *impedance* 自由阻抗。~-*open texture* 松散结构。~-*pouring explosive* 自由灌注炸药。~ *radical reaction* 自由基反应。~-*running blasting agent* 粉状炸药。~ *space impedance* 自由空间阻抗。~ *space propagation* 自由空间传播。~ *surface energy* 自由表面能。~ *swelling rate*;*coefficient of ~ swelling* 自由膨胀率(物体遇热或遇水时的体积膨胀量与原来体积之比,以百分数表示)。-*ly-suspended charge* 自由悬挂装药。~ *running*; ~ *flowing* 自由流动性(粒状铵油炸药,无需做成药卷便能直接流放注入炮孔中,炸药的这种性质叫做自由流动性。采用这一性质充填的炸药,炸药和炮孔孔壁之间没有空隙,炮孔单位长度的装药量增加,因此其爆破效果要比用药卷装填炮孔的方法好)。~ *subsidence method* 缓慢下沉法(随采煤工作面推进,使采空区顶、底板自然合拢的岩层控制方法)。~ *variable* 自由变量。~ *vibration* 自由振动。

freezing *a*. ①冰冻的。②严寒的。③冷冻用的。~ *and thawing test* 冻结和解冻试验(仅适用于胶状类型的硝化甘油炸药的温度试验。将一个敞开的100g重的药卷放入一个相当尺寸的试管中,该试管由光滑的塞子封闭,在-3~-6℃温度下放置16h,然后在室温下保存8h。将该实验重复进行3d,检查药卷是否变形有无炸药胶体泄漏)。~ *of nitroglycerine* 硝化甘油炸药的冻结(硝化甘油炸药在零上10℃即可发生冻结。冻结的药卷用起来很不安全,而事先解冻又很危险。防止其冻结的方法是在硝化甘油炸药中加入硝化乙二醇)。~ *point* 冰点,凝固点。~ *test* 冰点测定。~ *section heading* 冻结段掘进(冻结壁形成后进行井筒开挖及临时支护〈外层井壁〉的作业。冻结段掘进分为试挖和正式掘进两个阶段)。~ *wall* 冻结壁(又称冻结帷幕,曾称冻土墙。用人工制冷技术在预定的井巷围岩中所形成的有一定厚度和强度的冻土帷幕。它是冻结法凿井时维护围岩稳定和隔绝地下水通道的主要临时构筑物)。

F

frequency *n.* ①频率。②频繁。③地震波特征量,单位为 Hz。~ *characteristic* 频率特性,频率特性曲线。~ *of cracks*; ~ *of discontinuities* 裂缝频率(单位长度直线距离上的裂缝数)。~ *of joints* 接缝频率(单位直线长度上出现的接缝数)。~ *sounding method*(电磁)频率测深法(研究不同频率的人工交变电磁场在地下的分布规律,探测视电阻率随深度的变化,以了解地质构造和进行找矿的交流电法)。

friability *n.* ①易碎性。②脆弱。~ *value* 易碎值(岩石抵抗连续密集向下冲击外力的破坏能力。参见"脆性〈柔性〉试验 S20")。

friction *n.* 摩擦,摩擦力。~ *test* 摩擦力测试,摩擦感度测试。~ *angle*; *angle of* ~ 摩擦角。~ *damping* 摩擦阻尼。~ *drag* 摩擦阻力。~ *loss* 摩擦损失。~ *sensitivity* 摩擦感度。~ *separation* 摩擦选矿。~ *slope* 摩擦坡度。~ *coefficient* 摩擦系数(摩擦系数是临界摩擦力 F 和两个界面之间垂直作用力 N 的比值。对于给定的两个物体表面其值是固定的。参见 *coefficient of friction*)。~ *primer* 摩擦火帽(以摩擦激发的火帽)。~ *sensitivity test* 摩擦感度试验(将炸药置于特制的摩擦仪中承受摩擦作用,视其是否发生爆炸或爆燃。用爆炸百分数、摩擦功等表示炸药的摩擦感度)。

frictional *a.* ①摩擦的。②由摩擦而生的。~ *ignition* 摩擦发火。~ *strength* 摩擦强度(岩土由颗粒间的摩擦阻力所赋予的抗剪强度,通常指不连续面或已剪断面及碎屑土的抗剪强度,单位一般以 kPa 表示)。~ *stress* 摩擦应力。~ *damping* 摩擦阻尼。~ *effect* 摩擦效应。~ *force* 摩擦力。~ *heat* 摩擦热。~ *ignition* 摩擦点火。~ *resistance*; *drag friction* 摩擦阻力(由于运动的物体与非运动的物体或两个运动的物体之间的摩擦而产生的阻力)。

frog *n.* ①青蛙。②辙叉。③饰扣。—*vi.* 捕蛙。~-*type rammer* 蛙式夯土机(利用偏心惯性力断续夯实土砂料的机械)。

front *n.* ①前面。②正面。③前线。—*vt.* ①面对。②朝向。③对付。—*vi.* 朝向。—*a.* ①前面的。②正面的。—*ad.* ①在前面。②向前。~ *over-cab discharge* 前部装药。~ *abutment* 工作面前方支撑压力带。~ *abutment pressure* 前支承压(采煤工作面煤壁前方的支承压力)。~ *bank* 开采面,开挖面。~-*end- loader* 前端装载机(前装前卸式铲斗装载机。主要用于露天采矿、剥离装运爆破后的中硬和坚硬矿岩,以及直接挖掘软岩,最大运距≤1km)。~ *of detonation wave* 爆轰波波前。~ *pressure* 波前压力。~ *shear* 正面剪切。~ *view*; *elevation drawing*; *elevation*; ~ *elevation* 正面图,正视图。

frontier *n.* ①前沿。②边界。③国境。—*a.* ①边界的。②开拓的。~ *spirit* 拓荒精神。

frost *vt.* ①结霜于。②冻坏。—*vi.* ①结霜。②受冻。—*n.* ①霜。②冰冻,严寒。③冷淡。~ *line* 冰冻线。~-*resistant* 抗寒的。~ *belt* 冰冻带。~ *pene-*

F

*tration*冰冻深度。~ *resistivity* 抗冻性(岩土抵抗冻结作用的性能)。

frozen *a.* ①冻结的。②冷酷的。—*v.* ①结冰(freeze 的过去分词)。②凝固。③变得刻板。~ *layer* 冰冻地层。~ *soil*；~ *earth* 冻土(凡温度为负温或零温,并含有冰的各种土称为冻土。如果土中只有负温度而不含冰时则称为寒土)。~-*soil blasting* 冻土爆破(在冻土中进行的爆破作业。根据冻土深度不同,采用冻土层下装药和冻土层中装药两种工艺)。~ *soil environment* 冻土环境。

fuel *vi.* 得到燃料。—*vt.* 供以燃料,加燃料。—*n.* ①刺激因素。②燃料(指化合物或在炸药中加入的某种元素可以与氧化剂发生化学反应形成气体爆炸产物并释放大量的热。当铝用作燃料时,爆炸产物会产生固体残留物并有能量释放)。~-*air explosive* 燃料空气炸药。~-*air ratio* 燃料空气比。~ *component* 燃料组分。~ *composition* 燃料组成。~ *consumption* 燃料消耗(量)。~ *cost* 燃料费用。~ *decentralization*；~ *scattering* 燃料分散。~ *effect*；~ *efficiency* 燃料热值。~ *equivalent* 燃料当量。~ *lean explosive* 贫油炸药(爆炸后碳全部转化成 CO_2 的炸药)。~-*mixed ammonium nitrate* 铵油炸药。~ *oil* 燃料油(通常特指用于铵油炸药的柴油)。~ *phase* 油相。~ *ratio* 燃烧比率。~ *rich explosive* 富油炸药(爆炸后碳全部转化成 CO 的炸药)。~ *sensitizer* 燃料敏化剂。~ *technology* 燃料工艺。~ *oil system* 燃油系统。

fugitive *a.* ①逃亡的。②无常的。③易变的。—*n.* ①逃亡者。②难捕捉之物。~ *dust* 浮尘,飞尘。*The national pollutant inventory manual for the estimation of ~ dust from mining operations offers the following equation for the dust (total suspended particulates) generated from blasting in coal mines.* 评估采矿作业产生浮尘的国家污染物分类细则手册,列出了由于煤矿爆破产生的浮尘(全部悬浮颗粒)方程如下。~ *emissions* 失控的释放物。

full *a.* ①完全的,完整的。②满的,充满的。③丰富的。④完美的。⑤丰满的。⑥详尽的。—*ad.* ①十分,非常。②完全地。③整整。—*vt.* 把衣服缝得宽大。—*n.* ①全部。②完整。~ *page reports* 全面报道。~-*face method* 全断面方法。~ *aperture* 全孔径。~ *automation* 全自动化。~ *bottom round*；~-*face blasting*；~-*face firing* 全断面一次爆破(井巷整个工作面上一个掘进循环的全部炮孔的装药一次起爆的爆破方法)。~ *capacity* 全容量。~ *charge*；~ *load* 全负荷。~ *completed drifting*；*simultaneous drifting* 一次成巷(掘进、永久支护和水沟掘砌作业,在一定距离内,相互配合、前后衔接、最大限度地同时施工,一次到底的巷道施工方法)。~ *completed shaft sinking*；*simultaneous shaft sinking* 一次成井(掘进、永久支护和井筒装备三种作业平行交叉施工一次到底的井筒施工方法)。~ *section*；~ *face* 全工作面。~ *face boring* 全工作面钻孔(指通过

F

全工作面钻机对工作面进行机械钻孔崩落的过程,其进程主要由岩石的硬度、延伸方向和节理接缝数所控制,当处理较软岩石时掘进速度最大可达6m/h。用该种方法钻进的直径目前最大可以达到20m)。~-*face excavating method* 全断面掘进法(井巷整个掘进断面一次同时开挖的方法)。~ *face drill* 全工作面钻机(全工作面钻孔的机器)。~-*hole* 全孔的。~ *inward collapse* 完全向内陷落。~-*scale blast* 大爆炸,大爆破。~-*size tunneling shot*; ~ *face round* 全断面掘进炮孔组(把需要的断面一次全部开挖完成的施工方法。在岩石坚硬的大断面隧道中应用,可获得较高的掘进效率。掏槽方式以平行直孔掏槽为主,炮孔直径大多采用36~50mm。全断面上的所有炮孔称为炮孔组)。~ *view*; *general view* 全视图。~ *size* 全尺寸。~ *speed* 全速。

fully *ad.* ①充分地。②完全地。③彻底地。~-*coupled charge* 密实装药。~-*enclosed motor* 全封闭式隔爆电机。~-*mechanized coal winning technology* 综合机械化采煤工艺(用机械方法破煤和装煤,输送机运煤和液压支架支护的采煤工艺)。

Fulmenite *n.* 俘门炸药,福明那特(商标名)。

fulminic *a.* ①爆炸性的。②雷酸。~ *acid* 雷酸。

fulminate *vi.* ①爆炸。②电闪。③怒喝。—*vt.* ①使爆发。②以严词谴责。—*n.* ①雷酸盐。②烈性炸药。③雷酸盐炸药。~-*chlorate* 雷汞氯酸钾混合起爆药。~ *fuse* 雷汞导火索。

fulminating *a.* ①暴发性的。②呵斥的。③猛烈爆炸的。—*v.* ①大声斥责。②爆炸。③疾病暴发(fulminate 的 ing 形式)。④爆炸发光的。~ *cap*; *fulminate detonator* 雷汞雷管。~ *explosive* 雷汞炸药。

fume *vi.* ①冒烟。②发怒。—*vt.* ①熏。②冒烟。③愤怒地说。—*n.* ①烟。*Ardeer tank* ~ *test* Ardeer 烟雾试验(测试爆破烟雾的试验方法)。②愤怒,烦恼。~ *classification* 炮烟种类。~ *generation* 炮烟生成。~*s* 炮烟(炸药爆炸时生成的有毒气体〈如 CO, NO_x, SO_2, H_2S 等〉的总称,参见 *post-blast fuses*)。~ *class Ⅰ explosive* 一类炮烟炸药。~ *class of explosive* 爆后有毒气体生成量分类。~ *grade* 炮烟等级(炸药按其炮烟生成量〈单位质量的炸药或单个标准药卷所生成的有毒气体体积〉的多少而划分的等级)。

function *n.* ①功能。②【数】函数。③职责。④盛大的集会。—*vi.* ①运行。②活动。③行使职责。~ *of crater index* 爆破作用指数函数(在豪泽公式中,爆破系数 C 的表示式为:$C=f(n)\cdot g\cdot e\cdot d$。式中,$f(n)$为爆破作用指数 n 的函数;g 为岩石抗力系数;e 为炸药换算系数;d 为填塞系数)。~ *of the reaction rate*; *reaction-rate* ~ 反应速率方程。

furnace *n.* 火炉,熔炉。~ *slag* 炉渣。

fuse *vi.* ①融合。②熔化,熔融。—*vt.* ①使融合。②使熔化,使熔融。—*n.* ①保险丝,熔线。②导火索。③雷管。*safety* ~ 导火索(使用纺织物和抗水材料作包皮的黑火药芯线,用来引燃火雷管)。~ *blasting* 点火爆破,导火索爆破。~ *blasting cap*;~ *cap* 导火索雷管,明火起爆雷管。~ *capping* 导火索上装雷管。~ *cutter* 导火索切刀(为保证能够干净利落并与导线长轴方向呈各种角度切割安全导火索所设计的一种机械装置)。~ *detonator* 工业火雷管(用导火索的火焰冲能激发的工业雷管,参见 *flash detonator*;*plain detonator*)。~ *for delay element* 延时导火索(供秒延时雷管用的工业导火索)。~ *for fireworks* 烟花导火索(供烟花用的工业导火索。按每米燃烧时间可分为数种规格)。~ *igniter*;~ *lighter* 导火索点火器(导火索点火装置,有极热的火焰喷出,用于确保安全导火索点燃,又称导火索点火棒)。~ *initiation* 导火索起爆。~ *igniting tray* 集束导火索点火筒。~ *lock* 导火索拉索闩。~ *or safety* ~ 引信或安全引信(一根细长的可弯曲的管子,其中装有用于引爆雷管的黑火药或熔丝式爆炸雷管)。~ *pressboard* 导火索纸筒。~ *range* 引信爆发点距离。~ *wrapping* 导火索包皮。~ *head* 电引火头(在金属桥丝周围涂有点火药,由桥丝灼热引燃的滴状引火元件,有刚性和弹性两种结构)。

fusion *n.* ①融合。②熔化。③熔接。④融合物。⑤【物】核聚变。~*-cast explosive* 熔铸炸药。~ *point* 熔点。

future *n.* ①未来。②前途。③期货。④将来时。—*a.* 将来的,未来的。~ *worth* 终值(又称期值,一笔现有的资金按规定折现率,换算至将来某年年终所得的价值)。~ *reserves* 远景储量。

fuzzy *a.* ①模糊的。②失真的。③有绒毛的。~ *function* 模糊函数。~ *logic* 模糊逻辑。~ *mathematical model* 模糊数学模型。~ *relationship* 模糊关系。~*-set analysis* 模糊集分析。

G

gabbro *n.* 辉长岩(主要由基性斜长石和单斜辉石组成的基性火成岩,不含或少含橄榄石和斜方辉石)。

gage *n.* ①厚度。②直径。③测量仪表。~ *scale* 标准尺寸。~ *tolerance*;*gauge tolerance* 量规误差。

gain *n.* ①利润,获益。~ *control* 增益控制。

gallery *n.* 走廊。~ *test*;*drift gallery test*;*drift test* 巷道试验(利用模拟矿井条件的试验巷道,测定炸药或火工品爆炸时能否引燃、引爆可燃气、煤尘的安全性试验)。~ *testing of explosive* 封堵炮泥爆破试验(指在由爆炸室和臼炮组成的试验巷道中,装入试验用的瓦斯和煤尘,然后对炸药的安全度进行测试的一种试验方法〈包括瓦斯试验和煤尘试验〉)。

galvanic *a.* 电流的,尤指化学作用产生的直流电。~ *action* 杂散电流(具有电流效应的物理化学过程,这里指通过导体的电流或由两种不同的金属彼此接触时产生的电流。该电流可产生足够的电压而导致引爆电路提前点火,特别是当有盐类电解质存在的情况时)。

galvanometer *n.* ①检流计,电流表。② = ohm meter 爆破专用欧姆表或电桥(用来检测单发、串联和并联中的多发电雷管,以及整个炮孔组的电阻值)。

gamma *n.*【物】伽马。~ *ray* γ 射线。*gamma-gamma logging*;*gamma - gamma log* 伽马–伽马测井(用附有 γ 源的控制装置,沿孔壁照射岩层,以探测经岩层散射后的 γ 射线强度为基础的测井方法)。

gangue *n.* ①脉石。②煤矸石。③矸石。~ *mineral*;*vein stuff* 脉石(矿床中的非开采对象或没有开采价值的矿物,俗称废石,是金属矿物的反义词)。

gantry *n.* ①构台。②桶架。~ *crane* 门式起重机(又称龙门式起重机,具有门形底座的全回转动臂架式起重机)。

gap *n.* ①缺口。②分歧。③间隔。~ *arc length* 缺口弧长(缺口弧长 L 是包括定向窗口长度在内的缺口展开长度。根据工程经验,爆破缺口弧长应为:$3/4\pi D \geq L > 1/2\pi D$,式中 D 为烟囱或水塔底部直径)。~ *distance*;*sympathetic detonation distance*;*transmission distance* 殉爆距离(主发药包与被发药包之间能发生殉爆的最大距离)。~ *height* 缺口高度(缺口高度 H 是烟囱、水塔拆除爆破设计中的重要参数。爆破缺口的高度 H 宜大于爆破部位壁厚 δ 的 1.5 倍。通常取:$H = 1.5 \sim 2.0\delta$)。~ *sensitivity* 冲击波感度(在冲击波作用下,炸药发生燃烧或爆炸的难易程度,参见 *sensitivity to shock wave*)。~ *shape* 缺口形状(爆破缺口是为了创造良好的失稳条件。因此,爆破缺口的形状好坏,将直接影响高耸构筑物倒塌的准确性。目前国内在爆破拆除烟囱和水塔时,常用的缺口形状有长方形、梯形、倒梯形、斜形、反斜形、反人字形等 6 种基本形状。其中梯形和长方形应用较多)。~ *test*;*flashover test* 殉爆试验(测定炸药殉爆距离的试验。不可译为:赫茨试验;间隙试验)。

gas *n.* ①气体。②【矿】瓦斯(井下煤层释放的沼气〈甲烷,CH_4〉和一定量空气混合之后,具有一定的爆炸性。这种混合气体叫做瓦斯或井下爆炸气体)。~*ing* 排放气体。~*es and fume generation at the blast site* 爆破现场的气体和烟尘。~ *colliery* 瓦斯煤矿(各个国家对瓦斯煤矿的分类标准不尽相同。根据我国《煤矿安全规程》的规定,矿井沼气等级按其平均日产〈1 昼夜〉1t 煤的沼气涌出量和涌出形式分成三类:低沼气矿井、高沼气矿井、有煤和沼气突出危险的矿井)。~ *concentration* 气体浓度。*Also, different ~ concentrations result at different states of expansion, for example at the detonation state.* 况且,气体的浓度不同,比如在爆轰态,会造成不同的膨胀状态。~ *detection* 瓦斯

G

检测(在有瓦斯的矿井中,应及时测定甲烷、二氧化碳、一氧化碳等气体在空气中的含量。当存在可燃性气体或担心其存在的场所,每个作业循环应至少测定一次可燃性气体的含量和分布范围。至于有毒气体的含量,根据需要至少每15天测定1次)。~ *detector* 瓦斯检测仪(测定瓦斯含量的仪器)。~ *detector for mine-gas* 井下瓦斯检测仪(用于检测井下瓦斯气体〈主要是甲烷和空气的混合物〉的仪器,有:①干涉仪型精密检测仪。②安全灯型简易检定器)。~ *detonation system* 气爆系统(由内装可爆炸气体的塑料管来引爆雷管)。~ *drainage* 瓦斯抽放(利用钻孔导管和排泄瓦斯的专用巷道,从煤层和采掘体中导出浓度很大的甲烷气体的作业。有关抽放瓦斯设施的安全问题,应按安全规程中的有关规定办理)。~ *explosion* 瓦斯爆炸(参见 *colliery explosion*)。~ *feedstock* 气体原料。~ *fracturing* 气体压裂。~ *outburst* 瓦斯突出(煤矿井下,在巷道掘进过程中有时会突然发生大量瓦斯、煤尘和岩粉一起喷出的现象,而且往往还夹杂一些煤块和岩石,容易对人和设备造成伤害。在这种情况下,应事先钻孔抽取瓦斯或采取诱导〈减压〉爆破的方法来防止这类灾害的发生)。~ *outflow from the next seam* 邻近煤层瓦斯涌出量。~ *pressure* 气体压力。~ *ratio of explosive* 炸药比容。~ *release pulse*;*GRP* 气体释放脉冲(压气爆炸的过压,由炸药爆炸后产生的气体穿过岩石间隙所致)。~*ing system* 通风系统。~ *test* 瓦斯试验(煤矿炸药巷道试验内容之一。主要检验在瓦斯矿井中使用的炸药的安全度)。~ *venting*①气体疏导(在炮孔中气体的非控制的向自由面的溢出〈即穿过裂缝、间隙或弱岩石面〉,以在岩石足够的崩裂或位移之前降低爆炸的巨大作用力)。②针孔喷气(因过多的爆破能量输给引火头而使雷管破裂的现象。这种现象可能干扰缓燃剂的燃烧速度,或者在极端情况下会导致瞎炮,参见 *pin holing*)。~ *volume* 爆容,比容,质量体积(单位质量炸药爆炸时,生成的气体产物在标准状况下所占的体积,参见 *specific volume*)。~-*expanding failure theory* 爆炸生成气体膨胀作用理论(该理论认为炸药爆炸引起岩石破坏主要是由高温高压气体产物对岩体膨胀做功的结果,因此破坏的发展方向是由装药引向自由面。当爆生气体的膨胀压力足够大时,会引起自由面附近岩石隆起、膨胀裂开并沿径向推出。这种理论又称为准静力作用理论,参见 *quasi static failure theory*)。~-*initiated delay detonator* 气体引爆延时雷管。

gasbag *n.* 气袋(一种尼龙袋的商标名称。此种袋子内部有一个外表面是由溶胶涂层覆盖的里袋,即丙烷或丁烷袋子内袋,用于补充炸药柱中的空气间隙。如用于压气爆破。一旦袋子膨胀可承受10MPa的压力)。

gaseous *a.* 气态的。~ *contaminant*;~ *pollutant* 气态污染物。~ *diffusion* 气体扩散。~ *venting* 气体喷泄。*G-venting from the blast penetrates the fracture* *planes perpendicular to the hole axis and breaks the rocks up and propels them up to the air.* 爆破喷泄的气体渗入与炮孔轴线垂直的裂缝面,将岩石破碎后抛向空中。～ *voids* (*or microballoons*) 气泡(或微球)。

gasification *n.* ①气化。②渗碳。～ *or pyrolysis of biomass* 生物质气化或裂解。

gasless *a.* 无气体的。～ *delay composition* 无烟延时炸药。～ *electric delay detonator* 无毒气延时电雷管。

gassed *a.* 充入气体的,气泡敏化的。～ *bulk emulsion explosives* 气泡敏化的散装乳化炸药。～ *emulsion explosive* 气泡敏化的乳化炸药。～ *doped emulsion explosive* 气泡敏化后装有防爆剂的乳化炸药。

gateway *n.*【计】网关(在开放系统互联参考模型〈OSI/RM〉的高层〈运输层到应用层〉实现不同网络协议之间互相转换的设备,又称协议转换器。网关一般只作一对一的协议转换或少数几种应用协议的转换。常被转换的网络应用协议有电子邮件、文件传送或远程登录等应用的不同协议)。

gathering *v.* (使)聚集(gather 的现在分词)。～ *arm* 扒爪(参见 *collecting arm*)。～ *arm loader* 扒爪装载机(参见 *collecting arm loader*)。～ *zone* 积聚带.

Gaudian *n.* 高丹(人名)。～ *distribution function* 高丹粒度分配函数。～*-Schuhmann function* 高丹-舒尔曼函数。

gauge *n.* ①测量的标准或范围。②尺度。～ (*wire*) 标尺(用于测量导线一系列不同尺寸的导线,如美国导线标尺〈AWG〉,用于标定导线的直径)。

Gauss *n.* 高斯(人名)。～*-Krueger Projection* 高斯-克吕格投影(一种等角横切椭圆柱投影。其投影带中央子午线投影成直线且长度不变,赤道投影也为直线,并与中央子午线正交)。～ *Plane Coordinate System* 高斯平面坐标系(根据高斯一克吕格投影所建立的平面直角坐标系,各投影带的原点是该带中央子午线与赤道的交点,X 轴正方向为该带中央子午线北方向,Y 轴正方向为赤道东方向。同义词〈高斯-克吕格平面直角坐标系 ～*-Krueger coordinate system*〉)。

gelamite *n.* 胶凝硝甘炸药。

gear *n.* ①齿轮。②排挡。③传动装置。～ *mechanism* 齿轮机构(齿轮机构用于传递两轴间的运动和动力,它由主动齿轮、从动齿轮和机架等构件组成。由于两齿轮以高副相联,所以是高副机构。齿轮机构是应用最广泛的一种传动机构)。～ [*lobe*] *pumps* 传输泵。～ *train* 轮系(由若干对相互啮合的齿轮组成的机构用以完成所需的传动,这种齿轮系统叫轮系)。～ *transmission* 齿轮传动(齿轮传动是一种应用十分广泛的机构传动。按工作条件划分,齿轮传动可以分为闭式齿轮传动和开式齿轮传动。将齿轮封闭在箱体内的传动称为闭式齿轮传动,将齿轮裸露在空气中的齿轮传动称为开式齿轮传动)。

gel *n.* 凝胶。～ *point* 凝胶点。～ *sensitizer*; *gelling property* 凝胶性。～ *stemming* 胶质炮泥。～ *strength* 凝胶强

度。~ *structure* 胶状结构。

gelatin(e) *n.* 凝胶,胶质,白明胶。~ *core* 胶质药芯。~ *cored ammonia dynamite* 带胶质药芯的硝甘硝铵炸药。~ *donarite* 胶质多纳炸药(硝铵、TNT、硝化甘油等混合胶质炸药)。~ *dynamite* 胶质炸药(以硝酸盐和胶化的硝化甘油或胶化的爆炸油为主要组分的胶状硝化甘油类炸药〈禁止使用:胶质代那买特〉。胶质达纳迈特炸药是把硝化甘油和乙二醇二硝酸酯用硝化纤维胶化成硝基化合物,并以此为主体制成的可塑性达纳迈特。根据其用途,可分成煤矿用和非煤矿用胶质达纳迈特)。~ *explosive* 凝胶炸药,胶质炸药,胶状炸药(具有均质胶态的炸药或可爆炸的试剂。该术语通常用于表示凝胶炸药,但在许多情况下是指与水溶液联合使用的炸药)。~ *extra* 特制爆炸胶,用硝铵代替部分硝化甘油的胶质炸药。~ *powder* 胶质火药。~ *primer* 胶质起爆药包。~ *structure* 凝胶结构。

gelatinization *n.* 胶凝(作用),明胶化。

gelatinized *a.* 糊化。~ *propellant* 胶质火药。

gelatinizer *n.* = gelatinizing agent 胶凝剂,胶化剂。

gelatinoid *n.* 胶状物质。

gelatinous *a.* 胶状的。~ *permissible*; *gelatin-type permissible explosive* 胶质安全炸药。

Gelex *n.* 吉赖克斯炸药。

gelification *n.* = gelatification 凝胶化作用(高等植物的木质—纤维组织等,在覆水缺氧的滞水泥炭沼泽环境中,经生物化学变化,形成以腐殖酸和沥青质为主要成分的胶体物质— 凝胶和溶胶的生物化学和物理化学作用)。

gelignite *n.* 吉里那特(它是以胶质硝基化合物为主剂,含有硝酸钾或硝酸钠,具有一定抗水、耐潮性能的胶质达纳迈特。是英国帝国化学工业公司销售的胶质炸药的商品名称)。

Gelite *n.* 杰莱特(人名)。~ I. L. F 杰莱特矿用烈性炸药。

gelled *v.* ①形成胶体(gel 的过去式和过去分词)。②胶凝。~ *material* 胶凝物质。~ *product* 凝胶产品。~ *water* 胶凝水。

Gelobel *n.* 吉罗拜尔安全炸药。

Gelodyn *n.* 吉罗达因胶质炸药。

general *a.* ①大致的。②综合的。③总的,全体的。④普遍的。—*n.* ①一般。②一般原则,常规。~ *acceptance* 广为人们接受。*Only this recent fragment model has won ~ acceptance across the blasting industry.* 唯有近来建立的这个破碎模型才在爆破行业内广为人们接受。~ *arrangement* 总体布置。~ *characteristics* 一般特征。~ *collapse* 大量岩石崩落。~ *control system* 一般的控制系统。~ *discussion* 一般讨论。~ *hazards* 一般危险物。~ *lay-out* 总体计划,总体设计。~ *liability* 一般责任。~ *map* 普通地图(综合反映地表的一般特征,包括主要自然地理和人文地理要素,但不突出表示其中的某一种要素的地图)。~ *performance characteristics*, *initiation systems* 一般爆炸能力和起爆系统。~ *precautions* 一

般注意事项。~ *risk management framework* 通用风险管理框架。~ *rock blasting* 大规模岩石爆破。~ *safety* 常规安全。~ *shear failure* 整体剪切破坏(在荷载作用下,地基中形成连续滑动面,土从基础侧面挤出降起,使基础急剧下沉、侧倾的地基破坏类型)。~ *surface layout of construction site* 施工场地总平面布置(对施工期间,工业场地内各类建筑物、构筑物和各类施工设施进行合理部署和调整的工作)。~ *timing performance characteristics* 常规延时电路特点。~ *truck options* 常规车辆选择。~ *use techniques* 常规使用技术。

generalized *a.* ①广泛的,普遍的。②广义的。~ *coordinate* 广义坐标。~ *function* 广义函数。~ *geological logging*; ~ *geological log*; *comprehensive geological logging*; *comprehensive geological log* 综合地质编录(根据各种原始地质资料进行系统整理和综合研究的工作)。~ *Hook's law* 广义虎克定律(三向应力状态下的虎克定律)。~ *stochastic matrix* 广义随机矩阵。~ *stress* 广义应力。

generating *v.* (通过物理或化学过程)发生,生成,引起(generate 的现在分词)。~ *blasting machine*; *generator-type blasting machine* 发电机式发爆器。

genetic *a.* 遗传的,基因的。~ *algorithm* 遗传算法。~ *marking coal-bearing series*; ~ *marking of coal-bearing formation* 含煤岩系成因标志(反映含煤岩系沉积环境、形成条件的标志。包括岩石的物质成分、结构、层理、化石、结核、包裹体以及岩层间接触关系等)。~ *type of coal*; *genetic coal type* 煤成因类型(根据成煤的原始植物和聚积环境而划分的类型)。

gentle *a.* ①温和的。②高尚的。~ *landform* 平缓地形。~ *dip* 平缓倾斜。~ *grade*; ~ *incline*; ~ *slope* 缓坡。

gentleman *n.* 先生,绅士。~'*s agreement* 君子协定。

geocentric *a.* 以地球为中心的。~ *coordinate system* 地心坐标系(以地球质心为原点建立的空间直角坐标系,或以球心与地球质心重合的地球椭球面为基准面所建立的大地坐标系)。geochemistry *n.*【化】地球化学(指研究地球各部分的化学组成及导致元素和核素在这些部分中分布的物理和化学作用的学科)。

geodesic *a.* 测地学的。~ *coordinate* 测地坐标. ~ *satellite* 测地卫星。

geodesy *n.* 大地测量学(研究地球形状、大小和重力场及其变化,通过建立区域和全球三维控制网、重力网及利用卫星测量、甚长基线干涉测量等方法测定地球各种动态的理论和技术的学科)。

geodetic *a.* 测地学的。~ *control network* 大地控制网(由大地控制点构成的测量控制网。包括水平控制网和高程控制网)。~ *control point* 大地控制点(在全国或某一地区内布设的具有统一等级精度标准的大地坐标的控制点)。~ *coordinate* 大地坐标(大地测量中以参考椭球面为基准面的坐标,通常以大地经度 *L*、大地纬度 *B* 和大地高

G

H 表示)。~ *coordinate system* 大地坐标系(以参考椭球面为基准面,用以表示地面点位置的参考系)。~ *datum* 大地基准(大地坐标系的基本参照依据,包括参考椭球参数和定位参数以及大地坐标的起算数据)。~ *height* 大地高程(地面点沿法线到参考椭球面的距离)。~ *latitude* 大地纬度(参考椭球面上某点的法线与赤道面的夹角)。~ *longitude* 大地经度(参考椭球面上起始大地子午面与某点的大地子午面的夹角)。~ *meridian* 大地子午线(大地子午面与参考椭球面的交线)。~ *meridianal plane* 大地子午面(参考椭球面某点的法线与椭球短轴所构成的平面)。~ *origin* 大地原点(国家水平控制网的起算点)。

G

geodeticazimuth *n.*【地】大地方位角(参考椭球面上一点的大地子午线与该点到目标点大地线之间的夹角。由大地子午线〈北向〉顺时针量取)。

geodeticsurvey *n.*【地】大地测量(测定地球形状、大小、重力场及其变化和建立地区以致全球的三维控制网的技术)。

geoflex *n.* 爆炸索。

geo-fracture *n.* 断裂地貌。

geographic *a.* 地理学的。~ *graticule* 地理坐标网(按经、纬度划分的坐标格网)。

geographical *a.* 地理学的。~ *distribution* 地理分布。~ *location* 地理位置。

geoid *n.* 大地水准面(一个假想的与处于流体静平衡状态的海洋面〈无波浪、潮汐、海流和大气压变化引起的扰动〉重合并延伸向大陆且包围整个地球的重力等位面)。

geologic *a.* 地质(学)的。~ *conditions* 地质条件。~ *factors* 地质因素。~ *information in a drill log* 钻孔日志的地质信息。~ *section* 地质剖面。~ *setting* 地质背景。~ *survey* 地质调查。

geological *a.* 地质(学)的。~ *age* 地质年代(地球和地壳地质历史的编年,即地球、地层或地质事件发生的年代及年龄)。~ *condition of coal mine* 矿井地质(影响井巷开拓、煤层开采条件和安全生产的各种地质条件)。~ *diagnosis of rock grade* 岩石完好度的地质测定。~ *discontinuity* 地质非连续性。~ *environment* 地质环境。~ *identification* 地质鉴定。~ *logging*; *geological log*; *geological record* 地质编录(把地质勘探和煤矿开采过程所观察到的地质现象,以及综合研究的结果,用文字、图表等形式,系统、客观地反映出来的工作)。~ *profile of exploratory line*; *exploratory profile* 勘探线地质剖面图(根据同一勘探线上各类勘探工程所获资料编制的,用以反映矿区地质构造特征和煤层赋存情况的图件)。~ *process* 地质作用(引起地壳的物质成分、构造和形态变化和发展的各种作用的综合,又分为内力地质作用〈由地内能引起〉和外力地质作用〈由地外能源,主要是太阳能引起〉)。~ *profile of exploratory line* 勘探线地质剖面图(根据同一勘探线上勘探工程所获资料编制的,反映地层、煤层、标志层、构造等内容的地质剖面图）。~ *prospecting* 地质勘测。~ *radar method* 地质雷达法（利用高频电磁波束的反射规律，探测断层、岩溶陷落柱、溶洞，解决水文地质和工程地质等问题的物探方法）。~ *report* 地质报告（矿床勘探工作全部完成或告一阶段之后，根据各种资料的系统整理和综合研究编写而成的一种全面反映地质勘探工作成果的重要技术文件。地质报告一般由报告正文、图件、表格和附件组成）。~ *reserve* 地质储量。~ *stripping ratio* 地质剥采比。~ *structural condition* 地质构造条件。~ *structure* 地质构造（在地壳运动影响下，地块和地层中产生的变形和位移形迹。地质构造按其成因分为原生构造和次生构造）。~ *structure analysis of rock mass* 岩体地质结构分析（研究岩体的地质构造结构面和被结构面切割而成的结构体的形状、大小及其相互组合形式，并分析其在矿山工程应力作用下的稳定性等整个工作的总称。它是评价岩体稳定性的基础工作）。~ *uncertainty* 地质上的不确定因素。

geology *n.*【地】地质学（研究地球及其成因、构造和演化规律的科学，已发展为由多个相关的分支学科，如地球物理学、构造地质学、地层学、岩石学、矿物学、地球化学、地史学、工程地质学、经济地质学等组成的科学）。

geomechanics *n.*【地】地质力学（力学和地质学相结合的边缘学科，即用力学原理研究地壳构造和地壳运动规律的学科。研究地壳各部分构造形变的特征、分布、排列方式和发生、发展过程，以揭露构造形变间的内在联系，从而探讨地壳运动的方式、方向、起源和动力来源等问题）。~ *instability problem* 地质力学的不稳定性问题。~ *parameter* 地质力学参数。

geometric *a.* ①几何学的。②成几何级数增减的。~ *analysis* 几何分析。~ *configuration* 几何构型。~ *coupling coefficient* 几何耦合系数。~ *cross-section* 几何横断面。~ *discontinuity* 几何不连续性。~ *distribution* 几何分布。~ *figure* 几何图。~ *form* 几何形状。~ *grade scale* 几何分级标准。~ *mean* 几何平均值。~ *orientation* 几何定向。~ *parameters of a blasting crater* 爆破漏斗构成要素（爆破漏斗构成要素有：最小抵抗线 W；爆破漏斗半径 R；爆破作用半径 r；爆破漏斗深度 D；爆破漏斗的可见深度 h；爆破漏斗张开角 θ 等）。~ *progression* 几何级数，等比级数。~ *series* 几何级数。~ *shape* 几何形状。*For some types of blasting, it is also significant to consider the ~ shape and positioning of the explosive charges, sometimes called spatial distribution.* 就某些类型的爆破而言，考虑药包的几何形状和安放位置，有时称之为空间分布，也有重要意义。~ *similarity law of explosive forming* 爆炸成形几何相似律（在不改变炸药、装药条件、传压介质和材料的前提下，所给定的几何条件相似，成形效果也就相似。这种相互之间关系即称为爆炸成形几何相似律）。~ *similitude* 几何相似（由几何原理我们知道两个图形相似则是它们对应的线

性长度之比相等。反之,如果两个几何图形所有的对应的线段长度之比都相等,则这两几何图形相似)。

geometrical *a.* 几何的,几何学的。~ *figure* 几何图形。~ *form* 几何形状。

geometry *n.* ①几何学。②几何形状。~ *and spatial lay-out of a known orebody* 已知矿体的几何形状和空间分布特征。~ *of the joints system* 节理系几何形状。

geometry *n.* 几何学。

geomorphic *a.* 似地球形状的。~ *anomaly* 地貌异常。~ *feature* 地貌特征。~ *feature* 地貌特征。~ *province* 地貌区域。~ *unit* 地面单元。

geomorphologic *a.* 地貌的。~ *landscape* 地貌景观。~ *map* 地貌模型图。

geomorphological *a.* 地貌。~ *expression* 地貌显示。~ *principle* 地貌原理。

Geophex *n.* 杰费克斯炸药。

geophone *n.* 地音计(放在地面、刚性岩石表面或建筑物地基上用于测量结构粒子速度的探测器。用于探测爆破振动的探测器的原理一般都基于电磁原理。当磁块在金属线圈中运动时会产生电磁效应因而在线圈中可感应出电压或电流,该电压或电流与粒子的运动速度成比例关系)。

geophysical *a.* 地球物理学的。~ *exploration*; ~ *prospecting* 地球物理探矿(地下赋存物质的物理化学性质与在地表观测到的自然现象、人为现象有直接或间接的关系。如采取适当的方法诱发地下地表产生上述现象,并进行检测和分析,便可获得地质构造、矿床分布等地下信息和赋存状态的资料。地球物理探矿有地震法、重力法和磁力法)。

geopotential *n.* ①重力势。②位势。~ *height* 位势高度,地重力势高度。

geotechnical *a.* 岩土工程技术的。~ *engineering* 岩土工程(研究与工程建设有关的岩土问题的学科)。

geotomography *n.*【地】地质层析学。

giant *a.* ①特大的。②巨大的。③伟大的。~ *gelatin* 烈性硝化甘油。~ *powder* 杰恩特炸药。

gin *n.* ①轧棉机。②陷阱。~ *pole* 起重扒杆(由钢材或木材臂杆、滑轮组和卷扬机组成的简单桅杆式起重机)。

given *a.* ①指定的。②假设的,假定的。~ *sieve passing size* 设定的过筛粒度。

glacial *a.*【地】冰的,冰河(川)的。~ *deposit* 冰川沉积(主要沉积方式有两种:一种是高山冰川,流动到雪线以下便逐渐消融,将所运载的碎屑物质堆积下来,形成冰碛物;另一种是冰川注入海〈湖〉,所含物质随浮冰融化而沉积下来,形成冰川—海〈湖〉沉积物)。~ *landform* 冰蚀地貌,冰川地形。

glaciated *a.* 冰封的。

glaciations *n.* 冰川作用(一种以冰为主要动力的外动力地质作用,包括冰川物质的形成及其搬运和沉积的作用。现代冰川覆盖面积占陆地的10%,在某些地质历史时期曾有更广泛的冰川作用及产物)。

gland *n.* 密封套。

glass *n.* 玻璃。~ *inclusion* 玻璃质包体。~ *micro bubble*;*glass-bubble* 玻璃微珠,玻璃微球。~ *jet* 玻璃筒聚能炸药。

~ *jet perforator* 玻璃管聚能装药冲孔器。

glide *vi.* ①使滑行。②使滑动。—*n.* 流逝,消逝。~ *plane* 滑移面。

global *a.* ①全球的。②全面的,整体的。③球状的。~ *Cartesian* 全局笛卡尔。~ *CS* 全局坐标系。~ *insurance compliance framework* 国际保险条例框架。~ *insurance considerations* 国际保险补偿费。~ *navigation satellite system* 全球导航卫星系统。~ *positioning satellite* 全球卫星定位。~ *reference frame* 整体参考系。~ *spherical* 全局极坐标系。~ *variable* 总变量。~ *war* 全球性战争。~ *warming* 全球变暖。~ *warming concerns* 人们关切的全球变暖问题。*G - warming concerns due to large quantities of emissions of carbon dioxide and other greenhouse gases* (*GHGs*) *in recent decades are driving many industries to investigate and implement emissions reductions.* 最近几十年,由于二氧化碳及其他温室气体的大量排放,人们关切的全球变暖问题敦促诸多工业调研和实施减少气体排放的标准。

globalization *n.* 全球化。

globular *a.* 球状的。~ *jointing* 球状节理。

glory *n.* ①光荣。②壮观。~ *hole method* 漏斗采矿法(以竖井为中心,扩大回采面成漏斗状进行采矿的方法。矿石经过竖井下放运出,这一方法的特点是利用矿石自重将开挖的矿石集中到贮料仓中,因此节省了运输费用。其缺点是采场形成危险的陡坡,且采掘机械化程度低,所以在一些国家已不采用)。

Gluckauf *n.* 格溜考夫炸药。

Glycerine *n.* = nitroglycerine 甘油,丙三醇。~ *trinitrate* 硝化甘油,丙三醇三硝酸酯,甘油三硝酸酯(NG,分子式:$C_3H(OHO_2)_3$ 结构式:

$$\begin{array}{l} CH_2 - ONO_2 \\ | \\ CH - ONO_2 \\ | \\ CH_2 - ONO_2 \end{array}$$

。意大利人 Sobrero 于 1846 年首先生产出硝化甘油炸药,而首先使用硝化甘油炸药的是瑞典人 Alfred Nobel)。

gneiss *n.* 片麻岩(由酸性或中性喷出岩、浅成岩、长石砂岩和泥质岩经区域变质作用形成的具明显的片麻状构造的变质岩,主要由石英、长石、云母及角闪石等矿物组成,有时尚含一些典型的变质矿物如石榴子石、十字石、石墨等)。

goal *n.* 目标。~ *s for fragmentation* 破碎的目的。~ *planning* 目标规划。

gob *n.* ①凝块。② = goaf;waste 采空区(采煤后所废弃的空间)。~ *entry* 沿空留巷(前一个工作面采煤后沿采空区边缘维护回采巷道,留下供后一个工作面采煤时复用的作业方法)。~ *entry driving* 沿空掘巷(完全沿采空区边缘或仅留很窄煤柱掘进巷道的作业方法)。

gold *n.* ①金,黄金②金色。~ *-bearing deposit* 金矿床。~ *concentrate* 金精矿。~ *minerals* 金矿床。~ *ores* 金矿石。~ *-rich* 金富集的。~ *-silver concentrate* 金银精矿。

good *a.* ①优秀的。②有益的。~ *grain-size distribution* 良好级配(不均匀系数小于5,或曲率系数不介于1 ~3 的级

G

配)。~ *timing* 定时精确,精确定时。*Notwithstanding the benefits arising from ~ timing and millisecond delay, a number of problems arose.* 尽管用精确定时和微妙爆破方法获得一些好处,但也出现一些问题。

goodwill *n.* ①友好。②好感。③(企业的)信誉,商誉。~ *of an enterprise* 企业信誉。

gopher *n.* 囊地鼠。~ *hole blasting* 硐室爆破,药室爆破。

gouging *v.* 凿(gouge 的现在分词)。~ *shot* 掏槽炮孔。

governing *v.* ①统治(govern 的现在分词)。②控制。~ *board* 理事会。~ *mechanism* 控制机理。~ *parameter* 控制参数。

G

government *n.* 政府。~'*s grant* 政府拨款(对防洪等公益性工程由国家财政部门无偿拨款用作建设的资金)。

governor *n.* ①控制装置。②州长。③总督。

GPS = Global Position System 全球定位系统。~ *control network* GPS 控制网(利用 NAVSTAR 全球定位系统 GPS 建立的测量控制网)。

grace *n.* 恩泽。~ *period* 宽限期(在贷款协议中商定的,在还贷期的头若干年,由于工程效益尚未充分发挥,借方不还本金只付利息的年数)。

gradation *n.* ①分级,分类。②级配,粒度,粒级。~ *composition* 粒度组成。~ *curve* 粒级曲线。~ *factor* 粒度因素。~ *test* 粒度分级试验。

grade *n.* ①等级。②职别。③坡度(波通过媒体传播的速度。单位时间内波形传播的距离。波速等于波长与周期之比。声波在空气中传播的速度为340m/s,光波在真空中传播的速度约为3×10^8m/s)。~ *A chamber blasting* A级硐室爆破(分露天硐室爆破和地下硐室爆破。见《爆破安全规程》〈GB6722〉)。~ *B chamber blasting* B级硐室爆破。~ *C chamber blasting* C级硐室爆破。~ *D chamber blasting* D级硐室爆破。~ *change* 坡度变化。~ *correction* 坡度校正。~ *level* 基准面,坡度水平(斜坡面所在水平,亦指露天矿的底板标高)。~ *level fragmentation* 坡度水平岩爆,斜坡面水平破岩。~ *line* 坡度线。~ *of arc* 弧度。~ *of explosives* 炸药级类。~ *of fit* 配合等级。~ *of lumps* 大块率。~ *of mines*; ~ *of pit shafts*; ~ *of mining shafts*; ~ *of mine shafts* 矿井等级。~ *of mine gas* 矿井瓦斯等级。~ *of ore* 矿石品位。~ *rate* 坡度率。~ *reduction*; ~ *elimination* 坡度减缓。~ *resistance* 破断阻力。~ *scale* 分级标准,粒级。~ *separation* 立体交叉。~ *separation structure* 立体交叉结构。~ *size* 粒级,粒度。~ *stake*; *gradient post* 坡度标桩。~ *strength*(炸药)级类强度,猛度级类。~ *surface* 坡面。

grader *n.* ①分类机,分级机。② = scrape road 平路机(用机身中部装置的刮刀进行铲土、平土的施工机械)。

gradient *n.*【物】①梯度,陡度。②(温度、气压等)变化率。~ *of coal metamorphism*; *metamorphic gradient of coal*

煤变质梯度(煤层埋深每增加 100m,煤变质加深的程度)。~ *of slope* 坡度,倾角,坡度角。

grading *n.* ①等级。②坡度缓。③分阶段。~ *angle* 坡角。~ *curve* 级配曲线。~ *instrument* 测坡仪。

grain *n.* ①谷物。②(沙,金,盐等的)颗粒。③格令(质量单位,7000 格令为 1 磅,而 15400 格令等于 1kg。瑞典专用的导爆索计量单位,其索芯装药以每英尺多少格令来表示。一个索芯装药量为 50 格令/英尺的导爆索相当于 10g/m 左右的索芯药量)。~ *composition*; *granulometric composition* 粒度成分,颗粒组成。~ *diameter* 颗粒直径。~ *fraction*; *grain grade* 粒组,粒级。~ *geometry* 火药颗粒几何形状。~ *powder* 粒状炸药。~ *shape* 颗粒形状。~ *size*; *particle diameter* 粒径(岩土固体颗粒的直径,以 mm 表示)。~-*size accumulation curve* 粒度累计曲线。~-*size analysis* 粒度分析。~-*size distribution*; *granulometric distribution* 级配(粒度分布:土中含量不同的颗粒的大小组合关系)。

grainy *a.* ①粒状的。②有颗粒的。~ *texture* 粒状结构。

granite *n.* 花岗岩(一种酸性深成侵入岩。SiO_2 含量一般超过 70%,色浅。主要矿物成分为酸性、碱性长石和石英;暗色矿物很少,多为黑云母,有时有角闪石。全晶质半自形粒状结构〈花岗结构〉,块状构造。是地壳上分布最广的一类侵入岩)。~ *quarry* 花岗岩采石场。

granular *a.* 颗粒状的。~ *ammonium nitrite* 粒状硝酸铵。~-*crystalline* 粒晶状的。~ *ANFO* 粒状铵油炸药。~ *fuel* 粒状燃料。~ *explosive* 粒状炸药。~ *medium* 粒状介质。~ *dynamites* 粒状达纳迈特。

granulometry *n.* (岩石)粒度测定(术)。

graphic *a.* 图解的,用图表示的。~ *coordinate* 曲线坐标。~ *documentation*; *map of a mine*; *plot of a mine* 矿图。~ *formula* 结构式,图解式。

graphical *a.* 绘成图画似的。~ *chart*; ~ *expression* 图解,图表。

graphite *n.* = black lead; pot lead; plumbago 石墨。

grave *a.* ①重大的,重要的。②严重的。~ *accident* 重大事故。

gravel *n.* 沙砾,碎石。~ *powder* 粗粒黑火药。

gravimetric *a.* (测定)重量的。~ *datum* 重力基准(布设在全球或区域范围内,经严密的测量和计算得到的一系列具有绝对重力值的地面固定点。据此可推算出其他点的重力值)。~ *point* 重力点(测得重力加速度值的地面点)。

gravitation *n.* ①吸引力。②倾向。③趋势。~ *constant*; *gravitational constant*; *gravity constant* 引力常数,重力常数。

gravitational *a.* ①万有引力的。②重力的。~ *acceleration*; *acceleration of gravity*; *acceleration due to gravity* 重力加速度。~ *force* 万有引力,重力。~ *prospecting* 重力勘探(利用重力仪对地质体的重力场和重力异常进行探测,以确

定某地质体的性质、空间位置大小和形状的一种地球物理勘探方法)。

gravity *n.* 重力,万有引力。~ *action theory* 重力作用原理(实施定向爆破时,布置松动爆破药包将山谷上部岩石炸开,靠重力作用使爆松的岩石靠自重滚落到沟底,形成堆石体。这种设计方法称为崩落爆破即重力作用原理)。~ *base* 重力基线。~ *control network* 重力控制网(由一系列测得重力值的控制点所构成的测量控制网)。~ *distribution* 重力分布。~ *drag* 自重引力。~ *measurement* 重力测量(利用仪器测定地球表面或近地空间某点的重力加速度的测量)。~ *stress* 岩重应力,自重应力(由于上覆岩层重力引起的应力)。

G

greenbelt *n.* 绿化带。

greenhorn *n.* = green hand 新手,非熟练专业人士。

greenhouse *n.* 温室,花房。~ *effect* 温室效应。~ *gas* 温室气体。~ *gas emission* 温室气体排放。~ *gas emissions intensity* 温室气体排放强度。~ *gas implications of explosives and blasting* 炸药及爆炸所产生的温室气体。

Greenwich *n.* 格林威治(位于英国伦敦东南部,为本初子午线所经之地,原设有英国皇家格林威治天文台)。~ *time* 格林威治时间。

grid *n.* ①格子。②非实质的。③地图上的坐标方格。~ *azimuth* 坐标方位角(从过某点平行于纵坐标轴的方向线〈正值方向〉起,依顺时针方向至目标方向线的水平央角。同义词:〈格网方位角〉)。~ *bearing* 坐标象限角,格坐标方位。

Griffith *n.* 格里菲思。~ *'s strength theory* 格里菲斯强度理论(格里菲斯考虑裂纹随机排列的岩石中,最不利方向上的裂缝周边应力最大处,首先达到张裂状态而建立的岩石破裂理论)。

grip *n.* 紧握,抓牢。~ *hole* 末端负载很重的炮孔。

gripper *n.* 掘进机(不需要爆破,利用机头上的刀具在强大的轴向推力和回转力下直接开挖岩石的机械。开挖下来的岩渣用传送带运出洞外。适用于小断面的巷道和软弱岩层,是近代开发的一项新技术)。

gripping *v.* 抓紧(grip 的现在分词)。~ *hole* 孔底掘凿面向周边倾斜的斜炮孔,孔向背离自由面的斜孔。

grison *n.* 爆炸气(参见 *explosive gas*)。

Grisounite *n.* 硝酸甘油。

grit *n.* 细沙,沙砾。~ *blast* 喷砂爆破。

grizzly *a.* 灰白头发的。~ *blasting* 溜井爆破(参见 *chute blasting*)。

gross *a.* ①总的。②粗俗的。~ *benefit* 毛效益(又称总效益。未扣除各项费用前的工程总效益)。~ *(charge) capacity* 总容量,总装药量。~ *effect* 整体效果,整体效应。~ *error* 粗差(同样测量条件下的测量值序列中,超过测量误差的标准偏差某整数倍的测量误差)。~ *error detection* 粗差检测(在测量数据中发现和剔除含有粗差的测量数据的过程)。~ *load* 总载荷。~ *reduction ratio* ①总破碎比。②总剥采比。~ *vehicle mass (GVM)* 机动车总质量(机动车的重量,包括燃料和最大载重)。~ *vehicle weight*(*GVW*) 机动车总重量。

ground *n.* ①地面,土地。②基础。③范围。~-*approach radio fuse* 遥控近地爆炸导火索。~ *attenuation* 地面衰减,触地衰减。~ *breaking* 地层爆破,岩石爆破。~ *clearance* 离地净高,离地距离。~ *condition* 地表情况。~ *contour* 地势,地形,地势。~ *control* 地面控制。~-*controlled point* 地面控制点。~-*controlled fusing* 地面控制起爆。~ *coordinates* 地面坐标。~ *coupling* 地面耦合。~ *elevation*;*surface elevation* 地面高程,地面标高。~ *fault* 地面故障(爆破回路与地面发生电接触)。~ *feature* 地物(地球表面上的各种固定性物体,可分自然地物和人工地物)。~ *form* 地面形状。~ *level* 地面高度。~ *line gradient*;~ *slope* 地面坡度,自然坡度。~ *location* 地面定位。~ *mark*;*surface mark* 地面标志。~ *navigation* 地面导航。~ *protection* 接地保护措施。~ *radiation*;*terrestrial radiation* 地面辐射。~ *range* 地面距离。~ *reaction or response curve* 地面回应曲线。~ *release pulse* (*GRP*) 地面释放脉冲(引爆雷管溢出的气体穿过岩石碎片而产生的过压)。~*ing resistance measurement* 接地电阻测量。~ *sketch* 地面草图,地貌真相。~ *strap* 接地母线。~ *stress*;*geo-stress* 地应力。~ *support installation* 地面支撑装置。~ *survey* 地面测量,地面调查。~ *system* 接地系统。~ *table* 地平高程,地面标高。~ *truth* 地面实况。~ *vegetation* 地面植被。~ *vibration* 地面振动(爆破或打压等引发的弹性波对地面的振动,用质点振动速度表征。地面振动通常由每秒毫米来度量对岩石或建筑物破坏程度。当测定由于爆炸导致的对电器元件的破坏时,如计算机,则以振动加速度来作为评价和确认爆破的破坏能力)。~ *vibration data* · 地面震动数据。~ *vibration caused by explosion* 爆破地震(参见 *blast seism*)。~ *vibration characteristics* 地面震动特性。~ *vibration limits* 地面震动限制最大值。~ *vibration transmission calibration* 地面振动传播的标度(指确定某个地区的地面振动传播特征)。~ *vibrations due to blasting in mine* 矿山爆破地震(矿山爆破引起的地表振动。这种振动超过某一极限,就会使该处的建〈构〉筑物遭到一定程度的破坏,甚至倒塌,造成人员伤亡、设备损坏、巷道片帮、冒顶和露天矿边坡滑落等危害)。~ *water* 地下水。~ *waste disposal* 地面废物处理。

group *n.* ①炮孔组。②组,队,群。~ *decision support system*(*GDSS*) 群体决策支持系统。~ *delay* 群时延。~ *delay differential* 群时延差。~ *sequence control* 分组程序控制。~ *velocity* 群速度。

grouting *v.* 用薄泥浆填塞。~ *separated-bed* 离层带注浆充填(为减少采动对地表影响,通过钻孔向煤层上覆岩层离层裂隙中注浆的方法)。

guarantee *n.* 保证。~ *d capacity* 保证能力。~ *period* 保质期(在规定的贮存条件下,民用爆破器材从制造完成之日起,至仍能保证规定性能要求的期限,参见 *shelf life*)。

guide *vt.* ①引路。②指导。③操纵。~ *adit*;*heading* 导洞(隧道施工中为增加开挖的临空面,或探查掌子面前方地质条件,并为整个隧道导向而开挖的坑道)。~ *angle* 导向角。~ *hole* 超前孔,导孔。~ *strata* 导向(层贯通掘进中,起指导掘进方向作用的岩层或煤层)。~ *pile* 定位桩。~ *pole* 定位杆。~ *d drilling* 定向钻孔。~ *d wave* 导波(界面波或面波,槽波)。

guideline *n.* 指导方针。~ *procedure* 指导程序。

gum *n.* ①口香糖。②树胶。③黏胶。~ *dynamite* 胶质硝甘炸药。

gumlike *a.* 类胶的。~ *material* 类胶物质。

gummosity *n.* 黏着性,胶结性。

guncotton *n.* 强棉药,火棉。~ *explosive* 火药棉炸药,强棉炸药。

gunpowder *n.* ①火药。②有烟火药。~ *core*药芯。~ *explosive* 火药,黑色火药,有烟火药。

Gurit *n.* 吉利特炸药。

gusset *v.* 接以三角片。~ *V-shape cut* V形掏槽。

gyroscopic *a.* ①回转仪的。②陀螺子午线(在运转状态下,陀螺摆动的平衡位置所指示的方向线)。

gyrotheodolite *n.* 陀螺经纬仪。~ *orientation* 陀螺经纬仪定向(用陀螺经纬仪确定某边方位角的测量)。

H

hairline *n.* 极细的织物。~ *crack* 细(微)裂缝。

half *a.* 一半的。~ *cartridge test* 半药卷试验(一些国家用浆状炸药制作的药卷,其两端被金属壳包裹,因而做殉爆试验时主发药卷飞散的金属壳碎片会冲击被动药卷,使试验结果反映不出真实的殉爆性能。为此,把药卷切成两半,将药卷切断的面相对殉爆试验,称为半药卷试验。以区别于不切断药卷,将整个药卷两端相对进行的全药卷殉爆试验。参见 *whole cartridge test*)。~ *cast factor*(*HCF*)(*half barrel or half pipe*)半桶或半管系数(可以看到的炮孔的深度占炮孔周长的百分比)。~-*hard rock* 半坚硬岩石(干抗压强度为30~80MPa,软化系数为0.6~0.8的岩石)。~-*second delay detonator* 半秒延时雷管(段间隔时间为1/2秒的延时雷管)。~ *spiral connection* 半螺旋式连接。

Haloklasite *n.* 哈洛克拉炸药。

hammer *n.* 铁锤。—*v.* 锤打。~ *drill* 锤钻。~ *mills* 锤磨机。~*ing action* 冲击作用。~*ing energy* 冲击功。

hand *n.* ①手。②协助,帮助。③(工具等的)把,柄。~ *auger work* 人工打孔作业。~ *boring* 人工打孔。~-*driven generator* 手驱发电机。~-*held rock drill* 手持式凿岩机(用手握持,靠机器重力或人力施加轴向推力进行钻孔的凿岩机。参见 *jack hand held logger*)。~ *held programmable calculator* 手持编程计算器。~ *mining* 人工开采。~-*over procedure* 移交程序。

handbook *n.* 手册。~ *of safe blasting*;~ *of blasting safety* 爆破安全手册。

handling *n.* 处理。~ *ability* 处理能力。~ *capacity* 处理量。

hangfire *n.* 迟爆(装填好的炸药比预计的时间滞后爆炸的现象。导火索燃烧异常,或者残留的炸药从燃烧转化为爆炸,均会发生迟爆的现象)。

hanging *v.* 悬(hang 的现在分词)。~ *compass* 悬挂罗盘仪(悬挂在方向线上用于井下测量的罗盘仪)。~ *pump* 吊泵(沿井筒轴线方向吊挂工作的井筒排水机械。多为混流式水泵)。~ *wall* 悬帮(指倾斜矿脉上壁或岩石,对于层状矿床也称为顶板)。

hang-up *n.* ①苦恼。②障碍。~ *blasting* 消除堵塞爆破。

Hansen *n.* 汉森。~'*s bearing capacity formula* 汉森承载力公式(汉森考虑了偏心荷载、水平荷载、非条形基础、地面倾斜程度及基础埋置深度等因素,对普朗特尔解进行修正后得出的计算地基承载力的公式)。

haphazard *a.* 偶然的,随意的。~ *ignition* 任意点火。

hard *a.* ①困难的。②硬的。③有力的。④努力的。~ *alloy* 硬质合金。~ *asphalt* 硬沥青。~ *and fast rule* 硬性规定。~ *disk* 硬盘(又叫硬磁盘。一种硬质圆形磁表面存储媒体。它是构成磁盘存储器的一种重要器件。分为固定与可换两种使用方式)。~ *disk driver* 硬盘驱动器(是磁盘驱动器的一种,可分为固定磁头和可动磁头两类,后者又分可换盘硬磁盘驱动器和固定硬磁盘驱动器。可动磁头固定硬磁盘驱动器是当今广泛使用的主要类型。功能如磁盘驱动器)。~ *facing* 表面硬化(参见 case hardening)。~ *frozen soil* 坚硬冻土(土中未结冰水含量很少,土粒为冰牢固胶结,土的强度高、压缩性小,在荷载作用下,表现脆性破坏,与岩石很相似)。~ *ground blasting* 地坪爆破(地坪是指用人工材料筑成的路面或场地。用爆破法拆除用混凝土浇筑路面或场地称为地坪爆破)。~ *loan* 硬贷款(向国际性银行借贷的、偿还期较短、利率较高的一种贷款,一般用于利润率较高的水电工程)。~ *nut to crack* 难题,棘手的问题;难对付的人。~ *rock* 坚硬岩石(干抗压强度高于80MPa,软化系数大于0.8的岩石)。~ *roof*;*strong roof* 坚硬顶板(强度高、节理裂隙不发育、整体性强、自稳能力强的直接顶板)。~-*shot ground* 不易爆破的场地。~ *strata* 坚硬岩层(强度高、节理裂隙不发育、整体性强、自稳能力强的岩层)。

hardening *v.* ①淬水。②(使)变硬(harden 的现在分词)。~ *strain* 淬火应变,淬火变形。

hardness *n.* ①坚硬。②【物】硬性。③困难。~ *of rock* 岩石硬度(岩石抵抗工具侵入其表面的能力指标。它是影响机械方法破碎岩石效果的基本量值。按测量方法不同,主要有刻划硬度、压入硬度和回弹硬度三种)。~ *test* 硬度试验(测定物料对压、刮、剥阻力大小的试验方法。岩石的硬度取决于岩石中矿物组成的类型、含量及矿物颗粒之间的结合力)。

hardpan *n.* 硬土层(通常指在地表几英尺以下的大石块、黏土或砾石层,且很紧密的胶结在一起,在掘进之前必须将它爆破或剥开)。

hardware *n.* 计算机硬件(computer hardware)(构成计算机系统的物质元器件、部件、设备,以及它们的工程实现〈包括设计、制造和检测等技术〉。广义的硬件包括硬件本身及其工程技术部分。硬件是计算机的"躯体",是计算机的物理体现)。

harmful *a.* ①对…有害的。②能造成损害的。③不利。~ *factors* 有害因素(能影响人的身体健康,导致疾病或对物造成慢性损坏的因素)。~ *gas* 有害气体(凡对人体有害的气体,都称为有害气体)。~ *substances* 有害物质(化学的、物理的、生物的等能危害职工健康的所有物质的总称)。~ *work* 有害作业(作业环境中有害物质的浓度、剂量超过国家卫生标准中该物质最高容许值的作业)。*-ness of static electricity* 静电的危害(静电表现为高电压、小电流,静电电位往往高达几千伏甚至上万伏特。静电之所以能够造成危险,主要是由于它能聚集在物体表面上而达到很高的电位,并发生静电放电火花。这种储存起来的静电荷可能通过电雷管导线向大地放电,而引起雷管爆炸)。

harmonic *a.*【物】谐波的。—*n.*【物】谐波。~ *attenuation* 谐波衰减。~ *compensation* 谐波补偿。~ *elastic wave* 谐弹性波,弹性谐波。~ *extraction* 协调开采(采用多个邻近采煤工作面,在时间上和空间上保持一定关系,以便部分抵消地表变形的开采方式)。~ *mean* 谐和平均值。~ *stress* 谐振应力。~ *wave* 谐波。~ *wave factor* 谐波系数。

harsh *a.* ①粗糙的。②残酷的。~ *climate* 恶劣气候。

haulage *n.* 公路(铁路)货运业。~ *berm* 运输平盘(非工作帮上用于铺设运输线路的平盘)。

Hauser *n.* 豪泽(人名)。~'*s equation of blasting* 豪泽爆破公式(设爆破的装药量为 Q〈kg〉、最小抵抗线为 W〈m〉,则它们之间有下述关系:$Q=CW^3$ 这就是著名的豪泽爆破公式,也是工程爆破中计算炸药量的一个基本公式。式中,C 为药量计算系数,亦称爆破系数)。

hazard *n.* 危险源(危险源是可能导致事故、造成人员伤害、财物损坏或环境污染的潜在的不安全因素。系统中不可避免地会存在或出现某些种类的危险源,不可能彻底消除系统中所有的危险源。不同的危险源可能有不同的危险

H

性)。~ *level of building* 建筑物危险等级(制造、加工或储存爆炸材料的建筑物按危险程度划分的等级,我国民用爆炸材料用建筑物划分为 A_1、A_2、A_3、B、D 等五个等级)。

hazardous *a.* ①冒险的。②有危险的。~ *area* 爆破时的危险区域。~ *factors* 危险因素(能对人造成伤亡或对物造成突发性损坏的因素)。

hazards *n.* 危险物品。~ *and risks* 危害和风险。

head *a.* ①在前头的。②首要的。③在顶端的。—*n.* 隧道掘进工作面(隧道开挖的岩石表面。参见 *tunnel face*)。~ *pressure* 水头压力;扬程压力。*The two advantages of glass microbubbles are ① the operator does not need to be concerned with sensitizing the mix and ② the ~ pressure of the column of explosive and water does not change the density of the composition.* 玻璃微球有两个优势:①操作人员不必考虑敏化这种混合炸药;②药柱和水的扬程压力不会改变这种炸药的密度。~(*leading*) *wave* 首波。

header *n.* 高过人头的炮孔。

heading *n.* ①标题,题名。②信头。③= hutch road a)导硐(隧道施工中为增加开挖的临空面,或探查掌子面前方地质条件,并为整个隧道导向而开挖的坑道,参见 *guide adit*)。b)掘进工作面(掘进巷道的尽头工作面,又称超前工作面,参见 *excavating face*)。~ *and bench* 平巷梯段掘进法(坚硬岩石巷道的掘进方法)。~-*and-bench blasting* 上梯段超前爆破。~-*and-bench mining* 正台阶回采。~-*and-stope system* 正台阶回采法。~ *blast* 掘进爆破,超前工作面爆破(井巷、隧道等掘进工程中的爆破作业,参见 *development blasting*)。~ *blast charge* 硐室爆破装药,掘进爆破装药。~ *excavation method of lower part of upper half cross-section* 上半断面下部导坑掘进法(隧道开挖方法之一,即在全断面开挖过程中,遇到地质条件不稳定的岩层时,可采用上半断面和下部导坑同时爆破掘进的开挖方法施工)。~ *through*;*working through*;*cutting through* 贯通掘井(井巷掘进中,采用一个或两个工作面按预定方向与预定井巷和硐室接通的作业)。

healed *v.* (使)愈合(heal 的过去式和过去分词)。~ *joint* 愈合接缝(由石英、方解石和绿帘石等矿物充填将缝隙弥合在一起)。~ *microcrack* 狭缝愈合(在不同地质年代通过与充填物接触或沉积而导致的岩石狭缝的愈合)。

health *n.* ①健康状况。②卫生。~,*safety and environmental risks assessment* 健康、安全及环境风险评价。

heat *n.* ①热度,高温。②激烈。~-*absorptivity* 热容性(岩土在热交替过程中吸收热量的性能)。~ *analysis* 热分析。~ *conductivity*;*thermal conductivity* 导热系数(当温度梯度为 1 时,岩土于单位时间内通过单位面积所传导的热量,以 J/m·s·℃或 W/m·℃表示)。~ *exchange* 热交换。~ *expansibility of rock* 岩石热胀性(指岩石受热膨胀的性质。岩石是由矿物颗粒组成的,绝大多数岩石都呈结晶状态。而结晶空间格子的微粒是不断在其平衡位置附近振动的，当温度升高时，其微粒间平衡位置的距离增大，因而产生岩石的热膨胀，其结果，长度或体积增大）。~ *function* 热函数。~ *heave* 热胀性（岩土体积随温度升高而增大的性能）。~ *of combustion*；*heat(ing) value* 燃烧热（又称燃烧焓〈*enthalpy of combustion*〉。手册中查出的标准〈摩尔〉燃烧焓〈符号 $\Delta_C H_m^{\circ}$〉，是指标准状态下1摩尔纯物质完全燃烧，生成标准状态下最稳定的氧化物或单质时，体系焓的增量〈即此过程的热效应〉）。~ *of detonation*；*blasting* ~；*detonation* ~；~ *of explosion*；*explosion* ~；*specific* ~ *of an explosion* 爆热（在一定条件下，单位质量炸药爆轰时所放出的热量称为爆热。在实际使用中，为了比较各种炸药，一般不以1摩尔炸药为单位，而是以kg炸药为单位。这就是说，爆热系指在定容下所测出的单位质量炸药的热效应，通常以 Q_v 表示，其单位为MJ/kg）。~ *of formation or heat of reaction* 反应热或生成热（化学反应中单位物质以燃烧、中和和生成热的形式释放出的热量，单位为MJ/kg。对于某一炸药来讲，内能的不同是由于爆炸的状态、标准压力和温度〈STP〉的差异引起的。该能量是指在定容〈能量形成过程〉或常压下〈焓的形成过程，即在稳定状态下，25℃和0.1MPa下，所作的机械功〉由炸药组分生成的已知化合物的能量）。~-*proof explosive* 耐火炸药。~ *radiation* 热辐射。~ *release* 发热能力。~ *resistance* 耐热性能。~-*resistant explosive* 耐热炸药（具有耐高温性能的炸药）。~ *sensitive effect*；*thermal sensitive effect* 热敏效应。~-*sensitive material* 热敏材料。~ *sensitivity test* 热敏试验。~ *stress* 热负荷。~-*treated reinforcing bar* 热处理钢筋（利用热轧钢筋〈一般是Ⅳ级钢筋〉的余热进行淬火，然后再中温回火后形成的钢筋是热处理钢筋。这样可大大提高钢筋的强度，而其塑性和韧性降低不多）。

heave *n.* ①举起。②波动。③隆起（爆破时爆破石方离开原始位置的程度）。~（*or bubble*）*energy*；*HE* 膨胀（或气体）能（爆破时由气体提供的可以提升或抛出大量岩石的能量）。~ *of fault* 断层平错（在垂直断层走向的剖面上，倾斜地层断距的水平分量）。~ *phase* 隆起阶段。~*ing effect* 膨胀效应。

heavy *a.* ①重的，沉重的。②大量的，浓密的。~ *ANFO* 重铵油炸药（由粒状铵油炸药与乳胶基质按一定比例掺混制成的混合炸药）。~ *blasting* 强力爆破，大爆破。~ *construction blasting* 重大建设工程爆破。~ *explosive charge* 大量装药。~ *ground* 难以掘进的地段。~ *initiation* 强力起爆。~ *metals* 重金属。~ *metal minerals* 重金属矿物。~ *mineral* 重矿物。~ *round* 大爆破炮孔组。~ *toe* 厚根底。~ *toe hole* 底部负载重的炮孔。

heel *n.* 脚后跟。—*v.*（使）倾斜。~ *of a shot* 炮孔口。

height *n.* 高度（相对水平线或面方向物体顶部与底部之间的垂直距离）。~ *above sea level* 海拔标高。~ *datum* 高程基准面（国家的高程起算面，我国规

H

定采用青岛验潮站确定的黄海平均海水面作为全国统一的高程基准面）。~ *difference* 高差。~ *of abutment* 扶壁高度（平巷、巷道、硐室或斜坡道垂直壁端以及曲顶开端等与顶部最高点之间的高度）。~ *adjustment* 高度调整，调整高度。~ *of back upturn* 后翻高度。~ *of bench* 台阶高度（台阶底面与台阶顶部平面之间的垂直距离）。~ *of breaking;destroying* ~ 破坏高度（为使建筑物失稳倒塌，对建筑物承载体的爆炸破坏高度）。~ *of burst* 炸高。~ *of charge* 装药高度。~ *difference*；~ *of drop* 落差。~ *of fall* 塌落高度。~ *of floor heave* 底鼓量（底板隆起的高度）。~ *of heave* 隆起高度。~ *of instrument*；*HI* 仪器高度（测量仪器上望远镜的轴心相对于地面的高度）。~ *of tunnel;drift;crosscut;adit;incline or decline* 巷道、平巷、横巷、平硐和斜坡的高度（指开凿通道横截面的最大垂直距离）。~ *overall* 净高，总高度。~ *survey;heighting* 高度测量（简称测高。通过三角测量方式测量两测点的视线与地平线间的夹角和距离来确定两测点之间的高差）。~ *traverse survey* 高程导线测量（将一系列的点依相邻次序连成折线形式，依次测定各折线边长度、天顶距，再根据起始数据推求各点高程的测量方法）。

helper *n.* ①辅助炮孔。②助手。

hemp *n.* ①大麻。②长纤维的植物。~ *fuse* 麻包导火线。

Hercoal *n.* 赫尔科尔（人名）。~ *F* 赫尔科尔 F 炸药。

hercoblasting *n.* 导爆索起爆。

Hercogel *n.* 赫科吉尔胶质炸药。

Hercomite *n.* 赫科麦特炸药。

Hercules *n.* 赫克里斯（人名）。~ *powder* 赫克里斯炸药；矿山炸药。

Herculite *n.* 赫库莱特炸药。

hermetically *ad.* 密封地。~ *sealed electrical apparatus* 气密型电气设备（具有气密外壳的防爆电气设备）。

herringbone *n.* 人字形。~ *fashion*；~ *pattern* 人字形布置。~ *texture* 人字形结构。

hertz *n.* 赫兹（表示大地震动和空气冲击波频率的专门术语。用于表示每秒振动循环的次数，单位为 Hz，爆破中用来表示地面和空气的振动频率）。

Hess *n.* 赫斯（姓氏）。~ *cylinder compression test* 赫斯铅柱压缩试验（测定炸药猛度的一种试验。将炸药放在规定的铅柱上爆炸，以铅柱的压缩值表示炸药的猛度，参见 *brisance test;lead cylinder compression test*）。

Heterogeneity *n.* = non-uniformity；non-homogeneity 非均质性，非均匀性。

heterogeneous *a.* 非均质。~ *anisotropic medium* 非均质各向异性介质。~ *body;anisotropic body* 非均质体。~ *catalysis* 非均质催化。~ *deformation;inhomogeneous deformation;non-homogeneous deformation* 非均质变形，非均匀形变。~ *medium* 非均质介质。~ *reaction* 非均相反应。~ *reactive solids(solid explosive)* 非均质活性炸药。~ *strain* 非均质应变。

hexanitrostilbene *n.* 六硝基芪，六硝基二

H

苯乙烯(HNS,分子式:
$[C_6H_2(NO_2)_3CH]_2$ 结构式:

NO_2　NO_2
—CH═CH—
O_2N　NO_2　O_2N　NO_2

是一种耐热炸药)。

hexogen *n.* 黑索金(参见 cyclotrimethylenetrinitramine)。环三亚甲基三硝胺(*RDX* 分子式:$(CH_2)_3(NNO_2)_3$ 结构

H_2
C
O_2N—N　N—NO_2
式:　)。
H_2C　CH_2
N
NO_2

hexolite *n.* 黑梯炸药(由黑索金和梯恩梯组成的混合炸药)。

hidden *a.* ①隐藏的。②秘密的。~ *parameter* 隐参数。~ *peril*; ~ *trouble*; ~ *danger* 潜在危险,潜在事故。

high *a.* 高的。—*ad.* (程度等)高地。~ *accident potential* 事故高发性。~ *alloy steel* 高合金钢。~-*accuracy delay detonator* 高精度延时雷管。-*ly accurate and programmable electronic detonators* 高精度编程电子雷管。~-*alumina cement* 高铝水泥。~ *amplitude SV wave upward propagation* 高振幅应力纵波上向传播。~-*angle hole* 急倾斜炮孔。~ *bench blasting* 高台阶爆破(在高度远大于正常开采高度的台阶上进行的深孔爆破。高台阶爆破旨在提高钻机的纯作业率和钻孔的单位落矿量,提高炸药的能量利用率以及改善采剥过程的结构参数〈主要是提高工作帮坡坡角〉,以便取得最好的开采经济效果)。~ *bench continuous method* 高台阶连续爆破法。~ *blow frequency drilling* 高频冲击凿岩。~ *breaking efficiency explosives* 高破碎效率炸药。(-*ly*) *confined holes* 约束炮孔。~-*definition* 高分辨率的。~-*density explosive* 高密度炸药。~ *detonation pressure nitroglycerine booster* 高爆压硝化甘油起爆药柱。~ *detonation pressure primer* 高爆压起爆药包。~ *detonation rate* 高爆速。*A* ~ *detonation rate and a small critical diameter are the natural results of this intimate mixture.* 爆速高、临界直径小是炸药组分紧密混合的自然结果。~ *energy-density material* 高能量密度材料。~ *energy detonating cord*;*HEDC* 高能导爆索(名义装药量较大,用于起爆钝感炸药或在某种特殊场合下使用的工业导爆索)。~ *energy electric detonator* 高能电雷管(安装了起火剂的电雷管,其引爆电流高于常规雷管。起爆能量通常由推力来定量,单位为 mJ/Ω。标准的雷管需要 0.5A 的电流,推力在 5mJ/Ω 左右。最大阻力雷管,如 3 型雷管,最小要 5 安培电流,需要 1500mJ/Ω 的推力)。~(*energy*) *explosive*;*HEX* 高能炸药(具有反应速度很快、压力很高的炸药,使用雷管才能引爆的高能炸药。这种炸药有硝化甘油炸药、TNT、RDX 及 PETN 炸药等)。~-*energy fracture charge* 高能气体压裂弹(利用火药燃烧产生的高温、高压气体对目的层进行脉冲压裂的装置)。~

H

energy gas fracturing charge 高能气体压裂弹(利用火药燃烧产生的高温、高压气体对目的层进行脉冲压裂的装置)。~-*energy incendiary mixture* 高能燃烧剂(高能燃烧剂通常是由金属还原物和金属氧化物按一定比例混合组成的。有时还包含一定比例的硝酸盐和可燃物。当这种混合物在密闭的介质中点燃时,能释放出大量的热和一定量的气体,使周围介质急剧受热。介质在热应力和膨胀应力作用下产生变形和裂缝。裂缝形成后,气体膨胀的尖壁作用使裂缝进一步扩大)。~ *energy monomolecular explosive* 高能单分子炸药。~ *explosive*;~ *power explosive* 烈性炸药,猛炸药,高威力炸药(通常在起爆器材起爆作用下,利用爆轰所释放的能量对介质做功的炸药。对8号雷管敏感且以超音速作用的炸药的统称)。~ *explosive train* 传爆序列(按感度递减、输出能量递增的次序而排列的一系列爆炸元件的组合体。其功能是使一个小的冲能有控制地将输出能量扩大到足以引爆主装药)。~ *face* 高台阶工作面。~ *finance* 巨额融资。~ *frequency* 频繁出现,高频。~ *frequency accelerometer* 高频加速度计。~-*frequency compensation* 高频补偿。~-*frequency current* 高频电流。~-*frequency induction* 高频感应。~-*frequency signal* 高频信号。~-*frequency wavelet* 高频子波。~-*frequency welding* 高频焊接。~-*frequency separation of diamond* 金刚石高频选矿。~-*frequency stress waves propagation* 高频应力波传播。-*ly gassy coal seam* 瓦斯含量高的煤层。~-*grade* 高级的,优质的。~-*grade deposit*;*higher-grade deposit* 富矿床。~-*intensity separation* 高强度分离。~ *intensity shock-conducting tube* 高强度导爆管(具有较高抗拉强度的塑料导爆管)。~ *level language* 高级语言(不反映特定计算机体系结构的程序设计语言。其表示方法比低级语言更接近待解问题。在一定程度上与具体机器无关,易学、易用、易维护。但比低级语言功效低。高级语言基本成分有四个:数据成分,运算成分,控制成分和传输成分)。~ *localization*;*highly localized* 高度的区域性。~-*low temperature cycling test* 高、低温循环试验(在规定的高温和低温交替作用下,经过一定次数的循环,考核民用爆破器材抗环境变化能力的试验)。-*ly accurate zero time* 高精确零时间。-*ly energetic booster* 高能量助爆药。-*ly technical field* 高技术领域。~-*melting point* 高熔点。~-*order detonation* 高阶爆轰。*Care must be taken to insure that the final product is adequately sensitized to insure ~-order detonation.* 务必保证最终产品足以敏化,才可保证高阶爆轰。~-*order shape function* 高阶形状函数。~ *point*①顶点,极限。②最佳状态。~ *polymer* 高分子聚合物。~-*polymer bonded explosive* 高聚物黏结炸药。~ *powder factor* 高威力炸药。*While a ~ powder factor may generate higher levels of vibration, noise and flyrock, a power factor that is too low may cause a blast to fail and may generate more vibration than*

H

expected for the charge per delay that was used, because of increased burden and confinement. 当炸药威力大,产生的震感强,噪声大,飞石多。如果炸药威力太小,由于抵抗线和围压增加,会导致爆破失败,而且对于每次延时所用的药量而言,所产生的振动会比预计的要大。~*-powered* 大功率的。~ *powered sound source* 高能量声源。~*-precision fuse blasting* 高精度点火爆破,高精度导火线爆破。~*-pressure charge* 高压装药。~ *pressure explosion gas propagation through the rock mass* 高压爆炸气体在岩体中传播。~*-pressure gas holder* 高压气柜(储存压力约为表压0.5兆帕〈5大气压〉的气体的气柜)。~*-pressure resistant electric detonator* 耐压电雷管(具有耐高压性能的特种电雷管)。~*-pressure vessel* 高压容器(用于实现高压化学反应的设备。由筒体、顶盖〈或称上盖〉、底盖〈或称下盖〉和密封装置所组成。通常所说的高压容器是指高压反应器的筒体)。~*-quality cement* 高标号水泥,优质水泥。~*-quality porous AN prills* 优质多孔粒状硝铵炸药。~ *resolution* 高分辨率。~*-resolution seismic exploration* 高分辨率地震勘探。*-ly restricted trench blasting* 强约束沟槽爆破。~*-rise frame structure building* 高框架结构建筑。~*-risk*; ~*-stake* 高风险的。~*-roof workings* 高顶板巷道。~ *safety explosives* 高安全度炸药(在瓦斯和煤尘较多的井下爆破,要求采用安全度比普通炸药高的炸药。安全被筒炸药、EqS炸药均为高安全度炸药)。~ *salinity* 高矿化度。~ *side*(工作面的)高端。~ *specific-gravity medium* 高比重介质。~*-speed digital computer imager* 高速数字计算机成像仪。~*-speed digital photography* 高速数字摄影。~ *speed photo-dynamic recording technique* 高速动态摄影记录技术。~*-speed photograph* 高速摄影(是把高速变化过程的空间信息和时间信息联系在一起用摄影进行记录的方法)。*-ly strained area* 强烈应变区。~*-strength concrete* 高强度混凝土。~*-strength explosive* 高威力炸药,高强度炸药。~*-strength steel* 高强度钢。~*-tech* 高科技的。~ *strength detonators* 高强度雷管。~*-temperature alloy* 高温合金。~*-temperature flame jet* 高温火焰喷射。~ *temperature resistant electric detonator* 耐温电雷管(具有耐高温性能的特种电雷管)。~ *temperature resistant shock-conducting tube* 耐高温导爆管(高温条件下使用的塑料导爆管)。~ *temperature test* 高温试验(在规定的高温下,经过一定时间,考察民用爆破器材耐热性能的试验)。~ *temperature-pressure resistant electric detonator* 耐温耐压电雷管(具有耐高温、耐高压性能的特种电雷管)。~ *tensile steel* 高抗拉强度钢。~ *tensility shock-conducting tube* 高强度导爆管(具有较高抗拉强度的塑料导爆管)。~ *tension current* 高压电流。~*-tension (electric) detonator* 高压电雷管。~*-tension fuse*; *high tension fusehead* 高压电桥。~*-tension ignition* 高压点火。~*-test* 经过严格检查的,符合高标准

H

的，质量可靠的。~-*tensile* 高强度的。~-*velocity blasting agent* 高速炸药，烈性炸药。~-*velocity booster* 高速引爆剂。~ *velocity detonation*（*HVD*）*explosives* 高爆速炸药（以爆速高为特点的炸药，即指军用炸药。从高爆速到低爆速可以将炸药按速度分类，军用炸药为高爆速炸药，但在高爆速和低爆速之间没有明显的定义界限）。~ *velocity gelatins*；*hi-velocity gelatins* 高爆速胶质类炸药。~ *velocity impact* 高速冲击。~ *vertical bank*①高垂直台阶。②高垂直堤岸。~-*voltage* 高压。~-*voltage and power transmission lines* 高压和能量传输线。~-*voltage field* 高压电场。~-*voltage transmission line* 高压（动力传输）线。~-*volume borehole* 大容积药壶炮孔。~ *water level explosive expanding*；~ *water free air-out explosive expanding* 加水帽自然排气爆炸胀形（针对自由界面自然排气爆炸胀形的缺点，人们目前更多地采用了加水帽爆炸胀形的装置，水帽的作用在于减少自由界面对爆炸冲击波的干扰，提高爆炸装药所释放出能量的有效使用率，并可消除零件成形后的上部端口形成收口状问题，使零件胀形质量明显提高）。~-*water mark* 高水位线。

higher *a.* 高的（high 的比较级）。~ *pair* 高副（两构件通过点或线接触所构成的运动副称为高副）。

highland *n.* ①高原。②高地。—*a.* 高原的。

highwall *n.* 边坡，坡面。~ *drilling* 边坡钻孔。~ *slope* ①边坡。②边坡坡度。

highway *n.* 公路。~ *rock slope* 公路岩体边坡。

hillside *n.* = hill slope 山坡，山腰。~ *ditch* 单侧沟（开挖时具有一个侧帮的沟道）。

hilly *a.* 多丘陵的。~ *area* 丘陵地区。~ *country*；~ *ground*；*downland* 丘陵地带。

Hilt *n.* 希尔特（人名）。~'*s rule*；~'*s law* 希尔特规律（煤的变质程度随埋藏深度增加而增高的规律。由德国学者希尔特首先发现而得名）。

hindrance *n.* 阻碍，障碍物。

history *n.* ①历史。②时间关系曲线图。

hi-velocity *a.* 高速的。~ *gelatin* 高速胶质炸药。

hoe *n.* 锄头。~ *excavator* 反铲（挖掘机）（铲斗背向上安装在斗臂前端，主要用于下挖的单斗挖掘机。参见 backhoe 〈shovel〉；ditcher）。

holding *v.* ①拿（hold 的现在分词）。②认为。③包含。④容纳。~ *tank capacity* 储罐容量。

hole *n.* = borehole；shothole；blast ~ 炮孔（在爆破介质中钻凿的，用以装药爆破的钻孔）。~ *axis*；*drill* ~ *axis* 炮孔轴线，钻孔轴线。*It is discovered in filed experiments that most of the collar flyrock is thrown in a direction following the drill ~ axis.* 现场实验发现，孔口周围的大部分飞石沿着炮孔轴线方向抛掷出去。~ *blasting* 炮孔爆破（将炸药装在炮孔内进行爆破的方法，分为浅孔爆破和深孔爆破）。~ *blasting factor* 炮孔爆破率（单位炮孔长度所爆破的岩〈煤〉量）。~ *bottom* 孔底。~-*by*-~ *millisec-*

H

ond delayed blasting 逐孔毫秒延迟爆破。~ *cleaning* 清孔。~ *collar*；*blast-hole collar* 炮孔口。~ *collar location* 炮孔口方位。~ *distance* 孔距。~ *drilling* 炮孔法二次凿岩。~ *depth* 炮孔深度（从炮孔底到工作面的垂直距离）。~ *deviation* 钻孔偏差（钻孔方向偏离设定方向的角度）。~ *drainage unit* 炮孔排水装置。~ *expansion* 扩孔（用机械方法或通过小药卷爆破，将一定长度的炮孔〈通常是炮孔底部〉扩大，以便装更多炸药，参见 *bulled hole*）。~ *feet*；~ *footage* 炮孔进尺。~ *firing* 炮孔爆破。~ *inclination* 炮孔倾角，钻孔倾斜。~ *interaction* 炮孔间的相互作用。~ *lay-out* 炮孔布置。~ *length* 炮孔长度（沿炮孔方向由眼〈孔〉底至眼〈孔〉口的长度）。~ *load*；*power capacity* 炮孔装药量。~ *loading* 炮孔装药。~ *man* 钻孔放炮工。~ *marking* 标孔（标孔就是按照爆破设计，将孔位准确地标定在爆破部位。标孔应由技术人员来完成）。~ *pattern* 炮孔布置（钻孔排列方式）。~ *pattern of building infrastructure blasting demolition* 单体炮孔布置形式（炮孔布置形式，依被爆体的形状、位置和结构特征而具体确定，一般使用垂直孔或水平孔〈应首先考虑使用垂直孔〉）。~ *pattern of underground long hole blasting* 地下深孔的排列形式（深孔的排列形式基本上分成两大类，即平行排列和扇形排列。平行排列即各炮孔相互平行，孔间距在炮孔全长上均相等）。~ *placing* 炮孔排列。~ *resistance* 钻孔阻力。~ *scattering* 钻孔偏斜。~ *set* 炮孔组。~ *setting* 炮孔布置。~ *size determination* 炮孔尺寸确定。~ *slotting method* 钻孔开缝法（钻凿一条岩缝将建筑物与爆破区分隔开来。岩缝由许多平行钻凿的孔组成并形成完全张开状态。该岩缝必须不受钻孔切割和水的影响，并超出被保护物体外一定距离，以便取得最好的效果）。~ *spacing* 炮孔间距（又称钻孔间距。同排炮孔之间的距离，简称孔距。参见 spacing；*spacing in drilling*）。~ *spacing deviation* 炮孔间距偏移。~ *spacing parameter* ①炮孔间距参数。②布孔参数。~ *spotting* 炮孔定点。~ *spread* 炮孔分布，钻孔分布。~ *spring* 扩底孔，掏壶。~ *temperature* 井温（油、气井内某一深度的温度，参见 *well temperature*）。~ *to bench edge distance* 坡顶距（台阶上第一排炮孔中心至坡顶线的距离）。~ *toe* 孔底。~-*to*-~ *blasting* 逐孔爆破。~-*to*-~ *ignition* 逐孔点火。~-*to*-~ *initiation* 逐孔起爆。~-*to*-~ *propagation* 逐孔传爆。~-*to*-~ *sympathetic propagation* 孔间殉爆。

holing *n.* 掏槽，底部掏槽。~ *blast* 联络巷道贯通爆破。~-*through survey* 贯通测量（保证巷道的两个或多个对向或同向工作面按设计要求贯通而进行的测量工作）。

hollow *a.* ①空的。②空洞的。③虚伪的。~ *carrier gun* 有枪身射孔器（射孔弹装在射孔枪内的射孔器。是一种聚能式射孔枪。主要部件为一空心圆柱金属管，内装聚能药柱或子弹，引爆后，爆炸碎片落入空心管内，可与射孔枪一

H

起提出。它的枪身由优质钢制成,一次下井可连接几个枪身。每个枪身可装多发射孔弹。视单位距离内的射孔孔数而定)。~ *charge*;*shaped charge*;*beehive shape charge*;*cumulative charge* 聚能装药,空底装药。~ *effect* 空孔效应,空心效应。~ *hole* 聚能穴。

home *n.* 家。~ *office* 总部办公室。~ *product* 本国产品。

homogeneous *a.* 同性质的。~ *anisotropy* 均匀各向异性。~ *formation* 均质地层。~ *deformation* 均匀变形。~ *isotropic medium* 均匀各向同性介质。~ *mass* 均质体。~ *material* 均质材料。~ *medium* 均匀介质。~ *mixing* 均匀混合。~ *propellant* 均质火药。~ *radiation* 均匀辐射。~ *rock*(*with high compressive resistance*)(具有高抗压强度的)均质岩石。~ *and isotropic rock masses* 均质与非均质岩体。~ *seal* 均质密封。~ *strain* 均匀应变。~ *stress* 均匀应力。

homogenization *n.* (均)匀化,均质化,同质化,纯一化。

homomorphic *a.* 同形的。~ *function* 同态函数。

honeycomb *n.* 蜂窝,蜂巢。~ *structure* 蜂窝状结构,格状结构(黏土矿物颗粒和微集粒呈面—面或边—面接触联结成貌似蜂窝的多角环状的新近黏土的结构类型)。

honeycombed *a.* 蜂窝状的,格状结构的。

Hook *n.* 胡克(人名)。~ *'s law*【物】胡克定律(罗伯特·胡克提出的,物体处于弹性状态时,应力与应变间存在的线性函数关系)。

hook-up *n.* 接线(将所有炮孔中的起爆端或尾部连在一起以达到单一源头引爆)。

hoop *n.* ①箍。②铁环。~ *strain* 环应变,环变形。~ *stress* 环向应力,圆周应力,周线应力。

Hopkinson *n.* 霍普金森(人名)。~ *effect* 霍普金森效应(当入射压力波遇到自由面时,一部分或全部反射为方向完全相反的拉伸应力波。如果反射拉应力和入射压应力叠加之后所合成的拉应力超过岩石的极限抗拉强度时,自由面附近的岩石即被拉断成小块,或片落,或形成片漏斗。这种现象称为霍普金森效应)。~ *pressure bar* 霍普金森压杆(霍普金森压杆是由 Hopkinson 于 1914 年提出的,经过近 90 年的发展,现已成为材料动力学性质研究的重要工具)。

horizon *n.* 阶段(沿一定标高划分的一部分井田)。~ *interval* 阶段垂高(阶段上、下边界之间的垂直距离)。

horizontal *a.* ①水平的,卧式的。②地平线的。~ *angle* 水平角(包含测站点到两目标方向线的铅垂面的夹角〈一点到两目标的方向线在水平面上垂直投影线的夹角〉)。~ *attitude* 水平产状。~ *bedding* 水平层理。~ *bench blasting* 水平台阶爆破(指采用水平钻孔替代垂直或倾斜钻孔而进行的台阶爆破)。~ *blasting* 水平爆破,平面爆破。~ *boundary plane of a slope* 边坡水平界面。~ *control point* 平面控制点。~ *control network* 水平控制网(由一系列测得大地经度和大地纬度的控制点所构成的测量控制网)。~ *cross-section* 水平切面图(按矿井开采设计或其他方面的需要,沿一定的标高切制或编绘出的一种水平断面图,用以表示该标高水平上煤层赋存情况和地质构造特征的图件)。~ *cut* 水平掏槽。~ *departure*;~ *deviation* 水平偏差。~ *deep-hole blasting* 水平深孔爆破。~ *dislocation* 水平断错。~ *drilling* 水平钻孔。~ *equalization* 水平均衡。~ *fault* 水平断层(指上下盘沿断层面发生左右移动的断层)。~ *impact* 水平冲击。~ *hole* 水平炮孔。~ *kerf* 水平掏槽,水平切缝。~ *lifter hole* 水平辅助炮孔,水平底部修边炮孔。~ *mixing* 水平混波。~ *ordinate* 横坐标。~ *polarization* 水平极化。~ *pressure* 水平压力(垂直于重力场的压力,单位为 MPa 或 Pa)。~*-push landslide* 平推式滑坡(由于后缘推力〈主要是空隙水压力〉骤然增大而发生于平迭斜坡中的顺层滑坡)。~ *ring* 水平环形炮孔组。~ *slicing method*;~ *slice mining*;~ *slicing* 水平分层采煤法(急斜厚煤层沿水平面划分分层的采煤方法)。~ *strain* 水平应变。~ *stress* 水平应力。~ *structure* 水平构造。~ *velocity* 水平速度。~ *working* 平巷(矿井中沿深度方向相隔一定距离所开拓的水平通道。平巷通常由竖井开始开拓,其编号通常从表面开始顺序进行,也可由其实际低于竖井顶部或矿化层顶部的高度来编号,参见 drift)。

horse *n.* 夹石(又称夹层,指夹于矿体〈层〉内部和处于紧邻矿体〈层〉之间的非矿岩石〈包括低于边界品位的含矿岩石〉,其形状呈透镜状、层状或不规则状。在矿床的储量计算中夹石的剔除受工业指标的限制。参见 parting)。

hose *n.* 软管,胶皮管。~ *lubrication system* 软管润滑系统。~ *reel system* 软管卷曲系统。~ *reels* 软管。

hose *n.* 装药管。

host *n.* ①【计】主机。②主人。~ *rock* 围岩。

hot *a.* ①热的。②激动的。~ *boreholes* 高温炮孔。~ *bridge wire detonator* 灼热桥丝电雷管(电桥为通电发热电阻丝的电雷管)。~ *bundle* 集束炸药包。~*-hole blasting* 高温炮孔爆破(普通炸药在温度超过70~80℃时会发生分解,所以不能在高温下作用。当爆破现场高于上述温度时,必须采用耐热炸药和耐热电雷管。在此条件下的爆破称为高温炮孔爆破)。~ *material* 热材料。~ *rolled reinforcing bar* 热轧钢筋(热轧钢筋由钢铁厂直接热轧成材,按其强度由低到高分为Ⅰ、Ⅱ、Ⅲ和Ⅳ四个级别)。~ *spot* 热点(炸药中的小空气泡,当爆轰波阵面到达时气泡会破裂。气泡的破裂会引起炸药中的温度和压力的巨大变化。大量的热点会有利于炸药的引爆)。~ *storage test* 热储存试验(加速炸药原料分解的试验。由于在常温下,炸药的分解速度很低,因此进行加速分解试验,通过分解产物的特性和数量来评估炸药的稳定性和预期的服务年限。有许多适用于不同温度条件下的试验程序)。~*-rolled carbon steel* 热轧碳素钢(热轧碳素钢除含铁元素之外,还含少量的碳、硅、锰、硫等元素,其力学性能取决于含碳量的多少。由于含碳量的不同,热轧碳素钢分为含碳量低于0.25%的低碳钢,含碳量为0.25%~0.6%的中碳钢和含碳量高于0.6%的高碳钢)。~ *tube ignition* 热管点火。~ *wire fuse lighter* 热线点火器(点燃导火索用)。~ *working face* 高温工作面。

hour *n.* 小时。~-*to*-~ *operation* 连续操作。

hourglass *n.* 沙漏。

housing *n.* ①房屋。②供给住宅。~ *estate* 住宅区。

Huanghai *n.* 黄海。~ *Vertical Datum* (1956) 1956年黄海高程系统(以青岛验潮站根据1950年至1956年的验潮资料计算确定的平均海面作为基准面,据以计算地面点高程的系统)。

HU-detonator *n.* HU雷管(对电流极不敏感的雷管)。

Hugoniot *n.* 雨果尼厄(人名)。~ *curve* 雨果尼厄曲线(遵循雨果尼厄方程的压力-质量体积曲线。压力-密度曲线也可称作雨果尼厄曲线)。~ *equation* 雨果尼厄方程(由振动波方程依据能量守恒确定的某材料压力和密度之间的关系曲线)。

human *n.* 人,人类。~ *response* 人类的反应。~ *element accident* 责任事故(责任事故是指因玩忽职守、麻痹大意所造成的事故,如提升过卷事故。参见 *natural disaster*)。~ *environment* 人文环境。~-*equation error* 人为因素误差。~ *error* 人为失误(人为失误是指人的行为的结果偏离了规定的目标,或超出了可接受的界限,并产生了不良的后果)。~ *error accident* 操作错误事故,人为事故。~ *error failure* 人为错误故障。~ *factor* 人为因素。~ *response to vibrations* 人对振动的反应(指人对不同级别振动的反应)。

human-centered *a.* 以人为本。

human-computer *n.* 人机。~ *interaction system* 人机交互系统(支持人和计算机系统直接进行交互通信的系统,其主要功能是完成人机之间的信息传递以提高计算机系统的友善性和效率)。~ *interaction techniques* 人机交互技术(通过计算机输入、输出设备,以有效的方式实现人与计算机对话的技术,是计算机用户界面设计中的重要内容之一。常用的交互技术可分为:构造技术、命令技术、拣取技术和直接操纵技术)。

humic *a.* ①腐殖的。②从腐殖质中提取的。~-*sapropelic coal* 腐殖腐泥煤(低等植物和高等植物遗体经成煤作用转变成的、以腐泥为主的煤)。~ *coal*; *humolite*; *humolith*; *humulite*; 腐殖煤(高等植物遗体,在泥炭沼泽中经泥炭化作用和煤化作用转变成的煤)。

humidity *n.* ①【物】湿度。②潮湿。~ *coefficient* 湿度系数。

hung *v.* 悬(hang的过去式和过去分词)。~ *fire* 起爆延缓。~ *shot* 迟爆。

hurricane *n.* 飓风。~ *air stemmer* 快速封堵炮泥机。

hutment *n.* 临时棚子。

hybrid *a.* ①混合的。②杂交的。~ *stress blasting model* 合成应力爆破模型。*In*

H

the long term, *a* ~ *stress blasting model has the potential to provide a practical description of the blasting process but is currently limited to research applications.* 合成应力爆破模型在长时间内具有具体描述爆破过程的潜力,但目前只应用在研究中。

hydraulic *a.* 水力的,水压的。~ *analogue* 液压模拟。~ *analysis* 水力分析。~ *and hydroelectric engineering* 水利水电工程。~ *blasting* 水力爆破。~ *burster*; ~ *cartridge* 水力爆破筒。~ *coal mining*; *hydro-mechanical coal mining* 水力采煤(利用水力或水力—机械开采和水力或机械运输提升的水力机械化采煤技术)。~ *coal mining technology* 水力采煤工艺。~ *conductivity or permeability* 流体传导或渗透性(流体在多孔或缝隙物质中传导的度量。流体传导率 C_{hc} 等于渗透系数 k 和水利梯度 d_p 的乘积。$C_{hc}=kd_p$。其中传导率或称渗透率 C_{hc} 的单位为 m/s)。~ *coupling loading* 水耦合装药。~ *fracturing of rock mass* 岩体水力压裂(在高压水的作用下,使岩体中的弱面张裂,破坏岩体整体性的现象)。~ *hoisting* 水力提升(用水力机械提升煤炭的方式)。~ *impact*; ~ *stroke* 水力冲击。~ *mine*; *hydromechanized mine* 水力采煤矿井(以采用水力机械化采煤技术为主的矿井)。~ *mining* 水力开采法(利用喷射的高压水流进行开挖的采矿方法。适用于井下较软煤层,或地面沙砾层等对水力破碎抗力小且易于冲坍的介质)。~ *or permeability measurement* 液压或渗水性测量(用于测量岩石不导水率的一种方法,单栓塞可用于密封整体炮孔,双栓塞用于密封炮孔的局部。此法可用于测定两个或多个炮孔之间的物理连接通道。该法有益于量化爆破引起的岩石破坏,参见 *water loss*)。~ *pressure controlled blasting* 水压控爆。~ *prop* 单体液压支柱(利用液体压力产生工作阻力并实现升柱和卸载的单根可缩性支柱)。~ *pull tester* 锚杆拉力计(检测锚杆锚固力的仪器)。~ *rock drill* 液压凿岩机(以液体压力为动力的凿岩机。用途与气动凿岩机相同,可钻孔径为 27 ~ 230mm,深达 50m)。~ *servo-control testing* 水力伺服控制测试法。~ *stowing*; ~ *stowage*; ~ *silting*; *slushing*; ~ *fill* 水力充填(利用水力通过管道把充填材料送入采空区的充填方法)。~ *stripping* 水力剥离。

hydraulically *ad.* 水压的。~ *submersible pumps* 水驱潜水泵。

hydro *a.* 表示"水"。~ *tensile strength* 水抗张强度。

hydrocarbon *n.* 烃,碳氢化合物,油气。~*s phase* 碳氢化合物相,烃相。

hydrochemical *n.* 水化学的。~ *thermal decomposition method* 水化热分解法。

hydrocode *n.* 爆炸流体力学区的计算机编码程序(计算机编码分类的一种,用来建立固体和液体变形和流动的模型。该术语也表示计算机编码利用颗粒间的基本联系来跟踪物体或流体在引爆初期其应力和化学反应的变化情况)。

hydrodynamic *a.* 水力的。~ *force* 流体动力。~ *pressure* 动水压。

H

hydrodynamics *n.* 流体力学(研究流体运动及相邻流体边界的相互作用的学科,特别是研究不能压缩的非黏滞流体情形)。

hydrogel *n.* 水凝胶。~ *stemming* 水凝胶炮泥。

hydrogen *n.*【化】氢。~ *equivalent* 氢当量。

hydrogenation *n.* 氢化(作用)。

hydrogeological *a.* 水文地质的。~ *condition* 水文地质条件(地下水埋藏、分布、补给、径流、水质和水量及其形成的地质条件的总称)。~ *drilling* 水文地质钻探(应用钻探手段解决水文地质问题。水文地质钻孔除用于直接获取水文地质资料外,还用于水文地质试验和测井等工作)。~ *map of ore field* 矿区水文地质图(反映矿区地下水形成和分布及其与自然地理、地质因素相互关系的综合性水文地质图件)。~ *mapping* 水文地质测绘(对测区地下水露头、地表水体和与地下水有关的地质现象进行观察描述、分析整理、编制成图的工作)。

hydrogeology *n.*【地】水文地质学(研究地下水的形成、分布、运动规律、物理和化学性质以及和其他水体间关系的科学)。

hydrogeophysical *a.* 治水。~ *prospecting*; *hydrogeologic physical exploration*; *geophysical prospect ing for hydrogeology*; *geophysical exploration for hydrogeology* 水文地质地球物理勘探(为查明煤矿水文地质条件,研究解决影响矿井建设;和生产的水文地质问题所进行的物探工作。包括地面物探、水文测井和遥感技术三部分,简称水文物探)。

Hydrolin *n.* 海德罗林炸药。

hydrometer *n.* 液体比重计。~ *method* 比重计法(将试样制成悬浮液,使土粒均布水体,应用斯托克斯定律,经不同时间相继用比重计测定悬液的密度,以计算得出黏性土颗粒组成的方法)。

hydrophile-lipophile *n.* 亲水亲油。~ *balance*; *hydrophilic-lipophilic balance* 亲水亲油平衡值(简称 HLB 值。显示所用表面活性剂的适用范围的数值。测定方法有实验法和计算法两种。后者较为方便)。

hydrophilic *a.* 亲水的,吸水的。~ *property* 亲水性(带有极性基团的分子,对水有大的亲和能力,可以吸引水分子,或溶解于水。这类分子形成的固体材料的表面,易被水所润湿。具有的这种特性都是物质的亲水性)。

hydrophilicity *n.* 亲水性。

hydrophobic *a.* 不易被水沾湿的。~ *material* 防水材料,疏水材料。~ *powder* 疏水粉末。

hydrophobicity *n.* 疏水性。

hydrophone *n.* 水压测量仪。

hydropore *n.* 水门。~ *blasting* 水孔爆破。~ *blasting in open pit* 露天矿水孔爆破。

hydroscopic *a.* 吸湿的。~ *material* 吸湿材料。

hydroscopicity *n.* = hygroscopicity 吸湿性(在一定的条件下,炸药从大气中吸收水分的能力)。

hydrostatic *a.* 流体静力学的。~ *pressure*

stowing 静压充填(利用砂浆从喇叭口到充填地点的位能使砂浆流到充填地点的充填方式)。~ *stress* 静流应力。

hydrothermal *a.* 热水的,热液的。~ *filling* 热液充填。~ *ore deposit* 热液矿床。~ *process* 热液作用。

hydrowedge *n.* 液压劈裂机(以楔子张力劈裂矿岩的液压破碎机械)。

hydrox *n.* = ~ blaster; ~ cartridge; ~ cylinder 水蒸气爆破筒。

hydroxide *n.* 氢氧化物。

hyperbola *n.* = hyperbolic curve 双曲线。~ *function*; *hyperbolic function* 双曲线函数。

hyperbolic *a.*【数】双曲线的。~ *arch bridge* 双曲拱桥。~ *law* 双曲线定律。~ *paraboloid* 双曲线抛物面。~ *stress distribution* 双曲线应力分布。

hyperboloid *n.* 双曲面。

hyperelastic *a.* 超弹性的。~ *model* 超弹性模型。

hyperfrequency *n.* 超高频。~ *waves* 微波。

hyperpressure *n.* 超高压力。

hyperthermal *a.* 过高热的,极高热的。~ *pottery*; ~ *ceramics* 超高温陶瓷。

hypocentral *a.* = hypocentre 震源。~ *location* 震源定位。

hypothetical *a.* 假设的。~ *charge* 假定药包。

hysteresis *n.* ①滞后作用,磁滞现象。②滞变。~ *curve* 滞后曲线。~ *function* 滞后函数。~ *loss* 滞后损失。

hysteretic *a.* 滞后的。~ *damping* 滞后阻尼。

I

ice *n.* 冰(可以把冰看成是一种特殊的岩石。爆炸破冰,加载时间极短,且加载速度极快,冰表现出明显的脆性变形,可视为脆性材料)。~ *blasting feature* 冰中爆破特点(冰介质爆破漏斗形成的机理类似于一般脆性固体介质爆破漏斗形成机理。不同的是,一般固体介质抗拉强度是抗压强度的1/10 ~1/50,而冰介质为1/3 ~1/6,且冰介质的抗拉、抗压强度值随温度的变化很大,当冰温较高时,有明显的塑性变形特征。因而,冰介质的各种爆破漏斗用药量并不比岩石爆破漏斗用药量少)。~ *cluster* 冰群。~ *contact slope* 冰接坡。~ *content* 含冰率(冻土中冰的质量与固体矿物颗粒质量之比,以百分数表示)。~ *control* 防冻措施。~ *cover* 冰冻层。~ *jams blasting* 冰凌爆破(冰凌流动会堵塞河流,破坏桥梁、堤坝和其他构筑物。为了破碎这类冰块所进行的爆破,称为冰凌爆破。有钻孔爆破和裸露爆破两种方法)。~ *reconnais-*

*sance*冰情侦查。~-*bound* 冰冻堵塞的。~-*breaking blast*; *deicing blasting* 炸冰。~-*covered* 冰冻覆盖的。

ideal *a.* ①理想的。②想象的,假设的。~ *condition* 理想条件。~ *detonation* 理想爆轰(炸药经起爆后,爆轰波如能以恒定不变的最高速度传播,则称为理想爆轰,此时的爆轰传播速度称为极限爆速)。~ *detonation model* 理想爆轰模型。~ *plastic solid*; *St Venant solid* 理想塑性体,圣维南体(在应力大于某一极限值时,没有抵抗变形能力的完全塑性体)。~ *point* 理想点。~ *result* 理想结果。~ *shaping* 理想造型。~ *value* 理想值。

idealized *a.* 理想化的。~ *section* 理想断面。

identification *n.* ①鉴定,识别。②身份证明。③认同。~ *code* 识别码。~ *mark* 识别标志。~ *of blast design parameters* 爆破设计参数认证。~ *of control points* 控制点编号。~ *of the product grade* 产品等级认定。~ *pole* 定向杆。

identify *vi.* ①确定。②认同。~ *drill quality deviations* 确定钻头的质量偏差。~*ing changes in rock hardness* 确定岩石硬度变化。

idle *a.* ①无意义的。②空闲的。~ *mine* 闲置矿井。~ *position* 无负载位置。

igneous *a.* (尤指岩石)火成的。~ *formation* 火成岩岩层。~ *rock(s)* 火成岩(指由熔融或部分熔融的物质〈岩浆〉固结形成的岩石,如橄榄岩、辉石岩、辉长岩、闪长岩、花岗岩、安山岩、流纹岩等,亦称岩浆岩〈magmatite〉)。

ignescent *n.* 发出火花的。

ignitable *a.* 易起火的,可燃性的。~ (*combustible*; *flammable*) *dust environment* 可燃性粉尘环境。

igniter *n.* 点火器(由起爆器、点火药装药及壳体等组成的,主要用于点燃固体推进剂及其他可燃物的火工品。又称点火具)。~ *actuated with acid* 酸点火具(以酸与装药发生化学反应激发的点火具)。~ *body* 点火装置。~ *composition*; *ignition composition*; *ignition powder*; *ignition mixture*; *ignition mix* 点火药(由氧化剂和可燃剂组成的,热感度较高、点火能力较强的,用以点燃延期药或直接引爆起爆药的药剂)。~ *cord connector* 导火索连接线(装有可燃物的一根有凹槽的金属管,用于连接导火线和引信)。~ *cord*; ~ *fuse* 导火线,导火索(一根直径不大的、含有混合物药芯的可燃烧的绳索,该药芯燃烧时喷出烈焰,会在外界引入火苗燃烧区进行匀速燃烧,用来点燃各种爆破的安全引信。不同的厂商会生产快速和慢速导火索。这种软索与用来点燃火雷管和导火索的连接盒一起作用。多在导火索数量较多,用一根发火导火索不能保证安全点火时使用)。~ *element* 引火元件(装〈涂〉有点火药,起引火作用的火工元件)。~ *motor* 点火发动机。~ *pellet* 点火雷管。~ *plug* 点火栓。~ *squib* 点火爆管。~ *with combustible case* 可燃点火具(壳体可以燃烧的点火具)。

igniting *v.* 点燃起爆(ignite 的现在分

I

词)。~ *primer* 起爆药包,雷管。

ignition *n.* ①点火,点燃。②着火。③点燃(用外界能量激发炸药使其发生燃烧的过程)。~ *accumulator* 点火蓄电池。~ *alloy* 点火合金。~ *anode* 点火阳极。~ *area* 发火区,着火区。*Safety fuse is a medium through which a burning reaction is conveyed at a relatively uniform rate to the ~ area of the blasting cap.* 安全导火索是用来将燃烧反应传递到雷管发火区的一种介质。~ *battery* 点火电池。~ *cable* 点火电缆。~ *capacity* 点燃能力(用导火索终端喷出的火焰点燃火雷管起爆药的能力)。~ *capacity* 点燃性能(用导火索终端喷出的火焰点燃火雷管起爆药的能力。也称喷火性能和点火性能)。~ *chain* 点火室燃烧垒。~ *charge* 点火药,引火药。~ *circuit* 点火线路。~ *coil primary cable* 点火线圈低压线。~ *coil secondary cable* 点火线圈高压线。~ *current* 点火电流。~ *delay* 发火延迟。~ *delay period* 发火滞后时间(炸药发火时,若温度较低,发火将滞后一定的时间。发火滞后时间 t〈s〉与温度 T〈K〉有关。温度高,发火滞后时间短;温度低,发火时间增长)。~ *device* 点火装置。~ *energy* 点火能量(①激励能量在一定时间内给电雷管输以恒定的电流,然后切断电流还能使引火头发火的能量。②点火能量使爆炸临界范围内的可燃性混合气体,发生爆炸所必需的能量,参见 *exciting energy*)。~ *failure* 点火系统故障。~ *fire lag* 起燃延迟。~ *heat* 点火热。~ *impulse* 点火冲量(点火冲量表示电点火的难易程度,电雷管的点火冲量可用下式表示:$K=\frac{CU^2}{2R}10^{-6}$〈W · ms/Ω 或 A^2 · ms〉。式中,C 为电容器电容,μF;U 为直流电压,V;R 为网路总电阻,Ω)。~ *inhibition* 点火滞后。~ *inhibitor* 燃烧抑制剂,发火抑制剂。~ *knock* 点火爆震。~ *lag* 点火延迟,发火延迟。~ *lock* 点火开关。~ *order* 点火顺序,起爆顺序(采用导火索爆破时,为了依次扩大自由面,应从最短一根导火索开始点火;采用延时电雷管爆破时,应从低段开始顺序起爆。如果点火顺序混乱,爆破就会失败)。~ *pattern* 点火次序,放炮程序,参见 *ignition order*。~ *point* 爆发点(炸药在特定的受热条件下,经过一定的延滞期,发生爆炸时的介质温度)。~ *powder* 点火药。~ *power* 起爆能力,点火能力(火工药剂或火工品,爆炸时引爆其他火工品或装药的能力)。~ *process* 点火过程。~ *rate* 起爆速度,着火速率。~ *resistance* 起爆电阻。~ *scattering* 起爆时间扩散。~ *source* 火源。~ *spark* 点火火花。~ *spark booster* 点火升压线圈。~ *system* 点火系统。~ *temperature*(*of a combustible gas or of a combustible liquid*) 点燃温度(在规定的试验条件下,可燃性气体或蒸气同空气形成的混合物发生点燃时热表面的最低温度)。~ *test* 点火试验(按规定的方法点燃一定长度的索类起爆材料,考核导火索的燃烧性和导爆索的安全性的试验)。~ *time* 点火时间。~ *timing* 点火定时。~ *train*

传火序列,点火序列(按火焰感度递减、火焰强度递增的次序而排列的一系列输出火焰冲能的元件的组合体。其功能是将火帽〈或点火器〉的火焰冲能逐步递增并可靠地引燃火药或烟火主装药。参见 *low explosive train*;*burning train*)。~ *voltage* 点火电压。

image *n.* ①影像。②概念,意向。~ *analysis*图像分析。~ *digitizing* 图像数字化(实现从图像到数字的转换过程)。~ *discrimination*;~ *identification* 图像识别。~ *processing* 图像处理(图像数学化、复原、几何校正、增强、统计分析和信息提取、分类、识别等图像加工的各种技术方法的统称)。

imbricate *a.* 重叠成瓦状的。~ *structure* 叠复构造。

immediate *a.* ①直接的。②目前的。~ *data* 直接数据。~ *roof* 直接顶(位于煤层或伪顶之上具有一定的稳定性,移架或回柱后能立即自行垮落,或在采空区内短期悬露而随后垮落的岩层)。

immersion *n.* 沉浸。~ *test* 浸水试验(将炸药卷〈包〉或起爆材料浸入规定温度和深度的水中,经一定时间后,考核其抗水性的试验)。

immiscible *a.* 不混溶的(两种不能混合相溶的液体,如在乳化炸药中氧化剂水滴不溶于油而被燃料包围)。~ *liquids* 不能混合的液体。~ *solvents* 不能混合的溶剂。

impact *n.* ①碰撞,冲击。②影响。~ *action* 冲击作用,碰撞作用。~ *brittleness* 冲击脆性。~ *coefficient/factor* 冲击系数。~ *crushing* 冲击破碎。~ *desensitization* 冲击钝化。~ *drilling* 冲击凿岩。~ *effect*;*percussion* 冲击效果,冲击作用。~ *endurance test* 抗冲击试验。~ *energy*;*shock energy* 冲击能,冲击功。~ *excitation* 碰撞激发。~ *factor* 冲击系数。~ *flexural strength* 冲击弯曲强度。~ *force of jet* 射流打击力(水枪射流对距水枪出口某一距离垂直平面上的总作用力)。~ *force*;*blowing power*;*impulsive force*;*impulse force*;*weight of blow* 冲击力。~ *fuse* 碰炸导火线。~ *initiation* 撞击引爆。~ *injury* 冲击损伤。~ *load* 冲击载荷(支架在极短时间内,突然承受大幅度上升的载荷)。~ *load stress* 冲击荷载应力。~ *loss* 冲击损失。~ *momentum* 冲击动量。~ *rate* 冲击速率。~ *resistance* 冲击阻力,抗冲击强度。~ *sensitivity test* 撞击感度试验(将炸药置于特制的落锤仪中,承受一定质量的落锤从不同高度落下的撞击作用,视其是否发生爆炸。用爆炸百分数、临界落高等表示炸药的撞击感度)。~ *sensitivity*;*sensitivity to* ~ 撞击感度,冲击感度。~ *shock* 冲击震动。~ *sidewall sampler* 冲击式井壁取心器(用取心火药作动力的井壁取心器,由取心器主体、选发器、取心火药及岩心筒组成)。~ *strength index* 冲击强度指数。~ *strength modifier* 冲击强度改进剂。~ *strength*;*impulse strength* 冲击强度。~ *stress*;*shock stress*;*blow stress* 冲击应力。~ *tenacity*;*impact toughness* 冲击韧性。~ *test*;*blow test* 冲击试验。~ *threshold velocity* 冲击始发速度。~ *value* 冲击

值。~ *wave*; *shock wave*; *advance air wave*; *airblast wave*; *air-shock wave*; *blast wave*; *impact wave*; *knock wave*; *pioneering wave*; *shock wave* 冲击波。~ *zone radius* 冲击区半径。~*-generated base surge* 冲击基浪。~*-modified grade* 冲击性改进级。~*-vibration crushing* 冲击振动破碎。

impedance *n.* 阻抗。~ *angle* 阻抗角。~ *coupling* 阻抗耦合。~ *match* 阻抗匹配。~ *matching* 阻抗匹配法。~ *mismatch* 阻抗不匹配(两个相邻接触的物料的声音阻抗之比。在爆破中炸药和岩石的阻抗比是评估炸药向被爆破的岩石传递能量的重要参数。阻抗比并不能恰当地表征炸药与岩石之间能量传递特性,因为入射角很少情况下是90°〈通常为45°左右〉。参见 *impedance ratio*〈*acoustic*〉)。~ *of rock* 岩石的波阻抗(岩石中的纵波速度与岩石密度的乘积。它表明应力波在岩体中传播时,运动着的岩石质点产生单位速度所需的扰动力。它反映了岩石对动量传递的抵抗能力。波阻抗大的岩石往往比较难以爆破)。~ *ratio*(*acoustic*)阻抗比(声音)。

imperfect *a.* 有缺点的。~ *rock mass* 岩石天然缺陷。

imperfection *n.* 不完美,缺陷。

impingement *n.* ①侵犯,冲击。②反跳。~ *angle* 碰撞角。

impinging *v.* 冲击(impinge 的现在分词)。~ *wave* 冲击波。

implement *n.* 器械。

implementation *n.* 履行,贯彻。*Airblast overpressure levels are influenced by the blast design and its* ~, *and the prevailing atmospheric conditions.* 冲击波超压能级受爆破设计、实施工序及当时大气条件的影响。~ *of the presplit* 预裂爆破实施。

implicit *a.* 不言明的。~ *analysis* 隐式分析。~ *code* 隐式求解器。~ *function* 隐函数。

implode *v.* ①(使)内爆。②(使)(向心)聚爆。

implosion *n.* ①内爆。②(向心)聚爆。~ *drilling* ①内爆凿岩。②内爆压碎钻进。

implosive *a.* 内破裂形成的。~ *source* 爆聚震源。

import *n.* ①进口。②输入。~ *of advanced technology* 引进高技术。

importance *n.* 重要性。~ *of frequency* 频率的重要性。~ *of frequency to structure response* 频率对结构响应的重要性。

impounding *n.* 滤网。~ *basin*; *impounded body*; *reservoir* 水库。

improved *a.* 改良的。~ *advance* (*per blast*)(每次爆破)进尺增加。~ *approach* 改进的方法。*It might be argued that measurements of gas concentrations arising from real field conditions could provide an* ~ *approach, however such programs would need to cover a wide range of conditions and explosives and could be prohibitively expensive and time-consuming.* 可能引起争论的是,对实际现场条件所引起气体的浓度测量,可提供一

I

种改进的方法；然而，这样的测量需要涵盖多种条件和炸药，且可能因耗费大，耗时多而受限制。~ *blasting* 改进后的爆破技术。*I- blasting can make a significant contribution to reducing the overall intensity of GHG emissions from mines.* 改进后的爆破技术可对降低矿山温室气体排放的总强度做出巨大贡献. ~ *coal recovery* 煤炭采收改进技术。*The ~ coal recovery translates to a corresponding decrease in mine GHG emissions intensity.* 煤炭采收改进技术相应地降低矿山温室气体排放强度。~ *explosive efficiency* 炸药效力提升。~ *throw blasting* 改进后的抛掷爆破法，抛掷爆破改进技术。*Electricity consumption on large coal mines may be reduced through ~ throw blasting, requiring less overburden movement by the draglines.* 改进后抛掷爆破法可减少大煤矿的电力消耗，且不需要索斗铲进行大量的剥离运动。

improver *n.* = improving agent 改进剂。

impulse *n.* ①【电】脉冲。② = momentum 冲量（又称动量。由物体质量与速度之积定义的物理量，也可以通过某个时间段作用在物体上的合力乘以时间〈单位为 N·s〉来计算。来自炮孔壁上的炸药的冲量对确定爆破振动具有重要意义）。*Rocks to be blasted in such a case have large masses and, for the same ~, their velocity and throw distance will be consequently short.* 在这种情况下爆破的岩石块度大，而且由于冲量相同，岩石的速度和抛掷距离结果变小。—*v.* 推动。~ *blaster* 脉冲爆炸机（当感知冲击波到达时引爆电雷管的一种装置。常用于在起始爆炸的冲击波到达时，起爆下一个药包，从而使它们的下行波同相相加）。~ *firing* 脉动水力爆破。~ *force*; *impulsive force* 冲击力。~ *of shock wave* 冲击波冲量。~ *response* 脉冲响应。

impulsive *a.*【物】瞬动的，冲击的。~ *blow* 动载冲击。~ *load*; *dynamic load* 动载荷，冲击载荷。~ *moment* 冲量矩。~ *vibration* 脉冲性振动（当每次冲击持续时间和各冲击之间的间隔时间短于受振者的有阻尼瞬态响应或固有周期时，由快速重复性冲击运动产生的准稳态振动或持续的瞬态振动）。

in *prep.* ①（表示位置）在…里面。②（表示领域，范围）在…以内。~ *active CS* 当前坐标系。~ *bulk* 散装的；整块地。~*-between position*（接通或切断的）中间位置。

inaccessible *a.* 达不到的。~ *site* 不可到达的地段。

inactivation *n.* = passivationdesensitivation; phlegmatization ①钝化。②钝化作用。

inadequate *a.* ①不充分。②不适当，不胜任。*The major causes of flyrock are inadequate burden, ~ stemming length, drilling inaccuracy, excessive powder factor, unfavorable geological conditions (open joints, weak seams and cavities), inappropriate delay timing and sequence, inaccuracy of delays, back break and loose rock on top of the bench.* 飞石产生的主

要原因包括抵抗线不足、炮泥长度不够、钻孔不精确、单位炸药消耗量过多、地质条件不利(露天节理、矿层不稳固和空穴)、延时定时和序列不当、延时不精确、发生反向爆破,以及台阶上部岩石松散等。~ *preparation for examinations* 考试准备的不充分。*The blasting equipment is lamentably ~.* 爆破器材太少了。*feel one's ability ~ to this case* 对此种情况,有感个人的能力不堪胜任。~ *project staffing* 项目人手欠缺。

inbreak *n.* 崩落,冒落。~ *angle* 崩落角,参见 *angle of break*;*angle of draw*;*caving angle*。

incandescent *a.* 白炽的。~ *detonator* 白炽电雷管。~ *slot detonator* 白炽有空隙高压电雷管。

incendiary *a.* 引火的。~ *composition* 发火剂。

incentiveness *n.* 易爆性。

inching *n.* = fine tuning 微调(整)。

incidence *n.* ①入射。②发生次数。③发生范围,影响范围。④倾角,仰角。⑤下落,下落方向。~ *pressure* 入射压(也称入射波压力,地面振动波在经不连续表面或自由面反射或折射之前所具有的压力,单位为 MPa 或 Pa)。~ *wave* 入射波(在波的传播遇到障碍物时,产生反射和绕射前的波)。

incident *a.*【光】入射的。~ *angle*;*angle of arrival*;*angle of incidence* 入射角(射线路径与界面垂线的夹角,即在各向同性介质中波前与界面的夹角)。~ *beam* 入射束。~ *compressive wave* 入射压缩波。~ *direction* 入射方向。~ *energy* 入射能。~ *field* 入射波场。~ *gravity wave* 入射重力波。~ *intensity* 入射强度。~ *light* 入射光。~ *longitudinal wave* 入射纵波。~ *neutron* 入射中子。~ *path* 入射路径。~ *plane wave* 入射平面波。~ *ray* 入射线。~ *tube wave* 入射管波。~ *wavelet* 入射子波。

incipient *a.* 开始的,初期的。~ *detonation* 初爆。~ *spall threshold* 碎裂临界值(与不致发生破坏相对应的临界应力振幅和脉冲宽度之积)。

incisal *a.* 切割的。~ *edge*;~ *margin* 切缘,刃面。

inclination *n.* ①倾角,斜度。②倾向。~ *maximum* 最大倾角。~ *of holes* 炮孔倾斜度。

incline *n.* 斜坡道(向上挖掘的与水平面成一定角度的巷道)。

inclined *a.* ①倾斜的。②倾向的。~ *anticline* 倾斜背斜。~ *bedding* 倾斜层理。~ *contact* 倾斜接触。~ *cut* 倾斜工作面。~ *drilling hole* 倾斜钻孔。~ *fault* 倾斜断层。~ *hole blasting* 斜孔爆破。~ *hole*;*oblique hole* 倾斜炮孔,参见 *angling hole*。~ *layer*;*inclined bed*;*inclined stratum* 倾斜层。~ *length of horizon* 阶段斜长(阶段上部边界至下部边界沿煤层倾斜方向的长度)。~ *plane* 倾斜面。~ *seam* 倾斜矿层。~ *shaft development* 斜井开拓(主、副井均为斜井的开拓方式)。~ *shaft*;*incline* 斜井(服务于地下开采,在地层中开凿的直通地面的倾斜通道)。~ *sli-*

cing;*slicing method to the dip* 倾斜分层采煤法(厚煤层沿倾斜面划分分层的采煤方法)。~ *stoping* 斜坡开采法(露天采矿中,在倾斜40°的坡面上进行开采的方法。采用人力或机械清渣。由于是在斜坡上进行钻孔和装药作业,所以不太安全。即使采用机械化也不能指望得到妥善的解决,故目前都改成台阶开采)。~ *stress* 倾斜应力。~ *wedge* 倾斜楔体。~*-directional drilling* 倾斜定向钻进。~*-hole cut* 斜孔掏槽。

incoherent *a.* ①不连贯的。②不相干。~ *operation* 不连贯作业。~ *scattering* 不相干散射,非相关散射。

incombustible *a.* 不能燃烧的。~ *dust* 不可燃尘末。

incoming *a.* 进来的。~ *compression wave* 输入压缩波,入射压缩波。

incompatibility *n.* 不相容性。

incompetence *n.* ①(岩石)松弛,松软。②无能为力。

incompetent *a.* 不胜任的。~ *bed* 不稳固岩层,软岩层。

incomplete *a.* 不完全的。~ *combustion* 不完全燃烧。~ *explosion* 熄爆,不完全爆炸(爆轰波不能沿炸药继续进行传播而中止的现象)。~ *grounding* 不完全接地。~ *operation* 未完作业。~ *reaction* 不完全反应。*Furthermore, non-ideal detonation involves ~ reactions, non-equilibrium and complex reactive flow and expansion within and beyond the reaction zone. All these conditions are entirely excluded from ideal code calculations.* 而且,非理想爆轰包括反应不完全、不平衡以及反应区内、外的复杂反应流和膨胀。假设中的理想爆轰则完全没有这些因素。

inconsistent *a.* 不一致的。~ *or poor quality stripping* 不一致或劣质剥离。

incontrollable *a.* 失控。~ *state* 失控状态。

increment *n.* ①增长。②增量。~ *of coordinate* 坐标增量(两点间平面直角坐标值之差,有纵坐标增量和横坐标增量之分)。

incremental *a.* 增加的。~ *capital-output ratio* 资本—产出增量比。~ *motion* 增量运动。~ *theory of plasticity* 塑性增加理论。

incrementary *n.* 增量。~ *ratio* 增值比。

incumbent *a.* 靠在[压在]上面的。~ *load* 有效载荷,正常负荷,覆盖负荷。

incurvation *n.* 挠度,内曲现象。

incurvature *n.* 内曲率。

indefinite *a.* ①无限期的。②不明确的。~ *input* 不确定输入。

independent *a.* ①独立的,自主的。②脱离…而独立,无关(与 *of* 连用)。*These estimates are very sensitive to the value used for the moisture content of the rock and are quite ~ of the actual blast design or blasting intensity applied.* 该评估与岩石含水量规定的值密切相关,而与实际爆破设计方案或实施的爆破强度无关。*The law of nature acts in ways ~ of man's will.* 自然规律不以人的意志起作用。*an ~ country (thinker; proof; etc)* 独立的国家(思想家,证据等)。~ *alternative* 独立方案(可以同

时并存而不互相排斥的几个比较方案。如在几个支流上修建的水电站,可以选定其中的任何一个,在资金充裕时也可同时选定几个)。~ *coordinate system* 独立坐标系(任意选定原点和坐标轴的直角坐标系)。~ *effect* 独立效应。*I- Gel* 矿用胶质安全炸药。~ *innovation ability* 自主创新能力。~ *total deformation variable* 独立总变形量。~ *variable* 自变量,独立变量。*The remainder of this paper is intended to make a brief discussion of ~ variables and constants as well as a detailed analysis of the relevant data and relationship between the ~ variables involved.* 本文的以下部分除详细分析了有关数据以及自变量之间的关系外,还简短探讨了自变量和常量。*-ly innovated product* 独立创新产品。*-ly innovated technique* 独立创新技术。

index *n.* ①索引。②【数】指数。③指示。~ *of blasting effect* 爆破作用指数。~ *of dispersion* 分散率,分散指数。~ *of engineering geological properties* 工程地质性质指标(表示岩土工程地质性质的定量参数)。~ *of precision* 精度指数。~ *of roof fracture* 顶板破碎指数(无支护区宽度为 1m 时的顶板破碎度)。~ *of roof strength* 顶板强度指数(根据岩石单向抗压强度、节理裂隙影响系数、分层厚度影响系数三项指标确定的长壁工作面顶板强度指数)。~ *of roof-to floor convergence* 顶底板移近量指数(采煤工作面每推进 1m,每米采高的顶底板移近量以 mm 表示)。~ *of test;local* ~ ①试验指标。②局部指标(由试样〈件〉测试所得的单项性质指标)。

indicated *a.* 指示的。~ *stripping ratio* 计划剥采比,既定剥采比。

indication *n.* ①指示。②象征。~ *error* 指数误差。~ *of fracture* 断裂迹象。

indicative *a.* 象征的。~ *abstract* 要点摘录。

indicator *n.* 示功器(与活塞式空压机气缸中的压力〈压强〉及活塞行程相联系,可绘制出示功图的装置示器)。~ *diagram* 示功图(由示功器记录下来的,表示在压力〈压强〉—容积坐标上的循环线图。该线图所围成的面积即为空压机—循环的全功,参见 *diagram of work*)。~ *of explosives consumption* 炸药消耗指标。~*s of poor drilling* 不良钻孔的指标。

indirect *a.* 间接的。~ *acquisition* 间接获得。~ *benefit* 间接效益(一项工程项目在指定目标以外所产生的效益。如水电工程也能减少洪灾损失)。~ *blasting* 间隔爆破(炸药和物体不直接接触,即两者间隔有一定的距离,爆破时利用其爆风及冲击波压力使物体破坏的爆破。例如水雷在水中爆炸;以及解体沉船时,在充满水的船舱内起爆大量炸药将船体炸碎分解的爆破,均属于间隔爆破)。~ *explosive working of metals* 隔离爆炸加工(隔离爆炸加工,加工时炸药与加工对象之间相隔一定的距离,炸药爆炸所产生的能量是通过中间介质〈空气、水、油、沙、橡皮等〉传递到被加工的对象上,参见 *direct explo-*

sive working of metals)。～ *gain* 间接收益。～ *initiation* 反(向)起爆(参见 *inverse initiation*)。～ *intervention* 间接干预,间接介入。～ *priming* 反向起爆(把雷管装在炮孔底部的起爆方法。也叫孔底起爆或底部起爆。参见 *bottom firing*;*inverse initiation*)。～ *stress* 间接应力。

indistinct *a.* 模糊的;不清晰的。

individual *a.* ①个人的。②个别的。～ *control* 单独控制,个别控制。～ *mineral* 个体矿物。～ *project* 单项工程(单项工程是建设项目的组成部分。一个建设项目可以是一个单项工程,也可能包括几个单项工程。单项工程是具有独立的设计文件,建成后可以独立发挥生产能力或效益的工程。单项工程的施工条件往往具有相对的独立性,因此一般单独组织施工和竣工验收)。

induced *v.* 引诱(induce 的过去式和过去分词)。～ *block* 阶段人工崩落。～ *break* 感生断裂。～ *burst* 诱发岩爆。～ *currents* 诱导电流。～ *fracture* 诱发破裂。～ *polarization method* 激发极化法(根据岩石的激发极化效应来解决地质问题的电法勘探方法。可用于找煤和解决水文地质、工程地质问题)。～ *stress* 感生应力。～ *stress in rock mass* 岩体二次应力(岩体开挖后原始应力大小和方向发生变化的应力。在岩体中开挖坑硐后,打破了岩体原始应力的平衡状态,在坑硐附近一定范围的岩体中发生应力重新分布,形成二次应力场,岩体二次应力分布,与岩体原始应力的主应力方向、大小和坑硐的几何形状及岩体结构有关)。

inducer *n.* 引诱者。～ *shot-firing* 诱导爆破。

inductance *n.* 感应系数,电感。

induction *n.* (电或磁的)感应。～ *balance* 电感平衡。～ *blasting* 诱导爆破(井下为防止瓦斯突出造成灾害,事先诱导瓦斯在爆破后迅速突出而采取的一种措施)。～ *current* 感应电流(在高压输电线路通过或有变压器和电开关的附近,都存在着一定强度的电磁场。如果在这些电磁场范围内实施电爆,可在电起爆网路中产生感应电流;当感应电流超过一定数值之后,可引起电雷管爆炸,造成早爆事故)。～ *curve* 感应曲线。～ *exploder* 感应放炮器。～ *field* 感应场。～ *period of explosion* 爆炸延滞期(测定爆炸点时,试样自开始受热至发生爆炸的时间)。～ *period of ignition* 发火延滞期(测定发火点时,试样自开始受热至发生燃烧的时间)。～ *time* ①感应时间。②引爆时间(在起爆电雷管时,从桥丝断裂至雷管爆炸之间的时间)。

inductive *a.* 感应的。～ *load* 感应负荷。

industrial *a.* 工业的。～ *invention* 工业发明。～ *and commercial tax* 工商税。～ *application* 工业应用。～ *backup* 工业支持。～ *blasting fuse*;～ *safety fuse* 工业导火索(以黑火药为药芯,以一定燃速传递火焰的工业索类火工品)。～ *boom* 工业繁荣。～ *civilization* 工业文明。～ *cord type explosive device* 工业索类火工品(具有连续装药的索状工业火工品的总称)。～ *depression* 工业

萧条。~ *detonating fuse*;*industrial detonating cord* 工业导爆索(以猛炸药为药芯,以一定爆速传递爆轰波的工业索类火工品)。~ *detonator*; *industrial blasting cap* 工业雷管(在管壳内装有起爆药和猛炸药的工业火工品)。~ *explosive device* 工业火工品(用于各种民用或非军事目的的工程爆破作业的火工品)。~ *explosive material* 民用爆破器材(用于非军事目的的各种炸药及其制品和火工品的总称。包括炸药、雷管、导火索、导爆索、导爆管和辅助器材〈如炮棍、起爆器、导通器等〉)。~ *explosive* 工业炸药(参见 *commercial explosive*;*mining explosive*)。~ *funicular initiating explosive devices* 工业索类火工品(具有连续细长装药的索状工业火工品的总称)。~ *giant* 工业巨头。~ *grouping* 企业联合。~ *initiating explosive device* 工业火工品(用于采矿和工程爆破等作业的火工品)。~ *loss* 工业亏损。~ *minerals* 工业矿物。~ *recovery* 工业开采。~ *renovation* 工业创新。~ *reserves* 工业储量(在能利用储量中,可以作矿山设计依据的储量,即A、B、C 级储量之和)。~ *robot* 工业机器人(具有能自动控制的手臂和移动功能,是以实现自动化为目的,代替人进行各种工作的机械)。~ *water fee*; *industrial water price* 工业水费(工矿部门向供水单位所交纳的费用)。

inelastic *a.* 非弹性的。~ *restitution* 非弹性恢复,非弹性复原。~ *stress* 非弹性应力。

inert *a.*【化】惰性的。~ *additive* 惰性溶剂。~ *primer* 惰性起爆药包。~ *salt* 惰性盐(用于安全炸药)。~ *solution* 惰性添加剂。

inertia *n.* ①【物】惯性,惰性。②惯性单元。~ *igniter* 惯性点火具(利用惯性力推动击针刺击火帽而激发的点火具)。

inertial *a.* 不活泼的,惯性的。~ *force* 惯性力。~ *mass* 惯性质量。

inexplosive *a.* 不爆炸的。

inextensible *a.* 不能伸展的。~ *outer surface* 不可拓延的外表面。

inference *n.* 论断,推论。

inferior *a.* (质量等)低劣的。~ *explosive* 劣质炸药。~ *project* 劣质工程。

in-filling *n.* 填充。~ *material* 填料。

infinitesimal *a.* 极微小的。~ *strain* 无限小应变。

inflammation *n.* 点火起爆。

inflection *n.* 变音,转调。~ *point of subsidence curve* 下沉曲线拐点(在移动盆地主断面上,下沉曲线正负曲率的分界点)。

in-flight *a.* 在飞行中的。~ *collisions of fragments* 碎片在飞行中相互碰撞。

influence *n.* ①影响。②势力。~ *factors of charge quantity* 影响装药量的因素(影响装药量的因素很多,主要有:①炸药的性能。②被爆体材料性质。③爆破条件。④爆破类型以及爆破的要求,参见 *factors determining charge*)。~ *factors of cumulative effect* 影响聚能效果的因素(试验表明,锥孔处爆轰产物向轴线汇聚时,有下列两个因素在起作用:①爆轰产物质点以一定速度沿近似垂直于锥面的方向向轴线汇聚,使能量集中。②爆轰产物的压力本来就很高,汇聚时在轴线处成更高的压力区,高压迫使爆轰产物向周围低压区压膨胀,使能量分散)。~ *function* 影响函数。~ *line* 感应线。~ *of air drag on fragment trajectories* 空气阻力对碎片抛射轨迹的影响。

information *n.* 信息(目前,关于信息作为科学的概念和范畴的定义,尚未取得一致的意见。据有关文献统计,世界上关于信息的定义有数百种。例如:信息是指可以用语言、文字、数据、图表、图形或其他可以让使用者识别的信号来表示的,并可以进行传递、处理及应用的对象,就是其中之一)。~ *information system* 信息系统(所谓信息系统,是一个对信息进行采集、处理、存储、管理、检索,必要时并能向有关人员提供有用信息的系统)。~ *technology* 信息技术。

informative *a.* 提供信息的。~ *abstract* 内容摘要。

infrared *a.*【物】红外线的。~ *distance finder* 红外测距仪。~ *image*; ~ *picture* 红外图像。~ *spectrum* 红外光谱。~ *wave* 红外波。

infrastructural *a.* 基础设施的。~ *damage* 基础设施损坏。

infrastructure *n.* 底层结构,基础设施。~ *availability* 基础设施到位。

infusion *n.* ①注入。②灌输。~ *shot firing*; *water infusion blasting* 注水爆破。

ingate *n.* 马头门(又称"井筒与井底连接部"。井底车场巷道与立井井筒连接、断面逐渐的过渡段。按立井井筒的功能分为罐笼井马头门和回风井马头门)。

inherent *a.* ①固有的。②内在的。~ *burst* 内应力形成的岩石突出。~ *moisture*; *contained moisture* 固有湿度,原有湿度(物料样品中含有的液体〈通常是水〉量,一般用占样品质量的百分率表示)。~ *safety hazard*; ~ *hazard* 潜在安全隐患。~ *stress* 固有应力。~-*residual stress* 固有残余应力。

inhibited *a.* 压抑的。~ *grain*; *restricted grain* 限制燃烧火药柱。

in-hole *a.* 孔内。~ *delay* 孔内延迟。~ *delay methods* 孔内延时方法。~ *delays with detonating cord downlines* 孔内延时用导爆索。~ *detonation parameters* 孔内爆轰参数。~ *deviation error* 孔内偏斜误差。

Inhomogeneity *n.* = heterogeneity 非均质性(岩土的物质组成、结构和工程地质性质在空间上显现有差异的特性)。~ *in fuel/oxidizer contact* 燃料/氧化剂接触面的非均质性。

inhomogeneous *a.* 不均匀的。~ *dissemination* 不均匀嵌布。~ *equation* 非齐次方程。~ *wave* 非齐次波。

initial *a.* ①最初的。②开始的。~ *acceleration* 初始加速度。~ *azimuth* 起始方位角。~ *blast* 初次爆破。~ *break* 掏槽。~ *burning* 初始燃烧,开始着火。~ *charge* 初装药。~ *charge density* 初装药密度。~ *condition* 初始条件。~ *cost* 初期费用。~ *crack*; *incipient crack* 原始裂缝。~ *data*; *firsthand data*;

source material; *raw data*; *basic data* 原始数据。~ *deformation* 原始变形。~ *detonation* 点火时间。~ *dip*; *primary dip*; *original dip* 原始倾斜。~ *explosion ratio* 初次爆破炸药耗量比。~ *face* 爆破后边坡面。~ *factor of safety* 初期安全系数。~ *formation pressure*; ~ *reservoir pressure*; *virgin pressure* 原始地层压力。~ *fracturing*; *first crushing*, *primary breaking* 初碎。~ *fragmentation* 初次爆破。~ *geological logging*; *initial geological log* 原始地质编录(通过各种地质工作,直接取得有关图件、数据和文字记录等原始资料的工作)。~ *impulse* 初始冲能(施加于起爆材料及其药剂的最初外界冲能,如热、电、机械和光等冲能)。~ *incidence angle* 初始入射角。~ *inflammation* 起始着火。~ *investment* 初期投资。~ *jobname* 初始名称。~ *landform* 原始地形。~ *meridian* 本初子午线。~ *modulus* 初始模量(岩石应力-应变曲线坐标原点切线的斜率,单位以 MPa 或 GPa 表示)。~ *moisture of frost heave* 起始冻胀含水率(使岩土产生冻胀的最低含水率)。~ *order* 起始指令。~ *point*; *starting point* 起(始)点,原点。~ *reading* 起始读数。~ *reserve*; *primary reserve* 原始储量。~ *rock stress* 原岩应力。~ *stage* 初期阶段。~ *strain* 初应变,起始应变。~ *stress* 初始应力。~ *stress zone*; *virgin stress zone* 原岩应力区(岩体内未受采掘工程影响的应力区域)。~ *supporting*; *first supporting* 巷道一次支护(巷道掘进后立即进行的支护。一次支护有时允许巷道产生较大变形)。~ *tangent modulus* 原始切线模量。~ *velocity* 初始速度。~ *yield load* 初始屈服载荷。~ *yield value* 初始屈服值。

initiating *v.* 开始(initiate 的现在分词)。~ *ability* 起爆能力。~ *agent* 引发剂。~ *charge*; ~ *composition*; *initiating explosive* 起爆药。~ *device*; ~ (*or priming*) *materials and accessories*; ~ *supplies* 起爆器材(用来引爆炸药的器材。如工业雷管、各种索状起爆材料以及起爆器具。装有一定量的炸药、可用预定的外界能激发而产生的效应,以完成起爆功能的元件和小型装置)。~ *efficiency*; ~ *power*; ~ *strength of detonator* 雷管作功能力(雷管爆炸时爆炸产物对周围介质做功的能力)。~ *explosive device* 火工品(以一定的装药形式,可用预定的刺激量激发并以爆炸或燃烧产生的效应完成规定功能〈如点燃、起爆及作为某种特定动力能源等〉的元件及装置)。~ *explosive*; *primary explosive*; *initial detonating agent* 起爆药(在较弱的初始冲能作用下即能发生爆炸,且爆炸速度在很短时间内能增至最大,易于由燃烧转爆轰的炸药)。~ *the blast* 起爆。~ *trigger* 启动触发器。

initiation *n.* = initiating; priming 起爆(用外界能量激发炸药使其发生爆轰的过程。根据激发能量的不同可以分为热起爆、针刺起爆、撞击起爆、摩擦起爆、电起爆、激光起爆和冲击波起爆等)。~ *angle* 起爆角。~ *charge* 起爆药包。~ *criterion* 起爆判据。~ *device*

起爆装置。~ *effect*; *initiating ability*; *detonating capacity* ①起爆能量。②起爆效力。~ *interval* 起爆时间间隔。~ *pattern*; *initiation plan* 起爆顺序(又称起爆计划。为实现连续爆破而制订的起爆时间和间隔的技术方案)。~ *point* 起爆点。~ *power*; *initiation strength* 起爆能力(火工药剂或火工品爆炸时引爆其他火工品或装药的能力)。~ *procedure* 起爆顺序。~ *resistance* 起爆电阻。~ *scattering* 起爆时间扩散,起爆时间离散。~ *sensibility* 起爆感度。~ *sensitivity test* 导爆管起爆性能试验(塑料导爆管在规定条件下用8号雷管通过连接块进行侧向起爆,考察其起爆性能的试验)。~ *sensitivity*; *priming sensitivity*; *sensitivity to* ~ 起爆感度。~ *sequence* 起爆顺序。~ *signal* 起爆信号。~ *strength* 起爆强度。~ *system* 起爆系统。~ *system design of chamber blasting* 硐室起爆系统设计(起爆系统由爆区的起爆网路和起爆电源组成。起爆网路必须采用两套,且相互独立。常用的有双重电爆网路,一套电爆网路、一套导爆索网路,双重导爆索网路,非电导爆管起爆网路等。目前使用最多的仍是双重电爆网路及电爆与导爆索的复式起爆网路)。~ *system development* 起爆系统发展。~ *system factors* 起爆系统因素。~ *system safety issues* 起爆系统安全细则。~ *system tie-in* 起爆系统连接元件。~ *systems safety issues* 起爆系统安全细则。~ *test of detonating fuse*; *test of* ~ *by detonating fuse* 导爆索起爆试验(按规定的方法,用导爆索起爆一定规格的炸药,考核其起爆能力的试验)。~*-timing device* 起爆定时装置。~*-timing system* 起爆定时系统。~ *mechanism* 起爆机理。

initiator *n.* ①起爆药。②起爆器。~ *sequencing* 起爆药次序排列,起爆器程序化。~ *timing and accuracy* 起爆药定时与精度。

injected *a.* 注入的。~ *hole* 注浆孔。

injuries *n.* 损害(injury 的名词复数)。~ *and fatalities* 伤亡事件。*Serious* ~ *and fatalities result from improper judgment or practice during rock blasting.* 严重的伤亡事件起因于岩石爆破过程中判断不当或操作失误。

injury-free *n.* 无损伤的,无伤亡事故的。

ink *n.* 墨水,油墨。~ *jet printer* 喷墨打印机(喷墨打印机使用喷嘴把墨水喷射到纸上以形成适当的字符)。

in-line *a.* ①同轴的。②嵌入的。~ *production* 流水作业。

inner *a.* 内部的。~ *capsule* ①内管。②加强帽(为防止起爆药洒落并增强起爆能力,在雷管中置于起爆药上部的管壳)。~ *dump* 内部排土场(建在露天采场以内的排土场)。~ *excitation* 内部激发。~ *height* 内高。~ *layer of electrical double layer* 双电层的内层(由矿物颗粒表面电荷构成的双电层的内核部分)。~ *orientation* 内部定向。~ *wedge* 内楔形炮孔。

inorganic *a.*【化】无机的。~ *matter* 无机质。~ *phase* 无机相。

in-phase *n.* 同相,同步。~ *amplitude* 同

相振幅。

in-place *n.* 原状。~ *condition* 自然赋存条件。

input *n.* 输入。~ *device* 输入设备（将待输入的各种形式的信息转换成适宜于计算机处理的信息，并送入计算机的设备。输入设备可分为两类：采用媒体输入的设备及交互输入设备）。~ *pressure function in the blasthole* 炮孔输入压力函数。

in-seam *n.* 煤层内。~ *wave*; *channel wave* 槽波（在煤层内传播的地震波）。

insensible *a.* 无感度的。

insensitive *a.* ①钝感，不敏感。②迟钝。*a seemingly ~ look* 感觉似乎迟钝的面孔。*an ~ physical nature* 迟钝的生理天性。~ *to color* 对颜色没感觉。~ *to criticism and slander* 对批评和诽谤感觉迟钝。~ *explosive* 钝感炸药。~ *high explosive* 钝感烈性炸药。

insensitivity *n.* = insensitiveness 钝感，不敏感（爆炸材料在外界能作用下不易发生爆炸的性质）。*The extreme sensitivity to moisture content and ~ to the basic rock texture and breakage characteristics suggests that only quite broadly representative values are likely to be generated by this estimation approach.* 对水分的极端敏感和对基本的岩石结构及其破碎特性钝感表明，这种评估方法只可找到有广泛代表性的值。

insert *n.* 插件。

inside *a.* ①内部的。②内侧的。~ *cutting charge* 内切割弹（根据切割对象不同，所设计的结构就不同，若把环形金属药形罩和装药的切割罩向外，在爆炸时就产生一圈向外的均质射流，这样的切割结构叫内切割结构〈或叫内切割弹〉。如图所示，内切割是套管内布设弹体进行聚能切割，即从管子内向外切割，把套管切割断）。~ *fleet angle* 内偏角。

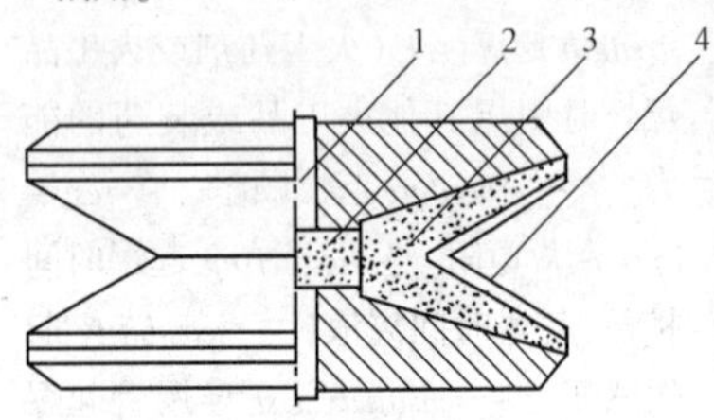

内切割装药示意图

1—雷管；2—传爆药；3—炸药；4—药型罩

insignificant *a.* ①无足轻重，微不足道。*The energy spent in creating flyrock during blasting is less than 1% of the total energy transferred to the rock, hence the wastage of explosive energy in this form may be ~.* 在爆破中产生飞石所消耗的能量低于传递给岩石全部能量的1%，因此以这种形式浪费的爆炸能可以说微不足道。*Although as an ~ engineering technician last century, he made a significant discovery in the making of explosive emulsion.* 虽说他20世纪是个无足轻重的工程技术人员，但在炸药乳化制作方面却有至关重要的发现。②微小，微薄，不起眼。*Teachers in mountainous areas have to live on ~ salaries.* 山区教师只能靠微薄的薪水过活。

in-site *n.* 现场。~ *blasting experiments* 现场爆破实验。

in-situ *n.* 现场。—*a.* 原位的。~ *block*

size distribution 现场大块粒度分布。～ *compression curve* 现场压缩曲线(根据室内试验所得压缩曲线〈孔隙比—压力对数值关系曲线〉推测得出的符合土体天然性状的原始压缩曲线)。～ *experiment* 现场实验。～ *explosive rubblization* 原地成块爆破。～ *field measurement* 现场实地测量。～ *measurement* 现场测量(不涉及物质的变化和移动,在原地测量物质的性质。在石油勘探中,地质测量、地震测量、随钻测量、现场测井等都为现场测量)。～ *rock mass* 原岩体。～ *rock stress* 原地岩石应力。～ *stress measurement* 现场应力测量。～ *weathered material* 原地风化物质。

instability *n.* 不稳定(性)。

instantaneous *a.* ①瞬间的。②即刻的。～ *action* 瞬时作用。～ *blast*;*instant blasting* 瞬时爆破。～ *cap*;*instant cap* 瞬发雷管,即发雷管。～ *charge* 即发药包。～ *cut* 瞬发起爆掏槽。～ *deformation* 瞬时变形。～ *detonation* 瞬时爆轰。～ *detonator* 瞬发雷管,即发雷管(不装延时元件或延时药、名义延时时间为零的工业雷管)。～ *deviation* 瞬时偏移。～ *electric detonator*;～ *electric blasting cap* 瞬发电雷管(不装延时元件或延期药,以电能激发后瞬时爆炸的电雷管)。～ *electric discharge*;*instantaneous spark gap* 瞬时放电。～ *field of view* 现场瞬时情景。～ *firing instrument* 瞬发爆破器具。～ *fuse* 瞬发引信,速燃导爆索。～ *ignition* 瞬态点火。～ *initiation* 瞬发爆破(采用瞬发电雷管进行的爆破,即通电后瞬时起爆的爆破,也叫即发爆破,是实现齐发爆破的必要条件)。～ *initiation method* 瞬发起爆方法。～ *load* 瞬间载重,瞬时负载。～ *loading capacity* 瞬时装载能力。～ *luminance*;*transient luminance* 瞬态照度。～ *outburst* 瞬时爆发。～ *response* 瞬时响应。～ *settlement*;*immediate settlement* 瞬时沉降(荷载作用瞬间所产生的地基沉降)。～ *shot* 瞬时爆破。～ *spectrum* 瞬态光谱。～ *squib* 瞬时电点火管。～ *strain* 瞬时应变。～ *strength* 瞬时强度。～ *stripping* 瞬时剥落。～ *stripping ratio* 瞬时剥采比。～ *surface shooting* 瞬时地面爆破。～ *surface wave method* 瞬态面波法。～ *value* 瞬时值。

IME = Institute of Makers of Explosives 炸药制造者协会(一个美国商业组织,它制定有关炸药商业生产、使用方面的技术规范,如炸药在生产过程的安全、运输、贮存以及使用的规范。IME 已经出版了一系列炸药安全手册)。

instroke *n.* 压缩行程。

instruction *n.*【计】指令。～ *set* 指令系统(一台计算机中的所有指令的集合,也称指令集。程序员用各种语言编写的程序要翻译〈编译或解释〉成以指令形式表示的机器语言之后,才能在计算机上运行。计算机硬件完成各条指令所规定的操作,并保证按程序所规定的顺序执行指令,所以指令系统反映了计算机的基本功能)。

instrument *n.* ①仪器。②手段。～ *of surveying and mapping* 测绘仪器(为测

I

绘工作设计制造的数据采集、处理、输出等仪器和装置)。

insulating *v.* 使绝缘(insulate 的现在分词)。~ *base* 绝缘底座。

insulation *n.* ①绝缘。②隔离。~ *meter* 漏电位置检测仪(测定漏电位置的仪器,参见 *current leakage tester*)。

insurance *n.* 保险。~ *agent* 保险代理人。~ *compensation* 保险赔偿(投保人受灾后,保险公司按合同经勘查落实后,给予投保人一定金额用以补偿其所受损失的行为)。~ *expense* 保险费(向保险公司为风险项目投保所交纳的费用)。~ *inspector* 安全监察员。~ *personnel* 保险人员。~ *rate* 保险费率(投保人向保险公司每年交纳的保险费除以所投保的财产金额所得的比值,以百分数计)。

insusceptibility *n.* 钝感性,不敏感。

insusceptible *a.* 不易受影响的。~ *material* 钝感材料。

intact *a.* 完整无缺的,未经触动的。~ *properties* 原有特性。~ *rock mass* 原样岩体。~ *rock strength* 未扰动岩石强度。

intake *n.* 吸入,进气。~ *entry*; *intake gallery* 进风平巷。

intangible *a.* (指企业资产)无形的。~ *assets* 无形资产。~ *benefit* 无形效益(不能用实物和货币计量的效益。如提供优美的风景和生态环境等)。~ *wealth* 无形的财富。

integral *a.* ①完整的。②积分的。~ *differential equation* 积分微分方程。~ *drill steel* 整体钢钎(一根硬质金属钎,其端部经锻造与硬金属制的尖头连在一起用作钻头)。~ *function* 整函数。~ *line of resistance* 阻力积分谱线。~ *line-breadth* 积分谱线宽度。~ *operation* 整体操作。~ *plot* 积分曲线(粒度分配)。~ *time* 积分时间。~ *time constant* 积分时间常数。~ *transmittance* 积分透过率。

integrated *a.* ①完整的。②结合的。~ *design data* 综合设计参数,整合后的设计参数。~ *design process* 综合设计过程。~ *electric delay device* 综合电力起爆延时装置。~ *operation* 整体操作,连续顺序操作。

intelligent *a.*【计】智能的。~ *camera* 智能相机。~ *decision support system*; *IDSS* 智能决策支持系统(它是在决策支持系统与专家系统的基础上形成的系统,通过定性分析辅助决策的专家系统与以定量分析为主辅助决策的决策支持系统的结合,进一步提高了辅助决策能力,智能决策支持系统是决策支持系统发展的一个新阶段)。~ *machinery* 智能机械(系指根据从很多的自然现象和社会现象中收集来的数据和信息,正确地归纳和计算出必要信息的机械)。~ *match* 智能匹配。

intended *a.* 预期的。~ *function* 设计的功能。

intense *a.* 强烈的。~ *pressure* 强大压力。*When an explosive charge is detonated in rock, the charge is converted instantly to a hot gas at ~ pressure.* 当药包在岩体中爆炸时,炸药在高压力下瞬间转化为高温气体。*-ly weathered* *zone*; *highly weathered zone* 强风化带(岩体结构基本破坏,矿物部分变异而呈碎块状的强烈风化带)。

intensity *n.* 强度。~ *control* 强度控制。~ *level* 强度级。~ *of air pressures* 空气压力强度。*The depth of burial of the charges is not only a primary factor in determining the ~ of the air pressures, but it also has an effect on the frequency and duration of the pulses.* 药包埋深不仅是决定空气压力强度的主要因素,而且对脉冲频率及持续时间也有影响。~ *of joints*;*frequency of joints* 节理密度。~ *of overpressure* 超压强度。*The primary design-parameters which contribute to the ~ of overpressure are the charge weight per delay and the extent of exposure of the charges to the atmosphere, that is, the depth of burial of the charges.* 促成超压强度的主要爆破参数是每次延时的装药量以及药包裸露于大气的程度,或者说药包的埋深。~ *of work* 劳动强度。

intensive *a.* 加强的。~ *variable* 强度变量。

interaction *n.* ①合作。②互相影响。~ *between adjacent boreholes* 相邻炮孔的相互作用。~ *of the conically shaped P and S waves with boundaries and interfaces* 锥形P波和S波与边界和界面的相互作用。

interactive *a.* 交互的。

interburden *n.* 内剥离。

intercept *vt.* 拦截。~ *shotpoint* 相交炮点。

interchangeability *n.* 互换性(互换性是指同一规格的零部件不需要作任何挑选、调整或修配,就能装配到机器上去,且符合使用要求的特性)。

interdepartmental *a.* 各省[部,局]间的。~ *cooperation is essential* 不同部门间的合作非常必要。

interests *n.* 利息。~ *of construction loan* 建设贷款利息(对建设贷款按商定利率定期支付给贷方的利息)。

interface *n.* 界面。~ *delamination* 界面分层。~ *fracture toughness* 界面破碎韧性。~ *reaction force* 界面反作用力。~ *wave*;*interfacial wave* 界面波。

interfacial *a.* 界面的。~ *activity* 界面活性。~ *adsorption* 界面吸附。~ *angle* 界面角,面间角。~ *area* 界面面积。~ *attachment* 界面附着。~ *characteristic* 界面特性。~ *curvature* 界面曲率。~ *energy* 界面能。~ *force* 界面力。~ *membrane* 界面膜。~ *reaction force* 界面反作用力。~ *stiffness* 界面韧性。~ *stiffness matrix* 界面刚度矩阵。~ *tension*;*interfacial surface tension* 界面张力(两相间界面上的张力)。*In either case the oxidizer solution is broken up into small droplets which form a discontinuous phase in a continuous phase. The emulsifying agent reduces the ~ tension and keeps the two phases from separating.* 这种氧化溶液在两种情况下都会解体为微珠,在连续相内形成非连续相。这种乳化剂减少界面张力,并使这两个相分开。

interference *n.* ①干涉。②干扰。~ *fac-*

I

tor 干扰因素。~ *of stress waves* 应力波的干涉(两个或多个应力波相遇发生相互作用的现象称为应力波的干涉)。~ *wave* 干扰波。

inter-hole *n.* 内孔。~ *delay timing* 炮孔间延迟爆破定时。

interior *a.* 内部的。~ *stress* ①内应力。②中荷载应力。

interlaced *a.* 交织的,交错的。~ *structure* 交织结构。

interlocked *v.* 互锁设备(interlock 的过去式和过去分词)。~ *structure* 镶嵌结构(结构面数量多,但延展性差,结构体呈不规则棱角状的脆硬岩层的结构类型)。

interlocking *a.* 联锁的。~ *grains* 交织颗粒。

intermediate *a.* 中间的。~ *concrete* 中间混凝土。~ *acceptance* 阶段验收(施工到一定阶段如截流、蓄水、通航及第一台机组发电等阶段进行的工程验收)。~ *angle*;~ *slope angle* 中间边坡角。~ *crushing* 中(等破)碎。~ *hole* 中间炮孔。~ *level* ①中等水平。②中间平巷。~ *loading* 中间载荷。~ *oxide* 中间氧化物。~ *principal stress* 中间主应力(三向应力状态中,介于最大与最小值之间的主应力)。~ *rocks* 中性岩(SiO_2 总量为 53% ~63% 的一类火成岩,如闪长岩、闪长玢岩等。特点是 SiO_2 量达到饱和或接近饱和,Fe、Mg、Ca 含量少于基性岩而 K、Na 氧化物的含量增加到 5% ~6%。故岩石中深色矿物减少而浅色矿物增加,可含少量石英);岩石夹层。~ *section* 中间部分,中间地段。~ *slope angle* 中间边坡角。~ *support* 中间支柱。~ *transformer* 中间变换器(中间变换器是把传感器输出的电量变换为易于显示、记录和处理的电路。它的种类常由传感器的类型而定)。~ *wave* 中波。~ *yield* 中等能级。

intermittent *a.* 间歇的。~ *gradient* 断续坡度。~ *wave*;*discontinuous wave* 断续波。*-ly kinematic mechanism* 间歇运动机构(工程上对各种机械传动形式的要求是多样的,某些机械在工作时,需要时停时动间歇地运动。能实现周期性间歇运动的机构,称为间歇运动机构)。

intermolecular *a.* 分子间的。~ *explosive* 分子间炸药。

intermontane *a.* 山间的。~ *space* 山间地带。

internal *a.* ①国内的。②内部的。~ *access* 内部沟(露天采场以内的出入沟)。~ *angle* 内角。~ *break* 内部故障。~ *break* 内部故障。~ *charges* 内部费用。~ *classification* 内部分级。~ *compatibility* 内相容性。~ *correlation* 内相关。~ *crack* 内裂。~ *damage* 内部损坏。~ *degree of freedom* 内(在)自由度。~ *emission* 内喷射,内发射。~ *energy*;*intrinsic energy* 内在能量。~ *friction* 内摩擦力(岩土颗粒间的摩擦阻力,数值等于剪切面上的法向压力与内摩擦系数的乘积,单位常以 kPa 表示)。~ *friction angle* 内摩擦角(纵横比例尺相同的坐标中的岩土抗剪强度曲线与横坐标的夹角)。~ *friction* *coefficient*岩土抗剪强度曲线的斜率，即内摩擦角的正切。～ *friction resistance* 内部摩擦阻力。～ *gage;internal gauge* 内径规。～ *heating method for rock fragmentation* 内加热岩爆法。～ *ignition* 内部燃烧。～ *inclined shaft* 暗斜井（不直接通达地面的斜井）。～ *strain* 内应变。～ *stress* 内应力。～ *structure* 内部构造。～ *surface* 内表面（矿物内部的晶胞间可与分散介质接触发生物理化学作用的晶面）。～ *transferred payments* 内部转移支付（在国民经济评价中，工程项目的税款、政府补贴、国家银行贷款利息等对国民生产总值不形成绝对增减作用，而只是政府各部门之间的内部转移支付，不作为项目的费用或收入）。～ *width* 内宽。～-*externals burning grain* 内外燃烧火药柱。

international *a.* 国际的。～ *academic circles* 国际学术界。～ *academic exchange* 国际学术交流。～ *conference* 国际会议。～ *forum* (*on*) 国际论坛。～ *Standard Association* 国际标准协会。～ *symposium* (*on*) 国际研讨会。*I- System of Units* 国际（计量）单位制。

ISEE = International Society of Explosives Engineers 国际炸药工程师学会（1974 年组建的非营利机构，其原名叫炸药工程师学会，在 1992 年走向国际化。学会的组建成员建立了广泛的与爆破相关的学会工作目标，起初确立的研究、教育论坛、政府法规、技术情报、标准化、认证和国际合作至今仍是学会的工作宗旨。自 1974 年开始每年均举行学术会议）。

internet *n.* 因特网（又称互联网，全球最大的、开放的、由众多网络互联而成的计算机网络。这是因特网的一般性定义，意味着全世界采用开放性协议的计算机都能互相通信。狭义的因特网指上述网中所有采用 IP 协议的网络互联而成的网络，通常称作 IP 因特网）。～ *working equipment* 网络互联设备（用来将两个或多个计算机网络或网络段连接起来的一种中间设备。若干个计算机网络需要互联时，一般都不能简单地直接相连，而必须通过中间的互联设备）。

interparticle *a.* 粒子间。～ *contact area* 粒间接触面积。～ *attraction* 粒间引力。

interplay *n.* 相互作用。*The motley of factors that constrain the level of recovery in underground extraction of coal and the complex* ～ *of geologic, technologic and economic factors affection the overall recovery process have been discussed above in detail.* 这些制约着地下煤开采水平的混杂因素以及影响整个开采过程的地质因素、技术因素和经济因素复杂关系之间的相互作用，已在上文作了详细探讨。～ *of internal forces* 内力的相互作用。～ *of waves and angles* 波与角的交错。

interpolated *a.* 以内插值替换的。～ *contour* 内插等高线，内插等深线。

interpolation *n.* 插补。～ *function* 插值函数。

interrupted *a.* 被遮断的。～ *wave* 断续波。

interruption *n.* 中断(计算机在执行程序过程中,当遇到急需处理的事件时,暂停当前正在运行的程序,转去执行有关服务程序,处理完后自动返回原程序,这个过程称为中断。中断分为内中断和外中断)。

intersected *a.* 分割的。~ *country* 交错地带。~ *terrace* 交切阶地。

intersecting *v.* 相交,交叉(intersect 的现在分词)。~ *spread* 交叉排列(法)。

intersection *n.* ①交叉,交点。②交叉线。~ *angle* 交叉角,交会角。~ *at grade* 平面交叉。~ *of grades*(道路)坡度交会。~ *point*;*intersecting point* 交点。

interstratified *a.* (成)为互层的。

interval *n.* 起爆间隔(不同编号的雷管在引爆时点火的续发时间)。~ *between fissures* 裂缝间距。~ *of delay period* 延时时间间隔。~ *of level* 阶段高度(在地下开采中,上下相邻两个阶段水平的垂直距离。阶段高度对开拓方法和采矿工艺的合理性及采矿成本有直接的影响)。~ *of mining level*;~ *of gallery level*;*level* ~ 开采水平垂高(开采水平上、下边界之间的垂直距离)。~ *of periodic weighting* 周期来压步距(老顶相邻两次来压之间的距离)。

in-the-hole *n.* 孔内。~ *drilling* 潜孔打钻(指钻机冲击器在孔内进行开凿。当向下进行时称为向下潜孔打钻〈DTH〉,参见 *down-the hole hammer*)。~ *VOD of explosives* 孔内炸药爆速。

intimate *a.* ①内部的。②直接的。~ *mixing* 均匀混合,精细混合。

intraformational *a.* 层内的。~ *bed* 层内夹层。

intrinsic *a.* ①固有的。②内在的。~ *activity* 固有活性。~ *environmental factor* 内在环境因素。~ *pressure* 内压力。~ *property* 本征性质,内在性质。~ *safety* 本质安全,内在安全,内在防爆安全(通过设计等手段使生产设备或生产系统本身具有安全性,即使在误操作或发生故障的情况下也不会造成事故)。

intrinsically *ad.* 从本质上(讲)。~ *safe circuit* 本质安全电路。

intrusive *a.* 侵入的。~ *igneous rocks* 侵入岩。

invariable *a.* 恒定的,不变的。~ *parameter* 不可变参数。

invariant *n.* 不变量。~ *point* 不变点。

invasion *n.* 入侵,侵略。~ *principle of cladding-plate efflux* 复板流侵彻机理(这种机理的代表者是 A. S. Bshrani、T. J. Black 等学者,这种观点认为,在碰撞区中材料的性质类似于低黏性的流动。复板与基板高速碰撞的结果,除了复板对基板的高压侵彻形成碰撞点前的变形凸起外,基板与射流间的相对运动所产生的剪切作用也加剧了变形凸起,加之再进入射流进入基板表面时,所冲刷的材料和堆积在变形凸起之前,所以在碰撞点前面所形成的波是上述所形成的连续波各因素共同作用的结果)。

inventory *n.* 库存清单。~ *accountability* 库存核算。~ *of explosives* 炸药库存(在炸药库中所存炸药的清单)。~ *rundown*;*inventory shrinkage* 库存减少。~ *shortage* 库存短缺。

I

inverse *a.* ①相反的。②逆向的。③倒转的。~ *diameter plot* 逆直径图表。~ *direction*①反向。②阻挡方向。~ *first order rate constant* 一阶反向速率函数。~ *initiation* 反向起爆(把雷管装在炮孔底部的起爆方法。也叫孔底起爆或底部起爆,参见 *bottom firing*; *indirect priming*)。~ *proportion*; *inverse ratio* 反比。~ *side* 反面。~ *similarity principle* 相似逆定理(相似逆定理可表述为:凡被同一完整方程组所描述的同一类物理现象,如果单值条件相似,而且由单值条件的物理量所组成的定性准则数值相同,则现象相似)。~ *trigonometric function* 反三角函数。

inversion *n.* 转化。~ *point* 转化点。

inverted *a.* 反向的,倒转的。~ *steps stoping* 倒台阶式回采。

investigation *n.* 调查。

investigator *n.* 调查人员。

investment *n.* 投资(投资,是指投资主体为获得预期效益,投入一定量货币不断转化为资产的经济活动。工程投资是指用于工程建设的资金。按其构成分为:建筑安装工程投资,设备、工器具投资,工程建设其他投资〈费用〉以及建设项目总投资等)。~ *control* 投资控制(建设项目投资控制,就是在投资决策阶段、设计阶段、建设项目发包阶段和建设实施阶段,把建设项目投资的发生控制在批准的投资限额以内,随时纠正发生的偏差,以保证项目投资管理目标的实现,以求在各个建设项目中能合理使用人力、物力、财力,取得较好的投资效益和社会效益)。~ *of project* 工程投资(工程建造期中所投入的材料、设备、工资、土地、移民、管理等项费用的总称)。

invitation *n.* 邀请。~ *for bid* 招标(工程建设单位运用竞争机制选择工程建设承包者的工作)。

inward *a.* ①向内的。②内部的。~ *collapse* 内陷倒塌,就地倒塌。~ *folded collapse method* 建筑物向内折叠倒塌方案(这个方案是让楼房中间部分首先炸塌,周围部分随后向已倒塌的中间部分合拢而实现全部倒塌。这个方案实际上是原地坍塌与定向倾倒的结合,参见 *building inward folded method*)。

ion *n.*【物】离子。~ *effect* 离子效应。~ *exchange* 离子交换。~ *migration* 离子迁移。~ *migration ratio* 离子迁移率。~ *source* 离子源。~-*exchange explosive*; ~ *exchanged salt pair permitted explosive*; ~ *exchanged salt pair permissible explosive*; ~ *exchanged permissible explosive*; ~ *exchanged permitted explosive* 离子交换型炸药(含有离子交换盐对〈氯化铵和硝酸钠;或氯化铵和硝酸钾〉的煤矿许用炸药。在爆炸反应时,盐对进行离子交换反应,生成起消焰作用的氯化钠或氯化钾微粒)。~-*exchange process* 离子交换作用(矿物颗粒表面反离子层和液相介质中同性离子的相互交换)。

ionic *a.* 离子的。~ *bombardment* 离子轰击。~ *compound* 离子化合物。~ *connection* 离子键。

ionization *n.* 离子化,电离。~ *system* 光纤系统。

ionizing *v.*（使）成离子（ionize 的现在分词）。~ *solvent* 离子化溶剂。

I-prop *n.* 工字钢支柱。

iron *n.* 铁器。—*a.* 铁制的。~ *concentrate* 铁精矿。~ *oxide cement* 氧化铁水泥，耐碱性水泥。~ *oxide ore* 氧化铁矿石。

irregular *a.* ①不对称的。②无规律的。~ *bedding* 不规则层理。~ *caving zone* 不规则垮落带（顶板岩层垮落后岩块呈杂乱堆积的垮落带）。~ *coal seam* 不稳定煤层（厚度变化较大，无明显规则，结构复杂至极复杂的煤层）。~ *deposit* 不规则矿床。~ *hole* 不规则炮孔（钻孔时，因钻机振动等原因造成钻孔不顺直、孔径或大或小的炮孔）。~ *particle* 不规则颗粒。~ *strike* 不规则走向。~ *workings* ①不规则巷道。②不规则采区。

irregularity *n.* ①不规则（性）。②参差不齐。

irritant *a.* 有刺激性的。~ *dust* 有刺激性的粉尘。

I

irrotational *a.* 无漩涡的。~ *strain* 无旋应变。

ISANOL 不同比例的铵油炸药和聚苯乙烯颗粒的混合物。

isogonal *a.* 等偏角的。~ *line* 等方位线。

isokinetic *a.* 等动力的。~ *condition* 等动力条件。

isolating *a.* 孤立的，绝缘的。~ *matter* 绝缘体。~ *mechanism* 隔离机制，分离机理。

isolation *n.* 隔离（控制单响药量是谨慎爆破的主导思想，但有时单靠控制药量是解决不了问题的，例如城镇石方开挖，拆一半留一半的拆除爆破，这就需要采取一些特殊办法，例如将爆区与保护物之间用人为办法隔离，限制地震波传播。隔离的措施有预裂技术、挖沟、密孔、机械切缝）。~ *technique* 隔离技术。

isothermal *a.* 等温的。~ *crystallization* 等温结晶。~ *reactive ground test* 地面等温反应测试（在常温下测量某种反应所需要的感应时间）。~ *strain* 等温应变。~ *time-temperature-transformation curve* 等温转变曲线。

isotope *n.* 同位素。~ *abundance* 同位素丰度。~ *age* 同位素年龄。~ *analysis* 同位素分析。~ *assay* 同位素测定。~ *chemistry* 同位素化学。~ *effect* 同位素效应。~ *labeling* 同位素标记。~ *ratio* 同位素比。~ *standard* 同位素标样。

isotopic *a.* 同位素的。~ *composition* 同位素成分。

isotropic *a.* 各向同性的。~ *consolidation* 各向等压固结（各向等压条件下的固结）。~ *medium* 各向同性介质（各点物理力学参数不随方向而变化的连续介质）。

ISRM = International Society for Rock Mechanics 国际岩石力学学会（1962 年在萨尔茨堡创立的国际组织。穆勒教授是主要创始人，自创立到 1966 年一直担任学会主席。该学会为非营利机构，其运行靠成员会费和捐赠来维持。学会的活动不因会员的捐赠而受到限制，其主要活动目的是通过条例来陈述的。1966 年学会秘书处在葡萄牙的里斯本设立总部)。

issue *n.* ①发行。—*vi.* ①流出。②出现,产生。③造成。④流出,冲力。⑤争议,问题。—*vt.* ①发行,颁布。②放出,排出。③分配,发给。*the ~ of new clauses* 颁布新条款。*the ~ of paper money* 发行纸币。*the date of ~* 发行日期。*the ~ of oil*(流)出油。*a revised ~ of a textbook* 教科书修订版。*the ~ of a lake* 湖泊出口。*the magazine costs three dimes per ~* 杂志每期费用三角。*an ~ made up of 1,000 copies* 每期1千本。*evade social issues* 回避社会问题。*the ~ of a contest* 角逐的结果。*~ of a blast* 爆炸的产物。*the immense ~ of air waves* 空气波的巨大冲力。*~ stamps* 发行邮票。*~s an administrative order* 发布行政命令。*~ visas to foreign residents* 给外来居民发签证。*~ from behind the door* 从门后出来。*His answer ~s from ignorance.* 他的回答源于无知。*~s around time of the blast* 爆破时间管理。

J

jack *n.* ①千斤顶。②插座。③男人。④带嘴火药筒。—*vt.* ①增加。②提醒。③抬起。④用千斤顶顶起某物。—*a.* 雄的。*~ hammer drill* 手持式凿岩机(用手握持,靠机器重力或人力施加轴向推力进行钻孔的凿岩机,参见 *hand-held rock drill*)。

jackleg *a.* ①不正直的。②未成熟的。③代用的。④气腿式凿岩机(气动单臂钻机。一般用于小型巷道的掘进及开拓斜坡道钻孔,其最大钻孔直径可达45mm,参见 *air leg drill*)。

jam *n.* ①果酱。②拥挤。③困境。④扣篮。—*vt.* ①使堵塞。②挤进,使塞满。③混杂。④压碎。—*vi.* ①堵塞。②轧住。*~ welding* 对缝焊接,对接焊。

Janbu *n.* 詹布(人名)。*~'s method* 詹布法(在条分法基础上,詹布假定条块间合力作用点所处的位置而推导出的计算斜坡稳定性的方法)。

jarring *a.* ①不和谐的。②刺耳的。③辗轧的。—*n.* ①辗轧声。②冲突。③震动。—*v.* ①震惊。②冲突。③发刺耳声(jar 的现在分词)。*~ action* 震击作用。*~ vibration* 冲击振动。

Jelly *n.* ①果冻。②胶状物。—*vi.* 成胶状。—*vt.* 使结冻。*~-like* 冻胶状的。

jet *a.* 墨黑的。—*vt.* 射出。—*vi.* ①射出。②乘喷气式飞机。—*n.* ①喷射,喷嘴。②喷气式飞机。③黑玉。④煤精(黑色、致密、韧性大,可雕刻抛光成工艺品的一种腐殖腐泥煤)。⑤ = *~ flow*; *~ stream*; *shooting flow*; *injector stream*; efflux; effluxion; *fluid injection*;

hydraulic ~ 射流(聚能装药的爆轰能量将药型罩压垮并朝轴向汇聚而形成的高温高速金属流)。~ *cutter* 聚能切割器(用聚能效应进行切割作业的切割器,由聚能切割弹和雷管等组成)。~ *drilling* 喷射钻进。~ *gun* 喷射枪(①包括载体和聚能射孔弹组成的射孔枪。②钻井液枪,用以清理钻井液池、钻井液罐)。~ *hole* 喷射钻孔。~ *loader* 喷射式装药器(向炮孔装填 ANFO 炸药的装药系统。该系统可将 ANFO 从炸药容器中吸出并以高速将炸药通过一个半导体软管吹到炮孔中)。~ *loading equipment* 喷射式装药设备。~ *orifice* 喷射口。~ *perforation* 喷射穿孔法。~ *perforator* 喷流射孔枪(用高爆炸性聚能射孔弹代替普通射孔弹的射孔枪。借雷管发火引爆主炸药产生高压,使炸药包中的金属垫变成高压金属流呈针状的微粒高速喷射,穿透套管进入地层,形成射孔)。~ *piercing* 喷焰穿孔(利用热能进行穿孔的方法,也叫热力穿孔,在含石英的岩体中穿孔效率很高)。~-*perforator* 聚能射孔器(利用聚能效应产生射流完成射孔作业的射孔器,分为有枪身和无枪身两大类)。~ *pressure* 喷射压力。~ *pump* 喷射泵(使高压水或压缩空气由喷嘴喷出,造成周围局部负压,实现吸水上扬的排水机械)。~ *tapper* 平炉出钢用穿孔弹(用来炸开平炉出钢口的聚能装药装置)。~ *type* 喷射式,喷气式。

job *n.* ①工作。②职业。—*vt.* ①承包。②代客买卖。—*vi.* 做零工。~ *control program* 作用控制程序。~ *description*; ~ *specification* 任务单,任务书。~ *flow* 作业流程。~-*matched explosive* 符合实际情况的炸药,与实际情况相匹配的炸药。~ *monitor* 作业监理。~ *order* 派工单。~ *priority* 作业优先权。~ *scheduling routine* 作业调配程序。~ *site*; *working site*; *operating site* 作业场所,工地。~ *specification* 施工规范。

Johnson *n.* 约翰逊(姓氏)。~-*Cook principal tensile failure strength* 约翰逊—库克张性破坏强度。~-*Cook strength model* 约翰逊-库克强度模型。

joint *a.* ①共同的。②连接的。③联合的,合办的。—*vt.* ①连接,贴合。②接合。③使有接头。—*vi.* ①贴合。②生节。—*n.* ①关节。②接缝。③接合处,接合点。④(牛,羊等的腿上的)大块肉。⑤节理(将岩体切割成具有一定几何形状的岩块的裂隙系统。也是岩体中未发生位移的〈包括实际的或潜在的〉破裂面)。~ *attitude* 节理形态。~ *block* 接缝块(以接缝为界的岩石块)。~-*block separation* 节理岩块分离。~ *company* 股份公司。~ *cutting blast* 切割爆破(切割爆破分两种情况,一种是对构件进行解体,另一种是拆除构件的一部分,保留一部分,而保留部分要求不予破坏,必须采用预裂爆破或光面爆破;在工程上,平面对称的长条形聚能药包主要用来切割金属板材和管材,它是一种很有前途的切割船体钢板的工艺)。~-*determined* 节理控制的。~ *diagram* 节理图,接缝图(表示观测到的某个地质区域中接缝分布的地质关系图表)。~ *effort* 共同努力。~ *element stiffness matrix* 节理单元刚度矩阵。~ *family* 节理族。~ *fissure* 节理裂缝。~ *intensity* 接缝密度(单位面积或体积的接缝数〈个/m^2 或个/m^3〉、单位面积总接缝线性长度〈1/m^2〉或单位体积总的接缝区域数〈1/m^3〉)。~ *igniter* 接头点火器。~*-initiated fracturing* 诱发接缝(由爆破振动波在岩石弱节理面诱发的裂缝。这些裂缝一般指向弱节理面并已在实验室或石灰岩爆破中得到验证)。~ *intersection* 节理交切。~ *investigation* 联合调研。~ *of bedding* 层面节理。~ *openings* 节理裂开。~ *or fault set* 接缝或缺陷群(分别指一组平行或准平行的接缝或缺陷)。~ *or fault system* 接缝或缺陷体系(分别指两个或两个以上具有特征形态的,如放射状或聚敛状等的接缝或缺陷群。尽管与表面定向裂隙被认为是碎裂的主要因素,但两者的机械行为和碎裂主要是由相互交错的断裂群引起的)。~ *orientation* 节理方向。~ *perturbation* 节理扰动。~ *plane*;*cleat face*;*plane of cleavage* 节理面。~ *rock medium* 节理岩石介质。~ *rosette*;*rose diagram of* ~*s* 节理玫瑰图。~ *roughness of coefficient*;*JRC* 节理粗糙系数。~ *sample data* 节理采样系数。~ *set*;~ *system* 节理系。~ *spacing* 节理间距,接缝宽度(在接缝群中两个相邻的接缝之间的垂直距离,单位为 m)。~ *surface* 节理表面。~ *survey data* 节理测量数据。~ *trace length* 节理迹线长度。~ *valley* 节理谷。~ *venture* 合资企业。~ *wall rock* 节理围岩。

jointed *a.* ①有接缝的。②有节的,有关节的。—*v.* 连接,贴合(joint 的过去式和过去分词形式)。~ *and massive formation* 有节理的大块岩层。~ *loading stick* 组合炮棍。

jointing *n.* ①焊接。②填料。—*v.* 接合,连接(joint 的现在分词)。~ *index* 节理面比率。~ *sleeve* 雷管引线绝缘套。

jolt *vt.* ①使颠簸。②使震惊。③使摇动。—*vi.* ①摇晃。②颠簸而行。—*n.* ①颠簸。②摇晃。③震惊。④严重挫折。~ *test* 振动试验(用振动试验机模拟民用爆破器材在恶劣的运输条件下受到冲击加速度的反复作用,考察其运输安全性和可靠性的试验,参见 *vibration test*)。

Judsonite *n.* = Judson powder 杰德森炸药。

jumbo *a.* ①巨大的。②特大的。—*n.* ①庞然大物。②巨型喷气式飞机。③体大而笨拙的人或物。~ *automation* 凿岩钻车自动化(对钻车钻臂定位、钻孔过程和钻进参数进行自动监测、控制和调节的技术)。~*-loader* 钻装车(具有凿岩和装载功能的平巷掘进机械。用于地下矿山水平和倾斜〈坡度≤10%〉巷道、隧道及其他类似工程掘进作业。由凿岩装置和装载机构两部分组成)。

jump *n.* ①跳跃。②暴涨。③惊跳。—*vt.* ①跳跃。②使跳跃。③跳过。④突升。—*vi.* ①跳跃。②暴涨。③猛增。~ *correlation* ①反射爆破。②跳点对比。③震波图比较法。~ *drilling* 钢绳

J

冲击式凿岩。

Junction *n.* ①连接,接合。②交叉点。③接合点。④ = intersection 汇合点,交岔点(巷道的交叉或分岔处)。~ *point of traverse* 导线结点(导线网中至少连接三条导线的测量控制点)。

justifiable *a.* ①可辩解的,有道理的。②可证明为正当的。*Costs fell to a level which made it ~ to replace capped fuse-igniter cords with shock tubes.* 由于造价降低幅度大,用震动管代替装有雷管的导火线点火索则名正言顺。

jury *n.* ①陪审团。②评判委员会。—*a.* 应急的。~ *rig*(临时)应急装置。

juxtaposition *n.* ①并置,并列。②毗邻。③并排放置。

K

K *abbr.* 千(kilo-)。—*n.* 字母 k。~*-G damage model* K-G 损伤模型(K-G 损伤模型是由美国学者 Kipp 和 Grady 提出的。该模型认为岩石中含有大量的原生裂纹,这些裂纹的长度及其方位的空间分布是随机的。在外载荷作用下,其中的一些裂纹将被激活并扩展。一定的外载荷作用下,被激活的裂纹数服从指数分布)。

Kaiser *n.* 凯塞(人名)。~ *effect* 凯塞效应(凯塞发现材料在单向拉伸或压缩试验时,当应力达到历史上受过的最大应力时会突然产生明显的声发射现象)。

karst *n.* 喀斯特地形(石灰岩地区常见的地形)。~ *base level* 岩溶基准面(岩溶作用向地下所能达到的设想面,即易于接受岩溶化的岩层底面或非溶解岩层的顶面)。

karstfication *n.* 岩溶作用(在石灰岩、石膏或其他基岩分布区,以水的化学作用〈溶解和沉淀〉为主,并伴以机械作用〈流水侵蚀和沉积、重力崩塌和堆积〉而形成岩溶地貌或岩溶现象的作用)。

kerf *n.* ①切口。②截口。③劈痕。④掏槽(用机械、水力或爆破法从采掘工作面、煤壁或岩壁先掏出部分煤或岩石以增加自由面的工序。参见 slotting)。~ *blasting* 拉槽爆破。

key *n.* ①(打字机等的)键。②关键。③钥匙。—*vt.* ①键入。②锁上。③调节…的音调。④提供线索。—*vi.* 使用钥匙。—*a.* 关键的。~ *block analysis of rock mass* 岩体关键块分析(指识别岩体中的关键块的工作。关键块是节理岩体或块状岩体中对岩体的稳定性起关键作用的块体。它们易于滑塌,而一旦滑塌则将能引起后续块体的连锁滑塌。石根华提出了关键块的概念和一套识别关键块的方法,此理论的核心内容在于识别所谓的可移块体)。

keyboard *vt.* ①键入。②用键盘式排字

机排字。—*vi*. ①用键盘进行操作。②作键盘式排字机排字。—*n*. 键盘(一种由一定数量的键组成的盘状输入设备。使用者通过击键向计算机输入程序、命令、数据等,是人对计算机进行控制的重要工具)。

keycut *n*. 隔离带。

keypoint *n*. 关键点。

Keyword *n*. 关键字。

kindling *n*. ①点火。②引火物。③兴奋。~ *point* 燃点,着火点。~ *temperature* 点火温度。

kinematic *a*. 运动学上的,运动学的。~ *coefficient of viscosity* 运动黏度系数。

kinematical *a*. 运动学的。~ *pair* 运动副(构件组成机构时,每个构件都以一定的方式与其他构件相连接。这种连接不是刚性的,而是能产生一定相对运动的连接。两构件直接接触并能产生一定相对运动的连接称为运动副)。

kinetic *a*. ①运动的。②活跃的。~ *energy of impact* 冲击动能。~ *heat effect* 动热效应。~ *simulation* 动态特性模拟。

King *n*. ①国王。②最有势力者。③王棋。—*vi*. ①统治。②做国王。—*vt*. 立…为王。—*a*. 主要的,最重要的,最大的。~-*size* 特大号的。

kink *n*. ①扭结(电雷管脚线在打开理顺时,发生纠缠打结的现象。扭结会使脚线包皮破损,通电时发生漏电,所以打开脚线时要仔细)。②奇想。③蜷缩。—*vt*. 使扭结。—*vi*. 扭结。

Kirchhoff *n*. 基尔霍夫(德物理学家)。~'*s law* 基尔霍夫公式。

knee *n*. 膝盖,膝。—*vt*. 用膝盖碰。~ *hole* 膝高炮孔(巷道掘进时所用的炮孔,属爆破孔并在拉底炮孔之上,具有向上爆破的作用)。

knock *vi*. ①敲。②打。③敲击。—*vt*. ①敲。②打。③敲击。④批评。—*n*. ①敲。②敲打。③爆震声。~ *burst* 岩爆,岩石突出。~ *indicator* 爆震指示器。~ *inducer* 爆震诱导物。~ *intensity* 爆震强度。~-*oneffect* 撞击效应。~ *rating* 爆震率,起爆度测量。~ *test* 爆震试验。~ *wave* 冲击波。~-*how* 技术诀窍。

L

label *vt*. ①标注。②贴标签于。—*n*. ①标签。②商标。③签条。④标示。⑤标牌。

labeling *n*. ①标签。②标记。③标号。—*v*. ①贴标签。②分类(label 的现在分词)。③加标记。

labor *n*. ①劳动。②工作。③劳工。④分娩。—*vi*. ①劳动。②努力。③苦干。—*vt*. ①详细分析。②使厌烦。~ *intensive enterprise* 劳动力密集型企

业。~-*intensive blasting method* 劳动力密集型爆破法。~ *force* 劳动力。~-*saving* 节省劳力。

laboratory *n.* 实验室,研究室。~ *research of physic-mechanical properties of ground* 岩土物理力学性质的实验室研究(为研究岩土的物理力学性质和测定其定量指标而在室内对具有代表性的岩土样品进行的科学试验)。

laccolith *n.* ①岩盘。②岩盖(指一种侵入到沉积岩中并与其整合的火成侵入体,顶部呈穹形,而顶上的沉积岩呈拱形)。

lag *n.* ①落后。②迟延。③防护套。④囚犯。⑤桶板。—*vt.* ①落后于。②押往监狱。③加上外套。—*vi.* ①滞后。②缓缓而行。③蹒跚。—*a.* 最后的。~ *coefficient* 滞后系数。~ *correlation* 滞后相关。~ *effect* 滞后效应。~ *time* 桥丝断裂时间,滞后时间(在起爆电雷管时,从通电开始至桥丝断裂〈电路切断〉之间的时间。参见 *delay time*)。~*ed value* 滞后值。

lagging *n.* 绝缘层材料。—*a.* 落后的。*set* ~;*shuttering* 背板(安设在支架〈井圈〉外围,使地压均匀传给支架并防止碎石掉落的构件)。~ *phase* 滞后相位。

laminar *a.* ①层状的。②薄片状的。③板状的。~ *structure* 层流状结构,纹层状结构(粘粒主要呈面—面接触凝聚而成的大小均一的微集粒沿层理有良好定向性排列的黏土结构类型)。

laminated *a.* ①层压的。②层积的。③薄板状的。—*v.* ①分成薄片。②用薄片覆盖(laminate 的过去分词)。~ *fracture* 层状断裂。~ *shale* 分层页岩。~ *sandstone*; *bedded sandstone* 层状砂岩。

lamination *n.* ①层压。②叠片结构。③薄板。~ *plane*;*bedding plane* 层理面。

lamp *n.* ①灯。②照射器。—*vt.* 照亮。—*vi.* 发亮。~ *black* 炭黑。

land *n.* ①国土。②陆地。③地面。—*vt.* ①使…登陆。②使…陷于。③将…卸下。—*vi.* ①登陆。②到达。~ *development blasting* 土地开发爆破。~ *return* 地回波,地面反射。~ *subsidence* 地层塌陷。

landed *a.* ①拥有土地的。②陆地上的。—*v.* ①登陆,登岸(land 的过去时和过去分词)。~ *flyrock locations* 飞石着陆地点。

landform *n.*【地】地形(地貌和地物的总称)。~ *element* 地形要素。

landmark *a.* 有重大意义或影响的。—*n.* ①陆标。②地标。③划时代的事。④里程碑。⑤纪念碑。⑥地界标。⑦界标(利用炸药进行深耕、挖沟、打井、伐树、挖掘树根、崩雪和炸冰等爆破作业的总称)。

landslide *vi.* ①发生山崩。②以压倒优胜获胜。—*n.* ①山崩。②大胜利。③ = landslip 滑坡,塌方(斜坡部分岩〈土〉体主要在重力作用下发生整体下滑的现象)。~ *terrace* 滑坡阶地。

lap *n.* ①一圈。②膝盖。③下摆。④山坳。—*vt.* ①使重叠。②拍打。③包围。—*vi.* ①重叠。②轻拍。③围住。~ *ratio* 重叠系数。~ *welding* 搭头

L

焊接。

Lagrange *n.* 拉格朗日。~ *Method* 拉格朗日方法。

large *a.* ①大的。②多数的。③广博的。—*ad.* ①大大地。②夸大地。—*n.* 大。~ *and medium-sized enterprise* 大中型企业。~ *butt* 过粗装药。~ *capacity ANFO loader* 大型铵油炸药装药器。~ *cubical capacity buildings* 大容积构筑物(容积范围是 $V=25\sim100\text{m}^3$。这种构筑物的周壁较厚,配筋粗密,药量在3.0~8.0kg左右。药包数量一般取2~3个。对于形状复杂的构筑物,应视其结构的复杂程度,确定药包数量)。~ *diameter angled blasthole* 大直径倾斜炮孔。~ *diameter blasthole* 大直径炮孔(指地下爆破直径大于100mm的炮孔,露天爆破直径大于200mm的炮孔)。~ *hole bench blasting* 大规模台阶爆破。~ *hole blasting* 大孔爆破(采用大直径炮孔进行的爆破作业)。~*-scale failure* 大破坏。~*-scale bench blasting* 台阶大爆破。~*-scale blast damage profile* 大爆破破坏外观。~*-scale rock excavation in mining* 矿山大规模石料开采。

laser *n.* 激光。~ *activated drilling* 激光活化凿岩。~ *alignment* 激光定向。~ *binoculars* 激光双筒望远镜。~ *blasting* 激光引爆。~ *bombardment* 激光轰击。~ *carrier* 激光载波。~ *crushing* 激光破碎。*L-Doppler* 激光多普勒测量系统。~ *energized detonation* 激光激励爆炸。~ *excited fluorescence* 激光激发荧光法。~*-energized detonation system* 激光激励爆炸系统。~ *facilities* 激光装置。~ *guide instrument* 激光指向仪(以激光光束指示方向的仪器)。~ *inclinometer* 激光倾角测量仪。~ *initiation* 激光起爆法(利用激光引爆。此方法以其距离远、能量高的优势而具有生命力)。~ *line control* 激光定向控制。~ *mapping* 激光绘图。~ *output efficiency* 激光输出效率。~ *plummet apparatus* 激光铅垂仪(以激光光束指示铅垂方向的仪器)。~ *printer* 激光打印机(在打印过程中,激光打印机使用激光束照射激光感光纸。这种纸得到粉粒或增色剂,以热量、压力或两者结合的方式使粉粒或增色剂固定在纸上。可达到每分钟大约20000行的速度)。~ *profile mapping technique* 激光侧面制图技术。~ *triangulation* 激光三角测量。~ *generator*; ~ *profilers* 激光发生器。~ *holing* 激光打孔。~*-induced breakdown* 激光诱导击穿。~ *particle sizer* 激光粒度计。~ *ranging (sensor)* 激光测距(仪)。~ *scanning* 激光扫描。~ *stimulation* 激光激励。~ *transit system* 激光经纬仪系统。

lasting *a.* ①持久的。②永恒的。—*n.* 厚实斜纹织物。—*v.* ①持续。②维持(last的ing形式)。~ *property* 耐久性。

late *a.* ①晚的。②迟的。③已故的。④最近的。—*ad.* ①晚。②迟。③最近。④在晚期。~ *ignition* 缓发引火。

latent *a.* ①潜在的。②潜伏的。③隐藏的。~ *stress field* 潜在应力场。

lateral *a.* 侧面的,横向的。—*n.* ①侧部。

②边音。—*vt*. 横向传球。~ *burning* 侧向喷火燃烧(导火索在燃烧过程中,个别部位气体压力过高或导火索包皮质量欠佳,燃烧气体顶破包皮而从侧面喷出火焰的现象)。~ *coordinate* 横坐标。~ *cutting force* 横向切削力。~ *deflection* 侧向挠度,压屈。~ *deformation* 横向变形。~ *displacement* 侧向位移。~ *distribution* 横向分布。~ *drilling* 侧向钻孔。~ *force* 横(向)力。~*inclination* 侧斜角。~ *logging*;~ *log* 侧向测井(使用聚焦电极系的电阻率测井方法)。~ *movement* 横向运动。~ *pressure* 旁压力。~ *section* 横切面。~ *shear* 横向剪切。~ *strain* 侧向应变。~ *stress* 侧应力,横向应力。~ *thrust* 横向推力。~ *vibration* 侧向振动。

laterite *n*. ①红土带。②砖红壤。③铁矾土。~ *clay* 红黏土(由碳酸盐类或其他富含铁岩石在湿热气候条件下风化形成,一般呈褐红色的黏土)。

latitude *n*. ①纬度。②界限。③活动范围。~ *and longitude* 经纬度。~ *difference* 纬差,X 坐标差。~ *correction* 纬度校正。

launch *vt*. ①发射(导弹、火箭等)。②发起,发动。③使…下水。—*vi*. ①开始。②下水。③起飞。—*n*. ①发射。②发行,投放市场。③下水。④汽艇。~ *angle* 发射角。~ *angle for a maximum range* 最大范围的发射角。~ *site* 发射场。~ *velocity* 发射速度。

law *n*. ①法律。②规律。③法治。④法学。⑤诉讼。⑥司法界。—*vi*. ①起诉。②控告。—*vt*. ①控告。②对…起诉。~ *of accidental error* 偶然误差定律。~ *of mass action* 质量作用定律。~ *of causation* 因果律。~ *of conservation of energy* 能量守恒律。~ *of conservation of mass* 质量守恒律。~ *of conservation of matter* 物质守恒律。~ *of equivalent proportions* 当量比例定律。~ *of error propagation* 误差传播定律。~ *of reflection* 反射定律。~ *of similarity* 相似法则。~ *of supply and demand* 供需规律。~ *of universal gravitation* 万有应力定律。~*s and regulations of energy* 能源法律法规。

layer *n*. ①层,层次。②膜。③【植】压条。④放置者,计划者。—*vt*. ①把…分层堆放。②借助压条法。③生根繁殖。④将(头发)剪成不同层次。—*vi*. ①形成或分成层次。②通过压条法而生根。~ *of overburden* 覆盖层。~-*stripping sampling* 剥层采样。

layered *a*. ①分层的。②层状的。—*v*. ①分层堆积。②用压条法培植(layer 的过去分词)。~ *media* 分层介质。~ *structure* 层状结构。

layering *n*. ①分层。②压条法。③成层。—*v*. ①分层而成。②用压条法培植(layer 的 ing 形式)。~ *effect* 分层效应。~-*out*;*layout* 规划。

layerwise *n*. 分层。~ *summation method* 分层总和法(将地基受压层划分为若干小层,按无侧胀条件分别计算压缩量,而后求和得到地基总沉降量的方法)。

layflat *n*. 平放。~ *tubing* 放平导管(薄

壁塑料导管，用于盛装和保护 ANFO 炸药，以免在潮湿的炮孔中进水）。

layout *n.* ①布局。②设计。③安排。④陈列。～ *of level* 阶段水平布置（地下矿开拓中采准和回采井巷及设施在阶段平面上的配置。其主要目的是组成阶段中的运输、通风、排水、充填、供水、供电和进入采场的通道等系统）。～ *sheet of exploratory engineering* 勘探工程分布图（表示勘探区各勘探工程分布位置的图件）。

lead *vt.* ①领导。②致使。③引导。④指挥。—*vi.* ①领导。②导致。③用水砣测深。—*a.* ①带头的。②最重要的。—*n.* ①领导。②铅。③导线。④榜样。⑤导向通道（通向岩洞的狭长通道）。～ *lines* ①测深绳。②测水深绳。③铅锤线。④出油管线。⑤测深线。⑥铅线（铅中毒特征性体征）。～ *lines and wire* 导线和电线。～ *azide*；～ *hydronitride* ①氮化铅。②叠氮化铅（起爆剂 LA，分子式：$Pb(N_3)_2$，结构式：$Pb\langle\begin{matrix}N=N\equiv N\\N=N\equiv N\end{matrix}$，用于雷管装药）。～ *azide detonator* 叠氮化铅雷管。～ *block* 铅柱（用来测定炸药爆炸力）。～ *block test* 铅柱试验（测定炸药做功能力的一种方法。将炸药放在规定的铅坍中爆炸，以铅坍孔内体积的增量表示炸药的做功能力）。～ *capacitance* 引信电容。～ *cylinder compression test* 铅柱压缩试验（测定炸药猛度的一种试验。将炸药放在规定的铅柱上爆炸，以铅柱的压缩值表示炸药的猛度。参见 *brisance test*；*Hess cylinder compression test*）。～ *of igniter fuse* 导火索超前长度。～ *stope* 超前回采工作面。～-*out wire* 孔外电雷管导线。～ *plate test* 铅板试验（测定雷管起爆能力的试验。把雷管直立于规定的铅板上起爆，以铅板穿孔直径表示雷管的起爆能力）。～- *uranium ratio* 铅-铀比（用于鉴定矿物的地质年代）。～-*out wire* 炮孔外的导线。～ *s*；*leg wires* 电雷管脚线（为了将电流引入电雷管而从管体中引出的绝缘导线）。～ *trinitroresorcinate*；～ *styphnate* 三硝基间苯二酚铅，斯蒂芬酸铅（有正盐和碱式盐之分，多用作点火药和混合起爆药的组分。分子式和结构式分别为：

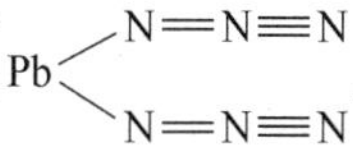

$C_6H(NO_2)_3O_2Pb\cdot H_2O$

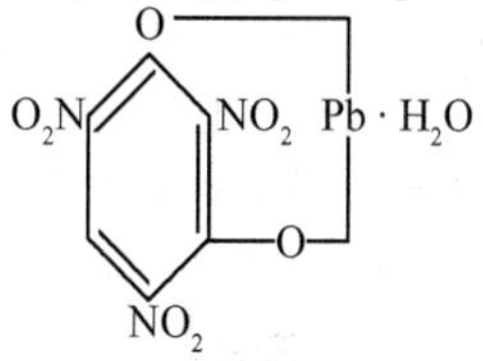

[结构式：苯环上带 O_2N、NO_2、NO_2，两个 O 与 $Pb\cdot H_2O$ 相连]

（正盐）

$C_6H(NO_2)_3O_2Pb\cdot H_2O$

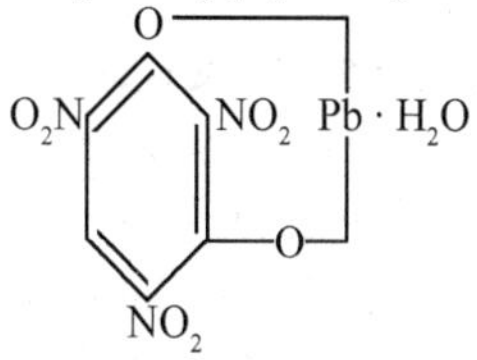

[结构式：苯环上带 O_2N、NO_2、NO_2，两个 O 与 $Pb\cdot H_2O$ 相连]

（正盐）

$C_6H(NO_2)_3(OPbOH)_2$

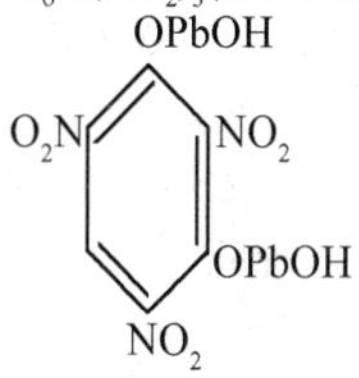

[结构式：苯环上带 OPbOH、O_2N、NO_2、OPbOH、NO_2]

（碱式盐）

）。

leading *a.* ①领导的。②主要的。—*n.* ①领导。②铅板。③行距。—*v.* 领导(lead 的 ing 形式)。~ *dimension* 主要尺寸。~ *exploratory line* 主导勘探线(在勘探区具有代表性的地段加密勘探工程,以控制基本地质情况的勘探线)。~ *face* 超前工作面。~ *room* 主要硐室。~ *tunnel design of chamber blasting* 硐室爆破导硐设计(硐室爆破导硐设计包括:①导硐布置原则。②导硐断面设计。是根据一定的目的要求,预先制订的方法、图纸等)。~ *wire* 导线(电力起爆时,构成电爆网路的所有母线、辅助母线和其他线路,统称为导线)。

leakage *n.* ①泄漏。②渗漏物。③漏出量。~ *current* 泄漏电流(电力起爆时,雷管脚线或电爆网路因包皮破损、接头绝缘不良而向大地泄漏的电流。此外,井下电路在输电过程中可能发生泄漏电流,这种电流也称杂散电流)。~ *current detector* 杂散电流检测仪(杂散电流有时会使电雷管发火引爆,必须采用专门的杂散电流测定仪随时进行监测。测定内容包括交直流电的电流和电压,通过测定可以预知杂散电流的危险程度,并在爆破前采取相应的措施予以解决。参见 *stray current detector*)。~ *resistance* 泄漏电阻(爆破电路〈包括导线〉与地面之间的阻力)。

leaked *v.* ①漏(leak 的过去式和过去分词)。②渗入,漏出。③使泄漏。~ *silt*;*clay* ~ 流失泥土(充填后从砂门顺水流出的泥土含量)。

learn *vt.* ①学习。②得知。③认识到。—*vi.* ①学习。②获悉。~ *the rules* 学习规程。

least *a.* ①最小的。②最少的(little 的最高级)。—*ad.* ①最小。②最少。—*n.* ①最小。②最少。~ *error* 最小误差。~ *operational bias* 最小操作误差。~ *principal stress* 最小主应力。~ *squares method* 最小二乘法(又称最小平方法,是一种数学优化技术。它通过最小化误差的平方和寻找数据的最佳函数匹配。利用最小二乘法可以简便地求得未知的数据,并使得这些求得的数据与实际数据之间误差的平方和为最小。最小二乘法还可用于曲线拟合。其他一些优化问题也可通过最小化能量或最大化熵用最小二乘法来表达)。~*-square best fit* 最小平方最佳拟合。

ledge *n.* ①壁架。②突出之部分。③暗礁。④矿层。~ *blasting* 突岩爆破(炸掉外突岩石的爆破。一般采用钻孔爆破法,在钻孔困难时也可采用蛇穴法爆破)。

lee *n.* ①保护。②背风处。—*a.* ①保护的。②庇荫的。③避风的。~ *side*; *leeward side* 背风面。

left *a.* ①左边的。②左派的。③剩下的。—*ad.* 在左面。—*n.* ①左边。②左派。③激进分子。—*v.* 离开(leave 的过去式)。~*-over* 剩余物。~*-skewed distribution* 左偏斜分布。

leg *n.* ①腿。②支柱。③ = post;piece ~ 立柱(在杆件式支架或液压支架中,立于底板、底梁或底座上用于支撑顶梁的构件或部件〈如液压缸〉)。~ *wire* 脚线,分支导线。*The copper-clad iron* ~ *wire insulation and identifying*

L

bands are color-coded for identification of each delay period. 镀铜的铁质脚线绝缘和识别条码有彩色标记,用以辨别每个延迟时段。

legal *a.* ①法律的。②法定的。③合法的。~ *advice*; ~ *consultation* 法律咨询。~ *advisor* 法律顾问。~ *entity* 企业法人。~ *personality* 法人资格。~ *representative* 法人代表。~ *limit* 法定限量。~ *procedure* 法律程序。~ *regulations* 法律条文。~ *unit* 法定单位。

legend *n.* ①传奇。②说明。③刻印文字。④图例(图上适当位置印出图内所使用的图式符号及其说明)。

length *n.* ①长度,长。②时间的长短。③音长。~ *and diameter of hose* 胶管长度和直径。~ *of advance* 推进长度。~ *of bottom charge* 底部装药长度(炮孔底部装入炸药的长度)。~ *of charge* 装药长度(指底部和中部装药的总长度)。~ *of column charge* 柱装药长度(炮孔中部装药长度)。~ *of explosive charge in the base* 底部药包长度。~ *of explosive charge intermediate* 辅助药包长度。~ *of stemming intermediate* 辅助炮泥长度。~ *of flameproof joint* 隔爆接头长度。~ *of lift* 炮孔深度。~ *of pull* 一次爆破进尺。~ *of the pulse* (*space-wise or time-wise*)(空间或时间上的)脉冲长度。~ *of shot* 露天矿沿边坡方向第一个炮孔至最后一个炮孔之间的距离。~ *of stemming*; ~ *of confinement* 堵塞长度(装在炮孔上部为防止炸药气化的非炸药类物质的长度)。~ *of the stress wave pulse* (*generated at the borehole boundary due to explosive pressurization*)(由爆破增压在炮孔边界产生的)应力波脉冲长度。~ *of stroke* 冲程长度。~*-to-span ratio* 长度-跨度比。~ *wise position* 纵向位置。~ *formula of charge calculation* 考虑装药深度的计算(ГИ·波克罗夫斯基〈Покровский〉认为,当增加装药深度时,不仅被破碎介质体积增加,而且消耗于抬高每立方米介质体积的能量也一定增加。据此提出下列公式:对于土质,当 $W>20$m 时,$Q=(0.4+0.6n^3)\cdot q\cdot W^3\sqrt{\frac{W}{20}}$;对于矿岩,当 $W>15$m 时,$Q=(0.4+0.6n^3)\cdot q\cdot W^3\sqrt{\frac{W}{15}}$)。

lengthwise *a.* 纵长的。—*ad.* 纵长地。~ *section* 纵截面,纵剖面。

letter *n.* ①信。②字母,文字。③证书。④文学,学问。⑤字面意义。—*vt.* 写字母于。—*vi.* 写印刷体字母。~ *of intent* 意向书。

level *a.* ①水平的。②平坦的。③同高的。—*vi.* ①瞄准。②拉平。③变得平坦。—*vt.* ①使同等。②对准。③弄平。—*n.* ①水平。②标准。③水平面。④阶段(沿矿体的垂直方向按一定高度将矿体划分成具有走向全长的矿段。阶段高度是地下矿开拓设计中应首先确定的主要参数。阶段水平的布置,是阶段中的基建和生产的基础)。⑤ = ~ *drift*; ~ *heading*; ~ *workings* 水平巷道(水平掘进的平硐。在地上,从某一工作场所开挖通向其他场所的通道。小断面的平硐称巷道,大断面的平硐叫水平大巷)。~ *density* 能级密度。~ *indicator* 能级指示器。~ *instrument*;~ *gage* 水准仪(测量地面两点间高差的仪器)。~ *interval* 水平间距。~ *loading* 平装(掘进设备与其配合的运输设备站立在同一水平进行的采装作业)。~ *of high frequency energy* 高频能级。~ *of the building damaged* 建筑物破坏等级(建筑物按受爆炸破坏的程度划分的等级,共分为7级,可用冲击波超压值表示)。~ *of weathering* 风化程度。~ *position* 水平位置。

leveling *n.* ①水准测量(又称"几何水准测量",建立高程控制网和测量任意两点间高差的基本方法)。②平整爆破(又称小台阶爆破,台阶高度低于2倍最大抵抗线的爆破。参见 *low bench blasting*)。~ *line* 水准路线(水准测量所经过的路线)。~ *origin* 水准原点(国家高程控制网的起算点。我国水准原点设在青岛)。~ *staff* 水准标尺(与水准仪配合进行水准测量的标尺,有普通水准标尺和精密水准标尺之分)。

liberating *v.* 解放,释放(liberate 的现在分词)。~ *size* 解离粒度。

liberation *n.* 释放,解放。~ *crushing* 解离破碎。

licenser *n.* ①认可者。②发许可证者。~ *of explosives handling* 合格炸药管理员(为了对炸药的贮存、消费和有关保安工作进行监督,必须选用合格的炸药安全管理负责人及其副手。他们都要经过一定级别的考核,合格者给予炸药安全管理负责人资格证书。此外,持证管理负责人由于各种原因而不能履行职务时,必须由其代理人代行其职务)。

life *n.* ①生活,生存。②寿命。~ *cycle* 生命周期。*This paper examines the GHG emissions associated with the ~ cycle of industrial explosives.* 本文探讨与工业炸药的生命周期有关的温室气体排放问题。~ *cycle assessment* 生命周期评价。*L-Cycle Assessment (LCA) has been the standard methodology for quantifying all environmental impacts associated with the entire ~ cycle of products and processes for over a decade.* 生命周期在过去的十年,是用以量化所有环境影响的标准方法,涉及产品的整个生命周期和过程。~ *cycle of management information system* 管理信息系统的生命周期(任何事物都有产生、发展、成熟、消亡〈更新〉的过程。信息系统也不例外。MIS在使用过程中随着其自下而上环境的变化,需要不断地进行维护和修改,当它不再适应的时候就要淘汰,周而复始,循环往复。其中的每个循环周期称为MIS的生命周期)。~*-load stress*;*live-load stress* 活载应力。

lifter *n.* ①升降机。②举重运动员。③小偷。④底板水平炮孔,拉底炮孔(沿巷道及开挖面底板钻凿的水平炮孔。其爆破俗称抬炮。由于在其抵抗线方向上堆积着上一段炮孔爆落的岩块而增加了底板水平炮孔的负荷,所以在设计时,其孔距应小于其他炮孔的间距,并适当增加炸药量。参见 *floor hole*;*bottom hole*)。~ *s* 底部炮孔(巷道〈隧道〉开挖炮孔组中沿底板布置的朝上破碎的炮孔)。~ *hole* 底部整边炮孔,辅助炮孔。

light *n.* ①光。②光线。③灯。④打火机。⑤领悟。⑥浅色。⑦天窗。—*a.* ①轻的。②浅色的。③明亮的。④轻松的。⑤容易的。⑥清淡的。—*vi.* ①点着。②变亮。③着火。—*vt.* ①照亮。②点燃。③着火。—*ad.* ①轻地。②清楚地。③轻便地。~ *blasting* 轻度爆破,轻微爆破。~ *dynamite* 低密度达纳迈特(一种低密度的胶质达纳迈特炸药,用于深孔爆破和中硬岩的爆破)。~ *loading* 低密度装药(当自由面与钻孔的夹角较小,且抵抗线 W 小于钻孔长度 h 时,如果不加大装药长度就会炸出桥状漏斗并残留未破坏的炮孔口部,在这种情况下,应采用低密度的炸药装填炮孔,以增加药包长度。开挖巷道时,扩槽炮孔经常采用这种装药方法)。~ *sectioning* 光测定截面(一种测定巷道、平巷和斜坡道截面的方法。将一束垂直于巷道或平巷轴向方向的光投向巷道壁上,通过光影的形状来确定巷道截面)。~ *speed* 光速。~ *wave*光波。

lighter *n.* ①打火机。②驳船。③点火者。—*vt.* 驳运。~ *cord* 点火索。

lightning *a.* ①闪电的。②快速的。—vi. 闪电。—*n.* ①闪电。②引燃,点火。~ *facilities* 照明设备。~ *fittings* 照明装置。~ *order* 点火次序,放炮次序。~*-up time* 点火时间。~ *conductor* 避雷器。~ *detection* 雷电探测。~ *protection* 避雷(防护)设备。~*-proof design* 防雷设计。~ *switch* 避雷开关。~ *hole* 点火孔。

lightweight *n.* ①轻量级选手。②无足轻重的人。—*a.* ①重量轻的。②平均重量以下的。~ *construction machinery* 轻型建筑机械。

lignite *n.* = brown coal【矿】褐煤(泥炭或腐泥经成岩作用转变成的煤化程度低的煤。其外观多呈褐色,光泽暗淡,含有较高的内在水分和不同数量的腐殖酸)。

limestone *n.* 石灰岩(主要由方解石组成的碳酸盐类沉积岩,矿物组成中除方解石外尚见少量白云石、菱镁矿、石英、黏土矿物和硅质、铁质等。据成因可划分为生物沉积、化学沉积及次生 3 种,对应的名称为生物灰岩、化学灰岩和碎屑灰岩)。

limit *n.* ①限制。②限度。③界线。—*vt.* ①限制。②限定。~ *angle* 极限角,边界角(在充分或接近充分采动条件下,移动盆地主断面上的边界点和采空区边界点连线与水平线在煤壁一侧的夹角)。~ *charge*; ~ *of charge* 极限药量。~ *control* 限额控制,限量控制。~ *equilibrium* 极限平衡(仅满足于静力平衡条件的岩土极限应力状态)。~ *equilibrium conditions* 极限平衡条件(斜坡处于极限平衡状态时的应力条件及其数学表达式)。~ *dose* 极限剂量。~ *detonation velocity*; *characteristic detonation velocity* 极限爆速(在极限直径时的爆速)。~ *load* 极限负荷。~ *of deformation* 变形极限。~ *of elasticity* 弹性极限。~ *of error* 误差界限。~ *of inflammability* 可燃极限。~ *of rup-*

ture 破坏极限。~ *of stability* 稳定极限。~ *of tolerance* 容许极限。~ *of yielding* 屈服极限。~ *state* 极限状态。

limitation *n.* ①局限性。②(限制)因素。③边界。~ *on delay intervals* 延时间隔限制。

limited *a.* 有限的。—*n.* 高级快车。~ *access points* 有限权限点。~ *block* 限制区间。~ *frequency response of geophones* 地震检波器的有限频率响应。~ *range* 有限范围。~ *thickness of extraction* 限厚开采(为减缓采动对地表变形的影响,限制每次采高或总采厚的开采方式)。~*-entry perforating* 限流法射孔(通过控制套管上射孔的数量和尺寸限制压裂液进入地层的流量来实现油气井内一次压裂多层的射孔)。

limiting *a.* ①限制的。②限制性的。—*v.* ①限制。②限定(limit 的现在分词)。~ *case* 极限情况。~ *concentration* 极限浓度,限制浓度。~ *condition* 极限状态,极限条件。~ *diameter*;*limit diameter* 极限直径(在一定装药密度下,炸药的爆速不再增加时的最小装药直径)。~ *dimension* 极限尺寸。~ *error* 极限误差。~ *factor* 限制因素。~ *grade* 边界品位。~ *gradient* 限制坡度。~ *reduction ratio* 极限破碎率。~ *size* 边界粒度。~ *strain rate* 极限应变值。~ *stress* 极限应力。~ *value*;*limit value* 极限值。~ *point* 极限点。~ *stress* 极限应力。

line *n.* ①路线,航线。②排。③绳。—*vt.* ①排成一行。②画线于。③以线条标示。④使…起皱纹。—*vi.* ①排队。②站成一排。~ *drilling limitations* 线形钻孔限制。~ *drilling strategies* 线形钻孔策略。~*s of communications* 通信路线。~ *blasting* 单排孔爆破(梯段爆破中,在自由面附近只钻凿一排炮孔的爆破,为单排孔爆破,其对应的是多排孔爆破。参见 *single row shot*)。~ *cut* 直线掏槽。~ *drilling* 线形钻孔(控制爆破初始阶段采用的模式。在开挖边线上钻凿一排密集的小直径平行孔〈即线形孔〉,并不装药,作为一个人工弱面,然后在其内侧〈人工弱面和自由面之间〉进行钻孔装药的爆破方法)。~ *drilling* (*in controlled contour blasting*)沿线钻孔(用于控制爆破)(又称直线钻孔,沿着设计开挖轮廓线钻一排密集的炮孔,孔距为孔径的 3 ~ 4 倍或 0.1 ~ 0.2m,形成一条密集孔幕,也称防振孔)。~ *hole*;*peripheral hole*;*outside hole* 圈定炮孔,(周)边(炮)孔。~ *of bearing* 方位线。~ *of dip* 倾斜性。~ *of insection* 交会线。~ *of least resistance* 最小抵抗线。~ *of slide* 滑裂线。~ *of slope* 坡面线。~ *of weakness* 最小强度线。~ *print terminal*;*LPT* 打印终端接口(在 PC 机上,最常用的连接打印机、扫描仪或者数字照相机的并行端口。LPT 端口局限在 LPT1、LPT2、LPT3 等,但是每台计算机至少拥有一个 LPT 端口。如果需要更多的,可以通过安装并口卡来增加)。~ *reaming* 同时扩孔。~ *blasting* 圈定爆破。~*-hole blasting* 密集空孔爆破(是采用最早的一种光面爆破技术。其具体方法是在开挖轮廓线上布置密集空孔,靠近密集空孔布置一排加密的炮孔。这排炮孔要采取减弱装药。起爆后,在密集空孔周围造成应力集中,把爆破作用和地震效应限制在密集空孔的一侧)。~-*up* 位置调准。

linear *a*. ①线的,线型的。②直线的,线状的。③长度的。~ *acceleration* 线加速度。~ *charge concentration at the bottom of the blasthole* 炮孔底部线装药密度(炮孔底部单位长度装药量,单位为 kg/m)。~ *cleavage* 线性劈理。~ *coefficient of thermal expansion* 线性热膨胀系数。~ *elasticity* 线性弹性。~ *element* 线性单元。~ *equation* 线性方程,一次函数。~ *eruption* 线性喷发。~ *expansion* 线性膨胀。~-*flow structure* 流线型构造。~ *induction* 线性感应。~ *load* 线性荷载,单位长度荷载(作用力接触面呈线状分布的荷载)。~ *measurement* 直线测量,长度测量。~ *momentum* 线性动量。~ *pattern shooting* 直线性爆破。~ *programming* 线性规划。~ *regression analysis* 线性回归分析。~ *scale factor* 线性比例系数。~ *shape function* 线性形状函数。~ *strain* 线性应变。~ *orbit* 线性轨迹。~ *shaped charge* ①切割索(根据面对称聚能装药原理制成的工业索类火工品。用于切割金属板和电缆等)。②线型装药(在控制边界爆破或拆除爆破中采用的装药形式,指炸药按线延伸状进行装载,参见 *string loading*)。~ *shrinking rate* 线性收缩率,线缩率(黏性土某一方向上的长度收缩量与原长度之比,以百分数表示)。~ *structure* 线性结构。~ *term* 线性项。~ *two-dimensional structure* 线性二维结构。~ *variable* 线性变量。~ *visco-elastic medium* 线性黏弹性介质。~ *weight of the explosive core load* 药芯单位长度负荷。~ *array* 线型阵列。~ *charge concentration* 线装药密度(炮孔单位长度方向上的装药量,其单位为 kg/m)。~ *charge concentration in the column of the blasthole* 炮孔药柱线装药密度(炮孔中装药部分的单位长度的药量,单位为 kg/m)。~ *concentration of charge* 线性集中装药。~ *correlation coefficient* 线性相关系数。~ *deformation stage* 直线变形阶段(应力-应变曲线成直线、以弹性变形为主的岩土变形阶段)。~ *discrepancy* 线量误差。~ *elastic fracture mechanics*;*LEFM* 线弹性断裂力学(以线性弹性理论为基础的研究破碎的连续力学)。~ *expansion coefficient* 线性膨胀系数。~ *function* 线函数。~ *functional* 线形泛函。~ *scale* 线性标尺(测量没有重量的光级别的尺子,用该标尺可以在低频光测量中减少或不致产生偏差)。~ *regression equation* 线性回归方程。~ *shape function* 线性形状函数。~ *shock velocity-particle velocity fit* 线性冲击速度与粒子速度拟合。~ *size distribution* 线性粒度分布。~ *strain strength theory of rock* 岩石线应变强度理论(关于岩石在外载荷作用下,当某截面上的拉伸应变达到极限时,岩石即发生拉伸破坏的论述。岩石线应变强度理论又称为岩石最大拉应变强度理论。在岩体稳定性分析中广为应用)。

liner *n.* ①班轮,班机。②衬垫。③画线者。④药型罩(紧贴在聚能装药空穴上能形成射流的衬套。按使用材料可分为以下三种:a)采用金属板材制造的称为金属板罩。b)采用金属粉末制造的称为金属末罩。c)内外层采用不同材料的称为复合罩)。

lineation *n.* ①画线。②轮廓线(一组平行定向具有表征结构的线条的排列。如某些大块矿物和劈裂矿层截面的平行定向)。

link *n.* ①链环,环节。②联系,关系。③杆。—*vt.* ①连接,联结。②联合,结合。—*vi.* ①连接起来。②联系在一起。③将人或物连接或联系起来。

liparite *n.* ①萤石。②硅孔雀石。③流纹岩(指成分上与花岗岩近似的新的熔岩〈喷出岩〉相,通常含有石英和碱性长石,相当于石英斑岩)。

liptobiolite *n.* ①残留生物岩。②残植质。③【矿】= liptobiolith 残植煤(高等植物遗体经残植化作用,孢子、花粉、树脂、树皮等稳定组分富集,经成煤作用转变成的煤)。

liptofication *n.* 残植化作用(在活水、多氧的泥炭沼泽环境中,植物的木质—纤维组织被氧化分解殆尽,稳定组分相对富集的作用)。

liquefaction *n.* ①液化(作用)。②熔解。~ *point* 液化点。

liquefied *a.* 液化的。—*v.* ①液化。②溶解(liquefy 的过去分词)。~ *compound* 液态化合物。

liquid *a.* ①液体的。②清澈的。③明亮的。④易变的。—*n.* ①液体,流体。②流音。~ *carbon dioxide* 液体二氧化碳。~ *cartridge* 液态炸药卷。~ *crystal display*;*LCD* 液晶显示器(液晶是一种介于固体和液体之间的特殊物质,它是一种有机化合物,常态下呈液态,但是它的分子排列却和固体晶体一样非常规则,因此取名液晶,它的另一个特殊性质在于,如果给液晶施加一个电场,会改变它的分子排列,这时如果给它配合偏振光片,它就具有阻止光线通过的作用〈在不施加电场时,光线可以顺利透过〉,如果再配合彩色滤光片,改变加给液晶电压大小,就能改变某一颜色透光量的多少,也可以形象地说改变液晶两端的电压就能改变它的透光度)。~ *dust control* 湿法防尘。~ *explosive* 液体炸药(常温下呈液体状态的炸药,如硝化甘油、硝酸—硝基苯等混合炸药)。~ *explosive drill* 液体炸药钻机。~ *fuels* 液体燃料(与氧化剂联合使用制造炸药或其他爆破剂的液体燃料)。~ *oxygen cartridge* 液氧炸药卷。~ *oxygen explosive*;*LOX* 液氧炸药(将锯末或其他含碳物包在炸药药卷中,在使用之前将其在液态氧中蘸泡之后的炸药叫液氧炸药。这种少用的炸药当发生瞎炮时将变得不会有危害)。~ *pollutant* 液体污染物。

lithofraction *n.* 岩石破碎(作用)。

lithologic *a.* 岩性的。~ *change* 岩相变化。~ *correlation* 岩相对比。~ *map*;*lithofacies map* 岩相图。

little *a.* ①小的。②很少的。③短暂的。

④小巧可爱的。—*ad.* 完全不。—*n.* ①少许。②没有多少。③短时间。～ *opened void* 细小开启空隙(在高压或真空条件下才能进水的开启空隙)。

live *a.* ①活的。②生动的。③实况转播的。④精力充沛的。—*vt.* ①经历。②度过。—*vi.* ①活。②居住。③生存。～ *capacity* 有效容量。～ *detonator* 未爆炸的雷管。～ *load stress* 动载应力。～ *primer*(活性)起爆药包。～ *telecast* 实况电视转播。～ *well perforation* 不压井射孔(不压井射孔是一种负压射孔。实施射孔作业时,采油树上装有"防喷盒",故不需要泥浆压井。优点是,射孔作业简单,完井周期短,在射孔的同时,孔道得到清洗,因而地层污染小,产油率高)。

Livingston *n.* 利文斯顿(人名)。～ *blasting equation of rock elastic deformation* 利文斯顿岩石弹性变形爆破方程(弹性变形方程是以岩石在药包临界深度时才开始破坏为前提,描述了三个主要变量间的关系 $L_e = E(Q)^{1/3}$。式中,L_e 为药包临界深度,m;E 为弹性变形系数;Q 为药包质量,kg。弹性变形系数对特定岩石与特定炸药来说是常数,它随岩石的变化要比随炸药的变化大一些)。～ *C. W. blasting crater theory* 利文斯顿爆破漏斗理论(C. W. 利文斯顿以各类岩石的爆破漏斗试验和能量平衡为基础,说明了炸药能量分配给周围岩石及空气的方式。利用利文斯顿爆破漏斗理论可对各种爆破漏斗的形成过程作出较为合理的描述)。～ *crater formula* 利文斯顿爆破漏斗公式($B = kQ^{1/3}$。式中,B 是以 m 为单位的最佳破碎抵抗线,k 表示岩石和炸药均衡性的常数,Q 是以 kg 为单位的炸药质量)。

load *n.* ①负载,负荷。②工作量。③装载量。④荷载(物体承受压力的总称)。—*vi.* ①加载。②装载。③装货。—*vt.* ①使担负。②装填。～ *characteristic of water pressure blasting* 水压爆破载荷特征(当药包在壳体构筑物中进行水压爆破时,构筑物内壁上所承受的载荷分布是不均匀的。最大载荷位于药包中心,随着药包中心距离的增大,壳壁上各质点的阻力逐渐降低,到水面处为零。在接近底部时,质点阻力又出现回升现象)。～*-carrying ability* 载荷能力。～ *carrying-over effect* 负载转承作用(岩压)。～ *center* 负载中心。～ *change* 负载变化。～ *characteristic* 负载特性。～ *circuit* 负载电路。～ *current* 负载电流。～ *deformation* 负载变形。～ *diagram*;～ *curve* 负载曲线。～ *distribution* 负载分配。～ *density per meter of face* 沿米支护强度(沿采煤工作面方向单位长度上支架承受的载荷,单位以 kN/m 表示)。～ *factor* 负载系数。～ *effect* 负载效应。～ *impedance* 负载阻抗。～ *line* 负载线。～ *matching* 载荷匹配。～ *measurement* 负载测量。～ *of support* 支架载荷(支架在和围岩相互作用过程中承受的载荷)。～*-strain curve* 负荷应变曲线。～*-strain relationship* 负载应变关系。～ *strand* 负载段。～ *stress factor* 负载应力系数。～*-time curve* 负荷时间曲线。~ *transfer* 负载转移。~*-up condition* 负荷状态。~ *velocity* 荷载速度(作用在物体上的外力速度。参见 *burden velocity*)。~ *weight* 负载重量。~*-yield curve* 负荷屈服曲线。~*ed area of holes* 炮孔的负担面积。~*ed constitution* 装药结构(炸药沿炮孔深度的分布状况。它对炸药能量利用和爆破效果有很大影响。矿山炮孔爆破采用的装药结构有:连续装药结构、混合装药结构、间隔装药结构和底部空气垫层装药结构。硐室大爆破采用的条状药包,也有连续装药和间隔装药两种结构。参见 *construction of charge*)。~*ed hole* 装药炮孔。~*ed length* 装药长度。~*ed power* 负载功率。

loader *n.* ①装货的人。②载入程序。③装货设备。④装填器。⑤装载机械(将散料或块料装至接续设备上的机械)。⑥装药工。

loading *n.* ①装载。②装货。③装载的货。—*v.* ①装载,装填,担负(load 的 ing 形式)。②装入。~ *coal by explosive force* 爆破装煤。~ *density*;*load density* 装药密度,装药体积系数(炸药质量与炮孔〈或药室〉体积之比,即炮孔〈或药室〉单位体积所含的炸药质量)。~ *distribution curve* 负载分配曲线。~ *equipment* 装药设备,装货设备。~ *factor*;*coefficient of charge* 装药长度系数。~ *hose* 装药软管。~ *machine* 装药机,装药车。~ *materials for initiating explosive device* 火工药剂(只用于和主要用于火工品的炸药,主要指起爆药、点火药和延期药等,是起爆药和点火药的总称,参见 *composition for initiating explosive device*)。~ *pole* ①爆炸杆(向炮井送入炸药包的杆,并用它测量药包下井的深度)。②装填炮棍(用于装药和堵塞炮泥的塑料棍或木棍,参见 *tamping rod*)。~ *point* 加载点。~ *practices for dewatered borehole* 排水炮孔的装药作业。~ *rate* 装药速率。~ *ratio* 装药比。*The ~ ratio,or amount of explosive required per volume of rock to be broken,depends on the type of rock,the depth of the hole,and the explosive to be used.* 装药比,即单位体积的岩石爆破所需的炸药量,根据岩石的类型、炮孔的深度及所用的炸药而定。~ *shock* 载荷冲击。~ *stress* 载荷应力。~ *checklist* 装药检查清单。~ *density* 装药密度。~ *hot boreholes* 高温炮孔装药。~ *procedures* 装药步骤。~ *the blast* 爆破装药。

local *n.* ①局部。②当地居民。③本地新闻。—*a.* ①当地的。②局部的。③地方性的。④乡土的。~ *action* 局部作用。~ *area network*;*LAN* 局域网(将小区域范围内的各种数据通信设备互联在一起以较高的数据传输速率互相通信的一种数据通信系统。此定义指明局域网是一个通信网,若要组成计算机局域网,还要将连接到局域网的数据通信设备加上高层协议和网络软件,实际中认为局域网就是计算机局域网)。~ *coordinate system*;~ *CS* 地方坐标系,局部坐标系(局部地区建立平面控制网时,根据需要投影到任意选定面上和〈或〉采用地方子午线为中央子午线的一种直角坐标系)。~ *earthquake* 地方震(震中距离小于 100km)。~ *lock-up stress* 局部锁定应力,局部紧锁应力。~ *resistance*;*shock resistance*;*shock loss* 局部阻力(由于风流速度或方向的变化,导致风流剧烈冲击,形成涡流而引起的阻力)。~ *shear failure* 局部剪切破坏(兼具整体破坏和冲剪破坏的某些特征,但基础仅发生轻度倾斜及下沉的地基破坏类型)。~ *stress* 局部应力。~ *time* 当地时间,地方时。

located *a.* ①处于,位于。②坐落的。~ *claim* 标定采矿用地。

locating *n.* ①定位。②定位查找。—*v.* ①找出。②安置。③确定…的位置(locate 的 ing 形式)。~ *geologic anomalies and rock transition zones* 定位地质异常与岩石过渡区。

location *n.* ①位置(形容词 locational)。②地点。③外景拍摄场地。~ *of objects via sonar* 通过声呐给物体定位。

lock *vt.* ①锁,锁上。②隐藏。—*vi.* ①锁。②锁住。③卡住。—*n.* ①锁。②水闸。③刹车。~-*up stress* 紧锁应力,残余应力。

logarithmic *a.* 对数的。~ *normal distribution*;*lognormal distribution* 对数正态分布。~ *increment* 对数增量。~ *mean particle diameter* 对数平均粒径。~ *size scale* 对数粒级标度。

lognormal *a.*【数】对数正态的。~ *function with 5 parameters* 具有 5 个参数的对数正态函数。

log-log *n.* ①对数。②两坐标轴全用对数的比例图。~ *plot* 双对数坐标曲线。

long *n.* ①长时间。②长音节。—*a.* ①长的。②过长的。③做多头的。—*vi.* ①渴望。②热望。—*ad.* ①长期地。②始终。~ *period delays* 长时间延时。~-*hole rings and fans* 深孔环形,或者扇形。~-*chain linear polymer* 长链线性聚合物。~-*chain polar reagent* 长链极性药剂。~-*chain organic polymer* 长链有机聚合物。~ *cylindrical charge* 长柱状药包。~ *dead-end driving face ventilation* 长巷道掘进通风(掘进长巷道时排除作业面污浊风流的局部通风方法。长巷道掘进通风多采用混合式通风方式,并且应尽量选用大直径风筒和保证风筒连接质量,以减少漏风和降低风筒风阻)。~-*distance pipeline transportation* 远距离管道输送。~-*duration vibration* (*repetitive hock*) *exposure* 长时间振动(重复性冲击)暴露(作用于人体且持续 1h 以上的连续振动〈重复性冲击〉)。~ *term storage test for initiating explosive device* 火工品长期贮存试验(火工品在自然条件下的库房中长期贮存,定期按技术条件的规定对火工品进行试验和检查,以确定火工品贮存期限的试验)。~-*hole air space loading* 深孔空气间隔装药。~-*hole benching* 深孔台阶式开采,深孔梯段式开采。~-*hole blasting in underground mine* 地下矿深孔爆破(用深度大于 15~20m,孔径大于 90~100mm 的炮孔并用柱状装药所进行的爆破。炮孔直径和深度的大小取决于所采用的凿岩设备、矿体埋藏条件和采矿方法)。~-*hole high bunch continuous blasting* 深孔高台阶连续爆破。~-*hole hydraulic pressure blasting* 深孔水压爆破。~-*hole method*; ~-*blast-hole method*; *deep-hole method* 深孔爆破法。~-*hole microsecond blasting technology* 深孔毫秒延时爆破技术。~-*hole microsecond shock blasting* 深孔毫秒延时松动爆破。~-*hole mining*; *deep-hole mining* 深炮孔开采。~-*hole raising* 深孔爆破天井掘进。~-*hole shock blasting* 深孔松动爆破。~-*hole smooth blasting* 深孔光面爆破。~-*hole type blasting*; ~-*hole blasting*; *deep-hole blasting*; ~-*hole blasts* 深孔爆破(炮孔深度较大的钻孔爆破。一般孔深大于5m,孔径大于50~75mm的爆破,称为深孔爆破。主要用于采矿、筑路和开挖坝基等爆破工程)。~ *holing* 钻深炮孔。~-*length cartridge* 长条药卷,长条药筒。~ *round* 深炮孔组。~-*period ventless electric blasting cap* 无孔延时电雷管。~-*term strength* 长期强度(岩土抵抗一定荷载的长期作用,保持自身不被破坏的能力)。~-*term strength curve* 长期强度曲线(长期强度与导致岩土破坏的作用时间的关系曲线)。~-*term workings* 长期作业巷道。~ *wave* 长波(波长3000~200m的波)。

longitude *n.* ①经度。②(地平)经线。~ *anisotropy* 纵向各向异性。

longitudinal *a.* ①长度的,纵向的。②经线的。~ *back-stoping* 沿走向上向梯段回采。~ *deformation profile* 纵向变形剖面图。~ *diffusion* 纵向扩散。~ *force* 纵向力。~ *profile of terrace* 阶地位相图,阶地纵剖面图(表示沿河不同河段同一时期阶面高程变化的图件)。~ *pulse velocity* 径向脉冲速度。~ *pulse wave* 纵向脉动波。~ *strain* 纵向应变。~ *stress* 纵向应力。~ *tensile fracture* 纵张缝。~ *thrust* 纵向推力。~ *vibration* 纵向振动。~ *view* 纵视图。~ *wave* 纵波,压缩波。~ *wave velocity* 纵波速度。*L-wave velocity is the speed at which the rock transmits compression waves.* 纵波速度是岩石传送压力波的速度。

longwall *a.* 长壁开采法的。~ *face* 长壁工作面(长度一般在50m以上的采煤工作面)。~ *mining*; ~ *method*; ~-*face method* 长壁采煤法(采用长壁工作面的采煤方法)。~ *mining to the dip*; ~ *mining to the rise* 倾斜长壁采煤法(长壁工作面沿倾斜推进的采煤方法)。~ *mining with top-coal drawing* 长壁放顶采煤法(开采6m以上缓斜厚煤层时,先采出煤层底部长壁工作面的煤,随即放采上部顶煤的采煤方法)。~ *ing on the strike*; ~ *mining on the strike* 走向长壁采煤法(长壁工作面沿走向推进的采煤方法)。

look *vt.* ①看。②期待。③注意。④面向。⑤看上去像。—*vi.* ①看。②看起来。③注意。④面向。—*n.* ①看。②样子。③面容。~-*out* 钻孔超线(为确保隧道的设计断面,并为下一步的钻孔作业创造条件,沿开挖轮廓线钻凿的周边炮孔,其钻孔方向应略向外侧偏斜,使孔底处于设计轮廓线外的钻孔方法。在这种情况下,不易掌握周边炮孔的平行钻孔精度,所以操作时要特别仔细)。~-*out angle* 探出角(与巷道方向相同的等高孔的向外敞开角,目的是为下一轮开拓提供工作空间)。

loop *vi.* ①打环。②翻筋斗。—*n.* ①环。②圈。③弯曲部分。④翻筋斗。—*vt.* ①使成环。②以环联结。③使翻筋斗。~ *pit bottom*; ~ *shaft bottom*; *all-round shaft bottom* 环形式井底车场(矿车作环形运行的井底车场)。

loose *a.* ①宽松的。②散漫的。③不牢固的。④不精确的。—*vt.* ①释放。②开船。③放枪。—*vi.* ①变松。②开火。—*ad.* 松散地。—*n.* ①放纵。②放任。③发射。~ *blasting crater* 松动爆破漏斗(爆破漏斗内的岩石被破坏、松动,但并不抛出坑外,不形成可见的爆破漏斗坑。此时 $n \approx 0.75$。它是控制爆破常用的形式。当 $n < 0.75$,不形成从药包中心到地表面的连续破坏,即不形成爆破漏斗。例如工程爆破中采用的扩孔〈扩药壶〉爆破)。~ *block detector* 松散岩石探测器(探测巷道、斜坡道和平巷顶板或两壁松散岩石的电子仪器)。~ *charge* 松动药包。~ *frozen soil* 松散冻土(由于土的含水量较小,土粒未被冰所胶结,仍呈冻前的松散状态,其力学性质与未冻土无多大差别。砂土和碎石土常呈松散冻土状)。~ *ground* 松动岩层,破裂岩石。~ *part of rock* 浮石(在井下或露天采场中,因爆破参数选择不当或地质构造的影响,爆破区部分已被爆破松动但未崩落下来的岩石,参见 *fragmented rock*)。~ *medium* 松散介质(颗粒之间几乎无联结的介质)。~ *rock* 松散岩石(岩石体上由于爆破产生的裂隙或断裂而导致的脱落的岩石块)。~ *stemming* 松炮泥。~-*textured* 结构松散的。

loosen *vt.* ①放松。②松开。—*vi.* ①放松。②松开。~ *structure* 松散结构,散体结构(裂隙、劈理等结构面很发育,结构体呈碎屑状的断层破碎带和风化破碎带的结构类型)。

loosening *n.* ①松散,放松。②松散作用。—*v.* 使…松开(loosen 的 ing 形式)。~ *coefficient of rock* 岩石松散系数。~ *force* 松动力。~ *blasting*; *loose blasting*; *concussion blasting*; *concussion shot*; *light blasting*; *inducer shotfiring*; *standing shot* 松动爆破(将岩体破碎成岩状,而不造成过多飞散的爆破技术。它的装药量只有标准抛掷爆破的 40% ~50%。松动爆破的爆堆比较集中,对爆区周围未爆部分的破坏范围较小。参见 *standing shot*)。~ *resistance* 松破阻力。

looseness *n.* ①松动。②松弛。③漠然。④松散度。

loss *n.* ①减少。②亏损。③失败。④遗失。~ *control representative* 损失控制代理人。~*es* 黄土(粒径为 0.005 ~0.05mm 的颗粒含量超过 50%,质地均一,含碳酸盐,大孔隙发育,孔隙度高,通常具有湿陷性,一般为褐黄色的黏性土)。~*es-like soil* 黄土状土(黄土特征不够典型,一般不具湿陷性的黏性土)。~ *ratio*; ~ *percentage*; ~ *factor* 损失率,损耗系数(损失储量占动用储量的百分数)。

lopolith *n.* 岩盆(一种大型、整合并常呈层状的火成侵入体,由于下覆围岩下弯,故岩盆中部亦随之凹下如盆)。

lost *a.* ①失去的。②丧失的。③迷惑的。—*v.* ①遗失(lose 的过去分词)。②失败。~ *hole* 报废炮孔。~ *round* 失效炮孔组。

love *vt.* ①喜欢。②热爱。③爱慕。—*vi.* 爱。—*n.* ①恋爱。②亲爱的。③酷爱。④喜爱的事物。⑤勒夫(人名)。*L-wave* 勒夫波(一种地震面波。其特点是质点在与传播方向垂直的水平方向运动、无垂直运动。被称为 Q 波、LQ 波、G 波或 SH 波)。

low *a.* ①低的,浅的。②卑贱的。③粗俗的。④消沉的。—*ad.* ①低声地。②谦卑地,低下地。—*n.* ①低。②低价。③低点。④牛叫声。—*vi.* 牛叫。~ *energy detonating cord systems* 低能量导爆索起爆系统。~ *explosives* 火药,低级炸药。~ *alloy steel* 低合金钢。~*-amplitude vibration* 低幅度振动。~ *bench blasting* 平整爆破(又称小台阶爆破,台阶高度低于 2 倍最大抵抗线的爆破,参见 leveling)。~ *carbon steel* 低碳钢。~*-cohesion material* 低聚力材料。~*-cost explosive* 廉价炸药。~*-deflagrating powder* 低爆燃炸药。~*-density ammonia dynamite* 低密度硝甘炸药。~*-density explosive*; ~*-density powder* 低密度炸药。~ *detonation velocity* 低爆速。~*-duty* 低效率的。~ *energy detonating cord*; *LEDC* 低能导爆索(名义装药量较小,主要用于敷设炮孔内外导爆网路、起传爆作用或在特种场合下使用的工业导爆索)。~ *(energy) explosive*; *LEX* 低能炸药(指以爆燃为特点,即爆炸以低速反应并产生低压为特点的炸药。其爆炸中热的转化是通过燃烧传递给气体的,而不像高能炸药以爆炸的形式进行。爆破炸药〈即黑火药和弹药〉是仅作为一般用途的低能炸药,它不需要雷管引爆,只通过安全引信即可引爆,该炸药又称为助推剂)。~ *explosive limit* 爆炸下限。~ *explosive train*; *igniter train*; *burning train* 传火序列,点火序列(按火焰感度递减、火焰强度递增的次序而排列的一系列输出火焰冲能的元件的组合体。其功能是将火帽〈或点火器〉的火焰冲能逐步递增并可靠地引燃火药或烟火主装药。参见 *ignition train*; *burning train*)。~ *freezing explosive* 耐冻炸药(一种特殊炸药,由低冰点的混合物制成,用于寒冷条件下的爆破作业)。~*-freezing gelatin*; ~*-freezing gelatine dynamite* 难冻胶质炸药(含有爆炸油的胶质炸药)。~ *frequency blast wave signatures* 低频爆炸波特征。~*-frequency domain* 低频域。~*-grade area* 贫矿区。~*-grade ore* 低品位矿石。~*-grade powder* 低等级炸药。~ *incendivity explosive* 低可燃性炸药(在炮孔外不会产生明火的炸药。该炸药用于非煤矿易产生灰尘的爆破中,即在硫化矿和油页岩矿爆破作业中。由于灰尘会导致明火或引爆,造成通风室和通风门的破坏。导致灰尘引爆的重要因素是硫化矿中硫的含量,即在高品位硫化矿的爆破中,空气中少量的灰尘会引起炸药的提前爆炸)。~-*intensity* 低强度的。~ *level language* 低级语言(与特定计算机体系结构密切相关的程序设计语言。它包括字位码、机器语言和汇编语言。用它书写的程序不必经过翻译或只经过简单的翻译后就可以在计算机上执行。通常用低级语言进行程序设计目的是用它们可以写出执行速度更快且占用更小内存的程序)。~ *order burst*;~ *order detonation* 弱爆炸。~ *powder* 低级炸药。~-*powered* 低功率的。~ *pressure limit* 爆压下限。~ *pressure test* 低气压试验(模拟火工品在实际使用中可能遇到的高海拔环境,考核火工品在低气压作用下性能是否符合规定要求的试验)。~-*resistance* 低电阻的。~-*response* 灵敏度低。~-*speed* 低速的。~-*strength explosive* 低强度炸药。~ *temperature test* 低温试验(在规定的低温条件下,经过一定时间,考察民用爆破器材耐寒性能的试验)。~ *tension electric detonator* 低压电雷管。~ *tension ignition* 低压点火。~ *vein* 贫矿脉。~ *velocity detonation*;*LVD* 低爆速爆轰(低于正常情况下的爆轰波传播速度,简称LVD。与低速爆轰相对,正常速度的爆轰叫高速爆轰,简称HVD。对各种不同声速和传爆速度物质的试验表明低速炸药的稳定性其爆速相对于容器物质来讲应低于音速,如果不能满足该条件,则会发生脉动爆炸)。~-*velocity grades* 低爆速级类。

lower *vt.* ①减弱,减少。②放下,降下。③贬低。—*vi.* ①降低。②减弱。③跌落。—*a.* ①下游的。②下级的。③下等的。~ *bench* 下台阶,下阶段。~-*density blasting agent* 低密度爆破剂。~-*density medium* 低密度介质。~ *flammable limit* 爆燃下限。~ *explosive limit* 爆炸下限。~ *level loading* 下装(挖掘设备站立水平高于与其配合的运输设备站立水平进行的采装作业)。~ *pair* 低副(两构件通过面接触所构成的运动副称为低副)。

lowly *a.* ①卑贱的。②地位低的。③谦逊的。—*ad.* ①谦逊地。②位置低下地。③低声地。~-*freezing dynamite* 耐冻炸药(参见 *low freezing explosive*)。

LS-Dyna *n.* LS-Dyna 程序(通用结构分析非线性有限元程序,是显式动力学程序的鼻祖和先驱,常用于爆破模拟)。

lugeon *n.* 吕荣。~ *unit* 吕荣单位(岩体压水试验时,在1MPa水压力作用下,每米钻孔内每分钟耗水1L时的渗透性称为1吕荣)。

lump *n.* ①块,块状(成块的集合体、堆状物或块状的碎片)。②肿块。③瘤。④很多。⑤笨人。—*vt.* ①混在一起。②使成块状。③忍耐。④笨重地移动。—*vi.* 结块。—*a.* ①成团的。②总共的。—*ad.* ①很。②非常。~ *contract* 全包合同,一揽子合同。~ *ore* 大块矿石。~ *size* 大块尺寸,大块粒度。~-*sum contract* 投资包干(由建设单位按核定的项目投资负责完成建设任务并使用投资的制度)。~ *sum fee* 一揽子费用。~-*sum payment* 一次性付款。

Lyddite *n.* 莱戴特炸药。

M

Mach *n.* 马赫(人名)。~ *effect* 马赫效应。~ *reflection* 马赫反射。

machine *n.* 机器(机器是执行机械运动的装置,它用来变换和转换能量与信息)。~ *drilling* 机械凿岩。~ *machine tool* 工作机械(系指利用从动力机械接受的动力来完成一定工作的机械)。~*-made* 机制的。

machinery *n.* 机械(机械是机器和机构的总称)。~ *energy input* 机械能输入。

macro *n.*【自】宏指令。~ *strain* 宏应变。~ *stress* 宏应力。

macropore *n.* = large pore 大孔隙(岩土中直径大于1mm且重力水可在其中自由运动的孔隙)。

macroscopic *a.* 宏观的。~ *view* 宏观。

macrostructure *n.* 宏观结构。

magazine *n.* 爆破器材库(经主管部门批准,按国家有关安全的规定设计和建造的,用于储存爆破器材的建筑物或构筑物)。

magma *n.* 岩浆(指生成火成岩的部分或全部熔融状态的炽热物质,形成于地球深部)。

magmatism *n.* 岩浆作用(指岩浆形成、发育、运动及固结形成火成岩的作用)。

magnetic *a.* 有磁性的。~ *alloy* 磁性合金。~ *analysis* 磁性分析。~ *azimuth* 磁方位角(从一个地面点的磁子午线北向开始顺时针量到目标方向之间的水平角)。~ *body* 磁体。~ *detection* 磁性测量。~ *disk* 磁盘(在恒速旋转的圆形磁性媒体表面沿同心环形轨迹,通过磁头电磁转换器件进行数据记录的直接存取存储设备。磁盘按基片材料分为硬磁盘〈硬盘〉与软磁盘〈软盘〉两类)。~ *field characteristic* 磁场特性。~ *field effect* 磁场效应。~ *field exponent* 磁场指数。~ *field gradient* 磁场梯度。~ *field measurement* 磁场测量。~ *field strength* 磁场强度。~ *field treatment* 磁场处理。~ *flux* 磁通量。~ *flux density* 磁通密度。~ *force* 磁力。~ *line* 磁力线。~ *material* 磁性材料。~ *meridian* 磁子午线(通过地球南北磁极所作的平面与地球表面的交线)。~ *potential gradient* 磁位梯度。~ *prospecting* 磁法勘探(探测地下岩体磁异常以查明地质情况的方法)。~ *repelling* 磁力排斥。

magnetite *n.* 磁铁矿。

magneto-electric *a.* 磁电的。~ *detonator*;*magnadet* 磁电雷管(利用变压器的耦合原理,由电磁感应产生的电冲能激发的雷管)。~ *initiation* 电磁起爆,电磁起爆法(电磁起爆:使用电磁能起爆雷管。该项技术与无线电通讯所使用的技术是一样的,通常使用的为超低频系统。电磁起爆法:采用电磁起爆仪,引爆磁电雷管发生爆炸的方法,参见 *electromagnetic initiation*)。~ *vibrometer* 磁电式测振仪(磁电式测振仪使用磁电式拾振器。这种拾振器输出信号强,阻抗中等,较长的传输信号线对信号影响较小,抗干扰能力强,可用来测试振动位移、速度和加速度)。

magnetostrictive *a.* 磁致伸缩的。~ *stress* 磁致应力。

magnitude *n.* ①量级,量值。②(地震)级数。*A is ~s higher than B.* 甲比乙高出几个数量级。*Though of a lesser ~, the actual mine site emissions from detonation may be problematic as they could vary according to detonation conditions and are difficult to quantify precisely.* 虽说采矿现场爆炸的实际气体释放量要小一些,但由于气体释放量随着爆炸条件的变化而变化,所以依然是个问题,而且难以准确予以量化。~ *of earthquake* 地震震级(根据地震仪对地震波的记录和相应的计算,按地震释放出的能量大小来表示地震强弱的量度)。

main *a.* ①主要的,最重要的。②全力的。~ *access* 出入沟(地表与台阶以及台阶与台阶之间的运输沟道)。~ *blasting lead* 主爆破导线。~ *charge* 主装药(由传爆序列或传火序列起爆或引爆的主体装药。①广义:炸药传爆序列中最终的炸药装药。②专指:在工程爆破中,通常指的是炮孔〈眼〉或药室中起主要做功作用的装药)。~ *entry in rock* 岩层大巷(在煤层底板或顶板内开凿的运输大巷)。~ *explosive charge* 主炸药量(在爆破中预期执行爆破工作的炸药装药量。主要包括 ANFO,硝化甘油炸药、水胶炸药、乳化炸药和爆破剂等)。~ *gallery* 主平巷(通常是沿矿体走向并与矿体相交的平巷相连的水平巷道)。~ *haulage roadway* 运输大巷(为整个开采水平或阶段运输服务的水平巷道)。~ *influence radius; major influence radius* 主要影响半径(在充分采动条件下,主断面上下沉曲线拐点到最大下沉点的距离或由此拐点到移动盆地边界点的距离)。~ *level* 主要中段(通过竖井将采下来的矿石用汽车或轨道运往破碎中心站的通道)。~ *menu* 主菜单。~ *pumping room* 主排水泵硐室(装有为全矿井服务的主要排水设备的井下硐室)。~ *requirements of underwater rockplug blasting* 水下岩塞爆破的基本要求(水下岩塞爆破是在几十米水深下的岩洞内进行施工,进水口常年处于水下,也很难进行检修,这些特殊的施工和运行条件,确定了对它的一些技术要求:①要求做到一次爆通。②要求爆破口成形良好。③要求爆破时确保爆破口附近水工建筑物的安全)。~ *return airway* 总回风巷(为全矿井或矿井一翼服务的回风巷道)。~ *roadway for single seam* 单煤层大巷(为一个煤层服务的大巷)。~ *roadway; pit heading; mother entry* 大巷(为整个开采水平或阶段服务的水平巷道)。~ *roof* 老顶(位于直接顶之上或直接位于煤层之上难垮落的岩层)。~ *working shaft* 主生产井。

mainstream *n.* ①主流。②主要倾向。~

science 主流科学。*The enormous threat posed by climate change is now widely recognized by ~ science and is increasingly gaining public acceptance.* 气候变化带来的巨大威胁,现在已被主流科学广泛地认知,且日益得到全社会的认可。

maintaining *v.* 保持(maintain 的现在分词)。~ *accuracy and depth* 保持精度和深度。

maintenance *n.* ①保养。②维修。~ *cost* 维修费(工程或设备在运行中为维护其良好工况,每年所需的修理、补强及更换零部件等项费用的总称)。~ *crew* 维修班。~ *interval*;*servicing interval* 维修间隔(时间)。

major *a.* ①主要的。②重要的。~ (*huge*; *large*;*large-scale*;*coyote*) *blast in open pit*;*mass shooting* (*mass breaking*; *bulking blasting*;*heavy blasting*) *in open pit* 露天矿大爆破。~ *blast* 大爆破。~ *component* 主要成分。~ *parameter* 主要参数。~ *section of subsidence trough*; ~ *section of subsidence basin*; *principal section of subsidence rough*; *principal section of subsidence basin* 移动盆地主断面(通过移动盆地最大下沉点沿煤层倾向或走向的竖直断面)。

make-up *n.* ①构成,组成。②组织。*The actual ~ of detonation gases emitted on mines cannot be accurately determined and this means that potentially powerful GHGs like CH_4 cannot be quantified with any certainty.* 采矿时喷发的爆炸气体实际成分没法准确定论,这就是说,像甲烷这种有严重潜在危害的温室气体没法准确量化。~ *bunker* 炸药加工房。

making-up *n.* 包装。~ *a primer* 装雷管(用雷管插入棒戳破药卷的包装纸,然后把带有导火索的火雷管或电雷管插入药卷中的作业)。

maloperation *n.* = misoperation; faulty operation 误操作。

mammoth *a.* 巨大的。~ *blast* 大爆破。

management *n.* ①管理。②管理人员。~ *information systems*;*MIS* 管理信息系统(管理信息系统是在电子数据处理系统的基础上发展起来的。一方面支持日常业务的数据处理工作,这一层次上的管理信息系统又称业务信息系统或事物处理系统;另一方面又能将组织中的数据和信息集中起来,进行综合处理,统一使用)。~ *measures of human error prevention* 防止人为失误的管理措施(①根据工作任务的要求选择合适的人员。②推行标准化作业,通过教育、训练提高人员的知识、技能水平。③合理地安排工作任务,防止发生疲劳和使人员的心理紧张度最优。④树立良好的企业风气,建立和谐的人际关系,调动职工的安全生产积极性)。

managing *a.* ①管理的。②节约的。~ *the blast site for safety* 爆破现场安全管理。

man-made *a.* 人造的。~ *stress* 采动应力。

manufactured *a.* 人造的。~ *product* 人造产品。*Generally, for ~ products a so-called Cradle-to-Grave life cycle is considered.* 论及人工制品,一般要考虑所谓的自始至终的生命周期。

M

manufacturing *n.* 制造。~ *and composition* 制造和组成。

manway *n.* 人行道或梯子格(垂直或倾斜通道用于人穿行或通过梯子上坡的通道,其形式可以是小井或上升通道,目的是方便上坡。攀梯道也包括通风系统、水和压缩空气管道等)。

map *n.* 地图。~ *scale* 地图比例尺(地图上某一线段的长度与地面上相应线段水平距离之比)。*-pping control survey*;*-pping control* 图根控制测量(直接为地形测图而进行的平面控制和高程控制的测量)。

marble *n.* 大理石。~*d limestone* 大理石质灰岩。

marginal *a.* ①边缘的。②临界的。~ *benefit* 边际效益。~ *cost* 边际费用(又称增量费用。工程或设备在某一规模处每增加一个单位规模〈如库容或装机容量〉所需增加的费用)。~ *effect* 边际效应。~ *grade* 边缘品位。~ *utility*边际效用。

marine *a.* 海的。~ *coverage warning* 水下覆盖事项。~ *engineering geology* 海洋工程地质(研究与海岸、近海工程建设有关的地质问题的学科)。~ *geodetic survey* 海洋大地测量(利用人造卫星及其他导航定位系统对海洋进行的大地测量,主要包括在海洋范围内建立大地控制网、进行重力测量、海面和水下定位以及测定海洋平均海面等)。~ *surveying and charting* 海洋测绘学(研究海洋定位、测定海洋大地水准面和平均海面、海底和海面地形、海洋重力、磁力、海洋环境等自然和社会信息的地理分布以及编制各种海图的理论和技术的学科)。~ *surveying and mapping* 海洋测绘(以海洋水体和海底为对象所进行的测量。主要包括:海洋大地测量、海底地形测量、海道测量、海洋专题测量和海图编绘等)。

masonry *n.* 砖石建筑。~ *structure* 砌体结构(一般工业与民用建筑的内外墙、柱、基础等都是用各种砌体材料通过砂浆铺砌而成,并用于承重,构成砌体结构。根据使用的砌体材料不同,砌体分为砖砌体、砌块砌体、石材砌体三种)。

mass *n.* ①大量。②【物】质量,质量单元。(*absolute*) ~ *strength*;*AMS* (绝对)质量威力(单位质量炸药的作功能力,单位为 MJ/kg)。~ *action* 质量作用。~ *balancing* ①质量平衡。②群体平衡。~ *breaking*;*mass shooting* 大爆破,大崩矿。~ *concentration* 质量浓度。~ *conservation* 质量守恒。~ *density* 质量密度。~ *detonation or explosion of total contents* 整体爆炸(全部物质或物品同时发生爆炸)。~ *distribution* 质量分布。~ *flux* 质量通量。~ *function* 质量函数。~ *of explosive charge* 装药量(包括底部和柱状装药量的装药量总称)。~ *of explosive* (*TNT equivalent*) 炸药量(TNT 当量)。~ *processing* 批量加工。~ *production* 批量生产。~ *ratio* 质量比。~ *spectrum* 质谱。~*-energy equation* 质能公式。~*-energy equivalence* 质能相当。~*-energy relation* 质能关系。~*-to-charge ratio* 质荷比。

massive *a.* ①大的,重的。②大量的。~ *rock* 整体岩石(指每米内有 1 ~ 3 个

接缝的岩石块)。~ *sandstone* 大块砂岩,整块砂岩。~ *structure* 整体结构(结构面极不发育的巨厚岩层和侵入体的结构类型)。

mast *n.* 桅杆。~ *crane* 桅杆式起重机(由主桅杆、起重臂及卷扬机等组成的固定臂架式起重机)。

master *n.* 主人。— *v.* 精通。~ *and slave mode* 主从模式。

match *n.* 相配的人(或物)。~ *of joints* 节理匹配。

material *n.* 材料。—*a.* ①物质的。②重要的。~ *model* 材料模型。~ *point* 质点。~ *props* 材料参数。~ *shear modulus* 材料剪切模量。~*s of construction* 建筑材料。

mathematical *a.* ①数学的。②精确的。~ *expectation* 数学期望。~ *simulation* 数学模拟。

matrix *n.* ①【数】矩阵。②模型。③基质。~ *analysis* 基质分析。~ *cooling*;*cooling of the substrate*;*cooling of the groundmass* 基质冷却。~ *function* 矩阵函数。~ *mineral* 基质矿物。~ *of emulsion explosive* 乳化炸药基质。~ *ore* 基质矿石。~ *support* 基质支撑。

maximum *a.* 最大值的。~ (*recommended*) *firing current* 最大(建议)点火电流(安全有效点燃电雷管所需的最大建议电流,单位为A〈安培〉。电流过大会损坏雷管并造成瞎炮)。~ *allowable concentration* 最大容许浓度。~ *average value* 最大值平均值(某项试验指标中,大于算术平均值的诸测定值的平均值)。~ *blasting capacity* 最大爆炸能力。~ *breaking capacity* 最大断开限度。~ *burden* 最大抵抗线(如果所有炮孔都按设计布置〈没有炮孔偏差〉,为达到良好块度的最大抵抗线,单位为m。由于"良好块度"是一个很难量化的术语,建议不使用"最大抵抗线距离"这一术语)。~ *charge* 最大装药量(用煤矿许用炸药作巷道试验时,不会引起瓦斯和煤尘着火爆炸的最大药量叫不发火药量。但是,在实际使用时要计入一定的安全系数,此时的炸药量叫最大装药量或安全极限药量)。~ *charge per delay interval* 间隔最大装药量(在一次爆破中单位延时间隔的最大药量〈kg〉。爆炸的最小装药的延时间隔时间为8ms)。~ *clearance* 最大射孔间隙(在射孔方向上射孔器外表面与靶间的最大距离)。~ *coupling effect* 最大耦合效应。~ *distance of throw* 最大抛掷距离。~ *dry bulk weight* 最大干容重(在一定压实功能作用下,黏性土达到最密实状态时的干容重,常以kN/m^3表示)。~ *dry density* 最大干密度(在一定压实功能作用下,黏性土达到最密实状态时的干密度,以g/cm^3或t/m^3表示)。~ *explosive charge per delay* 每次延迟最大装药量。~ *explosive point* 最高爆炸点。~ *flying height of fly rock* 飞石飞行的最大高度(又称个别飞散物飞行的最大高度。是指个别飞石作抛掷运动)。~ *flyrock distance* 飞石飞行的最大距离。*The ~ flyrock distance decreases with an increase in stemming length*。飞石飞行的最大距离随着炮泥堵塞长度的增加而减小。~

M

fracture 最大裂缝(穿孔后在套管上造成的最长和最宽的裂缝)。~ *fragment size*(*K100*) 碎片最大尺寸,最大破碎粒度(碎片尺寸分布中最大的方形碎片尺寸,单位为 m。由于很难有明确的定义,因此建议采用如下方式来确定最大碎片尺寸:将最大的碎片放在水平面上对其表面进行投影,找到能够刚好使该投影通过的最小网目,该网目即定义为最大碎片尺寸 K100)。~ *horizontal throw* 最大水平抛掷距离。~ *horizontal throw of a projectile* 抛物体的最大水平抛掷距离。*The general trajectory formula needs to be applied here for the prediction of the* ~ *horizontal throw of a projectile to a point at the same elevation.* 这里需要应用预测抛物体在同一高程时的最大抛掷距离的弹道公式。~ *instantaneous charge*(*MIC*)最大瞬时药量(参见 *maximum charge per delay interval*)。~ *linear strain theory* 最大线应变理论(认为岩土的破坏是由于最大伸长线应变达极限值而引起的及由此而建立的张性破坏强度准则)。~ *lump size* 最大块度。~ *molecular water capacity* 最大分子水容度(由分子力维持的水量达最大值时,土中水分的质量与固体颗粒质量之比,以百分数表示)。~ *non-firing current* 最大不发火电流(电雷管在规定的通电时间内达到规定的不发火概率所能施加的最大电流)。~ *normal velocity* 最大法向速度。~ *OD of cut flare pipe* 管材最大张开直径(被切割管材向外扩张后的最大外径)。~ *OD of perforator* 射孔器最大直径(射孔器下井作用时的最大外径。有枪身射孔器即为枪身和接头的最大外径,无枪身射孔器则指联弹后的最大外径)。~ *permissible dustiness* 最大允许起尘量。~ *permissible size* 最大允许尺寸,最大允许粒度。~ *permitted charge* 最大允许装药量。~ *pore ratio* 最大孔隙比(砂土于最疏松状态时的孔隙比)。~ *principal stress* 最大主应力(三向应力状态中,数值最大的为主应力)。~ *projection range* 最大工程量范围。~ *radial strain*(*of the longitudinal wave*)(纵向波)最大散射力(置于岩石炮孔中完全充填炮孔区域的炸药爆炸发射出的纵向波所诱发的最大散射力。相邻炮孔的最大散射力可以由公式计算)。~ *raise and maximum decay rates* 最大上升率和最大衰减率。~ *resultant ground vibration velocity* 最大诱发地面振动速度(爆破诱发的地面最大振动速度,单位为 mm/s)。~ *safety current* 最大安全电流。~ *scattering distance of fly rock* 飞石最大飞散距离(又称个别飞散物最大飞散距离。是指个别飞石作抛掷运动时,抛掷的最远距离)。~ *shear stress* 最大剪应力(三轴应力状态下,数值最大的剪应力,其值等于最大与最小主应力差的二分之一)。~ *shear stress theory* 最大剪应力理论(认为岩土产生剪切破坏是由于最大剪应力达极限值而引起的和由此建立的强度准则)。~ *single-stage charge quantity* 最大单段装药量。~ *span* 最大跨度。~ *strain* 最大应力。~ *stress theory* 最大应力理论。~ *sur-*

face temperature 最高表面温度(在最不利的运行条件下,设备暴露于环境大气的外部表面所达到的最高温度)。~ *S-wave component of particle velocity* 最大S波粒子速度(地面震动中S波组分的最大速度)。~ *tensile to shear stress ratio* 最大张应力与剪应力之比。~ *throw distance* 最大扬程距离。~ *velocity loading* 最大速度加载。~ *vertical component of particle velocity* 垂直粒子组分的最大速度(垂直粒子组分的运动速度最大值,单位为 mm/s)。~ *water yield of mine*;*maximum mine inflow*;*mine peak inflow* 矿井最大涌水量(矿井开采期间,正常情况下矿井涌水量的高峰值)。~(*peak*) *particle velocity*;*PPV* 质点最大速度(爆炸产生的颗粒在三个直角方向上测得的速度峰值,单位为 mm/s)。

mean *n.* ①平均数。②中间。—*v.* 表示…的意思。~ *absolute error* 平均绝对误差。~ *compressive strength* 平均抗压强度。~ *curvature* 平均曲率。~ *deviation* 均差。~ *diameter* 平均直径。~ *effective pressure* 平均有效压力。~ *effective value* 平均有效值;均方根值。~ *error*;*average error* 平均误差。~ *fragment size*(*K50*)碎块平均尺寸(50%质量或体积的碎片物料通过的方形网目尺寸,单位为 m)。~ *free time* 平均自由时间。~ *grain size* 平均粒径(土中比之小的颗粒含量为总质量 50%的粒径〈d_{50}〉)。~ *load per unit cycle* 循环平均阻力(一个采煤循环内支架〈支柱〉阻力的时间加权平均值)。~ *passing size* 平均过筛粒度。~ *reduction ratio* 平均破碎比。~ *specific heat* 平均比热。~ *square deviation* 均方差(某项试验指标各测定值与其算术平均值之差的平方值的总和除以测定总次数所得的商的平方根)。~ *square error* 中误差(某项试验指标的均方差与测定总次数平方根的比值)。~ *time* 平均时间。~ *velocity*;*average velocity* 平均速度。

measure *v.* 测量。—*n.* ①测量。②措施。~*s for construction safety* 施工安全措施(为保护施工人员的安全和健康,预防人体受到伤害和财物受到损失,在技术上采用的办法)。

measured *v.* 测量(measure 的过去式和过去分词)。~ *data* 实测数据。~ *distance* 实测距离。~ *pressure* 已测压力。~ *section* 实测剖面。~ *spectrum* 实测能谱。~ *stress* 实测应力。

measurement *n.* ①尺寸。②测量。~ *of blasting action and effect* 爆破测试(用仪器深入观测爆破作用和效果的技术。通过对爆破的系统观测和分析,对于提高爆炸能量的利用率、改善爆破效果、抑制爆破的有害效应和减少公害都是十分重要的)。~ *of fume* 爆生气体测定(对炸药爆炸生成气体的含量和成分的测量。随现场使用条件而变化。实验室测定爆生气体的方法有:气体分析法、五氧化碘分析法和气体色谱法。前两种方法主要测定碳的氧化物,后者测定氮化物。适合现场使用的最简单的测试方法,是检测管比色法〈colorimetric detector〉)。~ *of rock pressure* 岩石压力测量。~ *while drilling*;*MWD*

钻探同步测量(在钻探间歇时间或以不同时间或不同时间间隔通过测量所监测和测定的岩石特性,确定其与扭矩、推力和穿透速度之间关系的工艺)。

measuring *v.* 测量(measure 的现在分词)。~ *devices* 测试设备。~ *point* 测点。~ *wireline* 测深钢丝(用于测量井深的钢丝。绕在专用卷筒上。卷筒上有转数记录表,下入井底及从井底起出可获得两次井深记录,取其平均值可得比较准确的井深数据)。

mechanical *a.* 机械的。~ *behavior at high temperatures* 高温力学性能。~ *burster* 机械爆破筒。~ *effect of a notch* V形切槽产生的力学效应(在爆炸冲击波和爆生气体的准静压压力作用下,V形切槽的存在将产生两个力学效应,即在切槽尖端产生应力集中和在切槽根部附近产生的压应力和低拉应力区,亦称裂纹生长抑制区。在这两个效应的作用下,裂纹必然从切槽尖端开始向前扩展,同时又抑制了新裂纹在其他方向上的生成)。~ *model of movement in the process of folding and collapsing* 折叠及倒塌过程中运动的力学模型。~ *properties of ground* 岩土的力学性质(岩土在外力作用下所表现的性质)。~ *properties of ice* 冰的力学性能(与爆炸破冰有关的力学性能,主要是冰的抗压强度和抗拉强度)。~ *property of structural plane* 结构面力学性质。~ *response of the rock* 岩石的力学回应。*Scientific or fundamental models attempt to realistically describe the physical effects of blasting and the ~ response of the rock.* 科学模型,或者说基本模型,试图立足于现实,描述爆破的物理效果和岩石的力学回应。~ *sensitization* 机械敏化。~ *static charges* 机械静电荷。~ *strength* 机械强度。~ *stress* 机械应力。

mechanics *n.* ①【物】力学。②【机】机械学。~ *of gravity flow of blasted material* 被炸物质的重力流动力学。~ *of loose media* 松散介质力学。~ *of rock cutting* 岩石切割力学。~ *of rock fragmentation* 岩石破碎力学。~ *of rock mass* 岩体力学(把岩体视为工程的组成部分,研究岩体中所发生的力学现象与力学过程。用以指导岩体工程设计与施工)。

mechanism *n.* ①机制。②机构(机构是多种实体的组合。各实体间具有确定的相对运动。机器中常用的机构有带传动机构、连杆机构、凸轮机构、齿轮机构及间歇机构等)。~ *at the source* 震源机制。~ *of action* 作用机制。~ *of detonation* 爆轰机理。~ *of flyrock generation and the directivity of the fragments* 飞石产生的机理及碎岩飞溅的方向性。~ *of homogeneous scorching blasting* 均匀灼热机理(这种机理多发生在质量较密实、结构均匀、不含气泡或气泡少的液体炸药或单体固体炸药,即所谓的均相炸药中。爆炸反应的发生,是由于炸药均匀受热或在冲击波的冲击作用下,使一薄层炸药温度突然均匀升高所致。反应首先发生在某些活化分子处,而反应的发展非常迅速)。~ *of hot spot blasting* 不均匀灼热机理(炸药爆炸时,爆炸反应的发生不是由于薄层炸药均匀灼热,而是由于在炸药个别点处形成高热反应源所致。这种高热反应源称为起爆中心或热点。形成热点后,反应首先在热点处炸药颗粒表面上以燃烧方式进行,而后向颗粒深部扩展,同时也向四周传播)。~ *of millisecond rock blasting* 毫秒爆破破岩机理(主要有块体碰撞假说、残余应力假说、应力波叠加假说和附加自由面假说四种)。~ *of rock failure* 岩石破碎机理。~ *of smooth blasting and presplitting blasting* 光面爆破和预裂爆破机理(关于光面爆破和预裂爆破机理,有不同的理论。众多的认识是应力波和爆生气体共同作用,即炸药爆炸瞬间形成的冲击波的动压作用,在炮孔壁形成初始裂纹以及高温、高压的爆生气体的准静压和气楔作用,使炮孔沿其连心线形成贯通裂隙)。~ *of buffer blasting* 挤压爆破作用原理(①利用渣堆阻力延缓岩体的运动和内部裂缝张开的时间,从而延长爆炸气体的静压作用时间。②利用运动岩块的碰撞作用,使动能转化为破碎功,进行辅助破碎)。

mechanistic *a.* 机械论的。~*-Monte Carlo model of flyrock* 蒙特卡罗飞石力学模型。

mechanized *v.* 使(过程、工厂等)机械化(mechanize 的过去式和过去分词)。~ *loading* 机械化装药。

median *a.* ①中间的。②【数】中值的。~ *fragment size* 中间破碎粒度。~ *value* 中值(某项试验指标所有测定值按数值大小排列的数列中,处于中央位置的指标值)。

medium *a.* ①中等的。②普通的。~ *alloy steel* 中等合金钢。~ *and long-term science and technology development plan* 中长期科技发展规划。~ *consumption* 介质损耗。~ *crushing* 中等破碎。~ *cubical capacity buildings* 中容积构筑物(指容积 $V=1\sim25\text{m}^3$ 的构筑物。这种构筑物由于容积不大,一般周壁较薄,配筋少,炸药用量在 1.0~3.0 kg 之间。药包个数一般为 1~2 个,形状特殊构筑物可用3~4 个)。~ *deposit* 中厚矿床。~ *diameter borehole method* 中等直径钻孔方法。~ *recycling* 介质循环。~ *regeneration* 介质再生。~ *resistance* 介质阻力。~ *shock resistance mild steel* 中级抗震软钢。~ *stable roof* 中等稳定顶板(强度中等的直接顶板,一般为页岩、砂质页岩、粉砂岩)。~ *structure* 中型结构,中型构造。~ *to large diameter boreholes* 大、中直径的炮孔。~ *wave* 中波。~*-grained*; *meso-grained* 中等粒度的。~*-granular structure* 中粒状结构。~*-high wave* 中短波。~*-length hole blasting* 中深孔爆破。~*-sized* 中型的。

melting *v.* (使)融[溶,熔]化(melt 的现在分词)。~ *point* 熔点。

membership *n.* 会员资格。~ *function* 隶属函数。

memorandum *n.* = commonplace book 备忘录。

memory *n.*【计】存储器。~ *type* 存储器类型(存储器有多种分类方法,按存储器在计算机中的作用分类,可分为主存储器、辅助存储器和缓冲存储器;按存取器的存取方式分类，可分为随机存取存储器芯片 RAM、只读存储器芯片 ROM 和串行访问存储器；按存储媒体分类，可分为半导体存储器、磁表面存储器和光存储器）。

mercury *n.*【化】汞。～ *fulminate*（*MF*）雷汞，雷酸汞，分子式：$Hg(ONC)_2$，结构式：$Hg\begin{array}{l}\diagup O-N\overset{\rightarrow}{=}C\\ \diagdown O-N\overset{\rightarrow}{=}C\end{array}$。

mesh *n.* ①网孔，网状物。②【机】（齿轮的）啮合。—*v.*（划分）网格。～ *attributes* 网格属性。～ *tool* 网格工具。

metal *n.* ①金属。②成色。～ *blasting* 金属爆破（爆破破碎、切割金属的作业，参见 *blasting in metals*）。～ *loss* 金属损失（由于筛选过程不当或在爆破过程中造成的金属物质的离散）。～ *mine* 金属矿山。～ *mining* 金属矿开采。～ *sulfur* 金属硫。～*-sheathed delay cord* 金属管延时索（以延期药为药芯，以金属管为外壳，供毫秒雷管用的一种工业导火索。简称延时索）。～*-sheathed detonating cord* 金属导爆索（以金属材料为外壳的导爆索）。

metal(l)ized *a.* 金属化。～（*blasting*）*agent* 含金属粉末的爆炸剂。～ *ammonium nitrate slurry* 含金属粉末的硝铵浆状炸药。～ *blasting slurry*［*slurry blasting*］ 含金属粉末的浆状炸药。～ *explosive* 含金属粉末的炸药（用金属〈通常是金属铝〉碎屑、粉末或颗粒提高了威力和敏感度的炸药）。～ *slurry explosive* 用金属粉敏化的浆状炸药。

metallic *a.* 金属的。～ *minerals* 金属矿物（通常指具有明显金属性质〈呈金属颜色，具金属或半金属光泽、不透明、导电性和导热性较好〉，工业上一般能从中提取金属元素的矿物，如磁铁矿、黄铜矿、方铅矿、闪锌矿等，参见 *ore minerals*）。

metalliferous *a.* 含金属的。～ *ore* 金属矿石。

metalloid *n.* 类金属。—*a.* 类似金属性的。～ *ANFO explosive* 用铝粉敏化的铵油炸药。

metamorphic *a.* 变形的，变质的。～ *rock* 变质岩（指先成的岩石基本上在固态下因地壳深处的压力、温度、剪应力和化学环境的显著改变而引起其矿物组成、化学成分及结构构造的变更所生成的岩石）。～ *zone of coal*；*metamorphic belt of coal* 煤变质带（变质程度不同的煤，在空间上呈现的规律性分布）。

metamorphism *n.* 变质作用（指已固结的岩石因地质作用而转入深处时，为适应物理、化学条件的变化而发生的矿物组成、化学成分及结构构造的调整叫变质作用）。

metasomatism *n.* 交代变质（作用）（指矿物或岩石中实际上是同时进行的毛细溶解和沉积的作用，在该过程中化学成分部分或全部不同的新生矿物可生长在老的矿物集合体中）。

meteorological *a.* 气象的。～ *effects* 气象影响。*Evaluations of ～ effects require that the air temperature and wind velocity be known at levels above the ground, preferably up to 900 metres.* 要想评价气象影响，务必要知道地面上空并且最好在

900 米以上的大气温度和风速。

meteorology *n.* 气象。

methane *n.*【化】甲烷。~ *gas* 沼气(植物在炭化过程中产生的气体。主要残留在煤的夹层中,煤层内也常出现。沼气是无色、无臭、无味的可燃性气体,密度为 0.558)。

method *n.* ①方法。②条理。~ *for rock strength measuring* 岩石强度测试方法(测定岩石物理力学性质的试验方法。通常在现场取回岩心或岩块,按照有关标准,在室内加工成规则试件,借助适当的加载设备在规定的加载速率下测定试件破坏时某截面上的极限应力。以同种岩石的一组试件的平均强度作为该种岩石的强度)。~ *of adjustment* 平差法。~ *of angles* 角度法。~ *of approach* 渐进法。~ *of approximation* 近似法。~ *of exploration*; *exploratory method* 勘探方法(是为了查明矿床赋存的地质条件,了解矿产的质和量,以及评定其工业利用价值所采取的各种研究方法、技术措施和工作途径的总称)。~ *of initiation* 起爆方法(利用起爆器材激发工业炸药爆炸的方法)。~ *of intersection* 交会法。~ *of non-equilibrium push* 不平衡推力法(在条分法基础上,假定条块间的合力作用方向平行于前一条块的滑面,且滑面处于极限状态,通过试算使得最末条块的剩余下滑力为零,然后得到稳定性系数的计算斜坡稳定性的方法)。~ *of observation set* 测回法(用经纬仪正、倒镜位依次观测两目标,以测定水平角的一种方法)。~ *of principal stress difference* 主应力差法(三轴试验中,以试样破坏时的最大、最小主应力的差值表示岩土强度的方法)。~ *of principal stress ratio* 主应力比法(三轴试验中,以最大、最小主应力比与轴应变的关系曲线中的稳定峰值应力比表示岩土强度的方法)。~ *of probability integration* 概率积分法(以正态概率函数为影响函数的地表移动预计方法)。~ *of qualitative fragmentation evaluation* 破岩量化评价法。~ *of slice limit equilibrium* 分块极限平衡法(在条分法基础上,考虑到条块间的法向力和剪切力,且使条块间也处于极限平衡状态而得出的计算斜坡稳定性的方法)。~ *of slices* 条分法(在剖面上按一定宽度将滑体划分成若干竖条,通过试算找出最危险滑动圆弧后,按抗滑力矩与滑动力矩求解斜坡稳定性系数的方法)。~ *of weighted mean* 加权平均法。~ *of weighted moving average* 加权移动平均法。~*s of handling risk* 处理风险的方法。

Meyerhof *n.* 迈耶霍夫(人名)。~'*s bearing capacity formula* 迈耶霍夫承载力公式(迈耶霍夫假定深埋条形基础下地基破坏时滑动面可延伸到基底以上土层中,从而推导出的深埋基础下地基整体破坏时求算地基极限承载力的公式)。

mica *n.* 云母。~ *porphyrite* 云母玢岩。

micro *a.* 极小的。~ *bubbles of resin phenolformaldehyde* 酚醛树脂微泡。~ *element*; *minor element* 微量元素。~ *water pressure blasting* 微型水压爆破。~ *(nanometer) film* 微(纳米)薄膜。~-

*adjuster*微调装置。~-*analysis* 微量分析。~-*balance* 微量天平。~-*balloon* 微球(添加在爆炸材料中的塑料或玻璃制空心小球,依靠其充分的含气量来增加炸药感度。如这种工艺用于乳化炸药就是一个例子)。~-*balloon sensitized emulsion explosives* 微球敏化乳化炸药。~-*ballooned explosive* 微球敏化炸药。~-*blasting drilling* 微爆凿岩。~-*bore* 微孔。~-*chemical analysis* 微量化学分析。~-*component* 微组分。~-*distancer* 微波测距仪。~-*effect* 微观效应。~-*fabric* 微组构(需借助显微光学仪器观察研究的岩土组构)。~-*fissure* 微裂隙。~-*fracture* 微裂隙。~-*gravity* 微重力。~-*hardness* 微硬度。~-*hardness of rock* 岩石微观硬度。~-*material evidence*; *trace material evidence*; *minor material evidence* 微量物证。~-*mechanism* 微观机构。~-*molecular compound* 高分子化合物。~-*pearlite of expanded polystyrene* 发泡聚苯乙烯微珠光体。~-*relief* 微地形起伏。~-*seismic monitoring* 微震监测(根据声发射同时产生微震的原理,采用某种仪器去监收微震频率,确定发生微震位置,以预报岩体发生破坏的可能性与发生的时间)。~-*sequential contour blasting*; *cut blasting initiation* 微小延时连续边界爆破(一种控制边界爆破的方法,其等高孔炮孔之间的延时间隔很短〈巷道爆破延时在1.5ms左右〉,该方法对降低地面振动很有效)。

micro-aggregate *n.* 微骨料。~ *composition* 微集粒组成(天然状态下土中原生颗粒和微集粒各粒组的百分含量)。

microcomputer *n.* 微型计算机(以微处理器为中央处理器而组成的计算机系统,简称微型机或微机)。

microcrack *n.* 微裂纹。

microcrystalline *a.* 微晶的。~ *wax* 微晶蜡。~ *wax modification* 微晶蜡改性。

micropellet *n.* 微球粒。

micropore *n.* 微孔隙(岩土中直径为0.1~10μm、无重力水但毛管现象明显的孔隙)。

microprocessor *n.* 微处理器(具有中央处理器功能的大规模集成电路器件。它是微型计算机的核心部件。包括三部分:运算部件〈执行算术运算和逻辑操作〉、寄存器〈有多个,用来存放操作数、中间结果以及标志工作状态的信息〉和控制部件〈包括控制操作的电路以及用于定时的时钟脉冲发生器等〉)。~ *microprocessor technology* 微处理器技术。

microscopic *a.* 微小的。~ *stress* 微观应力。

microsecond *n.* 微秒。~ *collision blasting*; ~ *tight-face blasting*; *short-delay compression blasting* 微差挤压爆破。~ *control blasting*; *short-delay control blasting* 微差控制爆破。

microstrain *n.* 微应变。

microstress *n.* 微应力。

microstructure *n.* 微观结构(需借助显微光学仪器观察研究的结构特征)。

microwave *n.* 微波。~ *distance measurement* 微波测距(利用波长为0.8~10cm的微波作载波的电磁波测距)。

mid *a.* 中间的。~ *percent point* 百分数中点。~ *point* 中点,平均点。~-*level development* 中等发育。~-*workings* 中间采区。

middle *a.* ①中部的。②中间的。~ *cut* 中间掏槽。~ *powder* 药芯。~-*strength explosive* 中等威力炸药。

middling *a.* ①中等的。②普通的。~ *product* 中间产品,中矿。

migmatite *n.* 混合岩(外观上像复成岩,即由两种或两种以上的成因不同的物质所组成,实际上是变质岩经混合岩化改造后的产物,参见 chorismite)。

migmatization *n.* 混合[岩化]作用(指形成混合岩的地质作用。混合岩常由较活动的浅色组分经重熔、侧分泌、交代或贯入作用形成)。

migration *n.* ①迁移。②移居。~ *operator* 偏移算子。~ *parameter* 偏移参数。~ *stack* 偏移叠加。~ *velocity* 偏移速度。

milling *n.* 磨,制粉。~ *jack* 扩孔千斤顶。

millisecond *n.* 毫秒。~ (*MS*) *delay detonator*; ~ *delay electric detonator*; ~ *delay electric blasting cap* 毫秒延时雷管(段间隔时间为几毫秒至数百毫秒的延时雷管)。~ *blasting* 毫秒爆破(又称微差爆破,相邻炮孔或药包群之间的起爆时间间隔以毫秒计的延时爆破。露天台阶爆破、地下深孔爆破、井巷掘进和回采工作面采煤爆破都广泛采用毫秒爆破。我国煤矿安全规程规定,在煤矿的采掘工作面采用毫秒爆破的总延时时间不得超过 130ms,参见 *short delay blasting*)。~ *blasting methods* 毫秒起爆方法(实现毫秒起爆的方法有:①利用毫秒起爆器以毫秒为间隔先后供给各组瞬发电雷管引爆电流,此适用于毫秒延时段数少的露天爆破。②在导爆索网路中加入毫秒继爆管,以控制各组装药的毫秒间隔时间,此适用于露天或金属矿井。③利用毫秒雷管引爆,此适用于各种条件)。~ *connectors* 毫秒连接器(非电操作毫秒延时器,与导爆索一起使用以延缓冲击时间)。~ *delay blasting* 毫秒延时爆破(若干药包以短时间隔,通常间隔 25~500ms 起爆的一种爆破方法。毫秒延时爆破的目的在于改善破碎、减轻振动和〈飞石〉抛掷。参见 *short delay firing*)。~ *delay sequence rotation firing* 毫秒延时序列多排孔间隔爆破。~ *delay timing* 毫秒延时时间。~ *delays* 毫秒延时。~ *round* 毫秒爆破炮孔组。~ (*MS*) *delay electric blasting cap* 毫秒延时电雷管。

mine *v.* 开采。—*n.* 矿井。~ *accident prediction* 矿山事故预测(人们对矿山事故发生的可能性和趋势做出判断和估计,以便采取措施防止矿山事故发生。包括矿山事故发生可能性预测和矿山事故发生趋势预测)。~ *bank* 采矿台阶。~ *construction* 矿井建设(井巷施工、矿山地面建筑和机电设备安装三类工程的总称)。~ *engineering blasting* 矿山工程爆破。~ *engineering geology* 矿山工程地质(研究与矿山工程建设有关的地质问题的学科)。~ *engineering personnel* 矿山工程人员。~ *engineering volume* 矿山工程量。~ *environmental engineering* 矿山环境工程

(研究采矿活动对环境的污染和破坏,运用工程技术和有关学科的原理和方法,防治矿山环境污染和破坏以保护和改善矿山环境质量的工作。它是采矿学的组成部分,环境工程学的一个分支)。~ *explosion* 矿井爆炸(在煤矿中,积聚在煤层中的瓦斯会突然喷出而发生瓦斯爆炸事故;或者浮游在空气中的干燥煤尘在爆破和其他火源的作用下发生的爆炸,均称为矿井爆炸)。~ *explosive gas* 矿井爆炸性气体(开采煤矿和含碳质页岩的非煤矿床时,从煤层和岩层中涌出的爆炸性气体。其主要成分是甲烷,即沼气,以及少量的氢气、一氧化碳、硫化氢、二氧化硫和碳氢化合物)。~ *field development* 井田开拓(由地表进入煤层为开采水平服务所进行的井巷布置和开掘工程)。~ *gas*;*white damp*;*fire damp* 矿井瓦斯。~ *geophysical prospecting*;~ *geophysical exploration* 矿井地球物理勘探(在矿井开采过程中,为探查小构造、煤层厚度变化等所进行的物探工作,简称矿井物探)。~ *landscape* 矿山景观(在开采工业区外围观看矿区时,进入视野内的地表景色)。~ *landscape design* 矿山景观设计(目的在于在矿山服务年限内将景观破坏减轻到最低限度,同时兼顾环境保护和采后土地利用两方面的效益。矿山景观设计包括总体勘测、屏蔽设计和美化设计)。~ *landscape evaluate* 矿山景观评价(采矿对景观的破坏程度是一个纯粹的主观鉴定问题。有人主张用专家决策系统法来评价景观,这一方法类似于研究化学污染物的方法,即取一个景观的基准尺度,以此尺度与各开采设计方案相对照,分析矿石成本,预测矿山生产期间的景观变化,找出景观破坏最轻方案)。~ *life* 矿井服务年限(按矿井可采储量、设计生产能力,并考虑储量备用系数计算出的矿井开采年限)。~ *map* 矿山平面图。~ *mechanization* 矿山机械化。~ *productivity* 矿井产能。~ *resistance*;*ventilation resistance*;*pressure drop*;*ventilation loss* 通风阻力(风流的摩擦阻力和局部阻力的总称)。~ *safety* 矿山安全(消除和控制矿山生产中的不安全因素,防止发生人身伤害及财产损失事故。目的是保障劳动者在生产过程中的安全健康,避免或减轻矿山设备、构筑物破坏以及保护矿产资源。矿山安全是顺利进行矿山生产的重要保证,因而在矿山开采过程中占有极其重要的地位)。~ *safety law* 矿山安全法(矿山安全法是以保护矿山工人人身安全,防止发生矿山灾害和谋求合理开发矿物资源为目的的法规)。~ *safety management* 矿山安全管理(为实现矿山安全生产而组织和使用人力、物力和财力等各种资源的过程。它利用计划、组织、指挥、协调、控制等管理机能,控制来自自然界的、机械的、物质的不安全因素和人的不安全行为,避免发生矿山事故)。~ *surface arrangement*;~ *layout arrangement* 矿井地面布置(根据煤炭生产、加工和运输的要求,按照地表地形特征,在矿井设计中,合理安排主、副井口位置、地面生产系统、辅助生产设施和生活服务设施等的总体布置)。~

surveying 矿山测量(从建矿到闭矿的全过程中,为获得各种矿图和解决各种几何问题进行的测绘工作)。~ *toxic gas* 矿井有毒气体(矿井空气中对人体能造成中毒性伤害的气体成分。金属矿山的有毒气体常有一氧化碳、二氧化氮、二氧化硫和硫化氢等)。~ *tremor*;~ *shock* 矿震(井巷或工作面周围煤岩体中突然在瞬间发生伴有巨响和冲击波的振动但不发生煤、岩抛出的弹性变形能释放现象)。~ *truck* 矿用卡车(运输剥离物或矿产品的矿山专用自卸式卡车)。~ *valuation* 矿山评价。~ *ventilation*;*ventilation in a* ~ 矿山通风。~ *water pollution* 矿水污染。~ *workings*;*workings* 井巷(为进行采煤作业,在煤层或岩层内开凿的、一系列通道和硐室的总称)。~ *yard plan* 工业场地平面图(反映工业场地内生产系统、生活设施和地貌的平面图)。~*d-out area* 采空区。~*d-out reserves*;*worked-out reserves* 动用储量(在矿产开采过程中已开采部分与损失储量之和)。~*-run size* 原矿粒度。

miner *n.* ①矿工。②采矿机。~'*s needle* 炮孔针。~'*s powder* 黑色火药。~'*s rule* 采矿规程。

mineral *n.* 矿物(指具有特征化学成分,并能用化学式来表达的天然物质)。~ *analysis* 矿物分析。~ *belt* 矿带。~ *beneficiation* 选矿。~ *claim* 矿山开采权,采矿权。~ *deposit* 矿床(可以盈利开采通过自然富集成的金属矿体,参见 *ore deposit*)。~ *dressing*;~ *processing*;~ *separation* 选矿。~ *dust explosion* 矿尘爆炸(矿井生产过程中产生的粉尘称为矿尘。空气中浮游的大量矿尘微粒发生爆炸的现象,称为矿尘爆炸。与煤矿中煤尘爆炸的现象相类似)。~ *extraction* 采矿。~ *oil* 矿物油。~ *processing technique*;~ *separation process*;*processing technique* 选矿工艺。~ *utilization* 矿物利用。*The emissions from explosives are small in comparison to the downstream emissions associated with mining and* ~ *utilization.* 炸药爆炸时的气体排放,与采矿和矿物利用导致的下游气体排放相比要少些。~*-dust pollution* 矿尘污染。

mineralization *n.* 矿化。~ *coefficient* 矿化系数。

mineralogy *n.* 矿物学(研究矿物的科学,发展到现代其研究内容实际上包括了四个主要方面:晶体化学、共生矿物学、描述矿物学和分类矿物学)。

mini *a.* 袖珍的,微型的。~ *blast* 小型爆破(在大石块用少量装药通过浅孔爆破使其破碎为碎石块的小型爆破。是一种初级爆破形式)。~*-bulk system emulsion pumping systems* 小型乳化炸药泵系统。~*-dose* 小量装药(在现场就地将少量硝化甘油炸药装入直径为20mm的塑料硬管中。这些管子可以相互连在一起用在直径为20~22mm,深度为0.35~0.5m的炮孔中。当在大石块的低台阶爆破飞石危险较大时,这种方法很适宜使用,建议的装药密度为0.02~0.04kg/m^3)。~*-hole blasting* 小孔爆破(炮孔直径为22mm,单孔装药量为80g的爆破称为小孔爆破。这些炸药用于某些环境下的爆破,如:电缆或管道的爆破、在岩石中为架设柱子和横梁等而爆破打孔)。

minimal *a.* (正式)最小的。~ *concussion* 最小冲击。~ *contact level* 最小接触角。

minimization *n.* 取最小值,小型化。~ *of costs in rock drilling and blasting* 凿岩爆破费用优化。

minimizing *v.* 把…减至最低数量(程度)(minimize 的现在分词)。~ *of the risk of death or injury* 将伤亡的风险降到最小。

minimum *a.* 最低的,最小的。~ *(recommended) firing current* 最小(建议)点火电流(使电雷管在设定时间间隔引爆所需的最小点火电流,单位用 A〈安培〉表示)。~ *available quantity* 最小可用量。~ *average value* 最小平均值(某项试验指标中,小于算术平均值的诸测定值的平均值)。~ *booster test* 最小助爆试验(确定炸药在发生正常稳定爆炸所需最小引爆药量〈booster〉,该试验中要同时测量标准装药条件下的爆速。是生产过程控制的一部分)。~ *burden* 最小抵抗线(炮孔至最近自由面的有效〈最短〉距离)。~ *burden theory* 最小抵抗线原理(爆破时介质的破碎、抛掷和堆积的主导方向是最小抵抗线方向的原理,称为最小抵抗线原理)。~ *clearance* 最小射孔间隙(在射孔方向上射孔器外表面与靶间的最小距离,通常为零间隙)。~ *destroying height* 最小破坏高度(为了使框架失稳倾倒,首先必须将立柱一定高度的混凝土充分破碎,使其脱离钢筋骨架。当骨架顶部承受的静压载荷超过其极限抗压强度或达到失稳临界载荷时,立柱随之失稳坍塌。凡满足上述条件的立柱破坏高度,称为最小破坏高度 h_{min}。承重立柱破坏高度 h 大于最小破坏高度)。~ *deviation* 最小偏角,最小偏差。~ *firing capacity*; ~ *firing energy* 最小点火能。~ *firing current* 最小发火电流(电雷管在规定的通电时间内达到规定的发火概率所需施加的最小电流。不可译为:最小准爆电流;最低准爆电流)。~ *fragment size* 最小破碎粒度。~ *hole diameter* 最小孔径。~ *ignition energy* 最小点火能。~ *ignition temperature of a dust cloud* 粉尘云的最低点燃温度(在试验炉内空气中所含粉尘云出现点燃时炉子内壁的最低温度)。~ *ignition temperature of a dust layer* 粉尘层的最低点燃温度(在热表面上规定厚度的粉尘层发生点燃时热表面的最低温度)。~ *ignition temperature of an explosive atmosphere* 爆炸性环境的最低点燃温度(在规定的试验条件下,可燃性气体或可燃性液体的蒸气的最低点燃温度,或者,粉尘云的最低点燃温度)。~ *impedance frequency* 最小阻抗频率。~ *initiating charge*; ~ *quantity of primary explosive* 极限起爆药量(在规定条件下,起爆药能引爆猛炸药所需的最小药量)。~ *initiator* 最小起爆药(由雷管引爆并继而起爆主药包稳定爆炸的最小起爆药包药量)。~ *inter-deck stemming length* 最小层间炮泥长度。~ *operating space* 最小作业

M

空间。~ *pore ratio* 最小孔隙比(砂土于最密实状态时的孔隙比)。~ *priming charge* 最小起爆药量。~ *principal stress* 最小主应力(三向应力状态中,数值最小的主应力)。~ *slope* 最小坡度。~ *threshold level designed* 设计的最小门限值。~ *ultimate tensile strength* 最小抗拉强度极限。~ *value* 最小值。~ *workable thickness*; ~ *minable thickness* 最低可采厚度。~ *yield strength criterion* 最低屈服强度标准(在当前技术经济条件下,可开采的最小煤层厚度)。

mining *v.* 开采(mine 的现在分词)。~ *area* 矿区,开采区。~ *district survey*; ~ *panel survey* 采区测量(为采区的施工和测图所进行的测量工作)。~ *drift* 开采巷道,采掘巷道。*M- Enforcement and Safety Administration* (美国)矿业法规执行和安全管理局。~ *engineering plan* 采掘工程平面图(反映采掘工程、地质和测量信息的综合性图纸)。~ *explosive* 工业炸药(用于各种民用或非军事的工程爆破作业的猛炸药,又称民用炸药。过去因其中大部分用于矿山爆破,故常将其称为矿用炸药,参见 *industrial explosive*; *commercial explosive*)。~ *height* 开采高度(山坡露天采场内开采水平最高点至露天采场底面的垂直高度)。~ *hole* 回采炮孔。~ *landscape destructive* 矿山景观破坏(破坏矿山景观的因素有:①露天采掘。②废石堆放。③矿山固定设备,特别是废旧设备和零部件堆积在厂房周围,其上聚集大量灰尘和脏物,严重破坏景色。④矿山移动设备,露天矿的铲装运和穿孔等设备的色差也破坏景观。⑤空气污染物和水污染物,矿山排放的烟尘和颜色杂乱的废液波及甚远,有碍观瞻)。~ *level*;*gallery level* 开采水平(运输大巷或井底车场所在位置的标高水平及所服务的开采范围)。~ *operation* 采矿(在露天采场内采出矿产的作业)。~ *rock mechanics* 采矿岩石力学。~ *rocket* 矿山排漏弹(又称矿用火箭弹,能发射出爆破弹,用于迅速排除井下矿采场在生产中发生的堵塞现象的一种器材,参见 *discharging cartridge in mining operation*)。~ *sequence of level* 阶段开采顺序(同一井田内各阶段的开采次序。阶段开采顺序分下行式和上行式两种。下行式是先采上阶段,由上往下逐阶段回采。上行式则相反)。~ *subsidence* 开采沉陷(因采矿引起的岩层和地表移动的现象和过程)。~ *surveying* 矿山测量(学)(建立矿区测量控制系统,测绘各种矿图,用以指导矿山工程的正确实施,监督矿产资源的合理开发和处理开采沉陷等课题的科学)。~ *under safe water pressure of aquifer* 带压开采(采用专门的技术和安全措施在石灰岩溶含水层安全水头范围内开采其上的邻近煤层)。~*-induced fissure* 采动裂隙(岩体受采掘影响而形成的裂隙)。

minor *a.* ①较小的。②次要的。~ *accident* 轻伤事故(按伤害程度分类:①轻伤事故。②重伤事故。③死亡事故。轻伤事故是指负伤后歇工一个月或几个工作日,但未达到重伤程度的事故)。~ *blasting* 二次爆破。~ *parame-*

ter 次要参数。

Mintrop *n.* 明特罗普(人名)。~ *wave* 明特罗普波(首波或折射波)。

minute *n.* 分钟。—*a.* 十分微小的。~ *angle* 微小角度。~ *crack* 微裂缝。

mirror *n.* 镜像。

miscellaneous *a.* 多方面的。~ *coverage* 杂项覆盖率。

misconnection *n.* 漏接(电力起爆时,必须把所有的电雷管按一定的方式连接在爆破网路上。但是,由于疏忽可能遗忘几处接线,称作漏接。在串联网路中,即使漏接一处,也会使整个网路不爆。而对于并联网路,仅漏接的电雷管不炸,网路中的其他雷管仍会引爆)。

mise-a-la-masse *n.* 充电。~ *method* 充电法(对探测对象进行充电,观测其电场分布特征和规律,以研究、分析矿体或老窑、采空区、溶洞等在地下的分布及地下水流速、流向等问题的物探方法)。

misfire *n.* 拒爆(炸药装药不能正常起爆的现象,也称瞎炮,参见 *missed round*)。~ *cause* 拒爆原因。~ *removal* 瞎炮清除。~ *dcap* 拒爆雷管(点火起爆后没有爆炸的雷管)。~*d charge* 拒爆炸药,残药。~*d explosives* 盲炮。

Mismatch *n.* = out of match 不匹配。~ *of wave velocities* 波速不匹配。~ *strain* 不相称应变。~*ed curve* 欠拟合曲线。

missed *v.* 错过(miss 的过去式和过去分词)。~ *hole*; *miss-shot hole* 瞎炮孔。~ *round* 瞎炮孔组(发生部分拒爆或全部拒爆的一组爆破,参见 misfire)。

mist *n.* 烟雾(爆轰或爆燃产生固体颗粒的大气悬浮物,参见 smoke)。~ *blasting* 喷水爆破(在有瓦斯和煤尘的井下进行爆破作业时,起爆前几分钟应在离采煤工作面一定距离的地方喷水,人为地形成一个水雾圈,直到爆破后停止。喷水的作用是:遏止煤尘的飘浮,迫降爆破扬起的煤尘,同时因水雾吸热还可抑制可燃性瓦斯圈的形成)。

mitigation *n.* 缓解。~ *measures in place* 减缓措施到位。

mixed *a.* 混合的。~ *emulsion explosive* 混装乳化炸药。~ *explosion* 混合爆炸。~ *explosive* 混合炸药。~ *loading of explosives* 炸药混装。~ *powder* 混合炸药。~ *structure* 混合结构(矿物颗粒间为凝聚-胶结联结的结构类型)。~ *tamping* 组合炮泥。~*-layer clay mineral* 混层黏土矿物(由类型不同的晶格叠组而成的黏土矿物)。~*-loading ANFO* 混装铵油炸药。~*-loading emulsified explosive* 混装乳化炸药。~*-loading explosive* 混装炸药。~*-loading system* 混装系统。~*-loading vehicle technique* 混装车技术。

mixing *v.* 混合(mix 的现在分词)。~ *and charging truck* 混装车(可以在爆破现场混合和装载炸药的汽车。参见 *truck for both mixing and charging of the explosive on site*)。~ *house building* 混药间(专门用于生产炸药的建筑物)。

mixture *n.* 混合。~ *of ammonium nitrate and fuel oil*; ANFO 铵油炸药(由硝酸铵和燃料油等组成的混合炸药)。

MMAN = Mono Methylamine Nitrate 硝酸甲胺，甲胺硝酸盐，分子式：$CH_3NH_2 \cdot HNO_3$。

mobile *a.* ①可移动的。②易变的。③流动性的。~ *bulk truck blending* 移动式混装车。~ *crane* 移动式起重机（移动式起重机是用动力将载荷吊起，然后进行水平搬运的机械装置，自带原动机，可以在非特定场地移动。移动式起重机的种类包括起重汽车、轮式起重机、履带式起重机以及浮游式起重机〈船用〉等）。~ *crushing plant* 移动破碎机（用于矿山和采石场初碎矿石、工程制备石料以及与带式输送机配套实现露天和地下连续采矿）。~ *hard-disk* 移动硬盘（移动硬盘是移动存储设备，移动方便，便于携带，具有很好的灵活性）。~ *mixing unit* 移动混药装置（用于生产炸药的移动装置，通常是指移动装药车）。~ *operating team* 流动作业队。

model *n.* ①模型。②模式。~ *of fracture* 断裂模式（当岩石裂隙受力后其变形机理的几何描述。有开口模式、滑动模式、剪切模式）。~ *and prototype* 模型与原型。~ *blast test* 模型爆破试验。~ *blasting* 模型爆破。~ *experiment* 模型实验。~ *scale* 模型比例尺。~ *similarity* 模拟相似律。~ *simulation of metal explosive forming* 金属爆炸成型模型律（在各类金属爆炸加工中，对于大型零件的爆炸成型，往往因材料昂贵，模具加工周期长，操作困难，工艺参数不能准确确定而不能直接采用大型件进行试验，只能采用模拟的小型件来探索真实零件加工时的工艺参数和工艺条件。这种方法便称为模型律）。~ *test* 模型试验。~ *theory* 模型论。~*ed size distribution curves* 模拟后的粒度分布曲线。*-less explosive forming process of spheric containers* 球形容器无模成型过程（球形容器无模爆炸成型是在预制的球内接多节锥台壳体中充满水，在球心处引爆球形炸药包，依靠爆炸冲击载荷的可调节性来控制爆炸冲击载荷与壳体变形阻力之间的矢量差，造成壳体各质点之间的速度矢量差，推动壳体板料按预定方向变形。在变形过程中，爆炸冲击载荷的动能转变为变形能，使各质点的运动速度重新分布，并使多节锥台壳体趋向为球形）。*-lling* 模型化。*-lling of fragmentation and heave* 岩石爆破及剥离量模拟。

modem *n.* 调制解调器（调制解调器是一种提供将计算机连接到公共交换电话网络〈PSTN〉上的数据通信设备〈DCE〉。它们将计算机的数字系统转换〈调制〉成能够在电话线路上传送的模拟信号。在另一端的调制解调器又将信号解调回数字位）。

moderate *vi.* 变缓和。—*a.* ①稳健的，温和的。②适度的，中等的。~ *dip* 缓倾角，缓倾斜。~ *fines* 中等细粒。*-ly coarse* 中间粒度的。

modest *a.* ①谦逊的。②适度的。~ *quantity* 数量适度。*As a far more potent GHG than CO_2 with a GWP of 21, the prediction of even ~ quantities of CH_4 could significantly increase the overall predicted GHG emissions and even exceed*

M

that of CO_2. 甲烷的 GWP 值比 CO_2 高出 21,是一种更具危害的温室气体,即便是少量的甲烷也会大大增加已预估的温室气体的排放总量,其危害性甚至超过二氧化碳。

modified *a*. 改良的,修正的。~ *ANFO explosive* 改性铵油炸药。~ *black powder* 改性黑火药。~ *blast design parameter* 改进后的爆破设计参数。~ *cement* 改性水泥。~ *technology* 改进工艺。~ *Griffith's theory* 修正的格里菲斯理论(考虑到岩体在压应力作用下,裂纹的闭合将影响其尖端的应力集中,而对格里菲斯理论进行修正后的强度理论)。~ *method of slices* 改进的条分法(依据条分法的基本原理,考虑到条块间的作用力,并作出某些假定后,得出的运用于非圆弧形滑动面的各种计算斜坡稳定性的方法)。~ *production blasting* 改进生产爆破。~ *technique* 改进技术。

Modifier *n*. = modifying agent 改性剂。

modulus *n*. 系数,模量。~ *of compression* 压缩模量(土在无侧胀条件下受压时,压应力与应变的比值,单位以 MPa 表示)。~ *of deformation* 变形模量(岩土在无侧限条件下受压时,轴向应力与应变之比,单位以 MPa 或 GPa 表示)。~ *of elasticity* 弹性模量,弹性系数(某种特指压力增量与某种特指的拉力增量之比,如杨氏弹性系数 *E*、压力弹性系数 *K* 和剪力弹性系数 *G*。参见 *elasticity modulus*;*elastic modulus*)。~ *of rupture* 断裂模量。~ *of tearing* 抗剪模数。~ *of torsion* 抗扭模数。~ *ratio* 模量比(压应力为抗压强度的 50% 时,岩石的切线模量与抗压强度的比值)。

Mohr *n*. 莫尔(人名)。~*'s dome* 摩尔圆。~*'s strain circle* 摩尔应变圆。~*'s strength theory* 莫尔强度理论(莫尔认为岩土沿某个面的滑移或剪断,不仅与该面上的剪应力有关,而且还与正应力有关及由此而建立的强度准则)。~*'s stress circle* 摩尔应力圆。

moisture *n*. 水分,湿气。~ *adsorption* 吸湿。~ *content* 含水率(岩土孔〈空〉隙中所含水分的质量与固体颗粒质量之比,以百分数表示)。~ *content test* 含水率试验(岩土含水率的定量测试)。~ *of shrinking limit*; *shrinking limit* 收缩界限含水率,缩限(在常温常压条件下,黏性土收缩到体积不再变化,由半固态转变到固态时的界限含水率)。~ *proof agent* 防潮剂(能降低炸药吸湿性的物质)。~*-taking test*;*moisture absorbing test* 受潮试验(将民用爆破器材置于一定温度和湿度条件下,考察其防潮性能的试验)。

molasses *n*. 糖浆。~ *AN explosive* 糖浆硝铵炸药。

molecular *a*. 分子的。~ *action* 分子作用。~ *adsorption* 分子吸附。~ *attraction* 分子吸引。~ *cohesion* 分子内聚力。~ *collision* 分子碰撞。~ *colloid* 单分子胶体,分子胶体。~ *concentration* 分子浓度。~ *crystal* 分子晶体。~ *diffusion* 分子扩散。~ *dispersion* 分子弥散。~ *dynamics* 分子力学。~ *equilibrium*分子平衡。~ *explosive* 分子

炸药。*Different ~ explosives are mixed into the melted TNT and impart additional energy and/or sensitivity to the booster.* 不同的分子炸药混入融化的梯恩梯中,将附加的能量和/或感度赋予助爆药。~ *force* 分子力。~ *formula* 分子式。~ *group* 分子团。~ *polarization* 分子极化。~ *repulsion* 分子排斥。~ *solution* 分子溶液。~ *structure* 分子结构。

moment *n.* ①【物】力矩。②瞬间。~ *of force* 力矩(相对于某一点或支点力对受力物体的扭转效应,用 *M* 表示,单位为 N·m,在实际应用中一般称杠杆作用。对于单一力来讲,力矩等于相对于某参照点的径向矢量与作用力的叉乘)。~ *of inertia of mass* 转动惯量(物体对相对于某个特定轴转动加速度所具有的阻力,其单位为 kg/m^2)。~ *of sliding force* 滑动力矩(滑动力对滑动圆心的力矩)。~ *of sliding resistance* 抗滑力矩(抗滑力对滑动圆心的力矩)。~ *of sparking* 点火瞬间。

momentary *a.* ①短暂的。②瞬间的。~ *value* 瞬间值。

momentum *n.* ①冲量。②动量。~ *distribution* 动量分布。~ *equation* 动量方程。~ *grade* 冲力坡度,动量坡度。

monarkite *n.* 莽那卡特(硝铵、硝酸甘油、硝酸钠、食盐炸药);硝酸钠。

monitor *n.* = hydraulic jet; hydraulic ~ 水枪(将压力水转化为水射流并进行冲采煤炭或剥离物的机械)。

monitoring *n.* 监测。~ *of pressure-time history in monitoring boreholes* 监测炮孔的压力—时间变化。~ *plans* 监测方案。~ *system* 监控系统。

monograin *n.* 流质烈性炸药。

monograph *n.* (学术)专著。

monolithic *a.* 整体的。~ *concreting* 整体混凝土(浇注)。~ *specimen* 一块巨石试样。

monomer *n.* 单体。

monotonous *a.* 单调的。~ *loading curve* 单调加载曲线(在单轴压缩或拉伸试验中,依次逐级增加荷载而得出的岩土应力-应变曲线)。

monoxide *n.* 一氧化物。*carbon* ~ 一氧化碳。

Monte *n.* 蒙特(人名)。~ *Carlo simulation method* 蒙特卡洛模拟法。

monumental *a.* ①不朽的。②纪念碑的。~ *stone blasting* 纪念碑(装饰)用石的爆破(为避免岩石过粉碎来生产装饰用石块而采用的特殊爆破工艺,该工艺要求对所爆破的岩石具有较小的破坏)。

morphogenesis *n.*【地】地貌成因。

morphographic *n.* 地形。~ *map* 地貌图(解)。

morphologic *a.* 形态学(上)。~ *analysis* 地貌分析。~ *prominence* 地貌起伏。

morphological *a.* 形态的。~ *feature* 地貌特征。~ *landscape* 地貌景观。

morphostructure *n.* 地貌结构。

morphotype *n.* 形态类型。

mortar *n.* 砂浆(砂浆由胶凝材料、细骨料和水等材料按适当比例配制而成。建筑砂浆主要分为砌筑砂浆、抹面砂浆两大类)。~ *hole reaming*; ~ *hole shaking* 臼炮炮孔扩孔。~ *value* 臼炮试验值(炸药)。

mosaic *n.* ①马赛克。②镶嵌图案。~ *structure* 镶嵌结构。

most *ad.* 最,最多(大)。~ *compact arrangement* 最密集排列。

mountain *n.* ①山。②大量。~ *limestone* 坚硬石灰岩。~ *surface mine*; *side-hill cut*; *side hill quarry*; ~ *top surface mine* 山坡露天采场(在地表封闭圈以上进行露天开采的场所)。

mouse *n.* 鼠标(一种控制显示器屏幕上光标位置的输入设备)。

movable *a.* 活动的,可移动的。~ *fit*; *working fit* 动配合。

movement *n.* 运动。~ *area*; *zone of movement* 移动区(因采矿引起的岩层与地表移动、变形和破坏的范围)。

move-out *n.* 搬出。~ *time* 抛掷时间。

movie *n.* 输出动画。

moving-up *n.* 前冲(建筑物坍塌时出现的质心点前移现象)。

muck *n.* 弃渣(在掘进或爆破过程中,开挖出来的没有任何使用价值的岩石碎块。在土木工程中称为废渣,在矿山称为废矿,在煤矿称为矸石。参见 debris; dirt; *muck pile*; refuse; *rock pile*; rubbish; *waste rock*)。~ *handling* 废渣处理,矿岩处理。~ *loader* 装岩机(装载松散岩石的机械,参见 *rock loader*)。~ *pile*; ~ *slope* 废石堆,爆堆,弃渣。~ *removal* 清除废石,清除废渣。

mucking *n.* 清渣(在井下或露天采场,把钻孔爆破过程中开挖出来的岩石远离工作面的作业。它包括装、运、卸三项基本作业程序,也称装岩)。

muckpile *n.* 爆堆。~ *area of slim and high buildings* 高耸建筑物爆堆尺寸(烟囱和水塔倒塌时坍塌的长度和宽度)。~ *profile* 爆堆分布。~ *throw* 抛掷爆破。

mud *n.* 泥。~ *cap* 糊炮,裸露装药。~ *without capping* 不用封泥的糊炮爆破。~ *ding* (*weak*) *intercalation* 泥化(软弱)夹层(经构造错动的黏土质岩类及断层破碎带物质在地下水的长期作用下形成的呈可塑状态的黏土夹层)。

mudcap *n.* 糊炮爆破(法)。~ *blasting* 覆土爆破(使用外部装药爆破法时,在炸药的四周用黏土等物覆盖,以提高其爆炸威力的方法。参见 *blister shooting*)。*-pping without capping* 不用炮泥的糊炮二次爆破。

multi *a.* 多。~ *purpose mixing trucks* 多功能混装车。~*-axial stress* 多轴向应力。~*-bench blasting* 多台阶爆破。~*-blast high-speed development* 多次爆破快速推进。~*-blasting* 多次爆破,多发爆破。~*-bucket excavator* 多斗挖掘机(使用多个铲斗的挖掘机,又称"多斗铲"。参见 *continuous excavator*)。~*-channel financing* 多方集资(从国家和地方财政、银行、工商企业和受益团体以及个人,以债券或股份的方式,筹集水利建设所需的资金)。~*-charge* 多种装药。~*-component*; ~*-phase medium* 多组分多相介质。~*-deck and* ~*-hole blasting conditions* 多层面、多炮孔爆破条件。~*-dimensional linear inversion* 多维线性反演。~*-dimensional normal distribution* 多维正态分布。~*-dimensional objective function* 多维目标

函数。~-*element control (system)* 多元控制(系统)。~-*factor analysis* 多因素分析。~-*framed structure* 多框架结构。~-*functional* 多功能的,多用途的。~-*functional mixed emulsion explosive vehicle* 多功能混装乳化炸药车。~-*fuse ignitor* 多根导火线点火。~-*hole blasting;multiple blasting* 多炮孔爆破。~-*grain charge* 药柱装药。~-*hole directional drillhole* 多孔定向孔(在主孔中有若干分枝孔的定向孔)。~-*hole sequential timer shot* 多炮孔按顺序定时爆破。~-*level structure* 多层结构。~-*linear estimation model* 多线性计算模型。~-*linear statistical analysis* 多线性统计分析。~-*parameter seismic inversion* 多参数地震反演。~-*point earthed system* 多点接地系统。~-*point earthing* 多点接地。~-*point firing* 多点起爆。~-*row and multi-interval MS blasting* 多排多段毫秒延时爆破。~-*row boreholes* 多排炮孔。~-*row delay blasting* 多排炮孔延时爆破。~-*row firing;multi-row shot* 多排炮孔爆破。~-*row millisecond buffer blasting* 多排孔毫秒挤压爆破(多排孔毫秒挤压爆破兼有毫秒爆破和挤压爆破的双重优点,具体是:①爆堆集中整齐,根底很少。②块度较小,爆破质量好。③个别飞石飞散距离小。④能贮存大量已爆矿岩,有利于均衡生产,尤其对工作线较短的露天矿更有意义)。~-*row MS blasting* 多排孔毫秒爆破(多排孔毫秒爆破一般是指多排孔各排之间以毫秒级间隔时间的爆破)。~-*row tight shot pattern* 多排炮孔挤压爆破模式。~-*seam stripping* 多层剥离。~-*shot directional survey* 多点定向测量。~-*shot exploder* 多发起爆器。~-*shot round* 多发爆破炮孔组。~-*shotfiring* 多炮孔爆破,多发爆破。~-*stage crushing* 多段破碎。~-*valued decision* 多值判断。~-*variable analysis* 多变量分析。~-*variable control* 多变量控制。~-*variable drilling rate equation* 多元钻速方程。~-*variable statistical analysis* 多元统计分析。~-*way folding* 多向折叠。

multicollinearity *n.* 多重共线性(是指线性回归模型中的解释变量之间由于存在精确相关关系或高度相关关系而使模型估计失真或难以估计准确。一般来说,由于经济数据的限制使得模型设计不当,导致设计矩阵中解释变量间存在普遍的相关关系)。*M- refers to a high degree of linear correlation between two or more independent variables.* 多重共线性指的是两个或两个以上自变量之间的高度线性相关性。*In the presence of ~,redundancy of the independent variables exists,which can lead to erroneous effects by the independent variables on the dependent variable. The existence of ~ can be checked from a calculation of the variance inflation factor (VIF) of the independent variables.* 在有多重共线性的情况下,就会出现多余的自变量,这样会使自变量对应变量产生错误影响。多重共线性是否存在,可以通过对自变量的方差膨胀因子的计算来检验。

multimedia *a.* 多媒体的。~ *computing*

*technology*多媒体计算技术(使用计算机综合处理文本、图形、图像、声音、动画、视频图像等多种不同类型媒体信息的技术)。

multiple *a.* 多重的。~ *attenuation* 多次波衰减。~ *charge breakage* 多药包破碎。~ *correlation coefficient* 多元相关系数。~ *effect theory of a single charge* 单药包多向作用原理(在多面临空地形爆破时,可通过调节单药包不同方向的最小抵抗线,达到控制抛掷主导方向的目的称为单药包多向作用原理)。~ *heading* 多工作面掘进(一个掘进班组于同一时间在几个邻近工作面分别从事不同工序的掘进作业)。~ *location monitoring* 多方位监测,多点监测。~ *priming* 并联起爆。~ *random variable* 多元随机变量。~ *ring blasts* 多重环形爆破。~ *row shot* 多排孔爆破(在梯段上,面向自由面钻凿多排炮孔的爆破,也称为面爆破。当采用迟发电雷管时,首先起爆离自由面最近的一排炮孔,为下一排炮孔提供新的自由面,因而能爆落较多的岩石。参见 *area blasting*)。~ *row slabbing blasts* 多排孔剥落爆破;多排孔刷帮爆破。~ *shot array*; *multiple shotholes*; *pattern shooting* 组合爆炸。~ *shot instrument* 多孔爆炸测量仪。~ *shotfiring* 多段爆破。~ *timing circuits* 多重定时电路。~ *value function*;*multi-form function* 多值函数。~*-boom drill jumbo* 多臂钻车(能同时钻凿多个岩石炮孔的隧洞开挖专用施工机械)。~*-short-delay blasting* 成组瞬间延时爆破。~*-shot blasting unit* 多发起爆装置。~*-shot points* 多爆破点。~*-simultaneous blasting* 成组同时爆破。

multiplexed *a.* 多路复用。~ *operation* 多路分时操作。

multivariate *a.* 多元的。~ *analysis* 多元分析。~ *function* 多元函数。~ *normal distribution* 多元正态分布。~ *random process* 多变量随机过程。

mutual *a.* ①共有的。②相互的。~ *inductance* ①互感。②互感系数。~ *match* 相互匹配。~ *strain* 相互应变。*-ly perpendicular* 互相垂直的。*-ly-exclusive alternative* 互斥方案(不能同时并存,选定其中一个就不能选定另一个的方案。例如在同一坝址建设的不同规模或不同坝型的方案)。

myriameter *n.* 一万米。~ *waves* 超长波。

N

Nabit *n.* 纳比特炸药。

nacreous *a.* ①珍珠质的。②有光彩的。~ *layer* 珍珠层。

naked *a.* ①裸体的。②无装饰的。③无证据的。④直率的。~ *cable* 明线,裸电缆。~ *light* 明火。

nanometer *n.* 纳米。~ *material* 纳米材料。~ *graphite powder*; ~ *drag* 纳米石墨粉。~ *technology* 纳米技术。

napcogel *n.* 胶质安全炸药。

national *a.* ①国家的。②国民的。③民族的。④国立的。—*n.* 国民。~ *basic map* 国家基本图(根据国家具体情况所确定的一种〈或几种〉比例尺的具有通用性、基础性的地形图)。~ *certificate of blasting engineering* 国家爆破工程合格证。~ *economic evaluation* 国民经济评价(从国家的整体经济出发,以能反应实际价值的影子价格、影子工资、影子汇率,计算工程项目的费用和效益并消除各项内部转移支付,然后进行经济可行性分析的工作)。*N- Highway* 国道。*No. 107 N- Highway* 107 国道。~ *leveling network* 国家水准网(在全国范围内由一系列国家等级的水准点〈间或也有用其他方法测得的高程点〉所构成的测量控制网)。*N- Oceanic and Atmospheric Administration* 国家海洋气象管理局。*N- Vertical Datum* 国家高程基准(1987 年颁布命名的,以青岛验潮站 1952 ~ 1979 年验潮资料计算确定的平均海面作为基准面的高程基准)。

native *a.* ①本国的。②土著的。③天然的。④与生俱来的。⑤天赋的。—*n.* ①本地人。②土产。③当地居民。~ *copper* 自然铜。~ *gold* 自然金。~ *silver* 自然银。~ *sulfur* 自然硫。

natural *a.* ①自然的。②物质的。③天生的。④不做作的。—*n.* ①自然的事情。②白痴。③本位音。~ *angle of repose* 天然休止角(砂土天然堆积形成的坡面与水平面的夹角)。~ *angle of slope* 自然倾斜角。~ *arch*; *dome of* ~ *equilibrium* 自然平衡拱(采掘空间上方岩层内形成的相对稳定的拱形结构)。~ *asphalt* 天然沥青。~ *background* 自然本底,自然背景。~ *breakage characteristics* (*NBC*) *of rocks in blasting* 岩石爆破时的自然破碎特点。~ *bulk weight*; ~ *unit weight* 天然容重(天然状态下岩土单位体积的重量,单位常以 kN/m^3 表示)。~ *coke*; *carbonite*; *native coke*; *mineral coke* 天然焦(岩浆侵入煤层,煤在岩浆热和岩浆中的热液与挥发性气体等的影响下,受热干馏而成的焦炭)。~ *density* 天然密度(天然状态下岩土单位体积的质量,单位常以 g/cm^3 或 t/m^3 表示)。~ *detrition* 自然风化破坏作用。~ *disaster* 自然事故(按事故的成因分类:①自然事故;②破坏事故;③责任事故。自然事故是指人力不能抗拒的事故,多与地质因素有关,如滑坡、沉陷、断层破碎及突水等)。~ *electrical field method*; *selfpotential method* 自然电场法(研究和利用地下自然电场,进行找煤和解决水文地质等问题的物探方法)。~ *elements* 自然力。~ *environment* 自然环境(环境总体下的一个层次,指一切可以直接或间接影响到人类生活、生产的自然界中物质和资源的总和)。~ *factor* 自然因素。~ *frequency* 自然频率(也称自然振动频率,物体或体系在没有约束和外力激发下的振动频率,单位为 Hz,同 ~ *vibration frequency*)。~ *gamma-ray*

N

logging; ~ *gamma-ray log*; *gamma-ray logging*; *gamma-ray log* 自然伽马测井(沿孔壁测量岩层的自然 γ 射线强度,以研究岩层划分和地层对比等的测井方法)。~ *geological process*; *physical geological process* 自然地质作用(由自然应力所引起的地质作用)。~ *grade* 自然坡度。~ *hill slope* 自然山坡。~ *moisture content* 天然含水率(天然状态下岩土孔〈空〉隙中所含水分的质量与固体颗粒质量之比,以百分数表示)。~ *occurrence* 自然产状。~ *pore ratio* 天然孔隙比(天然状态下土的孔隙比)。~ *retaliation* 自然的报复行为。~ *slope* 天然斜坡(自然应力作用下形成的斜坡)。~ *stone blasting* 自然石头爆破(在截水或建设码头而有目的进行的能够产生大量大石块的岩石爆破方式)。~ *stress of rock mass*; *initial stress of rock mass* 岩体天然应力,岩体初始应力(天然状态下岩体内的应力)。~ *stress relief* 自然应力消除。~ *terrain* (*at the blasting site*)(爆破场地的)自然地形。~ *vibration* 自然振动,固有振动。*-ly developed slope* 自然形成的边坡。

near *a.* ①近的。②亲近的。③近似的。—*ad.* ①近。②接近。—*prep.* ①靠近。②近似于。~ *accidents* 未遂事故(由设备和人为差错等诱发产生的有可能造成事故,但由于人或其他保护装置等原因,未造成职工伤亡或财物损失的事件)。~ *completed project* 接近竣工的项目。~ *earthquake* 近震(震中距离为 100 ~ 1000km,爆破地震一般属于近震范围)。~*-failure condition* 接近破坏条件。~*-offset trace* 近炮检距道。~*-shaft control point*; ~*-shaft point for orientation* 定向近井点(为进行联系测量在井口附近设立的控制点)。~*-surface sampling* 浅层取样。~*-surface wave* 近地面波。

needle *n.* ①针。②指针。③刺激。④针状物。⑤炮孔针。—*vi.* ①缝纫。②做针线。—*vt.* ①刺激。②用针缝。

negative *a.* ①【数】负的。②消极的。③否定的。④阴性的。—*n.* ①否定。②负数。③底片。—*vt.* ①否定。②拒绝。~ *acceleration* 减速。~ *angle* 负隙角。~ *benefit* 负效益(工程运行期中对社会有害的各种影响。参见 *adverse benefit*)。~ *creep* 负蠕变。~ *effects of engineering blasting on the environment and ecology* 工程爆破对环境与生态的负面影响。~ *function* 负函数。~ *moment* 负力矩。~ *oxygen balance* 负氧平衡。

neighbor *n.* ①街坊邻里,邻居。②邻国。③邻元素。~*s those potentially affected* 近邻,潜在的影响。

neoprene *n.* 氯丁橡胶。~ *plug* 氯丁橡胶塞(用于封闭底部开口炮孔的橡皮塞)。

nepheline *n.* ①【矿】霞石,霞石正长岩(主要由碱性长石及各种似长石〈霞石为主〉组成的碱性深成岩。参见 syanite)。

Nerex *n.* 内里克斯。~ *explosive* 内里克斯炸药。

net *n.* ①网。②网络。③净利。④实

N

价。—*vi.* 编网。—*vt.* ①得到。②净赚。③用网捕。—*a.* ①纯粹的。②净余的。~ *benefit* 净效益(毛效益扣除各项费用后所得的余额)。~ *benefit-investment ratio* 投资净效益率(指项目达到设计生产能力后的一个正常生产年份内,其年净效益与项目全部投资的比率。它是反映项目投产后单位投资对国民经济所作的年净贡献的静态指标。计算公式如下:投资净效益率=〈年净效益或年平均净效益/全部投资〉×100%)。~ *income* 净收入。~ *present worth* 净现值(一个工程在经济分析期中的历年效益的现值之和减去历年费用的现值之和后,所得的差值)。~ *section* 净断面(井巷有效使用的横断面。参见 *clear section*)。~ *weight* 净重。

network *n.* ①网络。②广播网。③网状物。~ *adapter* 网卡(把网络结点连接到通信媒体上使之与网中其他结点进行通信的一种接口部件。又叫网络适配器。网络适配器分为局域网中使用和广域网中使用两大类)。~ *protocol* 网络协议(计算机网络中互相通信的对等实体间交换信息时所必须遵守的规则的集合。网络协议具有和计算机语言几乎完全相同的定义,即协议为传输的消息定义严格的格式〈语法〉和传输顺序〈文法〉,及消息的词汇表和这些词汇所表示的意见)。~ *structure* 网状结构。~ *model* 神经网络模型。

neural *a.* ①神经的。②神经系统的。③背的。④神经中枢的。~ *network expert system* 神经网络专家系统。

neutral *a.* 中性的。~ *element* 中性元素。~ *particle* 中性粒子。~ *reaction* 中性反应。~ *solution* 中性溶液。~ *stress* 中和应力。~ *wave* 稳定波。~ *zone* 中和带。

neutralization *n.* ①【化】中和。②【化】中和作用。③中立状态。~ *effect* 中和反应,中和效应。

neutralizing *n.*【化】中和。—*v.*【化】中和(neutralize 的 ing 形式)。~ *agent* 中和剂。

neutron *n.* 中子。~ *bombardment* 中子轰击。~ *logging*;*neutron log* 中子测井(用附有中子源的控制装置,沿孔壁照射岩层,以研究中子与岩层相互作用产生的各种效应为基础的测井方法)。

new *a.* ①新的,新鲜的。②更新的。③初见的。—*ad.* 新近。*N- Austrian Tunneling Method*;*NATM* 新奥法(全称"奥地利隧道新施工法",奥地利人 L. V. Rabcewicz 根据本国多年隧道施工经验总结出的一种施工方法。特点是采用光面爆破,以锚喷作一次性支护,必要时加钢拱支架,根据围岩地压和变形实测数据,再合理进行二次支护,对软岩强调封底)。

Newtonian *a.* 牛顿(学说)的。—*n.* 信仰牛顿学说的人。~ *mechanics of particle motion* 牛顿质子运动力学。

nickel *n.* ①镍。②镍币。③五分镍币。—*vt.* 镀镍于。~ *hydrazine nitrate* 硝酸三肼合镍(Ⅱ),硝酸肼镍(分子式:$[Ni(N_2H_4)_3](NO_3)_2$,用于雷管装药)。

Nitramex *n.* 奈特拉麦克斯炸药(一种高

密度胶质硝铵炸药)。

Nitramite *n.* 奈特拉麦特炸药(一种低密度胶质硝铵炸药)。

nitrate *n.* 硝酸盐。—*vt.* 用硝酸处理。~ *explosive* 硝酸盐炸药。~ *ester of alcohols* 甲醇硝酸酯。~ *salt of organic amine* 有机胺硝酸盐。

nitration *n.* ①【化】硝化。②用硝酸处理。③硝基置换。

nitrification *n.* ①【化】硝化作用。②氮饱和。③氮化合。

nitro *n.* 硝基。~*-body* 硝基体炸药。~*-carbon-nitrate;NCN* 硝基碳硝酸盐炸药。~*-cellulose-*~ *glycerine mixture* 硝化纤维-硝化甘油混合炸药。~*-cellulose powder* 硝化纤维素炸药。~*-gelation* 胶质炸药,明胶炸药。~-gelatin 硝化胶质炸药。

nitrobenzene *n.* 硝基苯。

nitrocompound *n.* 硝基化合物。

nitrocotton *n.* = nitrocellulose; cellulose nitrate 硝化棉(硝化纤维素,纤维素硝酸酯,NC是棉纤维素与硝酸酯化后的产物。化学式可用$[C_6H_{10-x}O_5(NO_2)_x]_n$表示。根据硝化度的不同,*x* 通常为2~3之间。具有最高硝化度即含氮量为15.14%的硝化棉的结构式如下:

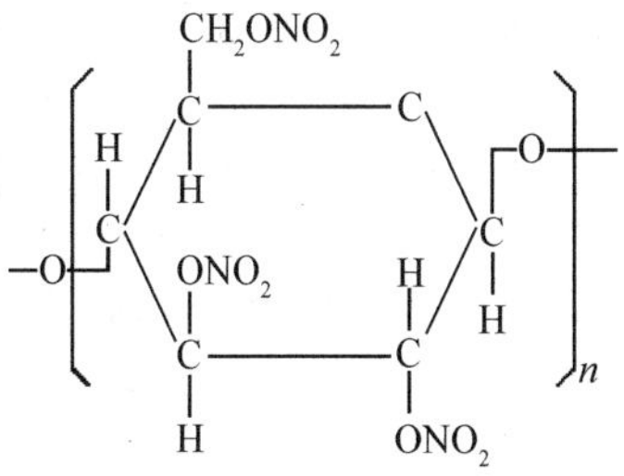

CH_2ONO_2, C, C, H, H, —O—, C, C, —O, ONO_2, H, H, C, C, H, ONO_2, n

由硝酸铵、含碳物以及硝基化合物〈非硝酸甘油液体硝基化合物〉组成的炸药,一般用经核准的容器密封包装)。

nitrogel *n.* 胶质硝基化合物(胶质硝基化合物是指达纳迈特炸药中的硝化甘油和硝化乙二醇和硝化棉的混合物。胶质硝基化合物的含量超过6%的炸药叫达纳迈特,小于6%的称为硝铵达纳迈特)。

nitrogen *n.*【化】氮。~ *oxides* NO_x 氮氧化物(炸药爆炸时产生的有毒气体NO、NO_2、N_2O等氮氧化物的总称,这种过量的有毒氮氧化物可以由炸药中过量的氧或不充分燃烧所致)。

nitroglycerine *n.* = nitroglycerin【化】硝化甘油,丙三醇三硝酸酯,甘油三硝酸酯(NG,分子式:$C_3H_5(ONO_2)_3$,结构式:$\begin{array}{l}CH_2—ONO_2\\ |\\ CH—ONO_2\\ |\\ CH_2—ONO_2\end{array}$。意大利人Sobrero于1846年首先生产出硝化甘油炸药,而首先使用硝化甘油炸药的是瑞典人Alfred Nobel,参见 *glycerine trinitrate*)。~ *amide powder* 硝化甘油酰胺炸药。~*-based explosive* 硝甘基炸药。~*-based gelatin* 硝甘基胶质炸药。~ *booster* 硝化甘油起爆药柱。~ *explosive* 硝化甘油类炸药(硝化甘油被硝化棉吸收后,与氧化剂和可燃物混合而成的炸药。有粉状和胶质两种。其国外商品名称为达纳迈特,参见dynamite)。

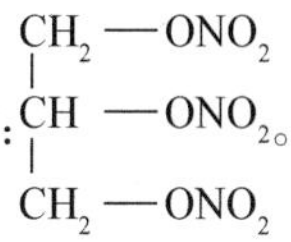

nitromethane *n.* 硝基甲烷。

nitrone *n.* 奈特龙炸药。

nitropel *n.* 奈特罗帕尔炸药(露天矿耐水粒状炸药)。

nitropropane *n.* 硝基丙烷(液体燃料,与研磨的硝酸铵混合可制成稠密的爆炸混合物)。

nitrostarch *n.* 硝化淀粉(淡黄色固体炸药,其作用与硝化甘油类似,用于所谓"非头疼"炸药的原料)。

nitrotoluence *n.* 硝基甲苯(炸药)。

nitrox *n.* 奈特罗克斯炸药(露天矿用)。

No. *abbr.* ①号码。②编号(等于 number)。~ *6 detonator* 6号雷管(起爆能力与标准6号雷汞雷管相当的工业雷管)。~ *8 detonator* 8号雷管(起爆能力与标准8号雷汞雷管相当的工业雷管)。

no *ad.* 不。—*a.* ①没有。②不是。—*n.* ①不。②否决票。~*-cut-hole blasting* 不掏槽爆破。~*-cut round* 不掏槽炮孔组。~*-fire* 不发火(火工品受到一定的初始冲能的作用未能燃烧或爆炸的现象)。~*-fire in series shot* 串联丢炮(电雷管在串联起爆试验时未能发火,但用最小发火电流单独通电仍能发火的现象)。~*-lag cap* (勘探用)无滞后雷管。

Nobel *n.* ①诺贝尔(瑞典化学家及发明家,发明炸药,创设诺贝尔奖)。②诺贝尔(姓氏)。~ *detonator* 诺贝尔延时火雷管。~ *Prize for Peace* 诺贝尔和平奖。

nodal *a.* ①节的。②结的。③节似的。~ *velocity* 波节速度。

node *n.* ①节点。②瘤。③【数】叉点。

noise *n.* ①噪音。②响声。③杂音。—*vt.* 谣传。—*vi.* ①发出声音。②大声议论。~ *coefficient* 噪声系数。~ *control* 噪声控制。~ *intensity* 噪声强度。~ *peak* 噪声峰值。~ *of blasting* 爆破噪声(炸药在空气中爆炸时,在爆源附近产生冲击波,经过一定距离后衰减成声波并向远处传播。爆破噪声是指以声波为主的噪声)。

nominal *a.* ①名义上的。②有名无实的。③票面上的。—*n.* 名词性词。~ *area* 标称面积。~ *capacity* 标称容量。~ *diameter* 标称直径。~ *dimension* 标称尺寸。~ *error* 标称误差。~ *firing time* 标称起爆时间。~ *load-bearing capacity* 额定载荷,给定载荷。~ *maximum reduction ratio* 最大公称破碎比。~ *screen size* 标称筛分粒度。~ *value* 公称值。

noncohesive *a.* 无黏性的。~ *soil* 无黏性土(塑性指数小于1%,干燥状态下颗粒间实际上不具联结的土)。

non *ad.* 非,不。—*n.* 投反对票的人,反对票。~*-foliated metamorphic rock* 非层状变质岩。~*-aqueous solvent* 非水溶剂。~*-adherence*; ~*-adhesiveness* 非黏性。~*-cap sensitive explosive* 非雷管起爆炸药。~*-cap sensitivity* 雷管不起爆性(炸药感度低,不能由普通雷管起爆的性能。参见"雷管起爆感度";*cap insensitivity*)。~*-reflecting boundary* 无反射边界。~*-combustible stemming* 不燃炮泥。~*-competitive bidding* 非竞争招标。~*-confined detonation velocity* 非约束爆速(炸药在敞开的空间条件下测定的爆速。参见"约束爆速")。~*-contacting seal* 非接触式密封。~*-conventional investment project* 非常规投资

项目。~-*coredrilling*；~-*coring drilling* 不取心钻进(钻进时,在孔底不保留岩心,而主要根据岩屑分析和测井资料来研究了解地下地质情况的钻进方法)。~-*destructive inspection* 非破坏性检查。~-*destructive test* 非破坏性试验。~-*detonatable constituents* 不可爆成分。~-*dimensional coefficient* 无因次系数。~-*elastic deformation* 非弹性形变。~-*electric blasting ignition system* 非电爆破点火系统。~-*electric delay blasting cap* 非电延时雷管。~-*electric delay system* 非电延时系统。~-*electric detonator* 非电式雷管。~-*electric firing* 非电点火,非电起爆。~-*electric firing network* 非电起爆网路。~-*electric initiation system* 非电起爆系统(在国内指塑料导爆管起爆系统。目前,国外使用的非电起爆系统有:①海格底特〈Hercudet〉是美国海格立斯〈Hercules〉公司开发的产品。②诺尼尔〈Nonel〉,又称导爆管。③玛格耐底特〈Magnadet〉是英国帝国化学工业公司〈ICI〉发明的产品)。~-*electric technique* 非电力延时技术。~-*elastic scattering*；~-*elastic diffusion* 非弹性散射。~-*electric initiator* 非电起爆器(以除电能外的其他形式的能激发的起爆器)。~-*electric explosive train* 非电传爆系统。~-*electric millisecond delayed blasting* 非电毫秒延时爆破。~-*electric misfire* 非电爆拒爆。~-*electrostatic field* 非静电场。~-*explosive demolition agent* 静态破碎剂(以硅酸盐和氧化钙为主要成分的混合物。利用水化反应产生的膨胀力传递到物体上,实现无声响、无振动地破碎混凝土和建筑物等。参见 *expanding agent*)。~-*explosive mining* 非爆破开采。~-*explosive source*；~-*dynamite seismic source* 非炸药震源。~-*flame blasting* 无焰爆破。~-*flameproof* 非防爆的。~-*freezing dynamite* 抗冻达纳迈特(达纳迈特的主要成分硝化甘油的凝固点是13.5℃〈工业制品凝固点为8℃〉。因为结冻的达纳迈特非常敏感而变得十分危险,所以过去在制造冬季用达纳迈特时,都往硝化甘油中加入10%~25%的硝化乙二醇以防止其结冻。硝化乙二醇含量较多时称为抗冻达纳迈特,含量较少时叫耐冻达纳迈特)。~-*freezing explosive* 不冻炸药。~-*gassed slurry* 非气泡敏化的浆状炸药。~-*governmental enterprise* 民营企业。~-*governmental blasting enterprise* 民营爆破企业。~-*governmental economic entity* 民营经济实体。~-*governmental entity* 民营实体。~-*governmental fund* 民间资金。~-*government organization* 民营组织,民间组织。~-*ideal detonation*；*unsatisfactory detonation* 非理想爆轰(炸药的性质不同,极限爆速值也不同。但每种炸药都有它自己的极限爆速。若因某种原因,爆轰波不能以最高速度传播,但能以与一定条件相应的正常速度传播,称为非理想爆轰或稳定传爆,如果爆速不稳定,则称为不稳定传爆)。~-*ideal gas*；*imperfect gas* 非理想气体。~-*ignitibility* 不可燃性。~-*inductive* 非电感应的。~-*inflammable gas*；*incombustible gas* 非可燃气体。~-

N

interface degree of freedom 非界面自由度。~-*interface displacement* 非界面位移。~-*ionic surface active agent* (~-*ionics*) 非离子表面活性剂(在水溶液中不产生离子的表面活性剂。非离子表面活性剂在水中的溶度是由于分子中具有强亲水性的官能团)。~-*ionic demulsifier* 非离子破乳剂。~-*isothermal reaction dynamics* 非等温反应动力学。~-*isotropic confining media* 非均质封闭(围岩)介质。~-*lethal injury* 非致命伤害。~-*linear scanning* 非线性扫描。~-*linear programming method* 非线性编程法。~-*linear system* 非线性系统。~-*linearly polarized wave* 非线性偏振波。~-*loading shear test* 抗切试验(在没有法向压力作用下使岩样剪切破坏以测定岩石内聚力的方法)。~-*metallic minerals* 非金属矿物(一般指不具金属性质〈无色或浅色,透明,导电性和导热性较差等〉的矿物)。~-*loaded shear strength* 抗切强度(岩土由结构联结所赋予的抗剪强度,数值上等于剪切面上没有法向压力作用时岩土剪切破坏时的极限剪应力值,单位以 MPa 或 kPa 表示)。~-*negative definite matrix* 非负定矩阵。~-*nitroglycerine booster* 非硝化甘油起爆药柱。*Though these ~-nitroglycerine boosters are more resistant to accidental detonation from impact, shock or friction than dynamite, they must be handled in the same manner as other explosives.* 非硝化甘油助爆药虽说比硝化甘油炸药更具抗冲击、震动或摩擦引起的偶然爆炸性,但仍需要按其他炸药的安全方式来对待。~-*numerical calculation* 非数值计算。~-*operating profit and loss* 非营业损益。~-*operator party* 非作业方。~-*permissible explosives* 非许用炸药(不允许在有可燃气〈和煤尘〉爆炸危险的煤矿井下工作面或其他工作地点使用的炸药)。~-*pay interval*; *unproductive interval* 非生产段。~-*peak time* 非高峰时间。~-*periodic signal* 非周期信号。~-*periodic wave* 非周期波。~-*permissible emulsion explosive*; ~-*permitted emulsion explosive*; *no permissible emulsion*; ~-*permitted emulsion* 非许用乳化炸药(不允许在有可燃气〈和煤尘〉爆炸危险的环境中使用的乳化炸药)。~-*permissible water gel explosive*; ~-*permitted water gel explosive*; ~ *permissible water gel*; ~-*permitted water gel* 非许用水胶炸药(不允许在有可燃气〈和煤尘〉爆炸危险的环境中使用的水胶炸药)。~-*pillar roadway protection* 无矿柱巷护(采区内不留巷旁矿柱的巷道保护方法)。~-*plugging damage* 非堵塞损害。~-*polar compound* 非极性化合物。~-*porous hard rock* 无空隙坚硬岩石。~-*primary reflection* 非一次反射。~-*primary explosive* 非起爆药。~-*primary explosive detonator* 无起爆药雷管(不含常规起爆药装药的工业雷管。参见 *detonator without primary explosive*)。~-*productive construction* 非生产性建设。~-*productive expenditure* 非生产性开支。~-*profit organization* 非营利组织。~-*pyramid cut* 非对称角柱形掏槽。

~-*reinforced section* 无钢筋部分。~-*renewable resource* 非再生资源。~-*rigid bond* 非刚性联结(由物理和物理-化学作用力、分子力、静电引力、磁力、毛管力、离-静电引力,以及嵌合力所形成的结构联结)。~-*sedimentary rock* 非沉积岩。~-*self-weight collapse loess* 非自重湿陷性黄土(自重压力下不具湿陷性,在附加荷载下方显湿陷性的黄土)。~-*sensitized emulsion* 非敏化的乳化炸药。*The viscosity of the microsphere-containing product is usually increased compared to ~-sensitized emulsion.* 这种含微球炸药产品的黏度与非敏化的乳化炸药相比,通常是加大了。~-*sheathed explosive* 无包装炸药。~-*simultaneous* 非同时的。~-*sinusoidal wave* 非正弦波。~-*sparking material* 非发火物质。~-*stationary process* 非平稳过程。~-*stop passage*; *unimpeded passage* 畅通路径。~-*target zone* 非目的层。~-*topographic photogrammetry* 非地形摄影测量(不以测制地图为目的的摄影测量)。~-*uniform* 不一致的,不均匀的。~-*uniform delay intervals* 非均匀延时间隔。~-*uniform flow of exploding gas* 非均匀爆炸气流。~-*uniform lighting* 非均匀照明。~-*uniform space* 非均匀间隔。~-*uniform stress* 非均布应力。~-*uniform weighting* 非均匀加权。~-*venting caps* 非排气孔雷管(可以容纳由燃烧雷管中延时物质所产生的气体的雷管,避免该气体提前引发炸药包爆炸)。~-*working slope* 非工作帮(由已结束开采的台阶部分组成的边帮)。~-*working slope face*; ~-*working grade surface*; ~-*working slope*; ~-*working slanting face* 非工作边帮面(通过非工作帮最上台阶坡顶线与最下台阶坡底线的假想面)。~-*zero delay interval* 非零延时间隔。~-*zero offset* 非零炮间距。

noncontinuous *a.* ①间断的。②不连续的。

nondeterministic *a.*【数】非确定性的。~ *analysis method* 非确定性分析方法(与确定性分析方法相对而言。常见非确定性分析方法有:①概率与数理统计。②分形几何学。③模糊数学)。

nonel *n.* = nonel tube;non-electric tube;nonel line 塑料导爆管(〈不可译为:诺内尔管〉又称导爆管,是一种由高压聚乙烯材料制成的白色或彩色挠性塑料软管,外径 3mm,内径 1.5mm,管内涂有薄层奥克托金或黑索金、泰安等猛炸药与铝粉等组成的混合炸药,每米导爆管壁的药量为 14 ~ 18mg。参见 *shock-conducting tube with plastic sheath*)。~ *initiation system* 导爆管起爆网路(导爆管起爆网路的连接方法是在串联和并联基础上的混合连法,有并-串联,并-串-并联等形式。导爆管起爆系统可实现毫秒延时爆破,其方法有孔内延时和孔外延时两种。参见 *shock-conducting tube initiation system*)。

nonhomogeneity *n.* ①不均匀性。②非均质。③非齐次。④非齐性。~ *of rock* 岩石非均匀性(指岩石成分、结构和构造在各不同方向上的不均匀分布)。

N

nonhomogeneous *a*. ①【数】非齐次的。②非均质的。③多相的。~ *media* 不均匀介质。~ *rock* 非均质岩石。~ *strain* 非均匀应变。~ *stress* 非均匀应力。

nonlinear *a*. 非线性的。~ *analysis* 非线性分析。~ *anomaly* 非线性异常。~ *attenuation* 非线性衰减。~ *constraint* 非线性约束。~ *correlation*; ~ *dependence* 非线性相关。~ *damping* 非线性阻尼。~ *diffusion* 非线性扩散。~ *equation* 非线性方程。~ *estimation* 非线性估计。~ *failure* 非线性破坏。~ *filtering* 非线性滤波。~ *finite element* 非线性有限元。~ *fitting* 非线性拟合。~ *function* 非线性函数。~ *inversion* 非线性反演。~ *operator* 非线性算子。~ *relationship* 非线性关系。~ *transformation* 非线性变换。

normal *a*. ①正常的。②正规的,标准的。—*n*. ①正常。②标准。③常态。~ *review* 常规检查。~ *security* 标准安全。~ *acceleration* 正常加速度。~ *angle* 法线角。~ *approximation* 正态逼近。~ *background value* 正常背景值。~ *cast blasting crater* 标准抛掷爆破漏斗(标准抛掷爆破漏斗 $r=W$,即爆破作用指数 $n=1$,此时漏斗展开角 $\theta=90°$。在确定不同种类岩石的单位炸药消耗量时,或者确定和比较不同炸药的爆炸性能时,往往用标准爆破漏斗的容积作为检查的依据)。~ *charge* 标准装药(按公式 $L=CW^3$ 计算的装药量,如炸出的爆破漏斗半径 $r\langle m\rangle$ 与最小抵抗线 $W\langle m\rangle$ 相等时,该装药量称为标准装药)。~ *component* 法向分量。~ *coordinate* 正交坐标。~ *curve* 正态曲线。~ *dip* 正常倾斜。~ *direction* 法向,法线方向。~ *dispersion* 正常波散。~ *distribution* 正态分布,对称分布。~ *distribution curve* 正态分布曲线。~ *equation* 法方程(组)。~ *fault* 正断层(相对于下盘而言,上盘沿断层面向下方运动的断层。一般认为多数正断层是在重力作用和水平张力作用下形成的,故又称为重力断层。正断层断层面的倾角一般为 45°~90°)。~ *force*; F_n 法向力(垂直作用于物体表面的力,用 F_n 表示,其单位为 N)。~ *frequency curve* 正态频率曲线。~ *frequency distribution* 正态频率分布。~ *gravity* 法重力。~ *gravity gradient* 正态重力梯度。~ *load* 法向载荷。~ *move-out curve* 正常时差曲线。~ *move-out velocity* 正常时差速度。~ *pressure and temperature*; *NPT* 标准压力和温度。~ *probability function* 正态概率函数。~ *random variable* 正态随机变量。~ *ripple mark* 正常波痕。~ *"rumbling" sound of a blast* 爆破时正常的"轰隆"声。~ (*cross*) *section* 法向剖面,正切面。~ *stochastic process* 正态随机过程。~ *strain* 法应变。~ *stress* 正应力,法向应力(单位作用面积上的法向力)。~ *temperature blasting* 常温爆破。~ *vector* 法向矢量。

normalizing *n*. ①正火。②正常化。③【数】规格化。—*v*. ①使正常化。②使正规化。③对钢正火(normalize 的 ing 形式)。~ *the data* 数据整理。

Norwegian *a.* ①挪威的。②挪威语的。③挪威人的。—*n.* ①挪威语。②挪威人。~ *cut* 挪威掏槽法(为方便爆破而首先在与工作面呈小角度方向钻的一系列孔,这些孔以一定角度在两个方向呈扇形。这种钻孔形式已成功用于小截面巷道的开挖,即首先将那些钻孔爆破,然后进行台阶爆破。为获得最大的掘进量,那些钻孔可以在爆破后进行加深,如在第一阶段爆破休息期间。这样整个截面就会同时爆破剥离)。

nose *n.* ①鼻子。②嗅觉。③突出的部分。④探问。—*vt.* ①嗅。②用鼻子触。—*vi.* ①小心探索着前进。②探问。~ *cap* 雷管头。

notch *n.* ①刻痕,凹口。②等级。③峡谷。—*vt.* ①赢得。②用刻痕计算。③在…上刻凹痕。~ *impact strength* 缺口冲击强度。~ *sensitivity* 缺口感度。

notice *n.* ①通知,布告。②注意。③公告。—*vt.* ①通知。②注意到。③留心。—*vi.* 引起注意。~ *board* 布告牌。

noxious *a.* ①有害的。②有毒的。③败坏道德的。④讨厌的。~ *gas* 有毒气体,有害气体。~ *fumes* 有毒炮烟。*clearance of* ~ *fumes* 清除有毒炮烟。

nuclear *a.* ①原子能的。②细胞核的。③中心的。④原子核的。~ *blasting* 核爆破。~ *explosion* 核爆炸(核爆炸是由于核裂变〈如^{235}U 的裂变〉或核聚变〈如氘、氚、锂的聚变〉的连锁反应释放出巨大能量而引起的爆炸现象)。~ *explosive mining* 核爆采矿。~ *fission* 核裂变。~ *fracturing* 核爆震裂。~ *quadrupole resonance* 核四极矩共振。~ *stimulation* 核子激发。

nucleophilic *a.* ①亲核的。②亲质子的。~ *substitution reaction* 亲核取代反应。

nuisance *n.* ①讨厌的人。②损害。③麻烦事。④讨厌的东西。⑤有害物。

null *a.* ①无效的,无价值的。②等于零的。—*n.* 零,【数】空。~ *direction* 零向。~ *offset* 零偏移。

number *n.* ①数。②(杂志等的)期。③号码。④数字。⑤算术。—*vi.* ①计入。②总数达到。—*vt.* ①编号。②计入。③数…的数目。④使为数有限。~ *of blows*; ~ *of strokes* 冲击次数。~ *of delays* 段数(电雷管的段数因生产厂家和雷管系列而不同。毫秒电雷管的段别,可用雷管脚线颜色和标牌区分,但是不同的制造厂家,所采用的颜色也不同。我国毫秒电雷管的最高段数为 30 段,通常 25ms 等间隔的为 20 段)。~ *of delay periods* 延时次数。~ *of holes* 炮孔数(根据设计在爆破体中钻凿的炮孔数目。是爆破设计的主要内容之一。炮孔数和最小抵抗线、孔距、孔深等参数有关)。

numerical *a.* ①数值的。②数字的。③用数字表示的(= numeric)。~ *aperture* 数值孔径。~ *approximation* 近似值。~ *indication* 数字显示。~ *simulation*; ~ *modeling* 数值模拟。

O

O

obey *vt.* ①服从,听从。②按照…行动。—*vi.* ①服从,顺从。②听话。~ *the rules* 遵守规程。

object *n.* ①目标。②物体。③客体。④宾语。—*vt.* 提出…作为反对的理由。—*vi.* ①反对。②拒绝。~ *function* 目标函数。~ *line* 轮廓线。

objective *a.* ①客观的。②目标的。③宾格的。—*n.* ①目的。②目标。③物镜。④宾格。~ *and goals* 目标和要求。

oblique *a.* ①斜的。②不光明正大的。—*n.* 倾斜物。—*vi.* 倾斜。~ *collision* 斜向碰撞。~ *cut* 倾斜孔掏槽(在早期的掘进爆破中,最广泛采用的一种掏槽方法,即掏槽孔与工作面成一定的角度。参见 *angled cut*; *wedge cut*)。~ *extension* 斜向拉伸。~ *free face* 斜自由面。~ *front* 对角工作面,斜工作面。~ *ignition*; ~ *initiation*; ~ *detonation*; ~ *priming*; ~ *knock inception* 斜向起爆。~ *load* 倾斜载荷。~ *longwall mining* 伪斜长壁采煤法(在急斜煤层中布置俯伪斜采煤工作面,用密集支柱隔开已采空间,并沿走向推进的采煤方法)。~ *slicing method* 斜切分层采煤法(急斜厚煤层中,沿与水平面成25°~35°角的斜面划分分层的采煤方法)。~ *stoping* 斜向回采。

observation *n.* ①观察。②监视。③观察报告。~ *equation* 观测方程(参数平差中,由测量值与未知参数值之间所建立的方程式的统称。同义词:误差方程)。~ *of earth crust deformation* 地壳形变观测(为评价地震监测或库坝区的区域构造的稳定性,对一个地区地壳的表面和河谷阶地基座或一条活动断层两侧地面的相对变化而进行的重复的连续观测)。~ *of ground vibration effect from blasting in mine* 矿山爆破地震效应观测(直观和用仪器对矿山爆破地震参数及其效应进行观测、描述和记录的过程。爆破地震效应观测包括地表振动参数的测量和建〈构〉筑物被破坏情况的调查)。~ *set* 测回(统一规定的由若干单次观测组成的观测单元)。~ *site* 观测现场。~ *station for surface subsidence*; ~ *station of ground movement* 地表移动观测站(为获取采矿引起的地表移动规律,在地表设置的测点或装置所构成观测系统)。~ *target* 测量规标(观测照准目标及安置仪器用的测量标架)。

observational *a.* ①观测的。②根据观察的。~ *error*; *malobservation* 观测误差。

observed *a.* ①观察的。②观测的。—*v.* ①观察。②遵守。③注意到(observe的过去分词形式)。~ *azimuth* 观测方

位角。~ *reserves* 实测储量。

occupational *a.* ①职业的。②占领的。~ *contraindication* 职业禁忌症(某些疾病〈或某种生理缺陷〉,其患者如从事某种职业便会因职业性危害因素而使病情加重或易于发生事故,则称此疾病〈或生理缺陷〉为该职业的职业禁忌症)。~ *diseases* 职业病(职工因受职业性有害因素的影响而引起的,由国家以法规形式规定并经国家指定的医疗机构确诊的疾病)。~ *safety and health* 职业安全卫生。

octahedral *a.* ①八面体的。②有八面的。~ *strain* 八面体应变。~ *stress theory* 八面体应力理论(认为岩土的破坏是由于八面体面上的应力达到极限值而引起的和由此而建立的岩土屈服破坏的强度准则)。

octahedron *n.* 八面体。

octogen *n.* = cyclotetramethylene-tetranitramine 奥克托金(环四亚甲基四硝胺HMX,分子式:$(CH_2)_4(NNO_2)_4$,结构式:

NO_2

$H_2C—N—CH_2$

$O_2N—N$　　$N—NO_2$

$H_2C—N—CH_2$

NO_2

有四种晶型,常用的是β-型)。

OD-blasting *n.* 穿过覆盖层的爆破(钻孔和装药均穿过覆盖层,一般用于水下爆破,瑞典称为OD法)。

off *prep.* ①离开。②脱落。—*ad.* ①切断。②走开。—*a.* ①远离的。②空闲的。~-*bottom distance* 离底部的距离。~-*center force* 偏心力。~-*center hole* 偏心孔。~-*end shooting* 非零偏移距激发,端点放炮。~-*end spread* 端点放炮排列。~-*grade* 不合格的,下等的。~-*shore slope* 水下岸坡(被水淹没的岸边斜坡)。~-*the-solid* 无切割槽爆破。~ *ground* 不接地的。

office *n.* ①办公室。②政府机关。③官职。④营业处。~ *automation* 办公自动化(办公自动化是指通过先进技术的应用,将人们的部分办公业务物化于人以外的各种设备,并由这些设备和办公人员共同完成办公业务。它强调技术的应用和自动化的办公设备的使用。它包括六种技术,即数据处理、字处理、图形、图像、声音和网络)。~ *automation system* 办公自动化系统(是办公自动化的人机信息系统,涉及设备、先进技术、人员等)。~ *building* 办公楼。~ *hours* 上班时间。~ *information system*;*OIS* 办公信息系统(办公信息系统是由办公人员和办公设备构成,以提高办公室效益和效能为目的的人机信息系统。它是一个人机系统,它所处理的数据已从单一的文本数据发展到包括文本、语音、图形、图像、动画、视频等的多媒体数据)。

official *a.* ①官方的。②正式的。③公务的。—*n.* ①官员。②公务员。~ *registration* 正式注册。~ *test* 正式试验。

offloading *n.* ①卸载。②卸货。—*vt.* ①卸载(offload的现在分词形式)。②减

荷,卸载。

offset *n.* ①抵消,补偿。②平版印刷。③支管。—*vt.* ①抵消。②弥补。③用平版印刷术印刷。—*vi.* ①装支管。②偏移量。~ *angle* 偏移角,偏斜角。~ *arrangement* 非零偏移排列。~-*dependent amplitude* 随炮检距变化振幅。~-*dependent reflectivity* 随炮检距变化反射系数。~ *distance* 偏移距。~ *hole* 旁侧炮孔,分支炮孔。~ *seismic profile* 非零偏移距地震剖面。~ *shot-point* 爆炸点横距。

Ohm *n.* ①欧姆(电阻单位)。②欧姆(人名)。~'*s law* 欧姆定律。

oil *n.* ①油。②石油。③油画颜料。—*vt.* ①加油。②涂油。③使融化。—*vi.* ①融化。②加燃油。~-*in-water emulsion explosive*;*O/W emulsion explosive* 水包油型乳化炸药。~ *mist separator* 油水分离器(分离压缩空气中的油滴和水分的装置。一般设置在井底,井下管路最低处以及上山入口等地点)。~-*phase material* 油相材料。~-*sensitized ammonium nitrate* 油敏化硝铵炸药。~ *well detonating cord* 油气井用导爆索(以耐热炸药为药芯、以耐温材料作包覆外壳的耐温、耐压高能导爆索。即用于油气井开采作业的工业导爆索)。

olivine *n.* ①【矿】橄榄石。②黄绿。~ *rock* 纯橄榄岩(一种绝大部分〈95%以上〉由橄榄石组成的深成超基性岩,一般均发生不同程度的蛇纹石化。参见dunite)。

omega *n.* ①最后。②终了。③希腊字母的最后一个字Ω。~ *tube* omega管(侧边敞开的塑料管,在管中引爆线和药卷相互间隔一段距离放置,是一种在控制边界爆破中用来确定沿炮孔长度方向装药空间位置的方法)。

on *ad.* ①向前地。②作用中,行动中。③继续着。—*prep.* ①向,朝…。②关于。③在…之上。④在…时候。—*a.* ①开着的。②发生着的,正在进行中。~ *a field basis* 根据现场资料。~ *a three-shift basis* 三班轮换。~-*dip* 沿倾斜方向下行的。~-*effect* 起始效应。~-*gauge* 标准的,合格的。~-*screen display*;*OSD* 屏幕显示系统(也叫屏幕视控系统,用来调整屏幕)。~-*site* 在工地,在现场。~-*site mixing explosive* 现场混配的炸药。~-*site mixing and charging* 现场(炸药)混配与装药。~-*the-job* 现场的,在工作中,在职。*formal or informal* ~-*the-job training* 正式或非正式在职培训。~-*the-job assembly* 现场装配。~-*the-job research* 现场研究。~ *the board* 在商议中,在计划中。~-*load* 加负载的。~-*the-run* 在运转中,在进行中。~-*time* 工作时间。~-*the-solid* 不掏槽爆破,炮孔利用率很低的爆破。~-*the-spot disposal* 就地处理。

one *pro.* ①一个人。②任何人。—*a.* ①一的。②唯一的。—*n.* 一。—*num.* ①一。②一个。~ *chance in a million* 百万分之一的机会,可能性极小。~-*dimensional detonation* 一维爆轰。~-*dimensional consolidation* 一维固结,单向固结(仅发生在一个方向的渗透固结)。~-*dimensional numerical calculation* 一维数值计算。~-*dimensional* *plane symmetry* 一维平面对称。 *~-dimensional scalar wave equation* 一维标量波动方程。 *~-dimensional wave dynamics* 一维波动力学。 *~ hundred (100) ms firing current* 百毫秒发火电流(电雷管对应于通电时间为 100ms 的最小发火电流)。 *~-man operation* 单人操作。 *~-pass operation* 单程操作。 *~-piece structure* 整体结构。 *~-row blasting* 单排爆破。 *~-shaft orientation* 一井定向(通过一个立井进行的平面联系测量)。 *~-shot exploder* 单发起爆器。 *~-shot modeling* 一次爆破成型。 *~-side welding* 单面焊。 *~-variable-at-a-time experiment approach* 一次一个变量的实验方法。

ongoing *a.* ①不间断的,进行的。②前进的。—*n.* ①前进。②行为,举止。*two ~ research projects* 两个在做的研究项目。*an ~ play* 正在上演的戏。*An ~ need to reduce costs, and an increasing emphasis on the health and safety of mineworkers, together with the growing influence of technically skilled graduates resulted in increased attention being paid to explosives technologies during the late eighties and early nineties of the previous century.* 由于有降低成本的需要,重视矿工的健康和安全的问题以及随着毕业生技术水平的日渐提高,导致我们在 20 世纪的 80 年代末和 90 年代初越来越关注炸药技术的应用。

opaque *a.* ①不透明的。②不传热的。③迟钝的。—*n.* 不透明物。—*vt.* ①使不透明。②使不反光。

open *a.* ①公开的。②敞开的。③空旷的。④坦率的。⑤营业着的。—*vi.* ①开始。②展现。—*vt.* ①公开。②打开。—*n.* ①公开。②空旷。③户外。 *~-air loading* 露天装药。 *~ cut* 明槽(穿过小山或山脉的敞开沟渠,是通往巷道口或其他在地表的洞口的通道)。 *~ end* 开口端。 *~ muckpile; surface muckpile* 露天爆堆。 *~ overhand stopes* 无支护上向台阶采矿法(在井下无支护的情况下,从下向上采掘矿石时,应以水平或倾斜的方式顺序将矿石爆落。因此,炮孔的钻孔角度〈从水平到垂直〉也应随采掘方式而变化)。 *~ pit; ~-pit workings; surface workings; ~ cast site; ~-pit field*; quarry; *~ pit field; surface pit; ~ casting; surface mining; ~-cut mining; ~ cutting; ~-mining*; opencasting; *~-pit mining; ~ working; ~ excavation; strip mining; opencast mining* 露天矿(从地表通过向下阶梯剥离开采金属矿、煤及其他非金属等矿床的作业形式)。 *~ pit drilling* 露天矿穿孔(在露天矿采场内用爆破法破碎矿岩时穿凿炮孔的作业)。 *~ pit survey* 露天矿测量(为指导和监督露天矿的剥离与采矿所进行的测量工作。包括控制测量、爆破工作测量、采场验收测量、线路测量、排土场测量和帮坡稳定性监测等)。 *~ pit ventilation* 露天矿通风。 *~ pit working control survey* 露天矿工作控制测量(露天矿的次级控制网〈点〉的测量)。 *~ rockplug blasting* 岩塞敞开爆破(不在隧洞中设堵塞段,爆破时隧洞中闸门开启,让爆破后的水石流直

O

接冲出洞外。其主要优点是节省了临时堵塞段的工作量和在爆破时不产生井喷,但对隧洞产生磨损,并要求闸门能在爆破后及时投入运用,以控制水流。采用泄渣爆破方式一般是敞开爆破)。~ *spread* 敞开排列法。~-*stope benching* 空场下向梯段开采。~ *stope mining method*; ~ *stoping* 空场采矿法(地下采矿方法中,将矿块划分为矿房和矿柱,先采矿房,并在其回采过程中形成逐步扩大的空场,靠矿柱和矿岩本身强度维持稳定的采矿方法。矿柱在第二个步骤回采,在回采矿柱后或回采的同时处理采空区。如果矿柱留下不回采,应封闭采空区)。~ *stopes* 无支护采矿法(采掘时,在开挖面的上、下盘均不设支护的采矿法,有以下6种方式:①上向台阶法。②下向台阶法。③中段采掘法。④井下漏斗法。⑤矿房矿柱法。⑥留矿法〈shrinkage stoping〉。与上述方法对应的是有支护采矿法 supported stopes)。~ *stopes with pillar supports* 留矿柱空场采矿法(保留部分矿石作为矿柱,用它支撑采场顶板的一种无支护开采法。这类方法有:①全面回采法〈breast stoping〉②房柱式回采法〈room and pillar method〉。③宽房柱回采法〈pillar and chamber workings〉)。~ *structure* 敞形结构。~ *traverse* 支导线(从一个已知控制点出发,而另一端为未知点的导线)。~ *underhand stopes* 无支护下向台阶采矿法(矿工站在开采矿体上向下钻孔,将爆碎矿石抛掷到下一个台阶运走的爆破采矿法。虽然大都采用普通的下向钻孔,但在台阶底部局部也可采用水平孔)。~-*water (unconfined) charges* 开放水域(裸)药包。

opencast *a.*【矿】露天开采的。~ *explosive*; *surface blasting explosive*; *open blasting explosive* 露天炸药,露天开采炸药(只用于地面或露天矿爆破作业的炸药)。~ *mining*; *opencut mining*; *open casting* 露天开采。~ *survey* 露天矿测量(为指导和监督露天矿的剥离与采矿所进行的测量工作。包括控制测量、爆破工作测量、采场验收测量、线路测量、排土场测量和边帮稳定性监测等。参见 *surface mine survey*)。~ *flame*; ~ *fire* 明火。*When subjected to ~ flame, water gels tend to burn without detonation.* 水胶炸药遇到明火会燃烧,而不爆炸。~ *hole perforating* 裸孔井射孔(将射孔器下放到裸眼井内对目的层的射孔)。~ *hole shooting*(没有炮泥的)开孔爆破。

opencasting *n.* 露天开采。~ *exploration engineering* 坑探工程(为达到地质勘探的目的、了解岩性和地质构造、矿体的赋存情况、寻找有用矿床,在地表或地下岩层中挖掘各种不同形状的空间场所)。

opened *v.* 打开,开启(open 过去分词形式)。—*a.* 开的。~ *void* 开启空隙(与大气连通的空隙)。~ *void rate* 开启空隙率(岩石中同大气连通的空隙体积与岩石总体积之比,用百分数表示)。

opener *n.* ①开启工具。②开启的人。③辅助炮孔(扩大掏槽效应)。④开瓶器。⑤(节目或演出)第一幕。⑥启迪者。~ *of the mind* 对心灵的启迪。

operating *a*. ①操作的。②外科手术的。—*v*. ①操作(operate 的 ing 形式)。②动手术。~ *agreement* 作业协议。~ *charge* 作业费用。~ *crew* 作业队,操作人员。~ *environment* 作业环境。~ *expenditure* 作业费用。~ *face* 作业面,工作面。~ *particulars* 作业细则。~ *partner* 作业伙伴。~ *radius* 作业半径,作用半径。~ *range* 作业范围。~ *risk* 作业风险。~ *schedule*;*job schedule* 作业进度表。~ *site* 作业场地,作业区。~ *system*;*OS* 操作系统(操作系统是管理硬件资源、控制程序运行、改善人机界面和为应用软件提供支持的一种系统软件。它把硬件裸机改造成为功能更加完善的一台虚机器,使得计算机系统的使用和管理更加方便,资源的利用效率更高,上层的应用程序可以获得硬件所能提供的更多功能上的支持)。

operation *n*. ①操作。②经营。③手术。④运算。~ *cost*;*operational cost* 操作费用。~ *against rules* 违章操作(职工不遵守规章制度,冒险进行操作的行为)。~ *in parallel* 并联操作。~ *in series* 串联操作。~ *instruction* 作业规程。~ *of separation* 分选作业。

operational *a*. ①操作的。②运作的。~ *costs* 作业费用。~ *factor* 作用参数。~ *risk control* 作业风险控制。~ *term* 作业期限。

opportunity *n*. 时机,机会。~ *cost* 机会成本(一种资源〈或资金或劳力等〉用于本项目而放弃用于其他机会时,所可能损失的利益)。

optical *a*. ①光学的。②眼睛的,视觉的。~ *anisotropy* 光学异向性。~ *blasting explosive* 光爆炸药。~ *blasting split tube* 光爆劈裂管。~ *blasting technology* 光爆技术。~ *display* 光学显示。~ *firing*;~ *fulmination* 光引爆。~ *mineralogy* 光性矿物学。~ *orientation* 光性方位。~ *blasting parameter* 光爆参数。~ *storage* 光存储器(用光学方法从光存储媒体上读取和存储数据的一种设备。它对存取单元的光学性质〈如反射率、偏振方向〉进行辨别,并转化为便于检测的形式,即电信号。目前几乎所有的光存储器都是用半导体激光器,因而光存储器也称为激光存储器。广义上,光存储器还包括条码阅读器、光电阅读机等)。~ *stress analysis* 光学应力分析。~ *theodolite* 光学经纬仪。~ *transfer function* 光传递函数。

optimal *a*. ①最佳的。②最理想的。~ *adaptation* 最佳适应。~ *approximation*;*best approximation* 最佳逼近。~ *blasthole diameter* 最佳炮孔直径(可以获得最大单位体积炸药能量输出的炮孔直径,单位为 m 或 mm)。~ *damping* 最佳阻尼。~ *delay time in controlled contour blasting* 控制边界爆破中最佳延时时间(从地面振动或大半管系数〈high half cast〉因素来讲,最经济的延时时间。最大的半管系数可以通过瞬时点火达到最小的地面振动可以通过几乎连续的点火实现)。~ *drill pattern* 最佳钻孔模式。~ *recovery* 最高采收率。~ *value* 最佳值。

O

O

optimization *n.* 最佳化,最优化。~ *criteria* 优化准则。~ *design of a formula* 配方优化设计。~ *of blasting parameters* 爆破参数优化。~ *of the cost of rock drilling and blasting* 凿岩爆破费用优化。~ *process of blasting* 爆破优化过程。~ *technique* 优化技术。~ *technology* 优化工艺。

optimized *a.* ①最佳化的。②尽量充分利用。~ *migration* 最佳偏移。

optimum *a.* 最适宜的。—*n.* ①最佳效果。②最适宜条件。~ *blasting* 优化爆破。~ *blast round* 最佳炮孔组布置。~ *borehole spacing* 最佳炮孔间距。~ *break* 最佳破碎粒度。~ *breakage burden;Bob* 优化崩落负荷(在台阶和弹坑爆破中,可以获得最大量崩落岩石的崩落距离。出于安全考虑在弹坑爆破中其崩落长度要稍小于优化崩落长度)。~ *burden* ①最佳抵抗线(使钻孔、爆破、堵塞、运输和破碎的综合成本最低时所对应的抵抗线,单位为 m)。②优化负荷(从凿岩、爆破、装载、运输和破碎几方面考虑成本最低的崩落距离,单位为 m)。~ (*breakage*) *burden* (*depth*) *ratio* 最佳负载比。~ *capacity* 最佳能力,最佳容量。~ *charge* 最佳装药(获得最理想爆破效果的炸药量。参见"标准装药")。~ *coupling* 最佳耦合。~ *decoupling coefficient* 最优不耦合系数。~ *delay sequences for full-scale fragmentation* 岩体大规模破碎的最佳延时序列。~ *depth of charge* 装药最佳深度。~ *fragmentation* 最佳破碎状态。~ *fragmentation burden* 最佳碎片负荷。~ *fragmentation size* 最佳破碎粒度(能够达到将岩石碎裂成符合要求的表面大小的装药量下的崩落距离,单位为 m)。~ *matching* 最佳匹配。~ *moisture content* 最优含水率(在一定压实功能作用下,黏性土达到最大密度时的含水率,以百分数表示)。~ *performance* 最佳性能。~ *powder distribution* 最佳药力分布,最佳药力部署。~ *range of concentration* 最佳浓度范围。~ *stand-off* 最佳炸高(聚能装药获得最大侵彻深度时对应的炸高)。~ *stripping ratio* 最佳剥采比。~ *tamping length*; ~ *stemming length* 最佳炮泥长度。~ *ultradeep length* 最佳超深长度。~ *value* 最佳值。

order *n.* ①命令。②顺序。③规则。④订单。—*vt.* ①命令。②整理。③定购。—*vi.* ①命令。②订货。~ *of magnitude* 重量级。

ordnance *n.* ①军火。②大炮。③军械署。~ *journal* 兵工杂志。

ore *n.* ①矿。②矿石(在质量和储量方面可以获得盈利开采的矿物集合体)。~ *beneficiation*; ~ *cleaning*; ~ *dressing*; ~ *dressing treatment*; ~ *preparation*; *dress*; *dressing*; *mineral processing*; *mineral separation*; *mineral beneficiation*; *mineral dressing* 选矿。~-*blasting index* 矿石(或岩石)爆破指数。~ *body*; ~ *complex*; ~ *run*; *mass of* ~ 矿体(含矿矿物集合体,如含矿矿脉。可含脉石,但在形态和其他特征上可与围岩区分)。~ *body environment* 矿体环境。

~ *body zoning* 矿体分带。~ *boundary*; ~ *limit*; ~ *outline* 矿体边界。~ *break by blasting*; ~ *break down by blasting* 爆破落矿(通过爆破崩落矿石的作业。根据装药空间不同,落矿爆破分为炮孔爆破和硐室爆破)。~ *cluster* 矿体群。~ *deposit* 矿床(可以盈利开采通过自然富集成的金属矿体。参见 *mineral deposit*)。~ *dilution* 矿石贫化。~ *distribution* 矿体分布。~ *evaluation*; ~ *valuation* 矿体评价。~-*handling capacity* 矿石处理能力。~ *intersection* 矿体交叉,矿体穿通(厚度)。~ *minerals* 金属矿物(通常指具有明显金属性质〈呈金属颜色,具金属或半金属光泽、不透明、导电性和导热性较好〉,工业上一般能从中提取金属元素的矿物,如磁铁矿、黄铜矿、方铅矿、闪锌矿等。参见 *metallic minerals*)。~ *occurrence* 矿体产状。-*pass* 溜井(以自然下落方式运输所采矿石的小立井,也叫漏斗天井。参见 chute;*draw shaft*)。~-*rich veins or sections* 富矿脉(或富矿区)。~ *run*; ~ *trend*;*run of* ~ 矿体走向。~ *value* 矿石价值。

organic *a*. ①有机的。②组织的。③器官的。④根本的。~ *polymer* 有机聚合物。~ *chemistry* 有机化学。~ *matter* 有机质。~ *phase* 有机相。~ *synthesis* 有机合成。

organization *n*. ①组织。②机构。③体制。④团体。~ *and management of blasting demolition project* 拆除爆破施工组织与管理(拆除爆破施工组织管理就是为了达到安全、高效、文明、低成本地拆除需要拆除的建〈构〉筑物的目标,而进行的有目的有计划地组织、协调、控制、监督等活动)。

orientating *vi*. ①向东。②定向。—*vt*. ①给…定位。②使适应。~ *method of directional blasting* 定向倒塌方位的确定(烟囱和水塔定向倒塌的方位是根据其高度和它至周围建筑物的水平距离的情况来确定的)。~ *diagram* 方位图。~ *of fractures* 裂缝方向。~ *opening*定向窗(为了确保烟囱或水塔能按设计的倒塌方向倒塌,除了正确选取爆破缺口的形式和参数以外,有时在爆破缺口两端用风镐或爆破方法开挖出一个窗口,这个窗口叫做定向窗。定向窗的作用是将保留部分与爆破缺口部分隔开,使缺口爆破时不会影响保留部分,以便确保正确的倒塌方向)。

oriented *a*. ①导向的。②定向的。③以…为方向的。—*v*. ①调整。②使朝向(orient 的过去分词)。③确定…的方位。~ *blasting* 定向爆破。~ *center* 定向中心(基于最小抵抗线原理,在工程上提出了定向坑和定向中心的设计方法。所谓定向坑,就是天然的或人工开创的〈多是用辅助药包开创的〉凹面。主要爆破药包的最小抵抗线都垂直于凹面,指向凹面的凹率中心,这样的中心就是定向中心)。~ *explosion* 定向爆炸。~ *plane* 定向面。

original *n*. ①原件。②原作。③原物。④原型。—*a*. ①原始的。②最初的。③独创的。④新颖的。~ *crest* 起始坡顶线。~ *dip* 自然倾斜。~ *fixed assets value of project* 工程固定资产原值(工

程总造价减去可以转让或出售的各项临时工程房屋、道路、设备和施工机械等财产的残值后所得的数值)。~ *ground slope* 原始地表坡度。~ *ground surface* 原始地表。~ *head* 待定原矿。~ *porosity*; *primary porosity* 原生空隙度。~ *record* 原始记录。~ *rock stress*; *virgin rock stress*; *field stress*; *free field stress*; *in-situ stress* 原岩应力。~ *stress* 原始应力。~ *stress of rock mass* 岩体原始应力。

O

origin *n*. ①起源。②原点。③出身。④开端。~ *of coordinates*; *grid origin* 坐标原点。

oscillating *a*.【物】振荡的。~ *band of pressure* 压力振动带。

other *a*. 其他的,另外的。—*pro*. 另外一个。~ *biochemical sedimentary rocks* 其他生物化学沉积岩。~ *potential rock weakness areas* 其他潜在的岩石脆弱带。~ *support documentation* 其他支持文件。

out *ad*. ①出现。②在外。③出局。④出声地。⑤不流行地。—*a*. ①外面的。②出局的。③下台的。—*n*. 出局。—*prep*. ①向。②离去。—*vi*. ①出来。②暴露。—*vt*. ①使熄灭。②驱逐。~-*off of hole* 炮孔切断(下一段炮孔的口部,被相邻的上一段炮孔爆破炸飞的现象。在煤矿中,被切断的炮孔爆炸火焰易外泄,是点燃瓦斯和煤尘并引起爆炸的危险因素)。~ *of balance* 不平衡,失衡。~ *of control* 失控。~ *of date* 过时,落后,陈旧。~-*of-hole delay* 炮孔外延时。~ *of order* 失调,混乱。~ *of shape* 变形,形状不规则。~ *of size* 尺寸不合规定。~ *of step* 不同步。~ *of work* 失效,不能再工作。

outburst *n*. ①(火山、情感等的)爆发。②破裂。~-*prone coal seam* 瓦斯易爆的煤层。

outcrop *n*. ①露头。②露出地面的岩层。—*vi*. 露出。~ *of coal seam*; *coal outbreak* 煤层露头(煤层出露地表的部分。指地壳中未被开挖的岩体坑硐工程或岩体坑硐工程影响区之外的岩体中的三维应力状态)。

outer *a*. ①外面的,外部的。②远离中心的。—*n*. 环外命中。~ *diameter* 外径。~ *layer of electrical double layer* (*adsorptive layer*, *anti-ion layer*) 双电层的外层(吸附层,反离子层)(由颗粒表面电荷所吸附的异电离子构成的双电层的外围部分)。

outgoing *a*. ①对人友好的,开朗的。②出发的,外出的。③即将离职的。④乐于助人的。—*n*. ①外出。②流出。③开支。—*v*. ①超过。②优于(outgo 的 ing 形式)。~ *compressive stress waves* 输出压缩应力波,辐射压缩应力波。~ *pressure wave* 辐射压力波,输出压力波。~ *signal* 发射信号。~ *wave* 辐射波。

outlet *n*. ①出口,排放孔。②电源插座。③销路。④发泄的方法。⑤批发商店。⑥引出线。~ *pressure of monitor* 水枪出口压力(水枪喷嘴出口处的水流动压力)。

outline *n*. ①轮廓。②大纲。③概要。④略图。—*vt*. ①概述。②略述。③描画

…轮廓。~ *drawing* 略图。~ *hole* 边孔。

outlining *n.* ①列提纲。②描绘轮廓。③提纲挈领。—*v.* ①概括(outline 的 ing 形式)。②画…的轮廓。~ *blasting* 圈定爆破,边孔爆破。

output *n.* ①输出,输出量。②产量。③出产。—*vt.* 输出。~ *device* 输出设备(将计算机处理过的信息转变成其他机器能识别的或表现为人能理解形式的设备。常见的输出设备有用各种显示器件构成的显示器,用各种技术方法实现的印刷设备、绘图仪以及语音输出设备等)。~ *energy* 输出能量。~ *strength* 输出威力。

outside *a.* ①外面的,外部的。②外来的。—*n.* ①外部。②外观。—*ad.* ①在外面,向外面。②在室外。—*prep.* 在…范围之外。~ *drawing* 外观图。~ *cutting charge* 外切割弹(若把金属药型罩和装药的切割角向内,则爆炸时形成一圈向内的均质射流称为外切割结构〈外切割弹〉。如图所示,外切割弹从套管外部进行爆炸切割。即从套管外壁布设外切割弹,切割从外向内把套管切割断。两者原理相同,但结构不同,起爆点位置也不同。内切割弹是中心起爆方式,外切割弹一般采用侧向起爆方式)。

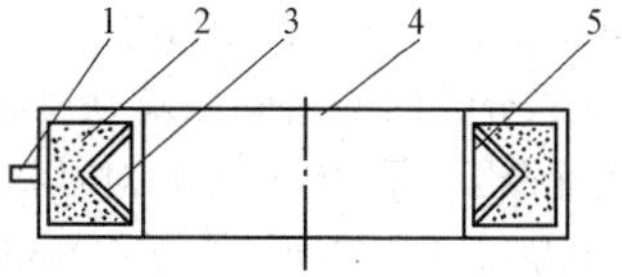

外切割装药示意图

1—雷管;2—炸药;3—药型罩;4—外壳;5—内侧壳

oven *n.* ①炉,灶。②烤炉,烤箱。~-*dried sample*; *absolutely dry sample* 烘干样,绝对干燥样(经 100 ~ 105℃温度的烘烤,液态水完全蒸发了的岩土样品)。~-*drying method* 烘干法(将试样置于电热恒温箱内,在 105℃的温度下使液态水蒸发以测定岩土含水率的方法)。

over *ad.* ①结束。②越过。③从头到尾。—*prep.* ①越过。②在…之上。③遍于…之上。—*a.* ①结束的。②上面的。—*vt.* 越过。~-*drilling depth* 钻孔超深(又称超钻。在分段爆破底板计划崩落水平以下钻出的炮孔长度。由于分段底板的约束较大,有必要在分段底板下钻孔以装填较多炸药作为底部装药。参见 subdrill; subgrade; *excess drilling*)。~-*intensity* 超强度。~-*the-roadway extraction* 跨采(采煤工作面跨在或跨越上山、石门、大巷等巷道的采煤方式)。

overall *a.* ①全部的。②全体的。③一切在内的。—*ad.* ①全部地。②总的说来。—*n.* ①工装裤。②罩衫。~ *adiabatic efficiency* 绝热全效率(绝热理论功率与轴功率之比)。~ *demand*; ~ *requirement* 总体要求。~ *effect* 整体效果,总效应。~ *isothermal efficiency* 等温全效率(等温理论功率与轴功率之比)。~ *operating slope* 总工作边坡角。~ *reduction ratio* 总破碎比。~ *stripping ratio* 总剥采比。

overbreak *n.* ①【矿】超挖。②塌方。③过度断裂。④【矿】超爆(超出预期崩落区的岩石排放。超爆的岩石量取决于所使用的爆破方法、岩石的结构和强度、地下岩洞开口的大小。参见 backbreak)。~ *area* 过碎区域(在预期界限之外的岩石排放区域,单位为 m^2)。~ *depth* 超爆深度(预计等高线与过崩落等高线之间的垂直距离,单位为 m)。~ *volume*;*VO* 超爆体积(崩落在预计区域线以外的石方体积量,单位为 m^3)。~ *control* 超挖控制。*-ing* 过多崩落,挑顶。

overburden *vt.* ①使负担过重。②使过劳。—*n.* ① = burden; capping 表土(又称覆盖层,覆盖在有用物质矿床表面的没有价值的物料)。②过重的负担。③ = waste; spoil 剥离物(露天采场内的表土、岩层和不可采矿体)。~ *amount* 剥离量,覆岩量。~ *blasting* 覆岩爆破。~ *depth* 覆盖层厚度,表层厚度。~ *disposal* 剥离物处理。~ *drilling method* 覆盖层钻孔法(该法用于开挖有软弱覆盖表土层的基岩。它的要点是:在外套管中用旋转钻孔法穿透覆盖层,到达坚硬岩层时,再在内套管中以旋转冲击方式钻孔。钻到设计深度后在炮孔中插入塑料管,防止软弱覆盖层崩坍堵孔,并通过它往孔中装药起爆,简称 OD 法)。~ *load* 上覆岩层负荷。~ *pressure*;*pressure of overlying strata*;*cover load* 覆盖层压力。~ *ratio* 剥采比。~ *removal* 覆盖层剥采,除去表层。~ *removal rate*; ~ *stripping rate* 表层剥离率,覆盖层剥采率。~ *rock* 覆盖岩层。~ *slope* 覆盖层边坡。~ *spreader* 排土机(通过回转排料臂上的带式输送机排弃废石的自行式设备。它是露天矿连续或半连续运输开采工艺的配套辅助设备,位于排土运输系统的终端。参见 *dumping plough*)。~ *stripping* 露天露头开采。~ *thickness*; *capping thickness*; *depth of overburden*; *depth of cover*; *cover thickness* 覆盖层厚度。

overcharge *n.* ①过度充电。②超载。③装药过多。—*vt.* ①对…要价过高。②使…过度充电。—*vi.* ①过度充电。②要价过高。③额外收费。④ = overload 过量装药(装药超过正常量叫过量装药,也叫强装药。在这种情况下易发生飞石、噪声和振动等现象,除特殊情况外,不宜采用)。~ *d cast blasting crater* 加强抛掷漏斗(加强抛掷爆破漏斗 $r > W$,即爆破作用指数 $n > 1$,漏斗展开角 $\theta > 90°$,当 $n > 3$ 时,爆破漏斗的有效破坏范围并不随炸药量的增加而明显增大。实际上,这时炸药的能量主要消耗在岩块的抛掷上,所以,工程爆破中加强抛掷爆破漏斗的作用指数为$1 < n < 3$)。

overcompensation *n.* 过度补偿。

overdue *a.* ①过期的。②迟到的。③未兑的。~ *fine* 滞纳金。

overhand *a.* ①投下的。②手举过肩投掷的。—*ad.* 手势向下地。—*vt.* 重复缝纫。—*n.* 过肩投掷。~ *cut and fill stoping* 上向分层充填采矿法(在采矿中,按分层上向回采矿房、矿块或盘区,每个分层先采出矿石,然后对回采后一分层所需工作空间以外的采空区进行充填的充填采矿法。这种采矿法的工作空间位于矿石顶板下,适用于开采矿石稳固、围岩中等稳固、急倾斜和倾斜的各种厚度和形状的矿体。参见 *cut-and-fill stoping*)。~ *stoping* 上向台阶式回采(在金属矿山广泛采用的采掘方法之一。即从巷道顶板开始,按台阶形状顺次采掘矿石的一种方法。上向台阶式回采,俗称仰挖台阶式回采和倒台阶式回采,有水平钻孔和垂直〈或有少许角度〉钻孔两种方式,也称上向式采矿法)。

overhang *vi*. ①悬垂。②逼近。—*vt*. ①悬于…之上。②(危险、邪恶等)逼近。—*n*. ①(船首或船尾)突出部分。②悬垂部分。③悬石(在底部被切割的岩体,即在露天开采中,被前期爆破切割了底部的岩体。悬垂状态:采用崩坍爆破时,主要爆破下部岩体,上部岩石靠爆破振动和自重坍落。但有时会发生爆破体上方岩石未能坍落,而残留成悬垂状态的现象,在这种情况下要及时处理)。

overhead *ad*. ①在头顶上。②在空中。③在高处。—*a*. ①高架的。②在头上的。③在头顶上的。—*n*. ①天花板。②经常费用。~ *crane* 桥式起重机(简称"桥吊"。可沿轨道行走的具有桥梁式结构的起重机,参见 *bridge crane*)。~ *rear discharge* 后部装药。

overladen *a*. ①过分的。②装载过多的。③超载的,超负荷的。

overlapping *a*. ①重叠。②覆盖。—*v*. ①与…重叠。②盖过(overlap 的 ing 形式)。~ *of consecutive delays* 连续延时重叠(未按顺序点火爆炸,即连续产生的后续延时爆破不断提前爆破的现象)。

overload *vt*. 超载,超过负荷。—*n*. ①超载。②负荷过多。~ *capacity* 超载容量,过载能力。

overlying *n*. 上覆盖,叠加(overlie 的现在分词)。—*a*. 上覆盖的。~ *formation*; ~ *bed*; ~ *measures*; ~ *seam*; ~ *stratum*; *cover rock*; *covering formation*; *cover*; *capping* 覆盖层,上覆地层。~ *rock* 上覆岩层。~ *sand* 上覆砂岩层。~ *of coal-bearing series*; ~ *of coal-bearing formation* 含煤岩系盖层。

overpressure *n*. ①超压。②过度的重压。—*vt*. 压力上升。~ *of shock wave* 冲击波超压。~ *value of shock wave* 冲击波超压值(冲击波阵面后的压力与冲击波阵面前未扰动介质压力之差值)。~ *mitigation measures* 减压措施。

overriding *a*. 高于一切的,最重要的。—*v*. ①践踏。②压垮。③不顾(override 的 ing 形式)。~ *geologic factors* 最重要的地质条件。

oversize *a*. ①太大的。②超大型的。—*n*. ①特大号。②过大尺寸(在进一步处理前所有进行二次破碎的爆破石块的尺寸。对地下矿过大尺寸可以小到300mm,而对露天矿过大尺寸却很少大于1000mm)。~ *boulder* 大块圆石。~ *fragmentation* 大块岩石爆破。~ *particle* 超大块度。

oversized *a*. 过大的,极大的。~ *cubical capacity buildings* 超大容积构筑物(其容积 $V>100m^3$,这种爆破所需炸药量较大,其药包重量达 8kg 以上,药包数量可根据构筑物形状特征和壳壁厚度差异大小来具体设计)。

overstrain *n.* ①过度紧张。②过劳。③超应变。—*vt.* ①使过度紧张。②使工作过度。③伸张过度。—*vi.* 过度紧张。~*ed* 超限应变的,过度变形的。

overstress *vt.* ①过分强调。②过分拉紧(或紧张)。③超应力。—*n.* ①过分的强调。②紧张过度。~*ed area* 超应力区。

overtamping *n.* 超量装填炮泥。

overturning *a.* 颠覆性的。—*v.* ①使翻转。②颠覆(overturn 的 ing 形式)。③倒转。~*failure* 倾覆破坏。~*moment* 倾覆力矩。

owner *n.* ①所有者。②物主。③业主(所谓业主,在我国是指由投资方派代表组成的,全面负责项目筹资、项目建设、生产经营、归还贷款和债券本息的,并承担投资风险的管理班子)。

ox *n.* ①牛。②公牛。~*-nose-like junction arch* 牛鼻子碹岔(拱高随交岔处跨度加大而增高的碹岔)。

oxidant *n.* 氧化剂。~*organic salts* 氧化剂有机盐。~*solution* 氧化剂溶液。

oxidation *n.*【化】氧化。~*flame* 氧化焰。~*halos*(矿物)氧化晕。~*resistant* 抗氧化的。

oxide *n.*【化】氧化物。~*coating* 氧化层。

oxidizability *n.* ①氧化性能。②易氧化度。③可氧化性。

oxidized *a.* ①被氧化的。②生锈的。—*v.* ①氧化。②生锈(oxidize 的过去分词)。~*deposit*; ~*ore deposit* 氧化矿床。~*form* 氧化形式。~*metal explosive* 氧化金属炸药。~*metalliferous ore* 氧化金属矿石。~*ore* 氧化矿。~*zone of coal*; ~*coal zone* 煤层氧化带(煤层受风化作用后,煤的化学工艺性质发生变化,而物理性质变化不大的地带)。

oxidizer *n.* = oxidizing agent; oxidizing material 氧化剂(又称氧化物质,用于提供氧作为燃料进行燃烧的物质,如硝酸铵和硝酸钠。几乎所有的爆炸物质均含有氧,以满足炸药进行化学反应)。~*droplet* 氧化剂微珠。*Further, the extremely small particle size of the ~ droplets results in much more intimate ~/fuel contact than exists in any other two-component explosive.* 再说,这种氧化剂微珠的粒度极小,致使氧化剂与燃料的接触比其他任何双组分炸药的接触更为紧密。~*salt crystal* 氧化物盐晶体。

oxidizing *a.* ①氧化的。②氧化作用。—*v.* 使氧化(oxidize 的 ing 形式)。~*action* 氧化作用。~*aqueous solution* 氧化剂水溶液。~*inorganic salts* 氧化性无机盐。~*medium* 氧化介质,氧化剂。~*salt* 氧化盐。~*solution* 氧化剂溶液。

oxido-reduction *n.* 氧化还原作用。

oxygen *n.*【化】氧气,氧。~*balance* 氧平衡(炸药中所含的氧用以完全氧化其所含的可燃元素后,所多余或不足的氧量。氧平衡大于零时为正氧平衡,等于零时为零氧平衡,小于零时为负氧平衡)。*liquid ~ cartridge* 液氧爆破药卷。~*deficiency* 负氧。~*-deficient explosive* 负氧炸药。~*-enriched explosive*

富氧炸药。~ *explosive*;*liquid ~ explosive*;*low explosive* 液氧炸药。~-*negative explosives* 负氧平衡炸药。*However*, CH_4 *could theoretically arise from ~-negative explosives.* 然而,甲烷在理论上有可能产生于负氧平衡炸药。

P

pack *v.* ①打包。②塞进。~ *factor* 填实系数。~*ed soil* 密实土,夯实土。~*ed stemming* 密实炮泥。~*ing by hand* 人工装填。~*ing degree* 装药密度,填实程度。~*ing density* ①堆积密度。②装药密度。③填实密度。~*ing strain* 挤压应变。

package *vt.* ①包装。②把…装箱。③向…提出一揽子计划。~ *bid* 一揽子投标。~ *deal*;~ *investment*;*portfolio investment* 一揽子交易。~*d blends* 混合包装。~*d explosive* 包装炸药。~ *plan* 一揽子计划。~*d fuel* 包装燃料。~*d product* 带包装的产品。~*d unit* 配套设备,成套设备。

packaging *n.* 包装。~ *material* 包装材料,充填材料。

padfoot *n.* 大脚板。~ *roller* 凸块碾(又称“羊足碾”。表面有凸块体的圆筒钢轮用以压实土料的施工设备)。

palaeo-weathered *a.* 古风化。~ *crust*;*buried weathered crust* 古风化壳,埋藏风化壳(于地质历史时期形成,为后期堆积物所覆盖的风化壳)。

panel *n.* ①面。②(门、墙等上面的)嵌板。~ *drift* 盘区平巷(盘区平巷是指与煤层走向大致平行掘进的巷道,并以它为中心在其两侧适当的距离内布置开挖上下山的立井。它是采煤时的主巷道。参见 *butt level*)。

pannonit *n.* 硝铵-硝酸甘油-食盐炸药。

paper *n.* ①纸。②文件。—*vt.* 包装,用纸覆盖。~ *cartridge* 纸(装)药卷(用薄软纸张或厚硬纸板卷制的筒状炸药)。~ *printouts* 打印报告。-*less tamping* 无纸套炮泥。

parabola *n.* = parabolic curve 抛物线。

parabolic *a.* 抛物线的。~ *arc* 抛物线拱。~ *differential equation* 抛物型微分方程。~ *equation* 抛物线方程。~ *law* 抛物线定律。~ *metric geometry* 抛物度量几何。~ *partial different equation* 抛物型偏微分方程。~ *profile* 抛物线剖面。~ *regression* 抛物线回归。~ *segment* 抛物线段。~ *track*;~ *trail*;~ *trace* 抛物线轨迹。~ *velocity distribution* 抛物线速度分布。

paraboloid *n.* ①抛物体。②抛物面。

paraffin *n.* 石蜡。~ *kraft paper* 牛皮蜡纸。

parallel *a.* ①平行的。②相同的,类似的。③【电】并联的。~ *arrangement of*

*holes*平行炮孔布置。~ *borehole cuts* 平行钻孔掏槽。~ *circuit* 并联网路(所有电雷管脚线分别接到或通过连接线接到两根爆破母线上的电爆网路)。~ *circuit calculations* 并联电路计算。~ *connection* 并联电力起爆(网路的一种连接方式。即将所有电雷管的一根脚线连在一起,另一根脚线也连在一起,分别接到电源的两极上,就成为并联网路)。~ *cut* 平行炮孔掏槽(掏槽的一种方式。与工作面成一定角度的钻孔为倾斜孔掏槽,20 世纪 40 年代后期出现了垂直工作面的直孔掏槽,也称平行掏槽、平行空孔直线掏槽)。~ *cut blasting* 平行炮孔掏槽爆破。~ *firing* 并联爆破。~ *hole* 平行炮孔。~ *hole cut* 平行孔掏槽(所有炮孔相互平行且均垂直于作业面的隧道掏槽形式,通常该种掏槽中的空孔都大于其装药炮孔)。~ *hole connection* 炮孔并联。~-*chap cut* 平行龟裂掏槽。~-*hole method of sublevel stoping* 平行炮孔分段回采。~-*series connection*; *parallel-series hole connection* (炮孔)串并联(电力爆破时,把几组串联线路又并联在一起所组成的网路,称为串并联网路。当同时爆破的药包数量比较大时,这种爆破网路的联结方式效果比较好。参见 *series-in-parallel connection*)。

parameter *n.* 参数。~ *adjustment* 参数平差(由观测方程按最小二乘原理求测量值和参数的最佳估值并进行精度估计的平差方法。同义词:间接平差)。~ *determination* 参数确定。~ *of medium* 介质参数。~ *optimization* 参数优化。~ *selection* 参数选择。~*s of shear strength* 抗剪强度参数(表征岩土抗剪性能的指标——内聚力和内摩擦角)。~*s of the structural strength of an object to be blasted* 预爆物体的结构强度参数。

parametric *a.* 参(变)数的,参(变)量的。~ *relationship* 参数间关系。

paramos *n.* 高寒带。

parent *n.* 根源。~ *hole* 主炮孔,基准炮孔。

part *n.* 部件(部件是为完成同一工作任务而协调工作的若干个机械零件的组合体,如联轴器、离合器和轴承等)。~-*face blast* 部分工作面爆破。

partial *a.* ①部分的。②偏爱的。~ *caving method* 局部垮落法(使采空区顶板局部垮落的岩层控制方法)。~ *derivative* 偏导数。~ *differential equation* 偏微分方程。~ *filling method*;*packing method* 局部充填法(用充填材料局部充填采空区的岩层控制方法)。~ *increment* 偏增量。~ *offset correction* 偏移距校正。~ *regressing equation* 偏回归方程。~ *regression coefficient* 偏回归系数。

particle *n.* 颗粒(不论其尺寸大小的物料的离散单体)。~ *acceleration* 质点加速度(受力粒子〈质点〉的加速度)。~ *displacement* 质点位移。~ *flow* 粒子流。~ *movement* 质点运动。~ *polarization* 质点偏振。~ *position* 质点位置。~ *size* 粒度。~ *size classification* 颗粒分级。~ *size distribution* 粒度级配。~ *size distribution curve*; ~ *size dis-*

tribution plot 粒度级配曲线。~ *size measurement* 粒度测量。~ *surface attraction* 颗粒表面引力。~ *trajectory* 质点轨道。~ *velocity* 质点速度(地震波作用下的受力粒子〈质点〉的运动速度)。~ *velocity-distance graph* 质点速度与距离关系图。~ *vibration velocity* 质点振动速度。~ *mass point* 质点。

particular *a.* ①特别的。②详细的。~ *working posts* 特殊工种。

parting *n.* ①夹层。②夹石(位于两煤层之间的岩体分离〈裂开〉面〈parting plane〉、岩体内形成分离面的节理或裂隙)。

partition *vt.* ①分开,隔开。②区分。~ *ratio* 分配比,分配率。~*ed blast* 分段爆破,分区爆破。

partner *n.* 伙伴,合伙人。

partnership *n.* 伙伴关系。

passage *n.* = passageway 通道(长度大于高度或宽度的岩洞,足以供人员进入,且相对较大的通路〈lend〉。在金属矿山中亦称之为平巷〈drift〉、平硐〈tunnel〉或巷道〈roadway〉)。

passing *n.* 经过,通过。~ *size* 筛分粒度。

passive *a.* ①被动的。②消极的。~ *acoustic monitoring* 无源声波监测。~ *acoustic sensing technique* 无源声波传感技术。~ *microwave remote sensing* 无源微波遥测。

patent *n.* 专利。~ *product* 专利产品。~*ed claim* 专利申请(权限)。~*ed product* 独创产品,有个性的产品。

pattern *n.* ①模式。②样品。③图案。④炮孔孔网,炮孔布置。~ *design* 炮孔布置设计,孔网设计。~ *drilling* 按炮孔布置凿岩。~ *layout* 模型设计。~ *layout controls* 布孔方式控制。~ *layout for sequential blasting* 分段爆破网络布局方式。~ *layout sequential blasting* 连续爆破模型设计。~ *of shot holes* 炮井组合。~ *row orientation strategies* 模式炮孔行间定位策略。~ *shooting* 定网爆破。

pay *v.* ①付款。②偿还。~ *grade* 可采品位。~ *length of the hole* 炮孔有效长度。~ *limit* 最低可采品位。~ *portion of the hole*; ~ *volume of the hole* 炮孔有效部分。~ *rock* 可采矿石。~ *shoot* 可采矿体。~ *zone* 可采区,可采带。~*ing quantity* 可采储量。~*-load mass* 有效载荷质量。~*-off period* 投资回收年限(某一工程自投产之日起,用逐年净效益收入还清工程投资所需的年数)。

payable *a.* ①有工业价值的,可采的。②应支付的。

peak *n.* ①山峰。②最高点。③尖端。~ *abutment* 应力峰值区。~ *acceleration* 峰值加速度。~ *amplitude* 最大振幅。~ *amplitude of the pressure function* 压力函数的峰值振幅。~ *capacity* ①最大处理量。②最大容量。~ *current* 峰值电流(采用电容式起爆器放炮时,起爆器瞬间输出的持续时间很短的电流。假定流经爆破母线的电流为 I,网路中并联的电雷管数为 m,则通过每个电雷管的峰值电流 i_p 可用公式:$i_p = I/m$ 计算)。~ *demand* 最高要求。~ *efficiency* 最高效率。~ *energy* 峰值能

P

量,最大能量。~ *load* 峰值负载。~ *load time* 峰值负荷时间。~ *output* 最高产量。~ *overpressure* 峰值超压。~ *particle velocity*;*PPV* 质点峰值速度,质点最大速度。~ *particle vibration velocity* 峰值质点振动速度。~ *power* 峰值功率。~ *pressure* 峰值压力。~ *pressure criterion* 峰值压力标准。~ *pressure from a confined underwater blast* 水下约束爆破峰值压力。~ *pressure of underwater explosions* 水下爆破峰值压力。~ *pressure prediction model* 峰值压力预测模型。~ *pressure threshold* 峰值压力阈值。~ *strength*;*ultimate strength* 峰值强度,极限强度(岩土抵抗外力破坏作用的最大能力,数值上等于岩土应力-应变曲线最高点相对应的应力值)。~ *stress* 峰值应力,最大应力。~ *stripping ratio* 剥采比峰值。~ *temperature* 最高温度。~ *underwater blast pressure* 最大水下爆破压力。~ *underwater pressure* 最大水下压力。~ *value* 最大值,峰值。~ *vibration envelope* 峰值振动图。~*-to-*~ *value* 峰间值。

P

pearlite *n.* 珍珠岩,珠光体。~ *colony* 珠光体团。~ *concrete* 珍珠岩混凝土。~ *grain* 珠光体晶粒。

peat *n.* 泥炭(高等植物遗体,在沼泽中经泥炭化作用形成的一种松散富含水分的有机质堆积物有机物,含量超过60%的泥炭类土)。~ *soil* 泥炭类土(在过分潮湿和缺氧条件下由湖沼植物的死亡和分解而形成的未经固结的近期沉积物)。~ *swamp*;~ *bog*;~ *moor*;*peaty moor* 泥炭沼泽(有大量植物繁殖、遗体聚积并形成泥炭层的沼泽)。

peatification *n.* 泥炭化作用(高等植物遗体在泥炭沼泽中,经复杂的生物化学和物理化学变化,逐渐转变成泥炭的作用)。

pebble *n.* ①卵石。②水晶。~ *dyke* 小圆石坝(埂)。~ *powder* 砾状黑药。

peerless *a.* 无与伦比的。~ *explosive* 高威力炸药。

Pelletol *n.* 佩利托尔炸药(防水、易流动的高威力炸药)。

pendulum-friction *n.* 摆摩擦。~ *test* 摆摩擦试验(测炸药对摩擦的敏感度)。

penetrating *v.* 贯穿,穿过(penetrate 的现在分词)。~ *power* 穿透能力。

penetration *n.* ①渗透。②穿透。~ *advance* 钻孔进度,穿孔进尺。~ *blast*;~ *blasting*;~ *shooting* 穿爆。~ *blasting cost* 穿爆成本。~ *capacity*;*penetrating power* 穿透能力。~ *depth* 穿孔深度(射孔后靶平面入口处至孔底间的最大距离)。~ *rate* 钻孔速度(钻孔时钻头的线速度,或称之为凿岩速度。通常冲击式和旋转式钻孔时以 m/min 表示,而全断面钻进时则以 m/h 表示)。~ *ratio* 穿孔率(有效穿孔弹数占装弹总数的百分率)。~ *resistance* 抗穿阻力,抗穿透性质。

pentahedron *n.* 五面体。

pentolite *n.* 泰梯炸药(由泰安和梯恩梯组成的混合炸药,也称彭托利特炸药〈用于起爆的浆状炸药〉)。

peptization *n.* 胶溶(作用)(由絮凝物或聚集体所形成的稳定的分散体)。

percent *a.* 百分之…的。~ *cast and center-of-gravity movement* 部分抛掷和重力中心运动。~ *nitrocotton content* 硝化棉百分比含量。~ *reduction* ①破碎率。②还原率。③缩减率。

percentage *n.* 百分比。~ *by moisture* 湿度百分数。~ *by volume* 体积百分数。~ *by weight* 质量百分数。~ *error* 百分误差。~ *gradient* 坡度百分数,以百分比表示的坡度。~ *of a solid* 固体百分率(物料中干燥固体与固体-液体混合物总和之比,用质量的百分率表示)。~ *of reinforcement* 钢筋百分比。~ *points* 百分点。*An increased throw of the order of 5 – 10 ~ points may be obtained through the use of electronic delay sequences, without any increase in explosives energy or other blast inputs.* 使用电子延迟顺序可以增加 5 ~ 10 个百分点的抛掷量,且不必增加炸药能量或其他爆破投入。~ *strength markings on explosives* 炸药威力百分比标号。~*-wise increase* 按百分比增加。~*-wise preparation* 按百分比配制。~*-wise reduction* 按百分比缩减。

perchlorate *n.* 高氯酸盐[酯]。~ *explosives* 高氯酸盐炸药(以高氯酸铵为主剂且含量超过 10% 的炸药,称为高氯酸盐炸药,也叫卡利特炸药)。~ *salt* 高氯酸盐。

percussion *n.* ①敲打,碰撞。②振动。~ *boring* 冲击钻进。~ *cap* 雷管,冲击起爆管。~ *detonator* 撞击雷管(由撞击冲能激发的雷管)。~ *drill* 冲击式凿岩机(机体活塞通过钻杆直接对钻头施加冲击能量,反复不断地冲击岩石,并在活塞回程时使钻杆回转的凿岩机械)。~ *drilling*; ~ *boring*; *percussive drilling* 冲击钻进(钻头在一定装置作用下,利用钻具自重,在一定冲程高度内,周期性地对孔底进行冲击,以破碎岩石的钻进)。~ *fuse* 激发引信。~ *hole* 冲击钻孔。~ *powder* 冲击起爆炸药,易爆炸药,雷酸盐炸药。~ *primer* 撞击火帽。~ *scar*; *impact mark* 冲击痕。~ *welding* 冲击焊,锻焊。~*-rotary drilling*; *percussive-rotary drilling*; *combination drilling*; *combination-system of drilling* 冲击-回转钻进(钻头在孔底回转的同时,还通过一定的装置向其施加冲击力,以破碎岩石的钻进)。

percussive *a.* 敲击的。~ *action* 撞击作用,破碎作用。~ *drilling*; *percussion drilling* 冲击凿岩(用冲击破碎岩石的方法在岩石上钻凿出炮孔的技术)。~*-rotary boring* 冲击旋转式凿岩。

perennially *ad.* 长期地。~ *frozen soil* 多年冻土(冻结状态持续三年以上的冻土)。

perforating *v.* 穿孔于(perforate 的现在分词)。~ *charge* 射孔弹(用于射孔的由装药及壳体等构成的组合件)。~ *gun block* 射孔枪(用于安放射孔弹的承压部件,由枪管、枪头、枪尾和密封件等组成)。

perforation *n.* 射孔(在油气井的预定深度利用射孔器穿孔使目的层与井内形成通道的作业工序)。~ *breakdown* 炮孔疏通。~ *breakthrough* 炮孔疏通。~ *cleaning*; ~ *clean-up* 炮孔清洗。~

configuration 炮孔形状。~ *hole size* 炮孔尺寸。~ *hole volume* 炮孔容积。~ *in kill mud* 泥浆压井射孔(普通泥浆压井射孔是一种正压射孔。它利用井筒中重泥浆压力防止井喷。由于泥浆压力大于地层压力,因而孔道中除含有弹片碎块外,还有泥浆块,这不利于原油流出。除此之外,泥浆压井射孔要消耗大量水泥,且完井周期长,完井费用高,孔道不畅通,影响出油量)。~ *of hollow carrier gun* 有枪身射孔(如果用金属套管将爆炸元件,如导爆索、射孔弹封闭,那么这种枪就叫做有枪身射孔枪,否则,称为无枪身射孔枪。采用有枪身枪的射孔作业称为有枪身射孔)。~ *of retrievable wire perforator* 无枪身射孔(采用无枪身枪的射孔作业称为无枪身射孔)。~ *packing* 炮孔充填。~ *plugging* 炮孔堵塞。~ *washing* 炮孔冲洗。~*-packing ball sealer* 炮孔封堵球。

perforator *n.* 射孔器(用于射孔的爆破器材及其配套件的组合体)。

performance *n.* ①表演。②表现。③执行。~ *analysis* 工况分析。~ *and specification rules* 性能和规格规程。~ *characteristics* 爆炸性能。~ *chart* 工况图。~ *control* 性能控制。~ *curve* 运行曲线,特性曲线。~ *estimation* 性能估计。~ *improvement* 性能改进。~ *parameter* 性能参数。~ *test* 性能测试。

perimeter *n.* ①【数】周长。②周围,边界。~ *blasting* ①周边爆破。②光面爆破。~ *blasting method*; ~ *blasting technique* 周边爆破法。~ *control* 周边控制。

period *n.* 时期。~ *of economic evaluation* 经济分析期(在工程的经济寿命期内,选定一个有足够长度的、能使各比较方案的有利和不利的经济效果能够充分显示出来并达到稳定的程度,从而使各方案之间可进行合理经济比较的期限)。

periodic *a.* ①周期的。②定期的。③回归的。~ *function* 周期函数。~ *time* 循环时间。~ *wave* 周期波。~ *weighting(of main roof)* 周期来压(老顶周期垮落前后在采煤工作面引起的矿山压力显现)。

periodical *a.* ①周期的。②定期的。~ *collapse* 间歇塌落。

peripheral *a.* ①外围的。②次要的。~ *hole* 周边炮孔,圈定炮孔。~ *objects* 周边物体。~ *protection* 周边防护。~ *space* 周围空间。~ *speed* 周边速度。~*s* 外部设备(在电子计算机系统中,除计算机主板〈包括 CPU、内存及 CPU 的外围控制芯片〉之外的设备统称为外部设备。微机主机系统只有通过外部设备才能与外界交换信息。外部设备主要有输入设备、输出设备、存储设备、多媒体设备、终端设备和网络设备等,也称外围设备)。

periscope *n.* 潜望镜(专门用来观察孔壁的仪器,观察时孔内用灯泡照明。参见 *borehole binocular*)。

permafrost *n.* = perennially frozen ground 永久冻土。

permanent *a.* 永久(性)的。~ *deformation* 永久变形。~ *supporting*; *second* *supporting* 巷道二次支护(一次支护使巷道围岩变形速度减缓后,再进行的永久性支护,一般应用于不稳定和极不稳定巷道中)。

permeability *n.* 渗透性。~ *of rock* 岩石渗透性(地下的重力水存在于岩石的孔隙和裂隙中,而且这些孔隙和裂隙常常是互相连通的,在孔隙不损害岩石构造的情况下,重力水的通过能力称为岩石渗透性,常用渗透系数表示,量纲为 cm/s 或 m/d)。

permissible *a.* 许可的。~ *dynamites* 许用炸药;安全胶质达纳迈特。~ *ammonium nitrate dynamite* 许用硝铵胶质达纳迈特(以胶质硝基化合物为主剂,含有硝酸铵的非煤矿用胶质达纳迈特。日本的商品名称为桐达纳迈特炸药,有特号、一号和三号等品种,其中三号桐达纳迈特应用最广)。~ *blasting device* 安全放炮装置。~ *cartridge* 安全药卷,安全药筒。~ *detonating cord* 煤矿许用导爆索(允许在有瓦斯和煤尘爆炸危险的矿井中使用的工业导爆索)。~ *diameter* (*smallest*) 许可(最小)直径(许用〈安全〉炸药的最小可取直径,单位为 m 或 mm)。~ *dosage* 安全剂量。~ *electric detonator for coal mining*; ~ *electric blasting cap for coal mining* 煤矿许用电雷管(经主管部门批准,允许在有瓦斯和煤尘爆炸危险的矿井中使用的特种电雷管)。~ *emulsion explosive for coal mine*; *permitted emulsion explosive for coalmine*; ~ *emulsion for coal mine*; *permitted emulsion for coal mine* 煤矿许用乳化炸药(经主管部门批准,允许在有可燃气〈和煤尘〉爆炸危险的煤矿井下工作面或其他工作地点使用的乳化药)。~ *equipments* 许用器材(在瓦斯煤矿中,对于炸药、放炮器、电机、电器、照明器具、各种瓦斯测定器和其他用于爆破的物品,凡未经检定合格者不得安装和使用。经检定合格的称作许用器材,也称安全器材。一般煤矿和金属矿山,在特殊情况下,也应使用许用器材)。~ *error* 允许误差根据(测量精度要求所规定的误差界限)。~ *explosives* 煤矿许用炸药(允许在有可燃气和煤尘爆炸危险的矿井中使用的炸药。参见 *permitted explosives*)。~ *explosive material* 煤矿许用爆破器材(允许在有可燃气和煤尘爆炸危险的矿井中使用的民用爆破器材)。~ *gelatin dynamite* 安全胶质达纳迈特(一种以胶质硝基化合物为主剂,含有硝酸铵及消焰剂的胶质安全炸药。日本的商品名叫梅达纳迈特)。~ *stress* 容许应力。~ *test* 许用试验(凡在矿山使用的炸药及其有关器材,除进行必要的安全度试验外,尚需对其种类和型号进行充分的鉴别。经检查合格的产品,方许可使用。所以为确认爆炸使用安全性而进行的试验,称为许用试验)。~ *watergel explosive for coal mine*; *permitted water gel explosive for coal mine*; ~ *water gel for coal mine*; *permitted water gel for coal mine* 煤矿许用水胶炸药(经主管部门批准,允许在有可燃气〈和煤尘〉爆炸危险的煤矿井下工作面或其他工作地点使用的水胶炸药)。~ *working pressure* 允许工作压力。

P

permitted *v.* 允许(permit 的过去式和过去分词)。~ *explosives* 安全炸药。~ *store amount of explosive* 炸药贮存量(指库房中能同时存放的炸药和其他爆破材料的最大数量。炸药库的贮存量,应根据库房等级和所贮炸药的种类来确定其最大贮存量)。

perpendicular *a.* ①垂直的。②直立的。~ *offset of shot line* 炮线距。~ *separation* 垂直间距,直交间距。

persistence *n.* 持久性(平面内间断区面积或规模大小的一个量度,单位为 m。通过观察露头表面上的间断区痕迹长度可大致予以量化。它对爆破有重大意义,但又是最难以量化的一个因数)。

personal *a.* 个人的。~ *computer*;*PC* 个人计算机(一种主要供个人单独使用的计算机。包含家用个人计算机、商用个人计算机和笔记本计算机)。~ *contact* 个人接触。~ *protective equipment*;*PPE* 个人防护装备。~ *protective devices* 个人防护用品(为使职工在职业活动过程中免遭或减轻事故和职业危害因素的伤害而提供的个人穿戴用品。同义词:劳动防护用品)。~*s engaged in blasting operations* 爆破作业人员(指从事爆破工作的工程技术人员、爆破员、安全员、保管员和押运员,参见 *blasting personnel*)。

personnel *n.* 员工。~ *surety* 个人提供的担保。~ *injury or fatality* 人员伤亡。

perturbing *v.* 不安(perturb 的现在分词)。~ *area* 扰动区。

per-unit *n.* 单位。~ *value* 每单位值。

PETN = pentaerythritol tetranitrate 泰安,季戊四醇四硝酸酯,分子式:$C(CH_2ONO_2)_4$,结构式:

$$\begin{matrix} O_2NOH_2C & & CH_2ONO_2 \\ & C & \\ O_2NOH_2C & & CH_2ONO_2 \end{matrix}$$

。

~-*latex flexible explosive* 泰乳炸药(以泰安为主要成分,加入适量胶乳等组成的混合炸药。是一种挠性炸药,主要用于爆炸压接和爆炸焊接等爆炸加工作业)。

petrographic *a.* 岩相学的,岩类学的。~ *analysis* 岩相分析。~ *constituent* 岩相组分。~ *quantitative analysis* 岩相定量分析。

petrol-driven *a.* 汽油驱动。~ *rock drill* 内燃凿岩机(以燃油为动力的凿岩机。适用于山区和无电源、无压气设备地区,以及流动性的少量石方工程钻孔,参见 *diesel drill*)。

petroleum *n.* 石油。~ *geophysical explosion* 石油物探爆破。~ *jelly*;*petrolatum* ①凡士林油。②矿油。③矿脂,石油冻。

petrology *n.* 岩石学(研究岩石的成因、产状、结构和演化历史的学科)。

petrophysical *a.* 岩石物理性。~ *properties* 岩石物理性质(岩石物理性质主要有:岩石的密度、岩石的空隙性、岩石的波阻抗、岩石的风化程度等各种特性参数和物理量)。

phantom *a.* 虚构的。~ *view* 透视图。

phase *n.*【物】相位。~ *analysis* 相分析。~ *difference* 相位差。~ *IIincorporated blasting* 二期合并爆破。~ *inversion* 相

位转化。~ *relationship* 相位关系。~ *transition*；~ *transformation*；~ *change* 相变。

phasing *n.* 定相，相位调整。~ *tested* 射孔相位（射孔弹轴线在垂直于射孔器轴线平面上投影的相对位置，通常用投影间夹角度数或投影方向数据表示，如90°或四相位）。

phenolformaldehyde *n.*【化】酚醛。

philosophy *n.* 哲学。~ *of traditional controlled blasting* 传统控制爆破的理念。

phlegmatization *n.* 钝化（人为地降低炸药的敏感度，例如，往硝甘〈NG〉炸药中添加二硝基甲苯〈DNT〉）。

phlegmatized *a.* 钝化的。~ *cartridge test* 钝化炸药试验。

phonolite *n.* 响岩（是成分上与霞石正长岩相当的碱性喷出岩，因用锤子击打时发出特有的响声而得名）。

photic *a.* 与光有关的。~ *stimulation* 光激励。

photoactive *a.* 光敏的，感光的。

photoelastic *a.* 光弹性的，光测弹性。~ *model of rock engineering* 岩体工程光弹模拟（用光学灵敏材料制成的模型置于偏振光场中模拟岩体工程结构应力分布和应力大小的研究方法）。~ *test* 光弹试验（利用材料在荷载作用下产生暂时双折射效应的特性，在光弹试验仪上根据偏振光场得到的干涉条纹图来研究材料中应力场特征的方法）。

photo-excitation *n.* 光致激发。

photogram *n.* 黑影照片。~ *metric method of fragment size analysis* 块度分析三维摄影测量法（对爆堆粒度分别进行的三维研究方法。该法比平面摄影法更精确）。

photogrammetric *a.* 摄影测量的，摄影测绘的。~ *survey* 摄影测量（利用摄影相片测量地形地物的技术）。

photogrammetry *n.* 图像分析法。~ *and remote sensing* 摄影测量与遥感学（研究利用电磁波传感器获取目标物的几何和物理信息，用以测定目标物的形状、大小、空间位置，判释其性质及相互关系，并用图形、图像和数字形式表达的理论和技术的学科）。

photographic *a.* 摄影用的。~ *method of fragment size analysis* 块度分析摄影法（对爆堆表面或断面进行摄影，以供下一步用手工、半自动或全自动方法进行处理和分析，进而得出爆破块度分布规律）。

photogrammetry *n.* 摄影测量（利用摄影影像信息测定目标物的形状、大小、空间位置、性质和相互关系的科学技术）。

photography *n.* 拍摄图像。

photomap *n.* 影像地图（以航空和航天遥感影像为基础，经几何纠正，配合以线画和少量注记，将制图对象综合表示在图面上的地图）。

photomechanics *n.* 光测力学。~ *laboratory* 光力学实验室。

phyllite *n.* 千枚岩（由页岩、粉砂岩或中酸性凝灰岩经低级区域变质作用形成的具有千枚状构造的一种变质岩，主要由绢云母、绿泥石和石英等组成。片理面上呈丝绢光泽，细粒鳞片结构，常具褶皱构造）。

physical *a.* ①自然规律的。②物质的。~ *absorption* 物理吸附。~ *analog for rock mechanics* 岩石力学物理模拟(矿山岩石力学研究中的物理模拟,包括相似材料模拟、光测弹性材料模拟、底摩擦模拟及离心模拟)。~ *anisotropy* 物理各向异性。~ *aspect* 物理形态。~ *assay* 矿物物理分析。~ *beneficiation* 物理选矿。~ *characteristics* 物理特性,物理性质。~ *chemistry* 物理化学。~ *constraint* 物理限制条件。~ *discontinuity* 物理性质不连续性。~ *distribution management* 物流管理。~ *environmental factor* 自然环境因素。~ *exfoliation* 物理剥离作用。~ *explosion* 物理爆炸(物理爆炸系指在爆炸前后,仅仅发生物质形态的变化,而物质的化学成分和性质并未改变的爆炸现象)。~ *feature* 物料特性。~ *form* 物理形态。~ *geodesy* 物理大地测量。~ *geology* 物理地质。~ *life of a project* 工程物理寿命(一个工程投产后,因磨损、老化等自然原因至不能有效使用时止的一段期限)。~ *mineralogy* 物理矿物学。~ *mode* 物理模式。~ *model* 物理模型。~ *momentum* 物理动量。~ *properties of frozen soil* 冻土的物理性质(多年冻土是由矿物颗粒、固态冰、液态未冻水和气体组成的四相体系,其物理性质取决于四个方面的特征指标:①冻土中的总含水量〈包括液相和固相含水量〉。②冻土中未冻水的含量。③原状结构冻土的容重。④固体矿物颗粒相对密度。上述特征值需通过室内土工试验确定)。~ *properties of ground* 岩土的物理性质(由自身的物理组成和结构特征所决定的岩土的基本属性)。~ *property* 物性(系指物质的自然属性或内在品质,如油藏的物性则是孔隙度和渗透率〈porosity and permeability〉)。~ *properties and performance characteristics* 物理特性和爆炸性能。~ *prospecting* 物理勘探。~ *reflection* 物理反射。~ *sampling technique* 物理抽样技术。~ *scale determination* 物理比例确定。~ *scale model* 物理比例模型。~ *scale model making* 物理比例模型制作。~ *seismology* 物理地震学。~ *simulation* 物理模拟(模拟分物理模拟和数学模拟,保持物理本质一致的同类现象的模拟,属物理模拟;物理本质不同,但描述现象的微分方程相同的异类现象的模拟,属数学模拟)。~ *state* 物理状态。~ *treatment* 物理处理法。~ *unit* 物理单位。~ *variant* 物理变量。~ *weathering* 物理风化。~*-mechanical property of rock* 岩石物理力学性质(岩石对物理条件及力作用的反应,包括岩石物理和岩石力学性质。在力学特性中还包括渗流特性,机械特性〈硬度、弹性、压缩及拉伸性、可钻性、剪切性、塑性等〉)。~*-chemical properties of ground* 岩土的物理化学性质(岩土与周围介质发生物理化学作用而表现的性质)。

pick *v.* 拾取。~ *coal mining* 风镐采煤(风镐是替代手镐的一种最简单的采煤机械。自发明至今一直在广泛使用。风镐的功率不大,但操作简便,特别适用于软弱煤层的采掘)。~ *orientation* *keypoint* 拾取定位特征点。~ *ing menu* 拾取菜单。

piecewise *ad.* 分段地。~ *approximation* 逐段逼近。

piercing *v.* 刺入(pierce 的现在分词)。~ *shot* 挑顶爆破,刷帮爆破。

piezo-electric *a.* 压电的。~ *detector* 压电式测振仪(压电式测振仪使用压电式拾振器,主要测量振动加速度。压电式加速度计输出阻抗高,信号进入放大器前必须进行电荷放大或阻抗变换。其系统频带宽,但抗干扰能力差,易受电磁场的影响,因此对导线和插件要求有较高的绝缘电阻,以免影响系统阻抗)。~ *effect* 压电效应。~ *sensor* 压电传感器。~ *spark* 压电火花。~ *stress* 压电应力。~ *wave detector* 压电检波器。

piling *v.* 堆起(pile 的现在分词)。~ *theory of bulk casting* 抛体堆积原理(抛体堆积形态的计算主要是定出最远距离、质心抛距;进而划出抛体堆积范围和最高抛掷点位置。其原理有:①抛体质心运动规律遵循质心系运动的基本原理。②单个抛体堆积呈三角形分布。③堆积体同抛体的体积平衡)。

pill *n.* ①电雷管燃烧剂。②药片。

pillar *n.* 矿柱(留存在原处的一部分或一段矿体或岩体,用以支撑地下矿山的顶板或上盘)。~ *blasting* 矿柱爆破(地下矿山对上盘和下盘之间矿柱的爆破,旨在提高矿石采收率)。~ *caving* 矿柱崩落。~ *ring* 矿柱回采扇形炮孔。~ *supporting method* 煤柱支撑法(在采空区中留适当宽度煤柱以支撑顶板的岩层控制方法)。

pillow *n.* 枕头。~ *structure* 枕状构造。

pilot *n.* 导向器(或轴)。~ *tunnel method* 导硐开挖。~ *blasting demonstration* 示范爆破演示,示范爆破论证。~ *drifting method* 导硐掘进法(巷道或硐室施工时,先以小断面超前掘进,而后再扩大到设计断面的方法,参见 *pilot heading method*)。~ *excavation of upper half crossection* 上半断面超前开挖(在全断面掘进的隧道中,当地质条件不稳定时,可临时改用上半断面超前开挖法,待衬砌完成后,再开挖下半部)。~ *fuse* 信号导火(爆)索(为保证炮孔点火完毕,放炮工能退避到安全地带所选用的导火索作为信号,称为信号导火索。信号导火索也称作计时导火索,参见 *premature explosion*)。~ *heading* 超前巷道(扩展成全断面平巷或平硐之前的小断面巷道,参见 *advance heading*)。~ *heading method*; ~ *tunnel method*; ~ *drift method* 导硐掘进法(对于巷道或硐室,先以小断面超前掘进,然后再扩大到设计断面的掘进方法)。~ *hole* 中空孔(在平行空孔直线掏槽中,中空掏槽中不装药的炮孔,也叫导向孔。中空孔和装药炮孔之间的距离,取决于炮孔的直径和岩石性质,参见 *burn hole*)。~ *project* 示范项目,示范工程。~ *tunnel* 超前导硐(掘进大断面隧道时,宜先超前掘进一个小断面的导硐以探明地质条件,然后扩大到隧道的全断面。这样作业面多工程安全度高,且能同时进行浇灌拱部和边墙的混凝土作业。它有上半断面超前掘进、侧导硐超前掘进、下导硐超前掘进和环形导硐超前掘进等几种方法)。~ *wave* 导频波。

pin *n.* 别针,大头针。~ *holing* 针孔喷气(因过多的爆破能量输给引火头而使雷管破裂的现象。这种现象可能干扰缓燃剂的燃烧速度,或者在极端情况下会导致瞎炮,参见 *gas venting*)。~-*point accuracy* 精确度高,高度密集。~-*point blasting* 抛碴爆破(爆破后部分岩石碎块抛离工作面的爆破方法)。~-*point charge* 抛掷药包,定向药包。

pioneer *vt.* 开辟,开拓。—*n.* 先驱,开拓者。~ *an enterprise* 开拓事业。*In recent two decades, different effective blasting methods have been* ~*ed for destruction and construction at home and overseas.* 最近的 20 年,海内外为拆除和建设而开拓了各种行之有效的爆破方法。~ *cut* 开段沟,切槽(为建立台阶工作线开挖的沟道)。~ *spirit* 开拓精神,拓荒精神。~ *wave* 冲击波,先驱波。

pipe *n.* 管子。~ *charge* 管状药包(用刚性塑料或纸板制的长圆筒卷装炸药。此类药卷可用于平硐底孔〈辅助炮孔〉的爆破,亦可用于顶板和巷壁的控制光面爆破。在后一种情况下,必须采用低〈线性〉装药密度〈kg/m〉。控制光面爆破所用的管状药包务必非耦合,并用塑料套管予以对中)。~ *effect* 管道效应(在实际的爆破工程中,在药卷和炮孔内壁之间留有空隙,来自起爆一端的爆轰波在炸药中传播的同时,也在空隙中传播着冲击波。当后者的速度高于爆轰波时,孔底方向的炸药尚未被引爆便受到了超前空气冲击波的预压而变得钝感,最后发生拒爆。这种效应称作沟槽效应,也称空隙效应或管道效应。参见 *channel effect*)。~ *stringing* 敷设管道。

piston *n.* 活塞。~ *pumps* 活塞泵。

pit *n.* ①井。②煤矿。~ *acceptance survey* 采场验收测量(为测量采、剥工作面位置,验收采、剥工作面规格和计算采剥量而定期进行的测量工作)。~ *bottom*;*open-* ~ *floor*;*open-* ~ *bottom*;*quarry floor* 露天采场的底部面。~ *limit*;*open* ~ *limit*;*open-* ~ *edge* 露天开采境界(露天采场开采结束时的空间轮廓)。~ *mine*;*open* ~;*trough quarry* 凹陷露天采场(在地表封闭圈以下进行露天开采的场所)。~ *sinking*;*shaft sinking*;*shaft excavation*;*sink shaft*;*well sinking*;*shafting*;*shaft piercing* 凿井。~ *slope*;~ *edge*;*open-* ~ *slope*;*side slope*;*slope wall*;*high-wall* 露天采场边帮(露天采场由台阶、倾斜坑线的坡面和平盘限定的表面总体及邻近岩体)。

place *n.* ①位。②地方。③职位。~ *names*;*geographic names* 地名(具有固定地理位置的特性,用以识别各个地理物体的名称)。

plain *a.* ①平的。②素的。~ *concrete structure* 素混凝土结构(素混凝土结构是指不配钢筋的混凝土结构,常用于设备基础、路面、地坪等构筑物)。~ *detonator* 工业火雷管(用导火索的火焰冲能激发的工业雷管,参见 *flash detonator*;*fuse detonator*)。~ *strain* 简单应变。

plan *n.* ①计划。②平面图。~ *view* 平

面图。

planar *a.* 平面的。～ *kinematic pair* 平面运动副(在平面机构中,由于组成运动副的两构件的运动均为平面运动,故该运动副称为平面运动副)。～ *wave-front* 平面波前(地震波的波前面为平面的波前。实际平面波前是不存在的,但在远离震源的地方可以认为局部一段地震波前是平面)。

plane *n.* ①水平。②平面。～ *angle* 平面角。～ *control network* 平面控制网(由一系列平面控制点所构成的测量控制网)。～ *control point* 平面控制点测得平面坐标值的控制点。～ *control survey* 平面控制测量(测定控制点的平面坐标值所进行的测量)。～ *control surveying of surface mine* 露天矿平面控制测量(为建立露天矿平面控制网进行的测量工作)。～ *coordinate*; *horizontal coordinate* 平面坐标。～ *curve* 平面曲线。～ *detonation front* 平面爆炸波前。～ *figure* 平面图(只表示地形要素的平面位置,不表示起伏形态的地图)。～ *fracture* 平面破裂。～ *geometry* 平面几何。～ *of bedding* 层理面。～ *of break* 破裂面,垮落面,崩落面。～ *of cleavage* 劈理面,裂开面。～ *of collimation* 视准面。～ *of coordinates* 坐标面。～ *of denudation* 剥蚀面。～ *of disruption* 断裂面,折断面。～ *of fracture*; ～ *of rupture* 破裂面。～ *of maximum shear* 最大剪切面。～ *of rotation* 转动面。～ *of survey* 测量平面。～ *of symmetry* 对称面。～ *of thrust* 剪切面,滑移面。～ *of weakness* 软弱面(〈抗剪或抗拉〉强度低于周围物料强度的表面或窄平面区,参见 *weakness plane*)。～ *polar coordinates* 平面极坐标。～ *polarization* 平面偏振。～ *pressure field* 平面压力场。～ *pressure wave* 平面压力波。～ *rectangular coordinate* 平面直角坐标。～ *shear slide* 平面剪切滑坡。～ *strain* 平面应变。～ *strain loading* 平面应变加载。～ *stress* 平面应力。～ *survey* 平面测量。～ *table* 平板仪(由照准仪、测图板、三脚架等组成,进行地形测量的一种仪器)。～ *trigonometry* 平面三角。～ *velocity interface* 平面速度分界面。～ *wave* 平面波(波前是平面〈无曲率〉的波,可能是由非常远的震源产生的波,是地震和电磁波分析中通用的假设,并不绝对与现实情况一样)。～ *wave seismic record* 平面波地震记录。～*-wave decomposition* 平面波分解(求一组平面波的振幅、相位及传播方向,使它们相加的结果逼近给定的任意波前。反过来说,就是把任意波前分解为合成它的一组平面波)。～*-wave field* 平面波场。～*-wave reflectivity* 平均波反射率。～*-wave response* 平面波响应。～*-wave simulation* 平面波模拟。

planned *a.* 计划的。～ *blasting time* 计划的爆破时间。～ *economy era* 计划经济时代。～ *scaled distances* 计划的标定距离。

planning *n.* ①规划,设计。②绘制平面图。～ *a comprehensive safety program* 规划一个全面的安全方案。～ *and design* 计划和设计。～ *drilling capacity*

P

计划钻孔量。

plaster *n.* ①灰泥。②石膏。~ *gelatin* 涂膏胶质炸药。~ *shooting*; *abode shooting* 覆土爆破,糊炮爆破,外部装药爆破(使用外部装药爆破法时,在炸药的四周用黏土等物覆盖,以提高其爆炸威力的方法。参见 *blister shooting*; *mudcap blasting*)。~ *slab* 糊炮。

plastering *n.* 覆土爆破,糊炮。

plastic *a.* 塑料的。—*n.* 塑性。~ *strain* 塑性应变。~ *body* 塑性体。~ *bonded explosive* 塑料黏结炸药。~ *borehole liner* 塑料炮孔套管。~ *canister* 塑料炸药筒。~ *cartridge* 塑料药卷(用薄或硬塑料包裹的圆柱形药卷)。~ *clay* 塑性黏土。~ *deformation theory*;*totality theory* 塑性形变理论,全量理论(研究岩土处于塑性形状时,应力分量与形变分量间关系的理论)。~ *deformation*;*long-term deformation* 塑性变形(岩石〈体〉在外力除去后不能恢复到原状的变形)。~ *drift* 塑性后效(岩土在一定荷载作用下,其塑性变形随时间而不断增大的现象)。~ *drill hole plug* 塑性钻孔柱塞(略呈锥形的中空塑料器件,安放在潜孔口以防止钻屑落入钻孔之中)。~ *explosive* 塑性炸药(以 RDX〈HMX、PETN 等〉为主体,与少量高分子黏结剂、增塑剂等组成的、可以任意搓捏成型的混合炸药)。~ *failure* 塑性破坏。~ *fill* 塑性填料。~ *film* 塑料膜,薄膜塑料。~ *flow* 塑性流动(岩土中应力达屈服值后,塑性变形无限制发展的现象)。~ *flow failure* 塑性流动破坏(岩土受载后应力达屈服值时,塑性变形不断发展而引起的破坏)。~ *flow theory*;*increment theory* 塑性流动理论;增量理论(研究岩土体处于塑性状态时,应力增量与应变增量间关系的理论)。~ *flow – tensile fracturing of slope* 斜坡塑流-拉裂(斜坡下卧软岩在上覆岩层重力作用下产生塑性流动并向临空方向挤出,导致上覆较坚硬岩层弯折拉裂、解体和不均匀沉陷的斜坡变形破坏形式)。~ *frozen soil* 塑性冻土(虽被冰胶结但仍含有较多未冻结水,具有塑性,在荷载作用下可以压缩,土的强度不高)。~ *ignitor cord* 软点火线。~ *index* 塑性指数。~ *intrusion* 塑性干扰。~ *limit*;*lower* ~ *limit* 塑限,塑性下限(黏性土半固体状态与可塑状态间的界限含水率)。~ *locking spring* 塑性闭锁弹簧(内装羽屑的塑性柱塞,用以闭锁上向炮孔中的装药)。~ *metamorphism* 塑性变质。~ *modulus* 塑性模量。~ *product* 塑料制品。~ *reinforced primacord* 塑料加固导爆管。~ *relaxation* 塑性松弛(岩土中应力随塑性变形的增大而降低的现象)。~ *rock* 塑性岩石。~ *shear strain* 塑性剪切应变。~ *stiffness matrix* 塑性刚度矩阵。~ *strain* 塑性应变(对于多种结晶岩石,在变形过程中岩石保持其主要的黏结力和强度,而与个别粒子的局部微碎裂和位移可能参与该过程的程度无关)。~ *stratum* 塑性岩层。~ *strength* 塑性强度。~ *stress-strain diagram* 塑性应力-应变图。~ *stress-strain matrix* 塑性应力-应变矩阵。~ *wave* 塑性波,压缩波。~ *yield* 塑性屈服。

~ *yield-point* 塑性屈服点。~ *zone* 塑性带。

plasticity *n.* 塑性(指在应力超过一定限度的条件下,物料不断裂而继续变形的性质。具有塑性的物质在外力去掉后还能保持一部分残余变形,即在经受超越弹性限度的载荷产生弯曲而在释荷时形成残存变形的一种特性。岩石的塑性取决于其矿物组成)。~ *index* 塑性指数。

plasto-elastic *a.* 弹塑性。~ *mass* 弹-塑性体(屈服前仅产生弹性变形,屈服后才产生塑性变形的物体)。

plastometric *n.* 塑性。~ *analysis* 塑性变形分析。

plate *n.* 金属板。~ *dent method* 板痕法(柱形药包置于钢板或铝板上起爆。在金属板上形成的痕迹给出爆炸能的定量测定值。此种试验结果波动悬殊,除非炸药包的几何形状和起爆系统保持一致;对于高应变波能的炸药更适宜)。

plateau *n.* ①高原。②平稳时期。~ *permafrost zone* 高原永久冻土带。

platy *a.* (岩石)裂成平坦薄片的,板状的。~ *structure* 片状结构。

pliability *n.* 韧性,挠性。

plot *v.* 绘图,绘制。~ *results* 绘图结果。

plough *v.* ①用犁耕田。②开路。~ *cut* 楔形掏槽,V 形掏槽。*The Norwegian cut can provide more dependable advance per round than the* ~ *cut*。挪威掏槽与楔形掏槽相比,可以提供更可靠的每次爆破的进度。~ *steel* 高强度钢。

plus *a.* 附加的。~ *shot* 二次爆破小药包。

plug *v.* 填塞,堵。—*n.* 杵体(聚能装药爆炸时由药型罩外层形成的低速、无穿孔能力的杵状物)。~ *hole*;*pophole* 二次爆破炮孔。~*-free shaped charge* 无杵堵射孔弹(在规定的条件下不产生杵堵的射孔弹)。*-gging ability* 密封能力,堵塞能力。*-gging ratio* 杵堵率(靶上被杵体堵塞的孔数占有效穿孔数的百分率)。

plural-jet *n.* 多孔射流。~ *charge*;*multiple-jet charge* 多聚能空底装药。

pneumatic *a.* 气动的。~ *ANFO loaders* 气动铵油炸药装载机。~ *charge* 风动药卷,压气药卷。~ *charging apparatus* 压气装药器,风力装药器。~ *charging*;*pneumatic loading* 压气装药,风力装药。~ *control* 气动控制,气动操纵。~ *displacement pumps* 活塞泵。~ *drill pneumatic tired roller* 气胎碾(用充气轮胎靠重力作用压实土和沙砾料的施工设备)。~ *loading system* 气动装药系统。~ *charger*;*pneumatic loader* 风力装药机(以压缩空气装填炸药的一种机械。某些风力装药机用于装填 ANFO 和乳化炸药之类的散装炸药,另一类装药机用于装填药卷,参见 *air loader*)。~ *packing* 风力充填。~ *pick* 气镐(无转钎机构的手持式气动冲击破岩机具。气镐主要由启动和冲击机构组成。它有板阀和筒阀两种,参见 *air pick*)。~ *rock drill* 气动凿岩机(以压缩空气为动力的凿岩机。用于露天矿剥离、台阶采矿、地下矿掘进、采矿和锚杆车钻凿浅孔和深孔,也可用于隧道、水工等工程中钻孔)。~ *system* 风力系统。

pneumatically-loaded *a.* 用风力装载的。

pocket *n.* ①口袋。②容器。~ *shot* 药壶爆破(在炮孔底部先少量装药爆破成壶状〈扩壶〉,再装药爆破的方法。参见 *springing blasting*)。

P

point *n.* ①点。②要点。~ *of opening and echelons* 阶梯和开口位置。~ *charge* 集中药包。~ *initiation* 点式起爆。~ *load anisotropy* 集中载荷各向异性(特定岩石最大和最小集中载荷指数之比。$I_a = I_s$〈最大〉$/I_s$〈最小〉)。~ *load strength or index* 集中载荷强度或指数(在现场或试验室测定近似抗压强度的一种方法,以 MPa 为单位。集中载荷径向施加于岩心之上。破碎岩石所需之力 F 和载荷点之间的长度 L〈$L=d$,为岩心直径〉决定着集中载荷指数 I_s,$I_s = F/d^2$。试验规程已由 ISRM〈国际岩石力学学会〉于 1985 年描述)。~ *load test* 集中载荷试验。~ *loading* 集中负载(药包在药柱的一个点上起爆。为安全起见,或为提高炸药的效能,可在一个药柱内置放若干个集中药包,形成底部、中部或顶部起爆。起爆可采用雷管,而对非雷管敏感炸药,则可用起爆药包)。~ *mass motion in midair* 空中质点运动。~ *of action*; *point of attack*; ~ *of application* 作用点,着力点。~ *of burst* 爆裂点。~ *of contact* 接触点。~ *of detonation* 爆震点,爆炸点。~ *of effective thrust* 有效推力点。~ *of intersection* 交叉点,交点。~ *of maximum strain* 最大应变点。~ *of maximum subsidence* 最大塌陷点。~ *of separation* 分离点,分选点。~ *pressure* 点压力。~-*blank* ①在一条直线上。②直截了当的。~-*by*-~ *analysis* 逐点分析。~-*by*-~ *measurement* 逐点测量。~-*contact* 点接触的。~-*source explosion* 点源爆炸。~ *ing of blastholes* 炮孔布置。

poisonous *a.* 有毒的。~ *gas* 有毒气体(井下由于煤炭、矿石、坑木的氧化;积水和特殊地层吸附氧气,使氧分减少;或者由于煤炭、矿石及地层中渗出气体的影响,均会使井下空气的成分发生变化。这种气体称为矿井气体、矿井瓦斯或危险气体。有毒气体则指有害气体中微量的带毒性的气体。例如一氧化碳、氮的氧化物等,参见 *toxic gas*)。

Poisson *n.* 泊松(人名)。~(*'s*) *ratio*; *coefficient of lateral expansion* 泊松比;侧膨胀系数(岩土在无侧限条件下承受单轴压力作用时,其侧向应变与轴向应变的比值)。~ *'s ratio of rock* 岩石泊松比(指岩石单向受压时,横向膨胀应变 ε_2、ε_3 与沿作用力方向产生的纵向应变 ε_1 之比。是岩石物理力学性质之一)。

polar *a.* ①极地的。②正好相反的。~ *explosive* 防冻炸药。

polarization *n.* ①极化。②(光)偏振。~ *angle* 偏振角,极化角。~ *axis* 极化轴。~ *diagram* 偏振图。~ *effect* 偏振效应。~ *factor* 偏振因数。~ *intensity* 极化强度。~ *reflection*; *reflection of* ~ 偏振反射。~ *reversal* 极化反转。~ *vector* 偏振矢量。

polarized *v.* 使分化(polarize 的过去式和过去分词)。~ *seismic wave* 偏振地震波。~ *wave* 偏振波。

polarographic *a.* 极谱法的。~ *analysis* 极化分析。~ *wave* 极谱波。

pole *n.* ①【物】极点,顶点。②杆。~ *blasting* 杆上放炮,杆送药包爆破。~ *distance* 极距。~ *hole* 扩桩炮孔。~ *of function* 函数极点。

pollution *n.* ①污染(作用)。②沾污。~ *abatement* 污染治理。*P- from run-off rain water from surface dumps of broken rock at mines.* 经流雨水冲刷矿区地面破碎岩石堆而引起的污染。~*-free energy*;*energy without* ~无污染能源。~*-free technology* 无污染技术。

polyaxial *a.* 多轴的。~ *stress* 多轴应力。

polycrystalline *a.* 多晶的。~ *diamond bit* 聚晶金刚石钻头(以聚晶金刚石或聚晶金刚石复合片作为切削刃具的钻头。由于聚晶金刚石的耐磨性比硬质合金高1~2个数量级,比天然金刚石的耐磨性还要高,扩大了切削破碎的使用范围,在石油钻井、地质勘探的岩心钻中得到推广应用,有着十分广阔的前景)。~ *solid* 聚晶体。

polyfunctional *a.* 多功能的,多机能的。~ *compound* 多功能化合物。

polyhedral *a.* 多面的。~ *oxidizer droplet* 多面氧化剂微珠。

polyhedron *n.* 多面体。

polymer *n.* 聚合物。~ *bonded explosive* 高聚能黏结炸药。

polynomial *a.* 多项式的。~ *distribution* 多项分布。~ *regression method* 多项回归法。

polystyrene *n.* 聚苯乙烯。~ *pearls* 聚苯乙烯珍珠。~*-diluted ANFO(ANFOPS)* 聚苯乙烯稀释铵油炸药(铵油炸药的一个品种,其威力因添加聚苯乙烯球而降低。用于光面控制爆破,在生产爆破中亦可用来降低粉矿量)。

pony *n.* 小型马。~ *cut* 辅助掏槽炮孔。

poor *a.* ①匮乏的。②低劣的。~ *blast* 效率低的爆破。~ *overburden quality* 覆盖质量差。

pop *ad.* 爆炸,砰地。~ *shooting* 小炮孔爆破(炮孔达到或超过岩块中心的爆破)。~ *shot*;*plug shot* 小炮孔,修边炮孔,二次爆破(炮孔)。~*-blasting* 浅孔爆破(浅孔爆破又称炮孔爆破,所用炮孔直径小于50mm,孔深在5m以内,用浅孔进行爆破的方法叫做浅孔爆破法,是目前工程爆破的主要方法之一。参见 *short-hole blasting*)。

pophole *n.* 二次爆破炮孔。

popholing *n.* 二次爆破。

popping *n.* = popping blasting 二次爆破。

population *n.* 人口。~ *correlation coefficient* 总体相关系数。~ *covariance* 总体协方差。~ *distribution* 总体分布。~ *mean*;*general average*;*overall average* 总体平均值。~ *parameter* 总体参数。~ *penetration* 总穿深度。

pore *n.* ①毛孔。②气孔。~ *action in blasting* 爆破中的空孔效应(空孔的作用,在于爆炸应力波在空孔壁产生入射与反射作用,造成应力集中,根据实验,炮孔连线上的应力比其他方向上的应

P

力提高2倍。保证裂纹沿炮孔连线方向发展。从而抑制邻近区域其他方向产生裂纹)。~ *ratio* 孔隙比(土的孔隙体积与固体颗粒体积的比值)。~ *types* 孔隙类型(沉积岩中的孔隙,可分原生与次生两类。前者以粒间孔隙为主,取决于骨架颗粒的粒度、分选、圆度、球度与填集密度;后者多由溶解作用形成,表现为粒内孔隙、铸模孔隙以及收缩裂隙,构造裂隙再溶解的情况也常见)。~*-water pressure factor A* 孔隙水压力系数A(岩土在饱水条件下,由单位偏应力增量所引起的孔隙水压力)。~*-water pressure factor B* 孔隙水压力系数B(饱水岩土在三轴等压条件下,由单位球应力增量所引起的孔隙水压力)。~*-water pressure*; *neutral pressure* 孔隙水压力,中性压力(饱水岩土受压时,其孔隙水所承担的压力)。

P

porosity *n.* 多孔性。~ *of rock* 岩石孔隙度(也称岩石孔隙率。通常表述岩石孔隙度φ为岩石总孔隙体积V_p与同一岩石外表体积V_f之比,即:$\varphi = V_p/V_f$,可用小数或百分数表示。砂岩孔隙度一般为10%~25%)。

porous *a.* 多孔渗水的。~ *aluminum* 多孔铝。~ *ammonium nitrate* 多孔硝酸铵。~ *corpuscle*; ~ *particle* 多孔微粒。~ *nature*; ~*-ness* 多孔性。~ *pilled containing explosive* 多孔粒状炸药。~ *pills of ammonium nitrate*; ~ *ammonium nitrate pills* 多孔粒状硝酸铵。*Fuel, generally diesel, is blended with the ammonium nitrate, either in emulsions for water resistant explosives or absorbed into ~ ammonium nitrate pills.* 燃料,一般是柴油,与硝酸铵混合,要么乳化制成防水炸药,要么吸收到多孔粒状硝酸铵中去。~ *solid explosives*; ~ *solids* 多孔固体炸药。*Typically, explosives that are ~ solids at normal temperatures and contain little or no liquid are relatively unaffected at the normal low temperatures experienced in commercial blasting.* 通常说来,常温下含有很少液体或没有液体的多孔固体炸药,一般不受商业爆破中常见的低温的影响。

port *n.* 端口(在计算机中用于处理器与外围设备进行数据交换,把数据由处理器送出或接入的硬件设备)。

portable *a.* ①手提的。②轻便的。~ *magazine* 移动炸药箱(在非炸药库的建筑物中贮存有限量炸药的一种容器,或者是运输过程中的炸药容器)。

position *n.* ①位置。②地位。~ *of rib-side* 采边位置。~*ing and orientation of boreholes* 炮孔定位与定向。~ *ing charge through rope from the bank* 岸绳对拉固定药包(岸边对拉固定法适用于爆夯区紧靠岸边时采用。此时,悬吊药包的绳索通过主索与岸边建筑物或用地锚对拉固定。我国一些基床水下爆夯工程就是采用这种方法施工的)。~*ing time* 定位时间。

positional *a.* 位置的。~ *line* 定位线。

positive *a.* ①积极的。②确实的。~ *acceleration* 加速度。~ *action* 强制作用。~ *anomaly* 正异常。~ *benefit* 正效益(工程运行期中对社会有益的各种贡献)。~ *collapse*; *forced collapse* 强制倒

塌。~ *correlation* 正相关。~ *effect* 积极影响,积极效果。~ *factor* 积极因素。~ *gradient* 正梯度。~ *oxygen balance* 正氧平衡。~ *pulse* 正脉冲。~ *value* 正值。~ *wave* 正波。~-*pressure perforating* 正压射孔(井内液柱压力大于对应目的层压力时的射孔)。

post *ad.* 在后,赶紧地。~ *blast activities* 爆后运动。~ *blast assessment* 爆破后评估。~ *blast counting, recording, and verifying* 爆后计量、记录和核对。~ *blast fumes* 爆后烟雾。~ *blast inspection* 爆后检查。~ *blast*: *clean up and review* 爆后检查和清理。~ *hole* 浅炮孔,浅钻孔。~ *stress* 后应力,残余应力。~-*blast assessment* 爆后评估(爆破效果的量化评估,如评估破碎度、可掘度、超爆、欠爆、岩块抛掷距离等)。~-*blast checklist* 爆破后检查清单。~-*blast fragments* 爆后碎片。~-*blast monitoring* 爆后监测。~-*blast monitoring procedure* 爆后监测程序。~-*blast rock assessment* 爆后岩石评估(任何可用于鉴定岩石或岩体性质的因数或变数,均可加以测定,而且是爆破的直接效果)。~-*blast treatment* 爆后处理。~-*detonation* 滞后起爆(药包的延迟爆炸。可能由于点火或爆燃过程错误发生于有限期间的迟爆,而非即时起爆)。~-*detonation expansion* 爆后膨胀;爆后扩张。~-*detonation flaring* 爆后闪光,爆后向外展开。*This phenomenon is commonly observed with highly oxygen-negative explosives as* ~-*detonation flaring.* 通常观察到达这种现象是用高负氧炸药在爆后向外展开。~-*fracture stage* 破裂后阶段(应力达峰值、岩土破裂后,应力随变形的发展而下降直至达最小稳定值的岩土变形阶段)。~-*splitting* 后裂爆破。~-*tensioning* 后加张力的。

potassium *n.*【化】钾。~ *chlorate* 氯酸钾。~ *chloride* 氯化钾。~ *nitrate* 硝酸钾。

P

potential *n.* ①潜力,潜能。②电位,电势。—*a.* 潜在的,可能的。~ *threat* 潜在威胁。~ *instability* 潜在的不稳定因素。*the* ~ *power of a new discipline* 新兴学科的潜力。~ *barrier* 势垒,能峰。~ *chemical energy* 潜在化学能。~ *crater zone* 爆破漏斗区(含松动区和抛掷区)。~ *deformation energy* 变形位能。~ *difference* 势差,位差,电位差,电势差。~ *discontinuity* 潜在非连续性。~ *energy* 势能,位能。~ *exploitation resources* 潜在开采资源。~ *failure plane* 潜在破坏面。~ *fracture* 潜在裂隙。~ *gradient* 位能梯度。~ *hill* 势垒,位垒。~ *impacts of underwater blasting on marine life* 水下爆破对海洋生物的潜在影响。~ *impacts of underwater blasting projects* 水下爆破工程的潜在影响。~ *improvements* 改进余地。~ *of blasting* 爆破的潜力。*More recent focus has been provided on the finer end of the fragmentation curve to explore the* ~ *of blasting to influence the subsequent crushing and milling performance of metalliferous ores.* 近来,人们把研究的重点大多放在破碎曲线的细端,以探索爆破的潜力,因为爆破的结果会影响到含

金属矿石随后的粉碎和加工制造过程。~ *ore* 潜在矿量。~ *pollutant* 潜在污染物质。~ *reserves* 潜在储量,远景储量。~ *safety hazard* 安全隐患。~ *theory* 势论,位论。*-ly explosive atmospheres* 潜在爆炸性环境(一种由于场所条件和运行条件的影响可能引起爆炸的环境)。

P

poured *v.* 涌出(pour 的过去式和过去分词)。~*-in-forms* 抛掷成型。~*-to-solid foundations* 爆破抛掷成型基础工程。

pouring *v.* 涌出(pour 的过去式和过去分词)。~ *rate* 充填速率,浇灌速率。

pour-type *n.* 粉状。~ *explosive* 粉状炸药。

pourvex *n.* 鲍尔维克斯炸药(TNT 敏化的浆状炸药)。

powder *n.* 粉末,粉状物质。~ *barrel* 火药筒(100 磅)。~ *blast development* 药室掘进,爆破开拓,爆破巷道开拓。~ *blast mining method* 药室崩矿采矿法。~ *blast stoping* 药室爆破回采法。~ *capacity* 炮孔装药量。~ *core squib* 药芯点火线。~ *crosscut* 装药横巷。~ *density determination* 粉末密度测定。~ *emulsion explosives* 粉状乳化炸药。~ *explosive* 粉状炸药。~ *factor*;*explosive factor*;*specific charge* 单位炸药消耗量(爆破单位体积原岩〈煤〉消耗的炸药质量)。*Previous studies by many experts also show that flyrock can be avoided if the ~ factor is smaller than a critical value.* 很多专家以前的研究也表明,如果单位炸药消耗量小于临界值,飞石现象是可以避免的。*The relationship between the explosive and the rock mass is known as the ~ factor and can be used by the blaster as a general guideline for determining explosive distribution in the rock mass.* 炸药与岩体的关系被认为是单位炸药消耗量,爆破人员可用来作为确定岩体中炸药分布的总指标。~ *gas* 火药气体。~ *loading density* 装药密度。~ *mine* 装药硐室,装药巷道。~ *pocket* 爆破药室。~ *sensitivity* 炸药感度。~ *smoke* 炮烟。~ *stick* 药卷。~ *train* 药线。~ *tube* 药筒(采用混凝土破碎器破碎物体时,装填破碎药剂的塑料筒)。~*-drift blast*(回采区)药室爆破。~*-drift blasting* 药室巷道大爆破。~ *ed fuel* 粉状燃料。*-ry ammonium nitrate explosive* 粉状硝铵炸药。*-ry AN-TNT-FO explosive* 粉状铵梯油炸药(以硝酸铵为主要成分,加入梯恩梯、木粉、复合油相等组成的粉状混合炸药)。*-ry emulsion explosive* 粉状乳化炸药(由氧化剂水溶液和可燃物溶液乳化混合成乳胶基质,经雾化制粉而成的粉状混合炸药)。*-ry explosive* 粉状炸药(外观是粉末状的固体炸药)。

power *n.* ①【机】动力,功率。②炸药做功能力(威力)(炸药爆炸产物对周围介质做功的能力,参见 strength)。~ *damping* 动力阻尼。~ *distribution* 威力分布。~ *factor vs energy factor* 功率因素 VS 能量因素。~ *function* 幂函数。~ *line blasting circuit calculations* 电力起爆电路计算。~ *line initiation* 电力起爆。~ *line parallel circuits* 电力并联电路。~ *line series circuit calcu-*

lations 电力起爆串联电路的计算。~ *line series-in-parallel circuit calculations* 电力起爆串并联电路的计算。~ *machinery* 动力机械(可以把接受的各种能量转换成有效的机械能,使其自身能够发出动力的机械)。~ *shovel* 单斗挖掘机(使用一个铲斗的挖掘机。又称"单斗铲",参见 *single-bucket excavator*)。~ *source* 电源。~ *supply for construction* 施工供电(供应施工现场动力和照明用电的设施)。~*ed electronic detonators* 有源电子雷管。

practical *a.* 实践的,实际的。~ *average value* 实际平均值。~ *blasting effect* 实际爆破效果。~ *burden* 实际抵抗线(最大抵抗线减去最大的炮孔偏差后得到的爆破设计抵抗线,单位为 m)。~ *loading method*;*single linear method* 实际荷重法,单线法(使用压缩仪,根据建筑物地基基础设计的要求确定试样浸水压力进行湿陷试验,以测定黄土类土湿陷系数的方法)。~ *shot* 实验爆破。~ *spacing*(*SP*) 实际间距(爆破时的炮孔间距,在实际最小抵抗线计算出后确定。计算实际间距的一个判据可以是取得某一特定单位炸药消耗量)。

Prandtl *n.* 普朗特尔(人名)。~'*s solution* 普朗特尔解(普朗特尔根据极限平衡理论,并假设基础与地基接触面是光滑的,地基土是无重量的,因而地基破坏的两簇滑面是由两组平面及中间过渡的对数螺旋曲线组成的,从而推导出的适用于条形基础的求解地基极限承载力的基础理论公式)。

pre *a.* 前处理。

preblast *n.* 爆前。~ *assessment* 爆前评估。~ *assessment of a plan to be implemented* 爆前实施方案评估。~ *checklist* 爆破前检查清单。~ *counting*, *recording*, *and verifying* 爆前计量、记录和核对。~ *preparations* 爆前准备(工作)。~ *rock assessment* 预爆岩石评估(岩石或岩体中任何可以测定、已确定或可能对爆破效果产生影响的因数或变数)。~ *survey* 预爆勘测(记录一种结构物现存条件所作的勘测,用于确定后继的爆破是否引起机构破坏)。~: *project preparation* 爆前:项目准备。

preblasting *n.* 预爆(利用炸药使岩体中的天然裂隙扩大而位移很小的一种爆破方法。该方法成本相对低,可以提高作业生产率)。~ *evaluation* 爆前安全评估。~ *examination* 爆前安全检查。

precaution *n.* 预防,防备措施。*take* ~*s against* 采取预防…的措施。

precautionary *a.* 预先警戒的。~ *measure* 预防措施,安全措施。

precede *v.* 先于,位于…之前。*Eating* ~*s all other things.* 吃饭占据生活的优先地位。*It is dark clouds that* ~ *a rainstorm in most cases.* 大多数情况下,暴风骤雨来临之前是乌云翻滚。*A waitress* ~*d them into the diningroom.* 有个女服务员领他们到餐厅。*Usually*, *we do not* ~ *a person's name with the definite article.* 通常我们不在人名前加定冠词。*Describing facts precedes to making comments in compiling a history.* 编写史书,叙述事实先于评论。*In the few pages that* ~ .

P

在前面几页。

precedence *n.* ①领先,优先。②优先权。*give ~ to* 让…优先。*have(take) ~ over* 优先于。*Men take ~ over women regarding employment in field work*。就野外工作而言,男的就业优先于女的。

P

precedent *n.* 先例,前例。—*a.* 在先的,前面的。*create a ~ for* 为…开了先例。*have a ~ to go by* 有例可查。*without ~ in history* 史无前例,前所未有。*follow (break with) a ~* 循(破)先例。*This is a ~ for preserving two social systems in one country.* 这是一国两制的先例。*The ~ condition is without his presence.* 先决条件是他不出场。*in the days ~ to the earthquake* 在地震发生前的几天里。

precise *a.* ①精确的。②清晰的。③正规的。~ *blasting technology* 精确爆破技术。~ *initiation timing* 精确引爆定时。

precision *n.* 精密度(在一定测量条件下,对某一量的多次测量中,各测量值间的离散程度)。~ *blasting* 精确爆破。~ *electronic detonator* 精密电子雷管。~ *estimation* 精度估计(在平差计算中,由测量值的残差估求测量值 L,测量值的平差值 L'、未知参数的平差值 X 的方差的过程和方法)。~ *index* 精度指标(某项试验指标的中误差与算术平均值之比,以百分数表示)。~ *measurement* 精密测量。

preconditioning *n.* 预处理。

preconsolidation *n.* 预压固结。~ *pressure* 先期固结压力,前期固结压力(土体在过去历史年代所经受过的最大有效固结压力)。

precursor *n.* ①前驱。②初期形式。~ *of emulsion explosive* 乳化炸药前体。

precut *n.* 预掏槽(爆破前形成新自由面的岩石切割面。地下煤矿用的术语)。

pre-deformation *n.* 形变前的。

predetermined *a.* 预定。~ *blend ratio* 预定混合比例。~ *delay interval* 预定延时间隔时间。~ *size categories* 预定粒度范围(或分类)。~ *spacing* 预定间距。~ *stope dimensions* 预定回采量。

pre-detonation *n.* 爆前。~ *detection and monitoring of marine creatures* 爆前海洋生物探测和监测。

predicted *v.* 预测(predict 的过去式和过去分词)。~ *resources; prognostic resources* 预测资源量(煤田预测时,根据区域地质调查和含煤岩系、煤层分布规律,所估算的煤炭资源量)。

predicting *v.* 预测,预示(predict 的现在分词)。~ *rock movement during blasting* 爆破中岩石运动的预测。

prediction *n.* 预测。~ *and control of blasting vibrations* 爆破振动的预测与预防。~ *model* 预测模型。~ *of fragmentation patterns and cost in rock blasting* 岩石爆破的破碎模式及费用预测。~ *of underwater explosion safe ranges* 水下爆破安全距离预测。

pre-existing *a.* 先已存在的。~ *conditions* 原有条件。~ *fracture* 原有裂隙。

preferences *n.* 参数选择。

preferred *a.* 首选的。~ *hole spacing; most favorable hole spacing* 最佳炮孔间

距。~ *orientation* 首选方向,最佳定向。~ *target* 首选目标。~ *value* 优选值。

preformed *a.* 预制成的。~ *stemming* 预制炮泥。

pre-industrial *a.* 未工业化的。~ *era level* 工业革命前的水平。

preliminary *a.* ①初步的,初级的。②预备的。~ *acceptance* 初步验收。~ *crushing section* 一次破碎工段。~ *demolition* 预拆除(对于钢筋混凝土框架结构,为确保失稳,还需将框架结构的刚度的一部分或全部加以破坏。凡妨碍倾倒的一切梁、柱、板、箍等,必须在主爆之前预先切除,即进行预拆除)。~ *exploration*;*initial exploration* 详查(为矿区建设开发总体设计提供地质资料所进行的勘探工作,又称初步勘探)。~ *project*;~ *plan* 初步计划。~ *stress* 初始应力。

preloading *n.* 预加载。~ *checks* 预装药检查。

premature *a.* 过早的,提前的。~ *blast due to lightning* 雷击早爆。~ *blast*;~ *detonation*;~ *firing*;~ *shot*;~ *burning* 早爆(由于闪雷、矿物析出的热量或者由于操作失误而在预定时间之前发生的事故起爆)。~ *caving* 过早崩落。~ *explosion* 信号导火索(为保证炮孔点火完毕,放炮工能退避到安全地带所选用的导火索作为信号,称为信号导火索。信号导火索也称作计时导火索。参见 *pilot fuse*)。~ *venting* 过早喷泄。*The decreasing trend of flyrock distance with increasing stemming length is obvious from the role of confinement in controlling* ~ *venting of high pressure gases.* 由于对高压气体的过早喷泄进行控制所起的限制作用,飞石飞行距离随炮泥长度的增加而递减的这种趋势是显而易见的。

pre-mining *n.* 开采前。~ *stress* 开采前应力。

permit *n.* ①许可,准许。~ *sand licenses* 许可证。

premium *a.* ①高昂的。②优质的。~ *auditor* 金额审计员。~ *grain size* 最佳粒度。

pre-mix *a.* 预混合。~ *tank* 预混罐。

prenotching *n.* 预开 V 形槽(用机械工具、线性聚能药包或喷水枪进行开槽的作业。沿炮孔径向两侧开槽,目的在于降低破碎所需的炮孔压力。因此,形成相邻炮孔径向裂隙所需的炮孔压力下降,从而减轻因爆破振动而对周围岩石产生的破坏)。

pre-operation *n.* 作业前。~ *work* 作业前准备。

preparation *n.* 准备,预备。~ *in district* 采区准备(采〈盘、带〉区主要巷道的掘进和设备安装工作的总称)。~ *process* 制备工艺。

preparatory *a.* 预备的,准备的。~ *reserves* 准备储量。~ *roadway* 准备巷道(为准备采区而掘进的主要巷道,如采区上、下山、采区车场等)。

prepayment *n.* 预付款。

preprocessor *n.* 前处理。

pre-production *n.* 生产前。~ *cost* 生产前的费用。

P

prescribed *a.* ①规定的。②法定的。~ *mean and standard deviation* 预定的平均标准偏移量。~ *range of landed flyrock* 飞石着陆的预定区域。

present *a.* 现在的。~ *worth* 现值(一笔资金按规定的折现率,折算成现在或指定起始日期的数值)。

P

pre-set *a.* 预定。~ *position* 预定位置,预调位置。~ *temperature* 预设温度,预定温度。~ *time* 预定时间,规定时间。~ *yield load* 预调初始载荷。

pre-shear *a.* 预剪切。~ *hole* 预裂炮孔。~*ing blast* 预裂爆破。~*ing*;*presplitting* 预剪切,预裂爆破(沿开挖边界布置密集炮孔的爆破,预先以剪切〈滑移〉破碎岩石。这些炮孔在主爆破之前起爆,是控制爆破方法之一)。

pre-split *n.* 预裂。~ *blasting* 预裂切割爆破(预裂爆破是沿切割缝布置一排预裂孔,先行起爆后首先沿预裂孔形成一条预裂缝,然后非保留部分再进行爆破破碎和拆除。由于有了预裂缝,需要保留部分得到了保护)。~ *borehole loading* 预裂孔装药量。~ *borehole spacing* 预裂孔孔间距。~ *borehole stemming* 预裂孔填塞长度。~ *line design* 预裂线设计。~ *row timing* 预裂孔排间延时时间。*-tting* 预裂爆破。*-tting blasting*;*preshearing* 预裂爆破(沿开挖边界布置密集炮孔,采取不耦合装药或装填低威力炸药,在主爆区爆破之前起爆,从而在爆区与保留区之间形成预裂缝,以减弱主爆破对保留岩体的破坏并形成平整的轮廓面的爆破作业)。*-tting explosives products* 预裂爆破。*-tting limitations* 预裂爆破的局限性。*-tting technique* 预裂爆破法。

press *v.* ①压。②逼迫。~ *split blasting* 挤压延时爆破。~*ed concrete* 压制混凝土。~*ed density* 压制密度。~*ed explosive* 压制炸药。~*ed fuel* 压制燃料。~*ed propellant* 压制火药柱。~*ing* 压药。

pressure *n.* ①压力。②气压。~ *wave velocity* 压力波速度。~ *acting upon stowed goat* 作用在充填物上的压力。~ *bump* 岩爆(有如爆炸似的岩石能量的突然释放,常由采矿活动引发,源于岩体内积聚的极高的应力超出岩石的强度时导致岩块的破裂,其响声有的在人的听觉范围内,参见 *rock burst*)。~ *curve* 压力曲线。~ *delivery systems* 压力运载系统。~ *dependent yield stress* 随压力而定的屈服应力。~ *desensitization* 压力减敏。~ *desensitization of explosive* 炸药压力减敏(炸药在高密度情况下敏感度降低的过程。炸药若处在静和/或动压力下可能产生这种现象)。~ *differential*;~ *difference* 压差。~ *distribution* 压力分布。~ *durability* 耐压性(起爆药的燃烧爆轰不受其自身所承受压药压力影响的能力。通常以在一定装药条件下,起爆药可完全引爆猛炸药所能承受的最大压药压力来表示)。~ *effect* 压力效应,压力作用。~ *energy* 压力能。~ *gradient* 压力梯度。~ *height* 压力高度。~ *monitoring* 压力检测。~ *pot type*(*ANFO loader*) 压入槽模式(铵油炸药装载机)。~ *pot with venturi type* 文丘里压入槽。~

pulse 压力脉冲。*P- pulses traveling through the rock continue onward into the atmosphere even when the blast is completely confined and the rock is not broken.* 即便在爆破完全封闭且岩石没有破碎的情况下,穿行在岩层的压力脉冲会继续向前进入大气。~ *resistant explosive* 耐压炸药(在一定压力下仍具有良好爆炸性能的炸药)。~ *squared-time curve* 压力方框-时间曲线。~ *survey* 压力测量。~ *test* 压力试验。~ *transducer performance* 压力转换性能。~ *traverse* 压力横向分布。~ *unit* 压力单位。~ *versus time curve*; ~*-time curve* 压力-时间曲线。~*versus time signal* 压力-时间信号。~ *vessel* 压力罐(风力装药机〈通常装填 ANFO 炸药〉的一个部件,炸药贮存在不锈钢制密封容器中,向容器施加压缩空气,促使 ANFO 炸药沿半导体软管填入炮孔。亦称压力箱〈pressure pot〉)。~ *wave* 压力波。~ *wavelet* 压力子波。~*-distracted impact* 转移压力的影响。~*-time history* (炸药爆炸的)压力时间作用过程。

prestress *n.* 预应力。~*ed concrete structure* 预应力混凝土结构(预应力混凝土结构是指混凝土中配置预应力钢筋的混凝土结构)。~*ed reinforcement* 预应力钢筋(将热轧钢筋在常温下用卷扬机或其他张拉设备强力拉伸至超过其屈服点而进入强化阶段,迫使钢筋内部晶体组织发生改变,从而使钢筋屈服强度得到提高)。~*ing force* 预应力。

pre-treatment *n.* 预处理。

prevention *n.* ①预防。②阻止,制止。~ *of flyrock* 预防飞石。~ *of premature blast* 早爆事故的预防(在爆破作业中,有时由于某些外界能源作用于雷管或炸药而发生早爆,往往造成非常严重的伤亡事故。根据早爆事故原因而采取的预防措施称为早爆事故的预防)。~ *of static electricity* 静电的防治(①在压气装药系统中要采用半导体输药管。②对装药工艺系统采用良好的接地装置。③采用抗静电雷管。④预防机械产生的静电影响)。~ *of stray electricity* 杂散电流的防治(①爆前测定爆区的杂散电流值。②尽量减少杂散电流的来源。③确保电爆网路的质量。④在爆区采取局部或全部停电的方法可使杂散电流迅速减小,必要时可将爆区一定范围内的铁轨、风水管等金属导体拆除。⑤采用非电起爆系统)。

preventive *a.* 预防的。~ *measure* 预防措施。~ *measure of human error* 防止人为失误措施(人失误的表现形式多种多样,产生原因非常复杂,因此防止人失误是一件非常困难的事情。从安全的角度,可以从3个阶段采取措施防止人失误:①控制、减少可能引起人失误的各种原因因素,防止出现人失误。②在一旦发生了人失误的场合,使人失误不至于引起事故,即使人失误无害化。③在人失误引起了事故的情况下,限制事故的发展、减小事故损失)。~ *measures of blasting noise* 爆破噪声的预防(防止或减少爆破噪声的方法和措施。爆破噪声的基本原理是由爆破空气冲击波衰减而成的。因此,关于控制爆破空气冲击波的措施,也可作为控制爆破噪声的措施)。~ *measures of misfire* 盲炮的预防措施(防止产生盲炮的技术措施,例如:禁止使用不合格的起爆器材,不同类型、不同厂家、不同批号的雷管不能混用)。

P

previous *a.* 先前的。~ *investigation cost of project* 工程前期工作费用(工程施工前所支付的勘测、规划、设计、科研等项费用的总称)。

price *n.* 价格。~ *wave* 价格波动。

prill *v.* 使变颗粒状。—*n.* 球粒;多孔粒状硝酸铵(确保自由流动性的小粒化学制品。通常是指用于制备 ANFO 炸药的多孔粒状硝酸铵)。~ *and fuel oil mixture* 铵油炸药(由硝酸铵和燃料油等组成的混合炸药。通常随硝酸铵种类不同有粒状铵油炸药和粉状铵油炸药之分。粒状铵油炸药是由多孔粒状硝酸铵〈94.5%〉和柴油〈5.5%〉混合制成的;粉状铵油炸药是由结晶硝酸铵、木粉和柴油经轮辗机热混而成的,其典型配比是硝酸铵:木粉:柴油 = 92:4:4,参见 Ammonium Nitrate and Fuel Oil 〈ANFO〉)。~ *column*; *charge column* 药柱。~'*s affinity of moisture on its surface* 粒状炸药对其表面水分的亲和性。~*ed ammonium nitrate* 粒状硝铵。~ *ed explosive* 粒状炸药。~ *ed porous ammonium nitrate* 粒状多孔硝铵。~ *s of ammonium nitrate* 粒状硝酸铵。

primacord *n.* 导爆索(用季戊四醇四硝酸酯〈泰安〉制成)。~ *fuse* 导爆索,分支导爆线(由干线到各炮孔)。~ *trunk line* 主导爆线。

primary *a.* ①首要的,主要的。②最早的。~ *blasting* 主爆破,一次爆破(为持续生产而施行的主要爆破,目的是利于后续的运输和破碎。它是与二次爆破相对而言的)。~ *breaking* 初碎,一次爆破(相对于二次爆破而言的首次爆破)。~ *charge*;*principal charge* 主炸药。~ *control point* 一级控制点。~ *crushing* 粗碎。~ *current* 一次电流。~ *downward change* 原始垂直分带变化。~ *drilling* 一次凿岩。~ *energy* 一次能源。~ *explosive* 起爆药(用于起爆炸药的雷管中的高威力炸药,它对电火花、摩擦、撞击或火焰比较敏感)。~ *explosive ratio*(*of the unit consumption of explosive*)一次爆破炸药单位消耗量。~ *high explosive* 起爆用烈性炸药,高速起爆药。~ *index* 原始指标,原始指数。~ *initiation* 一次引爆。~ *materials* 起爆药类。~ *mine openings* 原矿巷道。~ *mineral* 原生矿物(指在内生成岩和成矿条件下自岩浆熔体或热水溶液中结晶形成的矿物,如花岗岩中的石英、长石、云母,各种热液矿床中的黄铁矿、黄铜矿、方铅矿等均属原生矿物)。~ *pollutant* 一次污染物。~ *sample* 一次采样。~ *stress* 初始应力。~ *wave* 纵波,也称 P 波(质点在波的传播方向运动的弹性体波,在常规地震勘探或声波测井中使用该波)。

prime *vt.* ①上火药,装填。②供给消息、细节、材料等,让事先有准备(常用被动句)。③上头道油漆。—*a.* ①第一位的,首要的。②最上等的,最佳的。

③最早的,最初的,基本的。④典型的。—n. ①青春,壮年,全盛时期,最佳状况。②开始,最初(部分)。③最佳部分,精华。④质数。⑤一分(六十分之一)。⑥因数。*to ~ stone mines with powder* 采石场开采装药。*to ~ a gun* 给枪上药。*The rocket has been ~d with enough fuel.* 火箭已装足了燃料。*to ~ a boiler with coal* 给锅炉加煤。*The lawyer was ~d by a witness at court yesterday.* 昨天证人在法庭上向律师提供详细信息。*The contactor is ~d with detailed data about the project.* 给承包商提供该工程的详细资料。*The doors will be ~d with yellow paint.* 这些门第一道上黄漆。~ *minister* 首相,内阁总理,宰相。*a matter of ~ importance* 头等大事。~ *object* 首选对象。~ *want of life* 生活的首要需求。*Smoking is believed to be the ~ cause of heart disease.* 有人说吸烟是引发心脏病的祸首。*Our ~ concern is to get the economy back to its feet.* 我们最关心的是让经济恢复活力。*the price of ~ beef* 最上等牛肉的价格。*The hotel is in a ~ location overlooking the plain.* 这旅馆处于俯瞰原野景色的最好位置。*Railways in that country are a ~ candidate for privatization.* 那个国家的铁路最早成为私有化的目标。*That fellow is a ~ detective hired.* 那人是雇佣侦探的典型。*the ~ of an ecosystem* 最理想的生态系统。*the ~ of life* 壮年。*past one's ~* 已过壮年,走下坡路。*be cut off in one's ~* 英年早逝。*the ~ of a year* 春天。*the ~ of the moon* 新月。~ *morning* 黎明。*the ~ of this book* 本书最精彩部分。*3 is a ~ to 7.* 3 与 7 互为质数。*7 is a ~ of 21.* 7 是 21 的因数。~ *the pump*(以财力或人力)赞助(企业或某项活动)。~ *cartridge* 药包中装雷管。~ *cost* 成本价。~ *meridian* 本初子午线。~ *mover* ①发起人。②自然力(如风,水等)。~ *rate* 最低利率。~ *time* ①黄金时段。②收视(收听)高峰时段。

primed *a.* 起爆状(已装好起爆器的炸药状态)。

primer *n.* ①火帽(一种比较小的,激发后发生爆燃,起点燃作用的火工品)。②起爆具(用于起爆感度较低的工业炸药,它本身用导爆索或雷管起爆)。③起爆药包(像铵油炸药一类不能用雷管直接起爆的炸药,应在雷管与主体炸药之间加入一种感度较高、威力较大的炸药,用雷管引爆它,再通过它起爆主体炸药。起爆主体炸药的中继炸药,称为起爆药)。~ *assemblies* 簇连起爆。~ *cartridge* 起爆药包(装有雷管的起爆药筒)。~ *efficiency* 起爆药包效力。~ *location* 起爆药包位置(在装药炮孔内起爆药包的放置位置)。~ *making* 带雷管药卷的制作。

priming *n.* ①发火,起爆。②泵的启动[注水]。③起爆体制作(向通常装于炮孔中的炸药之中填装雷管或起爆药包的作业。可用两种方法:“直接内装雷管”,即雷管指向药包;“非直接内装雷管”,即雷管偏向药包。为取得最大效率,要求直接内装雷管;但为了安全起见,又往往采用非直接内装雷管)。

P

~ *charge* 灼热电桥中装药。~ *circuit* 起爆电路起爆器材。~ *composition* 起爆剂,起火剂。~ *dynamite method* 药包装雷管起爆法。~ *energy* 起爆能量。~ *explosive* 起爆药。~ *materials* 起爆器材。~ *method* 起爆方法。~ *procedure* 起爆程序。*Blasters should always ensure a maximum velocity of the explosives to be used by following the ~ procedures recommended by the explosives manufacturers.* 爆破人员应该始终遵循炸药厂家所推荐的起爆程序,以确保所用炸药的最大爆速。~ *requirements* 起爆要求。~ *sensitivity by cap* 雷管起爆感度(指炸药用雷管起爆的感度。能用一支6号雷管起爆时,称该炸药具有一定的雷管起爆感度或雷管起爆性〈capsensitivity〉;不能起爆时,则为无雷管起爆感度或雷管不起爆性〈non-cap-sensitivity〉)。~ *system* 起爆系统。~ *the borehole* 起爆炮孔。~ *with booster* 中继起爆(用雷管或导爆索先起爆敏感度较高的炸药,然后再由它引爆敏感度较低炸药的一种起爆方法)。

primitive *a.* 原始的。~ *function* 原函数。

princess *n.* 公主。~ *incendiary spark test* "公主"燃烧火花试验(一根安全点火线产生的燃烧火花达到点燃炸药状况的一种加热试验。该试验在联合国分类中是强制性的)。

principal *a.* ①最重要的。②主要的。~ *cartridge* 主药包。~ *charge* 主装药。~ *direction* 主方向。~ *emulsifier*;*main emulsifier* 主乳化剂。~ *plane of stress* 应力主平面,主应力面。~ *strain* 主应变。~ *stress* 主应力(应力为零的面上的正应力)。~ *stress direction* 主应力方向。~ *stress field* 主应力场。~ *stress trajectory* 主应力轨迹。~ *virgin stress* 原始主应力。

principle *n.* 原则,原理。~ *of continuity* 连续性原理。~ *of demulsification* 破乳原理。~ *of explosive jointing* 爆炸压接机理(当压接管外表面包覆的炸药爆轰后,所产生的高温、高压的爆轰产物急剧膨胀,对压接管进行猛烈冲击。在冲击作用下压接管产生冲击波。随着冲击波的向前传播,压接管金属受到强烈压缩而产生径向运动,并以高速逐层碰撞压合铝线直到钢芯。碰撞、压合的压力可高达4000~5000MPa,而金属的动屈服极限一般在1000MPa,故使受压金属产生塑性形变,使接头由松动状态变为紧密结合、强度和电气性能符合使用要求的一个整体。在爆炸压接的焊区内,结合部位的两种金属组织没有发生熔化焊接现象)。~ *of explosive sizing* 爆炸整形原理(将爆炸整形弹用管柱或电缆输送到井下预定的整形复位〈扩径〉井段后,经校深无误后投撞击棒或电缆车接通电源,引爆雷管和炸药,炸药爆炸产生的高温高压气体及强大的冲击波在套管的介质中〈修井液、水或油水混合液等〉传播。当冲击波和高温高压气体达到套损部位套管内表面时,则产生径向向外的压力波,这种压力波使套损井段的套管向外扩张,从而达到整形复位的目的)。~ *of explosive welding* 爆炸焊接原理(爆炸焊接是爆炸整形扩径复位后,用油管或钻杆将焊管及其焊接弹下入加固井段,入井到位后,投入撞击铁棒压缩磁头,接通电源,引爆雷管、火药,排液发动机工作,固体燃烧剂燃烧并产生高温高压气体,使燃烧室内压力不断上升,使喷嘴打开,喷射气流,排推开焊管两端液体〈泥浆〉,使焊管周围局部区域形成气体堵塞。此时火药燃烧完毕,气室压力下降,而此时爆炸点火时间延迟控制元件刚好工作。接通外电流,点燃引爆雷管炸药,环焊和中间扩径同时爆炸工作,使焊管完成两端环焊接,中间部分被爆炸扩径,从而完成全部焊接加固。在一定的条件下,金属板材在炸药爆炸的冲击载荷下,将在金属板间产生射流。这一特征是金属爆炸焊接的必要条件。射流的作用起到了清除金属表面杂质,保证爆炸焊接形成的效果。以平板爆炸焊接为例,当基板与复板之间以 α 角相交,当复板表面的炸药以爆轰速度 v_d 传播时,复板在爆轰产物的高温高压作用下,以 v_a 的速度向基板碰撞、压合,当这一速度达到某一数值时,两金属接触瞬间,在高压作用下形成金属流,进而复板与基板焊接在一起)。~ *of joint-cutting blast* 切割爆破作用原理(切割爆破是采用爆破方法,使炮孔连线方向上形成裂缝,从而达到拆除一部分保留一部分的目的。根据岩石爆破机理,炸药在岩石内部爆炸时,按岩石的破坏作用程度分为粉碎区、裂隙区和振动区。切割爆破作用原理就是要消灭粉碎区、控制裂隙区)。~ *of reaction through centers* 形心反作用原理(相邻碎块体之间全部力的作用线必通过每一碎块的中心)。~ *of ring cumulative cutting* 环形聚能切割原理(环形聚能切割和射孔弹的聚能射孔其原理相同,但结构和作用方式不同,射孔弹是轴对称的聚能效应,射流聚交成一点,能射很深一个孔,而切割弹是面对称聚能效应,射流聚向一条线,切割开一条缝。环形聚能切割是把药型罩和装药做成环形,在爆炸时产生环状金属射流)。~ *of self-synchronization* 自同步原理。~ *of stacking*;*superposition* ~;~ *of superposition* 叠加原理。~ *of underwater spider blasting* 水底裸露爆破原理(在进行水底裸露爆破时,药包只有一小部分与被爆对象表面接触,大部分则被水包围,因此对被爆对象的破坏作用可以认为是爆炸冲击波和爆生气体流的共同作用,而这种共同作用通过水、气混合物形成的空化区相互联系。空化了的水具有一定速度的崩落和抛掷作用,使被爆对象产生不同程度的破坏)。~ *of virtual work* 虚功原理(假设弹性体在虚位移发生之前处于平衡状态,当弹性体产生约束许可的微小虚位移并同时在弹性体内产生虚应变时,外力在虚位移上所作的虚功等于整个弹性体内各点内力在虚应变上所作的虚功的总和)。~ *of water pressure blasting* 水压爆破原理(炸药引爆后,构筑物的内壁首先受到由水介质传递的水中冲击波作用,并且发生反射。构筑物的内壁在强荷载的作用下,发生变形和位移。当变形达到容器壁材料的极限抗拉强度时,构筑物产生破碎。随后,在爆炸高压气团作用下所形成的水球迅速向外膨胀,并将能量传递给构筑物四壁,形成一次突跃的加载,加剧构筑物的破坏)。~ *of work* 工作原理。

print *v.* 输出。

P

printer *n.* 打印机。

prior *a.* ①优先的。②在…之前。~ *estimate* 先验估计。~ *knowledge* 先验知识。~ *probability* 先验概率。

priority *n.* ①优先。②优先考虑的事。~ *project*;*key project* 重点项目。

prism *n.* 棱镜。~ *cut* 棱(柱)形掏槽(斜孔掏槽的一种形式。掏槽炮孔布置成V形,爆破后掏成棱柱形槽子,适用于中硬岩石)。

prismatic *a.* ①棱镜的。②棱形。~ *compressive strength of concrete* 混凝土轴心抗压强度(混凝土的轴心抗压强度是指用棱柱体试件测得的抗压强度。我国通常采用尺寸为150mm×150mm×300mm的棱柱体试件作为标准试件)。~ *object* 柱状体(指一向尺寸远远大于另外两向尺寸的构件。如梁、柱等)。~ *tensile strength of concrete* 混凝土轴心抗拉强度(混凝土的轴心抗拉强度是采用100mm×100mm×500mm的棱柱体试件测出的,试件两端预埋钢筋〈钢筋轴线与棱柱体轴线重合〉,用试验机夹具夹紧两端钢筋,使试件均匀受拉,试件破坏时其截面上的平均拉应力即为轴心抗拉强度f_t)。

pristine *a.* 原始状态的。~ *explosives* 原始炸药,古老炸药。

private *a.* 私有的。~ *enterprise* 私人企业。

probabilistic *a.* 概率性的。~ *equation for cratering* 爆破漏斗概率方程。

probability *n.* 可能性。~ *analysis* 概率分析(计算分析由于洪水、径流的不同发生概率对评价指标所产生影响的工作)。~ *coefficient* 几率系数。~ *curve* 几率曲线。~ *density function* 概率密度函数。~ *distribution function* 概率分布函数。~ *error* 概率误差。~ *factor* 概率因数。~ *of damage* 破坏概率(根据不同构造物地层振动测定值及其与构造物破坏的相关性而得出的概率,据此可建立破坏概率曲线,特别是承受某些振动水平的相关建筑物的破坏概率曲线)。

probable *a.* 可能的。~ *value* 概值,几值。

probe *v.* 用探针(或探测器等)探查。~ *drilling system* 探钻装置(巷道掘进工程中钻探勘查水、瓦斯等情况的装置)。

probit *n.* 概率单位。~ *plot* 几率单位曲线。

problem *n.* 问题。~ *situation* 不利形势,不利情况。*P- situations can arise when the transmission of stress waves within the rock mass are interrupted.* 在岩体内传播的应力波中断时,会出现不利形势。

procedure *n.* 程序。~ *control device* 程序控制装置(又称自动操纵装置。在人或程序信号发生器发出指令后,可以自动地启动或停止设备的操作或进行交换接通的操作)。~ *control system* 程序控制系统(又称自动操纵系统或顺序控制系统。是由程序控制装置和被控制对象组成的系统。与自动调节系统不同,是开环式的,而不是闭环式的,只能起操纵作用,不能起调节作用)。~ *of computer blasting simulation* 爆破数值模拟的步骤(和一般计算机模拟一样,模拟爆破亦按四步进行:①定义问题。②建立力学模型。③编制计算程序。④检验)。~ *of safety supervision* 安全监理工作的过程(安全监理工作可分为四个阶段,即招标阶段的安全监理、施工准备阶段的安全监理、施工阶段的安全监理、竣工缺陷责任期阶段的安全监理)。

process *n.* ①过程。②工艺流程。~ *chart*;*process flowsheet* 工艺流程图。~ *engineering*;*process technology* 加工工艺。~ *heat* 过程所需要的热。*CO_2 emissions from ammonia production are found both in the combustion of a proportion of the gas to provide ~ heat and from the reforming of the feedstock gas to provide ammonia synthesis gas.* 人们发现,氨生产过程中释放的二氧化碳一部分是来自提供热量的气体燃烧,另一部分来自于提供氨合成气所需的原料气的制备过程中。~*ed index* 处理后的指标。~*ing data* 处理数据。~*ing parameter* 处理参数。~*ing procedure* 处理程序,处理过程。~*ing scheme* 处理方案。~*ing sequence* 处理顺序。

product *n.* ①产品。②结果。~ *delivery method* 炸药配送方法。~ *of explosion* 爆炸产物(炸药爆炸反应所生成的各种气态和凝聚态物质)。~ *performance characteristics* 炸药性能特点。

production *n.* 生产。~ *blast* 生产爆破(目的与生产某种商品直接相关的一种爆破,是矿山、采石场或建设工地的主要活动。它有别于其他类型的爆破,如二次爆破或地震勘探爆破,后一类作业并非与生产某种商品特别相关)。~ *blast drilling* 钻爆产率。~ *blast vibration* 生产爆破振动。~ *heading* 生产平巷。~ *requirements* 产品要求。~ *scale single hole blast* 生产性质的单孔爆破。~ *stripping ratio* 生产剥采比。~ *surveying of surface mine* 露天矿生产测量(在露天矿生产过程中进行的测量工作)。~ *technology* 生产工艺。~ *well casing section* 生产井装有套管的区段。

productive *a.* ①多产的。②生产性的。~ *capacity*;*production capacity* 生产能力。~ *exploration* 生产勘探(煤矿生产过程中,在采区范围内,为查明影响生产的地质条件所进行的勘探工作)。

professional *a.* 专业的。~ *involvement* 专业性参与。

profile *n.* ①侧面。②轮廓。~ *charge* 周边药包(用于周边炮孔的药包,以限制释放于背部的能量。对于小直径炮孔,往往用管状药包〈刚性塑料套管隔离的药包〉,炮孔中用套管对中。对于中型和大直径炮孔,可用低爆速炸药)。~ *hole* 周边孔。~ *section* 纵剖面,纵切面。~ *shooting* 剖面爆破。

profilometer *n.* 轮廓测定器(轮廓测量器具。有几种方法可供测量爆破后岩石表面的轮廓:①经纬仪和测距仪〈激光器〉,手动或全自动。②光槽法:细光槽投影于隧道的周边,并摄影。③立体摄影)。

profit *n.* ①收益,得益。②利润。~ *and loss statement* 年终损益报表。

profitable *a.* 有益的。~ *thickness of coal seam* 煤层有益厚度(煤层顶、底板之间所有煤分层厚度的总和)。

P

program *n.* 程序(计算任务的处理对象和处理规则的描述。在低级语言中,程序一般是一组指令和有关的数据或信息。在高级语言中,程序是一组说明和语句。程序是软件的本体,又是软件的研究对象)。*-mable detonator*;*smart detonator* 灵敏雷管。*-med burn model* 编程燃烧模型。*-med burn region* 编程燃烧区。*-med parallel circuits of initiation* 编程并联起爆网路。*-med time delay sequence* 编程时间延迟顺序。

programming *n.* 程序设计(设计、编制和调试程序的方法和过程。内容涉及有关的基本概念〈程序、数据、子程序、模块、并发性、分布性等〉、工具、方法以及方法学等)。~ *language* 程序设计语言(用于书写计算机程序〈习惯上指实现级语言程序〉的语言。程序设计语言包含三个方面,即语法、语义和语用。语法表示程序的结构或形式;语义表示程序的含义;语用表示程序与使用者的关系)。~ *methodology* 程序设计方法学(以程序设计方法为研究对象的学科。它主要涉及用于指导程序设计工作的原理和原则,以及基于这些原理和原则的设计方法和技术,着重研究各种方法的共性与个性,各自的优缺点)。

progress *v.* ①(使)进行。②发展。~ *control* 进度控制(工程进度控制是指在工程项目的实施过程中,监理工程师运用各种监理手段和方法,依据合同文件所赋予的权力,监督工程项目承包人,采用先进合理的施工方案和组织、管理措施,在确保工程质量、安全和投资费用的前提下,按照合同规定的工程建设期限加上监理工程师批准的工程延期时间以及预计的计划目标去完成工程项目的建设)。

progressive *a.* 进行的。~ *burning charge* 增面燃烧火药柱,增面燃烧火药装药。~ *cavity pumps* 螺杆泵。~ *failure* 累进性破坏,逐渐爆破(非均质的不连续介质的岩土体受力后,由于局部破裂引起应力释放、转移和升高,从而导致新的破裂,长此以往,最后致使整个岩土体失稳的破坏)。~ *powder* 缓燃炸药。~ *trial* 分段试验。~ *water price with block rates* 分级(累进)水价(水价随着用水量的增加而分级递增的计价方式)。~ *wave* 行波,前进波。~ *wave motion* 前进波动。

project *n.* ①项目,工程。②计划。—*v.* 投射。~ *budget* 工程预算(设计单位或施工单位根据拟建工程项目的施工图纸,结合施工组织设计〈或施工方案〉,建筑安装工程预算定额、取费标准等有关基础资料计算出来的该项工程预算价格〈预算造价〉,称为工程预算。实质上,工程预算是建设项目的出厂价格,即其价值的货币表现)。~ *communication* 项目交流。~ *cost* 工程造价(工程造价,是指上述各项工程投资额计算文件所确定的数额,即工程概预算文件所确定的数额,称作造价。因此,从实质上讲,造价与投资没有什么区别,仅是称谓不同而已。例如,某建设工程预算造价为5000万元,也可称为某建设工程需要5000万元投资)。~ *definition: specifications and blast plan* 项目定义:设计规范和爆破方案。~ *estimate* 工程概算(建设项目在初步设计阶段计算工程投资与造价的设计文件)。~ *quality* 工程项目质量(工程项目质量是国家现行的有关法律、法规、技术标准、设计文件及工程合同中对工程的安全、使用、经济、美观等特性的综合要求。工程项目质量的具体内涵应包括以下几个方面:①工程项目实体质量。②功能和使用价值。③工作质量)。~ *quota* 工程定额(在规定工作条件下,完成合格的单位建筑安装产品所需要用的劳动、材料、机具、设备以及有关费用的数量标准)。~ *team formation* 课题组阵容。~ *team; research group* 课题组。~*ing angle* 抛掷角。

projectile *n.* ①抛射体。②(炮弹、子弹等)射弹。~ *impact test or armor plate test* 射弹冲击试验或钢板试验(美国开发的一种试验方法,用以研究某一炸药的性能。试验时炸药装入试验射弹中,后者由"枪"引爆射向钢板。引发炸药起爆的冲击速度被测定。这种试验的另一种方式是将直径15mm的黄铜子弹射向炸药)。~ *motion (mechanistically) coupled with an empirical formulation* 抛射动向(力学意义上)与经验公式符合。

prolific *a.* 富饶的。~ *zone* 富矿带。

prominent *a.* 突出的。~ *joint plane* 突出节理面。

proof *n.* ①校样。②检验。~ *stress* 试验应力。

prop *n.* 支柱,支撑物。~ *blasting* 炸断支柱。~ *blasting* 支柱爆破。~ *density* 支柱密度(采煤工作面控顶区内顶板单位面积上支柱的数目以〈根/m^2〉表示)。

propagated *v.* 传播(propagate的过去式和过去分词)。~ *blast; sympatric detonation; detonation by influence* 殉爆,传爆法爆破。

propagating *v.* 传播(propagate的现在分词)。~ *burning; propagating combustion* 传播燃烧。~ *characteristics of shock in water* 水中冲击波传播特点(①在药包附近的冲击波传播速度比水中的声速〈约为1520m/s〉要大数倍,随着冲击波的继续向前传播,波速压力迅速减小。②球面冲击波的压力幅度随距离的减小,比在声学里的声波要快。但在较大距离以外,压力变化接近声学规律。③压力波的波长随着传播而逐渐增长)。

propagation *n.* ①传播,传输。②扩展。~ *blasting* 传爆法爆破(传爆)(将密布和敏感的药包装在地层之中,用于潮湿地层的开沟爆破。第一药包的冲击波通过地层传播,引爆邻近的药包,依此类推。只需一只起爆雷管)。~ *characteristic* 传播特点。~ *charge*; ~ *grain* 传爆药柱。~ *constant* 传播常数。~ *distance* 传播距离。~ *effect* 传播效应。~ *error* 传播误差。~ *function* 传播函数。~ *law of explosion energy* 爆炸能传播规律。~ *loss* 传播损失。~ *medium*；*transmission medium* 传播介质。~ *of detonation* 传爆速度，起爆传播。~ *of explosion* 传爆。~ *of the peak pressure* 峰值压力传播。~ *path* 传播路径。~ *performance* (*test*) 传爆性能(试验)。~ *process* 传播过程。~ *sensitivity*；*sensitiveness to* ~；*sensitivity of* ~ 传爆感度。~ *sequence* 传爆序列。~ *test by detonating fuse* 导爆索传爆性能试验(对一定长度或按一定方法连接起来的导爆索，用雷管起爆，考察其传爆性能的试验)。~ *time* 传播时间，传导时间(反应时间与感应时间之差)。~ *velocity* 传播速度(冲击波在周围介质中的传播速度)。~ *velocity of seismic waves* 地震波的传播速度(纵波〈C_p〉和剪切波〈C_s〉由震源向外传播的速度，单位为 m/s)。~ *velocity of shock wave* 冲击波传播速度(速度大于材料内音速〈超音速〉时的机械纵波速度，单位为 m/s)。~ *wave field* 传播波场。~*-through-air test* 殉爆度试验，诱导爆破试验。

propellant *n.* 火药(在一定的外界能量作用下，自身能进行迅速而有规律的燃烧，同时生成大量高温气体的物质)。~ *action* 抛射作用，推进作用。~ *actuated power device* 发射药致动的动力装置(任何由发射药包启动，或通过发射药包释放和操作功能的器具或特殊机械化装置或气体发生器系统)。~ *explosive* 推进剂(在正常条件下爆燃的炸药，用于推进。根据其爆轰敏感度，可分为 A 级或 B 级炸药)。~ *system* 推进系统。

propelling *v.* 推进(propel 的现在分词)。~ *explosive* 抛掷炸药。~ *force* 推力。

proper *a.* ①适当的。②固有的。~ *cover for construction blasts* 施工爆破适当的覆盖。~ *drag coefficient* 固有阻力系数。~ *set-up of blasting seismographs* 准备好爆破地震仪。~ *treatment of blasting risk* 爆破风险适当处置。~ *value* 固有值，本征值。

property *n.* 特性。~ *and inland marine* 财产和内陆水运险。~ *and performance characteristic* 物理性质和爆炸性能。~ *damage* 财产损坏。

proportion *n.* 比例。~ *of fragments* 碎岩比例。*The crushed zone model has been shown to provide a realistic estimate of the ~ of fragments passing 1 mm for a wide variety of materials and blasting situations.* 有人证明使用这种破碎带模型，遇到各种岩石和爆破环境时，能可靠地估算过筛直径为 1mm 碎岩的比例。

proportional *a.* 成比例。*be ~ to* 与…成比例。~ *adjustment of range and direction* 按比例调整距离和方向。~ *control* 控制比例。~ *disequilibrium* 比例失衡。~ *increase* 按比例增加。~ *limit* 比例极限(岩土的应力-应变保持线性变化关系所能承受的最大应力值)。~ *preparation* 按比例配制。~ *reduction* 按比例减少。~ *sampling* 按比例抽样。~ *scale* 比例尺。

proportioning *n.* 按比例调配。

prospect *n.* 前景。~ *for application* 应用

前景。

prospective *a.* 预期的。~ *environmental assessment* 预断评价(对拟建的工程未来的环境变化及其影响的预测和评价)。~ *reserves*;*future reserves* 远景储量(在能利用储量中,因勘探程度低,可作为煤炭工业远景规划依据的储量,即 D 级储量)。~ *value* 预期值。

protecting *v.* 保护(protect 的现在分词)。~ *and securing downlines and legwires* 脚线。

protection *n.* 保护。~ *against flyrock* 预防飞石。~ *of aquatic products* 水产品保护。~ *of water production* 水产保护。~ *of water production* 水产品保护。~ *principle* 防护原理(在研究与分析控制爆破理论和爆破危害作用基本规律的基础上,通过采用行之有效的技术措施,对已受到控制的爆破危害再加以防护,称为防护原理)。~ *rank of surface ground* 地表保护等级(地表保护按保护物的用途、重要性、服务年限和变形所引起的后果划分保护等级;不同保护等级的被保护物,在其周围留设不同的保护带宽度,使它不会因围岩移动而遭破坏或影响使用。地表保护物的保护等级分为Ⅰ、Ⅱ、Ⅲ三个等级)。~ *stage* 护顶盘(井筒延深时,为防止岩柱的松动、冒落,紧贴其下设置的承重结构物)。

protective *a.* 保护的。~ *bulkhead*;*man-made safety staging* 人工保护盘(为保证井筒延深作业的安全,在原生产井筒的井窝内构筑的、阻挡坠落物的临时结构物)。~ *grating* 防护栏。~ *measures* 防护措施(为避免职工在作业时身体的某部位误入危险区域或接触有害物质而采取的隔离、屏蔽、安全距离、个人防护等措施或手段)。~ *measures of thunder and lighting* 雷电的预防(雷电的预防措施有:①掌握爆区气象规律,尽量避开在雷雨季节进行露天爆破施工。②当爆区附近出现雷电时,地面或地下爆破作业均应停止,一切人员必须撤到安全地点。③为防止雷电引起的早爆事故,雷雨天和雷击区不得采用电力起爆法。④对炸药库和有爆炸危险的工房,必须安设避雷装置,防止直接雷击引爆)。~ *rock plug* 保护岩柱(在井筒延深段顶部,为保护井筒延深作业安全暂留的一段岩柱)。~ *seam* 保护层(为了降低邻近煤层冲击矿压〈煤层气突出〉危险程度而先开采的煤层)。

Protodyakonov *n.* 普罗托季雅科诺夫(人名)。~ *coefficient of rock strength* 普氏岩石硬度指数(苏联普罗托季雅科诺夫〈М. М. Протодьяконов〉20 世纪 30 年代提出普氏分级法。这一方法主要采用的分级指标为 $f=R_C/10$,式中 R_C 为岩块单轴抗压强度 MPa。用 f 值把岩石分成 20 个级别)。~ *impact strength index*;~ *coefficient of rock strength* 普氏冲击强度指数。

proton *n.*【物】质子。~ *bombardment* 质子轰击。

proved *v.* 证明(prove 的过去式和过去分词)。~ *mining area* 已探明矿区。

proven *v.* 证明(prove 的过去分词)。~ *reserves* 证实储量,可靠储量。

proximal *a.* 最接近的。~ *surface* 邻面。

pseudoglobular *a.* 假球状。~ *structure*

P

假球状结构(片状矿物颗粒以面—面或边—面接触聚集而成的微集粒貌似球状的残积黏土结构类型)。

public *a.* ①公众的,公共的。②公开的。~ *hazard*;~ *nuisance* 公害。~ *works* 公共工程。

pull *n.* ①一次爆破推进距离。②拉力,引力。~ *or advance per round* 一次爆破推进距离(平巷、隧道、天井或竖井炮孔组达到的爆破深度。单位为%〈占凿岩深度〉或m/次)。~ *wire fuse lighter* 启动电引火装置。~*ing stress* 拉应力。

pulsating *a.* 搏动的,脉冲的。~ *stress* 脉动应力。~ *wave* 脉动波。

pulse *n.* ①脉动。②有节奏的跳动。~ *infusion shot firing* 高压注水爆破(煤矿中采用的爆破方法之一,也叫水封爆破。首先通过炮孔把高压水注入煤层中,然后在孔中装入耐水安全炸药,在孔口插进高压注水管〈带密封垫〉,在高压水的作用下进行爆破采煤)。~ *transient method* 瞬时脉冲法,激光极化法。~*d infusion blasting* 脉动注水爆破。

pump *n.* 泵。~ *trucks* 泵送车。-*able water gels*(*or emulsions*)可泵送的水胶炸药(或乳化炸药)。

punching *v.* 打孔,冲压(punch 的现在分词)。~ *failure* 冲剪破坏(在荷载作用下,地基土与周围土体间发生竖向剪切,使基础连续下刺沉降的地基破坏类型)。~ *shear* 冲击剪切。

puncture *v.* 刺,戳。~ *strength* 击穿强度。

purchasing *v.* 购买(purchase 的现在分词)。~ *and installation cost of metallic structures and mechanic-electric facilities of project* 工程金属结构和机电设备购置及安装费用(工程各项钢管、铁塔、钢闸门、启闭机、起重机、水泵、水轮机组、发电机组、变电场等金属结构和机电设备的购置费及其运输、吊装、调试费用的总称)。

pure *a.* 纯的。~ *mineral* 纯矿物。~ *stress* 纯应力,纯切变。

pushing *v.* 推,推动(push 的现在分词)。~ *effect* ①推进作用。②爆破作用。

push-type *a.* 推进式,伸展型。~ *landslide* 推动式滑坡(由斜坡上部失稳坡体推动下部坡体而产生的滑坡)。

pyramid *n.* 角锥状物。~ *structure* 锥形结构。~ *cut*;*diamond cut*;*cone cut*;*conical cut* 锥形掏槽(倾斜孔掏槽的一种形式,是V形掏槽的变种,适用于小断面巷道掘进。锥形掏槽因其掏槽孔底向一点集中,掏槽的形状似锥体而得名。有下述3种形式:①三角锥掏槽。②四角锥掏槽。③多角锥掏槽)。~ *heavy medium separation* 角锥形重介质分选。~-*cut round* 锥形掏槽炮孔组。

pyrogenic *a.* 高热所产生的。~ *decomposition*;*pyrolytic decomposition* 高温分解。

pyrolytic *a.* 热解的。~ *analysis* 热解分析。~ *reaction* 热解反应。

pyrotechnic *a.* 烟火的。~ *composition* 烟火药(在一定能量作用下,发生燃烧或爆炸,产生声、光、电、热、烟、延时等烟火效应的炸药)。~ *delay* 烟火延时(用烟火制成的起爆剂的延时间隔。此种延时器不能精确制造,且定时的散布随延时段数而增大。严禁间隔重叠。

需要高精度时,如控制光面爆破时,建议使用电子雷管)。~ *delay element* 烟火延时元件。~ *delay sequence* 烟火延时序列。

pyrotechnics *n.* 火工品(以一定的装药形式,可用预定的刺激能量激发并以爆炸或燃烧产生的效应完成规定功能〈如点燃、起爆及作为某种特定动力能源等〉的元件及装置,参见 *explosive device*)。

pyroxenite *n.* 辉石岩(一种主要由辉石组成,含少量橄榄石、尖晶石等矿物的深成超基性岩)。

Q

Q = Queen 女王,王后。—*n.* 字母 q。~*-factor* 品质因数(用于岩石支护目的的岩体分类因数,隧道掘进中超爆与品质因数相关)。~*-system of rock strength* 岩体 Q 指标(1974 年挪威学者巴顿〈N. Barton〉提出岩体质量指标 Q 分类法,由 RQD、节理组数〈Jn〉、节理面粗糙度〈Jk〉、节理蚀变程度〈Ja〉、裂隙水影响因素〈Jw〉以及地应力影响因素〈SRF〉等 6 项指标组成 Q 值计算式,Q 值愈大,表示岩体质量愈好)。~*-value*①品质参数值(说明波或振动衰减度的无量纲参数)。②Q 指标(岩石分类法)。

Qinghai *n.* 青海(中国一省份)。~*-Tibet Railway Project* 青藏铁路工程。

quadrangle *n.* ①方院。②四边形。

quadrantal *a.* ①【数】象限的。②四分圆的。③四分仪的。~ *angle* 象限角。~ *bearing* 象限方位角。

quadrant *n.* ①象限。②象限仪。③四分之一圆。~ *angle of fall* 落角。

quadric *a.* 二次的。—*n.* 二次曲面。~ *stress* 表面应力。

qualifications *n.* ①资格证书。②任职资格。③职位要求。④限定性条件(qualification 的复数形式)。~ *for blasting demolition work* 拆除爆破施工资质(承担拆除爆破的单位必须持有所在地县、市公安局签发的《爆炸物品使用许可证》。同时,爆破施工企业还应取得"爆破施工企业资质证书"或在其施工资质证书中标有爆破施工内容,以表明该企业有进行不同级别爆破施工的能力)。

qualified *a.* ①合格的。②有资格的。—*v.* ①限制(qualify 的过去分词)。②描述。③授权予。

qualitative *a.* ①定性的。②质的,性质上的。~ *change* 质变。~ *evaluation of fragmentation* 对破岩的质量评价。

quality *a.* ①高品质的。②棒极了。—*n.* ①特性。②才能。③质量(质量是指"反映实体满足明确或隐含需要能力的特性之总和"。质量就其本质来说是一种客观实体具有某种能力的属性)。~ *blasting*;~ *shooting* 优质爆破。~ *check* 质量检查。~ *control* 质量控制(为了实现项目的质量目标而做的一切工作都是质量控制。作为监理工作控制的三个主要目标之一,质量目标是十分重要的,如果基本的质量目标不能实现,则投资目标和进度目标都将失去控制的意义)。~ *control of a blasting demolition project* 拆除爆破质量管理(质量管理是保证拆除爆破工程按设计方案实施的一个重要措施。包括钻孔质量、爆破材料及起爆器材的质量、爆破网路的可靠性、防护的可靠性等对爆破效果都有重要影响)。~ *control test* 质量控制测试。~*-first principle* 质量第一原则。~ *management system* 质量管理制度。~ *of blasting* 爆破质量(对爆破后续工序有重大影响的爆破结果的综合评价。它包括炮孔利用率、根底、硬墙、爆破块度及其组成、爆堆的松散性和集中程度、轮廓平整度和对围岩的破坏程度等)。

qualitative *a*. ①定性的。②质的,性质上的。~ *visual observation* 定性视觉分析。

quantification *n*. 定量,量化。~ *of the decrease of energy requirements* 量化已降低的所需能耗。

quantify *vt*. ①量化。②为…定量。③确定数量。—*vi*. ①量化。②定量。~ *and document the borehole deviations* 量化和记录钻孔偏差。

quantitative *a*. ①定量的。②量的,数量的。~ *analysis* 定量分析。~ *assessment of fragmentation* 破碎率量化评估。~ *blasting design* 量化爆破设计。~ *change* 量变。~ *comparison* 定量比较,数量对比。*This paper describes an approach to the estimation of blast fragmentation size distributions down to 1 micron so that ~ comparisons can be made of the likely generation of air-borne, inhalable and respirable dust when different types of rock are blasted.* 本文介绍将爆炸破碎粒度分布估计在1微米的方法,以便在各种岩石爆破时,对空气中有可能产生的可呼吸的浮尘作以定量比较。~ *control* 数量控制。~ *description of discontinuities in rock masses* 岩体非连续性定量描述。

quantity *n*. ①量,数量。②大量。③总量。~ *diagram* 积量图。~*-distance table* 安全距离表(以列表方式表示的不同质量爆破材料贮存地点的安全距离)。~ *of pollutants release* 污染物排放量。

quarigel *n*. 采石胶质炸药。

quarry *n*. ①采石场。②猎物。③来源。—*vi*. 费力地找。—*vt*. ①挖出。②努力挖掘。~ *mining* 采石场开采。~ *bank* 采石场台阶。~ *blasting* 采石场爆破。~ *powder* 采石炸药。

quarryman *n*. ①凿石匠。②采石工。~ *profiling instrument* "采石工"轮廓测量仪(利用激光系统反射来自岩石面的脉动激光束测量采石场轮廓的一种仪器。一台内置电子钟测量脉冲的"飞行时间",从而计算出距离。同时射出的电子垂直角和水平角也予以测量,以指明观测方向)。

quartz *n*. 石英。~ *sand* 石英砂。

quartzite *n*. ①石英岩。②硅岩。

quasi *a.* ①准的。②类似的。③外表的。—*ad.* ①似是。②有如。 ~*-continuous medium* 似连续介质(固体颗粒物质基本上呈连续分布,间断空间很少的介质)。 ~*-static stress field* 准静态应力场。 ~ *static failure theory* 爆炸生成气体膨胀作用理论(该理论认为炸药爆炸引起岩石破坏主要是由高温高压气体产物对岩体膨胀做功的结果,因此破坏的发展方向是由装药引向自由面。当爆生气体的膨胀压力足够大时,会引起自由面附近岩石隆起、膨胀裂开并沿径向推出。这种理论又称为准静力作用理论。参见 *gas-expanding failure theory*)。 ~*-static pressure* 准静态压力(随时间而变化的压力条件,不要求做全动态分析)。

Querwellen *n.* 勒夫波,奎威林波,Q 波。

quick *n.* ①核心。②伤口的嫩肉。—*a.* ①快的。②迅速的,敏捷的。③灵敏的。—*ad.* 迅速地,快。 ~*-acting explosive* 高爆速炸药。 ~ *anchorage in cement* 快速水泥锚固法。 ~ *burning* 速燃(通常导火索的燃烧速度为 100 ~ 140m/s。当导火索的质量异常时,其燃速有可能远远超过正常状态下的燃烧速度。这种现象称为导火索的速燃。导火索在炮孔中,因周围有压力,其燃烧速度会比在空气中时略高些,但这仍属于正常燃烧)。 ~ *burning fuse* 速燃导火索(每米燃烧时间在 100s 以下的工业导火索)。 ~*-setting material* 快速凝固材料。

quickness *n.* ①急速,迅速。②尖锐化。③速爆性,快速。

quicktamp *a.* 穿孔的。 ~ *cartridge* 穿孔药卷(便于炮孔填实),快速填实药筒。

quota *n.* ①配额。②限额。③定额(定额是国家主管部门颁发的用于规定完成建筑安装产品所需消耗的人力、物力和财力的数量标准。定额的水平反映了在一定生产力水平条件下,施工企业的生产力水平和经营管理水平)。 ~ *of preliminary computation* 概算定额(概算定额亦称扩大结构定额。它规定了完成单位扩大分项工程或结构构件所必须消耗的人工、材料、机械台班的数量标准。概算定额是由预算定额综合而成的,即将预算定额中相互有联系的若干个分项工程项目,综合为一个概算定额项目)。 ~ *of production* 生产定额。

R

rack *n.* ①齿条。②行李架。③拷问台。—*vi.* ①变形。②随风飘。③小步跑。—*vt.* ①折磨。②榨取。 ~*-a-rock* 瑞卡若克(矿山)炸药。

radial *a.* ①半径的。②放射状的。③光线的。④光线状的。—*n.* 射线,光线。

~ *acceleration* 径向加速度。~ *air decoupling charging structure* 径向空气不耦合装药结构。~ *compressive strain pulse* 径向压缩应变脉冲。~ *compressive stress* 径向压应力。~ *consolidation* 径向固结(一般指地下水向竖向排水砂井中心流动而导致的土体水平径向渗透固结)。~ *coupling ratio* 径向耦合比(炮孔装药段断面内炸药的面积〈或体积〉与炮孔的总面积〈或体积〉之比)。~ *crack* 径向裂缝,径向破裂。~ *cracking method* 径向碎裂法(评估爆破时因径向裂缝自炮孔壁延展并止于岩体软弱面而形成破碎的一种方法。径向裂缝和软弱面产生的碎块构成大部分破碎,但不包括炮孔附近破碎带产生的极细物料)。~ *decoupling ratio* 径向不耦合比(炮孔装药段断面上炮孔的总横断面〈或体积〉与炸药横断面〈或体积〉之比)。~ *deformation* 径向变形。~ *displacement* 径向位移。~ *force* 径向力。~ *fracturing* 径向断裂。~ *hole* 扇形炮孔。~ *hole blasting* (扇形)放射状炮孔爆破(在小断面巷道内,向四周呈放射状进行钻孔爆破的方法。通常,在金属矿山的地下巷道中与漏斗孔联合使用,以实现集中采矿。它与常规的爆破方法相比,爆破块度小,爆堆集中装运方便,但是其钻孔和装药技术复杂)。~ *drilling pattern* 环形炮孔布置,扇形炮孔布置。~ *load* 径向负载。~ *momentum* 径向动量。~ *motion*; ~ *movement* 径向运动。~ *pitting deformation* 径向凹陷变形(由于套管本身某局部位置质量差,强度不够,在固井质量差及长期采注压差作用下,套管局部产生缩径,而某处扩径使套管在横截面上呈内凹形椭圆形变形。这种径向内凹陷型变形是套损井中基本变形形式,也是最常见的变形形式)。~ *position* 径向位置,辐向位置。~ *pressure* 径向压力。~ *principal stress* 径向主应力。~ *shooting* 辐射状爆炸。~ *strain* 径向应变。~ *stress* 径向应力。~ *stretch*; ~ *stretch elongation*; ~ *tensile elongation*; ~ *tension*; ~ *extension* 径向拉伸。~ *tension* 径向张力。~ *thrust* 径向推力。~ *velocity* 径向速度。

radially *ad.* 放射状地。~ *emerging borehole cracks* 径向出现的炮孔裂缝。

radiant *a.* ①辐射的。②容光焕发的。③光芒四射的。—*n.* ①光点。②发光的物体。~ *emittance* 辐射率。~ *energy* 辐射能。~ *heat* 辐射热。~ *heat transfer* 辐射传热。~ *intensity*; *radiation intensity* 辐射强度。~ *power*; *radiating capacity*; *radiating power* 辐射本领。~ *quantity* 辐射量。~ *rays* 辐射线。~ *section* 辐射段。~ *ed wave* 辐射波。~ *ing body*; *radiator*; *irradiator* 辐射体。

radiation *n.* ①辐射。②发光。③放射物。~ *efficiency* 辐射效率。~ *field* 辐射场。~-*initiated polymerization* 辐射引发聚合。~ *injury* 辐射伤害。~ *source*; *radiant* 辐射源。

radio *n.* ①收音机。②无线电广播设备。—*vi.* 用无线电进行通信。—*vt.* 用无线电发送。~ *frequency* (*RF*) *energy*

射频能。~ *blasting* 无线电控制爆破。~ *chemistry* 放射化学。~ *detonator* 遥控雷管。~ *initiation system* 无线电遥控起爆系统(无线电遥控起爆系统多用于水下爆破等特殊条件下,主要有超声波遥控起爆和电磁波遥控起爆两种)。~ *probe system* 无线电探测系统。~ *frequency energy* 射频能(由电磁波通过空气、液体或固体传递的电频谱内的能,频率范围为300KHz ~300GHz。在理想条件下,通常在空气中,有可能激发电雷管。因此,国家主管部门颁布了由发射器至电雷管的安全距离〈随能量和波长而定〉)。~ *penetration method* 无线电波透视法(根据岩石、煤等对电磁波的吸收能力不同,探测断层、无煤带、煤层变薄带、岩溶陷、落柱、老窑、岩溶等的物探方法)。~ *remote controlled blasting system* 无线电遥控爆破系统。

radioactive *a.* ①放射性的。②有辐射的。~ *decontamination* 清除放射性污染,放射性污染清除。~ *intensity* 放射性强度。~ *isotope*; *radio-isotope* 放射性同位素。~ *material* 放射性物质。~ *logging*; *radioactivitylogging*; *radioactivity log*; *nuclear logging* 放射性测井(在钻孔中测定岩土的天然放射性或测量人工放射性同位素与岩层中物质的相互作用发生的一系列效应〈散射、吸收等〉,以研究岩层结构与性质的一种测井方法)。

radioactivity *n.* ①放射性。②放射能力。③放射现象。radiologic *a.* 应用辐射学的。~ *physics* 放射物理学。

radius *n.* ①半径,半径范围。②桡骨。③辐射光线。④有效航程。~ *of crashing* 破碎带半径(破碎带的半径定义为在炮孔或球状药包周围岩石充分破碎成粉状或细块状区域的最大半径)。~ *of curve*; ~ *of curvature* 曲率半径。~ *of disruptive action* 破坏作用半径。~ *of the explosion cavity* 爆腔半径。~ *of explosion crater* 爆破漏斗半径。~ *of explosive charge* 装药半径。~ *of damage* (*disruption*; *failure*; *destruction*) 破坏半径。~ *of influence* 影响半径。~ *of macrocracks* 大裂隙半径(在炮孔或球形药包周围形成的大裂隙新区的最大半径。该半径取决于炸药威力、炮孔或球形药包的直径、装药不耦合系数、岩石性质和作用于岩体内的压力)。~ *of microcracks* 微裂隙半径(由于炮孔或球形药包爆破而在围岩中新产生的微裂隙区的最大半径。该半径取决于炸药威力、炮孔直径、装药不耦合系数、岩石性质和岩体内的压力)。~ *of plastic deformation* 塑性变形半径(炮孔周围非弹性区的最大半径。这是炮孔周围破坏带的重要组成部分。在该区之外,由于岩石沿现有节理或裂缝膨胀也可能产生破坏。RP大小取决于炸药威力、炮孔直径、炮孔内炸药的不耦合系数、岩石性能和岩体内的应力)。~ *of radial cracks* 径向裂隙半径(径向裂隙端至炮孔中心的最大半径。在硬质岩石〈如花岗岩和片麻岩〉中,该半径大致十倍于充分约束和耦合炮孔的直径)。~ *of rupture* 断裂半径,破碎半径。~-*to-depth ratio* 半径-深度比(爆破漏斗)。

railway *n*. ①铁路。②轨道。③铁道部门。~ *tunnel*; *railroad tunnel* 铁路隧道。

raise *vt*. ①提高。②筹集。③养育。④升起。—*vi*. 上升。—*n*. ①高地。②上升。③【矿】天井(从一个水平向上开挖以连接上一水平,或探查一个水平之上有限距离内地层的,垂直或倾斜的矿山通道。两个水平段连接后,连接通道称作天井或盲井。天井的斜度等于或大于水平面45°)。~ *driving method* 天井掘进方法。~ *boring*; ~ *driving* 天井掘进(应用全断面钻机或扩孔机掘进天井的方法)。~ *blasting* 天井爆破。~ *drill* 天井钻机(利用旋转钻进破岩成孔并能反向扩孔的井筒开挖机械)。~ *mining* 上向回采。~ *round* 向上掘进炮孔组(在井下向上掘进小型立井作业中,进行爆破的一组炮孔,亦称反井爆破炮孔组)。~ *stope* 上向工作面。~ *shaft* 反井(从低向高开挖的立井或巷道,其倾斜角小于45°)。

raising *n*. ①高地。②提高。③举。④浮雕装饰。—*v*. ①饲养。②升起。③举起(raise 的 ing 形式)。~ *and decaying curves* 上升与衰减曲线。~ *by cage lift* 天井吊罐法掘进(在天井掘进中,以提升绳悬挂吊罐作为工作台进行作业。瑞典首先应用升降吊罐代替人工搭拆工作台进行天井掘进,从而使掘进工艺简单、速度快、工效高)。~ *by conventional method* 天井普通法掘进(在天井中架设工作台进行的凿岩爆破作业,又称支柱法掘进)。~ *ventilation* 天井掘进通风(掘进天井时排除作业面污浊风流的局部通风方法)。

raker *n*. ①用耙子耙的人。②耙地机。③ = ~ hole 辅助炮孔。

rammer *n*. ①撞者。②捣槌。③装填器。④夯板(利用冲击力压实土和砂料的施工设备)。

ramming *n*. ①打结炉底。②锤击。~ *bar* 炮棍。~ *machine* 炮孔制备器。

random *a*. ①【数】随机的。②任意的。③胡乱的。—*n*. 随意。—*ad*. 胡乱地。~ *arrangement* 随机排列。~ *distribution* 随机分布,杂乱分布。~ *element* 随机成分。~ *error* 随机失误(里格比按人失误原因把人失误分为随机失误、系统失误和偶发失误三类。随机失误是由于人的行为、动作的随机性质引起的人失误。例如,用手操作时用力的大小、精确度的变化,操作的时间差,简单的错误或一时的遗忘等。随机失误往往是不可预测且在类似情况下不能重复的)。~ *function* 随机函数。~ *matrix*; *stochastic matrix* 随机矩阵。~ *normal distribution* 随机正态分布。~ *process* 随机过程。~ *reflection seismic model* 随机反射地震模型。~ *sampling* 随机抽查。~ *selecting* 随机选取法。~-*size range* 不规则范围。~ *simultaneity* 随机同时。~ *structure* 杂乱结构。~ *test* 随机试验。~ *variable* 随机变量。~ *variable adjusted of the weight value* 权值随机调整量。~ *variation* 随机变化。~ *vector* 随机矢量。~ *vibration* 随机振动。

range *n.* ①范围。②幅度。③排。④山脉。⑤= ~ *finder* 测距仪(利用三角原理和安装在仪器中的一条短的基线测量被测目标距离的仪器。用以测定不能直接尺量的直线距离。海上航行望远镜随时通过附有的视距仪器可知距目标的距离)。—*vi.* ①(在…内)变动。②平行,列为一行。③延伸。④漫游。⑤射程达到。—*vt.* ①漫游。②放牧。③使并列。④归类于。⑤来回走动。~ *adjustment* 距离调整。~ *pole*;*ranging rod* 标杆(也称花杆。用经纬仪进行长距离观测的一种长杆形标志杆。是一种临时测量标志,因此常有明显的标记,如:顶端有测旗、杆身红白相间等,以利于辨认并确定其位置)。~ *of fit* 拟合范围,适合范围。~ *of looseness*;*scope of looseness* 松动范围。~ *of measurement* 量程,测量范围。~ *of projectile* 抛物射程。~ *of size* 粒度范围。~ *of specific charge for production holes* 荷载比的范围。

ranging *n.* ①排列。②测距修正。③测距(通过观测标杆或用电子仪器进行距离测量)。

rank *n.* ①排。②等级。③军衔。④队列。~ *parameter* 品级参数。

rapid *a.* ①迅速的,急促的。②飞快的。③险峻的。~ *attenuation of waves* 波迅速衰减。~ *excavation & mining* 高速射弹掘进采矿法(指利用高速飞行弹丸的能量,来开挖隧道进行采矿的一种施工方法。弹丸重约 4 ~ 5kg,用混凝土做成,以 1500m/s 以上速度冲击工作面。目前,正在研制一种可远距离操作且采用液体炸药作为发射药的高速射弹掘进法)。

rare *a.* ①稀有的。②半熟的。③稀薄的。~ *earth* 稀土。

rarefaction *n.* ①稀疏。②(气体)稀薄。③膨胀波,稀疏波,疏密波。*As the expanding gases compress such material, energy is lost rapidly and pressure and temperature drop sharply in the reaction products. These losses are communicated to the interior of the reaction zone as a ~ wave, lowering the pressure and reaction rate, and ultimately removing support for the propagation of the detonation front.* 由于膨胀气体挤压这种物质,致使能量损失速度快,爆后产物的压力和温度迅速下降。这些损失作为膨胀波传到反应区之内,因而降低了压力和反应速率,且最终消除了对爆震波面传播的能量支持。

rate *n.* ①比率,率。②速度。③价格。④等级。~ *of chemical reaction* 化学反应速率。*The ~ of chemical reaction is strongly pressure dependent and will decrease rapidly as the reacting material expands.* 化学反应速率取决于压力的大小,并随着反应物质的膨胀而迅速降低。~ *of detonation* 爆轰速度,爆炸速度。~ *of error* 误差率。~*-of-failure curve* 破坏率曲线。~ *of reduction*;*ratio of size reduction* 破碎比,破碎率。~ *of change of stress* 应力变化速率。~ *of dissipation kinetic energy* 动能耗散率,动能消耗率。~ *of energy release* 能量释放率。~ *of enrichment* 选矿等级。~-

R

of-failure curve 破坏率曲线。~ *of the pressure rise* 压力上升速率。~ *parameter* 速率参数。*-ting workers* 定员(所谓定员,是指同时进行某一作业所必需的工人数。例如:炸药操作间的定员,是指可同时在操作间进行作业以及其他特殊需要的工人总数)。

rated *a.* 额定的。~ *blasting pressure* 额定爆破压力。~ *capacity* 额定容量,额定容积。~ *consumption* 额定耗量。~ *hole diameter* 额定孔径。~ *load*; ~ *yield load* 额定载荷。~ *load of powder* 额定装药。~ *mine capacity*; *checked mine capacity* 矿井核定生产能力(对生产矿井的各个生产环节重新进行核定而确定的年生产能力)。~ *payload* 额定有效载荷。~ *value*; *rating value* 额定值。~ *voltage* 额定电压。~ *measuring current* 测量电流(测量电火工品电阻或检查发火电路时允许的最大电流)。

ratio *n.* 比率,比例。~ *between horizontal and vertical pressures in undisturbed ground* 原岩水平压力与垂直压力之比。~ *of enrichment* 富集比。~ *of frost heaving* 冻胀率(岩土冻结后的体积增量与冻结前的体积之比,以百分数表示)。~ *of the left toe* 根底率。~ *of track to shovel*; *track to shovel* ~ 车铲比(每台挖掘机配备车辆平均数)。~ *of investment*; ~ *of contributions* 出资比例。~ *of transformation* 变换比。

rational *a.* ①合理的。②理性的。—*n.* 有理数。~ *mechanics* 理论力学。~ *capacity*; *reasonable capacity* 合理容量。

rationale *n.* ①基本原理。②原理的阐述。~ *for an accident* 对事故的解释。~ *for design* 设计原理。

rationalized *a.* ①合理化的。②有理化的。~ *evaluation* 合理化评估。~ *mixture*; *rational mixing* 合理化配制。

rationing *n.* ①定量配给。②配制,定量分配。

ravel *v.* ①使纠缠,变得错综复杂。②磨损。~*ed hole* 不规则炮孔(钻孔时,因钻机振动等原因造成钻孔不顺直、孔径或大或小的炮孔)。

raw *a.* ①生的。②未加工的。③阴冷的。④刺痛的。~ *material extraction* 原料开采。*All emissions with the potential to cause environmental impacts are quantified along the entire life cycle from ~ material extraction through to final disposal.* 所有对环境造成影响的排放,从原料开采一直到最后的处理的整个生产周期,都要予以量化。

Rayleigh *n.* 瑞利(姓氏)。~ *critical angle* 瑞利临界角(产生表面波时的入射角)。~ *wave* 瑞利波(①一种沿半无限介质的自由表面传播的地震波。在表面附近质点运动的轨迹是椭圆形的,并且在包含传播方向的竖直平面内是逆行的,其振幅则随深度的增加而呈指数减小。②沿非半无限介质的自由表面传播的与前一种波相似的地震波,如地震勘探中的地滚波)。~ *wave velocity* 瑞利波速(两个连续波链相互干涉所产生的一种现象。驻波可由震源产生的连续波链与其反射产生的连续波链相互干涉所致,也可能由两个反射波链所致。激发之后,波呈指数衰减。驻波的干涉条纹是以四分之一波长为间隔交替出现的波腹和波节)。

RDX *n.* ①三次亚三硝基胺。②旋风炸药,黑索今。~*-containing ammonite* 铵梯黑炸药(以硝酸铵和梯恩梯为主,加入适量黑索金等组成的混合炸药)。

reach *vi.* ①达到。②延伸。③伸出手。④传开。—*vt.* ①达到。②影响。③抵达。④伸出。—*n.* ①范围。②延伸。③河段。④横风行驶。~ *of explosive* 炸药爆力展布范围,炸药爆破力的作用半径。

reactant *n.*【化】反应剂,反应物。~ *gas* 反应性气体。

reacting *a.* 反应的。~ *force* 反作用力。

reaction *n.* ①反应,感应。②反动,复古。③反作用。~ *chamber* 反应室。~ *coefficient of rock* 岩石抗力系数。~ *curve* 反应曲线。~ *front* 反作用波面。~ *interface* 反应界面。~ *kinetics* 反应动力学。~ *principle* 反应原理。~ *product* 爆后产物,反应后的产物。~ *rate* 反应速率。~ *stress* 反作用应力。~ *surface* 反应表面。~ *time* 激发反应时间(从电引火头发火至雷管爆炸之间的时间)。~ *velocity* 反应速度。~ *zone* 化学反应区,反应带(在冲击波波头和 CJ 面之间为化学反应区。在化学反应区内,由于化学反应和放出热量,介质的状态参数将相应产生变化,与冲击波波头相比较,压力逐渐下降,比容和温度逐渐增加,当反应结束时,因放热量减少,温度开始下降)。

reactivation *n.* ①再活化。②再生。③复能的情况。④重激活。

reactive *a.* ①反应的。②电抗的。③反动的。~ *capacity*;*reactance capacity* 无功功率。~ *group* 反应基。~ *mixtures* (*mixed explosives*) 活性混合炸药。

reactivity *n.* 反应。~ *with sulfides* 活性硫化物。

read *vt.* ①阅读。②读懂,理解。—*vi.* ①读。②读起来。—*n.* ①阅读。②读物。~ *only memory chip*;*ROM* 只读存储芯片(只读存储器芯片是正常运行情况下存储内容只有读出操作,没有写入操作的半导体存储芯片。写入数据后,即使切断电源,ROM 存储内容仍不会消失。是一种非易失性存储器)。~ *only optical disc driver* 只读光盘机(又叫只读光盘驱动器。控制并读出只读光盘上所存信息内容的设备。CD ROM 是一种光盘,能存大量的信息,获得高质量图像和高保真音乐,现在广泛应用于文献数据库、多媒体信息存储及计算机辅助教育等方面)。

ready *a.* ①准备好。②现成的。③迅速的。④情愿的。⑤快要…的。~*-to-fire light* 准备起爆指示灯。

real *a.* ①实际的。②真实的。③实在的。—*ad.* ①真正地。②确实地。—*n.* ①现实。②实数。~ *constants* 实常数。~ *amplitude* 真振幅。~ *blasting situation* 实际爆破情景。~ *component* 实分量。~ *economic cost* 真实经济成本。~ *exponent* 实指数。~ *function* 实函数。~ *line*;*solid line* 实线。~

number field 实数域。~ *traveltime* 实际旅行时间。~ *variable* 实变数,实变量。~ *variable function* 实变函数。

realistic *a.* ①现实的。②现实主义的。③逼真的。④实在论的。~ *pressure load* 切合实际的压力载荷。~ *three dimensional physical behavior* 实地三维物理行为。

realtime *a.* ①实时的。②适时的。~ *recording of blasting* 爆破实时记录。~ *system* 实时系统。~ *system for the prediction and evaluation of the effect of meteorology on airblast levels* 预测和评价气象对暴风能级影响的实时系统。

ream *vt.* ①榨取(果汁等)。②扩展。③挖。~ *back* 反向扩孔。~ *hole* 扩孔炮孔。~ *ing* 扩孔,扩帮。~ *ing angle* 扩孔角。~ *ing operation* 扩孔作业。~ *ing surface* 扩孔面。

rear *vt.* ①培养。②树立。③栽种。—*vi.* ①暴跳。②高耸。—*ad.* ①向后。②在后面。—*a.* ①后方的。②后面的。③背面的。—*n.* 后面。~ *abutment* 工作面后方支撑压力带。~ *abutment pressure* 后支承压力(采煤工作面后方采空区内的支承压力)。~ *intersection*; *three-point intersection* 后方交会(在待定点上,对三个已知点观测其方向值,以计算待定点坐标的测量方法)。~ *view* 背视图。

reason *n.* ①理由。②理性。③动机。~ *for cumulative effect* 产生聚能效应的原因(带锥孔的圆柱形药柱爆炸后,当爆轰波前进到了锥体部分,其爆轰产物则沿着锥孔内表面垂直的方向飞出。由于飞出速度相等、药形对称,爆轰产物要聚集在轴线上,汇集成一股速度和压力都很高的气流,称为聚能流。它具有极高的速度、密度、压力和能量密度。爆轰产物的能量集中在靶板的较小面积上,便能产生聚能效应)。~ *s for using particle vibrating velocity to illustrate blasting vibration intensity* 用质点振速表示爆破地震效应强度的原因(①质点振动速度不受覆盖层类型及其厚度的影响。②可适用于不同的测量仪器、不同的测量方法和不同的爆破条件。③结构的破坏与质点振动速度的相关关系比位移或加速度更为密切)。

reblast *n.* = reblasting 再爆破,二次爆破(拒爆后重新爆破)。

rebound *n.* 回弹。~ *hardness* 回弹硬度(工具冲击岩石表面,当岩石表面的弹性变形恢复时,工具将被弹出。以这种回弹能力来度量岩石的硬度便是回弹硬度。这种硬度与岩石的弹性模量有较好的相关性。常用的有肖氏硬度和回弹锤硬度)。

receipting *n.* ①收到。②收据。③收入。—*vt.* 收到。~ *behavior* 受爆性能(在殉爆试验时,被发药包承受主发药包的爆轰而起爆的能力,称为受爆性能。它取决于被发药包的感度、主发药包的激爆性能和试验条件)。

reception *n.* ①接待。②接收。③招待会。④感受。⑤反应。~ *opening* 接收口。~ *of seismic waves* 地震波的接收(地震波的接收就是用专门的仪器,采用合适的工作方法,把地震波的传播情况记录下来)。

receptor *n.* ① = acceptor 接受体(接受起爆主动药包脉冲的炸药包)。②接受器。③感觉器官。~ *explosive* 受体炸药。

reciprocal *a.* ①互惠的。②相互的。③倒数的,彼此相反的。~ *direction* 往复方向。

reciprocating *a.* ①往复的。②交互的。③摆动的。~ *air compressor* 往复式空压机(利用活塞或隔膜在缸体内的往复运动,改变腔室容积,抽入和压出空气的机械)。

recoil *vi.* ①畏缩。②弹回。③报应。—*n.* ①畏缩。②弹回。③反作用。~ *angle* 反冲角。~ *stress* 后退力,后坐力。

recommended *a.* 被推荐的。~ *control criteria* 推荐使用的控制标准。~ *blast plan contents* 推荐的爆破计划内容。~ *guidelines for blast vibration monitoring* 爆破振动监测介绍指南。~ *power line initiation procedures* 推荐使用电力起爆程序。

reconnaissance *n.* ①侦察。② = reconnoissance 勘测。③搜索。④事先考查。~ *of coal* 煤田普查(为煤炭工业的远景规划和下阶段的勘探工作,提供必要的资料所进行的地质工作)。~ *shooting* 勘察爆破。

record *vt.* ①记录,记载。②标明。③将…录音。—*vi.* ①记录。②录音。—*n.* ①档案,履历。②唱片。③最高纪录。—*a.* 创纪录的。~ *keeping* 保持记录。~*s of blasting operations* 爆破作业记录。~*ed curve of pressure-time* 压力-时间记录曲线。~*-breaking* 破纪录。~*ing device* 记录装置(记录装置系将信号变为人们感官所能接受的形式,以便于观察分析和记录保存)。

recoverable *a.* ①可收回的。②可恢复的。③可补偿的。~ *reserves* 可采储量,工业储量。~ *value* 回收价值。

recovery *n.* ①恢复,复原。②痊愈。③重获。~ *and utilization* 回收利用。~ *of elasticity* 弹性复原。~ *rate*; ~ *ratio* 采出率(煤炭采出量占工业储量的百分比)。

rectangular *a.* ①矩形的。②成直角的。~ *coordinates* 直角坐标。~ *distribution load* 矩形荷载(作用面积为矩形的中心荷载)。~ *grid* 直角坐标网(按平面直角坐标划分的坐标格网。同义词:公里网)。*-ly distributed strip load* 矩形式长条形荷载(在宽度方向上荷载呈矩形分布的条形荷载)。

red *n.* ①红色,红颜料。②赤字。—*a.* ①红色的。②红肿的,充血的。*R-Cross explosive* 红十字牌低冻点高威力炸药。*R-Crown* 红冠牌非胶质安全炸药。

redeformation *n.* 再变形。

reduced *a.* ①减少的。②简化的。③缩减的。~ *ANFO* 弱铵油炸药(添加一种物料而使威力降低的铵油炸药〈如添加聚苯乙烯球、锯屑等〉)。~ *stress*; *mining-induced stress* 诱导应力(由于采掘工程影响在岩体内重新分布的应力)。~ *blasting cost* 爆破成本降低。~ *burden* 比例抵抗线(比例抵抗线定义为:$B_r = B_p S_p$。式中,B_p 为实际抵抗线,m;S_p 为实际孔间距,m)。~ *charge*

减弱药包。~ *distance* 比例距离(爆炸冲击波理论中的一项基本参数。也叫换算距离)。~ *emission of noxious gasses* 减少有毒气体排放。~ *parameter* 对比参数。~ *pressure* 对比压力。~ *temperature* 对比温度。~ *time* 对比时间。~ *volume* 对比体积。

reducing *n.* 减低。~ *temperature with cooling water* 冷却水降温法(这种方法是在炮孔中插入一根一端封闭的导管〈叫外筒〉把一根特制的水冷爆破筒〈叫内筒〉插入外筒中,往水冷爆破筒中通水冷却,然后起爆)。

reduction *n.* ①减少。②下降。③缩小。~ *of temperature* (*with heat insulating material*)(用绝热材料)隔热法(这种方法是用耐热的石棉布、石棉绳以及其他耐热材料,将药包和导火索包裹或包缠起来,将爆破材料与热源隔开)。~ *of roadway section* 巷道断面缩小量(巷道原断面积与变形后断面积的差值)。~ *ratio*;*degree of size* ~;*size* ~ *ration*;*degree of breakage*;*rate of* ~ 破碎比。~ *ratio of roadway section* 巷道断面缩小率(巷道因变形而缩小的断面积与原断面积的比值)。~ *to station centre* 测站归心(通过量算来消除由于仪器中心和标石中心不处在同一铅垂线上所引起的测量偏差的过程)。~ *to target centre* 照准点归心(通过量算来消除由于照准点和标石中心不处在同一铅垂线上所引起的测量偏差的过程)。

redundancy *n.* ①冗余。②过多。③累赘。④冗长。⑤多余。

reference *n.* ①参考,参照。②涉及,提及。③参考书目。④介绍信。⑤证明书。~ *point* 参照点。~*s station* 基准测站。

refine *vt.* ①精炼。②精制。③使文雅高尚。~ *oil* 精炼油。~ *manners* 文雅的风度。

reflectance *n.* ①【物】反射比。②=reflectivity 反射率。~ *anomaly* 反射异常。~ *ratio* 反射系数比。~ *value* 反射率值。

reflected *a.* ①反射的。②得自他人的。~ *body wave* 反射体波。~ *angle*;*reflection angle* 反射角。~ *energy* 反射能。~ *impedance* 反射阻抗。~ *P-wave* 反射纵波。~ *plane wave* 反射平面波。~ *pressure* 反射压力(地层振动波或空气冲击波在两侧密度不同的界面上产生反射后产生的压力)。~ *refraction wave* 反射折射波。~ *signal* 反射信号。~ *stress waves* 反射应力波。~ *tension wave* 反射张力波。~ *wave field* 反射波场。

reflecting *a.* ①反射的。②沉思的。~ *medium* 反射介质。

reflection *n.* ①反射。②沉思。③映象。~ *arrival* 反射波至。~ *band* 反射震波图。~ *coefficient* 反射系数(在间断点〈如裂缝、节理、断层〉反射波和入射波之间的幅度比)。~ *horizon* 反射层。~ *law* 反射定律(波在两种不同介质分界面上发生反射时遵循的规律,即入射线、反射线和法线在同一平面内,入射线和反射线分别在法线两侧;入射角等于反射角)。~ *of the* *waves* 波的反射。~ *path* 反射路径。~ *plane* 反射面。~ *point* 反射点。~ *seismic survey*；~ *seismic prospecting*；~ *seismic exploration*；~ *method* 反射波法地震勘探(利用地震反射波在岩、煤层内的传播规律,确定地下反射界面深度及其性质,以解决地质问题的物探方法)。~ *shooting* 反射爆破。~ *survey* 地震反射法(震源产生的地震波〈脉冲波〉在地层中传播,并冲击具有不同物性的地层,一方面形成反射波传回地面,被地面检测仪器接收,然后根据测到的脉冲强度,旅行时间绘制地下地层的构造,推测是否存在油气资源,这种方法称为地震反射法)。~ *wave* 反射波。

reflective *a*. ①反射的。②反映的。③沉思的。~ *optics* 反射光学。

reflectivity *n*. ①反射率。②能量反射系数(也称反射系数。①界面上反射波位移振幅和入射波位移振幅之比,其关系式通过解表达边界位移和应力连续性的边界条件方程组得到。②反射能量与入射能量之比)。

refracted *a*. ①【物】折射的。②屈折的。~ *longitudinal wave* 折射纵波。~ *reflection* 折射反射波。~ *shear* 折射横波。~ *wave* 折射波。

refraction *n*. ①折射。②折光。~ *coefficient* 折射系数。~ *of cleavage* 劈理折射。~ *seismic survey*；~ *seismic prospecting*；~ *seismic exploration*；~ *survey*；~ *method* 折射波法地震勘探(利用地震折射波在岩、煤层内的传播规律,确定地下折射界面的深度及其性质,以解决地质问题的物探方法)。~ *shooting* 折射爆破(地震折射法的原理类似于地震反射法,但是记录地震信号的检测仪与爆炸点的距离,要比勘探界面的深度大得多。一般来说,时间缩短,距离增长,而激波脉冲强度减弱了。对某指定地区的勘探,采用折射法比反射法所用的时间短,费用少)。

refractive *a*. 折射的。~ *index* 折射指数。

refractory *a*. ①难治的。②难熔的。③不听话的。~ *mineral* 难选矿物。

refusal *n*. ①拒绝。②优先取舍权。③推却。④取舍权。~ *pressure* 极限压力。

refuse *n*. ①垃圾。②废物。③弃渣(在掘进或爆破过程中,开挖出来的没有任何使用价值的岩石碎块。在土木工程中称为废渣,在矿山称为废矿,在煤矿称为矸石。参见 debris；dirt；*muck pile*；muck；*rock pile*；rubbish；*waste rock*)。

regenerated *a*. 再生的。~ *roof* 再生顶板(分层开采时上分层垮落的矸石自然固结或人工胶结而形成的顶板)。

regional *a*. ①地区的。②局部的。③整个地区的。~ *engineering geology* 区域工程地质学(研究和评价工程地质条件的区域分布和变化规律的科学)。~ *geological map* 区域地质图(反映区域基本地质特征的图件)。~ *stability*；~ *stability of earth crust* 区域稳定性,区域地壳稳定性(地壳表层某一区域在地球内动力作用下的稳定程度)。~ *stability to tectogenesis* 区域构造稳定性(地壳表层某一区域在现代构造应力场作用下的稳定程度)。~ *weather patterns* 区域性气候类型。*Climate scientists predict dire consequences including extensive melting of ice sheets, changed ~ weather patterns causing more intense heat waves, droughts and floods, the spread of tropical diseases and eventual rises in sea level.* 气候学家预测,包括冰层大规模融化在内的可怕后果,改变了区域性气候类型,正在引发更为强劲的热浪、旱涝、热带疾病的蔓延以及海平面的最终上升。

R

regression *n.* ①回归。②退化。③逆行。④复原。~ *analysis* 回归分析。~ *coefficient* 回归系数。~ *curve* 回归曲线。~ *equation* 回归方程。

regressive *a.* ①回归的。②后退的。③退化的。~ *ripple* 逆向波痕。

regular *a.* ①定期的。②有规律的。③合格的。④整齐的。⑤普通的。~ *cap* 普通延时电雷管。~ *caving zone* 规则垮落带(顶板岩层垮落后岩块堆积排列较整齐的垮落带)。~ *coal seam* 稳定煤层(厚度变化很小,变化规律明显,结构简单至较简单,全区可采或基本全区可采的煤层)。~ *delay blasting cap* 普通延时雷管。~ *dynamite* 普通硝甘炸药。~ *joint pattern* 规则节理形态。~ *lattice structure* 规则晶格结构。~ *ring* 规则扇形炮孔。~ *top priming* 常规正向爆破。~ *training in profession* 正规专业训练。

regulations *n.* ①条例。②规程(regulation 的复数)。③章则。~ *and compliance* 遵守法规。

regulatory *a.* ①管理的。②控制的。③调整的。~ *compliance* 可调塑性。~ *authorities* 监管部门。

rehabilitation *n.* 复原。~ *cost* 改建费(为扩大工程或设备的规模或提高其效率而对工程进行改建所需的费用)。

reignition *n.* ①重燃。②二次点火。

reinforced *a.* ①加固的。②加强的。③加筋的。~ *concrete framework structure* 钢筋混凝土框架结构。~ *concrete structure* 钢筋混凝土结构(钢筋混凝土结构是指混凝土中配置非预应力钢筋的混凝土结构)。~ *cut* 辅助掏槽。~ *perforator* 增效射孔器(在射孔枪内将聚能射孔弹及火药装药匹配应用,且能提高射孔效果的射孔器材)。~ *primacord* 加固导爆索。

reinforcement *n.* ①加固。②增援。③援军。④加强。~ *ratio* 钢筋比(钢筋在混凝土中的比例)。

reiterative *a.* 反复的。~ *direct shear test* 反复直剪试验(使用直剪仪对试样进行剪切,破坏后将上下部重合,再次剪切,如此反复直至剪应力稳定的测定岩土残余抗剪强度参数的方法)。

relationship *n.* ①关系。②关联。~ *of blast width to blast height* 爆破宽度和高度的关系。~ *of blast width to highwall height* 爆破宽度和未开采面的高度的关系。~ *between blasting noise and charge quantity* 爆破噪声与药量的关系(据实验数据用统计方法得出的某采石场二次破碎时爆破噪声与装药量的经验公式如下:$p=6\times10^{-3}Q^{0.52}$。式中,p 为测点声压,Pa;Q 为一次爆破的总

装药量,kg)。~ *between blasting noise and weather* 爆破噪声与大气条件的关系(大气条件对在一定距离内爆破产生的噪声强度有重大影响。大气条件还决定了在不同高度和方向上空气中的声速,而声速本身又主要取决于温度和风速,因此,从大气中风速和温度的变化也能了解大气条件对爆破噪声的影响)。

relative *a.* ①相对的。②有关系的。③成比例的。~ *humidity measurement* 相对湿度测量。~ *weight strength* 相对重量强度。~ *bulk strength*;*RBS* (炸药)相对体积威力。~ *coefficient of thaw settling* 相对融陷系数(冻土在一定压力下的融陷量与其原始高度的比值)。~ *compactness* 相对密实度(砂土最大孔隙比与天然孔隙比之差,同最大、最小孔隙比之差的比值)。~ *compactness test* 相对密实度试验(砂土最大和最小密度的定量测试及相应孔隙比和相对密实度的计算)。~ *density* 相对密度(给定容积内的固体颗粒在空气中的质量与相同容积内的水的质量之比)。~*-spacing ratio* 相对间距比。~ *standard deviation* 相对标准(偏)差(随机变量 X 的标准差与随机变量本身之比)。~ *surface activity* 相对表面活性。~ *vibration velocity* 相对振动速度(垂直粒子振动速度 A_v 和其上有建筑物的地层 P 波速度 C_p 的幅度之比。该量可表示因地层振动致使建筑物形成的破坏)。~ *weight strength*;*RWS* (炸药)相对重量威力。

relaxation *n.* ①放松。②缓和。③消遣。~ *curve* 松弛曲线(在应变恒定条件下,岩土的应力随时间逐渐减小的特性曲线)。~ *method of stress* 应力解除法(岩石压力卸载法)。

release *n.* ①释放。②发布。③让与。~ *of energy* 释能(因来自岩石压力或炮孔压力的应力,储存于岩体中的应变能的突然释放)。~ *of explosive energy* 爆炸能释放。

relevant *a.* ①相关的。②切题的。③中肯的。④有重大关系的。⑤有意义的,目的明确的。~ *vibration transmission information* 相关振动传播信息。

reliable *a.* ①可靠的。②可信赖的。~ *precision device* 可靠精密设备。

reliability *n.* 可靠性(火工品在规定条件下、规定时间内完成其预定功能的能力)。~ *of computer system* 计算机系统可靠性(在规定的条件下和规定的时间间隔内,计算机系统能正确运行的概率。系统可靠性一直是评价计算机性能的一项重要指标,通常用平均故障间隔时间来表征。提高可靠性有两种方法:避错性和容错性。另外,还要对系统进行可靠性分配和可靠性预测)。~ *in use* 使用可靠性。~ *test of diffusing detonation* 传爆可靠性试验(考察塑料导爆管在起爆后能否正常传爆及除起爆端外管壁是否击穿的试验)。

relict *n.* ①寡妇。②残余物,残余体。③未亡人。~ *texture* 残存结构。

relief *n.* ①救济。②减轻,解除。③安慰。④浮雕。⑤自由面。⑥地势,地貌(地球表面起伏形态的统称)。~ *block* 地貌模型。~ *drilling* 辅助钻孔(为处理拒爆,在距已装药孔一定距离的二次钻孔)。~ *blasting* 辅助爆破(在掘进爆破中,为提高掏槽爆破、扩槽爆破、顶板爆破和底部爆破的效果而进行的爆破,统称为辅助爆破。例如,掏槽之后进行的辅助爆破叫掏槽辅助爆破,依次类推,分别有扩槽辅助爆破、顶板辅助爆破和底板辅助爆破。用于辅助爆破的炮孔,叫作辅助炮孔。参见 *spread blasting*)。~ *hole* 辅助炮孔,前探炮孔(该词有多种意义。如在平巷掘进中,最靠近掏槽孔的、用于刷大掏槽所形成的空间的炮孔;为主爆破起爆的药包减少或排除部分覆土而装药和引爆的炮孔;在紧靠拒爆炮孔钻出的炮孔,起爆时可能诱发或移去拒爆炮孔内的炸药。参见 satellite;*easer hole*)。

reliever *n*. ①救济者。②减压装置。③辅助炮孔。④开门炮孔。

relieving *a*. ①救助的。②救援的。③辅助的。~ *cut* 辅助掏槽。

remainder *n*. ①【数】余数,残余。②剩余物。③其余的人。~ *function* 余项函数。

remaining *a*. 剩下的,剩余的。~ *benefit* 剩余效益(综合利用工程中,某部门所得的效益或单独兴建等效工程所需的费用〈二者中取其小者〉减去该部门的可分离费用后所得的差值)。~ *charge* 残药。~ *cost* 剩余费用(综合利用工程的总费用减去各目标可分离费用之和所得的差值)。~ *stress* 残余应力。

remolded *vt*. ①改造。②改铸。~ *sample* 重塑样(用粉碎土样按一定含水率和密度配制的试样)。

remote *a*. ①遥远的。②偏僻的。③疏远的。~ *control ignition* 遥控点火。~ *control loading* 遥控装药,遥控加载。~ *pre-starting warning generator* 起爆前遥控警报信号发生器。~ *sensing* 遥感(不接触物体本身,用传感器收集目标物的电磁波信息,经数据处理、分析后,识别目标物、揭示目标物几何形状大小和相互关系及其变化规律的科学技术。同义词:遥感技术)。~*-sensing geology* 遥感地质(综合应用遥感技术,进行地质调查和资源勘探的方法)。~ *sensor* 遥感器,遥测传感设备。*-ly initiated blasting* 远距离爆破(为了防止爆破作业诱发突出造成人员伤亡,起爆地点设在远离爆破工作面的进风侧反向风门之外全风压通风的新鲜风流中或避难硐室内的爆破作业)。

removable *a*. ①可移动的。②可去掉的。③可免职的。~ *contaminant* 可消除的污染物。

removal *n*. ①免职。②移动。③排除。④搬迁。~ *of hazards* 消除隐患。~ *of overburden by blasting* 覆岩剥离,炸掉覆盖层。~ *of soft ground* 剥去松软地层。~ *of the toe by blasting* 拉底爆破。

rending *v*. ①分裂。②劈开。~ *action*;*regmagenesis* 破裂作用。~ *effect* 破裂效应。~ *explosive* 爆裂炸药,高猛度炸药。

renewable *a*. ①可再生的。②可更新的。③可继续的。~ *energy sources* 可再生能源。~ *natural resources* 可再生自然

能源。~ *resources* 可再生资源。

repair *vi.* ①修理。②修复。—*vt.* ①修理。②恢复。③补救,纠正。—*n.* ①修理,修补。②修补部位。~ *expenses* 修理费用。~ *truck* 检修车(现场检修机械设备的辅助采掘机械。由行走底盘和维修设备两大部分组成。露天检修车用矿用汽车底盘;地下检修车用低矮型通用底盘;有刚性和铰接两种车架)。~*s center* 维修中心。

repayment *n.* ①偿还。②付还。~ *period* 还贷期限(贷款时商定的,自何年开始至何年结束,逐年偿还贷款本利的年限)。

repeated *a.* 再三的,反复的。~ *stress*; *repetitive stress* 重复应力。

repetition *n.* ①重复。②背诵。③副本。~ *method* 复测法(用有复测装置的经纬仪,正、倒镜位观测两目标,使角度叠加,取平均值,以测定水平角的一种方法)。

repetitive *a.* 重复的。~ *and reversed stress* 反复反向应力。~ *shock*; *repeated shock* 重复性冲击(影响人体的一系列小于1s的短暂冲击运动或碎发的准稳态振动。但是有规律地重复且频率高于每秒一次的冲击,出于许多目的可能被视为连续振动形式,且冲击可以是关于时间轴对称或不对称的)。

replacement *n.* ①代替,取替。②更换。*explosive* ~ 更换炸药。~ *of A by B* 用乙代替甲。*A ~ of physical energy by chemical energy is a mere process of energy transformation.* 化学能代替物理能只是能量转换的过程。~ *cost* 更新费(工程或设备由于破损或技术落后而进行更换所需的费用)。

replacing *v.* ①更换(replace 的 ing 形式)。②替代。~ *silt with stone by blasting* 爆炸排淤填石(爆炸排淤填石法实质上是一种瞬态置换法,它利用炸药爆炸能量瞬间将硬基上的淤泥排开,而使位于其上的堆石体在爆炸动力和自重的作用下,沉落到淤泥下面的海底硬土上,从而形成稳定密实的堆石体)。

repression *n.* ①抑制,压抑。②镇压。~ *of fumes and dust after a blast* 抑制炸后的烟尘。

required *a.* ①必需的。②必修的。~ *airflow*; *required air quantity*; *air requirement* 需风量(矿井生产过程中,为供人员呼吸,稀释和排出有害气体、浮尘,创造良好气候条件所需要的风量)。

research *n.* ①研究。②调查。~ *fellow* 研究员。~ *group* 课题组。~ *institute* 研究院。

reserve *n.* ①储备,储存。②自然保护区。③预备队。④缄默。⑤储备金。*B-rank* ~ B级储量。~ *distribution* 储量分布。~*s calculation map* 储量计算图(反映储量计算依据、各级储量分布范围和计算结果的图件)。~*s control*; ~*s management* 储量管理(测定和统计矿物储量动态,定期分析研究矿物保有情况及对矿物资源的利用情况,及时了解生产过程中开采损失率的计算等,以指导、监督合理地开采矿物资源的工作)。

reset *vi.* ①重置。②清零。—*vt.* ①重置。②重新设定。③重新组合。—*n.* ①重

新设定。②重新组合。③重排版。~ *function* 复位功能。

residence *n.* ①住宅，住处。②居住。~ *time* 停留时间。

residential *a.* ①住宅的。②与居住有关的。~ *colony*; *residential district* 居民区。~ *structures of a large variety* 民房结构，居民建筑。

residual *n.* ①剩余。②残渣。—*a.* ①剩余的。②残留的。~ *angle* 残余角。~ *error* 残差（测量值的估值 L 与测量值 l 之差，一般用 V 表示，即有：$V=L-l$）。~ *explosives* 剩余炸药（爆破作业终了时，在现场或药包操作间用剩的炸药。剩余炸药的数量较大时应及时送回库房，较少时宜直接在现场销毁）。~ *external angle* 余外角。~ *heat* 余热。~ *pressure* 剩余压力。~ *sliding force* 剩余下滑力（不平衡推力法中，任一条块的滑动力与抗滑力的差值）。~ *strength* 残余强度（岩土破坏后残存的抵抗再破坏的能力，数值上等于岩土应力-应变曲线末尾水平段相对应的应力值）。~ *strength of rock* 岩石残余强度（指岩石试件在单轴或三轴抗压、抗剪试验中发生宏观破坏后的最小抵抗应力。是岩石物理力学性质之一）。~ *stress* 残余应力（由过去地质历史时期的构造变动产生，后经应力松弛而残存于岩体中的应力）。~ *stress distribution* 残余应力分布。~ *toe stress* 坡底残余应力。~ *value* 残值。

resilience *n.* ①恢复力。②弹力。③顺应力。④ = resiliency 回弹（性），冲击韧性。

resilient *a.* 弹回的，有弹力的。~ *modulus of deformation* 变形回弹模量。~ *shock absorption* 弹性减振。

resin *n.* ①树脂。②松香。

resistance *n.* ①阻力。②电阻。③抵抗。④反抗。⑤抵抗力。~ *coefficient* 阻力系数。~ *on curve* 转弯阻力。~ *to blasting* 抗爆阻力，抗爆性。~ *to crushing* 抗碎强度。~ *to flow* 流动阻力。~ *to heat* 耐热性。~ *to rupture* 抗断强度。~ *to shear* 抗剪强度。~ *to yield* 抗压强度。

resistibility *n.* 可抵抗性，抵抗力。~ *of rock* 岩石强度（表示岩石在外力作用下发生破坏前所能承受的最大应力，有抗压强度〈compression strength〉和抗拉强度〈tensile strength〉等。参见 *strength of rock*）。

resistivity *n.* ①电阻率。②抵抗力。③电阻系数。~ *logging*; ~ *log* 电阻率测井（根据钻孔内岩、煤层电阻率的差别，研究钻孔地质剖面的测井方法）。~ *profiling*; *electrical profiling* 电阻率剖面法（供电电极和测量电极的电极距保持不变，沿剖面方向逐点测量岩石的视电阻率值，根据其变化，以研究地下一定深度地质情况的物探方法）。~ *sounding*; *electrical sounding* 电阻率测深法（在测深点上，逐次加大供电电极的电极距，测量岩石的视电阻率值，根据其变化，以研究地下不同深度地质情况的物探方法）。

resolution *n.* 分辨率（定义显示器画面解析度的标准，由每帧画面的图素数决定,以水平显示的图素个数×垂直扫描线数表示〈如 1024×768 指每帧图像由水平 1024 个图素,垂直 768 条扫描线组成〉)。

resonance *n.* ①共振。②共鸣。③反响。~ *magnification factor* 共振放大系数。

resonant *a.* ①洪亮的,共振的。②共鸣的。~ *frequency* 共振频率。

resource *n.* ①资源,财力。②办法。③智谋。~*-sharing* 资源共享。~*-saving* 节省资源的,节能型的。

resolving *n.* ①分解。②解析。—*v.* ①分辨(resolve 的 ing 形式)。②分解。③决定。④解决矛盾。~ *ability* 鉴别能力,分辨力。

response *n.* ①响应曲线。②灵敏度。③回应,回答。~ *of rock to the explosion* 岩石对爆破的响应(特征)。~ *spectrum* 响应谱(表明一个结构对作用于其上不同频率的频率响应谱)。~ *spectra analysis* 响应谱分析。~ *surface* 响应面。

rest *n.* ①休息,静止。②休息时间。③剩余部分。④支架。

restrict *vt.* ①限制。②约束。③限定。~ *work in blast area* 限制在爆破区域工作。

restricted *a.* ①受限制的。②保密的。~ *trench blasting* 限制沟槽爆破。~ *clearance*; ~ *spacing* 限定间距,限定间隔。~ *grain*; *inhibited grain* 限制燃烧火药柱。~ *passage* 限定通道,限制通过。~ *quarter*; ~ *space* 有限空间。

resultant *n.* ①合力。②结果。③【化】生成物。—*a.* ①结果的。②合成的。~ *amplitude of vibration* 合成振幅。~ *displacement* 合位移。~ *energy* 合成能量。*In the detonation of explosives, the ~ energy is converted into beneficial applications such as fragmentation and displacement. It is also responsible for adverse side effects such as vibration, airblast and flyrock.* 在炸药爆炸过程中,合成能量转化为破岩和位移这些有益的实用能量。振动、冲击波和飞石这些不利的负面效应也是由合成能量产生的。~ *fluid expansion process* 合成流体膨胀过程。~ *ground vibration velocity* 地层振动合成速度(如果地层振动速度已在三个相互垂直方向加以测定,则可用矢量代数求出合振动的大小和方向,单位为 mm/s)。~ *ppv* 质点峰值速度合量。~ *impedance* 总阻抗。~ *shear force* 合成剪力。~ *strain* 合应变。~ *strain pulse* 合应变脉冲。~ *stress* 合成应力。~ *velocity* 合速度。

resulting *a.* 作为结果的。—*v.* ①致使(result 的 ing 形式)。②产生。~ *point* 合力点,汇合点。~ *mean passing size* 最终平均筛分粒度。

resurface *vi.* ①重新露面。②浮上水面。—*vt.* ①重铺路面。②为…铺设新表面。

retained *a.* 保留的。~ *silt*; *clay* ~ *in gob* 截留泥分(充填后截留在采空区泥分的含量)。

retarded *a.* 发展迟缓的。~*-action fuse* 延时导火线(参见 *delay-action fuse*)。~ *caving* 滞后崩落。~ *ignition* 延

期点火。

retarder *n*. ①缓凝剂。②减速器。③【化】阻滞剂。④迟缩剂。⑤延时器。

retarding *v*. ①迟滞,减速(retard 的 ing 形式)。②延迟。~ *factor* 延滞因素,减速因素。

retension *n*. 自留额。~ *time*; *residence time* 停留时间。

retrace *vt*. ①追溯。②折回。③重描。~ *bit* 后退钻头(背面有齿槽的钻头,可用于易崩塌脆弱地层的后退钻孔)。

retreat *n*. ①撤退。②休息寓所。③躲炮(爆破作业准备完毕,全体操作人员躲避到没有飞石和其他危险的场所,等待爆破)。~ *blasting of pillars* 后退式矿柱爆破。

retreating *v*. ①撤退(retreat 的 ing 形式)。②后退。~ *mining* 后退式开采(①自井田边界向井筒或主平硐方向依次开采各采区的开采顺序。②采煤工作面向运煤上山〈运煤大巷〉方向推进的开采顺序)。

retrievable *a*. ①可取回的。②可补偿的。③可检索的。~ *wire perforator* 无枪身射孔器(射孔弹不装在枪身内的各种射孔器。射孔弹通常固定在特制的金属架上,用导爆索连接)。

retrograding *a*. ①可取回的。②可补偿的。③可检索的。④反向的。~ *wave* 反向波。

retrofit *vt*. ①改进。②更新。③式样翻新。—*n*. 式样翻新,花样翻新。*R- of these technologies are underway at several sites around the world and will achieve massive reductions in overall GHG emissions of explosive manufacturers*. 这些技术在世界几个地方正在现场改进,并将大大降低炸药厂温室气体排放的总量。

retrospective *a*. ①回顾的。②怀旧的。③可追溯的。~ *assessment* 回顾评价(对已建工程所造成的环境改变及其影响,作出的科学评价)。

return *n*. ①返回。②归还。③回球。④回报。—*a*. ①报答的。②回程的。③返回的。~ *on investment* 投资回报。~ *wave* 回波,反射波。

reversal *n*. ①逆转。②反转。③撤销。~ *point method* 逆转点法(用陀螺经纬仪跟踪摆动的指标线,读取到达两逆转点时刻度盘上读数的陀螺经纬仪)。

reverse *n*. ①背面。②相反。③倒退。④失败。—*vt*. ①颠倒。②倒转。—*a*. ①反面的。②颠倒的。③反身的。—*vi*. ①倒退。②逆叫。~ *bearing* 逆方位。~ *breakdown* 反向击穿。~ *circulation drill* 反循环钻机(采用泥石泵从孔底将携带岩渣的泥浆吸出的钻孔机械)。~ *direction* 反向。~*d flush drilling*; ~*d flush boring*; *counterflush drilling*; ~*d circulation drilling* 反循环冲洗钻进(冲洗液由孔口密封装置压入孔壁与钻具间的环形空隙,经孔底携带岩屑〈粉〉,然后从钻具内孔返回地表的钻进技术)。~*d stress* 反向应力。~ *fault* 逆断层(又叫冲断层〈thrust fault〉,相对于正断层而言,指上盘向上移动的断层类型)。~ *motion* 反向运动。~ *propagation* 逆向传播。~ *pressure perforating* 负压射孔(井内液柱压力小于对应目的层压力时的射孔)。~ *reaming* 反向扩孔。~ *reasoning* 反向推理。~ *slope* 逆坡。~ *shooting*;*back shooting* 逆向爆破。

revolutionary *a.* ①革命的。②旋转的。③大变革的。~ *technologic reform* 革命性技术变革。*R-technologic reforms, which can bring about profound, step-function increases in coal recovery, are still way off.* 革命性技术变革虽然能使煤炭开采率逐渐上升,意义重大,但距今尚有一段距离。

revolutions *n.* ①革命。②转数(revolution 的复数形式)。~ *per second* 转速(单位时间环绕轴旋转的次数,单位为 1/s 或 r/s)。

rheology *n.* ①液流学。②流变学(流变学是力学的一个新分支,它主要研究物理材料在应力、应变、温度湿度、辐射等条件下与时间因素有关的变形和流动的规律)。~ *of rock* 岩石(体)流变性(岩石〈体〉在应力不变的条件下,变形随时间延长而增大的性质)。

rheological *a.* ①流变学的。②液流学的。~ *hysteresis* 流变滞后(在等温可逆条件下,如剪切速率随时间从零线性地增大至极大值〈上行线〉,然后以同样方式减小〈下行线〉,剪切速率图呈现一种滞后回路,可用它来检定和表征触变性或反触变性)。~ *strength of rock* 岩石流变强度(指岩石在应力长期作用下的强度)。~ *behavior of rock* 岩石流变性(岩石物理力学性质之一。指岩石的应力及应变随时间而变化的性质。岩石的流变包括蠕变和松弛。蠕变是当应力为一定值时,应变随时间而增长的性质;松弛则是应变为定值时,应力随时间而减小的性质)。

rheopexy *n.* 震凝现象(在相对高的剪切速率中断后,用小的剪切速率缩短触变恢复时间的现象)。

rib *n.* ①肋骨。②排骨。③肋状物。—*vt.* ①戏弄。②装肋于。~ *hole* 边孔(隧道或平巷炮孔组的侧边孔,它决定着硐口的宽度。参见 *side hole*;*flank hole*;*end hole*)。~ *shot* 边孔爆破。~ *sides convergence* 巷道两帮移近量(巷道两帮向巷道中心位移量的总和)。~ *spalling* 片帮(煤壁产生片状或块状塌落的现象)。

ribbon *n.* ①带。②缎带。③(勋章等的)绶带。④带状物。⑤勋表。~ *diagram* 连续剖面图。~ *powder* 条状炸药。

Richter *n.* 里克特(姓氏)。~ *scale* 里氏震级(现采用的震级是由地震学家 C. F. Richter1935 年拟定的,称"里克特震级",是范围从 1 到 10 的一种对数标度,用以表示地震放出的总能量。在这种标度中每增加 1,表示放出的能量增加 32 倍)。

rifling *n.* ①膛线。②来复线。③螺纹线(炮泥自炮孔挤出线)。*R-occurs when stemming material is inefficient or insufficient. R- is driven by the stemming release pulse (SRP) for airblast.* 炮泥不足时会出现螺纹线。由于空气冲击波,螺纹线是由炮泥释放脉冲形成的。

rift *n.* ①裂缝。②不和。③裂口。~ *direction* 断陷方向,断裂方向。

right *a.* ①正确的。②直接的。③右方

R

的。~-*angle array* 直角排列,直角组合。~ *section* 正剖面。~-*skewed distribution* 右偏斜分布。~ *view* 右视图。

rigid *a.* ①严格的。②僵硬的,③死板的。④坚硬的。⑤精确的。⑥刚性的。—*n.* 刚体。~ *wall* 刚性墙。~ *body dynamics* 刚性物体力学。~ *bond* 刚性联结(由化学作用力—共价键、离子键和氢键所形成的结构联结)。~ *interface point* 刚性界面点。~ *membrance* 刚性膜。~ *support* 刚性支架(不具有可缩性的材料及结构,在地压作用下变形或位移很小的支架)。~ *structure*;~ *construction* 刚性结构。

rigidity *n.* ①【物】硬度,刚性。②严格,刻板。③僵化。④坚硬。~ *modulus* 刚性模量。

rigidly *ad.* ①严格地。②坚硬地。③严厉地。④牢牢地。⑤刚性地。~ *cartridged blasting agent* 刚性筒装炸药。

rigorous *a.* ①严格的,严厉的。②严密的。③严酷的。~ *inspection* 严格检查。

rim *n.* ①边,边缘。②轮辋。③圆圈。④顶边(参见 *bench crest*)。~ *stripping* 边缘剥离。

ring *n.* ①戒指。②铃声,钟声。③拳击场。④环形物。⑤ = ~ round;~-fanned holes 环(扇)形炮孔组(为开掘的平巷〈分段平巷〉由一中心处径向钻出的炮孔组)。~ *blasting*;~ *shooting* 环形炮孔爆破,环形排列爆破(由一平巷横向和径向钻出炮孔,装药后向空的或填充岩石的硐室爆破。这是一种生产爆破方法,其炮孔通常呈垂直状〈分段回采〉)。~ *blasting parameter* 环形炮孔爆破参数。~ *burden* 环形炮孔抵抗线。~ *cut* 环形孔掏槽,扇形孔掏槽。~ *cut method* 环状隧道开挖法(开挖隧道时,在不良的地质条件下,可采用先掘进导坑然后再开挖其他部位的施工方法。但是,当地质条件非常差,例如上半部难以一次开挖成形时,可把拱圈附近的部位开挖成环状,做好锚喷支护或衬砌后,再挖除中心部残余的凸出部分,这种方法叫环状隧道开挖法)。~ *drilling* 环形炮孔凿岩,扇形炮孔凿岩。~ *holes* 扇形炮孔。~ *load* 环形载荷。~ *pattern* 扇形炮孔图,扇形布置。~ *stress* 环应力。~-*stress burst* 环应力诱发岩爆。

rip *vt.* ①撕。②锯。—*vi.* 裂开,被撕裂。—*n.* 裂口,裂缝。~ *blasting* 落底爆破(炸去地面上隆起的部位,使其变为平整的爆破。例如:在隧道掘进中,开挖面底板因爆破不充分而残留根底时,可用落底爆破予以平整)。~ *rap* 乱石堆(大块岩石堆,用于河岸、堤坝、码头等以固堤,降低水流的侵蚀)。

ripping *n.* 挑顶(采用爆破方法扩大导洞及既有巷道顶板,开挖成理想断面的作业。在隧道掘进中,有时也采用挑顶的方法来提高光面爆破的效果。此时,预留的挑顶部位,其采用瞬发电雷管超爆的周边炮孔应和主体掘进炮孔分开爆破)。~ *blast* 劈裂爆破(位移很小的爆破,有助于后继破碎和装载时提高自然碎裂或岩石的膨胀)。

R

ripple *n.* ①波纹。②涟漪。③【物】涟波。~ *effect* 爆破重叠作用。

rise *vi.* ①上升。②增强。③起立。④高耸。—*vt.* ①使…飞起。②使…浮上水面。—*n.* ①上升。②高地。③增加。④出现。~ *time* (脉冲)兴起时间(脉冲前缘以某一特定小分值升至最高值的某一特定大分值所需的时间间隔)。

risk *n.* ①风险。②危险。③冒险。④危险性(危险性是指某种危险源导致事故、造成人员伤害、财物损坏或环境污染的可能性)。~ *and hazards* 风险和危害。~ *assumption* 风险假定。~ *management* 风险管理。~ *reduction* 降低风险。~ *rejection* 风险排斥。~ *transfer* 风险转移。~ *analysis* 风险分析(对爆破现场周围的任何建筑物或构筑物产生破坏的潜在几率进行分析的一种方法。当讨论有关允许地层振动和气浪振动强度以及是否需用爆破挡帘防护飞石时,通常以风险分析作为基础)。~ *assessment* 风险评估。~ *distribution* 风险分布。~ *factor* 风险系数。~ *ratings* 风险评价。~-*return analysis* 风险收益分析。

risky *a.* ①危险的。②冒险的。③(作品等)有伤风化的。~ *decision* 风险决策。~ *investment* 风险投资。

road *n.* ①公路,马路。②道路。③手段。~ *cut blasting* 路堑爆破。~ *engineering geology* 道路工程地质(研究与道路工程建设有关的地质问题的学科)。~ *side supporting* 巷旁支护(沿空留巷时,在采空区一侧设置支护物的护巷方法)。~ *scraper* 平地机(用机身中部装置的刮刀进行铲土、平土的施工机械。参见 grader)。~ *side packing* 巷旁充填(沿空留巷时,巷道采空区一侧进行充填形成条带的护巷方法)。~ *side supporting* 巷旁支护(沿空留巷时,在采空区一侧设置支护物的护巷方法)。

roadway *n.* ①道路。②路面。③车行道。④铁路的路基。⑤巷道(服务于地下采矿,在岩体或矿层中开凿的不直通地面的水平或倾斜通道)。~ *subject to dynamic pressure* 动压巷道(受回采影响和相邻巷道掘进影响的巷道)。~ *subject to static pressure* 静压巷道(不受回采影响和相邻巷道掘进影响的巷道)。

robot *n.* ①机器人。②遥控设备,自动机械。③机械般工作的人。~ *loader* 自动装药器。

Roburite *n.* 罗比赖特炸药。

rock *vt.* ①摇动。②使摇晃。—*vi.* ①摇动。②摇晃。—*n.* ①摇滚乐。②暗礁。③岩石(成分和结构上大致是稳定的矿物集合体,是岩石圈的主要组成部分。按成因分为火成岩、沉积岩、变质岩和混合岩)。~ *and soil* (*ground*) 岩土(各类岩石和土的统称)。~ *association* 矿岩聚合体。~ *avalanche* 山崩(大规模的山体崩塌)。~ *base* 基岩。~ *bedding* 基岩层理。~ *behavior* 岩石受力显现。~ *blasting* 岩石爆破(利用炸药破碎岩石的技术)。~ *blasting explosive*; ~ *explosive* 岩石炸药(用于地面及无可燃气〈煤尘〉爆炸危险的煤矿井下爆破岩石的混合炸药)。

~ *blasting literature* 岩石爆破文献。~ *block* 岩块。~ *breakage* 岩石破碎。~ *breaker* 碎石机(由破碎锤冲击破碎大块岩石的二次破碎机械。按使用的破碎锤型式分为落锤碎石机、气动碎石机、液压碎石机)。~ *breaking by laser* 激光破岩。~ *breaking coefficient* 岩石破碎系数。~ *breaking model* 岩石破碎模型。~ *bounce*;~ *burst*;~ *outburst* 岩石突出,岩爆(在开挖岩体深处的岩石时,岩块突然从开挖面或侧壁崩入巷道内的现象。在煤矿中,煤块、岩石与瓦斯同时突出的情况比较多,这种现象又称岩爆)。~ *burst shock* 岩爆震动。~ *cap* 覆盖岩层。~ *cleavage* 岩石劈理。~ *constant* 岩石常数(说明岩石可爆性的数值,以 kg/m^3 表示。岩石常数表示恰好需要多少炸药来脱落覆土 1m,炮孔直径 33mm,高 1m 梯段上的均质岩石。岩石极端常数值为 $0.2kg/m^3$〈易爆〉至 $1.0kg/m^3$〈难爆〉;标准值为 $0.4kg/m^3$)。~ *damage* 岩石破坏(周边炮孔后侧其余岩体因爆破而引发的破坏。岩石破坏可指任何爆破引起的干扰,如改变岩体的连续性〈如产生径向裂缝〉,改变渗透性,改变稳定性,过爆等)。~ *damage criterion* 岩石破坏判据(造成岩体破坏可能性的测定标准,通常以最高〈峰值〉质点速度 v_{max} 或 PPV 表示,单位为 mm/s。含强节理硬岩的 v_{max} 约为1000mm/s,不含弱节理中等硬岩的 v_{max} 为 700 ~ 800mm/s,含弱节理软岩的 v_{max} 约等于 400mm/s。另一种破坏评估判据是以爆破前后裂隙频率的变化为基础)。~ *deformation* 岩石变形。~ *discontinuity* 岩体构造断裂,岩体构造非连续性。~ *disintegration mechanism* 岩石破碎机理。~ *drift* 岩石巷道(简称"岩巷"。在掘进断面中,岩石面积占全部或绝大部分〈一般大于 4/5〉的巷道)。~ *drill* 凿岩机(以冲击回转或冲击与旋转切削联合作用破碎岩石的钻孔机械。其目的是凿成可装填炸药的炮孔)。~ *drilling tool* 凿岩工具(凿岩用钎头、钎杆和钎尾的总称,通常也称作钎具)。~ *dropping* 坠落(小型块石的崩落)。~ *dust* 岩粉(在井下,为了防止煤尘爆炸使用的非可燃性物料〈岩石、黏土等〉的粉末,也叫防爆岩粉。参见 *stone dust*)。~ *element* 岩体单元。~ *engineering* 岩石工程(与岩体挖掘和建筑相关的工程学科)。~ *excavation* 岩石采掘,石方作业,剥离作业。~ *expanded AN explosive* 岩石膨化硝铵炸药。~ *fabric* 岩石组构。~ *factor* 岩石(抗爆)阻力系数。~ *failure* 岩石破坏,岩石破裂。~-*forming element* 造岩元素(地壳中分布最广、组成各类岩石的最主要元素。如氧、硅、铝、铁、钙、钠、钾、镁这 8 种元素占了地壳总重量的 98.56%,是构成地壳各类岩石的主要成分)。~-*forming mineral* 造岩矿物(主要指组成岩石的矿物,大部分为硅酸盐和碳酸盐矿物。据在具体岩石中所占数量的多寡又可分为主要矿物、次要矿物和副矿物)。~ *fragments* 破碎岩石,岩石碎片。*These ~ fragments result in human injuries, fatalities and structure damages when they are thrown beyond the allowable limits.* 如果岩石碎片抛到容许的范围之外,就会造成人员伤亡和财产损坏。 ~ *fragmentation* 破岩。 ~ *hardness*; ~ *strength factor*;*formation hardness* 岩石硬度。 ~ *in place* 原岩(未扰动岩石)。 ~ *loader* 装岩机(装载松散岩石的机械。参见 *muck loader*)。 ~ *machining* 岩石钻凿。 ~ *mass*; ~ *massif*;*lithesome*; *mass of* ~;*terrain* 岩体(赋存于一定地质环境、含各类不连续面且具一定工程地质特征的岩石综合体)。 ~ *mass classification* 岩石质量分类(依据岩石材料的物理性质〈非均匀性、各向异性和渗透性〉、机械性质或对采掘作业的阻力〈如可爆性或可挖性〉将岩石进行分类的方法。Barton 于 1974 年制定的 QC〈品质〉系统和 Bieniawski 于 1973 年建立的 RMR〈岩石质量测定〉系统可用于爆破目的的岩石质量分类)。 ~ *mass flow* 岩体错动。 ~ *mass displacement* 岩石剥采量,岩石排出量。 ~ *mass properties influencing fragmentation* 影响岩石破碎的岩体特性。*This study is restricted to the two types of* ~ *so that the variations in* ~ *mass properties are minimized and the influence of blast design parameters (stemming, burden and specific charge) on fly* ~ *distance could be analyzed.* 本研究针对两种岩石,以便将岩体特性的变化趋于最小,并能分析爆破设计参数(如炮泥、抵抗线和单位炸药消耗等)的影响。 ~ *mass mechanics* 岩体力学。 ~ *mass property* 岩体特性。*The minimum description of* ~ *mass properties that influence blast performance includes the density, strength, stiffness and frequency and nature of discontinuities, together with an understanding of the variability of these parameters across the blasting area.* 影响爆破行为的岩体特性描写的最少,包括非连续面的密度、强度、硬度、频率及自然属性,而且对爆破区域内这些参数的可变性了解的也最少。 ~ *mass rating system* 岩体 RMR 指标(波兰人宾尼奥斯基〈Z. T. Bieniawski〉于 1973 ~ 1975 年提出的地质力学分级法,并用计分法表示岩体质量好坏)。 ~ *mass reaction on the shock wave* 岩体对冲击波的反应。 ~ *mass specimen* 岩体样本。 ~ *mass stress* 岩体应力。 ~ *mass weakening* 岩体削弱。 ~ *mechanics* 岩石力学(研究地下岩石的机械物理性质、破碎规律及其影响因素的科学。它为设计合理的破岩工具、破碎方式及采取的技术参数提供必要的依据)。 ~ *mechanics in coal mining* 煤矿岩石力学(研究煤矿岩石〈体〉应力、应变和破坏规律的学科)。 ~ *of high modulus ratio* 高模量比岩石(弹性〈切线〉模量与单轴抗压强度的比值大于500 的岩石)。 ~ *of low modulus ratio* 低模量比岩石(弹性〈切线〉模量与单轴抗压强度的比值小于 200 的岩石)。 ~ *of medium modulus ratio* 中模量比岩石(弹性〈切线〉模量与单轴抗压强度的比值为 200 ~ 500 的岩石)。 ~ *pile* 弃渣(在掘进或爆破过程中,开挖出来的没有任何使用价值的岩石碎块。在土木工程中称为废渣,在矿

山称为废石,在煤矿称为矸石。参见 debris;dirt;*muck pile*;muck;refuse;rubbish;*waste rock*)。~ *pressure* 矿山压力(采掘引起的围岩内的力及作用于支护物上的力)。~ *property*;~ *character*;*lithological character* 岩石特性。~ *quality designation* 岩体 RQD 指标(在岩心中长度等于或大于 10cm 的岩心的累计长度占钻孔进尺总长度的百分比。它反映岩体被各种结构面切割的程度。RQD 值规定用直径为 54mm 金刚石钻头、双层岩心管钻进获得。此指标为美国迪尔〈D. V. Deere〉于 1964 年首先提出,并用于岩体分级,也称岩石质量指标)。~ *quality factor*;*Q* 岩石质量因数(用于地震冲击波的衰减。声波穿越岩石时由周期最高贮存能 W_{max} 部分损失 W_L 决定的岩石内地震波衰减因数。$Q=2\pi W_{max}/W_L$ 该式适用于因介质内存在缺陷而使能量损失的不完整介质中声波的传播)。~ *quality index in drilling*;*RQI* 穿孔岩石质量指数(穿孔时的岩石质量指数定义为钻机的液压与炮孔平均穿孔速度两者之比)。~ *density* 岩石密度。~ *formation and classification* 岩石的形成与分类。~ *geotechnical properties* 岩石的地质学特性。~ *mass fracture characterization* 岩体断裂特性。~ *movement* 岩石的运动。~ *porosity* 岩石的孔隙度。~ *quarry bench blast* 岩石台阶爆破。~ *resilience* 岩石的弹性。~ *structure mapping* 岩石构造的测绘。~ *velocity* 岩石振速。~-*soil interface* 岩石和土的接触面。~ *schistosity* 岩石片理。~'*s inherent breakage characteristic* 岩石的内在破碎特点。~ *slope face* 岩石边坡面。~ *specimen* 岩石标本。~ *stress measurement* 岩石应力测量。~ *subsidence* 岩石塌落。~ *texture* 岩石纹理。~ *throw* 岩石抛射距离。~ *toe* 根底,残根。~ *toughness* 岩石韧性。~ *type* 岩石类型。~ *volume broken per blasthole* 单孔岩石破碎量。~ *weathering* 岩石风化(作用)。~ *bulking*;~ *swelling* 岩石(体)碎胀性(岩石〈体〉破碎后具有膨胀的特性)。

rockplug *n.* 岩塞。~ *blasting with a collecting pit* 岩塞聚渣爆破(聚渣爆破是在岩塞后部预先挖好聚渣坑,使爆落的岩渣聚集在其中,并要做到正常运行时这些岩渣不被水流带走。国外工程多采用聚渣爆破,我国的丰满、镜泊湖、清河等工程也采用了聚渣爆破)。~ *blasting without a collecting pit* 岩塞泄渣爆破(泄渣爆破则不设聚渣坑,利用爆破后水流的力量将岩渣通过隧洞冲向下游河道中。我国的玉山、香山、密云等工程均采用了泄渣方式。采用这种爆破方式可不设聚渣坑,但要注意岩渣对隧洞的磨损和对下游河道的淤积影响)。~ *chamber blasting* 岩塞硐室爆破(硐室爆破是在岩塞中间开挖药室,放置集中药包或延长药包进行爆破。国外的休德巴斯及我国的丰满、清河、镜泊湖工程均采用了这种爆破方式)。~ *drilling blasting* 岩塞炮孔爆破(炮孔爆破是在岩塞掌子面布置较为密集的炮孔,在炮孔中装药进行爆破,一般用于断面较小的岩塞。国外的阿斯卡拉、雪湖以及我国的香山、密云等工程均采用这种爆破方式)。

Rockwell *n.* 洛克威尔(姓氏)。~ *hardness* 洛氏硬度(用洛氏硬度试验机测得表示材料硬度的一种标准,由 S. P. Rockwell 提出,用符号 HR 表示。应用压入法测定)。

rocky *a.* ①岩石的,多岩石的。②坚如岩石的。③摇晃的。④头晕目眩的。~ *ammonite* 阿芒奈特岩石炸药。

rod *n.* ①棒。②惩罚。③枝条。④权力。~ *steel* 钻杆(把凿岩机的冲击力和回转力矩,传递给钻头的器件。根据使用条件、凿岩机种类、爆破方法的不同,除了可以选用锥形接头钻杆、接续钻杆外,还可选用螺旋钻杆、麻花钻杆等)。

role *n.* ①角色。②任务。~ *of associations and professional societies* 协会和专业团体的角色。

roll *vt.* ①卷。②滚动,转动。③辗。—*vi.* ①卷。②滚动。③转动。④起伏,摇晃。—*n.* ①卷,卷形物。②名单。③摇晃。~*-along*;*roll-along operation*;*roll-along shooting* 逐点爆破(地震勘探)。

roller *n.* ①滚筒。②滚轴。③辊子。④滚转机。~ *rock bit* 牙轮钻头(装有两个或多个圆筒形成硬质钢或碳化钨硬质合金牙轮的旋转钻头。有多种形式,如双锥钻头、三锥钻头、四锥钻头等)。

roof *n.* ①屋顶。②最高处,顶部。③最高限度。④顶板(①隧道施工中为增加开挖的临空面,或探查掌子面前方地质条件,并为整个隧道导向而开挖的坑道。②地下巷道的上部表面)。~ *bolting with wiremesh*;*bolting with wire mesh* 锚网支护(锚杆加金属网的支护)。~ *caving* 顶板垮落(在控顶范围以外顶板的正常垮落)。~ *caving angle* 顶板垮落角(顶板垮落后其断裂面与顶板层面之间朝采空区方向形成的夹角)。~ *collapse of large area* 区域性切冒(坚硬顶板大面积瞬时塌落并伴有空气冲击的严重破坏现象)。~ *control*;*top control* 工作面顶板控制(采煤工作面中工作空间支护和采空区处理的总称)。~ *fall* 冒顶(采掘工作空间或井下其他工作地点顶板岩石发生的坠落事故)。~ *fracture rate*;~ *flaking rate* 顶板破碎度(长壁工作面无支护暴露面积顶板冒落高度超过 100mm 的面积与总面积的比值)。~ *hole* 顶部炮孔(隧道爆破时,在周边炮孔中位于顶板部位,从上往下崩落岩石的炮孔)。~ *of coal seam* 煤层顶板(在正常顺序的含煤岩系剖面中,直接覆于煤层上面的岩层)。~ *rebound* 顶板回弹(上覆坚硬岩层断裂时,顶板局部瞬时上弹的现象)。~ *ripping* 挑顶(必要时在巷道中挑落部分顶板岩石的作业。参见 ripping)。~ *spreader hole*;*head hole* 顶部辅助炮孔(隧道爆破时,布置在开挖面顶部周边的炮孔,称为顶部炮孔)。~ *stability* 顶板稳定性(未经人工支护的顶板悬露面在某一段时间内保持不冒落的能力)。~ *subsidence* 顶板下沉量(在底鼓量很小的情况下顶底板的移近量)。~*-to-floor convergence* 顶底

R

板移近量(顶板下沉量与底板鼓起量的总和)。

roofbolter *n.* 锚杆钻机(曾称"锚杆打孔安装机"。具有向顶板或巷道两帮钻孔并安装锚杆功能的钻机)。

room *n.* ①房间。②空间。③余地。④机会。⑤房间里所有的人。⑥ = chamber 硐室(为某种专门用途而开凿的断面较大和长度较小的井下构筑物)。~ *and pillar method*; ~ *and pill stoping* 房柱式开采法(房柱式开采法是一种矿柱成带状,采掘空间很大,后退式回收矿柱的开采方法。适用于矿层倾斜不大,开采价值较低的矿床。因此,广泛用于品位低但储量丰富,回采残留矿柱以提高采掘率的煤炭、岩盐和铁矿的开采。房柱式开采法可实现机械化采掘)。

root *n.* ①根。②根源。③词根。④祖先。~ *causes of flyrock* 飞石产生的根源。

Rosin *n.* 雷辛(人名)。~*-Rammler function* 雷辛-罗姆勒(粒度分布)函数。~*-Rammler-Sperling distribution*; *RRS* RRS 分布(说明爆破后所得不同尺寸岩石量的一个数学分布函数。RRS 分布定义为:$y = 1 - e^{-[\frac{x}{K_c}]^n}$。式中,$y$ 为小于 x 的累计碎片分数;x 为碎片尺寸,m;K_c 为碎片尺寸分布的典型尺寸,m;n 为均匀指数)。

rotary *a.* ①旋转的,转动的。②轮流的。~ *drilling* 回转凿岩(又称旋转凿岩,在强推力下钻头连续旋转从而使钻孔在岩石中加深的一种凿岩〈穿孔〉方法)。~ *drills* 螺旋钻孔。

rotation *n.* 旋转。~ *angle* 旋转角。

rotational *a.* ①转动的。②回转的。③轮流的。~ *firing* 滚动爆破(一种延时爆破系统,其中每一药包依次将其碎块排入由先一个延时起爆炸药所造成的洞穴中)。

rough *a.* ①粗糙的。②粗略的。③粗野的。④艰苦的。⑤未经加工的。~ *concentrate* 粗选精矿。*-ing* 粗选。

round *n.* ①圆。②循环。③一回合。④圆形物。⑤ = ~ of holes; blasting ~; set; hole set; drill ~ 炮孔组(钻出的一组炮孔,装药后瞬时或以延时雷管起爆,以破碎一定量的岩石)。⑥ = easer shot 扩槽(巷道掘进爆破中,从掏槽孔响炮到周边孔爆破形成巷道轮廓为止,为一个爆破循环。位于掏槽孔和周边孔之间的一些炮孔,其主要作用是扩槽。即为扩大掏槽,逐步形成巷道开挖断面而实施的中间爆破)。~ *distribution load* 圆形荷载(作用面积为圆形的中心荷载)。~ *layout* 炮孔组布置。~ *off* 四舍五入。~ *spitting* 成组点燃导火线。~ *throw* 炮孔组爆破。

routine *n.* ①程序。②日常工作。③例行公事。—*a.* ①日常的。②例行的。~ *analysis* 常规分析。~ *experiment* 例行实验。~ *sampling* 常规取样。

row *n.* ①行,排。②划船。③街道。④吵闹。⑤炮孔排(位于与自由面平行或是某一角度的平面上的炮孔。爆破时炮孔排是由同一时间起爆的全部炮孔组成的平面来界定的)。~*-by-*~ *blasting* 逐排爆破。~ *delay MS blasting* 排间顺序毫秒起爆(排间顺序毫秒起爆是从临空面开始由前排往后排以毫秒间隔顺序起爆。这种起爆顺序施工简便,爆堆比较均匀整齐,岩石破碎质量较齐发爆破有所改善。但是地震效应仍强烈,且后冲破坏较大)。~ *shooting* 整排引爆,多排炮孔爆破。~ *span* ①炮孔排(圈)距,排距(炮孔排〈圈〉间的距离)。②炮孔行距(露天采场炮孔前、后行间的中心距离)。~ *spacing* (炮孔)排距,排间距(两排炮孔之间距。必须区分钻孔间距 S_d 和爆破孔间距 S_b,参见 spacing)。~ *spacing range* 排距范围。~*-hole delay MS blasting* 孔间顺序毫秒爆破(这种起爆顺序也是从临空面开始,由前排向后排起爆,不过在同排中相邻炮孔间错开分成两组用两段起爆或单孔顺序起爆,因此,自由面增加,爆破方向交错,块度较均匀,减振效果好,但网路敷设复杂。由于前冲力较小,适用于压渣厚度小或只有 3~4 排炮孔的爆区)。

Roxite *n.* 罗赛特(非安全胶质)炸药。

rubber *n.* ①橡胶。②橡皮。③合成橡胶。④按摩师。—*a.* 橡胶制成的。—*vt.* ①涂橡胶于。②用橡胶制造。~ *tired crane* 轮胎起重机(具有轮胎行走装置的全回转动臂架式起重机)。

rubbery *a.* ①橡胶似的。②有弹力的。③坚韧的。~ *explosive* 胶质炸药。

rubbing *n.* ①摩擦。②研磨。③摹拓。~ *area* 摩擦面积。~ *surface* 摩擦面。

rubbish *n.* ①垃圾,废物。②废话。③弃渣(在掘进或爆破过程中,开挖出来的没有任何使用价值的岩石碎块。在土木工程中称为废渣,在矿山称为废石,在煤矿称为矸石。参见 debris; dirt; *muck pile*; muck; refuse; *rock pile*; *waste rock*)。

rule *n.* ①统治。②规则。~ *disobedience and enforcement* 规程不服从和执行。~ *interpretations and variances* 规程的解释和差异。~ *legacy* 传统规程。~*s to work by* 工作规程。~*s for the carriage and storage of dangerous goods in ship* 危险品船舶运输及其贮存规定(参考联合国海事分支专门机构“政府间海事协商组织 IMCO”〈Intergovermental Maritime Consultative Organization〉的有关规定,制定的内河及海上运输、贮存危险品的法规。通常,由总则、危险品运输、危险品贮存、常见危险品分类和特性以及处罚规则等章节组成)。~ *of approximation* 接近法,近似法。~ *of combination* 组合规则。

run *vi.* ①经营。②奔跑。③运转。④运行。—*vt.* ①管理,经营。②运行。③参赛。—*n.* ①奔跑。②赛跑。③趋向。④奔跑的路程。⑤运行。~ *of ore* 矿体走向。~*-of-the mine* 未精选的,不按质量分等级的,普通的,一般的。~*-up or down zone* 爆速升降带(爆速梯度沿其炮孔长度而变〈上升或下降〉。产生升降带的一个原因可能是炸药的爆速不同于起爆药的爆速。在大型炮孔中,爆速可能由于起爆药至冲击波达到炮孔壁之间的距离而下降,然后稳定、再提速)。

runaway *a.* ①逃亡的。②逃走的。③失控的。—*n.* ①逃跑。②逃走的人。

R

running *n.* ①运转。②赛跑。③流出。—*a.* ①连续的。②流动的。③跑着的。④运转着的。—*v.* ①跑。②运转(run 的 ing 形式)。③行驶。~ *fuse* 燃烧过速导火线。~ *ground* 松散岩层,易塌陷土石。

runoff *n.* ①径流。②决赛。③流走的东西。—*a.* 决胜的。~ *angle* 径向角。

rupture *vi.* ①破裂。②发疝气。—*vt.* ①使破裂。②断绝。③发生疝。—*n.* ①决裂。②疝气。③断裂(岩体的破碎现象。是由于应力作用下的机械破坏,使岩体丧失其连续性和完整性,不涉及其破碎部分是否发生位移。断裂包括裂隙、节理和断层等)。~ *control blasting* 断裂控制爆破。~ *disc*;~ *disk* 爆破片。~ *line*;*line of fracture* 破裂线。~ *modulus* 断裂模量,破裂模量。~ *resistance* 抗断强度,抗断裂性。~ *strain*;*breaking strain* 破坏应变。~ *strength*; *collapsing strength*; *failure strength*;*breaking strength* 破裂强度,破坏强度(物体或岩石在破裂的瞬间所能承受的差异应力,通常用于发生在大气压和室温下缓慢加载所产生的变形。破裂强度与岩石性质、力的作用方式有关,不同岩石的破裂强度不同,同一种岩石在不同性质的应力作用下破裂强度也不同)。~ *stress* 破裂应力,断裂应力。~ *toughness* 断裂韧性。~ *zone* 破裂区。

rupturing *a.* ①断裂的。②破裂的。~ *capacity* 抗裂能力。

S

sabulite *n.* 萨布莱特炸药;强烈炸药。

safe *a.* ①安全的。②肯定的。~ (*working*) *stress* 安全(工作)应力。~ *allowable load* 安全容许载荷。~ *allowable stress* 安全许可应力。~ *blasting* 安全爆破。~ *blasting distance* 安全爆破距离。*A ~ blasting distance is the minimum distance beyond which the throw of fragments does not affect the surroundings significantly.* 安全爆破距离是指抛掷的碎片不会越出预定的范围,对周围人和物不造成伤害的最小距离。~ *destruction technology* 安全销毁技术。~ *firing current* 安全放炮电流。~ *handling* 安全处理。~ *island* 安全岛(构造活动区内或活动性构造带间存在的相对稳定地块)。~ *limit* 安全限度(建筑物可安全经受的振动幅度;低于该限度的振动引起的破坏几率很低,而高于该限度的振动很可能产生破坏)。~ *load capacity* 安全负荷量,容许负荷。~ *operation* 安全操作,安全生产。~ *operation*;*safe practice* 安全作业,安全操作。~ *range* 安全范围。~ *strain*

安全应变。~ *zone*; *safety zone* 安全地带。~ *-guarding the blast area* 爆破区域防护措施。

safety *n.* 安全。~ *accreditation of blasting projects* 爆破安全评估。~ *approval and certification* 安全认证(由国家授权的机构,依法对特种设备、特种作业场所、特种劳动防护用品的安全卫生性能以及对特种作业人员的资格等进行考核、认可并颁发凭证)。~ *assessment*; ~ *evaluation* 安全评估。~ *at the blast site and beyond the blast area* 爆破现场和爆区周围的安全。~ *berm* 安全平盘(曾称保安平盘。非工作帮上为保持边帮稳定和阻拦落石而设的平盘)。~ *blasting material* 安全爆破器材(为改善爆破安全而发展的工业炸药和起爆器材)。~ *cap*; ~ *helmet* 安全帽。~ *cartridge* 安全炸药(氧含量平衡的胶质炸药)。~ *characteristics* 安全特性。~ *charge quantity for blasting vibration* 振动安全装药量(从安全角度出发,一次爆破允许的安全装药量称为振动安全装药量)。~ *check*; ~ *inspection* 安全检查。~ *circular* 安全技术通报。~ *code*; ~ *rules and regulations* 安全规程。~ *concentration* 安全浓度。~ *current for non-firing* 安全电流(在一定的安全条件下,保证电火工品在规定的施加电流时间内不发火的恒定直流电流)。~ *current test* 安全电流试验(在一定时间内,向电雷管通以规定的直流电流应不发火的试验)。~ *design of cofferdam and rock-step blasting* 围堰及岩坎爆破的安全设计(内容包括:①爆破地震效应对邻近爆区已建水工建筑物的影响。②爆破产生的水击波、脉动水压力及涌浪等对邻近爆区已建水工建筑物的影响。③爆破对与被爆体紧密相连的被保留体的影响。④爆破产生的水石流对水工建筑物的破坏影响。⑤爆破产生的个别飞石对相邻水工建筑物的影响)。~ *distance* 安全距离(当炸药库或生产炸药车间发生爆炸时,可能危及附近的建筑物和其他设施。因此,它们之间应保持一定的距离,称为安全距离。参见 *separation distance*)。~ *distance for blasting fume* 防止爆破毒气的安全距离(井下爆破或露天爆破都将产生大量有毒气体,它不仅污染环境,严重危害采矿工人的人身安全,而且对井下瓦斯、煤尘爆炸反应起催化作用。故应确定有毒气体的影响距离,即防止爆破毒气的安全距离)。~ *distance for sympathetic detonation* 殉爆安全距离(主发药包与被发药包之间不发生殉爆的最小距离)。~ *distance from blasting center in mine* 矿山爆破安全距离。~ *distance of air blast* 冲击波安全距离(又称爆破冲击波安全允许距离。是指露天、地下、水下爆炸时,空气冲击波对人员或设备的最小安全距离)。~ *distance of blasting vibration* 爆破振动的安全距离(也称爆破振动安全允许距离,即从安全角度考虑的允许距离。参见 *shock wave safety distance*)。~ *distance of flying rock* 飞石安全距离(又称个别飞散物安全允许距离。是指个别飞石对人员、设备或建筑物的最小安全允许距离。矿山爆破的爆源与保护对象之间的最小安全间距。矿山爆破安全距离包括爆破飞石、爆破地震和爆破空气冲击波的安全距离)。~ *distance*;*safe clearance* 安全距离(规定存放或贮存爆炸材料的建筑物距邻近建筑物、交通运输线、电力和通信线路等的最小距离)。~ *education* 安全教育。~ *evaluation*; *safety valuation* 安全(性)评价。~ *explosives* 安全炸药。~ *face shield* 安全面罩。~ *factor*;*safety coefficient* 安全系数。~ *first* 安全第一。~ *for final wall blasting* 爆破区最后一排炮孔爆破安全。~ *foreman* 安全员(在煤矿和金属矿山中,为确保爆破开挖、采掘作业的安全,设有安全员)。~ *fuse* 安全导火索(用织物和防水材料包覆的黑火药线,用于引爆普通雷管。安全导火线的燃烧速率在确定限度之内,而且不会爆炸。其燃烧不会横向自身传播或传至其他类似导火索)。~ *fuse with cotton fiber covering* 棉线导火索(以棉线为主要包覆材料,沥青作防潮层的工业导火索)。~ *fuse with plastic covering* 塑料导火索(以塑料作外包覆层、具有较强抗水性能的工业导火索)。~ *gap distance*; ~ *distance by sympathetic detonation* 殉爆安全距离(主爆药与受爆药之间发生殉爆的概率为 0% 的最小距离)。~ *handbook for explosive management* 炸药管理安全手册(一些国家规定,持有炸药安全管理证书的负责人,除应熟知炸药管理法规及其有关修正条例外。每 3 年应接受一次有关炸药技术进展、使用技术等安全管理知识的更新教育,和每年一次的安全培训,培训合格后发给安全手册。无此手册者不得继续担任安全管理负责人)。~ *inspector* 安全检查员。~ *interval* 安全间距。~ *light* 安全信号灯。~ *load capacity* 安全装药量,安全负荷能力。~ *measure*; ~ *precaution* 安全措施。~ *net* 安全网。~ *of permissible explosives* 煤矿许用炸药安全性能(炸药在矿井中爆炸时不易引爆可燃气和煤尘的能力)。~ *perimeters* 周边安全。~ *pillar for avoiding water rush*; ~ *pillar under water bodies* 防水煤岩柱(水体下采煤时,为确保安全而设计的煤层开采上限至水体底部的煤、岩体)。~ *powder* 安全炸药。~ *primer* 安全起爆药包。~ *principle* 安全原理(主要是阐明伤亡事故是怎样发生的,为什么会发生,以及如何采取措施防止伤亡事故发生的理论体系。它以伤亡事故为研究对象,探讨事故致因因素及其相互关系、事故致因因素控制等方面的问题)。~ *procedure* 安全规程。~ *production* 安全生产(消除或控制生产过程中的危险因素,保证生产顺利进行)。~ *property* 安全性能(在标准规定的方法与条件下,民用爆破器材在生产、运输、贮存和使用中不发生燃烧和爆炸的能力)。~ *protection* 安全保护。~ *protection and management system* 安全防护管理系统。~ *range radius* 安全距离半径。~ *regulations for blasting engineering* 爆破工程安全条例。~ *responsible system* 安全责任制。~ *rules and regulations* 安全规程,安全条例。~ *signal device*

安全信号装置(为保证矿山安全生产而设置的各种联系信号、指示信号和警告信号装置)。~ *specification* 安全规程。~ *standard* 安全标准(与爆破器材的制造、贮存、运输和使用等安全作业相关的预防措施)。~ *standard of noise* 噪声的安全标准(噪声对人体健康的危害和环境的污染是多方面的,但总的说来可以分为两大类:一类是声级较高的噪声,可能引起听力损伤以及神经系统和心血管系统等方面的疾病;另一类是一般声级的噪声,可能引起人们的烦恼,破坏正常的生活环境。将噪声控制在一定水平上所制定的标准称安全标准)。~ *supervision* 安全监理(安全监理是指对工程建设中的人、机、环境及施工全过程进行评价、监控和督察,并采取法律、经济、行政和技术手段,保证建设行为符合国家安全生产、劳动保护法律、法规和有关政策,制止建设行为中的冒险性、盲目性和随意性,有效地把建设工程安全控制在允许的风险度范围以内,以确保安全性)。~ *supervision of blasting projects* 爆破工程安全监理。~ *supervisor* 安全监理。~ *switch*; ~ *cut-off* 安全开关。~ *thing* 安全设施(炸药库或生产炸药车间一旦发生意外事故着火爆炸时,为减少损失和保护相邻建筑物的安全而采取的措施,如防爆门、土围堤等等。安全距离和安全设施,是设计炸药库和生产炸药车间时应予重视的两个要素)。~ *zone*; *non-hazardous zone* 安全区。~*-conscious* 遵守安全规程的,有安全意识的。~ *conscious mine operator* 有安全意识的采矿操作人员。*S- conscious legislators have long held a vision of an 'explosives-free' mining environment*。有安全意识的立法人员久久期盼不用炸药的采矿环境。~ *regulations for explosive demolition* 拆除爆破安全规程。

sagging *n.* 下垂[沉,陷]。~ *zone* 弯曲下沉带(位于裂隙带之上,产生弯曲下沉或少量裂隙的岩层分带)。

saline *a.* 含盐的。~ *mineral* 盐类矿物(钾、钠、钙、镁的卤化物、硫酸盐、碳酸盐、重碳酸盐及少量的硼酸盐、硝酸盐等矿物的总称)。

salt *n.* 盐。~ *fog test* 盐雾试验(考核火工品在盐雾试验箱内抵抗潮湿和盐雾作用能力的试验)。

salvage *n.* 经加工后重新利用的废物。~ *value* 残值(一项固定资产经过一定时期使用而磨损和老化后,所剩余的价值)。

sample *n.* 试样(用于试验研究的具代表性的岩土样品)。~ *accreditation* 样品鉴定。

sand *n.* 沙。~ *blast* 砂糊炮,覆砂装药。~ *charging* 填砂分段装药。~ *fill* 填沙,装沙。~ *filling shaft*; *storage-mixed bin* 注砂井由贮存充填材料的砂仓和进行水砂混合的注砂室组成的充填设施。~ *pulp* 砂浆(充填采空区用的水砂〈石〉混合物)。~*-stemming* 砂炮泥(填塞炮孔的一种砂质材料)。

sandstone *n.* 砂岩(由砂质沉积物固结而成的一类碎屑岩。砂粒含量占 50% 以上,其余为胶结物或黏土杂基)。

S

sapropel *n.* 腐泥(水生低等植物和浮游生物遗体,在湖沼、泻湖、海湾等环境中沉积,经腐泥化作用形成的富含水分和沥青质的有机软泥)。

sapropelic *a.* 腐泥的。~ *coal*;*sapropelite* 腐泥煤(低等植物和浮游生物遗体,在湖泊、泻湖、海湾等环境中,经腐泥化作用和煤化作用转变成的煤)。~-*humic coal* 腐泥腐殖煤(高等植物和低等植物遗体经成煤作用转变成的、以腐殖质为主的煤)。

satellite *n.* 卫星。~ *gear train* 行星轮系(轮系中至少有一个齿轮的几何轴线不固定,并绕轮系中另一定轴齿轮作周转的轮系称为行星轮系,或周转轮系)。~ *geodesy* 卫星大地测量(利用人造卫星进行的大地测量)。~ *image map* 卫星相片图(用经处理的卫星相片,按一定的几何精度要求,镶嵌成大片地区的影像镶嵌图)。~ *hole drilling* 辅助炮孔凿岩。~ *hole* 辅助炮孔(该词有多种意义。如在平巷掘进中,最靠近掏槽孔的、用于刷大掏槽所形成的空间的炮孔;为主爆破起爆的药包减少或排除部分覆土而装药和引爆的炮孔;在紧靠拒爆炮孔钻出的炮孔,起爆时可能诱发或移去拒爆炮孔内的炸药。参见 *easer hole*;*relief hole*)。

saturated *a.* ①饱和的。②浸透的。~ *bulk weight*;~ *unit weight* 饱水容重(所有孔〈空〉隙全部充满水时,岩土单位体积的重量,常以 kN/m^3 表示)。~ *density* 饱水密度(所有孔〈空〉隙全部充满水时,岩土单位体积的质量,常以 g/cm^3 或 t/m^3 表示)。~ *humidity* 饱和湿度。~ *mineral* 饱和矿物。~ *moisture content* 饱和含水率(饱水状态下岩土孔〈空〉隙中水分的质量与固体颗粒质量之比,以百分数表示)。~ *silt*;~ *sledge* 饱和淤泥。~ *water absorptivity* 饱和吸水率(岩石在高压或真空条件下充分吸水时,其水分的质量与固体颗粒质量之比,用百分数表示)。~ *water capacity* 饱和水容度(所有孔〈空〉隙全部充满水时,岩土中水分的质量与固体颗粒质量之比,以百分数表示)。

saturation *n.* ①(达到)饱和状态。②饱和度。~ *boundary* 饱和界限。~ *capacity* 饱和量。~ *coefficient* 饱和系数。~ *deficit* 饱和差。~ *induction* 饱和感应。~ *point* 饱和点。~ *pressure* 饱和压力。~ *temperature* 饱和温度。

saw *n.* 锯。~-*dust and clay stemming* 木屑黏土炮泥。~-*tooth blasting* 锯齿形爆破。

scabbing *n.* 剥离(也称片落,岩石/空气界面〈自由面〉上压力波反射生成的高幅张力波致使岩石碎裂)。

scale *n.* ①规模。②比例。~ *effect* 尺寸效应(试样体积大小对强度试验值产生的影响)。~ *error* 比例误差(与测量值大小成比例的误差)。~ *factor* 比例系数,尺度因子,缩尺因数,标度因子,缩尺率,标度因数,换算系数。~ *model* 比例模型,模型展品,比例模拟,尺度模拟,比例模式,尺度模型。~ *of operation* 作业规模。~*d depth of burial* 填塞深度。~*d distance* 比例距离(爆破振动计算参数,不同爆破药量使某处产生同一振动效果的换算距离)。~*d strain intercept* 比例应变截距(计算纵波最大应变的比例常数〈无量纲〉)。~*-down* 按比例缩小。

scaler *n.* 松石撬落机(撬下顶板松石的辅助支护机械)。

scaling *n.* 浮石清理(清除爆后岩体表面松动岩石的作业)。~ *down* 挑顶刷帮。~ *factors* 换算系数,定标圈数,缩放因子,比例因子,标度因子,比例系数,定标比例圈数,计数递减率。

scanner *n.* 扫描仪(一种将图像信息输入计算机的设备。它将大面积的图像分割成条或块,逐条或逐块依次扫描,利用光电转换元件转换成数字信号并输入计算机)。

scatter *n.* ①分散,散开。②散射,扩散。*Our experiments also confirmed that the ~ of the angle of throw increases as the unloaded hole length decreases.* 我们通过实验又证实,随着炮孔未装药部分的长度的减少,抛掷的散射角度则加大了。~ *angle* 爆堆角。~ *in timing* 定时散布(标称延时时间相同的雷管实际起爆时间的波动。若采用火焰延时器,则其散布随标称延时时间延长而增加。因此,半秒延时雷管不推荐用于高精度控制光面爆破。为此建议使用电子延时雷管)。~ *diagram* 散布图。~*ing geometry* 散射几何条件。~*ing throw* 抛撒。

schematic *a.* ①纲要的,示意的。②严谨的。~ *drawing* 示意图。~ *section* 示意剖面。

schist *n.* 片岩(由各种岩石经区域变质作用形成的具有片状构造的变质岩,主要由云母、绿泥石、滑石、石墨及角闪石等片状或柱状矿物组成,尚可含石英、长石,以及石榴石、蓝晶石、十字石等变质矿物)。

schistosity *n.* 片理(是变质岩的一种构造特征,指岩石中的片状或椭圆状矿物按一定方向排列而导致岩石具有明显的片纹,爆破时岩石主要沿此方向破碎成块)。~ *cleavage* 片状劈理。

science *n.* 科学,技术。~ *of materials*; *material* ~材料科学。

scientific *a.* ①科学的,有系统的。~ *achievement*; ~ *fruit* 科研成果。~ *approach* 科学方法。~ *circles* 科学界。~ *giant* 科学巨匠。~ *outlook on development* 科学发展观。~ *research legislation* 科研立法。~ *researcher* 科研人员。

scope *n.* 范围。~ *of action* 作用范围。~ *of application* 应用范围。~ *of impact* 影响范围。~ *of scattering throw* 散落范围,抛撒范围。~ *of work* 工作范围。

scrape *v.* 擦,刮。~ *value* 废料价值,残余价值。

scraper *n.* 铲运机(靠自身行走或外力牵引,由铲斗铲挖,运输和排卸剥离物的机械)。~ *bucket* 耙斗(用绞车牵引往复运动,直接扒取散料或块料的斗状构件)。~ *loader* 耙斗装载机(用耙斗作装载机构的装载机械。曾称"耙矸机"、"耙斗装煤机")。

screening *n.* 图像分析。

sculpture *v.* 雕塑。~ *blasting* 雕塑爆破

(通过爆破艺术塑造岩石)。

seal *v.* 密封。~*ed microcrack* 密闭微裂隙(一种不同于周围物料的封闭微裂隙)。~*ing capacity* 密封性能。~*ing of hole*;*borehole* ~*ing* 封孔(为防止地表水和地下水通过钻孔与煤层串通,终孔后对钻孔进行的止水封填作业)。

seam *n.* ①接缝,接合处。②煤层。~ *blast* 缝隙装药爆破。~ *blasting* 缝隙装药爆破。~ *charge* 缝隙装药。~ *road blasting* 煤巷爆破(沿煤层掘进的巷道,俗称顺槽。井下在夹有煤的岩层中开挖的水平巷道,既可作为采掘的巷道,也可作为运煤和通风的巷道。煤的厚度在1~2m时,首先用掏槽孔爆破煤层,然后崩落岩石,一次爆破完成)。~ *welding* 缝焊。

S

search *v.* ①搜寻,搜索。②调查。~ *for coal*;*look for coal* 找煤(为寻找煤炭资源,并对工作地区有无进一步工作价值作出评价所进行的地质调查工作)。

seasonally *ad.* 季节性。~ *frozen soil* 季节冻土(随季节而冻结核融化的土)。

seatbelt *n.* 安全带单元。~ *pretensioner* 预紧器单元。~ *reactor* 卷收器单元。~ *slip ring* 滑环单元。

secant *a.* 切的,割的。~ *modulus* 割线模量(通常指岩石应力-应变曲线上压应力为抗压强度的50%的点与坐标原点连线的斜率,以MPa或GPa表示)。

second *n.* 秒。—*a.* 第二的。~ *breakdown* 二次击穿。~ *delay detonator* 秒延时雷管(段间隔时间为1~2s的延时雷管)。~ *explosion* 余爆。~ *path for down-the-hole initiation* 二次孔内起爆路径。~ *path of initiation* 二次起爆路径。

secondary *a.* ①第二的。②间接的。~ *blasting*①二次爆破(爆破后的大块岩石若无法用电铲〈装岩机〉装载时,需要进一步爆破破碎成适当的块度。这种爆破作业叫二次爆破,俗称解炮。它有炮孔法、糊炮法〈覆土或不覆土〉和蛇穴法等等)。②孤石爆破(一次爆破产生的大岩块一般太大不易于运搬,故需对它进行再爆破。孤石爆破的方法有:①钻孔二次爆破〈popping〉。②糊炮爆破〈plaster shooting capping〉。③聚能装药,药包放置在待爆破的大岩块附近或相距数米;此法用于地下采矿爆除浮石。参见 *boulder blasting*)。~ *boulder blasting* 二次巨石爆破。~ *crushing*;~ *breaking*;~ *fragmentation*;*recrushing* 二次破碎。~ *deposit* 次生矿床。~ *explosive cost* 二次爆破炸药费用。~ *explosive*;*high explosive* 传爆炸药,猛炸药,二次爆药(通常在起爆器材起爆作用下,利用爆轰所释放的能量对介质做功的炸药)。~ *mineral* 次生矿物(指原生矿物形成后经受化学变化而生成的新的矿物。如橄榄石经热液蚀变形成的蛇纹石和正长石风化时形成的高岭石,对原来的矿物而言均属次生矿物)。~ *ore* 次生矿石。~ *primer* 副起爆药包。~ *reflected tensile stress waves* 次生反射抗张应力波。~ *shear waves from source boreholes* 爆破源的次应力波。~ *shooting* 二次爆破。~ *stress* 次应力,副应力。~ *wave* 次波。

section *n.* ①断面,截面。②地段,区域。③部分,断片,(文章或书中的)节。*a cross ~* 横断面。*residential ~* 住宅区。*business ~* 商业区。*a ~ free of objects on only one side* 只有一面临空的地段。*divide a straight line into several ~s* 把一条直线分为几段。*mentioned in S-2, Chapter 1* 在第一章第二节提到的。*~ return airway* 采区回风巷(为采区服务的回风巷道)。

sectional *a.* ①拼合而成的。②局部的。*~ blasting method* 分段爆破法。*~ tamping rod* 合成炮棍。*~ view* 剖面图,断面图。

secure *v.* ①安全,保险。②承保。*~ the blast area* 保证爆炸区域安全。

securing *v.* 保护(secure 的现在分词)。*~ the blast area* 爆区的防护。

security *n.* 安全。*~ objectives* 安全目标。

sedimentary *a.* 沉积的,沉淀性的。*~ deposit* 沉积矿床。*~ facies of coal-bearing series; depositional facies of coal-bearing series; ~ facies of coalbearing formation; depositional facies of coal-bearing formation* 含煤岩系沉积相(反映含煤岩系形成时的古地理环境)。*~ rocks* 沉积岩(主要指由成层的松散沉积物经固结〈成岩〉作用后形成的岩石如各种砂岩、砾岩和石灰岩等)。*~ system of coal-bearing series; depositional system of coal-bearing series; ~ system of coal-bearing formation; depositional system of coal- bearing formation* 含煤岩系沉积体系(含煤岩系中有成因联系的一套沉积相的规律组合。如河流沉积体系等)。

sedimentation *n.* 沉积作用(指形成或堆积成层的沉积物的作用或过程)。

seepage *n.* 漏,渗。*~ force* 渗流水在流动方向上对于单位岩土体的作用力。

segment *n.* 段。

segmental *a.* 部分的。*~ vibration (shock)* 局部振动(冲击)。

seismic *a.* 地震的。*~ blasting* 地震勘探爆破(利用爆炸引发冲击波,冲击波经某些衰减后变为地震波,以用于勘查有待研究的有利地质构造)。*~ charge* 震源药柱(震源弹)(用于地震勘探产生地震波的炸药柱)。*~ cord* 地震导爆索(地震勘探特殊爆破用的高线性装药浓度导爆索)。*~ detonating cord* 震源导爆索(用于地震勘探产生地震波的高能导爆索)。*~ exploration* 地震勘探(利用地震技术包括反射法和折射法绘制地下地质构造图和地层特性图,目的是确定油气藏或矿床)。*~ explosive* 地震(勘探)炸药(为勘探地质矿床、特别是石油地层或者在建筑前预先勘查其下岩体,在岩层中产生地震波而采用的炸药。在石油勘探中,地震炸药甚至要求在高静液压下起爆)。*~ explosive column* 地震炸药柱。*~ geologic condition* 地震地质条件(影响地震勘探工作的表层和深层的地质条件。表层条件一般是指有无良好的激发和接收条件;深层一般是指介质中能否形成良好的反射或折射界面、界面的连续性及其几何形态)。*~ noise* 地震噪声(在地震反射法中,一般认为除一次反射的地震能量外的其他能量都是地震

S

噪声,包括微震、激发引起的干扰、多次波、磁带调制噪声和谐波畸变等)。~ *prospecting* 地震探矿(用炸药爆炸和其他人工方法在地层中产生弹性波,使它经过地下岩层的不连续面的反射和折射,传到地表。然后采用专用设备进行检测以便分析地层的构造和产状,从而探明该地层有否矿藏或油层的一种方法。参见 *seismic exploration*)。~ *pulse* 地震脉冲(也称子波。由脉冲地震震源所产生的信号〈如炸药、重锤、空气枪、电火花等〉。有时包括相关的可控震源信号)。~ *radiation patterns* (*from cylindrical explosive charges*)(筒形药包爆炸引起的)地震波辐射模式。~ *record* 地震记录(由一个炮点放炮记录的若干地震道组成的一组记录)。~ *recording instrument* 地震(记录)仪(在野外记录检波器接收的地震信号的仪器。参见 seismograph)。~ *reflection method* 地震反射法(震源产生的地震波〈脉冲波〉在地层中传播,并冲击具有不同物性的地层,一方面形成反射波传回地面,被地面检测仪器接收,然后根据测到的脉冲强度,旅行时间绘制地下地层的构造,推测是否存在油气资源,这种方法称为地震反射法。参见 *reflection survey*)。~ *refraction surveying technique* 地震波折射测量技术。~ *strength test* 地震威力试验(试验炸药威力的一种方法。将一定量的炸药在均质岩石介质中引爆,所引发的地震扰动在一定距离内测定。标准炸药通常为铵油炸药,假定振动的波动与炸药的能量呈比例〈高达 2/3〉。然而,这种试验并不适于测定一种炸药的有效能)。~ *stripping* 地震表层剥离。~ *survey* 地震勘测(属于地球物理勘探方法的一种,利用地震波在弹性不同的地层内传播规律研究地层构造和找油、气的方法)。~ *wave* 地震波(逐点通过介质传播的弹性扰动。有以下几种类型:①两种体波,即纵波与横波。②几种面波,即瑞利波、伪瑞利波或地滚波、勒夫波、斯通利波和管波。③槽波。④空气波。⑤驻波)。~ *wave creation in hollows* 坑中爆炸造震(在表层地震地质条件复杂的地区,如沙漠,由于潜水面很深,钻井工作困难,只能在坑中激发。一般采取多坑面积组合,多坑面积组合形式及参数,由干扰波的视波长和信噪比确定。坑中爆炸干扰波强、工作效率低、炸药消耗量大,因此,能采用井中爆炸的地区都不采用坑中爆炸)。~ *wave creation in water* 水中爆炸造震(在海洋和水系发育的地区,可采用水中爆炸激发地震波,实践表明,水深大于 2m 时,才能采用水中激发,小于 2m 时,一般得不到好的地震记录,并且炸药包沉放深度与炸药量有关。当炸药量较大,水深不够时,采用组合爆炸)。~ *wave creation in wells* 井中爆炸造震(井中激发是地震勘探中最常用的一种激发方式。采用井中激发具有一定的井深,再加上一定的岩性就能激发出较强的反射波。激发深度以潜水面以下最好。井中激发的优点为:能降低面波的强度,消除声波在记录反射波时造成的困难;其次,能形成很宽的频谱等)。~ *wave of energy* 地震能量波。~*-electric*

S

*effect*震电效应(因地震波从地中两个电极间通过引起的在两电极间产生电压的效应)。

seismicity *n.* 受震程度。

seismogel *n.* 赛斯莫杰尔炸药。

seismograph *n.* 地震(记录)仪(在野外记录检波器接收的地震信号的仪器。参见 *seismic recording instrument*)。~ *electric blasting cap* 地震勘探用电雷管(用于地震勘探的特种电雷管)。

select *v.* 选择。

selection *n.* 选择。~ *criteria* 选择标准。~ *criteria and options* 选择标准。

selective *a.* 精心选择的。~ *crushing* 优先破碎。~ *fire perforating* 选发射孔(将射孔器一次下入井内,按预定的要求有选择地分次起爆的射孔)。

self-destruction *n.* 自毁。~ *detonator* 自毁雷管(普通起爆失败相隔一定时间后能自我毁坏的雷管)。

self-destructor *n.* 自毁器。~ *mechanism* 自爆装置。~*-proof explosive* 防自爆炸药。

self-excied *a.* 自激。~ *vibration* 自激振动。

self-excitation *n.* 自激发。

self-ignition *n.* = auto-ignition; auto-combustion 自动点火,自动燃烧。

self-inductance *n.* 自感。~ *coefficient* 自感系数。

self-induction *n.* 自感性。

self-lubricating *a.* 自润滑。~ *mechanism* 自我润滑机制(认为在滑坡过程中,由于摩擦热能及高温、高压导致滑面附近物质的熔化、汽化、分解而产生的熔岩、CO_2 及封闭压缩空气等起着润滑作用,使滑动摩擦系数急剧降低而形成高速滑坡的假说)。

self-potential *a.* 自然电位。~ *logging*; ~ *log*; *spontaneous potential logging*; *spontaneous potential log* 自然电位测井(沿孔壁测量岩、煤层在自然条件下产生的电场电位变化,以研究钻孔地质剖面的测井方法)。~ *method* 自然电位法(研究地下自然电场以解决地质问题的方法)。

self-primer *n.* 自动起爆。

self-recording *a.* 自动记录的。~ *acceleration* 自动式加速计。

self-sensitization *n.* 自敏化。~ *theory* 自敏化理论。

self-weight *n.* 自重。~ *collapse loess* 自重湿陷性黄土(在自重压力作用下被水浸湿,即会发生湿陷的黄土)。~ *stress* 自重应力(岩土体自身重量所引起的正应力)。~ *stress field* 自重应力场(自重应力的性状及其空间分布域)。

semi *n.* 半。~ *parallel structure* 半平行结构。

semicircular *n.* 半圆。~ *bend test*; *half-round bending test* 半圆形弯曲试验。

semiconcealed *a.* 半隐伏。~ *coalfield* 半隐伏煤田(含煤岩系出露尚好,能大致了解其分布范围,或根据其基底的露头,可以圈出部分边界的煤田)。

semiconduction *n.* 半传导。~ *hose* 半导体软管(用于风力装填铵油炸药的软管,其电阻应恰当选择以使静电荷接地并限制杂散电流。如在美国,这种软管的最低电阻应为1000Ω/m,总电阻为10000Ω,最大电阻为2MΩ)。

semiconductor *n.* 【物】半导体。~ *bridge ignition* 半导体桥线点火(雷管中的点火头由比普通桥丝小的重掺多晶硅桥线组成。能量显著小于热丝点火要求的电流脉冲通过,在SCB点火头产生等离子放电,从而点燃与桥线接触的炸药,几毫秒内发生爆炸)。~ *bridge*(*SCB*)半导体电桥。~ *detonator* 半导体电雷管(电桥为半导体的电雷管)。

semi-finished *a.* 半加工。~ *product* 半成品。

S

semi-gelatin *n.* 半胶质炸药。~ *dynamite* 半胶质硝甘炸药。

semigelation *n.* 半胶质炸药(以硝酸铵作为主要炸药成分并用胶质炸药成分予以塑化的达纳迈特〈dynamite〉炸药)。

semi-infinite *a.* 半无限的。~ *space*; ~ *body* 半无限空间,半无限体(某一平面以下,任何方向均无限延伸的空间)。

semi-plastic *a.* 半塑性。~ *explosive* 半塑性炸药。

semi-porosity *n.* = half porosity 半孔率。

semi-theoretical *a.* 半理论。~ *and semi-empirical formula* 半理论半经验公式。

semi-transparent *n.* 半透明的。

sensibility *n.* ①灵敏度。②感觉。~ *agent* 敏化剂。

sensibilization *n.* 敏化。

sensitive *a.* 敏感的。~ *explosive* 敏感炸药。~ *priming* 敏感起爆。*be* ~ *to* 对…感觉敏感,易受…的影响。

sensitiveness *n.* 敏感性,传爆或殉爆能力。~ *to detonation* 爆轰感度。~ *to impact* 冲击感度(在外部能量的作用下,炸药发生化学反应的难易程度叫感度。相应地,易于发生化学反应的炸药称敏感炸药;反之称钝感炸药)。~ *to propagation* 传爆感度。

sensitivity *n.* 敏感度;感度(简称)(在外界能量作用下,工业炸药、火工药剂和火工品发生燃烧或爆炸的难易程度。根据外界作用不同,感度可分为热感度、火焰感度、撞击感度、摩擦感度、起爆感度〈又称爆轰感度〉冲击波感度、静电火花感度、静电感度和射频感度)。~ *analysis* 敏感性分析(计算分析在经济评价或财务评价中由于价格、工期或其他因素估计偏大或偏小某一数量,而对评价指标所产生影响的工作)。~ *measurement* 感度测定。~ *of propagation* 传爆感度。~ *to electrostatic spark* 静电火花感度(在静电放电火花的作用下,炸药发生燃烧或爆炸的难易程度)。~ *to flame* 火焰感度(在火焰作用下,炸药发生燃烧或爆炸的难易程度)。~ *to friction* 摩擦感度(在机械摩擦作用下,炸药发生燃烧或爆炸的难易程度)。~ *to heat* 热感度(在热的作用下,炸药发生燃烧或爆炸的难易程度)。~ *to impact* 撞击感度(在机械撞击作用下,炸药发生燃烧或爆炸的难易程度)。~ *to initiation* 起爆感度(炸药和火工品受爆轰波作用发生爆轰的难易程度)。~ *to initiation by electrostatic discharge* 静电感度。~ *to rifle bullet impact* 枪击感度(在规定速度的枪弹穿击作用下,炸药发生燃烧或爆炸的难易程度)。~ *to shock wave* 冲击波感度(在冲击波作用下,炸药发生燃烧或爆炸的难易程度。参见 *gap sensitivity*)。

sensitization *n.* 敏化(提高炸药感度的过程)。*S- is usually brought about by the use of microballoons or chemical gassing*。敏化通常是通过利用微球或化学气泡而产生的。

sensitized *a.* 激活的。~ *emulsion blend* 敏化的乳化炸药混合物,混成的敏化乳化炸药。~ *thickening agent* 敏化增黏剂。

sensitizer *n.* = sensitizing agent 敏化剂(用于提高混合炸药的起爆或爆轰感度的物质。根据敏化剂性质分为炸药敏化剂和非炸药敏化剂)。

sensitizing *v.* 使某事物或某人敏感(sensitize 的现在分词)。~ *explosive* 敏感炸药。

sensor *n.* 传感器(传感器是将被测非电物理量按一定规律转换为电量的装置,是实现测量目的的首要环节和采集原始信息的关键器件)。

separable *a.* 可分离的。~ *cost* 可分离费用(综合利用工程的总费用减去该共用工程不为本目标而只为其余目标兴建时所需费用而得到差值,即为可分离给本目标的费用)。

separate *v.* ①分开。②隔开。~ *excitation* 他激。~ *processing*(*of an object to be blasted*)(对某一需要爆破的物体)单独处理。~ *stress* 单独应力,个别应力。~ *transport and hoisting* 分级运提(将煤分为不同粒度,粗粒〈筛上品〉用普通机械,细粒〈筛下品〉用水力机械运提的方式)。

separating *a.* 分开[离,裂]的。~ *wall*(聚能)隔板(隔板的作用是改变爆轰波的形状,提高射流头部的速度,设计合理的隔板,可使头部速度提高 25%,穿孔深度提高 15% ~30%。隔板材料一般用塑料、木料,也有用低爆速炸药当做隔板的,其位置、厚薄、大小均可按爆轰波理论进行计算,选出最优值)。

separation *n.*【矿】分选。~ *charge*;*ejection explosive charge* 起爆锁。~ *coefficient* 分选系数,分离系数。~ *density* 分离密度。~ *distance* 分隔距离,安全距离(当炸药库或生产炸药车间发生爆炸时,可能危及附近的建筑物和其他设施。因此,它们之间应保持一定的距离,称为安全距离。参见 *safety distance*)。~ *size* 分离粒度。

sequence *n.* ①【数】数列,序列。②顺序。~ *blasting* 串联爆破,顺序爆破。~ *starting* 顺序起动。

sequential *a.* 按次序的,相继的。~ *blasting* 分段爆破。~ *firing* 顺序起爆。~ *initiation machine* 顺序起爆器。~ *timer-controlled blast* 顺序定时控制爆破。

seriate *a.* 连续的。~ *texture* 连续不等粒结构。

series *n.* 系列。~ *circuit* 串联网路(相邻电雷管脚线依次串接,首尾两根脚线再分别接到两根爆破母线上的电爆网路)。~ *circuit calculations* 串联电路计算。~ *connection* 串联(电力爆破时,把各相邻雷管的脚线〈或从主药包中

S

引出的导线〉顺序连接起来,并将其两端和母线相连的爆破网路。串联法操作方便,网路清楚,是爆破中最常用的一种连线方式)。~ *firing current* 串联起爆电流(能使规定发数串联的电雷管全部起爆的额定恒定直流电流)。~ *firing test* 串联起爆试验(将规定发数的电雷管串联,通以起爆电流,使之起爆,考察其是否全部起爆的试验)。~ *hole connection* 炮孔串联。~ *in parallel-connection* 串并联(电力爆破时,把几组串联线路又并联在一起所组成的网路,称为串并联网路。当同时爆破的药包数量比较大时,这种爆破网路的联结方式效果比较好)。~ *inductance* 串联电感。~ *parallel firing* 串并联起爆。~ *shot-firing* 串联爆破(串联雷管相继延时的起爆。其中的雷管串联于不同通道,通道中的起爆电流以预定的毫秒延时分布。这种起爆器常与延时起爆雷管组合使用。应用顺序起爆器的主要目的是使每一炮孔有一相间延时,从而减轻地层振动、改善破碎)。~*-in-parallel circuit* 串并联电路。

serious *a.* 严重的。~ *but non-fatal accident* 严重但无伤亡的事故。

server *n.* 服务器(在网络环境中或在具有客户-服务器结构的分布式处理环境中,为客户的请求提供服务的结点计算机。服务器通常是一个计算机系统,由中央处理机、存储器、输入输出设备和软件系统组成)。

service *n.* ①服务,服侍。②服务业。~ *charge*; ~ *fee* 服务费。~ *load* 实用载荷。~ *wage* 劳务费。

set *n.* 集合。—*v.* 设定。~ *function* 集函数。~*-forward force* 前冲力。*-ting load* 初撑力(支架〈支柱〉支设时施加于顶板的力)。*-tting out* 标定(设计对象的几何要素在实地里测设)。*-tting value* 设定值。*-tting-out error* 标桩偏差(表面孔口点相对于预定孔位置的偏差,单位为 m)。*-tting-out of center line of roadway* 巷道中线标定(将巷道中线的设计方向标定于实地)。*-tting-out of holes* 炮孔标桩(待钻炮孔的孔口中心标志。参见 staking)。*-tting-out of roadway gradient* 巷道坡度线标定(在巷道侧帮距底板一定高度标定巷道的设计坡度)。

settlement *n.* ①解决。②沉淀。~ *of foundation* 地基沉降(地基土层在附加应力作用下压密而引起的地基表面下沉)。

severe *a.* 严峻的。~ *accident* 重伤事故(指负伤后,经医生诊断为残废或可能残废的事故。此类事故一般可进一步分为:完全丧失劳动能力,生活不能自理;完全丧失劳动能力,生活尚能自理;部分丧失劳动能力,尚能从事小工作量工作或轻便工作)。

sewage *n.* 污物。~ *treatment*;*waste water treatment* 污水处理。

shadow *n.* 阴影,影子。~ *exchange rate of foreign currency* 影子汇率(在国民经济评价中,区别于现行的法定外币汇率而采用的能反映实际购买力的汇率)。~ *price* 影子价格(在国民经济评价中,区别于现行的市场价格而采用的能够反映其实际价值的一种价格)。~

S

wage 影子工资(在国民经济评价中,区别于现行市场的劳务工资而采用的能反映实际劳务供求情况的工资)。

shaft *n.* ①竖井(矿山中由地表或由内部某一点〈盲井〉向下延伸,一般呈现垂直状的巷道,系矿山获取供应或进行开采的主要空间。竖井顶部安装提升机以输送人员、岩矿和器材,也可用于重力输送岩矿、通风或安设水管。用于此类目的的非垂直巷道称为斜井、斜道或坡道。参见 *vertical shaft*)。②轴(轴是机械上不可缺少的零件,所有作回转运动的零件〈如齿轮、带轮〉都要装在轴上才能实现回转运动,其主要功用是支撑回转零件、传递动力和运动)。~ *and drift engineering* 井巷工程。~ *and drift supporting* 井巷支护(泛指井筒、巷道和硐室的支护)。~ *bottom plan* 井底车场平面图(反映井底车场巷道、硐室位置和运输、排水系统的平面图)。~ *bottom*; *pit bottom* 井底车场(连接井筒和大巷或石门的一组巷道和硐室的总称)。~ *collar* 固定盘(为保证凿井作业安全和进行井筒测量等作业,在封口盘下方一定距离设置的、固定于井壁的盘状结构物)。~ *coupling* 联轴器(联轴器是用来连接两轴使其一同回转并传递运动和转矩的一种机械装置。在回转过程中,两轴不能分离,欲使两轴分离,必须停车拆卸)。~ *cover* 封口盘(为进行凿井工作和保证作业安全,在立井井口设置的带有井盖门和孔口的盘状结构物)。~ *deepening* 矿井延深(为接替生产而进行的下一开采水平的井巷布置和开掘工程)。~ *drill jumbo*竖井凿岩钻架(架设凿岩机组,钻凿下向孔的竖井掘进机械。主要用于竖井施工中钻凿爆破孔,也可钻凿注浆孔、勘探孔、探水孔和瓦斯排放孔等。按结构分为环形钻架和伞形钻架两类)。~ *inset construction* 马头门掘进(井筒与井底车场连接处的掘进作业)。~ *mouth* 孔口或井口(钻孔或钻井的开口部位。参见 collar)。~ *plumbing* 投点(通过立井用锤线或激光束将地面坐标系统传递到定向水平的测量工序。有稳定投点,摆动投点和激光投点之分)。~ *pocket*; ~ *loading pocket* 井底煤仓(位于井底车场内大容量的贮煤硐室)。~ *power* 轴功率(原动机供给空压机轴的功率)。~ *round* 井筒凿进炮孔组。~ *sinking and drifting* 井巷工程(为进行采矿,在地下开凿各种通道和硐室的工程)。~ *sinking and raise driving methods* 主井掘进、天井掘进方法。~ *sinking methods* 主井掘进。~ *sinking round* 凿井炮孔组(开挖立井的一组炮孔。立井可采用向上或向下的炮孔组进行爆破掘进。向下开挖时,爆落的岩渣堆积在井中可防止井壁坍落,比较安全,因此一次爆破凿井的炮孔组可钻深一些。向上开挖时,可用渣棚暂时存放上一轮炮孔组爆落的石渣,并利用它作为钻机的立足点,钻凿下一爆破循环的向上炮孔组)。~ *sinking* 井筒掘进(在立井施工中按设计井位和断面进行井筒开挖和临时支护的作业。井筒掘进有掘进破岩、掘进排矸、井筒临时支护等工序)。~*-fixed gear train* 定轴轮系(轮

S

系中各齿轮轴的几何轴线都固定的轮系称为定轴轮系。其中每根轴上只拥有一个齿轮的称简单定轴轮系;拥有联轮的称复式定轴轮系)。

shaking *n.* 摇动,振动。~ *triaxial shear test* 振动三轴剪切试验(使用振动三轴仪,对试样施加恒定围压,使之在轴向周期性振动荷载作用下剪切破坏,以测定岩土动力特性指标的三轴剪切试验)。

shallow *a.* 浅的。~ *blasting* 浅孔爆破。~ *open-cut surface mining* 浅层露天开采。~ *overburden*;*thin overburden* 浅剥离层。~ *penetration curve* 浅穿透曲线。~ *seismic refraction* 浅地震折射。~ *water blasting* 浅水爆炸(当水域深度 H 与药包半径 τ_0 之比 $H/\tau_0<10$ 时,属于浅水爆炸,因水域水深相对较浅,水中冲击波受水面反射稀疏波影响,其超压峰值较深水爆炸时小,参见"深水爆炸"、"近水面爆炸")。~ *working* 浅层开采。~ *workings* 浅层开采工作,浅层巷道。~-*focus earthquake*;*near-surface focus earthquake* 浅源地震。

shank *n.* 轮轴。~ *adaptor* 钎尾连接器(凿岩机上的第一部件,它将活塞冲击能传给钻具或钻杆)。

shape *n.* ①形状。②模型。③状态。~ *and size* 形状大小。~ *factor* 形状系数(一定规则几何形状的各块体的纵、横方向上的长度比)。~ *strain energy*;*shear strain energy* 形状应变能;剪应变能(岩体受力产生形状变形而积蓄的应变能,数值上为总应变能与体积应变能之差)。~*d charge* 聚能射孔弹或聚能药包(聚能射孔弹的主要部件由锥孔装药、药型罩和壳体等组成;聚能药包通常指装有金属床套的锥形或线形聚能药包,用以形成高速熔融金属的切割或火钻射流。锥形聚能药包可用于大块岩石的破碎,而线形聚能药包用于光面爆破或拆除爆破)。~*d charge cutter* 聚能切割弹(聚能切割器的主体部件,由聚能装药、药型罩及壳体组成)。~*d charge effect* 聚能效应(又称空心装药效应、"门罗效应"。一端有空穴的炸药装药爆炸后,爆轰产物向空穴的轴线方向上汇聚并产生增强破坏作用的效应)。~*d charge fragmentizer* 聚能炸药粉碎器(用聚能炸药制的定向〈向下〉装药。用电缆下于爆破物顶上,炸碎落物后用打捞篮捞出)。~*d charge perforation* 聚能装药穿孔。~*d charge perforator* 聚能射孔枪(对套管射孔的一种下井装置。装有聚能炸药,引爆后,发射出一束高速金属微粒射流,射穿套管、水泥石后进入地层,形成油气流通道)。~*d charge shooting* 聚能射孔(用装有聚能炸药的射孔枪对套管进行的射孔)。~*d charges* 成形炸药(为使爆炸使用集中在某一方向而专门设计制作的炸药,如聚能装药)。~*d cutter charge* 聚能切割弹(聚能切割器的主体部件,由聚能装药、药型罩及壳体组成)。~*d perforating charge* 聚能射孔弹(聚能射孔器的主体部件,由锥孔装药、药型罩和壳体等组成)。

sharp *a.* 敏锐的。~ *inclined coal cutting method* 急倾斜采煤法(倾斜度在 25°以上的煤层,称做急倾斜煤层。当煤的平

S

均厚度为2.5m时,可考虑采用机械化方法采煤,但是目前大都采用爆破方法。在急倾斜长壁式工作面上进行的爆破,以拉槽爆破为主,根据具体情况也可以采用竖向开槽爆破)。

shatter *n.* 碎片,破损。~ *belt* 震裂带。~ *crack* 震裂裂隙。~ *cut* 直线掏槽,龟裂掏槽。~ *index* 震裂指数。~ *strength* 破碎强度。~ *test* 震裂试验。~*ing action* 震裂作用,破碎作用。~*ing effect*①猛度(炸药爆轰时,破碎其接触的介质的能力。参见 brisance)。②破碎效应。~*ing explosive* 烈性炸药。~*ing force* 破碎力。~*ing power* 破碎力。~*ing process* 破碎过程。~*-proof* 抗震的,防裂的。~*-size* 破裂粒度。

shear *v.* 切断,剪切。~ *area* 剪切面积。~ *burst* 切变岩爆,剪切突出。~ *component* 横波分量。~ *comprehensive strength* 剪切抗压强度。~ *crush formula* 剪切破碎公式(该公式认为,拆除爆破中炸药的能量消耗应包括两部分:介质内层面产生流变或塑性变形的能量和破碎介质所消耗的能量。据此所建立的公式称为剪切破碎公式。参见 *area and volume formula*)。~ *dilation* 剪胀(岩土在剪切过程中体积增大的现象)。~ *elasticity* 切变弹性。~ *energy*; ~ *wave energy* 横波能量。~ *failure* 剪切破坏(岩土内任一面上的剪应力达到其抗剪强度时所引起的错动破坏)。~ *failure theory* 剪切破坏理论(岩石爆破破坏理论之一。剪切破坏理论认为,岩石的破坏是爆炸作用在岩体中的剪切力,超过组成岩石颗粒间的强度和黏结力的结果。这一理论的缺点是,只考虑了准静态压力产生的破坏,剪切面积只计算漏斗状爆破体的侧面积,而实际剪切面积要远远大得多)。~ *failure zone* 剪切破坏区。~ *joint* 剪节理(①岩层中由剪切破裂形成的节理。②一种力学成因类型的节理,如岩石破裂形成时的剪切分量不等于零,其总位移与破裂面平行,这种断裂构造则称剪节理)。~ *modulus* 剪切模量(决定固体材料形状产生一定变化所需剪应力之量度,单位为 MPa。剪切模量有两种计算方法:①$G=\rho C_s^2$。式中,ρ 为材料的密度,kg/m^3;C_s 为材料的 S 波速,m/s。②$G=E/2(1+\gamma)$。式中,E 为杨氏模量;γ 为泊松比)。~ *plane* 切应面。~ *rate* 切变速率。~ *refraction* 横波折射。~ *resistance* 抗剪性(岩土抵抗剪力作用而保持自身不被破坏的性能)。~ *shooting* 竖切槽爆破(煤矿中进行辅助回采的一种方法,又称拉槽爆破。在煤层中开挖竖向切槽,以增加自由面辅助采煤。目前,这种方法已广泛应用)。~ *stiffness* 剪切刚度(岩土的剪应力与剪变形之比,以 MPa/mm 表示)。~ *strain*; *shearing strain* 剪应变(也称剪切应变。①物体或岩体内原来相互垂直的两个平面所夹直角的改变量〈$\Delta\gamma$〉。角度的旋转就是剪应变的度量,可根据物体内原来相互垂直的两条线段之间的角度变化来测量。②固体变形时,物体中的平面相对于物体中的平行平面作平行位移)。~ *strength* 剪切强度(一种材料因剪切而断裂时产生的应力或负荷,单位为

S

MPa。材料的这种特性通过剪切试验来确定,试验时在不同正应力下确定剪切强度)。~ *strength* 抗剪强度(①一种岩石力学性质指标。岩石在垂直压应力作用下所能承受的最大水平荷量的性能,它表示岩石抵抗剪切破坏的能力。抗剪强度是临界值,当超过它时,就引起形变。②流体剪切值的大小,亦即流体产生永久变形的最小剪切应力)。~ *strength curve*; ~ *curve* 抗剪强度曲线,剪切曲线(直剪条件下,岩土抗剪强度与剪切面上法向压力的关系曲线)。~ *strength of frozen soil* 冻土抗剪强度(冻土抗剪强度比其抗压强度小很多,是决定地基土稳定的重要指标)。~ *stress*; *shearing stress* 剪切应力(单位作用面积上的切向力)。~ *stress - deformation curve*; ~ *stress - displacement curve* 剪应力-剪变形曲线,剪应力-剪位移曲线(通常指岩土在直接剪切情况下的剪应力与剪变形的关系曲线)。~ *surface*; ~ *plane* 剪切面(岩土的剪切破坏面)。~ *test* 剪切试验(使用剪切仪对岩土抗剪强度参数〈单位内聚力、内摩擦角等〉的定量测试)。~ *thrust* 切变推力。~ *velocity*; ~ *wave velocity* 横波速度。~ *wave* 切变波(也称横波,S 波,是质点振动方向垂直于波传播方向的一种体波。横波只能在固体中传播。因为液体不能产生剪切形变)。~ *wave slowness* 横波慢性。~ *wave source* 横波震源。~ *wave splitting* 横波分裂(又称横波双折射。当地震横波通过方位各向异性介质传播时,可分裂为两个偏振方向不同的横波。这种现象称为横波分裂)。~ *wave velocity* 横波速度。~ *wavefront* 横波波前。~ *zone* 剪切带(岩土中具有一定厚度的剪切破坏痕迹分布带)。*-er track*; *cutter track* 机道(采煤机沿工作面煤壁运行的空间)。~ *ing* 割煤(用采煤机破煤的工序)。~ *ing angle*; *shear angle* 剪切角。~ *ing force* 剪力。~ *ing stress* 剪切应力(使物体产生变形时,单位面积上所受到的侧向或横向力。在钻井液环空水力学上指液流层面上单位面积所受的剪切力)。~ *-vertical Mach wave* 应力产生的纵向马赫波。

sheathed *a.* 覆盖的,铠装的。~ *explosive* 被筒炸药(以煤矿许用炸药为药芯,外面包有由消焰剂做成的被筒而制成的安全度等级较高的煤矿许用炸药)。~ *permissible* 被筒安全炸药。

sheet *a.* (金属材料)制成薄板(或薄片)的。~ *explosive* 片状炸药。~ *ing plane* 层理面,分层面。~ *-like particle* 片状颗粒。

shelf *n.* 架子。~ *life*; *guarantee period* 保质期(在规定的贮存条件下,从制造完成之日起,至仍能保证规定性能要求的期限)。

shell *n.* 壳体(壳体会影响爆轰波的阵面形态,可以减弱稀疏波的作用有利于能量有效利用,但弄不好会造成"反向射流"现象,反而减弱了射流强度,所以聚能弹也有一些不用外壳的。引信由 8 号雷管和药柱组合而成)。

shield *n.* 护罩。~ *angle* 防护角度。~ *mining method*; ~ *method*; *shielding method* 掩护支架采煤法(在急斜煤层

中,沿走向布置采煤工作面,用掩护支架将采空区和工作空间隔开,向俯斜推进的采煤方法)。~ *tunnel* 盾构隧道。~*ing action* 屏蔽作用。~*ing effect* 屏蔽效应。~*ing method*;*shield method* 掩护筒法(在不稳定地层中,先顶入金属筒体,而后在其掩护下进行井巷施工的方法)。

shock *n.* 振动,打击。~ *absorber*;~ *arrester* 减振装置。~ *absorbing* 减振。~ *action* 冲击作用,振动作用。~ *and impact test* 冲击和撞击试验(与炸药在制造运输过程中受偶然撞击或冲击相关的试验。已有多种试验方法,如气隙试验、最低增压试验、雷管敏感度试验、BAM 落锤试验、射强冲击试验,以及 BAM50/60 钢管试验)。~ *blasting* 振动爆破(又称"振动放炮"。在石门揭穿突出危险煤层或在突出危险煤层中采掘时,用增加炮孔数量,加大装药量等措施诱导煤和瓦斯突出的特殊爆破作业)。~ *compression of condensed matter* 凝聚物质的振动压缩。~ *conducting tube initiation system* 导爆管起爆网路(导爆管起爆网路的连接方法是在串联和并联基础上的混合联法,有并-并联,并-串-并联等形式。导爆管起爆系统可实现毫秒延时爆破,其方法有孔内延时和孔外延时两种。参见 *non-electricinitiation system*)。~ *conducting tube with plastic sheath* 塑料导爆管(又称导爆管,是一种由高压聚乙烯材料制成的白色或彩色塑料软管,外径 3mm,内径 1.5mm,管内涂有薄层奥克托金或黑索金、泰安等猛炸药与铝粉等组成的混合炸药,每米导爆管壁的药量为 14 ~ 18mg。参见 *nonel tube*)。~ *deflection angle* 冲击挠曲角。~ *dynamics of stable multidimensional detonation* 稳态多维爆轰冲击动力学。~ *effect* 冲击效应(参见 *dynamic effect*)。~ *energy*(*SE*) 冲击能,震动能(炸药的起爆伊始和炮孔最大膨胀瞬间两者的时间间隔内炸药所释放的局部能量,单位为 MJ)。~ *front* 冲击波阵面(冲击波的外缘,其压力由零增至峰值。亦可称之为压力阵面)。~ *front curvature* 冲击波阵面曲率。~ *front pressure* 冲击波阵面压力。~ *impedance matching theory* 冲击阻抗正配理论。~ *in water* 水中冲击波(炸药在水下爆炸时,在水中传播的压力波称为水中冲击波)。~ *initiation sensitivity*(*or sensitiveness*)冲击起爆感度。~ *initiation* 冲击起爆。~ *loading* 冲击荷载。~ *loss*;*impact loss* 冲击损失。~ *motion* 冲击运动,激振运动。~ *pressure* 冲击压力。~ *pressure loss* (*SLF*)冲击压力损失。*The ~ pressure loss is related to the explosive's detonation prepressure, which can be estimated by knowing the density and detonation velocity of the explosive. Therefore, the SLF for a test explosive can be experimentally determined by introducing in the test certain additional variables, such as temperature, static and dynamic pre-compression and detonating cord downline.* 冲击波压力损失与炸药的爆炸压力有关,可以通过计算炸药的密度和爆速来估算。因此,炸药的冲击波压力损失的测定可以

通过实验引入一些诸如温度、静态和动态预压及导爆索支线等变量来确定。~ *range* 冲击破裂带。~ *resistance* 抗震性能,抗冲击能力。~ *sensitivity* 冲击感度。~ *strength* 抗冲击强度,抗震强度。~ *stress* 冲击应力。~ *tube initiation methods* 冲击波起爆系统。~ *tube nonelectric detonation system* 导爆管非电力起爆系统。~ *tube systems* 导爆管起爆系统。~ *tube technology* 导爆管技术。~ *velocity* 冲击波传播速度(当岩石性质和炸药品种不变时,减少炸药埋深至小于临界埋深时,表面岩石将呈现出破坏、鼓包、抛掷等,进而形成爆破漏斗。爆破漏斗体积将随炸药的埋深减少而增大。当爆破漏斗体积达到最大时,炸药能量得以充分利用,此时的炸药埋深称为最佳埋深)。~ *wave angle difference* 冲击波角度差。~ *wave attenuation* 冲击波减弱。~ *wave compression* 冲击波压缩。~ *wave energy* 冲击波能量。~ *wave failure theory* 爆炸应力波作用理论(该理论认为岩石的破坏主要是由于岩体中爆炸应力波在自由面反射后形成反射拉伸波的作用。当拉应力超过岩石的抗拉强度时,岩石就被拉断破坏。这种理论从爆轰的动力学观点出发,又称为动作用理论。参见 *dynamic failure theory*)。~ *wave failure theory* 冲击波破坏理论(岩石爆破破坏理论之一。这一理论认为,炸药爆炸时是由于冲击波的作用使周围介质发生破坏。由于对固体介质爆破破坏的过程认识不同,而有许多不同的见解)。~ *wave impulse* 冲击波脉冲。~ *wave initiation*; ~ *wave priming*; *ignition by way of* ~ *wave* 冲击波起爆。~ *wave overpressure and impulse* 冲击波超压与脉冲。~ *wave peak pressure* 冲击波峰压。~ *wave propagation laws and models* 冲击波传播规律与模型。~ *wave safety distance* 冲击波安全距离(又称爆破冲击波安全允许距离。是指露天、地下、水下爆炸时,空气冲击波对人员或设备的最小安全距离。参见 *safety distance of air blast*)。~ *wave sensitivity* 冲击波感度。~ *wave strength* 冲击波强度,激波强度。~ *wave synthesis* 冲击波合成。~ *wave theory of rock blasting* 岩石爆破震动波理论。~ *wave* 冲击波(在介质中以超声速传播的并具有压力突然跃升然后缓慢下降特征的一种高强度压力波)。~ *waveform of single-segment and single-hole blasting* 单段单孔爆破冲击波形。~ *waveform of underwater drilling explosion* 水下钻孔爆炸冲击波形。~ *zone* 冲击区。~(*stress*) *wave induced cracking* 冲击波(应力波)引起的开裂。~*ed* 受冲击波作用的。~*-induced burning*; ~*-induced deflagration* 诱爆点火。~*-wave drilling* 冲击波钻进。

shooter *n.* 爆破工。

shooting *n.* ①爆破(利用炸药的爆炸能量对介质做功,以达到预定工程目标的作业。参见 blasting; blast)。②射击。③摄影,拍摄。~ *and blasting* 爆破作业。~ *by seismograph* 地震测量爆破,地震勘探爆破。~ *cable* 放炮电缆,爆破电缆。~ *distance*; *shot-point spacing*

S

炮点距。~ *fast* 整体爆破,不掏槽爆破。~ *in group* 组合激发。~ *in the solid*;*solid* ~(工作面除外)无自由面爆破,整体爆破,不掏槽爆破。~ *needle* 炮孔针。~ *of oil wells* 油井爆破(又称油、气井爆破。它是利用炸药的爆炸能量,在井中通过特定装置实施的井下爆破作业技术)。~ *off* "*the solid*""固体"爆炸。~ *off-the-solid* 不掏槽爆破,不拉底爆破,整体爆破(煤巷中,在开挖面上不掏槽,直接面向自由面的爆破。或者在长壁式采掘的煤层中,为了开挖槽口或需要两个自由面以便进行毫秒爆破时,为形成新自由面所采用的爆破。参见 *solid shooting*)。~ *on the free* 双自由面爆破。~ *sequence* 放炮序列。~ *time* 爆破时间,放炮时间。~ *to a kerf* 切缝爆破。~*-on-the-tree* 多自由面爆破。

Shore *n.* 肖(人名)。~ *hardness scale* 肖氏硬度标度(英国科学家肖〈A. F. Shore〉首先提出,将嵌有金刚石端头的撞销,从一定高度坠落到材料表面,以回弹高度作为硬度的指标,若弹回到原坠落的高度,则肖氏硬度标值为 140。岩石的肖氏硬度大致范围为石英岩 83 ~95,花岗石 71 ~90,石灰岩 17 ~76,砂岩 34 ~66,泥灰岩 10 ~27)。

short *a.* 短的,短暂的。~ *bench cut method* 短台阶开挖法(隧道的上半断面和下半断面通常是分开独立开挖的。而且,在隧道开挖后,对于周边岩石应尽快支护并用衬砌封闭。若地质条件不允许采用全断面开挖时,可以采用短台阶开挖法。短台阶爆破开挖法,根据岩渣抛落方向有垂直炮孔和倾斜炮孔)。~ *charge* 集中药包,集中装药。~ *circuit* 短路(用电阻很小的导线把电路上的两点连接起来,或者电路中的绝缘层破损后互相搭接形成了电阻非常小的回路。例如,电雷管的脚线在即将爆破之前互相搭接在一起;爆破母线在点火前其一端扭合在一起,均会形成短路。所以,为了防止短路,应使平行线路的接头错开,并做好绝缘措施)。~ *cut* 捷径。~ *delay blasting cap*; ~ *delay detonator*; ~ *period detonator* 毫秒延时雷管。~ *delay blasting*;*short delay firing* 毫秒延时爆破(0.001 ~0.1s)(曾称微差爆破,相邻炮孔或药包群之间的起爆时间间隔以毫秒计的延时爆破。露天台阶爆破、地下深孔爆破、井巷掘进和回采工作面采煤爆破都广泛采用毫秒爆破。我国煤矿安全规程规定在煤矿的采掘工作面采用毫秒爆破的总延时时间不得超过 130ms。参见 *millisecond blasting*)。~ *hole type blasting* 浅孔爆破(高压注水爆破方法之一。其中,短〈浅〉孔爆破是指在深度为 1.5 ~2.0m 的炮孔中装药后,把注水管插入孔口进行高压注水的爆破方法。与它相对应的是长〈深〉孔爆破〈*long hole type blasting*〉)。~ *hole*;*shallow hole*;*block hole* 浅炮孔。~ *period electric blasting cap* 毫秒延时电雷管。~ *round* 利用系数不高的炮孔组。~ *wave* 短波(50 ~10m)。~*-duration acceleration* 短暂加速度。~ *ed location indication by frequency of electrical resonance*(*SLIFER*)电谐振频率短路指示

S

(连续测量爆速 C_d 的一种方法。一根同轴电缆沿炮孔中的药柱安放并连接于一仪器上,后者在爆轰前波面短路电缆时记录谐振频率的变化)。~-*flame explosive* 短焰炸药。~-*hole blasting* 浅孔爆破(浅孔爆破又称炮孔爆破,所用炮孔直径小于50mm,孔深在5m以内,用浅孔进行爆破的方法叫做浅孔爆破法,是目前工程爆破的主要方法之一)。~-*hole blasting in urban areas* 城镇浅孔爆破(采取控制有害效应的措施,在人口稠密区用浅孔爆破方法开挖和二次破碎大块的作业)。~-*hole blasts* 浅孔爆破。~-*hole drilling* 浅孔钻凿。~-*hole method* 浅炮孔开采法。~-*pulse blaster* 短脉冲放炮器。~-*wall face* 短壁工作面(长度一般在50m以下的采煤工作面)。~ *hydraulic mining along the dip* 倾斜短壁水力采煤法(采煤工作面大致沿煤层走向布置并沿倾斜推进的无支护短壁工作面水力采煤方法)。~ *hydraulic mining along the strike* 沿走向短壁水力采煤法(采煤工作面大致沿煤层倾斜布置并沿走向推进的无支护短壁工作面水力采煤方法)。~ *mining* 短壁采煤法(用巷道把采煤区分隔成几个狭窄的部分,然后进行回采的方法。与其对应的是长壁采煤法。目前,一般都采用长壁采煤法)。

shortage *n.* ①不足,缺乏。②缺口,不足之数额。*a ~ of powder*(*fund*, *grain*, *labor force*, *electricity*)火药(资金、粮食、劳动力、电力、工具)缺乏。*There often occur food ~s in lean years*。欠收之年往往出现粮荒的情形。*The ~ of this blasting project is supplied by that mining company.* 这个爆破工程项目的缺额是由那个矿山公司提供的。

shot *n.* ①爆破。②开枪,发射。~ *anchor or borehole plug* 爆破栓塞或炮孔栓塞(炮孔中固定药包的一种装置,用以防止此类药包被其他药包爆轰而产生瞎炮。栓塞可用木材、塑料等制成,但不能用铁)。~ *bench* 爆破台阶。~ *charger* 装药工,爆破工。~ *correction* 炮点校正。~ *density* 孔密度(单位长度射孔孔眼数)。~ *depth* 爆炸深度。~ *design versus performance comparison* 炮孔设计与实际效果比较。~ *drilling*; ~ *holing* 钻粒钻进(利用钻头拖动孔底钻粒破碎岩石的钻进)。~ *easer* 辅助炮孔。~ *elevation* 爆炸高度,放炮高度,炸高。~ *examiner*; *shot inspector* 爆破安全检查人员。~ *fast* 不掏槽爆破。~ *firing cable*; *leading line* 爆破母线(连接〈或通过连接线连接〉电雷管脚线与起爆电源的导线。双股绝缘铜或铁导线,从起爆器引至包括雷管在内的起爆网路。爆堆上不许可用铜线时则用铁导线,后者可用磁铁搬移。可以是双芯电缆,也可以是铰接在一起的两根独立导线。质量好的电缆可用于几次爆破)。~ *firing lead* 起爆导线。参见 *shot firing cable*。~ *hole* 装药炮孔。~ *inspector* 爆破安全员。~ *instant*; *shot moment* 爆炸瞬间。~ *lighter* 爆破工。~ *material* 爆破材料,爆破器材。~ *noise* 炮井噪声。~ *off the solid* 不掏槽爆破。~ *performance* 爆破性能。~

S

point array 炮点组合。~ *point distance* 爆炸点至地震仪的距离。~ *point gap*; ~ *point interval*; ~ *point spacing* 炮点间隔,炮点间隙。~ *point offset*; ~ *point deviation* 炮点偏移。~ *point*; *point of detonation* 爆炸点。~ *position* 炮孔位置。~ *rock* 崩落岩石。~ *tamper* 炮棍。~-*concrete machine* 混凝土喷射机(用压缩空气将混凝土喷射到岩面上的机械)。~-*depth correction* 炮孔深度校正。~-*file* 炮点文件。~-*fire curtain* 爆破挡(杆链)帘。~-*firer* 爆破技术人员(负责爆破的技术人员。也是通过考核并得到专家认可,具备了从事爆破工作资质的爆破技术人员。参见 blaster)。~-*firer's explosion* 放炮引起瓦斯爆炸。~-*firing battery* 放炮器。~-*firing curtain* 爆破防护罩,爆破挡帘。~-*firing in rounds* 炮孔成组起爆。~-*firing regulation* 爆破规程。~-*hole arrangement* 炮孔布置。~-*hole bridge* 炮孔阻塞。~-*hole casing* 炮孔套管。~-*hole drill* 炮孔钻。~*hole elevation* 炮孔口标高。~-*hole fatigue* 炮孔疲劳。~-*hole log* 炮孔柱状图。~-*hole plug* 炮孔塞。~*s fan turnaround points* 炮孔的扇形转向点。~-*static correction* 炮点静校正。

shoulder *n.* ①肩膀。②山肩。~ *cutting* 两肩掏槽(采掘)。~ *height* (炮孔)肩高。~ *hole* 齐肩高的炮孔,拱基脚炮孔。

shovel *n.* 电铲(由电缆供电的电动挖掘机的简称。一般泛指机械式单斗挖掘机。参见 *electric excavator*)。~ *dig rate* 铲出速率,挖掘机的挖掘速率。

shower *n.* ①阵雨。②淋浴。③一大批。~ *blasting* 喷雾洒水爆破(一边起爆,一边采用强力喷雾洒水器喷水的爆破)。

shrinkage *n.* 收缩性(黏性土由于水分减少而体积缩小的性能)。~ *coefficient* 收缩系数(黏性土含水率每减小 1% 的体缩率〈或线缩率〉)。~ *curve* 收缩曲线(黏性土样体积〈或线性收缩系数〉与含水率的关系曲线)。~ *index* 缩性指数(黏性土液限与缩限之差值)。~ *stoping* 留矿回采法(把开采下来的矿石留在采场内,作为立足点继续向上开采的一种采矿方法)。~ *strain* 收缩应变。~ *stress* 收缩应力。~ *test* 收缩试验(对物体收缩性指标〈体缩率、线缩率、缩限、收缩系数等〉的定量测试)。

shunt *n.* 分流器(使雷管脚线端部短路的金属片或金属箔,用于防止杂散电流引起爆破雷管意外起爆)。

side *a.* ①侧面的,旁边的。②次要的。~ *benching* 横向开采。~ *discharge loader* 侧卸式装载机(具有侧面卸载功能的装载机械)。~ *drift* 横巷(硐室爆破时,从洞口开始开挖成 T 字形或 L 形巷道,然后在其尽头开挖装药的硐室,其中与自由面平行的巷道称为横巷〈又叫横川、横硐〉。参见 wing)。~ *effect* 负面影响,负面效应。*Along with these immense benefits, however, the use of explosives has an unwanted ~ effect in the form of sounds and vibrations.* 然而,与这些巨大的效益结伴而行的是,炸药在使用时会产生声响和振动,这是无法

S

摆脱的负面影响。~ *heading* 侧导硐超前掘进(当地质条件复杂且不甚清楚时,在隧道掘进过程中如采取先拱后墙法,有可能发生上覆岩体压力骤然增大,拱部围岩承载力降低和拱部下沉冒顶的事故。在这种情况下应采取先从两侧超前开挖导硐,并作好边墙的混凝土衬砌,然后再开挖拱部的施工方法)。~ *hole* 边孔。参见 *flank hole*;*rib hole*;*end hole*。~ *hole helper* 边帮辅助炮孔(用于光面爆破、边孔近旁并先于边孔爆炸的炮孔组)。~ *initiation* 侧向起爆(用强度足够的导爆索〈导爆索支线〉起爆药包。这种方法有可能降低爆破性能,特别是临界导爆过程)。~ *intersection* 侧方交会(在两个已知点和一个待定点组成的三角形中,分别测量一个已知点和待定点的内角,以计算待定点坐标的测量方法隧道或平巷炮孔组的侧边孔,它决定着洞口的宽度)。~ *mount discharge* 侧围装药。~ *of stope* 回采工作面。~ *pressure* 侧压。~ *pull* 侧张力,侧拉力。~ *sparking*;~ *spit*;~ *spitting* (导火线)侧边燃烧。~ *view* 侧视图。~ *wall* 侧帮(壁)(巷道的侧面)。~-*blow* 打横炮(孔贯穿龟裂的岩石时,爆生气体从岩石缝隙中喷出而出现异常的爆破。参见 *crevice blow*)。~-*draw cut* 上向侧面掏槽。~-*wall coring* 井壁取心(从井壁取地层岩石样品)。~-*wall integrity* 侧帮完整。~-*wall sampler* 井壁取心器(从井壁取心的装置,有冲击式、切割式和钻进式等类型)。~-*ways movement* 侧向运动。~-*ways reaction* 侧向反应。

sieve *v.* 筛,筛选。~*d data sets* 筛选出来的数据组。

sieving *n.* 筛(选),筛分(法)。~ *curves* 筛选曲线。

Siewers *n.* 西威尔斯(人名)。~ *J-value* (*SJ value*)西威尔斯值(测定材料滑动磨损的一种方法。用直径8.5mm、端部镶碳化钨的小型钻孔机在预先切出岩样上钻孔,用20kg的物体向钻头施力。SJ值是200转后钻出的深度,以1/10mm表示。4~8个钻孔的平均值选作SJ值。为测定SJ值,通常是平行于层理钻岩)。

sight *n.* ①视力。②看见。~ *distance* 视距。~ *window* 观察口,瞭望口。~*ing point* 照准点。

sigmoidal *a.* 反曲。~ *grain-size distribution* S型粒度分布。

sign *n.* ①符号。②指示牌。~ *board* 标志牌,招牌。

signage *n.* 标牌。~, *blast area security and access control* 标牌,爆区安全和进出口控制。

signal *n.* ①信号,暗号。②预兆,征象。~ *discontinuation* 信号中断。~ *tube detonator* 信号管雷管。~ *tube starter* 信号管起爆器(冲击管〈信号管〉起爆装置)。~ *wave* 信号波。

silica *n.* 硅土。

silicate *n.* 硅酸盐。~ *mineral* 硅酸盐矿物(金属离子与各种硅酸根结合形成的矿物,在地壳上的各种岩石中分布极广,种类数量约占已知矿物总数的1/4,是火成岩、变质岩及许多沉积岩的主要组成矿物，构成地壳总重量的75%左右）。

sill *n.*【地】岩床，平巷底。～ *development* 底部平巷掘进。

siltstone *n.* 粉砂岩（碎屑颗粒直径为0.1～0.01mm的粉砂经固结成岩后形成的碎屑沉积岩，矿物成分主要为石英、长石、云母、黏土矿物和少量重矿物）。

silver *n.* 银。～ *chloride cell* 氯化银电池（用于爆破电流表和其他装置中的低电流电池，用以测量电爆破雷管和线路的导线连续性）。

similarity *n.* 类似，相像性。～ *parameters of metal explosive forming* 爆炸成形相似参数（在固定的工艺条件下，各类金属爆炸成形的效果，包括成形量、成形精度等也是遵循规律的。大量实验证明爆炸成形遵循模型规律，在分析独立物理量的基础上，根据π定理，再加上γ和n，可得到薄板或薄壳爆炸成形相似参数）。～ *rule*；～ *law* 相似律，相似法则。

simple *a.* ①简单的。②单纯的。～ *explosive* 单组分炸药，简单炸药。～ *shear* 简切变，简切力。～ *strain* 简应变。

simulated *v.*（用计算机或模型等）模拟（simulate的过去式和过去分词）。～ *condition* 模拟条件。～ *strain* 模拟应变。

simulating *v.*（用计算机或模型等）模拟（simulate的现在分词）。～ *material modeling of rock engineering* 岩体工程相似材料模拟（岩石力学模拟方法之一。岩体工程相似材料模拟实验的理论基础是相似原理；若两个系统相似，则表征该两系统的对应物理量成一定比例关系，表述各对应物理量之关系的数学表达式也相同。在工程岩石力学模拟研究中，相似条件应包括几何相似、运动相似和动力相似）。～ *test* 模拟试验。

simulation *n.* 模仿，模拟。～ *calculation* 仿真计算。～ *computer* 仿真计算机（适用于系统仿真的一类计算机，它主要指模拟计算机、混合模拟计算机、混合计算机、数字计算机）。～ *environment* 模拟环境，仿真环境。～ *model* 仿真模型。～ *well* 模拟井（模拟油、气井的井下条件检验射孔器材等综合效果的试验井）。

simultaneous *a.* 同时发生的。～ *blasting* 同时爆破，齐发爆破。～ *drifting* 一次成巷（掘进、永久支护和水沟掘砌作业，在一定距离内，相互配合、前后衔接、最大限度地同时施工，一次完成的巷道施工方法）。～ *ignition* 同步点火。～ *initiation* 同时起爆。～ *shaft-sinking* 一次成井（掘进、永久支护和井筒装备三种作业平行交叉施工，一次完成的井筒施工方法）。～ *shot* 同步激发。

sine *n.* 正弦。～ *function* 正弦函数。～ *wave* 正弦波。

single *a.* ①单一的。②唯一的。～ *blast-hole firing* (*in massive sandstone*)（大块砂岩）单炮孔起爆。～ *blasting*；*single* (*-shot*) *firing* 单炮孔爆破，单发爆破。～ *blow* 一次冲击。～ *borehole model* 单孔模型。～ *breast* 单工作面。～

channel vibration sensor 单频道振动传感器。~ *charge* 单药包。~ *contact* 单触点。~ *explosive* 单组分炸药。~ *explosive source* 单爆炸源。~ *free-face blasting* 单自由面爆破。~ *heading* 单工作面掘进(一个掘进班组仅在一条巷道内的一个工作面从事所有工序的掘进作业)。~ *hole blasting test* 单孔爆破试验(试验岩石可爆性的一种方法。单孔试验是全规模的,其炮孔直径和梯段高度与生产爆破计划相一致。需试验不同的最小抵抗线,并测量振动、抛掷、破碎、爆破裂开角和过爆等状况)。~ *molecular chemical compound* 单分子化合物。~ *payment* 一次整付(一笔资金在期中不支取利息而是到期末一次整付本利的做法)。~ *point load*;*single load* 集中荷载,单点载荷。~ *row shot* 单排孔爆破(梯段爆破中,在自由面附近只钻凿一排炮孔的爆破,为单排孔爆破。其对应的是多排孔爆破。参见 *line blasting*)。~-*base powder* 单基药。~-*base propellant* 单基发射药,单基燃料。~-*bucket excavator* 单斗挖掘机(参见 *power shovel*)。~-*compound explosive* 单质炸药(单一化合物的炸药。参见 *explosive compound*)。~-*free-face flat-bottomed borehole blasting* 单自由面平底炮孔爆破。~-*grained structure* 单粒结构。~-*granular structure*; *disperse-granular structure* 单粒结构,散粒结构(颗粒间联结微弱而呈单独形式存在的无黏性土的典型结构类型)。~-*handed* 单枪匹马。~-*layer crushing* 单层破碎。~-*line method*; ~-*row method* 单排炮孔爆破法。~-*payment compound amount factor* 一次整付终值系数(一次整付的现值资金换算为终值时所乘的系数)。~-*payment present worth factor* 一次整付现值系数(一次整付的终值资金换算为现值时所乘的系数)。~-*point initiation to multi-point initiation in boreholes* 单点和多点引爆。~-*row blasting* 单排孔爆破。~-*row hole-by-hole detonation* 单排逐孔起爆。~-*row spacing* 单排孔布置。~-*shot spread* 单点爆炸排列法。~-*shot survey*; ~-*shot method* 单点测量。

sink *vi.* 下落,退去。~ *shaft* 立井(又称"竖井",服务于地下开采,在地层中开凿的直通地面的竖直通道。参见 winze)。~*ing and drifting face* 井巷工作面(井巷掘进及支护的作业场所)。~*ing cut* 掘进掏槽。~*ing round* 向下掘进炮孔组(斜井和立井向下爆破钻凿的炮孔。由于井筒底部炮孔容易充水,岩石夹制作用大且不易清理爆落的石渣,所以用药量要比向上掘进爆破法大得多。在立井中向下掘进时,为了防止井壁崩坍和安全起见,炮孔组一次爆破进尺不宜太大)。~*ing shot*; ~*ing blast* 向下掘进爆破。~*ing stage*; ~*ing platform*; *scaffold*; *hanging scaffold* 吊盘(服务于立井井筒掘进、永久支护、安装等作业,悬吊于井筒中可以升降的双层或多层结构物)。~*ing-found factor* 偿债基金系数(均等年金系列以终值换算为年金时所乘的系数)。

sintering *v.* 烧结(在直眼掏槽时,离空孔

S

最近的掏槽炮孔,如装药过多,爆破后破碎的岩石抛向空孔时,将被压紧固结在孔内而影响下一段的掏槽和扩大,这种现象称为烧结。使用高威力的炸药也会增加岩石的烧结程度。参见 cementation)。

site *n.* 地点,位置。~ *assembly* 就地组装。~ *evaluation* 现场评估。~ *geology* 现场地质。~ *installation*; *site erection* 现场安装。~ *manager* 工地经理。~ *mixed emulsion* 现场混制乳化炸药(在爆破作业现场利用装药车就地混制的乳化炸药)。~ *mixed explosive*; ~ *mixing system for explosive* 现场混制炸药或现场混制系统(一种炸药的不同组合分别贮存在混装车的不同容器中运至使用地点,在爆破孔现场将各组分混合制成自由流动的炸药,然后通过输送螺旋或泵送入炮孔)。~ *mixed slurry*(*explosive*)现场混制浆状炸药(在爆破作业现场利用装药车就地混制的浆状炸药)。~ *topography* 爆破场地地形,现场地形。~ *trial* 现场试验。~-*specific rock structure and landform* 现场特有的岩石结构和地形。

size *n.* ①大小,尺寸。②规模。~ *category fraction*; ~ *division*; ~ *fraction*; ~ *fractionation* 粒级,粒度级别(物料的两个规定尺寸极限之间的范围,以及该范围内的颗粒尺寸)。~ *analysis* 粒度分析。~ *classification* 粒度分级。~ *composition* 粒度组成。~ *consistency* 粒度一致,粒度均匀。~ *control* 粒度控制,尺寸控制。~ *distribution* 粒度分布。~ *effect of rock strength* 岩石强度尺寸效应(在同等的试验条件下,岩石的单向抗压强度随岩石试样尺寸的增大而减小的现象)。~ *frequency* 粒度百分比,粒度频率。~ *frequency distribution* 粒度频率分布。~ *limit* 粒度界限,粒度极限。~ *range* 粒度范围。~ *reduction* 块度减小,减小尺寸。~ *reduction model* 粉碎模型。~ *reduction operation*;*breaking-down operation* 破碎作业。~ *reduction ratio* 破碎比。~ *separation* 粒度分级。~ *upper limit* 粒度上限。~-*to-weight ratio* 尺寸-重量比。

sizing *n.* 分级(将颗粒状物料筛分为不同的粒度级,每个粒度级有其尺寸范围)。~ *curve*;*sizing plot* 粒度曲线。

skeletal *a.* 骨骼的。~ *structure* 骨(格)架状结构(以粉粒为骨架,粉粒和砂粒散布其间的黏土结构类型)。

sketch *n.* 草图,素描。~ *map* 略图,草图。~ *profile* 纵断面草图。

skew *a.* 斜的,歪的。~ *angle* 斜角,斜拱角,相交角。~ *arch* 斜拱。~ *crossing* 斜交叉。~*ed distribution* 偏斜分布。~*ed normal distribution* 偏正态分布。-*ness* 偏斜,偏斜度。

skid *n.* 滑向一侧。~ *force* 滑动力。

skin *n.* 皮,外皮。~ *effect* 表皮效应。~ *resistance* 表面阻力。~ *stress* 表皮应力。~-*to*-~ *holes* 密集炮孔。~-*to*-~ *spacing* 密集排列。

skip *n.* 跳,跳跃。~ *loading pocket* 箕斗装载硐室(位于井筒侧边,安装有箕斗装载设备,能将井底煤仓的煤定量自动装入箕斗的硐室)。

slab *n.* 厚板,平板。~ *blasting* 片层(刷

S

帮)爆破(为保持自由面岩层或边帮平整而进行的爆破作业)。~ *charge* 平面装药(用于大块石头的二次爆破)。~ *face* 刷帮工作面。~ *hole* 底部炮孔,辅助炮孔,崩落炮孔。*-bbing* 剥落,刷帮。*-bbing action* 劈裂作用。*-bbing crater* 爆破漏斗。*-bbing cut* 楔形掏槽。*-bbing off* 层状剥落。

slack *a.* 松(弛)的。~ *combustion* 迟缓燃烧。~ *side tension* 松边张力。

slaking *n.* 崩解性(岩土在静水作用下丧失联结和强度而崩散解体的性能)。~ *test* 崩解试验(黏性土崩解性指标的定量测试)。

S

slanting *a.* 倾斜的。~ *face* 斜工作面。

slapper *n.* 冲击。~ *plate detonator* 冲击片雷管(以金属薄膜爆炸驱动的塑料片撞击装药激发的雷管)。

slashing *n.* 扩帮(沿表面爆破平行炮孔以扩展平巷或工作面。参见 chopping)。

slate *n.* 板岩(由泥质岩、粉砂岩或中酸性凝灰岩经轻微变质形成的具板状构造的变质岩。由于变质程度低,故矿物的再结晶程度差而不易凭肉眼鉴别其矿物成分)。

slave *n.* 从动装置。~ *triggering* 从属触发。

sleep *n.* 睡眠。~ *time* 静置时间(炸药装入炮孔与其起爆之间的时间间隔)。~*ing detonator* 待时雷管(因内置延时虽已引爆但仍待时起爆的雷管)。

sleeve *n.*【机】套筒,套管。

slicing *n.* 切割。~ *and caving* 分层崩落。

slide *vi.* 滑落,下跌。~ *mass* 滑坡体(产生滑坡的那部分坡体)。

slider *n.* 滑块。~ *booster* 孔内助爆药。~ *primer* 孔内延时起爆药。*S- primers are in-the-hole delay initiating devices used with detonation cords to prime individual decks of non-cap sensitive explosive.* 孔内延时起爆药是放在炮孔内与导火索用在一起的起爆装置,以起爆各层非雷管起爆炸药。

sliding *a.* 滑行的,变化的。~ *charge along a rod* 滑竿投药(滑竿法适用于平均流速为2.5m/s且有一定水深的条件下。根据测量定位的指示,将竹竿或长钢钎斜向插到投放药包的位置〈一般为迎水面〉,然后将药包沿竿下滑,并紧贴在礁石上)。~ *force* 滑动力(作用在滑动面上与滑动方向一致的下滑力)。~ *interface energy* 滑动界面能。~ *layer* 滑动层(为减少地表水平变形引起的建筑物上部的附加应力,在基础圈梁与基础之间铺设的摩擦系数小的垫层)。~ *only contact* 单滑动接触。~ *resistance* 抗滑力(作用在滑动面上与滑动方向相反的阻滑力)。~*-buckling of slope* 斜坡滑移弯曲(顺向斜坡,上部坡体沿软弱面蠕滑,由于下部受阻而发生纵向弯曲〈褶皱〉的斜坡变形形式)。~*-compressive tensile fracturing of slope* 斜坡滑移–压致拉裂(斜坡岩体沿平缓面向临空方向发生蠕变滑移,滑移面锁固点附近因拉应力集中而形成自下而上扩展地张开裂隙的斜坡变形破坏形式)。

slight *a.* 微小的,不结实的。~ *buffer of*

energy and pressure 能量和压力稍有缓冲。~ *development* 轻度发育。*-ly weathered zone* 微风化带(岩体结构和矿物成分基本未发生变异,仅沿裂隙面色泽略有变化的轻微风化带)。

slim *a.* 微小的。~ *hole* 小直径炮孔,小直径钻孔。

slip *a.* 滑动的。~ *bed* 滑坡床,滑坡基座(支承滑坡体的下卧未发生移动的坡体)。~ *detonation*; *sliding detonation* 滑移爆轰。~ *hole*; *wedge shot* 楔形掏槽炮孔。~ *surface* 滑动面(滑坡体沿之滑动的剪切破坏面)。~*-over booster* 滑动助推器。*-pping cut* 扇形炮孔掏槽,(中部)楔形掏槽。~ *zone* 滑动带(滑床与滑体间具一定厚度滑动碾碎物质的剪切带)。

slitting *v.* 切开,撕开(slit 的现在分词)。~ *shot* 割裂爆破。

slope *n.* ①斜坡,斜面。②斜率。③ = *side* ~; ~ *wall*; *high wall* ~ 边坡(又称"斜坡"。岩体、土体在自然重力作用或人为作用而形成一定倾斜度的临空面)。~ *angle*; *pit* ~; *pit* ~ *angle*; *angle of pit* ~; *angle of* ~ *wall*; *open-pit* ~ *angle* 边帮角(又称边坡角。边帮面与水平面的夹角)。~ *creeping* 斜坡蠕动(斜坡岩体、土体在自重力长期作用下临空面发生的缓慢而持续的变形)。~ *expansion blasting*; *side expansion blasting*; *slashing blasting*; *reaming blasting*; *wall slash blasting* 扩帮爆破。~ *hole cut* 楔形掏槽。~ *looseness* 斜坡松动(斜坡因卸荷作用而释放应变能所产生的向临空方向回弹膨胀,致使坡体结构松弛的变形现象)。~ *reliever* 边坡减压装置。~ *stability monitoring* 边帮稳定性监测(为判断边帮稳定性、研究边帮移动和滑动规律而进行的观测工作)。~ *stability problem* 斜坡稳定性问题。

slot *n.* ①位置。②狭槽。~ *drill pattern* 开槽钻孔模式。~ *drilling* 掏槽钻孔(亦称切缝钻孔,钻出相同距离略小于孔径的一些平行炮孔,以获得一敞开空间用以屏蔽地层振动)。~ *rows burden* 开槽炮孔排抵抗线。~*-cut* 缝形掏槽,掏槽。*-tting*①掏槽(用机械、水力或爆破法从采掘工作面、煤壁或岩壁先掏出部分煤或岩石以增加自由面的工序。参见 kerf)。②掏槽钻孔(亦称切缝钻孔,钻出相同距离略小于孔径的一些平行炮孔,以获得一敞开空间用以屏蔽地层振动。参见 *slot drilling*)。

sloughing *n.* 崩落。

slow *a.* ①慢的。②迟钝的。~ *burning fuse*; ~ *cord*; ~ *igniter cord* 缓燃导火索(每米燃烧时间在 125s 以上的工业导火索)。~ *plastic igniter cord* 缓燃塑性导火线。~ *powder* 缓燃火药。~*-acting explosive* 缓燃炸药。~*-surface wave* 低速表面波。

sludge *n.* = sludgesilt 淤泥(孔隙比大于 1.5 的淤泥类土)。~(*silt*)*soil* 淤泥类土(在静水或缓慢水流环境中沉积,经生物化学作用形成,含较多有机物的疏松软弱黏性土)。

sluffing *n.* 岩石剥落。

slugging *n.* 堵塞。

sluggishness *n.* 惰性,迟钝,无灵敏性。

slump *n.* ①塌落,下沉。②衰退,衰落。~ *constant* 塌落常数。~ *test* 塌落试验。

slung *v.* 吊挂(sling 的过去式和过去分词)。~ *cartridge* 系住下放的药卷。

slurry *n.* 泥浆。~ *blasting* 浆状炸药爆破。~ *blasting agent*;~ *explosive* 浆状炸药(由可燃剂和敏化剂分散在氧化剂〈以硝酸铵为主,通常可加入硝酸钠等其他硝酸盐〉的饱和水溶液中经稠化,再经交联后制成的悬浮体或凝胶状含水炸药)。~ *pump* 泥浆泵(专门排送泥浆的排水机械)。

slushier *n.* 耙斗装载机(用耙斗作装载机构的装载机械。曾称"耙矸机""耙斗装煤机"。参见 *scraper loader*)。

S

small *a.* 小的。~ *cubical content buildings* 小容积构筑物(指容积 $V<1.0\text{m}^3$ 的构筑物,它所用的炸药量很少,二号岩石硝铵炸药的用量一般为 0.3~0.5kg,只用一个药包,多采用封口式爆破方式)。~ *diameter dynamite* 小粒径炸药。~ *diameter tube explosive* 小直径药卷炸药。~ *lead block test* 小铅垮试验(测定雷管作功能力的试验。把雷管放在规定的小铅垮试验中爆炸,以铅垮孔体积的增量表示其作功能力)。~ *pore* 小孔隙(岩土中直径为 0.01~1mm、重力水和毛管水可存其中的孔隙)。~*-bore deep hole* 小直径深孔,细深炮孔。~ *diameter blasthole*;*slim hole* 小直径炮孔。~*-hole drilling* 金刚石小口径钻进(采用直径小于 76mm 金刚石钻头的钻进)。~*-size chamber blasting* 小硐室爆破(通常所称"小硐室爆破",其导硐面积比大量爆破小,一般为 1m×1m,装药量少。如果平硐断面小于 0.6m×0.6m,则称为"蛇穴法",此时蛇穴底部即为药室)。

smog *n.* = smoke and fog 烟雾。

smoke *n.* 烟(爆轰或爆燃产生固体颗粒的大气悬浮物。参见 mist)。~ *clearing* 消除炮烟。~ *nuisance* 烟害。*-less fuel* 无烟燃料。*-less powder* 无烟火药。*-less propellant*;*-less* 无烟发射药(固体发射药,商业上通称为无烟火药,用于小型武器弹药、火炮、火箭、助推剂启动的动力装置等)。

smokestack *n.* 大烟囱。~ *demolition* 烟囱拆除。

smooth *a.* ①光滑的。②流畅的。~ (*wall*) *blasting technique* 光面爆破技术。~ *blast cartridge* 光面爆破药包。~ *blasting* 光面爆破。~ *blasting limitations* 光面爆破限制。~ *blasting of preserved layer* 预留光面层爆破(小断面巷道超前掘进时,将顶部的光面层预留所进行的爆破方法)。~ *blasting range* 光爆层(光爆层是指周边炮孔与最外层主爆孔之间的一圈岩石层。光爆层的厚度就是周边孔〈光爆孔〉的最小抵抗线)。~ *blasting*;~*-surface blasting*;~ *wall blasting* 光面爆破(沿开挖边界布置密集炮孔,采取不耦合装药或装填低威力炸药,在主爆区爆破之后起爆,以形成平整的轮廓面的爆破作业。周边孔最后起爆,它与先爆孔之间的延迟时间比炮孔组之间的延迟时间要长。爆破后岩体轮廓面成形规整,围岩保持稳定无明显炮震裂缝的控制爆破。光面爆破与预裂爆破的区别在于光面孔最后起爆,它不仅负责形成裂缝,还负责光面孔前面混凝土的破碎)。~ *hillside* 平缓山坡。~ *transition* 平稳过渡,顺利过渡。~ *wall hole* 光面爆破炮孔。~*ed particle hydrodynamics* 光滑粒子流体动力学方法。~*-surface presplit blasting* 光面预裂爆破。~*-wheel roller* 平碾(利用圆筒状滚轮的重力压实土砂料的施工设备)。

snake *n.* 蛇。~ *hole* 台阶底部水平炮孔,蛇穴炮孔。~ *hole blasting* 蛇穴爆破(贴近岩石下方,在土中开挖蛇穴状的炮孔进行装药爆破的方法)。~ *hole springing* 水平炮孔掏壶。~*-holing* 钻台底部水平炮孔,钻凿蛇穴炮孔(爆破巨砾的一种方法,在工作面下方或在垂直梯段面前方稍微下向钻孔,通常用于除去前次爆破所造成的残底。当用于爆破巨砾时,则在巨砾下部钻一炮孔,孔内装药爆破)。~*-holing method* 蛇穴爆破法。~*-holing shooting* 大块底部打孔爆破。

snakehole *n.* = bottom hole;底部炮孔。

snappy *a.* 敏捷的。~ *blow* 快速冲击。

snowslide *n.* 雪崩。~ *blasting* 崩雪爆破(冬季,在积雪多的地方,有可能发生雪崩危及周围的道路和房屋时,可利用爆破的方法人为地造成雪崩以清除积雪。在美国,常常采用这种方法来确保滑雪场地的安全。日本则用它来清除积压在铁路、公路防雪栅栏上的雪檐)。

snubbing *v.* 冷落(snub 的现在分词)。~ *shot* 掏槽爆破,增高截槽爆破。

soapstone *n.* 皂石,滑石。

social *a.* ①社会的,社会上的。②交际的。~ *benefit* 社会效益(一项工程对就业、增加收入、提高生活水平等社会福利方面所做各种贡献的总称)。~ *discount rate* 社会折现率(由国家规定的、根据资金的供需状况和机会成本用以调控投资项目经济可行性的折现率)。~ *environment* 社会环境(是环境总体下的一个层次,指人类在自然环境基础上,通过长期有意识的社会活动,加工改造自然物质,创造出的新环境)。~ *morals* 社会公德。

socio *a.* 社会的。~*-economical benefit* 社会经济效益。

socket *n.* ①炮根(炮孔爆破后残留的部分。即使采用标准装药,爆破产生的漏斗也达不到炮孔底部。参见 bootleg; butt;*unshot toe*)。②残孔(爆后遗留的部分炮孔,其中可能存有残药,因而具有一定的危险性。参见 butt)。

soda *n.* 碳酸钠。~ *blasting powder*①B 级炸药。②钠硝石黑色火药。

sodium *n.*【化】钠。~ *nitrate* 亚硝酸钠。~ *perchlorate* 高氯酸钠。

soft *a.* 软的。~ *action* 软性作用。~ *breakdown* 软性破坏,软性击穿。~ *landing* 软着陆。~ *loan* 软贷款(向国际性银行及外国政府贷款的、偿还期较长〈如 30 ~ 50 年〉、利息很低或无息带有援助性质的,一般用于贫困地区救济性项目的一种贷款)。~ *soil* 软土。~ *wall* 不稳定围岩。

softening *n.* 软化性(岩石在水的作用下力学强度降低的性能)。~ *coefficient* 软化系数(岩石在饱水和干燥状态下的单轴抗压强度的比值)。~ *factor of rock* 岩石软化系数(岩石水饱和试件与干燥试件的单向抗压强度之比值)。~ *parameter* 软化参数。

software *n.* 软件。~ *engineering* 软件工程(应用计算机科学、数学及管理科学等原理,开发软件的工程。它借鉴传统工程的原则、方法,以提高质量,降低成本为目的。软件工程的框架可概括为:目标、过程和原则。其研究内容主要包括:软件开发模型,软件开发方法,软件过程,计算机辅助软件工程以及软件经济学等)。~ *language* 软件语言(用于书写计算机软件的语言。它主要包括需求定义语言、功能性语言、设计性语言、程序设计语言以及文档语言等)。~ *package* 软件包(完成特定任务的一个程序或一组程序。可分为应用软件包和系统软件包两大类)。~ *safety* 软件安全性(使软件所控制的系统始终处于不危及人的生命财产和生态环境的安全状态的性质。IEC 国际标准 SC 65 A-123〈草案〉把软件危险程度分成四个层次:灾难性、重大、较大和较小。人们把一旦发生故障就可能危及人的生命、财产和生存环境的软件称为安全第一的软件)。

soil *n.* 泥土,土地。~ *dynamics* 土动力学(研究土在动荷载作用下的力学特性及其变化规律和应用的科学)。~ *mass* 土体(具一定规模和工程地质特征的土层和〈或〉土层综合体)。~ *mechanics* 土力学(研究土在荷载作用下的力学特性及其应用的科学)。~ *shifting* 流土(土体表层部分颗粒在垂直土层的渗透水流作用下浮动和流失的现象)。

sole *a.* ①单独的。②专有的。~ *charge* 专门负责。~ *timber* 垫木。~ *weight* 自重。

solid *a.* ①固体的。②实心的。~ *angle* 立体角。~ *compression*; ~ *contraction* 固相压缩。~ *emulsified composite granular explosive* 固态乳化复合粒状炸药。~ *explosive* 固体炸药。~ *fuel dispersion* 固体燃料分散。~ *intermediate medium* 固体中间介质。~ *loading* 密实装填。~ *mechanics* 固体力学。~ *mixed fuel* 固态混合燃料。~ *model* 实体模型。~ *oxidizing agent* 固体氧化剂。~ *propellant(powder)* 固体推进剂。~ *rock volume* 基岩体积。~ *shooting* 不掏槽爆破(煤巷中,在开挖面上不掏槽,直接面向自由面的爆破。或者在长壁式采掘的煤层中,为了开挖槽口或需要两个自由面以便进行毫秒爆破时,为形成新自由面所采用的爆破。参见 *shooting off the solid*)。~, *high-temperature products yielded at atmospheric pressure* 大气压力下产生的高温固体物质。~*-air interface* 固-气界面。~*-liquid mixed explosive* 固液混合炸药。

solidification *n.* = hardening ①固化(作用),凝固(作用)。②硬化(过程)。

solidifying *v.* (使)成为固体(solidify 的现在分词)。~ *agent* 固化剂。

solidity *n.* ①硬度。②固态。~ *ratio* ①硬度比。②密实度比。

solution *n.* ①解决。②溶液。~ *to flyrock problems* 飞石问题解决办法。

solve *v.* 求解。

some *a.* 一些,某个。~ *properties of ice* 冰的性能(包括:冰的热容、冰的导热系数、冰的线膨胀系数、冰的体膨胀系数、冰的密度、冰的拉伸弹性模量、声音在冰中的速度等)。

sonic *a.*【物】音波的。~ *location* 声波测位。~ *logging* 声波测井(利用岩土的传送声波速度或其他声学特性研究钻孔岩层剖面的一种测井方法)。~ *method* 声波法。~ *sounding* 回声测深。~ *survey*;~ *measurement* 声波测量。~ *technique* 声波技术。~ *velocity* 声速。~ *wave velocity* 声波速度。

sophisticated *a.* 复杂的,精致的。~ *adaptive mesh finite volume computer analysis*高级适应筛选有限量计算机分析。

sophistication *n.* (技术、产品等)高级,复杂,精密,先进。*Among the reasons for this were the perceived higher cost, the greater ~ required, and supplier attitudes.* 造成这种问题的原因是嫌成本高,要求的技术难度大,以及供货商的态度。

sound *n.* ①声音,声响。②音调。~ *intensity* 声能强度(在考查点上以特定方向,通常与该方向垂直的单位面积传递的声能平均速率)。~ *intensity level* 声强级。~ *intensity profile* 声能强度剖面。~ *locator* 声波定位器,测声仪。~ *peak pressure* 声波峰值压力。~ *power level* 声能级。~ *power spectrum of the noise source* 噪音源的声能谱。~ *pressure level* 声压级。~ *propagation underwater* 声音水下传播。~ *radiation* 声辐射。~ *ray pattern* 声线图。~ *spectra analysis* 声谱分析。~ *transmission* 声传播。~ *ing datum* 深度基准(海图及各种水深资料的深度起算面)。~ *ing*;*tapping*;*jowling*;*knocking*;*chap knock* 敲帮问顶(通过敲击围岩以了解其破碎或离层程度的简易检查方法)。~*-wall blasting* 光面爆破。

source *n.* ①根源,本源。② = epicenter;center of burst;earthquake source;explosive seismic origin; center of origin;earthquake center;focus;hypocenter;hypocentrum;seismic source 震源(地震勘探中释放能量激发地震波的材料或装置,如空气枪、炸药等)。~ *bias* 震源偏斜。~ *bullets and guns* 震源枪弹(震源枪弹由发射枪和子弹两大部分构成。枪弹及其发射系统采用电激发,以火药燃烧产生的气体为能源,推动子弹进入地面介质,形成地震波)。~ *charge column*;*hypocentral charge* 震源药柱(震源药柱由壳体、炸药、传爆药和雷管座等部件组成,震源药柱一般用工业电雷管起爆。为了提高地震波的传播距离,增加探测深度,可根据测深距离,将震源药柱进行串联组合。例如,油田深层地质资料调查,可将 10 ~ 20 发震源药柱组合,以提高冲击波的强度和持续时间)。~ *depth*;*focal depth*;*depth of focus*;*source level* 震源深度。~ *generated noise* 源致噪声(地震勘探中震源产生的噪声,如地滚波、空气波等)。~ *interval* 震源间距(又称炮点间距,地震勘探中相邻震源点之间的距离)。~ *line* 震源线(又称炮点线,在其上布置炮点

S

或震源点的线。震源点或炮点的间隔一般是规则的)。~ *line interval*(*SLI*)震源线间距(又称炮点线〈间〉距,垂直于震源线测量的震源线之间的距离)。~ *of error* 误差源。*The greatest ~ of error in the calculated energy and expansion work is the deviation from ideal detonation, which is large for most commercial explosives.* 所计算的能量和膨胀功的最大误差源炸药无法达到理想爆轰,对于大多民用炸药来说,这个偏差很大。~ *of primary hazard* 第一类危险源(根据能量意外释放论,事故是能量或危险物质的意外释放,作用于人体的过量的能量或干扰人体与外界能量交换的危险物质是造成人员伤害的直接原因。于是,把系统中存在的、可能发生意外释放的能量或危险物质称作第一类危险源)。~ *of secondary hazard* 第二类危险源(在许多因素的复杂作用下,约束、限制能量的控制措施可能失效,能量屏蔽可能被破坏而发生事故。导致约束、限制能量措施失效或破坏的各种不安全因素称作第二类危险源)。~ *of static electricity* 静电的产生(除电引起静电外,固体颗粒的运动,特别是在干燥条件下的颗粒运动,也将产生静电。例如:①在压气装药过程中,能够积累电能的部位有3处,一是操作者身上,二是装药器及其附属设备上,三是炮孔内和雷管脚线上。②操作人员穿化纤衣服)。~ *of stray electricity* 杂散电流的来源(①架线电机车的电气牵引网路电流经金属物或大地返回直流变电所的电流。②动力或照明交流电漏电。③化学作用漏电。④因电磁辐射和高压线路电感应产生杂散电流。⑤大地自然电流)。~ *point*(*SP*)震源点(地震震源所处的位置,也称炮点)。~*s of flyrock* 飞石的根源。~*s of poor blasting results* 爆破效果差的原因。

South-North Water Diversion Project 南水北调工程。

space *n.* ①空间,太空。②空白,间隔。~ *geodesy* 空间大地测量(利用激光技术、空间技术等现代技术手段,观测人造或自然天体,在全球或区域范围内对地面目标进行的高精度大地测量)。~ *model* 立体模型。~ *spacer* 隔离塞,间隔物(隔离塞:置于药包之间以延长炸药柱的非爆炸物,如木塞或陶瓷塞。间隔物:分散装药时,使相邻药包之间留有空隙的物体。它可以用普通铁丝弯曲成弹簧形状做间隔物,或采用中空黏土管、岩粉袋来隔离药包。参见 *cushion piece*)。~*d loading* 分段装药,间隔装药。~*-frequency plot* 空间频率曲线。

spacing *n.* (炮孔)间距(又称钻孔间距。同排炮孔之间的距离,简称孔距。参见 *hole spacing*;*spacing in drilling*)。*S- is determined by experience and trial, and again depends on the drill hole diameter*。确定炮孔间距一是靠经验和试验,二是由钻孔直径来定。~ *between two charge centers* 弹距(射孔器轴线上两个相邻射孔弹轴线间的距离)。~ *for buffer holes* 缓冲炮孔间距。~ *for perimeter holes* 周边炮孔间距。~ *for production holes* 装药炮孔间距。~ *in blasting* 爆破孔间距(以相同延时数起爆的

S

炮孔之间的距离。在某些爆破作业中,所有炮孔以不同延时起爆,则爆破孔间距定义为相继起爆的炮孔之间的距离)。~ *of basic exploratory line* 基本线距(按勘探区内构造复杂程度和煤层稳定性所确定的基本勘探线之间的距离)。~ *of charges* 装药间距。~ *of charges* 炮孔间距。~ *of holes*; *hole spacing*; *borehole spacing*; *drillhole spacing* 炮孔距(勘探线上相邻钻孔的距离)。~ *of rows* 排间距(两排炮孔之间距。必须区分钻孔间距〈Sd〉和爆破孔间距〈Sb〉。参见 *row spacing*)。~ *pattern parameter* 孔网参数。~ (*burden*) *ratio at blasting* 爆破的炮孔密集系数(爆破孔间距与爆破最小抵抗线之比,决定着爆破碎岩效果。该系数的最佳值取决于钻孔布置形式〈矩形或交错〉、地质状况和定时方法)。~ (*burden*) *ratio at drilling* 钻孔的炮孔密集系数(钻孔间距与钻孔最小抵抗线之比,决定着炸药在岩体中的分布效率。由于炮孔的起爆顺序不同,爆破时炮孔密集系数可能变化很大。参见 *concentration coefficient of hole*)。

spall *n.* (剥落)碎石(因拉伸应力波而从自由表面碎裂的岩石,此种应力波通常因压缩在自由表面反射而形成)。

spallation *n.* 剥落(由于地层振动,受热、机械切割等作用岩块自岩层表面脱落的过程)。

spalling *n.* 碎裂(①同轴向压缩纵向分裂。②压缩波在自由面反射产生高抗张应力,使岩片〈碎石〉从岩石自由表面碎解)。~ *action* 破碎作用。~ *resistance* 抗碎性。

span *n.* 跨度。~-*to-thickness ratio* 跨度—厚度比。

spare *a.* ①多余的。②备用的。~ *face* 备用工作面。~ *part*; ~ *unit* 备用件。

spark *n.* ①电火花。②火星。~ *detonator* 火花雷管(以前用于电起爆药包的雷管。含导电添加剂的起爆药包本身起着起爆药的导电体作用。点火要求相当高的电压,因此此类装置安全、免除杂散电流干扰)。~ *fuse* 电火花导火线。~ *gap detonator* 火花电雷管(以极间电击穿产生的火花激发的电雷管)。~ *ignition* 火花点燃。

sparker *n.* 电火花器。~ *box* 分段放炮配电箱。

sparse-jointed *a.* 节理稀疏的。

spatial *a.* 空间的。~ *distribution* 空间分布。*The coarse end of the resulting fragment size distribution is influenced by the insitu rock mass structure and the ~ distribution of the explosive within the rock mass.* 破碎粒度合成分布曲线受原位岩体结构的影响,也受岩体内炸药空间分布的影响。~ *probability of people exposure* 人员暴露的空间概率。~ *value* 空间坐标值。

special *a.* 特殊的,专门的。~ *blasting* 特种爆破(特种爆破与普通爆破的区别在于其炸药能量释放方式不同,爆破环境特殊,爆破介质特殊或钻爆方法非同一般的爆破)。~ *controlled blasting* 特殊控制爆破(在控制爆破的实际应用中,还有一些爆破是在特定的环境和条件下进行的。尽管这些类型的爆破仍离不开最基本的爆破理论和设计准则,但在设计与实施过程中却有其特殊性,因而将其统称为特殊控制爆破)。~ *dynamite* 专用硝甘炸药。~ *electric detonator* 特种电雷管具有特种性能与用途的工业电雷管。~ *engineering geology* (*engineering geological investigation*)专门工程地质学(工程地质勘察)(研究工程建筑各勘察阶段查明工程地质条件和分析工程地质问题的工作方法及其组织原则的科学)。~ *equipment* 特种设备(由国家认定的,因设备本身和外在因素的影响容易发生事故,并且一旦发生事故会造成人身伤亡及重大经济损失的危险性较大的设备)。~ *function* 特殊函数,特殊功能。~ *gelatin* 专用胶质炸药。~ *subject consultation* 专题咨询。~ *type electrical apparatus* 特殊型电气设备(异于现有防爆型式,由主管部门制订暂行规定,经国家认可的检验机构检验证明,具有防爆性能的电气设备)。~ *use map* 专用地图(为专门目的制作的地图)。

specialized *a.* 专门的,专业的。~ *company* 专业公司。

specially *a.* 特别地,专门地。~ *permitted operation zone* 特许区域(对于瓦斯煤矿,在特定的条件下其全部或部分区域,没有必要对可燃性气体以及煤尘爆炸采取安全措施时,可在指定的区域按照一般的爆破规则进行开挖作业。这一经批准的局部区域称为特许区域)。

specialty *n.* 专业,专长。~ *blasting applications* 专业爆破应用。~ *presplit applications* 特殊预裂爆破的应用。

specific *a.* 明确的,具体的。~ *capacity* (单位重量的)比功率。~ *charge* 单位炸药消耗量(破每立方米或每吨矿岩的炸药消耗量〈计划或实际耗量〉,单位为 kg/m^3 或 kg/t)。~ *circumstances* 特定情况,具体环境。~ *compressive stress* 比压应力。~ *considerations* 具体注意事项。~ *considerations for underground blasting* 地下特种爆破。~ *consumption* 单位消耗量。~ *consumption of explosive* 炸药单耗。~ *crushing energy* 比破碎能。~ *cutting force* 单位切割力。~ *demand* 具体要求。~ *density* 比密度。~ *drilling* 钻孔率(每立方米岩石或一吨碎岩的钻孔延米数,单位为 m/m^3 或 m/t)。~ *energy consumption by bore holes of the geared drill* 牙轮钻机钻孔比能耗。~ *energy consumption for rock breakage* 岩石破碎比能耗(破碎单位体积岩石所消耗的能量。用规定的方法来破碎不同岩石,所测得的破碎比能耗可用来衡量岩石的坚固性,其中凿碎比能可作为岩石可钻性指标,爆破 $1m^3$ 矿岩所消耗的炸药量可作为岩石可爆性指标)。~ *energy pressure* 比能压($1/1000m^3$ 体积中 1kg 起爆炸药产生烟雾的理论计算压力)。~ *energy* ①比能。②炸药力(比能:单位体积或重量岩体破碎所需的炸药或机械能,单位为 kJ/m^3 或 kJ/t。炸药力:将 1kg 炸药爆炸时所生成的爆炸气体收集在 1L 的容器内,其对器壁的压力称为炸药力。参见 *force of explosives*)。~ *entropy* 比熵(物质的热能变化除以其温度变化的熵,单位为 J/kg·K)。~

explosive; *special explosive* 专用炸药。~ *extraction of rock broken* 单位炸药破碎的岩石量。~ *fracture energy* 比破裂能(岩体中造成一定〈要求的〉破碎度所需的最低能量,以 J/m^3 表示。所需能量取决于所施荷载形式,如张力、剪切力)。~ *gravity determination* 比重测定。~ *gravity difference* 比重差。~ *gravity distribution curve* 比重分布曲线。~ *gravity of ground* 岩土比重(岩土固体矿物颗粒单位体积的颗粒与4℃时同体积蒸馏水重量的比值)。~ *ground pressure* 对地比压。~ *heat ratio* 绝热指数(气体爆轰的定压定容〈C_p/C_v〉绝热指数在爆轰状态时刻的3.0与气体全面膨胀时的1.3之间变化。绝热指数 γ 是温度的函数。参见 *adiabatic exponent*; *adiabatic index*)。~ *heat resistance* 热阻率(导热系数的倒数,单位以 m·s·℃/J 或 m·℃/W 表示)。~ *heat-absorption capacity*; ~ *heat* 单位热容量,比热(单位质量岩土温度升高1℃所需吸收的热量,单位以 J/kg·℃表示)。~ *impulse* 比冲量。~ *internal energy* 比内能。~ *load* 额定负荷。~ *power consumption* 比功耗。~ *splitting mass of explosive*(*energy*) *per area* 单位面积炸药碎裂量(每平方米碎裂面积的炸药量,单位为 kg/m^2。该量在控制光面爆破中有其意义。它是估算每孔预裂药量的一个判据。通常,单位面积炸药碎裂量为 $0.5kg/m^2$)。~ *surface area* 比表面积(单位质量〈或体积〉的固体颗粒中能与分散介质接触产生物理化学反应的所有表面的总面积,单位以 m^2/g〈或 m^2/cm^3〉表示)。~ *surface energy* 比表面能。~ *thrust* 比推力。~ *value* 比值。~ *volume* 爆容(比容)(质量体积)(单位质量炸药爆炸时,生成的气体产物在标准状况下所占的体积。参见 *gas volume*)。~ *water absorption* 单位吸水量(压水试验中,在每米水柱压力下每米试段长度内岩体每分钟的吸水量数。单位以 L/min·m·m 表示)。

specification *n.* 规格,说明书。~*s of chartography* 制图规范(对地图制图过程中的地图设计、编制、复制等技术事项所作的统一规定,是测绘标准之一)。~*s of surveys* 测量规范(对测量产品的质量、规格以及测量作业中的技术事项所作的统一规定,是测绘标准之一)。

specified *v.* 指定(specify 的过去式和过去分词)。~ *load* 规定载荷。~ *test criteria and protocols* 明确的测试标准和条例。

spectral *a.* 光谱的。~ *banding* 波谱成带。~ *control* 波谱控制。~ *output of blast vibration* 爆炸振动的波谱输出。~ *plot* 波谱图,波谱曲线。~ *response* 光谱响应,波谱响应。

speed *n.* 速度。~ *control system* 速度控制系统。

spent *a.* 已废的,失效的。~ *shot* 无效爆破(指掘进时遇到特硬岩后,爆破后没有或很少有进尺的现象。爆破时,因延时雷管跳段或其他原因使爆破效果不理想者,亦称无效爆破)。

sphere *n.* ①球(体)。②范围。~ *of action* 作用范围,作用区。~ *of impact* 影

响范围,影响区域。

spherical *a.* 球形的,球面的。~ *cartridge* 球状药包。~ *charge* 球形装药,球状药包。~ *front wave* 球面前波。~ *object* 球状物体。~ *powder* 球状炸药,球状颗粒。~ *wave* 球面波(波前为同心球面的波,是由点源产生的。球面波的波前应力以距波源的距离成反比的速率衰减)。~ *wavefront* 球面波前(在任意时间由点源产生的地震脉冲的给定相位所形成的曲面。如果速度随位置而变化,则该面不一定是球面)。

sphericity *n.* 球度(碎块形状接近球形的程度。球度的一种定量方法是球体的表面积与同体积颗粒的表面之比)。

S

spider *n.* 蜘蛛。~ *ice blasting* 裸露药包法破冰(它是直接把药包投掷到冰面上的爆破方法,一般应在水工建筑物3km处进行)。~ *shooting* 糊炮爆破,外部爆破。

spiral *n.* 螺旋(线),旋涡。~ *arrangement of holes* 螺旋形炮孔布置。~ *connection method* 螺旋式连接法。~ *cut* 螺旋掏槽(直线掏槽的一种形式。掏槽炮孔布置呈螺旋状,它们围绕一个中心孔依爆破顺序先后逐步加大孔距。采用毫秒延时爆破将自由面螺旋形扩大。常用的螺旋掏槽有两种形式,即单螺旋和双螺旋)。~ *drill-and-blast concept*(*in drifting*)(平巷掘进中)螺旋形钻孔爆破法(一种平巷掘进方法,其炮孔径向于平巷中心分排钻出,每排炮孔的深度相继提高。当一排炮孔爆破时,清除出一饼状岩块。若总面积分成16块,且每循环下沉1.6m,则每炮孔排各增加深度0.1m。需采用专门机械来屏蔽爆炸区与钻孔和装药区)。

split *a.* 裂开的,劈开的。~ *blast* 劈裂爆破。~ *blasting pipe method* 劈裂管爆破。~ *method*; ~ *test*; *Brazilian tensile test* 劈裂法,巴西抗拉试验(在圆柱形岩样的直径方向上施加相对的线性荷载使之破坏以测定岩石抗拉强度的方法)。~ *round blasting* 预裂爆破。~ *spread*; *straddle spread* 中间放炮排列。~ *tension test* 劈裂抗拉试验。~-*second blasting*; *short-delay blasting*; *millisecond blasting*; *short period delay blasting* 短延时爆破,毫秒延时爆破。

splitting *n.* 劈裂。~ *control blasting* 劈裂控制爆破。~ *force* 破碎力。~ *shot* 碎裂爆破。

spoil *n.* 废品,(开掘等挖出的)弃土。~ *pile* 废石堆。

spongy *a.* 海绵似的。~ *structure* 海绵状结构(由面—面和边—面接触的近片状微集粒组成的粗大集粒构成类似海绵的多细孔网络的热液蒙脱质黏土结构类型)。

spontaneous *a.* 自发的。~ *caving*; *uncontrolled caving*; *sudden collapse*; *sudden fall*; *free breakage* 突然(自行)塌落。~ *combustion*; *spontaneous firing* 自燃(煤、含煤物料、火药材料、松脂棉渣或采矿中析出的硫化物粉尘的受热和缓慢燃烧。这一过程是因物料吸收氧而引发的)。~ *decomposition* 自然分解(梯恩梯等芳香族硝基化合物和黑火药,在常温干燥状态下不会变质和分解,可作长期保存。但是,硝化棉和硝化甘油中的硝酸酯以及含有此类物质的代那买特炸药,则会发生自然分解。通常采用安定性表示炸药自然分解的性质。随着温度上升,炸药的自然分解速度加快,直至最后发生爆炸)。~ *explosion* 自然爆炸。~ *fire prevention* 自燃预防。~ *generation* 自然发生。~ *ignition* 自然发火。

sporadic *a.* 不定时发生的。~ *error* 偶发失误(偶发失误是一些偶然的过失行为,它往往是设计者、管理者事先难以预料的意外行为。许多违反安全操作规程、违反劳动纪律的行为都属于偶发失误)。~ *shooting* 零星爆破。

spot *n.* ①地点,场所。②斑点。~ *stripping* 定点剥离。

spotty *n.* 有污迹,带斑点。~ *distribution* 点状分布。

spread *v.* ①伸开,展开。②(使)传播。—*n.* 范围。~ *blasting* 辅助爆破(在掘进爆破中,为提高掏槽爆破、扩槽爆破、顶板爆破和底部爆破的效果而进行的爆破,统称为辅助爆破。例如,掏槽之后进行的辅助爆破,叫掏槽辅助爆破,依次类推,分别有扩槽辅助爆破、顶板辅助爆破和底板辅助爆破。用于辅助爆破的炮孔,叫做辅助炮孔。参见 *relief blasting*)。~ *of explosive* 炸药爆破范围。~*ing ability* 铺展能力(专指表面活性剂溶液的一种性质,它能使一滴这种液体自发地被盖于另一种液体或固体表面上)。

spreader *n.* (悬臂)排土机(由装在悬臂上的带式输送机将装在其上的剥离物运输、排卸到排土场的一种露天矿运输、排卸机械。参见 stacker)。

spring *n.* 弹簧,弹性。~-*back*;*resilience*;*resiliency*;*rebounding* 回弹。~*ing blasting* 药壶爆破(在炮孔底部先少量装药爆破成壶状〈扩壶〉,再装药爆破的方法。参见 pocket)。~*ing charge* 药壶装药。

sprung *v.* 使断裂(spring 的过去分词)。~ *hole*;*squibbed hole*;*bulled hole* 药壶炮孔,扩底炮孔。~ *tension* 回弹张力。

square *n.* 正方形。~ *hole pattern* 方形布孔(炮孔布置成正方形或长方形〈矩形〉)。~-*set stoping* 方框支架回采法(用坑木做成框架,搭叠起来作为支护的一种采矿方法,但因坑木成本高,这种方法已很少采用)。~-*up hole* 整边炮孔,圈定炮孔。

squeal-out *n.* 裂缝爆破。

squeezing *n.* 挤压。~ *stress* 挤压应力。

squib *n.* = powder train 药线,引信(以闪火点燃的起爆器具,用于起爆黑火药或粒状炸药)。~ *blasting* 导火线爆破。~ *firing* 引线点火起爆。~ *shot* 小药包爆破。~ *wrapping* 药线包皮。-*bbed hole* 药壶炮孔。-*bbing* 药线爆破。~*s and electric igniters* 火雷管起爆和电起爆。

stab *v.* 刺,将…刺入。~ *detonator* 针刺雷管(以击针刺击激发的雷管)。~ *hole* 开口炮孔(在分段顶部深炮孔之间钻出的浅炮孔,用以增强破碎或处理井口区附近的硬岩层。偶尔用于露天爆破设计)。~ *primer* 针刺火帽(以击针刺击激发的火帽)。~ *sensitivity test* 针刺感度试验(按一定的试验设计,以规定的击针刺击针刺火帽、针刺雷管或起爆药试样,确定刺激量〈规定质量的落锤或落球的落下高度〉与发火概率关系的试验)。~-*electric detonator* 针-电两用雷管(既能以电能激发也能以击针刺击激发的雷管)。

stability *n.* 稳定性(在一定条件下,炸药保持其物理和化学性质不发生显著变化的能力。按变化的性质,分为化学安定性和物理安定性)。~ *of rock*(岩石)稳定性(岩石构造或岩体可长时间支撑施加的应力而不产生明显的变形或位移且当应力解除时不致逆转的性质)。~ *analysis of limit equilibrium* 极限平衡分析法(按实际情况确定滑动面,假定滑体为刚性体,用极限平衡条件分析、计算斜坡稳定性的半经验方法)。~ *classification of roadway surrounding rock* 巷道围岩稳定性分类(根据围岩自稳能力和顶底板移近速度,将巷道分为非常稳定、稳定、中等稳定、不稳定和极不稳定5类)。~ *coefficient* 稳定性系数(表征岩体稳定程度的系数)。~ *of coal seam*;*regularity of coal seam* 煤层稳定性(主要指煤层形态、厚度和结构等的变化程度)。~ *of cut slopes* 开挖边坡稳定性。~ *of detonation* 爆轰稳定性。~ *of explosive* 炸药稳定性(炸药材料在特定时间内暴露于特定环境条件下,仍保持其制造厂标明的化学和物理性质的性能)。~ *of rock mass* 岩体稳定性。~ *of rock slopes* 岩石边坡稳定性。~ *of storage* 贮存稳定性。~ *of surrounding rock* 围岩稳定性(在无支护的条件下,巷道围岩依靠自身的强度保持相对稳定的能力)。~ *test* 安定性试验(炸药长期贮存会发生自然分解、自爆等现象,按规定应做定期的安全性试验。试验内容根据炸药种类和出厂日期而定)。

stabilization *n.* 稳定(状态)。*Calls for drastic action have bee made within the last decade in order to achieve* ~ *of* CO_2 *levels at around* 550 *ppm* (*twice the pre-industrial era levels*)。过去的十年,为了让二氧化碳(在大气中)的含量稳定在550×10^{-6},有人呼吁采取极端的行动。

stabilizer *n.* 稳定剂。

stable *a.* 稳定的。~ *detonation* 稳定起爆。~ *roof* 稳定顶板(强度高的直接顶板,一般为砂岩和砂质页岩)。~ *wave* 稳定波。

staccato *n.* 断奏的曲乐段。~ *blasting*;~ *shooting* 断续爆破。~ *explosion* 断续爆炸。

stacked *v.* 堆积(stack 的过去式和过去分词)。~ *tailings* 堆积尾矿。

stacker *n.* (悬臂)排土机(由装在悬臂上的带式输送机将装在其上的剥离物运输、排卸到排土场的一种露天矿运输、排卸机械。参见 spreader)。

stacking *v.* 堆积(stack 的现在分词)。~ *height* 堆积高度,叠加高度。~ *time profile* 叠加时间剖面。

stadia *n.* 视距,视距仪器。~ *survey* 视距测量(利用光学测量仪器内的分划装置和目标点上的标尺测定距离的测量方法)。

stage *n.* 阶段。~ *addition of reagent* 分

段加药。~ *blasting* 分段爆破(开挖立井的一种方法,其安全性高,经济效果好。具体做法是,事先从上水平巷道向下水平巷道钻凿一组平行的长 30 ~ 40m 的垂直深孔,分次装药,然后从下面开始逐次向上分段爆破。为了提高爆破效果,分段爆破时采用中空直孔掏槽和漏斗掏槽两种掏槽方法)。~ *breaking*;~ *crushing*;~ *reduction* 分段破碎。~ *dosage* 分段加药。~ *flotation* 阶段浮选。~ *grinding* 阶段磨矿,阶段磨碎。

staggered *a.* 错列的。~ *blasthole* 错列炮孔。~ *hole pattern*;~ *pattern* 交错炮孔布置,钻孔交错布置(是一种炮孔布置形式,即奇偶各排。炮孔互相错开 1/2 孔距的布孔方式)。~ *holing* 错列钻孔。

staircase *n.* 楼梯。~ *waveform* 阶梯波形。

stakeholders *n.* 利益相关者。

staking *n.* ①标桩。②炮孔标桩(地表上设置木质标桩,标明随后钻孔的计划地点。炮孔标桩:待钻炮孔的孔口中心标志。参见 *setting-out of holes*)。

stamp *vt.* 盖章于。~ *indentation test*;*indentation test* 压痕试验。

stand *v.* 站立。~ *off* 孔底空气间隔。~ *-alone* (*single*) *variable-location sensor* 单一的变量定位传感器。

standard *n.* 标准(标准是对重复性事物和概念所作的统一的规定。即为达到产品的互换性,对产品的型号、规格〈尺寸〉、材料和质量等统一制定出强制性的规定和要求)。~ *charge weight scaling law* 标准装药重量比例法则。~ *compaction method* 标准击实法(使用标准击实仪,对含水量不同的若干个粉碎样分别以规定的击实功能分三层击实,作干密度与含水率关系曲线,以确定岩土最大干密度和最优含水率的测试方法)。~ *deviation* 标准(偏)差(随机变量 X 的方差的平方根,记为 a)。~ *electric detonator* 标准电雷管(泰安净装药量为 0.60g ±0.01g,作为专业通用标准物使用的工业电雷管)。~ *high explosive* 标准高威力炸药。~ *linear regression analysis* 标准线性回归分析。~ *mercury fulminate detonator* 标准雷汞雷管(用于雷管起爆能力对比的,只装雷汞的基准雷管。主要按雷汞装药量不同分为 1 ~ 10 号起爆能力不同的雷管)。~ *penetration test* 标准贯入试验(在土层钻孔中,利用重 63.5kg 的锤击贯入器,根据每贯入 30cm 所需锤击数来判断土的性质,估算土层强度的一种动力触探试验)。~ *powder* 标准火药。~ *screen size sampling regime* 标准筛分粒度抽样法。~ *value* 标准值。

standardized *a.* 标准的。~ *holes* 标准炮孔组。

standing *a.* ①直立的。②固定的。~ *chamber blasting* 药室松动爆破(岩石可钻性的一种半经验式试验。将试验岩样制浆注入一两端敞开的钢筒中,一端的岩石顶部磨平,将一金属压头压进岩样中;压头直径 4mm,相当于压滚按钮和冲击钻头与钻孔底部岩石间的接触面积。压痕试验强度指数定义为:ω_{st}

$=\frac{F_s}{\pi r^2 10^6}$。式中，$\omega_{st}$为压痕试验指数，MPa；$F_s$为破碎前的最大力，N；$r$为压头的半径，m）。~ *shot* 松动爆破（将岩体破碎成岩状，而不造成过多飞散的爆破技术。它的装药量只有标准抛掷爆破的40% ~50%。松动爆破的爆堆比较集中，对爆区周围未爆部分的破坏范围较小。参见 *loosening blasting*）。~ *wave* 驻波（两个连续波链相互干涉所产生的一种现象。驻波可由震源产生的连续波链与其反射产生的连续波链相互干涉所致，也可能由两个反射波链所致。激发之后，波呈指数衰减。驻波的干涉条纹是以四分之一波长为间隔交替出现的波腹和波节）。

S

stand-off *n.* 炸高（聚能装药药型罩口部端面与靶间的距离）。~ *distance* 药包与目标物间距（炸药和目标物、有时特指聚能药包与拆卸目标之间的距离）。

staple *a.* 最基本的。~ *shaft*；*blind shaft* 暗井（不直接通达地面的井筒）。

star *n.* 星，星状物。~ *grain* 星形火药柱。~ *perforated grain* 星状孔火药柱。

start *v.* 起始。~ *pulse* 起始脉冲，启动脉冲。~ *ing acceleration* 始加速度。~ *ing point* 起点。~ *ing power* 启动力。~ *ing resistance* 启动阻力。~ *ing shot* 开启爆破，开门炮孔。~ *-stop method* 启停的方法。

starvation *n.* 饥饿。~ *quantity* 缺量给药。

state *n.* ①国家。②状况。~ *-of-the-art 3D computational method* 最新三维计算方法。~ *-owned enterprise* 国有企业。

State Development and Reform Committee 国家发展和改革委员会。

static *n.*【物】静电。—*a.* 静止的。~ *characteristics of a measuring system* 测试系统的静态特性（测试系统的静态特性是指被测量处于稳定状态时测量系统的输出与输入的关系，通常用非线性、灵敏度和回程误差等指标来表征）。~ *effect* 静效应（静效应也称为作功效应，是指炸药的爆生气体，在高温下进一步膨胀时对周围介质产生推动和抛掷的作用。通常用炸药力〈比能〉、爆炸温度和比容等特征参数表示，可以根据理论计算，或采用铅垮扩大试验、弹道摆和弹道臼炮等方法试验确定）。~ *electricity precaution* 静电预防。~ *flexural tensile strength* 静态挠曲抗张强度。~ *fracture mechanics principle* 静态破裂力学原理。~ *load* 静荷载（使岩土产生 10^{-6} ~10^{-1}/s 的应变速率的荷载）。~ *stress* 静应力。~ *tensile test* 静拉力试验（测定火工品抗拉性能的一种试验。用规定时间内所能承受的静载荷量表示）。~ *voltage measurement* 静态电压测量。~ *water* 静态水。

statically *ad.* 静止[态]地。~ *determinated problem* 静定问题（作用在物体上的外力，仅由静力平衡方程就能确定的问题）。

stationary *a.* 不动的，固定的。~ *detonation velocity* 稳定爆速。~ *point on a curve* 曲线的稳定点。

statistical *a.* 统计的。~ *mechanical equations of state* 统计力学状态方程

（炸药的爆速随药包直径增大而提高，但是当药包直径超过某一数值时，爆速几乎不再变化。这时的爆速称为稳定爆速。达到稳定爆速的药包直径，如代那买特为 50mm，浆状炸药为 100mm，铵油炸药为 200mm）。

steady *a.* 稳定的。~ *non-ideal detonation* 稳态非理想爆轰。~ *state velocity of detonation*；~*-state detonation velocity* 稳态爆速（离主爆药一定距离内一旦完成爆破梯度变化〈提速或减速〉时所得的稳态爆速。炸药的化学组合爆速。该爆速受制于直径、约束度、温度等因素）。~*-slip active fault* 稳滑型活断层（缓慢而持续滑动的，不发生应力降、不致引起地壳震动的活断层）。~*-state detonation* 稳态爆轰。

steel *n.* 钢，钢铁。~ *alloy* 合金钢。~ *area ratio* 钢面积比。~ *casing* 钢套管。~ *disc test* 钢块凹痕试验（测量雷管〈轴向输出较大的〉、导爆管、传爆管或起爆药在规定的钢块上爆炸造成的凹痕深度，根据凹痕深度评定这些火工品的输出或起爆药爆炸性能的试验）。~ *framework* 钢制框架。~ *mesh reinforcement* 网状钢筋。~ *mill furnace tapper* 爆炸开口器（用于平炉出钢的一种"聚能装药"，也叫平炉射孔弹）。~ *needle* 钢制炮孔针。~ *plate*；~ *sheet* 钢板。~ *ratio of concrete* 混凝土中的钢筋比。~ *reinforcing elements* 钢加固元件。~ *wire* 钢丝（在建筑工程中，当钢筋直径小于 6mm 时称为钢丝。常用的钢丝直径有 3mm、4mm、5mm 三种）。

steep *a.* 陡峭的，险峻的。~ *access* 陡沟（适于带式输送机和提升机提升，坡度大的沟道）。~ *gradient* 陡坡度。~ *rock surfaces* 陡峭的岩石表面。~ *slope*；~ *grade*；~ *incline* 陡坡。*-ly-dipping rock mass* 陡峭岩体。

sheet *n.* 一张（通常指标准尺寸的纸）；一大片（覆盖物）。—*vt.* 用（床单等）包裹；用（床单等）掩盖；用缭绳调节（或固定）；给…铺床单。—*vi.* 成片展开，成片流动。—*a.*（金属材料）制成薄板（或薄片）的，轧制成片的，片状的。~ *jointing* 页状节理。~ *structure* 片状构造。

stem *n.* ①炮棍。②堵孔的炮泥。~*-induced fracturing* 炮泥诱发碎裂（当炮孔底部药包起爆所致的空气压力到达炮孔的堵塞炮泥时折射冲击波引发的碎裂）。*-mmed hole* 炮泥封堵的炮孔。*-mmed shot* 炮泥封堵爆破。*-mming* 炮孔堵塞，炮泥（惰性材料，如钻孔岩屑、砾石、砂子、黏土或装水塑料袋，装药后填塞于钻孔开口，用以暂时密封炮孔，以防止气体流通，提高爆破效率，削弱空气冲击波或阻滞任何明火焰）。*-mming cartridge* 炮泥卷。*-mming ejection velocity* 炮泥喷射速度。*-mming height of hole* 炮孔填塞高度，填高。*-mming length* 炮泥长度（炮泥长度不等；对硬质稳固岩层〈单轴向抗压强度为 210MPa〉该长度 12 倍于炮孔直径，而对弱质稳固岩体〈单轴向抗压强度为 30MPa〉该长度则 30 倍于炮孔直径，单位为 m）。*If the -mming length is long, then large pieces of rock will form.* 如果炮泥长度大，则会形成大块岩石。*-mming meterials* 炮泥(又称填塞物。用以封堵装药后的炮孔或药室,以提高爆破效果的材料。一般采用黏土和砂的混合物。用水作堵塞介质时,称水封爆破)。*-mming release pulse* 炮泥释放脉冲。*-mming rod* 炮孔封泥棒。*-mming to burden ratio* 填塞物与抵抗线之比。

step *n.* ①步,脚步。②步骤。~ *arrangement* 台阶布置,梯段布置。~ *bank* 梯段工作面,台阶工作面。~ *cutting* 台阶式工作面掘进。~*-by-*~ *blast* 分段爆破。~*-by-*~ *design* 分段设计。~*-out* 失调。~*-out time* 时差。*-pped face working* 梯段工作面开采。*-pped face; buttock face* 台阶式回采工作面。*-pped failure surface* 阶梯状破坏面。~*s to control risk* 控制风险的步骤。~*-wise cyclic loading curve* 逐级循环加载曲线(在单轴压缩或拉伸试验中,依次逐级加大荷载、卸载而得出的岩土应力-应变曲线)。

stereo *a.* 有立体感的。~ *photogrammetry* 立体摄像测量法。

stereographic *a.* 立体照相的。~ *chart* 立体平面投影图。~ *projection* 球面投影。

stereology *n.* 立体测量学(将确定一种结构的三维参数同该结构截面可得的二维测量相关联的一种数学方法。当碎岩块粒度分布根据照片或摄像记录来估算时,这门学科有重要价值)。

stick *n.* ①棍棒。②药筒。—*v.* 粘贴。~ *charging* 药卷装药。~ *count* 药卷数(通常指一定数量的装药做成某种尺寸的〈装于纸箱或塑料箱的〉药卷数量。参见 *cartridge count*)。~ *dynamite* 卷装硝甘炸药。~ *loading* 木棒间隔炸药。~ *powder* 卷装炸药,装包炸药。~*ed explosive* 卷装炸药。~*ing coefficient* 黏着系数。*-ness* 刚度,刚性,韧性。*-ness analysis* 刚度分析。*-ness matrix* 感度矩阵。*-ness modulus* 刚度模量。

sticky *a.* 粘的,黏性的。~ *formation* 黏结性岩层。~ *ore* 黏结矿石。

stiffness *a.* 硬的。~ *ratio* 刚度比。

stimulated *v.* 刺激(stimulate 的过去式和过去分词)。~ *emission* 受激发射。~ *fracture* 受激碎裂。~ *scattering* 受激散射。~ *transition* 受激跃迁。

stimulating *v.* 刺激(stimulate 的现在分词)。~ *action* 激励作用。

stimulus *n.* 刺激物。*The* ~ *to which an explosive is exposed must be included in any reference to the sensitivity, whether shock, low-velocity impact, friction, electrostatic charge, lightning, or other source of energy.* 炸药感度根据所受外界能量作用的不同,可分为冲击波感度、撞击感度、摩擦感度、静电感度、雷电感度或其他能量形式的感度。

stochastic *a.* 随机的。~ *differential equation*随机微分方程。~ *medium theory* 随机介质理论。~ *process* 随机过程。

stock *n.* 岩株(一种火成侵入体,出露面积在 100km^2 以下,与围岩的关系一般不整合,除大小不同外,其他特征与岩基类似)。

stone *n.* 石头。~ *dust* 岩粉(在井下,为了防止煤尘爆炸使用的非可燃性物料〈岩石、黏土等〉的粉末。也叫防爆岩粉。参见 *rock dust*)。~ *masonry envelope* 石材砌体(石材砌体是由天然石材和砂浆或由天然石材和混凝土砌筑而成。可分为料石砌体、毛石砌体和毛石混凝土砌体)。~-*like coal* 石煤(主要由菌藻类植物遗体在早古生代的浅海、泻湖、海湾等环境中,经腐泥化作用和煤化作用转变成的低热值、煤化程度高的固体可燃矿产。一般含大量矿物质,以外观似黑色岩石而得名)。

Stoneley *n.* 斯通利(人名)。~ *wave* 斯通利面波(沿分界面传播)。

stonework *n.* 凿石工程。~ *explosion* 开山爆破,采石爆破。

stope *v.* 采矿。~ *back* 采场顶板(采空场顶部的岩体或矿床的上盘)。~ *face* 回采工作面(正在回采〈钻孔和爆破〉或爆破的矿体的一部分)。~ *ring* 回采环形炮孔,回采扇形炮孔。

stoping *n.* 回采(该术语包含开拓、采准后岩矿崩落的全部作业)。~ *and production blasting* 采矿生产爆破。~ *hole* 扩槽炮孔(巷道掘进时,除掏槽孔、辅助掏槽孔、周边孔以外,将掏槽向周围横向扩大的炮孔。参见 *wall hole*)。

stopper *n.* 上向式凿岩机(具有轴向伸缩机构钻凿上向炮孔的凿岩机。适用于采矿和天井掘进钻孔,可钻与水平成60°~90°的上向孔,孔径为32~46mm,最大孔深达6m)。

storage *n.* 存储器(存储器是存储指令和数据的计算机部件。有多种类型。中央处理器从存储器中取出指令,按指令的地址从存储器中读出数据,执行指令的操作)。~ *area* 储存场地。~ *capacity* 储存能力。~ *of explosives* 炸药贮存(炸药发生燃烧和爆炸时有一定的危险性,所以必须在炸药库以外的地方贮存炸药时,应存放在有关部门指定的安全场所。把炸药放在炸药库中称作贮存,放在炸药操作间或加工房中称作存放)。~ *stability* 储存稳定性。

stoss *a.* 向冰川面的。~ *side* 迎风面。

stowed *v.* 装(stow 的过去式和过去分词)。~ *material* 充填材料(充填采空区用的材料)。

straight *a.* ①直的。②连续的。~ *ammonia dynamite* 纯硝铵硝甘炸药。~ *dynamites* 线形代那买特。~ *face* 直线工作面,连续工作面。~ *gelatin dynamite* 纯胶质炸药。~ *granular dynamite* 纯粒状硝甘炸药。~ *hole pattern* 直线钻孔布置(单排炮孔呈直线布置)。~ *line* 直线。~ *nitroglycerin dynamite*;~ *dynamite* 纯硝甘炸药。*In '~' dynamites, nitroglycerin is the principal energy source, augmented by the reaction of various active absorbents*。在"纯"硝甘炸药中,硝甘是主要能源,因各种活性吸收剂的反应而加强威力。~-*gelatin dynamites* 胶质代那买特。

strain *n.* ①应变(系一导出量。存在两种应变,即正应变 ε 和切应变 γ。对一连续系统而言,正应变定义为一单元在施加荷载前后的长度比;切应变定义为两线段之间的角度变形所致变化)。②拉紧,张力。③损伤,劳损。④紧张,

S

重负。~ *analysis* 应变分析(某点的应变分析,指分析该点所经历的任何微小线段的应变情况)。~ *at a point* 点应变。~ *break* 应变断裂。~ *burst* 应变爆裂,应变突出。~ *by bending* 弯曲应变。~ *capacity* 应变能力。~ *coefficient* 应变系数。~ *crack* 应变裂缝。~ *energy density* 应变能密度(单位体积的应变能,单位为 J/m^3)。~ *energy range* 应变能变形带(当岩石爆破条件一定时,或者装药量很小,或者炸药埋置很深,爆破作用仅限于岩石内部。爆破后岩石表面不出现破坏,炸药的全部能量被岩石所吸收,表面岩石只产生弹性变形,爆破后岩石恢复原状。实现这一状态的炸药埋深最小值,即为临界埋深)。~ *energy release rate* 应变能释放率(又称裂缝扩展力。裂缝递增扩展所需每单位面积的弹性表面能:$G = 2\gamma_s = \frac{\pi\sigma^2 L}{E_e}$式中,$G$ 为应变能释放率 J/m^2;γ_s 为比表面能 J/m^2;σ 为应力 Pa;L 为裂缝长度 m;E_e 为有效弹性模量 Pa)。~ *energy*;*energy of* ~ 应变能(在材料弹性状态范围内直至弹性限度一物体变形所作之功。更确切称之为弹性应变能,应变能在炸药总能量所占比重,对硬岩为 5%,对软岩则达 20%)。~ *field* 应变场。~ *figure* 应变图。~ *gaging* 应变测量。~ *gauge* 应变计。~ *measurement* 应变测量。~ *quadric* 应变二次曲面。~ *rate* 应变率。~ *relief* 应变消除。~ *safety factor* 应变安全指数。~ *sensitivity* 应变敏感性。~ *slip* 应变滑移。~ *strength* 抗应变能力。~ *tensor* 应变张量。~ *vibrometer* 应变式测振仪(应变式测振仪又称为电阻应变仪,拾振器使用电阻式加速度计和位移计,频率响应可以从 0Hz 开始,低频响应好,阻抗低,使用长导线易受干扰)。~ *wave* 应变波。~*-less zone*; ~*-free zone* 无应变带。~*-rate sensitive* 应变率敏感。~*-softening behavior* 应变软化模型。~*-softening elasto-plastic model* 应变软化弹－塑性模型。

strata *n.* ①地层。②岩层(stratum 的名词复数)。~ *control* 岩层控制(为保证开采工作进行,人为地控制和调节岩层运动的各种技术措施)。~ *movement*; ~ *displacement* 岩层移动(因采矿引起的采空区附近及上覆岩层的移动、变形和破坏的现象和过程)。~ *stress* 地层应力。

strategic *a.* 战略(上)的。~ *planning* 长远规划。

strategies *n.* 对策(strategy 的名词复数)。~ *to overcome poor drilling* 克服难打钻的措施。

stratification *n.* ①层理。②分层。~ *efficiency* 分层效率。~ *plane* 层理面。

stratified *a.* 层积了的。~ *deposit*; *stratabound deposit* 层状矿床。~ *rock* 层状岩石,成层岩。~ *structure* 层状结构(层理、片理、节理等结构面较发育,结构体呈板状、柱状的厚度各异的岩层的结构类型)。

stratiform *n.* 层状。

stratum *n.* 地层(指一定地质历史时期中形成的一系列的层状岩石组合,具有一定的层序,相邻地层间或因岩石性质、所含化石、矿物组成等不同和出现沉积间断而被明显的层面分隔)。

straw *n.* 麦秸导火索。

stray *n.* ①失散。②偏离。 ~ *current* 杂散电流(由于泄漏或感应等原因流散在大地中的电流统称为杂散电流,以其大小、方向随时都在变化为特点)。 ~ *current detector* 杂散电流检测仪(杂散电流有时会使电雷管发火引爆,必须采用专门的杂散电流测定仪随时进行监测。测定内容包括交直流电的电流和电压,通过测定可以预知杂散电流的危险程度,并在爆破前采取相应的措施予以解决。参见 *leakage current detector*)。 ~ *current test* 杂散电流试验(对电火工品施加规定数量、频率、幅度和宽度的直流电流脉冲,考核电火工品对杂散电流安全性的试验)。 ~ *current test frequency* 杂散电流测试频率。 ~ *electrical energy* (*lightning*, *static*, *radio frequency*, *etc.*)杂散电能(如雷电、静电、射频电等)。 ~ *ground currents* 地面杂散电流。 ~ *wave* 杂散波。 ~*-current hazard* 杂散电流危害。

strength *n.* ①力量。②强度。 ~ *anisotrophy* 强度各向异性。 ~ *factor* 强度因素。~ *failure* 强度破坏。 ~ *grade of masonry envelope* 砌体的强度等级(各种砌体的强度均与砌体材料和砂浆强度有关。块材的强度等级符号均以〈MU〉表示,单位为 MPa)。 ~ *grade of mortar* 砂浆抗压强度的强度等级(砌筑砂浆的强度等级是以边长为 70.7mm 立方体试件,在标准养护条件下,用标准试验方法测得 28 天龄期的抗压强度值〈MPa〉来确定)。 ~ *level*;*volume level* 强度级。 ~ *of current* 电流强度。 ~ *of explosive* 炸药作功能力(威力)(炸药爆炸产物对周围介质做功的能力。参见 power)。 ~ *of reflected vibrational energy* 反射的振动能量强度。 ~ *of rock* 岩石强度(岩石的强度是表示岩石在外力作用下发生破坏前所能承受的最大应力,有抗压强度〈compression strength〉和抗拉强度〈tensile strength〉等)。 ~ *of solution* 溶液浓度。 ~ *of the pressure wave release* 压力波释放威力。*Studies have shown that such blasts have a greater than 90% diminution in the ~ of the pressure wave released*, *compared with unconfined blasts of the same charge weight.* 研究表明,与同样装药重量的裸露爆破相比,这样的爆破可使压力波释放威力降低 90% 以上。 ~ *of shearing* 抗剪强度。 ~ *power* 做功能力,威力(炸药的爆炸产物对周围介威力爆力质所做的总功)。 ~ *property* 强度特性。 ~ *reporting methods* 能力测试结果。 ~ *retrogression* 强度衰退。 ~ *test* 强度试验。 ~ *theory* 强度理论(根据简单应力作用下测得的岩土强度,推断复杂应力状态下岩土强度的假说和由此而建立的破坏准则)。 ~ *theory of shear strain energy*; *strength theory of shape strain energy* 剪应变能强度理论,形状应变能强度理论(认为岩土的破坏是由于单位体积内的剪应变能达到极限值引起的和由此而建立的塑性流动破坏强度准则)。 ~ *under peripheral* *pressure* 三向压缩强度。~ *value* 强度值。~-*to-weight ratio* 强度－重量比。

stress *n.* 应力(物理导出张量。在单轴情况下,应力定义为在作用于某一点无穷小面积元的力限度内所得单位面积的力,单位为 MPa。一般而言,应力张量分量的大小和方向在固体内因点而异)。~ *alternation* 应力更迭。~ *amplitude* 应力幅度。~ *analysis* 应力分析。~ *and strain fields* 应力应变场。~ *area* 应力作用区域。~ *circle*;*Mohr's circle* 应力圆,莫尔圆(表示岩土中任一点应力状态的圆)。~ *component* 应力分量。~ *concentration factor*;*factor of the stress concentration* 应力集中系数。~ *concentration*;*concentration of* ~ 应力集中(物体内某一点的应力比相邻部分的应力积累显著增大的现象。构造形变是应力或能量的释放过程,因而运动必将最先在那些应力积累最大而岩体强度又相对最小的地方发生。因此,物体或岩体的不均一性或力学性质有突然改变的地方,为应力集中处)。~ *contrast* 应力差异。~ *deformation diagram* 应力形变图。~ *degree of freedom* 应力自由度。~ *diagram* 应力图。~ *difference* 应力差(一般情况下,在岩石变形过程中,三个主应力是不相等的,最大主应力和最小主应力之差称应力差。它是引起变形的因素,应力差愈大,引起的岩石变形愈明显)。~ *distribution* 应力分布。~ *drop* 应力降(岩土破坏后,应力由峰值降为残余值的过程〈或峰、残强度的差值〉)。~ *element* 应力单元。~ *ellipse* 应力椭圆。~ *ellipsoid* 应力椭球,应力椭圆体。~ *envelope* 应力分布图,应力包络线。~ *field* 应力场。~ *field intensity* 应力场强度。~ *fracture* 应力破裂。~ *function* 应力函数。~ *function element* 应力函数单元。~ *gradient* 应力梯度。~ *gradient effects on fracture around cavities* 应力梯度对空穴周围裂缝的影响。~ *in rock mass* 岩体应力。~ *in surrounding rock* 围岩应力(围岩内的应力)。~ *intensity factor*(*SIF*)应力强度因数(模式Ⅰ开口模式裂缝〈K_{I}〉,模式Ⅱ滑动模式裂缝〈K_{II}〉,模式Ⅲ剪切模式裂缝〈K_{III}〉,〈$n/m^{3/2}$〉;说明裂缝因加载荷而变形的状态和程度的分析量。通常,SIF 用作裂缝"危险性"的一个量度。数学上,SIF 系裂缝奇点的大小)。~ *limit* 应力极限(岩体自重、地质构造和开挖影响下,存在于岩体内部单位面积上的内力。未被开挖所扰动的岩体应力称岩体原始应力,开挖扰动后岩体应力的变化称为二次应力)。~ *loss correction* 应力损失校正。~ *matrix* 应力矩阵。~ *mineral* 应力矿物。~ *of fluidity* 流动性应力。~ *or strain tensor* 应力或应变张量(二阶张量,其对角元由相对于给定的一组坐标轴的正应力/应变分量组成,而其非对角元则由相应的切应力/应变组成)。~ *path* 应力迹线。~ *path* 应力路线,应力路径(岩土受载过程中,某个面上的应力变化在应力坐标图中的轨迹)。~ *pattern* 应力分布形态,应力分布方式。~ *raise* 应力升高(由构件外形和连续变化引起的)。~ *ratio*①应力比。②疲劳试验中最大与最小应力之比(张应力为正,压缩应力为负)。~ *reduction factor* 应力减小因子。~ *relaxation* 应力松弛(岩土在应变保持不变的情况下,其应力随时间而衰减的现象)。~ *relief* 应力消除。~ *relief blast* 卸载爆破,消除应力爆破。~ *relief slot* 应力消除开槽。~ *ring* 应力圈。~ *solid element* 应力立体单元。~ *state* 应力状态(岩土中各种不同应力的组合特征)。~ *tensor gage* 应力张量计。~ *transients* (*generated by dynamic pressure*)(由动态压力产生的)应力瞬变现象。~ *wave* 应力波(炸药在土岩介质中爆炸时,其冲击压力以波动形式向四周传播,这种波统称为应力波。当应力与应变呈线性关系时,介质中传播的是弹性波;呈非线性关系时,为塑性波和冲击波)。~ *wave collision point* 应力波碰撞点。~ *wave collision theory of fragmentation* 破岩时应力波碰撞理论。~ *wave in rock mass* 岩体中的应力波(扰动在岩体中的传播。对岩体中的应力波的研究包括由爆炸振动所激发的扰动在岩体中传播的各种力学行为,以及利用〈超〉声波在岩体中的传播来测定岩体的力学性质。采矿工程中常用岩体中应力波的基本规律来研究或解释爆破的力学过程,或预测爆破效果)。~ *wave interaction* 压力波互相作用。~ *wave propagation* 应力波叠加。~ *wave propagation characteristics in a viscoelastic material* 应力波在黏弹性物质中的传播特性。~ *wave propagation measurement* 杂散电流频率。~ *wave superposition* 应力波叠加。~ *wave-induced fractures* 应力波导致的裂缝。~ *zone* 应力带。~-*concentrated zone* 应力增高区(岩体内由于采掘工程影响引起应力重新分布后而形成的高于原岩应力的区域)。~-*cone angle* 应力锥角。~-*dependent* 有赖于应力的。~-*free initial strain* 应力释放初始应变。~-*free outer surface* 无应力的外表面。~-*free*; *stressless* 无应力的。~-*freezing method* 应力冻结法。~-*induced crack* 应力致裂。-*less deformation* 无应力变形。~-*released zone* 应力降低区(岩体内由于采掘工程影响引起应力重新分布后而形成的低于原岩应力的区域)。~-*relief groove* 应力减轻槽。~-*relieved ground* 无应力岩层,应力解除岩层。~-*relieved seam*;*protected seam* 被保护层(由于保护层的开采,冲击矿压、煤层气突出危险程度降低或消除的煤层)。~-*strain curve*;*load-deformation curve* 应力-应变曲线(通常指在单轴压力或拉力作用下,岩石轴向应力与轴向应变、侧向应变与体积应变的关系曲线)。~-*strain diagram* 应力应变图。~-*strain matrix* 应力应变矩阵。~-*strain relationship* 应力应变关系。

stressmeter *n.* 应力计。

stretch *v.* 伸展,延伸。~ *map*; ~-*out view* 展开图。-*ability* 拉伸性。~ *ing force* 延伸力。~ *ing resistance* 抗拉强度。~ *ing strain* 拉应变。~ *ing stress* 拉应力。

strike *n.* ①走向(地层中面状构造的产状要素之一。其构造面或地质体的界

S

面与水平面的交线称为走向线,而走向线两端的延伸方向,即为走向)。②打击。③碰撞。~ *azimuth* 走向方位角。~ *joint* 走向节理。

striking *v.* 击打(strike 的现在分词)。~ *end* 冲击端。~ *face* 冲击面。

string *n.* 绳子。~ *load stick powder* 线形药卷装药。~ *loading* 线形装药(在控制边界爆破或拆除爆破中采用的装药形式,系指炸药按线延伸状进行装载。这种情况下,药包直径要比炮孔直径小,而又不填炮泥。参见 *linear shaped charge*)。

strip *v.* 剥离,露天开采。~ *borer* 露天矿水平炮孔钻机。~ *charts* 带形图表。~ *dimensions* 剥采维度。~ *height* 剥采高度。~ *length* 剥采长度。~ *load* 条形荷载(作用力接触面的长度比宽度大得多〈10 倍以上〉的荷载)。~ *mining* 露天开采。~ *steel* 带钢。~ *width* 剥采宽度。*-pping*; *overburden mining*; *waste mining* 剥离(也称片落,岩石/空气界面〈自由面〉上压力波反射生成的高幅张力波致使岩石碎裂。在采矿工程中,叫做在露天采场内采出剥离物的作业。参见 scabbing)。*-pping area* 剥离区。*-pping bank* 剥离台阶。*-pping index*; *-pping ratio* 剥采比。*-pping operation* 剥采作业。*-pping work map* 采剥工程综合平面图(反映露天矿所有台阶采剥工程、地质和测量信息的综合性平面图)。*-pping-to-ore ratio* 剥采量与矿石总量之比。

stroke *n.* ①冲程。②冲击,撞击。③行程。~ *coefficient* 冲程系数。~*-time diagram* 冲程时间图。

strong *a.* 强的,强烈的。~ *explosive* 烈性炸药。~ *impact (of explosion)* (爆炸的)强力影响,强势影响。~ *point* ①要点。②优点。~ *primer* 高威力起爆药包。*-ly-weathered zone* 强风化带。

struck *v.* 击打(strike 的过去式和过去分词)。~ *end* 受冲击端。

structural *a.* ①结构(上)的,构架(上)的。②建筑的。~ *analysis* 结构分析。~ *block* 结构体(为结构面分割而成的岩石体块)。~ *bond* 结构联结(岩土结构基本单元〈原生颗粒、集粒、碎屑〉间的联系和结合关系)。~ *characteristic* 结构特点。~ *collapse* 结构倒塌。~ *component* 构件(构件是机器中运动的单元体,它由数个零件刚性地连在一起,是一个具有确定运动的整体。参见 component)。~ *configuration* 构造形态。~ *drawing* 结构图。~ *effect of rock mass* 岩体结构效应(岩体中不连续面对其变形及强度特性的影响)。~ *fault*; ~ *imperfection* 结构缺陷。~ *feature* 结构特征。~ *formula* 结构式。~ *framework* 结构框架。~ *geology* 构造地质学(是对岩石几何形态的研究,并通过研究确定岩石生成时获得的原生构造和后期变形所形成的次生构造来了解相关的地质事件)。~ *layer* 构造层(地壳全部历史过程中,大陆地壳基本构造单元在大发展阶段的一定构造运动影响下形成的岩石总和。它反映该阶段构造运动影响的范围。各构造层之间常因明显的区域性角度不整合或假整合而分开,上下的构造格架有原则性的改变)。~ *line* 构造线(一切结构面在地面上出露的痕迹,即与地面的交线。在地质构造图上采用的构造线,一般有褶皱轴线及各种不同性质的断层线;成群的片理、劈理、节理等构造痕迹排列在地面上的方向和密度,有时也可用适当方式以构造线表示出来)。~ *load* 结构负载。~ *material* 结构材料。~ *plane*; ~ *face* 结构面(岩体中分割固相组分的地质界面)。~ *precautions* 结构防护措施。~ *resonance* 结构共振。~ *rigidity* 结构刚度。~ *spalling*①结构剥落。②结构崩裂。~ *stability* 结构稳定性能。~ *steel*; ~ *iron* 结构钢。~ *strength* 结构强度。~ *symmetry* 结构对称(晶体)。~ *transformation* 结构转变(晶体)。~ *types* 结构类型(按岩土结构基本单元的形态及其间的接触联结特征划分的类别)。~ *viscocity* 结构黏度。~ *weakness* 结构弱面。~ *weight* 结构重量。

structure *n.* 构造(节理、层理、片理、劈理、断层等的总称。在决定爆破效果的因素中,除钻孔布置、炸药种类和装药方法外,岩石总体的地质构造也是一个不可忽视的重要因素)。~ *demolition blasting* 建筑物拆除爆破(任何人造建筑物包括楼房、厂房等的拆除爆破)。~ *mechanics* 结构力学。~ *of constant rigidity* 等刚度结构。~ *of loading charge* 装药结构。~ *of rock mass* 岩体结构(岩体组成单元〈要素〉的形态及其组合特征)。~ *of water towers* 水塔的结构(水塔按其支撑类型分为桁架式支撑和圆筒式支撑两种。桁架式支撑为钢筋混凝土结构,拆除方法与钢筋混凝土框架结构相似;圆筒式支撑一般是砖结构,拆除方法与烟囱拆除相似。顶端水罐一般为钢筋混凝土结构)。~ *programming* 结构程序设计。~ *response* 结构响应。~ *rigiditystrengthening measures* 刚性结构措施(增加建筑物刚度以抵抗开采沉陷引起损害的结构措施)。~ *steel frame* 钢结构框架。~ *trunk* 建筑物本体。~ *yielding measures* 柔性结构措施(使建筑物能适应开采沉陷引起地基变形的结构措施)。

stuck *a.* 动不了的,被卡住的。~ *cartridge*(炮孔中)卡住的药卷。

stuffing *n.* 填料。

stump *n.* 岩坎(最终边界上的未碎岩石)。~ *blasting*; *stumping*①树桩爆破(森林成片伐木之后,为了进一步把它开垦成农田或重新造林,可采用爆破的方法挖掘树桩)。②矿柱爆破。

sub *n.* 地铁。~ *shaft* 暗(盲)井(地下矿从某一点开凿的垂直或倾斜巷道,其目的在于与下一水平连接并探查一水平下有限深度内的底板)。~-*average* 低于平均值的。

subcritical *a.* 近乎临界的。~ *mining* 非充分采动(地表最大下沉值随采区尺寸增大而增加的开采状态。〈允许使用:次临界开采〉)。~ *reflection* 临界角前反射。

subdrill *n.* = subdrilling ①超深。②钻孔加深,超钻(又称超钻。在分段爆破底板计划崩落水平以下钻出的炮孔长度。由于分段底的约束较大,有必要在分段底板下钻孔以装填较多炸药作为底部装药。参见 *over-drilling depth*; subgrade; *excess drilling*)。

subglacial *a.* 冰下的。~ *blasting* 冰下药包法(当流冰面积较大且受阻滞流时,可在冰上作业进行冰下爆破。通常在冰上采用冰穿、铁铤、钢钎穿孔,或用小包炸药连续爆破开挖出吊放炸药的冰洞。放在冰层下面进行破冰的药包,需作好防水处理,并系在绳索或木杆上,通过冰洞放入冰层下一定深度进行爆破)。

subjective *a.* 主观的。~ *visual observation* 主观的视觉观察。

S

sublayer *n.* 下[低,次,内]层。~ *of coal seam* 煤分层(煤层被夹研所分开的稳定层状煤体)。

sublevel *n.* 分段(为采掘矿体而在不同水平开出的平巷)。~(*stope*) *blocks* 分段回采区块。~ *bench blasting* 分层台阶爆破技术(在紧靠建筑物的地方进行爆破,在采用缩小孔网、间隔装药都不符合安全要求的情况下,就要采用分层台阶,即把整齐的台阶爆破分成若干小台阶,分期爆破)。~ *benching* 分层梯段开采。~ *blast-hole method* 分段炮孔开采法。~ *caving* 分段崩落(在逐次水平上穿过矿体开掘横巷或纵巷的一种采矿方法。从横巷呈扇形向上部矿体钻孔。矿石爆破后自流落入平巷,由此装载并运至下盘,卸入竖井)。~ *caving with sill pillar* 有底柱分段崩落采矿法(用中深孔或深孔在分段凿岩巷道中落矿,从分段底部的出矿巷道中出矿的分段崩落采矿法。按回采中崩落方向不同,有底柱分段崩落采矿法可分为水平层落矿有底柱分段崩落采矿法和垂直层落矿有底柱分段崩落采矿法)。~ *caving without sill pillar* 无底柱分段崩落采矿法(在回采进路中用上向扇形中深孔或深孔和挤压爆破向松散矿岩崩落落矿步距内的矿石,落下矿石在崩落岩石覆盖下从回采进路端部的矿石堆中铲运矿石至溜井放至运输水平。放矿结束后进行下一个步距的落矿)。~ *long-hole benching* 分层梯段深孔开采。~ *method along the strike* 走向长臂陷落开采法。~ *open stoping* 分段矿房采矿法(自上而下按分段开采阶段,分段划分为若干矿房和矿柱〈顶柱,或顶柱、间柱〉,回采矿房时空区借矿柱支撑、并在空场条件下借重力或重力—爆力运搬出矿的采矿法。不留间柱时,矿房沿矿体走向连续回采并滞后按步距回采顶柱;留间柱时采完矿房后,随即同时或分次〈先间柱后顶柱〉回采间柱和顶柱;崩落顶柱矿石在崩落覆岩下放出)。~ *open stoping mining method* 分段露天回采面开采法。~ *stoping* 分段平巷开采法(在上下两条水平运输巷道之间,相隔适当的距离开挖出若干条分段平巷,然后以各分段的垂直面作为主自由面,在分段矿体中进行钻孔爆破的一种无支护无充填的采矿方法)。~ *stoping face* 分段回采工作面。~ *stoping*; ~ *caving* 分段采矿法(一种地下采矿方法,矿石在近垂直或水平分层或分段中爆破后落下敞开或充填岩矿的工作面。矿石从工作面底部开掘出的空间〈漏斗〉运出。

工作面可为敞开式或局部充填,这取决于岩体是否需要支护)。~ *undercut caving* 需要拉底的分段崩落,分段下部掏槽崩落开采。~ *extraction*; ~ *mining* 分层开采,分段开采。

submarine *a.* 水下的,海底的。~ *blasting* 海底爆破,水下爆破。~ *packing* 水下爆破炸药筒。

submerged *a.* 在水中的,淹没的。~ *bulk weight*; *underwater bulk weight*; *underwater unit weight* 浮容重,水下容重(岩土单位体积的浮重〈水下重量〉,常以 kN/m^3 表示)。

submersible *n.* 潜水器。~ *pump* 潜水泵(泵体和电动机可浸入水中工作的排水机械)。

submission *n.* 提交,呈递。~ *of a tender*; *submitting a tender* 投标。

subsection *n.* 分部,分段。~ *project* 分部工程(分部工程是单位工程的组成部分,一般按单位工程的各个部分划分。一般工业或民用建筑工程划分为地基与基础工程、主体工程、地面与楼面工程、门窗工程、装修工程、屋面工程六个部分,其相应的建筑设备安装工程由建筑采暖工程与煤气工程、建筑电气安装工程、通风与空调工程、电梯安装工程组成)。

subsequent *a.* 随后的。~ *fill* 随后充填。

subsidence *n.* 沉降,下沉。~ *factor* 下沉系数(在充分采动条件下,开采水平或近水平煤层时地表最大下沉值与采厚之比)。~ *trough*; *subsidence basin* 地表移动盆地(由采矿引起的采空区上方地表移动的范围)。

subsidiary *a.* 附带的,附属的。~ *shot* 辅助炮孔。~ *survey* 辅助测量。~ *triangulation* 辅助三角测量。

subspace *n.* 子空间。

substructure *n.* = substruction 下部结构,底部结构。

subsurface *a.* 表面下的,地下的。~ *current* 地下水流(在岩溶地区流经一洞穴或一组连通洞穴的地下水体)。~ *water* 地下水(以固态、液态或气态形式存在于岩石圈中的水。包括地面以下和地表水体以下所有的水体)。

subterranean *a.* 地表下面的。~ *stream* 地下河流(只存在于地下〈不出现于地面〉的水流)。

subtract *v.* 减。

subvector *n.* 子向量。

successful *a.* 成功的。~ *bid* 中标。~ *bidder* 中标人,中标单位。

successive *a.* ①连续的。②接替的。~ *approximation approach* 逐渐近似法。~ *blow* 连续冲击。~ *layer* 连续分层。~ *loading* 连续加载。~ *ring* 下一排扇形炮孔[环形炮孔]。

suction *n.* 抽吸。~ *blast*; *backblast* 反向爆破,逆爆破(与爆炸波传播方向相反)。

sudden *a.* 突然的。~ *spontaneous firing* 误爆(起爆时间未到而突然发生的爆炸。误爆原因很多,大部分是器材问题或违章错误操作所致)。~ *stress* 骤加应力。

suffocation *n.* 窒息。

sulfide *n.* 硫化物。

sulfur *n.* = sulphur 硫磺。—*vt.* 用硫磺处理。~ *dioxide* 二氧化硫。~ *flower* 硫华(硫磺升华后得到的粉状硫,主要成分是斜方硫)。

sulfuric *a.*【化】(正)硫的。~ *acid* 硫酸。

sulphide *n.* 硫化物。~ *body* 硫化矿体。~ *ores* 硫化矿。

sulphite *n.* 亚硫酸盐。~ *zone* 硫化矿物带。

sulphurless *a.* 无硫。~ *powder* 无硫黑火药。

sum *n.* 总数。~ *of weighted inputs* 加权和。

S

summary *n.* ①摘要。②总结。~ *of ground vibration criteria* 地面震动标准总结。~ *of sources of poor blasting performance* 爆破效果差的原因总结。

summit *n.* 顶点。~ *height* 极点高度。

Sump *n.* = drain sump 水仓(用于贮存和沉淀井下涌水的一组巷道)。—*v.* 挖深(渠道,井筒等)。~ *hole*①掏槽炮孔。②超前钻孔。~*ing cut* 掏槽。~*ing shot* 底部爆破。

Sunderite *n.* 桑德里特炸药。

sunk *v.* (使)下沉,(使)沉没(sink 的过去分词)。~ *cost* 沉资(一项投资项目在续建、改建或扩建前已投入的资金)。

sunken *a.* 沉没的,凹陷的。~ *area* 凹陷区。~ *reef* 暗礁。

super *a.* ①超级的。②极好的。~ *dynamite* 优质硝甘炸药。

supercharge *vt.* 对…增压。~ *loading* 过载,超负荷。

superconducting *a.* 超导(电)的。~ *magnetic sampling* 超导磁选。~ *material* 超导材料。

supercritical *a.* 超临界的。~ *fluid* 超临界流体。~ *mining* 充分采动(地表最大下沉值不再随采区尺寸增大而增加的开采状态界开采;超临界开采。〈允许使用:临界开采;超临界开采〉)。~ *reflection* 临界角后反射。~ *speed* 超临界速度。~ *area of extraction* 超临界开采面积。

superelasticity *n.* 超弹性。

superfine *a.* ①过于精细的。②极好的。~ *breakage* 超细粉碎。~ *powder*; ~ *flour* 超细粉末。*-ness* 超细化。

superimposed *v.* 使叠加(superimpose 的过去式和过去分词)。~ *load*; *superload* 超负荷,附加负荷。~ *stress*; *superposed stress* 叠加应力(采掘工作面相互影响而形成的合成应力)。

superposition *n.* ①重叠。②叠加。~ *of wave* 波的叠加。

supersonic *a.*【物】超音速的。~ *blasting* 超音速爆破。

superspeed *n.* 超高速。~ *flying clast* 超高速飞片。

superstrength *n.* 超强度。

superstructure *n.* 上层结构,上层建筑。

superthick *a.* 超厚的。~ *steel plate* 超厚钢板。

supervising *v.* 监督,管理(supervise 的现在分词)。~ *institution* 监理单位(监理单位是指取得监理资质证书,具有法人资格的监理公司、监理事务所和兼承监理业务的工程设计、科学研究及工程建设咨询的单位)。

supervision *n.* 监督,管理。 ~ *of project construction* 工程建设监理(工程建设监理是指针对工程项目建设,社会化、专业化的工程建设监理单位接受业主的委托和授权,根据国家批准的工程项目建设文件、有关工程建设的法律、法规和工程建设监理合同以及其他工程建设合同所进行的旨在实现项目投资目的的微观监督管理活动)。

supervisory *a.* 监督的,管理的。 ~ *board* 监理会,监督委员会。

supplementary *a.* 增补的,追加的。 ~ *pressure* 附加压力。

suppliers *n.* 供应商。

supply-and-demand *n.* 供给与需求。 ~ *balance* 供需平衡。

support *n.* 支架(为维护围岩稳定和保障工作安全采用的杆件式结构物和整体式构筑物的总称。根据材质不同可分为木支架、金属支架、砖石支架、混凝土支架、钢筋混凝土支架等;根据形状不同可分为梯形支架、矩形支架、拱形支架、马蹄形支架、圆形支架、椭圆形支架等。在聚能爆破中,支架的作用是保证最佳炸高。最佳炸高根据聚能弹设计决定:一般是药型罩底部直径的1~3倍)。—*vt.* 支撑。 ~ *backfilling* 架后充填(为使巷道支护受力均匀,用充填材料填塞支护物与围岩之间的空隙)。 ~ *rigidity* 支护刚度(支护物产生单位压缩量所需要的力)。 ~*ed stopes* 支护开采法(在金属矿山中,一边开采,一边对顶板或侧帮加以人工支撑的开采方法。有如下几种方式:①横向支护开采法〈stulled stoping〉。②方框支护开采法〈square set stoping〉。③分层充填开采法〈cut and fill method; filled stopes〉)。 ~*ing capacity* 支撑力,承压力。 ~*ing intensity* 支护强度(采煤工作面控顶区内顶板单位面积上支架承受的载荷,单位以kN/m表示)。 ~*ing load* 支护阻力(支架〈支柱〉在支护区域内阻力的泛称)。

surcharge *n.* ①过量装药。②过载。

sure-fire *a.* 确切的。 ~ *delay* 准爆延时。

surface *n.* 表面,外观。 ~ *acoustic wave* 表面声波。 ~ *active agent*; *surfactant*; *tenside* 表面活性剂(一种具有表面活性的化合物,它溶于液体特别是水中,由于在液/气表面或其他界面的优先吸附,使表面张力或界面张力显著降低。注:表面活性剂是指在其分子中至少含有一个对显著极性表面具有亲和性的基团〈以保证它在大多数情况下的水溶性〉和一个对水几乎没有亲和性的非极性基团的化合物)。 ~ *activity* 表面活性。 ~ *add-on delay* 表面附加延迟。 ~ *adhesion* 表面附着。 ~ *and underground plan*; *site map*; *location map* 井上下对照图(反映地物、地貌与井下采掘工程空间关系的综合性图纸)。 ~ *bench blasting* 露天台阶爆破。 ~ *bench mining* 露天台阶开采,露天梯段开采。 ~ *bench preparation* 露天剥离。 ~ *blasting* 光面爆破。 ~ *blasting* 露天爆破,地面爆破(在地表进行的爆破作业)。 ~ *blasting operation* 露天爆破作业。 ~ *boundary line*; *open pit top edge*; *open-pit* ~ *edge* 地表境界线(曾称上部境界。露天采场最终边帮与地表的交

S

线）。~ *break* 地面陷落。~ *breakdown* 表面击穿。~ *charge* 表面电荷。~ *coal mine* 露天煤矿。~ *coal mine cast blast* 露天煤矿抛掷爆破。~ *conductivity* 表面电阻率。~ *construction blasting* 表面建筑物拆除爆破。~ *crack* 表面裂纹。~ *curvature* 地表曲率（地表两相邻线段倾斜差与其水平距离平均值之比）。~ *surface damage* 表面破坏。~ *deformation* 地表水平变形（地表两相邻点的水平移动值之差与其水平距离之比）。~ *acoustic wave delay* 表面声波延迟。~ *delay methods* 露天延时方法。~ *density* 表面密度。~ *drill rig* 露天钻车（主要用于小型矿山钻凿向下垂直或倾斜的炮孔，在大型露天矿用于清理根底、二次爆破、边坡处理等钻孔，还可用于铁路、水利、建筑施工及其他石方工程钻孔。可钻孔径为 33 ~ 230mm，孔深可达 15 ~ 30m）。~ *effect* 表面效应。~ *energy* 表面能。~ *explosive charge* 裸露药包，裸露装药。~ *factor* 表面系数。~ *force* 表面力（作用在岩土表面上的力）。~ *fracture* 表面破碎。~ *gloss* 表面光泽。~ *hardness* 表面硬度。~ *horizontal displacement* 地表水平移动值（地表点移动全向量的水平分量）。~ *ignition* 表面引燃。~ *irregularity* 表面不平。~ *layer* 表层。~ *magazine* 地面爆破器材库（设置在地面上的〈包括埋入式〉爆破器材库）。~ *materials* 表层介质。~ *mine field*；*open-pit mine*；*open-cast mine field* 露天矿田（划归一个露天矿开采的矿床或其一部分）。~ *mine survey* 露天矿测量（为指导和监督露天矿的剥离与采矿所进行的测量工作。包括控制测量、爆破工作测量、采场验收测量、线路测量、排土场测量和边帮稳定性监测等。参见 *opencast survey*）。~ *mine*；*open cast*；*open pit*；*open*；*cut*；*open work*；*open-pit mine*；*opencast mine*；*strip pit* 露天矿（从地表通过向下阶梯剥离开采金属矿、煤及其他非金属等矿床的作业形式）。~ *mining in hilly terrain* 丘陵地带露天开采。~ *mining operations* 露天采矿作业。*Blasting is a primary means of extracting minerals and ores at ~ mining operations.* 爆破是露天采矿作业采掘矿物和矿石的一种主要手段。~ *modification* 表面改性。~ *moisture* 表面湿度（物料样品中颗粒的暴露表面上附着的液体，一般用占样品质量的百分率表示）。~ *movement*；*ground movement* 地表移动（因采矿引起的岩层移动，逐步波及地表，使地表产生移动、变形和破坏的现象和过程）。~ *of contact* 接触面。~ *of no strain* 无应变面。~ *outcrop* 地表露头。~ *pattern geometry* 表面几何模式。~ *potential* 表面电位。~ *preparation* 表面预处理。~ *pressure* 地面压力。~ *property* 表面性质。~ *reaction* 表面反应。~ *roughness* 表面粗糙。~ *shooting* 地面放炮。~ *short-hole blasting* 露天浅孔爆破（特指露天岩土开挖、二次破碎大块时采用的炮孔直径小于 50mm，深度小于 5m 的爆破作业）。~ *soil*；*topsoil*；*atteration* 表土。~ *spalling* 表面剥落，表面破碎。~ *state of the* *substrate*基片表面状态。~ *stress* 表面应力。~ *stripping* 地表剥离,露天剥离。~ *subsidence* 表面塌陷。~ *tension* 表面张力(由于表面层分子引力不均衡而产生的作用于一个相表面并指向相内部的张力)。~ *tension equilibrium* 表面张力平衡。~ *tension gradient* 表面张力梯度。~ *thrust* 地表(面)冲断层(断面倾斜平缓的冲断层,它将断块推进到地表上而与地面相交形成的冲断层露头)。~ *tilt* 地表倾斜(地表两相邻点下沉值之差与其水平距离之比)。~ *vertical subsidence* 地表下沉值(地表点移动全向量的竖直分量)。~ *water* 地面水(也称地表水。指流过或存留在陆地表面上的水,如河流、湖泊、山泉、雨水地面径流等)。~ *wave* 表面波,地波。~ *wave magnitude* 面波震级。~ *waves* 表面波。~ *weathering* 表层风化,地表风化。~ *working*;*outside work*;*surface operation*;*openwork*;*operation in the open air* 露天作业。~ *workings* 露天开采场。~-*active composition* 表面活性组分。~-*active ion* 表面活性离子。~-*active material* 表面活性物质。~-*active site* 表面活性点。~-*mass ratio* 表面-质量比。

surfactant *n.* 表面活性剂。

surge *n.* 汹涌大浪。~ *peak load* 峰值负荷。~ *pressure* 波动压力。

surplus *n.* = remainder 剩余。~ *lining* 超量衬砌(隧道开挖时,由于超挖造成的实际衬砌数量与设计衬砌数量之差,一般采用超量衬砌率表示)。~ *value* 剩余价值。

surrounding *v.* 包围(surround 的现在分词)。~ *rock* 围岩(因开挖地下硐室,其周围一定范围内对稳定和变形可能产生影响的岩体)。~ *rock mass in the vicinity of the borehole* 炮孔周围的岩体。

survey *vt.* 调查,勘测。—*n.* 调查(表),测量。~ *adjustment of observation* 测量平差(采用一定的估计原理处理各种测量数据求测量值和参数的最佳估值并进行精度估计的理论和方法)。~ *for establishing geological prospecting network* 地质勘探网测量(在实地测量设计地质勘探网的工作。内容有:①根据矿区控制网计算勘探网点设计坐标。②按设计坐标在实地放样出各勘探网点)。~ *in reconnaissance and design stage* 勘测设计阶段测量(为工程勘测设计提供测量资料所进行的测量工作,主要包括:勘测设计阶段测图控制网的建立和地形图、断面图的测绘,以及地质勘探、水文测验和线路定线等所进行的测量工作)。~ *mark* 测量标志(标定地面控制点位置的标石、规标以及其他标记的通称)。~ *stakes* 测量桩(测量队打入地面的木桩,用来标出地界、管道线路、井位等。测量桩上可写明高程、位置等用于示出线路、道路、建筑物边界或井位的标高和位置等)。~ *the area* 爆区检查。

surveying *n.* 测量(确定地面点的相互位置和高程。常规平面测量一般采用水准仪和测链、视距仪、经纬仪、平板仪或其他方法进行。位置网可通过解导线、三角测量或三边测量确定。大面积测量要求做地球曲率校正。海上和航空

S

测量则采用各种无线电、声波和卫星定位法)。~ *and mapping* (*SM*) 测绘学(研究地理信息的获取、处理、描述和应用的学科。其内容包括研究测定、描述地球的形状、大小、重力场、地表形态以及它们的各种变化,确定自然和人造物体、人工设施的空间位置及属性,制成各种地图和建立有关信息系统。现代测绘学的技术已部分应用于其他行星和月球上)。~ *control network* 测量控制网(在地面上按一定规范布设并进行测量而得到的一系列相互联系的控制点所构成的网状结构)。~ *in stope* 采场测量(采场回采矿石阶段的测量工作)。~ *reference point* 测量参考点(在硐室爆破发生意外情况时,为了确认原有硐室和导硐的位置而设置的测量基准点,在相应的测量范围内,至少要有3个以上的测量参考点,以便复测时能找到原有硐室和导硐的位置。这些参考点应设置在不会被其他硐室爆破移动和爆堆埋没的地方)。

suspended *a.* 悬浮的。~ *cartridge test* 悬吊药包试验(测冲击起爆性能)。~ *particulates* 悬浮颗粒。~ *coal dust* 浮游煤尘(指巷道内浮游状态的煤尘,遇火焰可能发生爆炸。在这种情况下,应采用高压注水爆破等特殊爆破法)。

suspension *n.* ①悬浮。②悬浮液。~ *explosive* 悬吊药包。~ *piercing* 悬吊式火力钻进。

sustained *a.* 持久的,持续的。~ *attempt* 不断的尝试。*Rock blasting literature documents ~ attempts over the latter half of the 20th century to predict the fragmentation of rock by blasting.* 岩石爆破文献记录了20世纪下半叶人们以爆破手段预测破岩而不断付出的努力。~ *development*(可)持续发展。~ *vibration* 持续振动。

sustaining *a.* 支持的,持续的。~ *force* 支持力。

sweating *n.* 渗油(炸药中某些组分以液态形式从炸药中渗出的现象。以硝化甘油为主的卷装炸药可以见到游离硝化甘油的痕迹,这种现象是非常危险的)。

sweep *v.* 扫略。~ *efficiency*; *conformance efficiency*; *conformance factor* 波及系数。

swell *v.* 膨胀。~ *factor* 膨胀系数(碎岩总体积与爆破前原岩体体积之比。在岩石爆破中,膨胀系数在1.0~1.7之间波动)。~*ing* 膨胀(①一种热湿机械过程。据岩石的结构矿物学,水被吸收,从而使岩石体积增大至可测程度。膨胀对岩层支护系统可施加可观的随时间而变的力,或者可缩小洞口的尺寸。②又称隆起,破碎岩体较爆前岩体体积的增量)。~*ing* (*expansive*) *soil* (*swell-shrinking soil*) 膨胀土(胀缩土)(富含强轻亲水性黏土矿物,具有明显的吸水膨胀和失水收缩性能的黏土)。~*ing coefficient*; ~*ing rate* 膨胀系数;膨胀率(岩土的体积膨胀量〈或在无侧胀条件下的高度增量〉与原始体积〈或原始高度〉之比,以百分数表示)。~*ing curve* 膨胀曲线(岩土的膨胀变形量〈或膨胀率〉与膨胀时间的关系曲线)。~*ing heat* 膨胀热。~*ing moisture content* 膨胀含水率(岩土膨胀达到稳定时的含水率)。~*ing pressure* 膨胀压力。~*ing property*; *swellability*; *expansibility* 膨胀性(岩土与水或溶液相互作用而体积增大的性能)。~*ing rock* 膨胀岩石。~*ing test* 膨胀试验(黏土类岩土膨胀性指标〈膨胀系数、膨胀含水率、膨胀压力、自由膨胀率等〉的定量测试)。~*ing value* 膨胀值。

swept *v.* 扫(sweep 的过去式和过去分词)。~ *volume* 波及体积。

swing *v.* (使)摇摆,(使)摇荡。~ *cut* 摆式掏槽(扇形掏槽的一种形式,属于倾斜孔掏槽一类。分为:①槽式掏槽〈sumping cut〉。②交替摆式掏槽〈bench round cut〉。③水平摆式掏槽〈horizontal swing cut〉。④垂直向上摆式掏槽〈vertical swing cut〉)。

syenite *n.* 霞石正长石(主要由碱性长石及各种似长石〈霞石为主〉组成的碱性深成岩)。

symmetric *a.* 相称性的,均衡的。~ *array* 对称排列。~ *component* 对称分量。~ *relation* 对称关系。

symmetrical *a.* 对称的。~ *force* 对称力。

symmetry *n.* 对称,匀称。~*-equivalent points* 对称等效点。

sympathetic *a.* 同情的。~ *detonation*; ~ *explosion*; *detonation by influence* 殉爆(当炸药〈主发药包〉发生爆炸时,由于爆轰波的作用引起相隔一定距离的另一炸药〈被发药包〉爆炸的现象)。~ *phenomenon* 殉爆现象。~ *pressures*(*between explosive decks*)(爆炸层面之间的)殉爆压力。~ *propagation* 共振传播。

symposium *n.* 座谈会。

synchronization *n.* 同步,同时。

synchronous *a.* 同时存在[发生]的。~ *control* 同步控制。~ *development* 同时开发,同时发展。~ *error* 同步误差。~ *processing* 同步处理。~ *signal* 同步信号。~ *system* 同步系统。~ *vibration* 同步振动。

syncline *n.* 向斜(地层中一种下凹的褶曲构造,其核部由新地层组成。地层时代自核部向两翼由新到老排列)。~ *structure* 单斜构造。

syndepositional *a.* 同沉积。~ *fold*; *contemporaneous fold* 同沉积褶皱(沉积岩系沉积过程中形成的褶皱)。~ *structure* 同沉积构造(沉积岩系沉积过程中形成的构造)。

syngenetic *a.* 同生的。~ *mineral* 同生矿物。

synsedimentary *n.* 同沉积。~ *fault*; *contemporaneous fault*; *growth fault* 同沉积断层(沉积岩系沉积过程中形成的断层)。

synthesis *n.* ①合成(作用)。②综合。

synthetic *a.* 合成的。~ *explosive* 合成炸药。~ *full waveform acoustic logs* 合成全波形声波记录。~ *index*; *standard index* 综合指标,标准指标(对试验指标进行概率统计所得的表示所研究岩土单元〈岩土层或某一规模岩土体〉工程特性的指标)。~ *method* 合成法。~ *mineral* 合成矿物。~ *vibration waveform* 合成振动波形。~*s* 合成品。

sysmetric *n.* 对称。~ *and torsional deformation* 对称和扭转变形。

S

system *n.* 系统(系统是为了达到某种目的由相互联系、相互作用的多个部分〈元素〉组成的有机整体)。~ *bus* 系统总线(在多于两个模块〈设备或子系统〉间传送信息的公共通路。总线由传输信息的电路及管理信息传输的协议组成。保证信息在总线上高速可靠地传输是系统总线最基本的任务)。~ *compatibility* 系统兼容性(为一种计算机系统开发的软件或硬件可适用于另一种或其他多种计算机系统的能力。系统兼容性是系列计算机的基本特性,是避免用户在老产品型号上开发的软件遭受废弃的一种重要设计思想与技术措施)。~ *error* 系统失误(系统失误是由于系统设计方面的问题或人的不正常状态引起的失误。系统失误主要与工作条件有关,在类似的条件下失误可能发生或重复发生。通过改善工作条件及职业训练能有效地克服此类失误)。*international* ~ *of units*(*SI*)国际单位系统(国际单位系统于1960年公布,现已被全球接受)。~ *maintenance* 系统维护(为使计算机系统保持在〈或重新恢复到〉正常工作状态所需采取的维护措施,包括检查、测试、调整、更换设备和修理等)。~ *of flat rectangular coordinate* 平面直角坐标系。~ *safety* 系统安全(系统安全是人们为预防复杂的系统事故而开发、研究出来的安全理论、方法体系。所谓系统安全,是在系统寿命期间内应用系统安全工程和管理方法,辨识系统中的危险源,并采取控制措施使其危险性最小,从而使系统在规定的性能、时间和成本范围内达到最佳的安全程度)。

systematic *a.* ①有系统的。②一贯的,惯常的。~ *error* 系统误差(同样测量条件下的测量值序列中,各测量值的测量误差的数值、符号保持不变或按某确定规律变化的测量误差)。

T

T

table *n.* ①桌子。②表格。③平地层。—*vt.* ①制表。②搁置。③嵌合。—*a.* 桌子的。*turn the* ~ 扭转局势。*lay the issue out on the* ~ 把问题摆到桌面上来。*sit at* ~ 坐下吃饭。*under the* ~ 暗地里,私下。~ *of altitude* 高程表。

tableland *n.* 高地,台地。

tabular *a.* ①扁平的。②列成表格的。~ *medium*;*plate medium* 板状介质。~-*structure medium*; *medium of a plate structure* 板状结构介质。

tailored *a.* ①定做的。②裁缝做的。③剪裁讲究的。—*v.* ①裁制。②调整使适应(tailor 的过去式和过去分词)。~ *pulse loading* 预定脉冲负荷(一种爆破方法,其中爆炸产生的气体压力随时间的变化以满足某些要求)。

tamper *n.* ①填塞者。②捣棒。③炮泥充填器(把起炮泥作用的材料充填入炮孔中,或者把它们装填在塑料袋中的器具)。

tamping *n.* ①填塞物。②填塞(炮孔装药以后,在其中继续充填黏土或砂子的作业,亦俗称堵孔。用炮泥填塞的炮孔,能充分发挥被密闭炸药的威力)。③捣实。—*v.* 捣实(tamp 的 ing 形式)。~ *bag* 炮泥袋(含炮泥材料的圆筒形袋,用于约束炮孔中的药包)。~ *bar or pole* 炮棍(用于将药卷〈炮泥〉推入炮孔并捣实的木棍或塑料棍,不得用钢铁器具作炮棍)。~ *block* 吊式炮棍(用于下向炮孔)。~ *design of chamber blasting* 硐室爆破填塞设计(填塞设计包括填塞长度和填塞方法的确定。填塞工作是硐室爆破中的一项极其繁重的工作,因此在设计填塞长度时,既要保证爆破的安全与质量,又要减少填塞工作量)。~ *of jointed sections* 接长的炮棍,段接炮棍。~ *plug* 炮泥塞,炮孔塞。~ *pole of jointed sections* 组合炮棍。~ *rod* 装填炮棍,装药棒。~ *tight cartridge* 容易填实的药卷。

tangent *a.* ①切线的,相切的。②接触的。③离题的。—*n.*【数】切线,正切。~ *distance* 切线距离。~ *modulus* 切线模量(岩石应力-应变曲线近似直线段的斜率,以 MPa 或 GPa 表示)。~ *of main effect angle*; ~ *of major influence angle* 主要影响角正切(开采深度与主要影响半径之比)。

tangential *a.* ①【数】切线的,正切的。②离题的,扯远的。—*n.* 正切,切线。~ *component* 切线分量。~ *coordinate* 切线坐标。~ *cross-bedding* 切向交错层理。~ *deformation* 切向变形。~ *direction* 切向。~ *force* 切向力(平行作用于表面的力)。~ *pressure* 切向压力。~ *slip* 切向滑距。~ *strain* 切向应变。~ *stress* 切向应力。~ *stress concentration* 切向集中应力。~ *thrust* 切向推力。~ *velocity* 切向速度。

tangible *a.* ①有形的。②切实的。③可触摸的。—*n.* 有形资产。~ *assets* 有形资产。~ *benefit* 有形效益(可用实物或货币计量的效益)。~ *mass* 实质物体。

tapered *a.* 锥形的。~ *hole* 锥形炮孔。

target *n.* ①目标。②靶子。—*vt.* ①把…作为目标。②规定…的指标。③瞄准某物。~ *average in-hole emulsion density* 预定的平均孔内乳化炸药密度。~ *date* 预定的开始(或完成)日期。~ *programming* 面向对象编程。~ *value* 指标。

team *n.* ①队。②组。—*vt.* 使合作。—*vi.* 合作。~*-based risk workshop* 小组风险评价研讨会。

tearing *a.* ①撕裂的。②痛苦的。③猛烈的。—*v.* ①撕开。②裂开(tear 的 ing 形式)。~ *force* 撕裂力。~ *strain* 断裂应变。~ *strength* 撕裂强度。~ *test* 断裂试验,撕裂试验。

technical *a.* ①工艺的,科技的。②技术上的。③专门的。~ *abstracts bulletin* (美)技术文献公报。~ *accident* 技术

事故。~ *advance* 技术进步。~ *advisory* 技术顾问。~ *analysis* 技术分析。~ *application* 技术应用,工业应用,工程应用。~ *appraisement* 技术评价。~ *assistance* 技术援助。~ *assistance program* 技术援助计划。~ *atmosphere* 技术氛围。~ *attainment* 技术造诣。~ *backdrop* 技术滞后。~ *bottleneck* 技术障碍,技术难题。~ *breakthrough* 技术突破。~ *classification* 技术分类。~ *condition* 技术条件,工艺条件。*T-Cooperation Administration*(美)技术合作总署。~ *defect* 技术缺陷。~ *dependence* 技术依赖。~ *design of demolition blasting* 拆除爆破技术设计(技术设计是拆除爆破的核心部分,它以爆破方案提出的原则为依据。内容包括:工程概况、方案选择、爆破参数的选择、装药、爆破网路设计、安全距离计算、事故预防和处理技术、爆破设计图纸)。~ *discovery* 技术发现。~ *dominance* 技术制高点。~ *economy* 技术经济。~ *efficiency* 技术效率。~ *equipment modification* 技术设备翻新。~ *exchange* 技术交流。~ *expertise* 技术鉴定,技术专长。~ *failure* 技术故障。~ *fruit* (*achievement*) 技术成果。~ *import*; ~ *introduction* 技术引进。~ *inferiority* 技术劣势。~ *information file* 技术情报档案。~ *innovation* 技术创新。~ *invention* 技术发明。~ *investigation* 技术考察。~ *know-how* 技术知识。~ *level* 技术水平。~ *life* 技术寿命。~ *literature* 技术文献。~ *manual* 技术手册。~ *materials* 技术资料。~ *measure* 技术措施。~ *memorandum* 技术备忘录。~ *monopoly* 技术垄断。~ *mutation* 技术飞跃。~ *obsolescence* 技术陈旧。~ *parameter* 技术参数。~ *personnel* 技术人员。~ *potential* 技术潜力。~ *power* 技术大国。~ *principle* 技术原理。~ *progress* 技术进步。~ *qualification* 技术资格。~ *quota* 技术指标。~ *secrecy* 技术机密。~ *superiority* 技术优势。~ *supervision* 技术监督。~ *support*; ~ *backup* 技术支撑。~ *talent* 技术才能。~ *trade* 技术性贸易壁垒。~ *training* 技术培训。~ *transformation* 技术改造。~*-economic fruit* 技术经济成果。

techniques *n*. ①技术(technique 的复数)。②方法。③技巧。~ *of quantification of rock mass damage* 岩体破坏量化技术。

techno *n*. 科技。~*-economic benefit* 技术经济效应。

technological *a*. ①技术的。②工艺的。~ *innovation* 技术创新,工艺创新。

technology *n*. ①技术。②工艺。③术语。~ *for computer applications* 计算机应用技术(计算机在生产、科学研究、文化、管理、经营以及其他各种社会活动中的应用所涉及的原理、技术和方法)。~ *for information security and privacy* 信息安全与保密技术(信息安全与保密技术是一个涉及计算机科学、网络技术、通信技术、密码技术、信息安全技术、应用数学、数论、信息论等多种学科的边缘性综合学科。其中包括操作

T

系统和数据库的安全与保密,认证与加密技术,防火墙技术等)。~ *gaps* 间隙防护技术。~ *market* 技术市场。~ *structure* 工艺结构。~ *transfer* 技术转让。~ *transfer contract* 技术转让合同。~ *transfer patent* 技术转让专利权。~*-intensive enterprise* 技术密集型企业。~*-intensive industry* 技术密集型产业。

tectonic *a*. ①构造的。②建筑的。③地壳构造上的。~ *force* (地层)构造力。~ *stress* 构造应力。~ *fissure* 构造裂隙(岩体受地质构造作用而形成的裂隙)。

tele- *a*. ①电信的。②远距的。~ *action* 遥控作用。~ *control ignition* 遥控起爆。~ *control system* 遥控系统。~ *control*;*remote control* 遥控。~ *metering*;*remote measurement* 遥测。

telechron *n*. 电视钟。~ *clock* 遥控计时钟。

telecommunication *n*. ①电讯。②远程通信。③无线电通讯。~ *for construction* 施工通信(施工期间场内外用于生产指挥、调度联系等传递信息的设施)。

telemagmatic *a*. 远岩浆的。~ *metamorphism of coal*;*regional magmatic thermal metamorphism of coal* 煤区域岩浆热变质作用(大规模岩浆侵入含煤岩系或其外围,在大量岩浆热和岩浆中的热液与挥发性气体等的影响下,导致区域内地热增高,使煤发生变质的作用)。

temperature *n*. 温度。~ *conductivity* 导温系数(岩土导热系数与体积热容量的比值,单位以 m^2/s 表示)。~ *field* 温度场。~ *inversion* 温度逆变(现象)。*A ~ inversion is said to exist when atmospheric conditions cause temperature to increase with the altitude.* 当大气条件促使温度随高度而增加时,就称为温度的逆变现象。~ *stress in rock mass* 岩体温度应力(岩体随地壳中温度变化发生热胀冷缩而产生的应力。昼夜、季节的温度变化和岩浆活动是在岩体中产生温度应力的天然原因。地下核爆炸可使岩体中产生较高的温度应力,一般的工程开挖在岩体中产生的温度应力不大,影响范围很小)。

template *n*. 模板(为了确定中空直孔掏槽的位置,保证在钻孔过程中不会出现较大的施工误差,而采用的一种规范化钻孔模板。模板上的掏槽孔图式按爆破设计要求布置。采用这种模板,可把钻孔弯曲偏斜的变位误差控制在 ± 0.4cm/m内)。

temporary *a*. 暂时的,临时的。~ *collar* 临时锁口(井筒掘进时为吊挂临时支架和安设封口盘等用的临时构筑物)。~ *short rail* 临时短道(当巷道掘进进尺不足以铺设一节标准钢轨时,为接长轨道临时采用的一组短轨)。~ *supporting* 临时支护(在掘进工作面,为了作业安全而进行的临时性支护)。

tenderer *n*. 投标人。

tensile *a*. ①拉力的。②可伸长的。③可拉长的。~ *and shear stresses* 张剪应力。~ *breaking procedure of reinforced concrete* 钢筋混凝土受拉破坏过程(根据轴心受拉构件实验,钢筋混凝土从加载到破坏的受力过程可分为三个阶段:①从加载开始到混凝土开裂前。②从

T

混凝土开裂后至钢筋屈服前。③破坏阶段)。~ *elasticity* 拉伸弹性。~ *failure* 张性破坏,拉伸破坏(岩土某个方向承受的拉伸应力达超其抗拉强度时所引起的拉张破坏)。~ *failure strength* 张性破坏强度。~ *failure stress* 张性破坏应力。~ *force* 张力,拉力。~ *reinforcement* 抗拉钢筋。~ *resistance* 抗拉阻力。~ *splitting strength*;*cleavage strength* 抗拉劈裂强度。~ *strain* 抗拉应变。~ *strength* 抗拉性能,抗拉强度(火工品在一定条件下承受一定的拉力后,不损坏结构并保持其爆轰性能的能力。物料可经受张力荷载的能力,单位为 MPa。当检验起爆器材如安全导火线、导火索、导爆管等的机械强度时,该强度以 kg 表示。岩石的抗拉强度介于 0 至 20MPa 之间)。~ *strength measurements under quasi-static conditions* 准静态条件下抗拉强度测量。~ *strength of rock* 岩石抗拉强度。~ *strength of steel* 钢材极限抗拉强度(或称抗拉强度,钢材在拉力的作用下能承受的最大拉应力)。~ *strength test* 抗拉强度试验(岩石抗拉强度的定量测试)。~ *stress* 抗张应力,抗拉应力(在作用方向可延展物体的正应力,单位为 MPa)。~ *stress concentration* 抗张应力集中。~ *stress gradient* 抗张应力梯度。~ *stress wave* 抗张应力波。~ *surface strength* 表面抗张强度。~*-yield point* 张力屈服点。

tension *n.* ①张力,拉力。②紧张,不安。③电压。—*vt.* ①使紧张。②使拉紧。~ *wave* 张力波。~ *zone* 张力地带。

tensor *n.*【数】张量。~ *active agent* 张量活性剂。

tentative *a.* ①试验性的,暂定的。②踌躇的。~ *valuation* 初步评价。

term *n.* ①术语。②学期。③期限。④条款。~ *of validity of use* 使用有效期。

terminal *n.* ①末端。②终点。③极限。④终端(通过通信线路或数据传输线路连接计算机的输出输入设备,简称为终端。终端设备设置地点距计算机较远时,需在传输线路上加装调制解调器,这类终端叫远程终端;距离较近时叫本地终端)。~ *line* 终采线(采煤工作面终止采煤的边界)。

termination *n.* ①结束,终止。②运算时间。

terminology *n.* 专业词。

terms *n.* ①地位,关系。②条款。③术语。④措辞。⑤价钱(term 的复数形式)。~ *of reference* 职责分担制。

terra *n.* ①地。②地球。③土地。~ *incognita* 未知领域,不名之地。

terrace *n.* ①平台。②梯田。③阳台。—*vt.* ①使成梯田,使成阶地。②使有平台屋顶。—*vi.* ①成阶地。②成梯田。③筑成坛。—*a.* 叠层式的。~ *flexure* 阶状挠曲。~*-type pit*;~*-type open pit* 台阶式露天矿。

terrain *n.* ①地形,地势。②领域。③地带。~ *clearance* 离地高度。~ *estimation* 地面估测。~ *object* 地面目标。~ *relief* 地面起伏。~ *slope* 地面倾斜。

terrestrial *a.* ①地球的。②陆地的。③陆生的。④人间的。~ *photogrammetry*

地面摄影测量(利用地面摄影的相片对所摄目标物进行的摄影测量)。~ *refraction* 地面折射。

Territe *n.* 特二瑞特炸药。

Terzaghi *n.* 太沙基(人名)。~'*s bearing capacity formula* 太沙基承载力公式(太沙基根据普朗特尔解的基本理论,考虑了地基土自重而得出的适用于地基发生整体破坏情况的计算条形基础下地基极限承载力的公式)。

test *n.* ①试验。②检验。~ *blasting* 试验爆破,试探性爆破。~ *detonators* 实验雷管。~ *drift*; ~ *gallery* 试验巷道(利用模拟矿井条件的试验巷道,测定炸药或火工品爆炸时能否引燃、引爆瓦斯、煤尘的安全性试验)。~ *of initiation by detonating fuse* 导爆索起爆性能试验。*-ing field* 试验场。

tetranitro *n.* 四硝基。~*-2, 3, 5, 6-dibenzo-1, 3a, 4, 6a-tetraza-pentalene*; *tetranitrodibenza*; *tetrazapentalene* 塔考特(四硝基二苯并四氮杂戊搭烯,四硝基-2,3,5,6-二苯并-1,3a,4,6a-四氮杂戊搭烯,TACOT,分子式:$C_{12}H_4N_8O_8$结构式:

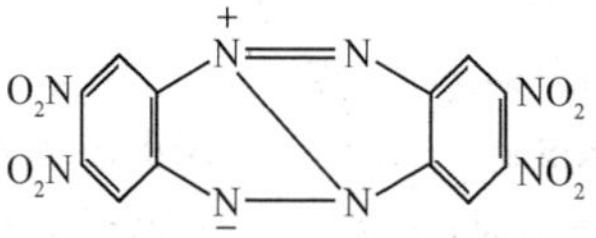

)。

Tetryl *n.* = tetranitromethylaniline 特屈儿(化学名称:三硝基苯甲硝胺。分子式 $C_7H_5N_5O$)。

textural *a.* ①组织的。②结构的。~ *anisotropy* 结构非均质性。~ *association* 结构组合。

texture *n.* ①质地。②纹理。③结构。④本质,实质。⑤构造(岩土结构单元〈矿物颗粒、集粒、碎屑〉的空间相对位置和分布规律的总体特征)。~ *of coal seam* 煤层结构(煤层中煤与夹矸的组成状态和分布特征)。~ *of rock* 岩石结构。

thaw *vi.* ①融解。②变暖和。—*vt.* ①使融解。②使变得不拘束。—*n.* ①解冻。②融雪。~ *settlement* 融陷性(在自重压力下,冻土融化而发生压缩变形的性能)。

the *art.* ①这。②那。~ *human factor* 人为因素。~ *imperfect rock mass* 岩石的天然缺陷。~ *single borehole model* 单孔模型。

theodolite *n.* = transit 经纬仪(测量水平角、垂直角以及与视距尺配合测量距离的仪器)。

theoretical *a.* ①理论的。②理论上的。③假设的。④推理的。~ *adiabatic power* 绝热理论功率(空压机按绝热理论循环工作时所需的功率)。~ *energy* 理论能量。~ *isothermal power* 等温理论功率(空压机按等温理论循环工作时所需的功率)。~ *model of fractal damage for rock blasting* 岩石爆破的分形损伤模型(岩石爆破的分形损伤模型的核心,是在损伤模型的基础上,借助分形几何理论,建立岩石爆破破坏过程中,裂纹分布分形的变化与损伤演化的关系。将这样的关系与岩石的本构方程联立,即可形成数值分析的封闭方程组)。

theory *n.* ①理论。②原理。③学说。④推测。~ *of blasting* 爆破理论(用以阐

述用炸药爆炸的能量破坏介质的物理力学过程的理论。由于目前国内外还没有能建立起一种公认的岩石爆破理论,因此,在工程实践中,大都以有关理论为依据,然后根据各自的实践经验,选择相应的公式来计算爆破的用药量)。~ *of blasting stress waves* 爆炸应力波理论。~ *of fuzzy mathematics* 模糊数学理论。~ *of instantaneous carrier* 瞬时载体学说。~ *of wave interaction with free boundaries and interfaces* 冲击波与自由边界和自由界面相互作用理论。~ π 量纲基本定理 π(量纲基本定理常称作 π 定理,是相似理论的基本定律)。

thermal *a.* 热的,热量的。~ *after-effect* 热后效应。~ *behavior* 热性能。~ *boring* 热力钻孔。~ *capacity* 热容量。~ *character* 热性。~ *conductivity* 热导率。~ *cycling* 热循环。~ *decomposition kinetics* 热分解动力学。~ *decomposition*; *pyrolytic decomposition* 热分解。~ *effect* 热效应。~ *exhaustion* 热耗散。~ *explosion*; ~ *blasting* 热爆炸。~ *fragmentation*; ~ *spalling*; *heat spall* 热力破碎。~ *potential* 热力势。~ *prospecting* 热力探矿。~ *shock test* 热冲击试验(模拟火工品在实际使用中可能遇到的高、低温交变环境,考核火工品在温度突变影响下性能是否符合规定要求的试验)。~ *stability* 热稳定性(在规定的热作用下,炸药保持其物理和化学性质不发生显著变化的能力)。~ *stress* 热应力。~ *value* 热值。

T

Thermalite *n.* 赛默莱特(人名)。~ *cord* 赛默莱特导火线。

thermite *n.* ①铝热剂。②灼热剂。~ *demolition agent* 铝热破碎剂(按铝热反应原理设计的一种静态破碎剂。靠高热使固体产物气化的气体快速膨胀,形成高热、高压,使目的物受应力作用而破碎)。

thermo *a.* ①热的。②热电的。~-*chemical analysis* 热化学分析。~-*cracking* 热裂破碎。~-*hydrodynamic predictions* 热水动力预测。~-*nuclear explosion* 热核爆炸。~-*optical coefficient* 热光系数。~-*optical constant* 热光常数。~-*optical stability* 热光稳定性。

thermochemical *a.* 热化学的。~ *energy* 热化学能。

thermodynamics *n.* 热力学。~ *equilibrium* 热力学平衡。~ *potential*; ~-*potential* 热(动)力电位,热电位(矿物颗粒表面为其吸附的反离子所平衡的结构电荷形成的电位)。~ *property* 热力学性质。

thermolysis *n.* ① = pyrolysis【化】热解。②散热作用。

thermometer *n.* ①温度计。②体温计。

thickening *n.* ①增厚。②增稠剂,茨粉。③ = gelatinization 稠化(胶凝剂在氧化剂盐类水溶液中溶胀,使浆状炸药形成凝胶的过程)。~ *agent*; *gelling agent* 胶凝剂,稠化剂(能在氧化剂盐类水溶液中溶胀,使浆状炸药体系形成凝胶的物质)。

thickness *n.* ①厚度。②层。③浓度。~ *of coal seam* 煤层厚度。

thin *a.* ①薄的。②瘦的。③稀薄的。④微弱的。~ *wall structure* 薄板(壁)结构(一个方向尺寸远远小于另外两个方向尺寸的构筑物,如墙、地坪等)。

thinning *n.* 稀释。~ *out of coal seam*; ~-*out of coal seam*; *pinchout of coal seam* 煤层尖灭(煤层在空间变薄以致消失的现象)。

thirl *vt.* ①钻孔。②穿孔。③开掘联络巷道。—*vi.* ①穿孔。②刺穿。—*n.* ①孔。② = thirling 联络巷道(扩展成全断面平巷或平硐之前的小断面巷道)。

thixotropy *n.* ①摇溶现象。②【化】触变性(饱水黏性土受振动荷载作用而结构破坏、强度丧失,振动停止后又可部分恢复结构和强度的性能)。

three *n.* 三,三个。—*num.* 三。—*a.* 三的,三个的。~ *channel vibration sensor* 三频道振动传感器。~ *constituents of investment* 投资三要素(投资由三个要素及行为〈活动〉所构成。三要素是:投资主体、投资主体所拥有的资源或生产要素、投资主体的目的;行为指投资主体的需求所引起的以一定方式进行的活动)。~ *dimensional particle interaction* 三维细粒相互作用。*T- Gorges Project* 三峡工程。~-*centered arch* 三心拱(顶部由三段圆弧构成的拱碹)。~-*dimensional attributes* (*of all fragments of the entire muckpile*)(整个爆堆所有碎片的)三维属性。~-*dimensional consolidation* 三维固结(沿三个方向发生的渗透固结)。~-*dimensional elasticity analysis* 三维弹性分析。~-*dimensional element* 三维单元。~-*dimensional failure* 三维破坏。~-*dimensional flyrock trajectories* 飞石的三维轨迹。~-*dimensional fragmentation model* 三维岩石爆破模型。~-*dimensional information* 三维资料。~-*dimensional laser scanning view* 三维激光扫描视图。~-*dimensional model for bench blasting* 台阶爆破的三维模型(马鞍山矿山研究院提出的台阶深孔爆破矿岩破碎三维模型,简称 BMMC 模型。该模型以应力波理论为基础,以岩石单位表面能指标作为岩石破碎的基本判据,通过计算机模拟可获得爆破块度预报)。~-*dimensional numerical modeling for blasting* 三维爆破数值模拟。~-*dimensional particle motions* 三维质点振动。~-*dimensional process in space and time* 三维的时空过程。~-*dimensional projection of a building* 建筑物的三维投影。~-*dimensional seismic method* 三维地震法(通过多条测线同时观测,进行面积性地震数据采集,得到了三维数据体,从而详细了解地下三维地质结构,以进行找矿和解决有关地质问题的物探方法)。~-*dimensional state of deformation* 三维变形状态。~-*dimensional stress* 三维应力。~-*dimensional trajectory model* 三维轨迹模型。~-*directional layerwise summation method* 三向分层总和法(考虑到地基侧向变形对纵向压缩变形的影响,而对分层总和法进行修正后得出的计算地基沉降量的方法)。~-*fold collapse* 三折叠倒塌。~-*plate loading test* 三向载荷试验。

T

threshold *n.* ①极限。②临界值。~ *limiting value* 允许最大极限值。~ *value* 阈值,界限值,临界值。

through *prep.* ①通过。②穿过。③凭借。—*ad.* ①彻底。②从头至尾。—*a.* ①直达的。②过境的。③完结的。~ *survey*;*holing* ~ *survey* 贯通测量(为保证巷道按设计要求正确贯通所进行的全部测量工作)。~-*bulkhead initiator* 隔板起爆器(以经过金属隔板传递的冲击波或传导的热量激发的起爆器)。~-*cut* 明挖(露天开挖岩石和矿物,或通过丘陵地带开挖一条两侧留有边坡的沟槽〈如公路、铁路路堑、明渠、河道〉以及建筑物基坑的方法,叫做明挖法。通常采用的爆破方法有炮孔法、深孔法和硐室爆破法)。~-*seam blasting* 过煤层高段爆破。~-*tubing perforating* 过油管射孔(将射孔器用测井电缆通过油管输送到井下套管中对目的层的射孔)。

throughout *ad.* ①自始至终,到处。②全部。—*prep.* 贯穿,遍及。~ (*production*) *capacity* 总生产能力。

throughput *n.* ①生产量,生产能力。②吞吐量。

throw *vt.* ①投。②抛。③掷。—*vi.* ①抛。②投掷。—*n.* 抛掷。*T-is a planned forward movement of rock fragments that form the muckpile within the blast zone.* 抛掷是破碎岩石在爆炸区内形成爆堆的一种根据计划安排的前向运动。~ *blasting* (*analysis*) 抛掷爆破(分析)。~ *blasting outcome* 抛掷爆破结果。~ *blasting performance* 抛掷爆破操作。~ *blasting prediction* 抛掷爆破预测。~ *distance prediction model* 抛掷距离预测模型。~ *increase* 抛掷量增加。~ *length* 抛掷长度(岩石爆破时的最大抛掷长度 R,单位为 m)。~ *of fault* 断层落差(在垂直断层走向的剖面上,倾斜地层断距的垂直分量)。~ *or heave* 抛掷或隆起(爆破时由于爆炸及由此导致的气体膨胀造成的岩石位移)。~ *volume* 抛掷量。~ *out crater* 抛掷漏斗。~ *out distance* 抛掷距离。

thrown *v.* ①抛(throw 的过去分词)。②扔掉。~ *rock profile* 抛掷岩石的轮廓。

thrust *n.* 推力(在钻进方向施加于钻机的力)。~ *capacity* 支撑能力。

thrusting *a.* ①有强大推进力的。②有进取心的。—*n.* ①推。②插。③挤。—*v.* ①推,挤。②迫使接受。③延伸(thrust 的 ing 形式)。~ *action* 推压作用。

tight *a.* ①紧的。②密封的。③绷紧的。④麻烦的。⑤严厉的。⑥没空的。⑦吝啬的。—*ad.* ①紧紧地。②彻底地。~ *blasting*;~ *shot* 挤压爆破,钳制爆破(补偿空间不足以使被爆矿岩自由碎胀的爆破)。~ *bottom* 根底(爆破后,台阶底部残留的未炸掉的岩体)。~ *corner charge* 强压装药,实角装药。~ *loading* 密实装药(指炮孔壁和装药之间没有空隙,孔内装药部位被充分填实的药包)。~-*face blasting* 单自由面爆破,没有掏槽的原矿体爆破。~-*textured* 结构紧密的。

timber *n.* ①木材。②木料。~ *blasting* 伐树爆破(利用爆破采伐树木的方法。

T

其炸药量决定于树木的粗细和装药位置)。*-ed raise building and Alimak method* 木结构天井建筑阿利马克法。*-ed stoping* 支护开采法(在金属矿山中,一边开采,一边对顶板或侧帮加以人工支撑的开采方法。有如下几种方式:①横向支护开采法〈stulled stoping〉。②方框支护开采法〈square-set stoping〉。③分层充填开采法〈cut and fill method;filled stopes〉)。

time *n.* ①时间。②时代。③次数。④节拍。⑤倍数。—*vt.* ①计时。②测定…的时间。③安排…的速度。—*a.* ①定时的。②定期的。③分期的。 *~-displacement curve* 时间—位移曲线。*~ alarm* 时限报警信号。*~ break* ①爆炸信号。②计时信号。③定时开关。*~ control of a blasting demolition project* 拆除爆破工期管理(工期管理可以保证在规定的期限内完成爆破任务。拆除爆破工程一般在接受任务后,给予的施工工期非常短,所以要合理安排好每一个工序所占用的时间,在时间和空间上交叉的工序要做好协调工作)。*~ control pulse* 时控脉冲。*~ domain reflectometry* 时域反射仪。*~ domain simulation* 时域模拟。*~ effect* 时间效应(力的作用时间长短对岩土变形和强度的影响)。*~ fuse* 定时导火线。*~ gradient* 时间梯度。*~ histories* 时程。*~ interval* 时间间隔。*~ interval between borehole detonations* 炮孔起爆时间间隔。*~ intervals of firing* 起爆时间间隔(不同延时之间的延时间隔,以 *t* 表示)。*~ lag*; *~ delay* 段差,延时(延时爆破是按照各段间的时间差进行的爆破。该时间差称作段差。采用导火索起爆时,以增减导火索的长度来实现。采用电力起爆时,其段差取决于延时电雷管缓燃剂的种类和药量。段差有毫秒延时、半秒延时和秒延时之分)。*~ lapse* 时间垂直梯度。*~ lead* 时间超前。*~ of combustion*; *~ of burning*; *~ of firing*; *combustion interval* 燃烧时间。*~ of energy release* 能量释放时间。*~ of incident* 入射时间。*~ phase* 时间相位。*~ plot* 时距曲线向量图。*~ signal* 时间信号。*~ value of money* 资金的时间价值(资金经合理运用一段时间后,因赢利而增加的价值)。*~ zone* 时区。*~-and-motion study* 工时研究。*~-consuming* 耗时多的。*~-consuming and costly loading process of placing sleeves in the boreholes* 在炮孔里下套管的装药过程既费时又费钱。*~-creep curve* 时间–蠕变曲线。*~-delayed deformation* 随时间而增加的形变。*~-dependent effect* 时间相关效应。*~-depth curve*; *~-depth chart* 时间–深度曲线。*~-distance graph*; *~-path curve* 时间–距离曲线。*~-domain induced polarization method* 时间域激发极化法。*~-lag action* 延时作用。*~-limited function* 时限函数。*~-synchronization* 时间同步(作用)。*~-variant dispersion effect* 时变波散效应。*~-varying gradient* 随时间变化的梯度。*~-weighted mean load density* 时间加权平均工作阻力。

timeproof *a.* 经久耐用的。

timestep *n.*【计】时间步。

timing *n.* ①定时。②调速。③时间选择。—*v.*①为…安排时间。②测定…的时间(time 的 ing 形式)。~ *accuracy and precision* 延时时间的精度和准确度。~ *accuracy factor* 影响定时精确的因素。*The mean or average firing time for any group of detonators typically is slightly offset from the nominal firing time. This shift of the mean from the nominal is the first* ~ *accuracy factor. The distribution of the firing times around the mean firing time is the second factor.* 一组雷管的平均起爆时间一般稍微偏离标称的起爆时间。这种平均值对公称值的偏移则是第一个影响定时精确的因素。在平均值附近的起爆时间分布是第二个因素。~ *accuracy of delay detonators* 延时雷管的定时精确性。~ *cycle* 定时循环。~ *function* 定时功能。~ *hookup* 定时电路。~ *initiation* 定时起爆法。~ *of initiation sequence* 起爆顺序定时。*There is no simple way, however, to take into account the interactions resulting from subtle differences in the characteristics of the explosives the blaster had at his disposal, the physical characteristics of specific rock types or geological formations, or the effect of the changes in* ~ *of the initiation sequence on his blast.* 然而,爆破所用炸药的特性、岩石类型或地质构造的物理特性或爆破定时起爆顺序及由于这些因素的微妙差别所产生的相互影响均要考虑。~ *outcome* 定时的结果。~ *sequence* 时序,定时序列。~ *system* 定时系统。~ *unit* 定时装置。

tip *vi.* ①给小费。②翻倒。③倾覆。—*vt.* ①给小费。②倾斜。③翻倒。④装顶端。—*n.* ①小费。②尖端。~*-to-face distance* 端面距(支架顶梁前端到煤壁的距离)。

tipper *n.* 翻斗卡车。~ *room*; *dumper room*; *tipple room* 翻车机硐室(位于井底〈或采区〉车场内安装有翻车机的硐室)。

TNT *n.* 三硝基甲苯,黄色炸药。~*/ammonium nitrite explosive* 梯恩梯/硝酸铵炸药。~*-equivalent* 梯恩梯当量(以梯恩梯为标准,在规定条件下,其他炸药的爆炸效应与同质量的梯恩梯爆炸效应之比,根据爆炸效应不同,有超压当量、地震当量、爆热当量、漏斗当量等)。

to *ad.* ①向前。②(门等)关上。—*prep.* ①到。②向。③(表示时间、方向)朝…方向。~ *form a circuit* 导通(用电气检测仪向电雷管或爆破网路输入微小电流,检查其是否有电流通过或同时测得其电阻值的操作)。

toe *n.* ①底,下端。②孔底。③炮孔最小抵抗性。④坡脚,坝脚。~ *blasting* 拉底爆破(①梯段爆破时,为了改善底部的破碎效果,可在梯段底朝向开挖面水平或微向下〈5°~10°〉钻凿若干拉底爆破。②硐室爆破时,为了保证药室的爆破效果,必要时可事先把影响爆破效果的山体坡脚开挖掉,处理方法可采用机械开挖、炮孔爆破和药壶爆破。此时的炮孔爆破亦称拉底爆破)。~ *burden* 底盘抵抗线(参见 *bench bottom bur-*

den)。~ *condition* 台阶底盘情况。~ *cut* 底部掏槽,下部掏槽。~ *of a hole* 炮孔底(炮孔底部,梯段底部的水平或上倾炮孔,通常是在采石场或露天矿的边坡、台阶和梯段底部,水平或稍倾斜钻出的炮孔)。~ *of a shot* 炮孔底至自由面的距离,炮孔装药的部分。~ *of the bench* 台阶底(台阶底部)。~ *of the slope* 坡底。~ *priming* 正向起爆。~ *rock* 根底(岩石)。~ *spacing* 孔底间距。

tolerance *n.* ①宽容。②容忍。③公差(一定测量条件下规定的测量误差绝对值的限值)。~ *of wrong size* 粒度误差容限。~ *zone* 公差范围。

tonite *n.* 托奈特炸药(一种烈性炸药)。

toolface *n.* 工具面。~ *deviation* 工具面角斜度。~ *orientation* 工具面角方位。

top *n.* 顶部,顶端。~ *bench* 台阶顶段。~ *benching* 下向梯段式开采。~ *breaking*;~ *brushing*;~ *canch*;~ *ripping*;~ *shooting* 挑顶。~*-soil stripping* 表土剥离。~*-to-toe drilling* 露天台阶孔从顶到底凿岩。~ *capacity* 最大容量,极限能力。~ *charge* 上部装药(梯段爆破时,为了提高岩石的爆破破碎效果,通常在炮孔的不同部位分装威力不同的炸药。例如,在炮孔底部装填高威力炸药,上部装填低威力炸药。后者称为上部装药)。~ *cut*;~ *kerf* 上部掏槽,顶槽。~ *easer* 顶部辅助炮孔。~ *heading and bench method* 上部掘进工作面台阶开挖方法。~ *heading - underhand stoping* 上部超前掘进–下向回采(一种掘进方法,其上部或上平巷先掘至全长,然后再扩大其余部分。这种爆破方法用于掘进平硐、隧道和平巷)。~ *initiation* 正向起爆,顶端起爆(参见 *direct priming*; *collar firing*; *top priming*)。~ *limit* 上限。~ *load* 炮孔顶部装药。~ *of stroke* 冲程上限。~ *pressure*; *maximum pressure* 最大压力。~ *size* 上限粒度。~ *slope*;~ *wall*; *upper wall*; *hanging wall* 顶帮(位于露天采场矿体顶板侧的边帮)。~ *stemming length in production row* 生产炮孔顶部炮泥长度。~ *surface* 顶面,上表面。

tophole *n.* 上部炮孔。

topographic *a.* ①地形测量的。②地志的。③地形学上的。~ *feature*;~ *relief* 地势,地形特点。~ *map* 地形图(表示地表上的地物、地貌平面位置及基本的地理要素且高程用等高线表示的一种普通地图)。~ *map of mine field* 矿田区域地形图(反映矿田范围内地貌和地物的平面图)。~ *survey* 地形测量(根据已测定的大地控制点,采用经纬仪视距测量、平板仪测量和摄影测量等方法,按照一定的符号和图式将地物和地貌以等高线的形式测绘成地形图)。~ *controlpoint* 地形控制点(为地形测量而布设的国家等级以外的控制点)。

topographical *a.* ①地志的。②地形学的(等于 topographic)。~ *map of mining area* 矿区地形地质图(详细表示矿区地形、地层、岩浆岩、构造、矿体、矿化等基本地质特征与相互关系的地质图件)。

T

topography *n*. ①地势。②地形学。③地志。

torpedo *n*. ①信号雷管。②爆破筒。

Torpex *n*. 托尔佩克斯混合炸药。

torse *n*. ①【数】可展曲面。②扭曲面。

torsion *n*. ①扭转,扭曲。②转矩,扭力。~ *break* 扭力破坏。~ *fracture* 扭力破裂。~ *impact test* 冲击扭力试验。

torsional *a*. ①扭转的。②扭力的。~ *deformation* 扭力变形。~ *elasticity* 抗扭弹性。~ *strain* 扭力矩,扭应变。~ *strength*; *twisting strength* 抗扭强度。~ *stress* 扭应力。

total *a*. ①全部的。②完全的。③整个的。—*vt*. 总数达。—*vi*. 合计。—*n*. 总数,合计。~ *carbon content* 碳的总含量。*It is proposed that the* ~ *carbon content of the explosive should be used as the basis for GHG determinations from detonation*. 有人建议,用炸药里碳的总含量来作为确定爆炸时的温室气体排量的基础。~ *charge* 总装药量。~ *construction cost of project* 工程(总)造价(工程所需的前期工作费用、土建费用、金属结构和机电设备购置及安装费用、临时工程费用、移民安置及土地补偿费用、施工管理费、建设贷款利息等费用的总和)。~ *displacement* 总排量,总位移。~ *effect of separation* 总分离效果。~ *energy released by an explosive* 炸药释放的总能量。~ *energy* (*TE*) *release of charge* 药包总释放能量(由冲击〈应变〉能〈SE〉和膨胀〈鼓泡〉能〈HE〉两者组成。冲击能的作用是使岩石产生裂缝,然后岩石因炸药膨胀能的其他膨胀作用而进一步破碎和松移)。~ *investment expenses* 总投资费用。~ *mass of charge* 总装药量(一个炮孔或一组炮孔的总装药量)。~ *movement vector of surface point* 地表点移动全向量(地表点初始位置与移动后位置的连线的长度和方向)。~ *porosity* 总孔隙度。~ *reduction ratio* 总剥采比。~ *salinity* 总矿化度。~ *strain field* 总应变场。~ *stress circle* 总应力圆(根据岩土所受的总应力作出的应力圆)。~ *stress path* 总应力路线(用总应力表示的应力路线)。~ *suspended particulates* 全部悬浮粒子,飞尘总量。~ *value of industrial output* 工业总产值。~ *visible blasted material* 可看见的爆破后物质总量。

tough *a*. ①艰苦的,困难的。②坚强的,不屈不挠的。③坚韧的,牢固的。~ *break* 韧性断裂。~ *rock* 硬岩,难爆岩石。~-*shooting* 难爆破的。

toughness *n*. ①强健。②有黏性。③韧性,刚度。

Tovex *n*. TNT 敏化的托维克斯浆状炸药。

Tovite *n*. 托维特(人名)。~ 2 托维特 2 型硝铵炸药。

tower *n*. ①塔。②高楼。③堡垒。~ *belt crane* 塔带机(塔式起重机顶部装有带式输送机联合使用的起重设备)。~ *crane* 塔式起重机(机身为塔架式结构的全回转动臂架式起重机)。

toxic *a*. ①有毒的。②中毒的。~ *gas* 有毒气体(井下由于煤炭、矿石、坑木的氧化;积水和特殊地层吸附氧气,使氧分减少;或者由于煤炭、矿石及地层中渗出气体的影响,均会使井下空气的成分发生变化。这种气体称为矿井气体、矿井瓦斯或危险气体。有毒气体则指有害气体中微量的带毒性的气体。例如一氧化碳、氮的氧化物等)。~ *hazards* 有毒危险物。~ *smoke*;~ *fume* 有毒烟雾。~ *work* 有毒作业(作业场所空气中有毒物质含量超过国家卫生标准中有毒物质的最高容许浓度的作业)。

toxicity *n.* 毒性。~ *levels* 有毒程度。

trace *n.* ①轨迹。②微量。③接触线。④迹线。—*vt.* 跟踪。~ *blasting* 追踪起爆(借助于沿炸药柱安置低强度导爆索来降低炮孔内的线性装药密度。该导爆索用于点燃孔底的起爆剂且最先起爆,其压缩波因增大压力〈增大炸药密度〉而使炸药钝化,从而当起爆剂起爆时,炸药将以较低爆速爆炸。这种方法可用于控制光面爆破)。

track *n.* ①轨道。②足迹,踪迹。③小道。~ *crossing theory* 轨迹交叉论(该理论认为,在事故发展过程中,人的因素的运动轨迹与物的因素的运动轨迹的交点,就是事故发生的时间和空间)。

train *n.* ①火车。②行列。③长队。④裙裾。~ *of cartridges* 药卷串(装入一个炮孔中的一串药卷)。

training *n.* ①训练。②培养。③瞄准。~ *expense* 培训费。~ *seminar* 培训班。

trajectory *n.* ①轨道,轨线。②弹道。~ *of fragments* 碎石块的轨道。

transcendental *a.* ①先验的。②卓越的。③【数】超越的。④超自然的。~ *function* 超越函数。

transduction *n.* ①转导。②转换。③换能。④变频。~ *factor* 传感系数。

transfer *n.* ①转让。②转移。③传递。④过户。—*vi.* ①转让。②转学。③换车。—*vt.* ①使转移。②调任。~ *plan*;~ *program* 移交方案。~ *point*;*connection point for shaft orientation* 定向连接点(立井平面联系测量时,与投点锤线进行连接测量的测点)。~ *survey of mining district* 采区联系测量(通过竖直或急倾斜巷道把方向、坐标和高程引测到采区内所进行的测量工作)。~ *survey*;*connection survey* 联系测量(将地面平面坐标系统和高程系统传递到井下的测量,包括平面联系测量和导入高程测量。参见 *connection survey*)。~ *triangle method*;*connection triangle method* 连接三角形法(以连接点和井筒两锤线构成三角形,进行一井定向的连接测量方法)。

transferability *n.* ①可转移性。②可转让性。~ *of laboratory experimental results to real field blasting work* 实验室实验结果转用到现场实际爆破业务中去。

transform *vt.* ①改变,使…变形。②转换。—*vi.* ①变换,改变。②转化。~*ed wave* 交替波,间歇波。

transient *n.* 瞬变现象,瞬变过程,瞬态。—*a.* 瞬变的,暂时的。~ *acoustic wave* 瞬态声波。~ *analysis* 瞬时分析。~ *behavior* 瞬时动态。~ *creep* 瞬时蠕变。~ *cut* 过渡性掏槽(为保护煤矿井下直立支护而采取的一种掏槽方式。

T

这种方法使煤块朝底板方向抛出,所以不会损伤支护。通常采用的过渡性掏槽有台阶式掏槽和漏斗掏槽)。~ *effect* 瞬变效应。~ *induced polarization method* 瞬变激发极化法。~ *loading* 瞬时负载。~ *phenomenon*;*transiency* 瞬变现象。~ *point-source reflection* 瞬时点源反射。~ *process* 瞬变过程。~ *reaction* 瞬变反应。~ *response* 瞬变响应。~ *state*;*momentary state* 瞬变状态。~ *stress* 瞬时应力。~ *vibration* 瞬态振动。~ *wave* 瞬变波。~ *waveform* 瞬态波形。

transit *n*. 经纬仪(参见 theodolite)。~ *method* 中天法(陀螺经纬仪照准部固定条件下,测量指标线经过分划板零线时间和最大摆幅值的陀螺经纬仪定向方法)。~ *time of the burning front* 起爆阵面的过渡时间。~*-and-chain survey* 经纬仪-测链测量(由经纬仪确定方向,用测链直接测定距离的测量方法)。~*-and-stadia survey* 经纬仪-视距仪测量(由经纬仪确定水平方向和垂直方向,通过经纬仪的望远镜观察视距尺测定距离的测量方法)。

transition *n*. ①过渡。②转变。③转换。④变调。~ *from burning to explosion*;~ *of deflagration to detonation*;*deflagration-to-detonation* ~;*DDT* 由燃烧向爆炸过渡。~ *from surface to underground working* 露天转地下开采。~ *point* 过渡点。~ *stage* 过渡阶段。

transitional *a*. ①变迁的。②过渡期的。~ *zone* 过渡带(区)(过渡带系指下列两带之间的地带:①爆孔周围破碎区之间的地带。②从炮孔附近出现裂缝、产生新发育的节理裂缝和软弱面的地带。该带发生的塑性和弹塑变形〈但无破碎〉会导致碎裂。过渡带以外地带称为弹性带或振动带,在其中只发生弹性变形)。

translation *n*. ①平移,移位。②直线运动。③翻译,变换。

translational *a*. 平移的,直移的。~ *failure* 直移塌落。

transmission *n*. ①传递,传输。②发送。③爆轰传播(值)。④透射(物)。*Variations in air temperature and wind velocity influence the* ~ *of blast energy through the air*. 大气温度和风速的变化会影响爆炸能在空气中的传爆。~ *cartridge* 传爆药卷。~ *coefficient* 透射系数(发射波和入射波相对于岩体间断性的幅度之比)。~ *distance* 殉爆距离(主发药包与被发药包之间能发生殉爆的最大距离)。~ *explosive* 传爆炸药。~ *of blast energy* (*through the air*)爆破能(在空气中的)传播。~ *of detonation* 传爆。~ *of heat* 传热。

transmissivity *n*. ①【物】透射率。②透光度。③过滤系数。~ *pattern of the* (*generated*) *seismic waves* (产生的)地震波传播模式。

transmitted *a*. 透射的。~ *P wave* 透射纵波。~ *plane wave* 透射平面波。~ *pressure* 透射压力(通过以声阻变化为特征的边界传输压力)。~ *shear wave* 透射横波。~ *spectrum* 透射光谱。~ *stress wave* 透射应力波。~ *wave* 透射波。

T

transmitting *v.* 传递,发射。~ *wave* 发射波。

transportation *n.* ①运输。②运输系统。③运输工具。④流放。~ *of dangerous goods* 危险货物运输(包括爆炸物品在内的危险品的运输应遵守专门规定,见“危险物品分级”)。~ *of explosives* 炸药运输(陆上运输炸药时,运输线路、装卸、运输工具、方法等,应按有关炸药运输规定执行。且必须携带运输许可证。采用船舶或飞机运输时,必须遵守有关的船舶、航空安全法规、危险物品的船舶运输和航空运输规则等)。

transversal *a.* ①横向的。②横断的。③横断线的(等于 transverse)。—*n.* ①横向。②截线或贯线。~ *opening* 横向开口。~ *wave* 横波。

transverse *a.* ①横向的。②横断的。③贯轴的。~ *acceleration* 横向加速度。~ *bending strength* 横向抗弯强度。~ *diffusion*; ~ *dispersion* 横向扩散。~ *displacement* 横向位移。~ *fracture*; ~ *crack* 横向裂缝。~ *joint* 横向节理。~ *loading* 横向载荷。~ *oscillation* 横向振动。~ *rupture strength* 横切破裂强度,挠曲破裂强度。~ *section* 横断面,横切面。~ *strength* 横向强度,抗弯强度。~ *stress*;*traverse stress* 横向应力。~ *thrust* 横向推力。~ *wave* 切变波。

trap *vt.* ①诱捕。②使…受限制。③使…陷入困境。—*n.* ①陷阱。②圈套。③存水湾。—*vi.* 设陷阱。~ *point* 阻截点。

Trauzl *n.* 特劳茨(人名)。~ *test*; *lead block expansion test*; *lead block test* 铅〓试验(将定量的炸药〈不包括爆破剂〉置于规定的铅〓孔内,爆炸后以铅〓孔扩大部分的体积表示炸药作功能力的试验)。

travel *vi.* ①旅行。②行进。③步行。④交往。—*vt.* ①经过。②在…旅行。—*n.* ①旅行。②游历。③漫游。~ *angle* 移动角。~ *time* 运行时间,传播时间。~*-dependent control* 移动相关控制。*-lling load* 活动载荷。*-lling wave* 行波。~*-time curve* 时距曲线,传播时间曲线。

traverse *n.* ①穿过。②横贯。③横木。—*vt.* ①穿过。②反对。③详细研究。④在…来回移动。—*vi.* ①横越。②旋转。③来回移动。—*a.* 横贯的。~ *network* 导线控制(通过导线测量构成的水平〈或平面〉控制网)。~ *survey* 导线测量(依次测定各导线边边长和各导线角,根据起算数据推算各导线点坐标的平面控制测量工作)。

treatment *n.* ①治疗,疗法。②处理。③对待。~ *charges* 处理费。~ *scheme* 处理方案。

tremendous *a.* ①极大的,巨大的。②惊人的。~ *accidents* 重大事故(会对职工、公众或环境以及生产设备造成即刻或延迟性严重危害的事故。同义词:恶性事故)。

trench *n.* ①沟,沟渠。②战壕。③堑壕。—*vt.* 掘沟。—*vi.* ①挖战壕。②侵害。~ *blasting* 沟槽爆破。~ *ing shot*; ~ *ing* 挖沟爆破(在开阔地域,沿渠道开挖线埋设一排或数排炸药包,以

T

开挖应急水沟的爆破方法。一般采用齐发爆破,若需把土壤抛出水沟时,可采取过量装药。附近有需要保护的设施时,应严格控制爆破的破坏作用和做好相应的防护措施)。

trencher *n.* ①挖沟者。②开沟机(开挖沟渠一次成形的施工机械)。

trial *n.* ①试验。②审讯。③努力。④磨炼。—*a.* ①试验的。②审讯的。~ *blast*; ~ *shot* 试验爆破,尝试性爆破。~ *charge* 试验装药。~ *face* 试验工作面。

triamino *n.* 三氨基。~ *trinitrobenzene* 三氨基三硝基苯(三硝基间苯三胺 TATB,分子式:$C_6H_6N_6O_6$,结构式:

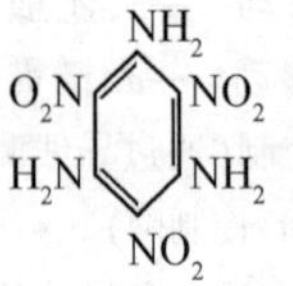

NH_2

O_2N NO_2

H_2N NH_2

NO_2

)。

triangle *n.* ①三角(形)。②三角关系。③三角形之物。~ *cut* 三角掏槽(掏槽形状呈三角形的称为三角掏槽。主要形式有两种:斜孔掏槽和直孔掏槽。前者与楔形掏槽、扇形掏槽各成独立的掏槽形式。后者亦称三角直孔掏槽〈triangle burn cut〉或苜蓿叶式掏槽〈clover leaf cut〉)。~ *of error* 示误三角形(由于观测误差的影响,在用交会法确定一个待定点时三条交会线不交于同一点而形成的一个三角形)。~ *shooting* 三角爆破。

triangular *a.* 三角的,【数】三角形的。~ *distribution load* 三角形荷载(荷载作用面积为矩形,宽度方向上荷载大小为三角形分布的偏心荷载)。~ *method* 三角法。~ *pulse shape* 三角脉冲形状。~ *stability* 三角形的稳定性。

triangulateration *n.* 边角(三角)测量(综合应用三角测量和三边测量来推求各顶点水平位置的测量方法)。

triangulation *n.* 三角测量(用经纬仪观测各三角形中的水平角,根据起算数据和三角学原理推算各点坐标的平面控制测量)。~ *and hyperbolic tracking algorithms* 三角测量及抛物线跟踪算法。~ *network* 三角控制网(由一系列连续三角形构成的测量控制网)。

triaxial *a.* ①三轴的。②三维的。③空间的。~ *accelerometer* 三轴加速测量仪,立体加速测量仪。~ *components of velocity* 速度的三向分量。~ *compression strength* 三轴压缩强度(材料受到从三个垂直方向施加的正应力,从而发生破碎时的强度,单位为 MPa)。~ *compressive strength of rock* 岩石三轴压缩强度。~ *rock stress measurement* 三轴岩石应力测定。~ *rock stress measuring instrument* 三轴岩石应力测量仪器。~ *shear test* 三轴剪切试验(使用三轴剪切仪,分别对同一岩石的若干个圆柱形试样施加不同的恒定围压,使之在轴向压力作用下剪切破坏,根据摩尔-库仑理论确定岩土内聚力、内摩擦角等的测试方法)。~ *state of stress* 三相应力状态。~ *stress*; *three-dimensional stress* 三相应力。~ *vibration sensor* 三轴向振动传感装置。

tricone *a.* 三锥的。~ (*rolling cone*) *bit* 三牙轮钻头(具有破裂作用的牙轮钻

头,由三个装有钢齿或硬质合金镶嵌的锥形轮组成)。

trigger *vt.* ①引发,引起。②触发。—*vi.* 松开扳柄。—*n.* ①扳机。②触发器。~ *action* 触发作用。~ *circuit* 触发电路。~ *delay* 触发延时。~ *effect* 触发效应。~ *electrode* 触发电极。~ *impulse*;~ *pulse* 触发脉冲。~*ed barrier* 自动隔爆装置。~*ing signal* 触发信号。

trigonometric *a.* ①三角法的。②三角学的。~ *function* 三角函数。~ *leveling* 三角高程测量(观测两点间的天顶距再根据已知距离来推求高差的测量方法)。

trilateration *n.* 三边测量(术)(在地面上选定一系列点构成连续三角形,测定各三角形的边长和起始方位角,再根据起始点坐标来推求各顶点水平位置的测量方法)。

trim *vt.* ①修剪。②整理。③装点。—*vi.* ①削减。—*n.* ①修剪。②整齐。③情形。—*a.* 整齐的。~ *blasting* 修边爆破(露天采矿中控制光面爆破的一种方法,其大尺寸生产炮孔也用于光面爆破。其〈线性〉装药密度在达到周边炮孔排时逐步降低。目的是消除费用大的小直径炮孔钻进工作以及与之相关的小孔装药的难题。推荐的孔距一般为 12 ~ 16 倍孔径)。~ *row*;*-mming hole*;*trimmer hole* 修边炮孔(修边爆破中最后一排炮孔。该炮孔排钻孔直径与药包直径之比值〈不耦合系数〉为 1.6 ~ 2.0)。

trimming *n.* ①整理。②装饰品。③配料。④修剪下来的东西。⑤切口(用导火索起爆时,为实现延时间隔爆破,可将引入炮孔中的导火索截成相同的长度。然后用一根每隔 2 ~ 3cm 切一斜口的导火索按顺序去点火)。

trimonite *n.* 逐莫尼特炸药。*T- No. 1* 1 号逐莫尼特炸药。

trinitration *n.* 三硝基化。

trinitrotoluene *n.* = trotyl; trinol; trilite 三硝基甲苯。2,4,6-*trinitrotoluene* 梯恩梯(2,4,6 三硝基甲苯,黄色炸药 TNT,分子式:$C_6H_2CH_3(NO_2)_3$ 结构式:

CH_3

O_2N NO_2

NO_2

)。

trip-free *n.* = automatic trip 自动跳闸。

triphase *a.* 三相的。—*n.* 三相。~ *system* 三相体系(指的是由固体、液体、气体三种组分构成的岩土)。

tropical *a.* ①热带的。②热情的。③酷热的。~ *zone* 热带。

trouble *n.* ①麻烦。②烦恼。③故障。④动乱。—*vt.* ①麻烦。②使烦恼。③折磨。—*vi.* 费心,烦恼。~ *area* 不稳定岩层区,难采区。~ *clearing* 排除故障。~*-free blasting* 不出问题的爆破,没有忧患的爆破。~*-making compound* 有害化合物。~*-shooting* 消除障碍爆破。

troubleshooter *n.* ①故障检修工。②解决纠纷者。③解决麻烦问题的能手。~ *model* 故障检修模型,消除障碍爆破模型。*-ing circuit breaks* 解决起爆网路漏电。

trough *n*. 水槽。~ *weathering* 槽状风化(沿抗风化能力较低的岩脉或断裂带向深部发展的风化现象)。

truck *n*. 卡车。~ *crane* 汽车式起重机(安装在汽车底盘上的全回转动臂架式起重机)。~ *for both mixing and charging of the explosive on site* 炸药现场混装车(可以在爆破现场混合和装载炸药的汽车)。~-*to-shovel ratio* 车铲比(每台挖掘机配备车辆平均数)。

true *a*. ①真实的。②正确的。—*ad*. ①真实地。②准确地。—*n*. ①真实。②准确。~ *amplitude migration* 真振幅偏移。~ *amplitude seismic section* 真振幅地震剖面。~ *azimuth* 真方位角。~ *bearing* 真方位,真象限角。~ *crater* 真(爆破)漏斗(漏斗爆破产生的通常呈锥形的空穴,随后全部因爆炸而破碎或松散的物料均被排出)。~ *dip angle* 真倾角。~ *distance* 真距离(爆震波传播的距离)。~ *dynamite* 真硝甘炸药(硝化甘油比例低于50%)。~ *error* 测量误差(测量值L对其真值Z之差,包括随机误差、系统误差和粗差。同义词:真误差)。~ *spatial dip* 真空间倾角。~ *strata thickness* 真地层厚度。~ *stress* 真应力,实际应力。~ *triaxial shear test* 真三轴剪切试验(岩样处于三向压力不等的受力状态下的三轴剪切试验)。~ *zero-offset* 真零炮检距。

trunkline *n*. = trunk 干线(连接炮孔内下行线或支线〈导爆索或非电起爆管〉的地表导爆索或非电导爆管线路)。

truth *n*. ①真理。②事实。③诚实。④实质。~ *value* 真值。

tube *n*. ①管。②隧道。—vt. ①使成管状。②把…装管。③用管输送。~ *booster* 传爆管。-*bing conveyed perforating* 油管输送式射孔(将射孔器连接在油管或其他管柱下部输送到井下套管中对目的层的射孔)。

tubular *a*. 管状的。~ *primer* 长管底火(具有长传火管的底火)。

tuff *n*. 凝灰岩(火山凝灰岩的简称,是直径小于2mm的火山碎屑岩石,主要由火山灰沉积形成)。

tungsten *n*.【化】钨。~ *carbide insert* 碳化钨硬质合金片(镶嵌于钻头中的碳化钨合金片或珠齿,使钻井时钻头更耐磨损)。~-*carbide drilling* 硬合金钻进(利用硬合金钻头破碎岩石的钻进)。

tunnel *vt*. ①挖。②在…打开通道。③在…挖掘隧道。—*vi*. ①挖掘隧道。②打开通道。—*n*. ①坑道。②洞穴通道。③隧道(在地层中开凿的两端有地面出入口的通道)。~ *blasting* 药室爆破,硐室爆破。~ *boring machine* 盾构机(隧洞掘进机利用大直径转动的盘形刀具对岩石的挤压滚切,破岩成洞的成套施工设备)。~ *drilling patterns* 隧道钻孔方案。~ *face* 掌子面(地下工程或采矿工程中的开挖工作面。又称隧道掘进工作面、隧道开挖的岩石表面、隧道工作面、隧道端掘进的工作面)。~ *perimeter blasthole pattern* 隧道周边炮孔布置。-*lling blasting* 隧道掘进爆破(在地层中开凿的、两端有地面出入口的水平巷道叫隧道。为掘进隧道而进行的爆破称为隧道掘进爆破)。

turbulent *a*. 激流的,湍流的。~ *resist-*

T

ance 湍流阻力。~ *stress* 湍流应力。~ *structure* 紊流状结构(粘粒主要呈面—面接触凝聚而成的微集粒沿粗颗粒呈似紊流状定向排列的)。

turning *n.* ①转向。②旋转。③回转。④转弯处。~ *point on a curve* 曲线转折点。

twisting *n.* 扭转。~ *force* 扭力。~ *motion* 扭矩。~ *strength* 抗扭强度,扭转阻力。~ *stress* 扭应力。

two *n.* 两个。—*a.* 两个的。—*num.* 二。~ *dimensional mechanism* 平面机构(该机构是由两个以上具有确定相对运动的构件组成的,根据其各构件的运动范围可分为平面机构和空间机构两类。所有运动构件均在同一平面或相互平行的平面内运动的机构称为平面机构,否则称为空间机构。工程中常用的机构大多属于平面机构)。~ *side alternate folded collapse method* 建筑物双向交替折叠倒塌方案(这一方案多适用于高层楼房周围地面水平距离更为狭窄时的拆除爆破,可将爆破倒塌堆积范围控制在 *H/n* 的距离范围内〈*H*—楼房的高度,*n*—楼房的层数〉。该方案与单向折叠方案类似,其不同之处是在自上而下顺序起爆时,上下层一左一右交替起爆连续折叠倒塌)。~-*bench stripping* 双梯段剥离。~-*component explosive*;*binary explosive* (*consisting of oxidizers*, *flammable liquids or solids*, *or similar ingredients*)(由氧化剂和可燃液体或固体或类似成分组成的)两组分炸药。~-*dimensional array* 二维排列。~-*dimensional consolidation* 二维固结(沿两个方向发生的渗透固结)。~-*dimensional numerical computation* 二维数值计算。~-*dimensional stress* 二维应力,平面应力。~-*free-face underwater benching blasting* 两自由面水下台阶爆破。~-*shaft orientation* 两井定向(在井下有巷道连通的两个立井中,各挂一锤线所进行的平面联系测量工作)。~-*way laser line projection* 双向激光线性投影。~-*way reinforced concrete* 双向配筋的混凝土。~-*way shot* 双向爆破。~-*way spread* 双向排列。~-*way wave field* 双层波场。

tying *n.* 结子。—*v.* ①系(tie 的 ing 形式)。②连接。~-*in and initiating the blast* 连接和起爆。~-*in the blast* 爆破连接。

type *n.* ①类型,品种。②模范。③样式。—*vt.* ①打字。②测定(血等)类型。—*vi.* 打字。~ *of explosive* 炸药种类。~ *of operation* 作业形式。~ *of personnel* 人员类型。~*s of blasting seismographs* 爆破地震仪类型。~*s of blasts* 爆破类型。~*s of coal exploration*; ~*s of coal prospecting* 煤田勘探类型(主要按地质构造复杂程度和煤层稳定性,对勘探区划分的类型)。~*s of construction equipment* 施工机械的种类(施工机械有土地平整、搬运和装载用机械、挖掘用机械、地基施工用机械、压实用机械以及混凝土浇筑机械、拆卸机械等)。~*s of cut* 掏槽类型。~*s of explosive expanding* 爆炸胀形的类型(爆炸胀形有多种不同的类型,但应用最广泛的还是有模爆炸胀形。有模爆炸胀形按模腔与毛料间空气的排出方法,又可分为自然排气爆炸胀形和抽真空爆炸胀形。对于自然排气爆炸胀形还可分为自由界面成形、水帽成形和反射板成形等不同的爆炸胀形工艺类型)。~*s of explosive welding* 爆炸焊接类型(爆炸焊接结构具有复板相对基板平行放置,以及复板相对基板倾斜放置两种形式。平行法要求复板与基板之间保持严格的平行,两者之间的间隙大小都要保持一样。而倾斜法中复板与基板之间的间隙随着位置的变化而变化)。~*s of insurance for the explosive industry* 民爆行业保险类型。~*s of opening exploration engineering* 坑探的类型(坑探工程按其所在位置与地面的关系,可分为地表工程和地下坑道。地下坑道根据其中心线与地表水平面交角的不同,又分为水平坑道、垂直坑道和倾斜坑道三种)。~*s of planar kinematic pairs* 平面运动副类型(根据两构件接触形式的不同,将平面运动副分为低副和高副两大类)。~*s of shaped charge* 聚能装药类型(目前应用的聚能装药主要有:轴对称轴向聚能装药、轴对称径向聚能装药和面对称聚能装药三种形式。这三种形式的聚能装药,由于其聚能方向不同各有不同用途)。

typical *a*. ①典型的,有代表性的。②特有的,独特的。③象征性的。④一贯的。*a ~ southerner fond of eating rice* 典型的南方人好吃米。*non-porous hard rock ~ of metalliferous mines or quarries* 含金属矿或采石场所特有的无空隙坚硬岩石。*This process is ~ of most global production facilities and reflects different aspects of production of ammonium nitrate.* 这一过程是全球大多数生产设备所采用的,体现了硝酸铵生产的各个方面。~ *relief* 象征性救济。*The position of the British queen is a merely ~ power.* 英国女皇的地位仅有象征性权利。*That is ~ of his way of thinking.* 他的思维方式就是那个样子。~ *blasting practices* 典型的爆破实践。~ *blasting seismograph data* 典型的爆破地震数据。~ *curve method* 典型曲线法(根据实测资料概括的无量纲曲线,用来预计类似地质、采煤条件下的地表移动值和变形值)。

U

U *n*. ①铀(化学元素)。②英语字母中的第二十一个字母。~ *section*; ~-*shaped section* U 型截面。

ultimate *a*. ①最终的。②极限的。③根本的。—*n*. ①终极。②根本。③基本原则。~ *bearing capacity* 极限承载量。~ *bearing pressure* 极限承载压力。~ *bearing stress* 极限承载应力,极限支承

应力。~ *bending moment* 极限弯矩。~ *bending strength* 极限抗弯强度。~ *capacity* 极限容量，最大容量。~ *compressive strength* 极限抗压强度。~ *density* 最终密度。~ *depth* 最终深度。~ *distortion*；~ *elongation* 极限变形。~ *economic gain* 最终经济收益。~ *ends of the earth* 天涯海角。~ *fatigue strength* 极限疲劳强度（岩土的最小疲劳强度，数值上为循环次数无限时，使岩土产生疲劳破坏的最小应力值）。~ *goal* 最高目标。~ *limit strain* 最大极限应力。~ *load* 极限荷载（地基不产生整体滑动破坏所能承受的最大荷载）。~ *long-term strength* 极限长期强度（荷载作用时间无限长时的岩土长期强度，数值上等于使岩土产生蠕变破坏的最小应力值）。~ *pit slope*；~ *pit slope angle* 最终边帮角（最终帮坡面与水平面的夹角）。~ *power* 最大威力，最大功率。~ *production* 最终产量。~ *resistance* 极限阻力。~ *sliding resistance* 极限抗滑力（岩土处于临界状态时，滑动面上的阻滑力）。~ *slope design* 最终边坡设计。~ *strain* 极限应变。~ *stress* 极限应力。~ *stress circle* 极限应力圆（根据岩土处于临界状态时的应力条件作出的应力圆）。~ *stress state* 极限应力状态（岩土的抗破坏力与作用荷载之间处于临界平衡状态时的应力组合）。~ *tensile strength* 极限抗拉强度。~ *tension* 极限拉力。~ *value* 极限值。~ *yardstick of engineering competitiveness* 衡量工程竞争力的首要尺度。

ultra-short *a.* ①极短的。②超短。~ *wave* 超短波。

ultrabasic *a.* ①超基性的。②超碱的。~ *rocks* 超基性岩（SiO_2 总量小于45%的一类火成岩，如纯橄榄岩、辉石岩、金伯利岩等。特点是 SiO_2 不饱和而 FeO、MgO 成分较多，几乎全由铁镁矿物组成而不含石英）。

ultradispersed *a.* ①超分散的。②超细的。~ *diamond* 超细金刚石。

ultrafine *a.* 非常细微的。~ *crushing* 超细破碎。~ *diamond* 超细钻石。~ *dust* 超细尘末。~ *explosives* (*powder*) 超细炸药（粉）。~ *material* 超细材料。~ *particle*；*ultra fine size*；*ultra fines* 超细粒。~*-grained dissemination* 超细粒嵌布。

ultrahigh *a.* ①超高的。②特高的。~ *frequency* 超高频。~ *velocity* 超高速。

ultramicro *a.* 超微的。~*-analysis* 超微量分析。~*-constituent* 超微组分。~*-diamond* 超微金刚石。~*-element* 超微量元素。~ *grain* 超微颗粒。

ultramicron *n.* 超微细粒。

ultramicropore *n.* = ultracapillary pore 超微孔隙，超毛管孔隙。

ultrared *a.* 红外（线）的。~ *spectrum* 红外光谱。

ultrasensitive *a.* 超灵敏的。

ultrasonic *a.* ①超声的。②超音速的。—*n.* 超声波。~ *emulsification* 超声波乳化。~ *inspection and measurement* 超声检测。~ *particle sizer* 超声粒度计。~ *ranging* 超声波测距。~ *sounding* 超声波测深。~ *technology*

U

超声波技术。*They have successfully adopted ~ technology to drive away fish, which effectively avoided the impact of blasting on such valuable fish and other aquatic organisms, thus reflecting the harmony of engineering construction and ecological protection.* 他们成功地采用了超声波技术把鱼赶走,有效避免爆破对珍贵鱼类和其他水生物的不利影响,因而体现了工程建设与生态保护的和谐。~ *thickness measurement* 超声波测厚。~ *vibration drilling* 超声频振动钻孔(在回转式钻机的钻凿面上,垂直施以超声频振动进行钻孔的方法。在这种情况下,钻头周围的岩石在超声频的振动下完全被破碎,摩擦阻力低,钻具极易贯入岩石,所以不需要很大的轴向推力,且能钻凿较深的炮孔)。

ultrasonically *ad.* 超声地。~ *emulsified frother* 超声乳化起泡剂。

U

umbrella *n.* ①雨伞。②保护伞。③庇护。④伞形结构。~ *and excess liability* 伞和超额责任。~ *effect* 扇形效应。~ *rock* 伞檐(爆破后,台阶顶部残留的未炸掉的岩体)。

unacceptable *a.* ①不能接受的。②不受欢迎的。~ *explosives* 禁止使用的炸药(又称不被接受的炸药。指那些根据美国运输部法规禁止通过个人、合同购买或私人携带运输以及那些禁止通过铁路货运、铁路专递、高速路、航空及海上运输的炸药)。

unaffected *a.* ①不受影响的。②自然的。③未触动的。

unalloyed *a.* 非合金的。~ *steel* 非合金钢。

unbalanced *a.* ①不平衡的。②错乱的。③不稳定的。~ *load* 不平衡负载。~ *pressure* 不平衡压力。~ *shothole* 不平衡炮孔。

unbounded *a.* ①无限的。②不受控制的。~ *wave* 无限制波。

uncapped *v.* 打开盖(uncap 的过去式和过去分词)。~ *fuse* 未装雷管导火线。

uncast *a.* ①尚未派角色的。②未定角的。~ *shaft* 出风井(地下矿山向地表排风用的矿井)。

uncertainty *n.* 不确定,不可靠。~ *analysis* 不确定性分析(计算分析因采用的费用和效益的基本数据的估计误差或无法预期的变动,对经济评价结果所产生影响的工作。包括敏感性分析和概率分析)。~ *of blasting models* 爆破模型的不确定因素。

uncharged *a.* 未装药的。~ *center hole* 不装药中心炮孔。~ *hole* 不装药炮孔。

uncompleted *a.* 未完成的。~ *explosion* 不完全爆炸(炸药爆炸时,发生局部不爆或不正常爆炸的现象,也称半爆)。

uncompress *n.* 解压,解压缩。~ *fluid analysis* 不可压缩流场分析。

unconfined *a.* ①自由的。②松散的。③无拘束的。~ *blasting*; *external charge blasting* 外部装药爆破(在爆破体表面装药进行爆破的方法,也叫裸露爆破,俗称糊炮)。~ *charge* 无约束药包。~ *compressive strength* 无约束压缩强度。~ *condition* 无约束条件。~ *detonation velocity measurements* 无约

束起爆速度测量。~ *shot* 无约束爆破。~ *velocity of detonation* 无约束爆速,自由爆轰速度(炸药在地表空气包围中没有受到炮孔或其他介质约束的炸药爆轰速度)。

unconsolidated *a.* 松散的,疏松的,非层状的。~ *rock* 松散岩石,松散岩体。

uncut *a.* ①未切的。②毛边的。③未雕琢的。④未割的。~ *value* 原矿品位。

undamped *a.* ①未受潮的。②不失望的。③不减弱的。~ *vibration* 无衰减振动,无阻尼振动。~ *wave* 无阻尼波。

undecked *a.* 不分段的。~ *column load* 不分段装药。

undeformed *a.* 无形变的。

underbalance *n.* 欠平衡。

underbreak *n.* = under break 欠挖(爆破后,井巷断面周界小于设计尺寸的现象)。

underbreaking *n.* 底部采掘。

undercharge *n.* ①装药不足。②充电不足。③装料不足。

undercompaction *n.* 欠压实。

undercoupling *n.* 耦合不足。

undercurrent *n.* 潜流,暗流。

undercut *n.* ① = under-cutting; underhole; bottom cut; break-in; downcut; lower cut; toe cut 底部掏槽,底槽,拉底。② = ~*-and-fill mining* 下向分层充填采矿法(分层充填采矿的一种回采方案,即在稳定回填的人工顶板下按分层逐次向下回采)。~ *access* 底切通道。~ *blasting* 底部掏槽爆破。~ *cone* 拉底漏斗。~ *front* 底部掏槽正面。~ *height* 底部掏槽高度。~ *stope* 拉底工作面。

underdamp *n.* 不完全衰减,欠阻尼。

underdeveloped *a.* 欠发达。

underdevelopment *n.* 不发达。

underdose *n.* 剂量不足。

underestimate *vt.* 低估,看轻,对…估计过低。~ *the strength of shock wave* 低估了冲击波的威力。~*d influence of weather* 低估了天气的影响力。

underestimation *n.* 低估。

underground *ad.* ①在地下。②秘密地。—*a.* ①地下的。②秘密的。—*n.* ①地下。②地铁。③地道。~ *applications* 地下的应用。~ *blasting* 地下爆破(在地下〈如地下矿山,地下硐室、隧道等〉进行的爆破作业)。~ *blasting, general discussion* 地下爆破,一般讨论。~ *charging station*; ~ *charging room* 井下充电硐室(用于电机车蓄电池充电的井下硐室)。~ *coal mines blasting practice* 煤矿井下爆破实践。~ *control room*; ~ *dispatching room* 井下调度室(井底车场内供值班调度人员工作的硐室)。~ *crushing* 井下破碎,地下破碎。~ *horizontal control survey* 井下平面控制测量(建立井下平面控制系统的测量。包括基本控制导线测量和采区控制导线测量两类)。~ *locomotive repair room* 井下机车修理间(用于检修电机车的井下硐室)。~ *longhole blasting* 地下深孔爆破。~ *magazine* 井下爆破器材库(设置在井下特定地点的爆炸材料库,按贮存爆炸材料构筑物的不同分为硐室式和壁槽式)。~ *metals mining cost* 地下金属矿开采成本。~ *mine* 地下矿山(采用地下开采方式开采矿产资源的生产经营单位)。~ *mining method* 地下采矿方法(从地下矿山的矿块或采区中开采矿石所进行的采准、切割和回采工作的总称。回采工作是采矿方法的核心,采准和切割工作为其创造条件,三者在空间、时间和工艺上联系密切)。~ *pattern geometry* 地下几何模式。~ *room*;~ *chamber* 硐室(为某些专门用途在井下开凿和建造的、断面较大或长度较短的空间构筑物。按其作用分为主要硐室和辅助硐室两类。主要硐室有马头门、主排水泵硐室、井下主变电硐室等,辅助硐室有井下电机车库及修理间、井下变流室、消防材料库、井下等候室等)。~ *site factors* 现场地下环境因素。~ *survey* 井下测量(为指导和监督煤炭资源的开发,在井下特殊条件下所进行的测量工作)。~ *tunnel* 地下坑道(在地下岩土层中,由人为造成具有一定方向和一定大小的空间叫做地下坑道。包括:①水平坑道。②垂直坑道。③倾斜坑道)。~ *tunnelling* 地下隧道挖掘。~ *winning blasting* 地下采场爆破(地下采场爆破是指地下开采矿房或矿柱崩矿的爆破。地下采场爆破所采用的爆破方法与矿体赋存条件、围岩地质条件、采矿方法和回采工艺有紧密的联系。例如,在薄矿脉和矿石较稳固的条件下,可用浅孔留矿法开采;对于中厚倾斜矿体,可采用分段矿房法开采,中深孔爆破)。

underhand *a.* 下向的。~ *blasting* 下向梯段爆破。~ *stoping* ①倒采。②俯采。③下向开采(在金属矿山进行采矿的一种爆破方法。大多采用垂直炮孔,有时也用水平炮孔。这种方法需克服重力作用,才能将爆破的岩石抛出回采梯段。其相对应的方法是上向回采法)。④下行次序。⑤下向梯段回采。⑥岩浆底蚀。

underload *n.* 弱装药(在爆破漏斗试验中,假设装药量为 Q⟨kg⟩、最小抵抗线为 W⟨m⟩,所产生的爆破漏斗半径为 R⟨m⟩,则当 $R/W<1$ 时 L 数量的装药叫弱装药。其相对的术语为标准装药和加强装药)。*-ed cast blasting crater* 减弱抛掷(加强松动)爆破漏斗(减弱抛掷爆破⟨加强松动⟩漏斗 $r<W$,即爆破作用指数 $n<1$,但大于 0.75,即 $0.75<n<1$,称为减弱抛掷漏斗⟨又称加强松动漏斗⟩,它是井巷掘进常用的爆破漏斗形式)。*-ing* 负载不足,装(药)料不足。

underlying *a.* ①潜在的。②根本的。③在下面的。~ *bedrock* 下伏基岩。~ *rock* 下浮岩层。~ *toe* 下部平盘,边坡坡脚。

undermine *n.* ①底部掏槽。②拉底。③暗中破坏。~ *height determination* 确定拉底高度。~ *sublevel* 拉底分段。

undermixing *n.* 混合不匀。

undersaturation *n.* 欠饱和。

undersea *a.* ①水下的。②海面下的。~ *cable* 海底电缆。

underseam *n.* 底部煤层。

understratum *n.* 底部地层。

understamping *n.* 炮泥封填不足。

undersurface *n.* ①下面。②底面。—*a.* 水面下的。

undertake *vt.* ①着手,从事。②承担,承办,接受。③答应,保证(接从句)。④试图,企图。~ *the compiling of a dictionary* 从事编辑字典的工作。~ *a bridge-building project* 着手桥梁建设工程。~ *a space flight project* 着手实施太空飞行计划。~ *some scientific research* 试图从事某些科研。*This is a call to ~ agriculture, forestry, husbandry, side-production and fishing at the same time.* 这是个农、林、牧、副、渔并举的号召。*The lawyer is willing to ~ this case without commission.* 律师愿意不收佣金办这个案件。*The driver must ~ full responsibility for this accident.* 司机必须承担这起事故的全部责任。~ *a post in the court* 在朝廷任个职务。*Athletes are able to ~ extraordinary feats of endurance.* 运动员能顶住超乎寻常的耐力考验。*My parents undertook yesterday to give me a present on the Christmas Day.* 父母昨天答应圣诞节送给我一个礼物。*No one dare ~ that he can come before five.* 谁也不敢保证他五点前能来。*The messenger undertook to get to his destination before daybreak by taking a short-cut.* 通信兵想抄近路争取在天亮之前赶到指定位置。*Some biology teachers have even undertaken to give lessons to their students by going closer to nature.* 有些生物老师甚至想带学生走进自然上课。

undertaker *n.* ①承办人,承办单位。②殡仪员。

undertaking *n.* ①事业。②诺言,保证。③办理丧事。

undertamping *n.* 炮泥封填不足。

underwater *a.* ①在水中的。②水面下的。—*ad.* 在水下。—*n.* 水下。~ *ambient noise levels* 水下周围噪声级。~ *blast compacting* 水下爆炸压密(砂土地基水下爆炸压密效应的作用机理是由于爆炸冲击波和振动作用,使土层内产生瞬时孔隙水压力,原土体结构受到扰动破坏,产生液化现象,从而使疏松的砂土颗粒产生相对移动。其密度增加,承重能力提高。爆炸压密方式有:水中悬挂式爆炸压密法、深埋式封闭爆破压密法和表面接触爆炸压密法三种)。~ *blast load* 水下爆炸载荷。~ *blast pressure* 水下爆破压力。~ *blasting* 水下爆破(参见 *blasting in water*)。~ *blasting characteristics* 水下爆破的特点(水下爆破时,被爆对象处在水面以下,而水是几乎不可压缩的物质,密度又比空气大得多,加之水有流动性、波动性,因此水下爆破与陆地爆破有着不同的特点,其施工也比陆地爆破困难得多)。~ *blasting impacts assessment study* 水下爆破影响评价研究。~ *blasting law of similitude* 水下爆炸相似律(水下爆炸冲击波参数的相似性已被大量实验证明。根据相似原理,如果两个药包的特征尺寸和所有其他参数均按同一比例改变时,则在相应测点处,两者的冲击波波形具有相同的压力峰值,而持续时间则相差同一几何比例倍数)。~ *blasting project* 水下爆破工程。~ *blasting propagation model* 水

U

下爆破传播模型。~ *chamber blasting* 水下硐室爆破(水下硐室爆破通常是利用两岸有利地形,开挖通到水位以下的导硐药室进行的大爆破工程)。~ *compacting blast* 水下爆夯(水下爆夯又称为水下挤压爆破,它是利用水中爆炸原理来达到增加水域水深或夯实水下基床目的的一种先进方法)。~ *confined blasting* 水下约束爆破。~ *construction blasting* 水下建设爆破。~ *contact blasting* 水下接触爆炸。~ *controlled blasting* 水下控制爆破(水下控制爆破是控制爆破技术的一个重要分支,它与水上〈即陆上〉爆破的区分是以水面作为标志。凡是在水面以上进行的爆破作业叫做水上爆破,即陆上爆破;凡是在水面以下进行的爆破作业叫做水下爆破)。~ *deep-hole blasting* 水下深孔爆破。~ *drilling blast* 水下钻孔爆破(水下钻孔爆破法的钻孔和装药通常是在浮在水面上的专用作业平台或作业船上进行。它适用于河道整治、水下管线拉槽爆破〈包括开挖沉埋式水底隧道基坑〉、水工建筑物地基开挖、爆破压密和桥梁基础开挖等)。~ *drilling blasting testing lay-out* 水下钻孔爆破测试设计。~ *engineering explosion* 水下工程爆破。~ *explosion* 水下爆炸。~ *explosion safe range* 水下爆炸安全距离。~ *explosion test* 水下爆炸试验(通过起爆水下药包和检测水中压力脉冲来评估一种炸药的性能)。~ *ice* 水下冰。~ *illumination intensity* 水下照明度。~ *impact* (*impulse*;*concussion*;*percussion*;*shock*;*stroke*)水下冲击。~ *interface boundary condition* 水下界面边界条件。~ *non-contact blasting* 水下非接触爆炸。~ *rock blasting* 水下岩石爆破。~ *rockplug blasting* 水下岩塞爆破(水下岩塞爆破是开挖水下进水口的一种特殊爆破技术。当采用水下岩塞爆破技术修建水下进水口时,首先是按照常规的施工方法修建隧洞,而在靠近库底或湖底处,预留一定厚度的岩石〈即岩塞〉,最后采用爆破的方法,一次炸除预留的岩塞形成进水口)。~ *shaped charge blasting* 水下聚能药包爆破(聚能药包端部做成有一定角度的锥体空穴时,聚能效应最佳。在水下爆破中使用聚能药包时,要得到所需的聚能效应,在炸高内必须没有水。聚能药包适用范围为:台阶高度在15m以内,水深不超过100m)。~ *shock wave impulse* 水下冲击波脉冲。~ *shock waves* 水下冲击波。*Suffocation caused by lung haemorrhage is likely to be the major cause of marine mammal death from ~ shock waves.* 肺部大出血引起的窒息可能是海洋哺乳动物死于水下冲击波的主要原因。~ *spider blasting*;~ *slap-dab* 水底裸露药包爆破(水底裸露药包爆破法就是把药包直接放置在水底被爆破介质的表面进行爆破的方法。它与陆地上的裸露药包爆破法基本相似,但由于水的影响,在炸药消耗和施工工艺方面则有所不同)。~ *springing blasting* 水下药壶爆破(在爆除水下较大孤石、礁石或水底基岩时,也可以采用水下药壶爆破。其作用是改变装药方式,变延长装药结构

U

为集中装药结构,从而加大炮孔的装药量,提高爆破效果。它适用于覆盖层薄、岩层整体性好、硬度在中等以上的岩石)。~ *test methods* 水下试验方法。~ *weapons testing* 水下武器试验。

underwork *n.* 不合格作业,没做好的工作。

underwriters *n.* ①保险商。②承购人。③核保人员。④包销人。⑤承销商。⑥承诺支付者。⑦海运保险商。⑧证券包销人。⑨证券经纪人。

undisturbed *n.* 未扰动区(冲击波阵面前的炸药尚未受冲击波的作用,处于初始状态,称为未扰动区)。~ *explosive* 未扰动炸药,未分解炸药。~ *rock mass* 未扰动岩体。~ *sample* 原状样,未扰动样(保持天然结构和含水量的岩土样品)。~ *strength* 原状强度。

undulating *a.* ①波状的。②波浪起伏的。~ *grade*;~ *gradient*;~ *ground* 起伏地带。

unequal *a.* ①不平等的。②不规则的。③不胜任的。~ *section charge* 不同格装药。

uneven *a.* ①不均匀的。②不平坦的。~ *crack distribution* 裂缝非均匀分布。~ *energy distribution* 能量不均匀分布。~ *rock surface* 不平衡的岩石表面。

unexplained *a.* ①未经解释的。②未经说明的。③不清楚的。~ *loss* 不明原因损失。

unexploded *a.* 未爆炸的。~ *cartridge* 拒爆药卷,未爆药卷。

unfired *a.* ①未燃烧的。②未点燃的。~ *explosive* 剩余炸药,未爆的炸药。

unhomogeneous *a.* 不均匀的。~ *rock* 非均质岩石。

uniaxial *a.* 单轴的。~ *compression* 单轴压缩(以一个方向施加垂直力产生的压缩)。~ *compressive strength of the rock mass* 岩体单轴抗压强度。~ *compressive strength*;*compressive strength*;*unconfined compressive strength* 抗压强度,单轴抗压强度,无侧限抗压强度(无侧限条件下,岩土抵抗单轴压力面保持自身不被破坏的最大能力,数值上等于岩土受压破坏时的极限压应力值,以 MPa 表示)。~ *stress* 单(轴)向应力。~ *tensile strength of the rock mass*;~ *compressive strength of the rock mass* 岩体单向抗拉强度(岩石抵抗轴向拉力而保持自身不被破坏的最大能力,数值上等于岩石拉断破坏时的极限应力值,以 MPa 或 kPa 表示)。

unidelay *a.* 单向延时的。~ *shock tube* 单向延时爆震管。

unidirectional *a.* ①单向的。②单向性的。~ *delay* 单向延时。~ *spread* 单向排列(法)。~ *successive folded collapse method* 建筑物单向连续折叠倒塌方案(这种方案是在定向倾倒方案的基础上派生出来的。其实质是自上而下对每层楼房按定向倾倒方式顺序起爆,使每层结构均向一个方向连续折叠倒塌。这种爆破方案可使楼房倒塌距离明显缩小,一般要求倒塌方案场地的水平距离等于或大于楼房高度的一半)。~ *track* 单向运行轨道。~ *cutting* 单向采煤(采煤机在采煤工作面往返一次完成全工作面一次采煤深度

U

的采煤方式)。

uniform *a.* ①统一的。②一致的。③相同的。④均衡的。⑤始终如一的。~ *acceleration* 匀加速度。~ *amplitude* 等副。~ *and diffused lighting* 均匀漫射照明。~ *combustion* 均匀燃烧。~ *delay blasting* (*of 100ms down to 0.2ms*)(100 毫秒至 0.2 毫秒的)均匀延时爆破。~ *delay*;*uniformly delayed* 均匀延时。~ *distribution moment* 均布力矩。~ *distribution of azimuth angles* 方位角均匀分布。~ *distribution*;*even distribution*;*rectangular distribution* 均匀分布。~ *grade*; ~ *gradient* 均匀坡度。~ *ground condition* 均匀岩层条件。~ *load* 均匀载荷。~ *magnetic field* 均匀磁场。~ *medium*;*homogeneous mass* 均匀介质,均质体(各点物理力学参数均相同的连续介质)。~ *settlement* 均匀沉降(基础底面〈地基表面〉上各部位下沉量均相等的地基沉降)。~ *slope* 均匀边坡。~ *speed* 匀速。~ *strain* 均匀应变(岩土变形前后,其形状几何形似的应变)。~ *stress* 均匀应力,均布应力。~-*gradient series* 等差年金系列(在 n 年各年末所存取的资金成等差级数递增或递减的现金流量)。

uniformity *n.* ①一致,均匀。②均匀性,均匀度。~ *coefficient* 均匀系数。~ *delayed blastholes* 均匀延时炮孔。~ *distributed load* 均布载荷。~ *retarded motion* 等加速运动。

unifrax *n.* 低密度硝化甘油包皮炸药。

unigel *n.* 尤尼杰尔炸药。

unigex *n.* 半胶质硝化甘油包皮炸药。

unilateral *a.* ①单边的。②单侧的。③单方面的。~ *tolerance* 单向公差。

uninterrupted *a.* ①不间断的。②连续的。~ *face* 连续工作面。~ *power supply*;*UPS* 不间断电源(当交流输入电源的变化〈包括电压变化、频率变化及波形失真等〉超出规定范围时,仍能正常地继续向负载输送能量的供电设备。不间断电源主要由换能、储能和传输等部分构成。用于各种微型计算机供电系统和计算机联网系统中,在通信等领域也有广泛的应用)。

unit *n.* ①单位,单元。②装置。③部件。~ *capacity* 单位处理量,单位容量。~ *construction cost of project* 工程单位造价(工程总造价除以工程规模〈如库容、装机容量、灌溉面积等〉所得的每单位规模所需的造价)。~ *cost* 单位成本。~ *deformation* 单位形变。~ *explosives cost against a rising producer price index* 单位炸药费用与厂家上升的价格指数之比。~ *force* 单位力。~ *of resistance* 阻力单位。~ *operation* 单元作业。~ *project* 单位工程(单位工程是单项工程的组成部分,一般指不独立发挥生产能力,但具有独立施工条件的工程。一个单位工程往往不能单独形成生产能力,只有几个有机联系、互为配套的单位工程全部建成竣工后才能提供生产和使用。例如工业车间厂房必须与工业设备安装单位工程以及室外各单位工程配套完成,形成一个单项工程交工系统才能提供生产)。~ *stress* 单位应力。~ *tensile stress* 单位张应力。~ *weight* 单位重量。

U

united *a.* ①一致的,统一的。②团结的,和睦的。~ *states insurance considerations* 国际保险补偿费。

universal *a.* ①普遍的。②通用的。③宇宙的。④全世界的。⑤全体的。~ *instrument*;*universal theodolite* 全站仪(全称为全站型电子测速仪,又称全能经纬仪。它是一种可以同时进行角度〈水平角和竖直角〉测量、距离〈斜距、平距和高差〉测量和数据处理,由机械、光学、电子元件组合而成的测量仪器。因只需一次安置即可完成测站上的所有测量工作,故名全站仪)。*U- Transverse Mercator Projection*;*UTM* 通用横轴墨卡托投影(一种等角横割椭圆柱投影。投影时,距中央子午线东西各 180km 的两条平行线与实地等长)。

unknown *a.* 未知的。~ *geological conditions* 未知的地质条件。~ *quantity* 未知量。~ *number* 未知数。

unloaded *a.* 空载的。~ *hole* 不装药炮孔。

unloading *n.* 卸载。~ *of the stemming* 卸除炮泥(从炮孔中除去炮泥)。~ *opening*卸载口。~ *point* 卸载点。~ *station room* 卸载站硐室(用于底卸式矿车卸载的硐室)。~ *wave* 卸载波。~ *zone of slope* 斜坡卸荷带(由于卸荷作用,使坡体应力释放而形成的斜坡松动破裂带)。

unmanned *a.* ①无人的。②无人操纵的。~ *aerial vehicle* 无人机。~ *standard video camera* 标准视频自动相机。

unprecedented *a.* 空前的,史无前例的。

unramming *n.* 清除拒爆炮孔。

unrestricted *a.* ①自由的。②无限制的。③不受束缚的。~ *trenching* 不受限制的沟槽。

unsafe *a.* ①不安全的。②危险的。~ *ground conditions* 地面不安全条件。

unsensitized *a.* 钝感的。~ *AN* 钝感硝酸铵。~ *emulsion blends* 混成的钝感乳化炸药。~ *emulsion formulation* 钝感乳化炸药结构。*Since most ~ emulsion formulations are less viscous than the glass-bubble sensitized compositions, borehole water is less prone to be trapped in the column.* 由于大多钝感乳化炸药结构不像玻璃微球敏化炸药结构那么有黏性,炮孔水就不那么易于圈闭在药柱里。

unshot *a.* 未爆炸的。~ *toe*;*socket or butt* 炮窝,残炮根底(爆破后未完全爆炸的炮孔,其中可能尚存炸药,也称残炮孔)。

unskilled *a.* ①不熟练的。②拙劣的。③无需技能的。~ *labor* 没有技术的劳工,纯体力劳动。

unstable *a.* 不稳定的。~ *roof* 不稳定顶板(强度低的直接顶板,一般为泥岩、泥质页岩、页岩)。~ *slope* 不稳定斜坡。

unstem *vt.* 取出炮泥。

unstemmed *a.* 无炮泥的。~ *shot* 无炮泥爆破。

untouched *a.* ①未受影响的。②未改变的。③未触动过的。④不受感动的。~ *portion* 未触动部分。

unused *a.* ①不用的。②从未用过的。~ *reserves* 未动用储量。

unweathered *a.* 未风化的。~ *rock* 未风化岩石。

up *a.* 向上的。~ *digging* 上挖(挖掘设备对其站立水平以上的矿岩进行的挖掘)。~*-to-date device* 最新装置。

update *n.* 更新。

upgoing *a.* 上行的。~ *body wave* 上行体波。~ *wave travel path* 上向波旅行路径。~ *wave front* 上行波前。

upgrading *v.* 选矿。~ *ratio* 选矿比(参见 *concentration ratio*)。

uphole *n.* ①仰孔。②上向钻孔。~ *work* 仰孔作业。

uplift *vt.* ①提高。②抬起。—*vi.* ①提高。②上升。③升起。—*n.* 举起,抬起。~ *blasting* 向上爆破(当被爆岩石的上部有自由面时,在炮孔中装填炸药,使爆下的岩石向上抛撒的爆破,俗称抬炮)。

upper *a.* ①上面的,上部的。②较高的。~ *bench* ①上台阶。②上阶段。~ *deck charge* 上部分段装药。~ *flammable limit* 爆燃上限。~ *frequency limit* 频率上限。~ *frequency limit of amplitudes* 振幅频率上限。~ *level loading* 上装(挖掘设备站立水平低于与其配合的运输设备站立水平进行的采装作业)。~ *yield point* 屈服点上限,蠕变上限,塑性上限。

upright *a.* ①正直的,诚实的。②垂直的,直立的。③笔直的。~ *projection* 垂直投影。

upstream *ad.* ①逆流地。②向上游。—*a.* ①向上游的。②逆流而上的。—*n.* 上游部门。

upstroke *n.* ①向上的一击。②书写时向上的一笔。③上行程。④上行运动。

upthrust *n.* ①向上推。②上冲断层。③地壳隆起。④上冲力。

upward *a.* ①向上的。②上升的。—*ad.* 向上。~ *gradient* 上向坡度。~ *hole* 上向炮孔。~ *pull* 上向拉力,上拉。~ *shaft deepening method* 上向井筒延深法(由新生产水平向上凿通原生产井筒的方法)。~ *traveling wave*;*upgoing wave* 上行波。~ *velocity* 上向速度,上升速度。~ *view* 仰视图。

upwind *n.* 逆风。—*a.* 逆风的。—*ad.* 逆风地。~ *side* 上风方向。

urban *a.* ①城市的。②住在都市的。~ *civil engineering blasting* 城市土木工程爆破(系指在城市和乡镇进行的土木工程爆破,包括清除混凝土、钢筋混凝土体以及其他物体的爆破。此时必须严格控制爆破的有害效应,目前常用的方法:①控制爆破法。②混凝土破碎剂。③静态迫裂法。④机械法)。~ *engineering geology* 城市工程地质(研究与城市工程建设有关的地质问题的学科)。

urea *n.* 尿素。~ *nitrite* 硝酸脲。~-*formaldehyde* 脲醛。

U.S. *n.* ① = United States 美国。②非胶质的。~ *Bureau of Mine*;*USBM* 美国矿山局(美国内政部所属局,积极倡导煤矿安全,从事矿业和有关领域的广泛活动)。~ *Department of Energy*(*Report*)美国能源部(报告)。~ *Nu-gel* 非胶质安全炸药。

usable *a.* 可用的。~ *reserves* 能利用储

U

量(当前矿山开采技术经济条件下,可开采利用的储量)。

use *n.* ①使用。②用途。③发挥。—*vt.* ①利用。②耗费。—*vi.* 使用,运用。~ *benefits* 使用效益。~ *factor*;*utilization factor* 利用率,利用系数。~ *limitations* 使用限制。~ *techniques* 使用技术。

used *a.* 使用过的。~ *shell* 已射药筒。

useful *a.* ①有用的,有益的。②有帮助的。~ *capacity* 有效容量。~ *energy of explosive* 炸药的有效能(气体产物压力超过 100MPa 时〈炸药〉向岩体释放的能量)。

useless *a.* ①无用的。②无效的。~ *reserves* 暂不能利用储量(由于煤层厚度小、灰分高、水文地质条件及其他开采技术条件特别复杂等原因,目前开采有困难,暂时不能利用的储量。又称平衡表外储量)。

user *n.* 用户。~-*friendly* 对用户友好,对用户无妨害的。~ *terminal* 用户终端(一种使用户能和计算机进行通信的终端)。

using *n.* ①使用。②利用。~ *checklists* 使用检查表。~ *drill log information* 使用钻孔日志信息。~ *drill log information in advance* 使用预先钻孔日志信息。

USM = unigel slurry mixture 单浆胶质炸药(含铝粉和无机胶,不含 TNT)。

utility *n.* ①实用。②效用。③公共设施。④功用。~ *function* 效用函数。~ *menu* 实用菜单。

utilization *n.* 利用,使用。~ *factor of construction equipment* 施工机械利用率(施工机械实际台班数与制度台班数的比值)。

V

V *n.* ① = vanadium 钒。② = volt 伏特。~-*arch* 三角锥形拱。~-*cut*;*wedge* V 形掏槽(炮孔布置成 V 形的隧道掏槽,是倾斜孔掏槽的一种形式,也叫楔形掏槽。在巷道中心线的两侧对称钻孔,也可以矿脉为对称线钻孔。V 形掏槽又分为水平 V 形掏槽,竖直 V 形掏槽和双 V 形掏槽。受工作面断面大小的限制,V 形掏槽一次爆破不易取得较大的进尺)。~-*hole* V 形炮孔。~-*notch charge specimen* V 形缺口冲击试样。~-*notch charge test* V 形缺口冲击试验。~-*round* V 形掏槽炮孔组。~-*shape hole* 切槽孔(切槽孔系指在圆形炮孔内预制 V 字形槽口的炮孔)。~-*shape hole blasting* 切槽孔爆破(切槽爆破实质就是将爆破的圆形孔断面结构改为带锥形的刻槽孔〈或称 V 形槽〉,随后装药爆破的方法。切槽孔爆破对围岩的扰动最小,比光面爆破、预裂爆破对围岩的影响深度要降低1/2以上,既保证了围岩稳定、又减少超挖)。~-*shaped sandwich explosive* V形夹层炸药。

vacancy *n.* 缺位,空缺。

vacant *n.* ①空的。②空缺的。~ *place* 采空区。

vacuity *n.* ①空虚。②空白。③思想贫乏。④无聊之事。

vacuum *n.* ①真空。②空间。③真空吸尘器。—*a.* ①真空的。②利用真空的。③产生真空的。~ *dewatering unit* 真空去水装置,真空排水装置。~ *distillation* 真空蒸馏。~ *explosive expanding* 抽真空爆炸胀形(在胀形过程中,由于毛料与模腔之间的空气无法排出,所产生的热量会造成零件和模具表面的烧伤。同时,当空气被压缩到很小的体积时,其强大的压力相当于一个坚硬的物体夹在模腔中易使工件和模具被压伤,产生鼓包和沟槽。为避免此类现象的发生,在实施爆炸胀形工艺时,必须把毛料与模腔之间的空气抽掉)。~ *package* 真空包装。

valid *a.* ①有效的。②有根据的。③合法的。④正当的。~ *component* 有效成分,有用成分。

validity *n.* ①有效性。②正确。③正确性。④真实性。~ *limit* 有效极限,适用极限。

valuable *a.* ①有价值的。②贵重的。③可估价的。~ *constituent* 有价成分。~ *content* 有价成分含量。

value *n.* ①值。②价值。③价格。④重要性。⑤确切涵义。—*vt.* ①评价。②重视。③估价。~ *of gravity* 重力值(即重力加速度的值)。

valuer *n.* 评比人,评价人。

vane *n.* ①叶片。②风向标。③剪切。~ *strength value* 土壤抗剪强度值。

variability *n.* ①可变性,变化性。②变化无常。*Furthermore, field measurements of detonation gases are subject to ~ in all the factors mentioned before, and at best could provide a certain range of results.* 此外,对爆生气体的实地测量受上述所有因素变化无常的影响,所以测量结果是一组范围值。

variable *n.* 变量,变数。—*a.* 可变的,变动的。~ *coefficient* 可变系数。~ *energy distribution* 可变能量分步。~ *explosive strength* 可变的炸药强度。~ *parameter* 可变参数。~ *resistance* 可变阻力。~ *structure; transition structure* ①可变结构。②过渡结构。

variance *n.* 方差(是衡量源数据和期望值相差的度量值)。

variation *n.* ①变化。②变异,变种。~ *coefficient* 变异系数(某项试验指标的均方差与算术平均值之比,以百分数表示)。

variational *a.* ①变化的。②因变化而产生的。③变异的。~ *perturbation theory of molecular fluids* 分子流体的变化扰动理论。

varying *a.* ①不同的。②变化的。~ *geological conditions* 多样的地理条件。~ *stress* 变应力。

vector *n.* 矢量。~ *peak particle velocity* 向量的峰值质子速度。~ *analysis* 矢量

分析。~ *of interface displacement* 界面位移向量。~ *of force variables* 变力向量。

vegetal *a.* 植物的,植物性的。~ *oil* 植物油。

vehicle *n.* 车辆。~ *for loading explosive* 装药车。

veinstuff *n.* = gangue mineral 脉石(矿床中的非开采对象或没有开采价值的矿物,俗称废石,是金属矿物的反义词)。

velocity *n.*【物】速度。~ *matching* 速度匹配。~ *of detonation* 爆轰速度。~ *of detonation monitoring* 爆轰速度监测。~ *determination* 速度测定。~ *distribution* 速度分布。~ *field similitude* 运动学相似(两个运动相似的流场,在对应的时刻,在其任意对应的几何相似点上,速度的方向相同、速度大小之比相等称为运动学相似)。~ *field vector* 速度场矢量。~ *fluctuation*;~ *perturbation* (*coefficient*) 速度波动系数(系数)。~ *gradient* 速度梯度。~ *inversion* 速度反常。~ *loading input wave* 加载速度输入波。~ *loading time frame* 加载速度时间框架。~ *of combustion*;*burning speed*;*burning rate*;*combustion* ~;*rate of burning* 燃烧速度。~ *of detonation* 起爆速度。~ *of approach* 邻近速度。~ *of propagation* 传播速度。~ *profile* 速度剖面。~ *pulse* 速度脉冲。~ *sensitivity* 速度灵敏性能。~ *versus time boundary condition* 速度与时间之比的边界条件。

ventilation *n.* ①通风设备。②通风(井下爆破之后,将炮烟排出工作面或输入新鲜空气,降低炮烟浓度的工序)。~ *after large-scale blasting* 大爆破后通风(稀释和排出大爆破所产生的炮烟和粉尘的通风措施。按爆破作业的要求,应在较短时间内,使大爆破所产生的大量炮烟和粉尘降低到允许浓度,因而需要较大的风量)。

ventless *a.* ①无出口的。②无孔的。~ *delay electric cap*;*gasless electric delay detonator* 无烟延时电雷管。

Venturi *n.* 文丘里(人名)。~ *type* 文丘里模式。~ *type ANFO loader* 文丘里铵油炸药装载机。~ *loader* 文丘里式装药器(参见"喷射式装药器")。~ *system* 文丘里装药系统。

verbal *a.* 口头的。~ *communication* 口头联络。

versatile *a.* 多用途的。

versatility *n.* 多种用途,多面性。

vertical *a.* ①垂直的,直立的。②头顶的,顶点的。—*n.* 垂直线,垂直面。~ *crater retreats blasts* 垂直爆破漏斗。~ *vs angled boreholes* 垂直孔与倾斜孔。~ *blasting demolition of building*;~ *collapse of building* 建筑物原地坍塌方案(对于一般矮层楼房和厂房建筑物,无论是砖混结构或者是钢筋混凝土框架结构,只要楼房四周场地水平距离为楼房高度1/2左右,并且楼房的高宽比小于1.0,没有任何一方向具有开阔的场地,此时最适宜采用原地坍塌方案,即建〈构〉筑物在原位置坍塌)。~ *acceleration* 垂向加速度。~ *angle* 竖直角(一点至观测目标的方向线与水平

V

面间的夹角,仰角为正,俯角为负)。~ *blasting demolition of towering buildings* 高耸建筑原地坍塌(破坏高耸建筑物的底部结构使其在本身自重的作用下,在重心下移过程中借助产生的重力加速度,以及在下落地面上时的冲击力自行解体,致使建筑物在原地坍塌、破坏)。~ *continuity* 垂向连续性。~ *control network* 高程控制网(由一系列高程控制点所构成的测量控制网)。~ *control point* 高程控制点(测得高程值的控制点)。~ *control survey* 高程控制测量(测定控制点的高程值所进行的测量)。~ *crater retreat*; *VCR* 垂直漏斗后退式开采(1975 年首次在加拿大列瓦克镍矿成功地用于矿柱,目前在美国和中国等矿山不仅用于矿柱回采,也用于矿房回采。在矿体中钻出垂直或倾斜的平行炮孔,并用集中药包相继起爆,在矿体中形成倒向漏斗,从矿房中运出漏斗中的破碎岩石)。~ *crater retreat blasting* 垂直漏斗后退式爆破。~ *crater retreat mining method* 垂直漏斗后退式采矿法。~ *datum* 高程基准(由特定验潮站平均海面确定的测量高程的起算面以及依据该面所决定的水准原点高程)。~ *diffusion* 垂向扩散。~ *direction of workings* 巷道坡度线(在竖直面上指示井巷施工的方向线)。~ *fan cut* 垂直扇形掏槽。~ *geometrical factor* 纵向几何因子。~ *heterogeneity* 垂向非均质性。~ *homogeneity* 垂向均质性。~ *interval* 垂直间距。~ *plane projection diagram of coal seal* 煤层立面投影图(根据由探采工程控制的煤层形态和其他地质界线等,用正投影法投影在和煤层平均走向平行的垂直投影面上编制的,用以表示急倾斜层的整体分布轮廓和各部分煤研究程度的投影图)。~ *pressure* 垂直压力(与重力场方向平行的压力)。~ *resolution* 纵向分辨率。~ *response function* 纵向响应函数。~ *ring* 垂直环形炮孔,垂直扇形炮孔。~ *ring drilling* 垂直环形孔凿岩,垂直扇形孔凿岩。~ *section* 纵断面。~ *shaft*; *shaft* 立井,竖井(服务于地下开采,在地层中开凿的直通地面的、竖直通道)。~ *shaft development* 立井开拓(主、副井均为立井的开拓方式)。~ *shear* 垂直剪切,纵向剪切。~ *stress* 垂直应力。~ *survey* 高程测量(确定地面点高程的测量。主要有:水准测量、三角高程测量、气压高程测量及流体静力水准测量和 *GPS* 高程测量等)。~ *survey by intersection* 交汇高程测量(根据多个已知高程点,用交会法和三角高程测量来测定待定点高程的测量方法)。~ *sweep efficiency* 垂向波及系数。~ *tensile fracture* 纵张缝。~ *up-hole* 垂直上向孔。~ *upward hole blasting* 垂直上向孔爆破。~ *upward large diameter long holes* 垂直上向大直径深孔。~ *vibration* 垂直振动。*-ly-controlled survey of surface mine* 露天矿高程控制测量(在露天矿建立基本高程控制网进行的测量工作)。~ *wave* 垂直波。~ *wave velocity*; ~ *wave speed* 垂向波速。

very *a.* ①恰好是,正是。②甚至。③十足的。④特有的。—*ad.* ①非常,很。

V

②完全。~ *long baseline interferometry*; *VLBI* 甚长基线干涉测量(利用任意长度基线两端的无线电设备接收同一射电源信号,按照干涉原理用相关方法求得信号的时延,根据多个射电源的时延观测值确定基线的长度和坐标的技术)。

vibrating *a.* 振动的。—*n.* ①振动。②摇摆。~ *stoke* 振动冲程。

vibration *n.* 振动。~ *damage prevention* 振动损伤的预防。~ *data evaluation* 振动数据评价。~ *effects on buried pipelines and utilities* 地下管路和设备的振动效应。~ *effects on concrete* 对混凝土振动影响。~ *effects on historic structures* 对古建筑的振动影响。~ *effects on underground mines and tunnels* 对地下矿山和隧道的振动影响。~ *effects on water wells* 对水井的振动影响。~ *measurements combined with various damage criteria* 结合多种破坏标准进行振动监测。~ *monitoring* 振动监测。~ *monitoring-blasting seismographs* 爆破振动监测。~ *reduction* 减少振动。~ *crushing* 振动破碎。~ *blasting* 振动爆破。~ *damping* 振动阻尼。~ *direction*; *direction of* ~ 振动方向。~ *duration*; *duration of* ~ 振动持续时间。*The* ~ *duration is a function of blast design, distance and geology.* 振动持续时间是爆破设计、距离和地质学这三者的函数。~ *effect* 振动效应。~ *intensity* 振动强度。~ *sensitivity* 振动感度。*Also, the explosives user would be wise to become aware of the variation in* ~ *sensitivities of different structures, utilities, facilities and materials, and to make note of the conditions near his operations.* 此外,明智的炸药用户还须知道不同的结构、公用设施、设备和用具对振动感度的变化,而且要记录爆破场地附近的情况。~(*shock*) (*impact*) *tolerance* 振动(冲击)(撞击)耐限(按规定振动〈冲击或撞击〉准则得出个体或者特定人群或组中的平均的可耐受最大的爆炸振动机械振动〈冲击或撞击〉的烈度)。~ *measurement* 振动测量(振动测量用来评估爆破损坏构筑物的可能性,通常测量的振动参数有:质点的位移 u、速度 v 和加速度 a 和〈或〉记录振动的频率 f 和衰减 Q)。~ *measuring sensor* 振动测量传感器。~ *monitoring* 振动监测。~ *parameters* 振动参数。~ *plane* 振动面。~-*proof* 防振动的。~-*reducing effect* 降振效果,减振效果。~ *response* 振动响应。~ *sensor* 振动传感器。~ *strength* 振动强度。~ *stress* 振动应力。~ *test* 振动试验(用振动试验机模拟民用爆破器材在恶劣的运输条件下受到冲击加速度的反复作用,考察其运输安全性和可靠性的试验)。~ *threshold* 振动阈值。~ *velocity* 振动速度(地震波的特征量,单位为mm/s)。~ *wave* 振动波。~ *zone* 振动区(炸药爆炸所产生的能量在压碎区和裂隙区内消耗了很多。在裂隙区以外的介质中不再对介质产生破坏作用,而只能使介质质点发生弹性振动,直到弹性振动波的能量完全被介质吸收为止。该作用区的范围比前两

个大得多,称为振动区)。

vibratory *a.* ①振动性的。②震动的。~ *roller* 振动碾(靠自重振动作用压实土、砂、堆石或混凝土的施工设备)。

vibro *n.* 振捣。~-*pulverization* 振动粉碎。

vibrograph *n.* = vibroscope 振动计,示振仪。

Vibronite *n.* 维勃罗奈特炸药。

vibrorecord *n.* 振动(记录)图,录振图。

vibroshock *n.* 减振器。

vibrotechnique *n.* 振动技术。

vice *prep.* 代替。—*vt.* 钳住。—*a.* ①副的。②代替的。~ *versa* 反之亦然。

vicinity *n.* ①邻近,近处。②接近。*There is a bank of agriculture in the* ~. 附近有一家农业银行。*The fracture frequency displayed by the cores in the* ~ *of the samples was noted at the time of sampling.* 样品附近的岩心上显示的裂纹频率在采样时就注意到了。*They are in the* ~ *of thirty.* 他们接近30岁。

V

Vicker *n.* 维克氏(人名)。~ *hardness* 维氏硬度(材料硬度的一种表示方法。以测量金刚石四棱锥体在试件上产生的压痕的对角线值表示。符号是HV。例如,HV30表示试验载荷为300N时的维氏硬度)。

video *n.* ①视频。②录像,录像机。~ *inspection equipment* 视频检查设备。~ *recordings of blasts* 视频爆炸记录。~ *scope* 视频示波器(一种小型视频摄像机,可放入钻孔或穴中。可垂直或平行于钻孔轴观察钻孔。所摄得的信息通过纤维光缆输送至炮孔口)。

viewing *v.* ①观察。②查看(view的ing形式)。~ *angle*;*observation angle* 观测角,观测角。~ *chamber* 观察室。~ *distance* 观测距离。~ *port* 观察孔。~ *screen* 荧光屏。~ *window* 观察孔。

Vigorite *n.* 维格赖特硝甘炸药。

violence *n.* 猛度,猛烈,烈性。~ *bump* 强烈岩爆。~ *of explosive* 炸药猛度。

violent *a.* ①暴力的。②猛烈的。~ *outburst* 猛烈爆发,剧烈岩爆。~ *shock* 强震。

violently *ad.* ①猛烈地,激烈地。②极端地。~ *weathered zone*;*completely weathered zone* 剧风化带,全风化带(岩体结构彻底破坏,矿物完全变异而呈土状的剧烈风化带)。

virgin *a.* ①处女的。②纯洁的。③未经利用的,处于原始状态的。—*n.* 处女。~ *fissure* 原生裂隙(岩体生成过程中自然形成的裂隙)。~ *pressure* 原始压力。~ *rock*;*initial rock* 原岩(体)(未受采掘影响的天然岩体)。~ *rock stress* 原岩应力。~ *stress* 原始应力。~ *stress field of rock(mass)*;*initial stress field of rock* 原岩(体)应力场(原岩〈体〉应力在岩体内的分布)。~ *stress of rock*;*initial stress of rock* 原岩(体)应力(采掘前原岩〈体〉内的应力)。

virtual *a.* 虚拟的。~ *LAN* 虚拟网(典型的网络的分段是由电缆到端口的物理连接来定义的,配置和相应的路由选择由基础硬件确定。然而虚拟网是由软件来定义分段的,路由选择由帧转发表来执行,该表把多个工作站分到多个逻辑段及相关的物理端口。其好处是能够方便地移动站点,可以将工作站移到不同的端口,而仍然为同一个虚假网分段的成员)。~ *memory* 虚拟存储器(在具有层次结构存储器的计算机中,为用户提供一个比主存储器容量大得多的可随机访问的地址空间的技术。虚拟存储器技术使辅助存储器和主存储器密切配合,对用户来说,好像计算机具有一个容量比实际主存大得多的主存可供使用)。~ *value* 有效值。

visco-elastic *n.* = Visco-elasticity; ~ *property* 黏弹性。~ *body* (*material*) 黏弹性物体(物质)。~ *mass* 粘-弹性体(在荷载作用下变形随时间而发展,卸载后变形可恢复的物体)。~ *response* 黏弹性反应。~ *rock mass* 黏弹性岩体。~ *theory* 黏弹性理论(该理论旨在阐明黏弹性的材料中应力与应变两者的关系)。

visco-plastic *n.* 粘塑性。~ *deformation* 粘塑性变形。

visco-plastic-elastic *n.* 黏弹塑性。~ *mass* 粘-弹-塑性体(在荷载作用下变形随时间而发展,卸载后变形不能全部恢复的物体)。

viscosity *n.* ①黏度。②【物】黏性(受力岩土能够抑止瞬间变形,使变形滞后于时间的性质)。~ *factor* 黏滞系数,黏度系数。~ *gradient* 黏度梯度。~ *test* 黏度试验。

viscous *a.* 黏性的,黏滞的,胶粘的。~ damping 黏滞阻尼。~ *displacement* 黏滞位移。~ *effect* 黏滞作用,黏滞效应。~ *fluid* 黏性流体。~ *force* 粘力。~ *material* 黏性物料。~ *resistance* 黏滞阻力。~ *stress* 黏性应力。

Visec *n.* 魏锡克(人名)。~'*s bearing capacity formula* 魏锡克承载力公式(魏锡克在普朗特尔、太沙基、汉森公式基础上,提出用刚度指标来判别地基破坏类型,引入压缩影响系数以考虑局部剪切破坏对承载力的影响等,而得出的较全面地考虑了各种影响因素的计算地基承载力的公式)。

visible *a.* ①明显的。②看得见的。③现有的。④可得到的。—*n.* ①可见物。②进出口贸易中的有形项目。~ *crater depth* 可见漏斗深度(爆破土石方部分被抛出爆破漏斗后形成新地面线,新地面线与原地面线相比,下陷的最大距离,称为可见漏斗深度)。~ *reserves* 可见储量。

visitor *n.* ①访问者,参观者。②视察者。~ *control and monitoring* 访问者控制和监测。

visual *a.* 视觉的,视力的。~ *observation* 视觉观察。~ *examination*; ~ *survey* 眼力观测。~ *control* 直观控制。

vital *a.* ①至关重要的。②生死攸关的。③有活力的。~ *capacity* 生命力。

void *n.* ①空隙,孔隙(岩石中孔隙和微裂隙的总称)。②空白,缺乏。③无效,作废。~ *effect* 空穴效应(靠空穴闭合产生冲击、高压,并将能量集中起来,在一定方向上形成较高能流密度的聚能流,称为空穴效应)。~ *factor* 空隙因数。~-*free* 无空隙的。~ *hole* 空炮孔。~ *rate* 空隙率(岩石的空隙体积与岩石总体积之比,用百分数表示)。~ *size distribution* 空隙粒度分布。~ *space* 空隙空间。~*-strength curve* 空-强度曲线。~ *volume* 空隙体积。~*s and caverns* 空隙和洞穴。

volcanic *a.* ①火山的。②猛烈的。③易突然发作的。—*n.* 火山岩。~ *rock* 火山岩。

volley *n.* 齐射。~ *firing* ~ *shot*; ~ *shooting* 齐发爆破。

voltage *n.* 电压。~ *stress* 电压梯度。~ *to earth* 对地电压。

volume *n.* 体积。~ *of displaced rock* 错位岩石的体积。~ *compressibility* 岩石压缩率。~ *compression coefficient* 体积压缩系数(在无侧胀条件下,单位厚度土层在单位压力增量作用下所产生的压缩量,数值上等于压缩模量的倒数,以 MPa^{-1}表示)。~ *elasticity* 体积弹性。~ *expansion* 体膨胀。~ *formula of charge calculation* 体积公式($Q = qV_k$。式中,V_k为爆破漏斗体积,m^3;Q 为装药量,kg;q 为表征岩石性质的一个常数〈亦称单位炸药消耗量〉。其实质是在一定的岩石及炸药条件下,爆破的岩石体积与装药量成正比)。~*-length relation curve*; *V-L curve* 体积深度关系曲线,*V-L* 曲线(最基本的爆破漏斗特性是 *V-L* 曲线。它是炸药量一定时,随着炸药埋深 *L* 的变化,爆破漏斗半径 *r*〈*r-L*〉、爆破漏斗深度 *H*〈*H-L*〉和爆破漏斗体积 *V*〈*V-L*〉的变化规律)。~ *of blast* 爆破量。~ *of blasting of extended boreholes* 延长炮孔爆破量。~ *of fragmented rock* 岩石破碎量。~ *of rock broken per blasthole* 单孔岩石破碎量。~ *shrinking rate* 体积收缩率,体缩率(物体受冷或受压时的体积收缩量与原体积之比,以百分数表示)。~ *weight* 体积重量。

volumetric *a.* ①【物】体积的。②【物】容积的。③【物】测定体积的。~ *creep* 体积蠕变(在球张量应力作用下,岩土体积变形随时间而发展的现象)。~ *efficiency* 体积效率,容量效率。~ *fracture* 体积破碎。~ *grain* 同体积异密度颗粒(在水中下沉速度不同)。~ *heat-absorption capacity* 体积热容量(单位体积岩土温度升高1℃所需吸收的热量,以 J/m³·℃表示)。~ *joint count* 体积节理数(每一节理组每立方米的总节理数,以节理数/m³ 表示)。~ *loading* 容积负荷,按容积装载。~ *strain energy* 体积应变能(岩体受力发生体积变形而积蓄的应变能,数值上为平均正应力与体积应变乘积的二分之一)。~ *stress* 体积应力。~ *swell* 体积增大。~ *velocity* 体积速度。~ *weight* 容重。~ *strain* 体积应变(岩土在外力作用下产生的体积相对变形量)。

volumetric *a.* 容量分析的。~ *method* 量积法(通过测量规则试样的几何尺寸求其体积,以测定岩土密度的方法)。

Von *n.* 冯(人名)。~ *Mises Stress* 冯·米塞斯应力。

vortex *n.* ①涡流。②漩涡。③旋风。~ *sloughing principle* 涡漩脱落机理(这一机理是由 G. R. Cowan 和 A. H. Holtzman 提出的。他们认为,在爆炸焊接中界面的金属流动可以用流体力学中流体流束在围绕一个障碍物流动时流束

V

的分离与再汇合来模拟。学者们将爆炸复合时所产生的再进入射流视为流体内的一个横向障碍物,则基板、复板流在射流的周围进入了假设的分离和实际的结合。在碰撞点后面所形成的波,非常类似于流体所形成的"卡曼涡街",所以,涡漩脱落机理又被称为"卡曼涡街机理)。

vuggy *a.* 多孔的。~ *rock*;*porous rock* 多孔岩。

vulcan *a.* 硫化的。~ *powder* 硫化烈性炸药。

vulcanization *n.* 硫化。

vulnerability *n.* ①易损性。②弱点。

W *n.* 英语字母中的第二十三个字母。~*-cut* W形掏槽,双楔形掏槽。~*-type multiple* W形多次反射波。

waiting *n.* 等待。~ *times* 等待时间。

wall *vt.* 用墙围住,围以墙。—*a.* 墙壁的。—*n.* ①墙壁,围墙。②似墙之物。③侧壁(巷道或开挖面的两壁)。~ *control blasting* 周边控制爆破(周边系指平巷、隧道或露天矿的边壁,在其周边进行的爆破称为周边控制爆破)。~ *control factors* 巷道壁控制因素。~ *effect* 周边效应。~ *hole* 扩槽炮孔(巷道掘进时,除掏槽孔、辅助掏槽孔、周边孔以外,将掏槽向周围横向扩大的炮孔)。~ *slash* 扩帮。~ *stability* 边坡稳定性。~ *stopping* 隔墙。~ *stress* 壁应力。

walling *n.* ①砌墙。②墙壁。③ = shaft lining;shaft wall 井壁(在井筒围岩表面构筑的、具有一定厚度和强度的整体构筑物)。~ *crib*;*shaft crib* 壁座(为支撑向上砌筑段井壁和悬挂向下掘进段的临时支架,在井筒围岩中开凿并构筑的混凝土或钢筋混凝土基座)。~*-up* 封墙(装药巷道),封闭装药硐室。

war *n.* ①战争,斗争。②军事,战术。③冲突,对抗,竞争。—*vi.* ①打仗,作战。②对抗。~ *explosive* 军用炸药。

warehouse *n.* 仓库,货栈,大商店。—*vt.* 贮入仓库。~ *of explosives except magazine* 库外存放站(炸药原则上必须贮存在炸药库中。但是,在特殊情况下,可以把一定数量的炸药,按有关规定存放在炸药库外、经管辖机构批准指定的场所)。

warhead *n.* 战斗部(是各类弹药和导弹毁伤目标的最终毁伤单元,主要由壳体、战斗装药、引爆装置和保险装置组成)。

warning *n.* ①警告。②预兆。③预告。—*a.* 警告的。~ *lamp*; ~ *light* 警报灯。~ *sign* 警示标记。~ *signal* 警告信号,预警信号。

warp *n.* 弯曲,歪曲。~ (*woof*) *tensile*

strength 经(纬)向抗拉强度。

washing *n.* ①洗涤。②洗涤剂。③要洗的衣物。—*a.* 洗涤用的,清洗用的。~ *repellent* 疏水的。

waste *n.* ①浪费。②废物。③荒地。④损耗。⑤地面风化物。—*vt.* ①浪费。②消耗。③使荒芜。—*vi.* ①浪费。②变消瘦。③挥霍钱财。—*a.* ①废弃的。②多余的。③荒芜的。~ *blasting* 人工放顶爆破。~ *disposal site* 排土场(堆放剥离物的场所)。~ *disposal* 废物处理。~ *recovery and utilization* 废物回收利用。~ *rock* 弃渣(在掘进或爆破过程中,开挖出来的没有任何使用价值的岩石碎块。在土木工程中称为废渣,在矿山称为废石,在煤矿称为矸石)。~ *water treatment* 废水处理。

waster *n.* 矸石(中低品位的无使用价值的岩石夹层。参见"夹石")。~*-to-ore ratio* 剥采比。

watch *vt.* ①观察。②注视。③看守。④警戒。—*n.* ①手表。②监视。③守护。④值班人。—*vi.* ①观看,注视。②守候,看守。~ *dog* 监控设备,监控装置。

W

water *n.* ①水。②海水。③雨水。④海域,大片的水。—*vt.* ①使湿。②供以水。③给…浇水。—*vi.* 加水。~ *absorbability of rock* 岩石吸水性。~ *absorptivity* 吸水率(岩石在常温常压下充分吸水时,其水分的质量与固体颗粒质量之比,用百分数表示)。~ *affinity* 亲水性。~ *ampule stemming* 炮孔水封。~ *backfill* 水封。~ *breaker block* 消波块体。~ *cartridge* ①水环药筒(用水封筒代替炮泥),用于充水的药筒。②水力爆破筒。~ *conservancy and hydropower projects* ~ *content*;*moisture* 水分。~ *cycle system* 水循环系统。~ *flowing fractured zone* 导水断裂带(导通水流至采空区的断裂带和垮落带的总称)。~ *gel*;~ *gel explosive* 水胶炸药(以硝酸甲胺为主要敏化剂的含水炸药。亦即由硝酸甲胺、氧化剂、辅助敏化剂、辅助可燃剂、密度调节剂等材料溶解、悬浮于有胶凝剂的水溶液中,再经化学交联而制成的凝胶状含水炸药)。~ *hole blasting* 水孔爆破(通常,炸药遇水后爆炸性能会恶化,特别是铵油类的粉状炸药。在水孔中使用时,炸药必须采用防水措施或采用抗水炸药。电雷管有一定的耐水性。用火雷管起爆时,在导火索与火雷管连接的部位,必须采取防水措施。当水孔中水压比较高时,最好采用耐水压的炸药和雷管)。~ *infiltration source* 渗水源。~ *infusion blasting*;~*-blocked blasting* 水封爆破(以水填塞炮孔用以降低粉尘的爆破方法)。~ *jet method* 水射流法(有两种作用原理和用途:①水射流钻孔法。利用超高速喷射水流的冲击作用,进行钻孔的方法。②喷水扇风机。在风管里喷射压力水,利用其喷射吸附效应诱导空气流动的通风装置)。~ *loss* 失水量(用于测量岩石不导水率的一种方法,单栓塞可用于密封整体炮孔,双栓塞用于密封炮孔的局部。此法可用于测定两个或多个炮孔之间的物理连接通道。该法有益于量化爆破引起的岩石破坏)。~ *medium buffer* *blasting* 水介质缓冲爆破(可伸缩的)。~ *pressure blasting* 水压爆破(根据建筑物顶部封闭形式的不同,水压控制爆破分为开口式和封闭式两类)。~ *pressure blasting in sealed containers* 闭口式水压爆破(指建筑物顶部和四周均被封死,这样上冲的水柱能对周壁进行破碎,爆轰能量利用率高,爆破效果较好。在容器类构筑物中注满水,将药包悬挂于水中适当位置,利用水的不可压缩特性把炸药爆炸时产生的爆轰压力传递到构筑物周壁上,使周壁介质均匀受力而破碎。这种爆破方法称为水压爆破)。~ *pressure blasting in unsealed containers* 开口式水压爆破(开口式是指建筑物顶部敞开或者在爆破前亦不施加人为的封闭。这种开口式的水压控制爆破在爆破时其容器内形成的水柱上冲高度大,周围破碎效果也较差)。~ *pressure test in borehole* 钻孔压水试验(利用水泵或水柱自重,将清水压入钻孔试验段,根据一定时间内压入的水量和施加压力大小的关系,计算岩体相对透水性和了解裂隙发育程度的试验)。~ *pumping test* 抽水试验(在选定的钻孔或竖井中,对选定含水层〈组〉抽取地下水,形成人工降深场,利用涌水量与水位下降的历时变化关系,测定含水层〈组〉富水程度和水文地质参数的试验)。~ *resistance* 抗水性能(炸药承受水渗透而产生的钝化效应的能力。一种炸药的抗水性取决于该炸药的密度、暴露于水的时间和水的压力。炸药的抗水性可用代表该炸药〈与水接触后〉仍能起爆的时间的抗水性数来量化)。~ *resistance ANFO* 抗水重铵油炸药。~ *resistance number* 抗水性数(炸药承受暴露于水而不致变质或钝化的性能。通常以能抗水的时间〈小时〉表示)。~ *resistant closure technique* 防水密封技术。~ *resistant detonator* 抗水性雷管(密封性雷管,即使在高压下亦可防止水渗入其中)。~ *resisting agent* 抗水剂(能降低混合炸药水溶性的物质)。~ *shooting* 水中爆炸,水中激发。~ *softening of rock mass* 岩体水力软化(在高压水的吸附、吸收、水合、楔入等作用下破坏岩体结构降低其强度的现象)。~ *stemming* 水堵塞(炸药装入炮孔后将充满水的塑料管或塑料袋塞入炮孔。此时水用作封堵材料而取代钻屑、黏土或砂子。应用水封可提高炸药爆破效率)。~ *stemming bag*; ~-*filled stemming bag*; ~ *ampule* 水堵塞袋(充满水、含自封装置的塑料袋)。~ *storage project* 蓄水工程。~ *supply for construction* 施工供水(供应施工现场生产和生活用水的设施)。~ *work booster* 水下爆破助爆药包。~ *yield property*; ~ *abundance* 富水性(含水层的水量丰富程度)。~-*absorbing capacity* 吸水能力,吸水性。~-*blasting face* 水力爆破工作面。~-*blocked blast curtain*; ~-*blocked blast screen*; ~-*blocked mat* 水封爆破帘。~-*blocked shaped charge* 水封聚能药包。~-*bound* 周围环水的。~-*containing borehole* 含水炮孔。~-*containing explosive*; ~-*bearing explosive*; *aqueous explosive*; ~-*holding explosive*; ~-*based* *explosive*含水炸药(配方中含有相当数量水的混合炸药。以氧化剂水溶液和可燃剂为基本成分的,含水量一般为10%～20%的混合炸药。一般指浆状炸药、水胶炸药和乳化炸药等)。～-*cooled blasting* 水冷爆破(检修炼铁炉、加热炉等高温炉体时,不能等待温度高达250～280℃的炉底残渣和炉瘤充分冷却后清理,而采用的一种安全可靠的爆破方法)。～-*dipping test* 浸水试验(将民用爆破器材浸入一定温度和压力的水中,经过一定时间,考察其抗水性能的试验)。～-*holding capacity*;～ *retaining capacity* 含水量,含水性。～-*in-oil emulsions* 油包水乳化炸药。～-*in-oil structure* 油包水结构。*Due to its* ～-*in-oil structure*(*similar to butter*), *emulsion has perfect* ～ *resistance*. 乳化炸药具有(类似黄油的)油包水结构,因此防水性能极好。～-*proof charge* 防水药包(将铵油炸药、硝铵炸药等非抗水炸药装进塑料薄膜密封袋中,以及其他进行防水处理制作的药包)。～ *proof detonating fuse*;～ *proof fuse* 抗水导爆索(具有较高抗水性能的工业导爆索,可用于水下爆破作业)。～ *proof electric blasting cap* 防水电雷管。～-*proof explosive*;～-*resistant explosive* 防水炸药,耐水炸药。～-*proof material* 防水材料。～-*sand ratio*;～-*material ratio* 水砂比(一定体积的砂浆中,水与充填材料体积之比)。～-*yield coefficient*;～-*bearing coefficient* 含水系数(矿井或坑道的排水量与同一时期煤炭开采量之比)。

wave *vi*. ①波动。②呈波形。—*n*. 波(在介质体内部或其表面上传播的扰动。在介质体内部传播的波叫体波,在介质表面传播的波叫面波。描述波动的各种参数,如振幅、有效振幅、频率、周期、视频率、视周期、波长、波数、视波长、视波数等)。～ *acoustics* 波动声学。～ *amplitude* 波幅(也称波的振幅。波扰动偏离平衡位置的最大值。在均匀波形时等于二分之一波高)。～ *arrival* 波至。～ *attenuation* 波衰减。～ *base* 波基面。～ *characteristic* 波特性(也称波特征,波要素。反映波形的几何特征和运动特征的量。一般指波高、波长、波的周期、波速及波向)。～ *collision* 波碰撞。～ *contour plot* 波轮廓曲线。～ *crest*;～ *peak* 波峰(也称波顶。在任一指定的时刻,波到达的各点都处于不同的振动状态,位移具有正向最大值的位置,称为波峰)。～ *crowding* 波拥挤。～ *differential equation* 波动微分方程。～ *diffraction* 波绕射。～ *dispersion* 波散。～ *disturbance* 波扰动。～ *diversion*;～ *divergence* 波扩散。～ *duration* 波持续时间。～ *energy* 波能。～ *energy density* 波能密度。～ *equation* 波动方程(表示以波的形式传播扰动的空间和时间关系的方程式。在直角坐标系 x、y、z 中为:$V^2\varphi=\frac{\partial^2\varphi}{\partial x^2}+\frac{\partial^2\varphi}{\partial y^2}+\frac{\partial^2\varphi}{\partial z^2}=e$ 式中 φ 为波的位移;e 为体积应变)。～ *face* 波面(也称波阵面。从波源发出的振动经过同一传播时间而到达的各点所组成的面,即波动的同相面。如投石于静水中,水波的波面是许多同心圆)。~ *field* 波场。~ *field extrapolation* 波场延拓。~ *field separation* 波场分离。~ *flow* 波浪流。~ *frequency* 波频率。~ *front*;~ *surface* 波前(也称波面,波阵面。①一波动在同一时间所到达的点构成的面,其上面各点的相位的同一时间的值均相同。波的传播可视为波前在介质中的运动。②波形的前缘)。~ *front aberration* 波阵面象差。~ *function* 波函数。~ *group* 波组,波群(①由相距较近的两个或两个以上的一组界面形成的具有稳定波形和一定时间间隔的一组地震波。②自然界中的波动,实际上波幅是时大时小的,并非是简单的简谐振动。因此,波动表现出群的性质。在群中,一部分波幅大,一部分波幅小。在数学处理上,可以认为波群是由一些波长相近的简谐波叠加而成)。~ *height* 波高(波峰与其前一个波谷的高度差。在均匀波形时,波高等于 2 倍的波幅)。~ *hollow*;*trough* 波谷。~ *impedance* 波阻抗。~ *intensity* 波强度。~ *interference* 波干涉。~ *length* 波长(沿传播方向的周期波上两个相继循环内同相两点之间的距离,单位为 m)。~ *line* 波线。~ *mechanical principle* 波动力学原理。~ *mechanics* 波动力学。~ *motion* 波动,波状运动(从物质一点的振动,能渐次传播到四周,产生周期性振动的现象)。~ *notation* 地震波符号(一般对地震波在其传播路径中的各部门的性质赋予不同的字母符号,用以区分各种波。如 P 表示地壳或地幔中的纵波;S 表示地壳或地幔中的横波;K 表示地核中的纵波;I 表示地核中的纵波;J 表示地核中的横波)。~ *number* 波数(垂直于波前方向上单位距离内波的数目,即波长的倒数)。~ *number domain* 波数域。~ *of pulverizing disturbance* 粉碎扰动波。~ *optics* 波动光学。~ *overlap*;~ *superposition* 波的叠加。~ *parameters* 波参数(描述波运动的一些物理量,如波幅、周期、频率、波长等)。~ *path* 波程。~ *pattern* 波型。~ *pressure* 波压。~ *propagation* 波传播。~ *pulse* 波脉冲。~ *radiation from a blasthole* 炮孔波辐射。~ *rear*;~ *tail* 波尾。~ *reflection* 波反射。~ *resistance* 波阻力。~ *spectrum* 波谱。~ *strip* 波带。~ *theory* 波动理论。~ *train* 波列(由周期性短期扰动成为几个周期的波。理想化的声波波列由初至波、次至波和续至波组成。波列连续振动产生系列波。在波型上,可以是等幅的,也可以是不等幅的。在自然界中的波,往往是一阵大波,一阵小波的交替出现)。~ *travel time* 波传播时间。~ *speed*;~ *velocity* 波速(波通过媒体传播的速度。单位时间内波形传播的距离。波速等于波长与周期之比。声波在空气中传播的速度为 340m/s,光波在真空中传播的速度约为 3×10^8m/s)。~ *velocity in rocks* 岩石波速。~-*direction* 波向(波的传播方向。海浪的波向对航船有较大的影响,逆风时也常是逆波向的,是直接影响航速的因素)。

waveform *n.* = wave shape【物】波形。

~ *collision* 波形碰撞。~ *modeling* 波形模拟。

wavefront *n.* ①波前。②波阵面。~ *angle* 波前角。~ *arrival* 波前初至。~ *chart* 波前图。~ *curvature* 波前曲率。~ *progression* 波阵面进展。

waveguide *n.* 波导。~ *transmitting signals* (*of all frequencies*)(所有频率下)波导传输信号。

wavelength *n.*【物】波长。~ *coverage* 波长范围。

wavy *a.* ①多浪的。②波动起伏的。~ *bedding* 波状层理。

wax *n.* ①蜡。②蜡状物。—*vt.* 给…上蜡。~ *primer* 涂蜡起爆药包。

ways *n.* 方法(way 的复数)。~ *of investment* 出资方式。

weak *a.* ①疲软的。②虚弱的。③无力的。④不牢固的。~ *area* 松软区。~ *concrete* 低强度混凝土,低标号混凝土。~ *discontinuity planes* 非连续弱面。~ *explosive* 弱炸药。~ *interbed* 软弱夹层(岩体中相对软弱和较薄的岩层)。~ *rock* 弱岩石(干抗压强度低于 30MPa,软化系数小于 0.6 的岩石)。~ *shock* 弱震。~ *signal detection* 弱信号检测。~ *strata*; *soft strata* 松软岩层(强度低、黏结力差、易风化、一般遇水膨胀、自稳能力差的岩层)。

weakening *n.* 削弱,变弱,弱化。

weakly *ad.* ①虚弱地。②无力地。③软弱地。④有病地。—*a.* ①虚弱的。②软弱的。~ *weathered zone*; *moderately weathered zone* 弱风化带(岩体结构部分破坏,裂隙两侧矿物变异,风化裂隙较发育的中等风化带)。

weakness *n.* ①弱点。②软弱。~ *factor of rock strength* 岩石强度弱化系数(饱水状态下岩石的抗压强度与干燥状态下的抗压强度之比)。~ *plane*; *weak plane* 软弱面(抗剪或抗拉强度低于周围物料强度的表面或窄平面区)。

weapon *n.* 武器,兵器。~ *testing* 武器试验。

weather *vi.* ①风化。②受侵蚀。—*vt.* ①经受住。②使风化。③侵蚀。~*-proof* 不受气候影响的,抗风化的。

weathered *a.* ①风化的。②倾斜的。~ *crust* 风化壳(经受风化改造的地壳表层)。~ *siltstone* 风化粉砂岩。~ *zone of coal*; ~ *coal zone* 煤层风化带(煤层受风化作用后,煤的物理、化学性质发生明显变化的地带)。

weathering *n.* 风化作用(指地表的矿物、岩石在温度、水、空气及生物的作用下发生各种变化而形成松散物质的过程,又可分为物理风化、化学风化和生物风化三种)。~ *index* 风化程度系数(风化岩石与新鲜岩石干燥状态下单轴抗压强度的比值)。~ *zone* 风化带(地壳表层按风化程度划分的层带)。

web *vt.* ①用网缠住。②使中圈套。—*vi.* 形成网。—*n.* ①网。②卷筒纸。③孔腹(预裂炮孔间的岩石)。~ *boreholes* 孔网。

Weber *n.* 韦伯(人名)。~*'s wave* 韦伯波。

wedge *vt.* ①楔入。②挤进。③楔住。—*vi.* ①楔入。②挤进。—*n.* ①楔子。②楔形物。③导致分裂的东西。~ *angle*

W

锥角,楔角。~ *cut*;*wedging cut*;*angled cut*;*oblique cut*;~ *shot*;*wedging shot* 楔形掏槽,斜孔掏槽(在早期的掘进爆破中,最广泛采用的一种掏槽方法,即掏槽孔与工作面成一定的角度)。~*-type failure* 楔形破坏。

wedging *v*. ①楔入。②挤进。~ *effect of water*"水楔"作用(水压爆破时,冲击波作用于介质后首先在介质上产生裂缝,水和爆轰气体渗流到裂缝中,使裂缝得以扩展和延伸,这种作用可以认为是"水楔"的劈裂作用。当爆轰气体渗流到裂缝中,对裂缝有扩展和延伸作用,这种作用称为"气楔")。~ *method* 撞楔法(在不稳定地层或破碎带掘进或修复巷道时,先将带有尖端木板、型钢或钢轨从巷道工作面支架的顶梁和柱的外侧成排打入,而后在其掩护下施工的方法)。

Weibull *n*. 威布尔(统计学家)。~ *distribution* 威布尔分布(用以描述岩石碎片分布〈需 3 个参数〉的数学分布函数。常用于碎岩的 RRS〈Rosin Rammler Sperrling〉分布是威布尔分布的特型〈需 2 个参数〉)。

weighing *n*. ①称重量。②考虑权衡。③悬浮。~*-in-water method* 水中称重法(根据阿基米德原理,通过水中称重求试样体积,以测定坚硬岩石密度的方法)。

weight *n*. ①重量,重力。②负担。③砝码。④重要性。—*vt*. 加重量于,使变重。~ *function* 权函数。~ *of blow* 冲击力。~ *of booster at each hole* 单孔助爆药重量。~ *of charge* 装药重。~ *of explosive charges per blasthole* 单孔装药重量。~ *of explosive per foot run* 每英尺进尺的药包重量。~ *ratio* 重量比。~ *strength formula* 质量威力公式。~ *strength* 质量威力,质量作功能力(单位质量炸药的作功能力,不可译为:重量威力)。~ *value matrix* 权值矩阵。

weighted *a*.【数】加权的。~ *average value* 加权平均值(按各岩土单元在所研究岩土体重的比重〈权〉及其计算指标值求得的表示该岩土体工程性质的综合性计算指标,数值上等于各岩土单元的计算指标值与权的乘积的总和除以总权数的商)。~ *least squared error fit* 加权最小平方差拟合。

weighting *n*. ①加重,加权。②衡量。—*v*. ①加权。②称量(weight 的现在分词)。~ *scales* 测量范围。

weld *vt*. ①焊接。②使结合。③使成整体。—*vi*. 焊牢。—*n*. ①焊接。②焊接点。~ *strength* 焊缝强度。~*ed steel structure*;~*ed structure* 焊接结构。~*ing by blasting* 爆炸焊接。~*ing stress* 焊接(残余)应力。

well *ad*. ①很好地。②充分地。③满意地。④适当地。—*a*. ①良好的。②健康的。③适宜的。—*n*. 井孔(为开采石油、天然气或探矿而钻凿的立井。生产原油的深井称作油井〈oil well〉)。~ *pressure* 井压(油、气井内液柱产生的压力)。~ *shooting* 油井射孔,油井爆破(当油井、气井产量逐渐降低时,为破坏或松动井壁岩层,使原油、天然气能流入井中以增加流量所进行的爆破)。~ *temperature*;*hole temperature* 井温(油、气井内某一深度的温度)。~-*defined* 界限分明的。~-*marked* 标志清楚的。~-*proportioned* 比例得当。~-*proportioned charge*; *evenly-distributed charge* 匀称装药。~-*shot* 爆破结果好。~-*trained blaster* 训练有素的爆破人员。

wellhole *n*. ①井道。②井底水仓。③大直径垂直炮孔。~ *blasting* 大直径炮孔爆破。

wet *a*. ①潮湿的。②有雨的。—*n*. ①雨天。②湿气。—*vt*. 弄湿。—*vi*. 变湿。~ *blasting* 湿孔爆破。~ *boreholes* 湿孔。~ *hole loading technique* 湿孔装药技术。

Wetter-Carbonite *n*. 威特-卡朋尼特炸药(一种碳质安全炸药)。

Wetter-detonite *n*. 威特-第托尼特炸药(一种硝铵安全炸药)。

Wetter-nobelite *n*. 威特-诺贝利特硝化甘油安全炸药。

Wetter-sekurit *n*. 威特-赛库瑞特炸药。

Wetter-wasagit *n*. 威特-瓦沙基特炸药(一种硝化甘油安全炸药)。

W

Wetter-westfalit *n*. 威特-威斯特法力特炸药(一种硝铵安全炸药)。

wheel *n*. ①车轮。②方向盘。③转动。—*vt*. ①转动。②使变换方向。③给…装轮子。—*vi*. ①旋转。②突然转变方向。③盘旋飞行。~ *excavator* 轮斗挖掘机(靠装在臂架前端的斗轮转动,由斗轮周边的铲斗轮流挖取剥离物或矿产品的一种连续式多斗挖掘机。又称"轮斗铲",曾称"斗轮挖掘机")。

white *a*. ①白色的。②白种的。③纯洁的。—*n*. ①白色。②洁白。~ *gunpowder* 白火药。~-*countered gutta percha* 有杜仲胶防水层的安全导火线。

whole *a*. ①完整的。②纯粹的。—*n*. ①整体。②全部。~ *cartridge test* 全药卷试验(采用完整药卷进行的殉爆试验。参见"半药卷试验")。~ *steel template* 整体钢模板。

wide *a*. ①广泛的。②宽的,广阔的。③张大的。④远离目标的。—*ad*. ①广泛地。②广阔地。③充分地。~ *area network* 广域网(广域网作用的地理范围从数十公里到数千公里,可以连接若干个城市、地区,甚至跨越国界,遍及全球的一种通信网络。有时称远程网)。~ *space blasting*; ~-*spacing blasting* 宽孔距爆破(传统的台阶爆破,其炮孔间距 S 和最小抵抗线 W 的关系为 $S=\langle 1.0\sim1.4\rangle W$。而在瑞典普遍提倡一种爆破法,其孔距加大到最小抵抗线的 4~8 倍称为宽孔距爆破。但其孔距究竟取多大为好,尚在进一步研究中)。~ *space blasting of hard ground* 宽孔距地坪爆破(由于常规地坪爆破难度较大,所以在工程实践中,总结出一种不同于常规爆破的宽孔距爆破技术。宽孔距地坪爆破的关键是炮孔深度 l 等于地坪厚度 δ,一般炮孔的孔距是常规爆破的 2~4 倍,单位炸药消耗量是常规爆破的 1.5~2 倍)。~ *spacing* 大孔距,大井距。~-*angle arrival* 广角初至。~-*angle common mid-point stack* 广角共中心角叠加。~-*angle common reflection point stack* 广角共反射点叠加。~-*angle common shot point stack* 广角共炮点叠加。~-*angle event* 广角反射同相轴。~-*angle reflection* 广角反射。

widespread *a*. ①普遍的,广泛的。②分布广的。~ *throw*;*scattering throw* 远距离抛掷(爆破)。

width *n*. ①宽度。②广度。~-*to-depth ratio* 井下采掘的临界面宽度与开采深度之比。

wild *a*. ①野生的。②野蛮的。③狂热的。④荒凉的。—*n*. 荒野。—*ad*. ①疯狂地。②胡乱地。~ *flyrock*;*unexpected flyrock* 意外飞石,失控飞石,超越爆破禁区的飞石。*W- flyrock occurs due to the unexpected propulsion of rock fragments, when there is some abnormality in a blast or a rock mass, that travels beyond the blast clearance (exclusion) zone.* 意外飞石的产生,是由于爆破过程或岩体中出现异常,致使破碎岩石出乎意料地飞越爆破禁区之外。

wind *n*. 风。~ *blast* 空炮,气浪。~ *resistance* 风阻力。~ *shear* 风切变(风切变是一种大气现象,是风速在水平和垂直方向的突然变化。风切变是导致飞行事故的大敌,特别是低空风切变。国际航空界公认低空风切变是飞机起飞和着陆阶段的一个重要危险因素,称之为"无形杀手")。~ *stress* 风(压)应力。

windage *n*. ①偏差(子弹因风而生的)。②游隙(炮筒内径和炮弹间的空隙)。③风力影响,风力修正量。~ *loss* 风阻损耗。

windows *n*. 微软公司生产的"视窗"操作系统。~ *operating system* 视窗操作系统(操作系统是管理硬件资源、控制程序运行、改善人机界面和为应用软件提供支持的一种系统软件。视窗操作系统是微软公司开发的操作系统,提供了图形用户接口,还提供了内存管理和基本的多任务能力)。

windy *a*. 多风的,有风的。~ *shot* 扼爆装药。

wing *n*. = side drift 横巷(硐室爆破时,从洞口开始开挖成T字形或L形巷道,然后在其尽头开挖装药的硐室,其中与自由面平行的巷道称为横巷〈又叫横川、横硐〉)。

winning *a*. ①胜利的。②获胜的。—*n*. ①胜利。②获得。③成功。④回采。—*v*. 获胜(win 的 ing 形式)。~ *bidder* 中标人,中标单位。~ *block*;*coal chock* 采垛(水枪在水采工作面完成一次采煤作业循环所开采的煤层块段)。

winze *n*. ①矿井。②通道。③暗(盲)井(地下矿从某一点开凿的垂直或倾斜巷道,其目的在于与下一水平连接并探查一水平下有限深度内的底板)。

wiper *n*. 炮孔擦拭棍。

wire *n*. 电线。~ *initiation* 有线起爆(采用导线引入电流起爆电雷管的方法)。~ *resistance calculations* 电阻计算。

wireless *a*. ①无线的。②无线电的。~ *initiation* 无线电遥控起爆系统(无线电遥控起爆系统多用于水下爆破等特殊条件下,主要有超声波遥控起爆和电磁波遥控起爆两种)。

wireline *n.* ①钢丝绳。②钢缆。③铠装电缆。④测井电缆。~ *core drilling* 绳索取心钻进(利用绳索取心器,在不提钻的情况下,便可从孔底采取岩心的钻进技术)。

wiring *n.* 连线(参见 *connection of wire*)。

with *prep.* ①用。②随着。③支持。④和…在一起。~ *primer combustible cartridge* 可燃底火(壳体能燃烧的底火)。

withdrawal *n.* ①撤退,收回。②提款。③取消。④退股。~ *blasting* 排除盲炮爆破(排除因拒爆残留的药包而进行的爆破。《爆破安全规程》GB6722—2014 规定:对于浅孔爆破的盲炮,可钻平行孔装药爆破,平行孔距盲炮孔不应小于 0.3m;对于深孔爆破的盲炮,可在距盲炮孔口不少于 10 倍炮孔直径处另打平行孔装药起爆。此外还有硐室盲炮、水下盲炮和其他盲炮)。

without *prep.* ①没有。②超过。③在…外面。—*ad.* ①户外。②在外面。③没有或不显示某事物。~ *timbering*;~ *timber* 无支护(岩石坚固时,巷道顶板和侧帮无需支撑便能进行掘进的作业方式)。

wood *n.* ①木材。②木制品。③树林。~ *powder* 木质火药。

Woods *n.* 伍德(人名)。~ *test* 伍德试验(炸药的热敏感度试验,试验时将少量炸药置于伍德合金 75℃熔体之中,提高温度直至反应发生。试验目的在于确定炸药开始反应所需的最低温度。此种试验在联合国分级中是强制性的)。

work *n.* ①工作。②【物】功。③产品。④操作。⑤职业。⑥行为。⑦工厂。⑧文学、音乐或艺术作品。—*vt.* ①使工作。②操作。③经营。④使缓慢前进。—*vi.* ①工作。②运作。③起作用。~ *cycle* 工作周期。~ *environment* 工作环境。~*-done factor* 做功系数。~ *function* 功函数,逸出功。~ *index* 功指数。~ *index of impact crushing* 冲击破碎功指数。~ *of cohesion per unit area* 单位面积内聚功(在等温、等压条件下,使一种液体〈或固体〉柱垂直于其轴线可逆地分离,并生成两个新的表面时,单位面积所做的功。功的数值等于表面张力的两倍,即 $W_c^\sigma=2\gamma\alpha$)。

workable *a.* ①切实可行的。②可经营的。③能工作的。~ *coal seam*;*minable coal seam* 可采煤层(达到国家规定的最低可采厚度的煤层)。~ *coal-bearing ratio*;*minable coal-bearing ratio* 可采含煤率(煤层中可采部分的延伸长度、面积或体积与煤层总延伸长度、总面积或总体积之比,用百分数表示)。~ *reserves*;*minable reserves* 可采储量(在工业储量中,预计可采出来的储量)。

worker *n.* ①工人。②劳动者。~'*s compensation/employers liability* 工人的赔偿/雇主责任。

working *a.* ①工作的。②操作的。③可行的。—*n.* ①工作。②活动。③制作。④操纵。~ *bench* 工作台阶(正在开采的台阶叫做工作台阶)。~ *berm* 工作平盘(进行采掘和运输作业的平

W

盘)。~ *capacity* 劳动能力,工作能力。~ *conditions* 工作条件(职工在工作中的设施条件、工作环境、劳动强度和工作时间的总和。同义词:劳动条件)。~ *cycle*;*cycle* 循环(采掘工作面周而复始地完成一整套工序的全过程)。~ *design of demolition blasting* 拆除爆破施工设计(施工设计主要包括施工方法、组织管理、施工安全等)。~ *directory* 工作目录。~ *effect* 做功效应(参见"静效应")。~ *environment* 工作环境,作业环境(工作场所及周围空间的安全卫生状态和条件及自然条件的总和。同义词:劳动环境)。~ *face*;~ *place* 工作面(煤矿和金属矿山中,直接采掘煤和矿石的场所。在煤矿又称采煤工作面〈coal face〉。而开挖隧道或巷道的作业场所,叫做开挖掘进面)。~ *load* 工作载荷。~ *of explosion* 爆破的有效面积。~ *procedure of blasting demolition project* 拆除爆破工程的程序(实施拆除爆破工程应进行工作的先后顺序,包括:①了解情况。②可行性分析。③签订工程合同。④工程设计及上报。⑤组织施工。⑥爆破。⑦二次爆破)。~ *reduction ratio* 有效剥采比,实际破碎比。~ *reserves* 回采储量。~ *resistance* 工作阻力。~ *section recovery coefficient* 采区回采率。~ *slope angle*;*slope of* ~ *grade surface* 工作帮帮坡角(工作帮坡面与水平面的夹角)。~ *slope face*;~ *grade surface*;~ *slanting surface* 工作边帮面(通过工作帮最上台阶坡底线与最下台阶坡底线形成的假想面)。~ *slope*;~ *wall*;~ *pit edge* 工作帮(由正在开采的台阶部分组成的边帮)。~ *stress* 工作应力,资用应力。~ *value* 工作值。

workplain *n.* 工作面。

workstation *n.* 工作站(以个人计算环境和分布式网络计算环境为基础,其性能高于微型计算机的一类多功能计算机。工作站的多功能是指它的高速运算功能,适应多媒体应用的功能和知识处理功能。构成工作站的硬件有主机、显示器和输入输出设备。应用领域有科学和工程计算、软件开发等)。

worldwide *a.* 全世界的。—*ad.* 在世界各地。~ *web* 万维网(基于超媒体的,方便用户在因特网上检索和浏览信息的一种广域信息查询工具)。

worst *a.* ①最差的,最坏的。②最不利的。③效能最低的。—*n.* ①最坏。②最坏的时候。—*ad.* ①最坏地。②最不利地。~ *case* 最坏情况。~ *condition* 最坏条件。

WP *n.* = widmark and platzer 不规则楔形。~ *cut* 不规则楔形掏槽。

wrapper *n.* ①包装材料。②包装纸。③书皮。④卷装(材料用于制作药卷的材料,如纸、塑料或硬纸板)。

wringer *n.* 压药机。

written *a.* ①书面的,成文的。②文字的。~ *communication* 书面联络。

X

X *n*. 英语字母中的第二十四个字母。~-*alloy*①铜铝合金。②杂铬铁合金。~-*axis* 横坐标轴,石英晶体内的参考轴。~-*band frequency* X 频带。~-*bit*;~-*chisel* X 形钻头,十字形钻头。~-*bracing* 交叉支撑。~-*coordinate* X 坐标。~-*cut* X 形掏槽,横巷,X 切割(垂直于石英晶体 X 轴)。~-*frame*X 形支架,交叉形支架。~-*line* X 轴线,横轴线。~-*moment* 绕 X 轴的力矩。~-*motion* 在 X 方向运动。~-*section*;*cross section* 横截面。~-*shift* 水平位移。

xanthitane *n*. 锐钛矿 TiO_2。

xanthite *n*. 黄符山石。

xanthoarsenic *n*. 黄砷锰矿 $Mn_5[(As,Sb)O_4]_2(OH)_4 \cdot 3H_2O$。

xanthochroite *n*. 硫镉矿 CdS。

xanthoconite *n*. 黄砷硫银矿 Ag_3AsS_3。

xanthophyllite *n*. 黄绿翠云母 $Ca(Mg,Al)_3(Al,Si)_4(O,OH)_{12}$。

xanthorthite *n*. 黄褐帘石。

xanthosiderite *n*. 黄针铁矿 $Fe_2O_3 \cdot 2H_2O$。

xanthotitanite *n*. 黄榍石。

xanthoxenite *n*. 黄磷铁钙矿 $Ca_2Fe(PO_4)_2OH \cdot 1.5H_2O$。

xenotime *n*. 磷酸钇矿 YPO_4。

xeuxite *n*. 电气石。

xilopal *n*. = xylopal 木蛋白石。

xplo *n*. ①炭黑。②爆炸(代号)。

XPS-system *n*. 横向排运机组。

X-ray *n*. X 射线。~ *analysis* X 射线分析。~ *appearance*;~ *film*;~ *picture* X 光像,X 射线照片。~ *core* X 射线岩心。~ *diffraction* X 射线衍射。~ *drill* X 射线钻机。~ *emission* X 射线发射。~ *energy spectrum* X 射线能谱。~ *examination* X 射线检查。~ *fluorescent spectrum* X 射线荧光光谱。~ *generator* X 射线发生器。~ *identification* X 射线识别。~ *microscopy* X 射线显微术。~ *pattern* X 射线图样。~ *powder diffractometer* X 射线粉末衍射仪。~ *spectral method* X 射线光谱分析法。~ *spectrograph* X 射线摄谱仪。~ *spectrometer* X 射线分光计。~ *spectrum* X 射线谱。~ *test* X 射线检验(材料表层下的裂纹)。~ *thickness gauge* X 射线测厚仪。~ *tube* 射线管。~ *width gauge* X 射线测宽仪。

xylain *n*. 木煤。

xylite *n*. 铁石棉(含钙)。

xylon *n*. 木质,木纤维。

xyloretinite *n*. 针脂石。

xylotile *n*. 铁石棉(含镁)。

xylovitrofusinite *n*. 木质镜丝炭。

Y

Y *n*. 英语字母中的第二十五个字母(小写为 y)。—*abbr*. 钇(yttrium)。~-*bend*Y 形弯头。~-*connection* Y 形接法。~-*coordinate* Y 坐标。~-*grade intersection* Y 形立体交叉。~-*level* Y 形水准仪。~-*line* Y 轴线。~-*shift* 垂直位移。~-*stay* Y 形拉线。

Yangtze *n*. 长江,扬子江。~ *River* 长江,扬子江。~ *River Delta* 长江三角洲。~ *River valley* 长江流域。

yard *n*. ①场地。②码头。~ *layout* ①场地布置。②矿山地面设计。~ *plan* 地面图。~ *store* 堆置场。

yardage *n*. ①(按码计)进尺。②面积。③体积。④土方。

yearbook *n*. 年鉴。

yearly *a*. 每年的。—*ad*. ①每年。②一年一次。—*n*. ①年刊。②年鉴。~ *capacity*; ~ *output* 年产能。~ *consumption* 年消耗量。~ *depreciation* 年折旧率。~ *maintenance* 年度维修(保养)。~ *profit* 年度利润。~ *review* 年度审查。

yeatmanite *n*. 硅锑锰锌矿 $(Mn,Zn)_{16}Sb_2Si_4O_{29}$。

yellow *a*. 黄色的。~ *amber* 黄琥珀。~ *arsenic* 雌黄。~ *brass* 黄铜。~ *copper ore* 黄铜矿。~ *metal* 黄色金属,黄金。~ *pyrite* 黄铜矿 $CuFeS_2$。~ *quarts* 黄水晶。*Y-River* 黄河。~ *warning signal* 黄色警示信号。

yenerite *n*. 块硫锑铅矿。

yentnite *n*. 方柱闪长石。

yield *vt*. ①(产)生。②出产。③结出。④让与。⑤同意。⑥给予。⑦服从,屈从。⑧投降。⑨(顶板等)沉陷。—*n*. ①产量。②产率。③屈服(点)。④流量。⑤压缩量。⑥涌水量。⑦回收率。~ *condition* 屈服条件。~ *deformation* 屈服变形。~ *force* 屈服力。~ *function* 屈服函数。~ *limit* 屈服极限(使岩土产生明显塑性变形所需的最小应力值)。~ *limit curve* 屈服极限曲线。~ *load* 屈服载荷。~ *moment* 屈服力矩。~ *of inner prop* 活柱下缩量(在顶板作用下,活柱下缩的长度,以 mm 表示)。~ *point* 屈服点,击穿点。~ *point test* 屈服点试验。~ *pressure* 屈服点压力。~ *ratio* 屈服比。~ *strain* 屈服应变。~ *strength* 屈服强度。~ *strength of steel* 钢材屈服强度(或称屈服极限,钢材在静荷载的作用下,开始丧失对变形的抵抗能力,并产生大量塑性变形的应力。国标规定屈服点的应力作为钢材的屈服强度)。~ *stress* 屈服应力(材料开始进入塑性变形时的应力,单位为 MPa)。~ *surface* 屈服面。~ *temperature* 屈服温度。~

timbering 可缩性支架。~ *value* 屈服值。~ *zone* 塑性变形区(巷道围岩塑性变形的区域)。~-*time diagram*①塑性变形时间关系图。②立柱下沉时间关系曲线。

yieldable *a*. 可缩性的。~ *arch* 可缩性拱形支架。~ *ring* 可缩性环形支架。~ *steel set* 可缩性钢支架。~ *support* 可缩性支架。

yielding *a*. ①生产的。②屈从的。③易弯曲的。④柔顺的。—*n*. ①屈服。②让步。③可缩性。~ *ground* 松软土地,易沉陷的土地。~ *material* 流动物质。~ *of supports* 支座沉陷。~ *point* 屈服点,击穿点。~ *rubber* 减震橡皮,缓冲垫。

yoke *n*. ①轭。②束缚。③牛轭。—*vt*. ①结合。②给…上轭。—*vi*. ①结合。②匹配。~ *block* 推压机构。

yosemitite *n*. 淡色花岗岩。

Young *n*. 杨(姓氏)。~ *et al's model* 杨氏等人的模型(杨氏等人的模型认为,岩石中裂纹的起裂与扩展是由延展应变〈extensional strain〉决定的,当岩石中某点的延展应变大于某临界值时,原有裂纹起裂、扩展。延展应变定义为岩石中某点的主拉应变〈tensile strain〉、对数应变之和)。~'*s modulus* 杨氏(Thomas Young,1773~1829)模量(在给定荷载条件下固体材料的应力与应变之比,单位为 GPa。数值上等于应力—应变曲线直线部分〈切线〉的斜率。弹性模量适用于物料依照胡克定律的变形,而物料的变形模量则相反。岩石的弹性模量介于 5GPa〈煤层〉至 150GPa〈致密赤铁矿矿石〉之间)。

youngite *n*. 硫锰锌铁矿。

Z

zenith *n*. ①顶峰。②顶点。③最高点。~ *distance* 天顶距(从测站点铅垂线向上方向到观测目标的方向线的夹角)。

zero *n*. 零点,零度。~ *air void* 零空隙。~ *bearing* 零方位。~ *charge* 零负荷。~ *creep* 零蠕变。~ *delay interval* 零延时间隔。~ *displacement* 零位移。~ *elevation* 零高程。~ *error* 零误差。~ *error reference* 零误差基准线。~ *inverse diameter point* 零逆直径点。~ *latent stress* 零潜在应力。~ *load* 零载荷。~-*number detonator* 即发雷管。~-*offset diffraction response* 零炮检距绕射反应。~-*offset forward modeling* 零炮检距正演模拟。~-*offset modeling* 零炮检距模拟。~-*offset reflection time* 零炮检距反射时间。~-*offset seismogram* 零炮检距地震记录。~-*offset trace* 零炮检距道。~-*offset wave theory*

零炮检距波动理论。~ *order* 零阶。~ *order approximation* 零阶近似法。~ *strain mode* 零应变模式。~ *strain state* 零应变状态。~ *stress mode* 零应力模式。~ *stress state* 零应力状态。~ *time* 零时间。~ *value* 零值。~ *vertical velocity* 零垂直速度。

zigzag *a.* ①曲折的。②锯齿形的。③之字形的。—*vt.* ①使成之字形。②使曲折行进。—*vi.* ①曲折行进。②作之字形行进。—*n.* ①之字形。②Z 字形。~ *haft station* 折返式井底车场(矿车作折返运行的井底车场)。~ *wave* 锯齿波。

zonal *a.* 带状的。~ *distribution* 带状分布。

zone *n.* ①地带。②地区。~ *of aeration* 通气带(也称饱气带。岩石中的孔隙或裂隙等空间未被液态地下水饱和的地带,这里的孔隙中一部分充气,一部分是水)。~ *of enrichment* 富集带。~ *of rock fracture* 岩石破碎带。~ *of saturation* 饱和带。~ *of weakness of the rock formation* 岩层软弱带(地面以下空间充满水的层带,饱和层带的顶部称为地下水面,饱和层带的水称为地下水)。

其　他

1/4s delay detonator 1/4 秒延时雷管(段间隔时间为 1/4s 的延时雷管)。

100ms firing current 百毫秒发火电流(电雷管对应于通电时间为 100ms 的最小发火电流)。

2,2′, 4,4′, 6,6′-hexanitro-sdiphenylethylene, 2,2′, 4,4′, 6,6′-hexanitrostilbene 2,2′,4,4′,6,6′六硝基二苯砜;二苦基砜(HNDS;PCS 分子式:$C_{12}H_4N_6O_{14}S$ 结构式:

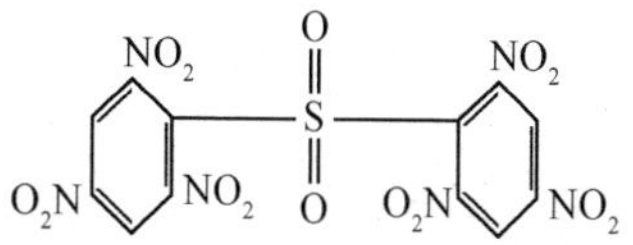

[结构式:两个 2,4,6-三硝基苯基(各带 NO_2、O_2N、NO_2)通过 $O=S=O$ 砜基相连]

)。

2,4,6-Trinitrotoluene 梯恩梯;2,4,6 三硝基甲苯(TNT,分子式:$C_6H_2CH_3(NO_2)_3$,结构式:[结构式:苯环上 CH_3,两侧 O_2N、NO_2,对位 NO_2],由淡黄色粒状或片状晶体组成。其爆炸热为 5.07MJ/kg,爆炸气体体积为 620L/kg,熔融时的密度为 1470kg/m³,凝固点为 +80.8℃。这是一种军用炸药成分,工业上用作浆状炸药的敏化剂、朋托莱特和 B 混合炸药的组分)。

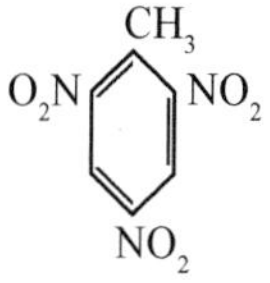

2,6-bis (picrylamino)-3, 5-dinitropyridine 皮威克斯;二氨基二硝基吡啶;2,6-二苦氨基-3,5-二硝基吡啶(PYX,分子式:$C_{17}H_7N_{11}O_{16}$,结构式:

O_2N NO_2 NO_2 NH N HN NO_2 O_2N NO_2 O_2N NO_2 ）。

2,4,8 principle 2,4,8 准则（能量准则，简称 2,4,8 准则。该准则简要指出：产品尺寸不变，厚度增大一倍时，需 2 倍药量；若产品厚度不变，产品尺寸放大一倍时，需 4 倍药量；若产品尺寸和厚度都放大一倍时，就需 8 倍药量。大量的实践结果证明，应用能量准则来计算金属爆炸成形时的炸药量是较为可靠的，它为大型金属制件的模拟实验提供了较为实用的理论依据）。

3D = three dimensional 三维的，立体的，三度的。~ *bench blast simulations with delay timing* 3D 台阶延时爆破模拟。~ *computer simulations of shock wave transmission; damage and fragmentation* 3D 冲击波传播、损伤与断裂计算机模拟。~ *size - distribution - curve of fragmented rocks* 破碎岩石的三维粒度曲线。~ *surface imaging* 三维表面成像。

常用缩写词

A	Abstracts	摘要
	academician	院士,学会会员
	academy	研究院,学院,科学院,学会
	acid	酸
	air	空气
A	ammeter	安培计,电流计
	ampere	安[培]
	atomic weight	原子量
A	absolute alcolho	绝对温度
A	acceleration	加速度
aa	absolute alcohol	无水酒精,纯乙醇
AA	acetaldehyde	乙醛
AAB	aminoazobenzene	氨基偶氮苯
AACC	American Assocaiation for Contamination Control	美国污染控制协会
AAE	American Association of Engineers	美国工程师协会
AAm	acrylamide	丙烯酰胺
A. A. S	American Academy of Sciences	美国科学院
AA Sc W	American Association of Scientific Workers	美国科学工作者协会
AB	ammonium benzoate	苯甲酸铵
ABS	absolute bulk strength	绝对体积威力
ABS	alkyl benzene sulfonate	烷基苯磺酸盐
	alkyl benzene sulfonic acid	烷基苯磺酸
abs	absorption	吸收
abs. E	absolute error	绝对误差
abs. visc.	absolute viscosity	绝对黏度
AS. ac	alternating current	交流电
	academy	学院、学会、学术协会
	acetone	丙酮

	active	活性的、有效的、活动的
ACA	acetic acid	醋酸、乙酸
acad.	academy	学会、学院、专门学校、科学院
ACC	activated calcium carbonate	活性碳酸钙
	automatic combustion control	自动燃烧控制
acc.	acceleration	加速度
ace	automatic checkout equipment	自动检测设备
ACET	acetylene black	乙炔炭黑
AcH	acetaldehyde	乙醛
Achem S	American Chemical Society	美国化学学会
acid. hydroc.	acidum hydrocyanicum	氢氰酸
ACL	asymmetric charge location	药包不对称布置
ACM	acrylamide	丙烯酰胺
AcOEt	ethyl acetate	醛酸乙酯
a. c. rel.	alternating current relay	交流继电器
ACS	American Chemical Society	美国化学学会
	Austrian Chemical Society	奥地利化学学会
Act	activator	活化剂
A. D.	average deviation	平均偏差
AD	air-dried	风干的
Ad	average depth	平均深度,平均厚度
ADA	acetdimethylamide	二甲基乙酰胺
ADB	Asian Development Bank	亚洲开发银行
ADC	analog-digital converter	模-数转换器
A. D. I.	ardeer Double Cartridge test	阿迪尔殉爆实验
addi.	additional	附加的,额外的
A. D. I.	antidetonate injection	注入防爆剂
adj.	adjacent	相邻的
	adjustment	调节,调整
ADPS	automentic data processing system	自动数据处理系统
ADR	European Agreement Concerning the International Carriage of Dangerous Goods by Road	危险货物国际公路运输欧洲协定
ADV	advance	提前点火,推进,前进
adv.	adverse	相反的,逆反的

AE	acrylic ester	丙烯酸酯
	aminoethyl	氨基乙基
	absolute error	绝对误差
	Assistant Engineer	助理工程师
AE agent	air entraining agent	空气发泡剂
AEG	Association of Engineering Geologists	工程地质学家协会
AESC	American Engineering Standards Committee	美国工程标准委员会
AF	acid-fast	耐酸的
A. F. ;a. f.	audio frequency	声频、音频
A. F. C. ; a. f. c.	automatic following control	自动跟踪器
AFG	analog function generator	模拟函数发生器
AFT	automoatic finne tuning	自动微调
Ag.	agglomerating	胶凝的
AGA	American Gas Association	美国煤气协会
AGC	Automatic gauge controller	自动测量调整装置
Agt	agent	媒介物,剂
AGU	American Geophysical Union	美国地球物理联合会
AH	aromatic hydrocarbons	芳(香)烃
AHC	aliphatic hydrocarbon	脂(肪)族烃
AI	activity index	活性指数
AIA	allyl isopropylacet amide	烯丙基异丙基乙酰胺
	American Insurance Association	美国保险协会
	AmericanInstitute of Architects	美国建筑师学会
AICE	American Institute of Chemical Engineers	美国化学工程师协会
AICE	American Institute of Civil Engineers	美国土木工程师学会
AIIE	American Institute of Industrial Engineers	美国工业工程师学会
A. I. Ch. E.	American Institute of Chemical Engineers	美国化学工程师学会
AIM	American Institute of Mining	美国采矿学会
AIME	American Institute of Mining and Metallurgical Engineers	美国采矿、冶金及石油工程师学会

	American Institute of Mining Engineers	美国采矿工程师学会
	American Institute of Mining, Metallurgical and Petroleum Engineers	美国采矿,冶金和石油工程师学会
	Associate of the Institute of Mining Engineers	采矿工程师学会准会员
AIMMPE	American Institute of Mining, Metallurgical and Petroleum Engineers	美国采矿、冶金和石油工程师学会
AL	accident loss	事故损失
	lipophilic attraction	亲油(基)引力
AL. ;al.	alcohol	酒精,乙醇
ALANFO	a mixture of aluminium powder (AL), ammonium nitrate(AN), and fuel oil (FO)	一种铝粉(AL)、硝铵(AN)和燃油(FO)混合物
ALAP	as low as possible	尽可能低
alc.	alcohol	酒精、乙醇
aliph	aliphatic	脂肪族的
ALS	ammonium lauryl sulfate	月桂基硫酸铵
alum. ANFO	aluminized ammonium nitrate -fuel oil	铝化铵油炸药(加入铝粉的铵油炸药)
alw	allowance	允许、许可
AM.	amplitude modulated	调幅的
am.	amplitude	幅度、振幅
Am;am.	amyl radical	戊基
AM	ammonia	氨,阿摩尼亚
A. M. ;a. m.	amplitude moderation	调谐,振幅调制
am. Alc	amyl alcohol	戊醇
A. M. C	American Mining Congress	美国采矿协会
AMEME	Association of Mining Electrical and Mechanical Engineers	矿山机电工程师协会
Amer. Std.	American Standard	美国标准
AMP	2-amino-2-methyl-1-propanol	2-氨基-2-甲基-1-丙醇
amp.	Amperemeter	安培计
	Amphetamine	苯基丙胺
ampl	amplifier	放大器
	amplitude	振幅、幅度

AMS	absolute mass strength of an explosive	炸药的绝对质量威力,推荐用它代替绝对重量的威力(AWS)
AMS	ammonium sulphamate	氨基磺酸铵
AMSCo	American Mineral Spirit Company	美国矿油公司
AN	acetonaphthalene	乙酰萘
	acetonitrile	乙腈
	acid number (=acid value)	酸值
	acrylonitrile	丙烯腈
	ammonium nitrate	硝酸铵
An	aniline	苯胺
	anisol	苯甲醚
AN	atomic number	原子序数
	ammonium nitrate	硝酸铵
ANFO; anfo; AN-FO	ammonium nitrate-fuel oil	铵油炸药
ANFOPS	mixture of ANFO with expanded polystyrene beads	ANFO 和多孔聚苯乙烯微粒的混合物
Anh	anhydride	酐
	anhydrous	无水的
AN. hose	ammonium-nitrate hose	硝铵炸药装药软管
ANM	ethyl or butyl acryhate	丙烯酸乙酯(或丁酯)
Anthr	Anthrazen	蒽,并三苯
AN-TNT	ammonium nitrate trinitrotoluene	硝酸铵-三硝基甲苯[炸药],铵梯炸药
AOC	automatic output control	自动输出控制
AP	AirPollution	空气污染
	Ammonpulver	铵炸药
	atmospheric pressure	大气压力
A. P.	American patent	美国专利
	analytically pure	分析纯
	atomic power	分析纯
apf	acid-proof floor	耐酸地板
APFC	automatic phase and frequency control	自动相位和频率控制
APG	air pressure gauge	气压计
API	air pollution index	大气污染指数

APP	Air pressure pulse	空气压力脉冲
App.	apparatus	仪表、工具、装置
	apparent	表观的
	approved	批准、许可的
APTIC	Air Pollution Techical Information Center	大气污染技术情报中心
Aq	Aquivalent	等效,当量
aq. dest	aqua destillata	蒸馏水
aq. pur	aqua pura	纯水
aq. reg	aqua regia	王水
aq. sol	aqueous solution	水溶液
aq. stillat	aqua stillata	蒸馏水
aque	aqueduct	导水管,导管
ar.	aromatic	芳香族的,芳香剂
A. R	aromatic ring	芳(族)环
Ar	aryl	芳香基
A/R	as required	按照规定
ArAA	aromatic amino acids	芳香族氨基酸
ARC	acid response curve	酸化(反应)曲线
	automatic remote control	自动遥控
ARI	American Refractories Institute	美国耐火材料学会
ARS	Amercan Rocket Society	美国火箭学会
	Ammonium Rochelle Salt	酒石酸铵钠
Art.	article	章节,论文,条文
ARTU	automatic vange tracking unit	自动跟踪装置
AS	alkyl sulfate	硫酸烷基酯
	American Standard	美国标准
	ammonium sulfamate	氨基磺酸铵
	aresnic, arsenium	砷
as	asbestos	石棉
as.	asymmetric	不对称的,非对称的
ASA	a mixture of lead Azide, lead Styphnate and Aluminium	叠氮化铅、三硝基间苯二酚铅和铝的混合物。通常称为起爆药,雷管中使用
A. S. A.	American Standards Association	美国标准协会

ASAA	anionic surface active agent	阴离子表面活性剂
ASCE	American Society of Civil Engineers	美国土木工程师学会
ASN	ammonium sulfo-nitrate	硫代硫酸铵
	average sample number	平均抽样数
ASO	area of safe operation	安全工作区
ASP	alkylsulfonate of mixed phenols	混合苯酚的烷基磺化物
ASQC	American Society for Quality Control	美国质量管理学会
ASRM	Austrian Society of Rock Mechanics	奥地利岩石力学学会
A. S. S.	anhydrous sodium sulfate	无水硫酸钠
ASSE	American Society of Safety Engineers	美国安全工程师学会
ASTD	American Society for Training and Development	美国培训和发展学会
ASTM	American Society for Testing and Materials	美国材料试验学会
a. t.	acid treatment	酸处理
	air temperature	空气温度,室温
At	ambient temperature	环境温度
	ammontium tartrate	酒石酸铵
	Abel test	阿贝尔试验
at	atmosphere	大气、空气
ata	atmosphere absolute	绝对大气压
ATC	acetylene tetrachloride	四氯乙炔
ATD	average temperature difference	平均温度差
ATF fluid	anti-freeze fluid	防冻液
Atm.	atmosphere	大气
	atmospheric	大气的
atm. abs.	atmospheric absolute	绝对大气压
atm. pr.	atmospheric pressure	大气压力
At. No. ;at. no.	atomic number	原子序数
ATR	attenuated total reflectance	衰减全反射
ATRC	automatic temperature recorder contoller	自动温度记录控制器
ATS	absolute temperature scale	绝对温(度)标
At. Wt. ;at. wt.	atomic weight	原子量
at. expl.	atomic expolsion	原子爆炸

AU	alarm unit	警报装置
A. U.	Angstrom unit	埃(10^{-8}cm)
AUS	automatic water system	自动给水系统
AV	abrasion value	磨耗值
A. V.	anti-vibration	防振
AVC	average unit cost	平均单价、平均单位成本
Av. eff.	average efficiency	平均效率
AvF	availability factor	有效系数
AVS	absolute volume strength of an explosive	炸药的绝对体积威力,可代替 ABS
AW	acid washed	酸洗
	acid washte	酸性废物
A. W. ;a. w.	atomic weight	原子量
AWA	American Wire Association	美国线材协会
awl	average work load	平均工作负载
AWP	awaiting parts	维修用备件
a. w. p	actual working pressure	实际工作压力
AWS	absolute weight strength	绝对重量威力,已被 AMS 取代
AWT	advanced wastewater treatment	高级(先进)废水处理法
AZDN	azo-isobutyric dinitrile	偶氮异丁二腈
B	bar	巴(压强单位)
	box	箱、盒
	brightness	亮度
	battery	电池组
Ba	barium	钡
	blowing agent	发泡剂
BA	benzoyl peroxide	过氧化苯酰
	boric acid	硼酸
	burnable adsorber	可燃吸收剂
	butylacetate	醋酸丁酯
	butyl acrylate	丙烯酸丁酯
	butyl alcohol	丁醇
	n-butylaldehyde	(正)丁醛
BAb. ;bab.	Babbit's metal	巴氏合金,巴比特合金
b. & e.	beginning and ending	开始和结尾

bar	barye	微巴($=10^{-6}$巴)
Baso.	basophile	亲碱的
BB	block brazing	分段钎焊(法)
B. B.	base box	基本箱
B. B. B.	best-best-best	特好,超优等
b. c.	between centers	两中心间的[距离]
BDI	blast damage index	爆破损伤指数
BDV	breakdown voltage	击穿电压
BE	base excess	碱过量
BEBO	bond energy bond order	键能键序(模型)
BEM	boundary element method	边界元法
BES	butoxyethyl stearate	硬脂酸丁氧乙酯,18(碳)烷酸丁氧乙酯
BESA	British Engineering Standard Association	英国工程技术标准协会
Best.	Bestimmung	测定、确定
BG	benzoguanamine	苯并三聚氰二胺
	biguanide	双胍
	butyl glycol	丁二醇
Bgw	bergwerk	矿山、矿山企业
BH	blast hole	爆破孔,炮孔
	bore-hole	炮孔
	Brinell hardness	布氏硬度
BH bit;	BH bit blast hole bit	钻炮孔用金刚石钻头,爆破孔钻头
$1\frac{1}{4}$BH		直径$1\frac{1}{4}$无岩心标准钻头
BHEF	bis-hydroxyelhyl-terephthalate	对苯二甲酸乙二醇酯
B. H. P.	bottom hole pressure	井底压力
BHT	butylated hydroxytoluene	丁基化羟基甲苯
b. i. b.	butene-isobutane	丁烯-异丁烷混合物
bicard	bicarbonate	碳酸氢盐,重碳酸盐(或酯)
bi-di	bi-directional	双向
BIL	basic impulse level	基本脉冲电平
BIPM	Bureau International des Poids et Mesures	国际度量衡局

BL	bond length	键长
B. L.	boundary line	界线
BLP	buty lauryl phthalate	邻苯二甲酸丁基月桂酯
B. M.	ball mill	球磨机
	beam	梁
	bench mark	基准点
	board measure	板材度量
Bm	bending moment	弯曲力矩
BM	butylated melamine	丁醇醚化三聚氰胺
BMA	butyl methacrylate	甲基丙烯酸丁酯
BMU	N, N'-bis (methoxymethyl) urea	N,N'-二甲氧甲基脲
B-N	beta-naphothol	β-萘酚
B-NDPA	acyl derivative of 4-nitrosodipheny-lamine	4-亚硝基二苯胺酰基衍生物
BNS	butyl naphthalene sulfonate	萘磺酸丁酯
Bo	butylene oxide	环氧丁烷
	butyl oleate	油酸丁酯
	dibenzoyl peroxide	过氧化二苯甲酰
B. of M.	Bureau of mines	矿业局
B. of S. ; B. of Std	Bureau of standard	标准局(美国)
BP	barometric pressure	大气压表压
	biphenyt	联苯
	base point	原点,基点底点
	blast pressure	鼓风压力,风压
	boiling point	沸点
	British Patent	英国专利
B. P. ;bp.	back pressure	反压力
	base point	基点,原点
B. P.	black powder	黑色炸药
	brown powder	褐色火药
BPA	N-benzoyl-N-phenylhydroxy lamine	N-苯甲酰-N-苯基羟胺
	bisphenol-A	双酚-A
BPD	blend of p-phenylene diamine	对苯二胺混合物
b. Pt	boiling point	沸点

BS	british standards	英国标准
	balance sheet	平衡表
	both sides	两侧,两边
	bottom settlings	沉淀物
	Bureau Standards	标准局(美国)
B. S.	bureau of standards	标准局
BSA	benzenesulfonic acid	苯磺酸
BSt	butyl stearate	硬脂酸丁酯
	booster	爆管,扩爆药,中继药柱,升压器(电)
BTC	benzene tetrachloride	四氯化苯
B. T. X.	benzene toluene xylene	苯-甲苯-二甲苯混合物
BU	base unit	基本单位,基本单元
bu.	burn up	燃耗
Bu	butyl (radical)	丁基
bu. alc	butyl alcohol	丁醇
BWI	bit wear index	钎头磨损指数
BX-bit	BX bit blast hole bit	BX 号金刚石钻头(美国、加拿大用标准钻头直径 $2\frac{11}{32}$英寸)
BZ	benzoyl radical	苯酰基、苯甲酰基
BZD	benzidine	联苯胺
BZH	benzaldehyde	苯(甲)醛
BZOH	benzoic acid	苯甲酸
C.	Cap	盖、雷管、顶板岩石
C;c	Capacity	功率额、容量
C	carbon	碳(化学元素)
	capacipor	电容器
	cell	电池
	centigrade	摄氏(温度)
	constant	常数
C	calorie	卡
	centre	中心
	coefficient	系数
	current	电流

	cycle	周
	cylinder	圆柱[状]
C	cercks	裂隙、裂纹
CA	catechol amine	儿茶酚胺
	cellulose acetate	乙酸纤维素
	cost account	成本计算
	cresyl acrylate	丙烯酸甲苯酯
C. A.	Chemical Abstract	化学文摘
	close annealed	密闭退火,箱内退火
CAB	coumputer aided blasting	计算机辅助爆破
C-acid	2-naphthylamine-4. 8-disulfonic acid	2-萘胺-4. 8-二磺酸,C-酸
C&E R	combustion and explosive research	燃料与火药研究
CAF	cut-and-fill mining	分层充填采矿法
CAI	cherchar abrasivity index, Cherchar	腐蚀性指数
cal	calorie	卡
cal. val	calorific value	发热值,发热量
CANE	Chemical Application of Nuclear Explosions	核爆炸的化学应用(计划)
CAR	chloroform and aqua regia	氯仿及王水
carb	carbon	碳
Carbo	carbohydrate	碳水化合物;糖类
cart	cartridge	弹药筒,炸药卷
Cas	casualties	事故,受伤者
cat	catalyst	催化剂
CBE	coordinate bond energy	配位键能
Cbt	carbonate	碳酸盐(或脂)
Cbz	carbobenzoxy	苯脂基
C-C	carbon-carbon link	碳-碳键
CC	cyanogen chloride	氯化氰
CCP	critical compression pressure	临界压缩能力
CCS	p-chlorophenyl chlorobenzene sulfonic acid	对氯苯基氯苯磺酸
c. d.	centre distance	中心距
cd	conductance	传导
C. D. D. A.	Canadian Diamond Drilling Association	加拿大金刚石钻进协会

CDN	1-chloro-2. 4-dinitronaphthalene	1-氯-2. 4-二硝基萘氯硝萘
CE	composition explosive	混合炸药
CEFIC	Conseil Europeen de l' Industrie Chimique	欧洲化工制造厂联合会(法语)
CER	cation exchange resin	阳离子交换树脂
CF	cresol-formaldehyde (resin)	甲酚-甲酸树脂
CFM	chloro-fluoro-methane	氟氯甲烷
cg	center of gravity	重心
C-H	carbon-hydrogen link	碳氢键
CH	chlorinated hydrocarbons	氯化烃
ch	chain	链
	choke	堵塞
charc.	charcoal	木炭
chk	chalk	白垩,白粉
chl	chloroform	氯仿,三氯甲烷
CHO	carbohydrate	糖,碳水化合物
	cyclohexane oxide	环己烷氧化物
CHP	cumene hydroperoxide	异丙苯过氧化氢
chrom	chromate	铬酸盐(或酯)
CHX	cyclohexane	环己烷
CI	characteristic impedance	特性阻抗,波阻抗
CI	compressed ignition	压缩点火
	contamination index	污染指数
CIA	Chemical Industries Association	化学工业协会(英国)
CID	collision induced dissociation	碰撞诱发离解
Cinn	cinnabar	朱砂,一硫化汞
cinna	cinnamon	肉桂,肉桂色的
circt	circuit	电路
CK	check	检验
CL	caprolactam	己内酰胺
	ε-caprolactone	ε-己内酯
	cutter life	刀具寿命
Cl	chlorine	氯(气)
cl	centiliter	厘升
	cylinder	圆柱体

c. l.	center line	中线
CLAe	chloroacetyl	氯乙酰
CLI	cutter life index	刀具寿命指数
CM	carboxymethyl	羧甲基
cmH_2O	water column centimeter	厘米水柱
CMHEC	carboxymethyl hydroxyethl cellulose	羧甲基羟乙基纤维素
C. M. M. S. S. A.	Chemical, Metallurgical and Mining Society of South Africa	南非化学、冶金和矿业学会
Cmpd	compound	化合物,复合物,混合物
C. M. S.	carboxymethyl starch	羧甲基淀粉
CN	cellulose nitrate	硝酸纤维素
	chloracetophenone	氯乙酰苯
CAN	2. 6-dichloro-4-nitroaniline	2. 6-二氯—硝基苯胺,氯硝胺
CN-CA	cellulose nitrate-cellulose acetate	硝酸纤维素—乙酸纤维素
CNE	ethyl α-cyanoacrylate	α-氰基丙烯酸乙酯
CNM	methyl α- cyanoacrylate	α-氰基丙烯酸甲酯
CNO	carbon-nitrogen-oxygen	碳-氮-氧
CNP	isopropyl α-cyanoacrylate	α-氰基丙烯酸异丙酯
CN ratio	carbon nitro ratio	碳氮比
C number	consistency number	稠度
CO	carbon monoxide	一氧化碳
c/o	consist of	由……组成,包括
C. O. C	cleveland open cup	克利佛兰得开杯法[闪点与燃点试验]
C. O. D.	chemical oxygen demand	化学需氧量
COE	cyclooctane	环辛烷
	cyclooctene	环辛烯
COEVSA	Corps of Engineers, V. S. Army	美国部队工程师协会
Coh	cohasion	凝聚力,凝集力
CoI	centre of impact	撞击中心
	critical oxygen index	临界氧指数
col.	colored, coloured	有色的、着色的
collod.	collodium	硝酸纤维素的醇醚混合液,火棉胶
Co. Ltd.	Company Limited	有限公司
comb.	combination	化合(作用)

	combine	联合、化合
	combustibility	可燃性
	combustion	燃烧
comp.	compostition	成分、组成
	comprise	包含;由……组成
comp. g.	compressed gas	压缩气体
compn; compo.	composition	成分
compon.	component	组分
comp. r.	compression ratio	压缩比
conc	concrete	混凝土
CONCLL	concentration limit, lower	浓度极限(下限)、浓度下限
CONCLU	concentration limit, upper	浓度极限(上限)、浓度上限
cond.	condensing	冷凝、凝聚
conj.	conjugate	共轭
con. pt	congealing point	冻(凝)点、凝固点
constl	constitutional	结构的,构造的
contl	control	控制
COPE	carbon monoxide pollution experiment	一氧化碳污染实验
C. P.	calorific power	发热量,热值,发热能力
CP	center of pressure	压力中心
cp	capillary pressure	毛细管压力
	cellulose powder	纤维素粉
	chloroparaffin	氯化石蜡
	collision probability	碰撞几率
	combustion potential	燃烧能
	constant pressure	恒压,等压
	copolymers	共聚物
Cp	specific heat at constant pressure	恒压热容
cP	centi-poises	厘泊(旧黏度单位,1cP = 10^{-3} Pa · s)
CPCBS	p-chlorophenyl p-chlorobenzene sulfonate	对氯苯磺酸对氯苯酯,杀螨酯
CPCPM	2-chloro-3-(4-chlorophenyl)、propionic acid	4-氯-3(4-氯苯基)丙酸
CPGB	bis(p-chlorophenylglyoxyloyl)benzene	双(双氯苯乙醛酰基)苯

CPIB	p-chlorophenoxyisobutyrate	对氯苯氧基异丁酸酯
CPMC	o-chlorophenyl-N-methylcarbonate	N-甲基碳酸邻氯苯酯
C-polymer	condensation polymer	缩聚物
CPPD	N-cyclohexyl-N′-phenyl-p-phenylen edia mine	N-环己基-N′-苯基对苯二胺
cps	cycles per second	周/秒(非法定计量单位,1c/s = 1Hz)
Cr	chromium	铬[化学元素]
CR	compression ratio	压缩比
cr	critical	临界的,危险的
CRC	carbon-on regenerated catalyst	再生催化剂含碳量
CR-latex	chloroprene latex	氯丁二烯乳胶
CS	compression set	压缩变形
	concentrated strength (of solutions)	(溶液的)浓缩浓度
	cycles	频率数
c/s	cycles per second	周/秒(1c/s = 1Hz)
CSA	calcium-sulpho-aluminate	磺基铝酸钙
CTB	controlled trajectory blasting	定向爆破
CV	check value	止回阀,单向阀
CV, C. V.	calorific value	热值,卡值
CVD	chemical vapour depour deposilion	化学气相沉积
CVR	constant voltage reference	常压基准,恒压基准
C/W	cement-water ratio	灰水比
C. W.	cetane number	十六烷值
Cy	cyan	氰基[词头]
CY;cy	cycle	环,循环,周期
cy	capacity	容量,能力
CY	cyclohexane	环己烷
Cyc. ;cyc.	cyclopaedia	百科全书
C. yd	cubic gard	立方码
cyl.	cylindrical	圆柱形的
cyn	cyanide	氰化物
CysH	cysteine	半胱氨酸
CZ	cataclastic zone	碎裂带
CZB	carbon-zinc battery	碳锌电池

d.	decompose	分解
	degree	程度、度
	depth	深度
	derivation	衍生,导出
D	declination	偏角
	density	密度
D	diameter	直径
	deuterium	重氢,H^2
	deuteron	核,重氢核
	diffusion	扩散、渗滤、漫射
	diphenylguanidine	二苯胍,促进剂 D
3D	there-dimensional	三度的,三维的,三度空间的
DA	data analysis	数据分析
	diacetamide	二乙酰胺
	diisopropyl adipate	己二酸二异丙酯
D. A.	delay(-ed) action	迟发作用
	depth average	平均深度
D/A	digital analog	数字模拟,数模
da,;d. a.	direct action	瞬发作用、直接作用
DAA	di-alkyl adipate	己二酸二烷基酯
DAB	3,3'-diaminobenzidine	3,3'-二氨基联苯胺
	diazoamino benzene	重氮氨基苯,重氮苯胺
DAB	p-dimethylaminoazobenzene	对二甲基氨基偶氮苯
DABD	3, 3'-diaminobenzidine	3,3'-二氨基联苯胺
DABP	diamyl butyl phosphonate	丁基磷酸二戊酯
DADA	diisopropylamine dichloroacetate	二异丙胺二氯乙酸酯
DADPM	diamino-diphenylmethane	二氨基二苯甲烷
DAE	1, 1-diarylethanes	1,1-二芳基乙烷
DAF	delayed action fuze	延时引信,延时导火线
DAG	danger	危险
	defense againse gas	防毒气
DAIP	diallyl isophthalate	间苯二甲酸二烯丙酯
dam.	damage	破坏,损失
DAM	diacetylmethane	二乙酰甲烷
	diamino-diphenylmethane	二氨基二苯甲烷

DAMP	diallyl m-phthalate	间苯二甲酸二烯甲酯
DAN	2, 3-diaminonaphthalene	2,3-二氨基萘
DANS	dimethylaminonaphthalone-5-sulfonyl	二甲基氨基萘-5-磺酰
DAOP	dially o-phthalate	邻苯二(甲)酸二烯丙酯
DAP	di-alkyl phthalate	邻苯二(甲)酸二烷基酯
	dialkylthiodipropionates	硫代二丙酸二烷基酯
	diallyl phthalate	邻苯二甲酸二烯丙酯
	di-alphanyl phthalate	邻苯二(甲)酸二脂肪醇酯
	diammonium phosphate	磷酸氢二铵
	diamyl phosphate	磷酸二戊酯
	diisoamyl phthalate	邻苯二甲酸二异戊酯
	diphenylamine aniline phosphoric acid	二苯胺—苯胺—磷酸
DAPA	p-dimethylaminobenzenediazosodium sulphonate	对—二甲胺基苯重氮磺酸钠，地可松
DAPP	diallyl p-phthalate	对苯二(甲)酸二烯丙酯
DAS	dialkyl sebacate	葵二酸二烷基酯
DBX		铵梯黑炸药（由21RDX/40TNT/21NH_4NO_3/18AL 组成的炸药）
D. C.	dust collector	集尘器
D. C. ; DC. ; d. c.	direct current	直流
D. C. D. M. A.	Diamond Core Drill Manufacturer' s Association	金刚石岩芯钻机制造者协会
D. D	diamond drill	金刚石钻机
DDT	deflagration to detonation transition	燃烧转爆轰
DEBM	discrete element block modelling	离散元块度模型
det.	detonator	雷管,发爆剂,爆轰剂
DFEM	dynamic finite element method	动态有限元法
DHD	Downhole drill	潜孔钻机
DI	diggability index	可挖性指数
DNT	dinitrotoluene	二硝基甲苯(炸药)
DOT	Department of Transportaion	(美国)运输部
DR	drill rod	钻杆
DRC	detonating relay connector	继爆管
Drg.	drilling	打钻、钻进

DRI	drilling rate index	钻孔速度指数
DRM	drilling rate measured	实测钻孔速度
DTH	down the hole hammer	潜孔钻冲击器
Du	pont company	杜邦公司
	pont permissible	杜邦公司许用炸药
dyn	dynamics	动力学
	dynamite	达纳迈特炸药、硝化甘油炸药
dz.	dozen	一打(十二个)
E	efficiency	效率,有效系数,功率
	element	元素,要素
	energy	能,能量
	entry	入口,入场
e	elasticity	弹性
e	error	误差
EBC	electric blasting cap	电雷管
EBW	exploding bridgewire detonator	有桥丝电雷管
ECS	environmental control system	环境保护系统,环境控制系统
EDD	electronic delay detonator	电子延时雷管
EDZ	excavation disturbed zone	开挖扰动区
EFEE	European Federation of Explosive Engineers	欧洲炸药工程师联合会
ELC	elastic limit under compression	抗压弹性极限
ELF. elf	extremely low frequenct	极低频率、特低频率
EMP	effective mean pressure	有效平均压力
Ep	electric primer	电起爆药包
EP	explosion-proof	防爆的
EPT	explosive performance term	炸药性能术语
eq. s. explosive	equivalent-to-sheathed explosive	当量被筒炸药
equil	equilibrium	平衡
equiv	equivalent	当量、当量的
ER	energy raio	能比
ESF	electro spark forming	电爆(炸)成形
Exp	expanded	膨胀口
Expl	explode	爆破
	explosion	爆破、爆炸

	explosive	炸药,爆炸的
expls	explosives	炸药
ext	extension	延长,附加
	exterior	外部的
	external	外部的,外表的
	extraction	萃取,回放,抽出
Ext. Dia.	external diameter	外径
EXTEST	European Commission for the Standardization of Explosive Tests	欧洲炸药测试标准化委员会
F	Fahrenheit	华氏温标
F; f	foot	英尺
	force	力
	formula	公式
	frequency	频率
	fuze	引信,保险丝
f. a.	fire alarm	火警
FD	fuze delay	延时引信
FEEM	Federation of European Explosive Manufacturers	欧洲炸药制造商联合会
FEm	finite element method	有限元法
F. I. D.	fuse of instanteneous detonating	瞬发起爆导火索
F. L. P. ;FLP	flameproof	隔爆的
FLP/IS	flameproof/intrinsically safe	隔爆安全火花(型的)
Fl. pr	flameproof	隔爆的,耐火的
FNH powder		FNH 火药,无烟防湿火药
F. O. S.	factor of safety	安全系数
F. P.	flame-proof	隔爆的
fp	flash point	闪点,闪燃点
f. p. s. ;fps	feet per second	英尺/秒
	foot-pound-second	英尺-磅-秒制
frag	fragile	易碎的
	fragment	碎的
FRAGBLAST	International Symposium on Rock Fragmentation by Blasting	国际爆破破岩学术会议
freq	frequency	频率

f/s	factor of safety	安全系数
	feet per second	英尺/秒,ft/s
FT	field test	现场试验
F. T.	firing temperature	燃品,着火点,起爆温度
ft	foot, feet	英尺
fz	fuze	导火索
G	gram[me]	克
	specitic gravity	密度(旧称比重)
gal	galactose	半乳糖
GC	gun-cotton	火棉、纤维素六硝酸酯
g-cal	gram(me)-calorie	克-卡
GCV	gross calorific value	总热值
GeoL	Geology	地质、地质学
gmr	group marking relay	群信号继电器
gn	generator	发电机、发生器、振荡器
gnd. bus	ground bus	接地母线、接地汇流排
GR	grade resistance	坡度阻力
grad	gradient	梯度
gran	granite	花岗岩
gran	granular	粒状的
	granulated	成粒的、粒状的
GRP	gas release pulse	气体释放脉冲
GTN	glycerin trinitrate	甘油三硝酸酯,硝化甘油
GVM	gross vehicle mass	车辆总质量
GVW	gross vehicle weight	车辆总重量,已由 GVM 代替
GZ	ground zero point	地面爆炸点,爆心投影点
H	hardness	硬度
HAc	acetic acid	乙酸,醋酸
H. Br	Brinell hardness	布氏硬度
HC	hand control	手动控制
HCF	half cast factor	半抛掷系数
HE	heave or bubble energy	隆起能或鼓泡能
he	heat of combustion	燃烧热
H. E. ;HE	high explosive	猛炸药
HEX	high(energy)explosive	高能炸药

HEP	high explosive plastic	烈性炸药成形
HEL	Hugonint elastic limit, Hugoniot	弹性极限
HF;hf	hard surface	硬表面
H. F. amp	high frequency amplifier	高频放大器
hf-h	half-hard	中等硬度
HI	hazard index	危险指数
	high impact	高冲击
hls	holes	洞、孔、
Hr. ;hr	hour	小时
hr	high resistance	高电阻
HS	half second	半秒
HS drill	high speed drill	高速钻机
ht	height	高度
HTC	heat transfer coefficient	传热系数
H. T. detonator	high tension detonator	高压雷管
HTP	high-test peroxide	高浓度过氧化氢
H. T. S.	high tensile strength	高抗拉强度
HU-detonator	detonator with high precision in timing	高精度定时雷管
HV	heating value	热值,卡值
HVD	high velocity detonation	高速爆轰
HW	half wave	半波
	hardwax	硬蜡
HZ;hz	hertz	赫[兹]
I	ignition	点火、着火、发火
	industrial	工业的
	Institute	学会,研究所,学院
	international	国际的
IAS	International Association of Seismology	国际地震学协会
	International Aircraft Standards	国际飞机标准,国际航空器标准
ic	itermendiate circuit	中间电路
I. D. ; ID	inside diameter	内径
ign	ignition	发火,燃烧
IMCO	Transportation Regulations For Shipment of Dangerous Goods	危险物品装船运输条例
IME	Insitute of Makers of Explosives	炸药制造商协会

I. M. M.	Institute of Mining and Metallurgy	矿冶学会(美)
imp	impules	脉冲,冲量
in	inch	英寸
indic	indicator	指示器
induc	induction	感应
in-lb	inch-pound	英寸-磅
instl	installation	装置、设备、安装
IOF	Instiute of Fuel	燃料学会
ISEE	International Socitey of Explosives Engineers	国际炸药工程师学会
ISRM	International Sociey of Rock Mechanics	国际岩石力学学会
ITH	in the hole	孔内,潜孔
IVr	instantaneous velocity of reaction	瞬间反应速度
J	Jack	塞孔,插座,千斤顶,起重机
J	Joule	焦[耳]
JHD	Joint Hypocentre Determination	联合震源测量
jpg	jumping	冲击打孔,断层
jt	joint	结点、接头、接缝,节理
K	kelvin scale	绝对温标,开氏温标
k-b	key-board	开关板、键盘
kb	kilobar	千巴
kC;kc	kilocycle	千周
kcal	kilo-calorie	千卡,大卡
K. E. ;K. e.	kinetic energy	动能
K/D	keyboard display	键盘显示
kgps	kilograms per second	公斤/秒
KIE	knock inhibiting essence	抗振剂、抗爆剂
KNSW	knife switch	闸刀开关
Kr	knock rating	爆振度,起爆度测量
Kr. T	Kritische Temperature	临界温度
KS	knife switch	闸刀开关
L	liter	升
lat	laboratory	实验室
lat. ht	latent heat	潜热

lbcal	pound-calorie	磅－卡
lb-in	pound-inch	磅－英寸
lb per sq in	pound per square inch	磅/平方英寸
LE	low exploseive	低级炸药
LEDC	low energy detonating cord	低能导爆索
LEFM	linear elastic fracture mechanics	线弹性断裂力学
LEX	low (energy) explosive	低能炸药
l. f.	low frequency	低频
LHD	load-haul-dump	铲运机
LLR	line of least resistance	最小抵抗线
LOX	liquid oxygen explosive	液氧炸药
L. P.	low pressure	低压
LPV delay	long period ventless delay electric blasting cap	长时迟发射无孔电雷管
LVD	low velocity dentonation	低速爆轰
M	mass	质量
	Mach number	马赫数
M	medium	介质,介体,媒质,中间的
	melting	熔化
	mixture	混合,混合物
mag. factor	magnification factor	放大因素
max	maximum	最大
mb	millibar	毫巴(压强单位)
M. B. powder	modified black powder	改性的黑火药
MDN	explosive consisting of piric acid and dinitro naphthalene	由苦味酸及二硝基萘组成的炸药
ME	maintenance of equipment	设备维修,设备保养
	mining engineering	采矿工程
MEL	melinit	黄色炸药,苦味酸
m. e. p.	mean effective pressure	平均有效压力
met. ANFO	metallized ammonium nitrate fuel oil	含金属粉的铵油炸药
m. h.	medium hard	中硬的
MIC	maximum instantaneous charge	最大瞬发药量
min	minimum, minute or minutes	最小,分钟
mixt	mixture	混合物

M. K. I.	modified knock intensity method	按最大爆击程度来评定燃料抗爆性的行车试验
ml	minelayer	采矿层
MMA	monomethyl aniline	甲基苯胺(抗爆剂)
MNM	mononitromethane	一硝基甲烷
MOI	moment of inertia	惯性矩
mol	molecule	分子
molasses/AN explosive	molasses, amomonium nitrate and water mixture explosive	糖浆、硝铵和水的混合炸药(露天矿爆破)
mol. wt	molecular weight	分子量
MON	mixed oxides of nitrogen	氮的氧化物混合物(火箭燃料)
MOE	metal oxidized explosive(USA)	金属氧化物炸药(美国)
MP	maintenance prevention	安全设施,安全措施
M. p. b.	maximum pressure boost	最大增压
	mean point of burst	平均爆发点
MS	mass strength	(炸药)质量威力
	margin of safety	安全系数、安全限度
	maximum stress	最大应力
ms	millisecond	毫秒
	medium shock resistant mild steel	中级抗震性软钢
ms-delay	millisecond-delay	毫秒延时
MT; mt	maximum torque	最大转矩
MWD	measurement while drilling	穿孔的同时进行测量
N	normal concentration	当量浓度
	normalized	标准的,正规化的
N. C. ;NC;nc	nitro-cellulose	硝化纤维、棉花火药
NCN	nitro-carbo-nitrate	硝基-碳-硝铵炸药
ND	non-delay	非延时[爆破]
NG	nitroglycerin	硝化甘油炸药
Net	network	网络
NFC	National Fire Codes	(美)全国消防规范
NG (1)	nitroglycerine	硝化甘油、甘油三硝酸酯,丙三醇三硝酸酯
NONEL	non electric	非电的,塑料导爆管的商标,也是激波管的商标

NPED	non-primary explosive detonator	无起爆药雷管
n. p. t.	normal pressure and temperature	常压常温
O	ohm	欧姆
	oxygen	氧
o. a. t.	outer atmospheric temperature	外界大气温度
OBA	oxygen breathing apparatus	氧气呼吸器
oblat	oblatum	药包,胶囊
oc	open circuit	断路,开路(电)
occ	operations control center	操作控制中心
OD	overburden drilling	剥离穿孔
ODED	overburden drilling with eccentric drilling	偏心钻进剥离穿孔
O. G. L.	outgoing line	引出线
O. M. S. ; o. m. s.	output per manshift	每人每班产量
O. M. Y. ; o. m. y.		每人每年产量
o. s. c. ;osc	oscillation	振荡,振动
o. s. c.	oscillator	振荡器
OTR	overload time relay	过载延时继电器
otr	overload constant time element relay	过载延时继电器
ow	open-work	露天开采、露天矿
O. W. F.	optimum working frequency	最佳工作效率
OX	oxidation	氧化[作用]
	oxide	氧化物
	oxidizer	氧化剂
	oxygen	氧,氧气
P.	pressure	压力
p. a.	picranisic acid(= picric acid)	苦味酸
P. A.	pliable armoured	软铠装[电缆]
	powder amplifier	功率放大器
patt.	pattern	模型
PB	push button	按钮
P. B. U.	push button unit	按钮装置
p. c. ;p/c	per cent	百分数
p. cbm.	per cubic meter	每立方米

p. c. m.	percentage of moisture	水分百分数
pdr	powder	粉末
P. E.	potential energy	势能
	pressure element	压力元件
percn	percussion	冲击
perm.	permanent	永久的
	permission	许可
perp.	perpendicular	垂直的
PETN	pentaerythritoltetranitrate	泰安炸药,季戊四醇四硝酸酯
PIC	plastic igniter cord	塑料导火索
PMMA	polymethylmethacrylate	聚甲基丙烯酸甲酯
PN	potassium nitrate	硝酸钾
PPV	peak particle velocity	质点峰值速度
P-MP	p-methoxyphenol	对甲氧基苯酚
Powd	powder	火药、炸药
	powdered	粉状的
p. p. ;pp	peak power	峰值功率
press	pressure	压力
prot	protected	有防护的,受保护的
p/s	periods per second	周期/秒
psf	pounds per square foot	磅/平方英尺
PT	pressure test	压力试验
ptbl	portable	便携式的
P. T. O. ; p. t. o.	power-take-off	功率输出
pulv	pulverized	粉磨的
pur	purified	纯化的
PV	pressure-volume	压力-体积
P. V. C. ;PVC	polyvinyl chloride	聚氯乙烯
PVT	pressure-volume-temperature	压力-体积-温度
PWr	power	动力
P-X	p-xylene	对二甲苯
Q, q	quantity of heat	热量
Q. E. ;q. e.	quadrant elevation	倾角
qual	qualitative	定性的

quant	quantitative	定量的
qunty	quantity	量、数量
Qy	quarry	采石场
R	radical	基,根
	radioactivity	放射性,放射学
R, r	radius	半径
	ratio	比例、比率
	receiver	接收机
	resistance	阻力,电阻
	Riemann	黎曼不变量
R/A	radius of action	作用半径、活动半径
RA	rosin acid	松香酸
R&D	research and development	研究与发展
rad/s	radian per second	弧度/秒
RAL	resorcylic acid lactone	二基苯酸内酯
RAP	resistance to aqueous penertration	防水性
RBS	relative bulk strength	(炸药)相对体积威力
r. c.	rubber-covered	橡胶包裹的
R. C.	remote control	遥控
	resistive-capacitive	电阻-电容的
R. C. ;R/C	reinforced concrete	钢筋混凝土
RCBA	rigdly cartridged blasting agent	刚性被筒爆破剂
Rct.	recificatus	精致,纯化
rd	round	炮孔组
rdg	reading	读数
RDX	cyclotrimethylene trinitramine	黑索金,环三亚甲基三硝胺
	trimethylene trinitramine = hexogen cyclonite	三亚甲基三硝基胺
rec.	receiver	接收机
refl.	reflection	反射、反射作用
rel.	release	释出、放出
RF	resorcinol-formaldehyde	间苯二酚
R. H.	relative humidity	相对湿度
rheo.	rheostat	变阻器、变阻箱

RID	International Regulations Concerning the Transport of Dangerous Goods	国际危险物品运输条例(Meyer1977)
RMR	rock mass rating	岩体评级
RMS	relative mass strength	(炸药)相对质量威力
r. m. s. ;rms	root-mean-square	均方根,均方根值
RMSE	root-mean-square error	均方根误差
RP.	rocket projectile	火箭(弹),导弹
	rocket propellant	火箭推进剂,火箭发动机燃料
rpm	revolutions per minute	转/分
RPP	rock pressure pulse	地压脉冲
RPS	relative phase shife	相对相移
RQD	rock quality designation	岩石质量指标
RQI	rock quality index in drilling	凿石中的岩石质量指数
RR	acid 2-aminc-8-napthol-3, 6-disulfonic acid	RR 酸,2-氨基-8 萘酚-3,6-二磺酸
Rr	radius of rupture	破裂半径
RRS	Rosin-Rammler-Sperrling distribution	R-R-S 块度分布
RS	red smoke	红色发烟剂
Rto	ratio	比
RV	residual volume	残余容积
RVS	relative volume strength	相对体积威力
RWS	relative weight strength	相对重量威力,已被相对质量威力 RMS 所取代
r-z	reaction zone	反应带,反应区
s	second	秒
	secondary	初级的
	shielded	有保护的,有遮盖的
	silicate	硅酸盐(或酯)
	silver	银、银色的
	solid	固体、固体的、坚实的
S	solubility	溶解度
	spectrometer	频谱仪
	stress	应力
	sulfur	硫,硫磺
	synchronoscope	脉冲示波器

SA	stearamide	硬脂酰胺,十八(烷)酰胺
	stearic acid	硬脂酸;十八烷酸
S. A.	stearl amine	硬脂酰胺
S-acid	8-amino-1-naphthol-5-sulfonic acid	S 酸:8-氨基-1-苯酚-5-磺酚
SAP	sintered aluminum powder	烧结铝粉
S&T	scientific and technical intelligence	科技情报
S/C	short circuit	短路
SCB	semi counductor bridge	半导体电桥
SCC	short-circuit current	短路电流
Schwg.	schwingung	振动、交变量、波
SD	scaled distance	比例距离
SDBS	sodium dodecylbenzene sulfonate	十二烷基苯磺酸钠
SDP	sodium dodecyl phenolate	十二烷基酚钠
SE	shock energy	冲击能
SEE	society of Explosives Engineers	炸药工程师协会
Seism.	seismology	地震学
SEM	standard error of the mean	标准平均误差
sens.	sensibility	灵敏度,感光度
set i. d.	set inside diameter	镶[金刚石]后的钻头内径
set o. d.	set outside diameter	镶[金刚石]后的钻头外径
SF	safety fuse	安全导火索
SFF	set flip-flop	设定触发器
Sf. R.	safe range	安全距离
SG	signal generator	信号发生器
S. G.	strain gauge	应变仪
SGL	signal	信号
SH	saturated hydrocarbon	饱和烃
	shell	壳,壳体,外壳
SHA	sorbitol hexaacetate	山梨糖醇,六乙酸酯
S. H. M. ; SHM	simple harmonic motion	简谐振动
Si	silicon	硅(化学元素)
SI	system international	国际单位制
	specific impulse	比冲量
SIF	stress intensity factor	应力强度系数

sin	sine	正弦
sinh.	hyperbolic sine	双曲正弦
SLIFER	shorted location indication by frequency of electrical resonance	电共振频率短路定位
Sm	mean specific heat	平均比热
SME	site mixed emulsion	现场混制乳化炸药
SME of ALME	Society of Mining Engineers of American Institute of Minig, Metallurgical, and Petroleum Engineers	美国采矿、冶金及石油工程师学会所属的采矿工程师学会
SML	sorbitan monolaurate	单月桂酸脱水山梨糖醇酯
S-MMA	styrene-methylmethacrylate	苯乙烯-甲基丙烯酸甲酯
SMO	sorbitan monooleate	单油酸脱水山梨糖醇酯
SMP	sampler	取样器,采样器
	sorbitan monopalmitate	单棕榈酸脱水山梨糖醇酯
SMS	Site-Mixed Slurry	现场混合浆状炸药
	Site-Mixed System	现场混制系统
	sorbitan monostearate	单硬脂酸脱水山梨糖醇酯
SN	sodiumnitrate	硝酸钠
S. N. G.	solidified nitro-glycerol	固态硝化甘油
SNR;snr	signal-to-noise ratio	信号噪声比
SOFAR;sofar	sound finding and ranging	声波测位和测距
S. of M	system of mining	采矿方法
Sol. ph.	solid phase	固相
SOS	strength of struck	冲击强度
sox	sulfur oxides	氧化硫
sp	smokeless powder	无烟火药
sp.	specialist	专家
	speciality	专家、专长
sp	spirit	酒精,醇
s. p.	standard pitch	标准距,标准绕距
	standard pressure	标准压力
	steam pressure	蒸汽压力
SPC	serial-to-parallel converter	混联变换器,串并联变换器
spc	specificfuel consumption	燃烧比耗、燃料消耗率
	specific propellant consumption	燃料消耗率

sp. g.	specific gravity	比重
sph.	sphenoidal	楔形的
	sphere	球状的、球面的
	spherical	球、球面、球状体
Sph R	spherical radius	球面半径
SPHT	super pressure-high temperature	高压－高温
SPL	sound pressure level	声压级
SPO	short-period oscillation	短周期振荡
SPR	solid-propellant rocket	固体推进剂火箭
Spr	specific resistance	电阻率
sp. ref	specific resistance	折射系数,比折射
sps.	supersonic	超音速的
sptr	spectrum	光谱、波谱
sp. v.	specific volume	比容
s. r.	specific resistance	电阻率,比电阻
srad	steradian	球面(角)度,球面弧度
SRF	self-resonant frequency	自振频率
SRP	stemming release pulse	填塞物冲出的脉冲
SS	selector switch	选择开关
S. S.	smoke screen	烟幕
SS	standard specification	标准规范
	steady state	稳态
SSA	synchro signal amplifier	同步信号放大器
S-S curve	stress-strain curve	应力－应变曲线
SST	step-by-step test	阶段试验,逐级试验
S. T.	surface tension	表面张力
s. t.	static thrust	静压力
st.	steam	水蒸气
St.	stearic acid	硬脂酸,十八烷酸
stab	stabilizer	稳定剂、安定剂、平衡器
standar.	standardization	标准化
STBL	stable	稳定的,坚固的
STINFO	scientific and technical information	科技情报
Stm	steam	水蒸气
S. T. M. A. Cl.	stearyl trimethyl ammonium chloride	硬脂基三甲基氯化铵

S. T. P. ;STP; s. t. p.	standard temperature and pressure	标准温度与压力,标准温压
STS	sodium toluene sulfonate	甲苯磺酸钠
SU	subtract	扣除、减去
sub.	sublimation	升华(作用)
	sublime	升华
sulf.	sulfide	硫化物
	sulfur	硫、硫磺、硫磺的、硫化
	sulfuric acid	硫酸
suppl.	supplement	添加物、增补、增刊、补遗
	supplementary	附加的、补充的
Surfactant	surface active agent	表面活性剂、表面活化剂
SV	side view	侧视图
S Wave	secondary wave	次波、S 波、地震横波,次相
SWE	stress wave emission	应力波发射
SWR	spin wave resonsance	自旋波共振
SWR;s. w. r.	standing-wave ratio	驻波系数,驻波比
SXN	section	截面、断面、剖面
T	temperature	温度
T. A.	tangent angle	切角
TAMA	trialkylmethylammonium chloride	氯化三烷基甲基铵
tanh	hyperbolic tangent	双曲切线
TAPA	triallyl phosphate	磷酸三烯丙酯
TAS	triallylidene sorbitol	三(3,3-亚烯丙基)山梨糖醇
	triethanolamine lauryl alcohol	三乙醇胺月桂醇
TATPM	triaminotripheny-methane	三氨基三苯甲烷
TBA	thiobenzamide	硫代苯酰铵
TBB	di (p-tert-butyl)benzophenone	二对叔丁基二苯甲酮
TBCP	di-p- tert-butyl cyclohexyl peroxy dicarbonate	过氧化二碳酸,二-(对-)叔丁基环己酯
TBM	tunnel boring machine	隧道钻进机
TBTL	tributyl laurate	月桂酸三丁酯
Tc	critical absolute temperature	临界绝对温度
	critical temperature	临界温度
T. C.	thrust chamber	火箭发动机,火箭发动机燃烧室

TCAB	tetrachloroazobenzene	四氯偶氮苯
TCAN	tricaprylammonium nitrate	三辛基硝酸铵
t. c/c	triple-concentric cable	三心同轴电缆
TCE	tetracarboxylic ester	四羧酸酯
TCK	thermo-chemical-kinetic	热化学动力学的
TCNB	1, 2, 4, 5-tetrachloro-3-nitrobenzene	1,2,4,5-四氯-3-硝基苯,四氯硝基苯
TD	Technical digest	技术文摘
	test design	试验设计
	time delay	延时、时间延迟
	top drawing	顶视图
	transverse direction	横向
TDA	toluene-diamine	十三烷基胺
	tri-decylamine	三(十二烷基)胺
TDB	tridecyl benzene	十三烷基苯
TDDA	tri-n-dodecylamine	三正十二烷胺
TDF	three degree of freedom	三自由度
	two degree of freedom	双自由度
tdm	tandem	串联的、串列的
TE	total energy	总能量
temp. grad.	temperature gradient	温度梯度
tens. Str.	tensile strength	抗张强度,抗拉强度
tetryl	2, 4, 6-trinitrophenylmethyl-nitramine	特屈儿,2,4,6-三硝基苯甲硝铵,$(NO_2)_3C_8H_2N(CH_3)NO_2$
TF	time factor	时间因数,时间利用系数
	transfer function	传递函数
TG	triglyceride	甘油三酸酯
TGFA	triglyceride fatty acid	脂肪酸三甘油酯,甘油三脂肪酸酯
THAM	trihydroxyaminomethane	三羟基氨基甲烷
	tris (hydroxymethyl) amino methane	三(羟甲基)氨基甲烷
thermochem.	thermochemistry	热化学
Thermodyn.	thermodynamics	热力学
TIPMA	tri-isopentyl-methylamine	三异戊基甲胺
t. l.	total loss	总损耗、总损失
TLA	trilaurylamine	三月桂胺,三(十二烷基)胺

TLD	trunk line delay	主起爆线延时时间
TLMAN	trilaurylmethylammonium nitrate	硝酸三月桂基,甲基胺
TMA	tetramethylammonium	四甲胺
	tri-methyl-amine	三甲胺
TMP	trimethylol propane	三羟甲基丙烷
	trimethylpentane	三甲基戊烷
TN	thermonuclear	热核的
TNA	tetranitroaniline	四硝基苯胺
T. N. A.	2, 4, 6- trinitroaniline	2,4,6-三硝基苯胺
TNB	trinitrobenzene	三硝基苯 $C_6H_3(NO_2)_3$
TNBA	2, 4, 6-trinitrobenzoic acid	2,4,6-三硝基苯[甲]酸
TNBS	2, 4, 6- trinitrobenzene sulfonic acid	2,4,6-三硝基苯磺酸
TNDA	2, 4, 3-trinitrodiphenylamine	2,4,3-三硝基二苯胺
TNEB	2, 4, 6-trinitroethylbenzene	2,4,6-三硝基乙苯
TNM	tetra nitromethane	四硝基甲烷
TNP	trinitro-phenol	三硝基苯酚
TNR	trinitroresorcinol	三硝基间苯二酚,2,4,6-三硝基-1. 3-苯二酚
TNT	trinitrotoluene	梯恩梯,三硝基甲苯,黄色炸药
T. N. T	2, 4, 6-trinitrotoluene	2,4,6-三硝基甲苯
T. N. x	trinitroxylene	三硝基甲苯
to.	toluene	甲苯
TOD	total oxygen demand	总需氧量
TON	total oxidized nitrogen	总氧化氮
TP	p-terphenyl	对三联苯
TPAP	tetra-n-propylammonium perchlorate	四(正)丙基高氯酸胺
TPB	2, 2, 3, 3-tetraphenylbutane	2,2,3,3-四苯(基)丁烷
	tetraphenylbenzidine	四苯基联苯胺
	tetrapropyl benzene	四丙基苯,十二烷基苯
TPBS	tetrapropyl benzene sulfonate	四丙基苯磺酸盐,十二烷基磺酸盐
TPE	1, 1, 2-triphenylethane	1,1,2-三苯基乙烷
TR	thermal radiation	热辐射
tr. L.	triple link	三键
	triple linked	三键的
TS	tensile strength	抗拉强度

	transient state	瞬态
TSC	thermal stress cracking	热应力破裂
TSE	sucrose tri-ester	蔗糖三酯
TSH	p-toulene sulfonyl hydrazide	对甲苯磺酰肼[发泡剂]
turp.	turpentine	松节油
twist	twisting vibration	扭摆振动
TYS	tensile yield strength	拉伸屈服强度,抗拉屈服强度
u.	internal energy	内能
U	uranium	铀(化学元素)
U^+	urea	尿素,脲
UA	ultra-audibl	超音速的
UAH	unsaturated acyclic hydrocarbon	不饱和无环烃,不饱和链烃
UAL	urea-ammonia liquor	尿素-氨溶液
UBHC	unburned hydrocarbon	未燃烧烃类
UC	upper control	上限控制
UEL	upper explosive limit	爆炸上限
unexpl.	unexplained	未解释的
	unexploded	未爆炸的
unkn	unknown	未知的、未知数、不详
unst	unstable	不稳定的
unsym.	unsymmetrical	不对称的,偏(位)
UP	ultimate pressure	(最)纤压(力)
Ur.	uranium	铀
	urea	尿素,脲
us	ultrasonic	超音速的
USBM	US Bureau of Mines	美国矿业局
USM	unigel slurry mixture	单胶浆状炸药
UT	ultrasonic test	超声试验
UW	underwater	水下
UYP	upper yield point	上屈服点
V	vapour	蒸汽,蒸气
	variable	变量、变数、可变的
	velocity	速度
	viscosity	黏度
	volume	容积、体积

Vac	vacuum	真空
VANT	vibration and noise tester	振动与噪声试验器
vap	vapor	蒸气,蒸汽,水蒸气
vap. ph	Vapour Phase	气相
varistor	variable resistor	可变电阻器
VB	valence bond	(化合)价键
VBA	p-vinylbenzamide	对乙烯基苯酰
VB method	valence bond method	价键法
VBS	valence bond structure	(化合)价键结构
Vc	virturally cross-linked	真交联
vcl	vertical center line	垂直中心线
VCR	vertical crater retreat	VCR 采矿法
VD	vertical distance	垂直距离
VDC	direct current volts	直流电压
VDR	voltage dependent resistor	压取电压
VE	valence electron	价电子
VF	vinyl formate	甲酸乙烯酯
	voice-frequency	音频
vib.	vibration	振动,摆动
vig.	vigorous	剧烈的强力的
	vigorously	剧烈地,强力地
viol.	violent	剧烈的,猛烈的
vipac	vibratory compacting	振动充填、振动密实
VMS	vibration-measuring system	振动测量系统
Vn	volume of perfect gas	(标准状态下)理想气体容积
Vo	volume per gam-mol of ideal gas at 0℃, and 760mm, pressure	1mol 气体在标准状态下所占的体积
VOD	velocity of detonation	爆轰速度
Vol	percentage by volume	体积百分比
volag	volatilizing	挥发性的
volat	volatile	挥发性的
	volatilize	使挥发
volatn	volatilization	挥发(作用)
vps	vibrations per second	振动数/秒
VR	voltage regulator	稳压器

VRM	vertical retreat mining	垂直后退试采矿法
VT	vinyltoluenes	乙烯基甲苯
VWP	variable-width pulse	可变宽度脉冲
W	warm	加热、加温
	work	功
WA	arc welding	电弧焊接
	wasseraufnahmevermogen	吸水能力、吸水性
	waveform analyzer	波形分析器
WB	wet-bulb temperature	湿球温度
W. Em.	water emulsion	水乳状液,水乳胶
W. F. N. A. ; WFNA	white fuming nitric acid	白色发烟硝酸
Wh.	Watt-hour	瓦特-小时
W. L.	wave length	波长
WMT	weight mean temperature	加权平均温度
W/O	water in oil	油中水、油包水型
	water in oil emulsion	油包水型乳状液,油包水型乳胶
W. P.	water-proof	防水的、不透水的
wpfg	water - proolfing	防水的、不透水的
WQI	water quality index	水质(量)指数
W. R.	waveguide, rectangular	矩形波导
Wrap	wrapper	封皮,外皮
W. S.	water solution	水溶液
W. S. O.	water shut off	堵水、封水
W. sol. p.	water-soluble paste	水溶性乳化糊状物
WT	warning tag	警告标志
wt	weight	重量
wt%	weight percentage	质量百分比
X	any halogen or monovalent anion	卤素或一价阴离子
	xenon	氙(化学元素)
	xylol	二甲苯(尤指混合二甲苯)
Xcut	cross-cut	横割,横锯,横导坑,捷径
XRD	X-ray diffraction	射线衍射,X 射线绕射
XTC	xylene trichloride	三氯代二甲苯
XTLO	crystal oscillator	晶体振荡器

xyl	xylene	二甲苯
Y	yard	码
	year	年
	yellow	黄色(的)
	yield	产量,收获率,屈服
YDAA	yellow dinitrophenyl aspartic acid	黄色二硝基苯基天冬氨酸
YID	yield	产率、产量、屈服
Y. P.	yield point	屈服点
YS	yellow smoke	黄色发烟剂
Y. S.	yield strength	屈服强度
Z.	zinc	锌
	zero	零
Zr	Zirconium	锆(化学元素)
ZT	zero time	开始时间
	zone time	区域时间

专业术语中文索引

C

D

E

F

G

H

J

K

L

M

N

O

P

Q

R

S

V

W

Y

Z